U0185426

"十三五"国家重点出版物出版规划项目

铸 造 手 册

第 2 卷

铸 钢

第 4 版

中国机械工程学会铸造分会　组　编

娄延春　主　编

机 械 工 业 出 版 社

《铸造手册》第4版共分铸铁、铸钢、铸造非铁合金、造型材料、铸造工艺和特种铸造6卷出版。本书为铸钢卷。第4版在第3版的基础上，对铸钢相关标准进行查新、更正，对各种铸钢熔炼工艺、熔炼设备、检测手段进行补充和完善，充分反映了当前新技术、新设备和新工艺的应用现状，以及自动化、智能化、低碳环保及绿色铸造的发展趋势。本书包括绪论，基本知识，铸钢的分类及牌号表示方法，一般工程与结构用铸造碳钢和高强度铸钢，铸造中、低合金钢，铸造不锈钢与耐热钢，铸造耐磨钢，铸造特殊用钢及专业用钢，铸造用钢的熔炼，铸造用钢的炉外精炼，铸钢件的热处理，铸钢件的质量检测，共12章；主要介绍了铸钢工业的发展简史、前景与展望及其应用，制备铸钢件需要的基础知识，各种铸钢的标准、牌号、化学成分、金相组织、性能及应用特点，铸钢各种熔炼方法及其发展趋势，铸钢热处理工艺知识，以及铸钢件质量检测基础知识。本书由中国机械工程学会铸造分会组织编写，内容系统全面，具有权威性、科学性、实用性、可靠性和先进性。

　　本书可供铸造工程技术人员、质量检验和生产管理人员使用，也可供科研人员、设计人员和相关专业的在校师生参考。

图书在版编目（CIP）数据

铸造手册. 第2卷，铸钢/中国机械工程学会铸造分会组编；娄延春主编. —4版. —北京：机械工业出版社，2021.3

"十三五"国家重点出版物出版规划项目

ISBN 978-7-111-67582-2

Ⅰ. ①铸… Ⅱ. ①中… ②娄… Ⅲ. ①铸造－技术手册②铸钢－技术手册 Ⅳ. ①TG2－62②TG142.2－62

中国版本图书馆CIP数据核字（2021）第031608号

机械工业出版社（北京市百万庄大街22号　邮政编码100037）
策划编辑：陈保华　　　　　责任编辑：陈保华　王彦青
责任校对：张　薇　梁　静　封面设计：马精明
责任印制：郜　敏
盛通（廊坊）出版物印刷有限公司印刷
2021年6月第4版第1次印刷
184mm×260mm·43印张·2插页·1480千字
0 001—2 200册
标准书号：ISBN 978-7-111-67582-2
定价：169.00元

电话服务　　　　　　　　　网络服务

客服电话：010－88361066　　机　工　官　网：www.cmpbook.com
　　　　　010－88379833　　机　工　官　博：weibo.com/cmp1952
　　　　　010－68326294　　金　书　网：www.golden-book.com
封底无防伪标均为盗版　　机工教育服务网：www.cmpedu.com

铸造手册第1版编委会

铸造手册铸钢卷第1版编委会

第 4 版前言

进入 21 世纪后，我国铸造行业取得了长足发展。2019 年，我国铸件总产量接近 4900 万 t，已连续 20 年位居世界第一，我国已成为铸造大国。但我们必须清楚地认识到，与发达国家相比，我国的铸造工艺技术水平、工艺手段还有一定的差距，我国目前还不是铸造强国。

1991 年，中国机械工程学会铸造分会与机械工业出版社合作，组织有关专家学者编辑出版了《铸造手册》第 1 版。随着铸造技术的不断发展，2002 年修订出版了第 2 版，2011 年修订出版了第 3 版。《铸造手册》的出版及后来根据技术发展情况进行的修订再版，为我国铸造行业的发展壮大做出了重要的贡献，深受广大铸造工作者欢迎。两院院士、中国工程院原副院长师昌绪教授、中国科学院院士、上海交通大学周尧和教授，中国科学院院士、机械科学研究院原名誉院长雷天觉教授，中国工程院院士、中科院沈阳金属研究所胡壮麒教授，中国工程院院士、西北工业大学张立同教授，中国工程院院士、清华大学柳百成教授等许多著名专家、学者都曾对这套手册的出版给予了高度评价，认为手册内容丰富、数据可靠，具有科学性、先进性、实用性。这套手册的出版发行对跟踪世界先进技术、提高铸件质量、促进我国铸造技术进步起到了积极的推进作用，在国内外产生了较大的影响，取得了显著的社会效益和经济效益。《铸造手册》第 1 版 1995 年获机械工业出版社科技进步奖（暨优秀图书）一等奖，1996 年获中国机械工程学会优秀工作成果奖，1998 年获机械工业部科技进步奖二等奖。

《铸造手册》第 3 版出版后的近 10 年来，科学技术发展迅猛，先进制造技术不断涌现，技术标准及工艺参数不断更新和扩充，我国经济已由高速增长阶段转向高质量发展阶段，铸造行业的产品及技术结构发生了很大变化和提升，铸造生产节能环保要求不断提高，第 3 版手册的部分内容已不能适应当前铸造生产实际及技术发展的需要。

为了满足我国国民经济建设发展和广大铸造工作者的需要，助力我国铸造技术提升，推进我国建设铸造强国的发展进程，我们决定对《铸造手册》第 3 版进行修订，出版第 4 版。2017 年 11 月，由中国机械工程学会铸造分会组织启动了《铸造手册》第 4 版的修订工作。第 4 版基本保留了第 3 版的风格，仍由铸铁、铸钢、铸造非铁合金、造型材料、铸造工艺、特种铸造共 6 卷组成；第 4 版除对第 3 版中陈旧的内容进行删改外，着重增加了近几年来国内外涌现出的新技术、新工艺、新材料、新设备的相关内容，全面贯彻现行标准，修改内容累计达 40% 以上；第 4 版详细介绍了先进实用的铸造技术，数据翔实，图文并茂，基本反映了当前国内外铸造领域的技术现状及发展趋势。

经机械工业出版社申报、国家新闻出版署评审，2019 年 8 月，《铸造手册》第 4 版列入了"十三五"国家重点出版物出版规划项目。《铸造手册》第 4 版将以崭新的面貌呈现给广大的铸造工作者。它将对指导我国铸造生产，推进我国铸造技术进步，促进我国从铸造大国向铸造强国转变发挥积极作用。

《铸造手册》第 4 版的编写班子实力雄厚，共有来自工厂、研究院所及高等院校 34 个单位的 130 名专家学者参加编写。各卷主编如下：

第 1 卷　铸铁　暨南大学先进耐磨蚀及功能材料研究院院长李卫教授。

第 2 卷　铸钢　机械科学研究总院集团有限公司副总经理娄延春研究员。

第 3 卷　铸造非铁合金　北京航空材料研究院院长戴圣龙研究员，上海交通大学丁文江教授（中国工程院院士）。

第 4 卷 造型材料 华中科技大学李远才教授。

第 5 卷 铸造工艺 沈阳铸造研究所有限公司苏仕方研究员。

第 6 卷 特种铸造 清华大学吕志刚教授。

本书为《铸造手册》的第 2 卷，编写工作在本书编委会主持下完成。主编娄延春研究员和副主编于波研究员、张仲秋研究员全面负责，会同编委完成各章的审定工作。本书共 12 章，各章的编写分工如下：

第 1 章 机械科学研究总院集团有限公司娄延春研究员，沈阳铸造研究所有限公司张仲秋研究员。

第 2 章 大连理工大学周文龙教授。

第 3 章 沈阳铸造研究所有限公司张仲秋研究员、刘新峰高工。

第 4 章 沈阳铸造研究所有限公司张仲秋研究员、刘新峰高工。

第 5 章 沈阳铸造研究所有限公司张仲秋研究员、刘新峰高工。

第 6 章 沈阳铸造研究所有限公司张仲秋研究员、刘新峰高工。

第 7 章 暨南大学李卫教授。

第 8 章 沈阳铸造研究所有限公司张仲秋研究员、刘新峰高工。

第 9 章 沈阳铸造研究所有限公司张鹏程研究员。

第 10 章 沈阳铸造研究所有限公司张鹏程研究员、陈瑞研究员、赵岭高工、张春铭高工。

第 11 章 沈阳铸造研究所有限公司于波研究员、成京昌高工。

第 12 章 沈阳铸造研究所有限公司李巨文研究员、朱智研究员、赵立文研究员、张钊骞高工、王志明高工。

附录 沈阳铸造研究所有限公司于波研究员、刘新峰高工。

本书由主编娄延春研究员与责任编辑陈保华编审共同完成统稿工作。

本书的编写工作得到了机械科学研究总院集团有限公司、沈阳铸造研究所有限公司、大连理工大学和暨南大学等单位的大力支持，在此一并表示感谢！由于编者水平有限，不妥之处在所难免，敬请读者指正。

中国机械工程学会铸造分会

机械工业出版社

第3版前言

新中国成立以来，我国铸造行业获得了很大发展，年产量超过3500万t，位居世界第一；从业人员超过300万人，是世界规模最大的铸造工作者队伍。为满足行业及广大铸造工作者的需要，机械工业出版社于1991年编辑出版了《铸造手册》第1版，2002年出版了第2版，手册共6卷813万字。自第2版手册出版发行以来，各卷先后分别重印4~6次，深受广大铸造工作者欢迎。两院院士、中国工程院副院长师昌绪教授，科学院院士、上海交通大学周尧和教授，科学院院士、机械科学研究院名誉院长雷天觉教授，工程院院士、中科院沈阳金属研究所胡壮麒教授，工程院院士、西北工业大学张立同教授，工程院院士、清华大学柳百成教授等许多著名专家、学者都曾对这套手册的出版给予了高度评价，认为手册内容丰富、数据可靠，具有科学性、先进性、实用性。这套手册的出版发行对跟踪世界先进技术，提高铸件质量，促进我国铸造技术进步起到了积极推进作用，在国内外产生较大影响，取得了显著的社会效益及经济效益。第1版手册1995年获机械工业出版社科技进步奖（暨优秀图书）一等奖，1996年获中国机械工程学会优秀工作成果奖，1998年获机械工业部科技进步奖二等奖。

第2版手册出版后的近10年来，科学技术迅猛发展，先进制造技术不断涌现，标准及工艺参数不断更新，特别是高新技术的引入，使铸造行业的产品及技术结构发生了很大变化，手册内容已不能适应当前生产实际及技术发展的需要。应广大读者要求，我们对手册进行了再次修订。第3版修订工作由中国机械工程学会铸造分会和机械工业出版社负责组织和协调。

修订后的手册基本保留了第2版的风格，仍由铸铁、铸钢、铸造非铁合金、造型材料、铸造工艺、特种铸造共6卷组成。第3版除对第2版已显陈旧落后的内容进行删改外，着重增加了近几年来国内外涌现出的新技术、新工艺、新材料、新设备的相关内容，并以最新的国内外技术标准替换已作废的旧标准，同时采用法定计量单位，修改内容累计达40%以上。第3版手册详细介绍了先进实用的铸造技术，数据翔实，图文并茂，基本反映了21世纪初的国内外铸造领域的技术现状及发展趋势。新版手册将以崭新的面貌为铸造工作者提供一套完整、先进、实用的技术工具书，对指导生产、推进21世纪我国铸造技术进步，使我国从铸造大国向铸造强国转变将发挥积极作用。

第3版手册的编写班子实力雄厚，共有来自工厂、研究院所及高等院校40多个单位的110名专家教授参加编写，而且有不少是后起之秀。各卷主编如下：

第1卷 铸铁 中国农业机械化科学研究院原副院长张伯明研究员。

第2卷 铸钢 沈阳铸造研究所所长娄延春研究员。

第3卷 铸造非铁合金 北京航空材料研究院院长戴圣龙研究员。

第4卷 造型材料 清华大学黄天佑教授。

第5卷 铸造工艺 机械研究院院长李新亚研究员。

第6卷 特种铸造 清华大学姜不居教授。

本书为《铸造手册》的第2卷，其编写组织工作得到了沈阳铸造研究所的大力支持。在本书编委会的主持下，主编娄延春研究员和副主编张仲秋研究员、刘文高工全面负责，组织各章编写人员完成了本书的编写工作，并会同编委完成各章的审定工作。全书共12章，各章编写分工如下：

第1章　沈阳铸造研究所娄延春研究员、张仲秋研究员。

第2章　大连理工大学周文龙教授。

第3章　沈阳铸造研究所娄延春研究员、张仲秋研究员、刘新峰高工。

第4章　沈阳铸造研究所娄延春研究员、张仲秋研究员、刘新峰高工。

第5章　沈阳铸造研究所娄延春研究员、张仲秋研究员、刘新峰高工。

第6章　沈阳铸造研究所娄延春研究员、张仲秋研究员、刘新峰高工。

第7章　暨南大学李卫教授。

第8章　沈阳铸造研究所娄延春研究员、张仲秋研究员、刘新峰高工。

第9章　中国第二重型机械集团公司王涛高工，大连理工大学周文龙教授，暨南大学李卫教授。

第10章　中国第二重型机械集团公司赵秀清高工。

第11章　中国第二重型机械集团公司李英高工，大连理工大学周文龙教授，暨南大学李卫教授。

第12章　上海新闵重型锻造有限公司葛又川高工。

附录　沈阳铸造研究所娄延春研究员、张仲秋研究员，机械工业出版社余茂祚研究员级高工。

本书统稿工作由主编娄延春研究员、副主编张仲秋研究员与责任编辑余茂祚研究员级高工共同完成。

本书的编写工作得到了沈阳铸造研究所、中国第二重型机械集团公司、大连理工大学、暨南大学、上海新闵重型锻造有限公司等各编写人员所在单位的大力支持，在此一并表示感谢。由于编者水平有限，错误之处在所难免，敬请读者指正。

中国机械工程学会铸造分会
机械工业出版社

第 2 版前言

新中国成立以来，我国铸造行业获得很大发展，年产量超过千万吨，位居世界第二；从业人员超过百万人，是世界规模最大的铸造工作者队伍。为满足行业及广大铸造工作者的需要，机械工业出版社于 1991 年编辑出版了《铸造手册》第 1 版，共 6 卷 610 万字。第 1 版手册自出版发行以来，各卷先后分别重印 3 ~ 6 次，深受广大铸造工作者欢迎。两院院士、中国工程院副院长师昌绪教授，科学院院士、上海交通大学周尧和教授，科学院院士、机械科学研究院名誉院长雷天觉教授，工程院院士、中科院沈阳金属研究所胡壮麒教授，工程院院士、西北工业大学张立同教授等许多著名专家、学者都对这套手册的出版给予了高度评价，认为手册内容丰富、数据可靠，具有科学性、先进性、实用性。这套手册的出版发行对跟踪世界先进技术、提高铸件质量、促进我国铸造技术进步起到了积极推进作用，在国内外产生较大影响，取得了显著的经济效益及社会效益。第 1 版手册 1995 年获机械工业出版社科技进步奖（暨优秀图书）一等奖，1996 年获中国机械工程学会优秀工作成果奖，1998 年获机械工业部科技进步奖二等奖。

第 1 版手册出版后的近 10 年来，科学技术迅猛发展，先进制造技术不断涌现，标准及工艺参数不断更新，特别是高新技术的引入，使铸造行业的产品及技术结构发生很大变化，手册内容已不能适应当前生产实际及技术发展的需要。应广大读者要求，我们对手册进行了修订。第 2 版修订工作由中国机械工程学会铸造分会和机械工业出版社负责组织和协调。

修订后的手册基本保留了第 1 版风格，仍由铸铁、铸钢、铸造非铁合金、造型材料、铸造工艺、特种铸造共 6 卷组成。为我国进入 WTO，与世界铸造技术接轨，并全面反映当代铸造技术水平，第 2 版除对第 1 版已显陈旧落后的内容进行删改外，着重增加了近十几年来国内外涌现出的新技术、新工艺、新材料、新设备的相关内容，并以最新的国内外技术标准替换已作废的旧标准，同时采用新的计量单位，修改内容累计达 40% 以上。第 2 版手册详细介绍了先进实用的铸造技术，数据翔实，图文并茂，基本反映了 20 世纪 90 年代末至 21 世纪初国内外铸造领域的技术现状及发展趋势。新版手册将以崭新的面貌为铸造工作者提供一套完整、先进、实用的技术工具书，对指导生产、推进 21 世纪我国铸造技术进步将发挥积极作用。

第 2 版手册的编写班子实力雄厚，共有来自工厂、研究院所及高等院校 40 多个单位的 109 名专家教授参加编写。各卷主编如下：

第 1 卷　铸铁　中国农业机械化研究院副院长张伯明研究员。
第 2 卷　铸钢　中国第二重型机械集团公司总裁姚正耀研究员级高工。
第 3 卷　铸造非铁合金　北京航空材料研究院院长刘伯操研究员。
第 4 卷　造型材料　清华大学黄天佑教授。
第 5 卷　铸造工艺　沈阳铸造研究所总工程师王君卿研究员。
第 6 卷　特种铸造　中国新兴铸管集团公司董事长范英俊研究员级高工。

本书为《铸造手册》的第 2 卷，其编写组织工作得到了中国第二重型机械集团公司的大力支持。在该卷编委会的主持下，主编姚正耀研究员级高工全面负责，由副主编张仲秋、罗通国主持编写工作，并由各编委共同完成了各章的审定工作。各章编写分工如下：

第 1 章　中国第二重型机械集团公司姚正耀研究员级高工、宁德林高工，沈阳铸造研究所张仲秋研究员。

第 2 章　中国第二重型机械集团公司李英高工、赵秀清高工，大连理工大学周文龙教授。

第 3 章　沈阳铸造研究所张仲秋研究员、娄延春研究员。

第 4 章　沈阳铸造研究所张仲秋研究员、娄延春研究员。

第 5 章　沈阳铸造研究所张仲秋研究员、娄延春研究员。

第 6 章　沈阳铸造研究所张仲秋研究员、娄延春研究员。

第 7 章　沈阳铸造研究所张仲秋研究员，广州有色金属研究院李卫研究员，沈阳铸造研究所娄延春研究员。

第 8 章　沈阳铸造研究所张仲秋研究员、娄延春研究员。

第 9 章　中国第二重型机械集团公司王涛高工，大连理工大学周文龙教授，广州有色金属研究院李卫研究员。

第 10 章　中国第二重型机械集团公司赵秀清高工。

第 11 章　中国第二重型机械集团公司李英高工，大连理工大学周文龙教授。

第 12 章　上海汽轮机有限公司葛又川高工。

第 13 章　沈阳铸造研究所娄延春研究员、张仲秋研究员。

附录　沈阳铸造研究所张仲秋研究员，机械工业出版社余茂祚研究员级高工。

本书统稿工作由中国第二重型机械集团公司罗通国副总工程师、沈阳铸造研究所张仲秋副总工程师协助责任编辑余茂祚研究员级高工共同完成。

本书的编写工作得到了中国第二重型机械集团公司、沈阳铸造研究所、大连理工大学、广州有色金属研究院、上海汽轮机有限公司等单位的大力支持，在此一并表示感谢。由于编者水平有限，不周之处在所难免，敬请读者指正。

中国机械工程学会铸造分会编译出版工作委员会

第1版前言

随着科学技术和国民经济的发展，各行各业都对铸造生产提出了新的更高的要求，而铸造技术与物理、化学、冶金、机械等多种学科有关，影响铸件质量和成本的因素又很多。所以正确使用合理的铸造技术，生产质量好、成本低的铸件并非易事。有鉴于此，为了促进铸造生产的发展和技术水平的提高，并给铸造技术工作者提供工作上的方便，我会编辑出版委员会与机械工业出版社组织有关专家编写了由铸钢、铸铁、铸造非铁合金（即有色合金）、造型材料、铸造工艺、特种铸造等六卷组成的《铸造手册》。

手册的内容，从生产需要出发，既总结了国内行之有效的技术经验，也搜集了国内有条件并应推广的国外先进技术。手册以图表数据为主，辅以适当的文字说明。

手册的编写工作由我会编辑出版委员会会同机械工业出版社负责组织和协调。本卷的编写工作是在铸造专业学会铸钢及其熔炼专业委员会的支持下，在《铸造手册》铸钢卷编委会的主持下，经过很多同志的辛勤工作完成的。在主编上海汽轮机厂丛勉同志负责全卷编写工作的基础上，由副主编和编委分管各章的编写工作。

李传栻（北方车辆制造厂）第一、十三章。

李隆盛（大连理工大学）第二、九章及附录。

张仲秋（机电部沈阳铸造研究所）第三、四、五、六、七、八章。

徐玉清、吴小蕾（上海重型机器厂）第十章。

范淑芝（机电部上海材料研究所）第十一章。

刘汝淳、葛又川（上海汽轮机厂）第十二章。

本卷的编写工作得到了大连理工大学、沈阳铸造研究所、上海材料研究所、北方车辆制造厂、上海重型机器厂及上海汽轮机厂等单位的大力支持，并承其他许多大专院校、科研单位、工厂和有关专家的帮助，在此一并表示感谢。由于水平有限，不周之处，在所难免，望读者给以指出，以便再版时予以订正。

中国机械工程学会铸造专业学会

本书主要符号表

名 称	符 号	单 位	名 称	符 号	单 位
应力	σ		应力循环周	N	
最大应力	σ_{max}		应力比	R	
最小应力	σ_{min}	MPa	应变比	R_ε	
平均应力	σ_m		泊松比	μ	
临界应力	σ_c		强度系数	η	
塑性应变率	ε_p	%	离散系数	C_V	
变形率、蠕变率	ε		缺口敏感系数	σ_{bH}/R_m	
抗拉强度	R_m		疲劳缺口系数	K_f	
抗压强度	R_{mc}		理论应力集中系数	K_t	
抗压条件屈服强度	$R_{pc0.2}$		断后伸长率	A、$A_{11.3}$	%
条件屈服强度	$R_{p0.2}$		断面收缩率	Z	
上屈服强度	R_{eH}		冲击吸收能量	KV_2	J
下屈服强度	R_{eL}			KU_2	
抗弯强度	σ_{bb}		布氏硬度	HBW	
抗剪强度	τ_b		洛氏硬度	HRA	
抗扭强度	τ_m			HRC	
疲劳强度	S		马氏硬度	HM	
弯曲疲劳强度	S_D		弹性模量	E	
疲劳强度极限	S_{-1D}		弹性模量(静)	E_C	
旋转弯曲疲劳强度	S_{PD}	MPa	弹性模量(动)	E_D	MPa
抗扭屈服强度	$\tau_{0.3}$		切变模量	G	
承载强度	σ_{bru}		样本标准差	S	
承载屈服强度	σ_{bry}		样本平均差	X	
缺口抗拉强度	σ_{bH}		样本数	n	
缺口疲劳极限	σ_{DH}		碱度	R	$w(CaO)/w(SiO_2)$
缺口持久强度	σ_{tH}^θ		密度	ρ	g/cm^3
弹性极限	σ_e		热导率	λ	$W/(m \cdot K)$
持久疲劳极限	σ_{-1}		电导率	γ	S/m
疲劳极限、疲劳强度极限	σ_D		电阻率	ρ	$\Omega \cdot m$
弯曲疲劳极限	σ_{-D}		比热容	c	$J/(kg \cdot K)$
扭转比例极限	τ_P		温度	t、θ、T	℃、K
扭转疲劳极限	τ_D		长度	L	
			宽度	b	cm、mm、m
			厚度	δ	

目　　录

第 1 章　绪　　论

在 21 世纪，钢仍然是最重要的工程材料，其适用范围广、需求量多，是任何其他工程材料所不能比拟的。碳钢和低合金钢兼有高强度、高韧性及良好的焊接性，并通过不同的热处理工艺能在相当宽的范围内调整其力学性能，是用途最广的工程结构材料。对于一些特殊的工程使用条件，如要求耐磨、耐压、耐热、耐腐蚀和耐低温等，则有具备相应特殊性能的各种高合金钢可供选用。

铸钢件是铸造成形工艺和钢材料冶金的结合，既可具有其他成形工艺难以得到的复杂形状，又能保持钢所特有的各种性能，从而确立了铸钢件在工程结构材料中的重要地位。

铸钢工业的历史并不是很长，但其发展很快。目前，全世界铸钢件产量占全部铸件产量比例的 10% 左右。进入 21 世纪，我国经济也进入了快速发展的阶段，2002—2014 年，我国铸钢件产量连续实现 13 年正增长，2014 年我国铸件产量达到 550 万 t。2015 年、2016 年由于受制造业大环境的影响，我国铸钢件产量有所下降，但仍均稳定在 510 万 t。2019 年，我国铸钢件的产量达到 590 万 t，占全部铸件产量的比例为 12.1%。与发达国家相比，我国铸造企业多、专业化程度低，集约化程度低，劳动生产率也较低。我国平均每年每人产出为 10～20t，个别劳动生产率高的为 30t。美国、德国则为 46～60t，日本为 60～85t。我国平均每厂年产铸钢件约为 1000t，而美国、日本和德国等发达国家平均每厂年产铸钢件约 5000t，差距还是比较明显的。另外，2019 年我国铸件出口均价为 1668 美元/t，进口铸件均价为 6442 美元/t。由此可见，我国高端铸件质量和性能与发达国家相比，仍存在较大差距。随着铸钢工业面临着国际市场的变化、低碳经济的要求和经济调整等各方面的挑战，铸钢工业采用先进的管理方法和技术，提高生产率，降低成本和不断促进环境保护已成为必然的发展趋势。因此，铸钢工业的发展将不再是产量和铸钢厂数量的增加，而是产量相对稳定，铸钢件的质量、品种、性能以及合金钢、特殊钢的比例将不断增加。

1.1　铸钢工业的发展

铸钢工业的发展与炼钢技术的进步是不可分割的。在掌握液态炼钢技术之前，虽然可用"炒钢"技术制成钢质器件，但不可能制造铸钢件。液态炼钢技术实用化的初期，钢液是倾注于砂型中形成的，尽管当时所用的工艺十分简陋，但所生产的仍应认为是铸钢件。

关于铸钢工业的发展概况，以 20 世纪 40 年代为界可分为以下两个阶段。

1.1.1　铸钢件的出现和铸钢工业的形成

从铁器时代开始到首次炼出液态的钢，其间经历了大约 2000 年。从冶铁到炼钢，虽然只是含碳量和熔点（相差 300℃ 以上）有所差别，而技术上却有很大难度，其主要障碍是缺乏足够耐高温的熔炼设备和相应的耐火材料。

有的文献提到，液态炼钢最早出现于印度，但有可靠记载的是 1850 年英国人 Benjamin Huntsman 的工作，他在坩埚及耐火材料方面做了重要的改进，从而炼出了钢，但其具体情况不详。

正式生产铸钢件，最早是在 19 世纪中叶，几乎同时在欧洲几个国家出现。瑞士的冶金学家 J. C. Fischer 于 1845 年首先用坩埚炼钢制成铸钢件。

1851 年前后，德国威斯特法伦地区 Bochum 钢厂的 Jacob Mayer 用坩埚炼出的钢铸成了教堂用的钟。此后几年中，铸造的钢钟曾在欧洲的几次国际性展览会上展出，由于其响声清脆而且售价只及青铜铸钟的一半，曾引起了颇大的轰动。有人认为，首次制成有实用价值的铸钢件者，当推 Jacob Mayer。

炼钢成为工业化生产的真正起点，应该是以转炉和平炉投入生产为标志。英国的 Henry Bessemer 经多年的研究工作之后，于 1855 年制成了侧吹转炉并炼出了钢。到 1856 年 8 月，Bessemer 正式公布其发明，立即受到了各国冶炼行业的关注。于是按 Bessemer 的姓氏，将这种炼钢炉命名为"贝氏炉"。

平炉的发明基本上与转炉在同一时期。初期平炉的研制大约完成于 1845 年，但是，到了 1857 年在平炉上引用了热交换器，从而大幅度提高了冶炼温度，这样才具有工程实用价值。发明平炉的是德国的 Wilhelm Siemens 和法国的 Pierre Martin，故欧洲多称之为西门子-马丁炉。

电弧炼钢炉的出现是铸钢工业发展史上的一个重大的技术进步。采用电弧炉炼钢，除钢的冶炼质量大有提高以外，更重要的是安排生产方面灵活性优于转炉和平炉。多年来，电弧炼钢炉一直是铸钢工业中应用最广泛的冶炼设备。

发明电弧炼钢的最早的专利是 Wilhelm Siemens 于 1878 年获得的，但他的发明未能推广使用，后经法国的 Paul Heroult 和 Girod Kelles 等先后加以改进，才具有实用价值。Heroult 研制的电弧炉，1894 年起用于炼碳化钙，1899 年开始用于炼钢。现今炼钢用的电弧炉基本上都是 Heroult 型或以其为基础的改进，故常称之为 Heroult 电炉。

20 世纪 20 年代，德国的 W. I. Rohn 开展了真空熔炉的研究工作。20 世纪 30 年代中期，他所在的公司建造了世界上第一座真空感应电炉，容量为 3t；但是，由于当时技术装备方面的限制未能得到推广使用。

钢液的炉外真空处理，是炉外精炼技术的重要方面，20 世纪初，E. T. Lake 即提出在真空室中铸钢锭。1940 年，苏联的 Л. М. НОВИК 和 А. М. САМАРИН 提出，将装有钢液的钢包置于专用容器中，然后抽真空，让钢液在真空条件下保持，以降低其中的氧、氮和氢的含量，但是经过若干年后，才进行生产性试验和实际应用。

1.1.2　20 世纪 40 年代以后铸钢工业的技术进步

1. 铸钢及其合金材料方面的发展

由于对合金化和微合金化的研究不断深入，各种合金钢及特殊钢在铸钢生产中所占的比重日益增长，这是现代铸钢工业的重要技术进步之一。掌握先进铸钢合金材料的制造工艺是生产高质量、高性能铸钢件，满足高端市场需求的核心技术优势。

近几十年来，低合金高强度钢在铸钢工业的应用增长很快。加入少量合金元素，配合适当的热处理，可在保证良好的综合力学性能的条件下使钢的抗拉强度、屈服强度提高 1 倍或者更多，对于强度有一定要求的结构件，用低合金高强度铸钢代替铸造碳钢，可使结构的重量减轻、可靠性提高。而且，由于许多国家根据自己的资源条件开发低合金高强度铸钢，目前已有多种由不同合金元素形成的合金钢体系可供设计选用。

低碳微合金化铸钢也是铸钢材料发展的一个分支，其特征是，合金元素的质量分数一般在 0.1% 以下，主要是 V、Nb、Ti、B 和稀土合金等。

对于各种有特殊性能要求的高合金钢，如耐磨钢、耐热钢或热强钢、耐蚀钢和低温条件下使用的钢，或基于进一步改善其性能，或着眼于降低成本，各工业国都进行了大量的研究工作，并有了许多重大

的改进和发展。铸造低碳马氏体型不锈钢 ZG06Cr13Ni4Mo（CA6NM）的研制成功和在水电工程中的广泛应用，是 20 世纪 70 年代以来新型铸钢合金材料最成功的范例之一。大型火电机组采用 $w(Cr)$ ＝9% ~12% 和加 Nb、V 等合金元素的含氮抗蠕变不锈钢（C12A），核能电站用的超低碳含氮双相不锈钢，高氮奥氏体型不锈钢和耐热钢等。新型铸造合金材料都是建立在纯净铸钢的基础上，纯净铸钢是指不含宏观（>10μm）氧化物夹杂，有较低的气体含量，硫、磷和各类夹杂物含量。对纯净铸造碳钢和铸造低合金钢而言，一般钢液中应控制 $w(S+O)$（或 $+N$）$<150×10^{-4}$% 的水平。纯净铸钢要求有良好的铸造性能，这是最重要的特征之一。而本手册中的纯净铸钢生产技术则要求更高的钢液纯净度，并要求生产大型钢锭后进行锻造，所以纯净铸钢要求良好的变形性能。这是两者之间的重要区别。

纯净铸钢是与钢液精炼工艺相伴而生的，精炼工艺的发展是 20 世纪 40 年代以来铸钢工业又一重要技术进步。

2. 冶炼和精炼技术的发展

近 30 年来，由于电力工业的发展和电弧炉用于铸钢生产的灵活性，电弧炉已成为铸钢工业中的主要冶炼设备。电弧炉向大型化发展以后，原采用平炉的铸钢厂已改用电弧炉生产。

超大功率电弧炉从 20 世纪 70 年代起受到重视。由于其加速熔化过程，并在氧化期造成活跃的沸腾，可以提高生产率，节约电能，提高冶炼质量，因而很快得到推广。国外新的电弧炉系列配用的变压器容量已从每吨钢 300 ~500kV·A 提高至 900kV·A 以上。

炉外精炼是炼钢技术的一项重要进展，其工艺特点是精炼过程移到熔化炉外的设备中完成，不仅可以提高钢的质量，而且可以缩短炉内冶炼的时间，提高熔炉的生产率。近几十年内，铸钢用精炼技术的发展可归结为如下工艺。

1）氩气净化（Argon Refining）。氩气净化是通过陶瓷透气砖向钢液中吹入氩气可实现净化钢液的目的。透气砖可安装在盛钢桶和钢包的底部，其优点是有搅动功能，可均匀包内温度和成分，还有降低气体和夹杂物含量的作用。

2）钙线射入净化（Ca Wire Injection）。钙线射入工艺也称喂线工艺，是 20 世纪 80 年代初，由日本、法国和美国研制成功的炉外净化技术，是采用薄钢带包覆金属 Al、Si-Ca 和 Al-Ca 等合金射入精炼炉中。其功能是降低钢中氧和硫的含量，改变夹杂物含量、形状和组成，从而提高钢液的纯净度和改善铸钢

的塑性和韧性，还兼有微量合金成分调整的功能。能准确控制钢中 Al 等含量，提高合金收得率，一般 Al 的收得率可达 50%～80%。

3）AOD（Argon Oxygen Decarburization）精炼工艺。AOD 精炼工艺是氧气和惰性气体（氩气）的混合气体从炉体侧面通过特殊的喷枪直接吹入熔池之中（液面之下）进行精炼，是依靠氧和惰性气体的混合气体而不是纯氧来进行。AOD 工艺适用于低碳、超低碳不锈钢和其他特殊合金钢的精炼。现在，全世界 75% 以上的不锈钢是采用 AOD 工艺生产的。AOD 工艺于 1973 年开始用于铸造生产（美国 ESCO 公司），全世界现有 100 多个 AOD 炉，其容量为 1～160t。用于铸造生产的一般容量小于 20t。AOD 工艺的初始目标是不锈钢精炼，现在已扩大到生产工具钢、硅钢、低合金钢和碳钢。1978 年，ESCO 公司成为第一家应用 AOD 进行全低合金钢精炼的公司。

4）VOD（Vacuum Oxygen Decarburization）、VODC（Vacuum Oxygen Decarburization Converter）精炼工艺。VOD 是真空氧脱碳精炼工艺，适用于精炼各种碳钢、合金钢和不锈钢，由于在真空条件下，可以精炼纯净度更高的钢液，使钢液中的 O、H、N 气体和夹杂 S 等含量更低。VODC 是 VOD 和有氩气搅拌功能的转炉工艺相结合的精炼装置。

5）LF（Ladle Furnace）。LF 是钢包精炼炉，它具备 3 个功能：真空、炉底氩气搅拌和电极加热。LF 炉适用于冶金和重型机械制造工业中较大容量钢液的精炼，中国重型机械工业系统有容量 50～170t 的 LF 炉 10 多台，多应用于动力工程用大型纯净钢锭和超大型铸钢件的精炼和生产。国内有某些铸钢厂使用不具备真空功能的 LF 炉，容量均在 30～40t，仅与电弧炉双联，可以起到增容和净化钢液的作用。

6）VILF（Vacuum Induction Ladle Furnace）。VILF 是真空感应加热钢包炉，是解决小容量 LF 加热的方法之一。日本大同特殊钢公司 5t VILF 炉主要生产碳钢件。

7）PLF（Plasma Ladle Furnace）。PLF 是等离子体钢包精炼炉。美国 Maynard 铸钢公司于 1993 年首先使用此种精炼炉用于铸造生产。密封的钢包盖与采用氩气净化和等离子体极性调节相结合生产超纯净钢，该公司采用 PLF 炉生产含氧、氮、硫、磷极低的铸钢。

8）ESC（Electro Slag Casting）。ESC 是电渣精炼铸件，该工艺在苏联应用最早，加拿大也有此项工艺研究和应用报道。ESC 可以避免传统工艺浇注过程中钢流的氧化和夹杂的形成，以及随着凝固过程的进行

出现铸件缩孔、皮下气孔和偏析等缺陷。因其熔化的钢液一直在渣的保护之下和凝固过程均在控制之下进行，熔化的钢液均透过渣层得到精炼。ESC 是一个较为独特的纯净钢生产工艺。沈阳铸造研究所采用 ESC 法生产动力工程用不锈钢导叶获得成功，已投入商业化生产。

近几年来，随着冶炼技术的不断进步，涌现了多种综合冶炼工艺，如密封钢液吹氩成分微调法加氧枪，实现温度调节；喷流搅拌的钢包快速精炼法、喷粉精炼法及用惰性气体喷吹碱土金属脱硫法等。

3. 造型工艺和造型材料方面的进步

20 世纪 40 年代中期和后期在生产中采用的壳型工艺和水玻璃砂，以“化学硬化”的概念使广大铸造工作者的耳目一新，是铸造工艺方面的两项有突破性的进展。此后，各种化学黏结剂不断推出，以不同方式硬化（自硬、加热硬化和吹雾硬化）的工艺及设备也逐渐趋于完善。其结果是，传统的黏土干砂型和油砂芯的使用范围越来越小，且有被化学硬化型取代的趋势。

目前，铸钢工业所用工艺造型材料的基本情况大致可做如下的概括：小型铸钢件有相当一部分仍用黏土湿型砂造型，其中用手工造型者已不多见，大多用机器造型，高压造型工艺也在铸钢中得到了应用；一部分小型铸钢件用熔模或壳型铸造，生产成本虽然高得多，但铸件的尺寸精度有很大提高，按国际标准（ISO 8062）的分级，比用黏土砂型铸造可分别提高 3～4 级或 2～3 级。要求高的小型钢件，采用这些精铸工艺是合适的，目前其产量有不断增加的趋势。

中型铸件以采用化学硬化砂造型为主，黏土干砂型很少采用，其中，以用水玻璃砂者为多，一般用简单的机械造型或手工造型，也有一部分用树脂自硬砂造型。

重型铸件的生产目前仍以水玻璃砂为主，大多用手工造型；树脂自硬砂及有机脂水玻璃砂在这方面的应用也正在发展。

20 世纪 70 年代初，日本新东公司推出的真空密封造型工艺（V 法），是一项有重要意义的革新，已被很多国家的铸钢厂采用。我国山海关桥梁工厂较早应用此工艺生产高锰钢辙岔铸件。此法近年来应用较为普及。

4. 监控和测试手段的发展

生产过程中的监控对保证和提高铸件的质量有特别重要的意义。近几十年来，在这方面有很大的进展，可以说，这是铸钢工业现代化的一个重要方面。

在炼钢工业中，应用直读光谱仪可使操作者在

1min 之内（采样时间另加）得知钢液的化学成分，再加以测温技术的现代化，可在此基础上借助计算机实现冶炼过程的自动控制。现代的炉外精炼，过程很短而要控制的参数却很多，没有完善的检测和控制手段是不可想象的。

在型砂方面，各种性能的测定和砂处理过程的控制在不断完善。

各种无损检测技术，如磁粉检测、渗透检测、射线检测、超声检测和涡流检测等，已在许多工厂应用。值得一提的是超声检测技术在铸钢方面的应用，由于超声检测技术简便易行和准确性高，已成为非常重要的无损检测手段。射线检测方面也有很大的进步。从射线源来讲，除 X 射线、γ 射线外，近年来已有铸钢厂装设了加速器，用高能射线进行检测；从缺陷显示来讲，除照相法以外，还有荧光屏观察法和利用微光技术的电视观察法，可在生产线上实现快速检测。

采用三维坐标尺寸测定仪系统，对铸钢件的尺寸测量、加工精度和表面质量有重要价值。

5. 计算机技术在铸钢工业中的应用

自 1962 年丹麦的 Forsound 第一个采用电子计算机模拟铸件凝固过程和我国从 1978 年开始铸钢件凝固过程数值模拟技术研究工作，经过几十年的研究和开发，该项技术已进入全面应用阶段。通过数值模拟可以获得铸件充型过程的温度场和流速场，以及凝固过程的温度场、浓度场和应力场等，根据这些模拟结果组成判据，可以预测铸件可能产生的缺陷，进而优化工艺参数，提高铸件质量和产品合格率，降低成本，使铸钢件生产技术由经验走向科学。采用虚拟仿真技术改变传统铸造技术为先进制造技术，今天在 CAD、CAM 和 RP 技术方面已有一批商业化软件供铸钢工作者选用。

6. 近净铸造成形技术的应用

近净铸造就是发展和应用近净铸造成形技术，对提高铸件质量、降低废品率、提高铸件尺寸精度和表面质量、节能减排都具有重大意义。铸钢件生产周期长、工序复杂，需要熔炼、成分控制、铸造工艺设计、造型、制芯、浇注、凝固、清理、热处理、机加工等多种工序。在铸钢件生产中应用 3D 打印技术、熔模精密铸造和消失模铸造技术，严格控制铸造过程中的模样设计、模具制造、造型材料选用、造型操作等各项工序，提高铸件表面质量和尺寸精度，使铸件尺寸精度和表面质量接近或达到零件设计尺寸和表面质量，实现少加工或不加工的近净铸造成形，降低加工成本，提高材料利用率、企业的经济效益和市场竞争力。同时，加大机器人在铸造生产过程中的应用，

实现全系统的计算机技术应用，从而提高铸钢企业的机械化、自动化水平。

7. 绿色铸造的发展方向

进入 21 世纪，绿色铸造不仅是铸造企业自身发展的需要，也是人类可持续发展战略在制造业的体现，更是未来铸造行业发展的必然趋势。建立循环经济模式的绿色、环保、节能型铸造生产体系，研究推广使用新的节能、清洁无毒、低排放、低污染的铸造原辅材料，大力开发旧砂回用新技术和环保型砂处理再生技术；加大环境保护和节能减排的设备投入，对现有环保设备的技术改造和设备升级，减少污染，改善员工的劳动环境；在铸造企业中强化节能减排、健康、安全的"绿色铸造"理念，积极推广适合我国国情的铸造环保新技术、新材料和装备，加大对清洁化生产及环保技术的研发和应用，走集约化清洁生产的道路。

1.2　铸钢件的优点

铸钢件的优点之一是设计的灵活性，设计人员对铸件的形状和尺寸有最大的设计选择自由，特别是形状复杂和中空截面的零件，铸钢件可采用组芯这一独特的工艺来制造。其成形和形状改变却十分容易，从图样到成品的转化速度很快，有利于快速报价响应和交货期的缩短。形状和质量的完善化设计（State of the Art）、最小的应力集中系数以及整体结构性最强等特点，都体现了铸钢件设计的灵活性和工艺优势。

1）铸钢件冶金制造适应性和可变性强，可以选择不同的化学成分和组织控制，适应于各种不同工程的要求；可以通过不同的热处理工艺在较大的范围内选择力学性能和使用性能，并有良好的焊接性和加工性能。

2）铸钢材料的各向同性和铸钢件整体结构性强，因而提高了工程可靠性。再加上减轻重量的设计和交货期短等优点，在价格和经济性方面具有竞争优势。

3）铸钢件的重量可在很大的范围内变动。重量小者可以是仅几十克的熔模精密铸件，而大型铸钢件的重量可达数吨、数十吨乃至数百吨。

1.2.1　与锻钢件比较

铸钢在力学性能的各向异性并不显著，这是优于锻钢的一方面。研究工作表明，轧制钢材纵向力学性能通常略高于同牌号的铸钢件，横向性能则低于铸钢件，其平均性能基本上与质量良好的铸钢件大致相同。有些高技术产品，在零件的设计过程中往往要考虑材料在 3 个坐标轴方向的性能，铸钢件的上述优点就值得被足够地重视。

铸钢件不论其重量大小、批量多少，均易于按设计者的构思制成具有合理外形和内部轮廓、刚度高、形状复杂且应力集中不显著的零件。单件或小批量生产时，可用木质模样（模样及芯盒）或聚苯乙烯汽化模样，生产准备的周期很短；批量生产时，可用塑料或金属模样，并用适当的造型工艺，使铸件有符合要求的尺寸精度和表面质量。这些特点是锻件难以做到的。

1.2.2 与焊接结构件比较

在形状和大小等方面，焊接结构件的灵活性比锻钢为优，但与铸钢件相比，仍有以下不足之处：

1) 焊接过程中易于变形。

2) 难以做出流线型的外形。

3) 焊接过程中内应力较高。

4) 施焊的焊缝影响零件外观并使可靠性下降。

当然，制造焊接结构件也有生产准备周期短的优点，而且，与铸钢件相比，不需要制造模样和芯盒。

另外，由于工程用的结构铸钢件一般都具有良好的焊接性，常制成铸钢件与焊接件相结合的铸焊结构，兼有两者的优点。

1.2.3 与铸铁件及其他合金铸件比较

铸钢件能用于多种不同的工况条件，其综合力学性能优于其他任何铸造合金，而且有多种高合金钢适用于特殊的用途。

承受高拉应力或动负荷的零件、重要的压力容器铸件，在低温或高温下受较大负荷的零件等关键件，原则上都应优先采用铸钢件。在冲击磨损条件下工作的零件则应优先采用高锰钢铸造。

但钢的吸振性、耐磨性、流动性和铸造性能都较铸铁差，成本也较铸铁高。另外，刚度相同时，铸钢件的相对重量却是铝合金的2倍。

1.3 铸钢件的应用

由于铸钢件具有上述特点，几乎所有的工业部门都需要用铸钢件，在船舶和车辆、建筑机械、工程机械、电站设备、矿山机械及冶金设备、航空及航天设备、油井及化工设备等方面应用尤为广泛。至于铸钢件在各产业部门的应用，由于各国的具体条件不同，情况可能有较大的差异。

铸钢件的品种繁多，不胜枚举。为使读者对其诸多的用途有概括的了解，现就几个主要的产业部门使用铸钢件的情况做简略的介绍。

1.3.1 电站设备

电站设备是高技术产品，其主要零件都在高负荷下长时间连续地运转，火电站和核电站设备中有不少零部件还须耐受高温和高压蒸汽的腐蚀，因而对零部件的可靠性有很严格的要求。铸钢件能最大限度地满足这些要求，在电站设备中广为采用。

图1-1所示为中国第二重型机械集团公司生产的重40t的600MW汽轮机高压外缸缸体（材质为ZG15GrMo）。

图1-1 中国第二重型机械集团公司生产的重40t的600MW汽轮机高压外缸缸体

图1-2所示为中国第二重型机械集团公司生产的电站用燃气轮机1000MW超临界进气端缸体及汽轮机阀体。

图1-3所示为核电站用的铸钢阀体外缸。

水轮机通常都安装在地面以下，其上为钢筋混凝土结构，并装有数以百吨的机组，更换零件十分困难。因此，对各部件的质量要求极为严格，主要的承受负荷的零件多采用铸钢件。图1-4和图1-5所示为哈尔滨电机厂有限责任公司生产的三峡电站用混流式水轮机转轮及叶片。

1.3.2 铁路机车及车辆

铁路运输与人民的生命财产安全密切相关，因此保证安全是至关重要的。机车车辆的一些关键部件，如车轮、侧架、摇枕、车钩等，都是传统的铸钢件。图1-6所示为柴油-电气机车的齿轮箱。

a)

b)

图 1-2 电站用燃气轮机 1000MW 超临界
进气端缸体及汽轮机阀体

a）1000MW 超临界进气端缸体 b）汽轮机阀体

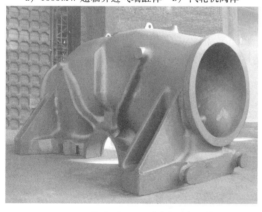

图 1-3 核电站用的铸钢阀体外缸

图 1-4 混流式水轮机转轮

图 1-5 混流式水轮机叶片

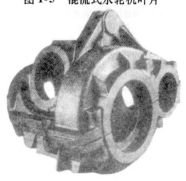

图 1-6 柴油-电气机车的齿轮箱

铁路转辙用的辙岔是承受强烈冲击和摩擦的部件，工况条件极为恶劣，形状又很复杂（见图 1-7），目前各工业国都用高锰钢铸造。

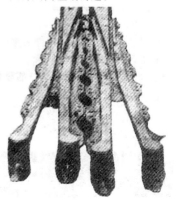

图 1-7 辙岔

1.3.3 建筑、工程机械及其他车辆

建筑机械和工程机械的工况条件都很差，大部分零件都承受高的负荷或需耐受冲击磨损，其中很大一部分是铸钢件，如行动系统中的主动轮、承重轮、摇臂、履带板（见图 1-8）等。

挖掘机的挖斗（见图 1-9）和斗齿（见图 1-10）也是传统的高锰钢铸件。

图 1-8　履带板

图 1-9　挖斗

图 1-10　斗齿

一般汽车很少用铸钢件，但特种越野车和重型货车的行动部分也用了不少铸钢件。图 1-11 所示为重型货车用的铸钢后桥外壳。

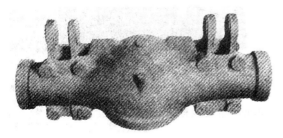

图 1-11　重型货车用的铸钢后桥外壳

履带式拖拉机和装甲车也大量采用铸钢件，如主动轮、承重轮、从动轮和履带板等。

1.3.4　矿山设备

为保障作业安全，矿井设备的一些关键部件均为铸钢件，如绞缆轮（天轮）和矿车的主要零件等。

处理矿石用的破碎机和球磨机运行时各部分受很大的冲击负荷，如颚板、锤头及衬板等耐受冲击磨损的零件均为高锰钢铸件，机架则多为碳钢或低合金钢铸件。

1.3.5　锻压及冶金设备

锻压机械的机座、十字架、横梁、机架和冶金设备的轧钢机机架、轴承座等重要零件历来都是铸钢件。中国第二重型机械集团公司制造的 5m 轧机机架如图 1-12 所示。

图 1-12　5m 轧机机架

此外，轧钢机的轧辊也有相当一部分是铸钢件。

1.3.6　航空及航天设备

飞机上使用的铸钢件已有很久的历史，20 世纪 30 年代即用铸钢制作起落架壳体及其他零件，现代的喷气式飞机也使用铸钢件，如发动机支架、制动器支承板（见图 1-13）等。

图 1-13　制动器支承板

研制导弹时，需用单轨做水平高速滑行试验和头部冲击试验，试验时运行速度达 48 马赫数。水平滑行试验所用的滑块及制动器部件均为 Mn-Mo-V 低合金钢铸件。

导弹运输、立架及发射装置中，有些关键部件也采用铸钢件。导弹底部的发射台架（见图 1-14）采用 Cr-Ni-Mo 低合金钢铸件。火箭外壳上的翼片支持器（见图 1-15）也是采用低合金钢铸件。

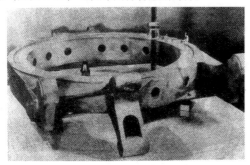

图 1-14 导弹底部的发射台架

图 1-15 火箭外壳上的翼片支持器

1.3.7 高压容器设备

石油、天然气井口封隔用防喷器的核心零件均为低合金钢或马氏体型不锈钢铸件，如壳体、顶盖等。由于这些零件需承受高达 140MPa 的压力，所以铸造这些零件时，必须确保铸件的表面质量和内部质量。

1.3.8 船舶

大型船舶上很多重要部件也是采用铸钢件，如首柱、尾柱、锚链及导管、舵架、缆桩系桩等。图 1-16 所示为尾柱，图 1-17 所示为锚。

1.3.9 农用机具

农用机具的使用条件是很苛刻的，大致有以下特点：

图 1-16 尾柱

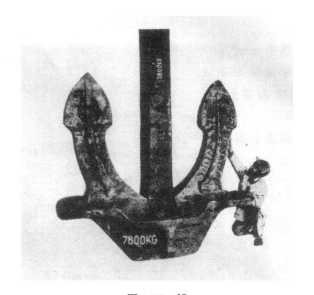

图 1-17 锚

1）由于负荷大而不均匀，地面又不平，农机具要耐受扭曲和振动。

2）农业生产的时间性很强，机具必须可靠，如在农忙季节发生故障会导致重大的经济损失。

3）农村维修条件较差，机具必须耐用。

因此，农用机具上的一些重要的受力零件宜采用铸钢件，如犁托和犁柱、主动链轮、履带板、支重轮、引导轮、主动轮等，目前各工业国在农用机具方面采用铸钢件日益增多。

参 考 文 献

[1] 中国铸造协会. 2019 年中国铸造行业数据
　　[R]. 2020-06-11.

[2] 宋延沛，等. 中国铸造活动周论文集 [C]. 沈

阳：中国机械工程学会铸造分会，2017.

[3] 张仲秋，娄延春. 纯净铸钢及其精炼 [J]. 铸
　　造，1998（1）：49-52.

第 2 章　基　本　知　识

2.1　钢的金相和热处理基础

碳钢和铸铁是铁和碳组成的合金，是工业上使用最为广泛的金属材料。铁碳合金的成分对其组织与性能有很大的影响。

钢是以铁为基体加入碳等元素组成的合金，碳是钢中最重要的合金化元素之一，对钢的组织与性能具有重要影响。钢的性能与其化学成分和微观组织具有密切关系。

2.1.1　Fe-Fe₃C 相图

铁碳相图是研究钢铁材料成分、组织和性能之间关系的重要工具，也是制订各种热加工工艺的依据。Fe-Fe₃C 相图是铁碳相图的一部分，是研究铸钢组织及热处理工艺时常用的相图，见图 2-1。相图分为几个相区，划分相区的线的交点称为临界点。相图上 3 根水平线（*HJB*、*ECF*、*PSK*）分别代表钢的 3 种相变（包晶转变、共晶转变、共析转变）。表 2-1 中列出了 Fe-Fe₃C 相图上临界点及相变线的数据。

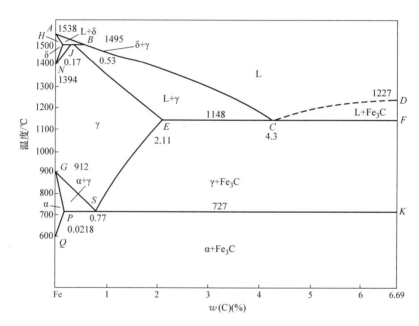

图 2-1　Fe-Fe₃C 相图

铁具有 3 种同素异构形式：在 912℃ 以下具有体心立方晶格，称为 α 铁；在 912 ~ 1394℃ 之间具有面心立方晶格，称为 γ 铁；在 1394 ~ 1538℃ 之间又具有体心立方晶格，称为 δ 铁。在 Fe-Fe₃C 系合金中，α 铁、γ 铁和 δ 铁都溶解有碳而形成固溶体，分别称为铁素体、奥氏体和高温铁素体。表 2-2 中列出了 Fe-Fe₃C 系合金中的基本相的结构及性能特点。表 2-3 中列出了 Fe-Fe₃C 系合金中发生的 3 个相变。应指出，共晶转变仅在铸铁中发生，钢中是无此相变的。表 2-4 列出了铁碳合金热处理时常用的临界温度代号。

表 2-1　Fe-Fe₃C 相图上临界点及相变线的数据

符号	温度/℃	$w(C)(\%)$	说　　明
A	1538	0	纯铁的熔点
D	1227	6.69	渗碳体的熔点
H	1495	0.09	碳在 δ 铁中的最大溶解度
J	1495	0.17	包晶反应产物成分点
B	1495	0.53	包晶转变温度下液相碳的质量分数

（续）

符号	温度/℃	$w(C)(\%)$	说 明
N	1394	0	纯铁的同素异构转变点 $(\delta \to \gamma)(A_4)$
E	1148	2.11	碳在 γ 铁中最大溶解度
C	1148	4.3	共晶点（共晶反应产物成分点）
F	1148	6.69	渗碳体的成分点
G	912	0	纯铁的同素异构转变点 $(\gamma \to \alpha)$
P	727	0.0218	碳在 α 铁中最大溶解度
S	727	0.77	共析点 (A_1)
K	727	6.69	渗碳体的成分点
Q	600	0.0057	600℃时碳在 α 铁中的溶解度
HJB	1495	0.09 ~ 0.53	包晶转变线
ECF	1148	2.11 ~ 6.69	共晶转变线
PSK	727	0.0218 ~ 6.69	共析转变线

注：A_1—共析温度；A_2—α 铁磁性转变温度；A_4—纯铁 $\delta \to \gamma$ 转变温度。

表 2-2 Fe-Fe₃C 系合金中的基本相的结构及性能特点

相的名称	符号	相的结构	性能特点
液相	L	铁与碳形成的成分均匀的熔体	—
高温铁素体	δ	δ 铁中溶解有少量碳所形成的固溶体，具有体心立方晶格	—
奥氏体	γ	γ 铁中溶解有碳所形成的固溶体，具有面心立方晶格	具有高的塑性与韧性，无铁磁性
铁素体	α	α 铁中溶解有少量碳所形成的固溶体，具有体心立方晶格	具有较低的强度与硬度，较高的塑性与韧性，在770℃（相同 MO 线）以下有铁磁性

（续）

相的名称	符号	相的结构	性能特点
渗碳体	Fe₃C	铁原子和碳原子形成的化合物，具有复杂的斜方晶格	具有很高的硬度，但其塑性接近于零，是硬而脆的相

表 2-3 Fe-Fe₃C 系合金中发生的 3 个相变

相变名称	相变温度/℃	相变反应式	可以发生相变的含碳量 $w(C)$（%）	相变产生的新相
包晶转变	1495	$L_B^{①} + \delta_E \to \gamma_J$	0.09 ~ 0.53	奥氏体
共晶转变	1148	$L_C \to \gamma_E + Fe_3C$	2.11 ~ 6.69	奥氏体与渗碳体组成的共晶体，又称莱氏体
共析转变	727	$\gamma_S \to \alpha_P + Fe_3C$	0.0218 ~ 6.69	铁素体与渗碳体组成的共析体，又称珠光体

① L 是液相的符号（见表 2-2），其下标 B 表明在相图上相应点的位置，其他符号均同此。

表 2-4 铁碳合金热处理时常用的临界温度代号

符号	说 明
A_1	发生平衡相变 $\gamma \to \alpha + Fe_3C$ 的温度
A_3	在平衡条件下亚共析钢 $\gamma + \alpha$ 两相平衡的温度
A_{cm}	在平衡条件下过共析钢 $\gamma + Fe_3C$ 两相平衡的温度
Ac_1	钢加热时开始形成奥氏体的临界点温度
Ar_1	钢由高温冷却时奥氏体开始分解为 $\alpha + Fe_3C$ 的临界点温度
Ac_3	亚共析钢加热时铁素体全部消失的临界点温度
Ar_3	亚共析钢由单相奥氏体状态冷却时开始发生 $\gamma \to \alpha$ 转变的临界点温度
Ac_{cm}	过共析钢加热时渗碳体全部消失的临界点温度
Ar_{cm}	过共析钢由单相奥氏体状态冷却时开始发生 $\gamma \to Fe_3C$ 转变的临界点温度

2.1.2　Fe-Fe₃C 系合金的分类

在工程上，按照铁碳相图上以下 5 个点，把铁碳合金划分为 7 类，这 5 个点是：P 点 $[w(C)=0.0218\%]$、S 点 $[w(C)=0.77\%]$、E 点 $[w(C)=2.11\%]$、C 点 $[w(C)=4.30\%]$、F 点 $[w(C)=$ 6.69%]。所划分出的各类铁碳合金的名称、碳含量和室温平衡组织等见表 2-5 及图 2-2。工程上使用的铸造碳钢属于亚共析钢，其碳的质量分数一般为 0.15%~0.60%。

表 2-5　铁碳合金的分类

总类	分类名称	碳含量 $w(C)(\%)$	室温平衡组织	性能特点
铁	工业纯铁[①]	<0.0218	铁素体（或铁素体+三次渗碳体）	具有较低的强度与硬度，较高的塑性与韧性
钢	亚共析钢	0.0218~0.77	先共析铁素体+珠光体，碳含量高时，珠光体多	具有一定的强度和塑性。碳含量高时，强度较高而塑性较低
钢	共析钢	0.77	珠光体	具有较高的强度和硬度及较低的塑性
钢	过共析钢	0.77~2.11	珠光体+先共析渗碳体，碳含量高时，渗碳体多	具有高硬度，其强度和塑性较低。碳含量高时，硬度较高而强度、塑性较低
铸铁	亚共晶铸铁	2.11~4.30	珠光体+二次渗碳体+莱氏体	强度低、硬而脆
铸铁	共晶铸铁	4.30	莱氏体	强度低、硬而脆
铸铁	过共晶铸铁	4.30~6.69	一次渗碳体+莱氏体	强度低、硬而脆

① 有时把工业纯铁也归于钢类。

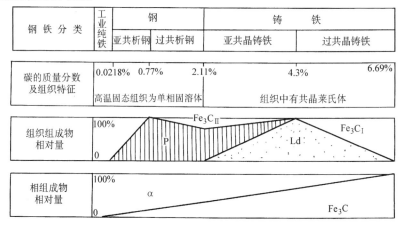

图 2-2　铁碳合金的成分与组织的关系
Fe₃C$_I$——一次碳化物（共晶碳化物）　Fe₃C$_{II}$—二次碳化物（共析碳化物）

2.1.3　碳钢的铸态组织

1. 铸钢件断面上晶区的分布

在钢液凝固过程中，奥氏体常沿断面厚度方向长成不同的晶粒形状，见图 2-3。由图 2-3 中可以看出，由外向内大致可按组织特征而区分为 3 个区域。铸钢件晶区特征见表 2-6。

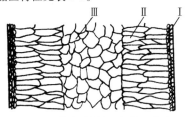

图 2-3　铸钢件断面上晶区分布
Ⅰ—细等轴晶区　Ⅱ—柱状晶区　Ⅲ—粗等轴晶区

表 2-6　铸钢件晶区特征

细等轴晶区	柱状晶区	粗等轴晶区
细等轴晶区为激冷层，是由于结晶时沿模壁一薄层液体中产生了大量晶核的结果。这个区域一般都很窄，有时只有几毫米厚，甚至难以分辨出来	柱状晶是定向结晶的产物。从外形看，各柱状晶的长轴大致与模壁垂直，表现出几何取向的一致性。试验表明，柱状晶区大多还具有晶体学取向的一致性	其位于铸件的中心部位，是由许多较粗大的各方向尺寸相近的晶粒所组成

3 个晶区的相对宽窄可随金属和合金的不同以及冷却条件的差异而变化。铸件断面越厚，即冷却越慢时，柱状晶及粗等轴晶越发达。柱状晶及粗等轴晶会

使钢的力学性能（特别是韧性）下降。通过适当的热处理，可使柱状晶及粗等轴晶变为细等轴晶，从而改善钢的性能。

2. 铸态组织中铁素体的形态

在铸态的亚共析钢组织中，铁素体有块状、针

（条）状和网状 3 种形态，见图 2-4。铁素体的形态与钢中的碳含量及铸件壁厚（冷却速度）有关，见图 2-5。一般认为，针（条）状组织与网状组织都使钢的强度降低。通过适当的热处理，可使这两种组织转变为块状组织，从而提高钢的力学性能。

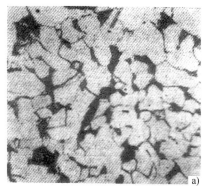 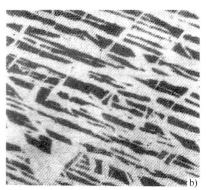
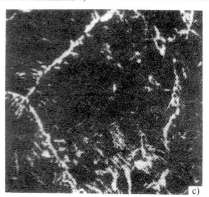

图 2-4 铸钢中铁素体的形态
a）块状组织，$w(C)=0.15\%$ ×200 b）针（条）状（魏氏）组织，$w(C)=0.25\%$ ×75
c）网状组织，$w(C)=0.45\%$ ×250

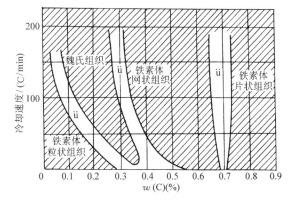

图 2-5 铸钢组织与碳含量及冷却速度的关系
（图中 ü 表示过渡组织）

2.1.4 碳钢在加热过程中的组织转变

根据 Fe-Fe₃C 相图，在 *PSK* 线（A_1 线）以下，钢

的金相组织基本上不发生变化，当加热至 A_1 线以上时，珠光体转变为奥氏体。

对于亚共析钢，为了使其组织中的铁素体溶入奥氏体而得到单一的奥氏体组织，需要将钢加热至 *GS* 线（A_3 线）以上的温度；而对于过共析钢，为了使组织中的自由渗碳体溶入奥氏体而得到单一的奥氏体组织，需要将钢加热至 *ES* 线（A_{cm} 线）以上的温度。

在加热过程中，实际相变温度比相图上的平衡温度要略高几摄氏度，而在冷却过程中，实际相变温度比平衡温度要略低几摄氏度。因此，通常将钢的临界点温度（A_1、A_3、A_{cm}）分别标以 c（Ac_1、Ac_3、Ac_{cm}）和 r（Ar_1、Ar_3、Ar_{cm}），用来表示钢在加热和冷却时发生相变的温度（见图 2-6 及表 2-4）。

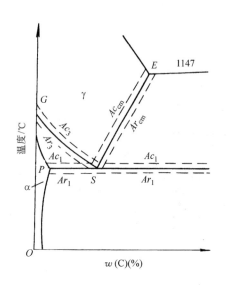

图 2-6　钢在加热和冷却时的相变温度

2.1.5　碳钢在冷却过程中的组织转变

1. 共析钢中的等温转变

图 2-7 所示为共析钢的奥氏体分解曲线。共析钢

中的奥氏体在不同的恒定温度条件下开始转变和转变终了时间见图 2-7a，这个曲线常称为 S 曲线。图 2-7a 中转变开始线左方的区域为过冷奥氏体区，转变开始曲线至纵坐标之间的水平距离（时间的长短）表示过冷奥氏体的稳定性。图 2-7a 中水平线 Ms 是马氏体转变的开始温度，Mf 是马氏体转变终了温度。

过冷奥氏体在不同温度下进行转变时，所得到的组织和性能见表 2-7 及图 2-8。

2. 共析钢在连续冷却过程中的转变

在连续冷却过程中，过冷奥氏体的转变是在一个温度范围中进行，因而转变后常形成混合的组织。图 2-7b 是共析钢的连续冷却转变曲线（图中粗实线）。为了对比，图 2-7b 上还画出了等温转变曲线（虚线）。图 2-7b 中的几条细实线代表不同的冷却速度，其中 v_c 为临界冷却速度，即是使奥氏体全部转变为马氏体所需的最低冷却速度。在所有冷却速度比 v_c 高的条件下，奥氏体都能转变为马氏体。

钢的 S 曲线和连续冷却曲线的形状和在图上的位置，是由钢的化学成分所决定的。钢中碳以及合金元素含量都对冷却曲线有一定的影响。

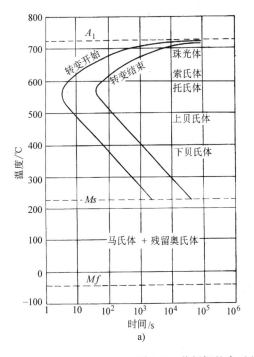

a）

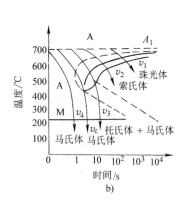

b）

图 2-7　共析钢的奥氏体分解曲线

a）等温转变（S）曲线　b）连续冷却转变曲线（图中 A—奥氏体，M—马氏体，

$v_4 > v_3 > v_2 > v_1$，v_c—临界冷却速度）

表 2-7　奥氏体在不同温度下转变的产物

温度范围 /℃	转变产物名称	转变温度 /℃	金相组织说明	金相组织图号（见图2-8）	力学性能		
					R_m/MPa	A（%）	硬度 HBW
高温转变区	珠光体	680 ~ 727	铁素体和渗碳体的混合组织。在光学显微镜下能明显观察到铁素体与渗碳体呈层状分布的组织形态，其层间距一般为 150 ~ 450nm。转变温度越低，则铁素体和渗碳体的片间距越小（珠光体的分散度越大）	图 2-8a 图 2-8b	700 ~ 800	8 ~ 13	200 ~ 250
	索氏体	600 ~ 650	组成物和珠光体一样，但其分散度更大，在光学显微镜下难以辨别其片层形态，在电子显微镜下测定其片间距一般为 80 ~ 150nm	图 2-8c	1000 ~ 1500	3 ~ 7	250 ~ 400
	托氏体	510 ~ 580	组成物和珠光体一样，但其分散度比索氏体更大，在光学显微镜下根本无法辨别其层状特征，其片间距一般为 30 ~ 80nm	图 2-8d	1500 ~ 1800	≤3	400 ~ 550
中温转变区	上贝氏体	450 左右	其组织形态是由成束的大致平行的铁素体板条及分布于铁素体板条之间的短棒状、颗粒状的渗碳体组成，从整体上看呈现为羽毛状。其与珠光体的不同之处是铁素体的碳含量比平衡值高	图 2-8e	—	—	—
	下贝氏体	300 左右	其金相组织与上贝氏体相同，但铁素体呈针状，立体形态呈透镜状	图 2-8f	—	—	—
低温转变区（240 以下）	马氏体	240 以下	马氏体是碳在 α 铁中的过饱和固溶体，呈板条状（高合金钢，低、中碳钢）或针状（高、中碳钢，高合金钢）	图 2-8g 图 2-8h	—	0	600 ~ 650

3. 亚共析钢和过共析钢中的转变

（1）亚共析钢　奥氏体冷却至 Ar_3 线温度时，开始析出铁素体，称为先共析铁素体。随着温度的降低，析出过程持续进行。当温度降到 Ar_1 温度时，具有共析成分的奥氏体转变为珠光体，最终得到由铁素体和珠光体构成的两相组织。

（2）过共析钢　奥氏体冷却到 Ar_{cm} 温度时，开始析出自由渗碳体，随着温度的降低，析出过程持续进行。当温度降到 Ar_1 温度时，具有共析成分的奥氏体转变为珠光体，最终得到由渗碳体和珠光体构成的两相组织。

当钢中含有合金元素或冷却很快的条件下，亚共析钢和过共析钢也可能生成含有索氏体、托氏体、贝氏体和马氏体的组织。

2.1.6　碳对碳钢显微组织和性能的影响

1. 对组织的影响

碳是决定钢组织和性能的主要元素。碳对缓慢冷却后碳钢显微组织的影响是：在亚共析钢范围内，随碳含量增加，先共析铁素体相对量减少，珠光体相对量增加；达到共析成分时，全部为珠光体。在过共析钢范围内，随碳含量增加，先共析渗碳体相对量增多，珠光体相对量减少。

2. 对力学性能的影响

碳通过影响显微组织中各组织组分的相对量及其分布特点进而影响碳钢的力学性能。

碳钢中的基本组织组分的力学性能见表 2-8。由于渗碳体很脆，无法在试验中准确测定其强度、塑性和韧性。图 2-9 所示为碳在平衡状态下对碳钢力学性能的影响。

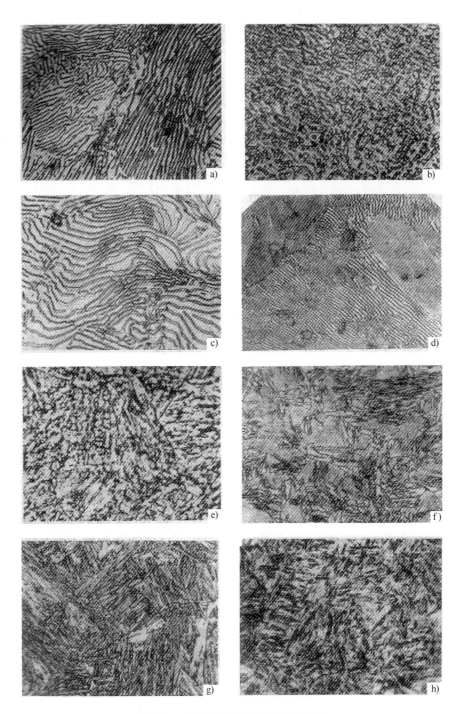

图 2-8　奥氏体转变产物的显微组织

a) 片状珠光体　×500　b) 粒状珠光体　×500　c) 索氏体　×10000

d) 托氏体　×10000　e) 上贝氏体　×400　f) 下贝氏体　×500

g) 板条状马氏体　×500　h) 针状马氏体　×500

表 2-8 碳钢基本组织组分的力学性能

组织名称	力学性能			
	硬度 HBW	抗拉强度 R_m/MPa	断后伸长率 A(%)	冲击吸收能量 KU_2/J
铁素体	80	≈294	40	≈157
渗碳体	>800	—	—	—
珠光体	≈180	834	10	—

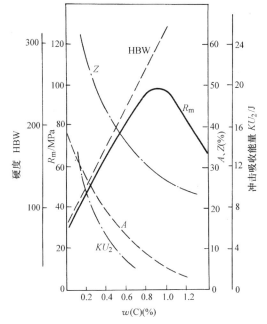

图 2-9 碳在平衡状态下对碳钢力学性能的影响

3. 对工艺性能的影响

（1）切削加工性能 低碳钢中有大量的铁素体，硬度低，塑性好，容易粘刀，故切削加工性能较差。高碳钢中渗碳体较多，当渗碳体呈片状和网状分布时，刀具易磨损，切削加工性能也差。中碳钢中铁素体与渗碳体的比例适当，硬度和塑性适中，切削加工性能较好。一般认为，钢的硬度大致为 180~230 HBW 时切削加工性能最好。

（2）铸造、焊接性 在同样的温度下，不同碳含量的钢液的流动性是不同的。因为碳含量不同的钢在树状晶方面的发达程度不同。结晶区的温度间隔（液相线与固相线之间的温差）越大，则其树状晶越发达，而钢液的流动性越差，即钢液充填铸型的能力也越差。

碳含量对钢的焊接性影响很大。钢中碳含量增加会使冷却过程中由奥氏体转变的马氏体硬度加大；同时也会加大钢的淬透性，从而助长冷裂纹的产生。因此，一般而言，碳含量越低，钢的焊接性越好。

2.2 钢的合金化基本知识

2.2.1 合金元素在钢中存在的形态

合金元素在钢中所起的作用与其在钢中存在的形态有直接关系。常见元素在钢中存在的形态及其分布见表 2-9。钢中合金元素的基本参量见表 2-10。

表 2-9 常见元素在钢中存在的形态及其分布

元素	溶于铁素体中	结合于碳化物中	进入非金属夹杂中	进入金属间化合物中	液 离 状 态
Al	Al	—	$Al_2O_3 \cdot FeO$，AlN	Fe_xAl	—
B	B	—	—	Fe_xB	—
Ni	Ni	—	—	Ni_3Ti	—
Co	Co	—	—	—	—
Si	Si	—	$SiO_2 \cdot Mn_xO_y$	FeSi	—
Mn	Mn(+++)	Mn(+)	MnS，$MnO \cdot SiO_2$	—	—
Cr	Cr(++)	Cr(+)	—	FeCr	—
Mo	Mo(++)	Mo(++)	—	—	—
W	W(++)	W(++)	—	Fe_2W	—
Ta	Ta(+)	Ta(+++)	TaN	—	—
V	V(+)	V(++)	V_xO_y，V_xN_y	—	—
Nb	Nb(+)	Nb(+++)	NbN	—	—
Zr	Zr(+)	Zr(++)	ZrO_2，Zr_xN_y	—	—
Ti	Ti(+)	Ti(++)	$TiO_2 \cdot FeO$，TiN_y	Fe_2Ti	—
P	P	—	—	—	—
S	—	—	(Mn,Fe)S，ZrS	—	—
Cu	Cu	—	—	—	Cu[w(Cu)>0.75%时]
Pb	—	—	PbS	—	—

注："+"号的多少表示倾向程度相对比的大小。

表 2-10 钢中合金元素的基本参量

元素	$D_{12}^{①}$/nm	$\dfrac{D-D_{Fe}}{D_{Fe}}$ (%)②	电负性 X	$(X-X_{Fe})^{2}$③	氮化物 分子式	氮化物 $E298$④	碳化物 分子式	碳化物 $E298$④	碳化物 $E900$④
C	0.172	−32.3	2.5	0.49	—	—	—	—	—
N	0.160	−36.2	3.0	1.44	—	—	—	—	—
Al	0.286	−11.2	1.5	0.09	AlN	−235717	Al_4C_3	−53172	−52335
Si	0.263	+3.5	1.8	0.00	Si_3N_4	−162029	SiC	−51916	−47311
Ti	0.293	+15.3	1.5	0.09	TiN	−307730	TiC	−180032	−172436
V	0.272	+7.1	1.6	0.04	VN	−144445	VC	−83736	−79549
Cr	0.255	+0.4	1.6	0.04	Cr_2N	−83736	$Cr_{23}C_6$	−70338	−74525
Mn	0.262	+3.2	1.5	0.09	Mn_3N_2	−71594	Mn_2C_3	+10467	−21771
Fe	0.254	0	1.8	0.00	Fe_4N	+3768	Fe_3C	+20097	−2930
Co	0.252	−0.8	1.8	0.00	Co_3N	+28889	Co_3C	+28889	—
Ni	0.248	−1.6	1.8	0.00	Ni_3N	+37263	Ni_3C	+37263	+27633
Cu	0.255	+0.4	1.9	0.01	Cu_3N	+49404	—	—	—
Nb	0.294	+19.7	1.6	0.04	NbN	−221900	NbC	−129790	−114718
Mo	0.280	+10.2	1.8	0.00	Mo_2N	−43124	Mo_2C	+11723	−31820
W	0.282	+11.0	1.7	0.01	W_2N	−46054	W_2C	−48986	—

① 表中 D_{12}—配位数为 12 时，合金元素的原子半径。

② $(D-D_{Fe})/D_{Fe}$—合金元素与 Fe 的欠配合度参量，其值越大时，造成的晶格畸变越大，越不易形成固溶体，固溶度越小。欠配合度的大小还表现为合金元素在铁素体中产生强化作用的程度，欠配合度越大，则强化作用越大。

③ $(X-X_{Fe})^2$—电负性差值，表示合金元素原子与铁原子之间化学结合力大小，差值越大，则表示结合力越强，越易形成化合物；反之，越易形成固溶体。

④ $E298$、$E900$—表示在 298K 和 900K 温度条件下，生成化合物（氮化物、碳化物）反应的标准生成自由能（单位：J）。只有 E 为负值时，化合物才能生成，E 值越负（绝对值越大），则生成化合物的热力学驱动力越大，生成的化合物也越稳定。

2.2.2 合金元素对相图的影响

由于合金元素在晶格结构或晶格常数方面与铁不同，故在钢中加入合金元素后，会使钢中各相（特别是固溶体相）的晶格常数乃至晶格结构发生变化，并使 $Fe-Fe_3C$ 相图上的相区界线和临界点的位置发生变化。了解合金元素对相图的影响对于分析铸造合金钢的组织形成和制订热处理工艺是很重要的。

1. 对相图上奥氏体区的影响

铁与其他元素形成的二元合金的相图基本上可归纳为两类，每一类又可再分为两种形式，见图 2-10。其特点是：

A—Ⅰ型：使 $\alpha \rightarrow \gamma$ 转变温度（A_3）降低，$\gamma \rightarrow \delta$ 转变温度（A_4）升高，使 γ 区扩大，相应 α、δ 区缩小，并且在一定温度范围内铁与该元素可以无限固溶。

A—Ⅱ型：与 A—Ⅰ型相同，但由于稳定化合物与其固溶体的形成，限制了 γ 区向右方扩大，即不能无限固溶。

B—Ⅰ型：使 $\alpha \rightarrow \gamma$ 转变温度（A_3）升高，$\gamma \rightarrow \delta$ 转变温度（A_4）降低，使 γ 区缩小并为 $\gamma + \alpha$（δ）两相带所包围，形成 γ 相图。合金元素超过一定含量时，γ 区可不存在。

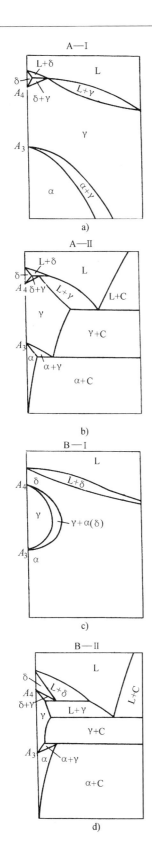

图 2-10 铁合金相图的形式

a) 开放 γ 区 b) 扩大 γ 区 c) 闭锁 γ 区 d) 缩小 γ 区

B—Ⅱ型: 与 B—Ⅰ 型相同, 但由于稳定化合物及其固溶体的形成, 破坏了包围 γ 区的 γ + α (δ) 两相带, 使 γ 相可以在相当大的浓度范围内与化合物共存。

合金元素对 Fe-Fe₃C 相图的影响见表 2-11。

表 2-11 合金元素对 Fe-Fe₃C 相图的影响

对 γ 区 的影响	元 素
A—Ⅰ	Mn、Ni、Co、Ru、Rh、Rd、Os、Ir、Pt
A—Ⅱ	Cu、Zn、Au、C、N、H
B—Ⅰ	Si、Cr、W、Mo、P、V、Ti、Be、Sn、Sb、As、Al
B—Ⅱ	Nb、Zr、B、S、O、Ta、RE

钢 (铁碳合金) 中 γ 区界线因几种合金元素的含量对奥氏体相区范围的影响见图 2-11 和图 2-12。

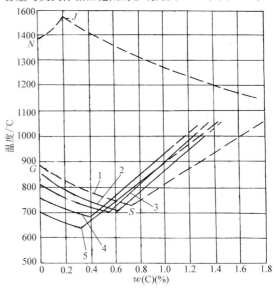

图 2-11 锰含量对铁碳合金奥氏体
相区范围的影响

1—$w(Mn) = 0.35\%$ 2—$w(Mn) = 2.5\%$
3—$w(Mn) = 4\%$ 4—$w(Mn) = 6.5\%$
5—$w(Mn) = 9\%$

2. 相图上 S 点 (共析含碳量) 和 A_1 (PSK 线) 温度的影响

合金元素对铁碳相图的影响, 还表现在改变 S 点的成分及 A_1 温度上, 见图 2-13。图 2-13 中结果表明, 常用的一些合金元素, 在一般含量的情况下均使 S 点左移, 即合金钢共析体中的碳含量较碳素钢珠光体内的碳含量低, 而大多数合金元素均使 A_1 温度升高, 仅 Ni、Mn 等少数元素降低 A_1 温度。

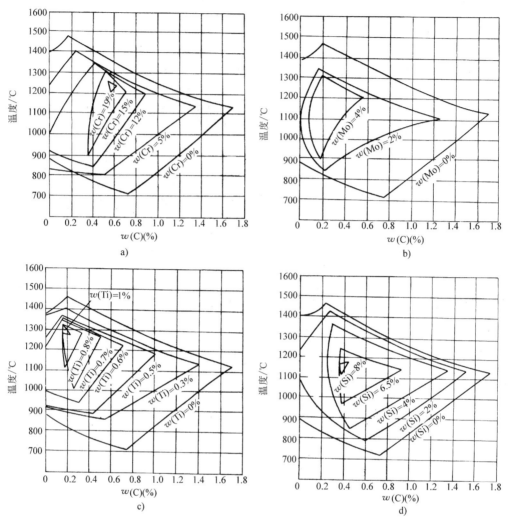

图 2-12　铬、钼、钛、硅的含量对铁碳合金奥氏体相区范围的影响

a）铬的影响　b）钼的影响　c）钛的影响　d）硅的影响

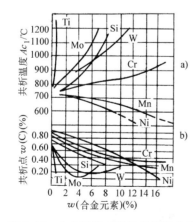

**图 2-13　合金元素对钢的共析温度和
共析点碳的质量分数影响**

**3. 对相图上 A_3（GS 线）和 A_4（NJ 线）温度的
影响**

表 2-12 中列出了各种合金元素对这两个相界线
的影响，可与图 2-11 和图 2-12 相对照。

**表 2-12　各种合金元素对 A_3 和 $\gamma \leftrightarrows \delta$
转变温度（A_4）的影响**

A_4	提高	Mn、Ni、C、N、H、Cu、Zn、Au
	降低	As、O、Zr、B、Sn、Be、Al
A_3	提高	As、O、Zr、B、Sn、Be、Al
	降低	Mn、Ni、C、N、H、Cu、Zn、Au
A_4	提高	Co
	降低	Si、P、Ti、V、Mo、W、Ta、Nb、Sb、Cr
A_3	提高	Si、P、Ti、V、Mo、W、Ta、Nb、Sb、Co
	降低	Cr[①]

① $w(Cr) \leqslant 7.0\%$ 时，使 A_3 降低，而当 $w(Cr) > 7.0\%$
时，则使 A_3 提高。

2.2.3 合金元素对等温转变曲线的影响

合金元素对钢中过冷奥氏体的稳定性具有重要的影响，从而使等温转变曲线的位置发生变化。多数合金元素使过冷奥氏体稳定性提高，阻碍其分解，使等温转变曲线右移，从而降低临界冷却速度，即使奥氏体能在较缓慢的冷却条件下按照奥氏体→马氏体方式进行相变。

在钢的热处理中，有一种方式是首先使钢生成马氏体组织，然后再将钢加热至一定温度，使马氏体分解为组织很细的索氏体，即进行淬火 + 回火处理。用这种方法能得到比通过使奥氏体直接分解方法更高性能的钢。因此，通过合金化方法降低临界冷却速度，是提高钢的热处理效果的重要条件。图 2-14 所示为合金元素对钢等温转变曲线的影响。应指出，在提高奥氏体稳定性，使等温转变曲线右移的元素中，可分为两类：一类元素保持等温转变曲线原来的形状（见图 2-14a），另一类元素使等温转变曲线分为上、下两个转变区（见图 2-14b），其中高温区为奥氏体-珠光体转变区，低温区为奥氏体-贝氏体转变区。后一类合金元素提供了生成贝氏体组织的条件。

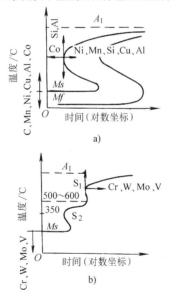

图 2-14 合金元素对钢等温转变曲线的影响
a）单 S 曲线 b）双 S 曲线

在合金元素的作用下，随着等温转变曲线右移或左移的同时，奥氏体-马氏体转变温度（起始温度 Ms 和终了温度 Mf）也会降低或升高。多数元素（除 Co 和 Al 外），都使马氏体转变温度降低，其中 Mo、Cr、Ni 的作用较强。图 2-15a 所示为合金元素对马氏体转变温度的影响。

奥氏体-马氏体转变温度的高低会影响相变的完

全程度。转变温度低时，由于原子活动能力弱，故使相变进行得不完全，其结果是转变后的组织中残留一部分未转变的奥氏体。转变温度越低时，则残留奥氏体量越多。残留奥氏体的存在，会影响钢的热处理效果和性能。合金元素对残留奥氏体量的影响见图 2-15b。

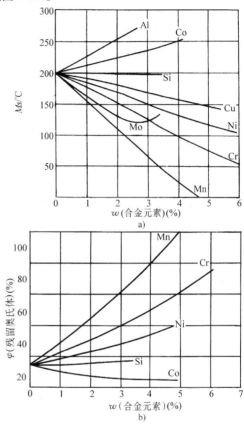

图 2-15 合金元素对 $w(C)=1\%$ 的钢的影响
a）马氏体转变温度 b）残留奥氏体量

2.2.4 合金元素对连续冷却转变曲线的影响

过冷奥氏体是在一个温度范围内发生转变的，连续冷却转变可以看作由许多温度相差很小的等温转变过程所组成的，所以连续冷却转变得到的组织可认为是不同温度下等温转变产物的混合物。连续冷却转变（CCT）图和等温转变（TTT）图在某些方面是有联系的，同时又有差别。

在等温条件下，合金元素推迟过冷奥氏体等温转变；在连续冷却条件下，合金元素也降低过冷奥氏体的转变速度。比如，40 钢的奥氏体只有在非常大的冷却速度（≥1277℃/min）下，才能开始有贝氏体和马氏体的形成；40Mn 钢由于 Mn 的影响，使铁素体、珠光体和贝氏体转变区域向右下方移，降低 Ms

点温度，在 153 ~ 305℃/min 的冷却速度下就开始有贝氏体和马氏体形成；40MnB 钢的奥氏体在冷却速度降低至 55℃/min 时，还有贝氏体和马氏体出现。

与等温转变图相似，由于合金元素其他因素的影响，连续冷却转变图具有各种不同的类型，可以只有珠光体转变曲线，而无贝氏体转变区域，也会有三种转变曲线同时出现的，或只有贝氏体转变曲线，而无珠光体转变区域，三种转变区域可以是互相衔接的，也可以是互相分离的。在应用连续冷却转变图时，同样要注意测定该图的条件。

亚共析钢、共析钢和过共析钢的连续冷却转变图如图 2-16 所示。与等温转变图比较，连续冷却转变图中的所有曲线均向右下"漂移"，即所有转变均呈现"滞后"现象。冷却速度越快，"滞后"现象越严重。同时，连续冷却转变图中的珠光体和贝氏体的

"C"形曲线也只有上半部分。相变滞后现象也可能导致贝氏体转变被抑制。

亚共析钢连续冷却转变图有贝氏体转变区，多了一条 A→F 开始线，铁素体析出使奥氏体含碳量升高，因而 Ms 线右端下降。随着亚共析钢碳质量分数的增加，不利于"排碳"的铁素体形成，所以 A→F 开始线向右移。共析钢的贝氏体来不及转变，所以没有贝氏体转变区，在珠光体转变区之下有一条转变终止线（见图 2-16b 中的 AB 线）。过共析钢的贝氏体也来不及转变，所以连续冷却转变图也无贝氏体转变区，但比共析钢连续冷却转变图多一条 A→Fe_3C 转变开始线。由于 Fe_3C 的析出，奥氏体中碳的质量分数下降，因而 Ms 线右端升高。随过共析钢碳质量分数的增加，有利于"吸碳"的渗碳体形成，所以 A→Fe_3C 转变开始线向左移。

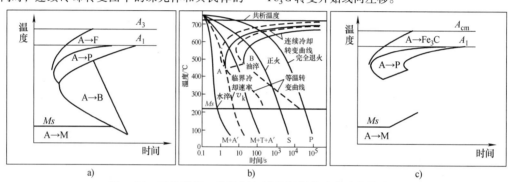

a)　　　　　　　　　　b)　　　　　　　　　　c)

图 2-16　亚共析钢、共析钢与过共析钢的连续冷却转变图

a）亚共析钢的连续冷却转变图　b）共析钢的连续冷却转变图　c）过共析钢的连续冷却转变图

虽然连续冷却转变图和等温转变图在某些方面是相似的，但是由于连续冷却转变还受到冷却速度的影响，所以连续冷却转变就变得更为复杂，其某些特点要根据等温转变图直接推出来是困难的。在图 2-17 中比较了共析碳钢的等温转变图和连续冷却转变图，可见后者处于前者的右下方，说明在连续冷却时过冷奥氏体在较低温度下和经过较长时间（孕育期）后才开始珠光体转变。

共析碳钢和过共析碳钢在 A_1 ~ A_{cm} 之间加热的连续冷却转变图，只有高温区域的珠光体转变和低温区域的马氏体转变，不出现贝氏体转变。若冷却速度大于 a（见图 2-17），即使与等温转变图相交，室温组织仍为马氏体；冷却速度小于 b（见图 2-17），室温组织为珠光体；冷却速度在 a 和 b 之间，室温组织为珠光体和马氏体。

在连续冷却中，使过冷奥氏体不析出某组织（或相）的最低冷却速度，称为抑制该组织（或相）转变的临界冷却速度。过冷奥氏体完全转变为马氏体

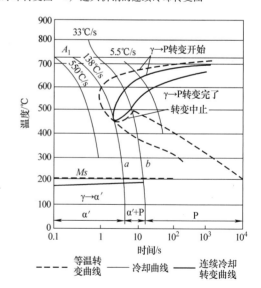

图 2-17　共析碳钢的等温转变图和连续冷却转变图的比较

（可能包含部分残留奥氏体）的最低冷却速度称为临界淬火速度，用 v_k 表示，如图 2-16b 中过 A 点的冷却速度即为共析钢的 v_k。v_k 表征了钢件淬火冷却获得马氏体组织的能力，是决定钢件淬透层深度的重要因素，也是合理选择钢材和正确制定热处理工艺的重要依据之一。

合金钢连续冷却转变图通常具有较大的贝氏体转变区域，因此，在相当宽的冷却速度范围冷却时，过冷奥氏体都经历贝氏体转变，贝氏体经常作为一种转变产物出现。

连续冷却转变是在一个温度范围内发生的。对扩散性转变而言，冷却速度小，则转变温度范围狭窄，转变时间长；冷却速度大，则转变温度范围宽，转变时间短。因转变是在一个温度范围内发生的，所以以转变初期和后期所形成的产物有一定差别，几种转变可能重叠发生，往往得到复杂的显微组织。

在某些高碳钢当奥氏体化温度较低，奥氏体的含碳量较低时在以较低速度连续冷区过程中，还可能出现铁素体的析出。

2.2.5 合金元素对钢的组织及性能的影响

1. 合金元素对铁素体的影响

合金元素的原子是以置换方式溶入 α 铁中，由于这些元素的原子尺寸和结构与铁原子有所不同，所以在晶格中产生内应力，使晶格常数发生变化。铁和合金元素的原子尺寸相差越大，晶格常数的变化也越大。铁素体晶格尺寸的变化将引起铁素体性能的变化——强度、硬度增加而韧性降低，见图 2-18。

当某元素在铁素体中溶解度随着温度的下降而显著降低时，则可在低于共析温度的某个温度条件下，使过饱和的部分合金元素析出，在钢的基体中造成高应力状态，而使其强化。通常采用 Cu 或 Al 作为钢的析出强化元素，Cu 产生析出强化的条件可以从图 2-19 看出。

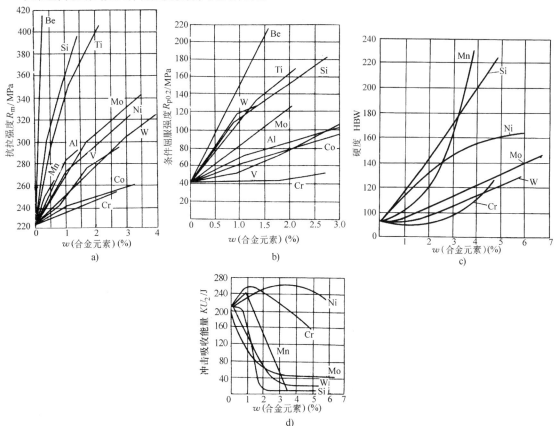

图 2-18　不同合金元素对铁素体性能的影响

a）对铁素体抗拉强度 R_m 的影响　b）对条件屈服强度 $R_{p0.2}$ 的影响

c）对硬度的影响　d）对冲击吸收能量 KU_2 的影响

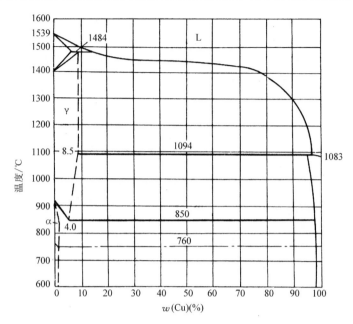

图 2-19　Fe-Cu 系合金相图

2. 合金元素对珠光体的影响

常见合金元素对钢的共析温度和共析点含碳量的影响见图2-13。多数合金元素使相图（见图2-1）上的 S 点左移，即共析含碳量减少，因而能增大亚共析钢中的珠光体含量，使钢的强度提高。由于 Ni 和 Mn 还使钢的共析温度 Ac_1 和 Ar_1 降低。因而可使珠光体细化，也有利于提高钢的强度。

3. 合金元素对奥氏体晶粒的影响

所有合金元素都有减小奥氏体晶粒长大的倾向（除锰和硼例外），使晶粒细化。但它们的作用各不相同：镍、钴、硅、铜（非碳化物形成元素），对晶粒长大的影响比较弱；铬、钼、钨、钒、钛（碳化物形成元素）能显著地细化晶粒（所列举元素的作用依次增强）。这种差别是由于这些元素的碳（氮）化物的稳定性不同。未能溶入奥氏体内的剩余碳化物阻碍奥氏体晶粒的长大，所以当钢中存在少量未溶碳化物时，即使在很高的加热温度下，钢仍然保持细晶粒组织。合金元素对钢的晶粒度的影响见表2-13。

表 2-13　合金元素对钢的晶粒度的影响

元素	Mn[①]	Si	Cr	Ni	Cu	Co	W	Mo	V	Al	Ti	Nb
影响	有所粗化	影响不大	细化	影响不大	影响不大	影响不大	细化	细化	显著细化	细化	强烈细化	细化

① Mn 对钢晶粒的粗化作用是由于含 Mn 钢在热处理过程中易产生奥氏体晶粒长大（过热敏感）现象所致。

4. 合金元素对钢的淬透性的影响

淬火是使钢获得马氏体组织的一种热处理方式，而淬透性则反映钢接受淬火处理的能力。钢接受淬火处理的能力主要由钢的化学成分所决定。淬透性是通过一定的试验方法测定的，它表明在一定的表面冷却条件下，钢内生成全马氏体组织层的厚度。影响淬透性的决定因素是钢的临界冷却速度，临界冷却速度越低，则淬透性越高。钢中含碳量对临界冷却速度的影响如图 2-20 所示。多数合金元素（除 Co 外）均能在不同程度上提高钢的淬透性。图 2-21 是以淬透性倍数的方式表明合金元素对钢淬透性的影响。

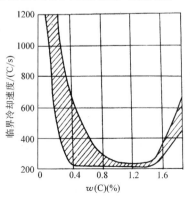

图 2-20　碳钢的临界冷却速度与含碳量的关系

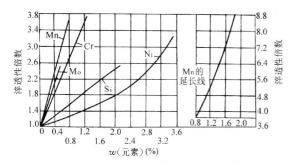

图 2-21 合金元素对钢淬透性的影响

5. 合金元素对钢的耐热性和热强性的影响

某些合金元素能在钢的表面形成致密而稳定性高的氧化膜，在高温下能防止钢的内部被氧化和脱碳，从而提高钢的耐热性。形成合金渗碳体、合金碳化物及与铁形成金属间化合物（中间相）的合金元素能防止钢在高温下发生珠光体分解和晶界软化现象，从而能提高钢的高温强度及抗蠕变性能。合金元素对钢耐热性及热强性的影响见表 2-14、图 2-22 和图 2-23。

表 2-14 合金元素对钢的高温性能的影响

元素	Mn	Si	Cr	Ni	Cu	Co	W	Mo	V	Al	Ti	Nb
高温抗氧化性	1	3	4	3	1	2	1	1	2	4	2	3
高温强度	1	4	2	3	0	3	3	4	2	1	1	3
抗蠕变	—	—	3	3	0	3	3	3	—	—	3	—

注：0—无影响；1—影响不大；2—有所提高；3—提高；4—显著提高。

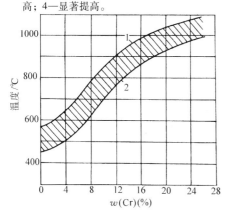

图 2-22 含铬量对钢的抗氧化性的影响

1—氧化失重 10[mg/(cm²/100h)]

2—氧化失重 1[mg/(cm²/100)]

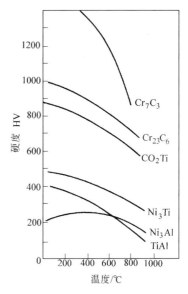

图 2-23 钢中某些强化相的高温硬度

6. 合金元素对钢的低温韧性的影响

随着环境温度的降低，金属由韧性转变为脆性是普遍现象。这种由韧性转变为脆性的临界温度称为韧性-脆性转变温度（Ductile-Brittle Transition Temperature，DBTT）。一般情况下，能使钢产生固溶强化的元素，均使合金的低温韧性降低，并使韧性-脆性转变温度升高。特别是一些能在钢的晶界上形成脆性相的元素（如磷），更显著提高韧性-脆性转变温度。而少数合金元素（如 Ni 和 Mn）能改善钢的低温韧性。合金元素对钢的低温韧性和韧性-脆性转变温度以及对钢冲击吸收能量的影响见图 2-24～图 2-26。

7. 合金元素对钢的耐蚀性的影响

钢的腐蚀按机理可分为化学腐蚀和电化学腐蚀两方面。防止钢被腐蚀的基本途径是向钢中加入适当的合金元素，以便在钢的表面形成致密和高化学稳定性的钝化保护膜，阻止腐蚀介质侵入钢的内部，并提高铁素体（或奥氏体）的电极电位，从而抑制钢中铁离子发生离子化过程。

耐蚀钢通常也称为不锈钢，铬是不锈钢的主要合金元素，而铬镍不锈钢则是应用最广泛的不锈钢。这种不锈钢在硝酸及其他强氧化性腐蚀介质中有良好的耐蚀性。为了改善钢在硫酸及其他还原性腐蚀介质中的耐蚀性，可加入钼、铜等元素。

不锈钢在介质中的主要腐蚀形态为均匀腐蚀和晶间腐蚀。产生晶间腐蚀的主要原因是由于钢中的碳原子在晶粒周界处成碳化铬而使晶粒的边缘贫铬，从而降低晶界的耐蚀性。加入钛（或铌）等与碳化学亲和力比铬更强的元素，以优先生成碳化钛（或碳化铌），有助于防止发生晶间腐蚀。　　　　　　影响。

表2-15和图2-27表明合金元素对钢耐蚀性的

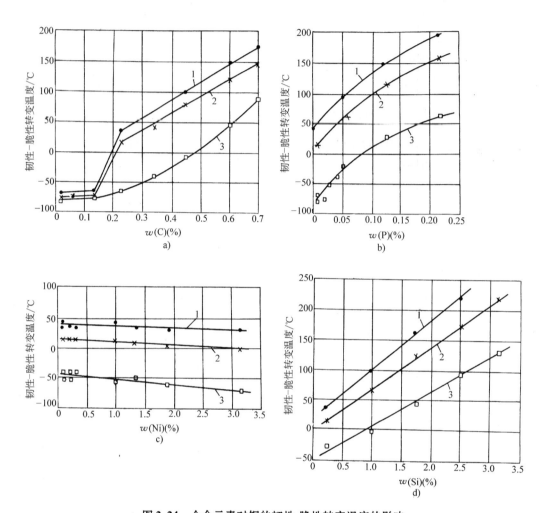

图2-24　合金元素对钢的韧性-脆性转变温度的影响

a）C 的影响　b）P 的影响　c）Ni 的影响　d）Si 的影响

1—脆性开始点　2—脆化点　3—$KU_2 = 21J$

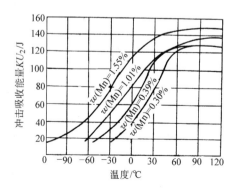

图2-25　Mn 对 $w(C) = 0.3\%$ 钢的冲击吸收能量的影响

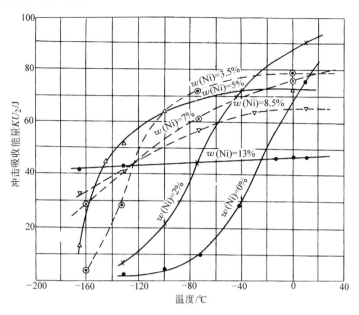

图 2-26 Ni 对回火状态的低碳钢在低温下的冲击吸收能量
（罗氏钥孔缺口试样）的影响

表 2-15 合金元素对铬镍奥氏体不锈钢耐蚀性的影响

元素	影响	在钢中所起的作用
Cr	+	1）形成钝化保护膜 2）提高电极电位
C	−	引起晶粒表面层贫铬，促使发生晶间腐蚀
Ni	+	1）促使钢形成奥氏体组织，能溶解较多的碳，减小形成碳化铬的倾向，降低碳的危害 2）提高电极电位，减轻电化学腐蚀
Mn	+	促使钢形成奥氏体组织，降低碳的危害，但其作用比镍小
Mo	+	1）提高钢对硫酸的耐蚀性 2）提高电极电位
Cu	+	其作用与 Mo 相似
Si	+	提高钢在高浓度硝酸中的耐蚀性
Ti	+	生成稳定的碳化物（TiC），从而减小碳化铬的形成倾向，有利于防止晶间腐蚀
Nb	+	作用与钛相似
N	+	促使钢形成奥氏体组织，可部分代替 Ni 的作用

注："＋"—提高钢的耐蚀性；"－"—降低钢的耐蚀性。

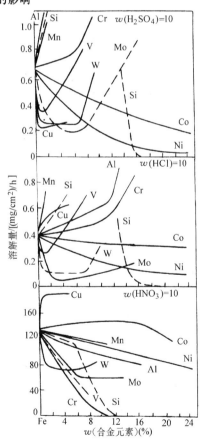

图 2-27 合金元素对钢在 H_2SO_4、HCl
和 HNO_3 中耐蚀性的影响

8. 合金元素对钢的耐磨性的影响

作为耐磨用途的钢需很高的硬度和一定的韧性，具有代表性的是马氏体耐磨钢和高锰钢。合金元素在耐磨钢中的作用见表2-16。

表2-16 合金元素在耐磨钢中的作用

元素	马氏体耐磨钢[①]	高 锰 钢
Mn	降低临界冷却速度，促使钢生成马氏体。钢中锰的质量分数为1.3%～1.5%	1）促进钢生成奥氏体而具有高韧性 2）与碳适当配合，使钢具有加工硬化能力，提高耐磨性。钢中锰的质量分数为10%～14%
Si	降低临界冷却速度，促使钢生成马氏体。钢中硅的质量分数为0.7%～1.0%	降低钢的耐磨性，一般控制硅的质量分数在0.3%～0.8%
Cr	降低临界冷却速度，促使钢生成马氏体。钢中铬的质量分数为0.7%～0.9%	—
Mo	降低临界冷却速度，促使钢生成马氏体。钢中钼的质量分数为0.25%～0.75%	—
Ni	降低临界冷却速度，促使钢生成马氏体。钢中镍的质量分数为1.4%～1.7%	—
C	钢中基本元素碳的质量分数为0.4%～0.6%	与锰相配合（Mn/C=8～11），使钢具有加工硬化能力，提高耐磨性

① 马氏体耐磨钢有多种牌号（包括不含镍的钢种），表中所列的是其中比较典型的钢种和成分。

9. 合金元素对钢的铁磁性的影响

根据钢的特殊用途，有的需要具有强铁磁性，有的则需要是非铁磁性的。合金元素对钢的铁磁性的影响见表2-17。应指出，Ni对钢的铁磁性具有双重影响：在铁素体钢和马氏体钢中能增强铁磁性；当钢中含Ni量高而具有奥氏体钢组织时，则使钢成为非铁磁性的。

表2-17 合金元素对钢的铁磁性的影响

元素	Mn	Ni	Cu	Co	Cr	W	Mo	V	Ti	Be	B	Si	Al
提高或降低铁磁性	↓	↑	↓	↓	↑	↑	↑	↑	↑	↑	0	↑	↓

注：↑↑—强烈提高，↑—提高，0—无影响，↓—降低，↑↓—双向作用。

10. 合金元素对碳在 γ 铁中扩散系数影响

合金元素对碳在 γ 铁中的扩散系数的影响可分为3种情况（见图2-28）：

1）形成碳化物的元素，如 Cr 等，由于这些元素和碳的亲和力较大，能强烈阻止碳的扩散，故降低碳的扩散系数。

2）能形成稳定碳化物，但易溶解于固溶体中的元素，如 Mn 等，这些元素对碳的扩散系数影响不大。

3）不形成碳化物而溶于固溶体中的元素影响各不相同，如 Co、Ni 等提高碳的扩散系数，而 Si 则降低碳的扩散系数。

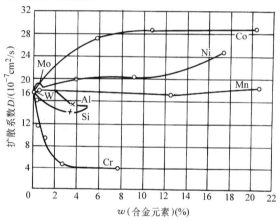

图2-28 合金元素对碳在 γ 铁中的扩散系数的影响 $[w(C)=0.4\%$钢，$1200℃]$

2.2.6 常用合金化元素在钢中的作用

以合金化为目的而使用的合金元素在钢中的作用，归纳于表2-18。

表2-18 合金元素在钢中的作用

元素	作 用
Mn	1）在低含量范围内，对钢具有很大的强化作用，提高强度、硬度和耐磨性 2）降低钢的临界冷却速度，提高钢的淬透性 3）稍稍改善钢的低温韧性 4）在高含量范围内，作为主要奥氏体化元素

（续）

元素	作　　用
Si	1）强化铁素体，提高钢的强度和硬度 2）降低钢临界冷却速度，提高钢的淬透性 3）提高钢在氧化性腐蚀介质中的耐蚀性，提高钢的耐热性 4）磁钢中的主要合金元素
Cr	1）在低合金范围内，对钢具有很大的强化作用，提高强度、硬度和耐磨性 2）降低钢的临界冷却速度，提高钢的淬透性 3）提高钢的耐热性，是耐热钢的主要合金元素 4）在高合金范围内，使钢具有对强氧化性酸等腐蚀介质的耐蚀能力 5）可形成多种碳化物，提高强度、硬度
Mo	1）强化铁素体，提高钢的强度和硬度 2）降低钢的临界冷却速度，提高钢的淬透性 3）提高钢的耐热性和高温强度，是热强钢中的重要合金元素
V	1）在低含量（质量分数为 0.05% ~ 0.10%）时，细化晶粒，提高韧性 2）在较高含量（质量分数大于 0.20%）时，形成 V_4C_3 碳化物，提高钢的热强性
Ni	1）提高钢的强度，而不降低其塑性 2）降低钢的临界冷却速度，提高钢的淬透性 3）改善钢的低温韧性 4）扩大奥氏体区，是奥氏体化的有效元素 5）本身具有一定的耐蚀性，对一些还原性酸类（硫酸、盐酸）有良好的耐蚀性
Al	1）炼钢中起良好的脱氧作用 2）细化钢的晶粒，提高钢的强度 3）提高钢液抗氧化性能，提高不锈钢对强氧化性酸类的耐蚀性
Ti、Nb	1）细化钢的晶粒 2）在不锈钢中改善抗晶间腐蚀的能力
B	1）与氮、氧有很强的亲和力，与钛等金属元素形成极硬的硼化物 2）强烈提高过冷奥氏体的稳定性，在提高钢的淬透性方面所起的作用比 Cr、Mo、Ni 等合金元素强得多［$w(B)$ = 0.001% 相当于 $w(Mn)$ = 0.85%，或 $w(Ni)$ = 2.4%，或 $w(Cr)$ = 0.45%，或 $w(Mo)$ = 0.35%］

（续）

元素	作　　用
N	1）固溶强化及时效强化 2）形成和稳定奥氏体组织
Cu	1）强化铁素体［$w(Cu)$ < 1.5%］ 2）产生析出强化作用［$w(Cu)$ > 3.0%］ 3）提高钢的耐蚀性（特别是硫酸）
Zr	1）强的脱氧和脱氮元素 2）细化奥氏体晶粒，与硫形成硫化锆，防止钢的热脆性
W	1）细化钢的晶粒 2）提高钢的淬透性 3）生成高热稳定碳化物和氮化物（W_2C、W_2N），提高钢的热强性
Co	1）提高高温硬度 2）与钼配合可以获得超高强度和综合力学性能
Be	1）与氧、硫有极强的亲和力，强脱氧去硫作用 2）提高淬透性，固溶强化作用极强，和铁、碳配合可以产生极强的沉淀强化作用
Pb、Bi	不固溶于钢中，以分散细小颗粒存在时，改善切削加工性能，也产生润滑作用
RE（Ce、La）	1）炼钢中起脱硫、去气、净化钢液的作用 2）细化钢的晶粒，改善铸态组织（缩小柱状晶区）

2.3　影响铸钢性能的一些因素

2.3.1　钢中常见杂质元素的影响

1. 常见元素的影响

钢中常见的杂质元素有 P、S、H、N、O 等。这些元素在一般情况下对钢的性能起有害作用，但其中有的元素在特定的条件下，也能起有益的作用，成为加入的合金元素（如硫、磷加入钢中可以改善切削加工性能）。这几种杂质元素的来源及其在钢中的作用见表 2-19。

表 2-19　钢中常见杂质元素来源及其作用

元素	来源	作用
P	炼钢过程中从炉料带入	磷微溶于钢中,当钢中含磷量较高[$w(P)>0.1\%$]时,形成 Fe_2P 在晶界析出,降低钢的塑性和韧性(见图 2-29),增大冷裂倾向
S	炼钢过程中从炉料带入	1)硫在钢中以 FeS 或 FeS-Fe 共晶体存在于钢的晶界,降低钢的力学性能,一般 $w(S)<0.04\%$(依钢种而定)(见图 2-30) 2)机械制造中,有时需要改善某些钢的切削加工性能(易切削钢),为此可往钢中加入适量的硫[$w(S)=0.1\%\sim0.4\%$,根据钢种而定],以形成硫化物(Mn、Fe)S,起中断基体连续性(断屑)的作用,增大热裂倾向
H	炼钢过程中钢液从炉气中吸收氢	钢液中溶解的氢在凝固过程中因溶解度降低(见图 2-31)而析出。缓慢凝固条件下,氢以针孔形态析出。快速凝固时,析出的氢在铁的晶格内造成高应力状态,导致脆性
N	炼钢过程中钢液从炉气中吸收氮	钢液中溶解的氮在凝固过程中因溶解度降低(见图 2-31)而析出,并与钢中的 Si、Al、Zr 等元素化合,生成 SiN、AlN、ZrN 等氮化物。少量的氮化物能细化钢的晶粒。氮化物多时,会使钢的塑性和韧性降低(见图 2-32)
O	炼钢过程中钢液氧化生成 FeO	1)钢液中溶解的 FeO 在凝固前温度降低过程中与钢液中的碳起反应,生成 CO 气泡,在铸钢件中造成气孔 2)钢液凝固过程中,FeO 因溶解度下降而析出在钢的晶界处,降低钢的性能(见图 2-33)

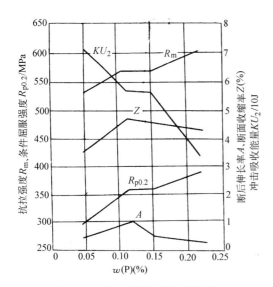

图 2-29　磷对碳钢力学性能的影响

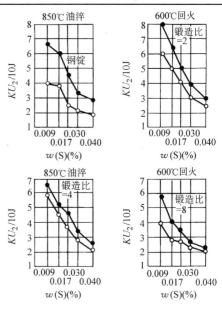

图 2-30　硫对碳钢力学性能的影响
○—中心部　●—表层部

2.“五害元素”的影响

铅、锡、锑、铋和砷常被称作钢中的五害元素。它们对钢性能的影响如下:

1)铅是五害之首,为青灰色金属,性软具有延展性,熔点为 327.5℃,沸点为 1755℃。由于沸点较低,实际上难溶于钢,在冶炼过程中绝大部分铅化为蒸气逸出,因此在成品中铅的质量分数一般只在 0.001% 左右。过量的铅使钢的冲击韧性大大降低,在进行热压力加工时容易产生表面裂纹冶金缺陷而使钢件报废。

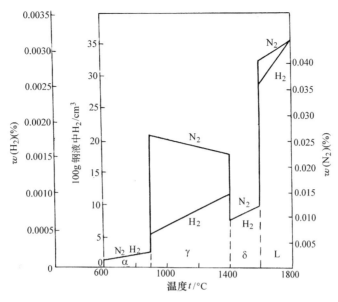

图 2-31　氢和氮在钢液中的饱和溶解度图

注：1. 氢和氮分别在 1atm（101.325Pa）的压力下。

　　2. α、γ、δ 和 L 分别为具有不同晶格的固溶体和钢液。

2）锡也是钢铁中常见的杂质元素之一，锡是银白色金属，质软而具有延展性，熔点比铅还低，是 232℃，沸点为 2275℃。在冶炼过程中，锡随炉料、废钢、合金材料和脱氧剂等带入钢中。由于炼钢时锡只能在很小的程度上被氧化进入熔渣中，而成为钢中杂质，引起钢性质恶化，当达一定含量时，甚至会使钢产生热脆性。例如，锡在耐热合金中，会大大降低合金的高温力学性能，降低铬钼钒热强钢的持久强度，而在镍铬钼钒转子钢中，锡在晶界上的偏析，可能是引起回火脆性的附加原因之一。

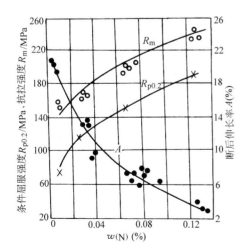

图 2-32　氮对碳钢力学性能的影响

3）锑在钢中是一种有害元素，是白色有光泽的金属，质坚而脆，易碎为粉末，熔点为 603℃，沸点为 1440℃。锑能显著降低钢的强度和韧性，增加钢的高温脆性，钢中锑的质量分数一般都小于 0.1%，某些钢铁合金材料要求锑的质量分数在 0.001% 以下。

4）铋是银白色有光泽的金属，性极脆，不具延展性，熔点为 273℃，沸点为 1560℃。在高温下容易挥发，残存于钢中的铋含量很少，多以游离状态存在，其质量分数一般不超过 0.001%。铋含量过高会降低钢的塑性，影响钢的高温强度。但是，铋有改善钢的切削加工性能、稳定铸铁中碳化物的作用。

5）砷是很脆的浅灰白色结晶，具有强的金属光泽，熔点为 817℃。钢中砷主要来源于炼钢原料，冶炼中很难去除。砷在钢中主要以固溶体和化合物形态存在，如 Fe_3As、Fe_3As_2、FeAs 等。钢中砷含量增加会降低钢的冲击韧性，增加钢的脆性，形成严重的偏析，是钢中有害元素。但是，砷加入钢中可提高耐蚀性、抗氧化能力。

钢中的"五害元素"有一些共同的特点：一是熔点与铁的熔点相比是比较低的，当钢已经处于固态时，它们仍处于液态，因此，通常它们为低熔点元素；二是在钢中的含量超过一定限度时，都会明显降低高温力学性能，增加钢的高温脆性，降低钢的强度和韧性，使钢变脆；三是往往共生于一体，造成严重的偏析,很少单独存在,因而对钢的破坏作用更大。

由于钢中残余有害元素对钢材的危害较大,因此制定钢中残余有害元素的限量标准对保证钢材产品质量具有重要作用。国外钢厂对钢中残余有害元素限量

标准举例列于表 2-20。对一般用途钢残余有害元素应控制在:$w(Sn) \leq 0.05\%$,$w(Sb) \leq 0.01\%$,$w(As) \leq 0.045\%$。残余有害元素控制问题必须在钢材生产中给予充分重视。

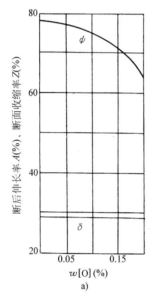

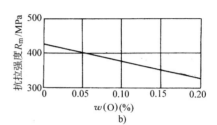

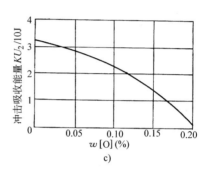

图 2-33 氧对碳钢力学性能的影响

表 2-20 国外钢厂对钢中残余有害元素限量标准

钢 厂 名 称	钢 种 名 称	对残余有害元素限制要求(质量分数,%)		
		Sn <	Sb <	As <
意大利达尔明钢厂	油井专用钢管	0.025	—	0.030
	抗硫油井管	0.006	—	0.006
德国曼内斯曼钢厂	油井专用钢管	0.010	—	—
	抗硫油井管	0.005	—	—
日本住友钢管厂	抗硫油井管	0.005	0.005	0.005
	石油化工用钢	0.010	0.010	0.010
日本川崎钢厂	油井专用钢管	0.010	0.010	0.010
	海洋结构用高强度钢	0.002	0.005	0.004
新日铁钢铁公司	蒸汽涡轮发电转子	0.005	0.002	0.005
英国钢铁公司	聚乙烯反应罐	0.005	0.002	0.005

2.3.2 钢中非金属夹杂物的影响

钢中的非金属夹杂物包括氧化物、硫化物、硫氧化物、氮化物及硅酸盐化合物等。这些夹杂物的来源有外来的和自生的两大类。外来的夹杂物包括在炼钢过程中从炉料夹带的不洁物,如炉衬因经受侵蚀而脱落的耐火材料等。自生的夹杂物是在炼钢过程中及钢液浇注过程中,由于钢液中元素被氧化或发生其他化学反应而生成的。夹杂物降低钢的力学性能,尤其是

对韧性的削弱作用较大。夹杂物对钢性能削弱作用的程度依其形状及分布而定:带尖角的多角形夹杂物在钢中造成大的应力集中,在外力作用下易形成裂纹源;颗粒状和球状夹杂物则危害较小;条状夹杂物沿晶粒周界以网状或断续网状分布时,对钢形成割裂作用而降低钢的力学性能;孤立岛状分布的夹杂物的割裂作用较小。

为减轻夹杂物的有害作用,可采取两种途径:

1. 清除夹杂物

一般可以在炼钢氧化期时使钢液良好地沸腾，以有效地清除夹杂物，并在出钢后浇注之前镇静一段时间（5~10min），使夹杂物自钢液中上浮（尺寸大、密度小的夹杂物上浮快）。采用炉外精炼处理能更有效地清除钢液中的夹杂物。

2. 改善夹杂物形态

改善夹杂物的形状和分布也能有效减轻夹杂物的有害作用。例如，采用稀土合金对钢液进行处理，以使多角形氧化物和条状硫化物变为球状的稀土硫氧化物。

表 2-21 列出了钢中主要夹杂物形状及其对钢力学性能的影响。表 2-22 列出了钢中可能出现的一些非金属夹杂物的熔点和密度，这些数据有助于判断夹杂物在钢液中所处的形态（固态和液态），以及是否容易聚合和上浮。

表 2-21　钢中主要夹杂物形状及其对钢力学性能的影响

分类	夹杂物	来源	形状及分布特征	影响
氧化物夹杂	SiO_2	1）炉料带入 2）耐火材料被侵蚀 3）炼钢中 Si 脱氧产物	多角形夹杂物，由于与钢液不润湿，故在钢液凝固过程中主要聚集在晶界	降低钢的强度和韧性
	MnO	炼钢中 Mn 脱氧产物	1）多面体形，在钢中分散分布 2）棒形，在晶界上分布	降低钢的强度和韧性
	FeO	钢液中铁被氧化	呈条状在晶界上分布	降低钢的强度和韧性
	Al_2O_3	炼钢中 Al 脱氧产物	带尖角的多角形，沿晶界呈链式分布	对钢的力学性能，特别是韧性影响较大
	Ce_2O_3 La_2O_3	稀土处理钢液脱氧产物	球状孤立分布	对钢的力学性能削弱作用很小
	TiO_2	炼钢中 Ti 脱氧产物	颗粒状在晶内分布	对钢的力学性能削弱作用比 Al_2O_3 小
硫化物夹杂	FeS	炉料带入	呈条状在晶界分布	1）削弱钢的强度和韧性 2）在钢的凝固过程中，易促使产生热裂
	MnS	钢液中 Mn 与 S 化合而成	颗粒状在晶内分布	削弱钢的力学性能的作用较小
	LaS、La_2S_3、LaS_2 CeS、Ce_2S_3、CeS_2	稀土合金处理钢液生成	球状孤立分布	削弱钢的力学性能的作用很小
硫氧化物夹杂	上述 La、Ce 的氧化物与 La、Ce 的硫化复合生成的多种硫氧化物	稀土合金处理钢液脱氧及脱硫产物	球状孤立分布。体积常比单体的氧化物或硫化物大	削弱钢的力学性能的作用很小
硅酸盐夹杂	$FeO \cdot SiO_2$ $MnO \cdot SiO_2$ $FeO \cdot MnO \cdot SiO_2$ $MnO \cdot Al_2O_3 \cdot SiO_2$ 等	由 SiO_2 等酸性氧化物与 FeO、MnO 等碱性氧化物以及 Al_2O_3 等中性氧化物化合而成	颗粒状或球状呈孤立分布	削弱钢的力学性能的作用较小
氮化物夹杂	AlN ZrN	Al 或 Zr 脱氧产物	带尖角的多角形，在晶内分布	含量少时，可以细化晶粒；含量多时，降低钢的强度和韧性
	TiN NbN	不锈钢中所含的 Ti 或 Nb 与 N 化合而成	细小的多角形，含量少时，只在晶内分布；含量多时，在晶内及晶界上分布	含量少时，可以细化晶粒；含量多时，降低钢的强度和韧性

表 2-22   各种非金属夹杂物的熔点和密度

夹杂物	熔点/℃	密度/(g/cm³)
FeO	1371	5.9
Fe_3O_4	1597	4.9
Fe_2O_3	1560	5.12
SiO_2	1713	2.26
Al_2O_3	2050	3.9
MnO	1785	5.8
$MnO \cdot SiO_2$	1270	3.7
$MgO \cdot Al_2O_3$	2135	3.58
$CaO \cdot Fe_2O_3$	1216	4.68
$2CaO \cdot Fe_2O_3$	1436	—
$CaO \cdot Al_2O_3$	1605	2.98
$FeO \cdot SiO_2$	1205	4.35
$FeO \cdot Al_2O_3$	1780	4.05
$Al_2O_3 \cdot SiO_2$	1487	3.05
$Ce_2O_3 \cdot 2SiO_2$	1760	4.93
Cr_2O_3	2277	5.0
TiO_2	1825	4.2
MgO	2800	3.5
CaO	2570	3.32
Ce_2O_3	1690	6.38
La_2O_3	2250 ± 40	5.84
Cu_2O	1230	—
Al_2S_3	1100	—
MnS	1610 ± 10	4.04
FeS	1193	4.9
MgS	2000	2.8
CaS	2525	2.8
CeS	2450	5.88
Ce_2S_3	1890	5.07
LaS	2200	5.75
La_2S_3	2090	4.92
LaS_2	1650	5.75
CeS_2	1700	5.02
PrS	2230	—
ZrS	1560	—
ZrS_2	1550	—
Cu_2S	1129	—
PbS	1109	—
VN	2000	5.47

(续)

夹杂物	熔点/℃	密度/(g/cm³)
TiN	2900	5.1
ZrN	2910	6.93
BN	3000	—
RaN	3090	—
NbN	2300	—

2.3.3   铸钢凝固速度对组织和性能的影响

铸钢件的组织和性能不仅取决于其化学成分，而且与凝固速度有很大的关系。同一炉钢液浇注的具有不同壁厚的铸钢件，或在同一铸钢件上厚薄不同的部位，由于凝固速度不同，在组织上会产生明显的差异。这种差异主要表现在一次结晶组织状态（如树枝晶尺寸、枝晶间距）、组织致密和非金属夹杂物形态（如凝固速度低时，夹杂物较易聚集，因此夹杂物的尺寸较大等）方面。由于组织上的差异，造成性能上的差别。凝固速度对铸钢中的树枝晶、致密度、夹杂物以及对铸钢的力学性能的影响见图 2-34 ~ 图 2-38。

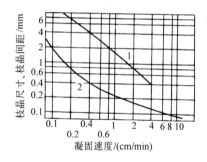

图 2-34   凝固速度对铸钢树枝晶的影响

1—对枝晶尺寸的影响   2—对枝晶间距的影响

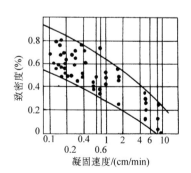

图 2-35   凝固速度对铸钢致密度的影响

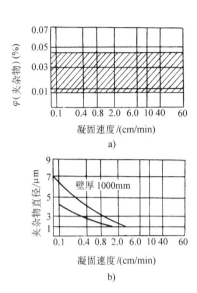

图 2-36 凝固速度对铸钢氧化夹
杂物数量和尺寸的影响

a）凝固速度对氧化夹杂物数量的影响
b）凝固速度对氧化夹杂物尺寸的影响

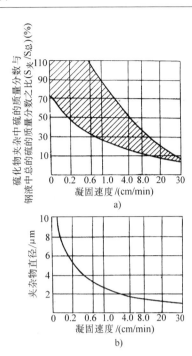

图 2-37 凝固速度对铸钢硫化夹
杂物数量和尺寸的影响

a）凝固速度对硫化夹杂物数量的影响
b）凝固速度对硫化夹杂物尺寸的影响

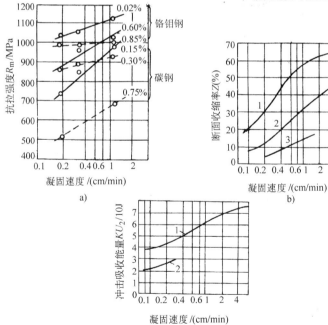

图 2-38 凝固速度对铸钢力学性能的影响

a）凝固速度对铸钢抗拉强度的影响　b）凝固速度对铸钢断面收缩率的影响

c）凝固速度对铸钢冲击吸收能量的影响

1—非金属夹杂物质量分数为 0.1%　2—非金属夹杂物质量分数为 0.2%

3—非金属夹杂物质量分数为 0.5%

注：图 a 中的数字表示非金属夹杂物体积分数。

2.4　电弧炉炼钢基本知识

2.4.1　电弧炉炼钢的特点

电弧炉炼钢是铸钢生产中应用最广泛的炼钢方法。这种方法是利用电弧产生的高温和热能来熔化固体炉料，使钢液过热，从而实现冶炼的目标。铸钢生产中普遍应用的是三相电弧炉，按照炉衬耐火材料的化学性质可分为碱性电弧炉和酸性电弧炉。用碱性电弧炉炼钢时，造碱性炉渣，具有脱磷和脱硫能力；酸性电弧炉为酸性炉渣，则不具有这种能力。电弧炉炼钢工艺依照是否具有氧化过程而分为氧化法和不氧化法。氧化法能有效地脱磷、脱碳和去除钢液中的气体和夹杂物，钢的冶金质量较高。我国目前在铸钢生产上广泛应用的是碱性电弧炉氧化法炼钢。

炼钢的任务是获得温度、成分符合规范要求的高质量钢液。不同的炼钢方法往往采用不同的渣系（氧化性、还原性、酸性、碱性等）作为熔炼钢的手段，造渣制度是炼钢工艺的关键。碱性电弧炉氧化法炼钢一般包括装炉料、熔化期、氧化期和还原期。冶炼半成品时，一般无还原期。

碱性电弧炉氧化法炼钢的具体工艺分为：补炉、装料、熔化期、氧化期、还原期和出钢。一般熔炼完一炉钢以后，装入下一炉的炉料以前，照例要进行补炉。目的是修补被浸蚀和被碰坏的炉底和炉壁。补炉采用与打底相同的材料，补炉的要点是"高温、补层薄、操作快"。熔化期的任务是将固体炉料熔化成钢液，并脱去钢中部分磷。氧化期的任务是将钢液中的含磷量降低到规定的要求，去除钢液中的气体和非金属夹杂物，并提高钢液的温度。在氧化期的前一阶段，钢液温度较低，主要工作是造渣脱磷。待钢液温度提高（1530℃以上）后，进入第二阶段，这时主要进行氧化脱碳沸腾精炼，以去除钢液中的夹杂物和气体。还原初期加锰铁预脱氧，锰铁加入量按规格成分下限含锰量计算。预脱氧后开始造还原渣，它有很好的脱氧脱硫能力。钢液经过充分还原以后，含氧量和含硫量都已降到合格的程度。钢液化学成分调整好后，即可用铝进行终脱氧。终脱氧后，升起电极，倾炉出钢。

2.4.2　电弧炉炼钢中的炉渣

1. 炉渣的主要来源

1）加入的造渣材料，如石灰、石灰石、氟石等。
2）侵蚀下来的耐火材料。
3）脱氧用合金的脱氧产物，熔渣的脱硫产物。
4）废钢中的元素氧化产物。
5）金属材料带入的泥沙或铁锈。

2. 炉渣的主要作用

1）通过调整熔渣成分来氧化或还原钢液，使钢液中碳、硅、锰、铬等元素氧化或还原。
2）脱除钢液中的硫、磷、氧等元素。
3）吸收钢液中的非金属夹杂物。
4）防止炉衬的过分侵蚀。
5）覆盖钢液，减少散热和防止吸收氢、氮等气体。

3. 炉渣结构理论

主要有两种结构理论：分子理论和离子理论。

（1）分子理论　构成熔渣的基本质点是各种不带电的分子，包括氧化物（如 CaO、SiO_2），由这些氧化物结合成的复杂化合物分子（如 $2CaO \cdot SiO_2$）以及硫化物、氟化物分子等。氧化物与其复杂氧化物之间建立化学平衡，如 $2CaO + SiO_2 = 2CaO \cdot SiO_2$。没有生成复杂化合物的氧化物成为游离氧化物，化合物中的氧化物为结合氧化物，如 $2CaO \cdot SiO_2$ 中的 CaO。只有游离氧化物才能与合金反应，如熔渣脱硫靠游离 CaO，$(CaO) + [FeS] = (CaS) + (FeO)$；而 $2CaO \cdot SiO_2$ 中的结合 CaO 没有反应能力。分子理论的主要优点是能够简明地定性解释熔渣与合金熔体相互反应规律。不足之处是欲知游离氧化物的浓度，需要假设渣中存在各种复杂化合物以及它们的分解程度，而这些假设往往缺乏依据，并需要反复计算其分解程度，使定量计算结果与实际吻合。

（2）离子理论　组成熔渣的氧化物在固态时是离子型结构，形成熔渣时碱性氧化物电离，形成金属阳离子（如 Ca^{2+}、Fe^{2+}）和阴离子（S^{2-}、O^{2-}）；酸性氧化物则吸收熔体中的氧离子，形成复合阴离子（SiO_4^{4-}、PO_4^{3-}）。复合阴离子的结构比较复杂，随熔渣组成及温度而改变。绝大多数冶金熔渣都属于多元硅酸盐。通过 X 射线直接衍射硅酸盐熔体表明，熔渣具有离子结构。许多实验事实也证实了熔渣是离子溶液，即构成熔渣的基本质点是各种阳离子和各种阴离子，这些基本质点间的化学键是离子键，因而互相作用力具有电化学性质，这就是离子理论的基本观点。

4. 炉渣碱度

炉渣的碱度定义为炉渣中所有碱性组分质量分数的总和与所有酸性组分质量分数的总和的比值。碱度常以 R 表示。在实际应用中，常将对炉渣碱度影响较小的氧化物（如 FeO、MnO）在计算中予以忽略。有下列表示炉渣碱度的公式：

$$R = \frac{w(CaO)}{w(SiO_2)} \tag{2-1}$$

$$R = \frac{w(\mathrm{CaO})}{w(\mathrm{SiO_2}) + w(\mathrm{P_2O_5})} \quad (2\text{-}2)$$

$$R = \frac{w(\mathrm{CaO}) + w(\mathrm{MgO})}{w(\mathrm{SiO_2}) + w(\mathrm{Al_2O_3})} \quad (2\text{-}3)$$

式 (2-1) 应用最普遍, 式 (2-2) 用于磷含量高的炉渣, 式 (2-3) 则用于 MgO 及 Al₂O₃ 含量较高的炉渣。炉渣碱度常用作判断炉渣碱 (酸) 性的依据: 规定 $R>1$ 为碱性炉渣; $R=1$ 为中性炉渣; $R<1$ 为酸性炉渣。

炉渣碱度主要代表炉渣的脱硫、脱磷能力。

5. 炉渣的组成及常用三元相图

炼钢炉渣的主要组分有 CaO、SiO₂、FeO、Al₂O₃ 等, 其主要组分的熔点和酸碱属性见表 2-23。由 CaO、SiO₂、FeO 三组分组成的三元相图见图 2-39。此相图是碱性炼钢炉渣的基本相图, 对冶炼有重要指导作用。

表 2-23 炼钢炉渣中基本组分[1]的熔点和酸碱属性

分类	炉渣组分	熔点/℃	酸碱属性
氧化物	CaO	2570	强碱性
	MgO	2800	较强碱性
	MnO	1785	中等碱性
	FeO	1369	弱碱性
	Al₂O₃	2050	中性[2]
	P₂O₅	—	中等酸性
	SiO₂	1723	强酸性
硫化物	MnS	1610	—
	FeS	1193	—
	CaS	2525	—
其他	—	—	—

[1] 在冶炼合金钢时, 炉渣中还会含有合金元素的氧化物。

[2] Al₂O₃ 在强碱性渣中呈弱酸性, 在强酸性渣中又呈弱碱性, 因此又称为两性氧化物。

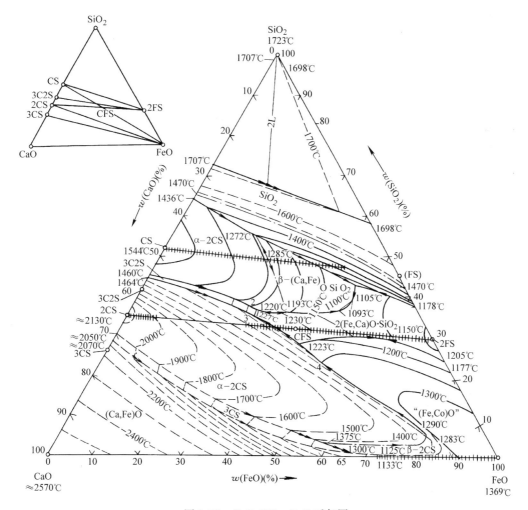

图 2-39 CaO-SiO₂-FeO 系相图

此相图仅有一个稳定的三元化合物：CaO·FeO·SiO₂（铁钙橄榄石，熔点为1213℃，用CFS符号表示），5个二元化合物，其中有3个稳定化合物。此三元系相图包括SiO₂、CS及C₂S的晶型转变，有12个相区。相图的无变量点、对应分三角形及相平衡关系见表2-24。

由表2-24可见，共晶或转熔点温度均不高。

由CaO、SiO₂、Al₂O₃三元组成的相图如图2-40所示。

表 2-24 CaO-SiO₂-FeO 系相图的无变量点、对应分三角形及相平衡关系

无变量点	对应分三角形	相平衡关系	平衡性质	温度/℃
1	S-CS-2FS	L = S + CS + 2FS	共晶点	1105
2	CS-3C2S-CFS	L = CS + 3C2S + CFS	共晶点	1220
3	3C2S-C2S-CFS	L + 2CS = 3C2S + CFS	转熔点	1227
4	2CS-CFS-F	L = 2CS + CFS + F	共晶点	1223
5	3CS-C-F	L + C = 3CS + F	转熔点	1300

注：表中 S—SiO₂，C—CaO，F—FeO。

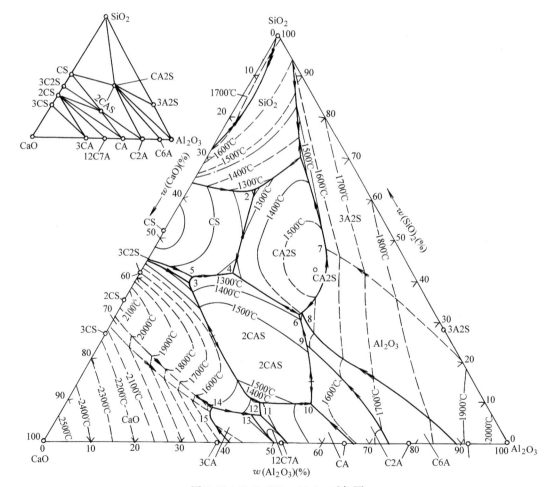

图 2-40 CaO-SiO₂-Al₂O₃ 系相图

6. 炉渣的氧化能力

炉渣对钢液中各种元素的氧化能力主要取决于渣中FeO的活度 α_{FeO}。α_{FeO} 越大，则钢液中所含的FeO量越高，钢液中的元素越易被氧化。α_{FeO} 与炉渣组成有关，CaO-SiO₂-FeO炉渣系中 α_{FeO} 与炉渣组成之间的关系如图2-41所示。α_{CaO}、α_{SiO_2} 组分的活度系数 γ_{CaO}、γ_{SiO_2} 与炉渣组分之间的关系如图2-42所示。

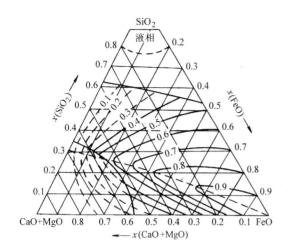

图 2-41　CaO-SiO$_2$-FeO 炉渣系中
FeO 的活度曲线（1600℃）

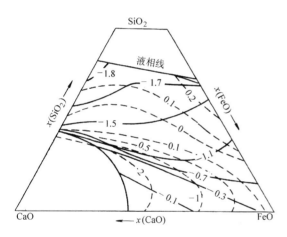

图 2-42　CaO-SiO$_2$-FeO 炉渣系中 CaO 和
SiO$_2$ 的活度系数曲线（1600℃）

实线—lgγ_{CaO}　　虚线—lgγ_{SiO_2}

x—渣中氧化物的摩尔分数（%）

7. 炉渣的黏度

黏度是熔渣的主要物理性质之一，适宜的炉渣黏度是保证炼钢过程正常进行的必要条件。炉渣黏度过高或过低，对传热、传质、反应速率、炉衬寿命、能耗都有影响。炉渣的大致黏度值见表 2-25，另外表中还列出了钢液及其他几种液体的黏度值。

炉渣的黏度 η 取决于其组成和温度，黏度 η 和温度 T 的关系式为 $\eta = B_0 e^{E_\eta/RT}$，其中 B_0 是与炉渣有关的常数，由测定的 lgη—$1/T$ 的关系图，可得出 E_η（黏滞流动活化能）与黏度的温度关系式。

表 2-25　熔渣及其他液体的黏度

液体	温度/℃	黏度 η/Pa·s
水	25	0.0009
松节油	25	0.0016
蓖麻油	25	0.81
生铁液	1425	0.0015
钢液	1595	0.0025
稀炉渣	1595	0.002
正常炉渣	1595	0.02
黏稠炉渣	1595	≥0.2

在炉渣黏度与组成关系上，一般情况下，往渣中加入高熔点的组分，将使炉渣的黏度上升；反之加入低熔点的组分，将使炉渣的黏度下降。炼钢常用三元渣系 CaO-SiO$_2$-FeO 中，炉渣黏度与其组成关系如图 2-43所示。该图为 1673K（1400℃）下的等黏度曲线，实际炼钢时，炉渣温度常常达到 1973～2073K（1700～1800℃），故实际渣黏度远远低于此值。

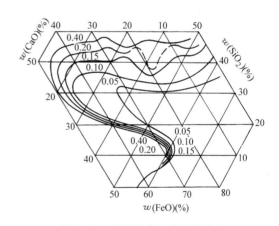

图 2-43　炉渣黏度与其组成关系

在调整碱度低的熔渣黏度时，CaO、MgO、Na$_2$O、FeO 等碱性氧化物均有较大的作用，但二价金属氧化物，特别是 CaO 所起的作用比较大。在调整中高碱度渣黏度上，CaF$_2$ 有显著作用，因为它引入的 F^{1-} 和 O^{2-} 同样能起到使复合阴离子解体的作用。

8. 几种典型的炉渣成分

表 2-26 列出了碱性电弧炉和酸性电弧炉炼钢中不同时期炉渣的典型成分，供参考。

表 2-26　几种电弧炉炉渣的典型成分

炉渣成分	炉渣成分（质量分数,%）								炉渣冷却后断面色泽特征
	CaO	SiO₂	FeO	MnO	MgO	Al₂O₃	CaF₂	CaS	
碱性炉氧化渣	40 ~ 50	10 ~ 20	10 ~ 30	5 ~ 10	4 ~ 10	2 ~ 4	—	—	黑色或暗灰色，无光泽
碱性炉还原（白）渣	55 ~ 65	10 ~ 20	0.7 ~ 1.0	0.4 ~ 0.5	6 ~ 10	2 ~ 3	5 ~ 10	0 ~ 1.5	白色，容易粉化
酸性炉氧化渣	7 ~ 8	45 ~ 55	15 ~ 20	15 ~ 20	—	—	—	—	黑色或褐石色，有光泽
酸性炉还原渣	10 ~ 25	50 ~ 60	5 ~ 10	5 ~ 10	—	5 ~ 10	—	—	浅绿色（玻璃状）或青灰色，有光泽

2.4.3　炼钢中冶金反应的热力学

1. 元素氧化反应的 ΔG 及氧势图

溶解于钢液中的氧 $O_2 = 2[O]$，其

$$\Delta G = -RT\ln[w([O])^2/p_{O_{2(平)}}]$$

而氧势为

$$RT\ln p_{O_2} = \Delta G + 2RT\ln(w([O])) \quad (2\text{-}4)$$

式中　ΔG——氧化反应的标准态吉布斯自由能变化（J/mol）；

R——摩尔气体常数，$R = 8.314$J/(K·mol)；

T——热力学温度（K）；

p_{O_2}——反应的标准平衡氧分压数，$p_{O_2} = p'_{O_2}/1.01325 \times 10^5$（$p'_{O_2}$ 为氧的平衡分压）；

$w([O])$——钢液中氧的质量分数（%）。

因此，钢液中的氧含量越多，则熔池的氧势越高。

溶解元素 [M] 氧化的标准态吉布斯自由能变化为

$$\Delta G_m = -2RT\ln\frac{\alpha_{MO}}{w([M])w([O])} \quad (2\text{-}5)$$

式中　　　R——摩尔气体常数，$R = 8.314$J/(K·mol)；

T——热力学温度（K）；

α_{MO}——氧化物活度；

$w([M])$——钢液中金属元素的质量分数（%）；

$w([O])$——钢液中氧的质量分数（%）。

其值可由下列反应组合得出 [下标(S)表示固态]：

$$2M_{(S)} + O_2 = 2MO_{(S)} \qquad \Delta G_1$$
$$2M_{(S)} = 2[M] \qquad \Delta G_2$$
$$O_2 = 2[O] \qquad \Delta G_3$$
$$2[M] + 2[O] = 2MO_{(S)} \qquad \Delta G_m$$
$$\Delta G_m = \Delta G_1 - \Delta G_2 - \Delta G_3 \quad (2\text{-}6)$$

上述反应中，[M]、[O] 活度的标准态是 1% 的质量分数溶液，而在氧化反应接近平衡时，[M]、[O] 的质量分数很低，故取 $a_M = w([M])$、$a_O = w([O])$。为比较及处理简便，假定氧化生成物是纯凝聚态或气态，从而 $a_{MO} = 1$。于是 [M] 氧化成固态 $MO_{(S)}$ 的氧势为

$$RT\ln p_{O_2} = \Delta G_1 + \Delta G_2 - 2RT\ln w[M] \quad (2\text{-}7)$$

式中　　R——摩尔气体常数，$R = 8.314$J/(K·mol)；

T——热力学温度（K）；

p_{O_2}——反应的标准平衡氧分压数，$p_{O_2} = p'_{O_2}/1.01325 \times 10^5$（$p'_{O_2}$ 为氧的平衡分压）；

ΔG_1——溶解氧标准态吉布斯自由能变化；

ΔG_2——溶解元素标准态吉布斯自由能变化；

$w([M])$——钢液中溶解元素的质量分数（%）。

图 2-44 所示为由式 (2-7) 得出的钢液中各元素氧化反应的 ΔG-T 图。

利用图 2-44 可以确定标准态下炼钢熔池内元素氧化形成的氧化物稳定性或氧化的顺序。但如前所述，FeO 是炼钢熔池的氧化剂，所以比较 FeO 和 MO 的 ΔG-T 直线的相对位置，就可确定元素在不同温度下氧化的可能性。为此，可将炼钢熔池中元素按其氧化特性分为两类：

1) 在 FeO 的 ΔG-T 直线上的元素，基本上不能氧化，如 Cu、Ni、Pb、Sn、W、Mo 等。因此，如它们不是冶炼钢种的合金元素，应在选配原料中加以剔除，特别是 Cu、Pb、As、Sb、Sn。如果它们是所炼钢种的合金元素，则可在入炉原料中加入。

2) 在 FeO 的 ΔG-T 直线以下的元素，均可氧化，但难易不同。C、P 可大量氧化，Cr、Mn、V 等氧化的程度随冶炼的条件而定；Si、Ti、Al 等基本上能完全氧化。因此，钢种中这些元素是在脱氧时引入的。

硫化物的生成反应 ΔG 与温度的关系如图 2-45　　所示。

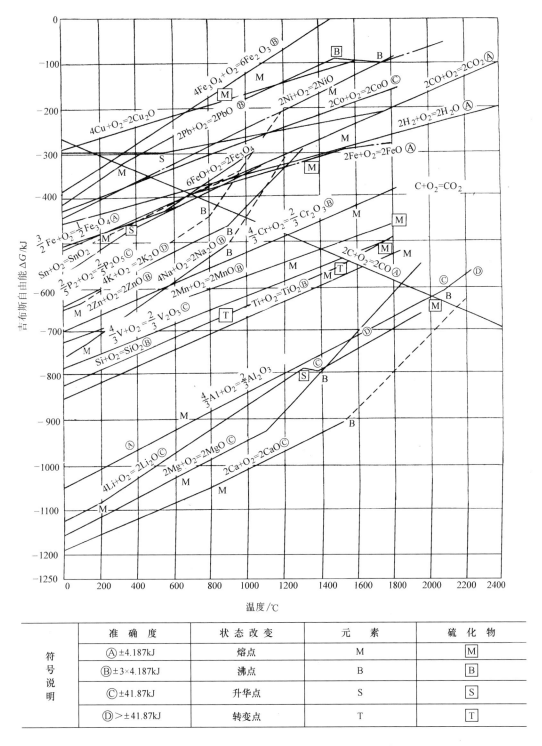

符号说明	准 确 度	状 态 改 变	元 素	硫 化 物
	Ⓐ ±4.187kJ	熔点	M	M
	Ⓑ ±3×4.187kJ	沸点	B	B
	Ⓒ ±41.87kJ	升华点	S	S
	Ⓓ ＞±41.87kJ	转变点	T	T

图 2-44　元素氧化物的标准生成自由能（ΔG）与温度的关系

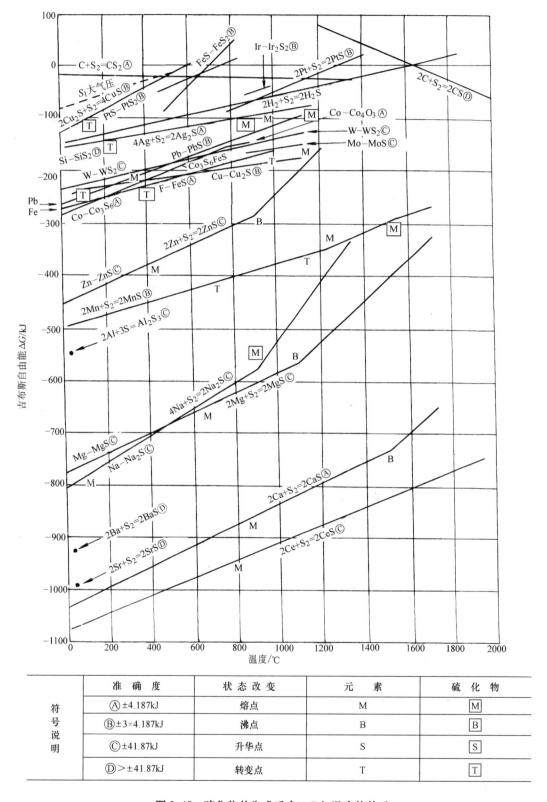

符号说明	准确度	状态改变	元素	硫化物
	Ⓐ ±4.187kJ	熔点	M	Ⓜ
	Ⓑ ±3×4.187kJ	沸点	B	Ⓑ
	Ⓒ ±41.87kJ	升华点	S	Ⓢ
	Ⓓ >±41.87kJ	转变点	T	Ⓣ

图 2-45　硫化物的生成反应 ΔG 与温度的关系

2. 反应的热效应

在冶金反应过程中，有放热或吸热的现象。1mol反应物质参与的反应过程中所放出（或吸收）的热量称为反应的热效应，用 Q 表示。由于反应放出的热量等于体系热焓 H 的减少（与此相反，反应吸收的热量等于体系热焓的增多），故反应的热效应常用体系热焓的变化 ΔH 来表示，即 $Q = -\Delta H$。

冶金反应的热焓 H 是反应物质的状态和环境温度的函数，故 ΔH 也是状态和温度的函数。炼钢中几个冶金反应在标准状态 298K（25℃）下的热效应值见表 2-27。

表 2-27 炼钢中几个冶金反应的热效应值

反应名称	反应方程式	$\Delta H_{298}/(\text{kJ/mol})$
硅的氧化	$[Si] + 2(FeO) = (SiO_2) + 2[Fe]$	-389
锰的氧化	$[Mn] + (FeO) = (MnO) + [Fe]$	-106
碳的氧化	$[C] + (FeO) = CO\uparrow + [Fe]$	-111
脱磷	$8[P] + 5(FeO) + 4(CaO) = 4(CaO \cdot P_2O_5) + 5[Fe]$	-377
脱硫	$(FeS) + (CaO) = (CaS) + (FeO)$	$+95.2$
铝脱氧	$2[Al] + 3(FeO) = (Al_2O_3) + 3[Fe]$	-1673
钙脱氧	$[Ca] + (FeO) = (CaO) + [Fe]$	-634

注：- 为放热，+ 为吸热。

3. 炼钢中的氧化反应

（1）硅的氧化反应 钢液中的硅主要在钢渣界面上反应。反应由以下两阶段组成：

$$2(FeO) = 2[O] + 2[Fe] \qquad (2-8)$$
$$[Si] + 2[O] = (SiO_2) \qquad (2-9)$$
$$[Si] + 2(FeO) = (SiO_2) + 2[Fe] \qquad (2-10)$$

$$\lg K_{II} = \lg \frac{\alpha_{SiO_2}}{w([Si])w([O])}$$
$$= 31038/T - 12.0 \qquad (2-11)$$

式中 K_{II}——式（2-9）的平衡常数；
α_{SiO_2}——渣中二氧化硅的活度；
$w([Si])$——钢液中硅的质量分数（%）；
$w([O])$——钢液中氧的质量分数（%）；
T——热力学温度（K）。

$$\lg K_{III} = \lg \frac{\alpha_{SiO_2}}{w([Si])\alpha_{FeO}} = 18360/T - 10.68$$
$$(2-12)$$

式中 K_{III}——式（2-10）的平衡常数；
α_{SiO_2}——渣中二氧化硅的活度；
$w([Si])$——钢液中硅的质量分数（%）；
α_{FeO}——渣中氧化铁的活度；
T——热力学温度（K）。

当熔渣为 SiO_2 饱和时，$\alpha_{SiO_2} = 1$。在碱性渣中，SiO_2 和 CaO 结合成稳定的硅酸钙，因而 α_{SiO_2} 很小。

硅的分配比由式（2-12）导出：

$$L_{Si} = \frac{x[(SiO_2)]}{w([Si])} = K_{III} \times \frac{1}{\gamma_{SiO_2}} \alpha_{FeO}^2 \qquad (2-13)$$

式中 $x[(SiO_2)]$——渣中二氧化硅的摩尔分数（%）；
$w([Si])$——钢液中硅的质量分数（%）；
K_{III}——式（2-10）的平衡常数；
γ_{SiO_2}——渣中二氧化硅的活度系数；
α_{FeO}——渣中氧化铁的活度系数。

温度低时，K_{II} 很大，因为硅的氧化是强放热反应，所以在冶炼之初就被大量氧化。在碱性渣下，γ_{SiO_2} 很小，所以 L_{Si} 很大，即硅氧化得很彻底。熔炼后期，温度升高时，K_{II} 虽有所减小（1500℃，$K_{II} = 0.48$；1600℃，$K_{II} = 0.132$），但 γ_{SiO_2} 很小（SiO_2 与 CaO 形成稳定化合物），故渣中的 SiO_2 也难还原。

硅氧化反应的热力学条件是：

1）氧化性炉渣。在炼钢的熔化期，炉渣的氧化性强，FeO 的活度高，有利于硅的氧化。

2）高碱度炉渣。高碱度炉渣中 SiO_2 含量低，因而 α_{SiO_2} 也低，有利于硅的氧化。

3）较低的钢液温度。

（2）锰的氧化反应 锰的挥发性较大，当其含量高时，能在气相中氧化。但锰主要是在钢渣界面上反应，它的氧化产物形核有困难。

钢液中锰氧化的反应由两步组成：

$$(FeO) = [O] + [Fe] \qquad (2-14)$$
$$[Mn] + [O] = (MnO) \qquad (2-15)$$
$$[Mn] + (FeO) = (MnO) + [Fe] \qquad (2-16)$$

反应的平衡常数为

$$\lg K_{II} = \lg \frac{\alpha_{MnO}}{w([Mn])w([O])}$$
$$= 12760/T - 3.684 \qquad (2-17)$$

式中 K_{II}——式（2-15）的平衡常数；

α_{MnO}——渣中氧化锰的活度；

$w([Mn])$——钢中锰的质量分数（%）；

$w([O])$——钢中氧的质量分数（%）；

T——热力学温度（K）。

$$\lg K_{\text{III}} = \lg \frac{w[(MnO)]\gamma_{MnO}}{w([Mn])w([FeO])\gamma_{FeO}}$$
$$= 6440/T - 2.95 \qquad (2\text{-}18)$$

式中 K_{III}——式（2-16）的平衡常数；

$w[(MnO)]$——渣中氧化锰的质量分数（%）；

γ_{MnO}——渣中氧化锰的活度系数；

$w([Mn])$——钢液中锰的质量分数（%）；

$w[(FeO)]$——渣中氧化铁的质量分数（%）；

γ_{FeO}——渣中氧化铁的活度系数；

T——热力学温度（K）。

式中 $w[(MnO)]/w[(FeO)] = x(MnO)/x(FeO)$，因为 Mn 及 MnO 与 Fe 及 FeO 的相对原子质量和相对分子质量相近，故可用质量分数代替摩尔分数。又在 $w[Mn] < 1\%$ 时，$f_{Mn} = 1$，$\alpha_{Fe} = 1$。在实际的碱性渣 $\{w[(CaO)]/w[(SiO_2)]\geq 3\}$ 中，$\gamma_{MnO}/\gamma_{FeO} \approx 1$。但在碱性渣中有大量的 SiO_2 及 P_2O_5 存在时，它们对 α_{FeO} 及 α_{MnO} 有不同程度的影响。由式（2-16）可得出锰的分配比：

$$L_{Mn} = \frac{w[(MnO)]}{w([Mn])} = K_{\text{III}} \times \frac{1}{\gamma_{MnO}} \times \alpha_{FeO} \quad (2\text{-}19)$$

式中 $w[(MnO)]$——渣中氧化锰的质量分数（%）；

$w([Mn])$——钢中锰的质量分数（%）；

K_{III}——式（2-16）的平衡常数；

γ_{MnO}——渣中氧化锰的活度系数；

α_{FeO}——渣中氧化铁的活度。

由上可见，降低温度（增大 K_{III}），提高熔渣的氧化能力及降低 γ_{MnO} 可促进钢液中锰氧化。

在炼钢炉内，锰在熔炼之初就大量氧化，但在熔炼后期，温度很高时，K_{II} 将减小，锰的氧化趋于平衡，同时由于碳的强烈氧化，熔渣 FeO 量降低，因而可发生 MnO 的还原。还原的锰量与熔渣内 FeO、MnO 的浓度和温度有关。

锰氧化反应的热力学条件是：

1）氧化性炉渣。

2）低碱度炉渣。

3）较低的钢液温度。

在碱性炉炼钢的熔化期和氧化期的前一阶段内，锰大量氧化，但不如硅的氧化充分。在酸性炉炼钢过程中，锰的氧化过程进行得更为完全。

（3）碳的氧化反应 碳的氧化反应存在以下 3 种方式：

$$2[C] + (O_2) = 2CO\uparrow \qquad (2\text{-}20)$$
$$[C] + (FeO) = CO\uparrow + [Fe] \qquad (2\text{-}21)$$
$$[C] + [O] = CO\uparrow \qquad (2\text{-}22)$$

当碳质量分数很低 $[w(C) < 0.05\%]$ 时，还可出现下列反应

$$[C] + 2[O] = CO_2\uparrow \qquad (2\text{-}23)$$

但在一般碳量 $[w(C) > 0.1\%]$ 下，控制钢液中氧浓度的主要是反应式（2-22），其平衡常数为

$$K = \frac{p_{CO}}{w([C])w([O])} \times \frac{1}{f_C f_O}$$

而吉布斯自由能变化

$$\Delta G = -22363 - 39.63T \quad \lg K = 1168/T + 2.07$$
$$(2\text{-}24)$$

又可写成

$$m = \frac{1}{K f_C f_O} = \frac{w([C])w([O])}{p_{CO}} \qquad (2\text{-}25)$$

式中 K——平衡常数；

p_{CO}——一氧化碳分压；

$w([C])$——钢液中碳的质量分数（%）；

$w([O])$——钢液中氧的质量分数（%）；

f_C——钢中碳的活度系数；

f_O——钢中氧的活度系数。

当 $p_{CO} = 1.01325 \times 10^5 Pa$ 时，$m = w([C]) w([O])$，m 称为平衡的碳氧积。当碳含量不高（< 0.5%）时，温度为 1600℃ 左右，$m = 0.0025$。于是可由钢液的碳含量估计氧浓度。m 值虽是在 1600℃ 及 $1.01325 \times 10^5 Pa$（总压）下得出的值，但可适用于炼钢温度（1550~1620℃）范围内，因为上述的 K 值随温度的改变不大。

钢液中 C-O 的平衡关系如图 2-46 所示。

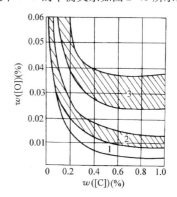

图 2-46 钢液中 C-O 的平衡关系（1600℃）
1—在 $p_{CO} = 0.1MPa$ 条件下，钢中 $w([C]) w([O])$ 乘积的关系
2—钢液中的实际氧值 3—与炉渣平衡的氧值

碳氧化反应的热力学条件是：

1) 钢液中氧含量高。

2) 钢液温度高。炼钢的氧化后期，钢液温度高，有利于碳氧化反应的进行。

4. 脱磷、脱硫反应

(1) 脱磷反应 离子理论认为，磷在熔渣中以磷氧复合阴离子 PO_4^{3-} 存在，而 PO_4^{3-} 是通过 P^{5+} 在溶渣—钢液界面上不断吸收 O^{2-} 而形成的。反应式为

$$2[P] + 8(O^{2-}) = 2(PO_4^{3-}) + 10e \quad (2-26)$$

$$5(Fe^{2+}) + 10e = 5[Fe] \quad (2-27)$$

$$2[P] + 5(Fe^{2+}) + 8(O^{2-}) = 2(PO_4^{3-}) + 5[Fe] \quad (2-28)$$

$$K = \frac{a_{PO_4^{3-}}^2}{a_P^2 a_{Fe^{2+}}^5 a_{O^{2-}}^8} = \frac{[x(PO_4^{3-})]^2}{[w([P])]^2 [x(Fe^{2+})]^5 [x(O^{2-})]^8}$$

$$\times \frac{\gamma_{PO_4^{3-}}^2}{\gamma_{Fe^{2+}}^5 \gamma_{O^{2-}}^8} \quad (2-29)$$

式中 K——平衡常数；

a——组元活度；

x——组元的摩尔分数(%)；

γ——组元活度系数；

$w([P])$——钢液中磷的质量分数(%)。

$$L_P = \frac{x(PO_4^{3-})}{w([P])} = K' \frac{[x(Fe^{2+})]^{5/2} [x(O^{2-})]^4 \gamma_{Fe^{2+}}^{5/2} \gamma_{O^{2-}}^4}{\gamma_{PO_4^{3-}}} \quad (2-30)$$

式中 L_P——磷的分配比；

x——组元的摩尔分数(%)；

$w([P])$——钢液中磷的质量分数(%)；

γ——组元活度系数；

K'——常数。

由式(2-30)可见，随着渣中 Fe^{2+} 和 O^{2-} 活度的增加，L_P 提高。$\gamma_{PO_4^{3-}}$ 减少，则 L_P 也提高。

磷的分配比与炉渣碱度及 FeO 含量的关系如图 2-47 所示。

脱磷反应的热力学条件是：

1) 较低的温度。脱磷反应是强放热反应，升高温度，K 值减少，因此低温有利于去磷。

2) 碱度炉渣。碱度高，渣中反应的生成物浓度低，有利于脱磷。

3) 渣中高氧化铁。渣中氧化铁高，即 (O^{2-}) 高，可以提高脱磷反应速度，促进生成稳定的磷酸钙。

4) 大渣量。渣量大，炉渣中脱磷产物(4CaO, P_2O_5)含量低。

(2) 脱硫反应 脱硫主要是钢液中的 FeS 向炉渣中迁移，并与炉渣中的 CaO 反应，生成不溶于钢液的

CaS(见图 2-48)。其反应式为

$$[FeS] + (CaO) = (CaS) + [FeO] \quad (2-31)$$

或

$$[S] + (O^{2-}) = (S^{2-}) + [O]$$

$$L_S = \frac{w([S])}{w([S])} = K_S \frac{x[(O^{2-})]}{w([O])} \times \frac{\gamma_{O^{2-}}}{\gamma_{S^{2-}}} f_S \quad (2-32)$$

式中 L_S——硫的分配比；

$w([S])$——渣中硫的质量分数(%)；

$w([S])$——钢液中硫的质量分数(%)；

x——组元摩尔分数(%)；

γ——渣中组元活度系数；

K_S——平衡常数；

f_S——钢中硫的活度系数。

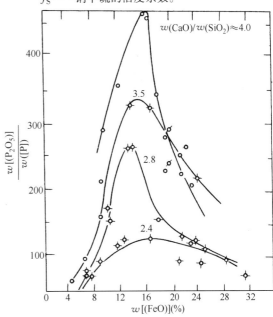

图 2-47 磷的分配比与炉渣碱度及
FeO 含量的关系

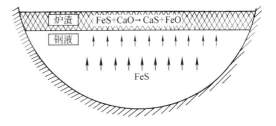

图 2-48 炼钢中脱硫过程示意图

L_S 与温度、金属液和熔渣的组成有关，与冶炼方法有关。炉渣中 FeO 浓度及炉渣碱度 R 对硫分配比 L_S 的影响如图 2-49 所示。

脱硫反应的热力学条件：

1) 炉渣高碱度。炉渣碱度高，渣中硫分配比

增高。

2）渣中 FeO 含量低。

3）高温。脱硫反应属吸热反应，升高温度有利于脱硫。

4）大渣量。

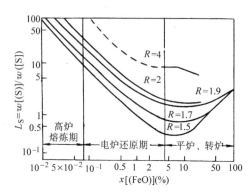

图 2-49　炉渣中 FeO 浓度及炉渣碱度 R 对硫分配比 L_S 的影响

5. 脱氧反应

脱氧在炼钢的最后阶段——还原期进行，脱氧的好坏在很大程度上决定了成品钢的质量。脱氧有两种基本方法，即沉淀脱氧法和扩散脱氧法。沉淀脱氧是将脱氧剂直接加入钢液中，其反应式可表示为

$$\frac{x}{y}[M] + [O] = \frac{1}{y}(M_xO_y) \qquad (2-33)$$

熔渣对钢液具有氧化性和还原性。当熔渣对钢液具有还原性时 $[w(FeO) \leqslant 1.0\%]$，钢液内的氧将向与之接触的熔渣内扩散，从而降低钢液中氧的浓度，称之为扩散脱氧。

扩散脱氧时，粉状脱氧熔剂加入熔渣上，脱氧反应在熔渣内进行，脱氧产物不进入钢液，是优质钢的最佳脱氧方法，缺点是反应速度慢，需要的时间长。

炼钢中一般是采用沉淀与扩散相结合的综合脱氧方法。

图 2-50 所示为各种元素脱氧能力的比较。元素的脱氧能力越强，与相同量的各元素平衡的氧浓度就越低。各元素脱氧能力大小排列是 Ce > Zr > Ti > Al > B > Si > C > V > Mn > Cr。生产中多使用比较便宜的锰铁、硅铁及铝块（粉）等作为脱氧熔剂。

2.4.4　炼钢中冶金反应的动力学

利用热力学原理能够确定冶金反应自发进行的条件和最大限度。反应的热力学条件虽是必要的、根本的，但不是全面的、充分的，还必须研究反应的动力学条件。

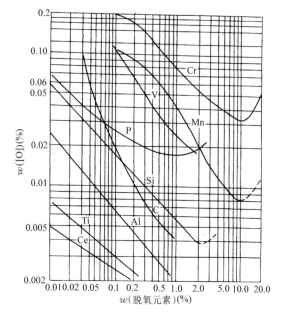

图 2-50　各种元素脱氧能力的比较（1600℃）

在炼钢熔池及其上面覆盖的渣层内，往往有反应物和生成物在其中扩散，使物质传送至相界面或从相界面上移去。其扩散速度经常成为决定反应速率的关键因素（如硅、锰、磷的氧化反应），因为炼钢中化学反应在高温下进行，一般反应速率超过炉渣和钢液中的物质扩散传输速率。

静止体系中物质的扩散服从菲克第一定律，其表达式为

$$J = \frac{1}{A} \times \frac{dn}{dt} = -D\frac{\partial c}{\partial x} \qquad (2-34)$$

式中　J——扩散通量，单位时间内通过单位截面积扩散物质的物质的量 $[mol/(m^2 \cdot s)]$；

　　　n——扩散物质的物质的量（mol）；

　　　t——时间（s）；

　　　$\dfrac{\partial c}{\partial x}$——浓度梯度，$c$ 是扩散物质的物质的量浓度（mol/m^3）；

　　　D——扩散质量系数（m^2/s）；

　　　A——扩散通过的截面积（m^2）。

炉渣及钢液中进行的扩散过程趋向稳定状态时，即扩散层内进入的物质通量等于流出的物质通量时，式（2-34）可以表示为（见图 2-51）。

$$J = -D\frac{\partial c}{\partial x} = -D\frac{\Delta c}{\Delta x} = -D\frac{C - C_0}{\Delta x} \qquad (2-35)$$

式中　C_0、C——扩散层两端的浓度（$C_0 > C$）。

物质的扩散质量系数 D，除了与温度有关外，还与液体的黏度 η 和扩散质量半径 r 有关，可表示为

$$D = \frac{kT}{6\pi\eta r} \qquad (2-36)$$

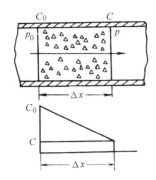

图 2-51 稳定态的扩散（菲克第一定律）

式中 k——玻尔兹曼常数；

     T——炉温。

由式（2-36）可分析炼钢中有关因素对扩散速度的影响。

1）炉温。温度高，使扩散速度加快，促进反应进行。

2）炉渣。（钢液）黏度大，使扩散速度减慢，从而延缓反应的进行。例如，在脱磷反应中，提高炉渣碱度能提高磷的分配比，但这只是在一定碱度范围内有效。当碱度过高（渣中 CaO 含量过多）时，由于使炉渣的黏度提高，降低渣内物质（CaO，CaS）的扩散速度，使脱磷效果降低（见图 2-52）。

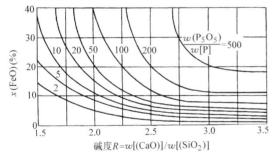

图 2-52 炉渣碱度和 FeO 含量对磷分配比的影响

3）炉渣中和钢液中物质的扩散速度。正常炉渣的黏度比钢液高得多，炉渣中扩散的氧化物、硫化物等的分子半径又比钢液中扩散的元素的原子半径大得多，故炉渣中物质扩散的速度比钢液中物质扩散速度低得多。

4）炉渣层厚度和熔池深度。炉渣层厚或钢液熔池深时，扩散过程进行得慢，不易达到整体内成分均匀。对炼钢熔池利用气泡（如脱碳反应产生的 CO 气泡）或电磁作用进行搅拌，能加速反应过程的进行。

5）炉渣—钢液界面面积。炉渣—钢液界面面积对在各界面上进行的冶金速度有很大影响。

上述动力学方面的论述，仅仅是双膜理论用于分析高温下渣—金属液间反应的传质限制环节。

2.5 感应电炉炼钢基本知识

2.5.1 无心感应电炉炼钢原理

熔炼金属用的感应电炉分为有心式和无心式两类。有心感应电炉一般用于铸铁和非铁合金生产；无心式感应电炉主要用于炼钢和高温合金，但也有用于熔炼铸铁的。

感应电炉炼钢是利用交流电感应的作用，使坩埚内的金属炉料（或钢液）本身发热而熔融的一种炼钢方法。无心感应电炉的工作原理如图 2-53 所示。在一个用耐火材料筑成的坩埚外面套有螺旋形的感应器（感应线圈）。坩埚内盛装的金属炉料（或钢液），如同插在线圈当中的铁心。当线圈上通以交流电时，由于交流电的感应作用，在金属炉料（或钢液）的内部产生感应电动势，并因此产生感应电流涡流。由于金属炉料（钢液）有电阻，故会产生电热效应。炼钢所用的热量即是利用这种原理产生的。

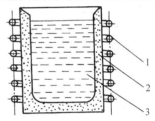

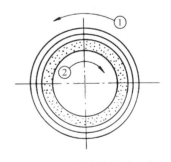

图 2-53 无心感应电炉的工作原理

1—感应器   2—坩埚   3—钢液

①—通入感应器的电流方向

②—在钢液中产生的感应电流的方向

依照坩埚材料的性质，感应电炉分为酸性炉和碱性炉。酸性炉的坩埚用硅砂筑成，炼钢过程中造酸性炉渣，不能脱磷和脱硫。碱性炉的坩埚用镁砂筑成，炼钢过程中造碱性渣，具有一定的脱磷和脱硫能力。

2.5.2 感应电炉炼钢的优缺点

与电弧炉炼钢相比，感应电炉炼钢的特点如下：

（1）加热较快且热效率较高   在电弧炉炼钢中，

电弧产生的热量中有很大一部分通过炉盖和炉壁而散失。炉料熔清后，电弧的热量须通过炉渣传给钢液。在感应电炉中，热量是在炉料（钢液）内部产生，因而加热速度较快，热效率较高。

（2）元素的氧化烧损较少　感应电炉炼钢中，没有电弧的超高温作用，使得钢中元素的烧损率较低。

（3）钢液成分和温度比较均匀　感应电炉炼钢中，由于电磁力的作用，使感应器与钢液之间互相排斥，从而使坩埚中心部分的钢液上升，坩埚边缘部分的钢液下降，而产生了钢液循环运动的现象，如图 2-54 所示。这种现象称为电磁搅拌。电磁搅拌作用促使熔池内钢液的化学成分和温度趋向均匀，并有利于钢液中的非金属夹杂物的上浮。电磁搅拌作用在大容量电炉中，表现得特别突出。

（4）炉渣参与冶金反应能力较差　在电弧炉炼钢条件下，炉渣的温度比钢液高，故炉渣参与冶金反应的能力强。而在感应电炉中，炉渣靠钢液加热，温度较低，故参与冶金反应的能力较弱。因此，在感应电炉炼钢中，脱磷、脱硫和扩散脱氧等冶金过程的效果比电弧炉炼钢差得多。

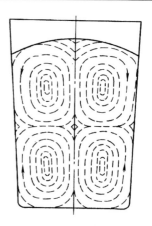

图 2-54　感应电炉中钢液运动示意图

2.5.3　真空感应电炉炼钢

1. 构造

真空感应电炉的构造如图 2-55 所示。感应器和坩埚安装在用不锈钢制成的炉壳内。炼钢时，用真空泵抽出炉壳内的空气，以保持一定的真空度。炉盖与炉壳之间有密封垫，以防止空气从炉壳外流入。炉壳以及其中的坩埚可围绕回转轴转动，以便将炼好的钢液倾出。

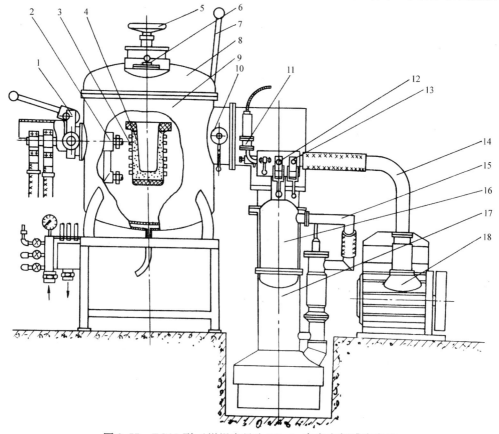

图 2-55　ZG25 型（坩埚容量为 25kg）**真空中频感应电炉**

1—真空密封回转轴承　2—接线装置　3—感应器　4—炉衬　5—加料器　6—观察孔　7—加料翻斗　8—炉盖
9—炉壳　10—测温装置　11—真空计接头　12—高真空控制阀　13—低真空控制阀　14、15—真空管道
16—真空容器　17—高真空度抽气泵（扩散式真空泵）　18—低真空度抽气泵（机械式真空泵）

2. 真空感应电炉炼钢的优点

在真空条件炼钢的过程中，对温度和压力都能控制。与大气下炼钢相比，真空感应电炉炼钢有以下优点：

（1）真空感应电炉炼钢的最大优点是能比较彻底地清除钢液中的气体　根据物理化学中气体溶解度定律，双原子气体（H_2、N_2）在钢液中的溶解量与炉气中该种气体分压力的平方根成正比，即

$$[H] = k_1 \sqrt{p_H} \qquad (2\text{-}37)$$

$$[N] = k_2 \sqrt{p_N} \qquad (2\text{-}38)$$

式中　$[H]$、$[N]$——氢和氮在钢液中的溶解量；

p_H、p_N——炉气中氢和氮的分压力；

k_1、k_2——平衡常数。

由式（2-37）和式（2-38）可见，当炉中真空度很高（即 p_H、p_N 很小）时，则钢液中的氢含量和氮含量可以降到很低的程度。试验表明，当真空度达到 1.3Pa 时，钢中氢的质量分数可降低到 $1 \times 10^{-4}\%$ 以下。

（2）钢中元素氧化轻微　由于炉料的熔化和钢液的过热度是在真空条件下进行，故钢中元素的氧化

程度很轻微，极少生成夹杂物。因此，只要炉料清洁，炼得的钢液就很纯净。

（3）钢液中含氧量极低　在真空条件下，碳具有很高的脱氧能力，这是因为碳的氧化反应物 CO 被排除，使得反应得以彻底进行。因此，在真空感应电炉炼钢过程中，碳的脱氧作用很完全，无须加其他脱氧剂再进行脱氧。

3. 感应电炉炼钢存在的问题

（1）金属元素的蒸发　钢液中每种元素都有一定的蒸气压，当某种元素的蒸气压超过外界压力时，钢液中这种元素就会蒸发。在电弧炉和一般的感应电炉炼钢中，钢中元素不致明显地蒸发。但在真空条件下冶炼时，钢液中蒸气压较高的元素（主要是锰）会发生显著的蒸发现象，因而会使钢液中元素的含量随时间的延长而减少。图 2-56 所示为真空感应电炉炼钢条件下，锰的损耗曲线。由图 2-56 可看出，温度对锰的蒸发速率有重要的影响。其原因在于锰的蒸气压随温度的上升而增大。除锰以外，铜也比较容易蒸发，但蒸发速度则比锰小得多。铬、铁等元素蒸发甚微，可以忽略。金属单质的蒸气压见表 2-28。

表 2-28　金属单质的蒸气压

符号	名称	相应于下述蒸气压（kPa）的温度/℃																	
		0.001	0.002	0.004	0.007	0.01	0.02	0.04	0.07	0.1	0.2	0.4	0.7	1.0	2.0	4.0	7.0	10.0	20.0
Ag	银	1015	1055	1090	1122	1144	1190	1237	1280	1310	1362	1422	1475	1512	1578	1642	1740	1785	1875
Al	铝					1110	1146	1190	1230	1260	1325								
Au	金	1397	1435	1475	1525	1548	1608	1675	1730	1767	1836	1912	1978	2020	2115	2212	2302	2360	2470
Ba	钡					710	740	778	812	836	886	935	985	1015	1085	1155	1220	1265	1350
Be	铍	1050	1132	1220	1285	1325	1400	1460	1505	1520	1580	1650	1715	1755	1830	1920	2002	2052	2160
Ca	钙					680	710	740	755	782	830	880	920	940	1000	1065	1125	1170	1250
Ce	铈	1273	1322	1360	1400	1423	1465	1515	1555	1580	1640	1712	1775	1820	1912				
Co	钴				1295	1340	1387	1420	1446	1500	1560	1616	1650	1723	1795	1812	1905	1995	
Cr	铬					1500	1545	1595	1640	1665	1730	1790	1845	1890	1970	2055	2130	2180	2280
Cu	铜									1585	1660	1742	1815	1862	1968	2085	2180	2255	2400
Eu	铕	593	622	650	675	691	723	760	786	802	843	890	930	960	1016	1080	1136	1170	1250
Fe	铁	1405	1450	1500	1540	1560	1615	1675	1730	1762	1830	1905	1966	2008	2100	2195	2280	2335	2440
Ga	镓					1165	1205	1250	1290	1335	1385	1440	1500	1540	1615	1200	1275	1875	1925
Ge	锗	1393	1443	1498	1536	1562	1624	1685	1740	1776	1845	1920	1987	2032	2130	2230	2324	2380	2500
Hf	铪					2840	2920	3010	3100	3160	3280	3420	3545	3630	3805	4010	4200	4330	4570
Hg	汞	45	53	60	70	76	88	100	112	120	135	152	165	176	178	220	234	247	270
In	铟	895	930	970	1000	1020	1070	1112	1155	1180	1235	1295	1350	1382	1455	1532	1620	1650	1740
Ir	铱	2268	2330	2400	2450	2500	2570	2650	2725	2775	2865	2965	3050	3110	3240	3370	3480	3565	3720
K	钾	202	220	238	250	260	278	300	320	332	360	385	414	430	465	507	545	570	620

（续）

符号	名称	相应于下述蒸气压(kPa)的温度/℃																
		0.001	0.002	0.004	0.007	0.01	0.02	0.04	0.07	0.1	0.2	0.4	0.7	1.0	2.0	4.0	7.0	10.0	20.0
La	镧									2120	2210	2300	2375	2430	2540	2660	2765	2835	2970
Li	锂	525	550	575	600	615	650	680	712	730	768	810	848	873	925	980	1036	1018	1140
Lu	镥	1140	1170	1210	1245	1265	1310	1360	1410	1430	1480	1530	1575	1615	1700	1775	1850	1900	2000
Mg	镁					500	525	545	575	590	625	655	685	710	750	800	840	870	930
Mn	锰	962	993	1025	1056	1076	1122	1165	1205	1230	1280	1340	1395	1430	1506	1588	1658	1778	1800
Mo	钼	2500	2565	2640	2700	2740	2830	2930	3010	3065	3180	3300	3410	3470	3630	3795	3945	4040	4240
Na	钠	280	300	315	330	345	370	393	415	430	456	485	518	535	572	620	660	683	736
Nb	铌					2950	3030	3120	3205	3260	3390	3520	3638	3710	3828	3995	4115	4185	4325
Nd	钕	1320	1370	1430	1480	1510	1575	1640	1705	1745	1830	1920	1995	2050	2150	2280	2390	2470	2640
Ni	镍									1380	1435	1487	1538	1570	1638	1708	1772	1815	1900
Os	锇									3200	3300	3416	3515	3580	3710	3845	3965	4050	4200
Pb	铅	710	740	774	800	817	864	905	940	970	1018	1070	1113	1142	1208	1280	1350	1395	1486
Pd	钯	1520	1575	1630	1670	1710	1775	1845	1900	1940	2015	2100	2180	2225	2330	2445	2545	2505	2748
Po	钋	335	353	373	393	403	422	453	455	490	520	552	580	600	635	680	720	745	803
Pt	铂	2020	2085	2150	2200	2230	2310	2385	2450	2495	2580	2670	2755	2815	2925	3045	3150	3220	3355
Pu	钚	1435	1505	1580	1630	1670	1750	1820	1885	1925	2010	2105	2182	2230	2345	2465	2575	2645	2805
Ra	镭	550	575	602	625	640	672	710	744	765	810	862	905	935	997	1065	1130	1170	1260
Re	铼	3020	3110	3200	3280	3330	3440	3550	3650	3710	3840	3985	4110	4190	4360	4540	4700	4790	5000
Rh	铑	2000	2065	2130	2185	2220	2300	2380	2446	2485	2575	2660	2740	2795	2905	3030	3135	3210	3355
Ru	钌					2632	2700	2780	2855	2900	3000	3105	3185	3242	3360	3484	3590	3660	3815
Sb	锑	580	585	590	595	597	610	645	682	708	765	830	885	925	1008	1105	1186	1240	1355
Sc	钪	1410	1453	1505	1544	1565	1625	1682	1738	1775	1835	1920	1985	2026	2120	2210	2295	2345	2440
Sn	锡	1230	1270	1320	1360	1386	1450	1510	1560	1600	1660	1740	1800	1840	1930	2040	2130	2200	2330
Sr	锶	524	545	570	595	610	640	672	700	715	756	795	827	855	908	970	1027	1060	1140
Ta	钽	3015	3100	3190	3260	3310	3415	3520	3600	3660	3785	3900	4000	4070	4220	4370	4515	4605	4795
Tc	锝									3060	3160	3270	3370	3440	3580	3755	3910	4010	4230
Th	钍					2432	2504	2580	2652	2690	2780	2890	2980	3040	3160	3300	3438	3530	3730
Ti	钛					1920	1985	2063	2115	2160	2240	2326	2400	2450	2545	2648	2730	2785	2900
Tl	铊	600	625	655	680	698	730	770	795	812	855	900	940	965	1022	1087	1145	1179	1255
U	铀					2140	2220	2305	2360	2410	2510	2625	2720	2780	2890	3005	3095	3150	3270
V	钒	1835	1870	1915	1955	1985	2052	2120	2190	2240	2325	2418	2490	2543	2655	2760	2853	2910	3040
W	钨	3195	3270	3350	3425	3470	3570	3680	3770	3830	3940	4070	4170	4240	4375	4530	4655	4730	4910
Y	钇	1625	1680	1740	1790	1825	1885	1950	2010	2045	2130	2230	2320	2380	2485	2610	2710	2775	2900
Yb	镱	549	565	588	610	628	671	730	785	820	902	985	1052	1100	1187	1278	1348	1390	1480
Zn	锌	340	352	3710	386	400	420	442	462	475	505	535	558	575	618	660	696	720	768
Zr	锆	2360	2430	2500	2565	2608	2700	2780	2862	2912	3015	3130	3225	3282	3400				

符号	名称	相应于上述蒸气压(kPa)的温度/℃												熔点/℃
		0.1	0.2	0.4	0.7	1.0	2	4	7	10	20	40	70	101.3	
Ag	银	1333	1392	1453	1505	1543	1623	1706	1777	1825	1925	2039	2140	2212	960
Al	铝	1262	1318	1376	1425	1459	1526	1600	1667	1712	1803	1903	1991	2056	660

（续）

符号	名称	相应于上述蒸气压(kPa)的温度/℃												熔点/℃
		0.1	0.2	0.4	0.7	1.0	2	4	7	10	20	40	70	101.3	
Au	金	1837	1916	1998	2066	2114	2213	2317	2408	2470	2599	2743	2872	2966	1063
Ba	钡				988	1021	1090	1162	1225	1266	1359	1469	1567	1638	850
Bi	铋	1009	1040	1073	1101	1120	1159	1198	1232	1253	1297	1347	1389	1420	271
Ca	钙				930	958	1019	1082	1138	1176	1252	1345	1428	1487	851
Cd	镉	385	408	434	457	471	502	536	569	592	636	688	732	765	320.9
Cr	铬	1591	1653	1719	1773	1812	1893	1976	2049	2098	2198	2311	2410	2482	1615
Cs	铯	270	294	320	343	360	394	430	465	489	537	596	650	690	28.5
Cu	铜	1600	1669	1741	1801	1843	1932	2025	2107	2161	2274	2405	2518	2595	1083
Fe	铁	1759	1829	1902	1963	2004	2091	2182	2263	2316	2425	2550	2658	2735	1535
Hg	汞	120	135	152	166	176	196	218	237	250	278	309	337	357	-38.9
K	钾	331	357	386	410	427	466	505	541	565	617	680	734	774	62.3
Li	锂	706	748	793	832	858	915	975	1029	1066	1142	1232	1313	1372	186
Mg	镁	609	640	675	705	725	769	816	858	885	941	1005	1063	1107	651
Mn	锰	1269	1327	1388	1439	1475	1550	1630	1702	1751	1853	1974	2079	2151	1260
Mo	钼	3052	3174	3299	3403	3475	3625	3787	3929	4027	4232	4456	4657	4804	2622
Na	钠	428	456	487	513	532	572	613	652	679	732	795	850	892	97.5
Ni	镍	1782	1852	1924	1984	2024	2107	2194	2270	2321	2426	2548	2656	2732	1452
Pb	铅	952	1004	1058	1103	1135	1204	1276	1341	1385	1476	1582	1676	1744	3275
Pt	铂	2683	2799	2918	3017	3087	3237	3398	3539	3635	3834	4065	4268	4407	1755
Rb	铷	288	311	337	360	375	408	442	474	495	541	595	643	679	38.5
Sb	锑	870	910	952	987	1012	1062	1115	1164	1196	1259	1331	1394	1440	630
Sn	锡	1469	1527	1588	1639	1676	1746	1821	1887	1931	2022	2124	2210	2270	231.9
Sr	锶				850	876	930	989	1044	1080	1156	1245	1325	1384	800
Tl	铊	808	851	896	934	960	1016	1075	1129	1166	1240	1325	1401	1457	3035
W	钨	3930	4076	4226	4349	4436	4614	4803	4967	5077	5303	5555	5775	5927	3370
Zn	锌	476	504	534	560	577	615	654	691	715	764	819	869	907	419.4

注：汞在压强大于 101.3kPa 时的汽化温度见下表。

蒸气压/kPa	101.3	200	400	700	1000	1500	2000	3000	4000	6000	8000	10000	12000	14000	16000
温度/℃	357	398	445	490	521	558	588	630	660	705	740	768	795	826	864

（2）钢液的污染　在真空炼钢过程中，炉衬材料会被钢液侵蚀，这种侵蚀表现为耐火材料中的 SiO_2 被钢液中碳还原。其结果是还原产物 Si 进入钢液，使钢液的化学成分发生变化，造成污染。其化学反应式为

$$2[C] + (SiO_2) \rightarrow [Si] + 2CO\uparrow \quad (2\text{-}39)$$

在大气熔炼条件下，由于大气中 CO 的分压力较高，这一反应进行程度较微，而在真空条件下，CO 的分压力接近于零，因而反应较剧烈。其结果是使钢液含碳量降低，同时使含硅量提高。$w(C) = 0.2\%$ 的钢在 Al_2O_3—SiO_2 坩埚中进行真空熔炼时，含硅量的增加和含碳量的减少情况如图 2-57 所示。

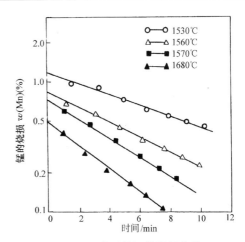

图 2-56　典型的锰的损耗曲线

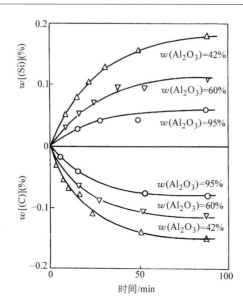

**图 2-57　$w(C) = 0.2\%$ 的钢在 Al_2O_3—SiO_2
坩埚中进行真空熔炼时，含硅量
的增加和含碳量的减少情况**

在真空感应电炉炼钢中，对于钢液化学成分变化的现象，应予以重视。

2.6　炉外精炼基本知识

2.6.1　炉外精炼的重要作用

1. 提高钢的纯净度

铸钢件的内在质量与钢液的纯净度有很大的关系。近年来，国内外在生产高强度钢和超高强度钢方面，日益强调对钢中气体和非金属夹杂物的控制，提出了"清洁钢"的要求。在一般的炼钢方法中，为了清除钢液中的气体和夹杂物，是利用脱碳反应形成的钢液沸腾，为此需要使钢液强烈地氧化，而下一步为了除去钢液中残余的大量的氧，需要对钢液进行脱氧，因此又产生大量的夹杂物，这是在一般炼钢方法中难以解决的矛盾。采用炉外精炼方法，以真空和惰性气泡来代替一氧化碳气泡的作用实现精炼过程，从而免除了采用脱氧剂进行脱氧的工艺要求，这就从根本上改革了炼钢工艺，而所炼得的钢液在纯净度方面大幅度提高，因而钢的力学性能，特别是韧性有很大的改善。

2. 合金元素的熔炼损耗

在采用电弧炉与炉外精炼相结合的炼钢工艺方法中，易发生氧化的合金元素一般都是在炉外精炼过程中加入的。在真空或惰性气体作用下，合金元素的熔炼损耗极轻微，因而合金元素的收得率极高，同时也便于准确控制钢的化学成分。

3. 为冶炼超低碳钢开辟途径

在一般的炼钢条件下，钢的含碳量难以降得很低。这是由于在钢液中存在有碳—氧平衡关系。如果要使钢的含碳量很低，则钢中的含氧量必然很高。为此将会加重还原期脱氧的负担，并使钢的质量恶化。采取炉外精炼技术，依靠真空和惰性气体的作用，可以做到既降低碳量，又不增加氧。因此从根本上解决了低碳型 $[w(C) < 0.06\%]$ 和超低碳型 $[w(C) < 0.03\%]$ 钢的冶炼问题。

2.6.2　炉外精炼技术的发展

随着工业和科学技术的发展，对于钢的力学性能和工艺性能的要求越来越高，特别是一些重要零件，用一般的电炉熔炼得到的钢液质量不能满足要求。因此自 20 世纪 30 年代，冶金工作者们开始寻求进一步提高钢的质量的方法，并逐步形成了炉外精炼技术。

20 世纪 40—50 年代，苏联和德国等相继开发了多种形式的钢液真空除气法，如钢包除气法（LD）、倒包除气（SLD）法、出钢除气法（TD）、真空提升除气法（DH）、真空循环除气法（RH）及真空浇注除气法（VC）等。这些除气方法的基本原理都是利用真空条件去除钢液中溶解的气体。但是，这些精炼方法均未设置对钢液的加热和搅拌系统，因而不能弥补温度的下降，也不能很有效地清除夹杂物。

1965 年，瑞典开发了钢包精炼（ASEA-SKF）。这种设备除了具有真空抽气系统外，还采用电弧加热钢液以及电磁和氩气双重搅拌系统，具备了有效清除钢液中气体和夹杂物的能力。同年，德国开发了真空吹氧脱碳精炼技术（VOD）。在这种精炼设备中，除了真空抽气系统外，还在钢包的底部设置了多孔塞式吹氩搅拌，以及在钢包的上部设置了利用氧枪进行吹氧的系统。这样就可以通过钢液中碳氧化所造成的一氧化碳气泡及氩气气泡的联合作用达到有效地清除钢中气体和夹杂物的目的。

1967 年，美国开发了真空电弧加热除气法（VAD）。其特点是在真空条件下，用电弧加热钢液，这样就能够在高温条件下除气。1971 年，日本开发了在工作原理上类似的钢包电弧加热炉（LF）。这两种炉外精炼法中，还设置了在钢包底部吹氩的系统，所以也能有效地清除钢中夹杂物。

1968 年，美国开发了氩氧脱碳精炼法（AOD）。其特点是不设置真空系统，精炼过程中，先往钢液中通入氧气，使钢液中的碳氧化，靠一氧化碳来精炼，然后通入氩气精炼，使钢液净化。

1972 年，瑞典开发了钢包喷粉精炼法（SL）。这种方法是利用惰性气体作载体，将粉状的精炼剂（Ca-Si、CaC_2、CaO 等）通过插入钢液内的喷枪，往钢液中喷粉。这种精炼方法具有良好的脱硫及清除气体和夹杂物的能力。

我国早在 20 世纪 50 年代末、60 年代中期就在炼钢生产中采用高碱度合成渣在出钢过程中脱硫冶炼轴承钢、钢包静态脱气等初步精炼技术，但没有精炼的装备。20 世纪 60 年代中期至 70 年代，有些特钢企业（大冶、武钢等）引进一批真空精炼设备。20 世纪 80 年代，我国自行研制开发的精炼设备逐渐投入使用（如 LF 炉、喷粉、搅拌设备）。黑龙江省冶金研究所等单位联合研制开发了喂线机、包芯线机和合金芯线，完善了炉外精炼技术的辅助技术。

现代科学技术的发展和工农业对钢材质量要求的提高，钢厂普遍采用了炉外精炼工艺流程，它已成为现代炼钢工艺中不可缺少的重要环节。由于这种技术可以提高炼钢设备的生产能力，改善钢材质量，降低能耗，减少耐材、能源和铁合金消耗，所以炉外精炼技术已成为当今世界钢铁冶金发展的方向。

随着炼钢技术的不断进步，炉外精炼在现代钢铁生产中已经占有重要地位，传统的生产流程〔高炉→炼钢炉（电炉或转炉）→铸锭〕，已逐步被新的流程（高炉→铁液预处理→炼钢炉→炉外精炼→连铸）所代替。该流程已成为国内外大型钢铁企业生产的主要工艺流程，尤其在特殊钢领域，精炼和连铸技术发展得日趋成熟。精炼工序在整个流程中起到至关重要的作用，一方面通过这道工序可以提高钢的纯净度，去除有害夹杂，进行微合金化和夹杂物变性处理；另一方面，精炼又是一个缓冲环节，有利于连铸生产均衡地进行。

现在这项技术已经非常成熟，以炉外精炼技术为核心的"三位一体"短流程工艺广泛应用于国内各钢铁企业，取得了很好的效果。初炼（电炉或转炉）精炼连铸成了现代化典型的工艺短流程。

2.6.3 炉外精炼的特点和方法

各种炉外精炼设备都具备高效精炼的特点，适宜冶炼各类纯净钢、超纯净钢。其原因在于各种炉外精炼设备的工艺与设备设计能满足以下冶金特点：

1）改善冶金化学反应的热力学条件。如炼钢中脱碳、脱气反应，反应产物为气体。降低气相压力，提高真空度，有利于反应继续进行。

2）加速熔池传质速度，对于多数冶金反应，液相传质是反应速度的限制环节。各种精炼设备采用不同的搅拌方式，强化熔池搅拌，加速混匀过程，提高化学反应速度。

3）增大渣钢反应面积，对各种炉外精炼设备均采用各种搅拌或喷粉工艺，造成钢渣乳化、颗粒气泡上浮、碰撞、聚合等现象，显著增加渣钢反应面积，

提高反应速度。

4）精确控制反应条件，均匀钢液成分、温度。多数炉外精炼设备，配备了各种不同的加热功能，可以精确控制反应温度。同时，通过搅拌均匀钢液成分，精确调整成分，实现成分微调。精确控制化学反应条件，使各种冶金反应更趋近平衡。

5）健全在线检测设施，对精炼过程实现计算机智能化控制，保证了精炼终点的命中率和控制精度，提高产品质量的稳定性。

各种炉外精炼设备一般均采用以下精炼方法：

1）渣洗精炼。精确控制炉渣成分，通过渣钢反应实现对钢液的提纯精炼。这主要用于钢液脱氧、脱硫和去除夹杂物等方面。

2）真空精炼。在真空条件下实现钢液的提纯精炼。通常工作压力大于或等于 50Pa，适用于对钢液脱气、脱碳和用碳脱氧等反应过程。

3）熔池搅拌。通常是向反应体系提供一定的能量，促使该系统内的钢液产生流动。通过对流加速钢液内传热、传质过程，达到混匀的效果。搅拌的方法主要有气体搅拌、电磁搅拌和机械搅拌 3 种方法。

4）喷射冶金。通过载气将固体颗粒反应物喷入熔池深处，造成熔池的强烈搅拌并增大反应面积。固体颗粒上浮过程中发生熔化、溶解，完成固—液反应，显著提高精炼效果。

5）加热与控温。为了精确控制反应温度与终点钢液温度，多种炉外精炼设备采用了各种不同的加热功能，避免精炼过程温降。主要的加热方法有电弧加热、化学加热和脱碳二次燃烧加热。

2.6.4 炉外精炼的基本原理

1. 吹氩精炼原理

电弧炉炼钢中进行脱碳过程的主要目的是利用反应生成的 CO 气泡在上浮过程中吸收钢液中的气体（H、N），并促使非金属夹杂物上浮，从而使钢液净化。但为了进行脱碳，必须使钢液具有强氧化性，而这将使后期的脱氧任务加重，并需要较长的冶炼时间。在钢包中往钢液内吹入氩气，利用氩气泡代替 CO 气泡进行精炼，能解决这一问题。

氩是一种惰性气体，不溶解于钢液，且不与钢中的元素反应，不会形成非金属夹杂物。最原始的钢包吹氩装置如图 2-58 所示。吹氩是通过透气塞进行的，其目的在于使氩气泡细小而分散，以减缓气泡在钢液中的上升速度，提高净化效果。透气塞用耐火度很高的刚玉（Al_2O_3）和莫来石（$Al_2O_3 \cdot 2SiO_2$），以及黏结剂和附加剂所组成的混合料压制，并在高温下烧结而成。吹氩压力根据钢液高度而定，一般为 0.4 ~

0.6MPa 之间。

吹氩所形成的钢液沸腾，不仅能清除钢液中溶解的气体和非金属夹杂物起净化作用，而且还能起到一定的脱氧作用。其原理是处于钢液中的氩气泡内 CO 的分压力为零，因而促使钢液中的碳与氧化亚铁进行反应，从而氧被脱去。

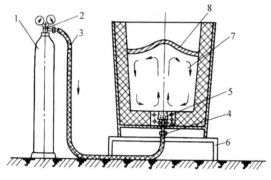

图 2-58　钢包吹氩装置示意图
1—氩气瓶　2—减压阀　3—耐压橡胶管　4—活接头
5—透气塞　6—钢包支架　7—钢液　8—炉渣

2. 氩氧联合吹炼原理

当钢液采用氩气和氧气联合吹炼时，能有良好的脱碳与净化作用。这种方法称为氩氧脱碳精炼法或 AOD 法。其所用的典型设备如图 2-59 所示。

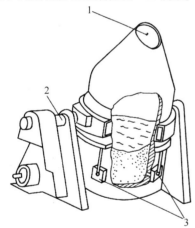

图 2-59　AOD 法精炼用的典型设备
1—加料、取样、出钢口　2—转轴　3—氩氧风口

吹炼的前期主要是进行吹氧脱碳，后期主要是吹氩净化和脱氧。吹炼开始时，吹入的气体全部是氧气，随着过程的进行，氧气逐渐减少，氩气逐渐增多，至后期全部用氩气吹炼。吹炼用混合气体成分的变化，可根据从容器中排出的炉气成分，用计算机进行自动控制。有关 AOD 法的吹炼过程及其控制，详见第 10 章。

AOD 法吹炼过程从冶金反应方面可大体上分为 3 个阶段：

（1）吹氧阶段　吹炼初期，钢液含碳量较高，吹氧脱碳反应顺利进行。碳的氧化有以下两种方式：

$$2[C] + O_2 = 2\{CO\}\quad（直接氧化法）$$
$$2[Fe] + O_2 = 2[FeO]\quad（间接氧化法）$$
$$[C] + [FeO] = [Fe] + \{CO\}\quad（间接氧化法）$$

经过一个阶段的吹炼，碳的氧化反应接近平衡。

（2）吹氧氩混合气体阶段　由于气泡中含有 Ar 气，降低 CO 分压力，因而改变了原来的 C-O 平衡关系，促使脱碳反应进一步进行：

$$[C] + [FeO] = [Fe] + \{CO\}$$

其结果是使钢液含碳量进一步降低。

（3）吹氩阶段　由于停止供氧，故钢液中的 FeO 量不再得到补充；更由于吹氩促进钢液中碳的进一步氧化，实现了碳脱氧的过程，所以在吹氩阶段中钢液含碳量更进一步降低。

在整个吹炼过程中，由于氧氩的联合作用，使得脱碳过程进行得相当充分。在保持钢液低含氧量条件下，能容易地将钢液碳质量分数降低至 0.03% 以下，因此 AOD 法最初用于冶炼超低碳钢种，后来应用范围扩大到其他钢种。由于在整个吹炼过程中，一直有气体的净化作用，故钢液中原有的气体（H、N）和非金属夹杂物能清除至很低的程度，如钢液中氢和氮的体积分数分别降至 $2 \times 10^{-4}\%$ 和 $80 \times 10^{-4}\%$ 以下。

3. 真空条件下钢液的脱碳

在大气条件下炼钢时，钢液中 C-O 之间建立一定的平衡关系。故在一般电弧炉或感应电炉炼钢条件下，难以将含碳量降得很低。当需要冶炼低碳[如 $w(C) < 0.06\%$]钢液时，则需要大幅度提高钢液的氧化性，从而会恶化钢的性能。研究工作和冶金生产实践表明，将在大气条件下冶炼的钢液，连同钢包一起，放置在真空装置内（详见第 10 章），由于改变了 C-O 平衡关系，使得钢液含碳量进一步降低，并实现在真空下碳脱氧的过程。与此同时，钢液中的气体含量也有显著降低。

当将真空处理与氩氧吹炼联合使用时，能收到特别良好的冶金效果。例如，真空吹氧脱碳精炼法（或称 VOD 法），即是这方面的应用。VOD 法精炼用的容器如图 2-60 所示（精炼操作方法及过程控制见第 10 章）。

真空氩氧脱碳法具有很强的脱碳、脱氧和净化钢液的能力。与氩氧脱碳（AOD）法相比，这种方法的优点如下：

1）碳和脱氧的能力更强。随着真空度的提高，气相中 CO 的分压力降低，钢液中 C-O 平衡关系随之变化，见图 2-61。用这种方法可炼出碳的质量分数低于 0.01% 的钢液。

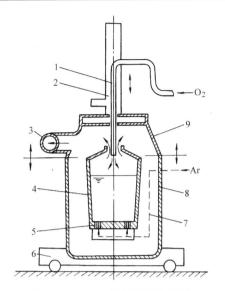

图 2-60　VOD 法精炼用的容器

1—吹氧管（氧枪）　2—真空密封罩　3—真空
管路　4—钢包　5—透气塞　6—小车
7—氩气管　8—真空罐　9—真空罐盖

2）清除钢液中气体的能力更强。

3）节省氩气用量。为了形成同样的吹氩沸腾的净化作用，在真空氩氧脱碳法条件下所用氩气的耗量一般只占氩氧脱碳法的 1/10～1/8。氩气的价格较高，故节省氩气是这种方法的一大优点。

4）冶炼不锈钢具有特殊的优越性。不锈钢的化学成分特点是低碳高铬，故在冶炼不锈钢时，要求在降低钢液含碳量的同时，尽量减少铬的氧化烧损。在大气冶炼条件下，只能靠提高炼钢温度来降低碳含量和减少铬的氧化（见图 2-62），但炉温的提高是有限度的。而在真空条件下脱碳时，能有效地减少铬的烧损，其道理可从真空脱碳的氧化反应和对铬的氧化反应的影响对比中看出：

$$[C] + [FeO] = \{CO\} + [Fe]$$

在真空条件下，p_{CO} 低，使碳的氧化更充分。

$$2[Cr] + 3[FeO] = (Cr_2O_3) + 3[Fe]$$

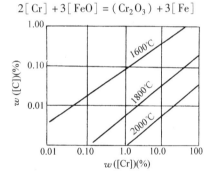

图 2-62　在不同温度下钢液中
含铬量与含碳量的关系

由于铬的氧化产物为固相，外界压力的变化，对于铬的氧化反应基本上不发生影响，故在真空条件下吹炼时，能最大限度地脱碳保铬。图 2-63 所示为不同 CO 压力下钢液中 C-Cr 平衡关系。

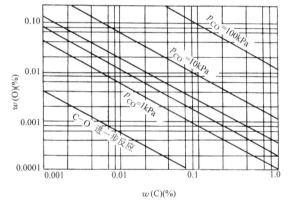

图 2-61　在 1700℃ 和不同 CO 压力下，
C-O 之间的平衡关系

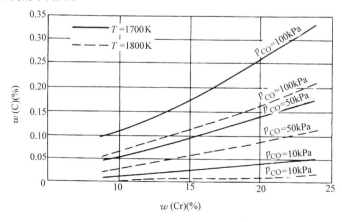

图 2-63　在 1700K 和 1800K 温度下
C-Cr 平衡与 CO 压力之间的关系

4. 真空碳脱氧

在真空冶炼条件下，可利用钢液中的碳进行其自身的脱氧。真空碳脱氧的冶金过程遵循碳的氧化反应的一般热力学规律，即

$$[C] + [FeO] = \{CO\} + [Fe]$$

$$K_C = \frac{p_{CO}}{a_C a_{FeO}}, \quad \lg K_C = -\frac{1470}{T} + 3.47 \quad (2\text{-}40)$$

式中　K_C——碳的热力平衡系数；

　　　p_{CO}——CO 分压力；

　　　a_C——碳的活度；

　　　a_{FeO}——FeO 的活度；

　　　T——热力学温度（K）。

真空碳脱氧具有终脱氧性质，即在这一冶金过程完成后，不再用硅、铝等元素进一步脱氧。与用硅、铝等脱氧剂进行脱氧相比，真空碳脱氧有如下优点：

1）在真空条件下，碳具有很强的脱氧能力，即脱氧的结果钢液中残余氧含量极低。碳（以及锰、硅、铝）在不同真空度下的脱氧能力如图 2-64 所示。

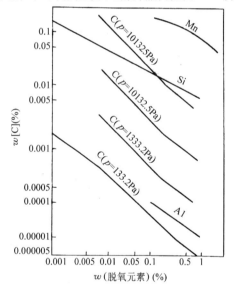

图 2-64　不同真空度下钢液中
碳-氧反应的平衡值（1873K）

2）脱氧产物为气体，因而不会污染钢液。

3）CO 气泡在钢液上浮的过程中，能收集钢液中的气体（H_2、N_2），并携带夹杂物，起精炼作用。

根据图 2-64 所示的热力学规律，真空下碳的脱氧能力随真空度的提高而提高。例如，以脱氧元素质量分数 0.5% 为例，当真空度为 101.3kPa 时，碳的脱氧能力超过硅；当真空度为 133.2Pa 时，碳的脱氧能力会超过铝。

但在实际的真空碳脱氧冶金过程中，碳与氧之间并不能达到平衡状态，即实际钢液中残余氧含量往往高于在该真空度下与碳含量相平衡的程度。

导致实际脱氧能力降低有多方面因素，其中最主要的是钢液中生成 CO 气泡的动力学因素。为了在钢液中形成原始的微小气泡核心，不仅需要克服钢液的静压力，而且需要克服巨大的表面张力，因而是很困难的。在真空碳脱氧的同时吹惰性气体（氩气），能有力地促进脱氧反应的进行，使其更接近于平衡状态。为了充分发挥真空碳脱氧的作用，还应注意以下方面：

1）进行真空碳脱氧前避免用强脱氧剂硅、铝等对钢液进行脱氧，以免生成 SiO_2、Al_2O_3 等夹杂物，污染钢液。

2）为了充分发挥真空对脱氧的有利作用，应使钢液表面处于无渣层覆盖的状态。

3）避免采用硅石耐火材料砌筑盛钢桶内壁的衬层，因硅石材料中的 SiO_2 在真空条件下易被钢液中的碳所还原，造成钢液增硅。为了减少从耐火材料进入钢液中的硅量，盛钢桶内壁应采用高铝砖砌筑。

2.6.5　炉外精炼技术在铸钢生产中的应用

炉外精炼技术是一项提高产品质量、降低生产成本的先进技术，是现代化炼钢工艺不可缺少的重要环节，具有化学成分及温度的精确控制，夹杂物排除，夹杂物形态控制，去除 H、O、C、S 等杂质，真空脱气等冶金功能。只有强化每项功能的作用，才能发挥炉外精炼的优势，生产出高品质纯净钢种。在铸钢生产方面应用较多的是氩氧脱碳精炼法（AOD）、真空氧脱碳精炼法（VOD）、真空氩氧脱碳转炉法（VODC）及盛钢桶喷粉精炼法（SL）。

在我国的铸钢生产中，AOD、VOD、VODC、LF 等精炼技术都有应用，钢包喷粉精炼技术也应用于大型铸钢件的生产。目前在铸钢生产中广泛应用的炉外精炼方法仍主要有 LF 法、AOD 法、VOD 法等。

1. LF 法（钢包精炼炉法）

LF 法是 1971 年由日本大同钢公司发明的，用电弧加热，包底吹氩搅拌。

工艺优点：

1）电弧加热热效率高，升温幅度大，控温准确度可达 ±5℃。

2）具备搅拌和合金化的功能，吹氩搅拌易于实现窄范围合金成分控制，提高产品的稳定性。

3）设备投资少，精炼成本低，适合生产超低硫钢、超低氧钢。

LF 法的生产工艺要点：

1）加热与控温。LF 采用电弧加热，热效率高，钢液平均升温 1℃耗电 0.5~0.8kW·h。LF 升温速度决定于供电比功率（kV·A/t），而供电的比功率又决定于钢包耐火材料的熔损指数。因采用埋弧泡沫渣技术，可减少电弧的热辐射损失，提高热效率 10%~15%，终点温度的精确度小于或等于±5℃。

2）采用白渣精炼工艺。下渣量控制在小于或等于 5kg/t，一般采用 Al_2O_3-CaO-SiO_2 系炉渣，包渣碱度 $R \geqslant 3$，以避免炉渣再氧化。吹氩搅拌时避免钢液裸露。

3）合金微调与窄成分范围控制。使用合金芯线技术可提高金属收得率：齿轮钢中钛的收得率平均达到 87.9%；硼的收得率达 64.3%；钢包喂碳线收得率高达 90%；ZG30CrMnMoRE 喂稀土线稀土收得率达到 68%。高的收得率可实现窄成分控制。

2. AOD 法（氩氧脱碳精炼法）

AOD 法是美国联合碳化物公司（Union Caride Co.）于 20 世纪 60 年代发明的气体冶金专利工艺，是一项非真空条件下进行精炼的炼钢工艺。AOD 工艺的核心是改变脱碳的热力学。采用氧气和惰性气体混合物代替纯氧，通过炉体侧面的喷枪吹入熔池进行脱碳和精炼。氩气惰性气体的真空效果和强烈的气体搅动能力提供了脱碳和精炼充分的热力学和动力学条件。

3. VOD 法（真空氧脱碳精炼法）

VOD 法是 1965 年德国首先开发应用的，它是将钢包放入真空罐内从顶部的氧枪向钢包内吹氧脱碳，同时从钢包底部向上吹氩搅拌。此方法适合生产超低碳不锈钢，达到保铬去碳的目的，可与转炉配合使用。它的优点是实现了低碳不锈钢冶炼的必要的热力学和动力学的条件——高温、真空、搅拌。

2.6.6 纯净钢精炼技术

1. 低氧钢精炼工艺技术

硬线钢丝、钢轨、轴承钢、弹簧钢等中高碳合金钢或优质碳钢，对钢中夹杂物有严格的要求。为保证钢材质量，必须采用低氧钢精炼工艺技术。对低氧钢精炼工艺的基本要求是：

1）严格控制钢中总氧含量，一般要求钢中 $w([O]) \leqslant 25 \times 10^{-4}\%$。对于轴承钢，为提高钢材的疲劳寿命，则要求钢中 $w([O]) \leqslant 10 \times 10^{-4}\%$。

2）严格控制钢中夹杂物的形态，避免出现脆性 Al_2O_3 夹杂物。例如，硬线钢精炼，要求严格控制钢中夹杂物成分中 $w(Al_2O_3) \leqslant 25\%$。为此，则需要控制钢液铝的质量分数小于或等于 $4 \times 10^{-4}\%$，即采用无铝脱氧工艺。

3）严格控制钢中夹杂物的尺寸，避免出现大型夹杂物。

为实现上述基本要求，低氧钢精炼的基本工艺为：

1）精确控制炼钢终点，实现高碳出钢，防止钢液过氧化。

2）严格控制出钢下渣量，并在出钢过程中进行炉渣改质。控制包渣中 $w(FeO + MnO) \leqslant 3\%$，炉渣碱度 $R \geqslant 2.5$，避免钢液回磷并在出钢过程中进行 Si-Mn 脱氧。

3）LF 炉内进行白渣精炼，控制炉渣碱度 $R \geqslant 3.5$，渣中 $w(Al_2O_3) = 25\%~30\%$；渣中 $w(FeO + MnO) \leqslant 1.0\%$（最好小于 0.5%），实现炉渣对钢液的扩散脱氧。同时完成脱硫的工艺任务。

4）白渣精炼后，喂入 Si-Ca 线，对夹杂物进行变性处理。控制钢中夹杂物成分，保证 $w(Al_2O_3) \leqslant 25\%$。

5）冶炼轴承钢等超低氧钢时 $[w([O]) < 10 \times 10^{-4}\%]$，LF 炉白渣精炼后应采用 VOD 炉进行真空脱气。在 VOD 炉脱气过程中，应控制抽气速率和搅拌强度，避免渣钢喷溅；通过 VOD 炉脱气继续进行钢渣脱氧、脱硫反应；然后加入铝进行深脱氧，并喂入 Si-Ca 线对夹杂物进行变性处理。

6）在连铸生产中，应采用全程保护工艺，避免钢液氧化，出现二次污染。应采用低黏度保温性好的速熔保护渣，采用较低的拉速，保证钢液面平稳。严格控制钢液卷渣形成大型皮下夹杂。

7）为避免铸坯中心疏松和成分偏析，应采用低温浇注工艺，控制钢液过热度小于或等于 20℃，过热度波动小于或等于±10℃。

2. 低碳低氮钢精炼工艺技术

对于汽车、家电用薄钢板，为了提高钢材的深冲性能，一般要求严格控制钢中 $w(C + N) \leqslant 50 \times 10^{-4}\%$。为了大量生产 $w(C + N) \leqslant 50 \times 10^{-4}\%$ 的深冲钢板，使低碳低氮钢的精炼工艺得到迅速发展。

（1）超低碳钢的精炼 采用 RH 可以实现超低碳钢精炼。但当钢中 $w(C) \leqslant 0.002\%$ 时，由于钢液静压力的影响，RH 脱碳速度减弱，趋于停止。为了进一步降低钢中含碳量，日本近几年开发出以下新工艺：

1）提高钢液循环流量 Q，促进脱碳反应——REDA 法。350t DH 炉进行改造，取消真空室下部槽和吸嘴，将真空室直接插入钢液中，利用钢包底吹 Ar 搅拌能，大幅度提高 RH 钢液的循环流量。使熔池混匀时间从 80s 降低到 40~60s，脱碳速度明显提高。处理 20min，可保证钢液 $w(C) \leqslant 10 \times 10^{-4}\%$；

处理30min，钢液$w(C)$可达到$3 \times 10^{-4}\%$。

2）提高容量传系系数α_k，促进脱碳反应。日本川崎钢铁公司为实现超低碳钢冶炼，采用H_2作为搅拌气体，吹入RH真空室。利用RH真空脱气的功能，使H_2从钢液中逸出时增加了反应界面，提高RH的容量传质系数α_k。处理20min，可使钢中$w(C)$达到$3 \times 10^{-4}\%$。

（2）超低氮钢的冶炼　氮在钢中的作用具有二重性，一方面可作为固溶强化元素，提高钢液的强度；另一方面作为间隙原子，显著降低钢的塑性。对于深冲钢冶炼，一般要求控制钢中$w(N) \leqslant 2.5 \times 10^{-4}\%$。

超低氮钢的冶炼，本质是控制钢液界面处氮的吸附（吸氮）与脱附（脱氮）这一可逆反应。在一定温度、压力下，存在一临界$w(N)$，记为$w(N)_m$。当钢中$w(N) > w(N)_m$，则脱氮，反应为液相传质速率，呈表观一级反应。当$w(N) < w(N)_m$时，则吸氮，反应界面反应速率为二级表观反应。脱氮（或吸氮）为界面反应。因此，表面活性元素S、O的存在，会明显降低脱氮速度。

冶炼超低氮钢主要依靠真空脱气。但真空脱氮效率不高，对于RH生产$w(N) \leqslant 30 \times 10^{-4}\%$的超低氮钢有很大的困难。采用以下措施，有利于提高真空脱N效率：

1）提高钢液纯净度，降低钢中S、O含量。

2）改善RH真空密封结构，防止大气中N_2向钢液渗透、扩散。

3）喷吹还原气体（如H_2）有利于提高脱碳速度。

4）喷吹细小Fe_2O_3粉末，有利于真空脱氮。

由于真空脱氮的效率不高，因此，超低氮钢的冶炼必须从炼钢全流程出发，综合采取以下措施：

1）提高转炉脱碳强度，保持炉内微正压。用CO洗涤钢液，实现脱氮。

2）改善终点操作，提高终点脱碳速度和终点命中率，减少倒炉次数。

3）沸腾出钢，防止钢液吸氮。

4）真空下进一步降低S、O含量，采取措施提高真空脱氮的效率。

5）完善精炼钢液的保护浇注，避免二次吸氮。

采用上述工艺，可生产$w(N) \leqslant 20 \times 10^{-4}\%$的超低氮钢。

3. 超低硫钢的冶炼

石油管线钢，一般要求$600 \sim 700$MPa的强度。为了满足石油、天然气的输送，除要求具有高的强度和韧性外，还要求具有良好的抗HIC（氢致裂纹）和抗SSCC（硫应力致裂纹）的能力。为了满足石油管线钢的上述性能要求，使超低硫钢的生产工艺迅速发展。目前，大工业生产中已可以稳定生产$w(S) \leqslant 10 \times 10^{-4}\%$的超低硫钢。

（1）转炉超低硫钢的生产工艺　转炉大量生产超低硫钢，包括铁液脱硫、转炉精炼和钢液精炼3个基本工序。根据生产钢种是否需要真空处理，可进一步划分为LF炉精炼和真空喷粉精炼两大类。具体生产流程和操作指标详见图2-65。

在超低硫钢生产过程中，转炉精炼至关重要。

由于兑入铁液硫含量极低［$w(S) \leqslant 30 \times 10^{-4}\%$］，转炉一般为增硫过程。如何控制转炉终点$w(S) \leqslant 50 \times 10^{-4}\%$，是冶炼超低硫钢的技术关键，通常采用以下措施：

1）适当增大铁液比并采用低硫清洁废钢作冷却剂。

2）采用高碱度炉渣，控制渣中$w(FeO) \leqslant 20\%$。

3）准确命中终点，避免钢液过氧化。

4）挡渣出钢并在出钢过程中进行炉渣改质，防止回硫。

（2）电炉超低硫钢生产工艺　电炉冶炼超低硫钢，需要对炉料进行调整。采用直接还原铁代替部分废钢，保证电炉出钢硫$w(S) \leqslant 0.02\%$，是关键环节。电炉超低硫钢生产工艺流程与操作指标如图2-66所示。

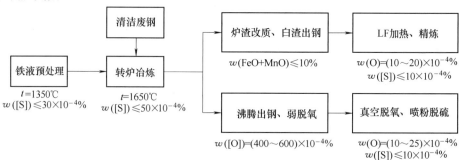

图2-65　超低硫钢的生产工艺

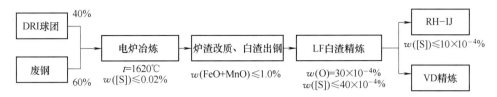

图 2-66　电炉超低硫钢的生产工艺流程与操作指标

2.6.7　炉外精炼技术发展趋势

1. 多功能化

未来，真空精炼技术将会得到广泛应用，钢液真空精炼比重会进一步增加。社会发展对钢材纯净度要求逐渐提升，对真空处理钢需求量增加。真空精炼、真空冶金技术将得到进一步提升。随着科学技术的发展，炉外处理设备会逐步实现多功能化，在钢液精炼设备中，会将真空冶金工艺、渣洗精炼工艺、搅拌喷粉、加热控温等工艺整合起来，进而全面实现多功能冶炼，以更好地满足社会发展需求。例如，LF－VD系统、RH－OB系统、CAS－OB系统、RH－KTB系统等均配备了合金包芯线与喂合金线，具有多功能化的优势，能有效满足不同产品生产需求，还能全面提升设备使用效率。

2. 设备生产效率和二次精炼比

炉外精炼将逐步实现高速化与高效化发展，连铸工艺与转炉工艺的发展均以"高速化"作为发展目标，通过高拉速工艺、高速吹炼技术，全面缩短生产周期，提高生产率。在这种大环境下，精炼尤其是LF工艺，将会成为炼钢的主要瓶颈。当前，受到温度影响，LF生产工艺已无法更好地满足高速连铸、高效转炉等技术要求。如何全面提高精炼速度、提高设备加热功率，缩减精炼周期，会成为接下来炉外处理工艺需迫切解决的重要问题。

3. 真空精炼技术在炼钢中的应用

随着社会发展，人们对钢材纯净度的要求不断增

大，因此有越来越多的钢种需要在真空中进行处理。此外，日本方面在新改建的炼钢厂中已明确提出要求和发展目标：所有的钢液要100%完全在真空中处理。因此，更预示着将来，真空冶金技术和真空精炼技术会出现质的飞跃。

4. 在线配备快速分析设施

在工业文明不断推进的现代，人们对钢材成分和质量的要求将越来越高，对钢材冶炼的控制也会越来越严格。炉外精炼是对钢液成分做控制和管理的最后工序，而其作为最终关卡为了减少精炼的周期需要在线配备快速分析设施，采用数据联网，缩短等待的时间。

5. 快速分析与智能化控制

随着社会的不断进步，对钢材成分标准要求更为严谨。为了有效缩短冶炼周期，必须配备快速分析系统，减少等待时间，充分引入高新科学技术，实现炉外精炼的智能化控制。具体来说：准确预报终点温度与成分，合理选择最佳工艺，充分利用计算机系统控制精炼过程中的加料、搅拌、调整、加热、温控等环节。另外，炉外精炼的不断发展，会进一步提升自动化控制水平与冶炼在线监测水平。例如，LF钢包精炼促进了电弧炉生产流程优化，VOD、AOD促进了不锈钢高效、低耗、优质的变革。

参 考 文 献

[1] 崔琨. 钢铁材料及有色合金材料[M]. 北京：机械工业出版社，1981.

[2] 黄希祜. 钢铁冶金原理[M]. 北京：冶金工业出版社，1991.

[3] 李正邦. 钢铁冶金前沿技术[M]. 北京：冶金工业出版社，1997.

[4] 刘浏. 炉外精炼技术的发展[J]. 炼钢，2001(8)：01-07.

[5] 刘敬龙，金恒阁，刘世坚，等. 浅谈炉外精炼技术[J]. 河南冶金，2004(2)：07-12.

[6] 王成宽，李金中. 我国炉外精炼技术的发展[J]. 钢铁技术，2001(6)：08-11.

[7] 贺景春，弓文生，任新建. 钢中残余有害元素的影响及其控制[J]. 包钢科技，2010(11)：01-04.

[8] 赵秉军，王继尧. 钢中残存有害元素的影响与控制[J]. 特殊钢，1994（3）：17-20.

[9] 张贵锋，黄昊. 固态相变原理及应用[M]. 北京：冶金工业出版社，2011.

[10] 李家通. 炉外精炼技术进展及发展趋势[J]. 中国新技术产品，2016（10）：93-94.

第3章 铸钢的分类及牌号表示方法

3.1 铸钢的分类

铸钢可按其化学成分分类，分为碳钢和合金钢；也可按其使用特性分类，分为工程与结构用钢、合金钢、特殊钢、工具钢和专业用钢等。铸钢分类见表3-1。

表3-1 铸钢分类

化学成分（质量分数）	铸造碳钢	低碳钢［w（C）≤0.25%］
		中碳钢［w（C）为0.25%~0.60%］
		高碳钢［w（C）为0.60%~2.00%］
	铸造合金钢	低合金钢（合金元素总质量分数≤5%）
		中合金钢（合金元素总质量分数为5%~10%）
		高合金钢（合金元素总质量分数≥10%）
按使用特性	工程与结构用铸钢	碳素结构钢
		合金结构钢
	铸造特殊钢	不锈钢
		耐热钢
		耐磨钢
		镍基合金
		其他
	铸造工具钢	工具钢
		模具钢
	专业铸造用钢	

国际标准 ISO 4948/1 规定，钢的分类按化学成分可分为非合金钢和合金钢，而在 ISO 4948/2 中又规定，非合金钢和合金钢按主要质量级别和主要性能及使用特性分类。我国"钢的分类"国家标准，等效采用了 ISO 国际标准的分类方法，即按化学成分可分为非合金钢和合金钢，而非合金钢和合金钢又可按主要质量等级和主要特性分类。

铸钢分类尚未形成正式的国家标准和国际标准。本手册根据铸钢分类的特点、化学成分和参照钢的分

类有关标准，共分别用5章进行介绍：

1) 一般工程与结构用铸造碳钢和高强度铸钢。
2) 铸造中、低合金钢。
3) 铸造不锈钢与耐热钢。
4) 铸造耐磨钢。
5) 铸造特殊用钢及专业用钢。

3.2 我国铸钢牌号的表示方法

我国铸钢牌号按 GB/T 5613—2014《铸钢牌号表示方法》表示，在各种铸钢牌号的前面，均冠以 ZG 以表示铸钢。

1) 以力学性能为主要验收依据的一般工程与结构用铸造碳钢和高强度铸钢，在 ZG 后面加两组数字表示力学性能，第1组数字表示该牌号铸钢的屈服强度最低值，第2组数字表示其抗拉强度最低值，单位均为 MPa。两组数字之间用"-"隔开。例如：

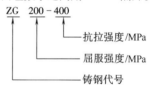

2) 以化学成分为主要验收依据的铸造碳钢，这类铸钢在 ZG 后面接一组数字，是以万分表示的碳的名义质量分数。例如：

```
    ZG 25
      ├──── 以万分表示的碳的名义质量
      └──── 铸钢代号
```

3) 铸造合金钢包括以化学成分为主要验收依据的铸造中、低合金钢和高合金钢，命名方法是在 ZG 后用1组（两位或三位）阿拉伯数字表示铸钢的名义万分表示的碳的质量分数。在碳的名义含量数字后面排列各主要合金元素符号，每个元素符号后面用阿拉伯数字表示合金元素的名义质量分数。合金元素平均质量分数 <1.50% 时，牌号中只标明元素符号，一般不标明含量；合金元素平均质量分数为1.50%~2.49%、2.50%~3.49%、3.50%~4.49%、4.50%~5.49%……时，在合金元素符号后面相应写成2、3、4、5……。

当主要合金元素多于3种时，可以在牌号中只标注前两种或前三种元素的名义质量分数；各元素符号

的标注顺序按它们的平均含量的递减顺序排列。若两种或多种元素平均含量相同，则按元素符号的英文字母顺序排列。

铸钢中常规的锰、硅、磷、硫等元素一般在牌号

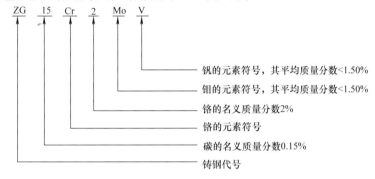

中不标明。

在特殊情况下，当同一牌号分几个品种时，可在牌号后面用"–"隔开，用阿拉伯数字标注品种序号。示例：

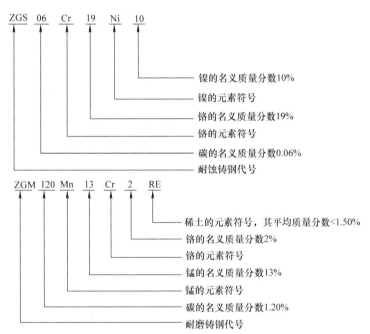

4）各种铸钢名称、代号及牌号表示方法实例见表3-2。

表3-2　各种铸钢名称、代号及牌号表示方法实例

铸钢名称	代号	牌号表示方法实例
铸造碳钢	ZG	ZG270-500
焊接结构用铸钢	ZGH	ZGH230-450
耐热铸钢	ZGR	ZGR40Cr25Ni20
耐蚀铸钢	ZGS	ZGS06Cr16Ni5Mo
耐磨铸钢	ZGM	ZGM30CrMnSiMo

3.3　某些国家铸钢牌号的表示方法

3.3.1　国际标准

ISO 3755：1991《一般工程铸造碳钢》，按强度

将铸钢分为 4 个等级。其牌号用 2 组 3 位数字表示，前一组数字为屈服强度（MPa），后一组数字为抗拉强度（MPa），如230-450。化学成分只规定各元素质量分数的上限，具体成分由铸造厂决定。对附加后缀 W 的牌号，为保证焊接性，除规定 C、Si、Mn、P、S 的质量分数上限值外，还规定每种残余元素质量分数的上限及残余元素质量分数总和小于或等于1.00%。

ISO 9477：1992《一般工程与结构用高强度铸钢》，也按屈服强度和抗拉强度（MPa）分为 4 个级别，化学成分除 Si、P、S 规定上限外，碳的质量分数及其他元素的质量分数均由铸造厂自行选定。

3.3.2　欧洲标准

EN 是欧洲标准的代号。1992 年，欧洲标准化委

员会（CEN）颁发了钢铁产品牌号表示方法，钢铁产品牌号表示方法分为两部分，其中，EN 10027.1：2016 钢号以符号表示，EN 10027.2：2015 钢号以数字表示。这是欧洲各国一致同意的标准，在该标准第 1 部分前言中明确规定：各国必须不加任何改变地采用本标准来表示本国标准中的钢号。欧洲标准化委员会是包括法国、德国、意大利、英国等 27 个欧盟成员国统一的标准化组织。因此，欧盟各成员国都采用欧洲标准的钢铁牌号表示方法。

（1）EN 10027.1：钢的牌号表示方法　EN 10027.1 钢的牌号以符号表示，分为两个基本组。

1）Ⅰ组：牌号按钢的用途、力学性能或物理性能命名。牌号包括一些基本符号，大部分用英文字母表示，个别也有例外：

S—表示结构钢（Steel，钢）。

P—表示压力容器用钢（Pressure，压力）。

L—表示管线用钢（Line，管）。

E—表示工程用钢等（Engineering，工程）。

上述字母后均用数字表示最小厚度范围规定的屈服强度下限值（单位：MPa）。

G—铸件（G 来自德文 Guss），铸件有按Ⅰ组表示的，也有按Ⅱ组表示的。

2）Ⅱ组：按钢的化学成分命名，并细分为 4 个分组：

① 第一分组：平均锰质量分数小于 1% 的非合金钢（易切削钢除外）。牌号头部为字母 “C”，其为平均碳质量分数 $\times 10^4$ 的数字。当碳质量分数不是规定范围时，则由有关产品标准的技术委员会选择一个有代表性的值。

② 第二分组：平均锰质量分数不小于 1% 的非合金钢、非合金易切钢和合金钢（平均合金元素质量分数小于 5%，高速钢除外）。

牌号头部为规定的平均碳质量分数 $\times 10^4$ 的数字，其后为表明该钢特性的合金元素的元素符号，并按其质量分数值递减的顺序排列。当两个或多个合金元素的质量分数值相同时，则按字母顺序排列。再后为表明合金元素质量分数值的数字（合金元素的平均质量分数乘以表 3-3 规定的系数并约为最接近的整数数字），不同元素的数字用字符 “-” 分开。

③ 第三分组：至少一种合金元素质量分数不小于 5% 的合金钢（高速工具钢除外）。

牌号头部为字母 X，其后为规定的平均碳质量分数 $\times 10^4$ 的数字。当碳质量分数不是规定范围时，则由有关产品标准的技术委员会选择一个有代表性的值。再后为合金元素符号及表明合金元素质量分数的

数字，其表示方法与第二分组相同。

表 3-3　不同元素的系数值

合金元素	系数（元素平均质量分数乘以）
Cr、Co、Mn、Ni、Si、W	4
Al、Be、Cu、Mo、Nb、Pb、Ta、Ti、V、Zr	10
Ce、N、P、S	100
B	1000

④ 第四分组：高速工具钢。

牌号头部为字母 HS（High Speed Tool Steel，高速工具钢），合金元素符号按 W（钨）、Mo（钼）、V（钒）、Co（钴）的顺序排列，合金元素的平均质量分数约为最接近的整数数字，数字之间用连字符 “-” 分开。

（2）EN 10027.2：数字编号　该标准规定，必须采用此表示方法来进行牌号补充表示系统，但在各国标准中是否采用则具有随意性。钢的牌号由 5 位数字组成，前 3 位数字较为固定，第 4、5 位数字为序号，没有专人负责登记注册。本系统其所以作为牌号补充系统，是因为它便于数据处理，且牌号的注册登记单位是欧洲钢铁标准化委员会（ECISS），负责集中管理编号。钢的数字编号结构如下：

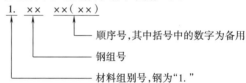

第一位数字为材料组别号，“1.” 表示钢，其他材料未定。

第二、三位数字为钢组号。

第四、五位数字为顺序号。

3.3.3　德国标准

DIN 是德国工业标准（Deutsche Industria Norm）的标准代号。关于 DIN 标准的钢号表示方法有 DIN 17006 系统和 DIN 17007 系统两种。

DIN 17006 系统的钢号表示方法是：所有非合金铸钢和低合金铸钢钢号冠以 GS 和高合金铸钢钢号冠以 G。

DIN 17007 系统是数字材料表示方法。材料号（W~Nr）系由 7 位数字组成，数字所表示的含义如下：

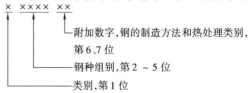

其中第 1 位数字中，1 表示钢和铸钢。在铸钢和钢的材料号中，其中最主要的是第 2 位和第 3 位数字。第 4 位和第 5 位数字无一定规律，或按其碳质量分数或按合金质量分数区分。第 6 位和第 7 位数字为

附加数字，一般在标准中不予标出，但也常用。第 6 位数字表示钢的冶炼和浇注工艺。第 7 位数字表示热处理状态。

非合金铸钢件（DIN 1681）按强度分级，在 GS 后加注两组数字，如 GS-××-××，前一组数字表示屈服强度，后一组数字表示抗拉强度，与 ISO 标准相近。要求焊接性较好的非合金铸钢、低合金钢和合金钢则以化学成分（质量分数）表示牌号。

低合金钢和合金钢牌号中合金元素值的表示方法见表 3-3。

3.3.4 美国标准

美国国家标准学会（American National Standards Institute，ANSI）的标准广泛应用于整个工业。它只从其他标准化组织的标准中选取一部分发布为美国国家标准。其标准号采用双编号，如 ANSI/ASTM。

美国的钢铁牌号最常见的有美国钢铁协会 AISI（American Iron and Steel Institute）标准和美国汽车工程师协会 SAE（American Society of Automotive Engineers）标准的牌号。两个标准的钢号表示方法大致相同，只是其前缀符号有些不同。一般工程用结构钢的钢号采用 4 位数字，前 2 位表示钢的种类，后 2 位表示钢中以万分表示的碳的平均名义质量分数 $[w(C)\% \times 100]$。

不锈钢和耐热钢按加工工艺分为锻钢和铸钢两类。锻钢的牌号主要采用 AISI 标准系列，其钢号均由 3 位数字组成。第 1 位数字表示钢的类别，第 2、3 位数字只表示序号。SAE 标准的钢号用 5 位数字表示，前 3 位数字表示钢的类别，后 2 位数字只表示序号（和 AISI 的序号相同）。铸钢则采用美国合金铸造学会 ACI（Alloy Casting Institute）的标准。

由于美国钢铁牌号的表示方法多样化，又难于统一，为避免产生混乱，并适应新材料的发展和信息时代的需要，早在 1974 年，由 ASTM 和 SAE 等团体提出了"金属与合金牌号的统一数字系统方案"（Unified Numbering System for Metals and Alloys），简称 UNS 系统，形成了 UNS 系统的钢号表示方法，已在美国一些手册和标准中采用，并与原标准的牌号并列。但 UNS 系统本身并不是标准，它的钢号系列都采用一个代表钢或合金的前缀字母和 5 位数字组成，如：

J×××××——铸造碳钢和合金钢，含铸造不锈钢和耐热钢。

T×××××——工具钢，含工具用的铸钢和变形材等。

美国材料与试验协会（American Society for Testing and Materials，ASTM）的标准广泛应用于钢铁材料。但 ASTM 标准的牌号系统实际上也大多是借用别的团体标准的牌号。例如，铸钢主要是引用美国合金铸造学会 ACI 标准。ACI 标准的不锈铸钢和耐热铸钢的钢号由 2 个字母组成，或在字母后加表示碳质量分数的数字及表示合金元素的字母。

一般工程用碳钢铸件（ANSI/ASTM A27）、高强度铸钢结构件（ANSI/ASTM A148）和高速公路桥梁用铸钢件（ANSI/ASTM A486）均按强度分级表示牌号，与 ISO 标准相近。

高合金铸钢则采用美国合金铸造协会（ACI）的命名方法。

第 1 个字母是 C 或 H，C 表示耐蚀，H 表示耐热。第 2 个字母表示合金的质量分数，由 A 至 Z 表示 Ni 量递增。如 A——$w(Cr) = 12\%$，F——$w(Cr) = 19\% - w(Ni) = 9\%$，H——$w(Cr) = 25\% - w(Ni) = 12\%$，Z——$w(Ni) = 100\%$。第 3 个字母是钢中碳的质量分数×100，含碳质量分数在"C"系中是最大值，在"H"系中为平均值。如 CF-8，即 $w(C) = 0.08\%$（最大值），$w(Cr) = 19\%$ 和 $w(Ni) = 9\%$。HK40，即 $w(C) = 0.40\%$（名义平均质量分数），$w(Cr) = 25\%$ 和 $w(Ni) = 12\%$。第 4 个字母或几个字母表示合金元素，如 CF—3M 的化学成分为 $w(C) = 0.03\%$，$w(Cr) = 19\%$，$w(Ni) = 9\%$，$w(Mo) = 2\%$，美国 ACI 标准的合金代号为：M—Mo，Mn—Mn，N—Ni 或 N，C—Al，Cu—Cu。如牌号 CA6NM 基本上相当于我国牌号 ZG06Cr13Ni4Mo。

3.3.5 英国标准

英国国家标准中钢铁牌号表示方法基本是数字钢号系统。

现行的 BS 970 标准中钢号的基本表示方法如下：

英国有两种铸钢系列，即 BS 3100（1991），BS 3146（1992）和 BS 1504。

（1）工程与结构用铸钢的钢号是由前缀字母加数字组成　BS 3100 为一般工程用铸钢件，其中：

碳钢或低锰钢按强度分为 6 个牌号，A1 ~ A6 强度递增。

低温用钢在 A 后加 L，有 AL1，1 种。

表面淬火的耐磨钢于 A 后加 W，有 AW1 ~ AW3，3 种。

磁钢在 A 后加入 M，有 AM1、AM2，2 种。

低合金钢按强度分为 6 个牌号，B1 ~ B6（强度递增）。

高温用铬钼钒钢牌号为 B7。

低温用铁素体钢在 B 后加 L，有 BL1、BL2，2 种。

高强度合金钢在 B 后加 T，有 BT1 ~ BT3，3 种。

耐磨铸钢在 B 后加 W，有表面淬火铸钢 BW1，耐磨低铬钢 BW2 ~ BW4，奥氏体锰钢 BW10。

（2）高合金耐蚀与耐热铸钢用两组数字和一个字母表示　前面是 3 位数字，与美国钢铁学会（AISI）的不锈铸钢编号对应，中间是字母 C，表明其为铸造钢种，后面 2 位数字为编号。如 304 C 12。

BS 1504 为承压的铸钢件，其中碳钢铸件为一组

（BS 1504-161）牌号为 3 位数字，即抗拉强度（MPa），如 480。低、中合金钢则按成分分为 8 种。

高合金钢的牌号与 BS 3100 同。

（3）精密铸造用铸钢及其合金牌号由字母和数字序号组成　所采用的字母含义为：

CLAX——碳钢及低合金精铸钢。

ANCX——耐蚀、耐热精铸钢和 Ni-Co 基合金。

以上两类精铸件均可采用加后缀 grade A，B，C 等表示不同质量等级。

3.3.6　法国标准

NF 是法国国家标准（Normas Francaises）的标准代号，NF 是由法国标准化协会（Association Francaise De Normalisation，AFNOR）发布的。法国还有 AIR 标准，由航空部标准局（AIR）发布的。

NF 标准和钢号表示方法是以它的钢铁分类体系为依据的。NF 与德国 DIN 标准和钢号表示方法可以说是大同小异。如均是以材料强度或以化学成分表示，不同的是，钢号中的合金元素符号，法国用法文字母，而德国则用国际化学元素符号。两国标准都采用乘以合金元素的质量分数数值来表示。但高合金钢钢号的主要合金元素质量分数均直接表示，不采用乘数。高合金钢钢号的前缀字母，德国用“X”表示，法国用“Z”表示。如同一耐热钢的牌号，德国称 X15CrNiSi2012，法国则称 Z15CNS20.12。

由于欧洲共同体的规定，各成员国必须等同采用欧洲标准（EN），所以 20 世纪 90 年代以来，法国标准等同采用 EN 标准，其标准号为 NFEN-。

铸钢钢号的表示方法是在基本钢号加后缀字母 M，非合金铸钢以强度表示，如 E20-40M——工程用非合金铸钢，$R_{p0.2} > 200MPa$，$R_m \geqslant 400MPa$。

低合金铸钢和高合金铸钢均按化学成分表示，低温用铸钢，钢号冠以字母 F，又按工作温度分 A、B、C 等级，如 FA-M、FB-M、FC-M。C 级铸钢的工作温度最低，C 级又分 C1、C2、C3 等级，C3 级铸钢工作温度最低。

3.3.7　日本标准

JIS 是日本工业标准（Japanese Industrial Standard）的代号。JIS 钢的分类为普通钢、特殊钢和铸锻钢。JIS 标准钢号系统的特点是表示出钢的类别、种类和用途等。钢号中大多采用英文字母，少部分采用假名拼音的罗马字。钢号的主体结构基本上由 3 部分组成：

1）钢号第 1 部分采用前缀字母，表示材料分类，如 S 表示钢（Steel）。

2）钢号第 2 部分采用英文字母或假名拼音的罗马字，表示用途、种类及铸锻件。铸钢牌号中的第 2 位字母为 C（Casting）。

3）钢号第 3 部分为数字，表示钢的序号或强度值下限。序号有 1 位、2 位或 3 位数。有的钢号在数字序号后还附加后缀 A、B、C 等字母，表示不同质量等级和种类等。

一般碳素铸钢的牌号均用强度表示（JIS

G5101—1991），SC 后加 3 位数字，表示最低抗拉强度（MPa），如 SC360。化学成分方面，除规定碳质量分数上限和 P、S 质量分数应在 0.04% 以下，其余元素质量分数不限定。

焊接结构用铸钢件（JIS G5102—1991）的牌号也用强度表示，但在 SC 后加一字母 W 表示焊接，如 SCW550。化学成分方面，除规定碳质量分数，合金元素质量分数，硫、磷质量分数和残余元素的上限外，还规定碳当量的质量分数上限，以保证焊接性。

结构用高强度碳钢及低合金钢则按合金元素分类并表示牌号（JIS G5111—1991）。碳钢为 SCC，后加一分类号，如 SCC3。低锰钢为 SCMn，后加一分类号，如 SCMn2。锰铬钼钢为 SCMnCrM，后加一分类号，如 SCMnCrM2A。高锰铸钢为 SCMnH（JIS G5131—2008）。

铸造不锈钢（JIS G5121—2003），在 SC 后加字母 S，其后再用 1～2 位数字表示其编号，如 SCS24。

耐热铸钢（JIS G5122—2003），在 SC 后加字母 H，其后再加 1～2 位数字的顺序号。

高温使用的压力容器铸钢，在 SC 后加 PH，其后再加顺序号。

低温使用的压力容器铸钢在 SC 后加 PL，其后再加顺序号。

高温高压用离心铸钢管为 SCPH-CF（JIS G5202—1991），焊接结构用离心铸钢管 SCW-CF（JIS G5201—1991）。

3.3.8　俄罗斯标准

ГОСТ 是苏联的标准代号，现在俄罗斯以及原独联体国家仍沿用这个代号作为国家标准代号。ГОСТ 标准中钢铁牌号的表示方法基本上与我国钢铁牌号表示方法相似，但俄罗斯钢号中化学元素名称及用途均采用俄文字母（代号）表示。

铸钢牌号的表示方法是在钢号后加后缀字母 Л。

碳钢牌号为两位数字（以万分表示的碳的质量分数），后加 Л，如 30Л。

低合金钢和高合金钢均在以万分表示碳名义质量分数的数字后，加代表合金元素（一种或数种）的符号及其名义百分含量的数字。当合金元素名义质量分数为 1% 时，只注元素符号，不标含量，最后加 Л。

主要合金元素的符号如下：

С—Si，Г—Mn，X—Cr，H—Ni，Д—Cu，M—Mo，T—Ti，Ф—V

例如 20ГЛ、40ХНМЛ、07Х18Н9Л 等。

由于高锰钢中碳的质量分数超过 1%，故代表以万分表示的碳的名义质量分数数字为 3 位数，如 120Г13Л。

低温条件下用的铸钢，在后缀字母 Л 之后再加一子母 С，如 35ХГМЛС。

3.4　各国铸钢牌号表示方法对照

各国铸钢牌号表示方法对照见表 3-4～表 3-9。

表 3-4 工程与结构用碳素钢钢号近似对照

序号	中国 GB	国际标准化组织 ISO	欧洲标准化委员会 EN	德国 DIN	德国 W-Nr.	法国 NF	日本 JIS	俄罗斯 ГОСТ	瑞典 SS14	英国 BS	美国 ASTM	美国 UNS
1	ZG200-400 (ZG15)	200-400	GP240GH	GS-38	1.0416	—	200-400W	15Л	1306	—	415-205 (60-30)	J03000
2	ZG230-450 (ZG25)	230-450	GP240GH	GS-45	1.0446	GE230	230-450W	25Л	1305	A1	450-240 (65-35)	J03101
3	ZG270-500 (ZG35)	270-480	GP280GH	GS-52	1.0552	GE280	270-480W	35Л	1505	A2	485-275 (70-40)	J02501
4	ZG310-570 (ZG45)	—	—	GS-60	1.0558	GE320	340-550W	45Л	1606	—	550-345 (80-50)	J05002
5	ZG340-640 (ZG55)	340-550	—	—	—	GE370	340-550W	50Л	—	A5	550-345 (80-50)	J05000

注：表中括号内分别为 GB 标准及 ASTM 标准的旧钢号。

表 3-5 合金铸钢钢号近似对照

序号	中国 GB	德国 DIN	德国 W-Nr.	法国 NF	日本 JIS	俄罗斯 ГОСТ	美国 ASTM	美国 UNS
1	ZG40Mn	GS-40Mn5	1.1168	—	SCMn3	—	—	—
2	ZG40Cr	—	—	—	—	40ХЛ	—	—
3	ZG20SiMn	GS-20Mn5	1.1120	G20M6	SCW480 (SCW49)	20ГСЛ	LCC	J02505
4	ZG35SiMn	GS-37MnSi5	1.5122	—	SCSiMn2	35ГСЛ	—	—
5	ZG35CrMo	GS-34CrMo4	1.7220	G35CrMo4	SCCrM3	35ХМЛ	—	J13048
6	ZG35CrMnSi	—	—	—	SCMnCr3	35ХГСЛ	—	—

注：括号内为日本 JIS 标准的旧钢号。

表3-6　不锈、耐蚀铸钢号近似对照

序号	中国	德国		法国	日本	俄罗斯	瑞典	英国	美国	
	GB	DIN	W-Nr.	NF	JIS	ГОСТ	SS14	BS	ASTM/ACI	UNS
1	ZG12Cr13	G-X7Cr13 G-X10Cr13	1.4001 1.4006	Z12C13M	SCS1	15X13Л	—	410C21	CA-15	J91150
2	ZG20Cr13	G-X20Cr14	1.4027	Z20C13M	SCS2	20X13Л	—	420C29	CA-40	J91153
3	ZGCr28	G-X70Cr29 G-X120Cr29	1.4085 1.4086	Z130C29M	—	—	—	452C11	—	—
4	ZG03Cr18Ni10	G-X2CrNi18 9	1.4306	Z2CN18.10M	SCS19A	03X18H11Л	—	304C12	CF-3	J92500
5	ZG06Cr19Ni10	G-X6CrNi18 9	1.4308	Z6CN18.10M	SCS 13 SCS 13A	07X18H9Л	2333	304C15	CF-8	J92600
6	ZG12Cr18Ni9	G-X10CrNi18 8	1.4312	Z10CN18.9M	SCS12	10X18H9Л	—	302C25	CF-20	J92602
7	ZG0Cr18Ni9Ti	G-X5CrNiNb18 9	1.4552	Z6CNNb18.10M	SCS21	—	—	347C17	CF-8C	J92710
8	—	—	—	Z2CND18.12M	SCS 16A	—	—	316C12	CF-3M	J92800
9	ZG0Cr18Ni12Mo2Ti	G-X6CrNiMo18 10	—	Z6CND18.12M	SCS 14A	—	2343	—	CF-8M	J92900
10	ZG1Cr18Ni12Mo2Ti	G-X5CrNiMoNb1810	1.4581	Z6CND18.12M	SCS 22	—	—	—	—	—
11	—	—	—	Z4CND13.4M	SCS 6	—	—	425C12	CA6NM	J91540
12	ZG0Cr18Ni12Mo2Ti	—	—	Z5CNU16.4M	SCS 24	—	—	—	CB 7Cu-1 CB7Cu	—
13	—	—	—	Z8CN25.20M	SCS 18	20X25H19C2Л	—	—	CK-20	J94202
14	ZG06Cr13Ni4Mo	G-X5CrNi13 4	1.4313	GX4CrNi13-4 (Z4CRNi13.4M)	SCS6	0X15H4AMЛ	—	425C12	CA6NM	J91540
15	ZG06Cr16Ni5Mo	G-X5CrNi16 5	1.4405	GX4CrNi16-4 (Z4CRNi16.4M)	SCS24	09X16H4EЛ	—	—	CB-6	—

表 3-7　耐热铸钢钢号近似对照

序号	中国 GB	德国		法国 NF	日本 JIS	英国 BS	美国	
		DIN	W-Nr.				ASTM/ACI	UNS
1	ZG30Cr26Ni5	G-X40CrNiSi27-4	1.4823	Z30CN26.05M	SCH11	—	HD	J93005
2	ZG35Cr26Ni12	G-X40CrNiSi25-12	1.4837	—	SCH13	309C35	HH	J93503
3	ZG30Ni35Ni15	—	—	—	SCH16	330C12	HT-30	—
4	ZG40Cr28Ni16	—	—	—	SCH18	—	HI	J94003
5	ZG35Ni24Cr18Si2	—	—	—	SCH19	311C11	HN	J94213
6	ZG40Cr25Ni20	G-X40CrNiSi25-20	1.4848	Z40CN25.20M	SCH22	—	HK / HK-40	J94224 / J94204
7	ZG40Cr30Ni20	—	—	Z40CN30.20M	SCH23	—	HL	J94604
8	ZG45Ni35Cr26	G-X45CrNiSi35-25	1.4857	—	SCH24	—	HP	J95705
9	—	—	—	Z25C13M	SCH1	420C24	—	—
10	—	G-X40CrNiSi27-4	1.4822	Z40C28M	SCH2	452C1	HC	J92605
11	—	—	—	Z25CN20.10M	SCH12	—	HF	J92603
12	—	—	—	Z40CN25.12M	SCH13A	309C30	HH Type	—
13	—	—	—	Z40NC35.15M	SCH15	309C32	HT	J94605
14	—	G-X15CrNiSi25-20	1.4840	—	SCH21	310C40 310C45	HK-30	J94203

表 3-8　高锰铸钢钢号近似对照

序号	中国 GB	德国		日本 JIS	俄罗斯 ГОСТ	英国 BS	美国		国际标准化组织 ISO
		DIN	W-Nr.				ASTM	UNS	
1	ZGMn13-1	G-X120Mn13	1.3802	—	Г13Л	BW10	B-4	J91149	GX120Mn13
	ZGMn13-2	G-X120Mn12	1.3401	—	—	(En1457)	B-3	J91139	GX110Mn13
	—	—	—	—	—	—	B-2	J91129	—
	—	—	—	—	—	—	A	J91109	—
2	ZGMn13-3	—	—	SCMnH1	100Г13Л	—	B-1	J91119	GX120MCr13-2
	ZGMn13-4	—	—	SCMnH2	110Г13Х₂6РЛ	—	C	J91309	GX120MnMo12-1
	ZGMn13-5	—	—	SCMnH3	—	—	E-1	J91249	—
	—	—	—	SCMn11	—	—	—	—	—
	—	—	—	SCMn21	—	—	—	—	—

注：括号内为英国 BS 标准的旧钢号。

表 3-9　承压铸钢钢号近似对照

序号	德国		法国 NF	日本 JIS	英国 BS	美国	
	DIN	W-Nr.				ASTM	UNS
1	GS-C25	1.0619	A420CP-M	SCPH 1	161 Grade430	Grade WCA	J02502
2				SCPH 2	161 Grade480	Grade WCB	J03002
3	GS-17CrMo5 5	1.7357	15CD5.05-M	SCPH 21	621	Grade WC6	J12072
4	GS-18CrMo9 10	1.7379	15CD9.10-M	SCPH 32	622	Grade WC9	J21890
5		—	Z15CD5.05-M	SCPH 61	625	Grade WC5	J22000

参 考 文 献

[1] 林慧国，等. 世界钢号手册 [M]. 2 版. 北京：机械工业出版社，1998.

[2] 熊中实. 世界钢铁牌号表示方法与对照手册 [M]. 上海：上海科学技术出版社，2009.

[3] 全国铸造标准化技术委员会. 最新铸造标准应用指导手册 [M]. 北京：机械工业出版社，1998.

第4章 一般工程与结构用铸造碳钢和高强度铸钢

4.1 铸造碳钢

4.1.1 一般工程用铸造碳钢

目前,世界各国工程用铸造碳钢大体上按强度分类,并制定相应的牌号。至于化学成分,除 P、S 外,一般不限定或只规定上限,在保证力学性能要求的条件下,由铸造厂确定化学成分。

1. 国际标准

国际标准化组织(ISO)已就一般工程用铸造碳钢制定了标准 ISO 14737:2015。此标准有关材质要求的主要内容是:

(1) 化学成分 规定了6个牌号,见表4-1。

(2) 力学性能 常温(23℃±5℃)力学性能见表4-2。

表 4-1 各牌号铸钢的化学成分(最大值)

牌号	材料号	化学成分(质量分数,%)									
		C	Si	Mn	P	S	Cr	Mo	Ni	V	Cu
GE200	1.0420	—	—	—	0.035	0.030	0.30	0.12	0.40	0.03	0.30
GS200	1.0449	0.18	0.60	1.20	0.030	0.025	0.30	0.12	0.40	0.03	0.30
GE240	1.0446	—	—	—	0.035	0.030	0.30	0.12	0.40	0.03	0.30
GS240	1.0455	0.23	0.60	1.20	0.030	0.025	0.30	0.12	0.40	0.03	0.30
GS270	1.0454	0.24	0.60	1.30	0.030	0.025	0.30[1]	0.12[1]	0.40[1]	0.03[1]	0.30[1]
GS340	1.0467	0.30	0.60	1.50	0.030	0.025	0.30[1]	0.12[1]	0.40[1]	0.03[1]	0.30[1]

① Cr + Mo + Ni + V + Cu ≤ 1.00%。

表 4-2 常温力学性能

牌号	材料号	热处理		壁厚 /mm	条件屈服强度 $R_{p0.2}$/MPa≥	抗拉强度 R_m/MPa	断后伸长率 A(%) ≥	冲击吸收能量 KV_2/J ≥
		类型[1]	温度/℃					
GE200	1.0420	+N	900~980	≤300	200	380~530	25	27
GS200	1.0449	+N	900~980	≤100	200	380~530	25	35
GE240	1.0446	+N	900~980	≤300	240	450~600	22	27
GS240	1.0455	+N	880~980	≤100	240	450~600	22	31
GS270	1.0454	+N	880~960	≤100	270	480~630	18	27
GS340	1.0467	+N	880~960	≤100	340	550~700	15	20

① +N—正火。

2. 我国标准

我国于 1985 年参照 ISO 标准制定了一般工程用铸造碳钢的标准 GB/T 5676—1985。1987 年,又在此基础上制定了一般工程用铸造碳钢件标准 GB/T 11352—1989。目前已被 GB/T 11352—2009 所代替,其要点如下:

(1) 化学成分 化学成分见表4-3。化学成分限制较严,Si、Mn 质量分数的上限比 ISO 标准中有焊接性要求的铸造碳钢还要低一些。

(2) 力学性能 (见表4-4)

3. 欧洲标准

欧洲标准化委员会在一般工程用钢铸件(EN 10293:2015)中规定一般工程用碳钢铸件的化学成分、力学性能和磁性能,见表4-5~表4-7。

表4-3　一般工程用铸造碳钢的化学成分

铸钢牌号	化学成分（质量分数,%）									
	C[①] ≤	Si[①] ≤	Mn[①] ≤	S ≤	P ≤	残余元素[②] ≤				
						Ni	Cr	Cu	Mo	V
ZG200-400	0.20	0.60	0.80	0.035		0.40	0.35	0.40	0.20	0.05
ZG230-450	0.30									
ZG270-500	0.40		0.90							
ZG310-570	0.50									
ZG340-640	0.60									

① 对上限每减少 $w(C) = 0.01\%$，允许增加 $w(Mn) = 0.04\%$。ZG200-400 锰的质量分数最高至 1.00%，其余 4 个牌号 Mn 的质量分数最高至 1.20%。

② 残余元素总的质量分数不超过 1.00%，除另有规定外，残余元素不作为验收依据。

表4-4　一般工程用铸造碳钢的力学性能（最小值）

铸钢牌号	屈服强度 $R_{eH}(R_{p0.2})$/MPa	抗拉强度 R_m/MPa	断后伸长率 A（%）	断面收缩率 Z（%）	根据合同选择	
					冲击吸收能量	
					KV_2/J	KU_2/J
ZG200-400	200	400	25	40	30	47
ZG230-450	230	450	22	32	25	35
ZG270-500	270	500	18	25	22	27
ZG310-570	310	570	15	21	15	24
ZG340-640	340	640	10	18	10	16

注：1. 表中所列的各牌号性能，适应于厚度为 100mm 以下的铸件。当铸件厚度超过 100mm 时，表中规定的 R_{eH}（$R_{p0.2}$）屈服强度仅供设计使用。

　　2. 表中冲击吸收能量 KU_2 的试样缺口为 2mm。

表4-5　欧洲一般工程用铸钢的化学成分（最大值）

牌号	材料号	化学成分（质量分数,%）									
		C ≤	Si ≤	Mn ≤	P ≤	S ≤	残余元素[①] ≤				
							Cr	Mo	Ni	V	Cu
GE200	1.0420	—	—	—	0.035	0.030	0.30	0.12	0.40	0.03	0.30
GS200	1.0449	0.18	0.60	1.20	0.030	0.025					
GE240	1.0446	—	—	—	0.035	0.030					
GS240	1.0455	0.23	0.60	1.20	0.030	0.025					
GE270	1.0454	—	—	—	0.035	0.030					
GE300	1.0558	—	—	—	0.035	0.030					
GE320	1.0591	—	—	—	0.035	0.030					
GE360	1.0597	—	—	—	0.035	0.030					

① 残余元素总量（质量分数,%）为 $Cr + Mo + Ni + V + Cu \leqslant 1.00\%$。

表 4-6　欧洲一般工程用铸钢的力学性能

| 牌号 | 材料号 | 热处理 | | | 壁厚/mm | 条件屈服强度 $R_{p0.2}$/MPa ≥ | 抗拉强度 R_m/MPa | 断后伸长率 A（%）≥ | 冲击吸收能量 KV_2/J ≥ |
		类型[①]	正火温度/℃	回火温度/℃					
GE200	1.0420	+N	900~980[②]		≤300	200	380~530	25	27
GS200	1.0449	+N	900~980[②]		≤100	200	380~530	25	35
GE240	1.0446	+N	900~980[②]		≤300	240	450~600	22	27
GS240	1.0455	+N	880~980[②]		≤100	240	450~600	22	31
GE270	1.0454	+NT	880~960	560~620	<300	270	480	22	29
GE300	1.0558	+N	880~960[②]		≤30	300	600~750	15	27
					30~100	300	520~670	18	31
GE320	1.0591	+NT	880~960	560~620	<300	320	540	17	25
GE360	1.0597	+NT	880~960	560~620	<300	360	590	16	20

① +N—正火，+NT—正火+回火。

② 空冷。

表 4-7　欧洲一般工程用铸钢的磁性能

| 牌号 | 材料号 | 不同磁场强度时的磁感应强度/T | | |
		2.5kA/m	5.0kA/m	10.0kA/m
GE200	1.0420	1.45	1.60	1.75
GE240	1.0446	1.40	1.55	1.70
GE270	1.0454	1.35	1.50	1.65
GE300	1.0558	1.30	1.50	1.65
GE320	1.0591	1.20	1.45	1.65
GE360	1.0597	1.00	1.40	1.60

4. 美国标准

美国一般工程用铸造碳钢标准（ANSI/ASTM A27/A27M—2017）规定的化学成分和力学性能见表4-8和表4-9。此处 ASTM 为美国试验与材料学会的代号，说明标准是由该学会所提出的。ANSI 为美国国家标准学会的代号，说明该标准已被采纳为美国国家标准。

表 4-8　美国一般工程用铸造碳钢的化学成分（最大值）

| 牌号[①] | 化学成分（质量分数,%） | | | | |
	C[②]	Mn[②]	Si	S	P
Grade N-1	0.25	0.75	0.80	0.035	0.035
Grade N-2	0.35	0.60	0.80	0.035	0.035
Grade U-60-30（415-205）	0.25	0.75	0.80	0.035	0.035
Grade 60-30（415-205）	0.30	0.60	0.80	0.035	0.035
Grade 65-35（450-240）	0.30	0.70	0.80	0.035	0.035
Grade 70-36（485-250）	0.35	0.70	0.80	0.035	0.035
Grade 70-40（485-275）	0.25	1.20	0.80	0.035	0.035

① 除表示牌号外，应规定1级或2级。若需要焊后热处理时，该牌号规定为1级，并规定必须进行热处理；若不需要焊后热处理，该牌号应定为2级。

② 比上限每降低质量分数0.01%的C，允许含Mn的质量分数上限增加0.04%，对于70-40（485-275）铸钢，锰的质量分数最大值可增加到1.40%，而对其他的牌号最大值可增加到1.00%。

表 4-9　美国一般工程用铸造碳钢的力学性能（最小值）

牌号[①]	R_m/MPa（ksi）	$R_{p0.2}$/MPa（ksi）	A[②]（%）	Z（%）
Grade U-60-30（415-205）	415（60）	205（30）	22	30
Grade 60-30（415-205）	415（60）	205（30）	24	35
Grade 65-35（450-240）	450（65）	240（35）	24	35
Grade 70-36（485-250）	485（70）	250（36）	22	30
Grade 70-40（485-275）[③]	485（70）	275（40）	22	30

注：括号中数字单位为每平方英寸千磅力。

① 除表示牌号外，应规定1级或2级。若需要焊后热处理时该牌号规定为1级，并规定必须进行焊后热处理；若不需要焊后热处理时，该牌号应定为2级。

② 当本标准中的拉力试验采用ICI（美国精密铸造学会）试棒时，试棒的标距和直径比应为4:1。

③ 双方商定后，牌号70-40（485-275）可使用牌号70-36（485-250）的性能要求。

5. 德国标准

德国关于一般工程用铸钢的标准 DIN 1681：1985只规定力学性能和磁性能（见表4-10），除有特殊要求时经商定外，不限定化学成分。

6. 日本标准

日本铸造碳钢的标准 JIS G5101—1991 规定的化学成分和力学性能见表4-11。

7. 英国标准

英国一般用途的铸造碳钢的标准，基本原则与ISO 和 ANSI/ASTM 标准一致。其规定见表4-12和表4-13（BS 3100：1991 第2、3部分）。

表 4-10　德国一般工程用铸钢的力学性能和磁性能

牌　号	材料号	$R_{p0.2}$/MPa[①] ≥	R_m/MPa ≥	A (%) ≥	Z[②] (%) ≥	冲击吸收能量[③] KV_2/J ≥		不同磁场强度时的磁感应强度[④]/T		
						≤30mm	>30mm	25A/cm	50A/cm	100A/cm
GS-38	1.0420	200	380	25	40	35	35	1.45	1.60	1.75
GS-45	1.0446	230	450	22	31	27	27	1.40	1.55	1.70
GS-52	1.0552	260	520	18	25	27	22	1.35	1.55	1.70
GS-60	1.0558	300	600	15	21	27	20	1.30	1.50	1.65

①　如无明显的屈服强度，可采用 0.2% 屈服强度。

②　此值对验收不起决定作用。

③　3 个试验的平均值。

④　仅适用于另有协议规定时。

表 4-11　日本铸造碳钢的化学成分和力学性能

牌号	化学成分（质量分数,%）					力学性能　≥			
	C	Si[①]	Mn[①]	P≤	S≤	R_m/MPa	$R_{p0.2}$/MPa	A (%)	Z (%)
SC360 (SC37)[②]	≤0.20	—	—	0.040	0.040	360	175	23	35
SC410 (SC42)[②]	≤0.30	—	—	0.040	0.040	410	205	21	35
SC450 (SC46)[②]	≤0.35	—	—	0.040	0.040	450	225	19	30
SC480 (SC49)[②]	≤0.40	—	—	0.040	0.040	480	245	17	25

①　标准中对 Si、Mn 及残余元素的质量分数均不规定，由供需双方商定。

②　括号内是旧牌号。

表 4-12　英国一般用途的铸造碳钢化学成分（最大值）

牌　号	化学成分（质量分数,%）								
	C[①]	Si	Mn[①]	P	S	Cr[②]	Mo[②]	Ni[②]	Cu[②]
A1	0.25	0.60	0.90	0.050	0.050	0.30	0.15	0.40	0.30
A2	0.35	0.60	1.00	0.050	0.050	—	—	—	—
A3	0.45	0.60	1.00	0.050	0.050	—	—	—	—

①　C 的质量分数每批上限降低 0.01%，允许锰质量分数增加 0.04%，直至 1.10% 最大值为止。

②　残余元素总量（质量分数）为 Cr + Ni + Mo + Cu≤0.80%。

表 4-13　英国一般用途的铸造碳钢的力学性能

牌　号	$R_{p0.2}$/MPa ≥	R_m/MPa ≥	A (%)　　≥	KV_2/J (20℃)	弯曲角度/(°)	弯曲半径	硬度 HBW	最终热处理[①]
A1[②③]	230	430	22	27	120	1.5δ[④]	—	A 或 N 或 N + T 或 OQ + T 或 WQ + T
A2[②③]	260	490	18	20	90	1.5δ[④]	—	
A3[②③]	295	540	14	18	—	—	—	

①　热处理工艺代号如下：

A 退火，Ac_3 以上和炉冷；

N 正火，Ac_3 以上和静止空冷；

OQ 淬火，Ac_3 以上油淬；

WQ 淬火，Ac_3 以上水淬；

T 回火，Ac_1 以下。

②　如采用附铸试块时，其力学性能仅适合于最大断面尺寸小于 500mm 的铸件。超过 500mm 的铸件，要采用附铸试块的力学性能需双方商定。

③　购方要求冲击试验的牌号可不作冷弯检验。

④　δ 为试样的厚度。

8. 法国标准

法国标准一般工程结构用铸钢的化学成分及力学性能分别见表 4-14 及表 4-15。

9. 俄罗斯标准

碳素铸钢的化学成分及力学性能见表 4-16 和表 4-17。

表 4-14　法国一般工程结构用铸钢化学成分（NF A32—054：2005）

牌　号	化学成分（质量分数,%）									
	C≤	Si≤	Mn≤	P≤	S≤	Cr≤	Ni≤	Mo≤	V≤	残余元素总量[1]≤
GE230	0.20	0.60	1.20[2]	0.035	0.030	0.30	0.40	0.15	0.05	1.00
GE280	0.25	0.60	1.20[2]	0.035	0.030	0.30	0.40	0.15	0.05	1.00
GE320	0.32	0.60	1.20[2]	0.035	0.030	0.30	0.40	0.15	0.05	1.00
GE370	0.45	0.60	1.20	0.035	0.030	0.30	0.40	0.15	0.05	1.00

[1]　残余元素含量分别为：$w(Ni)\leqslant0.40\%$，$w(Cr)\leqslant0.30\%$，$w(Mo)\leqslant0.15\%$，$w(V)\leqslant0.05\%$，已列于表中。

[2]　碳的质量分数上限每降低 0.01%，则允许锰的质量分数上限增加 0.04%，其锰的质量分数上限可增至 1.5%。

表 4-15　法国一般工程结构用铸钢力学性能

牌号 NF	热　处　理		$R_{p0.2}$/MPa				R_m/MPa				A（%）				KU_2/J			
	类型[1]	正火或淬火温度（及冷却[2]）/℃	壁厚/mm				壁厚/mm				壁厚/mm				壁厚/mm			
			28~50	50~100	100~150	150~250	28~50	50~100	100~150	150~250	28~50	50~100	100~150	150~250	28~50	50~100	100~150	150~250
GE230	N	950~980	230	210	—	—	400	400	—	—	25	23	—	—	35[3]	30[3]	—	—
GE280	N	920~980A	280	260	—	—	480	480	—	—	20	18	—	—	30[3]	25[3]	—	—
GE320	N	900~960A	320	300	—	—	560	560	—	—	16	14	—	—	25[3]	22[3]	—	—
GE370	N	860~910A	370	320	—	—	650	650	—	—	12	10	—	—	20[3]	18[3]	—	—

[1]　类型：N—正火。

[2]　冷却：A—空冷。

[3]　非合金铸钢的冲击性能也可由供需双方商定。

表 4-16　俄罗斯碳素铸钢的化学成分

牌　号	化学成分（质量分数,%）								
	C	Si	Mn	P≤	S≤	Cr≤	Ni≤	Mo	其他
15Л	0.12~0.20	0.20~0.52	0.45~0.90	0.050	0.050	0.30	0.30	—	Cu≤0.30
20Л	0.17~0.25	0.20~0.52	0.45~0.90	0.040	0.045	0.30	0.30	—	Cu≤0.30
25Л	0.22~0.30	0.20~0.52	0.45~0.90	0.040	0.045	0.30	0.30	—	Cu≤0.30
30Л	0.27~0.35	0.20~0.52	0.45~0.90	0.040	0.045	0.30	0.30	—	Cu≤0.30
35Л	0.32~0.40	0.20~0.52	0.45~0.90	0.040	0.045	0.30	0.30	—	Cu≤0.30
40Л	0.37~0.45	0.20~0.52	0.45~0.90	0.035	0.035	0.30	0.30	—	Cu≤0.30
45Л	0.42~0.50	0.20~0.52	0.45~0.90	0.030	0.030	0.30	0.30	—	Cu≤0.30
50Л	0.47~0.55	0.20~0.52	0.45~0.90	0.030	0.030	0.30	0.30	—	Cu≤0.30

表 4-17　俄罗斯碳素铸钢的力学性能

牌　号	热处理状态①	力　学　性　能　≥				
		R_m/MPa	$R_{p0.2}$/MPa	A(%)	Z(%)	KU_2/J
15Л	I	392	196	24	35	49.1
20Л	I	412	216	22	35	49.1
25Л	I	441	235	19	30	39.2
	II	491	294	22	33	34.3
30Л	I	471	255	17	30	34.3
	II	491	294	17	30	34.3
35Л	I	491	275	15	25	34.3
	II	540	343	16	20	29.4
40Л	I	520	294	14	25	29.4
	II	540	343	14	20	29.4
45Л	I	540	310	12	20	29.4
	II	589	392	10	20	24.5
50Л	I	569	334	11	20	24.5
	II	736	392	14	20	29.4

①　热处理状态：I—正火或正火＋回火；II—淬火＋回火。

10. 瑞典标准

SS 标准非合金铸钢的化学成分及力学性能见表 4-18 和表 4-19。

11. 美国某公司典型碳钢

美国某公司针对不同铸钢标准颁布机构，对于近似钢种进行了归纳，以指导公司铸件生产的钢种选择。其铸钢标准颁布机构涉及 ASTM、AMS、AISI、IC、MIL、SAE、ACI、IN 和 QQ 等多家，共对碳钢低合金钢、工具钢、母合金、PPT 硬化不锈钢、铬镍不锈钢、铬不锈钢、镍基合金、钴基合金和其他合金进行了归纳。本节介绍碳钢成分对照见表 4-20，并在以后各章节中分别介绍其他钢种成分对照。

4.1.2　特殊情况下的处理方法

在某些情况下，如对铸件材质有磁性要求时，或铸件在后续工序中需经热处理或其他表面处理，应限定碳钢的化学成分。此时，仍可用现行标准订货，只需在订货时，以附加条件的办法提出化学成分的要求。

表 4-18　非合金铸钢的化学成分

牌号 SS14	化学成分（质量分数,%）							
	C≤	Si≤	Mn≤	P≤	S≤	Cr≤	Mo	其　他
1305	0.25	0.50	0.70	0.040	0.040	—	—	—
1306	0.18	0.60	1.10	0.040	0.040	0.30	—	Cu≤0.30
1505	0.30	0.50	0.70	0.040	0.040	—	—	—
1606	0.50	0.50	0.70	0.040	0.040	—	—	—

表 4-19　非合金铸钢的力学性能

牌　号 SS14	热　处　理	力学性能　≥		
		R_m/MPa	$R_{p0.2}$/MPa	A（%）
1305	退火	450	230	—
1306	退火	402	216	25
1505	退火	520	260	—
1606	退火	570	300	—

表 4-20 美国某公司典型碳钢化学成分对照

牌号	采纳标准	化学成分（质量分数，%）										熔化/℃
		C	Mn	Si	Cr≤	Ni≤	Mo≤	P≤	S≤	Iron	其 他	
1020	MIL-S-22141B 1C 1020 MIL-S-81591 1C 1020	0.15~0.25	0.30~0.60	0.20~1.00				0.04	0.04			1520~1540
	ASTM A-27 GR N-1	≤0.25	≤0.75	≤0.80				0.05	0.06	Bal		1520~1540
	ASTM A-27 GR U60-30	≤0.25	≤0.75	≤0.80				0.05	0.06	Bal		1520~1540
	ASTM A-27 GR 70-40	≤0.25	≤1.20	≤0.80				0.05	0.06	Bal		1520~1540
	ASTM A-216 GR WCA	≤0.25	≤0.70	≤0.60	0.50*	0.50*	0.20*	0.04	0.045	Bal	Cu*≤0.30 V*≤0.03 "*"元素含量总和≤1.00	1520~1540
	ASTM A-216 GR WCC	≤0.25	≤1.20	≤0.60	0.50*	0.50*	0.20*	0.04	0.045	Bal	Cu*≤0.30 V*≤0.03 "*"元素含量总和≤1.00	1520~1540
	ASTM A-352 GR LCA	≤0.25	≤0.70	≤0.60	0.50*	0.50*	0.20*	0.04	0.045	Bal	Cu*≤0.30 V*≤0.03	1520~1540
	ASTM A-352 GR LCC	≤0.25	≤1.20	≤0.60	0.50*	0.50*	0.20*	0.04	0.045	Bal	Cu*≤0.30 V*≤0.03	1520~1540
	IC 1020	0.15~0.25	0.20~0.60	0.20~0.60	0.25	0.25	0.25	0.04	0.045	Bal	Cu*≤0.25	1510~1535
	ASTM A-732 GR 1A	0.15~0.25	0.20~0.60	0.20~1.00	0.35*	0.50*	0.20*	0.04	0.045	Bal	Cu*≤0.50 Mo+W*≤0.25 "*"元素含量总和≤1.00	1520~1540
1025	ASTM A-27 60-30	≤0.30	≤0.60	≤0.80				0.05	0.06	Bal		1520~1540
	ASTM A-27 65-35	≤0.30	≤0.70	≤0.80				0.05	0.06	Bal		1520~1540
	ASTM A-216 GR WCB	≤0.30	≤1.00	≤0.60	0.50*	0.50*	0.20*	0.04	0.045	Bal	Cu*≤0.30 V*≤0.03 "*"元素含量总和≤1.00	1520~1540
	ASTM A-352 GR LCB	≤0.30	≤1.00	≤0.60	0.50*	0.50*	0.20*	0.04	0.045	Bal	Cu*≤0.30 V*≤0.03	1520~1540

组别	牌号	C	Mn	Si	Cr	Ni	S	P	Fe	其他	浇注温度/℃
	QQ-S-681d CL 65-36	≤0.30	≤0.70	0.35	0.50*	0.30*	0.05	0.06	Bal	Cu* ≤0.30	1510~1535
	ASTM A-487 GR I-A,B,C	≤0.30	≤1.00	≤0.80	0.35*	0.50*	0.04	0.045	Bal	Cu* ≤0.50；V0.04~0.12；Mo+W* ≤0.25；"*"元素含量总和≤1.00	1510~1535
1030	MIL-S-22141B IC 1030 / MIL-S-81591 IC 1030	0.25~0.35	0.70~1.00	0.20~1.00			0.04	0.04	Bal		1510~1535
1030	ASTM A-27 GR N-2	≤0.35	≤0.60	≤0.80			0.05	0.06	Bal		1520~1540
1030	ASTM A-27 GR 70~36	≤0.35	≤0.70	≤0.80			0.05	0.06	Bal		1520~1540
1030	ASTM A-732 GR 2A,2Q	0.25~0.35	0.70~1.00	0.20~1.00	0.35*	0.50*	0.04	0.045	Bal	Cu* ≤0.50；W* ≤0.10；"*"元素含量总和≤1.00	1510~1535
1030	IC 1030	0.25~0.35	0.7~1.00	0.20~0.60	0.25	0.25	0.04	0.045	Bal	Cu≤0.25	1510~1535
1040	MIL-S-22141B IC 1040 / MIL-S-81591 IC 1040	0.35~0.45	0.70~1.00	0.20~1.00			0.04	0.04	Bal		1500~1520
1040	ASTM A-732 GR 3A,3Q	0.35~0.45	0.70~1.00	0.20~1.00	0.35*	0.50*	0.04	0.045		Cu* ≤0.50；W* ≤0.10；"*"元素含量总和≤1.00	1500~1520
1040	IC 1040	0.35~0.45	0.70~1.00	0.20~1.00	0.25	0.25	0.04	0.045		Cu≤0.25	1500~1520
1050	IC 1050	0.45~0.55	0.70~1.00	0.20~1.00	0.25	0.25	0.04	0.045		Cu≤0.25	1480~1500
1050	MIL-S-22141B IC 1050 / MIL-S-81591 IC 1050	0.45~0.55	0.20~1.00				0.04	0.04			1480~1500
1050	QQ-S-681d CL-80-40	0.50	0.90	≤0.80			0.05	0.06			1480~1500
1050	ASTM A-732 GR 4A,4Q	0.45~0.55	0.70~1.00	0.20~1.00			0.04	0.045		Cu* ≤0.50；W* ≤0.10；"*"元素含量总和0.60	1480~1500

4.2　一般工程与结构用高强度铸钢

工程与结构用高强度铸钢，可以是经热处理的碳钢和低合金钢。由于这类铸钢的主要要求是力学性能，当前的趋势也是不限定化学成分，理由同铸造碳钢。

目前，我国尚未制定一般工程与结构用高强度铸钢国家标准。本节只列出某些与工程用铸造碳钢类似的标准，至于低合金高强度铸钢的特性，见第 5 章。

4.2.1　国际标准

一般工程与结构用高强度铸钢，国际标准化组织于 2015 年制定的标准（ISO 9477：2015）中的 4 个牌号，都是按力学性能区分的，其主要要求是：

（1）化学成分　4 个牌号都只规定 Si 的质量分数上限为 0.60%，S、P 的质量分数上限分别为 0.025% 和 0.030%，C 及其他合金元素的质量分数均由铸造厂自行选定。

（2）力学性能（见表 4-21）

表 4-21　高强度铸钢的力学性能

牌号	R_{eH} 或 $R_{p0.2}/$ MPa ≥	$R_m/$MPa	A (%) ≥	订货时商定选二者之一或由铸造厂选定	
				Z(%) ≥	$KV_2/$J ≥
410-620	410	620 ~ 770	16	40	20
540-720	540	720 ~ 870	14	35	20
620-820	620	820 ~ 970	11	30	18
840-1030	840	1030 ~ 1180	7	22	15

注：常温取为 23℃ ±5℃，试块厚度为 28mm。

4.2.2　美国标准

关于结构用高强度铸钢的美国标准 ANSI/ASTM A148—2015 规定了 15 个牌号，都是按力学性能区分的。其化学成分和力学性能见表 4-22，冲击性能见表 4-23。

表 4-22　美国高强度铸钢的化学成分和力学性能

牌号	化学成分（质量分数,%）		力学性能≥			
	S≤	P≤	$R_m/$MPa	$R_{p0.2}/$MPa	$A^①$ (%)	Z (%)
550-275	0.06	0.05	550	275	18	30
550-345	0.06	0.05	550	345	22	35
620-415	0.06	0.05	620	415	20	40
725-585	0.06	0.05	725	585	17	35
795-655	0.06	0.05	795	655	14	30
895-795	0.06	0.05	895	795	11	25
930-860	0.06	0.05	930	860	9	22

（续）

牌号	化学成分（质量分数,%）		力学性能≥			
	S≤	P≤	$R_m/$MPa	$R_{p0.2}/$MPa	$A^①$ (%)	Z (%)
1035-930	0.06	0.05	1035	930	7	18
1105-1000	0.06	0.05	1105	1000	6	12
1140-1035	0.020	0.020	1140	1035	5	20
1140-1035L	0.020	0.020	1140	1035	5	20
1450-1240	0.020	0.020	1450	1240	4	15
1450-1240L	0.020	0.020	1450	1240	4	15
1795-1450	0.020	0.020	1795	1450	3	6
1795-1450L	0.020	0.020	1795	1450	3	6

① 试样标距为 50mm。

表 4-23　美国高强度铸钢的冲击性能

冲击性能	牌号		
	1140-1035L	1450-1240L	1795-1450L
夏比冲击吸收能量（V 形缺口）/J	27	20	8
	22	16	5

注：表中数值是 3 个试样平均值或 2 个试样中的最小值或单个试样最小值。

美国标准 ASTM A486M—1984 规定了公路桥梁用铸钢化学成分和力学性能见表 4-24 和表 4-25。

表 4-24　ASTM 标准公路桥梁用铸钢的化学成分

强度等级	化学成分（质量分数,%）				
	C≤	Si≤	Mn≤	P≤	S≤
485 级	0.35	0.80	0.90	0.05	0.06
620 级	0.35	①	①	0.05	0.06
825 级	0.35	①	①	0.05	0.06

① 为保证规定的力学性能要求，制造厂决定加入 Si、Mn 和其他合金元素。

表 4-25　公路桥梁用铸钢的力学性能

强度等级	$R_m/$MPa ≥	$R_{p0.2}/$MPa ≥	A (%) ≥	Z (%) ≥	下列温度的冲击吸收量^①/J ≥		
					21℃	−18℃	−46℃
485 级	485	250	22	30	34	15	—
620 级	620	415	20	40	34	15	15
825 级	825	655	14	30	41	25	15

① V 形缺口试样，摆锤冲击试验测定。

4.2.3　其他国家的有关标准

到目前为止，英国、德国、俄罗斯、法国、日本和中国等国家在工程与结构用高强度铸钢方面还未采用 ISO 标准的体系。高强度铸钢和低合金铸钢牌号合并在一起，并仍以化学成分表示。关于各种低合金高强度铸钢的特性见第 5 章。

4.3　焊接结构用铸钢

焊接结构用铸钢是铸钢材料的发展方向之一。为了确保施焊方便和结构件的可靠性，对这类铸钢的要求与一般工程用铸钢稍有不同，主要是 C、Si 含量较低，对残余元素的含量限制也较严，必要时还可以限定钢的碳当量。

4.3.1　国际标准

ISO 3755：1991 中，规定了 4 种焊接结构用铸造碳钢牌号，其对化学成分和力学性能的要求见表 4-26 和表 4-27。

4.3.2　我国标准

我国于 2010 年制定了焊接结构用铸造碳钢的国家标准（GB/T 7659—2010），此类铸钢有 5 个牌号。化学成分的要求见表 4-28。购买方认为有必要时，可在订货时要求碳当量符合表 4-29 的规定。力学性能要求见表 4-30。

表 4-26　焊接结构用铸造碳钢的化学成分

牌　号	化学成分（质量分数,%）									
	C≤	Mn≤	Si≤	P≤	S≤	Ni≤	Cr≤	Cu≤	Mo≤	V≤
200-400W	0.25	1.00	0.60	0.035	0.035	0.40	0.35	0.40	0.15	0.05
230-450W	0.25	1.20	0.60	0.035	0.035	0.40	0.35	0.40	0.15	0.05
270-480W	0.25	1.20	0.60	0.035	0.035	0.40	0.35	0.40	0.15	0.05
340-550W	0.25	1.50	0.60	0.035	0.035	0.40	0.35	0.40	0.15	0.05

注：1. 与 0.25% 相比，C 的质量分数每降低 0.01%，则 Mn 的质量分数上限可增高 0.04%。但 200-400W 钢 Mn 的质量分数最大值为 1.20%；270-480W 钢 Mn 的质量分数最大值为 1.40%。
2. 残余元素 Ni、Cr、Cu、Mo、V 的总质量分数不超过 1.0%。

表 4-27　焊接结构用铸造碳钢的力学性能

牌　号	$R_{p0.2}$/MPa ≥	R_m/MPa ≥	A（%）≥	订货时商定选择其一，或由铸造厂自行选定	
				Z（%）≥	KV_2/J ≥
200-400W	200	400~550	25	40	45
230-450W	230	450~600	22	31	45
270-480W	270	480~630	18	25	22
340-550W	340	550~700	15	21	20

注：1. 标准测试温度为 23℃ ± 5℃，试块厚度为 28mm。
2. 对于 270-480W 牌号，断面为 28~40mm 的铸件将具有 260MPa 的屈服强度和 500~650MPa 的抗拉强度；对于 340-550W 牌号，断面为 28~40mm 的铸件具有 300MPa 的屈服强度和 570~720MPa 的抗拉强度。

表 4-28　焊接结构用铸造碳钢的化学成分

牌号	化学成分（质量分数,%）					残　余　元　素≤					
	C	Si≤	Mn	S≤	P≤	Ni	Cr	Cu	Mo	V	总和
ZG200-400H	≤0.20	0.60	≤0.80	0.025	0.025	0.40	0.35	0.40	0.15	0.05	1.0
ZG230-450H	≤0.20	0.60	≤1.20	0.025	0.025						
ZG270-480H	0.17~0.25	0.60	0.80~1.20	0.025	0.025						
ZG300-500H	0.17~0.25	0.60	1.00~1.60	0.025	0.025						
ZG340-550H	0.17~0.25	0.80	1.00~1.60	0.025	0.025						

注：1. C 的质量分数每降低 0.01%，允许 Mn 质量分数上限增加 0.04%，但 Mn 总质量分数增加量不得超过 0.2%。
2. 残余元素一般不做分析，如需方有要求时，可做残余元素的分析。

表 4-29　碳当量的规定（订货时商定用）

牌　号	碳当量[①]（质量分数,%）≤
ZG200-400H	0.38
ZG230-450H	0.42
ZG270-480H	0.46
ZG300-500H	0.46
ZG340-550H	0.48

① 碳当量 CE 应根据铸钢的化学成分（质量分数,%）按下式计算，$w(CE) = w(C) + w(Mn)/6 + w(Cr + Mo + V)/5 + w(Ni + Cu)/15$，此公式已为国际焊接学会和美国 ASTM 学会采用。

表 4-30　焊接结构用铸造碳钢的力学性能

牌　　　号	拉伸性能			根据合同选择	
	R_{eH}/MPa ≥	R_m/MPa ≥	A（%） ≥	Z（%） ≥	KV_2/J ≥
ZG200-400H	200	400	25	40	45
ZG230-450H	230	450	22	35	45
ZG270-480H	270	480	20	35	40
ZG300-500H	300	500	20	21	40
ZG340-550H	340	550	15	21	35

注：当无明显屈服时，测定规定非比例延伸强度 $R_{p0.2}$。

4.3.3　日本标准

日本关于焊接结构用铸钢的标准（JIS G5102—1991）共规定了 5 种牌号，对化学成分和碳当量的要求见表 4-31，对力学性能的要求见表 4-32。

表 4-31　日本焊接结构用铸钢的牌号及化学成分

牌　　　号	化学成分（质量分数,%）								
	C≤	Si≤	Mn≤	P≤	S≤	Cr≤	Ni≤	Mo≤	其　　他
SCW410（SCW42）	0.22	0.80	1.50	0.040	0.040	—	—	—	CE≤0.40
SCW450（SCW46）	0.22	0.80	1.50	0.040	0.040	—	—	—	CE≤0.43
SCW480（SCW49）	0.22	0.80	1.50	0.040	0.040	0.50	0.50	—	CE≤0.45
SCW550（SCW56）	0.22	0.80	1.50	0.040	0.040	0.50	2.50	0.30	V≤0.20 CE≤0.48
SCW620（SCW63）	0.22	0.80	1.50	0.040	0.040	0.50	2.50	0.30	V≤0.20 CE≤0.50

注：1. 括号内是旧牌号。

2. 碳当量 $w(CE) = w(C) + w(Mn)/6 + w(Si)/24 + w(Ni)/40 + w(Cr)/5 + w(Mo)/4 + w(V)/14(\%)$。

表 4-32　日本焊接结构用铸钢的力学性能

牌　　号	R_m/MPa ≥	$R_{p0.2}$/MPa ≥	A(%) ≥	冲击吸收能量[1] KV_2/J ≥
SCW410	410	235	21	27
SCW450	450	255	20	27
SCW480	480	275	20	27
SCW550	550	355	18	27
SCW620	620	430	17	27

[1]　3 个试样的平均值，试验温度为 0℃。

4.3.4　美国标准

美国适用于在较高温度下焊接使用的铸钢标准（ANSI/ASTM A/A216M—2018）包括 3 个牌号，化学成分和力学性能要求分别见表 4-33 和表 4-34。

4.3.5　德国标准

DIN 17182：1992 中列了 5 种有较好焊接性和韧性的铸钢。其化学成分和力学性能要求见表 4-35 和表 4-36。

表 4-33　美国焊接结构用铸钢的牌号及化学成分

牌　　号		主要化学成分（质量分数,%） ≤				残余元素（质量分数,%） ≤					
ASTM	UNS	C (CE)[1]	Si	Mn[2]	P	S	Cr	Ni	Mo	Cu	V	总量[3]
WCA	J02502	0.25 (0.50)	0.60	0.035	0.035	0.035	0.50	0.50	0.20	0.30	0.03	1.00

（续）

牌　　号		主要化学成分（质量分数,%）≤					残余元素（质量分数,%）≤					
ASTM	UNS	C (CE)[①]	Si	Mn[②]	P	S	Cr	Ni	Mo	Cu	V	总量[③]
WCB	J03002	0.30 (0.50)	0.60	1.00	0.035	0.035	0.50	0.50	0.20	0.30	0.03	1.00
WCC	J02503	0.25 (0.55)	0.60	1.20	0.035	0.035	0.50	0.50	0.25	0.30	0.03	1.00

① 碳当量 $w(CE) = w(C) + w(Mn)/6 + w(Cr + Mo + V)/5 + w(Ni + Cu)/15$。
② 碳质量分数上限每降低 0.01%，则允许锰质量分数上限增加 0.04%。对牌号 WCA，其锰质量分数上限可增至 1.10%，WCB 可增至 1.20%，WCC 可增至 1.40%。
③ 如规定采用附加技术条件 S11，则此总量不适用。

表 4-34　美国焊接结构用铸钢的力学性能

牌　　号		力　学　性　能　≥			
ASTM	UNS	R_m/MPa	$R_{p0.2}$[①]/MPa	A[②]（%）	Z（%）
WCA	J02502	415～585	205	24	35
WCB	J03002	485～655	250	22	35
WCC	J02503	485～655	275	22	35

① 屈服强度可用 0.2% 残余变形法或用载荷下 0.5% 伸长率法测定。
② 试样标距 50mm。当按 A703 标准的规定，采用 ICI（美国精密铸造学会）试棒作拉伸试验时，其标距长度对缩减断面直径之比为 4:1。

表 4-35　德国焊接结构用铸钢化学成分要求

牌　　号	材料号	化学成分（质量分数,%）								其　他
		C	Si≤	Mn	P≤	S≤	Cr≤	Mo	Ni	
GS-16Mn5	1.1131	0.15～0.20	0.60	1.00～1.50	0.020	0.015	0.30	≤0.15	≤0.40	—
GS-20Mn5	1.1120	0.17～0.23	0.60	1.00～1.50	0.020	0.015	0.30	≤0.15	≤0.40	—
GS-8Mn7	1.5015	0.06～0.10	0.60	1.50～1.80	0.020	0.015	0.20	—	—	Nb≤0.05 V≤0.10 N≤0.02
GS-8MnMo7 4	1.5430	0.06～0.10	0.60	1.50～1.80	0.020	0.015	0.20	0.30～0.40	—	Nb≤0.05 V≤0.10 N≤0.02
GS-13MnNi6 4	1.6221	0.08～0.15	0.60	1.00～1.70	0.020	0.010	0.30	≤0.20	0.80～1.2	Nb≤0.05 V≤0.10 N≤0.02

表 4-36　德国焊接结构用铸钢力学性能

牌　　号	材料号	热处理	铸件壁厚/mm	力　学　性　能　≥			
				R_{eH}[①]/MPa	R_m/MPa	A（%）	KV_2[②]/J
GS-16Mn5	1.1131	正火	≤50	260	430～600	25	65
			>50～100	230	430～600	25	45
GS-20Mn5	1.1120	正火	≤50	300	500～650	22	55
			>50～100	280	500～650	22	40
			>100～160	260	480～630	20	35
			>160	240	450～600	—	—
GS-20Mn5	1.1120	调质	≤50	360	500～650	24	70
			>50～100	300	500～650	24	50
			>100～160	280	500～650	22	40
GS-8Mn7	1.5015	调质	≤60	350	500～650	22	80
GS-8MnMo7 4	1.5450	调质	≤300	350	500～650	22	80
GS-13MoNi6 4	1.6221	调质	≤500	300	460～610	22	80
			≤200	340	480～630	20	80

① 如无明显的屈服强度，则可用 0.2% 屈服强度。
② 3 个试样的平均值。

4.4　碳钢的物理性能和铸造性能

4.4.1　物理性能(见表4-37～表4-47和图4-1)

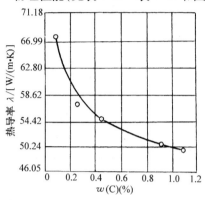

图 4-1　碳含量对钢的室温热导率的影响

表 4-37　碳钢的临界温度和线胀系数

名义 C 的质量分数(%)	临界温度（近似）/℃			
	Ac_1	Ac_3	Ar_1	Ar_3
0.15	735	863	840	685
0.25	735	840	824	680
0.35	724	802	774	680
0.45	724	780	751	682
0.55	727	774	755	690
名义 C 的质量分数(%)	线胀系数 $\alpha_l/(10^{-6}/K)$（在20℃和下列温度间）			
	100℃	200℃	400℃	600℃
0.15	11.75	12.41	13.60	13.90
0.25	12.18	12.66	13.47	14.41
0.35	11.10	11.90	13.40	14.40
0.45	11.59	12.32	13.71	14.67
0.55	10.89	11.82	13.40	14.50

表 4-38　几种碳钢在不同温度范围内的平均比热容　　　　　[单位:J/(kg·K)]

温度/℃	纯　铁 $w(Fe)=99.99\%$		软　钢 $w(C)=0.08\%$		低 碳 钢 $w(C)=0.23\%$		中 碳 钢 $w(C)=0.40\%$		共 析 钢 $w(C)=0.80\%$	
	P	A	P	A	P	A	P	A	P	A
50 ~ 100	469	—	481	—	486	—	486	—	490	—
100 ~ 150	490	—	502	—	506	—	502	—	519	—
150 ~ 200	511	—	523	—	519	—	515	—	532	—
200 ~ 250	528	—	544	—	531	—	528	—	548	—
250 ~ 300	544	—	557	—	557	—	548	—	565	—
300 ~ 350	565	—	569	—	574	—	569	—	586	—
350 ~ 400	586	—	595	—	599	—	586	—	607	—
400 ~ 450	611	—	624	—	624	—	611	—	628	—
450 ~ 500	649	—	661	—	661	—	649	—	670	—
500 ~ 550	691	—	695	—	703	—	691	—	695	—
550 ~ 600	733	—	741	—	749	—	708	—	712	—
600 ~ 650	775	—	791	—	787	—	733	—	702	—
650 ~ 700	829	—	858	—	846	—	770	—	770	582
700 ~ 750	971	—	1139	641	1432	641	1583	599	2081	590
750 ~ 800	913	490	959	641	950	645	624	603	615	599
800 ~ 850	754	507	867	645	737	645	502	611	657	607
850 ~ 900	716	523	816	649	—	645	548	615	—	620
900 ~ 950	—	544	—	649	—	649	—	624	—	624
950 ~ 1000	—	557	—	657	—	649	—	624	—	632
1000 ~ 1050	—	582	—	65	—	649	—	632	—	645
1050 ~ 1100	—	599	—	662	—	649	—	632	—	653

注：P—珠光体，A—奥氏体（下同）。

表 4-39　几种碳钢在不同温度下的热导率　　　　　　［单位：W/（m·K）］

温度/℃	软　钢 $w(C)=0.06\%$		低 碳 钢 $w(C)=0.23\%$		中 碳 钢 $w(C)=0.40\%$		共 析 钢 $w(C)=0.80\%$	
	P	A	P	A	P	A	P	A
0	65.4	—	51.9	—	51.9	—	49.8	—
50	62.8	—	51.5	—	51.5	—	49.4	—
100	60.2	—	50.5	—	50.7	—	48.1	—
150	57.8	—	49.8	—	49.8	—	46.9	—
200	55.7	—	48.6	—	48.1	—	45.2	—
250	53.1	—	46.5	—	46.9	—	43.1	—
300	51.1	—	44.4	—	45.6	—	41.4	—
350	48.6	—	43.6	—	44.4	—	40.2	—
400	46.5	—	42.7	—	41.9	—	38.1	—
450	43.5	—	41.1	—	40.2	—	36.4	—
500	41.1	—	39.3	—	38.1	—	35.1	—
550	39.3	—	37.7	—	36.1	—	33.9	—
600	37.7	—	35.6	—	33.9	—	32.7	—
650	36.1	—	33.9	—	32.2	—	31.4	—
700	34.0	—	31.9	23.8	30.1	23.0	30.1	22.2
750	31.9	25.1	28.5	24.7	27.2	23.5	26.7	23.0
800	30.1	25.6	25.9	25.1	24.7	24.3	24.3	23.8
850	27.7	25.9	25.9	25.6	24.7	25.1	24.3	24.7
900	27.2	26.4	—	26.4	25.6	25.9	—	25.6
950	—	27.2	—	26.7	—	26.7	—	26.4
1000	—	27.7	—	27.2	—	27.2	—	26.7
1050	—	28.0	—	28.0	—	28.0	—	27.7
1100	—	28.5	—	28.5	—	28.8	—	28.5

表 4-40　铸造碳钢和低合金铸钢的密度和弹性模量

化学成分序号	化　学　成　分（质量分数，%）									热处理[①]	密度（20℃）/（kg/m³）	弹性模量/10⁴MPa
	C	Mn	Si	Cr	Ni	Mo	P	S	其 他			
1	0.06	0.38	0.01	—	—	—	—	—	—	A	7871	—
2	0.08	0.31	—	—	—	—	—	—	—	A		
3	0.11	0.35	0.40	0.24	0.07	0.10	0.016	0.028	—	N	7850	21.48
4	0.15	0.74	0.46	0.19	0.07	0.30	0.030	0.030	—	N	7820	21.02
5	0.15	0.80	0.36	0.04	0.05	0.01	0.027	0.029	—	N	7810	20.77
6	0.17	0.74	0.45	—	—	0.50	0.021	0.018	—	NT	7860	20.58
7	0.23	0.64	0.11	—	—	—	—	—	—	A	7859	—
8	0.23	1.51	—	—	—	—	—	—	Cu0.11	—		
9	0.25	1.38	0.51	0.43	0.71	0.40	0.021	0.026	—	NQT	7840	20.99
10	0.25	1.55	0.34	0.09	0.31	—	0.022	0.040	—	NQT	7830	20.29
11	0.27	0.77	0.41	—	—	—	0.022	0.021	—	NQT	7850	20.95
12	0.29	1.27	0.44	—	—	—	0.031	0.024	—	NQT	7820	20.75

（续）

化学成分序号	化　学　成　分（质量分数，%）									热处理①	密度 20℃ /（kg/m³）	弹性模量 /10⁴MPa
	C	Mn	Si	Cr	Ni	Mo	P	S	其　他			
13	0.30	0.5	0.3	0.95	—	0.02	—	—	—	NQT	—	—
14	0.31	1.46	0.41	0.46	0.65	0.33	0.016	0.020	—	NQT	7850	20.95
15	0.32	0.69	—	1.09	0.073	—	—	—	—	A	—	—
16	0.32	0.76	0.40	0.69	1.65	0.32	0.013	0.015	—	NQT	7810	20.19
17	0.33	0.55	—	0.017	3.47	—	—	—	—	—	—	—
18	0.34	0.51	0.47	0.74	2.82	0.42	0.020	0.013	—	NQT	7840	20.82
19	0.34	0.59	—	0.78	3.53	0.39	—	—	—	QT	—	—
20	0.35	0.55	—	0.88	0.26	0.20	—	—	—	A	—	—
21	0.39	0.79	—	1.03	—	—	—	—	—	NQT	—	—
22	0.40	0.56	0.46	—	—	—	0.030	0.025	—	A	7900	20.39
23	0.40	0.64	0.36	—	—	—	0.019	0.019	—	NQT	7840	
24	0.41	0.67	—	1.01	—	0.23	—	—	—	NQT	—	
25	0.41	—	—	1.07	1.43	0.26	—	—	—	NQT	—	
26	0.42	0.64	—	—	—	—	—	—	—	A	—	
27	0.49	0.90	1.98	—	—	—	—	—	Cu0.64	—	—	
28	0.58	0.79	0.39	0.02	0.12	0.03	0.024	0.028	—	NQT	7800	21.66
29	0.80	0.32	—	—	—	—	—	—	—	A	—	
30	1.22	0.25	0.16	—	—	—	—	—	—	A	7830	
31	1.22	1.30	0.22	0.03	0.07	—	—	—	—	—	—	

① A—退火状态；N—正火状态；NQT—正火水淬后回火状态；NT—正火回火状态。

表 4-41　不同温度时纯铁的密度

温度/℃	密度/（kg/m³）	温度/℃	密度/（kg/m³）
20	7874	1000	7587
100	7852	1100	7540
200	7822	1200	7492
400	7754	1300	7446
600	7678	1400	7383
800	7622	1500	7339

表 4-42　铸造碳钢和低合金钢的平均线胀系数　　　　　（单位：10⁻⁶/K）

与表4-40相对应的化学成分序号	热处理	温　度　/℃					
		20~100	20~200	20~300	20~400	20~500	20~600
14	NQT	12.5	12.7	13.0	13.4	13.9	14.4
16	NQT	12.0	12.3	12.6	13.0	13.5	13.9
18·	NQT	11.8	12.1	12.5	12.8	13.3	13.6
9	NQT	12.2	12.7	13.1	13.6	14.2	14.5
22	A	12.5	12.8	13.2	13.7	14.1	14.4
22	N	11.8	12.2	12.8	13.2	13.7	14.2

（续）

与表4-40相对应 的化学成分序号	热处理	温 度 /℃					
		20~100	20~200	20~300	20~400	20~500	20~600
22	NQT	11.9	12.4	12.9	13.3	13.8	14.3
28	A	11.78	12.36	13.04	13.36	13.74	14.14
3	A	11.5	12.5	13.1	13.6	14.0	14.3
3	N	12.2	12.6	13.2	13.6	13.9	14.2
4	A	11.91	12.61	12.90	13.39	13.49	13.86
31	NT	18.0	19.4	21.7	19.9	21.9	23.1
6	NT	12.4	12.8	13.1	13.4	13.8	14.2
10	NQT	13.04	12.32	13.83	14.44	14.92	16.28
12	NQT	12.4	12.8	13.3	13.9	14.6	15.0
5	A	12.8	13.1	13.4	13.6	13.8	14.1
5	N	12.5	12.9	13.3	13.8	14.1	14.5
11	A	12.5	12.7	13.1	13.5	13.9	14.3
11	N	12.5	12.6	13.4	13.7	14.0	14.14
23	A	10.8	12.2	12.7	13.4	13.9	14.2
23	N	11.4	12.2	12.5	13.1	13.5	13.9
23	NQT	11.2	12.4	18.8	13.2	13.8	14.1

表4-43 铸造碳钢和低合金钢的平均比热容 [单位:J/(kg·K)]

与表4-40相对 应的化学成分 序号	热处理 或状态	温 度 /℃											
		50~ 100	150~ 200	200~ 250	250~ 300	300~ 350	350~ 400	450~ 500	550~ 600	650~ 700	700~ 750	750~ 800	850~ 900
2	退火状态	481	523	544	557	569	595	662	741	858	1139	960	—
7	退火状态	486	519	532	557	574	599	662	749	846	1432	950	—
26	退火状态	486	515	528	548	569	586	649	708	770	1583	624	548
29	退火状态	490	532	548	565	586	607	670	712	770	2081	615	—
30	退火状态	486	540	544	557	578	599	636	699	816	2089	649	—
15	退火状态	494	523	536	553	574	595	657	741	837	1499	934	574
20	退火状态	477	515	528	544	569	595	657	737	1825	1616	883	—
17	—	481	523	536	548	569	590	662	749	637	955	603	640
19	淬火和回火	486	523	540	557	582	607	670	770	1051	1662	636	636
27	—	498	523	540	557	578	603	666	749	829	904	1365	—

表4-44 铸造碳钢和低合金钢的电阻率 （单位:μΩ·m）

与表4-40相对 应的化学成分 序号	温 度 /℃											
	20	100	200	400	600	700	800	900	1000	1100	1200	1300
2	0.142	0.190	0.263	0.458	0.734	0.905	1.081	1.130	1.165	1.193	1.220	1.244
7	0.169	0.219	0.292	0.487	0.758	0.925	1.094	1.136	1.167	1.194	1.219	1.239
16	0.210	0.259	0.330	0.517	0.778	0.934	1.106	1.145	1.177	1.205	1.230	1.251
18	0.271	0.320	0.390	0.567	0.814	0.992	1.122	1.149	1.180	1.204	1.228	1.248

（续）

与表4-40相对应的化学成分序号	温　度　/℃											
	20	100	200	400	600	700	800	900	1000	1100	1200	1300
20	0.289	0.337	0.406	0.582	0.825	0.994	1.114	1.146	1.176	1.199	1.199	1.242
27	0.171	0.221	0.296	0.493	0.766	0.932	1.111	1.149	1.179	1.207	1.207	—
30	0.180	0.232	0.308	0.505	0.772	0.935	1.129	1.164	1.191	1.214	1.214	1.246
31	0.196	0.252	0.333	0.540	0.802	0.964	1.152	1.196	1.226	1.249	1.249	1.287

表 4-45　铸造碳钢和低合金钢的热导率　　　　[单位：W/(m·K)]

与表4-40相对应的化学成分序号	温　度　/℃									
	20	100	200	400	500	600	700	800	1000	1200
2	59.5	57.8	53.2	45.6	41.0	36.8	33.1	28.5	27.6	29.7
7	51.9	51.1	49.0	42.7	39.4	35.6	31.8	26.0	27.2	29.7
8	46.0	45.8	45.0	40.1	37.4	34.4	30.6	26.6	27.2	—
13	48.6	42.7	—	—	37.3	—	31.0	—	28.1	30.1
15	36.4	46.5	44.4	38.5	35.6	31.8	28.9	26.0	28.1	30.1
17	33.1	37.7	38.9	36.8	35.2	32.7	26.4	25.1	27.6	30.1
19	42.7	33.9	35.2	35.6	33.5	30.6	28.1	26.8	28.3	30.1
20	—	42.7	41.9	38.9	36.4	33.9	31.0	26.4	28.1	30.1
21	—	44.8	43.5	37.7	—	31.4	—	—	—	—
24	51.9	42.7	42.3	37.7	—	33.1	—	—	—	—
26	47.8	50.7	48.2	41.9	38.1	33.9	30.1	24.7	26.8	29.7
29	45.2	48.2	45.2	38.1	35.2	32.7	30.1	24.3	26.8	30.1
30	13.0	44.8	43.5	38.5	36.0	33.5	31.0	23.9	26.0	28.5
31		13.8	16.3	19.3	20.5	21.8	22.6	23.4	25.5	28.1

表 4-46　碳质量分数为 0.3% ~ 0.4% 的碳钢的高温力学性能

温　度　/℃		20	100	200	300	400	450	500
R_m/MPa		430~490	410~460	370~430	380~460	230~330	—	—
$R_{p0.2}$/MPa		210~260	200~230	170~200	160~200	140~190	—	—
A (%)		22~23	15~27	16~28	15~28	13~26	—	—
KU_2/J		—	72~104	80~128	56~80	48~64	—	—
蠕变极限 /MPa	$\sigma^t_{1/1000000}$	—	—	—	—	110	—	80
	$\sigma^t_{1/10000000}$	—	—	—	—	70	—	36
持久强度 /MPa	$\sigma^t_{1/100000}$	—	—	—	—	195	125	70
	$\sigma^t_{1/1000000}$	—	—	—	—	153	95	48

注：此碳钢相当于 ZG230-450、ZG270-500、ZG310-570 3 种钢。

表 4-47　碳钢的结晶温度和线收缩率

w(C)(%)	液相线温度/℃	固相线温度/℃	自由线收缩率（%）	受阻线收缩率（%）
0.15~0.30	1525	1490		
0.25~0.40	1520	1490	2.1~2.5	1.4~1.8
0.40~0.50	1510	1430		

4.4.2　铸造性能

一般来说，铸钢与铸铁相比，铸造性能较差，流动性较低，容易形成冷隔；氧化和吸气性也较大，容易形成夹渣和气孔；体收缩和线收缩都偏大，容易形成缩孔、疏松、热裂和冷裂，熔点较高，易形成粘砂。由于碳钢中含有 Si、Mn 及其他残余元素，不易将碳钢的铸造性能和其他元素的影响截然分开，故本节将合金元素对铸造性能的影响一并列出，以后有关合金钢的各章，就不再涉及。

（1）各元素对碳钢的铸造性能影响（见表 4-48 和表 4-49）

表 4-48　铸造性能与各元素的关系

提高流动性	Si、P、Cu、Ni、Mn
降低流动性	Ti、Cr、Al、S、V、Mo、W
增加缩孔倾向	C、Cr、Mn、V、Mo、Ni
减少热裂倾向	V、Mn[①]、Al[①]、Si[①]
增加热裂倾向	S、Si、P、Cu[②]、Mn、Cr、Mo、Ni

① 在碳钢中有此特性。

② $w(Cu) \geqslant 1.0\%$ 时。

表 4-49　各元素对铸钢铸造性能的影响

元素	影　响
C	有利于改善流动性
Si	1）降低熔点，改善流动性，中碳钢 $w(Si)$ 由 0.25% 增至 0.45% 时，由于良好的脱氧作用，流动性有明显的改善 2）$w(Si)$ 在 0.40% 范围内时，改善热裂倾向；含量高时，易形成柱状晶，增加热裂倾向
Mn	1）缩小结晶，提高流动性 2）增加体收缩和线收缩，增加冷、热裂倾向 3）生成 MnO，MnO 与 SiO_2 作用易形成化学粘砂
S	生成 MnS、Al_2S_3，降低流动性，并增加热裂倾向
P	改善流动性，但增加冷、热裂倾向
Cu	1）降低熔点，缩小结晶范围，改善流动性 2）大约 $w(Cu)>1\%$ 时，易于自由析出，增加热裂倾向，加 Si、Mn 可提高 Cu 在钢中的溶解度
Mo	1）低合金范围内，降低流动性 2）略增加缩孔倾向 3）$w(Mo)<1\%$ 时，生成 MoS 在晶界上析出，降低导热性，并增大收缩，增大冷、热裂倾向 4）含量高时，提高高温强度，改善热裂倾向
V	1）$w(V)=0.25\%\sim1.0\%$ 时，生成氧化膜，略降低流动性 2）提高高温强度，略改善裂纹倾向

（续）

元素	影　响
Al	1）作脱氧剂加入时，$w(Al)<0.15\%$，有良好的脱氧作用，改善流动性 2）作合金元素加入时，形成 Al_2O_3 和 Al_2S_3 夹渣和氧化膜，降低流动性 3）增大收缩和热裂倾向
Ti	显著降低流动性
Cr	1）生成夹杂物及氧化膜，使钢液变稠，降低流动性，高 Cr 钢铸件易形成皱纹及冷隔 2）增加体收缩量，增大缩孔倾向 3）减小导热性，增大热裂倾向
Ni	1）改善流动性 2）易生成枝晶，增大热裂倾向
稀土	脱氧、脱硫，改善流动性，减少热裂倾向

（2）各种因素对铸钢流动性的影响（见图 4-2 ~ 图 4-7）

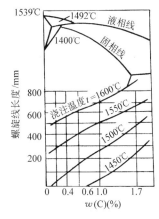

图 4-2　碳钢流动性与碳含量和浇注温度的关系

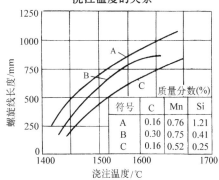

图 4-3　硅含量和浇注温度对碳钢流动性的影响

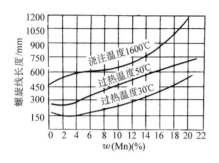

图 4-4　不同锰含量对钢 $[w(C)=0.5\%]$
流动性的影响

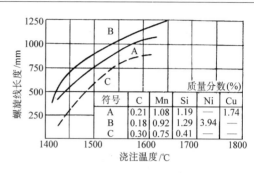

图 4-5　3 种合金铸钢的流动性比较

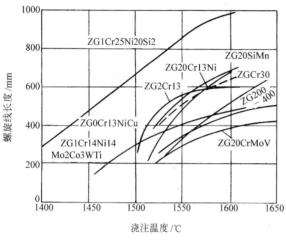

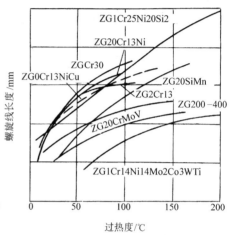

图 4-6　几种合金铸钢的流动性比较

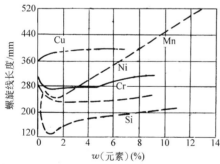

图 4-7　合金元素对铸钢流动性的影响

（3）铸钢的收缩率　简略地讲，铸钢的收缩率可分为液态收缩率、凝固收缩率和固态收缩率。影响液态收缩率的主要因素是钢液的过热程度；影响凝固收缩率的主要因素是钢液的化学成分；影响固态收缩率的主要因素则为铸钢的组织。

碳含量对铸钢体积收缩率的影响见表 4-50。碳含量对钢液凝固收缩率的影响见表 4-51。铸造碳钢形成两类缩孔的倾向如图 4-8 所示。碳含量对铸钢自由线收缩率的影响见表 4-52。共析碳钢的自由线收

缩率情形如图 4-9 所示。钢液温度对 ZG270-350 钢缩孔率的影响见表 4-53。几种合金元素对钢液凝固收缩率的影响如图 4-10 所示。铬对 ZG270-350 钢自由线收缩率及体积膨胀率的影响见表 4-54。

表 4-50　碳含量对铸钢体积收缩率的影响

碳的质量分数（%）	0.10	0.40	0.70	1.00
总体积收缩率（%）	10.5	11.3	12.1	14.0
缩孔体积（%）	—	—	6.00	

表 4-51　碳含量对钢液凝固收缩率的影响

碳的质量分数（%）	0.1	0.35	0.45	0.70
凝固收缩率（%）	2	3	4.3	5.3

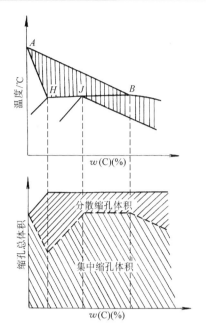

图 4-8　铸造碳钢形成两类缩孔的倾向

表 4-52　碳含量对铸钢自由线
收缩率的影响

碳的质量分数（%）	临界区以上的收缩率（%）	临界区内的膨胀率（%）	临界区以下的收缩率（%）	总自由线收缩率（%）
0.05	1.42	0.11	1.16	2.47
0.14	1.52	0.11	1.06	2.46
0.35	1.47	0.11	1.04	2.40
0.45	1.39	0.11	1.07	2.35
0.58	1.35	0.09	1.05	2.31
0.90	1.21	0.01	0.98	2.18

表 4-53　钢液温度对 ZG270-350 钢
缩孔率的影响

钢液温度/℃	缩孔率（%）
1500	6.3
1550	7.4

（续）

钢液温度/℃	缩孔率（%）
1650	9.5
1750	11.6

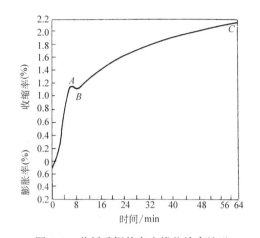

图 4-9　共析碳钢的自由线收缩率情形

A 点—γ→α 转变开始点　　B 点—γ→α 转变终了点
BC—转变后的收缩

（4）形成裂纹的倾向　铸钢件的裂纹可分为热裂和冷裂。冷裂发生于铸件完全凝固以后，主要是由于收缩受阻或外界因素（如冷却过快、机械碰撞等）造成的，与材料的关系并不大。但对铸造马氏体钢及其铸件，由于马氏体相变造成体积膨胀而产生的相变应力，与铸件不同部位和不同断面处温差所造成的热应力，如果出现拉伸应力超过断裂强度，将导致铸件冷裂。特别是大型马氏体铸钢件，其断面尺寸差别越大，形状结构越复杂和冷却速度越快，则在凝固过程和冷却过程中出现冷裂的可能性越大。铸造碳钢的抗热裂能力与其碳含量及其他因素的关系如图 4-11 所示，碳钢的抗热裂能力与几种常存元素含量的关系如图 4-12 所示。抗热裂能力以标准抗热裂试样断裂时所受的负荷（N）来表示。

表 4-54　铬对 ZG270-350 钢的自由线收缩率及体积膨胀率的影响

铬的质量分数（%）	开始转变温度/℃	收缩前膨胀率（%）	转变前收缩率（%）	γ→α 转变时膨胀率（%）	转变后收缩率（%）	总收缩率（%）
0.54	660	—	1.56	0.23	0.69	2.02
1.90	390	0.15	1.88	0.43	0.12	1.57
4.00	310	—	2.07	0.55	—	1.52

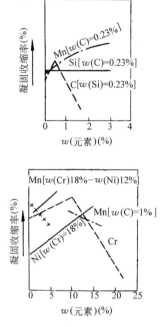

图 4-10　几种合金元素对钢液凝固
收缩率的影响

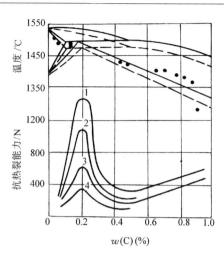

图 4-11　铸造碳钢的抗热裂能力与其碳含量
及其他因素的关系

上图：实线是平衡条件下的相界线，虚线是铸造条件下
的相界线，黑点是发生热裂时的温度

下图：1—浇注温度 1550℃，$w(Mn) = 0.8\%$　2—浇注温度 1550℃，$w(Mn) = 0.4\%$　3—浇注温度 1600℃，$w(Mn) = 0.8\%$　4—浇注温度 1600℃，$w(Mn) = 0.4\%$

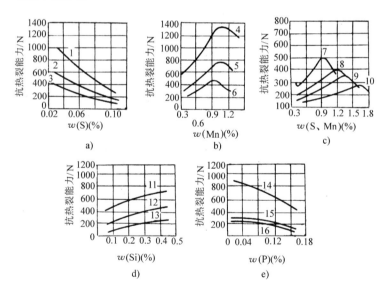

图 4-12　碳钢的抗热裂能力与几种常存元素含量的关系

a) 硫的影响　b) 锰的影响　c) 硫和锰的综合影响　d) 硅的影响　e) 磷的影响

1—$w(C) = 0.19\%$　2—$w(C) = 0.13\%$　3—$w(C) = 0.42\%$　4—$w(C) = 0.17\%$　5—$w(C) = 0.12\%$　6—$w(C) = 0.44\%$

7—$w(S) = 0.03\%$　8—$w(S) = 0.05\%$　9—$w(S) = 0.08\%$　10—$w(S) = 0.10\%$　11—$w(C) = 0.19\%$　12—$w(C) = 0.44\%$

13—$w(C) = 0.06\%$　14—$w(C) = 0.21\%$　15—$w(C) = 0.39\%$　16—$w(C) = 0.09\%$

4.5　碳钢的典型金相组织

铸造碳钢通常依据碳质量分数分为低碳钢 [$w(C)$ < 0.25%]、中碳钢 [$w(C) = 0.25\% \sim 0.60\%$] 和高碳钢 [$w(C) > 0.60\%$]。一般情况下，随着碳含量的增加，强度依次增高，而韧性和焊接性下降。

低碳钢适用于要求有较好的韧性、良好的焊接性、有磁导率要求及需经渗碳处理的铸件。中碳钢适用于铁路车辆和其他运输设备、加工设备、采矿机械、筑路机械、建筑结构以及具有一定耐磨性的零件。高碳钢主要用于模具、轧辊、加工工具以及要求高硬度、高耐磨性和高刚性的零件。

　　按照金相组织分类，可分为亚共析钢[$w(C) < 0.8\%$]和过共析钢[$w(C) > 0.8\%$]。前者的组织为共析铁素体和珠光体；后者的组织为共析渗碳体和珠光体。

4.5.1　铸态组织

　　图 4-13 ~ 图 4-19 所示为碳含量对亚共析铸态碳钢组织的影响。沿一次奥氏体晶界析出的铁素体（浅色）呈典型的魏氏体形貌。此外，在砂型中缓冷时生成粗大的珠光体（深色）。

　　图 4-15 ~ 图 4-19 所示为不同碳含量铸钢组织，由于钢中锰含量较高，改变了共析成分，故视野中珠光体与铁素体的比略高于 Fe-Fe$_3$C 相图中的平衡量。

　　图 4-18 所示为放大 500 倍的珠光体组织，层片状的铁素体和渗碳体清晰分明。

　　图 4-20 所示为过共析铸造碳钢[$w(C) = 1.2\%$]的组织，由共析渗碳体和珠光体组成。

　　显示金相组织所用的腐蚀剂，除另有说明外，均为体积分数为 2% 的硝酸酒精溶液。

图 4-13　铸态 $w(C) = 0.1\%$　×100

图 4-14　铸态 $w(C) = 0.2\%$　×100

图 4-15　铸态 $w(C) = 0.3\%$　×100

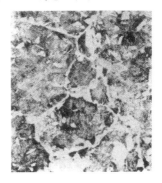

图 4-16　铸态 $w(C) = 0.44\%$　×100

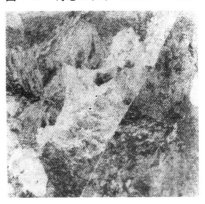

图 4-17　铸态 $w(C) = 0.64\%$　×100

图 4-18　铸态 $w(C) = 0.64\%$　×500

图 4-19　铸态 $w(C) = 0.74\%$　×100

图 4-20　铸态 $w(C) = 1.2\%$　×500

4.5.2　低碳铸钢的典型金相组织

低碳铸钢的典型金相组织如图 4-21 ~ 图 4-28 所示，分别采用下述热处理工艺：

退火：950℃ ×2h，代号为 A；

正火：950℃ ×2h，代号为 N；

油淬：950℃ ×2h，代号为 OQ；

水淬：950℃ ×2h，代号为 WQ；

油淬 + 回火：870℃ ×2h，OQ 和 650℃ ×1h，T（回火的代号）；

水淬 + 回火：870℃ ×2h，WQ 和 650℃ ×1h，T。

淬火而不经回火的铸件实际上不在工程中应用。

低碳[$w(C) = 0.2\%$]铸钢典型的力学性能为：

	退火	正火	水淬 + 回火
$R_{p0.2}$/MPa	258	289	386
R_m/MPa	456	487	540
A (%)	28	26	30
Z (%)	50	45	60

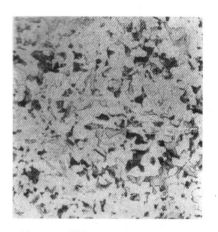

图 4-21　退火(A)、$w(C) = 0.2\%$
多角形铁素体和珠光体　×100

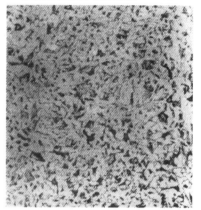

图 4-22　正火(N)、$w(C) = 0.2\%$
弥散的铁素体和珠光体　×100

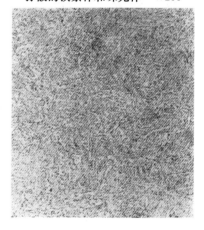

图 4-23　油淬 + 回火(OQ + T)、
$w(C) = 0.2\%$
细针状铁素体和珠光体　×100

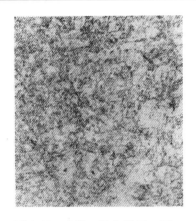

图 4-24　水淬 + 回火(WQ + T)、
$w(C) = 0.2\%$

上贝氏体,部分马氏体和微量铁素体　　×100

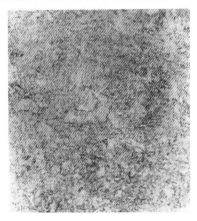

图 4-25　油淬 + 回火(OQ + T)、
$w(C) = 0.2\%$

细针状铁素体和球状珠光体　　×100

图 4-26　水淬 + 回火(WQ + T)、
$w(C) = 0.2\%$

回火贝氏体、马氏体和微量铁素体　　×100

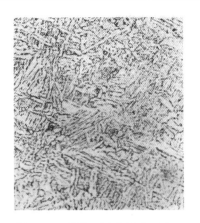

图 4-27　油淬 + 回火(OQ + T)、
(同图 4-25)　　×500

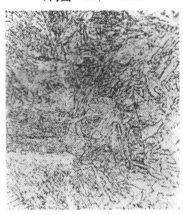

图 4-28　水淬 + 回火(WQ + T)、
(同图 4-26)　　×500

4.5.3　中碳铸钢的典型金相组织

中碳铸钢的典型金相组织如图 4-29 ~ 图 4-36 所示,分别采用下述热处理工艺:

退火:920℃ ×2h;

正火:920℃ ×2h;

油淬:900℃ ×2h;

水淬:900℃ ×2h;

油淬 + 回火:900℃ ×2h 和 650℃ ×1h;

水淬 + 回火:900℃ ×2h 和 650℃ ×1h。

OQ 和 WQ 两项热处理工艺生产中一般不使用。

中碳[$w(C) = 0.44\%$]铸钢典型的力学性能为:

	退火	正火	油淬 + 回火	水淬 + 回火
R_m/MPa	672	704	795	806
$R_{p0.2}$/MPa	378	441	494	586
A(%)	16	15	15	14
Z(%)	25	24	28	30

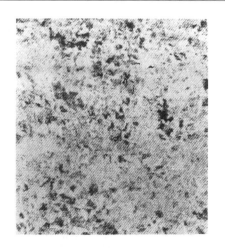

图 4-29　回火(T)、$w(C) = 0.44\%$
铁素体 + 珠光体　×100

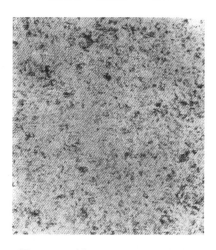

图 4-30　正火(N)、$w(C) = 0.44\%$
弥散铁素体 + 珠光体　×100

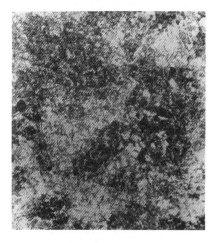

图 4-31　油淬(OQ)、$w(C) = 0.44\%$
贝氏体 + 细珠光体　×100

图 4-32　水淬(WQ)、$w(C) = 0.44\%$
马氏体 + 贝氏体　×100

图 4-33　油淬 + 回火(OQ + T)，$w(C) =$
0.44%
回火索氏体 + 珠光体　×100

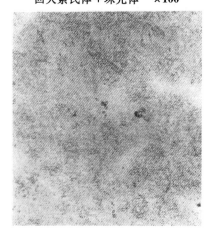

图 4-34　水淬 + 回火(WQ + T)，$w(C) =$
0.44%
回火马氏体 + 回火贝氏体　×100

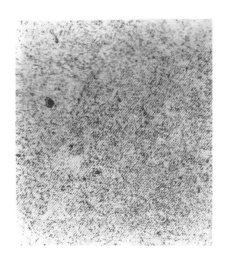

图 4-35 油淬 + 回火（OQ + T）、
w(C) = 0.44% ×500
（金相组织同图 4-33）

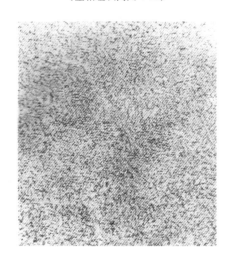

图 4-36 水淬 + 回火（WQ + T）、
w(C) = 0.44% ×500
（金相组织同图 4-34）

4.5.4 高碳亚共析铸钢的典型金相组织

高碳亚共析铸钢的典型金相组织如图 4-37 ~
图 4-44所示，分别采用下述热处理工艺：

退火：850℃ ×2h；

正火：850℃ ×2h；

油淬 + 回火：850℃ ×2h 和 650℃ ×1h；

水淬：850℃ ×2h，800℃ ×1h 水淬；

水淬 + 回火：850℃ ×2h，800℃ ×1h 水淬，
650℃ ×1h。

淬火后不经回火的工艺实际生产中一般不应用。
典型力学性能如下：

	退火	油淬 + 回火
$R_{p0.2}$/MPa	413	689
R_m/MPa	758	960
A(%)	10	12
Z(%)	15	—

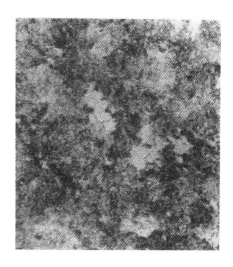

图 4-37 退火（A）、w(C) = 0.64%
粗大珠光体片团 + 少量铁素体 ×100

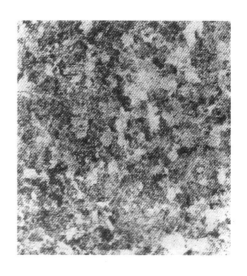

图 4-38 正火（N）、w(C) = 0.64%
细珠光体片团 + 铁素体 ×100

图 4-39　水淬(WQ)、$w(C)=0.64\%$
淬火马氏体　×100

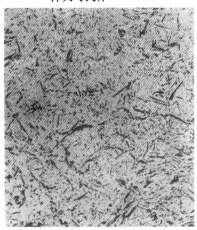

图 4-40　水淬(WQ)(同图 4-39)
淬火马氏体　×500

图 4-41　油淬 + 回火(OQ + T)、
$w(C)=0.64\%$
回火马氏体 + 回火贝氏体　×100

图 4-42　水淬 + 回火(WQ + T)、
$w(C)=0.64\%$
回火马氏体　×100

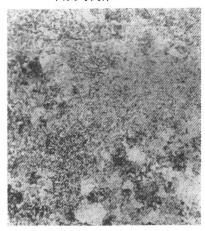

图 4-43　油淬 + 回火(OQ + T)、
$w(C)=0.64\%$　×500
(金相组织同图 4-41)

图 4-44　水淬 + 回火(WQ + T)、
$w(C)=0.64\%$　×500
(金相组织同图 4-42)

4.5.5　高碳过共析铸钢的典型金相组织

高碳过共析铸钢在 650 ~ 700℃（接近 Ac_1 点）退火可以软化，是由于珠光体中的碳化物球化，最终组织是铁素体的基体上分布着粒状碳化物，其尺寸取决于原始珠光体的粗化程度。这时铸钢具有一定的延性和加工性能，但过大的球粒存在使加工表面粗糙。过共析铸钢的铸态组织如图 4-45 所示。

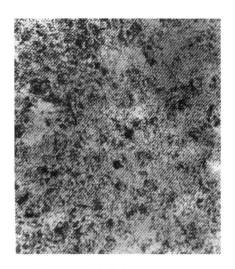

图 4-47　球化退火 $w(C) = 1.2\%$
粒状珠光体 + 片状珠光体　　×500

图 4-45　铸态 $w(C) = 1.2\%$
贝氏体 + 渗碳体　　×500

经过亚临界退火和球化退火处理后的组织，分别如图 4-46 和图 4-47 所示。

图 4-46　亚临界退火 $w(C) = 1.2\%$
细粒状珠光体 + 片状珠光体　　×100

4.5.6　铸造碳钢的断面效应

铸件凝固及冷却时，表面与心部的冷却速度是不同的。断面越厚，这种差别就越大。其结果是心部的结晶组织和力学性能均与表面部分有明显的差别。此外，由于断面增厚，表面部分的冷却速度也将减缓，其力学性能也低于较薄的断面。以上两种情况总称为断面效应。

由于铸钢件均存在不同程度的断面效应，所以标准规定的力学性能是取自 28mm 厚的试块。随着断面尺寸的增加，心部的力学性能也不断下降，不同成分不同组织的钢，性能下降的程度有所不同。随着断面厚度的增加，铸造碳钢的各项性能均有所下降，对塑性和韧性的影响尤为显著，30mm 厚基尔试块与 $\phi500 \sim \phi600$mm 试棒心部的性能相比，后者 R_m 下降 10%，$R_{p0.2}$ 下降 25%，A 和 Z 都下降 40% ~ 45%，冲击值也有类似规律。研究结果表明，粗大的晶粒和热处理工艺对性能影响最为显著，而疏松度、夹杂物和偏析的影响较小。

就单铸试块和附铸在铸件上的试块所作性能对比，正好能说明断面效应。厚度相同的单铸试块和补缩正常的附铸试块，其性能基本相同，见表 4-55。

表 4-56 是 ZG310-570 大断面（500mm × 500mm）试块上不同部位的力学性能，可以说明铸造碳钢的断面效应。

表 4-55　单铸和附铸试块性能比较

钢　　种	碳　钢		碳　钢		锰钼钢	
试块形式	单　铸	附　铸	单　铸	附　铸	单　铸	附　铸
硬度 HBW	153	148	—	—	241	241
R_m/MPa	524	510	503	503	807	800
$R_{p0.2}$/MPa	317	303	338	324	648	641
A（%）	34.5	31.0	34.0	35.5	22.5	21.0
Z（%）	54.4	50.3	57.8	60.8	51.7	47.2

表 4-56　大断面试块上不同部位的力学性能

取样部位	试样号	R_m/MPa	$R_{p0.2}$/MPa	A（%）	Z（%）	KV_2/J
	1	716	374	14.3	29.5	24
	2	685	357	13.7	17.8	29
	3	653	339	14.4	21.8	29
	4	641	348	10.6	14.8	14
	5	629	338	10.0	12.9	13

注：试块经正火、回火处理。

参 考 文 献

［1］熊中实. 世界钢铁牌号表示方法与对照手册　［M］. 上海：上海科学技术出版社，2009.

［2］中国机械工业联合会. 一般工程用铸造碳钢件：GB/T 11352—2009［S］. 北京：中国标准出版社，2009.

［3］胡汉起. 铸钢及其熔炼技术［M］. 北京：化学工业出版社，2010.

［4］曾正明. 实用金属材料选用手册［M］. 北京：机械工业出版社，2012.

［5］全国铸造标准化技术委员会. 焊接结构用铸钢件：GB/T 7659—2010［S］. 北京：中国标准出版社，2010.

第5章 铸造中、低合金钢

5.1 低合金铸钢

5.1.1 国家标准低合金铸钢

我国一般工程与结构用低合金铸钢标准（GB/T 14408—2014）对化学成分只规定S、P质量分数的上限，其他成分未做规定。除另有商定外，一般低合金铸钢采用上述标准时，化学成分由制造方确定。国家标准中低合金铸钢的化学成分及力学性能分别见表5-1～表5-3。

表5-1 低合金铸钢的化学成分及力学性能（GB/T 14408—2014）

牌号	磷、硫质量分数（%）≤		力学性能≥				
	$w(P)$	$w(S)$	R_m/MPa	$R_{p0.2}$/MPa	$A(\%)$	$Z(\%)$	KV_2/J
ZGD270-480	0.040	0.040	480	270	18	35	25
ZGD290-510	0.040	0.040	510	290	16	35	25
ZGD345-570	0.040	0.040	570	345	14	35	20
ZGD410-620	0.040	0.040	620	410	13	35	20
ZGD535-720	0.040	0.040	720	535	12	30	18
ZGD650-830	0.040	0.040	830	650	10	25	18
ZGD730-910	0.035	0.035	910	730	8	22	15
ZGD840-1030	0.035	0.035	1030	840	6	20	15
ZGD1030-1240	0.020	0.020	1240	1030	5	20	22
ZGD1240-1450	0.020	0.020	1450	1240	4	15	18

表5-2 低合金铸钢相应牌号的化学成分

牌号	序号	化学成分（质量分数，%）								
		C	Si	Mn	P	S	Cr	Ni	Mo	其他
ZGD270-480	1	0.20	0.60	0.50～0.80	0.040	0.045	1.00～1.50	0.50[①]	0.45～0.65	Cu 0.50[①]
	2	0.20	0.60	0.30～0.80	0.040	0.045	1.00～1.50	—	0.45～0.65	W 0.10[①] V 0.15～0.25
ZGD290-510	3	0.23	0.60	1.00～1.50	0.025	0.025	0.30	0.40	0.15	—
	4	0.15～0.20	0.30～0.60	0.50～0.80	0.040	0.040	1.20～1.50	—	0.45～0.55	—
ZGD345-570	5	0.30～0.40	0.50～0.75	0.60～1.20	0.030	0.030	0.50～0.80	—	—	—
	6	0.25～0.35	0.60～0.80	1.10～1.40	0.040	0.040	—	—	—	Cu 0.33 Al 0.01
ZGD410-620	7	0.20	0.75	0.40～0.70	0.040	0.040	4.00～6.00	0.40	0.45～0.65	Cu 0.30 Ti 0.02～0.05
	8	0.22～0.30	0.50～0.80	1.30～1.60	0.035	0.035	—	—	—	V 0.07～0.15
ZGD535-720	9	0.25～0.35	0.30～0.60	1.20～1.60	0.040	0.040	0.30～0.70	—	0.15～0.35	—
	10	0.22	0.50	0.55～0.75	0.040	0.040	2.50～3.50	1.35～1.85	0.30～0.60	—
ZGD650-830	11	0.35～0.45	0.20～0.40	1.60～1.80	0.030	0.030	0.30[①]	0.30[①]	0.15[①]	Cu 0.25[①] V 0.05[①]
	12	0.33	0.60	1.00	0.040	0.040	0.80～1.20	1.70～2.30	0.30～0.60	—

（续）

牌号	序号	化学成分（质量分数,%）								
		C	Si	Mn	P	S	Cr	Ni	Mo	其他
ZGD730-910	13	0.25～0.35	0.30～0.60	0.90～1.50	0.040	0.040	0.30～0.90	1.60～2.00	0.15～0.35	—
	14	0.10～0.18	0.20～0.40	0.30～0.55	0.030	0.030	1.20～1.70	1.40～1.80	0.20～0.30	Cu 0.30 V 0.03～0.15
ZGD840-1030	15	0.30～0.38	—	0.70～0.90	0.040	0.040	0.40～0.60	0.60～0.80	0.17～0.25	—
	16	0.22～0.34	0.30～0.60	0.30～0.80	0.025	0.025	0.5～1.30	0.5～3.0	0.2～0.7	Cu 0.4

① 为残余元素。

表5-3　低合金铸钢相应牌号的热处理与力学性能

牌号	序号	热处理	R_m /MPa ≥	$R_{p0.2}$ /MPa ≥	A (%) ≥	Z (%) ≥	KV_2 /J ≥	硬度 HBW
ZGD270-480	1	正火+675℃	485	275	20	35	—	—
	2	正火+回火	483	276	18	35	—	—
ZGD290-510	3	正火+回火	510	295	14	30	39	156
	4	正火+回火	540	295	15	35	39	—
ZGD345-570	5	二次正火+回火	590	345	14	30	—	217
	6	正火+回火	590	345	14	25	—	—
ZGD410-620	7	调质	620	420	13		25	179～225
	8	正火+回火	622	416	22	45	44.1	179～241
ZGD535-720	9	正火+回火	736	539	13	30	—	212
	10	正火+回火	725	550	18	30	41	—
ZGD650-830	11	调质	835	685	13	45	35	269～302
	12	调质	850	680	12	25	22	260
ZGD730-910	13	淬火+回火	981	784	9	20	—	—
	14	淬火+回火	1000	750	10	20	—	—
ZGD840-1030	15	淬火+回火	1050	875	9	22	—	—
	16	退火+淬火+回火	1060	880	8	30	—	262～321

5.1.2　行业标准低合金铸钢

行业标准（JB/T 6402—2018）中低合金铸钢牌号及化学成分、力学性能和用途分别见表5-4～表5-6。

采用中、低合金铸钢，主要是为了得到良好的综合力学性能，故碳的质量分数一般在0.45%以下，加入合金元素总质量分数不超过8%。低合金铸钢通常有较高的强度、良好的韧性和淬透性能，耐大气腐蚀和耐磨性等方面均优于碳钢。

铸造低合金高强度钢中，作为牌号主要合金元素含量一般大于下列值（均为质量分数）：Mn = 1.00%、Si = 0.80%、Cr = 0.50%、Ni = 0.50%、Cu = 0.50%、Mo = 0.20%、V = 0.05%、W = 0.05%。

表5-4　低合金铸钢的牌号及化学成分

牌号	化学成分（质量分数,%）									
	C	Si	Mn	P≤	S≤	Cr	Ni	Mo	V	Cu
ZG20Mn	0.17～0.23	≤0.8	1.00～1.30	0.030	0.030	—	≤0.80	—	—	—
ZG25Mn	0.20～0.30	0.30～0.45	1.10～1.30	0.030	0.030	—	—	—	—	≤0.30
ZG30Mn	0.27～0.34	0.30～0.50	1.20～1.50	0.030	0.030					

（续）

牌　号	化学成分（质量分数,%）									
	C	Si	Mn	P ≤	S ≤	Cr	Ni	Mo	V	Cu
ZG35Mn	0.30 ~ 0.40	≤0.8	1.10 ~ 1.40	0.030	0.030	—	—	—	—	—
ZG40Mn	0.35 ~ 0.45	0.30 ~ 0.45	1.20 ~ 1.50	0.030	0.030	—	—	—	—	—
ZG40Mn2	0.35 ~ 0.45	0.20 ~ 0.40	1.60 ~ 1.80	0.030	0.030	—	—	—	—	—
ZG45Mn2	0.42 ~ 0.49	0.20 ~ 0.40	1.60 ~ 1.80	0.030	0.030	—	—	—	—	—
ZG50Mn2	0.45 ~ 0.55	0.20 ~ 0.40	1.50 ~ 1.80	0.030	0.030	—	—	—	—	—
ZG35SiMnMo	0.32 ~ 0.40	1.10 ~ 1.40	1.10 ~ 1.40	0.030	0.030	—	—	0.20 ~ 0.30	—	≤0.30
ZG35CrMnSi	0.30 ~ 0.40	0.50 ~ 0.75	0.90 ~ 1.20	0.030	0.030	0.50 ~ 0.80	—	—	—	—
ZG20MnMo	0.17 ~ 0.23	0.20 ~ 0.40	1.10 ~ 1.40	0.030	0.030	—	—	0.20 ~ 0.35	—	≤0.30
ZG30Cr1MnMo	0.25 ~ 0.35	0.17 ~ 0.45	0.90 ~ 1.20	0.030	0.030	0.90 ~ 1.20	—	0.20 ~ 0.30	—	—
ZG55CrMnMo	0.50 ~ 0.60	0.25 ~ 0.60	1.20 ~ 1.60	0.030	0.030	0.60 ~ 0.90	—	0.20 ~ 0.30	—	≤0.30
ZG40Cr1	0.35 ~ 0.45	0.20 ~ 0.40	0.50 ~ 0.80	0.030	0.030	0.80 ~ 1.10	—	—	—	—
ZG34Cr2Ni2Mo	0.30 ~ 0.37	0.30 ~ 0.60	0.60 ~ 1.00	0.030	0.030	1.40 ~ 1.70	1.40 ~ 1.70	0.15 ~ 0.35	—	—
ZG15Cr1Mo	0.12 ~ 0.20	≤0.60	0.50 ~ 0.80	0.030	0.030	1.00 ~ 1.50	—	0.45 ~ 0.65	—	—
ZG15Cr1Mo1V	0.12 ~ 0.20	0.20 ~ 0.60	0.40 ~ 0.70	0.030	0.030	1.20 ~ 1.70	≤0.30	0.90 ~ 1.20	0.25 ~ 0.40	≤0.30
ZG20CrMo	0.17 ~ 0.25	0.20 ~ 0.45	0.50 ~ 0.80	0.030	0.030	0.50 ~ 0.80	—	0.45 ~ 0.65	—	—
ZG20CrMoV	0.18 ~ 0.25	0.20 ~ 0.60	0.40 ~ 0.70	0.030	0.030	0.90 ~ 1.20	≤0.30	0.50 ~ 0.70	0.20 ~ 0.30	≤0.30
ZG35Cr1Mo	0.30 ~ 0.37	0.30 ~ 0.50	0.50 ~ 0.80	0.030	0.030	0.80 ~ 1.20	—	0.20 ~ 0.30	—	—
ZG42Cr1Mo	0.38 ~ 0.45	0.30 ~ 0.60	0.60 ~ 1.00	0.030	0.030	0.80 ~ 1.20	—	0.20 ~ 0.30	—	—
ZG50Cr1Mo	0.46 ~ 0.54	0.25 ~ 0.50	0.50 ~ 0.80	0.030	0.030	0.90 ~ 1.20	—	0.15 ~ 0.25	—	—
ZG65Mn	0.60 ~ 0.70	0.17 ~ 0.37	0.90 ~ 1.20	0.030	0.030	—	—	—	—	—
ZG28NiCrMo	0.25 ~ 0.30	0.30 ~ 0.80	0.60 ~ 0.90	0.030	0.030	0.35 ~ 0.85	0.40 ~ 0.80	0.35 ~ 0.55	—	—
ZG30NiCrMo	0.25 ~ 0.35	0.30 ~ 0.60	0.70 ~ 1.00	0.030	0.030	0.60 ~ 0.90	0.60 ~ 1.00	0.35 ~ 0.50	—	—
ZG35NiCrMo	0.30 ~ 0.37	0.60 ~ 0.90	0.70 ~ 1.00	0.030	0.030	0.40 ~ 0.90	0.60 ~ 0.90	0.40 ~ 0.50	—	—

注：残余元素质量分数，Ni≤0.30%，Cr≤0.30%，Cu≤0.25%，Mo≤0.15%，V≤0.05%，残余元素总质量分数≤1%。如需方无要求，残余元素不作验收依据。

表 5-5　低合金铸钢的力学性能

牌号	热处理状态	$R_{p0.2}$/MPa ≥	R_m/MPa ≥	A(%) ≥	Z(%) ≥	KU_2/J ≥	KV_2/J ≥	KV/J ≥	硬度 HBW ≥
ZG20Mn	正火＋回火	285	495	18	30	39	—	—	145
	调质	300	500 ~ 650	22	—	—	45	—	150 ~ 190
ZG25Mn	正火＋回火	295	490	20	35	47	—	—	156 ~ 197
ZG30Mn	正火＋回火	300	550	18	30	—	—	—	163
ZG35Mn	正火＋回火	345	570	12	20	24	—	—	—
	调质	415	640	12	25	27	—	27	200 ~ 260
ZG40Mn	正火＋回火	350	640	12	30	—	—	—	163
ZG40Mn2	正火＋回火	395	590	20	35	30	—	—	179
	调质	635	790	13	40	35	—	35	220 ~ 270

（续）

牌号	热处理状态	$R_{p0.2}$/MPa ≥	R_m/MPa ≥	A(%) ≥	Z(%) ≥	KU_2/J ≥	KV_2/J ≥	KV/J ≥	硬度 HBW ≥
ZG45Mn2	正火+回火	392	637	15	30	—	—	—	179
ZG50Mn2	正火+回火	445	785	18	37	—	—	—	—
ZG35SiMnMo	正火+回火	395	640	12	20	24	—	—	—
ZG35SiMnMo	调质	490	690	12	25	27	—	27	—
ZG35Mn	正火+回火	345	570	12	20	24	—	—	—
ZG35Mn	调质	415	640	12	25	27	—	27	—
ZG35CrMnSi	正火+回火	345	690	14	30	—	—	—	217
ZG20MnMo	正火+回火	295	490	16	—	39	—	—	156
ZG30Cr1MnMo	正火+回火	392	686	15	30	—	—	—	—
ZG55CrMnMo	正火+回火	—	—	—	—	—	—	—	—
ZG40Cr1	正火+回火	345	630	18	26	—	—	—	212
ZG34Cr2Ni2Mo	调质	700	950~1000	12	—	—	32	—	240~290
ZG15Cr1Mo	正火+回火	275	490	20	35	24	—	—	140~220
ZG15Cr1Mo1V	正火+回火	345	590	17	30	24	—	—	140~220
ZG20CrMo	正火+回火	245	460	18	30	30	—	—	135~180
ZG20CrMo	调质	245	460	18	30	24	—	—	—
ZG20CrMoV	正火+回火	315	590	17	30	24	—	—	140~220
ZG35Cr1Mo	正火+回火	392	588	12	20	23.5	—	—	—
ZG35Cr1Mo	调质	490	686	12	25	31	—	27	201
ZG42Cr1Mo	正火+回火	410	569	12	20	—	12	—	—
ZG42Cr1Mo	调质	510	690~830	11	—	—	15	—	200~250
ZG50Cr1Mo	调质	520	740~880	11	—	—	—	34	200~260
ZG65Mn	正火+回火	—	—	—	—	—	—	—	187~241
ZG28NiCrMo	—	420	630	20	40	—	—	—	—
ZG30NiCrMo	—	590	730	17	35	—	—	—	—
ZG35NiCrMo	—	660	830	14	30	—	—	—	—

表5-6　低合金铸钢的用途

牌号	用途	牌号	用途
ZG20Mn	焊接及流动性良好，作水压机缸、叶片、喷嘴体、阀、弯头等	ZG35CrMnSi	用于承受冲击、摩擦的零件，如齿轮、滚轮等
		ZG20MnMo	用于受压容器，如泵壳等
ZG25Mn		ZG30Cr1MnMo	用于拉坯和立柱
ZG30Mn		ZG55CrMnMo	有一定热硬性，用于锻模等
ZG35Mn	用于承受摩擦的零件	ZG40Cr1	用于高强度齿轮
ZG40Mn	用于承受摩擦和冲击的零件，如齿轮等	ZG34Cr2Ni2Mo	用于特殊要求的零件，如锥齿轮、小齿轮、吊车行走轮、轴等
ZG40Mn2	用于承受摩擦的零件，如齿轮等		
ZG45Mn2	用于模块、齿轮等		
ZG50Mn2	用于高强度零件，如齿轮、齿轮缘等	ZG15Cr1Mo	用于汽轮机
ZG35SiMnMo	用于承受负荷较大的零件	ZG15Cr1Mo1V	用于汽轮机蒸汽室、气缸等

（续）

牌 号	用 途
ZG20CrMo	用于齿轮、锥齿轮及高压缸零件等
ZG20CrMoV	用于570℃下工作的高压阀门
ZG35Cr1Mo	用于齿轮、电炉支承轮、轴套、齿圈等
ZG42Cr1Mo	用于承受高负荷零件，如齿轮、锥齿轮等
ZG50Cr1Mo	用于减速器零件，如齿轮、小齿轮等
ZG65Mn	用于球磨机衬板等
ZG28NiCrMo	适用于直径大于300mm的齿轮铸件
ZG30NiCrMo	适用于直径大于300mm的齿轮铸件
ZG35NiCrMo	适用于直径大于300mm的齿轮铸件

5.2 我国的中、低合金高强度铸钢

5.2.1 铸造锰钢

铸造锰钢一般指 $w(Mn) = 1.00\% \sim 1.75\%$ 和 $w(C) = 0.2\% \sim 0.5\%$ 的铸钢。锰的质量分数不宜超过 2%，否则对焊接性有不良影响。Mn 是通过固溶于铁素体和细化珠光体来提高钢的强度、硬度和耐磨性。Mn 可改善钢的淬透性，从而可通过热处理来改善钢的力学性能。Mn 还有降低相变温度和细化晶粒的作用，这种作用可改善钢的冲击韧性。如锰的质量分数超过

2% 时，则会使晶粒粗大，产生过热敏感性和回火脆性。

另外，Mn 在钢中有增加 Nb 的溶解度的作用，而 Nb 的溶解度将提高淬透性，降低相变温度，使晶粒细化。因此，钢中含有 Mn 可为发展微合金化铸钢创造条件。

几种铸造锰钢的化学成分、力学性能和物理性能分别见表 5-7 ~ 表 5-9。

表 5-7 铸造锰钢的化学成分

牌 号	化学成分（质量分数,%）		
	C	Si	Mn
ZG22Mn	0.18 ~ 0.28	≤0.5	1.10 ~ 1.70
ZG25Mn	0.20 ~ 0.30	0.30 ~ 0.45	1.10 ~ 1.30
ZG25Mn2	0.20 ~ 0.30	0.30 ~ 0.45	1.70 ~ 1.90
ZG30Mn	0.27 ~ 0.34	0.30 ~ 0.50	1.20 ~ 1.50
ZG35Mn	0.30 ~ 0.40	0.60 ~ 0.80	1.10 ~ 1.40
ZG40Mn	0.35 ~ 0.45	0.30 ~ 0.45	1.20 ~ 1.50
ZG40Mn2	0.35 ~ 0.45	0.20 ~ 0.40	1.60 ~ 1.80
ZG45Mn	0.40 ~ 0.50	0.30 ~ 0.45	1.20 ~ 1.50
ZG50Mn	0.48 ~ 0.56	0.17 ~ 0.37	1.20 ~ 1.50
ZG50Mn2	0.45 ~ 0.55	0.20 ~ 0.40	1.50 ~ 1.80
ZG65Mn	0.60 ~ 0.70	0.17 ~ 0.37	0.90 ~ 1.20

表 5-8 铸造锰钢的力学性能

牌 号	热 处 理		$R_{p0.2}$/MPa ≥	R_m/MPa ≥	A（%） ≥	Z（%） ≥	KU_2/J ≥	硬度 HBW ≥	应用举例
	方 式	温度/℃							
ZG22Mn	正火	880 ~ 900	295	540	18	30	32	155	焊接性好，用于汽轮机前气缸及推力轴承、转向导叶环等
	回火	680 ~ 700							
ZG25Mn	退火或正火	—	295 ~ 375	490 ~ 540	30 ~ 35	45 ~ 55	80 ~ 120	155 ~ 170	焊接性好，受压容器
ZG25Mn2	退火或正火	—	345 ~ 440	590 ~ 685	20 ~ 30	45 ~ 55	64 ~ 120	200 ~ 250	高压容器
ZG30Mn	退火或正火	—	295 ~ 363	554 ~ 598	27 ~ 30	40 ~ 55	56 ~ 72	160 ~ 170	断面较大的调质（淬—回）铸件
ZG35Mn	正火	850 ~ 860	345	590	14	30	40	—	齿轮等
	回火	560 ~ 600							
ZG40Mn	正火	850 ~ 860	295	635	12	30		103	齿轮等
	回火	400 ~ 450							
ZG40Mn2	退火	830 ~ 850	324	635	12	—	—	187 ~ 255	耐磨性比 ZG40Mn 好，可代替 ZG30CrMnSi
	淬火	870 ~ 890							
	回火	350 ~ 450							
ZG45Mn	正火	840 ~ 850	333	657	11	20	—	196 ~ 235	耐磨铸件、齿轮等
	回火	550 ~ 600							
ZG65Mn	正火	840 ~ 860	—					187 ~ 241	耐磨性好，用于起重、矿山车轮等铸件
	回火	600 ~ 650							

表 5-9　铸造锰钢的物理性能

牌　号	临界温度/℃				热导率/[W/(m·K)]				比热容/[J/(kg·K)]			
	Ac_1	Ac_3	$M_{始}$	$M_{终}$	100℃	200℃	400℃	500℃	100℃	200℃	400℃	500℃
ZG15Mn	735	863	—	—	68.5	67.0	51.5	46.5	—	—	—	—
ZG20Mn	735	854	—	—	77.0	66.2	46.9	41.9	—	—	—	—
ZG30Mn	734	812	—	—	75.4	64.5	43.9	37.7	—	—	—	—
ZG40Mn	726	790	—	—	59.5	52.7	46.9	23.9	486	481	490	574
ZG50Mn	726	760	—	—	—	38.5	36.4	—	473	481	523	574
ZG60Mn	726	765	—	—	—	—	—	—	481	486	528	574
ZG65Mn	724	750	230 ~ 290	≈55	—	—	—	—	481	486	528	532
ZG10Mn2	720	830	—	—	—	—	—	—	—	—	—	—
ZG30Mn2	718	704	—	—	39.8	37.7	—	—	—	—	—	—
ZG35Mn2	713	794	—	—	—	37.7	36.0	—	—	—	—	—
ZG40Mn2	710	780	—	—	40.2	37.7	36.0	—	—	—	—	—
ZG45Mn2	713	766	—	—	40.6	39.8	—	—	—	—	—	—
ZG50Mn2	710	750	—	—	—	39.8	36.4	35.2	—	—	—	—

5.2.2　铸造硅锰钢

硅通过对铁素体的固溶强化，可提高钢的屈服强度。中碳锰钢中，硅的质量分数为 1% 左右，经调质后强度可提高 15% ~ 20%，而韧性并不显著降低。Si 和 Mn 配合适当，可稍稍减少锰钢热处理时的晶粒长大倾向。某些研究表明，对于任何给定晶粒度的钢，$w(Si)$ 为 0.5% 左右，韧性—脆性转变温度最低，见图 5-1。

几种铸造硅锰钢的化学成分、力学性能和 ZG35SiMn 钢的物理性能见表 5-10 ~ 表 5-12。

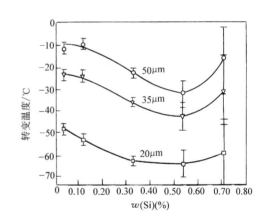

图 5-1　硅对 3 种晶粒度的 $w(Si)$ 为 0.05% 的钢冲击转变温度的影响

表 5-10　铸造硅锰钢的化学成分

牌号	化学成分（质量分数,%）			
	C	Si	Mn	S、P ≤
ZG20SiMn	0.12 ~ 0.22	0.60 ~ 0.80	1.00 ~ 1.30	0.035
ZG30SiMn	0.25 ~ 0.35	0.60 ~ 0.80	1.10 ~ 1.40	0.04
ZG35SiMn	0.30 ~ 0.40	1.10 ~ 1.40	1.10 ~ 1.40	0.04
ZG45SiMn	0.40 ~ 0.48	1.10 ~ 1.40	1.10 ~ 1.40	0.04
ZG50SiMn	0.46 ~ 0.54	0.85 ~ 1.15	0.85 ~ 1.15	0.04

表 5-11　硅锰钢的力学性能

牌　号	热　处　理		$R_{p0.2}$/MPa ≥	R_m/MPa ≥	A (%) ≥	Z (%) ≥	KU_2/J ≥	硬度 HBW	应用举例
	方式	温度/℃							
ZG20SiMn	正火	900 ~ 920	295	510	14	30	40	156	水压机立柱、横梁、工作缸，水轮机转轮、车辆摇枕、侧架
	回火	570 ~ 600							
ZG30SiMn	正火	870 ~ 890	345	590	14	25	24	—	齿轮、车轮等
	回火	570 ~ 600							
	淬火	870 ~ 880	390	635	14	30	40		
	回火	400 ~ 450							

（续）

牌 号	热 处 理		$R_{p0.2}$/MPa ≥	R_m/MPa ≥	A（%）≥	Z（%）≥	KU_2/J ≥	硬度 HBW	应 用 举 例
	方式	温度/℃							
ZG35SiMn	正火	800~860	345	569	12	20	24	—	齿轮、车轮等
	回火	550~650							
	淬火	840~860	412	618	12	25	32	—	
	回火	550~650							
ZG45SiMn	正火	860~880	373	588	12	20	24	—	齿轮、车轮等
	回火	520~680							
	淬火	860~880	441	637	12	25	32	—	
	回火	520~680							

表 5-12 ZG35SiMn 钢的物理性能

牌 号	临界温度（近似）/℃			热导率/[W/(m·K)]		
	Ac_1	Ac_3	Ar_1	200℃	400℃	600℃
ZG35SiMn	750	830	645	45.2	41.0	36.4

5.2.3 铸造锰钼钢

和铸造锰钢相比，铸造锰钼钢在高温下有较高的屈服强度，室温下屈服强度与抗拉强度的比值较高，无明显的回火脆性，有较好的淬透性。

两种常用的铸造 Mn-Mo 钢的化学成分和 ZG20MnMo 钢的力学性能见表 5-13 和表 5-14。

5.2.4 铸造硅锰钼钢

ZG35SiMnMo 钢的化学成分和力学性能见表 5-15 和表 5-16。

5.2.5 铸造锰钼钒钢与铸造硅锰钼钒钢

两种试验钢种的化学成分和力学性能见表 5-17 和表 5-18。

表 5-13 Mn-Mo 钢的化学成分

牌 号	化学成分（质量分数,%）				
	C	Si	Mn	Mo	S、P≤
ZG20MnMo	0.17~0.27	0.17~0.37	0.90~1.20	0.20~0.30	0.04
ZG50MnMo	0.47~0.55	0.17~0.37	0.90~1.10	0.15~0.30	0.03, 0.04

表 5-14 ZG20MnMo 钢的力学性能

牌 号	热处理	$R_{p0.2}$/MPa	R_m/MPa	A（%）≥	Z（%）≥	KU_2/J ≥	硬度 HBW ≥
ZG20MnMo	正火、回火	265	471	19	40	40	156

表 5-15 ZG35SiMnMo 钢的化学成分

牌 号	化学成分（质量分数,%）				
	C	Si	Mn	Mo	S、P≤
ZG35SiMnMo	0.32~0.40	1.10~1.40	1.10~1.40	0.20~0.40	0.04

表 5-16 ZG35SiMnMo 钢的力学性能

牌 号	热 处 理		$R_{p0.2}$/MPa ≥	R_m/MPa ≥	A（%）≥	Z（%）≥	KV_2/J ≥	应用举例
	方式	温度/℃						
ZG35SiMnMo	正火	840~860	390	635	12	20	24	代 ZG40Cr1 及 ZG35CrMo 制作齿轮
	回火	550~650						
	淬火	840~860	490	685	12	25	32	
	回火	550~650						

表 5-17　铸造锰钼钒钢与铸造硅锰钼钒钢的化学成分

牌号	化学成分（质量分数,%）							备注
	C	Si	Mn	Mo	V	S	P≤	
ZG42MnMoV	0.38 ~ 0.45	0.17 ~ 0.37	1.20 ~ 1.50	0.20 ~ 0.30	0.10 ~ 0.20	0.03	0.035	试验钢种，代铬钢及铬钼钢
ZG35SiMnMoV	0.32 ~ 0.40	0.60 ~ 0.90	1.10 ~ 1.40	0.20 ~ 0.30	0.10 ~ 0.20	0.03	0.035	试验钢种，代铬钢及铬钼钢

表 5-18　铸造锰钼钒钢与铸造硅锰钼钒钢的力学性能

牌号	组织与热处理			$R_{p0.2}$/MPa ≥	R_m/MPa ≥	A(%) ≥	Z(%) ≥	KU_2/J ≥	硬度 HBW ≥	应用举例
	铸态	热处理	处理后							
ZG42MnMoV	珠光体及铁素体	淬火 840℃ 回火 560℃	马氏体及回火索氏体	490	685	12	20	35	241 ~ 286	电铲、主动轮、起重机套筒、各种大齿轮等
ZG35SiMnMoV	珠光体及铁素体	淬火 840℃ 回火 620℃	马氏体及回火索氏体	540	685	14	25	50	228	

5.2.6　铸造锰钼钒铜钢

该钢种是 20 世纪 60 ~ 70 年代研制和试用的低合金高强度铸钢，在断面小于 250mm 时，采用合适的热处理工艺后，可获得较高的屈服强度、较好的塑性和韧性。由于它的碳当量较高，焊接性受到一定的影响。这种钢钒的碳化物沉淀析出，易使厚壁铸件的冲击韧性不稳定。其化学成分、力学性能和物理性能见表 5-19 ~ 表 5-21。

5.2.7　铸造铬钢

铬在钢中与碳和铁形成碳化物，并能部分地溶入固溶体中，具有改善钢的高温性能的作用。几种铬钢的化学成分、力学性能和物理性能见表 5-22 ~ 表 5-24。

表 5-19　铸造锰钼钒铜钢的化学成分

牌号	化学成分（质量分数,%）							备注
	C	Si	Mn	Mo	V	Cu	S、P≤	
ZG15MnMoVCu	0.10 ~ 0.15	0.35 ~ 0.45	0.90 ~ 1.40	0.80 ~ 1.20	0.10 ~ 0.30	0.80 ~ 1.00	0.04 0.035	试验钢种

表 5-20　铸造锰钼钒铜钢的力学性能

牌号	热处理		$R_{p0.2}$/MPa ≥	R_m/MPa ≥	A(%) ≥	Z(%) ≥	KU_2/J ≥	硬度 HBW ≥	应用举例
	方式	温度/℃							
ZG15MnMoVCu	退火	940 ~ 980	585	785	15	45	40	220	试用于水轮机转轮、叶片
	正火	900 ~ 960							
	回火	600 ~ 700							

表 5-21　铸造锰钼钒铜钢的物理性能

牌号	临界温度近似值/℃			
	Ac_1	Ac_3	Ar_1	Ar_3
ZG15MnMoVCu	745	930	695	807

表 5-22　铸造铬钢的化学成分

牌号	化学成分（质量分数,%）				
	C	Si	Mn	Cr	S、P≤
ZG40Cr1	0.35 ~ 0.45	0.20 ~ 0.40	0.50 ~ 0.80	0.80 ~ 1.10	0.030
ZG70Cr	0.65 ~ 0.75	0.25 ~ 0.45	0.55 ~ 0.85	0.80 ~ 1.00	0.04、0.05

表 5-23　铸造铬钢的力学性能

牌　号	热　处　理		$R_{p0.2}$/MPa	R_m/MPa	A（%）	Z（%）	硬度 HBW	应用举例
	方式	温度/℃						
ZG40Cr1	正火	830~860	345	630	18	26	≤212	高强度铸件，如齿轮及齿轮缘等
	回火	520~680						
	正火	830~860	471	686	15	20	229~321	
	淬火	830~860						
	回火	525~680						
ZG70Cr	正火	840~860	不　规　定				≥217	耐磨性好，可部分代替 ZGMn13，加工性能比 ZGMn13 好
	回火	630~650						

表 5-24　铸造铬钢的物理性能

牌　号	临界温度近似值/℃				密度 /（g/cm³）	线胀系数 α_l/（10^{-6}/K）				液相线 /℃	固相线 /℃
	Ac_1	Ac_3	Ar_3	Ar_1		100℃	200℃	400℃	500℃		
ZG40Cr1	743	782	730	693	7.82	11.0	12.0	12.9	13.5	1510	1450

5.2.8　铬钼铸钢

　　铬钢中加钼可提高钢的强度而不明显影响冲击韧度，并可提高钢的高温强度，改善钢的抗蠕变性能。这种钢经调质或正火和回火热处理后，可以获得优良的力学性能。钢中的钼能改善钢的淬透性，并减轻钢的回火脆性，适用于生产大断面或需要深层硬化的铸钢件。几种铬钼铸钢的化学成分、力学性能和物理性能见表 5-25 ~ 表 5-27。ZG20CrMo 钢的高温力学性能见表 5-28。

表 5-25　铬钼铸钢的化学成分

牌　号	化学成分（质量分数，%）					
	C	Si	Mn	Cr	Mo	S、P≤
ZG20CrMo	0.17~0.25	0.20~0.45	0.50~0.80	0.50~0.80	0.40~0.60	0.035
ZG35CrMo	0.30~0.37	0.30~0.50	0.50~0.80	0.80~1.20	0.20~0.30	0.035
ZG40CrMo	0.35~0.45	0.17~0.45	0.50~0.80	0.80~1.10	0.20~0.30	0.04
ZG20Cr5Mo	0.15~0.25	≤0.50	≤0.60	4.00~6.00	0.50~0.65	0.04
ZG17CrMo	0.15~0.20	0.30~0.60	0.50~0.80	1.20~1.50	0.45~0.55	0.04

表 5-26　铬钼铸钢的力学性能

牌　号	热　处　理		$R_{p0.2}$ /MPa	R_m /MPa	A（%）	Z（%）	KU_2 /J	硬度 HBW	应　用　举　例
	方式	温度/℃							
ZG20CrMo	正火	880~900	245	460	18	30	24	135	长期工作于 400~500℃ 的铸件，如汽轮机气缸、隔板
	回火	600~650							
ZG35CrMo	正火	900	390	585	12	20	24	—	链轮、电铲支撑轮、套等
	回火	550~600							
	淬火	850	540	685	12	25	32	—	
	回火	600							
ZG20Cr5Mo	正火	—	490	785	14	30	—	—	中温高强度耐热钢
	回火	—							
ZG17CrMo	正火	910~930	295	540	15	35	40	193~207	风扇磨煤机
	回火	640~660							

表 5-27　铬钼铸钢的物理性能

牌　号	临界温度近似值/℃				密度/(g/cm³)
	Ac_1	Ac_3	Ar_3	Ar_1	
ZG35CrMo	755	800	750	695	7. 82

表 5-28　ZG20CrMo 钢的高温力学性能

温　　度/℃		20	400	450	470	500	510
R_m/MPa		471 ~ 549	412	378	—	333	—
$R_{p0.2}$/MPa		304 ~ 392	343	314	—	294	—
A（%）		12 ~ 28	17 ~ 21	22		24.5	—
KU_2/J		56 ~ 126	64	76		60	—
蠕变极限/ MPa	$\sigma^t_{0.1/106}$	—	—	—	—	—	180
	$\sigma^t_{0.1/107}$	—	—	—	162		66
持久强度/ MPa	$\sigma^\theta_{\varepsilon t/104}$	—	—	—	288 ~ 306	—	182 ~ 200
	$\sigma^\theta_{\varepsilon t/105}$				260 ~ 278		142 ~ 157

5.2.9　铬锰硅铸钢

两种铬锰硅铸钢的化学成分和力学性能见表5-29和表5-30。铬锰硅铸钢的物理性能见表 5-31。

5.2.10　铬锰钼铸钢

几种铬锰钼铸钢的化学成分和力学性能见表5-32和表5-33。

表 5-29　铬锰硅铸钢的化学成分

牌　号	化学成分（质量分数,%）				
	C	Si	Mn	Cr	S、P≤
ZG30CrMnSi	0. 28 ~ 0. 38	0. 50 ~ 0. 75	0. 90 ~ 1. 20	0. 50 ~ 0. 80	0. 04、0. 045
ZG35CrMnSi	0. 30 ~ 0. 40	0. 50 ~ 0. 75	0. 90 ~ 1. 20	0. 50 ~ 0. 80	0. 030

表 5-30　铬锰硅铸钢的力学性能

牌　号	热　处　理		$R_{p0.2}$ /MPa	R_m /MPa	A （%）	Z （%）	KU_2 /J	硬度 HBW	应　用　举　例
	方式	温度/℃							
ZG30CrMnSi	正火	880 ~ 900	345	690	14	30	—	217	受冲击及磨损的铸件，如齿轮及滚轮等，铸造及热处理过程中易变形和裂纹
	回火	400 ~ 450							
ZG35CrMnSi	正火	880 ~ 900	345	685	14	30	32	≤217	
	回火	400 ~ 450							

表 5-31　铬锰硅铸钢的物理性能

牌　号	临界温度近似值/℃				热导率（在100℃ 时)/［W/(m・K)]	线胀系数 （在 20 ~ 100℃间) α_l/(10^{-6}/K)	密度/ (g/cm³)
	Ac_1	Ac_3	Ar_3	Ar_1			
ZG30CrMnSi	760	830	705	670	37. 7	11. 0	7. 75

表 5-32　铬锰钼铸钢的化学成分

牌　号	化学成分（质量分数,%）					
	C	Si	Mn	Cr	Mo	S、P≤
ZG30CrMnMo	0. 25 ~ 0. 35	0. 17 ~ 0. 45	0. 90 ~ 1. 20	0. 90 ~ 1. 20	0. 20 ~ 0. 30	0. 04
ZG50CrMnMo	0. 50 ~ 0. 60	0. 25 ~ 0. 60	1. 20 ~ 1. 60	0. 60 ~ 1. 90	0. 15 ~ 0. 30	0. 04
ZG60CrMnMo	0. 55 ~ 0. 65	0. 25 ~ 0. 40	0. 70 ~ 1. 00	0. 80 ~ 1. 20	0. 20 ~ 0. 30	0. 04

表 5-33　铬锰钼铸钢的力学性能

牌　号	热处理	$R_{\text{p0.2}}$/MPa ≥	R_{m}/MPa ≥	A（%）≥	Z（%）≥	应用举例
ZG30CrMnMo	正火、回火	635	835	10	25	负荷较大的耐磨铸件、热锻模及冲头轧辊
ZG50CrMnMo	正火、回火	—	—	—	—	
ZG60CrMnMo	正火、回火	392	736	11	30	

5.2.11　铬钼钒铸钢

铬钼钒铸钢是一种中温或高温用珠光体耐热铸钢，广泛用于汽轮机发电设备中的高、中压气缸体、喷嘴及蒸汽室等重要铸钢件。此种低合金钢有较高的持久强度和热强性能，但工艺性能较差，在生产过程中易出现裂纹。采用炉外精炼钢液，有利于消除裂纹。

钒与碳、氮、氧都有较强的亲合力。含适量钒的铸钢，在凝固过程中即有 V_3C_4、氮化钒和氧化物形成，从而使晶粒细化，晶界上钒的碳化物及氮化物，能阻碍钢在高温下受力时沿晶界产生滑移，从而提高铸钢的抗蠕变能力。

两种铬钼钒铸钢的化学成分、力学性能和高温力学性能见表 5-34 ～ 表 5-36。

表 5-34　铬钼钒铸钢的化学成分

牌号	化学成分（质量分数,%）						
	C	Si	Mn	Cr	Mo	V	S、P≤
ZG20CrMoV	0.18～0.25	0.17～0.37	0.40～0.70	0.90～1.20	0.50～0.70	0.20～0.30	0.03
ZG15Cr1Mo1V	0.12～0.20	0.17～0.37	0.40～0.70	1.20～1.70	0.90～1.20	0.20～0.30	0.03

表 5-35　铬钼钒铸钢正火、回火后的力学性能

牌　号	热　处　理		$R_{\text{p0.2}}$/MPa	R_{m}/MPa	A（%）	Z（%）	KU_2/J	硬度 HBW	应　用　举　例
	方　式	温度/℃							
ZG20CrMoV	一次正火	940～950	314	490	15	30	24	140～201	汽轮机蒸汽室、气缸等
	二次回火	920～940							
	回火	690～710							
ZG15Cr1Mo1V	一次正火	1000	345	490	15	30	24	140～201	570℃下工作的高压阀门
	二次回火	980～1000							
	回火	710～740							

表 5-36　铬钼钒铸钢的高温力学性能

牌　号	试验温度/℃	蠕变极限/MPa		持久强度/MPa	
		$\sigma_{0.1/10^4}^t$	$\sigma_{0.1/10^5}^t$	$\sigma_{\varepsilon t/10^4}^\theta$	$\sigma_{\varepsilon t/10^5}^\theta$
ZG20CrMoV	560	100	45	130～145	90～100
	580	75	35		
	600	—	—	70	40
ZG15Cr1Mo1V	570			50	80～90

5.2.12　铬铜铸钢

ZG14Cr5Cu 钢是我国所研制的钢，有较好的耐蚀性和耐磨性，适宜做水泥搅拌机中的磨损部件。但这种钢的加工性能和焊接性较差，冲击韧度也较低，作为铸造钢种，其使用有一定的局限性。其化学成分、力学性能和物理性能见表 5-37 ～ 表 5-39。

表 5-37　铬铜铸钢的化学成分

牌　号	化学成分（质量分数,%）					备　注
	C	Mn	Si	Cr	Cu	S、P≤	
ZG14Cr5Cu	0.10～0.18	≤0.5	0.17～0.37	4.5～5.5	0.9～1.1	0.03	中合金钢

表 5-38　铬铜铸钢的力学性能

牌　号	热　处　理		$R_{p0.2}$ /MPa	R_m /MPa	A (%)	Z (%)	KU_2 /J	硬度 HRB	硬度 HRC	应用举例
	方式	温度/℃								
ZG14Cr5Cu	退火	880 ~ 900	590	685	13 ~ 17	50	24	95		试用于水轮机耐泥 沙磨损铸件
	正火	920								
	回火	600	1080	1275	8 ~ 12	30	24		35	
	回火	400								

表 5-39　铬铜铸钢的物理性能

牌　号	临 界 温 度/℃						线胀系数 α_l（在下列温度间）/(10^{-6}/K)					
	Ac_1	Ac_3	Ar_3	Ar_1	$M_{始}$[1]	$M_{终}$[2]	100 ~ 200℃	200 ~ 300℃	300 ~ 400℃	400 ~ 500℃	500 ~ 600℃	600 ~ 700℃
ZG14Cr5Cu	796	837	739	676	354	288	10.20	14.9	13.8	15.2	14.1	14.3

① $M_{始}$—马氏体转变开始温度。

② $M_{终}$—马氏体转变终了温度。

5.2.13　钼铸钢

钼在钢中有多种作用：提高钢的淬透性；通过固溶强化来强化基体；部分溶解于其他硬化相中，提高硬化相的密度；防止回火脆性和提高钢的高温力学性能。

单独以 Mo 为主要合金元素的钢并不多。两种钼铸钢的化学成分和力学性能见表 5-40 和表 5-41。

5.2.14　铬镍钼铸钢

我国 JB/T 6402—2018 中含有 Cr-Ni-Mo 铸钢牌号为 ZG34Cr2Ni2Mo（ZG34CrNiMo）。其化学成分、力学性能和用途见表 5-42 ~ 表 5-44。

表 5-40　钼铸钢的化学成分

牌　号	化学成分（质量分数,%)				
	C	Si	Mn	Mo	S、P≤
ZG20Mo	0.15 ~ 0.25	0.20 ~ 0.50	0.50 ~ 0.80	0.40 ~ 0.60	0.04
ZG22Mo	0.18 ~ 0.23	0.30 ~ 0.60	0.50 ~ 0.80	0.35 ~ 0.45	0.035

表 5-41　钼铸钢的力学性能

牌　号	热　处　理		$R_{p0.2}$/MPa ≥	R_m/MPa ≥	A (%) ≥	Z (%) ≥	KU_2/J ≥	硬度 HBW ≥
	方式	温度/℃						
ZG20Mo	正火	900 ~ 920	240	440	10	28	40	135
	回火	600 ~ 650						
ZG22Mo	正火	910 ~ 930	245	440	15	35	40	193 ~ 207
	回火	640 ~ 660						

表 5-42　铬镍钼铸钢的化学成分

牌　号	化学成分（质量分数,%)							
	C	Si	Mn	P≤	S≤	Cr	Mo	Ni
ZG34Cr2Ni2Mo	0.30 ~ 0.37	0.30 ~ 0.60	0.60 ~ 1.00	0.030	0.030	1.40 ~ 1.70	0.15 ~ 0.35	1.40 ~ 1.70

表 5-43　铬镍钼铸钢的力学性能

牌　号	热处理 状态	R_m/MPa ≥	R_{eH}/MPa ≥	A (%) ≥	Z (%) ≥	KV_2/J ≥	硬度 HBW
ZG34Cr2Ni2Mo	调质	950 ~ 1000	700	12	—	32	240 ~ 290

表 5-44　铬镍钼铸钢的用途

牌　号	用　途　举　例
ZG34Cr2Ni2Mo	用于特别要求的零件，如锥齿轮、小齿轮、吊车行走轮、轴等

铬镍铸钢中加入钼元素后，显著改善淬透性，有良好的空气硬化性能，并有优良的抗回火脆性能力，所以铬镍钼铸钢易于制造大型或复杂形状的铸件，采用正火热处理后仍可得到高强度的力学性能，广泛应用于有高强度要求的铸件。此钢在高温下仍能保持较好的强度。一种铬镍钼铸钢经水淬并于不同温度回火后的力学性能如图 5-2 所示。

5.2.15　铜铸钢

铜铸钢在铸钢中所占的量很小，但很有应用价值。铜铸钢具有优良的耐大气腐蚀的能力，并有时效硬化特性。如铜铸钢经正火加时效强化后，屈服强度可达到 500MPa、抗拉强度近 700MPa。但是铜钢经淬火处理后易出现裂纹，在铸型中易出现热裂，故制造较大的断面铸件（如断面在 50mm² 以上）时，宜采用较低的铜含量。铜铸钢主要用于林业机械、挖掘机、推土机等。铜铸钢的化学成分见表 5-45。

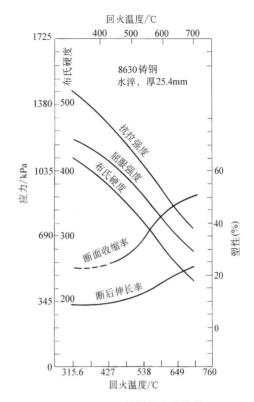

图 5-2　8630 铸钢的力学性能

［钢的化学成分：$w(C) = 0.26\% \sim 0.33\%$，$w(Mn) \leqslant 1.0\%$，$w(Si) \leqslant 0.80\%$，$w(Ni) = 0.40\% \sim 0.80\%$，$w(Cr) = 0.40\% \sim 0.80\%$，$w(Mo) = 0.15\% \sim 0.30\%$］

表 5-45　铜铸钢的化学成分

牌　号	化学成分（质量分数,%）						
	C	Mn	Si	Ni	Cu	Cr	Mo
Cu-Ni	0.08 ~ 0.10	1.6 ~ 1.9	0.2 ~ 0.35	0.85 ~ 1.00	1.1 ~ 1.3	0.40 ~ 0.65	0.16 ~ 0.20
Cu-Mn	0.35	1.5	0.85	0.50	0.85 ~ 1.30	0.35	0.20
Cu-Mn-Si	0.20	0.90 ~ 1.50	0.85 ~ 1.5	—	1.5 ~ 1.8	—	—

注：化学成分中除另给的范围外，均为最大含量。

5.3　微量合金化铸钢

微量合金化铸钢以元素周期表中 VB 族的钒、铌、钽，ⅣB 族的钛、锆、ⅡA 族的铍、ⅢA 族的硼和稀土元素等为合金化元素。它们在钢中的质量分数一般不超过 0.10%（少数情况下，也可能略高于此值），故称之为微量合金化铸钢。

微量合金铸钢是低合金高强度铸钢的一个新的发展，目前主要是钒、铌系和硼系微量合金化铸钢。此外，稀土元素作为微量合金加入铸钢，在我国铸造厂采用较为普遍。

迄今为止，有较详实资料的主要是钒、铌系和硼系微量合金化铸钢。此外，稀土元素在我国铸钢行业也广为采用。

5.3.1　钒、铌系微量合金化铸钢

该类微量合金化铸钢主要是欧洲开发的。其主要优点是强度高、韧性好，有很好的综合力学性能，同时还具有良好的焊接性。

（1）基本工艺原则　这类铸钢的具体生产工艺，部分尚属各有关部门的专有技术，但基本工艺原则有下列几点：

1）碳、硫的质量分数均较低，以保证其有良好的韧性和焊接性。因此，也有人称这类钢为低碳微量合金化铸钢。

2）钢中氮的质量分数是重要的工艺参数，应严格控制。

3）钒、铌在钢中最终形成 Nb(C、N) 或 V(C、N)，从而使钢的晶粒细化，并有时效特性，见图5-3。

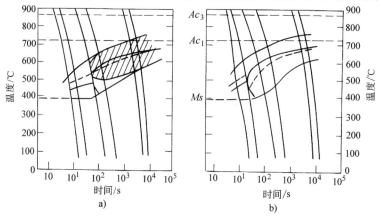

图 5-3 铌对钢［化学成分 $w(Cr)=0.2\%$、$w(Mn)=1.4\%$］
自 1300℃淬火的连续冷却曲线的影响（斜线区为碳氮化物沉淀区）
a) $w(Nb)=0.043\%$ b) $w(Nb)=0\%$

4）钢中加入锰和钼，将影响其转变的动力学过程，从而有助于细化晶粒。

5）钢中加入钼将延缓铌的碳氮化物在奥氏体中的沉淀，导致铁素体中的细微沉淀相增加，结果使钢强化，并减轻其回火脆性的倾向，见图5-4。图 5-4 中5% ~40%为奥氏体等温转变量。钼对含铌钢的屈服强度的影响如图 5-5 所示。

6）应注意优选热处理工艺，以得到最佳的力学性能。

（2）国内已采用的几种微量合金化铸钢 20 世纪 70 年代以来，国内已采用的微量合金化铸钢，其化学成分和力学性能见表 5-46 和表 5-47。

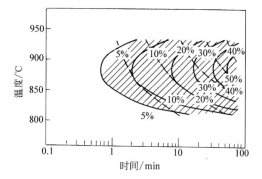

图 5-4 钼对铌的碳氮化物在再结
晶奥氏体中沉淀过程的影响
—— $w(Mo)=0.29\%$ ---- $w(Mo)=0.03\%$

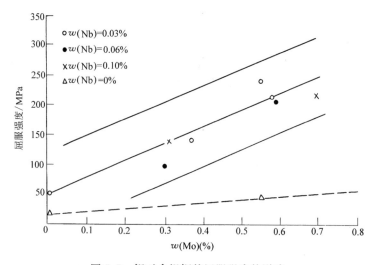

图 5-5 钼对含铌钢的屈服强度的影响

表 5-46　微量合金化铸钢的化学成分

牌　　号	化学成分（质量分数，%）										
	C	Mn	Si	P	S	Al	Cu	Ti	Nb	V	Mo
ZG06MnNb[①]	≤0.07	1.2 ~ 1.6	0.17 ~ 0.37	≤0.015	≤0.015	—	—	—	0.02 ~ 0.04	—	—
06Mn2AlCuTi 铸[②]	≤0.06	1.8 ~ 2.0	≤0.20	≤0.02	≤0.03	0.05 ~ 0.12	0.3 ~ 0.6	0.008 ~ 0.04	—	—	—
08MnNbAlCuN 铸[③]	≤0.08	0.9 ~ 1.3	≤0.35	≤0.02	≤0.035	0.03 ~ 0.12	0.3 ~ 0.5	—	0.03 ~ 0.09	0.064	—
MnMoMbVTi[④]	≤0.2	≤1.39	≤0.36	≤0.019	≤0.021	—	—	≤0.019	≤0.03	0.064	0.26

① 锦西化工机械厂。
② 甘肃阀门厂。
③ 上海材料研究所。
④ 铁道部四方机车车辆厂研制并应用于车钩上。

表 5-47　微量合金化铸钢的力学性能

牌　　号	热处理	R_m/MPa	$R_{p0.2}$/MPa	A（%）	Z（%）	KU_2/J
ZG06MnNb	900℃正火 + 600℃回火	417	262	28.7	69.4	200
06Mn2AlCuTi 铸	—	528	453	31.0	68.6	136
08MnNbAlCuN 铸	940℃水淬 + 正火	400	≥300	≥21	≥60	48
MnMoMbVTi[①]	铸态	755	555	13.4	32.6	11
	正火	641	372	22.6	51.2	88
	正火 + 回火	631	452	23.0	54.0	97

① 硬度值：铸态 214HBW，正火 161HBW，正火 + 回火 185HBW。

1. 国外的钒、铌系微量合金化铸钢　　　　分别列于表 5-48 和表 5-49。
国外几种微量合金化铸钢的化学成分和力学性能

表 5-48　国外微量合金化铸钢的化学成分

生产厂家	钢　　种	化学成分（质量分数，%）								
		C	Si	Mn	Nb	V	Mo	Ni	Cr	Cu
AFNOR	12MDV6- M	0.15	0.60	0.2 ~ 1.5	—	0.05 ~ 0.1	0.2 ~ 0.4	—	—	—
CTIF	12MDV6- M	0.145	0.57	1.50	—	0.05	0.32	—	—	—
Sambre- et Meuse	12MDV6- M	0.10	0.40	1.60	0.010	0.040	0.30	—	—	—
Paris Outreau	HRS	≤0.15	—	≤1.70	≤0.06	≤0.06	≤0.30	≤0.30	—	≤0.25
A. F. E	Eurafem400TK	≤0.22	0.3 ~ 0.6	≤1.70	≤0.05	≤0.10	0.1 ~ 0.6	—	—	—
	Eurafem500TK	≤0.22	0.3 ~ 0.6	≤1.70	≤0.05	≤0.10	0.1 ~ 0.6	—	—	—
Pont-a- Mousson	Centrishore Ⅰ	≤0.08	≤0.30	1.20 ~ 2.00	0.03 ~ 0.07	—	0.25 ~ 0.40	—	—	—
	Centrishore Ⅱ	≤0.08	≤0.30	1.20 ~ 2.00	0.03 ~ 0.07	—	0.25 ~ 0.40	—	—	—
	Centrishore Ⅲ	≤0.08	≤0.30	1.20 ~ 2.00	0.03 ~ 0.07	—	0.25 ~ 0.40	1.00 ~ 1.50	—	—

（续）

生产厂家	钢　　种	化学成分（质量分数,%）								
		C	Si	Mn	Nb	V	Mo	Ni	Cr	Cu
Pont-a-Mousson	Centrishore Ⅳ	≤0.08	≤0.30	1.20~2.00	0.05~0.08	—	0.25~0.40	1.50~2.50	—	—
	Centrishore Ⅴ	≤0.10	≤0.40	1.20~2.00	0.05~0.12	—	0.20~0.40	2.50~3.50		
Sulzer	—	0.04~0.08	0.3~0.5	1~1.4	—	0.05~0.1	0.2~0.6	—	—	—
Thyssen	GS-10Mn7	0.08	0.4	1.7	0.04	0.06	—	—	—	—
	GS-10MnMo74	0.08	0.4	1.7	0.04	0.06	0.4	—	—	—
	GS-8MnMo64	0.06	0.4	1.5	0.04	0.06	0.4	—	—	—
	GS-15MnCrMo634	0.14	0.4	1.5	0.04	0.06	0.4	—	0.7	—
PHB	502	0.10	0.5	1.8	—	0.10	—	—	—	—
	503	0.10	0.5	1.8	0.08	0.08	—	—	—	—
	504	0.12	0.5	1.8	—	0.10	0.4	—	—	—
	505-506	0.12	0.5	1.8	0.08	0.08	0.4	—	—	—
	508	0.12~0.15	0.5	1.8	0.08	0.08	0.4	—	—	—
BSC	—	≤0.18	0.1~0.5	1.2~1.6	≤0.04	≤0.08	≤0.2	≤0.5	—	—
Voest	—	0.13	—	1.6	0.04	0.08	0.25	—	—	—
	—	0.08	—	1.7	0.04	0.08	0.25	—	—	—
INCO	IN866	0.08~0.10	0.2~0.35	1.6~1.9	—	—	0.16~0.2	2	0.4~0.65	1.1~1.3
Sumitomo	HT80	0.14	0.3	0.9	—	0.04	0.5	0.85~1	0.5	0.25

表5-49　国外微量合金化铸钢的力学性能

生产厂家	钢　种	$R_{p0.2}$/MPa	R_m/MPa	A(%)	Z(%)	冲击吸收能量 KU_2/J						硬度HBW
						20℃	0℃	-20℃	-40℃	-50℃	-60℃	
AFNOR	12MDV6-M	≥400	≥500	≥18	≥35	≥30	—	—	—	—	—	150
CTIF	12MDV6-M	447	579	21	44	40	—	—	—	—	—	174
Sambre-et	12MDV6-M	550	650	16	55	60	—	—	40	—	—	
Meuse	—	450	550	20	60	100	—	—	50	—	—	
Paris Outreau	HRS	≥600	≥700	≥15	≥50	≥64	—	≥40	—	≥20		210~240
A.F.E	Eurafem400TK	≥400	≥550	≥20	≥36	≥36	≥28	—	—	—	—	
	Eurafem500TK	≥500	≥610	≥18	≥32	≥36	≥40	—	—	—	—	
Pont-a-Mousson	Centrishore Ⅰ	340~400	500~640	20	50	—		64	64			
	Centrishore Ⅱ	400~500	520~660	18	50	—		64	64			
	Centrishore Ⅲ	500~600	600~700	16	50	—		64	40			
	Centrishore Ⅳ	600~650	650~735	15	40	—		40	40			
	Centrishore Ⅴ	≥650	≥735	14	40	—		40	40			

(续)

生产厂家	钢 种	$R_{p0.2}$/MPa	R_m/MPa	A（%）	Z（%）	冲击吸收能量 KU_2/J						硬度HBW
						20℃	0℃	-20℃	-40℃	-50℃	-60℃	
Sulzer	—	450～510	490～690	20～33	70～80	—	—	—	—	—	—	—
Thyssen	GS-10Mn7	400～540	500～620	18～22	—	60～100	45～80	35～45	20～30	—	—	
	GS-10MnMo74	400～580	500～680	16～22	—	60～120	45～100	35～60	20～40	—	—	
	GS-8MnMo64	370～480	480～580	20～26	—	≥120	100～110	90～100	70～90	≥40		
	GS-15MnCrMo634	650	750	14	—	≥30						
PHB	502	450	550～650	22	40							
	503	500	600～700	16	30	—						
	504	450	550～700	20	40							
	505-506	500～550	600～750	18～19	30～35							
	508	700	780	11	25							
BSC	—	370	—	30	55			130	80			
Voest	—		450									
	—		400									
INCO	IN866	488	685	13	30	91	—	46	40			
Sumitomo	HT80	750～780	800～840	—	—	—	—	—	—	—	—	—

2. 微量合金化铸钢其他性能

1）抗弯疲劳强度与抗拉强度和屈服强度的关系及与其他铸钢的对比见图5-6和表5-50。

2）微量合金化铸钢的屈服强度见表5-51。

3）微量合金化铸钢的蠕变性能见表5-52。含铌钢的蠕变性能（断裂强度）如图5-7所示。

4）5种微量合金化铸钢的热疲劳性能（裂纹长度）如图5-8所示。从图5-8中可以看出，12MDV6钢有最好的热疲劳性能。

5）微量合金化铸钢的抗氧化性能优于成分相近的普通铸钢，并有较高的屈服强度、良好的磁化综合性能、良好的加工切削性能和焊接性。

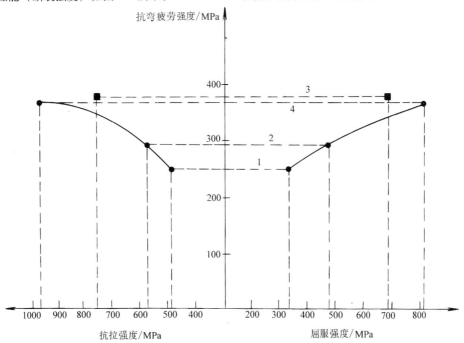

图5-6 抗弯疲劳强度与抗拉强度和屈服强度的关系

表 5-50　4 种钢（见图 5-6 中虚线 1、2、3、4）的化学成分及淬火、回火后的强度

钢	强度/MPa		化学成分（质量分数,%）											
	R_m	$R_{p0.2}$	C	Mn	Si	S	P	Ni	Cr	Mo	Nb	V	Al	Ti
1	500	319	0.216	0.69	0.45	0.016	0.172	0.10	0.12	—	—	—	0.050	—
2	590/640	470/510	0.204	1.48	0.35	0.017	0.022	0.24	0.20	0.08	—	—	0.037	—
3	770	690	0.105	1.58	0.30	0.016	0.022	0.28	0.17	0.29	0.015	0.055	0.027	0.007
4	980	810	0.317	1.36	0.39	0.013	0.007	1.27	1.46	0.48	—	—	—	—

表 5-51　微量合金化铸钢的屈服强度

化学成分（质量分数,%）					屈服强度/MPa								
C	Mn	Mo	V	Nb	20	100	200	300	350	400	450	500	600
0.125	1.28	0.35	0.055	—	650 464	—	—	—	—	—	497 329	—	322 234
0.13	1.5	0.25	0.09	—	—	—	—	—	—	—	449	—	249
0.045	1.03	0.3	0.09	0.09	450	440	400	—	330	320	—	320	—
0.05	1.74	0.32	0.065	—	480	—	455	450	—	440	—	400	320
0.02	1.82	0.36	—	0.057	460	—	—	440	—	400	—	370	290
0.135	1.23	0.31	0.05	—	522	—	—	420	408	—	—	—	—
≤0.02	0.80	1	0.15 0.10	—	440	—	385	360	—	330	310	—	—

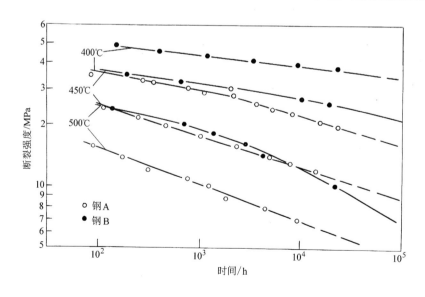

图 5-7　含铌钢的蠕变性能

表 5-52　微量合金化铸钢的蠕变性能

牌　号	化学成分（质量分数，%）					10^5 h 断裂/MPa					10^5 h 1% 蠕变/MPa			
	C	Mn	Mo	V	Cr	450℃	475℃	500℃	525℃	550℃	450℃	475℃	500℃	525℃
12MDV6（45）	—	—	—	—	—	255	181	118	69	—	230	162	103	54
18CD205-M	≤0.22	1	0.45~0.7	—	0.4~0.65	250	180	125	80	—	—	—	—	—
15CDV410-M	≤0.20	0.80	1	0.15~0.30	1.0	250	195	150	110	—	—	—	—	—

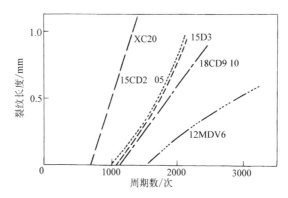

图 5-8　5 种微量合金化铸钢的热疲劳性能

5.3.2　硼系微量合金化铸钢

硼有强烈的改善钢的淬透性能力，这是它在钢中的主要作用。硼钢的问题在于：硼含量若过高时，晶界上的硼化物会导致钢的脆性增高。硼的资源丰富、价格低廉，故对硼钢的生产发展应予重视。

1. 几种含硼微量合金化铸钢的化学成分（见表 5-53）

2. 含硼铸钢的工艺原则

为使含硼铸钢有较好的效果，应注意以下几点：

1）规格中（见表 5-53）硼的质量分数上限虽为 0.005%，但为了避免晶界析出硼化物造成"硼脆"，实际应将硼的质量分数控制在 0.001% ~ 0.003% 的范围内。

2）硼易与钢中的氧、氮作用而失效，在熔炼钢液时应注意钢液中的氧、氮含量，不应过高，必要时可用铝、钛脱氧后再加硼。如采用炉外精炼工艺，则钢液的质量将更加优良。

3）在热处理时，要求加热温度尽可能低些，冷却速度应快一点。

4）硼钢铸件应淬透后回火，不可在未淬透的情况下使用。

表 5-53　含硼微量合金化铸钢的化学成分

牌　　号	化学成分（质量分数，%）						
	C	Mn	Si	Cr	Mo	V	B
ZG40B	0.37~0.44	0.50~0.80	0.17~0.37	—	—	—	0.001~0.005
ZG40MnB	0.37~0.44	1.00~1.40	0.17~0.37	—	—	—	0.001~0.005
ZG40CrB	0.37~0.44	0.70~1.00	0.17~0.37	0.40~0.60	0.20~0.30	—	0.001~0.005
ZG20MnMoB	0.16~0.22	0.90~1.20	0.17~0.37	—	0.50~0.10	—	0.001~0.005
ZG40MnVB	0.37~0.44	1.10~1.40	0.17~0.37	—	—	0.001~0.005	
ZG40CrMnMoVB	0.35~0.44	1.10~1.40	0.17~0.37	0.50~0.80	0.20~0.30	0.07~0.12	0.001~0.005

注：化学成分是参照锻造钢种标准确定的，对于铸造钢种来讲，显然偏低。

5.3.3　稀土铸钢

我国的稀土资源极为丰富，很多铸钢厂都采用并具有以稀土合金改善钢液性能的经验。但是，稀土在钢中的作用机理比较复杂。

（1）净化钢液　稀土元素是强脱氧剂，在冶炼钢液的温度下，脱氧能力较铝更强。在电炉中添加质量分数为 0.15% 的稀土混合金属时，可使钢液的氧的质量分数由 0.01% 降低到 0.003% 以下。稀土脱硫的能力比锰强，钢液中添加稀土后，有很好的脱硫作用。加稀土还能消除铅、锑、铋、砷、锡等低熔点有害元素所造成的脆性。还有报道说，钢液中加入稀土后，其中的氧含量有明显下降。

（2）改善非金属夹杂物的形态及分布状况　稀土元素与硫的结合能力很强，可使钢液中原有的硫化物夹杂变为稀土硫化物及硫的氧化物，这些夹杂物分布在晶粒内部而不分布在晶界上。

（3）改善钢的组织　稀土元素在钢中有细化晶粒的作用，并可消除枝状结晶及魏氏组织。

5.4　国外的中、低合金铸钢

国际标准和某些国外标准中，中、低合金铸钢以力学性能为主要验收依据，而不严格限定化学成分的一般工程与结构用高强度钢。这已于第 4 章中介绍过，此处不再重复。

现列出一些国外常用的、规定化学成分的中、低合金铸钢的标准，供参考。

5.4.1　欧洲中、低合金铸钢

1. 一般工程用钢铸件

欧洲标准 EN 10293：2015 中，列出了 20 个中、低工程用铸钢牌号。其化学成分见表 5-54，力学性能见表 5-55。

表 5-54　一般工程用钢铸件的化学成分

牌号	材料号	化学成分（质量分数,%）									
		C	Si≤	Mn	P≤	S≤	Cr	Mo	Ni	V	W
G17Mn5	1.1131	0.15 ~ 0.20	0.60	1.00 ~ 1.60	0.020	0.020	—	—	—	—	—
G20Mn5	1.6220	0.17 ~ 0.23	0.60	1.00 ~ 1.60	0.020	0.020	—	—	0.80	—	—
G24Mn6	1.1118	0.20 ~ 0.25	0.60	1.50 ~ 1.80	0.020	0.015	—	—	—	—	—
G28Mn6	1.1165	0.25 ~ 0.32	0.60	1.20 ~ 1.80	0.035	0.030	—	—	—	—	—
G20Mo5	1.5419	0.15 ~ 0.23	0.60	0.50 ~ 1.00	0.025	0.020	—	0.40 ~ 0.60	—	—	—
G10MnMoV6-3	1.5410	≤0.12	0.60	1.20 ~ 1.80	0.025	0.020	—	0.20 ~ 0.40	—	0.05 ~ 0.10	—
G15CrMoV6-9	1.7710	0.12 ~ 0.18	0.60	0.6 ~ 1.00	0.025	0.020	1.30 ~ 1.80	0.80 ~ 1.00	—	0.15 ~ 0.25	—
G17CrMo5-5	1.7357	0.15 ~ 0.20	0.60	0.50 ~ 1.00	0.025	0.020	1.00 ~ 1.50	0.45 ~ 0.65	—	—	—
G17CrMo9-10	1.7379	0.13 ~ 0.20	0.60	0.50 ~ 0.90	0.025	0.020	2.00 ~ 2.50	0.90 ~ 1.20	—	—	—
G26CrMo4	1.7221	0.22 ~ 0.29	0.60	0.50 ~ 0.80	0.025	0.020	0.80 ~ 1.20	0.15 ~ 0.30	—	—	—
G34CrMo4	1.7230	0.30 ~ 0.37	0.60	0.50 ~ 0.80	0.025	0.020	0.80 ~ 1.20	0.15 ~ 0.30	—	—	—
G42CrMo4	1.7231	0.38 ~ 0.45	0.60	0.60 ~ 1.00	0.025	0.020	0.80 ~ 1.20	0.15 ~ 0.30	—	—	—

（续）

牌号	材料号	化学成分（质量分数,%）									
		C	Si≤	Mn	P≤	S≤	Cr	Mo	Ni	V	W
G30CrMoV6-4	1.7725	0.27~0.34	0.60	0.60~1.00	0.025	0.020	1.20~1.70	0.30~0.50	—	0.05~0.15	—
G35CrNiMo6-6	1.6579	0.32~0.38	0.60	0.60~1.00	0.025	0.020	1.40~1.70	0.15~0.35	1.40~1.70	—	—
G9Ni14	1.5638	0.06~0.12	0.60	0.50~0.80	0.020	0.015	—	—	3.00~4.00	—	—
GX9Ni5	1.5681	0.06~0.12	0.60	0.50~0.80	0.020	0.020	—	—	4.50~5.50	—	—
G20NiMoCr4	1.6750	0.17~0.23	0.60	0.80~1.20	0.025	0.015	0.30~0.50	0.40~0.80	0.80~1.20	—	—
G32NiCrMo8-5-4	1.6570	0.28~0.35	0.60	0.60~1.00	0.020	0.015	1.00~1.40	0.30~0.50	1.60~2.10	—	—
G17NiCrMo13-6	1.6781	0.15~0.19	0.50	0.55~0.80	0.015	0.015	1.30~1.80	0.45~0.60	3.00~3.50	—	—
G30NiCrMo14	1.6771	0.27~0.33	0.60	0.60~1.00	0.030	0.020	0.80~1.20	0.30~0.60	3.00~4.00	—	—

表5-55 一般工程用钢铸件的力学性能

牌号	材料号	热处理			壁厚	力学性能				
						室温			冲击吸收能量	
		类型①	正火或奥氏体化温度/℃	回火温度/℃	t/mm	$R_{p0.2}$/MPa	R_m/MPa	A（%）	KV_2/J	温度②T/℃
G17Mn5	1.1131	+QT	920~980	600~700	50	240	450~600	24	27 / 70	-40 / RT
G20Mn5	1.6220	+N	900~980	—	30	300	480~620	20	27 / 50	-30 / RT
		+QT	900~980	610~660	100	300	500~650	22	27 / 60	-40 / RT
G24Mn6	1.1118	+QT1	880~950	520~570	50	550	700~800	12	27	-20
		+QT2	880~950	600~650	100	500	650~800	15	27	-30
		+QT3	880~950	650~680	150	400	600~800	18	27	-30
G28Mn6	1.1165	+N	880~950	—	250	260	520~670	18	27	RT
		+QT1	880~950	630~680	100	450	600~750	14	35	RT
		+QT2	880~950	580~630	50	550	700~850	10	31	RT
G20Mo5	1.5419	+QT	920~980	650~730	100	245	440~590	22	27	RT

（续）

牌号	材料号	热处理			壁厚	力学性能				
						室温			冲击吸收能量	
		类型[①]	正火或奥氏体化温度/℃	回火温度/℃	t/mm	$R_{p0.2}$ /MPa	R_m /MPa	A (%)	KV_2 /J	温度[②] T/℃
G10MnMoV6-3	1.5410	+ QT1	950 ~ 980	640 ~ 660	50	380	500 ~ 650	22	27 60	-20 RT
					50 ~ 100	350	480 ~ 630	22	60	RT
					100 ~ 150	330	480 ~ 630	20	60	RT
					150 ~ 250	330	450 ~ 600	18	60	RT
		+ QT2	950 ~ 980	640 ~ 660	50	500	600 ~ 700	18	27 60	-20 RT
					50 ~ 100	400	550 ~ 700	18	60	RT
					100 ~ 150	380	500 ~ 650	18	60	RT
					150 ~ 250	350	460 ~ 610	18	60	RT
		+ QT3	950 ~ 980	740 ~ 760 +600 ~ 650	100	400	520 ~ 650	22	27 60	-20 RT
G15CrMoV6-9	1.7710	+ QT1	950 ~ 980	650 ~ 670	50	700	850 ~ 1000	10	27	RT
		+ QT2	950 ~ 980	610 ~ 640	50	930	980 ~ 1150	6	27	RT
G17CrMo5-5	1.7357	+ QT	920 ~ 960	680 ~ 730	100	315	490 ~ 690	20	27	RT
G17CrMo9-10	1.7379	+ QT	930 ~ 970	680 ~ 740	150	400	590 ~ 740	18	40	RT
G26CrMo4	1.7221	+ QT1	880 ~ 950	600 ~ 650	100	450	600 ~ 750	16	40	RT
					100 ~ 150	300	550 ~ 700	14	27	RT
		+ QT2	880 ~ 950	550 ~ 600	100	550	700 ~ 850	10	18	RT
G34CrMo4	1.7230	+ QT1	880 ~ 950	600 ~ 650	100	540	700 ~ 850	12	35	RT
					100 ~ 150	480	620 ~ 770	10	27	RT
					150 ~ 250	330	620 ~ 770	10	16	RT
		+ QT2	880 ~ 950	550 ~ 600	100	650	830 ~ 980	10	27	RT
G42CrMo4	1.7231	+ QT1	880 ~ 950	600 ~ 650	100	600	800 ~ 950	12	31	RT
					100 ~ 150	550	700 ~ 850	10	27	RT
					150 ~ 250	350	650 ~ 800	10	16	RT
		+ QT2	880 ~ 950	550 ~ 600	100	700	850 ~ 1000	10	27	RT
G30CrMoV6-4	1.7725	+ QT1	880 ~ 950	600 ~ 650	100	700	850 ~ 1000	14	45	RT
					100 ~ 150	550	750 ~ 900	12	27	RT
					150 ~ 250	350	650 ~ 800	12	20	RT
		+ QT2	880 ~ 950	530 ~ 600	100	750	900 ~ 110	12	31	RT

（续）

牌号	材料号	热处理			壁厚	力学性能				
		类型①	正火或奥氏体化温度/℃	回火温度/℃	t/mm	室温			冲击吸收能量	
						$R_{p0.2}$/MPa	R_m/MPa	A（%）	KV_2/J	温度②T/℃
G35CrNiMo6-6	1.6579	+N	860~920		150	550	800~950	12	31	RT
					150~250	500	750~900	12	31	RT
		+QT1	860~920	600~650	100	700	850~1000	12	45	RT
					100~150	650	800~950	12	35	RT
					150~250	650	800~950	12	30	RT
		+QT2	860~920	510~560	100	800	900~1050	10	35	RT
G9Ni14	1.5638	+QT	820~900	590~640	35	360	500~650	20	27	-90
GX9Ni5	1.5681	+QT	800~850	570~620	30	380	550~700	18	27 100	-100 RT
G20NiMoCr4	1.6750	+QT	880~930	650~700	150	410	570~720	16	27 40	-40 RT
G32NiCrMo8-5-4	1.6570	+QT1	880~920	600~650	100	700	850~1000	16	50	RT
					100~250	650	820~970	14	35	RT
		+QT2	880~920	500~550	100	950	1050~1200	10	35	RT
G17NiCrMo13-6	1.6781	+QT	890~930	600~640	200	600	750~900	15	27	-80
G30NiCrMo14	1.6771	+QT1	820~880	600~680	100	700	900~1050	9	30	RT
					100~150	650	850~1000	7	30	RT
					150~250	600	800~950	7	25	RT
		+QT2	820~880	550~600	50	1000	1100~1250	7	20	RT
					50~100	1000	1100~1250	7	15	RT

① +N—正火，+QT、+QT1 或 +QT2—淬火+回火。

② RT—室温。

2. 承压钢铸件

欧洲标准 EN 10213：2007 中，列出了 14 个中、低合金钢牌号。其化学成分见表 5-56，力学性能见表 5-57。

表 5-56　承压铸钢的牌号及化学成分

牌号	材料号	化学成分（质量分数，%）											
		C	Si	Mn	P≤	S≤	Cr	Mo	Ni	Cu	N	V	其他
GP240GH	1.0619	0.18~0.23	≤0.60	0.50~1.20	0.030	0.020①	≤0.30②	≤0.12②	≤0.40②	≤0.30	—	≤0.03②	—
GP280GH	1.0625	0.18~0.25③	≤0.60	0.80~1.20③	0.030	0.020①	≤0.30②	≤0.12②	≤0.40②	≤0.30	—	≤0.03②	—
G17Mn5	1.1131	0.15~0.20	≤0.60	1.00~1.60	0.020	0.020①	≤0.30②	≤0.12②	≤0.40②	≤0.30	—	≤0.03②	—
G20Mn5	1.6220	0.17~0.23	≤0.60	1.00~1.60	0.020	0.020①	≤0.30	≤0.12	≤0.80	≤0.30	—	≤0.03	—

（续）

牌号	材料号	化学成分（质量分数,%）											
		C	Si	Mn	P≤	S≤	Cr	Mo	Ni	Cu	N	V	其他
G18Mo5	1.5422	0.15 ~ 0.20	≤0.60	0.80 ~ 1.20	0.020	0.020	≤0.30	0.45 ~ 0.65	≤0.40	≤0.30	—	≤0.05	—
G20Mo5	1.5419	0.15 ~ 0.23	≤0.60	0.50 ~ 1.00	0.025	0.020①	≤0.30	0.40 ~ 0.60	≤0.40	≤0.30	—	≤0.05	—
G17CrMo5-5	1.7357	0.15 ~ 0.20	≤0.60	0.50 ~ 1.00	0.020	0.020①	1.00 ~ 1.50	0.45 ~ 0.65	≤0.40	≤0.30	—	≤0.05	—
G17CrMo9-10	1.7379	0.13 ~ 0.20	≤0.60	0.50 ~ 0.90	0.020	0.020①	2.00 ~ 2.50	0.90 ~ 1.20	≤0.40	≤0.30	—	≤0.05	—
G12MoCrV5-2	1.7720	0.10 ~ 0.15	≤0.45	0.40 ~ 0.70	0.030	0.020①	0.30 ~ 0.50	0.40 ~ 0.60	≤0.40	≤0.30	—	0.22 ~ 0.30	Sn≤ 0.025
G17CrMoV5-10	1.7706	0.15 ~ 0.20	≤0.60	0.50 ~ 0.90	0.020	0.015	1.20 ~ 1.50	0.90 ~ 1.10	≤0.40	≤0.30	—	0.20 ~ 0.30	Sn≤ 0.025
G9Ni10	1.5636	0.06 ~ 0.12	≤0.60	0.50 ~ 0.80	0.020	0.015	≤0.30	≤0.20	2.00 ~ 3.00	≤0.30	—	≤0.05	—
G17NiCrMo13-6	1.6781	0.15 ~ 0.19	≤0.50	0.55 ~ 0.80	0.015	0.015	1.30 ~ 1.80	0.45 ~ 0.60	3.00 ~ 3.50	≤0.30	—	≤0.05	—
G9Ni14	1.5638	0.06 ~ 0.12	≤0.60	0.50 ~ 0.80	0.020	0.015	≤0.30	≤0.20	3.00 ~ 4.00	≤0.30	—	≤0.05	—
GX15CrMo5	1.7365	0.12 ~ 0.19	≤0.80	0.50 ~ 0.80	0.025	0.025	4.00 ~ 6.00	0.45 ~ 0.65	—	≤0.30	—	≤0.05	—

① 对于壁厚小于 28mm，允许 S＜0.030%。

② Cr + Mo + Ni + V + Cu≤1.00%。

③ 碳的质量分数上限每降低 0.01%，则允许锰的质量分数上限增加 0.04%，其锰的质量分数上限可增至 1.40%。

表 5-57　承压铸钢的力学性能

牌　号	材料号	热　处　理			壁厚 t/mm ≤	$R_{p0.2}$ /MPa	R_m /MPa	A (%)	冲击吸收能量 KV_2 /J
		类型①	正火或淬火或固溶退火/℃	回火/℃					
GP240GH	1.0619	+ N	900 ~ 980	—	100	240	420 ~ 600	22	27
		+ QT	890 ~ 980	600 ~ 700	100	240	420 ~ 600	22	40
GP280GH	1.0625	+ N	900 ~ 980	—	100	280	480 ~ 640	22	27
		+ QT	890 ~ 980	600 ~ 700	100	280	480 ~ 640	22	35
G17Mn5	1.1131	+ QT	890 ~ 980	600 ~ 700	50	240	450 ~ 600	24	—
G20Mn5	1.6220	+ N	900 ~ 980	—	30	300	480 ~ 620	20	—
		+ QT	900 ~ 940	610 ~ 660	100	300	500 ~ 650	22	
G18Mo5	1.5422	+ QT	920 ~ 980	650 ~ 730	100	240	440 ~ 790	23	—
G20Mo5	1.5419	+ QT	920 ~ 980	650 ~ 730	100	245	440 ~ 590	22	27

（续）

牌　号	材料号	热　处　理			壁厚 t/mm ≤	$R_{\text{p0.2}}$ /MPa	R_m /MPa	A (%)	冲击吸收能量 KV_2 /J
		类型[1]	正火或淬火或 固溶退火/℃	回火/℃					
G17CrMo5-5	1.7357	+QT	920~960	680~730	100	315	490~690	20	27
G17CrMo9-10	1.7379	+QT	930~970	680~740	150	400	590~740	18	40
G12MoCrV5-2	1.7720	+QT	950~1 000	680~720	100	295	510~660	17	27
G17CrMoV5-10	1.7706	+QT	920~960	680~740	150	440	590~780	15	27
G9Ni10	1.5636	+QT	830~890	600~650	35	280	480~630	24	—
G17NiCrMo13-6	1.6781	+QT	890~930	600~640	200	600	750~900	15	—
G9Ni14	1.5638	+QT	820~900	590~640	35	360	500~650	20	—
GX15CrMo5	1.7365	+QT	930~990	680~730	150	420	630~760	16	27

① +N—正火，+QT、+QT1 或 +QT2—淬火 + 回火。

5.4.2　美国中、低合金铸钢

1. 承压用铸钢

美国承压用铸钢件标准（ANSI/ASTM A487/A487M—2014）中列有 16 个牌号。其中除 CA15M、CA6NM、CA15 3 种为高合金钢外，其他的都是中、低合金铸钢。其化学成分见表 5-58，残余元素最大限量见表 5-59，力学性能见表 5-60，热处理与焊后热处理见表 5-61。

2. 美国常用低合金高强度铸钢（见表 5-62 和表 5-63）

表 5-58　承压用铸钢的牌号及化学成分

等　级	牌号（类型）	化学成分（质量分数,%）								
		C	Si	Mn	P≤	S≤	Cr	Ni	Mo	其他[3]
Grade1	Class A，B，C（V）	≤0.30	≤0.80	≤1.00	0.035	0.035	—	—	—	V 0.04~0.12
Grade2	Class A，B，C （Mn-Mo）	≤0.30	≤0.80	1.00~ 1.40	0.035	0.035	—	—	0.10~ 0.30	—
Grade4	Class A，B，C，D，E （Ni-Cr-Mo）	≤0.30	≤0.80	≤1.00	0.035	0.035	0.40~ 0.80	0.40~ 0.80	0.15~ 0.30	—
Grade6	Class A，B （Mn-Ni-Cr-Mo）	0.05~ 0.38	≤0.80	1.30~ 1.70	0.035	0.035	0.40~ 0.80	0.40~ 0.80	0.30~ 0.40	—
Grade7	Class A[1] （Mn-Ni-Cr-Mo）	0.05~ 0.20	≤0.80	0.60~ 1.00	0.035	0.035	0.40~ 0.80	0.70~ 1.10	0.40~ 0.60	V 0.03~0.10 B 0.002~0.006 Cu 0.15~0.50
Grade8	Class A，B，C （Cr-Mo）	0.05~ 0.20	≤0.80	0.50~ 0.90	0.035	0.035	2.00~ 2.75	—	0.90~ 1.10	—
Grade9	Class A，B，C，D，E （Cr-Mo）	0.05~ 0.33	≤0.80	0.60~ 1.00	0.035	0.035	0.75~ 1.10	—	0.15~ 0.30	—
Grade10	Class A，B （Ni-Cr-Mo）	≤0.30	≤0.80	0.60~ 1.00	0.035	0.035	0.55~ 0.90	1.40~ 2.00	0.20~ 0.40	—
Grade11	Class A，B （Ni-Cr-Mo）	0.05~ 0.20	≤0.60	0.50~ 0.80	0.035	0.035	0.50~ 0.80	0.70~ 1.10	0.45~ 0.65	—

（续）

等　级	牌号（类型）	化学成分（质量分数,%）								
		C	Si	Mn	P≤	S≤	Cr	Ni	Mo	其他③
Grade12	Class A, B （Ni-Cr-Mo）	0.05 ~ 0.20	≤0.60	0.40 ~ 0.70	0.035	0.035	0.50 ~ 0.90	0.60 ~ 1.00	0.90 ~ 1.20	—
Grade13	Class A, B （Ni-Mo）	≤0.30	≤0.60	0.80 ~ 1.10	0.035	0.035	—	1.40 ~ 1.75	0.20 ~ 0.30	—
Grade14	Class A （Ni-Mo）	≤0.55	≤0.60	0.80 ~ 1.10	0.035	0.035	—	1.40 ~ 1.75	0.20 ~ 0.30	—
Grade16	Class A （C-Mn-Ni）	≤0.12②	≤0.50	≤2.10②	0.02	0.02	—	1.00 ~ 1.40	—	—
CA15	Class A, B, C, D （Cr 马氏体型）	≤0.15	≤1.50	≤1.00	0.035	0.035	11.5 ~ 14.0	≤1.00	≤0.50	—
CA15M	Class A （Cr 马氏体型）	≤0.15	≤0.65	≤1.00	0.035	0.035	11.5 ~ 14.0	≤1.00	0.15 ~ 1.00	—
CA6NM	Class A, B （Cr-Ni）	≤0.06	≤1.00	≤1.00	0.030	0.030	11.5 ~ 14.0	3.5 ~ 4.5	0.40 ~ 1.00	—

① 专利钢种的成分。

② 碳的质量分数上限每降低0.01%，则允许锰的质量分数上限增加0.04%，其锰的质量分数上限可增至2.30%。

③ 残余元素（Cu、Ni、Cr、Mo、W、V等）含量见表5-59。

表5-59　承压用铸钢的残余元素最大限量

等　级	牌　号	化学成分（质量分数,%）　≤						
		Cu	Cr	Ni	Mo	W	V	残余元素总量
Grade1	Class A, B, C	0.50	0.35	0.50	0.25	—	—	1.00
Grade2	Class A, B, C	0.50	0.35	0.50	—	0.10	0.03	1.00
Grade4	Class A, B, C, D, E	0.50	—	—	—	0.10	0.03	0.60
Grade6	Class A, B	0.50	—	—	—	0.10	0.03	0.60
Grade7	Class A	0.50	—	—	—	0.10	—	0.60
Grade8	Class A, B, C	0.50	—	—	—	0.10	0.03	0.60
Grade9	Class A, B, C, D, E	0.50	—	0.50	—	0.10	0.03	1.00
Grade10	Class A, B	0.50	—	—	—	0.10	0.03	0.60
Grade11	Class A, B	0.50	—	—	—	0.10	0.03	0.50
Grade12	Class A, B	0.50	—	—	—	0.10	0.03	0.50
Grade13	Class A, B	0.50	—	0.40	—	0.10	0.03	0.75
Grade14	Class A	0.50	0.40	—	—	0.10	0.03	0.75
Grade16	Class A	0.20	0.20	—	0.10	0.10	0.02	0.50
CA15	Class A, B, C, D	0.50	—	—	—	0.10	0.05	0.50
CA15M	Class A	0.50	—	—	—	0.10	0.05	0.50
CA6NM	Class A, B	0.50	—	—	—	0.10	0.05	0.50

表 5-60　承压用铸钢的力学性能

等　级	牌　号		力　学　性　能				
			R_m/MPa	$R_{p0.2}$[①]$/MPa$	A[②]（%）	Z（%）	硬度 HRC ≤
Grade 1	Class	A	585~760	380	22	40	—
		B	620~795	450	22	45	—
		C	≥620	450	22	45	22
Grade 2	Class	A	585~760	365	22	35	—
		B	620~795	450	22	40	—
		C	≥620	450	22	40	22
Grade 4	Class	A	620~795	415	18	40	—
		B	725~895	585	17	35	—
		C	≥620	415	18	35	22
		D	≥690	515	17	35	22
		E	≥795	655	15	35	—
Grade 6	Class	A	≥795	550	18	30	—
		B	≥825	650	12	25	—
Grade 7	Class	A	≥795	690	15	30	—
Grade 8	Class	A	585~760	380	20	35	—
		B	≥725	585	17	30	—
		C	≥690	515	17	35	22
Grade 9	Class	A	≥620	415	18	35	—
		B	≥725	585	16	35	—
		C	≥620	415	18	35	—
		D	≥690	515	17	35	22
		E	≥795	655	15	35	—
Grade 10	Class	A	≥690	485	15	35	—
		B	≥860	690	15	35	—
Grade 11	Class	A	485~655	275	20	35	—
		B	725~895	585	17	35	—
Grade 12	Class	A	485~655	275	20	35	—
		B	725~895	585	17	35	—
Grade 13	Class	A	620~795	415	18	35	—
		B	725~895	585	17	35	—
Grade 14	Class	A	825~1000	655	14	30	—
Grade 16	Class	A	485~655	275	22	35	—
CA15	Class	A	965~1170	760~895	10	25	—
		B	620~795	450	18	30	—
		C	≥620	415	18	35	22
		D	≥620	515	17	35	22
CA15M	Class	A	620~795	450	18	30	—
CA6NM	Class	A	760~930	550	15	35	—
		B	≥690	515	17	35	23

注：铸钢件厚度为 63.5mm（2.5in）。

① 屈服强度采用 0.2% 残余变形法测定。

② 试样标距 50mm。当采用 ICI 试样做拉伸试验时，其标距长度对缩减断面与直径之比为 4:1（4d）。

表 5-61　承压用铸钢的热处理与焊后热处理

等　级	牌　号		热 处 理 工 艺 条 件				最低预热温度/℃	焊后热处理温度/℃
			奥氏体化温度/℃	冷却介质①	淬冷到以下温度/℃	回火温度②/℃		
Grade 1	Class	A	870	A	≤230	595	95	≤595
		B	870	L	≤260	595	95	≤595
		C	870	A 或 L	≤260	620	95	≤620
Grade 2	Class	A	870	A	≤230	595	95	≤595
		B	870	L	≤260	595	95	≤595
		C	870	A 或 L	≤260	620	95	≤620
Grade 4	Class	A	870	A 或 L	≤260	595	95	≤595
		B	870	L	≤260	595	95	≤595
		C	870	A 或 L	≤260	620	95	≤620
		D	870	L	≤260	620	95	≤620
		E	870	L	≤260	595	95	≤595
Grade 6	Class	A	845	A	≤260	595	150	≤595
		B	845	L	≤260	595	150	≤595
Grade 7	Class	A	900	L	≤315	595	150	≤595
Grade 8	Class	A	955	L	≤260	675	150	≤675
		B	955	L	≤260	675	150	≤675
		C	955	L	≤260	675	150	≤675
Grade 9	Class	A	870	A 或 L	≤260	595	150	≤595
		B	870	L	≤260	595	150	≤595
		C	870	A 或 L	≤260	620	150	≤620
		D	870	L	≤260	620	150	≤620
		E	870	L	≤260	595	150	≤595
Grade 10	Class	A	845	A	≤260	595	150	≤595
		B	845	L	≤260	595	150	≤595
Grade 11	Class	A	900	A	≤315	595	150	≤595
		B	900	L	≤315	595	150	≤595
Grade 12	Class	A	955	A	≤315	595	150	≤595
		B	955	L	≤205	595	150	≤595
Grade 13	Class	A	845	A	≤260	595	205	≤595
		B	845	L	≤260	595	205	≤595
Grade 14	Class	A	845	L	≤260	595	205	≤595
Grade 16	Class	A	870③	A	≤315	595	10	≤595
CA15	Class	A	955	A 或 L	≤205	565 ~ 620	205	≤480
		B	955	A 或 L	≤205	595	205	≤595
		C	955	A 或 L	≤205	620④	205	≤620
		D	955	A 或 L	≤205	595④	205	≤620

（续）

等　级	牌　号		热 处 理 工 艺 条 件				最低预热温度/℃	焊后热处理温度/℃
			奥氏体化温度/℃	冷却介质①	淬冷到以下温度/℃	回火温度②/℃		
CA15M	Class A		955	A 或 L	≤205	595	205	≤595
CA6NM	Class	A	1010	A 或 L	≤95	565~620⑤	10	565~620
		B	1010	A 或 L	≤95	665~690⑥	10	665~690
						565~620		565~620

① 冷却：A—空冷，L—（液体）水冷或油冷。

② 均指温度下限（已列出温度范围的除外）。

③ 进行两次奥氏体化加热。

④ 第一次回火后空冷至95℃以下，再进行第二次回火。

⑤ 在565~620℃进行最终回火。

⑥ 在665~690℃进行中间回火，再在565~620℃进行最终回火。

表 5-62　美国常用低合金高强度铸钢的化学成分

牌号	化学成分（质量分数,%）									标　准
	C	Mn	P≤	S≤	Si≤	Cr	Mo	Ni	其　他	
E	①	—	0.05	—	—	—	—	—	—	AAR M201—1990
70	0.2	0.6~1.00	0.04	0.05	0.80	0.04~0.80	0.40~0.60	0.70~1.00	Cu 0.15~0.50 V 0.03~0.10 W 0.10 B 0.002~0.006	ASTM A487—2014
100	0.33	0.60~1.00	0.05	0.06	0.80	0.55~0.90	0.20~0.40	1.40~2.00	Cu 0.50 W 0.10	ASTM A487—2014
HY-100	0.22	0.55~0.75	0.02	0.015	0.50	1.35~1.85	0.30~0.10	2.75~3.50	Cu 0.20 Ti 0.02 V 0.03	MIL-S-23008A （船舶）
150-125	①	—	0.05	0.06	—	—	—	—	—	ASTM A148—2015 Federal QQ-S-19681D MIL-S-15083B（海军）
0150	①	—	0.05	0.06	—	—	—	—	—	SAE J435a
175-145	①	—	0.05	0.06	—	—	—	—	—	ASTM A148—2015 Federal QQ-S-19681D
0175	①	—	0.05	0.06	—	—	—	—	—	SAE J435a
180-150	①	—	②	②	—	—	—	—	—	MIL-S-46052（MR）
220-180	①	—	②	②	—	—	—	—	—	MIL-S-46052（MR）
260-210	①	—	②	②	—	—	—	—	—	MIL-S-46052（MR）

① 由铸造厂自行决定。

② ≥0.02%（建议）。

表 5-63　美国常用低合金高强度铸钢的力学性能（除给出范围者外均为最低值）

牌号	R_m /MPa	$R_{p0.2}$ /MPa	A (%)	Z (%)	其　他	标　准	备　注
E	830	690	14	30	—	AAR M201—1990	铁路铸件
70	860	690	15	30	—	ASTM A487—2014	铸焊结构的承压铸件
100	860	690	15	35	—		
HY-100	—	690 ~ 830	18	—	V 形夏比[1]式冲击（−73℃）40.7J	MIL-S-23008A（船舶）	要求冲击性和焊接性用
150-125	1035	860	9	22	—	ASTM A148—2015 Federal QQ-S—19681D MIL-S-15083B（海军）	—
0150	1035	860	9	22	311 ~ 363HBW	SAE J435a	汽车部件
174-145	1205	1000	6	12	—	ASTM A148—2015 Federal QQ-S—19681D	—
0175	1205	1000	6	12	—	SAE J435a	汽车部件
180-150	1240	1035	—	20	V 形缺口（−40℃）20.3J	MIL-S-46052（MR）	导弹和飞机用高强度结构件
220-180	1515	1240	—	15	V 形缺口（−40℃）16.3J	MIL-S-46052（MR）	
260-210	1795	1450	—	6	V 形缺口（−40℃）12.2J	MIL-S-46052（MR）	

① 无塑性转变温度（低于 −73℃）。

5.4.3　日本低合金铸钢

日本的结构用高强度碳钢和低合金钢标准（JIS G5111—1991）列有 16 个牌号，除 2 种碳钢外均为低合金钢。其分类及用途见表 5-64，化学成分见表 5-65，力学性能见表 5-66。

表 5-64　日本结构用高强度碳钢和低合金钢的分类及用途（JIS G5111—1991）

种　类		牌　号	用　途
高强度碳钢	第 3 类	SCC 3	结构用
	第 5 类	SCC 5	结构用、耐磨损用
低锰钢	第 1 类	SCMn 1	结构用
	第 2 类	SCMn 2	结构用
	第 3 类	SCMn 3	结构用
	第 5 类	SCMn 5	结构用、耐磨损用

（续）

种　类		牌　号	用　途
硅锰钢	第 2 类	SCSiMn 2	结构用、锚链用
锰铬钢	第 2 类	SCMnCr 2	结构用
	第 3 类	SCMnCr 3	结构用
	第 4 类	SCMnCr 4	结构用、耐磨损用
锰钼钢	第 3 类	SCMnM 3	结构用、强韧材料用
铬钼钢	第 1 类	SCCrM 1	结构用、强韧材料用
	第 3 类	SCCrM 3	结构用、强韧材料用
锰铬钼钢	第 2 类	SCMnCrM 2	结构用、强韧材料用
	第 3 类	SCMnCrM 3	结构用、强韧材料用
镍铬钼钢	第 2 类	SCNCrM 2	结构用、强韧材料用

注：离心铸钢管应在种类牌号末尾后附加—CF，如 SCC3—CF。

表 5-65　日本结构用高强度碳钢和低合金钢的化学成分

种　类		牌　号	化学成分（质量分数,%）							
			C	Si	Mn	P	S	Ni	Cr	Mo
高强度碳钢	第 3 类	SCC 3	0.30 ~ 0.40	0.30 ~ 0.60	0.50 ~ 0.80	≤0.040	≤0.040	—	—	—
	第 5 类	SCC 5	0.40 ~ 0.50	0.30 ~ 0.60	0.50 ~ 0.80	≤0.040	≤0.040	—	—	—

（续）

种　类		牌　号	化学成分（质量分数,%）							
			C	Si	Mn	P	S	Ni	Cr	Mo
低锰钢	第 1 类	SCMn 1	0.20 ~ 0.30	0.30 ~ 0.60	1.00 ~ 1.60	≤0.040	≤0.040	—	—	—
	第 2 类	SCMn 2	0.25 ~ 0.35	0.30 ~ 0.60	1.00 ~ 1.60	≤0.040	≤0.040	—	—	—
	第 3 类	SCMn 3	0.30 ~ 0.40	0.30 ~ 0.60	1.00 ~ 1.60	≤0.040	≤0.040	—	—	—
	第 5 类	SCMn 5	0.40 ~ 0.50	0.30 ~ 0.60	1.00 ~ 1.60	≤0.040	≤0.040	—	—	—
硅锰钢	第 2 类	SCSiMn 2	0.25 ~ 0.35	0.50 ~ 0.80	0.90 ~ 1.20	≤0.040	≤0.040	—	—	—
锰铬钢	第 2 类	SCMnCr 2	0.25 ~ 0.35	0.30 ~ 0.60	1.20 ~ 1.60	≤0.040	≤0.040	—	0.40 ~ 0.80	—
	第 3 类	SCMnCr 3	0.30 ~ 0.40	0.30 ~ 0.60	1.20 ~ 1.60	≤0.040	≤0.040	—	0.40 ~ 0.80	—
	第 4 类	SCMnCr 4	0.35 ~ 0.45	0.30 ~ 0.60	1.20 ~ 1.60	≤0.040	≤0.040	—	0.40 ~ 0.80	—
锰钼钢	第 3 类	SCMnM 3	0.30 ~ 0.40	0.30 ~ 0.60	1.20 ~ 1.60	≤0.040	≤0.040	—	≤0.20	0.15 ~ 0.35
铬钼钢	第 1 类	SCCrM 1	0.20 ~ 0.30	0.30 ~ 0.60	0.50 ~ 0.80	≤0.040	≤0.040	—	0.80 ~ 1.20	0.15 ~ 0.35
	第 3 类	SCCrM 3	0.30 ~ 0.40	0.30 ~ 0.60	0.50 ~ 0.80	≤0.040	≤0.040	—	0.80 ~ 1.20	0.15 ~ 0.35
锰铬钼钢	第 2 类	SCMnCrM 2	0.25 ~ 0.35	0.30 ~ 0.60	1.20 ~ 1.60	≤0.040	≤0.040	—	0.30 ~ 0.70	0.15 ~ 0.35
	第 3 类	SCMnCrM 3	0.30 ~ 0.40	0.30 ~ 0.60	1.20 ~ 1.60	≤0.040	≤0.040	—	0.30 ~ 0.70	0.15 ~ 0.35
镍铬钼钢	第 2 类	SCNCrM 2	0.25 ~ 0.35	0.30 ~ 0.60	0.90 ~ 1.50	≤0.040	≤0.040	1.60 ~ 2.00	0.30 ~ 0.90	0.15 ~ 0.35

注：离心铸钢管应在种类牌号末尾后附加-CF，如 SCC3-CF。

表 5-66　日本结构用高强度铸钢的力学性能

牌　号[①]	R_m/MPa ≥	$R_{p0.2}$/MPa ≥	A（%）　≥	Z（%）　≥	硬度 HBW
SCC 3A	520	265	13	20	143
SCC 3B	620	370	13	20	183
SCC 5A	620	295	9	15	163
SCC 5B	690	440	9	15	201
SCMn 1A	540	275	17	35	143
SCMn 1B	590	390	17	35	170
SCMn 2A	590	345	16	35	163
SCMn 2B	640	440	16	35	183
SCMn 3A	640	370	13	30	170
SCMn 3B	690	490	13	30	197
SCMn 5A	690	390	9	20	183
SCMn 5B	740	540	9	20	212
SCSiMn 2A	590	295	13	35	163
SCSiMn 2B	640	440	17	35	183
SCMnCr 2A	590	370	13	30	170
SCMnCr 2B	640	440	17	35	180
SCMnCr 3A	640	390	9	25	183
SCMnCr 3B	690	490	13	30	207
SCMnCr 4A	690	410	9	20	201
SCMnCr 4B	740	540	13	25	223
SCMnM 3A	690	390	13	30	183
SCMnM 3B	740	490	13	30	212
SCCrM 1A	590	390	13	30	170
SCCrM 1B	690	490	13	30	201
SCCrM 3A	690	440	9	25	201

（续）

牌　号[1]	R_m/MPa ≥	$R_{p0.2}$/MPa ≥	A（%）　≥	Z（%）　≥	硬度 HBW
SCCrM 3B	740	540	9	25	217
SCMnCrM 2A	690	440	13	30	201
SCMnCrM 2B	740	540	13	30	212
SCMnCrM 3A	740	540	9	25	212
SCMnCrM 3B	830	635	9	25	223
SCNCrM 2A	780	590	9	20	223
SCNCrM 2B	880	685	9	20	269

① 牌号末尾字母：A—正火 + 回火，正火温度均为 850 ~ 950℃，回火温度均为 550 ~ 650℃。

　　B—淬火 + 回火，淬火温度均为 850 ~ 950℃，回火温度均为 550 ~ 650℃。

5.4.4　德国低合金高强度铸钢

1. 有较好焊接性和韧性的铸钢

德国在 DIN 17182：1992 标准中，规定了 5 种焊接性和韧性良好的低合金铸钢。其化学成分见表 5-67，力学性能见表 5-68，其他合金铸钢的化学成分见表 5-69。

表 5-67　德国焊接结构用低合金铸钢的牌号及化学成分

牌　　号	材料号	化学成分（质量分数,%）								
		C	Si≤	Mn	P≤	S≤	Cr≤	Mo	Ni	其　他
GS-16Mn5	1.1131	0.15 ~ 0.20	0.60	1.00 ~ 1.50	0.020	0.015	0.30	≤0.15	≤0.40	—
GS-20Mn5	1.1120	0.17 ~ 0.23	0.60	1.00 ~ 1.50	0.020	0.015	0.30	≤0.15	≤0.40	—
GS-8Mn7	1.5015	0.06 ~ 0.10	0.60	1.50 ~ 1.80	0.020	0.015	0.20	—	—	Nb≤0.05 V≤0.10 N≤0.02
GS-8MnMo7 4	1.5450	0.06 ~ 0.10	0.60	1.50 ~ 1.80	0.020	0.015	0.20	0.30 ~ 0.40	—	Nb≤0.05 V≤0.10 N≤0.02
GS-13MnNi6 4	1.6221	0.08 ~ 0.15	0.60	1.00 ~ 1.70	0.020	0.010	0.30	≤0.20	0.80 ~ 1.2	Nb≤0.05 V≤0.10 N≤0.02

表 5-68　德国焊接结构用低合金铸钢的力学性能

牌　　号	材料号	热处理	铸件壁厚/ mm	力学性能 ≥			
				$R_{p0.2}$/MPa	R_m/MPa	A（%）	KV_2/J
GS-16Mn5	1.1131	正火	≤50	260	430 ~ 600	25	65
			>50 ~ 100	230	430 ~ 600	25	45
GS-20Mn5	1.1120	正火	≤50	300	500 ~ 650	22	55
			>50 ~ 100	280	500 ~ 650	22	40
			>100 ~ 160	260	480 ~ 630	20	35
			>160	240	450 ~ 600	—	—
GS-20Mn5	1.1120	调质	≤50	360	500 ~ 650	24	70
			>50 ~ 100	300	500 ~ 650	24	50
			>100 ~ 160	280	500 ~ 650	22	40
GS-8Mn7	1.5015	调质	≤60	350	500 ~ 650	22	80
GS-8MnMo7 4	1.5450	调质	≤300	350	500 ~ 650	22	80
GS-13MnNi6 4	1.6221	调质	≤500	300	460 ~ 610	22	80
			≤200	340	480 ~ 630	20	80

表5-69 德国其他合金铸钢的化学成分

牌 号	材料号	化学成分(质量分数,%)								
		C	Si	Mn	P≤	S≤	Cr	Ni	Mo	其 他
GS-24Mn6	1.1118	0.20~0.25	0.30~0.60	1.50~2.80	0.020	0.015	≤0.30	—	—	—
GS-24Mn4	1.1136	0.20~0.28	0.30~0.60	0.90~1.20	0.035	0.035	—	—	—	—
GS-21Mn5	1.1138	0.17~0.23	≤0.65	1.00~1.30	0.025	0.020	≤0.30	—	—	—
GS-Ck16	1.1142	0.12~0.19	0.30~0.50	0.50~0.80	0.030	0.030	≤0.30	—	—	N≤0.07
GS-Ck24	1.1156	0.20~0.28	0.30~0.50	0.50~0.80	0.030	0.030	≤0.30	—	—	N≤0.07
GS-Ck25	1.1155	0.20~0.28	0.30~0.50	0.50~0.80	0.035	0.035	—	—	—	—
GS-Ck45	1.1191	0.42~0.50	≤0.40	0.50~0.80	0.035	0.030	—	—	—	—
GS-46Mn4	1.1159	0.42~0.50	0.25~0.50	0.90~1.20	0.035	0.035	—	—	—	—
GS-30Mn5	1.1165	0.27~0.34	0.30~0.50	1.20~1.50	0.035	0.035	—	—	—	—
GS-36Mn5	1.1167	0.32~0.40	0.15~0.35	1.20~1.50	0.035	0.035	—	—	—	—
GS-40Mn5	1.1168	0.36~0.44	0.30~0.50	1.20~1.50	0.035	0.035	—	—	—	—
GS-40CrMnMo7	1.2311	0.35~0.45	0.20~0.40	1.30~1.60	0.035	0.035	1.80~2.10	—	0.15~0.25	—
GS-48CrMoV6 7	1.2323	0.40~0.50	0.15~0.35	0.60~0.90	0.030	0.030	1.30~1.60	—	0.65~0.85	V0.25~0.35
GS-80CrVW4 3	1.2590	0.80~0.90	≤1.00	≤1.00	0.035	0.035	0.80~1.10	—	—	V0.20~0.40 W0.10~0.20
GS-55NiCrMoV6	1.2713	0.50~0.60	0.10~0.40	0.65~0.95	0.030	0.030	0.60~0.80	1.50~1.80	0.25~0.35	V0.07~0.12
GS-20MoNi33 13	1.2778	0.15~0.25	0.20~0.50	0.50~0.80	0.025	0.025	—	3.00~3.60	3.00~3.60	—
GS-34CoCrMoV19 12	1.2887	0.32~0.36	0.15~0.30	0.30~0.50	0.025	0.025	2.70~3.20	—	2.70~3.20	Co4.50~5.00 V0.60~0.80
GS-20CoCrWMo10 9	1.2888	0.17~0.23	0.15~0.30	0.40~0.60	0.035	0.035	9.00~10.00	—	1.80~2.20	Co9.50~10.50 W5.00~6.00
GS-38MnSi4	1.5120	0.34~0.42	0.70~0.90	0.90~1.20	0.035	0.035	—	—	—	—
GS-46MnSi4	1.5121	0.42~0.50	0.70~0.90	0.90~1.20	0.035	0.035	—	—	—	—
GS-37MnSi5	1.5122	0.33~0.41	1.10~1.40	1.10~1.40	0.035	0.035	—	—	—	—
GS-20MoV8 4	1.5406	0.16~0.23	0.30~0.50	0.50~0.80	0.040	0.040	≤0.30	—	0.80~0.90	V0.35~0.45

（续）

牌　号	材料号	化学成分（质量分数，%）								
		C	Si	Mn	P≤	S≤	Cr	Ni	Mo	其　他
GS-20MnMo5 3	1.5418	0.17~0.23	0.30~0.50	1.00~1.40	0.030	0.030	≤0.40	≤0.50	0.20~0.30	V≤0.10 Nb≤0.05 N≤0.02
GS-12MnMo7 4	1.5431	0.08~0.15	0.30~0.60	1.50~1.80	0.020	0.015	≤0.20	—	0.30~0.40	Nb≤0.05
GS-20MnNb5	1.5475	≤0.23	≤0.50	1.00~1.60	0.025	0.025	—	—	—	V≤0.60
GS-20MnNiTi5 3	1.5485	≤0.23	≤0.50	1.00~1.70	0.025	0.025	—	—	—	Ti≤0.20
GS-10Ni6	1.5621	0.06~0.12	≤0.60	0.50~0.80	0.025	0.025	—	1.30~1.80	—	—
GS-24Ni8	1.5633	0.20~0.28	0.30~0.50	0.60~0.80	0.035	0.035	—	1.90~2.20	—	—
GS-10Ni14	1.5638	0.06~0.12	≤0.60	0.50~0.80	0.025	0.025	—	3.30~3.80	—	—
GS-10Ni19	1.5681	0.06~0.12	≤0.60	0.50~0.80	0.025	0.025	—	4.50~5.50	—	—
GS-15CrNi6	1.5919	0.12~0.17	0.30~0.50	0.40~0.60	0.035	0.035	1.40~1.70	1.40~1.70	—	—
GS-22MnNi5	1.6219	≤0.25	≤0.60	1.20~1.50	0.025	0.025	—	~0.55	—	—
GS-20MnMoNi5 5	1.6309	0.17~0.23	0.30~0.60	1.20~1.50	0.020	0.015	≤0.30	0.50~0.80	0.45~0.60	—
GS-36CrNiMo4	1.6511	0.32~0.40	0.30~0.50	0.50~0.80	0.035	0.035	0.90~1.20	0.90~1.20	0.15~0.25	—
GS-25CrNiMo4	1.6515	0.22~0.29	0.30~0.60	0.60~1.00	0.025	0.025	0.80~1.20	0.80~1.20	0.20~0.30	—
GS-24CrNiMo3 2 5	1.6552	0.20~0.28	≤0.50	≤0.90	0.035	0.025	0.70~1.00	0.40~0.60	0.40~0.60	—
GS-30NiCrMo8 5	1.6570	0.27~0.34	0.30~0.60	0.60~1.00	0.025	0.025	1.10~1.40	1.80~2.10	0.30~0.40	—
GS-34CrNiMo6	1.6582	0.30~0.37	0.30~0.60	0.60~1.00	0.025	0.025	1.40~1.70	1.40~1.70	0.15~0.35	—
GS-33NiCrMo7 4 4	1.6740	0.30~0.36	0.30~0.60	0.50~0.80	0.015	0.015	0.90~1.20	1.50~1.80	0.35~0.50	—
GS-38NiCrMo8 4 4	1.6741	0.35~0.40	0.40~0.60	0.40~0.60	0.035	0.035	0.90~1.20	1.90~2.20	0.40~0.50	—
GS-40NiCrMo6 5 6	1.6748	0.37~0.44	0.30~0.50	0.60~1.00	0.025	0.025	1.10~1.50	1.30~1.70	0.50~0.70	—
GS-20NiMoCr3 7	1.6750	0.17~0.23	0.30~0.50	0.70~1.10	0.015	0.015	0.30~0.50	0.60~1.10	0.40~0.80	—
GS-18NiMoCr3 6	1.6759	0.17~0.22	0.30~0.60	0.80~1.20	0.020	0.015	0.40~0.90	0.60~1.10	0.40~0.70	—
GS-22NiMoCr5 6	1.6760	0.18~0.24	0.30~0.60	0.80~1.20	0.015	0.002	0.50~1.00	0.80~1.30	0.50~0.70	—

GS-14NiCrMo10 6	1.6779	0.12~0.16	0.10~0.30	0.55~0.70	0.010	0.010	1.30~1.80	2.70~3.00	0.45~0.55	—
GS-18NiCrMo12 6	1.6781	0.15~0.19	0.10~0.30	0.55~0.70	0.010	0.010	1.30~1.80	3.00~3.20	0.45~0.55	—
GS-19NiCrMo12 6	1.6783	≤0.22	≤0.60	0.50~0.80	0.025	0.025	1.35~1.85	2.50~3.50	0.35~0.60	—
GS-12MnCrNiMo5 3	1.6916	≤0.14	≤0.50	1.00~1.60	0.025	0.025	≈0.60	~0.60	~0.40	—
GS-16MnCr5	1.7131	0.14~0.19	0.15~0.40	1.00~1.30	0.035	0.035	0.80~1.10	—	—	—
GS-20MnCr5	1.7147	0.17~0.22	0.15~0.40	1.10~1.40	0.035	0.035	1.00~1.30	—	—	—
GS-25MnCr4	1.7218	0.22~0.29	0.30~0.50	0.50~0.80	0.035	0.035	0.90~1.20	—	0.15~0.30	—
GS-26CrMo4	1.7219	0.22~0.29	≤0.60	0.50~0.80	0.030	0.025	0.80~1.20	—	0.20~0.30	—
GS-34CrMo4	1.7220	0.30~0.37	0.30~0.50	0.50~0.80	0.035	0.035	0.80~1.20	—	0.20~0.30	—
GS-42CrMo4	1.7225	0.38~0.45	0.30~0.60	0.60~1.00	0.025	0.025	0.80~1.20	—	0.20~0.30	—
GS-50CrMo4	1.7228	0.46~0.54	0.25~0.50	0.50~0.80	0.035	0.035	0.90~1.20	—	0.15~0.25	—
GS-34CrMo4 4	1.7341	0.30~0.37	0.30~0.50	0.50~0.80	0.035	0.035	0.80~1.20	—	0.30~0.50	—
GS-22CrMo5 4	1.7354	0.18~0.25	0.30~0.50	0.50~0.80	0.040	0.040	0.80~1.10	—	0.40~0.50	—
GS-17CrMnMo5 5	1.7355	0.15~0.21	0.30~0.60	1.20~1.60	0.020	0.015	1.20~1.50	—	0.45~0.55	—
GS-12CrMo19 5	1.7363	0.08~0.15	0.30~0.50	0.40~0.70	0.035	0.035	4.50~5.50	—	0.45~0.55	—
GS-17CrMo9 10	1.7377	0.14~0.21	≤0.60	0.60~1.00	0.025	0.020	2.00~2.50	—	0.90~1.10	—
GS-12CrMo9 10	1.7380	0.08~0.15	0.30~0.50	0.40~0.70	0.040	0.040	2.00~2.50	—	0.90~1.10	—
GS-19CrMo9 10	1.7382	0.15~0.22	0.30~0.60	0.60~1.00	0.025	0.025	2.00~2.50	—	0.90~1.10	—
GS-30CrMoV6 4	1.7725	0.27~0.34	0.30~0.60	0.60~1.00	0.025	0.025	1.30~1.70	—	0.30~0.50	V 0.05~0.15
GS-35CrMoV10 4	1.7755	0.32~0.39	0.30~0.50	0.60~1.00	0.025	0.025	2.20~2.70	—	0.30~0.50	V 0.05~0.15
GS-36CrMoV10 4	1.7756	0.32~0.38	0.30~0.50	0.50~0.70	0.025	0.025	2.30~2.70	—	0.30~0.50	V 0.05~0.12
GS-18MnCrMo6 3	1.7903	≤0.21	≤0.50	1.00~1.70	0.025	0.025	≈0.60	—	~0.40	—
GS-19MnCrMo6 3	1.7906	≤0.22	≤0.50	1.00~1.70	0.025	0.025	≈0.60	—	~0.40	—
GS-20MnCrMo6 3	1.7909	≤0.22	≤0.50	1.00~1.70	0.025	0.025	≈0.60	—	~0.40	—
GS-50CrV4	1.8159	0.47~0.55	≤0.40	0.70~1.10	0.035	0.030	0.90~1.20	—	—	V 0.10~0.20

2. 高温下使用的低合金钢

在 DIN 17245：1987 标准中，规定了 7 种用于高温的低合金高强度铸钢（即热强钢）。其化学成分见表 5-70，力学性能见表 5-71。

用于焊接和铸焊结构时，低合金高强度铸钢的化学成分和焊接参数见表 5-72，其热处理参数见表 5-73。

表 5-70　德国铁素体低合金高强度（热强）铸钢的牌号及化学成分

牌　　号	材料号	化学成分（质量分数，%）							
		C	Si	Mn	P≤	S≤	Cr	Ni	其　他
GS-C25	1.0619	0.18 ~ 0.23	0.30 ~ 0.60	0.50 ~ 0.80	0.020	0.015	≤0.30	—	—
GS-22Mo4	1.5419	0.18 ~ 0.23	0.30 ~ 0.60	0.50 ~ 0.80	0.020	0.015	≤0.30	—	Mo 0.35 ~ 0.45
GS-17CrMo5 5	1.7357	0.15 ~ 0.20	0.30 ~ 0.60	0.50 ~ 0.80	0.020	0.015	1.00 ~ 1.50	—	Mo 0.45 ~ 0.55
GS-18CrMo9 10	1.7379	0.15 ~ 0.20	0.30 ~ 0.60	0.50 ~ 0.80	0.020	0.015	2.00 ~ 2.50	—	Mo 0.90 ~ 1.10
GS-17CrMoV5 11	1.7706	0.15 ~ 0.20	0.30 ~ 0.60	0.50 ~ 0.80	0.020	0.015	1.20 ~ 1.50	—	Mo 0.90 ~ 1.10 V 0.20 ~ 0.30
GS-X8CrNi12	1.4107	0.06 ~ 0.10	0.10 ~ 0.40	0.50 ~ 0.80	0.030	0.020	11.5 ~ 12.5	0.80 ~ 1.50	Mo≤0.50 N≤0.05
GS-X22CrMoV12 1	1.4931	0.20 ~ 0.26	0.10 ~ 0.40	0.50 ~ 0.80	0.030	0.020	11.3 ~ 12.2	0.70 ~ 1.00	Mo 1.00 ~ 1.20 V0.25 ~ 0.35 （W≤0.50）

表 5-71　德国铁素体低合金高强度（热强）铸钢的力学性能

牌　　号	材料号	R_m/MPa	下列温度下的 $R_{p0.2}$/MPa								$A(\%)$	$KV_2^{①}$/J
			20℃	200℃	300℃	350℃	400℃	450℃	500℃	550℃	≥	>
GS-C25	1.0619	440 ~ 590	245	175	145	135	130	125	—	—	22	27
GS-22Mo4	1.5419	440 ~ 590	245	190	165	155	150	145	135	—	22	27
GS-17CrMo5 5	1.7357	490 ~ 640	315	255	230	215	205	190	180	160	20	27
GS-18CrMo9 10	1.7379	590 ~ 740	400	355	345	330	315	305	280	240	18	40
GS-17CrMoV5 11	1.7706	590 ~ 780	440	385	365	350	335	320	300	260	15	27
GS-X8CrNi12	1.4107	540 ~ 690	355	275	365	260	255	—	—	—	18	35
GS-X22CrMoV12 1	1.4931	740 ~ 880	540	450	430	410	390	370	340	290	15	21

① 3 个试样的平均值，单个试样的 KV_2 值允许低于该平均值，但不得低于该平均值的 70%。

表 5-72　德国低合金高强度（热强）铸钢的化学成分和焊接参数

铸钢钢种		适用的焊接材料	化　学　成　分　（质量分数，%）							焊接预热温度③/℃	回火温度③/℃
牌　号	材料号		C	Si	Mn	Cr	Mo	Ni	V		
GS-C25	1.0619		0.18 ~ 0.23	0.30 ~ 0.60④	0.50 ~ 0.80⑤	≤0.30	—	—	—	—	—
		①	0.07	0.7	1.0	—	—	—	—	100	620
GS-22Mo4	1.5419		0.18 ~ 0.23	0.30 ~ 0.60④	0.50 ~ 0.80⑤	≤0.30	0.35 ~ 0.45	—	—	—	—
		①	0.07	0.3	0.75	—	0.5	—	—	—	—
		②	0.10	0.3	0.6	1.25	0.5	—	—	200	680
GS-17CrMo5 5	1.7357		0.15 ~ 0.20	0.30 ~ 0.60④	0.50 ~ 0.80⑤	1.20 ~ 1.50	0.45 ~ 0.55	—	—	—	—
		①	0.10	0.3	0.6	1.25	0.5	—	—	—	—
		②	0.09	0.3	0.6	2.1	1.0	—	—	250	680
GS-18CrMo9 10	1.7379		0.15 ~ 0.20	0.30 ~ 0.60④	0.50 ~ 0.80⑤	2.00 ~ 2.50	0.90 ~ 1.10	—	—	—	—
		①	0.09	0.3	0.6	2.1	1.0	—	—	300	680

（续）

铸钢钢种		适用的焊接材料	化 学 成 分 （质量分数，%）							焊接预热温度/℃	回火温度③/℃
牌　号	材料号		C	Si	Mn	Cr	Mo	Ni	V		
GS-17CrMoV5 11	1.7706		0.15 ~ 0.20	0.30 ~ 0.60④	0.50 ~ 0.80⑤	1.20 ~ 1.50	0.90 ~ 1.10	—	0.20 ~ 0.30	—	—
		①	0.07	0.5	1.0	1.25	1.35		0.3		
		②	0.09	0.3	0.6	2.1	1.0			300	700

注：为限制 δ 铁素体含量，最多可加入氮的质量分数为 0.05%，钨最大允许的质量分数为 0.50%。

① 买卖双方必须商定焊接材料，本表各参考数据适用于熔融焊缝金属。

② 对铸钢品种列出规定范围的化学成分，对焊接材料只提出参考数据。

③ 回火时间按壁厚而定。

④ 订购真空熔炼的铸钢，其含量允许低于表列最小值。

⑤ 对较大壁厚的铸件，买卖双方可商定将锰的质量分数提高到 1.1%。

表 5-73　德国低合金高强度（热强）铸钢的热处理参数①

铸钢钢种		淬火温度/℃（最高）	回火温度②/℃（最低）	消除应力处理温度②③/℃（最低）
牌　号	材料号			
GS-C25	1.0619	950	620	600
GS-22Mo4	1.5419	950	680	660
GS-17CrMo5 5	1.7357	950	680	660
GS-18CrMo9 10	1.7379	950	680	660
GS-17CrMoV5 11	1.7706	950	700	680

① 焊接工艺及热处理数据见表 5-72。

② 回火后炉冷。

③ 消除应力的热处理至少要低于实际使用的回火温度 20℃，但不得低于表列值。

5.4.5　俄罗斯合金铸钢

俄罗斯合金铸钢标准 ГОСТ 977—1988 规定了 29 个铸钢牌号。除 2 个牌号含高 Ni 外，其余均为中、低合金铸钢。其化学成分见表 5-74，力学性能见表 5-75。

5.4.6　法国工程与结构用铸钢

法国的工程与结构用铸钢标准 NF A32-054：2005 中除 4 个铸造碳钢牌号和 2 个马氏体型不锈钢牌号外，规定了 12 个低合金铸钢牌号。其化学成分和力学性能以及热处理工艺见表 5-76 和表 5-77。

表 5-74　俄罗斯合金铸钢的牌号及化学成分

牌　号	化学成分（质量分数，%）								
	C	Si	Mn	P≤	S≤	Cr	Ni	Mo	其　他
20ГЛ	0.15 ~ 0.25	0.20 ~ 0.40	1.20 ~ 1.60	0.040	0.040	—	—	—	—
35ГЛ	0.30 ~ 0.40	0.20 ~ 0.40	1.20 ~ 1.60	0.040	0.040	—	—	—	—
20ГСЛ	0.16 ~ 0.22	0.60 ~ 0.80	1.00 ~ 1.30	0.030	0.030	—	—	—	—
30ГСЛ	0.25 ~ 0.35	0.60 ~ 0.80	1.10 ~ 1.40	0.040	0.040	—	—	—	—
20Г1ФЛ	0.16 ~ 0.25	0.20 ~ 0.50	0.90 ~ 1.40	0.050	0.050	—	—	—	V 0.06 ~ 0.12 Ti≤0.05
20ФЛ	0.14 ~ 0.25	0.20 ~ 0.52	0.70 ~ 1.20	0.050	0.050	—	—	—	V 0.06 ~ 0.12
30ХГСФЛ	0.25 ~ 0.35	0.40 ~ 0.60	1.00 ~ 1.50	0.050	0.050	0.30 ~ 0.50	—	—	V 0.06 ~ 0.12
45ФЛ	0.42 ~ 0.50	0.20 ~ 0.52	0.40 ~ 0.90	0.040	0.040	—	—	—	V 0.05 ~ 0.10 Ti≤0.03
32Х06Л	0.25 ~ 0.35	0.20 ~ 0.40	0.40 ~ 0.90	0.050	0.050	0.50 ~ 0.80	—	—	—
40ХЛ	0.35 ~ 0.45	0.20 ~ 0.40	0.40 ~ 0.90	0.040	0.040	0.80 ~ 1.10	—	—	—
20ХМЛ	0.15 ~ 0.25	0.20 ~ 0.42	0.40 ~ 0.90	0.040	0.040	0.40 ~ 0.70	—	0.40 ~ 0.60	—
20ХМФЛ	0.18 ~ 0.25	0.20 ~ 0.40	0.60 ~ 0.90	0.025	0.025	0.90 ~ 1.20	—	0.50 ~ 0.70	V 0.20 ~ 0.30
20ГНМФЛ	0.14 ~ 0.22	0.20 ~ 0.40	0.70 ~ 1.20	0.030	0.030	≤0.30	0.70 ~ 1.00	0.15 ~ 0.25	V 0.06 ~ 0.12
35ХМЛ	0.30 ~ 0.40	0.20 ~ 0.40	0.40 ~ 0.90	0.040	0.040	0.80 ~ 1.10	—	0.20 ~ 0.30	—

（续）

牌　号	化学成分（质量分数，%）								
	C	Si	Mn	P≤	S≤	Cr	Ni	Mo	其　他
30ХНМЛ	0.25~0.35	0.20~0.40	0.40~0.90	0.040	0.040	1.30~1.60	1.30~1.60	0.20~0.30	—
35ХГСЛ	0.30~0.40	0.60~0.80	1.00~1.30	0,040	0.040	0.60~0.90	—	—	—
35НГМЛ	0.32~0.42	0.20~0.40	0.80~1.20	0.040	0.040	—	0.80~1.20	0.15~0.25	—
20ДХЛ	0.15~0.25	0.20~0.40	0.50~0.80	0.040	0.040	0.80~1.10	—	—	Cu 1.40~1.60
08ГДНФЛ	≤0.10	1.15~0.40	0.60~1.00	0.035	0.035	—	1.15~1.55	—	Cu 0.80~1.20 V 0.10
13ХНДФТЛ	≤0.16	0.20~0.40	0.40~0.90	0.030	0.030	0.15~0.40	1.20~1.60	—	Cu 0.65~0.90 V 0.06~0.12 Ti 0.04~0.10
12ДН2ФЛ	0.08~0.16	0.20~0.40	0.40~0.90	0.035	0.035	—	1.80~2.20	—	Cu 1.20~1.50 V 0.08~0.15
12ДХН1МФЛ	0.10~0.18	0.20~0.40	0.30~0.55	0.030	0.030	1.20~1.70	1.40~1.80	0.20~0.30	Cu 0.40~0.65 V 0.08~0.15
23ХГС2МФЛ	0.18~0.24	1.80~2.00	0.50~0.80	0.025	0.025	0.60~0.90	—	0.25~0.30	V 0.10~0.15
12Х7Г3СЛ	0.10~0.15	0.80~1.20	3.00~3.50	0.020	0.020	7.00~7.50	—	—	—
25Х2ГНМФЛ	0.22~0.30	0.30~0.70	0.70~1.10	0.025	0.025	1.40~2.00	0.30~0.90	0.20~0.50	V 0.04~0.20
27Х5ГСМЛ	0.24~0.28	0.90~1.20	0.90~1.20	0.020	0.020	5.00~5.50	—	0.55~0.60	—
30Х3С3ГМЛ	0.29~0.33	2.80~3.20	0.70~1.20	0.020	0.020	2.80~3.20	—	0.50~0.60	—
03Н12Х5М3ТЛ	0.01~0.04	—	—	0.015	0.015	4.50~5.00	12.00~12.50	2.50~3.00	Ti 0.70~0.90
03Н12Х5М3ТЮЛ	0.01~0.04	—	—	0.015	0.015	4.50~5.00	12.00~12.50	2.50~3.00	Ti 0.70~0.90 Al 0.25~0.45

表 5-75　俄罗斯合金铸钢的力学性能

牌　号	热处理状态	力学性能≥				
		R_m/MPa	$R_{p0.2}$/MPa	A(%)	Z(%)	KU_2/J
20ГЛ	Ⅰ	540	275	18	25	39.3
	Ⅱ	530	334	14	25	30.6
35ГЛ	Ⅰ	540	294	12	20	23.5
	Ⅱ	589	343	14	30	39.3
20ГСЛ	Ⅰ	540	294	18	30	23.5
30ГСЛ	Ⅰ	529	343	14	25	23.5
	Ⅱ	638	392	14	30	39.3
20Г1ФЛ	Ⅰ	510	314	17	25	39.3
20ФЛ	Ⅰ	491	294	18	35	39.3
30ХГСФЛ	Ⅰ	589	392	15	25	27.4
	Ⅱ	785	589	14	25	35.3
45ФЛ	Ⅰ	589	392	12	20	23.5
	Ⅱ	687	491	12	20	23.5
32Х06Л	Ⅱ	638	441	10	20	39.3
40ХЛ	Ⅱ	638	491	12	25	31.4
20ХМЛ	Ⅰ	441	245	18	30	23.5
20ХМФЛ	Ⅰ	491	275	16	35	23.5
20ГНМФЛ	Ⅰ	589	491	15	33	39.3
	Ⅱ	687	589	14	30	47.1
35ХМЛ	Ⅰ	589	392	12	20	23.5
	Ⅱ	687	540	12	25	31.4
30ХНМЛ	Ⅰ	687	540	12	20	23.5
30ХНМЛ	Ⅱ	785	638	10	20	31.4

（续）

牌 号	热处理状态	力学性能≥				
		R_m/MPa	$R_{p0.2}$/MPa	A(%)	Z(%)	KU_2/J
35ХГСЛ	I	589	343	14	25	23.5
	II	785	589	10	20	31.4
35НГМЛ	II	736	589	12	25	31.4
20ДХЛ	I	491	392	12	30	23.5
	II	638	540	12	30	31.4
08ГДНФЛ	I	441	343	18	30	39.3
13ХНДФТЛ	I	491	392	18	30	39.3
12ДН2ФЛ	I	638	540	12	20	23.5
	II	785	638	12	25	31.4
12ДХН1МФЛ	I	785	638	12	20	23.5
	II	981	735	10	20	23.5
23ХГС2МФЛ	II	1275	1079	6	24	31.4
12Х7Г3СЛ	II	1324	1079	9	40	47.1
25Х2ГНМФЛ	I	638	491	12	30	47.1
	II	1275	1079	5	25	31.4
27Х5ГСМЛ	II	1472	1177	5	20	31.4
30Х3С3ГМЛ	II	1766	1472	4	15	15.7
03Н12Х5М3ТЛ	II	1324	1275	8	45	39.3
03Н12Х5М3ТЮЛ	II	1472	1422	8	35	23.5

注：热处理状态，I—正火或正火 + 回火；II—淬火 + 回火。

表 5-76 法国工程与结构用铸钢化学成分

牌 号	化学成分(质量分数,%)									
	C	Si	Mn	P≤	S≤	Cr	Ni	Mo	V	残余元素总量[1]
GE230	≤0.20	≤0.60	≤1.20[2]	0.035	0.030	≤0.30	≤0.40	≤0.15	≤0.05	≤1.00
GE280	≤0.25	≤0.60	≤1.20[2]	0.035	0.030	≤0.30	≤0.40	≤0.15	≤0.05	≤1.00
GE320	≤0.32	≤0.60	≤1.20[2]	0.035	0.030	≤0.30	≤0.40	≤0.15	≤0.05	≤1.00
GE370	≤0.45	≤0.60	≤1.20	0.035	0.030	≤0.30	≤0.40	≤0.15	≤0.05	≤1.00
G16Mn5	0.13~0.20	≤0.60	≤1.60	0.030	0.025	≤0.30	≤0.40	≤0.15	≤0.05	≤1.00
G20Mn6	0.17~0.23	≤0.60	≤1.80	0.030	0.025	≤0.30	≤0.40	≤0.15	≤0.05	≤1.00
G30Mn6	0.25~0.32	≤0.60	≤1.80	0.030	0.025	≤0.30	≤0.40	≤0.15	≤0.05	≤1.00
G10MnMoV6	≤0.12	≤0.60	≤1.80	0.030	0.020	≤0.30	≤0.40	0.20~0.40	0.05~0.10	≤1.00
G15CrMoV6	0.12~0.18	≤0.60	≤1.00	0.030	0.020	1.30~1.80	≤0.40	0.80~1.00	0.15~0.25	≤1.00
G25CrMo4	0.22~0.28	≤0.60	≤1.00	0.030	0.020	0.80~1.20	≤0.40	0.15~0.35	≤0.05	≤1.00
G35CrMo4	0.30~0.38	≤0.60	≤1.00	0.030	0.020	0.80~1.20	≤0.40	0.15~0.35	≤0.05	≤1.00
G42CrMo4	0.39~0.45	≤0.60	≤1.00	0.030	0.020	0.80~1.20	≤0.40	0.15~0.35	≤0.05	≤1.00
G35NiCrMo6	≤0.38	≤0.60	≤1.00	0.030	0.020	1.40~1.70	1.40~1.70	0.15~0.35	≤0.05	≤1.00
G30NiCrMo8	≤0.33	≤0.60	≤1.00	0.030	0.020	0.80~1.20	1.70~2.30	0.30~0.60	≤0.05	≤1.00
G20NiCrMo12	≤0.22	≤0.60	≤1.00	0.030	0.020	1.30~1.80	3.00~3.50	0.45~0.60	≤0.05	≤1.00
G30NiCrMo14	≤0.33	≤0.60	≤1.00	0.030	0.020	0.80~1.20	3.00~4.00	0.30~0.60	≤0.05	≤1.00
GX4CrNi13-4	≤0.06	≤0.80	≤1.00	0.035	0.020	12.0~13.5	3.50~4.50	<0.15	≤0.05	≤1.00
GX4CrNi16-4	≤0.06	≤0.80	≤1.00	0.035	0.020	15.5~17.0	4.00~5.50	<0.15	≤0.05	≤1.00

注：NF A32-054：2005 代替 NF A32-051：1981 和 NF A32-054：1978。

① 残余元素含量分别为：w(Ni)≤0.45%，w(Cr)≤0.30%，w(Mo)≤0.15%，w(V)≤0.05%，已列于表中。

② 碳的质量分数上限每降低 0.01%，则允许锰的质量分数上限增加 0.04%，其锰的质量分数上限可增至 1.5%。

表 5-77　法国工程与结构用铸钢的热处理工艺与力学性能

牌号 NF	类型①	热处理 正火或淬火温度(及冷却)/℃②	回火温度/℃	$R_{p0.2}$/MPa 28~50	$R_{p0.2}$/MPa 50~100	$R_{p0.2}$/MPa 100~150	$R_{p0.2}$/MPa 150~250③	R_m/MPa 28~50	R_m/MPa 50~100	R_m/MPa 100~150	R_m/MPa 150~250③	A(%) 28~50	A(%) 50~100	A(%) 100~150	A(%) 150~250③	KV_2/J 28~50④	KV_2/J 50~100④	KV_2/J 100~150	KV_2/J 150~250③	试验温度/℃
GE230	N	950~980	—	230	210	—	—	400	400	—	—	25	23	—	—	35④	30④	—	—	—
GE280	N	920~980A	—	280	260	—	—	480	480	—	—	20	18	—	—	30④	25④	—	—	—
GE320	N	900~960A	—	320	300	—	—	560	560	—	—	16	14	—	—	25④	22④	—	—	—
GE370	N	860~910A	—	370	320	—	—	650	650	—	—	12	10	—	—	20④	18④	—	—	—
G16Mn5	N	940~1000A	—	250	230	—	—	430	430	—	—	24	24	—	—	50	35	—	—	-25
G20Mn6	N	940~1000A	—	300	280	260	240	500	500	480	450	22	22	20	—	40	30	25	—	-20
G20Mn6	T	940~1000L	600~650	360	300	280	—	500	500	500	—	24	24	22	—	60	40	30	—	-30
G30Mn6	N	910~970A	—	350	300	280	250*	580	550	550	520*	16	16	14	14*	27	24	24	20*	0
G30Mn6	TR1	910~970L	580~630	550	550	—	—	700	700	—	—	10	10	—	—	30	30	—	—	-10
G30Mn6	TR2	910~970L	630~680	450	450	400	250*	600	600	550	520*	16	16	14	14*	35	35	30	30*	-40
G10MnMoV6	N	960~980A	640~660	380	350	330	330	500	480	480	450	22	22	20	18	60	60	60	60	-40
G10MnMoV6	T	960~980L	640~660	500	400	380	350	600	550	500	460	18	18	18	18	60	60	60	60	10
G15CrMoV6	TR1	960~980L	610~640	930	—	—	—	980	—	—	—	4	—	—	—	32	—	—	—	10
G15CrMoV6	TR2	960~980L	650~670	700	—	—	—	850	—	—	—	8	—	—	—	32	—	—	—	—
G25CrMo4	N	890~950A	600~650	380	300	250	250	580	580	550	550	18	16	14	14	22	20	20	20	0
G25CrMo4	TR1	890~950L	550~600	550	550	520	500	750	700	650	650	12	10	10	10	35	18	10	10	-30
G25CrMo4	TR2	890~950L	600~650	450	450	430	420	630	600	600	600	18	14	12	10	50	30	25	15	—
G35CrMo4	N	890~950A	600~650	520	450	380	330*	750	700	650	620*	12	10	10	10	20	18	15	15*	+20
G35CrMo4	TR1	890~950L	550~600	700	650	—	—	850	830	—	—	10	10	—	—	27	18	—	—	0
G35CrMo4	TR2	890~950L	600~650	600	540	480	—	750	700	620	—	14	12	10	—	35	30	25	—	—

牌号																				
G42CrMo4	N	890~950A	600~650	580	460	400	350*	780	740	700	650*	10	10	10	10*	12	12	10	10*	—
G42CrMo4	TR1	890~950L	550~600	800	700	—	—	900	850	—	—	10	10	—	—	22	20	—	—	—
G42CrMo4	TR2	890~950L	600~650	650	600	550	—	800	780	700	—	14	12	10	—	27	27	20	32*	+20
G35NiCrMo6	N	860~920A	600~650	550	550	550	550*	800	800	800	750*	12	12	12	12*	32	32	32	—	—
G35NiCrMo6	TR1	860~920L	510~560	820	800	—	—	900	900	—	—	10	10	12	—	35	35	30	30*	-20
G35NiCrMo6	TR2	860~920L	600~650	700	650	650	650*	850	850	800	800*	12	12	12	10*	45	45	32	32*	-30
G30NiCrMo8	N	840~900A	600~650	550	550	550	500*	750	750	750	700*	15	12	12	12*	32	32	—	—	—
G30NiCrMo8	TR1	840~900L	500~550	950	950	—	—	1050	1050	—	—	10	10	12	—	35	35	35	27	-20
G30NiCrMo8	TR2	840~900L	600~650	700	700	650	650*	850	850	850	820*	15	14	14	10*	50	50	40	30	-40
C20NiCrMo12	T	880~920A 或 L	600~640	650	650	650	600	750	750	750	700	16	16	7	14	40	40	—	—	—
G30NiCrMo14	TR1	820~880A 或 L	550~600	1000	1000	—	—	1100	1100	—	—	7	7	—	—	20	15	15	25	—
G30NiCrMo14	TR2	820~880A 或 L	600~680	700	700	650	600	900	900	850	—	9	9	7	7	30	30	30	35*	—
GX4CrNi13-4	TR1	1000~1050A	500~550	800	800	800	800*	900	900	900	900*	12	12	12	12*	35	35	35	50*	—
GX4CrNi13-4	TR2	1000~1050A	600~630	550	550	550	550*	750	750	750	750*	15	15	15	15*	50	50	50	60*	-100
GX4CrNi13-4	TR3	1000~1050A	680+590~620	500	500	500	500*	700	700	700	700*	18	18	16	16*	60	60	60	30	—
GX4CrNi16-4	TR1	1020~1070A	450~500	830	830	830	830	1000	1000	1000	1000	10	10	10	10	30	30	30	60	—
GX4CrNi16-4	TR2	1020~1070A	600~630	540	540	540	540	780	780	780	780	15	15	15	15	60	60	60	—	-100

① N—正火，T—淬火，R—回火。

② 冷却：A—空冷，L—（液态）水冷或油冷。

③ 带有 "*" 者，适用于壁厚 150~400mm 的铸件。

④ 非合金钢的冲击性能也可由供需双方商定。

5.4.7　英国工程与结构用铸钢

英国工程与结构用铸钢标准 BS 3100：1991 规定了低合金铸钢牌号，并详细按用途分类。其化学成分和热处理与力学性能见表 5-78 和表 5-79。

5.4.8　瑞典非合金和合金铸钢

瑞典非合金和合金铸钢见表 5-80 和表 5-81。

表 5-78　英国工程与结构用铸钢化学成分

牌号	化学成分(质量分数,%)								
	C	Si	Mn	P≤	S≤	Cr	Mo	Ni	其他[①]
碳素铸钢和 C-Mn 铸钢									
A1[②]	≤0.25	≤0.60	≤0.90	0.050	0.050	≤0.30	≤0.15	≤0.40	Cu≤0.30
A2[②]	≤0.35	≤0.60	≤1.0	0.050	0.050	—	—	—	—
A3[②]	≤0.45	≤0.60	≤1.0	0.050	0.050	—	—	—	—
A4	0.18~0.25	≤0.60	1.2~1.6	0.050	0.050	—	—	—	—
A5	0.25~0.33	≤0.60	1.2~1.6	0.050	0.050	—	—	—	—
A6	0.25~0.33	≤0.60	1.2~1.6	0.050	0.050	—	—	—	—
低温用铸钢									
AL1[③]	≤0.20	≤0.60	≤1.1	0.040	0.040	≤0.30	≤0.15	≤0.40	Cu≤0.30
AL2[③]	≤0.25	≤0.60	≤1.2	0.040	0.040	≤0.30	≤0.15	≤0.40	Cu≤0.30
AL3[②]	≤0.25	≤0.60	≤1.2	0.040	0.040	≤0.30	≤0.15	≤0.40	Cu≤0.30
BL2	≤0.12	≤0.60	≤0.80	0.030	0.030	—	—	3.0~4.0	—
高磁导率铸钢									
AM1	≤0.15	≤0.60	≤0.50	0.050	0.050	≤0.30	≤0.15	≤0.40	Cu≤0.30
AM2	≤0.25	≤0.60	≤0.50	0.050	0.050	≤0.30	≤0.15	≤0.40	Cu≤0.30
表面硬化与耐磨铸钢									
AW1	0.10~0.18	≤0.60	0.60~1.0	0.050	0.050	≤0.30	≤0.15	≤0.40	Cu≤0.30
AW2	0.40~0.50	≤0.60	≤1.0	0.050	0.050	≤0.30	≤0.15	≤0.40	Cu≤0.30
AW3	0.50~0.60	≤0.60	≤1.0	0.050	0.050	≤0.30	≤0.15	≤0.40	Cu≤0.30
高温用铸钢									
B1	≤0.20	0.20~0.6	0.40~1.0	0.040	0.040	≤0.30	0.45~0.65	≤0.40	Cu≤0.30
B2	≤0.20	≤0.60	0.50~0.80	0.040	0.040	1.0~1.5	0.45~0.65	≤0.40	Cu≤0.30
B3	≤0.18	≤0.60	0.40~0.70	0.040	0.040	2.0~2.75	0.90~1.2	≤0.40	Cu≤0.30
B4	≤0.25	≤0.75	0.30~0.70	0.040	0.040	2.5~3.5	0.35~0.60	≤0.40	Cu≤0.30
B5	≤0.20	≤0.75	0.40~0.70	0.040	0.040	4.0~6.0	0.45~0.65	≤0.40	Cu≤0.30
B6	≤0.20	≤1.0	0.30~0.70	0.040	0.040	8.0~10.0	0.90~1.2	≤0.40	Cu≤0.30
B7	0.10~0.15	≤0.45	0.40~0.70	0.030	0.030	0.30~0.50	0.40~0.60	≤0.30	V0.22~0.30 Cu≤0.30 Sn≤0.025
高强度铸钢									
BT1[④]	—	—	—	0.040	0.040	—	—	—	—
BT2[④]	—	—	—	0.040	0.040	—	—	—	—
BT3[④]	—	—	—	0.030	0.030	—	—	—	—

（续）

牌号	化学成分（质量分数，%）								
	C	Si	Mn	P≤	S≤	Cr	Mo	Ni	其他①
耐磨铸钢									
BW2	0.45 ~ 0.60	≤0.75	0.50 ~ 1.0	0.040	0.040	0.80 ~ 1.5	≤0.40		
BW3	0.45 ~ 0.60	≤0.75	0.50 ~ 1.0	0.040	0.040	0.80 ~ 1.5	≤0.40	—	—
BW4	0.45 ~ 0.60	≤0.75	0.50 ~ 1.0	0.040	0.040	0.80 ~ 1.5	≤0.40	—	—
BW10	1.0 ~ 1.35	≤1.0	≤11.0	0.050	0.050	—	—	—	—

① 钢中残余元素总和 $w(Cr + Ni + Mo + Cu) ≤ 0.80\%$ 。
② 碳的质量分数上限每降低 0.01%，则允许锰的质量分数上限增加 0.04%；并规定锰的质量分数最高值，对牌号 A1、A2 和 A3 为 $w(Mn) = 1.1\%$，对牌号 AL2 和 AL3 为 $w(Mn) = 1.4\%$ 。
③ Mn/C 大于 3:1。
④ 根据铸件的断面来确定成分范围以获得合适的淬透。

表 5-79　英国工程与结构用铸钢的热处理与力学性能

牌号	R_m /MPa≥	$R_{p0.2}$ /MPa≥	$A^③$ (%)≥	$KV_2≥$		硬度④ HBW	最终热处理
				J	℃		
A1	430	230	22	27	20	—	退火或正火，正火 + 回火，油淬 + 回火，或水淬 + 回火
A2	490	260	18	20	20	—	
A3	540	295	14	18	20	—	
A4	540 ~ 690	320	16	30	20	152 ~ 207	正火，正火 + 回火，油淬 + 回火，或水淬 + 回火
A5	620 ~ 770	370	13	25	20	179 ~ 229	正火，正火 + 回火，油淬 + 回火，或水淬 + 回火（铸件断面小于等于 100mm）
A6	690 ~ 850	495	13	25	20	201 ~ 255	油淬 + 回火，或水淬 + 回火（铸件断面小于等于 63mm）
AL1	430	230	22	20	−40	—	正火，正火 + 回火，油淬 + 回火，或水淬 + 回火
AL2	485 ~ 655	275	22	20	−46	—	
AL3①	485 ~ 655	275	22	27	−46	—	
AM1	340 ~ 430	185	22	—	—	—	退火，或正火
AM2	400 ~ 490	215	22	—	—	—	
AW1②	460	—	12	25	20	—	铸态 退火，正火，或正火 + 回火
AW2	620	325	12	—	—	—	
AW3	690	370	8	—	—	—	
B1	460	260	18	20	20	—	正火 + 回火，油淬 + 回火，或水淬 + 回火（回火温度小于等于 680℃）
B2	480	280	17	30	20	140 ~ 212	
B3	540	325	17	25	20	156 ~ 235	正火 + 回火，油淬 + 回火，或水淬 + 回火（回火温度小于等于 680℃）
B4	620	370	13	25	20	179 ~ 255	
B5	620	420	13	25	20	179 ~ 255	正火 + 回火，油淬 + 回火，或水淬 + 回火（回火温度小于等于 680℃）
B6	620	420	13	—	—	179 ~ 255	
B7	510	295	17	—	—	—	正火（950 ~ 1000℃） + 回火（≤720℃）
BL2	460	280	20	20	−60	—	正火 + 回火，油淬 + 回火，或水淬 + 回火

（续）

牌号	R_m /MPa≥	$R_{p0.2}$ /MPa≥	$A^{③}$ (%) ≥	KV_2≥ J	KV_2≥ ℃	硬度④ HBW	最终热处理
BT1	690	495	11	35	20	201~279	空淬 + 回火，油淬 + 回火，或水淬 + 回火
BT2	850	585	8	25	20	248~327	空淬 + 回火，油淬 + 回火，或水淬 + 回火
BT3	1000	695	6	20	20	293~362	空淬 + 回火，油淬 + 回火，或水淬 + 回火
BW2	—	—	—	—	—	201~255⑤	退火或空淬 + 回火，油淬 + 回火，或水淬 + 回火
BW3	—	—	—	—	—	≥293⑤	退火或空淬 + 回火，油淬 + 回火，或水淬 + 回火
BW4	—	—	—	—	—	≥341⑤	退火或空淬 + 回火，油淬 + 回火，或水淬 + 回火
BW10	—	—	—	—	—	—	固溶处理

① 牌号 AL3 仅适用于薄壁铸件。

② 牌号 AW1 试样的渗碳处理为 800~930℃×8h，细化晶粒处理为 870~920℃ 空冷、油冷或水，再加热至 760~780℃ 后水淬。

③ 试样标距长度 $L_0 = 5.65\sqrt{S_0}$。

④ 铸钢件的表层硬度可由供需双方商定，一般按表中规定执行。

⑤ 当牌号 BW2、BW3 和 BW4 在退火状态供货时，此硬度值不适用。

表 5-80　瑞典 SS 标准非合金铸钢和合金铸钢的牌号及化学成分

牌号 SS14	化学成分(质量分数,%) C	Si	Mn	P≤	S≤	Cr	Mo	其他
1305	≤0.25	≤0.50	≤0.70	0.040	0.040	—	—	—
1306	≤0.18	≤0.60	≤1.1	0.040	0.040	≤0.30	—	Cu≤0.30
1505	≤0.30	≤0.50	≤0.70	0.040	0.040	—	—	—
1606	≤0.50	≤0.50	≤0.70	0.040	0.040	—	—	—
2120	0.38~0.45	0.10~0.40	1.10~1.40	0.040	0.040	—	—	—
2133	≤0.20	≤0.5	≤1.60	0.035	0.035	—	—	N = 0.020
2172	≤0.20	0.30~0.60	≤1.5	0.035	0.035	≤0.30	—	Cu≤0.4
2183①	1.00~1.35	≤1.0	11.0~14.0	0.08	—	—	—	—
2223	≤0.18	≤0.6	≤0.8	0.040	0.040	0.7~1.3	0.5~0.7	Ni≤0.4 Cu≤0.3
2224	≤0.18	≤0.6	≤0.7	0.040	0.040	2.0~2.5	0.9~1.2	Ni≤0.4 Cu≤0.3
2225	0.22~0.29	0.30~0.60	0.60~0.90	0.035	0.035	0.90~1.20	0.15~0.25	Ni≤0.3

① 高锰铸钢。

表 5-81　瑞典 SS 标准非合金铸钢和合金铸钢的力学性能

牌号 SS14	热处理	力学性能≥ R_m/MPa	$R_{p0.2}$/MPa	A(%)
1305	退火	450	230	—
1306	退火	402	216	25
1505	退火	520	260	—
1606	退火	570	300	—
2120	正火	600	400	12

（续）

牌号 SS14	热处理	力学性能≥ R_m/MPa	$R_{p0.2}$/MPa	A(%)
2172	正火	490	290	18
2223	退火、正火	490	274	20
2225	淬火 + 回火	690	490	12

5.4.9　美国某公司典型低合金钢

不同标准组织下，美国某公司典型低合金钢化学成分对照见表 5-82。

表5-82 美国某公司典型低合金钢化学成分对照

牌号	采纳标准	化学成分(质量分数,%)									熔化温度/℃
		C	Mn	Si	Cr	Ni	Mo	P≤	S≤	其他	
2317	ASTM A-352 GR LC3	≤0.15	0.50~0.80	≤0.60		3.00~4.00		0.04	0.045		1480~1500
2345	IC 2345	0.40~0.50	0.70~0.90	0.20~0.80	0.25	3.25~3.75	0.25	0.04	0.04	Cu≤0.25	1480~1500
2512	ASTM A-352 GR LC4	≤0.15	0.50~0.80	≤0.60		4.00~5.00		0.04	0.045		1480~1500
3120	IC 3120	0.15~0.25	0.60~0.80	0.2~0.80	0.55~0.75	1.10~1.40	0.25	0.04	0.04	Cu≤0.25	1480~1500
	ASTM A-352 GR LC2	≤0.25	0.50~0.80	≤0.60		2.00~3.00		0.04	0.045		1480~1500
	ASTM A-487 GR 1-A,B,C	≤0.30	≤1.00	≤0.80	≤0.35*	≤0.50*		0.04	0.045	Cu*≤0.50 V* 0.04~0.12 Mo+W*≤0.25 "*"元素含量总和≤1.00	1510~1535
	ASTM A-732 GR 6N	≤0.35	1.35~1.75	0.20~0.80	≤0.35*	≤0.50*	0.25~0.55	0.04	0.045	Cu*≤0.50 W*≤0.25 "*"元素含量总和≤1.00	1505~1525
4020	ASTM A-217 GR WC1	≤0.25	0.50~0.80	≤0.60	≤0.35*	≤0.50*	0.45~0.65	0.04	0.045	Cu*≤0.50 W*≤0.10 "*"元素含量总和≤1.00	1520~1540
	ASTM A-352 GR LC1	≤0.25	0.50~0.80	≤0.60		≤0.50*	0.45~0.65	0.04	0.045		1520~1540
	ASTM A-487 GR 2-A,B,C	≤0.30	1.00~1.40	≤0.80	≤0.35*	≤0.50*	0.10~0.30	0.04	0.045	Cu*≤0.50 V*≤0.03 W*≤0.10 "*"元素含量总和≤1.00	1510~1535
4115	ASTM A-217 GR WC9	0.05~0.18	0.40~0.70	≤0.60	2.00~2.75	≤0.50*	0.90~1.20	0.04	0.045	Cu*≤0.50 W*≤0.10 "*"元素含量总和≤1.00	1500~1520

（续）

牌号	采纳标准	化学成分（质量分数，%）								其他	熔化温度/℃
		C	Mn	Si	Cr	Ni	Mo	P≤	S≤		
4118	ASTM A-217 GR WC6	0.05~0.20	0.50~0.80	≤0.60	1.00~1.50	≤0.50*	0.45~0.65	0.04	0.045	Cu*≤0.50 W*≤0.10 "*"元素含量总和≤1.00	1500~1520
	ASTM A-217 WC11	0.15~0.21	0.50~0.80	0.30~0.60	1.00~1.50	≤0.50*	0.45~0.65	0.02	0.015	Cu*≤0.35 V*≤0.03 Al≤0.01 "*"元素含量总和≤1.00	1500~1520
4130	AMS 5336 D	0.25~0.35	0.40~0.80	≤1.00	0.80~1.10	≤0.25	0.15~0.25	0.04	0.04	Cu≤0.25	1525~1545
	MIL-S-22141B IC 4130	0.25~0.35	0.40~0.70	0.20~0.80	0.80~1.10		0.15~0.25	0.04	0.04		1525~1545
	IC 4130	0.25~0.35	0.40~0.70	0.20~0.80	0.80~1.10	≤0.25	0.15~0.25	0.04	0.04	Cu≤0.25	1525~1545
	ASTM A-487 GR 9-A,B,C,D	≤0.33	0.60~1.00	≤0.80	0.75~1.00	≤0.50*	0.15~0.30	0.04	0.045	Cu*≤0.50 V*≤0.03 W*≤0.10 "*"元素含量总和≤1.00	1480~1500
	ASTM A-732 GR 7Q	0.25~0.35	0.40~0.70	0.20~0.80	0.80~1.10	≤0.25	0.15~0.25	0.04	0.045	Cu*≤0.50 W*≤0.10 "*"元素含量总和≤0.60	1525~1545
4140	AMS 5338C	0.35~0.45	0.75~1.00	≤1.00	0.80~1.10	≤0.25	0.15~0.25	0.04	0.04	Cu≤0.35	1520~1540
	MIL-S-22141B IC 4140	0.35~0.45	0.70~1.05	0.20~0.80	0.80~1.10		0.15~0.25	0.04	0.04		1520~1540
	IC 4140	0.35~0.45	0.75~1.00	0.20~0.80	0.80~1.10	≤0.25	0.15~0.25	0.04	0.04	Cu≤0.25	1520~1540
	ASTM A-487 GR 8Q	0.35~0.45	0.75~1.00	0.20~0.80	0.80~1.10	≤0.50*	0.15~0.25	0.04	0.045	Cu*≤0.50 W*≤0.10 "*"元素含量总和≤1.00	1520~1540

牌号组	标准	C	Mn	Si	Ni	Cr	Mo	P	S	其他元素	熔化温度
4320	ASTM A-487 GR 10- A, B	≤0.30	0.60~1.00	≤0.80	0.55~0.90	1.40~2.00	0.20~0.40	0.04	0.045	Cu * ≤0.50　V * ≤0.30　W * ≤0.10　"*"元素含量总和≤0.60	1480~1500
	ASTM A-352 GR LC2-1	≤0.22	0.55~0.75	≤0.50	1.35~1.85	2.50~3.50	0.30~0.60	0.04	0.045		1480~1500
4330	AMS 5328C	0.28~0.36	0.60~1.00	0.50~1.00	0.65~1.00	1.65~2.00	0.30~0.45	0.025	0.025	Cu ≤ 0.35	1495~1520
	ASTM A-732 GR 9Q	0.25~0.35	0.40~0.70	0.20~0.80	0.70~0.90	1.65~2.00	0.20~0.30	0.04	0.045	Cu * ≤0.50　W * ≤0.10　"*"元素含量总和≤0.60	1495~1520
4335 MOD	MIL-S-22141B IC 4335M	0.30~0.38	0.60~1.00	0.50~1.00	0.50~1.00		0.65~1.00	0.025	0.025	V≤0.14	1495~1515
4340	AMS 5330C	0.38~0.46	0.60~1.00	0.50~1.00	0.65~1.00	1.65~2.00	0.30~0.45	0.025	0.025	Cu ≤0.35	1495~1515
	MIL-S-22141 IC 4340	0.36~0.44	0.60~0.90	0.20~0.80	0.70~0.90	1.65~2.00	0.20~0.30	0.025	0.025		1495~1515
	ASTM A-732 GR 10Q	0.35~0.45	0.70~1.00	0.20~0.80	0.70~0.90	1.65~2.00	0.20~0.30	0.04	0.045	Cu * ≤0.50　W * ≤0.10　"*"元素含量总和 ≤ 1.00	1495~1515
4620	MIL-S-22141B IC 4620	0.15~0.25	0.40~0.70	0.20~0.80	≤0.35 *	1.65~2.00	0.20~0.30	0.04	0.04		1495~1515
	ASTM A-732 GR 11Q	0.15~0.25	0.40~0.70	0.20~0.80	≤0.40 *	1.65~2.00	0.20~0.30	0.04	0.045	Cu * ≤ 0.50　W * ≤ 0.10　"*"元素含量总和≤1.00	1495~1515
	ASTM A-487 GR 13- A, B	≤0.30	0.80~1.10	≤0.60		1.40~1.75	0.20~0.30	0.04	0.045	Cu * ≤0.50　W * ≤ 0.10　V * ≤0.03　"*"元素含量总和≤ 10.75	1500~1520

（续）

牌号	采纳标准	化学成分（质量分数,%）									熔化温度/℃
		C	Mn	Si	Cr	Ni	Mo	P≤	S≤	其他	
4640	ASTM A-487 GR 14-A	≤0.55	0.80~1.10	≤0.60	≤0.40*	1.40~1.75	0.20~0.30	0.04	0.045	Cu*≤0.50 W*≤0.10 V*≤0.03 "*"元素含量总和≤10.75	1500~1520
	ASTM A-217 GR WC4	0.05~0.20	0.50~0.80	≤0.60	0.50~0.80	0.70~1.10	0.45~0.65	0.04	0.045	Cu*≤0.50 W*≤0.10 "*"元素含量总和≤0.60	1495~1515
	ASTM A-217 GR WC5	0.05~0.20	0.40~0.70	≤0.60	0.50~0.90	0.60~1.00	0.90~1.20	0.04	0.045	Cu*0.50 W*0.10 "*"元素含量总和≤0.60	1500~1520
4718	ASTM A-487 GR 7-A	≤0.20	0.60~1.00	≤0.80	0.40~0.80	0.70~1.00	0.40~0.60	0.04	0.045	Cu*0.15~0.50 V 0.03~0.10 W*≤0.10 B 0.002~0.006 "*"元素含量总和≤0.60	1480~1500
	ASTM A-487 GR 11-A,B	≤0.20	0.50~0.80	≤0.60	0.50~0.80	0.70~1.00	0.45~0.65	0.04	0.045	Cu*≤0.50 V*≤0.03 W*≤0.10 "*"元素含量总和≤0.50	1480~1500
	ASTM A-487 GR 12-A,B	≤0.20	0.40~0.70	≤0.60	0.50~0.90	0.60~1.00	0.90~1.20	0.04	0.045	Cu*≤0.50 V*≤0.03 W*≤0.10 "*"元素含量总和≤0.50	1480~1500
4815	ASTM A-352 GR LC2	≤0.25	0.50~0.80	≤0.60		2.00~3.00		0.04	0.045		1510~1530

钢号	牌号	C	Mn	Si	Cr	Ni	Mo	P	S	其他元素	浇注温度/℃
5120	ASTM A-732 GR 5N	≤0.30	0.70~1.00	0.20~0.80	≤0.35＊	≤0.50＊		0.04	0.045	Cu＊ ≤0.50 V 0.05~0.15 Mo+W＊ ≤0.25 ＂*＂元素含量总和≤1.00	1480~1500
5150	MIL-S-22141B IC 6150	0.45~0.55	0.65~0.95	0.20~0.80	0.80~1.10			0.04	0.04	V ≤0.15	1480~1500
5150	ASTM A-732 GR 12Q	0.45~0.55	0.65~0.95	0.20~0.80	0.80~1.10	≤0.50＊		0.04	0.045	Cu＊ ≤0.50 V≤0.15 W＊ ≤0.10 Mo+W＊ ≤0.10 ＂*＂元素含量总和≤1.00	1480~1500
8615	AMS 5333C	0.11~0.17	0.65~1.00	0.50~1.00	0.35~0.65	0.35~0.75	0.15~0.35	0.04	0.04	Cu ≤0.35	1480~1500
8620	MIL-S-22141B IC 8620	0.15~0.25	0.65~0.95	0.20~0.80	0.40~0.60	0.40~0.70	0.15~0.25	0.04	0.04		1480~1500
8620	ASTM A-487 GR 4-A, B, C, D, E	≤0.30	≤1.00	≤0.80	0.40~0.80	0.40~0.80	0.15~0.30	0.04	0.045	Cu＊ ≤0.50 V＊ ≤0.03 W＊ ≤0.10 ＂*＂元素含量总和≤0.60	1480~1500
8620	ASTM A-732 GR 13Q	0.15~0.25	0.65~0.95	0.20~0.80	0.40~0.70	0.40~0.70	0.15~0.25	0.04	0.045	Cu＊ ≤0.50 W＊ ≤0.10 ＂*＂元素含量总和≤1.00	1495~1505
8620	IC 8620	0.15~0.25	0.65~0.95	0.28~0.80	0.40~0.70	0.40~0.70	0.15~0.25	0.04	0.045	Cu ≤0.25	1495~1505
8620	ASTM A-487 GR 6-A, B	≤0.38	1.30~1.70	≤0.80	0.40~0.80	0.40~0.80	0.30~0.40	0.04	0.045	Cu＊ ≤0.50 V＊ ≤0.03 W＊ ≤0.10 ＂*＂元素含量总和≤0.60	1495~1505

（续）

牌号	采纳标准	化学成分（质量分数，%）									熔化温度/℃
		C	Mn	Si	Cr	Ni	Mo	P≤	S≤	其他	
8630	AMS 5334D	0.25~0.35	0.60~0.95	≤1.00	0.35~0.65	0.35~0.75	0.15~0.30	0.04	0.04	Cu*≤0.35	1495~1505
	MIL-S-22141B IC 8630	0.25~0.35	0.60~0.95	0.20~0.80	0.40~0.60	0.40~0.70	0.15~0.25	0.04	0.04		1495~1505
	ASTM A-732 GR 140 Q	0.25~0.35	0.65~0.95	0.20~0.80	0.40~0.70	0.40~0.70	0.15~0.25	0.04	0.045	Cu*≤0.50 W*≤0.10 "*"元素含量总和≤1.00	1495~1505
	IC 8630	0.25~0.35	0.65~0.95	0.20~0.80	0.40~0.70	0.40~0.70	0.15~0.25	0.04	0.045	Cu*≤0.25	1495~1505
8635	MIL-S-22141B IC 8635	0.30~0.38	0.30~0.70	0.20~1.00	0.35~0.90	0.35~0.75	0.15~0.40	0.025	0.025		1495~1505
8640	MIL-S-22141B IC 8635	0.35~0.45	0.70~1.05	0.20~0.80	0.40~0.60	0.40~0.70	0.15~0.25	0.04	0.04		1495~1505
8730	IC 8730	0.25~0.35	0.70~0.90	0.20~0.80	0.40~0.60	0.40~0.70	0.15~0.30	0.04	0.04	Cu≤0.25	1495~1505
52100	MIL-S-22141B IC 52100	0.95~1.10	0.25~0.55	0.20~0.80	1.30~1.60			0.04	0.04		1450~1470
	ASTM A-732 GR 15A	0.95~1.10	0.25~0.55	0.20~0.80	1.30~1.60	≤0.50*		0.04	0.045	Cu*≤0.50 W*≤0.10 "*"元素含量总和≤0.60	1450~1470
	ASTM A-217 C5	≤0.20	0.40~0.70	≤0.75	4.00~6.50	≤0.50*	0.45~0.65	0.04	0.045	Cu*≤0.50 W*≤0.10 "*"元素含量总和≤1.00	1400~1455
	ASTM A-217 C12	≤0.20	0.35~0.65	≤1.00	8.00~10.00	≤0.50*	0.90~1.20	0.04	0.045	Cu* 0.50 W*≤0.10 "*"元素含量总和≤1.00	1400~1455
	ASTM A-352 GR LC9	≤0.13	≤0.90	≤0.45	≤0.50	8.50~10.00	≤0.20	0.04	0.045	Cu≤0.30 V≤0.03	1480~1510
	ASTM A-356 GR 1	≤0.35	≤0.70	≤0.60				0.035	0.030		1520~1540
	ASTM A-356 GR 2	≤0.25	≤0.70	≤0.60			0.45~0.65	0.035	0.030		1525~1545
	ASTM A-356 GR 5	≤0.25	≤0.70	≤0.60	0.40~0.70		0.40~0.60	0.035	0.030		1525~1545

	牌号	C	Mn	Si	Cr	Ni	Mo	P	S	其他元素	熔点范围
Misc	ASTM A-356 GR 6	≤0.20	0.50~0.80	≤0.60	1.00~1.50		0.45~0.65	0.035	0.030		1525~1545
	ASTM A-356 GR 8	≤0.20	0.50~0.90	0.20~0.60	1.00~1.50		0.90~1.20	0.035	0.030	V 0.05~0.15	1525~1545
	ASTM A-356 GR 9	≤0.20	0.50~0.90	0.20~0.60	1.00~1.50		0.90~1.20	0.035	0.030	V 0.20~0.35	1525~1545
	ASTM A-356 GR 10	≤0.20	0.50~0.80	≤0.60	2.00~2.75		0.90~1.20	0.035	0.030		1500~1520
	ASTM A-389 GR C 23	≤0.20	0.30~0.80	≤0.60	1.00~1.50		0.45~0.65	0.04	0.045	V 0.15~0.25	1480~1505
	ASTM A-389 GR 24	≤0.20	0.30~0.80	≤0.60	0.80~1.25		0.90~1.20	0.04	0.045	V 0.15~0.25	1480~1505
	ASTM A-487 GR 8-A,B,C,D	≤0.20	0.50~0.90	≤0.80	2.00~2.75		0.90~1.10	0.04	0.045	Cu * ≤ 0.50 V * ≤0.03 W * ≤ 0.10 "*" 元素含量总和 ≤ 0.60	1480~1505
	ASTM A-757 GR A1Q	≤0.30	≤1.00	≤0.60	≤0.40 *	≤0.50 *	≤0.25 *	0.025	0.025	V * ≤0.03 Cu * ≤ 0.50 "*" 元素含量总和 ≤ 1.00	1520~1540
	ASTM A-757 GR A2Q	≤0.25	≤1.20	≤0.60	≤0.40 *	≤0.50 *	≤0.25 *	0.025	0.025	V * ≤0.03 Cu * ≤ 0.50 "*" 元素含量总和 ≤ 1.00	1520~1540
	ASTM A-757 GR B2N B2Q	≤0.25	0.50~0.80	≤0.60	≤0.40 *	2.0~3.0	≤0.25 *	0.025	0.025	V * ≤0.03 Cu * ≤ 0.50 "*" 元素含量总和 ≤ 1.00	1520~1540
	ASTM A-757 GR B3N B3Q	≤0.15	0.50~0.80	≤0.60	≤0.40 *	3.0~4.0	≤0.25 *	0.025	0.025	V * ≤0.03 Cu * ≤ 0.50 "*" 元素含量总和 ≤ 1.00	1480~1500
	ASTM A-757 GR B4N B4Q	≤0.15	0.50~0.80	≤0.60	≤0.40 *	4.0~5.0	≤0.25 *	0.025	0.025	V * ≤0.03 Cu * ≤ 0.50 "*" 元素含量总和 ≤ 1.00	1480~1500

（续）

牌号	采纳标准	化学成分（质量分数，%）									熔化温度/℃
		C	Mn	Si	Cr	Ni	Mo	P≤	S≤	其他	
	ASTM A-757 GR C1Q	≤0.25	≤1.20	≤0.60	≤0.40*	1.50~2.00	0.15~0.30	0.025	0.025	V*≤0.03 Cu*≤0.50 "*"元素含量总和≤1.00	1480~1500
	ASTM A-757 GR DIN1 D1Q1 DIN2 D1Q2 DIN3 D1Q3	≤0.20	0.40~0.80	≤0.60	2.00~2.75	≤0.50*	0.90~1.20	0.025	0.025	V*≤0.03 Cu*≤0.50 W*≤0.10 "*"元素含量总和≤1.00	1500~1540
	ASTM A-757 GR E1Q	≤0.22	0.50~0.80	≤0.60	1.35~1.85	2.50~3.50	0.35~0.60	0.025	0.025	V*≤0.03 Cu*≤0.50 "*"元素含量总和≤0.70	1500~1520
	ASTM A-757 GR E2N E2Q	≤0.20	0.40~0.70	≤0.60	1.50~2.00	2.75~3.90	0.40~0.60	0.020	0.020	V*≤0.03 Cu*≤0.50 "*"元素含量总和≤0.70	1495~1515
	ASTM A-757 GR E3N	≤0.06	≤1.00	≤1.00	11.5~14.0	3.50~4.50	0.40~1.00	0.030	0.030	Cu*≤0.50 W*≤0.10 "*"元素含量总和≤0.50	1480~1505
	ASTM A-487 GR 16-A	≤0.12	≤2.10	≤0.50	≤0.20*	1.00~1.40	≤0.10*	0.02	0.02	Cu*≤0.20 W*≤0.10 V*≤0.02 "*"元素含量总和≤0.50	1495~1515
Misc	MIL-S-22141B NITRALLOY 135M	0.35~0.45	0.40~0.70	0.20~0.80	1.40~1.80		0.30~0.45	0.04	0.04	Al 0.85~1.20	1520~1540
	IC 1722 AS	0.27~0.34	0.45~0.65	0.55~0.75	1.00~1.50	≤0.25	0.40~0.60	0.04	0.04	Cu≤0.25	1480~1500

5.5   低合金高强度铸钢的典型金相组织

5.5.1 $w(Mn) = 1.5\%$ 的铸钢

锰的质量分数超过脱氧和生成硫化锰所需的 Mn 量之外，被认为是合金元素。

一般锰钢在 $w(C) = 0.18\% \sim 0.33\%$ ，$w(Mn) = 1.20\% \sim 1.60\%$ 时具有良好的力学性能。该类铸钢可采用正火或正火、回火处理，一般不在退火状态使用。

铸态组织为魏氏体型铁素体和珠光体。退火或正火以后，粗大的铸态组织被破碎成较细的铁素体和珠光体。图 5-9 和图 5-10 所示为铸造锰钢的铸态组织，其化学成分（质量分数）：C = 0.24% 、Mn = 1.54% 、Si = 0.44% 、P = 0.021% 、S = 0.024% 。

图 5-9 $w(Mn) = 1.54\%$ 的铸造锰钢
的铸态组织   ×100

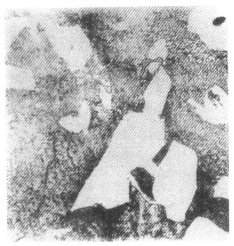

图 5-10 $w(Mn) = 1.54\%$
的铸造锰钢的铸态组织   ×500

图 5-11 ~ 图 5-16 所示为经过热处理后的锰钢金相组织（化学成分同图 5-9）。

在经淬火和回火处理后的锰钢，金相组织中有极细小的铁素体和珠光体，其强度和硬度均较正火和回火的锰钢高，同时具有适当的韧性和塑性。

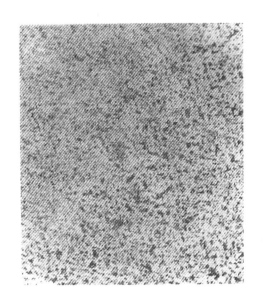

图 5-11   退火 + 正火组织   ×100
（化学成分同图 5-9 的铸造锰钢）

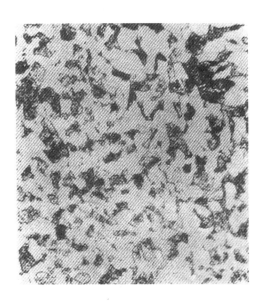

图 5-12   退火 + 正火组织   ×500
（化学成分同图 5-9 的铸造锰钢）

图 5-13　正火 + 回火组织　×100

（化学成分同图 5-9 的铸造锰钢）

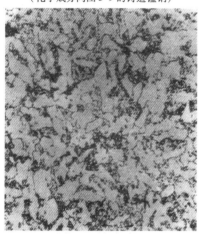

图 5-14　正火 + 回火组织　×500

（化学成分同图 5-9 的铸造锰钢）

图 5-15　淬火 + 回火组织　×100

（化学成分同图 5-9 的铸造锰钢）

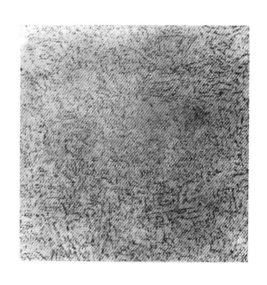

图 5-16　淬火 + 回火组织　×500

（化学成分同图 5-9 的铸造锰钢）

5.5.2　$w(Mo) = 0.5\%$ 的铸钢

$w(Mo) = 0.5\%$ 的铸钢典型金相组织如图 5-17 ~ 图 5-20 所示。

5.5.3　铬钼钒铸钢

由于合金元素的二次硬化效应，在回火过程中和高温下有良好的抗软化作用。经 950℃ 退火 + 950℃ 正火 + 690℃ 回火后的典型组织为上贝氏体和铁素体，见图 5-21 ~ 图 5-24。

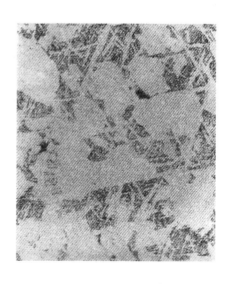

图 5-17　$w(Mo) = 0.5\%$ 的铸造
钼钢的铸态组织　×100

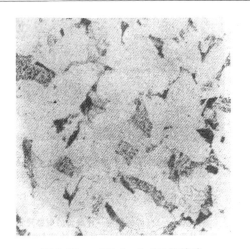

图 5-18　$w(Mo)=0.5\%$ 的铸造
钼钢的铸态组织　×500

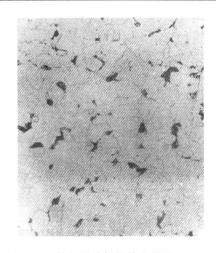

图 5-21　铬钼钒铸钢的铸态组织　×100

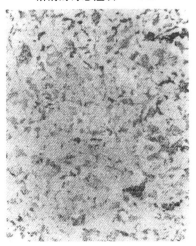

图 5-19　正火 + 回火组织　×100
（化学成分同图 5-17 的铸造钼钢）

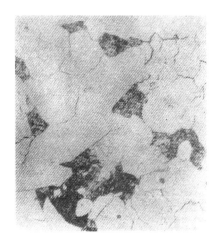

图 5-22　铬钼钒铸钢
的铸态组织　×500

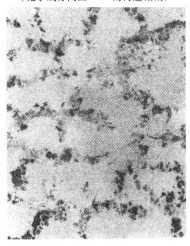

图 5-20　正火 + 回火组织　×500
（化学成分同图 5-17 的铸造钼钢）

图 5-23　经 950℃退火 + 950℃正火 + 690℃
回火的铬钼钒铸钢组织　×100

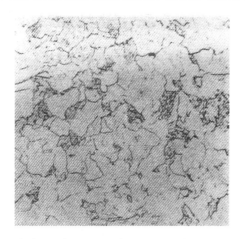

图 5-24　经 950℃退火 + 950℃正火 + 690℃
回火的铬钼钒铸钢组织　×500

5.5.4　铬铸钢

　　$w(Cr) = 1\%$ 的铸钢是一种廉价的耐磨铸钢。铸态的铬钢在高倍显微镜下观看是铁素体和碳化物。经正火和回火处理后，其组织是亚共析铁素体和碳化物。经淬火和回火处理后是回火马氏体组织。图 5-25 ~ 图 5-28 是铬铸钢的典型组织。

5.5.5　铬钼铸钢

　　1）$w(Cr) = 1.5\%$、$w(Mo) = 0.5\%$ 的铬钼铸钢与 $w(Mo) = 0.5\%$ 的钼铸钢相比，可用于更高的温度，并且具有更好的耐蚀性。铬钼铸钢的铸态组织为贝氏体和先共析铁素体。经过正火 + 回火后，组织为铁素体和贝氏体，也可能得到完全贝氏体的组织。贝氏体量取决于正火时的冷却速度。

图 5-25　铬铸钢的铸态组织　×100

图 5-26　铬铸钢的铸态组织
×500

图 5-27　铬铸钢正火 +
回火组织　×100

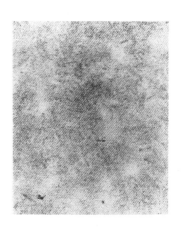

图 5-28　铬铸钢油淬 +
回火组织　×500

图 5-29～图 5-32 所示为典型的金相组织。试样的化学成分（质量分数）：C = 0.16%、Si = 0.20%、Mn = 0.73%、P = 0.020%、S = 0.023%、Cr = 1.43%、Mo = 0.53%。

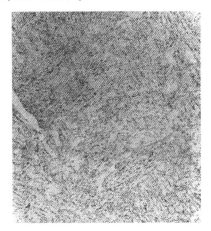

图 5-29　铬钼铸钢的铸态组织　×100

图 5-30　铬钼铸钢正火＋回火组织　×100

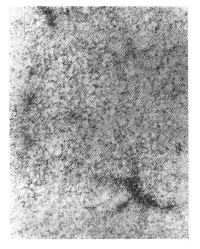

图 5-31　铬钼铸钢正火＋回火组织　×100

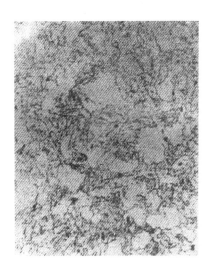

图 5-32　铬钼铸钢正火＋回火组织　×500

2）$w(Cr) = 2.5\%$、$w(Mo) = 1\%$ 的铬钼铸钢的铸态组织为上贝氏体和大块铁素体。经正火＋回火处理后，其组织为细晶粒铁素体和回火马氏体。

推荐该钢种可用于最高温度为 565℃ 的铸件。图 5-33～图 5-36 所示为该钢种的典型金相组织。

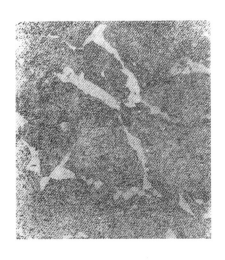

图 5-33　铬钼铸钢的铸态组织　×100

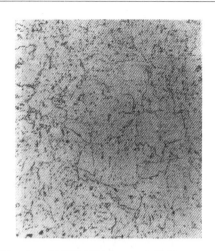

图 5-34　铬钼铸钢正火 + 回火组织　×100

图 5-35　铬钼铸钢淬火 + 回火组织　×100

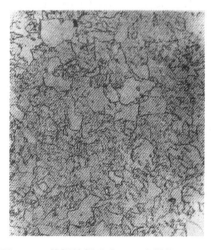

图 5-36　铬钼铸钢淬火 + 回火组织　×500

3）$w(Cr) = 3\%$，$w(Mo) = 0.5\%$ 的铬钼铸钢在湿蒸汽中有更高的耐蚀性。该钢种的铸态组织为上贝氏体和显微偏析，经正火 + 回火后的组织为回火贝氏体，并存在有显微偏析。图 5-37 ~ 图 5-40 所示为典型金相组织。其化学成分（质量分数）：C = 0.24%、Si = 0.42%、Mn = 0.44%、P = 0.02%、S = 0.019%、Cr = 3.23%、Mo = 0.51%。

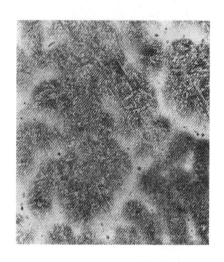

图 5-37　铬钼铸钢的
铸态组织　×100

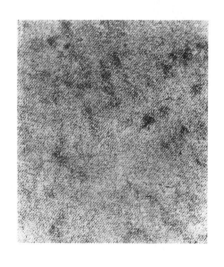

图 5-38　铬钼铸钢
正火 + 回火组织　×100

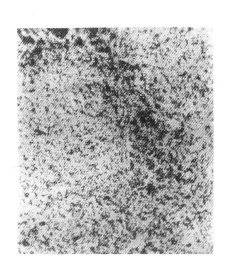

图 5-39　铬钼铸钢正火 +
回火组织　×500

图 5-41　铬钼铸钢的铸态组织　×100

图 5-42　铬钼铸钢
正火 + 回火组织　×100

图 5-40　铬钼铸钢
油淬 + 回火组织　×100

4）$w(\mathrm{Cr}) = 5\%$、$w(\mathrm{Mo}) = 0.5\%$ 的铬钼铸钢也是一种典型钢种。图 5-41 ~ 图 5-44 是该钢种的典型金相组织。其化学成分（质量分数）：$\mathrm{C} = 0.18\%$、$\mathrm{Si} = 0.19\%$、$\mathrm{Mn} = 0.60\%$、$\mathrm{P} = 0.025\%$、$\mathrm{Cr} = 4.17\%$、$\mathrm{Mo} = 0.55\%$。

图 5-43　铬钼铸钢
油淬 + 回火组织　×100

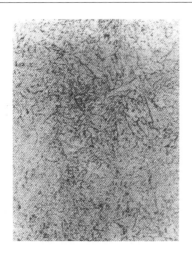

图 5-44　铬钼铸钢油淬 + 回火组织　×500

5.5.6　铬镍钼铸钢

图 5-45 和图 5-46 所示为铬镍钼铸钢的金相组织，组织中有枝晶偏析。经淬火 + 回火处理后，除马氏体外，有少量铁素体。其化学成分为（质量分数）：C = 0.33%、Si = 0.60%、Mn = 0.99%、P = 0.018%、S = 0.010%、Cr = 0.71%、Mo = 0.35%、Ni = 1.45%。

5.5.7　镍铸钢

$w(Ni) = 3\%$ 的镍铸钢属于低温钢，具有优良的低温冲击性能，通常用于 -60℃ 环境下。

图 5-47 ~ 图 5-50 为此种钢的金相组织。铸态组织是铁素体基体和弥散分布的未溶解的珠光体，铁素体晶粒极细。经水淬 + 回火处理后，其组织为铁素体和碳化物。试样的化学成分为（质量分数）：C = 0.1%、Si = 0.41%、Mn = 0.45%、P = 0.018%、S = 0.021%、Ni = 3.35%。

图 5-45　铬镍钼铸钢油淬 + 回火组织　×100

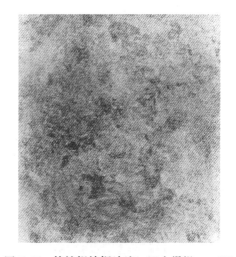

图 5-46　铬镍钼铸钢油淬 + 回火组织　×500

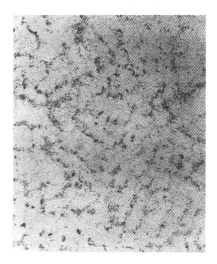

图 5-47　镍铸钢的铸态组织　×100

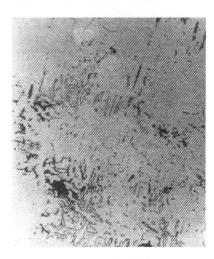

图 5-48　镍铸钢的铸态组织　×500

图 5-49 镍铸钢
水淬 + 回火组织 ×100

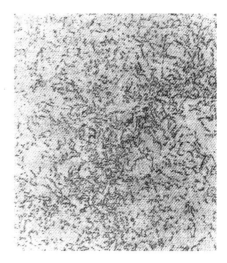

图 5-50 镍铸钢水淬 + 回火组织 ×500

参 考 文 献

[1] 张清. 金属磨损和金属耐磨材料手册 [M]. 北京：冶金工业出版社，1991.

[2] 殷瑞钰. 钢的质量现代进展：下篇 [M]. 北京：冶金工业出版社，1995.

第6章 铸造不锈钢与耐热钢

本章分为工程结构用中、高强度马氏体不锈钢、耐腐蚀铸造不锈钢及镍基铸造合金和铸造耐热钢3部分。

6.1 工程与结构用中、高强度马氏体型不锈钢

中、高强度马氏体型不锈钢包括马氏体型不锈钢和沉淀硬化型不锈钢。在工程应用中，是以力学性能为主要目的。虽然这类钢在大气腐蚀和较缓和的腐蚀介质中（如水及某些有机介质）具有良好的耐蚀性，但其耐蚀性往往不作为检验项目。其化学成分的范围是 $w(Cr) = 13\% \sim 17\%$、$w(Ni) = 2\% \sim 6\%$、$w(C) <$

0.06%。金相组织中主要是低碳板条状马氏体，因此，具有优良的力学性能，强度指标是奥氏体型不锈钢的2倍以上，同时又具备良好的工艺性能，特别是焊接性。中、高强度马氏体型不锈钢在重要工程应用中占有极为重要的地位，是铸造不锈钢领域内的一个重要分支。

6.1.1 工程与结构用中、高强度马氏体型不锈钢的有关标准

1. 我国标准

我国已制定了工程结构用中、高强度马氏体型不锈钢的标准（GB/T 6967—2009），各牌号及化学成分和力学性能见表6-1和表6-2。

表6-1 中、高强度马氏体型不锈钢的化学成分

牌号	化学成分（质量分数,%）											
	C	Si≤	Mn≤	P≤	S≤	Cr	Ni	Mo	残余元素≤			
									Cu	V	W	总量
ZG20Cr13	0.16 ~ 0.24	0.80	0.80	0.035	0.025	11.5 ~ 13.5	—	—	0.50	0.05	0.10	0.50
ZG15Cr13	≤0.15	0.80	0.80	0.035	0.025	11.5 ~ 13.5	—	—	0.50	0.05	0.10	0.50
ZG15Cr13Ni1	≤0.15	0.80	0.80	0.035	0.025	11.5 ~ 13.5	≤1.00	≤0.50	0.50	0.05	0.10	0.50
ZG10Cr13Ni1Mo	≤0.10	0.80	0.80	0.035	0.025	11.5 ~ 13.5	0.8 ~ 1.8	0.20 ~ 0.50	0.50	0.05	0.10	0.50
ZG06Cr13Ni4Mo	≤0.06	0.80	1.00	0.035	0.025	11.5 ~ 13.5	3.5 ~ 5.0	0.40 ~ 1.00	0.50	0.05	0.10	0.50
ZG06Cr13Ni5Mo	≤0.06	0.80	1.00	0.035	0.025	11.5 ~ 13.5	4.5 ~ 6.0	0.40 ~ 1.00	0.50	0.05	0.10	0.50
ZG06Cr16Ni5Mo	≤0.06	0.80	1.00	0.035	0.025	15.5 ~ 17.0	4.5 ~ 6.0	0.40 ~ 1.00	0.50	0.05	0.10	0.50
ZG04Cr13Ni4Mo	≤0.04	0.80	1.50	0.030	0.010	11.5 ~ 13.5	3.5 ~ 5.0	0.40 ~ 1.00	0.50	0.05	0.10	0.50
ZG04Cr13Ni5Mo	≤0.04	0.80	1.50	0.030	0.010	11.5 ~ 13.5	4.5 ~ 6.0	0.40 ~ 1.00	0.50	0.05	0.10	0.50

表6-2 中、高强度马氏体型不锈钢的力学性能

牌号	条件屈服强度 $R_{p0.2}$/MPa ≥	抗拉强度 R_m/MPa ≥	断后伸长率 A(%) ≥	断面收缩率 Z(%) ≥	冲击吸收能量 KV_2/J ≥	硬度 HBW
ZG15Cr13	345	540	18	40	—	163 ~ 229
ZG20Cr13	390	590	16	35	—	170 ~ 235
ZG15Cr13Ni1	450	590	16	35	20	170 ~ 241
ZG10Cr13Ni1Mo	450	620	16	35	27	170 ~ 241
ZG06Cr13Ni4Mo	550	750	15	35	50	221 ~ 294
ZG06Cr13Ni5Mo	550	750	15	35	50	221 ~ 294
ZG06Cr16Ni5Mo	550	750	15	35	50	221 ~ 294

（续）

牌号		条件屈服强度 $R_{p0.2}$/MPa ≥	抗拉强度 R_m/MPa ≥	断后伸长率 A(%) ≥	断面收缩率 Z(%) ≥	冲击吸收能量 KV_2/J ≥	硬度 HBW
ZG04Cr13Ni4Mo	HT1[①]	580	780	18	50	80	221~294
	HT2[②]	830	900	12	35	35	294~350
ZG04Cr13Ni5Mo	HT1[①]	580	780	18	50	80	221~294
	HT2[②]	830	900	12	35	35	294~350

① 回火温度应为 600~650℃。
② 回火温度应为 500~550℃。

2. 欧洲标准

欧洲标准 EN 10283:2019 中，列有 7 种马氏体型不锈钢。其化学成分见表 6-3，室温力学性能见表 6-4。

表 6-3 欧洲标准马氏体型不锈钢的化学成分

牌号	材料号	化学成分(质量分数,%)										
		C	Si≤	Mn≤	P≤	S≤	Cr	Mo	Ni	N≤	Cu	Nb≤
GX12Cr12	1.4011	≤0.15	1.00	1.00	0.035	0.025	11.50~13.50	≤0.50	≤1.00	—	—	—
GX20Cr14	1.4027	0.16~0.23	1.00	1.00	0.045	0.03	12.5~14.5	—	1.00	—	—	—
GX7CrNiMo12-1	1.4008	≤0.10	1.00	1.00	0.035	0.025	12.00~13.50	0.20~0.50	1.00~2.00	—	—	—
GX4CrNi13-4	1.4317	≤0.06	1.00	1.00	0.035	0.025	12.00~13.50	≤0.70	3.50~5.00	—	—	—
GX4CrNiMo16-5-1	1.4405	≤0.06	0.80	1.00	0.035	0.025	15.00~17.00	0.70~1.50	4.00~6.00	—	—	—
GX4CrNiMo16-5-2	1.4411	≤0.06	0.80	1.00	0.035	0.025	15.00~17.00	1.50~2.00	4.00~6.00	—	—	—
GX5CrNiCu16-4	1.4525	≤0.07	0.80	1.00	0.035	0.025	15.00~17.00	0.80	3.50~5.50	0.05	2.50~4.00	0.35

表 6-4 欧洲标准马氏体型不锈钢的室温力学性能

牌号	材料号	热处理			壁厚	力学性能			
						室温			冲击吸收能量
		类型[①]	淬火温度/℃	回火温度/℃	t/mm	$R_{p0.2}$ /MPa≥	R_m /MPa≥	A (%)≥	KV_2 /J≥
GX12Cr12	1.4011	+ QT	950~1050	650~750	150	450	620	15	20
GX20Cr14	1.4027	+ QT	950~1050	650~750	150	440	590	12	—
GX7CrNiMo12-1	1.4008	+ QT	1000~1050	620~720	300	440	590	15	27
GX4CrNi13-4	1.4317	+ QT1	1000~1050	590~620	300	550	760	15	50
		+ QT2	1000~1050	500~530	300	830	900	12	35
		+ QT3	1000~1050	600~680 560~620	300	500	700	16	50

（续）

牌号	材料号	热处理			壁厚	力学性能				
						室温				冲击吸收能量
		类型①	淬火温度/℃	回火温度/℃	t/mm	$R_{p0.2}$ /MPa≥	R_m /MPa≥	A (%)≥		KV_2 /J≥
GX4CrNiMo16-5-1	1.4405	+ QT	1020~1070	580~630	300	540	760	15		60
GX4CrNiMo16-5-2	1.4411	+ QT	1020~1070	580~630	300	540	760	15		60
GX5CrNiCu16-4	1.4525	+ QT1	1020~1070	560~610	300	750	900	12		20
		+ QT2	1020~1070	460~500	300	1000	1100	5		—

① + QT、+ QT1、+ QT2 或 + QT3—淬火 + 回火。

3. 德国标准

德国标准 DIN 17445：1984 中，列有 4 种马氏体型不锈钢。其化学成分见表 6-5，室温力学性能见表 6-6，高温力学性能见表 6-7，物理性能见表 6-8，热处理工艺和供货状态组织见表 6-9。

4. 日本标准

日本不锈钢铸件标准 JIS G5121—2003 中列有 12 种马氏体型不锈钢。其化学成分和力学性能见表 6-10 和表 6-11。

表 6-5　德国马氏体型不锈钢的化学成分

铸钢钢种		化学成分（质量分数，%）							
牌号	材料号	C	Si≤	Mn≤	P≤	S≤	Cr	Mo≤	Ni
G-X8CrNi13	1.4008	0.06~0.12	1.0	1.0	0.045	0.030	12.0~13.5	0.50	1.0~2.0
G-X20Cr14	1.4027	0.16~0.23	1.0	1.0	0.045	0.030	12.5~14.5	—	≤1.0
G-X22CrNi17	1.4059	0.20~0.27	1.0	1.0	0.045	0.030	16.0~18.0	—	1.0~2.0
G-X5CrNi13 4	1.4313	0.07	1.0	1.0	0.035	0.025	12.0~13.5	0.70	3.5~5.0

注：表内除给出范围者外，均为最小值。

表 6-6　德国马氏体型不锈钢的室温力学性能

铸钢钢种		热处理状态	硬度 HBW	$R_{p0.2}$ /MPa≥	$R_{p1.0}$ /MPa≥	R_m /MPa	$A(L_0=5d_0)$ (%)≥	冲击值（平均值）	
牌号	材料号							ISO-V①/J≥	DVM②/J≥
G-X8CrNi13	1.4008	退火	170~240	—	—	—	—	—	—
		调质	170~240	440	—	590~790	15	27	27
G-X20Cr14	1.4027	退火	170~240	—	—	—	—	—	—
		调质	170~240	440	—	590~790	12		13
G-X22CrNi17	1.4059	退火	200~270	—	—	780~980			
		调质	230~300	590	—		4		
G-X5CrNi13 4	1.4313	调质一级	240~300	550	—	760~960	15	50	55
		调质二级	280~350	830	—	900~1100	12	35	40

注：表内除给出范围者外，均为最低值。

① ISO 国际标准 V 形缺口冲击试样。见 ISO 148-3：2008《金属材料夏比摆式冲击试验》。

② 德国标准 DVM 冲击试样。见 DIN 50115：1991《金属材料缺口冲击试验》。

表 6-7　德国马氏体型不锈钢的高温力学性能

铸钢钢种		热处理状态	高温 0.2% 屈服强度/MPa							
牌号	材料号		100℃	150℃	200℃	250℃	300℃	350℃	400℃	450℃
G-X8CrNi13	1.4008	调质	365	355	345	335	325	315	305	
G-X20Cr14	1.4027	调质	365	355	345	335	325	315	305	
G-X22CrNi17	1.4059	调质	—	—	—	—	—	—	—	
G-X5CrNi13 4	1.4313	调质1	515	500	485	470	455	440	—	—
		调质2	810	770	750	725	700	680	—	—

注：高温屈服强度仅在订货方提出要求的情况下测定。

表 6-8　德国马氏体型不锈钢的物理性能

| 铸钢钢种 | | 密度/ | 线胀系数/（×10⁻⁶/K） | | | | | 20℃ 热导率 /[W/（m·K）] | 20℃ 比热容 /[J/（kg·K）] | 收缩率 （参考值） （%） |
牌号	材料号	（g/cm³）	100℃	200℃	300℃	400℃	500℃			
G-X8CrNi13	1.4008	7.7	10.5	11.0	11.5	12.0	12.3	29	460	
G-X20Cr14	1.4027	7.7	10.5	11.0	11.5	11.5	12.0	29	460	2.0
G-X22CrNi17	1.4059	7.7	10.0	10.5	11.0	11.0	11.0	25	460	
G-X5CrNi13 4	1.4313	7.7	10.5	11.0	12.0	12.5	13.0	25	460	

表 6-9　德国马氏体型不锈钢的热处理工艺和供货状态组织（参考数据）

| 铸钢钢种 | | 退火 | | 淬火 | | 回火温度 /℃ | 供货状态组织 |
牌号	材料号	温度/℃	冷却形式	温度/℃	冷却介质		
G-X8CrNi13	1.4008	700~750	炉冷	1000~1050	空气	650~720	铁素体、珠光体、碳化物调质组织
G-X20Cr14	1.4027	750~800	炉冷	1000~1050	空气	650~750	铁素体、珠光体、碳化物调质组织
G-X22CrNi17	1.4059	700~750	炉冷	1000~1050	空气	600~700	铁素体、珠光体、碳化物调质组织
G-X5CrNi13 4	1.4313	—		1000~1050	空气	580~620 500~540	调质组织

表 6-10　日本马氏体型不锈钢的牌号及化学成分

| 牌号 | 化学成分（质量分数,%） | | | | | | | | |
	C	Si ≤	Mn ≤	P ≤	S ≤	Cr	Ni	Mo	其 他
SCS1	≤0.15	1.50	1.00	0.040	0.040	11.50~14.00	≤1.00	≤0.50	—
SCS1X	≤0.15	0.80	0.80	0.035	0.025	11.50~13.50	≤1.00	≤0.50	—
SCS2	0.16~0.24	1.50	1.00	0.040	0.040	11.50~14.00	≤1.00	≤0.50	—
SCS2A	0.25~0.40	1.50	1.00	0.040	0.040	11.50~14.00	≤1.00	≤0.50	—
SCS3	≤0.15	1.00	1.00	0.040	0.040	11.50~14.00	0.50~1.50	0.15~1.00	—
SCS3X	≤0.15	0.80	0.80	0.035	0.025	11.50~13.50	0.80~1.80	0.20~0.50	—
SCS4	≤0.15	1.50	1.00	0.040	0.040	11.50~14.00	1.50~2.50	—	—
SCS5	≤0.06	1.00	1.00	0.040	0.040	11.50~14.00	3.50~4.50	—	—
SCS6	≤0.06	1.00	1.00	0.040	0.040	11.50~14.00	3.50~4.50	0.40~1.00	—
SCS6X	≤0.06	1.00	1.50	0.035	0.025	11.50~13.00	3.50~5.00	≤1.00	—
SCS24	≤0.07	1.00	1.00	0.040	0.030	15.50~17.50	3.50~5.50	—	Nb0.15~0.45 Cu2.50~4.00
SCS31	≤0.06	0.80	0.80	0.035	0.025	15.00~17.00	4.00~6.00	0.70~1.50	—

表 6-11　日本马氏体型不锈钢的力学性能

| 牌号 | 热处理条件/℃ | | | 拉伸试验 | | | | 硬度 HBW |
	淬火温度①/℃	回火温度②/℃	固溶处理③	R_m/MPa	$R_{p0.2}$ /MPa	A(%)	Z(%)	
SCS1　（T1）	≥950	680~740	—	540	345	18	40	163~229
（T2）	≥950	590~700	—	620	450	16	30	179~241
SCS1X	950~1050	650~750	—	620	450	14	—	—
SCS2	≥950	680~740	—	590	390	16	35	170~235
SCS2A	≥950	≥600	—	690	485	15	25	≤269

（续）

牌　号	热处理条件/℃			拉 伸 试 验				硬度 HBW
	淬火温度①/℃	回火温度②/℃	固溶处理③	R_m/MPa	$R_{p0.2}$/MPa	A(%)	Z(%)	
SCS3	≥900	650~740	—	590	440	16	40	170~235
SCS3X	1000~1050	620~720	—	590	440	15	—	—
SCS4	≥900	650~740	—	640	490	13	40	192~255
SCS5	≥900	600~700	—	740	540	13	40	217~277
SCS6	≥950	570~620	—	750	550	15	—	≤285
SCS6X(QT1)	1000~1100	570~620	—	750	550	15	—	≤285
(QT2)	1000~1100	500~530	—	900	830	12	—	—
SCS24	符号	固溶处理/℃	时效处理/℃④					
	H900	1020~1080	(475~525)×90min	1240	1030	6	—	≤375
	H1025	1020~1080	(535~585)×4h	980	885	9	—	≤311
	H1075	1020~1080	(565~615)×4h	960	785	9	—	≤277
	H1150	1020~1080	(605~655)×4h	850	665	10	—	≤269
SCS31	1020~1070	580~630		760	540	15	—	—

① 表内除给出范围者外，均为最低值。

② 仅需方在订货有要求的情况下测定。

③ 冷却：急冷。

④ 冷却：空冷。

5. 美国合金铸造学会标准

美国合金铸造学会（ACI）标准中列有 7 种马氏体型不锈钢。其牌号和化学成分见表 6-12。

6. 法国标准

法国铸造不锈钢标准 NF A32-056（1984）、A32-059（1984）中马氏体型不锈钢牌号共 8 个。其牌号

及化学成分和力学性能见表 6-13 和 6-14。

7. 俄罗斯标准

俄罗斯的铸造合金钢标准 ΓOCT 977—1988 中关于铸造马氏体型不锈钢和耐热钢的牌号及化学成分和力学性能见表 6-15 和表 6-16。

表 6-12　美国马氏体型不锈钢的牌号和化学成分

铸造合金牌号	变形合金种类①	化学成分（质量分数,%）							
		C	Mn	Si	P	S	Cr	Ni	其他元素
CA-15	410	0.15	1.00	1.50	0.04	0.04	11.50~14.0	1	Mo0.5②
CA-15M	—	0.15	1.00	0.65	0.04	0.04	11.50~14.0	1	Mo0.15~1.00
CA-40	420	0.20~0.40	1.00	1.50	0.04	0.04	11.50~14.0	1	Mo0.5②
CA-6NM	—	0.06	1.00	1.00	0.04	0.03	11.50~14.0	3.5~4.5	Mo0.4~1.00
CA-6N	—	0.06	0.50	1.00	0.02	0.02	10.5~12.0	6.0~8.0	
CB-7Cu-1	—	0.07	0.70	1.00	0.035	0.030	14.0~15.5	4.5~5.5	Cb0.15~0.35, N0.05、Cu2.5~3.2
CB-7Cu-2	—	0.07	0.70	1.00	0.035	0.030	14.0~15.5	4.5~5.5	Cb0.15~0.35 N0.05、Cu2.5~3.2

注：表内除给出范围者外，均为最大值。

① 表内所列变形合金代号只为确定变形合金钢和铸造合金钢牌号之间的对应关系而提供方便。

② 钼并非有意添加的。

表 6-13　法国马氏体型不锈钢的牌号及化学成分

牌号	化学成分（质量分数，%）								
	C≤	Si≤	Mn≤	P≤	S≤	Cr	Ni	Mo	其他
Z12C13M	0.15	1.00	1.00	0.035	0.025	12.0~14.0	—	—	—
Z22C13M	0.25	1.00	1.00	0.035	0.025	12.0~14.0	—	—	—
Z6CN12.1M	0.08	0.06	0.08	0.035	0.025	11.5~13.0	0.90~1.30	≤0.50	—
Z6CN12.2M	0.08	0.06	1.00	0.035	0.025	11.5~13.0	1.20~2.20	≤0.50	—
Z4CND13.4M	0.06	0.80	1.00	0.035	0.025	12.0~13.5	3.50~4.50	0.40~0.70	—
Z4CN16.4M	0.06	0.80	1.00	0.035	0.025	15.5~17.5	4.00~5.50	—	—
Z4CND16.4M	0.06	0.80	1.00	0.035	0.025	15.5~17.5	4.00~5.50	0.70~1.50	—
Z5CNU16.4M	0.07	0.80	1.00	0.035	0.025	15.5~17.5	3.50~5.00	≤0.80	Cu2.50~4.00 Nb+Ta≤0.35 N≤0.05

表 6-14　法国马氏体型不锈钢的力学性能

牌号	力学性能				
	R_m/MPa	$R_{0.2}$/MPa≥	A(%)≥	$KV_2^①$/J ≥	硬度 HBW ≤
Z12C13M	600~800	400	15	20	—
Z22C13M	700~900	500	12	—	—
Z6CN12.1M	540~700	380	18	40	—
Z6CN12.2M	≥800	650	8	20	—
	≥650	500	16	40	—
Z4CND13.4M	≥900	750	12	30	—
	750~900	550	15	50	—
	≥700	500	16	60	—
Z4CN16.4M	≥850	700	5	20	—
Z4CND16.4M	≥790	580	14	50	—
Z5CNU16.4M	≥1150	1000	5	—	—
	≥980	850	8	—	—
	≥900	750	10	—	—
	≥800	500	15	40	—

①　3 个试样的平均值，其中一个试样允许低于该平均值，但不得低于该值的 70%。

表 6-15　俄罗斯马氏体型不锈钢和耐热钢的牌号及化学成分

牌号	化学成分（质量分数，%）								
	C	Si	Mn	P≤	S≤	Cr	Ni	Mo	其他
07X17H16ТЛ	0.40~0.10	0.20~0.60	1.00~3.00	0.035	0.020	16.0~18.0	15.0~17.0	—	Ti 0.005~0.15
07X18H9Л	≤0.07	0.20~1.00	1.00~2.00	0.035	0.030	17.0~20.0	8.00~11.0	—	Cu≤0.30
08X14НДЛ	≤0.08	≤0.04	0.50~0.80	0.025	0.025	13.0~14.5	1.20~1.60	—	Cu 0.80~1.20
08X14H7МЛ	≤0.08	0.20~0.75	0.30~0.90	0.030	0.030	13.0~15.0	6.00~8.50	0.50~1.00	Cu≤0.30
08X15H4ДМЛ	≤0.08	≤0.04	1.00~1.50	0.025	0.025	14.0~16.0	3.50~3.90	0.30~0.45	Cu 1.00~1.40
08X17H34B5T-3Ю2РЛ	≤0.08	0.20~0.50	0.30~0.60	0.010	0.010	15.0~18.0	32.0~35.0	—	W 4.50~5.50 Ti 2.60~3.20 Al 1.70~2.10 B≈0.05 Ce≈0.01

（续）

牌　号	化学成分（质量分数,%）								
	C	Si	Mn	P≤	S≤	Cr	Ni	Mo	其　他
09Х16Н4БЛ	0.05 ~ 0.13	0.20 ~ 0.60	0.30 ~ 0.60	0.030	0.025	15.0 ~ 17.0	3.50 ~ 4.50	—	Nb 0.05 ~ 0.20 Cu≤0.30
09Х17Н3СЛ	0.05 ~ 0.12	0.80 ~ 1.50	0.30 ~ 0.80	0.035	0.035	15.0 ~ 18.0	2.80 ~ 3.80	—	Cu≤0.30
10Х12НДЛ	≤0.10	0.17 ~ 0.40	0.20 ~ 0.60	0.025	0.025	12.0 ~ 13.5	1.00 ~ 1.50	—	Cu≤1.10
10Х18Н3Г3Д2Л	≤0.10	≤0.60	2.30 ~ 3.00	0.030	0.030	17.0 ~ 19.0	3.00 ~ 3.50	—	Cu 1.80 ~ 2.20
10Х18Н9Л	≤0.14	0.20 ~ 1.00	1.00 ~ 2.00	0.035	0.030	17.0 ~ 20.0	8.00 ~ 11.0	—	Cu≤0.30
10Х18Н11БЛ	≤0.10	0.20 ~ 1.00	1.00 ~ 2.00	0.035	0.030	17.0 ~ 20.0	8.00 ~ 12.0	—	Nb 0.45 ~ 0.90 Cu≤0.30
12Х18Н9ТЛ	≤0.12	0.20 ~ 1.00	1.00 ~ 2.00	0.035	0.030	17.0 ~ 20.0	8.00 ~ 11.0	—	Ti5ХC≈0.70 Cu≤0.30
12Х18Н12БЛ	≤0.12	≤0.55	0.50 ~ 1.00	0.020	0.025	17.0 ~ 19.0	11.0 ~ 13.0	—	Nb 0.70 ~ 1.10
12Х18Н12М3-ТЛ	≤0.12	0.20 ~ 1.00	1.00 ~ 2.00	0.035	0.030	16.0 ~ 19.0	11.0 ~ 13.0	—	Mo 3.00 ~ 4.00 Ti5ХC≈0.70 Cu≤0.30
12Х25Н5ТМФЛ	≤0.12	0.20 ~ 1.00	0.30 ~ 0.80	0.030	0.030	23.0 ~ 26.0	5.00 ~ 6.50	0.06 ~ 0.12	Ti 0.08 ~ 0.20 N 0.08 ~ 0.20 V 0.07 ~ 0.15 Cu≤0.30
14Х18Н4Г4Л	≤0.14	0.20 ~ 1.00	4.00 ~ 5.00	0.035	0.030	16.0 ~ 20.0	4.00 ~ 5.00	—	Cu≤0.30
15Х13Л	≤0.15	0.20 ~ 0.80	0.30 ~ 0.80	0.030	0.025	12.0 ~ 14.0	≤0.50	—	Cu≤0.30
15Х18Н22-В6М2РЛ	0.10 ~ 0.20	0.20 ~ 0.60	0.30 ~ 0.60	0.035	0.030	16.0 ~ 18.0	20.0 ~ 24.0	2.00 ~ 3.00	W 5.00 ~ 7.00 B 0.01 Cu≤0.30
15Х23Н18Л	0.10 ~ 0.20	0.20 ~ 1.00	1.00 ~ 2.00	0.030	0.030	22.0 ~ 25.0	17.0 ~ 20.0	—	Cu≤0.30
15Х25ТЛ	0.10 ~ 0.20	0.50 ~ 1.20	0.50 ~ 0.80	0.035	0.030	23.0 ~ 27.0	≤0.50	—	Ti 0.04 ~ 0.08 Cu≤0.30
16Х18Н12С-4ТЮЛ	0.13 ~ 0.19	3.80 ~ 4.50	0.50 ~ 1.00	0.030	0.030	17.0 ~ 19.0	11.0 ~ 13.0	—	Ti 0.04 ~ 0.70 Al 0.13 ~ 0.35 Cu≤0.30
18Х25Н19СЛ	≤0.18	0.80 ~ 2.00	0.70 ~ 1.50	0.035	0.030	22.0 ~ 26.0	17.0 ~ 21.0	≤0.20	Cu≤0.30
20Х5МЛ	0.15 ~ 0.25	0.35 ~ 0.70	0.40 ~ 0.60	0.040	0.040	4.00 ~ 6.50	≤0.50	0.40 ~ 0.65	Cu≤0.30
20Х8ВЛ	0.15 ~ 0.25	0.30 ~ 0.60	0.30 ~ 0.50	0.040	0.035	7.50 ~ 9.00	≤0.50	—	W 1.25 ~ 1.75 Cu≤0.30
20Х12ВНМФЛ	0.17 ~ 0.23	0.20 ~ 0.60	0.50 ~ 0.90	0.030	0.025	10.5 ~ 12.5	0.50 ~ 0.90	0.50 ~ 0.70	W 0.70 ~ 1.10 V 0.15 ~ 0.30 Cu≤0.30
20Х13Л	0.16 ~ 0.25	0.20 ~ 0.80	0.30 ~ 0.80	0.030	0.025	12.0 ~ 14.0	—	—	—
20Х20Н14С2Л	≤0.20	2.00 ~ 3.00	≤1.50	0.035	0.025	19.0 ~ 22.0	12.0 ~ 15.0	—	Cu≤0.30

（续）

牌　号	化学成分（质量分数,%）								
	C	Si	Mn	P≤	S≤	Cr	Ni	Mo	其　他
20Х21Н46В8РЛ	0.10~0.25	0.20~0.80	0.30~0.80	0.040	0.035	19.0~22.0	43.0~48.0	—	W 7.00~9.00 B≈0.06 Cu≤0.30
20Х25Н19С2Л	≤0.20	2.00~3.00	0.50~1.50	0.035	0.030	23.0~27.0	18.0~20.0	—	Cu≤0.30
31Х19Н9МВ-БТЛ	0.26~0.35	≤0.80	0.80~1.50	0.035	0.020	18.0~20.0	8.00~10.0	1.00~1.50	W 1.00~1.50 Nb 0.20~0.50 Ti 0.20~0.50 Cu≤0.30
35Х18Н24С2Л	0.30~0.40	2.00~3.00	≤1.50	0.035	0.030	17.0~20.0	23.0~25.0	—	Cu≤0.30
35Х23Н7СЛ	≤0.35	0.50~1.20	0.50~0.85	0.035	0.035	21.0~25.0	6.00~8.00	—	Cu≤0.30
40Х9С2Л	0.35~0.50	2.00~3.00	0.30~0.70	0.035	0.035	8.00~10.0	≤0.50	—	Cu≤0.30
40Х24Н12СЛ	≤0.40	0.50~1.50	0.30~0.80	0.035	0.030	22.0~26.0	11.0~13.0	—	Cu≤0.30
45Х17Г13Н3-ЮЛ	0.40~0.50	0.80~1.50	12.0~15.0	0.035	0.030	16.0~18.0	2.50~3.50	—	Al 0.60~1.00 Cu≤0.30
55Х18Г14С2ТЛ	0.45~0.65	1.50~2.50	12.0~16.0	0.040	0.030	16.0~19.0	≤0.50	—	Ti 0.10~0.30 Cu≤0.30

注：摘自 ГОСТ 977—1988。

表 6-16　俄罗斯马氏体型不锈钢和耐热钢的力学性能

牌　号		力学性能　≥				
		R_m/MPa	$R_{p0.2}$/MPa	A(%)	Z(%)	KU_2/J
07Х17Н16ТЛ		441	196	40	55	39.2
07Х18Н9Л		—	—	—	—	—
08Х14НДЛ		648	510	15	40	59.0
08Х14Н7МЛ		981	687	10	25	29.4
08Х15Н4ДМЛ		736	589	17	5	98.1
08Х17Н34В5Т3Ю2РЛ		785	687	3	3	—
09Х16Н4БЛ	Ⅰ	932	785	10	—	39.2
	Ⅱ	1128	883	9	—	24.5
09Х17Н3СЛ	Ⅰ	981	736	8	15	19.6
	Ⅱ	932	736	8	20	24.5
	Ⅲ	834	638	6	10	—
10Х12НДЛ		638	441	14	30	29.4
10Х18Н3Г3Д2Л		687	491	12	25	29.4
10Х18Н9Л		441	177	25	35	98.1
10Х18Н11БЛ		441	196	25	35	59.0
12Х18Н9ТЛ		441	196	25	32	59.0
12Х18Н12БЛ		392	196	13	18	19.6
12Х18Н12М3ТЛ		441	216	25	30	59.0
12Х25Н5ТМФЛ		540	392	12	40	29.4
14Х18Н4Г4Л		441	245	25	35	98.1
15Х13Л		540	392	16	45	49.1
15Х18Н22В6М2РЛ		491	196	5	—	—
15Х23Н18Л		540	294	25	30	98.1
15Х25ТЛ		441	275	—	—	—

（续）

牌　号	力学性能 ≥				
	R_m/MPa	$R_{p0.2}$/MPa	$A(\%)$	$Z(\%)$	KU_2/J
16Х18Н12С4ТЮЛ	491	245	15	30	27.5
18Х25Н19СЛ	491	245	25	28	—
20Х5МЛ	589	392	16	30	39.2
20Х8ВЛ	589	392	16	30	39.2
20Х12ВНМФЛ	589	491	15	30	29.4
20Х13Л	589	441	16	40	39.2
20Х20Н14С2Л	491	245	20	25	—
20Х21Н46В8РЛ	441	—	6	8	29.4
20Х25Н19С2Л	491	245	25	28	—
31Х19Н9МВБТЛ	540	294	12	—	29.4
35Х18Н24С2Л	549	294	20	25	—
35Х23Н7СЛ	540	245	12	—	—
40Х9С2Л	—	—	—	—	—
40Х24Н12СЛ	491	245	20	28	—
45Х17Г13Н3ЮЛ	491	—	10	18	98.1
55Х18Г14С2ТЛ	638	—	6	—	14.7

注：摘自 ГОСТ 977—1988。

8. 英国标准

BS 耐蚀高合金铸钢标准（BS 3100Part4：1991）中，马氏体耐蚀、耐热和高合金铸钢牌号及化学成分和热处理与力学性能见表 6-17 和表 6-18。

9. 美国某公司典型沉淀硬化型不锈钢

美国某公司典型沉淀硬化型不锈钢在不同标准组织间的成分对照见表 6-19。

表 6-17　英国马氏体耐蚀、耐热和高合金铸钢的牌号及化学成分

牌　号		化学成分（质量分数，%）								
BS	EN	C ≤	Si ≤	Mn ≤	P ≤	S ≤	Cr	Ni	Mo	其　他
410C21	1630GradeA	0.15	1.0	1.0	0.040	0.040	11.5 ~ 13.5	≤1.0	—	Cu≤0.30
420C28	—	0.20	1.0	1.0	0.040	0.040	11.5 ~ 13.5	≤1.0	—	Cu≤0.30
420C29	1630GradeB	0.20	1.0	1.0	0.040	0.040	11.5 ~ 13.5	≤1.0	—	Cu≤0.30
425C12	—	0.06	1.0	1.0	0.040	0.030	11.5 ~ 14.0	3.5 ~ 4.5	0.40 ~ 1.00	—
425C11	—	0.10	1.0	1.0	0.040	0.030	11.5 ~ 13.5	3.4 ~ 4.2	≤0.60	—

表 6-18　英国马氏体耐蚀、耐热和高合金铸钢的热处理与力学性能

牌号	力学性能≥					最终热处理
	R_m/ MPa	$R_{p0.2}$/ MPa	A[①] (%)	KV_2 /J	/℃	
410C21	540	370	15	—	—	空淬 + 回火，或油淬 + 回火（回火温度 ≤750℃），或者空淬或油淬(950 ~ 1050 ℃) + 回火(590 ~ 650 ℃)，或者空淬或油淬（950 ~ 1050℃) + 回火(660 ~ 700 ℃)，再空冷到 95 ℃ 以下 + 回火(590 ~ 620 ℃)
420C28	620	450	13	—	—	
420C29	690	465	11	—	—	
425C12	755	550	15	—	—	
425C11	770	620	12	30	20	空淬或油淬(950 ~ 1050℃) + 回火(590 ~ 650℃)

① 试样标距长度 $L_0 = 5.65 \sqrt{S_0}$（S_0 为原始横断面积）。

表6-19 美国某公司典型沉淀硬化型不锈钢在不同标准组织间的成分对照

牌号	采用标准	化学成分(质量分数,%)										熔化温度/℃
		C	Mn	Si	Cr	Ni	Mo	P≤	S≤	Cu	其他	
14-4	AMS 53400	≤0.06	≤0.70	0.50~1.00	13.50~14.25	3.75~4.25	2.00~2.50	0.02	0.025	3.00~3.50	Cb 0.15~0.35 N≤0.05 Ta≤0.05	1400~1425
	AMS 5346	≤0.05	≤0.60	0.50~1.00	14.00~15.50	4.20~5.00		0.025	0.025	2.50~3.20	Cb/Ta 0.15~3.00 N≤0.05	1405~1440
	AMS 5347A	≤0.05	≤0.60	0.50~1.00	14.00~15.50	4.20~5.00		0.025	0.025	2.50~3.20	Cb 0.15~0.30 N≤0.05 Ta≤0.05	1405~1440
	AMS 5356A	≤0.05	≤0.60	0.50~1.00	14.00~15.50	4.20~5.00		0.025	0.025	2.50~3.20	Cb 0.15~0.30 Ta 0.05	1405~1440
15-5	AMS 5357A	≤0.05	≤0.60	0.50~1.00	14.00~15.50	4.20~5.00		0.025	0.025	2.50~3.20	Cb 0.15~0.30 N≤0.05 Ta≤0.05	1405~1440
	AMS 5400A	≤0.05	≤0.60	0.50~1.00	14.00~15.50	4.20~5.00		0.025	0.025	2.50~3.20	Cb 0.15~0.30 Ta 0.05	2560~2625
	ASTM A—747 CB 7 Cu—2 ACI—CB—7 Cu—2	≤0.07	≤0.70	≤1.00	14.00~15.50	4.50~5.50		0.035	0.03	2.50~3.20	Cb/Ta 0.15~0.35 N≤0.05	1405~1440
	IC 15—5—PH	≤0.05	≤0.60	0.50~1.00	14.00~15.50	4.20~5.00		0.025	0.025	2.50~3.20	Cb/Ta 0.15~0.35 N 0.05	1405~1440
17-4	AMS 5342C 5344C	≤0.06	≤0.70	0.50~1.00	15.50~16.70	3.60~4.60		0.025	0.025	2.80~3.50	Cb/Ta 0.15~0.40 Al≤0.05 N≤0.05 Sn≤0.02	1405~1440

（续）

牌号	采用标准	化学成分（质量分数,%）										熔化温度/℃
		C	Mn	Si	Cr	Ni	Mo	P≤	S≤	Cu	其他	
17-4	AMS 5343D	≤0.06	≤0.70	0.50~1.00	15.50~16.70	3.60~4.60		0.025	0.025	2.80~3.50	Cb 0.15~0.40 Al≤0.05 N≤0.05 Sn≤0.02 Ta≤0.05	1405~1440
	AMS 5355F	≤0.06	≤0.70	0.50~1.00	15.50~16.70	3.60~4.60		0.025	0.025	2.80~3.50	Cb 0.15~0.40 Al≤0.05 N≤0.05 Sn≤0.02 Ta≤0.05	1405~1440
	（ARMCO）	≤0.07	≤1.00	≤1.00	15.50~17.50	3.00~5.00		0.04	0.03	3.00~5.00	Cb/Ta 0.25~0.45	1405~1440
	IC 17-4PH	≤0.06	≤0.70	0.50~1.00	15.50~16.70	3.60~4.60		0.04	0.03	2.80~3.50	Cb/Ta 0.15~0.40 N≤0.05	1405~1440
	ASTM A-747 CB 7 Cu-1	≤0.07	≤0.70	≤1.00	15.50~17.70	3.60~4.60		0.035	0.03	2.50~3.20	Cb 0.15~0.35 N≤0.05	1405~1440
	MIL-S-81591 IC-17-4	≤0.08	≤1.00	≤1.00	15.50~17.50	3.00~5.00		0.04	0.04	3.00~5.00	Cb/Ta 0.45	1405~1440
CD 4M Cu	ASTM A-351 GR CD4MCu ASTM A-743 GR CD4MCu ASTM A-744 GR CD4MCu ASTM A-890 GR 1-A	≤0.04	≤1.00	≤1.00	24.5~26.5	4.75~6.00	1.75~2.25	0.04	0.04	2.75~3.25		1400~1425
AM 355	AMS 5368B	0.08~0.15	0.40~1.00	≤0.75	14.50~15.50	3.50~4.50	2.00~2.60	0.04	0.03	2.80~3.50	N≤0.05~0.13 C+N 0.15~0.25	1370~1400

6.1.2　$w(Cr)=13\%$、$w(Ni)=4\%$左右的铸钢

工程与结构用低碳马氏体型铸造不锈钢，有代表性的是我国标准中的 ZG06Cr13Ni4Mo 和美国合金铸造学会标准中的 CA-6NM。这种钢最早出现在欧洲。1959 年年底，瑞士 GF 公司偶然发现 $w(Cr)=13\%$、$w(Ni)=4\%$ 钢的强度与韧性的良好配合。在 1960—1961 年，进行了实验室选材的研究，1962 年，制造

出世界上第一台强度级别为 950MPa 的压缩机叶轮。1964 年，又制造出第一台强度级别为 800MPa 的冲击式水轮机的转轮。与此同时，瑞典最先取得了这种钢的专利权，并公布了 2RM₂ 钢的化学成分范围为 $w(Cr)=13\%$，$w(Ni)=4\%\sim8\%$。此后，其他国家都规定类似钢种的名义镍的质量分数为 3.8% ~ 3.9%，而不突破 $w(Ni)=4\%$ 的专利限制。各国的类似钢种的化学成分和力学性能见表 6-20 和表 6-21。

表 6-20　各国 $w(Cr)=13\%$、$w(Ni)=4\%$ 左右的铸钢的化学成分

国家及标准		化学成分（质量分数，%）							
		C≤	Mn≤	Si≤	P≤	S≤	Cr	Ni	Mo
瑞士 GF 公司最初规格		0.04	0.4	0.2	0.030	0.030	≤12.0	≤3.75	≤0.4
		0.07	0.8	0.4	—	—	≤13.0	≤4.25	≤0.7
德国，材料号 1.4313		0.07	1.5	1.0	0.035	0.025	12.0 ~ 13.5	3.5 ~ 5.0	—
瑞士	VSM 19698:1974	0.07	0.8	0.5	0.030	0.030	12.5 ~ 13.5	3.5 ~ 4.0	0.45 ~ 0.55
	VSM 10696:1977	0.07	1.5	1.0	0.040	0.025	12.0 ~ 13.5	3.5 ~ 5.0	≤0.7
法国 AFNOR 32-056:1974		0.08	1.5	1.2	0.040	0.030	11.5 ~ 13.5	3 ~ 5	0.4 ~ 1.5
英国 BS 3100:1976 425C11		0.10	1.0	1.0	0.040	0.040	11.5 ~ 13.5	3.4 ~ 4.2	—
美国	ASTM A487—1978	0.06	1.0	1.0	0.030	0.030	11.5 ~ 14.0	3.5 ~ 4.5	0.4 ~ 1.0
	ASTM A757—1978	—	—	—	—	—	—	—	—
瑞士 GF 公司实际规格		0.06	0.5 ~ 0.8	0.4	0.035	0.025	12.0 ~ 13.0	3.5 ~ 3.9	0.45 ~ 0.55

表 6-21　各国 $w(Cr)=13\%$、$w(Ni)=4\%$ 左右的铸钢的力学性能

国　家　及　标　准		分　类	$R_{p0.2}$/MPa≥	R_m/MPa≥	$A(\%)\geq$	$Z(\%)\geq$	冲击试验	
							/℃	KU_2/J≥
瑞士 GF 公司最初规格（1961 年）		Ⅰ	590	785	10	—	20	44[1]
		Ⅱ	785	1080	5	—	20	22[1]
瑞士	VSM 19698:1974	Ⅰ	590	740	15	—	20	60[2]
		Ⅱ	785	885	12	—	20	50[3]
	VSM 10696:1977		580	750	15	—	20	55
法国	AFNOR 32-056:1974		480[6]	700	13	—	20	20
英国	BS 3100:1976 425C11		620	770	12	—	20	30
德国	SEW 515:1977		580	750	15	—	20	44[4]
	DIN 17445:1980	Ⅰ	540	760	15	—	20	50
		Ⅱ	830	900	12	—	20	35
	SEW 685-1980		520	720	15	—	-80	37[5]
美国	ASTM A487—1978		550	760	15	35	—	—
	ASTM A757—1978		550	760	15	35	-73	20
瑞士 GF 公司	用于液压方面		580	760	15	—	20	55
	用于螺旋桨方面		830	900	12	—	20	35
	用于低温方面		520	720	15	—	-105	27

① 夏比钥孔型冲击试样。
② 最大壁厚 300mm。
③ 最大壁厚 100mm。
④ 最大壁厚 150mm。
⑤ 平均值。
⑥ $R_{p0.1}$ 值。

这种铸钢是在传统的 ZG10Cr13 和 ZG20Cr13 不锈钢的基础上，降低碳的质量分数 [$w(C) < 0.06\%$]，提高镍的质量分数 [$w(Ni) = 4\% \sim 6\%$]，并加入适当的 Mo，使组织为单一的低碳板条状马氏体铸态组织，消除了 δ 铁素体和残留奥氏体，在改善力学性能、韧性和焊接性等方面，都有突破性的进展。在铸造界有"铸造者梦寐以求的成功之举"的说法。瑞士和瑞典首先发现和发明，并取得专利权后，美国也很快列入 ASTM 标准中，即很有影响的 CA6NM 钢。

我国从 20 世纪 60 年代末期开始研制低碳马氏体型铸造不锈钢，在 20 世纪 70 年代，进行了全面系统的研究，成功研制出 ZG06Cr13Ni4Mo 和 ZG06Cr13Ni6Mo 两种铸钢，已经达到当前的国际水平。这种钢具有良好的力学性能、疲劳性能、大断面均一性能和工艺性能，广泛地应用于制造水电站过流部件、水泵、压缩机叶轮、原子能电站铸件和压力容器等装置。长江葛洲坝电站 12.5 万 kW 轴流式水轮机组重达 25 ~ 40t 的不锈钢叶片和三峡电站 70 万 kW 混流式机组重 500t 的不锈钢转轮是该钢种成功应用

的范例。

在研究和生产过程中，很多国家用这种钢制造大型铸件时均遇到过容易产生裂纹的麻烦。其原因是：在制造大型铸件时偏析严重，镍的偏析（质量分数）可达平均成分的 1%，而且还有不同断面在冷却过程中产生的温差应力、铸造条件下的残余应力和冷却过程中的相变应力，以及该类钢的氢脆行为等。所以，对于铸造、焊接、热处理等工序（即铸件加热和冷却过程），制订正确的工艺是非常重要的。我国在相变控制和应力分析方面已经取得有重要工程应用价值的研究成果，并已有生产大型马氏体型不锈钢铸件的成熟经验。

1. $w(Cr) = 13\%$、$w(Ni) = 4\% \sim 6\%$ 的马氏体型不锈钢（物理性能见表 6-22）

表 6-23 中列出 ZG06Cr13Ni4Mo 钢的物理性能是采用流体静力秤衡法测定，室温密度 $d = 7.75 \times 10^3 kg/m^3$。用激光脉冲法测量热扩散率 α，用比较法测量比热容 c，并采用公式计算热导率，即 $\lambda = d\alpha c$（忽略 d 随温度的变化）。

ZG06Cr13Ni6Mo 钢的物理性能见表 6-24。

表 6-22　$w(Cr) = 13\%$、$w(Ni) = 4\% \sim 6\%$ 的马氏体型不锈钢与不含镍的 $w(Cr) = 13\%$ 的马氏体型不锈钢物理性能的对比

牌　号	线胀系数/($\times 10^{-6}/K$) ($0 \sim 500℃$)	热导率 $\lambda/[W/(m \cdot K)]$	电阻/$\Omega \cdot m$ ($20℃$)	弹性模量 E /MPa
ZG06Cr13Ni4Mo 和/或 ZG06Cr13Ni6Mo	12.6 13.6①	18.8	72×10^{-8}	20.5
ZG1Cr13	11.8	26.8	50.6×10^{-8}	—

①　ZG06Cr13Ni6Mo 钢的温度数值为 0 ~ 600℃。

表 6-23　ZG06Cr13Ni4Mo 钢的物理性能

（$0 \sim 1200℃$）

温度 /℃	热扩散率 α /($\times 10^{-4} m^2/s$)	比热容 c /[J/(kg·K)]	热导率 λ /[W/(m·K)]
25	0.0495	502	19.3
100	0.0487	515	19.4
175	0.0484	564	21.1
285	0.0479	597	22.2
395	0.0474	624	23.0
505	0.0455	681	24.0
625	0.0447	767	26.5
675	0.0426	895	29.6
710	0.0404	869	27.0

（续）

温度 /℃	热扩散率 α /($\times 10^{-4} m^2/s$)	比热容 c /[J/(kg·K)]	热导率 λ /[W/(m·K)]
723	0.0404	2170	—
780	0.0495	761	29.2
810	0.0517	806	30.0
845	0.0535	890	36.9
890	0.0523	747	30.3
940	0.0535	830	34.4
1000	0.0548	892	37.9
1027	0.0548	1024	43.5
1155	0.0590	782	35.5
1200	0.0638	859	42.5

表 6-24　ZG06Cr13Ni6Mo 钢的物理性能

（0～1200℃）

温度/℃	热扩散率 α/($\times 10^{-4}$ m²/s)	比热容 c/[J/(kg·K)]	热导率 λ/[W/(m·K)]
20	0.0400	444	14.0
100	0.0402	461	14.6
200	0.0403	490	15.6
300	0.0398	523	16.5
400	0.0395	565	17.4
500	0.0380	620	18.6
600	0.0359	695	19.7
700	0.0328	804	20.8
716	0.0321	835	21.1
743	0.0400	757	23.9
800	0.0495	657	25.7
900	0.0522	687	28.3
1000	0.0572	670	30.2
1100	0.0541	666	28.4
1200	0.0574	674	30.5

2. 铸造性能及其他工艺性能

（1）收缩率　最大自由线收缩率可达 2.5%，但在冷却过程至 300℃左右时发生马氏体相变，体积膨胀量为 0.54%，可以抵消部分自由收缩率。冷却至室温时自由线收缩率约为 2.00%，体积收缩率约为 8.5%。

（2）固相线温度和液相线温度　固相线温度为 1455℃，液相线温度为 1490℃。

（3）相变点温度　考虑到化学成分有一范围，因此各临界点给出一个温度区间：Ac_1（571～600℃），

Ac_3（809～823℃），Ms（280～300℃），Mf（70～100℃）。研究发现，马氏体转变初始温度随加热温度的提高而提高，表 6-25 能说明这种现象。

表 6-25　Ms 点与加热温度的关系

（单位：℃）

加热温度	Ms 点
620	80
650	132
670	190
700	277
正火（>Ac_3）	290

3. 焊接性

采用奥氏体焊条可以冷焊。采用同材质焊条，进行重大缺陷补焊时，应在最终热处理之前进行，或焊后立即进行回火处理。

该钢种具有良好的焊接性，但热影响区的硬度较高。ZG06Cr13Ni4Mo 钢的焊缝性能见表 6-26。

冷焊操作温度不应低于 10℃，对重大缺陷的补焊和刚度大的焊接应预热到 100～150℃。

4. 大断面的性能

ZG06Cr13Ni4Mo 低碳马氏体不锈钢有很好的淬透性，正确地控制化学成分当量比、氮化铝的含量和氢的含量，采取适当的热处理工艺，大断面心部可以有良好的性能。力学性能中，除断面收缩率外，大断面的中心和表面部位的其他性能基本一致。断面收缩率有明显的断面效应，从断面的表面到中心，数值逐渐下降。其原因与低碳马氏体不锈钢的可逆性氢脆、晶粒粗大、偏析和氮化铝的析出等因素有关。

重 25t、法兰直径 500mm 的 ZG06Cr13Ni4Mo 钢叶片，由于采取适当的工艺措施，获得了大断面优良的综合力学性能，其数据列于表 6-27。

表 6-26　ZG06Cr13Ni4Mo 钢的焊缝性能

牌号与焊条材料	焊后热处理状态	$R_{p0.2}$/MPa	R_m/MPa	A(%)	Z(%)	KU_2/J 中心	KU_2/J 熔合部
ZG06Cr13Ni4Mo 同材质焊条	焊后状态	718～843	1128～1147	4.0～9.0	10.0～23.4	33～34	94～98
	焊后回火（600℃2h）	711～711	937～941	12.0～13.0	30.0～46.7	40～42	98～105
	正火＋回火 1000℃×2h+600℃×2h	642～675	868～880	17.2～17.6	49.6～56.4	50～61	88～92

表 6-27　法兰直径 500mm 的叶片各部位力学性能

叶片号码	法兰的部位①	$R_{p0.2}$/MPa	R_m/MPa	$A(\%)$	$Z(\%)$	KU_2/J	100g 钢液中 [H]/mL
1	下	598	745	21.5	47.5	113~118	3.05
	中	618	765	19.0	45.5	115~119	
	上	608	755	21.0	44.0	106~116	
	下	608	735	22.0	47.0	108~128	2.87
	中	618	745	22.0	51.5	100~122	
	上	618	745	20.0	47.0	110~120	
2	下	672	819	17.5	41.5	108~110	7.05
	中	642	823	19.0	45.0	108~115	
	上	642	829	15.5	41.5	93~107	
3	下	682	809	19.0	47.5	94~132	7.52
	中	682	804	17.5	37.0	128~133	
	上	593	789	20.5	49.0	128~129	
4	下	618	760	20.5	44.5	128~132	6.08
	中	618	760	18.0	36.5	135~136	
	上	608	755	19.0	30.0	88~110	
5	下	608	765	53.5	19.0	136~144	6.32
	中	623	765	36.0	14.0	144~148	
	上	633	770	44.0	19.0	94~110	
设计要求		440	635	≥12	≥30	≥40	

① 在叶片法兰的圆周上，沿法兰直径垂直套料，然后按套料的纵向顺序取上、中、下 3 个试样，见示意图 6-1。

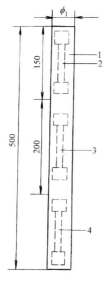

图 6-1　叶片法兰套料制取试棒示意图

1—法兰套料　2—上试棒　3—中试棒　4—下试棒

5. 氢脆特性和断裂韧性

断裂韧性试验结果表明，ZG06Cr13Ni4Mo 钢有优良的抗裂纹扩展能力，在工程中应用可靠性高。

低碳板条马氏体不锈钢具有可逆性氢脆特征，即氢脆出现在室温范围约 -70~140℃之间；在铁素体型钢中，氢脆出现在缓慢变形速率下，即在拉伸试验中显出氢脆，伸长率下降，而在快速冲击负荷下，不出现氢脆行为，氢脆可以消除。由于低碳板条马氏体钢是属于位错型马氏体，氢原子和位错运动的关系是解释可逆性氢脆的依据。图 6-2 所示为氢含量与断面收缩率之间的关系。

计算结果和实际证明，ZG06Cr13Ni4Mo 钢可逆性临界氢的体积分数约为 $(9~10) \times 10^{-4}\%$，超过此临界量，可在没有外界应力作用下产生裂纹。

6. 典型金相组织

图 6-3~图 6-8 是 ZG10Cr13 和 ZG20Cr13 铸钢的典型金相组织。图 6-9~图 6-16 是 ZG06Cr13Ni4Mo 钢的典型金相组织。

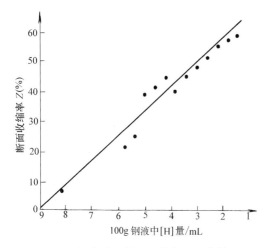

图 6-2　氢含量与断面收缩率之间的关系

图 6-5　$w(Cr)=13\%$ 钢

正火 + 回火组织　×100

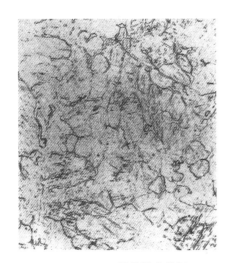

图 6-3　$w(Cr)=13\%$ 钢的铸态组织　×100

图 6-6　$w(Cr)=13\%$ 钢

正火 + 回火组织　×500

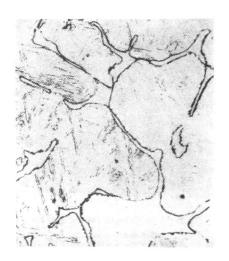

图 6-4　$w(Cr)=13\%$ 钢的

铸态组织　×500

图 6-7　高碳 $w(Cr)=13\%$ 钢

正火 + 回火组织　×100

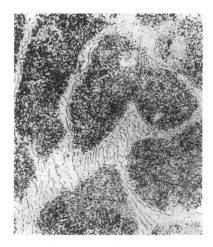

图 6-8　高碳 $w(\mathrm{Cr})=13\%$ 钢
正火 + 回火组织　×500

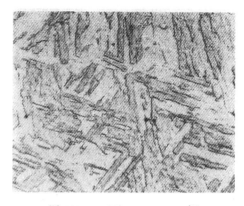

图 6-11　ZG06Cr13Ni4Mo 钢
正火（1000℃）组织　×500

图 6-9　ZG06Cr13Ni4Mo 铸态组织　×100

图 6-12　ZG06Cr13Ni4Mo 钢
正火 + 两次回火组织　×500

图 6-10　ZG06Cr13Ni4Mo 钢
正火 + 回火组织　×500

图 6-13　ZG06Cr13Ni4Mo 钢正火
+ 高温回火（670℃）组织　×500

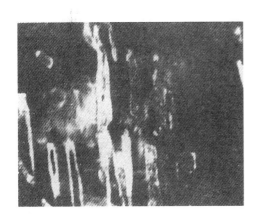

**图 6-14　ZG06Cr13Ni4Mo 钢正火
+ 回火组织　透射电镜　×36000**

**图 6-15　ZG06Cr13Ni4Mo 钢大型铸件附
铸试块正火 + 回火组织　×500**

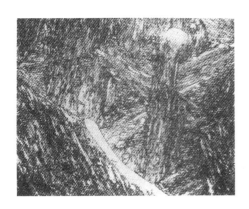

**图 6-16　ZG06Cr13Ni4Mo 钢大截面铸件
（ϕ500mm）心部组织　×500**

6.1.3　沉淀硬化型不锈钢

1. 含铜的马氏体型不锈钢

马氏体型沉淀硬化不锈钢的组织是马氏体基体上有较少的残留奥氏体和 δ 型铁素体。经过时效强化后，有亚微观的沉淀相析出。研究结果认为，析出相主要成分是 Cu，大约占原子百分数的 90%，并有少量 Mo 的偏析。

此类钢的耐蚀性界于 $w(Cr) = 13\%$ 钢和 $w(Cr) = 18\%$、$w(Ni) = 8\%$ 钢之间，有较高的屈服强度和抗拉强度，并有良好的耐蚀性，有一定的塑性和良好的耐磨性和焊接性。一般应在固溶状态机械加工，然后在 480 ~ 600℃ 进行时效处理。由于用较低温度时效处理，铸件的变形、内应力和氧化皮等均可减轻或避免。

（1）含铜的马氏体型不锈钢的典型化学成分（质量分数）　Cr17% - Ni4% - Cu2.5% - C0.06% 和 Cr14% - Ni4% - Mo2% - Cu2.5%。

（2）含铜的马氏体型不锈钢的典型力学性能

	Cr17% - Ni4% - Cu2.5%		Cr14% - Ni4% - Mo2% - Cu2.5%	
	硬化	回火	硬化	回火
R_m/MPa	1390	1000	1350	1065
$R_{p0.2}$/MPa	940	790	1080	925
A（%）	12	18	12	19
KU_2/J	16	27	23	40
硬度 HBW	383	310	429	331

含铜的马氏体型不锈钢的典型金相组织是基体为马氏体，析出相和强化相是亚微晶结构，一般的金相照片不能看出。图 6-17 ~ 图 6-20 所示为典型金相组织。

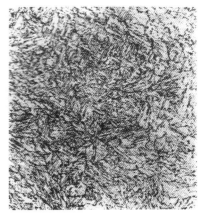

**图 6-17　Cr14% - Ni4% - Mo2% - Cu2.5% -
C0.06% 钢的铸态组织　×100**

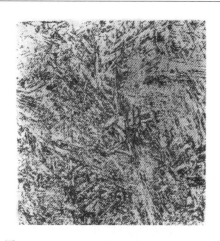

图 6-18　Cr14% - Ni4% - Mo2% - Cu2. 5% -
C0. 06% 钢硬化 + 回火组织　×100

图 6-19　Cr17% - Ni4% - Cu2. 5% -
C0. 06% 钢的铸态组织　×100

图 6-20　Cr17% - Ni4% - Cu2. 5% - C0. 06%
钢硬化 + 回火　×100

2. Ni18% - Co - Mo 马氏体时效钢

Ni18% - Co - Mo 钢的典型化学成分如下：$w(C) = 0.01\%$，$w(Si) = 0.03\%$，$w(Mn) = 0.01\%$，$w(P) = 0.001\%$，$w(S) = 0.006\%$，$w(Mo) = 4.8\%$，$w(Ni) = 17.0\%$，$w(Al) = 0.065\%$，$w(B) = 0.0015\%$，$w(Co) = 10.0\%$，$w(Ti) = 0.26\%$，Zr 痕迹。

经 1150℃ 固溶水淬和 475℃ 时效，可得到低碳马氏体组织。经 900℃ 固溶空冷和 475℃ 时效后，晶粒细化仅出现较显著的碳偏析。电子探针研究表明 Ti 和 Mo 也有较大程度的偏析。其力学性能如下：

	1150℃ 固溶水淬 + 475℃ 时效	900℃ 固溶空冷 + 475℃ 时效
$R_{p0.2}$/MPa	1560	1837
A（%）	11	5
Z（%）	35.5	13.5

此类超高强度马氏体时效钢应用于航空工业中要求强度与重量比高的部件。因该类钢可在软化条件下加工，随后又可硬化处理，所以也适用于模具制造和需要加工的复杂形状结构件。

Ni18% - Co - Mo 马氏体型不锈钢的典型金相组织见图 6-21 和图 6-22。

图 6-21　Ni18% - Co - Mo 钢固溶
水淬 + 475℃ 时效　×500

3. 电渣精炼熔铸的沉淀硬化型不锈钢

非精炼钢液砂型铸造的 $w(Cr) = 17\%$、$w(Ni) = 4\%$ 钢，在力学性能方面的主要问题是强度、硬度与冲击韧性的矛盾。经 480℃ 时效后，可得到较高的屈服强度和硬度，但冲击韧性下降且波动大，不能很好地满足可靠性要求高的使用条件。若采取过时效处理，可以得到较高的冲击韧性，但强度和硬度相应地下降。采取电渣熔铸工艺，由于获得精炼钢液，并有快速结晶的优点，改善了夹渣和偏析程度，电渣熔铸的 $w(Cr) = 17\%$、$w(Ni) = 4\%$ 的钢有良好的综合力学性能。硬度在 300HBW 以上时，冲击吸收能量可稳定在 48J 以上。与砂型铸造相比，电渣熔铸的 $w(Cr) = 17\%$、$w(Ni) = 4\%$ 的钢具有较高的韧度和疲劳性能，一般可在时效温度范围内使用。

电渣熔铸和一般冶炼砂型铸造 Cr17Ni4Mo 钢的力学性能和化学成分对比见表 6-28。

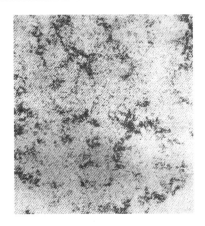

图 6-22　Ni18%-Co-Mo 钢固溶
空冷 +475℃时效　×500

表 6-28　电渣熔铸和一般冶炼砂型铸造 Cr17Ni4Mo 钢的力学性能和化学成分对比

试验号	工艺条件	力 学 性 能						化学成分(质量分数,%)					热处理固溶 + 时效
		$R_{p0.2}$ /MPa	R_m /MPa	A (%)	Z (%)	KU_2 /J	硬度 HBW	C	Cr	Ni	Cu	Mo	
011-23	电渣	纵向 1090	1240	20	63.5	98	300	0.038	16.07	3.93	3.04	—	1040℃ + 550℃
		1140	1245	24	63.5	—	320						
		横向 850	1050	22	64	83	330						
		850	1050	28	64	101	330						
	母材(铸造)	1010	1040	14	56	49	332						
		880	1060	17	67	66	328						
015-25	电渣	纵向 895	1105	20	59	93	332	0.063	15.39	4.4	2.0	0.4 ~ 0.6	1040℃ + 550℃
		875	1105	22	61	91	332						
		横向 875	1105	26	66	91	332						
		875	1105	26	66	98	332						
	母材	1020	1090	15	54	61	332						
		1070	1080	22	58	—	—						
013-26	电渣	纵向 850	1050	22	66.5	86	332	0.043	15.16	4.99	3.00	0.4 ~ 0.6	1040℃ + 550℃
		850	1050	22	70.5	86	332						
		横向 850	1050	22	64.0	64	332						
		850	1050	22	61.5	64	332						
011-30	电渣	纵向 850	1050	22	73.5	117	332	0.038	15.90	4.02	2.94	0.4 ~ 0.6	1040℃ + 550℃
		850	1050	24	70.5	127	332						
		纵向 850	1050	22	61.5	94	332						
		850	1050	28	64.0	85	332						
011-23	电渣	纵向 940	1080	18	63.5	98	300	0.038	16.07	3.93	3.04	—	520℃时效
		1265	1382	12	63.5	89	320						
		纵向 840	1090	22	63.5	102	350						600℃时效
		890	1090	22	63.5	—	—						

（续）

试验号	工艺条件	$R_{p0.2}$/MPa	R_m/MPa	A(%)	Z(%)	KU_2/J	硬度 HBW	C	Cr	Ni	Cu	Mo	热处理 固溶 + 时效
016-27	电渣	纵向 1245	1410	20	64	96	308	0.052	15.8	4.04	2.9	0.4 ~ 0.6	520℃时效
		1140	1370	16	64	78	308						
		纵向 899	1090	16	68.5	122	348						600℃时效
		840	1040	20	68.5	113	348						
83-16	铸造	986	1067	10.8	36.0	31	321	0.033	16.01	5.06	3.36	0.4 ~ 0.6	520℃时效
		964	1036	12.0	—	45	341						
		925	1060	15.2	48	55	321						540℃时效
		880	970	14.4	36								
		723	914	16.0	45	62	269						600℃时效
		660	891	16.0	43.8								
—	铸造	970	1030	15.8	52.5	39	321	0.043	15.85	5.20	3.02	0.4 ~ 0.6	520℃时效
		950	1010	14.4	39.0	39	321						
		970	1010	16.0	52.5	36	321						520℃时效
		950	1010	17.0	53.5	36	321						
		950	1000	16.2	51	36	321						540℃时效
		950	990	14.6	—	39	341						
		860	940	17.4	56.5	47	321						560℃时效
		880	930	15.6	56.5	47	321						

6.2 耐蚀铸造不锈钢及镍基铸造合金

高合金耐蚀不锈钢也称为不锈耐酸钢，主要用于各种腐蚀介质条件下，因而首先考虑的是它的耐蚀性。

早在 1910 年就已发现，钢中铬的质量分数超过 12% 时，就有良好的耐蚀性和抗氧化性能。典型的不锈钢除铬的质量分数在 12% 以上外，还含有如 Ni、Mo、Cu、Nb 和 Ti 等一种或多种合金元素以及 N 元素。

耐蚀不锈钢有铬不锈钢和铬-镍不锈钢两大类。影响不锈钢耐蚀性的主要是碳的质量分数和析出的碳化物，所以耐蚀不锈钢碳的质量分数越低越好，通常 $w(C) < 0.08\%$。但是，耐热钢的高温力学性能则决定于其组织中稳定的碳化物沉淀相，所以耐热钢碳的质量分数都较高，一般碳的质量分数为 0.20% 以上。

6.2.1 耐蚀不锈钢的品种

若依据化学成分和金相组织分类，含铬的不锈钢为马氏体或铁素体；铬镍不锈钢的组织视其镍含量而定，可以是双相（在奥氏体基体中有铁素体），或单相奥氏体，而镍含量高的 Ni-Cr 钢均为单相奥氏体。

1. 铁素体型不锈钢

以铬为主要合金元素，铬的质量分数一般在 13% ~ 30% 之间，具有良好的耐氧化性质腐蚀的能力和在高温下耐空气氧化能力，也可用做耐热钢。此种钢的焊接性较差。$w(Cr) > 16\%$ 时，铸态组织粗大，在 400 ~ 525℃ 及 550 ~ 700℃ 之间长期保温，会出现"475℃"脆性相及 σ 相，使钢变脆。475℃ 脆性与含铬铁素体的有序化现象有关。475℃ 脆性和 σ 相脆性，可通过加热到 475℃ 以上然后快速冷却来改善。室温脆性和焊后热影响区的脆性也是铁素体型不锈钢的基本问题之一，可采用真空精炼、加入微量元素（如硼、稀土及钙等）或奥氏体形成元素（如 Ni、Mn、N、Cu 等）的办法加以改善。为了改善焊缝区与热影响区的力学性能，通常还加入少量的 Ti 和 Nb，以阻止热影响区晶粒长大。常用的铁素体铸钢有 ZGCr17 和 ZGCr28。该类铸钢的冲击韧性低，在很多场合被含高镍的奥氏体型不锈钢所取代。镍的质量分数超过 2%、氮的质量分数超过 0.15% 的铁素体钢有良好的冲击韧性。

2. 马氏体型不锈钢

已在本章中，高强度马氏体型不锈钢一节中介绍。

3. 奥氏体型不锈钢

奥氏体型不锈钢可分为 4 组，即 Cr-Ni 系；Cr-

Ni-Mo、Cr-Ni-Cu 或 Cr-Ni-Mo-Cu 系；Cr-Mn-N 系和 Cr-Ni-Mn-N 系。Cr-Ni 系以著名的"18-8"为代表。Cr-Ni-Mo、Cr-Ni-Cu、Cr-Ni-Mo-Cu 系在 Cr-Ni 系的基础上加入质量分数为 2% ~ 3% 的钼和铜（或二者同时加入），以提高抗硫酸的腐蚀性，但钼是铁素体形成元素，为了保证奥氏体化，加钼后镍的质量分数要适当增加。Cr-Mn-N 系是节省 Ni 的合金。当铬的质量分数大于 15% 时，单独加入锰并不能获得理想的奥氏体组织，必须加入质量分数为 0.2% ~ 0.3% 的氮，要得到单一的奥氏体必须加入质量分数为 0.35% 以上的氮。由于氮含量过高往往使铸件产生气孔、疏松等缺陷，而加入适当的氮和少量的镍，即可得到单一奥氏体，这就出现了 Cr-Ni-Mn-N 系。当然要得到奥氏体、铁素体复相组织，就不须加入更多的氮和镍。

4. 奥氏体-铁素体双相不锈钢

铸造双相不锈钢一般是由奥氏体和铁素体两相组成，是指在原铸造奥氏体型不锈钢的基体上不断增加铁素体相而形成铸造奥氏体-铁素体双相不锈钢。在铸造耐蚀不锈钢中，δ 铁素体相的存在对强度、焊接性、抗应力腐蚀裂纹（SCC）和抗晶间腐蚀敏感性（IGA）等都是有益的。同时，δ 铁素体相能减少凝固过程产生显微疏松和热裂的敏感性，从而改善铸造不锈钢的铸造性能。

铸造双相不锈钢中，通常是其中任一相的体积分数 ≥15% 或奥氏体 + 5% ~ 25% 铁素体。以美国 ASTM 牌号为例，20 世纪 80 年代的双相不锈钢牌号主要是 CF 系列，如 CF3、CF3A、CF8、CF8A、CF8C、CF20、CF16F、CE3M、CF3MA、CF8M、CG8M、CD4MCu、CF3MN。

近一二十年间，奥氏体相和铁素体相各约占 50% 的新一代双相不锈钢成为高端铸钢件市场的重要需求。其牌号主要是 CD 和 CE 系列。主要牌号有：4A（CD3MN）、5A（CE3MN）、6A（CD-3MWCuN）、1A（CD4MCu）、2A（CE8MN）、3A（CD6MN）、1B（CD4MCuN）。

（1）铸造双相不锈钢的优点

1）与铁素体型不锈钢相比双相不锈钢韧塑性好，脆性转变温度低。耐晶间腐蚀和局部腐蚀性能良好。有良好的焊接性，可焊前不预热和焊后不需热处理。并保留铁素体型不锈钢热导率高和线胀系数小的特点以及具有超塑性。

2）与奥氏体型不锈钢相比双相不锈钢综合力学性能好，特别是屈服强度显著提高，硬度值也较高。有更好的耐晶间腐蚀、应力腐蚀和局部腐蚀能力。有

较好的铸件无损检测性能和与碳钢相近的线胀系数，无论在静载或动载条件下，都有更高的能量吸收能力。因此具有非常重要的工程应用价值。

（2）双相不锈钢铸件的制造难点

1）铸造双相不锈钢中奥氏体和铁素体两相的比例控制非常关键。如果铸态组织中铁素体相过多（如高于 60%），容易导致产生铸造和淬火裂纹的倾向，降低厚壁铸件空冷时的韧性和铸件局部耐蚀性，同时焊接性变差（如焊缝 HAZ 形成单相铁素体）。

2）铸件在铸造、热处理和补焊等工艺过程，σ 相等金属间脆性相析出控制更为关键。铁素体在低温和常温下组织是稳定的，但在高温之间停留或停留时间较短，铁素体就会转变为富含铁和铬、脆性的金属间相 σ 相。所以双相不锈钢铸件在型内冷却、等温时效或不正确的热处理与补焊等工艺过程均会析出大量二次相，如 σ、χ、M23C6 和 Cr2N 等金属间相。析出相的产出将损害双相不锈钢的力学性能和耐蚀性并可能导致铸件产生裂纹缺陷。

3）新一代双相不锈钢（1A ~ 6A）的 Cr、Ni 和 Mo 等合金元素含量高，制造过程中出现裂纹缺陷的可能性更大。特别是含氮双相不锈钢还容易产生气孔缺陷。

4）双相不锈钢的铸造线收缩率约为 2.6% ~ 2.8%，其凝固结晶范围较宽，在凝固过程易产生显微缩松。

5）铸件的结构设计和铸造工艺设计对大型复杂铸件的疏松、裂纹及变形等缺陷消除的考虑。

6）热应力和相变应力的分析与控制。

7）大型双相不锈钢铸件的热处理工艺。

8）超低碳含氮双相不锈钢铸件的熔炼和 AOD 精炼工艺。

（3）双相不锈钢铸件关键制造工艺

1）成分设计和奥氏体-铁素体相比例控制。

2）超低碳超低硫高纯净钢液精炼工艺。氮含量的控制工艺，如 AOD 精炼工艺。

3）铸件结构与铸造工艺设计。大冒口强化顺序凝固和加大补缩距离，以及考虑大型结构复杂铸件冷却速度、热应力、厚断面处 σ 相析出及变形裂纹等因素的工艺设计。

4）钢液纯净度及浇注温度。

5）铸件冷却工艺。如热应力、σ 等脆性相析出与铸件裂纹，以及铸件开箱温度。

6）热处理工艺。如裂纹、变形、力学性能和耐蚀性。

7）铸件快捷制造技术，以及精整与补焊工艺。

6.2.2 耐蚀不锈钢的化学成分和力学、物理性能

1. 组织与断面图

高铬不锈钢的金相组织因碳含量和铬含量的不同而有所不同。随碳和铬的含量提高，其金相组织由铁素体变为铁素体和碳化物、马氏体或莱氏体。

镍-铬不锈钢在常温下应为 $\gamma + \alpha + $ 碳化物，但在铸造冷却条件下，共析转变来不及发生，因此得到 γ + 碳化物。将这样组织的钢加热到 1200℃，使碳化物溶解于 γ 相中，然后淬火，使碳化物来不及析出，从而可以获得单相奥氏体。这样的组织是过饱和的，常温下是稳定的，但在高温下碳化物又析出。因此，这种钢不能在高温条件下使用。

Fe-Cr-C 三元系中 $w(\mathrm{Cr}) = 18\%$ 的断面图见图 6-23。Fe-Cr-Ni-C 四元系中 $w(\mathrm{Cr}) = 18\%$ 和 $w(\mathrm{Ni}) = 8\%$ 的断面图见图 6-24。

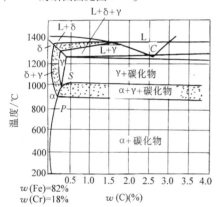

图 6-23　Fe-Cr-C 三元系中
$w(\mathrm{Cr}) = 18\%$ 的断面图

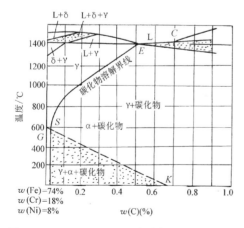

图 6-24　Fe-Cr-Ni-C 四元系中 $w(\mathrm{Cr}) = 18\%$
和 $w(\mathrm{Ni}) = 8\%$ 的断面图

2. 各元素在不锈钢中的作用

(1) C　C 在钢中形成碳化物，对奥氏体耐蚀性危害极大，一般希望碳尽可能降低。碳含量太低时，要考虑强度的降低。现代钢液炉外精炼技术的发展，特别是氩氧脱碳精炼法（AOD 法）的应用，获得超低碳是容易的。

(2) Cr　Cr 是使不锈钢具有耐蚀性的基本元素。当 Cr 的质量分数超过 12% 时，钢的耐蚀性发生突变，因此，不锈钢中 Cr 的质量分数一般在 13% 以上。在此情况下，钢便具有良好的室温和高温耐大气氧化性能及耐酸的腐蚀能力。Cr 的主要作用是使钢具有抗氧化性介质腐蚀的能力，对非氧化性介质，Cr 比 Mo、Ni、Cu 的作用差。

(3) Ni　Ni 是促进奥氏体形成的元素，又具有一定的耐蚀性。Ni 加入纯铁中，特别是 $w(\mathrm{Ni}) \geqslant$ 20% 时，对硫酸、盐酸和碱类有良好的耐蚀性。当钢中只含 Ni 一种元素时，除去在受浓苛性碱溶液腐蚀条件外，与镍铬钢或铬钢比，并无特殊的优越性能。因此，Ni 一般都与其他元素配合使用，使钢获得优良的综合性能。

(4) Mn　Mn 也是奥氏体形成元素，可代替 Ni 使不锈钢获得奥氏体组织，其效率仅为 Ni 的 1/2。Mn 能稍微降低钢的耐蚀性。

(5) N　N 是强烈形成奥氏体的元素，可代替部分 Ni。例如，在 "Cr-Mn-N" 系不锈钢中，当 $w(\mathrm{N}) = 0.015\%$ 时，钢的金相组织为铁素体；$w(\mathrm{N}) = 0.13\% \sim 0.33\%$ 时，钢的金相组织为铁素体和奥氏体；$w(\mathrm{N}) = 0.58\%$ 时，则可获得单一奥氏体。但在实际生产中，对钢的氮含量应严格控制。加 N 超过一定数量时，在一般冶炼条件下，由于 N 的析出和 N 能促进氢的析出，使铸件容易形成气泡和疏松。通常氮的加入量是钢中铬含量的 $1/75 \sim 1/100$。一般 N 是以氮化铬铁或氮化锰铁的形式加入的。

(6) Ti 和 Nb　在不锈钢中，Ti 和 Nb 一般用来固定碳，生成稳定碳化物，减少碳的有害作用，提高钢的抗晶间腐蚀能力，并改善钢的焊接性。为了生成稳定的碳化钛和碳化铌，加 Ti 量一般应大于碳含量的 5 倍，加 Nb 量为碳含量的 8 倍以上。但 Ti 对不锈钢的变形能力和铸造工艺性能会造成危害。

有关元素对钢在不同介质中耐蚀性的影响，见图 6-25 ~ 图 6-27。

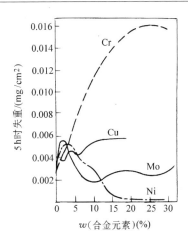

图 6-25　铁中加入 Cr、Mo、Ni、Cu 后，在质量
分数为 5%硫酸中（室温）耐蚀性

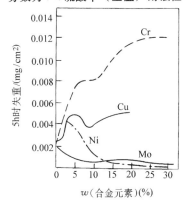

图 6-26　铁中加入 Cr、Mo、Ni、Cu 后，
在质量分数为 5%盐酸中
（室温）耐蚀性

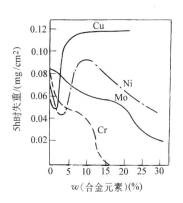

图 6-27　铁中加入 Cr、Mo、Ni、Cu 后，
在质量分数为 5%硝酸中（室温）
的耐蚀性

6.2.3　耐蚀不锈钢的有关标准

1. ISO 耐蚀不锈钢

ISO 11972：2015《通用耐腐蚀铸钢件标准》共规定了 24 个铸造不锈钢牌号。其化学成分和室温力学性能分别见表 6-29 和表 6-30。

2. 我国耐蚀不锈钢的标准

我国通用耐蚀不锈钢标准 GB/T 2100—2017，等效采用国际标准 ISO 11972：2015，与 GB/T 2100—2002 相比，增加了 9 个牌号。其化学成分见表 6-31，室温力学性能与热处理工艺分别见表 6-32 和表 6-33。

表 6-29　ISO 耐蚀不锈钢化学成分

牌　号	材料号	化学成分（质量分数,%）								
		C	Si	Mn	P	S	Cr	Mo	Ni	其　他
GX12Cr12	1.4011	0.15	1.0	1.0	0.035	0.025	11.5 ~ 13.5	0.5	1.0	—
GX7CrNiMo12-1	1.4008	0.10	1.0	1.0	0.035	0.025	12.0 ~ 13.5	0.2 ~ 0.5	1.0 ~ 2.0	—
GX4CrNi13-4（QT1） GX4CrNi13-4（QT2）	1.4317	0.06	1.0	1.0	0.035	0.025	12.0 ~ 13.5	0.7	3.5 ~ 5.0	—
GX4CrNiMo16-5-1	1.4405	0.06	0.8	1.0	0.035	0.025	15.0 ~ 17.0	0.7 ~ 1.5	4.0 ~ 6.0	—
GX2CrNi19-11	1.4309	0.03	1.5	2.0	0.035	0.025	18.0 ~ 20.0	—	9.0 ~ 12.0	N 0.20
GX2CrNiN19-11	1.4487	0.03	1.5	1.5	0.040	0.030	18.0 ~ 20.0	—	9.0 ~ 12.0	N 0.12 ~ 0.20
GX5CrNi19-10	1.4308	0.07	1.5	1.5	0.040	0.030	18.0 ~ 20.0	—	8.0 ~ 11.0	—
GX5CrNiNb19-11	1.4552	0.07	1.5	1.5	0.040	0.030	18.0 ~ 20.0	—	9.0 ~ 12.0	8 × C% ≤ Nb ≤ 1.00
GX2CrNiMo19-11-2	1.4409	0.03	1.5	2.0	0.035	0.025	18.0 ~ 20.0	2.0 ~ 2.5	9.0 ~ 12.0	N 0.20

（续）

牌　号	材料号	化学成分（质量分数,%）								
		C	Si	Mn	P	S	Cr	Mo	Ni	其　他
GX2CrNiMoN19-11-2	1.4490	0.03	1.5	2.0	0.035	0.030	18.0~20.0	2.0~2.5	9.0~12.0	N 0.12~0.20
GX4CrNiMoN26-5-2	1.4474	0.05	1.0	2.0	0.035	0.025	25.0~27.0	1.30~2.00	4.5~6.5	N 0.12~0.20
GX5CrNiMo19-11-2	1.4408	0.07	1.5	1.5	0.040	0.030	18.0~20.0	2.0~2.5	9.0~12.0	—
GX5CrNiMoNb19-11-2	1.4581	0.07	1.5	1.5	0.040	0.030	18.0~20.0	2.0~2.5	9.0~12.0	8×C% ≤Nb≤1.00
GX2CrNiMo19-11-3	1.4518	0.03	1.5	1.5	0.040	0.030	18.0~20.0	3.0~3.5	9.0~12.0	—
GX2CrNiMoN19-11-3	1.4508	0.03	1.5	1.5	0.040	0.030	18.0~20.0	3.0~3.5	9.0~12.0	N 0.10~0.20
GX2CrNiMoN22-5-3	1.4470	0.03	1.0	2.0	0.035	0.025	21.0~23.0	2.5~3.5	4.5~6.5	N 0.12~0.20
GX2CrNiMoN25-7-3	1.4417	0.03	1.0	1.5	0.030	0.020	24.0~26.0	3.0~4.0	6.0~8.5	Cu 1.00 N 0.15~0.25 W 1.00
GX2CrNiMoN26-7-4	1.4469	0.03	1.0	1.0	0.035	0.025	25.0~27.0	3.0~5.0	6.0~8.0	N 0.12~0.22 Cu 1.30
GX5CrNiMo19-11-3	1.4412	0.07	1.5	1.5	0.040	0.030	18.0~20.0	3.0~3.5	10.0~13.0	—
GX2NiCrMoCuN25-20-6	1.4588	0.02	1.0	2.00	0.035	0.020	19.0~21.0	6.00~7.00	24.0~26.0	N 0.10~0.25 Cu 0.50~1.50
GX2CrNiMoCuN20-18-6	1.4557	0.02	1.0	1.20	0.030	0.010	19.5~20.5	6.00~7.00	17.5~19.5	N 0.18~0.24 Cu 0.50~1.00
GX2CrNiMoCuN25-6-3-3	1.4517	0.03	1.0	1.5	0.035	0.025	24.5~26.5	2.5~3.5	5.0~7.0	N 0.12~0.22 Cu 2.75~3.50
GX3CrNiMoCuN26-6-3-3	1.4515	0.03	1.0	2.0	0.030	0.020	24.5~26.5	2.5~3.5	5.5~7.0	N 0.12~0.25 Cu 0.80~1.30
GX2CrNiMoN25-6-3	1.4468	0.03	1.0	2.0	0.035	0.025	24.5~26.5	2.5~3.5	5.5~7.0	N 0.12~0.25

注：表中单值均为最大值。

表6-30　ISO耐蚀不锈钢室温力学性能

牌　号	材料号	$R_{p0.2}$/MPa ≥	R_m/MPa ≥	A(%) ≥	KV_2/J ≥	最大厚度/mm
GX12Cr12	1.4011	450	620	15	20	150
GX7CrNiMo12-1	1.4008	440	590	15	27	300
GX4CrNi13-4（QT1）	1.4317	550	750	15	50	300
GX4CrNi13-4（QT2）		830	900	12	35	300
GX4CrNiMo16-5-1	1.4405	540	760	15	60	300
GX2CrNi19-11	1.4309	185	440	30	80	150
GX2CrNiN19-11	1.4487	230[1]	510	30	80	150
GX5CrNi19-10	1.4308	175[1]	440	30	60	150
GX5CrNiNb19-11	1.4552	175[1]	440	25	40	150
GX2CrNiMo19-11-2	1.4409	195[1]	440	30	80	150

（续）

牌　号	材料号	$R_{p0.2}$/MPa ≥	R_m/MPa ≥	$A(\%)$ ≥	KV_2/J ≥	最大厚度/mm
GX2CrNiMoN19-11-2	1.4490	230①	510	30	80	150
GX4CrNiMoN26-5-2	1.4474	420	600	20	30	150
GX5CrNiMo19-11-2	1.4408	185①	440	30	60	150
GX5CrNiMoNb19-11-2	1.4581	185①	440	25	40	150
GX2CrNiMo19-11-3	1.4518	180①	440	30	80	150
GX2CrNiMoN19-11-3	1.4508	230①	510	30	80	150
GX2CrNiMoN22-5-3	1.4470	420	600	20	30	150
GX2CrNiMoN25-7-3	1.4417	480	650	22	50	150
GX2CrNiMoN26-7-4	1.4469	480	650	22	50	150
GX5CrNiMo19-11-3	1.4412	205①	440	30	50	150
GX2NiCrMoCuN25-20-6	1.4588	210	480	30	60	50
GX2CrNiMoCuN20-18-6	1.4557	260	500	35	50	50
GX2CrNiMoCuN25-6-3-3	1.4517	480	650	22	50	150
GX3CrNiMoCuN26-6-3-3	1.4515	480	650	22	60	200
GX2CrNiMoN25-6-3	1.4468	480	650	22	50	150

① $R_{p1.0}$ 的最低值高于 25MPa。

表6-31　耐蚀不锈钢化学成分（GB/T 2100—2017）

牌　号	化学成分（质量分数,%）								
	C	Si	Mn	P	S	Cr	Mo	Ni	其　他
ZG15Cr13	0.15	0.80	0.80	0.035	0.025	11.50~13.50	0.50	1.00	—
ZG20Cr13	0.16~0.24	1.00	0.60	0.035	0.025	11.50~14.00	—	—	—
ZG10Cr13Ni2Mo	0.10	1.00	1.00	0.035	0.025	12.00~13.50	0.20~0.50	1.00~2.00	—
ZG06Cr13Ni4Mo	0.06	1.00	1.00	0.035	0.025	12.00~13.50	0.70	3.50~5.00	Cu 0.50 V 0.05 W 0.10
ZG06Cr13Ni4	0.06	1.00	1.00	0.035	0.025	12.00~13.00	0.70	3.50~5.00	—
ZG06Cr16Ni5Mo	0.06	0.80	1.00	0.035	0.025	15.00~17.00	0.70~1.50	4.00~6.00	—
ZG10Cr12Ni1	0.10	0.40	0.50~0.80	0.030	0.020	11.50~12.50	0.50	0.8~1.5	Cu 0.30 V 0.30
ZG03Cr19Ni11	0.03	1.50	2.00	0.035	0.025	18.00~20.00	—	9.00~12.00	N 0.20
ZG03Cr19Ni11N	0.03	1.50	2.00	0.040	0.030	18.00~20.00	—	9.00~12.00	N 0.12~0.20
ZG07Cr19Ni10	0.07	1.50	1.50	0.040	0.030	18.00~20.00	—	8.00~11.00	—
ZG07Cr19Ni11Nb	0.07	1.50	1.50	0.040	0.030	18.00~20.00	—	9.00~12.00	8×C%≤Nb≤1.00
ZG03Cr19Ni11Mo2	0.03	1.50	2.00	0.035	0.025	18.00~20.00	2.00~2.50	9.00~12.00	N 0.20
ZG03Cr19Ni11Mo2N	0.03	1.50	2.00	0.035	0.025	18.00~20.00	2.00~2.50	9.00~12.00	N 0.10~0.20

（续）

牌　　号	化学成分（质量分数,%）								
	C	Si	Mn	P	S	Cr	Mo	Ni	其　他
ZG05Cr26Ni6Mo2N	0.05	1.00	2.00	0.035	0.025	25.00~27.00	1.30~2.00	4.50~6.50	N 0.12~0.20
ZG07Cr19Ni11Mo2	0.07	1.50	1.50	0.040	0.030	18.00~20.00	2.00~2.50	9.00~12.00	—
ZG07Cr19Ni11Mo2Nb	0.07	1.50	1.50	0.040	0.030	18.00~20.00	2.00~2.50	9.00~12.00	8×C%≤ Nb≤1.00
ZG03Cr19Ni11Mo3	0.03	1.50	1.50	0.040	0.030	18.00~20.00	3.00~3.50	9.00~12.00	
ZG03Cr19Ni11Mo3N	0.03	1.50	1.50	0.040	0.030	18.00~20.00	3.00~3.50	9.00~12.00	N 0.10~0.20
ZG03Cr22Ni6Mo3N	0.03	1.00	2.00	0.035	0.025	21.00~23.00	2.50~3.50	4.50~6.50	N 0.12~0.20
ZG03Cr25Ni7Mo4WCuN	0.03	1.00	1.50	0.030	0.020	24.00~26.00	3.00~4.00	6.00~8.50	Cu 1.00 N 0.15~0.25 W 1.00
ZG03Cr26Ni7Mo4CuN	0.03	1.00	1.00	0.035	0.025	25.00~27.00	3.00~5.00	6.00~8.00	N 0.12~0.22 Cu 1.30
ZG07Cr19Ni12Mo3	0.07	1.50	1.50	0.040	0.030	18.00~20.00	3.00~3.50	10.00~13.00	—
ZG025Cr20Ni25Mo7Cu1N	0.025	1.00	2.00	0.035	0.020	19.00~21.00	6.00~7.00	24.00~26.00	N 0.15~0.25 Cu 0.50~1.50
ZG025Cr20Ni19Mo7CuN	0.025	1.00	1.20	0.030	0.010	19.50~20.50	6.00~7.00	17.50~19.50	N 0.18~0.24 Cu 0.50~1.00
ZG03Cr26Ni6Mo3Cu3N	0.03	1.00	1.50	0.035	0.025	24.50~26.50	2.50~3.50	5.00~7.00	N 0.12~0.22 Cu 2.75~3.50
ZG03Cr26Ni6Mo3Cu1N	0.03	1.00	2.00	0.030	0.020	24.50~26.50	2.50~3.50	5.50~7.00	N 0.12~0.25 Cu 0.80~1.30
ZG03Cr26Ni6Mo3N	0.03	1.00	2.00	0.035	0.025	24.50~26.50	2.50~3.50	5.50~7.50	N 0.12~0.25

注：表中的单个值表示最大值。

表 6-32　耐蚀不锈钢室温力学性能（GB/T 2100—2017）

牌　号	$R_{p0.2}$/MPa≥	R_m/MPa≥	A(%)≥	KV_2/J≥	最大厚度/mm
ZG15Cr13	450	620	15	20	150
ZG20Cr13	390	590	15	20	150
ZG10Cr13Ni2Mo	440	590	15	27	300
ZG06Cr13Ni4Mo	550	760	15	50	300
ZG06Cr13Ni4	550	750	15	50	300
ZG06Cr16Ni5Mo	540	760	15	60	300
ZG10Cr12Ni1	355	540	18	45	150
ZG03Cr19Ni11	185	440	30	80	150
ZG03Cr19Ni11N	230	510	30	80	150
ZG07Cr19Ni10	175	440	30	60	150
ZG07Cr19Ni11Nb	175	440	25	40	150
ZG03Cr19Ni11Mo2	195	440	30	80	150
ZG03Cr19Ni11Mo2N	230	510	30	80	150
ZG05Cr26Ni6Mo2N	420	600	20	30	150
ZG07Cr19Ni11Mo2	185	440	30	60	150
ZG07Cr19Ni11Mo2Nb	185	440	25	40	150
ZG03Cr19Ni11Mo3	180	440	30	80	150
ZG03Cr19Ni11Mo3N	230	510	30	80	150
ZG03Cr22Ni6Mo3N	420	600	20	30	150

（续）

牌　　号	$R_{p0.2}$/MPa≥	R_m/MPa≥	$A(\%)$ ≥	KV_2/J ≥	最大厚度/mm
ZG03Cr25Ni7Mo4WCuN	480	650	22	50	150
ZG03Cr26Ni7Mo4CuN	480	650	22	50	150
ZG07Cr19Ni12Mo3	205	440	30	60	150
ZG025Cr20Ni25Mo7Cu1N	210	480	30	60	50
ZG025Cr20Ni19Mo7CuN	260	500	35	50	50
ZG03Cr26Ni6Mo3Cu3N	480	650	22	50	150
ZG03Cr26Ni6Mo3Cu1N	480	650	22	60	200
ZG03Cr26Ni6Mo3N	480	650	22	50	150

表 6-33　耐蚀不锈钢热处理工艺

牌　　号	处　　理
ZG15Cr13	加热到 950～1050℃，保温，空冷；并在 650～750℃，回火，空冷
ZG20Cr13	加热到 950～1050℃，保温，空冷或油冷；并在 680～740℃，回火，空冷
ZG10Cr13Ni2Mo	加热到 1000～1050℃，保温，空冷；并在 620～720℃，回火，空冷或炉冷
ZG06Cr13Ni4Mo	加热到 1000～1050℃，保温，空冷；并在 570～620℃，回火，空冷或炉冷
ZG06Cr13Ni4	加热到 1000～1050℃，保温，空冷；并在 570～620℃，回火，空冷或炉冷
ZG06Cr16Ni5Mo	加热到 1020～1070℃，保温，空冷；并在 580～630℃，回火，空冷或炉冷
ZG10Cr12Ni1	加热到 1020～1070℃，保温，空冷；并在 680～730℃，回火，空冷或炉冷
ZG03Cr19Ni11	加热到 1050～1150℃，保温，固溶处理，水淬。也可根据铸件厚度空冷或其他快冷方法
ZG03Cr19Ni11N	加热到 1050～1150℃，保温，固溶处理，水淬。也可根据铸件厚度空冷或其他快冷方法
ZG07Cr19Ni10	加热到 1050～1150℃，保温，固溶处理，水淬。也可根据铸件厚度空冷或其他快冷方法
ZG07Cr19Ni11Nb	加热到 1050～1150℃，保温，固溶处理，水淬。也可根据铸件厚度空冷或其他快冷方法
ZG03Cr19Ni11Mo2	加热到 1080～1150℃，保温，固溶处理，水淬。也可根据铸件厚度空冷或其他快冷方法
ZG03Cr19Ni11Mo2N	加热到 1080～1150℃，保温，固溶处理，水淬。也可根据铸件厚度空冷或其他快冷方法
ZG05Cr26Ni6Mo2N	加热到 1120～1150℃，保温，固溶处理，水淬。也可防止形状复杂的铸件开裂，可随炉冷却至 1010～1040℃时再固溶处理，水淬
ZG07Cr19Ni11Mo2	加热到 1080～1150℃，保温，固溶处理，水淬。也可根据铸件厚度空冷或其他快冷方法
ZG07Cr19Ni11Mo2Nb	加热到 1080～1150℃，保温，固溶处理，水淬。也可根据铸件厚度空冷或其他快冷方法
ZG03Cr19Ni11Mo3	加热到≥1120℃，保温，固溶处理，水淬。也可根据铸件厚度空冷或其他快冷方法
ZG03Cr19Ni11Mo3N	加热到≥1120℃，保温，固溶处理，水淬。也可根据铸件厚度空冷或其他快冷方法
ZG03Cr22Ni6Mo3N	加热到 1120～1150℃，保温，固溶处理，水淬。也可防止形状复杂的铸件开裂，可随炉冷却至 1010～1040℃时再固溶处理，水淬
ZG03Cr25Ni7Mo4WCuN	加热到 1120～1150℃，保温，固溶处理，水淬。也可防止形状复杂的铸件开裂，可随炉冷却至 1010～1040℃时再固溶处理，水淬
ZG03Cr26Ni7Mo4CuN	加热到 1120～1150℃，保温，固溶处理，水淬。也可防止形状复杂的铸件开裂，可随炉冷却至 1010～1040℃时再固溶处理，水淬
ZG07Cr19Ni12Mo3	加热到 1120～1180℃，保温，固溶处理，水淬。也可根据铸件厚度空冷或其他快冷方法
ZG025Cr20Ni25Mo7Cu1N	加热到 1200～1240℃，保温，固溶处理，水淬
ZG025Cr20Ni19Mo7CuN	加热到 1080～1150℃，保温，固溶处理，水淬。也可根据铸件厚度空冷或其他快冷方法
ZG03Cr26Ni6Mo3Cu3N	加热到 1120～1150℃，保温，固溶处理，水淬。也可防止形状复杂的铸件开裂，可随炉冷却至 1010～1040℃时再固溶处理，水淬
ZG03Cr26Ni6Mo3Cu1N	加热到 1120～1150℃，保温，固溶处理，水淬。也可防止形状复杂的铸件开裂，可随炉冷却至 1010～1040℃时再固溶处理，水淬
ZG03Cr26Ni6Mo3N	加热到 1120～1150℃，保温，固溶处理，水淬。也可防止形状复杂的铸件开裂，可随炉冷却至 1010～1040℃时再固溶处理，水淬

3. 欧洲耐蚀不锈钢的标准

欧洲标准 EN 10283—2019 规定了耐蚀不锈钢的牌号，其中马氏体耐蚀不锈钢已在前面章节介绍过，其余牌号钢种的化学成分见表 6-34，力学性能见表 6-35。

表 6-34 欧洲标准耐蚀不锈钢的牌号及化学成分

牌号	材料号	化学成分（质量分数，%）											
		C≤	Si≤	Mn≤	P≤	S≤	Cr	Mo	Ni	N	Cu	Nb	W
GX2CrNi19-11	1.4309	0.030	1.50	2.00	0.035	0.025	18.00~20.00	—	9.00~12.00	≤0.20	—	—	—
GX5CrNi19-10	1.4308	0.07	1.50	1.50	0.040	0.030	18.00~20.00	—	8.00~11.00	—	—	—	—
GX5CrNiNb19-11	1.4552	0.07	1.50	1.50	0.040	0.030	18.00~20.00	—	9.00~12.00	—	—	8×C%~1.00	—
GX2CrNiMo19-11-2	1.4409	0.030	1.50	2.00	0.035	0.025	18.00~20.00	2.00~2.50	9.00~12.00	≤0.20	—	—	—
GX5CrNiMo19-11-2	1.4408	0.07	1.50	1.50	0.040	0.030	18.00~20.00	2.00~2.50	9.00~12.00	—	—	—	—
GX5CrNiMoNb19-11-2	1.4581	0.07	1.50	1.50	0.040	0.030	18.00~20.00	2.00~2.50	9.00~12.00	—	—	8×C%~1.00	—
GX4CrNiMo19-11-3	1.4443	0.05	1.50	2.00	0.040	0.030	18.00~20.00	2.50~3.00	10.00~13.00	—	—	—	—
GX5CrNiMo19-11-3	1.4412	0.07	1.50	1.50	0.040	0.030	18.00~20.00	3.00~3.50	10.00~13.00	—	—	—	—
GX2CrNiMoN17-13-4	1.4446	0.030	1.00	1.50	0.040	0.030	16.50~18.50	4.00~4.50	12.50~14.50	0.12~0.22	—	—	—
GX2NiCrMo28-20-2	1.4458	0.030	1.00	2.00	0.035	0.025	19.00~22.00	2.00~2.50	26.00~30.00	≤0.20	≤2.00	—	—
GX4NiCrCuMo30-20-4	1.4527	0.06	1.50	1.50	0.040	0.030	19.00~22.00	2.00~3.00	27.50~30.50	—	3.00~4.00	—	—
GX2NiCrMoCu25-20-5	1.4584	0.025	1.00	2.00	0.035	0.020	19.00~21.00	4.00~5.00	24.00~26.00	≤0.20	1.00~3.00	—	—
GX2NiCrMoN25-20-5	1.4416	0.030	1.00	2.00	0.035	0.020	19.00~21.00	4.50~5.50	24.00~26.00	0.12~0.20	—	—	—
GX2NiCrMoCuN29-25-5	1.4587	0.030	1.00	2.00	0.035	0.025	24.00~26.00	4.00~5.00	28.00~30.00	0.15~0.25	2.00~3.00	—	—
GX2NiCrMoCuN25-20-6	1.4588	0.025	1.00	2.00	0.035	0.020	19.00~21.00	6.00~7.00	24.00~26.00	0.10~0.25	0.50~1.50	—	—
GX2CrNiMoCuN20-18-6	1.4557	0.025	1.00	1.20	0.030	0.010	19.50~20.50	6.00~7.00	17.50~19.50	0.18~0.24	0.50~1.00	—	—
GX4CrNiMoN26-5-2	1.4474	0.05	1.00	2.00	0.035	0.025	25.00~27.00	1.30~2.00	4.50~6.50	0.12~0.20	—	—	—
GX4CrNi26-7	1.4347	0.05	1.50	1.50	0.035	0.020	25.00~27.00	—	5.50~7.50	0.10~0.20	—	—	—
GX2CrNiMoN22-5-3	1.4470	0.030	1.00	2.00	0.035	0.025	21.00~23.00	2.50~3.50	4.50~6.50	0.12~0.20	—	—	—
GX2CrNiMoN25-6-3	1.4468	0.030	1.00	2.00	0.035	0.025	24.50~26.50	2.50~3.50	5.50~7.00	0.12~0.25	—	—	—
GX2CrNiMoCuN25-6-3-3	1.4517	0.030	1.00	1.50	0.035	0.025	24.50~26.50	2.50~3.50	5.00~7.00	0.12~0.22	2.75~3.50	—	—
GX2CrNiMoN25-7-3	1.4417	0.030	1.00	1.50	0.030	0.020	24.00~26.00	3.00~4.00	6.00~8.50	0.15~0.25	≤1.00	—	≤1.00
GX2CrNiMoN26-7-4	1.4469	0.030	1.00	1.50	0.035	0.025	25.00~27.00	3.00~5.00	6.00~8.00	0.12~0.22	≤1.30	—	—

表 6-35　欧洲标准耐蚀不锈钢的力学性能

牌号	材料号	热处理		壁厚	室温				冲击吸收能量
		类型①	固溶处理 + 水淬温度/℃	t/mm	$R_{p0.2}$/MPa	$R_{p1.0}$/MPa	R_m/MPa	A(%)	KV_2/J
GX2CrNi19-11	1.4309	+ AT	1050 ~ 1150	150	185	210	440	30	80
GX5CrNi19-10	1.4308	+ AT	1050 ~ 1150	150	175	200	440	30	60
GX5CrNiNb19-11	1.4552	+ AT	1050 ~ 1150	150	175	200	440	25	40
GX2CrNiMo19-11-2	1.4409	+ AT	1080 ~ 1150	150	195	220	440	30	80
GX5CrNiMo19-11-2	1.4408	+ AT	1080 ~ 1150	150	185	210	440	30	60
GX5CrNiMoNb19-11-2	1.4581	+ AT	1080 ~ 1150	150	185	210	440	25	40
GX4CrNiMo19-11-3	1.4443	+ AT	1080 ~ 1150	150	185	210	440	30	60
GX5CrNiMo19-11-3	1.4412	+ AT	1120 ~ 1180	150	205	230	440	30	60
GX2CrNiMoN17-13-4	1.4446	+ AT	1140 ~ 1180	150	210	235	440	20	50
GX2NiCrMo28-20-2	1.4458	+ AT	1080 ~ 1180	150	165	190	430	30	60
GX4NiCrCuMo30-20-4	1.4527	+ AT	1140 ~ 1180	150	170	195	430	35	60
GX2NiCrMoCu25-20-5	1.4584	+ AT	1160 ~ 1200	150	185	210	450	30	60
GX2NiCrMoN25-20-5	1.4416	+ AT	1160 ~ 1200	150	185	210	450	30	60
GX2NiCrMoCuN29-25-5	1.4587	+ AT	1170 ~ 1210	150	220	245	480	30	60
GX2NiCrMoCuN25-20-6	1.4588	+ AT	1200 ~ 1240	50	210	235	480	30	60
GX2CrNiMoCuN20-18-6	1.4557	+ AT	1200 ~ 1240	50	260	285	500	35	50
GX4CrNiMoN26-5-2	1.4474	+ AT	1120 ~ 1150	150	420	—	600	20	30
GX6CrNiN26-7	1.4347	+ AT	1040 ~ 1140	150	420	—	590	20	30
GX2CrNiMoN22-5-3	1.4470	+ AT	1120 ~ 1150	150	420	—	600	20	30
GX2CrNiMoN25-6-3	1.4468	+ AT	1120 ~ 1150	150	480	—	650	22	50
GX2CrNiMoCuN25-6-3-3	1.4517	+ AT	1120 ~ 1150	150	480	—	650	22	50
GX2CrNiMoN25-7-3	1.4417	+ AT	1120 ~ 1150	150	480	—	650	22	50
GX2CrNiMoN26-7-4	1.4469	+ AT	1120 ~ 1150	150	480	—	650	22	50

①　+ AT—固溶处理 + 水淬。

4. 美国铸造不锈钢的标准

美国通用的耐蚀不锈钢与合金标准 ASTM A743/743M—2019 规定的牌号较多，种类齐全。其牌号及化学成分见表 6-36，力学性能见表 6-37，热处理见表 6-38。

表 6-36　美国耐蚀不锈钢的牌号及化学成分

牌号	类型	化学成分① (质量分数,%)											
		C	Mn	P	S	Si	Cr	Ni	Mo	N	Cu	Nb	其他
CA6N	11Cr-7Ni	0.06	0.50	0.02	0.02	1.00	10.5~12.5	6.0~8.0	—	—	—	—	—
CA6MN	12Cr-4Ni	0.06	1.00	0.04	0.03	1.00	11.5~14.0	3.5~4.5	0.40~1.0	—	—	—	—
CA15	12Cr	0.15	1.00	0.04	0.04	1.50	11.5~14.0	1.00	0.50	—	—	—	—
CA15M	12Cr	0.15	1.00	0.04	0.04	0.65	11.5~14.0	1.00	0.15~1.0	—	—	—	—
CA28MWV	12Cr+Mo+W+V	0.20~0.28	0.50~1.00	0.030	0.030	1.0	11.0~12.5	0.50~1.00	0.90~1.25	—	—	—	V 0.20~0.30 W 0.90~1.25
CA40	12Cr	0.20~0.40	1.00	0.04	0.04	1.50	11.5~14.0	1.0	0.5	—	—	—	—
CA40F	12Cr	0.20~0.40	1.00	0.04	0.20~0.40	1.50	11.5~14.0	1.0	0.5	—	—	—	—
CB6	16Cr-4Ni	0.06	1.00	0.04	0.03	1.00	15.5~17.5	3.5~5.5	0.5	—	—	—	—
CB30	20Cr	0.30	1.00	0.04	0.04	1.50	18.0~21.0	2.00	—	—	②	—	—
CC50	28Cr	0.50	1.00	0.04	0.04	1.50	26.0~30.0	4.00	—	—	—	—	—
CE30	29Cr-9Ni	0.30	1.50	0.04	0.04	2.00	26.0~30.0	8.0~11.0	—	—	—	—	—
CF3	19Cr-9Ni	0.03	1.50	0.04	0.04	2.00	17.0~21.0	8.0~12.0	—	—	—	—	—
CF3M	19Cr-10Ni-Mo	0.03	1.50	0.04	0.04	1.50	17.0~21.0	9.0~13.0	2.0~3.0	—	—	—	—
CF3MN	19Cr-10Ni-Mo-N	0.03	1.50	0.04	0.04	1.50	17.0~22.0	9.0~13.0	2.0~3.0	0.10~0.20	—	—	—
CF8	19Cr-9Ni	0.08	1.50	0.04	0.04	2.00	18.0~21.0	8.0~11.0	—	—	—	—	—
CF8C	19Cr-10Ni-Nb	0.08	1.50	0.04	0.04	2.00	18.0~21.0	9.0~12.0	—	—	—	③	—
CF8M	19Cr-10Ni-Mo	0.08	1.50	0.04	0.04	2.00	18.0~21.0	9.0~12.0	2.0~3.0	—	—	—	—
CF10SMnN	17Cr-8.5Ni-N	0.10	7.00~9.00	0.060	0.030	3.50~4.50	16.0~18.0	8.0~9.0	—	0.08~0.18	—	—	—
CF16F	19Cr-9Ni	0.16	1.50	0.17	0.04	2.00	18.0~21.0	9.0~12.0	1.50	—	—	—	Se 0.20~0.35
CF16Fa	19Cr-9Ni	0.16	1.50	0.04	0.20~0.40	2.00	18.0~21.0	9.0~12.0	0.40~0.80	—	—	—	—
CF20	19Cr-9Ni	0.20	1.50	0.04	0.04	2.00	18.0~21.0	8.0~11.0	—	—	—	—	—

牌号	相近牌号	C	Mn	P	S	Cr	Ni	Mo	N	Cu	Nb	其他
CG3M	19Cr-11Ni-Mo	0.03	1.50	0.04	0.04	18.0~21.0	9.0~13.0	3.0~4.0	—	—	—	—
CG6MMN	Cr-Ni-Mn-Mo	0.06	1.00~6.00	0.04	0.03	20.5~23.5	11.5~13.5	1.50~3.00	0.20~0.40	—	0.10~0.30	V 0.10~0.30
CG8M	19Cr-11Ni-Mo	0.08	1.50	0.04	0.04	18.0~21.0	9.0~13.0	3.0~4.0	—	—	—	—
CG12	22Cr-12Ni	0.12	1.50	0.04	0.04	20.0~23.0	10.0~13.0	—	—	—	—	—
CH10	25Cr-12Ni	0.10	1.50	0.04	0.04	22.0~26.0	12.0~15.0	—	—	—	—	—
CH20	25Cr-12Ni	0.20	1.50	0.04	0.04	22.0~26.0	12.0~15.0	—	—	—	—	—
CK35MN	23Cr-21Ni-Mo-N	0.035	2.00	0.035	0.020	22.0~24.0	20.0~22.0	6.0~6.8	0.21~0.32	0.40	—	—
CK3MCuN	20Cr-18Ni-Cu-Mo	0.025	1.20	0.045	0.010	19.5~20.5	17.5~19.5	6.0~7.0	0.18~0.24	0.50~1.00	—	—
CK20	25Cr-20Ni	0.20	2.00	0.04	0.04	23.0~27.0	19.0~22.0	—	—	—	—	—
CN3M		0.03	2.0	0.03	0.03	20.0~22.0	23.0~27.0	4.5~5.5	—	—	—	—
CN3MN	21Cr-24Ni-Mo-N	0.03	2.0	0.040	0.010	20.0~22.0	23.5~25.5	6.0~7.0	0.18~0.26	0.75	—	—
CN7M	20Cr-29Ni-Cu-Mo	0.07	1.50	0.04	0.04	19.0~22.0	27.5~30.5	2.0~3.0	—	3.0~4.0	—	—
CN7MS	19Cr-24Ni-Cu-Mo	0.07	1.00	0.04	0.03	18.0~20.0	22.0~25.0	2.5~3.0	—	1.5~2.0	—	—
HG10MNN	19Cr-12Ni-4Mn	0.07~0.11	3.0~5.0	0.040	0.030	18.5~20.5	11.5~13.5	0.25~0.45	0.20~0.30	0.50	8×C%~1.00	—

① 表中的单个值表示最大值。

② 牌号 CB30 中，$w(\mathrm{Cu})$ 可在 0.9%~1.20% 范围内选择。

③ 牌号 CF8C 的铌的质量分数为：1.0%≤$w(\mathrm{Nb})$≥8×$w(\mathrm{C})$%；采用铌加钽（Nb:Ta=3:1）对该牌号作稳定化处理时，其总含量为：1.1%≤$w(\mathrm{Nb+Ta})$≥9×$w(\mathrm{C})$%。

表 6-37　美国耐蚀不锈钢的力学性能

牌号	类型	力学性能≥			
		R_m/MPa	$R_{p0.2}$/MPa	$A(\%)$	$Z(\%)$
CA6N	11Cr-7Ni	965	930	15	50
CA6MN	12Cr-4Ni	755	550	15	35
CA15	12Cr	620	450	18	30
CA15M	12Cr	620	450	18	30
CA28MWV	12Cr+Mo+W+V	965	760	10	24
CA40	12Cr	690	485	15	25
CA40F	12Cr	690	485	12	—
CB6	16Cr-4Ni	790	580	16	35
CB30	20Cr	450	205	—	—
CC50	28Cr	380	—	—	—
CE30	29Cr-9Ni	550	275	10	—
CF3	19Cr-9Ni	485	205	35	—
CF3M	19Cr-10Ni-Mo	485	205	30	—
CF3MN	19Cr-10Ni-Mo-N	515	255	35	—
CF8	19Cr-9Ni	485	205	35	—
CF8C	19Cr-10Ni-Nb	485	205	30	—
CF8M	19Cr-10Ni-Mo	485	205	30	—
CF10SMnN	17Cr-8.5Ni-N	585	290	30	—
CF16F	19Cr-9Ni	485	205	25	—
CF16Fa	19Cr-9Ni	485	205	25	—
CF20	19Cr-9Ni	485	205	30	—
CG3M	19Cr-11Ni-Mo	515	240	25	—
CG6MMN	Cr-Ni-Mn-Mo	585	290	30	—
CG8M	19Cr-11Ni-Mo	520	240	25	—
CG12	22Cr-12Ni	485	195	35	—
CH10	25Cr-12Ni	485	205	30	—
CH20	25Cr-12Ni	485	205	30	—
CK35MN	23Cr-21Ni-Mo-N	570	280	35	—
CK3MCuN	20Cr-18Ni-Cu-Mo	550	260	35	—
CK20	25Cr-20Ni	450	195	30	—
CN3M	—	435	170	30	—
CN3MN	21Cr-24Ni-Mo-N	550	260	35	—
CN7M	20Cr-29Ni-Cu-Mo	425	170	35	—
CN7MS	19Cr-24Ni-Cu-Mo	485	205	35	—
HG10MNN	19Cr-12Ni-4Mn	525	225	20	—

表 6-38　美国耐蚀不锈钢的热处理

牌　号	热处理
CA6N	加热到 1040℃，空冷，重新加热到 815℃，空冷，在 425℃时效，在每一温度都应保温足够时间，以使铸件均匀加热到规定温度
CA6NM	最低加热到 1010℃，空冷到 95℃ 最终退火应在 565℃和 620℃之间
CA15，CA15M；CA40，CA40F	1）最低加热到 955℃，空冷并在最低 595℃回火 2）最低在 790℃退火
CA28MWV	1）加热到 1025～1050℃在空气或油中淬火，然后在最低 620℃回火 2）在最低 760℃退火
CB30，CC50	1）最低加热到 790℃，空冷 2）最低加热到 790℃，炉冷
CB6	加热至 980～1050℃，急冷，冷却至 50℃以下，温度在 595～625℃之间回火
CE30，CH10，CH20，CK20	将铸件最低加热到 1093℃，保温足够时间，淬入水中，或用其他方法急冷，以达到合格的耐蚀性
CF3，CF3M，CF3MN	1）将铸件最低加热到 1040℃保温足够时间，淬入水中，或用其他方法急冷，以达到合格的耐蚀性 2）如果耐蚀性合格可采用铸态
CF8，CF8C，CF8M，CF16F，CF16Fa，CF20，CG3M，CG8M，CG12，CF10SMnN	将铸件最低加热到 1040℃，保温足够时间，淬入水中或用其他方法急冷，以达到合格的耐蚀性
CK3MCuN，CK35MN，CN3M，CN3MN	将铸件最低加热到 1200℃，至少保温 4h，淬入水中或用其他方法急冷，以达到合格的耐蚀性
CG6MMN，CN7M	将铸件最低加热到 1120℃，保温足够时间，淬入水中或用其他方法急冷，以达到合格的耐蚀性
CN7MS	将铸件加热到 1150～1180℃，保温足够时间（至少 2h），淬入水中，以达到合格的耐蚀性
HG10MNN	按订货要求执行

注：钢号 CA15，CA15M，CA40，CA28MWV 的最低预热温度为 205℃，其他为 10℃。

美国还规定在腐蚀环境恶劣条件下使用的耐蚀铸造不锈钢标准 ASTM A744/A744M—2013，是在 ASTM A743/743M—2006 通用耐蚀不锈钢中挑选出来 12 个牌号，其镍铬当量比控制较严格。其牌号及化学成分、力学性能和热处理参数分别见表 6-39 ～表 6-41。

表 6-39　美国耐蚀铸钢的牌号及化学成分

牌　号	类　型	化学成分（质量分数,%）								
		C ≤	Si	Mn≤	P≤	S≤	Cr	Ni	Mo	其他
CF3	19Cr-9Ni	0.03	≤2.00	1.50	0.04	0.04	17.0～21.0	8.0～12.0	—	—
CF3M	19Cr-10Ni + Mo	0.03	≤1.50	1.50	0.04	0.04	17.0～21.0	9.0～13.0	2.0～3.0	—
CF8	19Cr-9Ni	0.08	≤2.00	1.50	0.04	0.04	18.0～21.0	8.0～11.0	—	—
CF8M	19Cr-10Ni + Mo	0.08	≤2.00	1.50	0.04	0.04	18.0～21.0	9.0～12.0	2.0～3.0	—

（续）

牌　号	类　型	化学成分（质量分数,%）								
		C ≤	Si	Mn≤	P≤	S≤	Cr	Ni	Mo	其他
CF8C	19Cr-10Ni + Nb	0.08	≤2.00	1.50	0.04	0.04	18.0 ~ 21.0	9.0 ~ 12.0	—	Nb≥8 × C% ~ 1.0①
CG3M	19Cr-11Ni + Mo	0.03	≤2.00	1.50	0.04	0.04	18.0 ~ 21.0	9.0 ~ 13.0	3.0 ~ 4.0	—
CG8M	19Cr-11Ni + Mo	0.08	≤1.50	1.50	0.04	0.04	18.0 ~ 21.0	9.0 ~ 13.0	3.0 ~ 4.0	—
CN7M	20Cr-29Ni + Cu + Mo	0.07	≤1.50	1.50	0.04	0.04	19.0 ~ 22.0	27.0 ~ 30.5	2.0 ~ 4.0	Cu 3.0 ~ 4.0
CN7MS	19Cr-24Ni + Cu + Mo	0.07	2.50 ~ 3.50	1.00	0.04	0.03	18.0 ~ 20.0	22.0 ~ 25.0	2.5 ~ 3.0	Cu 1.5 ~ 2.0
CN3MN	21Cr-24Ni + Mo + N	0.03	≤1.50	2.00	0.040	0.010	20.0 ~ 22.0	23.5 ~ 25.5	6.0 ~ 7.0	Cu≤0.75 N 0.18 ~ 0.26
CK3MCuN	20Cr-18Ni + Mo + Cu	0.025	≤1.00	1.20	0.045	0.010	19.5 ~ 20.5	17.5 ~ 19.5	6.0 ~ 7.0	Cu 0.5 ~ 1.0 N 0.18 ~ 0.24
CN3MCu	20Cr-29Ni + Cu + Mo	0.03	≤1.0	1.50	0.030	0.015	19.0 ~ 22.0	27.5 ~ 30.5	2.0 ~ 3.0	Cu 3.0 ~ 3.5

① 若用 Nb/Ta≈3/1，作稳定化处理，$w(Nb) + w(Ta) ≥ 9 × w(C) ≈ 1.1\%$。

表 6-40　美国耐蚀铸钢的力学性能

牌　号	类　型	力学性能≥		
		R_m/MPa	$R_{p0.2}$/MPa	A(%)、Z(%)
CF3	19Cr-9Ni	485	205	35
CF3M	19Cr-10Ni + Mo	485	205	30
CF8	19Cr-9Ni	485	205	35
CF8M	19Cr-10Ni + Mo	485	205	30
CF8C	19Cr-10Ni + Nb	485	205	30
CG3M	19Cr-11Ni + Mo	515	240	25
CG8M	19Cr-11Ni + Mo	520	240	25
CN7M	20Cr-29Ni + Cu + Mo	425	170	35
CN7MS	19Cr-24Ni + Cu + Mo	485	205	35
CN3MN	21Cr-24Ni + Mo + N	550	260	35
CK3MCuN	20Cr-18Ni + Mo + Cu	550	260	35
CN3MCu	20Cr-29Ni + Cu + Mo	425	170	35

表 6-41　美国耐蚀铸钢与合金的热处理

牌　号	热处理
CF3，CF3M，CF8，CF8M，CF8C，CG3M，CG8M	将铸件加热到≥1040℃，保温足够时间，淬入水中，或用其他方法急冷，以达到合格的耐蚀性
CN7M，CN3MCu	将铸件加热到≥1120℃，保温足够时间，淬入水中，或用其他方法急冷，以达到合格的耐蚀性
CN7MS	将铸件加热到 1150 ~ 1180℃的温度，保温足够时间（至少 2h），淬入水中，以达到合格的耐蚀性
CK3MCuN，CN3MN	将铸件加热到≥1150℃，保温足够时间，淬入水中，或用其他方法急冷，以达到合格的耐蚀性

　　美国 ASTM A890/A890M—2018 包括了一系列奥氏体和铁素体铸造双相不锈铸钢。铸造双相不锈合金铸钢如果适当选择配比和热处理则其力学性能及耐蚀性会得到提高。铁素体含量没有明确规定，但这些合金中其含量（质量分数）范围大致在 30% ~ 60%，与奥氏体平衡。其牌号及化学成分、力学性能和热处理参数分别见表 6-42 ~ 表 6-44。

表6-42　美国铸造双相不锈钢的牌号及其化学成分

牌号	类型	UNS	ACI	化学成分（质量分数，%）											
				C≤	Si≤	Mn≤	P≤	S≤	Cr	Ni	Mo	Cu	W	N	其他
1B	25Cr-5Ni-Mo-Cu-N	J93372	CD4MCuN	0.04	1.00	1.00	0.040	0.040	24.5~26.5	4.70~6.00	1.7~2.3	2.7~3.3	—	0.10~0.25	
1C①	25Cr-6Ni-Mo-Cu-N	J93373	CD3MCuN	0.03	1.10	1.20	0.030	0.030	24.0~26.7	5.6~6.7	2.9~3.8	1.40~1.90	—	0.22~0.33	
2A	24Cr-10Ni-Mo-N	J93345	CE8MN	0.08	1.50	1.00	0.040	0.040	22.5~25.5	8.0~11.0	3.0~4.5	—	—	0.10~0.30	
3A	25Cr-5Ni-Mo-N	J93371	CD6MN	0.06	1.00	1.00	0.040	0.040	24.0~27.0	4.0~6.0	1.75~2.5	—	—	0.15~0.25	
4A	22Cr-5Ni-Mo-N	J92205	CD3MN	0.03	1.00	1.50	0.040	0.020	21.0~23.5	4.5~6.5	2.5~3.5	≤1.00	—	0.10~0.30	
5A①	25Cr-7Ni-Mo-N	J93404	CE3MN	0.03	1.00	1.50	0.040	0.040	24.0~26.0	6.0~8.0	4.0~5.0	—	—	0.10~0.30	
6A①	25Cr-7Ni-Mo-N	J93380	CD3MWCuN	0.03	1.00	1.00	0.030	0.025	24.0~26.0	6.5~8.5	3.0~4.0	0.5~1.0	0.5~1.0	0.20~0.30	
7A②	27Cr-7Ni-Mo-W-N	J93379	CD3MWN	0.03	1.00	1.00~3.00	0.030	0.020	26.0~28.0	6.0~8.0	2.0~3.5	≤1.00	3.0~4.0	0.3~0.4	B 0.0010~0.0100 Ba 0.0002~0.0100 Ce+La 0.005~0.030

① $w(\mathrm{Cr})+3.3w(\mathrm{Mo})+16w(\mathrm{N}) \geqslant 40\%$。

② $w(\mathrm{Cr})+3.3[w(\mathrm{Mo})+0.5w(\mathrm{W})]+16w(\mathrm{N}) \geqslant 45\%$。

表6-43　美国铸造双相不锈钢的力学性能

牌　号	类　型	力学性能≥		
		R_m/MPa	$R_{p0.2}$/MPa	A(%)
1B	25Cr-5Ni-Mo-Cu-N	690	485	16
1C	25Cr-6Ni-Mo-Cu-N	690	450	25
2A	24Cr-10Ni-Mo-N	655	450	25
3A	25Cr-5Ni-Mo-N	655	450	25
4A	22Cr-5Ni-Mo-N	620	415	25
5A	25Cr-7Ni-Mo-N	690	515	18
6A	25Cr-7Ni-Mo-N	690	450	25
7A	27Cr-7Ni-Mo-W-N	690	515	20

表6-44　美国铸造双相不锈钢的热处理

牌号	热处理
1B、1C	将铸件加热到≥1040℃，保温足够时间，淬入水中，或用其他方法急冷
2A	将铸件加热到≥1120℃，保温足够时间，淬入水中，或用其他方法急冷
3A	将铸件加热到≥1070℃，保温足够时间，淬入水中，或用其他方法急冷
4A	将铸件加热到≥1120℃，保温足够时间，淬入水中，或用其他方法急冷。或者铸件炉冷至≥1010℃，保温至少15min，淬入水中，或用其他方法急冷
5A	将铸件加热到≥1120℃，保温足够时间，炉冷至≥1045℃，淬入水中，或用其他方法急冷
6A	将铸件加热到≥1100℃，保温足够时间，淬入水中，或用其他方法急冷
7A	将铸件加热到≥1130℃，保温足够时间，炉冷至≥1060℃，淬入水中，或用其他方法急冷

5. 日本铸造不锈钢的标准 JIS G5121—2003（见表6-45～表6-46）

表6-45　日本不锈铸钢、耐蚀铸钢的牌号及化学成分

牌号[①]	化学成分(质量分数,%)								
	C	Si	Mn	P≤	S≤	Cr	Ni	Mo	其他
SCS1	≤0.15	≤1.50	≤1.00	0.040	0.040	11.50~14.00	≤1.00	≤0.50	—
SCS1X	≤0.15	≤0.80	≤0.80	0.035	0.025	11.50~13.50	≤1.00	≤0.50	—
SCS2	0.16~0.24	≤1.50	≤1.00	0.040	0.040	11.50~14.00	≤1.00	≤0.50	—
SCS2A	0.25~0.40	≤1.50	≤1.00	0.040	0.040	11.50~14.00	≤1.00	≤0.50	—
SCS3	≤0.15	≤1.00	≤1.00	0.040	0.040	11.50~14.00	0.50~1.50	0.15~1.00	—
SCS3X	≤0.10	0.80	0.80	0.035	0.025	11.50~13.00	0.80~1.80	0.20~0.50	—
SCS4	≤0.15	≤1.50	≤1.00	0.040	0.040	11.50~14.00	1.50~2.50	—	—
SCS5	≤0.06	≤1.00	≤1.00	0.040	0.040	11.50~14.00	3.50~4.50	—	—
SCS6	≤0.06	≤1.00	≤1.00	0.040	0.030	11.50~14.00	3.50~4.50	0.40~1.00	—
SCS6X	≤0.06	≤1.00	≤1.50	0.035	0.025	11.50~13.00	3.50~5.00	≤1.00	—
SCS10	≤0.03	≤1.50	≤1.50	0.040	0.030	21.00~26.00	4.50~8.50	2.50~4.00	N0.08~0.30[③]
SCS11	≤0.08	≤1.50	≤1.00	0.040	0.030	23.00~27.00	4.00~7.00	1.50~2.50	—[③]
SCS12	≤0.20	≤2.00	≤2.00	0.040	0.040	18.00~21.00	8.00~11.0	—	—
SCS13	≤0.08	≤2.00	≤2.00	0.040	0.040	18.00~21.00[②]	8.00~11.0	—	—
SCS13A	≤0.08	≤2.00	≤2.00	0.040	0.040	18.00~21.00[②]	8.00~11.0	—	—
SCS13X	≤0.07	≤1.50	≤1.50	0.040	0.030	18.00~21.00	8.00~11.0	—	—
SCS14	≤0.08	≤2.00	≤2.00	0.040	0.040	17.00~20.00[②]	10.00~14.00	2.00~3.00	—

（续）

牌号①	化学成分(质量分数,%)								
	C	Si	Mn	P≤	S≤	Cr	Ni	Mo	其　他
SCS14A	≤0.08	≤1.50	≤1.50	0.040	0.040	18.00~21.00②	9.00~12.00	2.00~3.00	—
SCS14X	≤0.07	≤1.50	≤1.50	0.040	0.030	17.00~20.00	9.00~12.00	2.00~2.50	—
SCS14Nb	≤0.08	≤1.50	≤1.50	0.040	0.030	17.00~20.00	9.00~12.00	2.00~2.50	Nb≥8×C% ≤1.00
SCS15	≤0.08	≤2.00	≤2.00	0.040	0.040	17.00~20.00	10.00~14.00	1.75~2.75	Cu 1.00~2.50
SCS16	≤0.03	≤1.50	≤2.00	0.040	0.040	17.00~20.00	12.00~16.00	2.00~3.00	—
SCS16A	≤0.03	≤1.50	≤1.50	0.040	0.040	17.00~20.00	9.00~13.00	2.00~3.00	—
SCS16AX	≤0.03	≤1.50	≤1.50	0.040	0.030	17.00~20.00	9.00~12.00	2.00~2.50	
SCS16AXN	≤0.03	≤1.50	≤1.50	0.040	0.030	17.00~20.00	9.00~12.00	2.00~2.50	N 0.10~0.20
SCS17	≤0.20	≤2.00	≤2.00	0.040	0.040	22.00~26.00	12.00~15.00	—	—
SCS18	≤0.20	≤2.00	≤2.00	0.040	0.040	23.00~27.00	19.00~22.00	—	—
SCS19	≤0.03	≤2.00	≤2.00	0.040	0.040	17.00~21.00	8.00~12.00	—	—
SCS19A	≤0.03	≤2.00	≤1.50	0.040	0.040	17.00~21.00	8.00~12.00	—	—
SCS20	≤0.03	≤2.00	≤2.00	0.040	0.040	17.00~20.00	12.00~6.00	1.75~2.75	Cu 1.00~2.50
SCS21	≤0.08	≤2.00	≤2.00	0.040	0.040	18.00~21.00	9.00~12.00		Nb≥10×C% ≤1.35
SCS21X	≤0.08	≤1.50	≤1.50	0.040	0.030	18.00~21.00	9.00~12.00		Nb≥8×C% ≤1.00
SCS22	≤0.08	≤2.00	≤2.00	0.040	0.040	17.00~20.00	10.00~14.00	2.00~3.00	Nb≥10×C% ≤1.35
SCS23	≤0.07	≤2.00	≤2.00	0.040	0.040	19.00~22.00	27.50~30.00	2.00~3.00	Cu 3.00~4.00
SCS24	≤0.07	≤1.00	≤1.00	0.040	0.040	15.50~17.50	3.50~5.00	—	Cu 2.50~4.00 Nb 0.15~0.45
SCS31	≤0.06	≤0.80	≤0.80	0.035	0.025	15.00~17.00	4.00~6.00	0.70~1.50	—
SCS32	≤0.03	≤1.00	≤1.50	0.040	0.030	25.00~27.00	4.50~6.50	2.50~3.50	Cu 2.50~4.00 N 0.12~0.25
SCS33	≤0.03	≤1.00	≤1.50	0.040	0.030	25.00~27.00	4.50~6.50	2.50~3.50	N 0.12~0.25
SCS34	≤0.07	≤1.50	≤1.50	0.040	0.030	17.00~20.00	9.00~12.00	3.00~3.50	—
SCS35	≤0.03	≤1.50	≤1.50	0.040	0.030	17.00~20.00	9.00~12.00	3.00~3.50	—
SCS35N	≤0.03	≤1.50	≤1.50	0.040	0.030	17.00~20.00	9.00~12.00	3.00~3.50	N 0.10~0.20
SCS36	≤0.03	≤1.50	≤1.50	0.040	0.030	17.00~19.00	9.00~12.00	—	—
SCS36N	≤0.03	≤1.50	≤1.50	0.040	0.030	17.00~19.00	9.00~12.00	—	N 0.10~0.20

① SCS1~SCS6 为工程结构用中、高强度马氏体不锈钢。

② 当用于低温时 $w(Cr)$ = 18.00% ~23.00%。

③ 必要时可添加其他元素。

表 6-46　日本不锈铸钢、耐蚀铸钢的力学性能

牌　号		热处理条件			力学性能				
		淬火①/℃	回火②/℃	固溶处理③/℃	R_m/MPa ≥	$R_{p0.2}$/MPa ≥	$A(\%)$ ≥	$Z(\%)$ ≥	硬度 HBW
SCS1	(T1)	≥950	680~740	—	540	345	18	40	163~229
	(T2)	≥950	590~700	—	620	450	16	30	179~241
SCS1X		950~1050	650~750	—	620	450	14	—	—
SCS2		≥950	680~740	—	590	390	16	35	170~235
SCS2A		≥950	≥600	—	690	485	15	25	≤269
SCS3		≥900	650~740	—	590	440	16	40	170~235
SCS3X		1000~1050	620~720	—	590	440	15	—	—
SCS4		≥900	650~740	—	640	490	13	40	192~255
SCS5		≥900	600~700	—	740	540	13	40	217~277
SCS6		≥950	570~620	—	750	550	15	35	≤285
SCS6X		1000~1100	570~620	—	750	550	15	—	—
		1000~1100	500~530	—	900	830	12	—	—
SCS10		—	—	1050~1150	620	390	15	—	≤302
SCS11		—	—	1030~1150	590	345	13	—	≤241
SCS12		—	—	1030~1150	480	205	28	—	≤183
SCS13		—	—	1030~1150	440	185	30	—	≤183
SCS13A		—	—	1030~1150	480	205	33	—	≤183
SCS13X		—	—	≥1050	440	180	30	—	—
SCS14		—	—	1030~1150	440	185	28	—	≤183
SCS14A		—	—	1030~1150	480	205	33	—	≤183
SCS14X		—	—	≥1080	440	180	30	—	—
SCS14Nb		—	—	≥1080	440	180	25	—	—
SCS15		—	—	1030~1150	440	185	28	—	≤183
SCS16		—	—	1030~1150	390	175	33	—	≤183
SCS16A		—	—	1030~1150	480	205	33	—	≤183
SCS16AX		—	—	≥1080	440	180	30	—	—
SCS16AXN		—	—	≥1080	510	230	30	—	—
SCS17		—	—	1050~1160	480	205	28	—	≤183
SCS18		—	—	1070~1180	450	195	28	—	≤183
SCS19		—	—	1030~1150	390	285	33	—	≤183
SCS19A		—	—	1030~1150	480	205	33	—	≤183
SCS20		—	—	1030~1150	390	175	33	—	≤183
SCS21		—	—	1030~1150	480	205	28	—	≤183
SCS22		—	—	1030~1150	440	205	28	—	≤183
SCS23		—	—	1070~1180	390	165	30	—	≤183
SCS31		1020~1070	580~630	≥1120	760	540	15	—	—
SCS32				≥1120	650	450	18	—	—
SCS33		—		≥1120	650	450	18	—	—
SCS34		—	—	≥1120	440	180	30	—	—
SCS35		—	—	≥1120	440	180	30	—	—
SCS35N		—	—	≥1120	510	230	30	—	—

（续）

牌 号	热处理条件			力学性能				
	淬火①/℃	回火②/℃	固溶处理③/℃	R_m/MPa ≥	$R_{p0.2}$/MPa ≥	$A(\%)$ ≥	$Z(\%)$ ≥	硬度 HBW
SCS36	—	—	≥1050	440	180	30	—	
SCS36N	—	—	≥1050	510	230	30	—	
SCS24	符号	固溶处理/℃	时效处理/℃④	—	—	—	—	
	H900	1020～1080	(475～525)×90min	1240	1030	6	—	≤375
	H1025	1020～1080	(535～585)×4h	980	885	9	—	≤311
	H1075	1020～1080	(565～615)×4h	960	785	9	—	≤277
	H1150	1020～1080	(605～655)×4h	850	665	10	—	≤269

① 冷却：油冷或空冷，仅 SCS6 为空冷。

② 冷却：空冷或缓冷。

③ 冷却：急冷。

④ 冷却：空冷。

6. 德国铸造不锈钢标准

德国铸造不锈钢技术条件（DIN 17445：1984）见表6-47～表6-50。

7. 法国铸造不锈钢标准

法国耐蚀不锈铸钢标准 NF A32 056：2009 中规定的奥氏体不锈铸钢和奥氏体-铁素体不锈铸钢共 10

个牌号。其牌号及化学成分和力学性能见表 6-51和表 6-52。

8. 英国铸造不锈钢标准

英国耐蚀、耐热和高合金铸钢标准（BS 3100 Part 4：1991）中牌号及化学成分和力学性能见表6-53 和表6-54。

表 6-47 德国铸造不锈钢的化学成分

铸钢钢种		化学成分（质量分数，%）								
牌 号	材料号	C	Si	Mn	P	S	Cr	Mo	Ni	其 他
G-X6CrNi 18 9	1.4308	0.07	2.0	1.5	0.045	0.030	18.0～20.0	①	9.0～11.0	—
G-X5CrNiNb 18 9	1.4552	0.06	1.5	1.5	0.045	0.030	18.0～20.0	①	9.0～11.0	Nb≥8×C%②
G-X5CrNiMoNb 18 10	1.4581	0.06	1.5	1.5	0.045	0.030	18.0～20.0	2.0～2.5	10.5～12.5	Nb≥8×C%②
G-X6CrNiMo 18 10	1.4408	0.07	1.5	1.5	0.045	0.030	18.0～20.0	2.0～3.0	10.0～12.0	—
G-X3CrNiMoN 17 13 5	1.4439	0.04	1.0	1.5	0.045	0.030	18.0～20.0	4.0～4.5	12.5～14.5	N = 0.12～0.22

注：除给出范围者外，其他均为最大值。

① 在难于确定的条件下，例如，用于硝酸介质时，该钢种的允许最高含 Mo 量可由双方商定。

② 两个钽可取代一个铌。

表 6-48 德国铸造不锈钢的室温力学性能

铸 钢 钢 种		热处理状态	硬度 HBW	0.2% 屈服强度 /MPa	1% 屈服强度 /MPa	抗拉强度 R_m/MPa	断后伸长率 $A(L_0=5d_0)$ (%)	冲击吸收能量 /J（平均值）	
牌 号	材料号							ISO-V①	DVM②
G-X6CrNi 18 9	1.4308	淬火	130～200	175	200	440～640	20	60	70
G-X5CrNiNb 18 9	1.4552		130～200	175	200	440～640	20	35	41
G-X5CrNiMoNb 18 10	1.4581		130～200	185	210	440～640	20	35	41
G-X6CrNiMo 18 10	1.4408		130～200	185	210	440～640	20	60	70
G-X3CrNiMoN 17 13 5	1.4439		130～200	210	230	490～690	20	50	60

注：除给出范围者外，其他均为最大值。

①、② 同表6-6。

表 6-49　德国铸造不锈钢的淬火处理和有关组织参考数据

铸钢钢种		淬　火		热处理供货状态组织
牌　号	材料号	温度/℃	冷却介质	
G-X6CrNi18 9	1.4308	1050~1100[①]	水,空气[②]	奥氏体[③]
G-X5CrNiNb18 9	1.4552	1050~1100	水,空气[②]	奥氏体[③]
G-X5CrNiMoNb18 10	1.4581	1050~1100	水,空气[②]	奥氏体[③]
G-X6CrNiMo18 10	1.4408	1050~1100	水,空气[②]	奥氏体[③]
G-X3CrNiMoN17 135	1.4439	1130~1180	水	奥氏体[③]

① 淬火后,有条件时进行 820~870℃ 空冷退火。
② 尽可能快地空冷。
③ 可能有金属中间化合物析出相。

表 6-50　德国铸造不锈钢的高温 1% 和 0.2% 屈服强度

铸钢钢种		下列高温/℃ 下,1% 屈服强度/MPa									
牌　号	材料号	100	150	200	250	300	350	400	450	500	550
G-X6CrNi18 9	1.4308	145	125	115	105	100	—	—	—	—	—
G-X5CrNiNb18 9	1.4552	150	135	130	125	120	115	110	105	100	90
G-X5CrNiMoNb18 10	1.4581	165	150	140	135	130	125	120	115	110	105
G-X6CrNiMo18 10	1.4408	150	130	120	110	100	—	—	—	—	—
G-X3CrNiMoN17 135	1.4439	165	150	140	130	120	115	110	—	—	—
铸钢钢种		下列高温/℃ 下,0.2% 屈服强度/MPa									
牌　号	材料号	100	150	200	250	300	350	400	450	500	550
G-X6CrNi18 9	1.4308	170	150	140	130	125	—	—	—	—	—
G-X5CrNiNb18 9	1.4552	175	160	155	150	145	140	130	120	110	100
G-X5CrNiMoNb18 10	1.4581	190	175	165	160	155	150	140	130	120	110
G-X6CrNiMo18 10	1.4408	175	155	145	135	125	—	—	—	—	—
G-X3CrNiMoN17 135	1.4439	192	177	162	151	143	138	125	—	—	—

注: 高温屈服强度仅在需方订货时有要求的情况下测定。

表 6-51　法国耐蚀不锈铸钢的牌号及化学成分

牌　号	化学成分 (质量分数,%)								
	C	Si	Mn	P≤	S≤	Cr	Ni	Mo	其　他
奥氏体不锈铸钢									
Z2CN18.10M	≤0.03	≤1.20	≤1.50	0.040	0.030	17.0~20.0	8.00~12.0	—	—
Z6CM18.10M	≤0.08	≤1.20	≤1.50	0.040	0.030	17.0~20.0	8.00~12.0	—	—
Z6CNNb18.10M	≤0.08	≤1.20	≤1.50	0.040	0.030	17.0~20.0	8.00~11.0	—	Nb≥8×C%~1.20
Z2CND18.12M	≤0.03	≤1.20	≤1.50	0.040	0.030	17.0~20.0	9.00~13.0	2.00~3.00	—
Z6CND18.12M	≤0.08	≤1.20	≤1.50	0.040	0.030	17.0~20.0	9.00~13.0	2.00~3.00	—
Z6CNDNb18.12M	≤0.08	≤1.20	≤1.50	0.040	0.030	17.0~20.0	9.00~13.0	2.00~3.00	Nb≥10×C%~1.20
Z8CN25.20M	≤0.10	≤1.20	≤1.50	0.040	0.030	23.0~27.0	19.0~22.0	—	Nb≥8×C%~1.20
Z6NCDU25.20.04M	≤0.08	≤1.20	≤1.50	0.040	0.030	18.0~22.0	23.0~27.0	2.50~6.00	Cu 1.50~3.50
奥氏体-铁素体不锈铸钢									
Z25CND25.09M	≤0.28	≤1.20	≤1.50	0.040	0.030	23.0~27.0	8.00~10.0	1.50~2.00	—
Z6CNDU20.08M	≤0.08	≤1.20	≤1.50	0.040	0.030	19.0~23.0	7.00~9.00	2.00~3.00	Cu 1.00~2.00

表 6-52　法国耐蚀不锈铸钢的力学性能

牌号	R_m/MPa	$R_{p0.2}$/MPa	$A(\%)$	$KV_2^{②}$/J ≥	硬度 HBW ≤
奥氏体不锈铸钢[①]					
Z2CN18.10M	≥400	180	35	—	—
Z6CM18.10M	≥450	200	30	—	—
Z6CNNb18.10M	≥450	200	30	—	—
Z2CND18.12M	≥400	180	40	—	—
Z6CND18.12M	≥450	200	35	—	—
Z6CNDNb18.12M	≥450	200	35	—	—
Z8CN25.20M	≥450	200	30	—	130
Z6NCDU25.20.04M	≥450	170	30	—	130
奥氏体-铁素体不锈铸钢[①]					
Z25CND25.09M	≥600	300	6	—	180
Z6CNDU20.08M	≥600	320	15	—	160

① 摘自 NF A32—056 (1984)。
② 根据 3 个试样的平均值, 其中单个试样允许低于该平均值, 但不得低于该值的 70%。

表 6-53　英国耐蚀、耐热和高合金铸钢的牌号及化学成分

牌　号	化学成分(质量分数,%)								
BS	C	Si	Mn	P ≤	S ≤	Cr	Ni	Mo	其　他
耐蚀铸钢									
302C25[①]	≤0.12	≤1.5	≤2.0	0.040	0.040	17.0~21.0	≥8.0	—	—
304C12[①]	≤0.03	≤1.5	≤2.0	0.040	0.040	17.0~21.0	8.0~12.0	—	—
304C12LT196	≤0.03	≤1.5	≤2.0	0.040	0.040	17.0~21.0	8.0~12.0	—	—
304C15[①]	≤0.08	≤1.5	≤2.0	0.040	0.040	18.0~21.0	8.0~11.0	—	—
304C15LT196	≤0.08	≤1.5	≤2.0	0.040	0.040	18.0~21.0	8.0~11.0	—	—
316C12[①]	≤0.03	≤1.5	≤2.0	0.040	0.040	17.0~21.0	≥9.0	2.0~3.0	—
316C12LT196	≤0.03	≤1.5	≤2.0	0.040	0.040	17.0~21.0	≥9.0	2.0~3.0	—
316C16[①]	≤0.08	≤1.5	≤2.0	0.040	0.040	17.0~21.0	≥9.0	2.0~3.0	—
316C16LT196	≤0.08	≤1.5	≤2.0	0.040	0.040	17.0~21.0	≥9.0	2.0~3.0	—
317C16[①]	≤0.08	≤1.5	≤2.0	0.040	0.040	17.0~21.0	≥9.0	3.0~4.0	—
318C17[①]	≤0.08	≤1.5	≤2.0	0.040	0.040	17.0~21.0	≥9.0	2.0~3.0	Nb 8×C%~1.0
332C11	≤0.07	≤1.5	≤1.5	0.040	0.040	19.0~22.0	27.5~30.5	2.0~3.0	Cu 3.0~4.0
332C13	≤0.04	≤1.0	≤1.0	0.040	0.040	24.5~26.5	4.75~6.0	1.75~2.25	Cu 2.75~3.25
332C15	≤0.08	≤1.5	≤1.5	0.040	0.040	21.0~27.0	4.0~7.0	1.75~3.0	N 0.10~0.25
347C17[①]	≤0.08	≤1.5	≤2.0	0.040	0.040	18.0~21.0	9.0~12.0	—	Nb 8×C%~1.0
410C21	≤0.15	≤1.0	≤1.0	0.040	0.040	11.5~13.5	≤1.0	—	Cu ≤0.30[②]
410C28	≤0.20	≤1.0	≤1.0	0.040	0.040	11.5~13.5	≤1.0	—	Cu ≤0.30[②]
410C29	≤0.20	≤1.0	≤1.0	0.040	0.040	11.5~13.5	≤1.0	—	Cu ≤0.30[②]
425C12	≤0.06	≤1.0	≤1.0	0.040	0.040	11.5~14.0	3.5~4.5	0.40~1.00	—
425C11	≤0.10	≤1.0	≤1.0	0.040	0.040	11.5~13.5	3.4~4.2	≤0.60	—

（续）

牌　号	化学成分（质量分数,%）								
BS	C	Si	Mn	P ≤	S ≤	Cr	Ni	Mo	其　他
高温用铸钢									
302C35	0.2 ~ 0.4	≤2.0	≤2.0	0.050	0.050	17.0 ~ 22.0	6.0 ~ 10.0	≤1.5	—
309C30	≤0.5	≤2.5	≤2.0	0.050	0.050	22.0 ~ 27.0	10.0 ~ 14.0	≤1.5	—
309C40	≤0.5	≤2.0	≤2.0	0.050	0.050	25.0 ~ 30.0	8.0 ~ 12.0	≤1.5	—
310C45	≤0.5	≤3.0	≤2.0	0.050	0.050	22.0 ~ 27.0	17.0 ~ 22.0	≤1.5	—
311C11	≤0.5	≤3.0	≤2.0	0.050	0.050	17.0 ~ 23.0	23.0 ~ 28.0	≤1.5	—
330C12	≤0.75	≤3.0	≤2.0	0.050	0.050	13.0 ~ 20.0	30.0 ~ 40.0	≤1.5	—
331C60	≤0.75	≤3.0	≤2.0	0.050	0.050	15.0 ~ 25.0	36.0 ~ 46.0	≤1.5	—
334C11	≤0.75	≤3.0	≤2.0	0.050	0.050	10.0 ~ 20.0	55.0 ~ 65.0	≤1.5	—
420C24	≤0.25	≤2.0	≤1.0	0.050	0.050	12.0 ~ 16.0	—	—	—
452C11	≤1.0	≤2.0	≤1.0	0.050	0.050	25.0 ~ 30.0	≤4.0	≤1.5	—
452C12	1.0 ~ 2.0	≤2.0	≤1.0	0.050	0.050	25.0 ~ 30.0	≤4.0	≤1.5	—
309C32①	0.20 ~ 0.45	≤1.5	≤2.5	0.040	0.040	24.0 ~ 28.0	11.0 ~ 14.0	≤1.5	N≤0.2
309C35	0.20 ~ 0.50	≤1.5	≤2.0	0.040	0.040	24.0 ~ 28.0	11.0 ~ 14.0	≤1.5	—
310C40	0.30 ~ 0.50	≤1.5	≤2.0	0.040	0.040	24.0 ~ 27.0	19.0 ~ 22.0	≤1.5	—
330C11	0.35 ~ 0.55	≤1.5	≤2.0	0.040	0.040	13.0 ~ 17.0	33.0 ~ 37.0	≤1.5	—
331C40	0.35 ~ 0.55	≤1.5	≤2.0	0.040	0.040	17.0 ~ 21.0	37.0 ~ 41.0	≤1.5	—

① 这些牌号有明显的磁性。
② 这些牌号中 Cu 为残留元素。

表6-54　英国耐蚀、耐热和高合金铸钢的热处理与力学性能

牌　号	力学性能　≥					最终热处理
	R_m/MPa	$R_{p0.2}$/MPa	$A^①$(%)	冲击吸收能量		
				KV_2/J	温度/℃	
302C25	480	(1%屈服应力) 240	26	—	—	固溶处理(1000 ~ 1100℃)
304C12	430	215	26	—	—	固溶处理(1000 ~ 1100℃)
304C15	480	215	26	—	—	固溶处理(1000 ~ 1100℃)
304C12LT196	430	215	26	41	-196	固溶处理(1000 ~ 1100℃)
304C15LT196	480	215	26	41	-196	固溶处理(1000 ~ 1100℃)
347C17	480	215	22	—	—	固溶处理(1000 ~ 1100℃)
316C12	430	215	26	—	—	固溶处理(1050 ~ 1150℃)
316C16	480	240	26	—	—	固溶处理(1050 ~ 1150℃)
316C12LT196	430	215	26	41	-196	固溶处理(1050 ~ 1150℃)
316C16LT196	480	240	26	41	-196	固溶处理(1050 ~ 1150℃)
317C16	480	240	22	—	—	固溶处理(1050 ~ 1150℃)
318C17	480	240	18	—	—	固溶处理(1050 ~ 1150℃)
332C11	425	170	34	—	—	固溶处理(≥1120℃)
332C13	690	485	16	25	20	固溶处理(≥1120℃)
332C15	640	430	30	25	20	固溶处理(≥1120℃)

（续）

牌　号	力学性能　≥					最终热处理
	R_m/MPa	$R_{p0.2}$/MPa	$A^{①}$（%）	冲击吸收能量		
				KV_2/J	温度/℃	
410C21	540	（0.2%屈服应力）370	15	—	—	空淬 + 回火,或油淬 + 回火（回火温渡 ≤750℃）空淬或油淬（950～1050℃）+ 回火（590～650℃）,或者空淬或油淬（950～1050℃）+ 回火（660～700℃）,再空冷到95℃以下 + 回火（590～620℃）
410C28	620	450	13	—	—	
410C29	690	465	11	—	—	
425C12	755	550	15	—	—	
425C11	770	620	12	30	20	空淬或油淬（950～1050℃）+ 回火（590～650℃）
309C32②	560	—	3	—	—	铸态
309C35	510	—	7	—	—	铸态
310C40	450	—	7	—	—	铸态
330C11	450	—	3	—	—	铸态
331C40	450	—	3	—	—	铸态

① 试样标距长度 $L_0 = 5.65 \sqrt{S_0}$（S_0 为原始横断面积）。

② 309C32 钢的试块热处理为（760℃±15℃）×24h 空冷。

9. 俄罗斯铸造不锈钢标准

ГOCT 的铸造不锈钢和耐热钢标准均包括在 ГOCT 977—1988 标准之中。其中铸造不锈钢的牌号及化学成分见表6-55，力学性能见表6-56。

表 6-55　俄罗斯铸造不锈钢的牌号及化学成分

牌号	化学成分（质量分数，%）								
	C	Si	Mn	P≤	S≤	Cr	Ni	Mo	其　他
07Х17Н16ТЛ	0.04～0.10	0.20～0.60	1.00～2.00	0.035	0.020	16.0～18.0	15.0～17.0	—	Ti = 0.005～0.15
07Х18Н9ТЛ	≤0.07	0.20～1.00	1.00～2.00	0.035	0.030	17.0～20.0	8.00～11.0	—	Cu≤0.30
08Х14НДЛ	≤0.08	≤0.04	0.50～0.80	0.025	0.025	13.0～14.5	1.20～1.60	—	Cu = 0.80～1.20
08Х14Н7МЛ	≤0.08	0.20～0.75	0.30～0.90	0.030	0.030	13.0～15.0	6.00～8.50	0.50～1.00	Cu≤0.30
08Х15Н4ДМЛ	≤0.08	≤0.04	1.00～1.50	0.025	0.025	14.0～16.0	3.50～3.90	0.30～0.45	Cu = 1.00～1.40
08Х17Н34В5Т-3Ю2РЛ	≤0.08	0.20～0.50	0.30～0.60	0.010	0.010	15.0～18.0	32.0～35.0	—	W = 4.50～5.50 Ti = 2.60～3.20 Al = 1.70～2.10 B≈0.05 Ce≈0.01
09Х16Н4БЛ	0.05～0.13	0.20～0.60	0.30～0.60	0.030	0.025	15.0～17.0	3.50～4.50	—	Nb = 0.05～0.01 Cu≤0.30
09Х17Н3СЛ	0.05～0.12	0.80～1.50	0.30～0.80	0.035	0.025	15.0～18.0	2.80～3.80	—	Cu≤0.30
10Х14НДЛ	≤0.10	0.17～0.40	0.30～0.60	0.025	0.025	12.0～13.5	1.00～1.50	—	Cu≤1.10
10Х18Н3Г3Д2Л	≤0.10	≤0.60	2.30～3.00	0.030	0.030	17.0～19.0	2.80～3.50	—	Cu = 1.80～2.20
10Х18Н9Л	≤0.14	0.20～1.00	1.00～2.00	0.035	0.030	17.0～20.0	8.00～11.0	—	Cu≤0.30
10Х18Н11БЛ	≤0.10	0.20～1.00	1.00～2.00	0.035	0.030	17.0～20.0	8.00～12.0	—	Nb = 0.45～0.90 Cu≤0.30
12Х18Н9ТЛ	≤0.12	0.20～1.00	1.00～2.00	0.035	0.030	17.0～20.0	8.00～11.0	—	Ti 5×C%～0.70 Cu≤0.30
12Х18Н12БЛ	≤0.12	≤0.55	0.50～2.00	0.020	0.025	17.0～19.0	11.0～13.0	—	Nb = 0.70～1.10
12Х18Н12М3ТЛ	≤0.12	0.20～1.00	1.00～2.00	0.035	0.030	16.0～19.0	11.0～13.0	—	Mo = 3.00～4.00 Ti 5×C%～0.70 Cu≤0.30
12Х25Н5ТМФЛ	≤0.12	0.20～1.00	0.30～0.80	0.030	0.030	23.5～26.0	5.00～6.50	0.06～0.12	Ti = 0.08～0.20 N = 0.08～0.20 V = 0.07～0.15 Cu≤0.30
14Х18Н4Г4Л	≤0.14	0.20～1.00	4.00～5.00	0.035	0.030	16.0～20.0	4.00～5.00	—	Cu≤0.30
15Х13Л	≤0.15	0.20～0.80	0.30～0.80	0.025	0.025	12.0～14.0	≤0.50	—	Cu≤0.30

注：摘自 ГOCT 977—1988。

表 6-56　俄罗斯铸造不锈钢的力学性能

牌　号		力学性能　≥				
		R_m/MPa	$R_{p0.2}$/MPa	$A(\%)$	$Z(\%)$	KU_2/J
07Х17Н16ТЛ		441	196	40	55	31.4
07Х18Н9ТЛ		—	—	—	—	—
08Х14НДЛ		648	510	15	40	47.2
08Х14Н7МЛ		981	687	10	25	23.5
08Х15Н4ДМЛ		736	589	17	5	78.5
08Х17Н34В5Т3Ю2РЛ		785	687	3	3	—
09Х16Н4БЛ	I	932	785	10	—	31.4
	II	1128	883	9	—	19.6
09Х17Н3СЛ	I	981	736	8	15	15.7
	II	932	736	8	20	19.6
	III	834	638	6	10	—
10Х12НДЛ		638	441	14	30	23.5
10Х18Н3Г3Д2Л		687	491	12	25	23.5
10Х18Н9Л		441	177	25	35	78.5
10Х18Н11БЛ		441	196	25	35	47.2
12Х18Н9ТЛ		441	196	25	32	47.2
12Х18Н12БЛ		392	196	13	18	15.7
12Х18Н12М3ТЛ		441	216	25	30	47.2
12Х25Н5ТМФЛ		540	392	12	40	23.5
14Х18Н4Г4Л		441	245	25	35	78.5
15Х13Л		540	392	16	45	39.3

注：摘自 ГОСТ 977—1988。

10. 瑞典铸造不锈钢标准

瑞典 SS 标准中铸造不锈钢牌号及化学成分见表 6-57，力学性能见表 6-58。

11. 美国某公司不锈钢

美国某公司铬镍不锈铸钢及铬不锈铸钢在不同标准组织间的成分对照见表 6-59 和表 6-60。

表 6-57　瑞典铸造不锈钢的牌号及化学成分

牌号	化学成分（质量分数，%）								
	C ≤	Si ≤	Mn ≤	P ≤	S ≤	Cr	Ni	Mo	其　他
2324	0.10	1.0	2.0	0.045	0.030	24.0 ~ 27.0	4.5 ~ 7.0	1.3 ~ 1.8	—
2333	0.05	1.0	2.0	0.045	0.030	17.0 ~ 19.0	8.0 ~ 11.0	—	—
2343	0.05	1.0	2.0	0.045	0.030	16.0 ~ 18.5	10.5 ~ 14.0	2.5 ~ 3.0	—
2366	0.07	1.5	2.0	0.045	0.030	17.0 ~ 20.0	13.0 ~ 16.0	3.0 ~ 4.0	—
2377	0.030	1.0	2.0	0.030	0.030	21.0 ~ 23.0	4.5 ~ 6.5	2.5 ~ 3.5	N0.10 ~ 0.20
2387	0.05	1.0	1.5	0.045	0.030	15.0 ~ 17.0	4.0 ~ 6.0	0.8 ~ 1.5	—
2564	0.06	1.0	2.0	0.045	0.030	19.0 ~ 21.0	24.0 ~ 26.0	4.0 ~ 5.0	Cu3.0 ~ 3.5

表 6-58　瑞典铸造不锈钢的力学性能

牌　号	热　处　理	力　学　性　能　≥		
		R_m/MPa	$R_{p0.2}$/MPa	$A(\%)$
2324	固溶处理	590	370	18
2333	固溶处理	440	180	35
2343	固溶处理	440	200	35
2366	固溶处理	440	200	35

表6-59　美国某公司铬镍不锈铸钢化学成分对照

牌号	采用标准	化学成分（质量分数，%）									熔化温度/℃
		C	Mn	Si	Cr	Ni	Mo	P	S	其他	
302	AMS 5358B	0.25	1.50	2.00	17.00~19.00	8.00~10.00	0.75	0.04	0.03	Cu 0.75	1400~1440
	MIL-S-81591 IC 302	0.15	2.00	1.00	17.00~19.00	8.00~10.00		0.04	0.03		1400~1455
	ASTM A-743 GR CF 20	0.20	1.50	2.00	18.00~21.00	8.00~11.00		0.04	0.04		1400~1455
	ACI-CF-20	0.20	1.50	2.00	18.00~21.00	8.00~11.00		0.04	0.04		1400~1455
	IC CF20	0.20	1.50	2.00	18.00~21.00	8.00~11.00		0.04	0.04		1400~1455
302B	ASTM A-297 GR HF	0.20~0.40	2.00	2.00	18.00~23.00	8.00~12.00	0.50	0.04	0.04		1390~1445
	ACI-HF	0.20~0.40	2.00	2.00	18.00~23.00	8.00~12.00	0.50	0.04	0.04		1390~1445
	AMS 5341 B	0.16	2.00	2.00	18.00~21.00	9.00~12.00	0.75	0.04	0.15~0.35	Cu 0.75	1400~1455
303	MIL-S-81591 IC 303 a)	0.16	1.50	2.00	18.00~21.00	9.00~12.00	1.50	0.17	0.04	Cu 0.50 Se 0.20~0.35	1400~1455
	MIL-S-81591 IC 303 b)	0.16	1.50	2.00	18.00~21.00	9.00~12.00	0.40~0.80	0.04	0.20~0.40	Cu 0.50	1400~1455
	ACI-CF 16F	0.16	1.50	2.00	18.00~21.00	9.00~12.00		0.04	0.04		1400~1455
	ASTM A-743 GR CF 16F	0.16	1.50	2.00	18.00~21.00	9.00~12.00	1.50	0.17	0.04	Se 0.20~0.35	1400~1455
	ASTM A-743 GR CF 16Fa	0.16	1.50	2.00	18.00~21.00	9.00~12.00	0.40~0.80	0.04	0.20~0.40		1400~1455
	IC CF-16F	0.16	1.50	2.00	18.00~21.00	9.00~12.00	0.75	0.04		0.20~0.35 Se, 1.50 Mo 或者 0.40~0.80 Mo, 0.20~0.40 S	1400~1455
	SAE-30303	0.15	2.00	1.00	17.00~19.00	8.00~10.00	0.60	0.20	0.15		1400~1455
304	AMS 5370C AMS 5317C	0.05	1.00~2.00	0.75~1.50	18.00~21.00	8.00~11.00	0.75	0.04	0.04	Cu 0.75	1400~1455

（续）

牌号	采用标准	化学成分（质量分数，%）									熔化温度 /℃
		C	Mn	Si	Cr	Ni	Mo	P	S	其 他	
304	MIL-S-81591 IC 304	0.08	2.00	1.00	18.00~20.00	8.00~12.00		0.04	0.03		1400~1455
	MIL-S-81591 IC 304L	0.05	1.00~2.00	1.00	18.00~21.00	8.00~11.00	0.50	0.04	0.03	Cu 0.50	1400~1455
	MIL-S-867A CL1	0.08	1.50	2.00	18.00~21.00	8.00~11.00		0.05	0.05		1400~1455
	MIL-S-18262A CL1	0.08	1.50	2.00	18.00~21.00	8.00~11.00		0.045	0.045	Co 0.20	1400~1455
	ASTM A-743 GR CF3 ASTM A-744 GR CF3	0.03	1.50	2.00	17.00~21.00	8.00~12.00		0.04	0.04		1400~1455
	ASTM A-743 GR CF3 ASTM A-744 GR CF3	0.08	1.50	2.00	18.00~21.00	8.00~11.00		0.04	0.04		1400~1455
	ASTM A-351 GR CF3	0.03	1.50	2.00	17.00~21.00	8.00~12.00	0.50	0.04	0.04		1400~1455
	ASTM A-351 GR CF8 CF8A	0.08	1.50	2.00	18.00~21.00	8.00~11.00	0.50	0.04	0.04		1400~1455
	ACI-CF8	0.08	1.50	2.00	18.00~21.00	8.00~11.00		0.04	0.04		1400~1455
	IC CF-3	0.03	1.50	2.00	17.00~21.00	8.00~12.00		0.04	0.04		1400~1455
	IC CF-8	0.08	1.50	2.00	18.00~21.00	8.00~11.00		0.04	0.04		1400~1455
	SAE 30304L	0.03	2.00	1.00	18.00~20.00	8.00~12.00		0.045	0.03		1400~1455
	SAE 30304	0.08	2.00	1.00	18.00~20.00	8.00~10.50		0.045	0.03		1400~1455
	ASTM A-351 GR CF 10	0.04~0.10	1.50	2.00	18.00~21.00	8.00~11.00	0.50	0.04	0.04		1400~1455
	ASTM A-297 GR HF ACI HF	0.20~0.40	2.00	2.00	18.00~23.00	8.00~12.00	0.50	0.04	0.04		1370~1425
308	SAE 30308	0.08	2.00	1.00	19.00~21.00	10.00~12.00		0.045	0.03		1400~1455

	ASTM A-743 GR CG-12	0.12	1.50	2.00	20.00~23.00	10.00~13.00		0.04	0.04		1400~1455
	ASTM A-743 GR CH-20	0.20	1.50	2.00	22.00~26.00	12.00~15.00		0.04	0.04		1400~1455
	ASTM A-297 GR HH	0.20~0.50	2.00	2.00	24.00~28.00	11.00~14.00	0.50	0.04	0.04		1370~1425
	ASTM A-567 GR HH-90	0.80~1.00	2.00	2.00	24.00~28.00	11.00~14.00	0.50	0.04	0.04		1370~1425
	ASTM A-351 GR CH10	0.10	1.50	2.00	22.00~26.00	12.00~15.00	0.50	0.04	0.04		1400~1455
309	ASTM A-351 GR CH20	0.20	1.50	2.00	22.00~26.00	12.00~15.00		0.04	0.04		1400~1455
	ASTM A-351 GR HK30	0.25~0.35	1.50	1.75	23.00~27.00	19.00~22.00	0.50	0.04	0.04		1400~1455
	ASTM A-351 GR HK40	0.35~0.45	1.50	1.75	23.00~27.00	19.00~22.00	0.50	0.04	0.04		1400~1455
	ASTM A-447	0.20~0.45	2.50	1.75	23.00~28.00	10.00~14.00		0.05	0.05	N 0.20	1400~1455
	ACI HH	0.20~0.50	2.00	2.00	24.00~28.00	11.00~14.00	0.50	0.04	0.04		1370~1425
	ACI CH20 IC CH20	0.20	1.50	2.00	22.00~26.00	12.00~15.00		0.04	0.04		1400~1455
	SAE 30309	0.20	2.00	1.00	22.00~24.00	12.00~15.00		0.045	0.03		1400~1455
	SAE 30309S	0.08	2.00	1.00	22.00~24.00	12.00~15.00		0.045	0.03		1370~1425
	AMS 5365C	0.10~0.18	2.00	0.50~1.50	23.00~26.00	19.00~22.00	0.75	0.04	0.04	Cu 0.75	1400~1455
	AMS 5366C	0.18	2.00	0.50~1.50	23.00~26.00	19.00~22.00	0.75	0.03	0.03	Cu 0.75	1400~1455
	MIL-S-20150 CLA	0.30	0.50~2.00	2.00	23.00~27.00	19.00~22.00		0.05	0.05		1400~1455
	MIL-S-81591 IC310	0.25	2.00	1.50	24.00~26.00	19.00~22.00		0.04	0.03		1400~1455
310	ASTM A-743 GR CK20	0.20	2.00	2.00	23.00~27.00	19.00~22.00		0.04	0.04		1400~1455
	ASTM A-297 GR HK	0.20~0.60	2.00	2.00	24.00~28.00	18.00~22.00	0.50	0.04	0.04		1370~1425
	ASTM A-297 GR HL	0.20~0.60	2.00	2.00	28.00~32.00	18.00~22.00	0.50	0.04	0.04		1370~1425
	ASTM A-351 GR CK20	0.20	1.50	1.75	23.00~27.00	19.00~22.00	0.50	0.04	0.04		1400~1455
	ASTM A-567 GR HK40	0.35~0.45	2.00	2.00	24.00~28.00	18.00~22.00	0.50	0.04	0.04	N 0.05~0.15	1400~1425

（续）

牌号	采用标准	化学成分（质量分数，%）									熔化温度/℃
		C	Mn	Si	Cr	Ni	Mo	P	S	其他	
310	ASTM A-567 GR HK50	0.45~0.55	2.00	2.00	24.00~28.00	18.00~22.00	0.50	0.04	0.04	N 0.05~0.15	1370~1400
	ACI CK 20	0.20	2.00	2.00	23.00~27.00	19.00~22.00		0.04	0.04		1400~1455
	ACI HL	0.20~0.60	2.00	2.00	28.00~32.00	18.00~22.00	0.50	0.04	0.04		1370~1425
	IC CK20	0.20	2.00	2.00	23.00~27.00	19.00~22.00		0.04	0.04		1400~1455
	SAE 30310	0.25	2.00	1.50	24.00~26.00	19.00~22.00		0.045	0.03		1370~1455
	SAE 30310S	0.08	2.00	1.50	24.00~26.00	19.00~22.00		0.045	0.03		1370~1425
311	ASTM A-297 GR HN ACI HN SAE 70311	0.20~0.50	2.00	2.00	19.00~23.00	23.00~27.00	0.50	0.04	0.04		1370~1425
312	ASTM A-743 GR CE30	0.30	1.50	2.00	26.00~30.00	8.00~11.00		0.04	0.04		1425~1480
	ASTM A-297 GR HE	0.20~0.50	2.00	2.00	26.00~30.00	8.00~11.00	0.50	0.04	0.04		1425~1480
316	AMS 5360E	0.15	2.00	0.75	16.00~18.00	12.00~14.00	1.50~2.25	0.04	0.03	Cu 0.75	1370~1400
	AMS 5361D	0.15~0.25	2.00	1.00	17.00~20.00	12.00~15.00	1.75~2.50	0.04	0.04	Cu 0.75	1370~1400
	MIL-S-867A CL III	0.08	1.50	2.00	18.00~21.00	9.00~12.00	2.00~3.00	0.05	0.05		1370~1400
	MIL-S-81591 IC 316	0.08	2.00	1.00	16.00~18.00	10.00~14.00	2.00~3.00	0.04	0.03		1370~1400
	ASTM A-351 GR CF3M, CF3MA	0.03	1.50	1.50	17.00~21.00	10.00~13.00	2.00~3.00	0.04	0.04		1370~1400
	ASTM A-743 GR CF3M ASTM A-744 GR CF3M	0.03	1.50	1.50	17.00~21.00	10.00~13.00	2.00~3.00	0.04	0.04		1370~1400
	ASTM A-743 GR CF8M ASTM A-744 GR CF8M	0.08	1.50	2.00	18.00~21.00	9.00~12.00	2.00~3.00	0.04	0.04		1370~1400
	ASTM A-351 GR CF8M	0.08	1.50	1.50	18.00~21.00	9.00~12.00	2.00~3.00	0.04	0.04		1370~1400

	牌号	C	Si	Mn	Cr	Ni	Mo	P	S	其他	浇注温度/℃
	ACI CF3M	0.03	1.50	1.50	17.00~21.00	9.00~13.00	2.00~3.00	0.04	0.04		1370~1400
	IC CF3M	0.03	1.50	1.50	17.00~21.00	9.00~13.00	2.00~3.00	0.04	0.04		1370~1400
	ACI CF8M	0.08	2.00	1.50	18.00~21.00	9.00~12.00	2.00~3.00	0.04	0.04		1370~1400
	IC CF8M	0.08	2.00	1.50	18.00~21.00	9.00~12.00	2.00~3.00	0.04	0.04		1370~1400
	SAE 30316	0.08	1.00	2.00	16.00~18.00	10.00~14.00	2.00~3.00	0.045	0.03		1370~1400
	SAE 30316L	0.03	1.00	2.00	16.00~18.00	10.00~14.00	2.00~3.00	0.045	0.03		1370~1400
317	ASTM A-351 GR CG8M ASTM A-743 GR CG8M ASTM A-744 GR CG8M ACI CG8M SAE 60317	0.08	1.50	1.50	18.00~21.00	9.00~13.00	2.00~4.00	0.04	0.04		1370~1400
321	MIL-S-81591 IC 321 IC 321	0.08	1.00	2.00	17.00~19.00	9.00~12.00		0.04	0.03	Ti 5×C% Min	1400~1425
	ASTM A-297 GR HD	0.50	2.00	1.50	26.00~30.00	4.00~7.00	0.50	0.04	0.04		1370~1400
327	ACI HD SAE 70327	0.50	2.00	1.50	26.00~30.00	4.00~7.00	0.50	0.04	0.04		1370~1400
	ASTM A-297 GR HT	0.35~0.75	2.50	2.00	15.00~19.00	33.00~37.00	0.50	0.04	0.04		1315~1370
	ACI HT SAE 70330	0.35~0.75	2.50	2.00	15.00~19.00	33.00~37.00		0.04	0.04		1315~1370
331	ASTM A-351 GR HT30	0.25~0.35	2.50	2.00	13.00~17.00	33.00~37.00	0.50	0.04	0.04		1315~1370
	ASTM A-567 GR HT50C	0.40~0.60	2.50	2.00	13.00~17.00	33.00~37.00	0.50	0.04	0.04	Cb/Ta 0.75~1.25	1370~1400

（续）

牌号	采用标准	化学成分（质量分数，%）								其　他	熔化温度 /℃
		C	Mn	Si	Cr	Ni	Mo	P	S		
331	ASTM A-297 GR HU ACI HU	0.35~0.75	2.00	2.50	17.00~21.00	37.00~41.00	0.50	0.04	0.04		1315~1370
334	ASTM A-297 GR HW ACI HW SAE 70334	0.35~0.75	2.00	2.50	10.00~14.00	58.00~62.00	0.50	0.04	0.04		1260~1315
335	ASTM A-297 GR HX ACI HX	0.35~0.75	2.00	2.50	15.00~19.00	64.00~68.00	0.50	0.04	0.04		1260~1315
347	AMS 5362H	0.12	2.00	1.50	18.00~19.50	10.00~14.00	0.75	0.04	0.03	Cu 0.75, Cb/Ta 10×C%~1.5	1400~1425
	MIL-S-867A CL II	0.08	1.50	2.00	18.00~21.00	9.00~12.00		0.05	0.05	Cb/Ta 10×C%~1.1	1400~1455
	AMS 5364B	0.08	2.00	1.50	18.00~21.00	9.00~12.00	0.75	0.04	0.03	Cu 0.75, Cb 8×C%~1.00, Ta 0.05	1400~1425
	MIL-S-81591 IC 347	0.08	2.00	1.00	17.00~19.50	9.00~13.00		0.04	0.03	Cb/Ta 10×C%~1.50	1400~1425
	ASTM A-743 GR CF8C ASTM A-744 GR CF8C	0.08	1.50	2.00	18.00~21.00	9.00~12.00		0.04	0.04	Cb/Ta 8×C%~1.00	1400~1425
	ASTM A-351 GR CF8C ACI CF8C SAE 60347	0.08	1.50	2.00	18.00~21.00	9.00~12.00	0.50	0.04	0.04	Cb/Ta 8×C%~1.00	1400~1425
347	IC CF-8C	0.08	1.50	2.00	18.00~21.00	9.00~12.00		0.04	0.04	Cb 8×C%~1.00	1370~1425
	ASTM A-743 GR CA6N	0.06	0.50	1.00	10.50~12.50	6.00~8.00		0.02	0.02		1400~1440

牌号	C	Mn	Si	Cr	Ni	Mo	P	S	其他	熔化温度范围/℃
ASTM A-352 CA6NM ASTM A-356 CA6NM	0.06	1.00	1.00	11.50~14.00	3.5~4.5	0.40~1.00	0.04	0.03	Cu* 0.50 W* 0.10 V* 0.03 "*" 元素含量 总和 0.50	1480~1530
ASTM A-743 CA6NM	0.06	1.00	1.00	11.50~14.00	3.50~4.50	0.40~1.00	0.04	0.03		1480~1530
ASTM A-297 HI	0.20~0.50	2.00	2.00	26.00~30.00	14.00~18.00	0.50	0.04	0.04		1370~1400
ASTM A-297 HP	0.35~0.75	2.00	2.50	24.00~28.00	33.00~37.00	0.50	0.04	0.04		1340~1400
ASTM A-351 GR CT15C	0.05~0.15	0.15~1.50	0.50~1.50	19.00~21.00	31.00~34.00		0.03	0.03	Cb/Ta 0.50~1.50	1370~1400
ASTM A-351 GR CN7M ASTM A-743 GR CN7M ASTM A-744 GR CN7M	0.07	1.50	1.50	19.00~22.00	27.50~30.50	2.00~3.00	0.04	0.04	Cu 3.00~4.00	1370~1400
ASTM A-743 GR CN7MS ASTM A-744 GR CN7MS	0.07	1.00	2.50~3.50	18.00~20.00	22.00~25.00	2.50~3.00	0.04	0.03	Cu 1.50~2.00	1340~1400
ASTM A-743 GR CN3M	0.03	2.00	1.50	20.00~22.00	23.00~27.00	4.50~5.50	0.03	0.03		1370~1400
ASTM A-351 GR CF10MC	0.10	1.50	1.50	15.00~18.00	13.00~16.00	1.75~2.25	0.04	0.04	Cb/Ta 10×C% 1.20	1370~1400
ASTM A-567 GR HI50C	0.45~0.55	2.00	2.00	26.00~30.00	14.00~18.00	0.50	0.04	0.04	Cb/Ta 0.75~1.25 N 0.10~0.15	1370~1400
IN 864/856	0.15	1.50	2.30~3.00	17.00~19.00	10.50~12.50				B 0.23~0.30	1245~1290
AMS 5369C	0.28~0.35	0.75~1.50	1.00	18.00~20.00	8.00~11.00	1.00~1.75	0.04	0.04	W 1.00~1.75 Ti 0.15~0.50 Cb/Ta 0.30~0.70 Cu 0.50	1400~1455

（左栏标注：Misc）

注：表中单一数值为最大值。

表 6-60　美国某公司铬不锈铸钢化学成分对照

| 牌号 | 采用标准 | 化学成分（质量分数，%） | | | | | | | | | 熔化温度/℃ |
		C	Mn	Si	Cr	Ni	Mo	P	S	其他	
	ASTM A-351 GR 6MMN ASTM A743 GR 6MMN	0.06	4.00~6.00	1.00	20.50~23.50	11.50~13.50	1.50~13.50	0.04	0.03	Cb/Ta 0.10~0.30 N 0.20~0.40 V 0.10~0.30	1400~1455
	ASTM A-351 GR CF-10S MnN ASTM A-743 GR CF-10S MnN	0.10	7.00~9.00	3.50~4.50	16.00~18.00	8.00~9.00		0.06	0.03	N 0.08~0.18	
Misc	ASTM A-743 GR CN3MN ASTM A-744 GR CN3MN	0.03	2.00	1.00	20.00~22.00	23.50~25.50	6.00~7.00	0.04	0.01	Cu 0.75 N 0.18~0.26	1340~1390
	ASTM A-351 GR CK3MCuN ASTM A-743 GR CK3MCuN ASTM A-744 GR CK3MCuN	0.025	1.20	1.00	19.50~20.50	17.50~19.50	6.00~7.00	0.045	0.01	N 0.18~0.24 Cu 0.50~1.00	1340~1390
	ASTM A-743 GR CA-28MWV	0.20~0.28	0.50~1.00	1.00	11.00~12.50	0.50~1.00	0.90~1.25	0.03	0.03	W 0.90~1.25 V 0.20~0.30	
	ASTM A-890 GR 1-A CD4MCu	0.04	1.00	1.00	24.50~26.50	4.75~6.00	1.75~2.25	0.04	0.04	Cu 2.75~3.25	1445~1470
	ASTM A-890 GR 2-A ASTM A-351 GR CE8MN	0.08	1.00	1.50	22.50~25.50	8.00~11.00	3.00~4.50	0.04	0.04	N 0.10~0.30	
	ASTM A-890 GR 3-A CD6MN	0.06	1.00	1.00	24.00~27.00	4.00~6.00	1.75~2.50	0.04	0.04	N 0.15~0.25	
	ASTM A-890 GR 4-A CD3MN	0.03	1.50	1.00	21.00~23.50	4.50~6.50	2.50~3.50	0.04	0.02	Cu 1.00 N 0.10~0.30	1445~1470
Duplex alloy	ASTM A-890 GR 5-A CE3MN	0.03	1.50	1.00	24.00~26.00	6.00~8.00	4.00~5.00	0.04	0.04	N 0.10~0.30	
	ASTM A-890 GR 6-A CD3MWCuN	0.03	1.00	1.00	24.00~26.00	6.50~8.50	3.00~4.00	0.03	0.025	Cu 0.50~1.00 W 0.50~1.00 N 0.20~0.30	

牌号	标准	C	Si	Mn	Cr	Ni	Mo	P	S	其他	熔化温度
	ASTM A-890 GR 1-B CD4McuN	0.04	1.00	1.00	24.50~26.50	4.70~6.00	1.70~2.30	0.04	0.04	Cu 2.70~3.30 N 0.10~0.25	
410	MIL-S-81591 IC 410	0.05~0.15	1.00	1.00	11.50~13.50	0.50	0.50	0.04	0.03	Cu 0.50	1480~1530
	AMS 5350 G	0.05~0.15	1.00	1.00	11.50~13.50	0.50	0.50	0.04	0.03	Cu 0.50 Sn 0.05 Al 0.05	1480~1530
	MIL-S-16993 CL Ⅰ	0.15	1.00	1.50	11.50~14.00	1.00	0.50	0.05	0.05		1480~1530
	MIL-S-16993 CL Ⅱ	0.15	1.00	0.50	11.50~14.00	0.65~1.00	0.50~0.70	0.05	0.05		1480~1530
	ASTM A-487 GR CA15	0.15	1.00	1.50	11.50~14.00	1.00	0.50	0.04	0.04	Cu 0.50 W* 0.10 V* 0.05 "*" 元素含量 总和 0.50	1480~1530
	IC CA-15	0.05~0.15	1.00	1.50	11.50~14.00	1.00	0.50	0.04	0.04		1480~1530
	AMS 5351 E	0.15	1.00	1.50	11.50~14.00	1.00	0.50	0.04	0.03	Al 0.50 Cu 0.50 Sn 0.05	1480~1530
	ASTM A-217 GR CA15 ASTM A-743 GR CA15 ACI CA15 SAE 60410	0.15	1.00	1.50	11.50~14.00	1.00	0.50	0.04	0.04		1480~1530

(续)

牌号	采用标准	化学成分（质量分数，%）								其 他	熔化温度/℃
		C	Mn	Si	Cr	Ni	Mo	P	S		
410 MOD	ASTM A-487 GR CA6NM ASTM A-743 GR CA6NM	0.06	1.00	1.00	11.50~14.00	3.50~4.50	0.40~1.00	0.04	0.03	Cu 0.50 W* 0.10 V* 0.05 "*"元素含量总和0.50	1480~1530
	ASTM A-487 GR CA15M ASTM A-743 GR CA15M	0.15	1.00	0.65	11.50~14.00	1.00	0.15~1.00	0.04	0.04	Cu 0.50 W* 0.10 V* 0.05 "*"元素含量总和0.50	1480~1530
416	AMS 53498 Type 1	0.15	1.25	1.50	11.50~14.00	0.50	0.50	0.04	0.15~0.35	Cu 0.50 Al 0.05 Zr 0.50 Sn 0.05	1480~1530
	MIL-S-81591 IC 416 a)	0.15	1.25	1.50	11.50~14.00	0.50	0.50	0.04	0.03	Cu 0.50 Se 0.10~0.30 Zr 0.50	1480~1530
	MIL-S-81591 IC 416 b)	0.15	1.25	1.50	11.50~14.00	0.50	0.50	0.05	0.15~0.35	Cu 0.50 Zr 0.50	1480~1530
	IC 416	0.15	1.25	1.50	11.50~14.00	0.50	0.50	0.05	0.15~0.35*	Cu 0.50 Zr 0.50 或者 Se 0.10~0.30 *或者 Se 0.10~0.30	1480~1530

	MIL-S-81591 IC 420	0.15	1.00	1.00	12.00~14.00	1.00		0.04	0.03		1455~1510
420	ASTM A-743 GR CA40 ACI CA40	0.20~0.40	1.00	1.50	11.50~14.00	1.00	0.50	0.04	0.04		1455~1510
	IC CA-40	0.20~0.40	1.00	1.50	11.50~14.00	1.00	0.50	0.04	0.04		1455~1510
	SAE 51420	0.15~0.40	1.00	1.00	12.00~14.00			0.04	0.03		1455~1510
420 MOD	ASTM A-743 GR CA-40F	0.20~0.40	1.00	1.00	11.50~14.00	1.00	0.50	0.04	0.20~0.40		1455~1510
	ASTM A-743 GR CA28MWV	0.20~0.28	0.50~1.00	1.00	11.00~12.50	0.50~1.00	0.90~1.25	0.03	0.03	W 0.90~1.25 V 0.20~0.30	1455~1510
431	AMS 5353B	0.08~0.15	1.00	1.00	15.00~17.00	1.50~2.20	0.50	0.04	0.04	N 0.03~0.12 C+N_2 0.22 Cu 0.50	1425~1480
	AMS 5372B	0.12~0.20	1.00	1.00	14.50~17.00	1.50~2.25	0.75	0.04	0.04	Cu 0.75	1425~1480
	MIL-S-81591 IC 431	0.08~0.15	1.00	1.00	15.00~17.00	1.50~2.20		0.04	0.04	N 0.03~0.12 C+N_2 0.22	1425~1480
	IC 431	0.08~0.15	1.00	1.00	15.00~17.00	1.50~2.20		0.04	0.04	C+N_2 0.22 N 0.03~0.12	1425~1480
436	AMS 5354D Greek Ascoloy	0.15~0.20	1.00	1.00	12.00~14.00	1.80~2.20	0.50	0.03	0.03	Cu 0.50 W 2.50~3.50	1455~1480
440A	MIL-S-81591 IC 440A	0.60~0.75	1.00	1.00	16.00~18.00		0.75	0.04	0.03		1370~1510
	IC 440A	0.60~0.75	1.00	1.00	16.00~18.00		0.75	0.04	0.03		1370~1510

（续）

牌号	采用标准	化学成分（质量分数，%）									熔化温度/℃
		C	Mn	Si	Cr	Ni	Mo	P	S	其他	
440C	MIL-S-81591 IC 440C	0.95~1.20	1.00	1.00	16.00~18.00	0.75	0.35~0.75	0.04	0.03		1370~1480
	AMS 5362C	0.95~1.20	1.00	1.00	16.00~18.00	0.75	0.35~0.75	0.04	0.03	Cu 0.75	1370~1480
	IC 440C	0.95~1.20	1.00	1.00	16.00~18.00	0.75	0.35~0.75	0.04	0.03		1370~1480
440F	IC 440F	0.95~1.20	1.00	1.00	16.00~18.00	0.50	0.75	0.04	0.15 ~ 0.35 *	Cu 0.50 * 或者 Se 0.10~0.30	1370~1480
442	ASTM A-743 GR CB30	0.30	1.00	1.50	18.00~21.00	2.00		0.04	0.04		1455~1510
	ACI CB30	0.30	1.00	1.50	18.00~21.00	2.00		0.04	0.04		1455~1510
446	ASTM A-743 GR CC50	0.50	1.00	1.50	26.00~30.00	4.00		0.04	0.04		1455~1510
	ASTM A-297 GR HC ACI HC SAE 70446	0.50	1.00	2.00	26.00~30.00	4.00	0.50	0.04	0.04		1455~1510
	ACI CC50	0.50	1.00	1.50	26.00~30.00	4.00		0.04	0.04		1455~1510
	SAE 51446	0.20	1.50	1.00	23.00~27.00			0.04	0.03	N₂ 0.25	1425~1510
51502	ASTM A-217 GR C-12	0.20	0.35~0.65	1.00	8.00~10.00	0.50 *	0.90~1.20	0.04	0.045	Cu 0.50 W* 0.10 "*" 元素含量 总和 1.00	1480~1530

注：表中单一数值均为最大值。

6.2.4 耐蚀不锈钢的物理性能

1. 奥氏体型不锈钢的物理性能参考数据（见表 6-61）

2. 弹性模量

弹性模量 E 是在弹性极限内平均应力和相应平均应变之比。奥氏体-铁素体复相不锈钢的弹性模量随温度和铁素体含量的变化情况见图 6-28。

美国耐蚀不锈铸钢和耐热铸钢的室温弹性模量见表 6-62。

表 6-61 德国奥氏体型不锈钢的物理性能

| 铸钢钢种 | | 密度 /(kg/m³) | 热胀系数/(×10⁻⁶/K) | | | | | 20℃的热导率 /[W/(m·K)] | 20℃的比热容 /[J/(kg·K)] ×10³ | 收缩率 （参考值） （%） |
牌 号	材料号		100℃	200℃	300℃	400℃	500℃			
G-X6CrNi18 9	1.4308	7900	16.0	17.0	17.0	18.0	18.0	15	0.5	
G-X5CrNiNb18 9	1.4552	7900	16.0	17.0	17.0	18.0	18.0	15	0.5	
G-X5CrNiMoNb18 10	1.4581	7900	16.5	17.5	18.0	18.5	19.0	15	0.5	2.5
G-X6CrNiMo18 10	1.4408	7900	16.5	17.5	17.5	18.5	18.5	15	0.5	
G-X3CrNiMoN17 13 5	1.4439	8000	16.5	17.5	17.5	18.5	18.5	17	0.5	

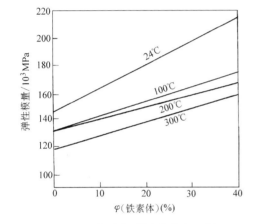

图 6-28 奥氏体-铁素体复相不锈钢的弹性模量随温度和铁素体含量的变化情况

3. 不锈钢的耐蚀性

耐蚀性可分为一般腐蚀、晶间腐蚀、点腐蚀及应力腐蚀。一般腐蚀也称为总腐蚀，其腐蚀情况在整个金属内部和表面上均匀分布，对不锈钢的力学性能影响不大。腐蚀速率以每年腐蚀金属深度（mm/a）表示或以单位面积、单位时间内金属的失重 [g/(m²·h)] 表示。

1）晶间腐蚀的原因是由于不锈钢中铬的碳化物沿晶界析出造成贫铬所致。

2）点腐蚀集中在金属表面不大的区域内，然后迅速向金属深处发展，以致穿透金属。

3）应力腐蚀是在应力作用下，不锈钢在介质中的腐蚀。又分为静应力腐蚀和交变应力腐蚀。几种常用钢的耐蚀性见表 6-63～表 6-70。

表 6-62 美国耐蚀不锈铸钢和耐热铸钢的室温弹性模量

| 合金类型 | 弹性模量 | |
	$E/10^3$ MPa	/psi[2] ×10⁶
CA-6NM	200	29
CA-15	200	29
CA-40	200	29
CB-30	200	29
CA-4MCu	200	29
CK-20	200	29
CB-7Cu	197	28.5
CE-30	172	25
CF-3, CF-8, CF-3M	193	28
CF-8M, CF-12, CF-3M	193	28
CF-16F, CG-8M	193	28
CF-20, CH-20	193	28
CN-7M	165	24
HA, HC[1]	193	29
HD[1]	186	27
HE[1]	172	25
HF[1]	103	28
HH[1]	186	27
HK[1]等轴晶	186	27
柱状晶	138	20
HL[1]	200	29
HI[1], HN[1], HP[1], HJ, HU[1]	186	27

① 化学成分参见表 6-84，力学性能参见表 6-85。

② 1psi = 6.894 × 10⁻³ MPa。

表 6-63　1Cr18Ni9Ti 的耐蚀性

介 质 条 件			试验延续时间/h	腐蚀速率/(mm/a)
介　质	浓度（体积分数,%）	温　度/℃		
硝酸	30	20	720	0.007
硝酸	30	—	95	0.10
硝酸	50～66	20	720	0
硝酸	50	—	24	0.29
硝酸	66	—	42	0.44
硝酸	93	43	720	0.05
硝酸	95	37～55	720	0.03
硝酸	97	55	720	0.76
硝酸	99	43	720	1.03
硝酸	99	55	720	1.25
硝酸	99.67	—	—	<10.0
硫酸	2	50	68	0.016
硫酸	2	100	42	3.0～6.5
硫酸	5	50	约20	3.0～4.5
硫酸	5	100～105	16～43	3.3～15.0
硫酸	10～50	20	—	2.0～5.0
硫酸	10～65	50～100	—	不可用
硫酸	80	20	120	0.46
醋酸	1（冰醋酸）	20～40	—	<0.1
醋酸	10	—	—	<0.1
醋酸	50	—	—	<1.0
醋酸	80	—	—	<3.0
磷酸	10	—	—	0.01
磷酸	28	80	20	0.67
磷酸	45	—	—	0.1～1.0
磷酸	60	60	72	1.7
磷酸	80	60	24	<0.1
磷酸	80	110	—	不可用
柠檬酸	1～50	20	—	<0.1
柠檬酸	5	140（294kPa）	—	<1.0
柠檬酸	50	—	—	<10.0
柠檬酸	95	20～140	—	<0.1
柠檬酸	100℃饱和溶液	—	—	<1.0
蚁酸	50～100	20	—	<0.1
蚁酸	50	—	—	>10.0
蚁酸	80	—	—	>3.0
蚁酸	100	—	—	>1.0
混合酸	H_2SO_4 78 HNO_3 0.5	20	360	0.003
混合酸	H_2SO_4 78 HNO_3 0.5	90	360	0.05
混合酸	H_2SO_4 78 HNO_3 1.0	20	360	0.0018
混合酸	H_2SO_4 78 HNO_3 1.0	90	360	0.0251

（续）

介 质 条 件			试验延续时间/h	腐蚀速率/(mm/a)
介质	浓度（体积分数,%）	温 度/℃		
混合酸	H_2SO_4 78 HNO_3 1.0	20	360	0.0024
混合酸	H_2SO_4 78 HNO_3 1.0	90	360	0.034
混合酸	H_2SO_4 78 HNO_3 1.0	20	360	0.005
混合酸	H_2SO_4 78 HNO_3 1.0	90	360	0.047
氢氧化钾	20	20 ~ 沸腾	—	< 0.1
氢氧化钾	50	20	—	< 0.1
氢氧化钾	50	沸腾	—	< 0.1
氢氧化钾	熔化的	—	—	> 10.0
氢氧化钠	约 12	100	48	0.0044
氢氧化钠	约 35	100	143	0.008
氧化铵	约 75	100	92	< 0.01
氧化铵	10 ~ 50	沸腾	—	< 1.0
重铬酸钾	25	20 ~ 沸腾	—	< 0.1
氯化锰	10 ~ 50	100	—	< 0.1
过氧化钠	10	20 ~ 沸腾	—	< 0.1
亚硫酸钠	25 ~ 50	沸腾	—	< 0.1
硫酸钠	5 ~ 饱和溶液	沸腾	—	< 0.1
硫酸钠	熔体	900	—	> 10.0
次氯酸钠	溶液	20 ~ 沸腾	—	< 1.0
高氯酸钠	10	沸腾	—	< 0.1
硫	熔化的	130	—	< 0.1
硫	熔化的	445	—	< 3.0
硝酸根	10	沸腾	—	< 0.1
硝酸根	熔化的	250	—	< 0.1
氯	干燥的	20	—	< 0.1
氯	干燥的	100	—	> 10.0
氯水	—	20	72	< 1.0
漂白粉	潮湿的	40	—	0.48
氯化氢	干燥的气体	20 ~ 100	—	< 1.0
氯化氢	干燥的气体	100 ~ 500	—	< 10.0
氯化氢	干燥的气体	20	—	
亚硫酸	饱和溶液	(392kPa)	—	< 0.1
亚硫酸	饱和溶液	160 ~ 200	—	< 3.0
亚硫酸	饱和溶液	(9.84 ~ 1.96MPa)		

注：本表为锻轧钢的数据，供参考。

表 6-64　ZG1Cr18Mn13Mo2CuN 钢
的耐蚀性

介质名称及体积分数	温度/℃	腐蚀速率/(mm/a)	备注
硝酸65%	沸腾	1.53	不推荐用
硝酸50%	55	0.015	能用
硝酸37%	室温	<0.001	能用
硝酸10%	室温	<0.001	能用
硫酸60%	室温	136.2	不能用
硫酸30%	室温	8.61	不能用
硫酸20%	室温	0.073	能用
硫酸5%	室温	0.0061	能用
硫酸5%	55	<0.001	能用
饱和硫酸铵+硫酸2%	室温	<0.001	能用
亚硫酸氢铵(生产母液)	50	<0.001	能用
二氧化硫1.5%	室温	<0.001	能用
醋酸98%	55	<0.001	能用
醋酸98%+醋酸1%	沸腾	<0.001	能用
醋酸40%+醋酸3%乙烯+甲醛2%	沸腾	<0.001	能用
醋酸95%+醋酸3%乙烯+甲醛2%	沸腾	<0.001	能用
醋酸98%+醋酸1.5%乙烯+甲醛0.5%	沸腾	<0.001	能用
醋酸38%+醋酸60%乙烯+甲醛2%	沸腾	<0.001	能用
磷酸40%	沸腾	<0.019	能用
磷酸80%	沸腾	11.0	不能用
硝酸钾25%	沸腾	<0.001	能用
氢氧化钠25%	沸腾	0.78	可用
氢氧化钠25%	60	<0.001	能用

注：室温硫酸中的腐蚀试验在进行过程中，试样都经纯化处理。

表 6-65　ZG1Cr18Mn9Ni3Mo3Cu2N 钢
的耐蚀性

介质名称及体积分数	温度/℃	腐蚀速率/(mm/a)	备注
草酸10%	沸腾	1.54	不推荐用
甲酸10%	沸腾	0.19	可用

(续)

介质名称及体积分数	温度/℃	腐蚀速率/(mm/a)	备注
甲酸45%	沸腾	0.84	可试用
醋酸20%	沸腾	<0.001	能用
磷酸50%	沸腾	0.04	能用
磷酸80%	沸腾	32.40	不能用
盐酸10%	室温	5.01	不能用
氢氧化钠10%	室温	<0.001	能用
氢氧化钠10%	沸腾	<0.001	能用
氢氧化钠25%	室温	<0.001	能用
氢氧化钠25%	沸腾	<0.058	能用
硫氰酸钠44%	40	0.0039	能用
硫氰酸钠65%~70%	130	0.00079	能用
五氧化磷40.54%+硫酸3.24%	100	0.23	能用

表 6-66　ZG1Cr17Mn9Ni3Mo3Cu2N
在硫酸中的耐蚀性

温度/℃	浓度(体积分数,%)	腐蚀速率/(mm/a)	备注
30	30	<0.001	能用
	50	<0.001	能用
40	70	<0.001	能用
	75	0.88	可用
	85	0.64	可用
	95	0.05	能用
50	20	0.007	能用
	30	<0.001	能用
	40	0.41	可用
	50	21.2	不推荐用
65	10	2.2	不能用
	20	0.0062	能用
	93	0.42	可用
75	5	<0.001	能用
	50	>100	不推荐用
	93	1.66	不推荐用
80	5	3.09	不能用
	10	1.22	不能用
	20	19.7	不能用

表6-67　Cr17钢的耐蚀性

介质条件			试验延续时间/h	腐蚀速率/(mm/a)
介质	浓度（体积分数,%）	温度/℃		
硝酸	5	20	—	<0.1
硝酸	5	沸腾	—	<0.1
硝酸	20	20	—	<0.1
硝酸	20	沸腾	—	<1.0
硝酸	30	80	144	0.03
硝酸	50	80	144	0.02
硝酸	65	85	—	<1.0
硝酸	65	沸腾	42	2.20
硝酸	90	70	—	1.0~3.0
硝酸	90	沸腾	—	1.0~3.0
硼酸	50~饱和溶液	100	—	<0.1
磷酸	10	20	—	<0.1
磷酸	10	沸腾	—	<1.0
磷酸	45	20~沸腾	—	<0.1~3.0
磷酸	80	20	—	<1.0
磷酸	80	110~120	—	>10.0
醋酸	10	20	—	<0.1
醋酸	10	100	—	1.0~3.0
乳酸	密度1.04g/cm³	20	600	0.59
乳酸	1.5	20~沸腾	—	<1.0
硫酸	5	20	—	>10.0
硫酸	50	20	—	>10.0
硫酸	80	20	—	1.0~3.0
混合酸	H_2SO_4 48 HNO_3 31	90	24	0.46
混合酸	H_2SO_4 60 HNO_3 20	50	72	0.21
混合酸	H_2SO_4 88.7 HNO_3 4.7	50	47	0.13
混合酸	H_2SO_4 93.8 HNO_3 1.3	20	1200	0.007
硝酸含 Cl⁻	26	40	144	0.0018
硝酸含 Cl⁻	26	80	144	0.038
氢氧化钠	20	20	—	<0.1
氢氧化钾	20	20~沸腾	—	<0.1
氢氧化钾	50	20~沸腾	—	>10.0
氢氧化钙	溶液	20	—	<0.1
硫酸铵	饱和溶液	20	—	<1.0
硫酸铵	饱和溶液	100	—	<10.0
硫酸铁	$FeSO_4$ $Fe_2(SO_4)_3$	20	—	<0.1

（续）

介　质　条　件			试验延续时间/h	腐蚀速率/(mm/a)
介质	浓度（体积分数,%）	温　　度/℃		
硫酸铁	20	沸腾	—	<0.1
硫酸钾	10	20	720	0.85
硫酸钾	10	沸腾	96	0.95
亚硫酸钠	50	沸腾	—	<10.0
硝酸钾	25~50	20~沸腾	—	<0.1
硝酸钾	熔体	550	—	<0.1
硝酸铁	溶液	20	—	<0.1
氯化钾	饱和溶液	20	—	<0.1
氯化钾	饱和溶液	沸腾	—	>10.0
氯化钠	10	20	883	0.035
铝钾明矾	10	20	—	0.1~1.0
铝钾明矾	10	100	—	<10.0
钾铬矾	溶液	20	—	<10.0
纤维素	蒸煮时	—	190	0.24
纤维素	在泄料池中	—	240	0.74
纤维素	同再生酸一起在槽中	—	240	16.5
纤维素	在气相中 SO_2 7% SO_3 0.75%	—	240	3.98
氯　仿	纯的	沸　腾	—	<0.1

注：本表为锻轧钢的数据，供参考。

表 6-68　12Cr13 钢的耐蚀性

介　质　条　件			试验延续时间/h	腐蚀速率/(mm/a)
介质	浓度（体积分数,%）	温　　度/℃		
硝酸	5	20	—	<0.1
硝酸	5	沸腾	—	1.0~3.0
硝酸	7	20	720	0.004
硝酸	20	20	—	<0.1
硝酸	20	沸腾	—	<1.0
硝酸	30	沸腾	25	1.43
硝酸	50	20	—	<0.1
硝酸	50	沸腾	24	1.21
硝酸	65	20	—	<0.1
硝酸	65	沸腾	24	2.2
硝酸	90	20	—	<0.1
硝酸	90	70	—	<3.0
硝酸	90	沸腾	—	<10.0
硫酸	5	20	—	>10.0
硫酸	50	20	—	>10.0
硫酸	80	20	—	<10.0

（续）

介 质 条 件			试验延续时间/h	腐蚀速率/(mm/a)
介质	浓度（体积分数，%）	温 度/℃		
醋酸	10~50	20~40	—	0.15~1.0
醋酸	10	沸腾	—	不可用
硼酸	冷的饱和溶液	沸腾	120	0.004
酒石酸	10~50	20	—	<0.1
酒石酸	10~50	沸腾	—	<1.0
酒石酸	饱和溶液	沸腾	—	<10.0
柠檬酸	1	20	—	<0.1
柠檬酸	1	沸腾	—	<10.0
柠檬酸	5	140	—	<10.0
柠檬酸	25	20	720	0.58
柠檬酸	25	沸腾	720	不可用
乳酸	1.5	20~沸腾	—	<1.0
蚁酸	10~50	20	—	<0.1
蚁酸	10~50	沸腾	—	>10.0
水杨酸	—	20	—	<0.1
苯酚石炭酸	纯的±10%	沸腾	—	<1.0
硫	熔化的	130	—	<0.1
硫	熔化的	445	—	>10.0
硝酸根	10	沸腾	—	<0.1
硝酸根	熔化的	250	—	>10.0
氢氧化钠	20	50	—	<0.1
氢氧化钠	20	沸腾	—	<1.0
氢氧化钠	30	100	—	<1.0
氢氧化钠	40	100	—	<1.0
氢氧化钠	50	100	—	1.0~3.0
氢氧化钠	60	90	—	<1.0
氢氧化钠	90	100	—	>10.0
氢氧化钠	熔体	318	—	>10.0
氢氧化钾	25	沸腾	—	<0.1
氢氧化钾	50	20	—	<0.1
氢氧化钾	50	沸腾	—	<1.0
氢氧化钾	68	120	—	<1.0
氢氧化钾	熔体	300	—	>10.0
氢	熔液与气体	20~100	1127	<0.1
硝酸铵	约65	20	110	0.0022
硝酸铵	约65	125	—	0.165
过氧化氢	20	20	—	0
过氧化氢	20	80	—	腐蚀不大
硫酸镁	$FeSO_4$ $Fe_2(SO_4)_3$	20	—	<0.1

（续）

介 质 条 件			试验延续时间/h	腐蚀速率/（mm/a）
介质	浓度（体积分数,%）	温 度/℃		
硫酸镁	5 ~ 饱和溶液	20	—	< 0.1
硫酸镁	20	沸腾	—	< 1.0
重铬酸钾	25	20	—	< 0.1
重铬酸钾	25	沸腾	—	> 10.0
硝酸钾	10 + 密度 1.52g/cm³ 的 HNO₃	沸腾	—	< 1.0
硝酸钾	25 ~ 50	20	—	< 0.1
硝酸钾	25 ~ 50	沸腾	—	< 10.0
硫酸钾	10	20	720	0.002
硫酸钾	10	沸腾	72	1.04
碳酸钾	溶液	20	—	< 0.1
碳酸钾	溶液	沸腾	—	< 0.1
氯酸钾	饱和溶液	100	—	< 0.1
草酸钾	浓溶液	20	—	< 0.1
草酸钾	浓溶液	沸腾	—	< 10.0
硝酸钠	溶液	沸腾	—	< 0.1
硝酸钠	熔体	—	—	> 10.0
硫酸钠	15℃的饱和溶	沸腾	72	0.0044
醋酸钠	沸腾时的饱和溶液	沸腾	120	0.0011

注：本表为锻轧钢的数据，供参考。

表 6-69　20Cr13 钢的耐蚀性

介 质 条 件			试验延续时间/h	腐蚀速率/（mm/a）
介 质	浓度（体积分数,%）	温 度/℃		
硝酸	5	20	—	< 0.1
硝酸	5	沸腾	—	3.0 ~ 10.0
硝酸	20	20	—	< 0.1
硝酸	20	沸腾	—	1.0 ~ 3.0
硝酸	30	沸腾	—	< 3.0
硝酸	50	20	—	< 0.1
硝酸	50	沸腾	—	< 3.0
硝酸	65	20	—	< 0.1
硝酸	65	沸腾	—	3 ~ 10
硝酸	90	20	—	< 0.1
硝酸	90	沸腾	—	< 10.0
硼酸	50 ~ 饱和溶液	100	—	< 0.1
醋酸	1	90	—	< 0.1
醋酸	5	20	—	< 1.0
醋酸	5	沸腾	—	> 10.0
醋酸	10	20	—	< 1.0

（续）

介　质　条　件			试验延续时间/h	腐蚀速率/（mm/a）
介　　质	浓度（体积分数,%）	温　度/℃		
醋酸	10	沸腾	—	>10.0
酒石酸	10 ~ 50	20	—	<0.1
酒石酸	10 ~ 50	沸腾	—	<1.0
酒石酸	饱和溶液	沸腾	—	<10.0
柠檬酸	1	20	—	<0.1
柠檬酸	1	沸腾	—	<10.0
柠檬酸	5	140	—	<10.0
柠檬酸	10	沸腾	—	>10.0
乳酸	密度 1.01 ~ 1.04g/cm^3	沸腾	72	>10.0
乳酸	密度 1.04g/cm^3	20	600	0.27
蚁酸	10 ~ 50	20	—	<0.1
蚁酸	10 ~ 50	沸腾	—	>10.0
水杨酸	—	20	—	<0.1
硬脂酸	—	>100	—	<0.1
焦性五倍子酸	稀-浓的溶液	20	—	<0.1
二氧化碳和碳酸	干燥的	<100	—	<0.1
二氧化碳和碳酸	潮湿的	<100	—	<0.1
纤维素	蒸煮时	—	190	2.59
纤维素	在泄料池中	—	240	0.369
纤维素	同再生酸一起在槽中	—	240	22.85
纤维素	在气相中 $SO_2$7% $SO_2$0.7%	—	240	8.0
氢氧化钠	20	50	—	<0.1
氢氧化钠	20	沸腾	—	<1.0
氢氧化钠	30	100	—	<1.0
氢氧化钠	40	100	—	<1.0
氢氧化钠	50	100	—	1.0 ~ 3.0
氢氧化钠	60	90	—	<1.0
氢氧化钠	90	300	—	>10.0
氢氧化钠	熔体	318	—	>10.0
氢氧化钾	25	沸腾	—	<0.1
氢氧化钾	50	20	—	<0.1
氢氧化钾	50	沸腾	—	<1.0
氢氧化钾	68	120	—	<1.0
氢氧化钾	熔体	300	—	>10.0
氨	溶液与气体	20 ~ 100	1269	<0.1
硝酸铵	约65	20	110	0.0011
硝酸铵	约65	125	—	1.43

（续）

介　质　条　件			试验延续时间/h	腐蚀速率/(mm/a)
介　　　质	浓度（体积分数,%）	温　度/℃		
氯化铵	饱和溶液	沸腾	—	< 10. 0
过氧化氢	20	20	—	0
碘	干燥的	20	—	< 0. 1
碘	溶液	20	—	> 10. 0
碘仿	蒸汽	60	—	< 0. 1
硝酸钾	25 ~ 50	20	—	< 0. 1
硝酸钾	25 ~ 50	沸腾	720	< 10. 0
硫酸钾	10	20	96	0. 07
硫酸钾	10	沸腾	—	1. 18
硝酸银	10	沸腾	—	< 0. 1
硝酸银	熔化的	250	—	> 10. 0
过氧化钠	10	20	—	< 10. 0
过氧化钠	10	沸腾	—	> 10. 0
铝钾明矾	10	20	—	0. 1 ~ 1. 0
铝钾明矾	10	100	—	< 10. 0
重铬酸钾	25	20	—	< 0. 1
氯铬酸钾	25	沸腾	—	> 10. 0
氯酸钾	饱和溶液	100	—	< 0. 1

注：本表为锻轧钢的数据，供参考。

表 6-70　奥氏体钢抗晶间腐蚀能力

钢　种		抗 晶 界 腐 蚀 能 力[1]		
		供货状态（淬火）	焊 接 状 态	
牌　号	材 料 号		热处理前	热处理后[2]
G- X6CrNi18 9	1. 4308	有	部分有[3]	有
G- X5CrNiNb18 9	1. 4452	有	有	有
G- X6CrNiMo18 10	1. 4408	有	部分有[3]	有
G- X5CrNiMoNb18 10	1. 4581	有	有	有
G- X3CrNiMoN17 135	1. 4439	有	有	有

注：抗晶间腐蚀试验应在订货时协商规定，且同时应商定取样方法和检验范围。
[1]　按 DIN 50914 规定的检验方法。
[2]　见表 6-49。
[3]　视焊接时受热情况而定。

6.2.5　耐蚀不锈钢的典型金相组织

耐蚀不锈钢基本上是 Fe-Cr-Ni 合金，其中有些钢中含有钼，其基础成分（质量分数）是 Cr18%-Ni8%，要求低碳或超低碳，以保持良好的耐蚀性。热处理基本特点是固溶处理和快速冷却以防止碳化物析出。在以后任一加热工序，如焊接和焊修等，均能引起碳化物析出，都将影响金相组织和耐蚀性。图 6-29 ~ 图 6-36（图中化学成分均为质量分数）所示为铸造不锈钢的典型组织。

图 6-37 是确定不锈钢铸件组织中铁素体含量的组织图。

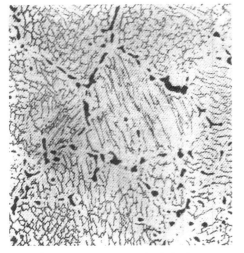

图 6-29　Cr18％-Ni8％钢铸态组织　　×50

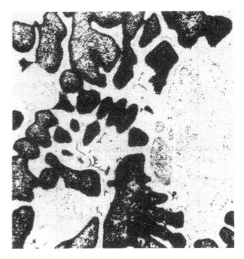

图 6-32　Cr18％-Ni14％钢铸态组织　　×50

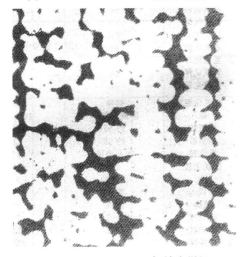

图 6-30　Cr18％-Ni11％钢铸态组织　　×50

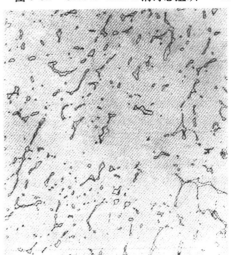

图 6-33　Cr18％-Ni8％钢固溶处理组织　　×100

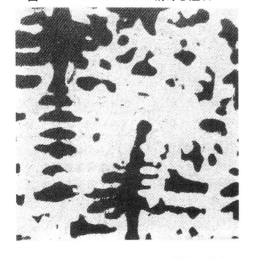

图 6-31　Cr18％-Ni11％钢铸态冷却
速度慢于图 6-30 组织　　×50

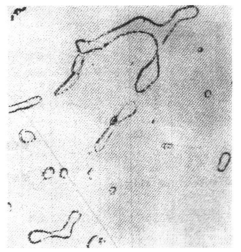

图 6-34　Cr18％-Ni11％钢
固溶处理组织　　×500

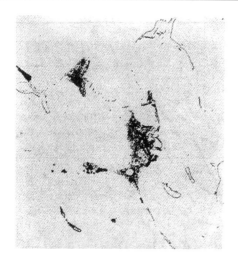

图 6-35　Cr18%-Ni8%-N 钢稳定化钢组织　×500

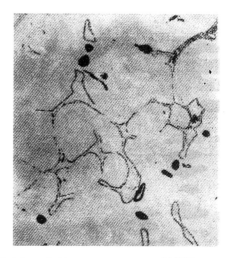

图 6-36　Cr18%-Ni10%-Mo3%钢组织　×500

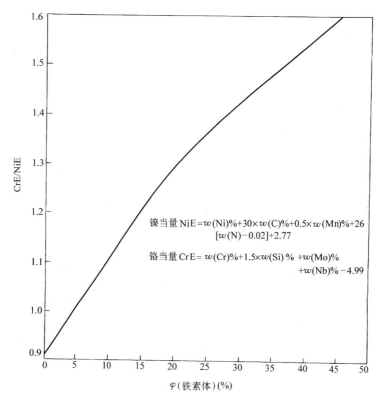

镍当量 NiE=w(Ni)%+30×w(C)%+0.5×w(Mn)%+26[w(N)-0.02]+2.77

铬当量 CrE=w(Cr)%+1.5×w(Si)%+w(Mo)%+w(Nb)%-4.99

图 6-37　不锈钢的铸件组织中铁素体含量的组织图

6.2.6　耐蚀镍基合金

镍合金铸钢广泛应用于腐蚀介质中,通常由高合金钢铸造厂生产。

1) 镍基合金铸钢分类见表 6-71。

2) 常用镍基合金铸钢的化学成分见表 6-72。

3) 镍基合金铸钢的室温力学性能见表 6-73,

CY-40 合金铸钢的高温力学性能见表 6-74。

4) 美国 ASTM 铸造镍和镍合金标准, ASTM A494/A494M—2017 规定其化学成分和力学性能分别见表 6-75 和表 6-76。

5) 美国某公司镍基合金在不同标准组织间的化学成分对照见表 6-77。

表6-71　镍基合金铸钢分类

合金类型	合金名称	商业名称	适用的主要腐蚀介质
Ni	CZ-100		浓缩的无水氢氧化物
Ni-Cu	M-35-1 和 M-35-2 QQ-N-288-A，B，C，D，E	蒙乃尔	海水，中性的和碱性的盐溶液
Ni-Cr-Fe	CY-40	因科尔	热腐蚀状态需要对晶间腐蚀和应力腐蚀有耐蚀能力
Ni-Cr-Mo	CW-12M-1 和 CW-12M-2	哈斯特洛依 C 和克罗里特 3	苛刻的使用状态中高温酸
Ni-Mo	N-12M-1 和 N-12M-2	哈斯特洛依 B 和克罗里特 2	所有温度和浓度的盐酸

表6-72　常用镍基合金铸钢的化学成分

合金类型	合金名称		化学成分（质量分数,%）									
			C	Si	Mn	Cu	Fe	Ni	Cr	P	S	Mo	其　他
Ni	CZ-100		1	2	1.5	1.25	3	余量	—	0.03	0.03	—	—
Ni-Cu	M-35-1		0.35	1.25	1.5	26~33	3.5	余量		0.03	0.03		—
	M-35-2		0.35	2	1.5	26~33	3.5	余量		0.03	0.03		—
	QQ-N-288	A	0.35	2	1.5	26~33	2.5	62~68					—
		B	0.30	2.7~3.7	1.5	27~33	2.5	61~68					—
		C	0.20	3.3~4.3	1.5	27~31	2.5	≥60					—
		D	0.25	3.5~4.5	1.5	27~31	2.5	≥60					—
		E	0.30	1~2	1.5	26~33	3.5	≥60					Nb+Ta 1~3
Ni-Cr-Fe	CY-40		0.40	3	1.5	—	11	余量	14~17	0.03	0.03	—	—
Ni-Cr-Mo	CW-12M-1		0.12	1	1	—	4.5~7.5	余量	15.5~17.5	0.04	0.03	16~18	V 0.2~0.4 W 3.75~5.25
	CW-12M-2		0.07	1	1	—	3	余量	17~20	0.04	0.03	17~20	—
Ni-Mo	N-12M-1		0.12	1	1	—	4~6	余量	1	0.04	0.03	26~30	V 0.2~0.6
	N-12M-2		0.07	1	1	—	3	余量	1	0.04	0.03	30~38	—
专利合金	克罗里美特2		0.07	1	1	—	2	≥60	—	—	—	31	—
	克罗里美特3		0.07	1	1	—	3	≥60	18	—	—	18	—
	哈斯特洛依B		0.12	1	1	—	4~6	余量	1	—	—	26~3	Co 2.5 V 2~6
	哈斯特洛依C		0.12	1	1	—	4.5~7	余量	15.5~17.5	—	—	16~18	Co 2.5 V 2~6

（续）

合金类型	合金名称	化学成分（质量分数,%）										
		C	Si	Mn	Cu	Fe	Ni	Cr	P	S	Mo	其　他
专利合金	哈斯特洛依 D	0.12	9	1	3	2	余量	1	—	—	—	Co 2
	依里母-98	0.05	0.7	1.25	5.5	1	≥55	28	—	—	8.6	—
	依里母-G	0.20	0.65	1.25	6.5	6.5	≥56	22.5	—	—	6.4	—
	铸造合金 625	0.05	6	6	4	3	≥61	22	—	—	9	—

注：表中除给出范围者外，均为最大值。

表 6-73　镍基合金铸钢的室温力学性能

合金类型	合金名称		R_m /MPa	$R_{p0.2}$ /MPa	A（%）	硬度 HBW	适用的技术规范
Ni	CZ-100		345	124	10	110 ~ 140	ASTM A743，A744，A494
Ni-Cu	M-35-1		448	127	25	125 ~ 150	ASTM A743，A744，A494
	M-35-2		448	207	25	125 ~ 150	ASTM A743，A744，A494
	QQ-N-288	A	448	224	25	240 ~ 290	Mil Spec QQ-N-288
	QQ-N-228	B	689	455	10	330[①]	Mil Spec QQ-N-288
	QQ-N-288	C	—	—	—	125 ~ 150	Mil Spec QQ-N-288
	QQ-N-288	D	448	221	25	—	Mil Spec QQ-N-288
Ni-Cr-Fe	CY-40		483	193	30	—	ASTM A743，A744，A594
Ni-Cr-Mo	CW-12M-1		496	317	4	—	ASTM A743，A744，A594
	CW-12M-2		496	317	25	—	ASTM A743，A744，A494
Ni-Mo	Ni-12M-1		524	317	6	—	ASTM A743，A744，A494
	Ni-12M-2		524	317	20	—	ASTM A743，A744，A494

注：表中除给出范围者外，均为最小值。
① 硬度要求是针对固熔后时效处理或当铸态加时效处理状态而言。

表 6-74　CY-40 合金铸钢的高温力学性能

温　度/℃	抗拉强度/MPa	屈服强度/MPa	断后伸长率（%）
室　温	486	293	16
482	427	—	20
650	372	—	21
732	314	—	25
816	187	—	34

注：名义成分 $w(C)=0.20\%$，$w(Si)=1.50\%$ 的 CY-40 合金；熔模铸造试棒的性能。

表6-75　美国镍和镍合金铸钢的牌号及化学成分

化学成分（质量分数，%）

牌号	C	Mn	Si	P	S	Cu	Mo	Fe	Ni	Cr	Nb	W	V	Bi	Sn
CZ100	1.00	1.50	2.00	0.03	0.02	1.25	—	3.00	95.0	—	—	—	—	—	—
M25S	0.25	1.50	3.5~4.5	0.03	0.02	27.0~33.0	—	3.50	余量	—	②	—	—	—	—
M30C①	0.30	1.50	1.0~2.0	0.03	0.02	26.0~33.0	—	3.50	余量	—	1.0~3.0	—	—	—	—
M30H	0.30	1.50	2.7~3.7	0.03	0.02	27.0~33.0	—	3.50	余量	—	②	—	—	—	—
M35-1①	0.35	1.50	1.25	0.03	0.02	26.0~33.0	—	3.50	余量	—	0.5	—	—	—	—
M35-2	0.35	1.50	2.00	0.03	0.02	26.0~33.0	—	3.50	余量	—	0.5	—	—	—	—
N3M	0.03	1.00	0.50	0.03	0.02	—	30.0~33.0	3.00	余量	1.0	—	—	②	—	—
N7M	0.07	1.00	1.00	0.03	0.02	—	30.0~33.0	3.00	余量	1.0	—	—	②	—	—
N12MV	0.12	1.00	1.00	0.03	0.02	—	26.0~30.0	4.0~6.0	余量	1.0	—	—	0.20~0.60	—	—
CU5MCuC	0.050	1.00	1.0	0.03	0.02	1.50~3.50	2.5~3.5	余量	38.0~44.0	19.5~23.5	0.60~1.20	②	②	—	—
CW2M	0.02	1.00	0.80	0.03	0.02	②	15.0~17.5	2.0	余量	15.0~17.5	②	1.0	②	—	—
CW6M	0.07	1.00	1.00	0.03	0.02	②	17.0~20.0	3.0	余量	17.0~20.0	②	②	②	—	—
CW6MC	0.06	1.00	1.00	0.015	0.015	②	8.0~10.0	5.0	余量	20.0~23.0	3.15~4.50	②	②	—	—
CW12MW	0.12	1.00	1.00	0.03	0.02	②	16.0~18.0	4.5~7.5	余量	15.5~17.5	②	3.75~5.25	0.20~0.40	—	—
CX2M	0.02	1.00	0.50	0.02	0.02	②	15.0~16.5	1.50	余量	22.0~24.0	②	②	②	—	—
CX2MW	0.02	1.00	0.80	0.025	0.02	②	12.5~14.5	2.0~6.0	余量	20.0~22.5	②	2.5~3.5	0.35	—	—
CY40	0.40	1.50	3.00	0.03	0.02	②	②	11.0	余量	14.0~17.0	②	②	②	—	—
CY5SnBiM	0.05	1.50	0.5	0.03	0.02	—	2.0~3.5	2.0	余量	11.0~14.0	—	—	—	3.0~5.0	3.0~5.0

注：表中单一数值为最大值。
① 若要求焊接性，应选用牌号 M-35-1 或 M-30C。
② 如需要时，可进行元素含量分析，数值仅供参考。

表 6-76　美国铸造镍和镍合金的力学性能

类别	牌号	力 学 性 能 ≥		
		R_m/MPa	$R_{p0.2}$/MPa	A（%）
Ni	CZ100	345	125	10
Ni-Cu	M25S[①]	—	—	—
	M30C	450	225	25
	M30H	690	415	10
	M35-1	450	170	25
	M35-2	450	205	25
Ni-Mo	N3M	525	275	20.0
	N7M	525	275	20
	N12MV	525	275	6
Ni-Cr	CU5MCuC	520	240	20
	CW2M	495	275	20
	CW6M	495	275	25
	CW6MC	485	275	25
	CW12MW	495	275	4
	CX2M	495	270	40
	CX2MW	550	310	30
	CY40	485	195	30
其他	CY5SnBiM	—	—	—

注：试样标距 50mm。

①　M25S 在时效硬化条件下的硬度大于 300HBW（参考值）。

表6-77　美国某公司镍基合金在不同标准组织间的化学成分对照

牌号	采用标准	化学成分（质量分数，%）										熔化温度/℃
		C	Mn	Si	Cr	Ni	Mo	W	Co	Fe	其他	
Ni Alloy B	AMS 5396B	0.12	1.00	1.00	1.00	Bal	26.00~30.00		2.50	4.00~7.00	P 0.03 S 0.03 V 0.20~0.60	1300~1370
	ASTM A-743 GR N12M	0.12	1.00	1.00	1.00	Bal	26.00~33.00		2.50	6.00	P 0.04 S 0.03 V 0.60	1300~1370
	ASTM A-744 GR N12M	0.12	1.00	1.00	1.00	Bal	26.00~33.00			6.00	P 0.04 S 0.03 V 0.60	1300~1370
	ASTM A-494 GR N-12MV	0.12	1.00	1.00	1.00	Bal	26.00~30.00			4.00~6.00	P 0.04 S 0.03 V 0.20~0.60	1300~1370
	ASTM A-494 GR N-7M	0.07	1.00	1.00	1.00	Bal	30.00~33.00			6.00	P 0.04 S 0.03	1300~1370
Ni Alloy C	AMS 5388E	0.15	1.00	1.00	15.50~17.50	Bal	16.00~18.00	3.75~5.25	2.50	4.50~7.00	V 0.20~0.60 P 0.03 S 0.03	1265~1340
	AMS 5389B	0.15	1.00	1.00	15.50~17.50	Bal	16.00~18.00	3.75~5.25	2.50	4.50~7.00	V 0.20~0.60 P 0.04 S 0.04	1265~1340
	ASTM A-743 GR CW-12M	0.12	1.00	1.50	15.50~20.00	Bal	16.00~20.00	5.25	2.50	7.50	P 0.04 S 0.03 V 0.40	1265~1340

（续）

| 牌号 | 采用标准 | 化学成分（质量分数，%） | | | | | | | | | | 熔化温度/℃ |
		C	Mn	Si	Cr	Ni	Mo	W	Co	Fe	其他	
Ni Alloy C	ASTM A-744 GR CW-12M	0.12	1.00	1.50	15.50 ~ 20.00	Bal	16.00 ~ 20.00	5.25		7.50	P 0.04 S 0.03 V 0.40	1265 ~ 1340
	ASTM A-494 GR CW-12MW	0.12	1.00	1.00	15.50 ~ 17.50	Bal	16.00 ~ 18.00	3.75 ~ 5.25		4.50 ~ 7.50	P 0.04 S 0.03 V 0.20 ~ 0.40	1265 ~ 1340
	ASTM A-494 GR CW-6M	0.07	1.00	1.00	17.00 ~ 20.00	Bal	17.00 ~ 20.00			3.00	P 0.04 S 0.03	1265 ~ 1340
	ASTM A-494 GR CW-2M	0.02	1.00	0.80	15.00 ~ 17.50	Bal	15.00 ~ 17.50	1.00		2.00	P 0.03 S 0.03	1265 ~ 1340
	ASTM A-494 GR CX-2MW	0.02	1.00	0.80	20.00 ~ 22.50	Bal	12.50 ~ 14.50	2.50 ~ 3.50		2.00 ~ 6.00	P 0.025 S 0.025 V 0.35	1320 ~ 1360
Ni Alloy D		0.12	0.50 ~ 1.25	8.50 ~ 10.00	1.00	Bal			1.50	2.00	Cu 2.00 ~ 4.00	1110 ~ 1120
Ni Alloy F		0.12	1.00 ~ 2.00	1.00	21.00 ~ 23.00	44.00 ~ 47.00	5.50 ~ 7.50	1.00	2.50	Bal	P 0.04 S 0.03 Cb/Ta 1.75 ~ 2.50	1275 ~ 300
Ni Alloy G		0.12	1.00 ~ 2.00	1.00	21.00 ~ 23.50	Bal	5.50 ~ 7.50	1.00	2.50	18.00 ~ 21.00	P 0.04 S 0.03 Cu 1.50 ~ 2.50 Cb/Ta 1.75 ~ 2.50	1260 ~ 1340

Ni Alloy X	Hastalloy Alloy G-30 UNS-N06030	0.03	1.50	0.80	28.00~31.50	Bal	4.00~6.00	1.50~4.00	5.00	13.00~17.00	P 0.04　S 0.02　Cu 1.00~2.40　Cb 0.30~1.50	1310~1350
Ni Alloy 210	AMS 5390D	0.10	1.00	1.00	20.50~23.00	Bal	8.00~10.00	0.20~1.00	0.50~2.50	17.00~20.00	P 0.04　S 0.03　B 0.01　Se 0.005	1260~1355
	ASTM A-567 GR5	0.20	1.00	1.00	20.50~23.00	Bal	8.00~10.00	0.20~1.00	0.50~2.50	17.00~20.00	P 0.04　S 0:04	1260~1355
Ni Alloy 213	ASTM A-494 GR CZ100	1.00	1.50	2.00		Bal				3.00	P 0.03　S 0.03　Cu 1.25	1340~1425
		1.00~2.50	1.50	2.00		Bal				1.25	S 0.015　Cu 1.25	1315~1425
Ni Alloy 305		1.00	1.50	5.50~6.50		Bal				1.25	S 0.015　Cu 1.25	1315~1425
Ni-Cr Alloy 610	ASTM A-494 GR CY40	0.40	1.50	3.00	14.00~17.00	Bal				11.00	P 0.03　S 0.03	1390~1430
Ni-Cr Alloy N-155	AMS 5376E　ASTM A-567 GR3	0.20	1.00~2.00	1.00	20.00~22.50	19.00~21.00	2.50~3.50	2.00~3.00	18.50~21.00	Bal	P 0.04　S 0.03　Cb/Ta 0.75~1.25　N 0.10~0.20	1275~1360

（续）

牌号	采用标准	化学成分（质量分数,%）										熔化温度/℃
		C	Mn	Si	Cr	Ni	Mo	W	Co	Fe	其他	
Ni-Cr Alloy 50 Cr-50Ni	ASTM A-560	0.10	0.30	1.00	48.00 ~ 52.00	Bal				1.00	P 0.02 S 0.02 Al 0.25 Ti 0.50 N 0.30	1340 ~ 1355
Ni-Cr Alloy 60 Cr-40Ni	ASTM A-560	0.10	0.30	1.00	58.00 ~ 62.00	Bal				1.00	P 0.02 S 0.02 Al 0.25 Ti 0.50 N 0.30	1415 ~ 1430
Ni-Cr Alloy 600	IC Alloy 600	0.15	1.00	0.50	14.00 ~ 17.00	≥72				6.00 ~ 10.00	Cu 0.50 P 0.03 S 0.15	1390 ~ 1430
Ni-Cr Alloy 610	CY40	0.40	1.50	3.00	14.00 ~ 17.00	Bal				11.00	Cu 1.25	1390 ~ 1425
Ni-Cr Alloy 610		0.40	1.50	3.00	14.00 ~ 17.00	Bal				11.00	Cu 0.50	1390 ~ 1430
Ni-Cr Alloy 611		0.40	1.50	2.00	14.00 ~ 17.00	Bal				11.00	Cu 0.50 Cb/Ta 1.00 ~ 3.00	1390 ~ 1425
Ni-Cr-Mo Alloy 625	AMS 5402B	0.10	0.50	0.50	20.0 ~ 23.0	Bal	8.0 ~ 10.0		1.0	5.0	Cb 3.15 ~ 4.15 Cu 0.30 Al 0.10 Ti 0.10 P 0.03 S 0.04 Ta 0.05	1275 ~ 1300

牌号	标准	C	Mn	Si						其他	熔化温度范围/℃
Ni-Cr Alloy 657	ASTM A-494 GR CW-6MC	0.06	1.00	1.00	20.0~23.0	Bal	8.0~10.0		5.0	P 0.015, S 0.015, Cb 3.15~4.50	1275~1300
Ni-Cr Alloy 705	ASTM A-560 GR 50 Cr-50 Ni-Cb	0.10	0.30	0.50	48.0~52.0	Bal		Cb 1.40~1.70	1.00	S 0.02, P 0.02, Al 0.25, Ti 0.50, N 0.16, C+N 0.20	1300~1320
		0.10~0.40	1.50	5.00~6.00	14.0~17.0	Bal			11.00	Cu 0.50	1390~1425
	S	0.10~0.40	1.50	5.00~6.00	14.0~17.0	Bal			11.00	S 0.015, Cu 1.25	1390~1425
Ni-Cr-Mo Alloy 700		0.04~0.08			14.5~15.5	48.0~51.0	31.0~33.0			P 0.03, S 0.03, Fe+Co 3.0, N 0.05, O 0.05	1230~1315
Ni-Cr Alloy 88	ASTM A-494 GR CY5SnBiM	0.05	1.50	0.50	11.0~14.0	Bal	2.0~3.5		2.0	P 0.03, S 0.03, Sn 3.0~5.0, Bi 3.0~5.0	1230~1315
Ni-Co Alloy Maraging	AMS 5339B	0.03	0.10	0.10		16.00~17.50	4.40~4.80	9.50~11.00		P 0.01, S 0.01, Ti 0.15~0.45, Al 0.02~0.10	1290~1370

（续）

牌号	采用标准	化学成分（质量分数，%）										熔化温度 /℃
		C	Mn	Si	Cr	Ni	Mo	W	Co	Fe	其他	
Ni-Cu alloy M-35	ASTM A-494 GR M-35-1 (a)	0.35	1.50	1.25		Bal				3.50	Cu 26.0~33.0 P 0.03 S 0.03	1315~1340
	ASTM A-494 GR M-35-2	0.35	1.50	2.0		Bal				3.50	Cu 26.0~33.0 P 0.03 S 0.03	1315~1340
Ni-Cu Alloy MIL-N-4498	GR I	0.30	1.50	2.5~3.5		62.0~68.0				3.0	Cu Bal	1300~1350
	GR II	0.25	1.50	3.5~5.0		62.0~68.0				3.5	Cu Bal	1300~1350
	Comp A (Alloy 410)	0.35	1.50	2.0		62.0~68.0				2.5	Cu 26.0~33.0 Al 0.50	1300~1350
	Comp B (Alloy 506)	0.30	1.50	2.7~3.7		61.0~68.0				2.5	Cu 27.0~33.0 Al 0.50	1290~1315
	Comp C (Alloy 505)	0.20	1.50	3.3~4.3		60.0				2.5	Cu 27.0~31.0 Al 0.50	1260~1290
	Comp D (Alloy S)	0.25	1.50	3.5~4.5		60.0				2.5	Cu 27.0~31.0 Al 0.50	1260~1290
	Comp E (Alloy 411)	0.30	1.50	1.0~2.0		Bal				3.5	Cu 26.0~33.0 Al 0.50	1260~1290
	Comp F (Alloy RH)	0.40~0.70	1.50	2.3~3.0		Bal			1.0	2.5	Cb/Ta 1.0~3.0 Cu 29.0~34.0 Al 0.50	1300~1330
Ni-Cu Alloy QQN 288	ASTM A-494 M-30 C	0.30	1.50	1.0~2.0		Bal				3.50	Cu 26.0~33.0 Cb 1.0~3.0 P 0.03 S 0.03	1300~1350

	牌号	C	Mn		Bal				其他	浇注温度
	ASTM A-494 M-30 H	0.30	1.50	2.7~3.7	Bal			3.50	Cu 27.0~33.0 P 0.03 S 0.03	1260~1290
	ASTM A-494 M-25 S	0.25	1.50	3.5~4.5	Bal			3.5	Cu 27.0~33.0 P 0.03 S 0.03	1260~1290
	Comp M-30 C MIL-C-24723	0.30	1.50	1.0~2.0	Bal			2.5	Cu 26.0~33.0 Cb 1.0~3.0 P 0.03 S 0.03	1300~1350
	Comp M-30 H MIL-C-24723	0.30	1.50	2.7~3.7	Bal			2.5	Cu 27.0~33.0 P 0.03 S 0.03	1290~1315
Ni-Cu Alloy	Comp M-25 S MIL-C-24723	0.25	1.50	3.5~4.5	Bal			2.0	Cu 27.0~33.0 P 0.03 S 0.03	1260~1290

注：表中单一数值均为最大值（除已标明外）。

6.3　铸造耐热钢

高合金耐热钢铸件广泛应用于工作温度超过 650℃的场合。在许多情况下，这类钢在不同的腐蚀性气氛下使用，故强度仅是选择合金钢的依据之一。在不同腐蚀介质中的耐蚀性也应予以考虑。

6.3.1　耐热钢的分类

高合金耐热钢主要有高铬钢、高铬镍钢和高镍铬钢 3 类。这些高合金钢的成分与不锈钢相近，但其碳的含量较高，从而在高温下具有较高的强度。

（1）高铬钢　这类钢 $w(Cr)=8\%\sim30\%$，有少量的 Ni 或不含 Ni，组织是铁素体，在室温下塑性差。由于其在高温下强度较低，主要用于抗燃气腐蚀的条件下。

（2）高铬镍钢　这类钢 $w(Cr)>18\%$，$w(Ni)>$
8%，而含铬量总是超过含镍量，其基本组织是奥氏体，有一些钢中有少量铁素体。与高铬钢相比，它的高温强度和塑性较高，高温下耐蚀性也较好。这类钢适用于温度高达 1093℃的环境中，但是在 649~871℃，易产生 σ 相。

（3）高镍铬钢　主要合金元素是 Ni，$w(Ni)>23\%$、$w(Cr)>10\%$，且镍含量高于铬含量，其组织为单一的奥氏体。一般来说，这类钢适用的温度可达 1149℃，并有较好的抗热冲击和热疲劳的性能。

6.3.2　铸造耐热钢的有关标准

1. ISO 铸造耐热钢

ISO 11973：2015《通用耐热钢及其合金》标准，基本上是采用了德国的耐热铸钢的标准牌号表示方法。其化学成分和室温力学性能和最高使用温度分别见表 6-78 和表 6-79。

表 6-78　ISO 耐热铸钢及其合金的化学成分

牌号	材料号	化学成分（质量分数，%）								
		C	Si	Mn	P	S	Cr	Mo	Ni	其他
GX30CrSi7	1.4710	0.20~0.35	1.0~2.5	0.5~1	0.035	0.030	6.0~8.0	0.15	0.5	—
GX40CrSi13	1.4729	0.30~0.50	1.0~2.5	1.0	0.040	0.030	12.0~14.0	0.15	0.5	—
GX40CrSi17	1.4740	0.30~0.50	1.0~2.5	1.0	0.040	0.030	16.0~19.0	0.50	1.0	—
GX40CrSi24	1.4745	0.30~0.50	1.0~2.5	1.0	0.040	0.030	23.0~26.0	0.50	1.0	—
GX40CrSi28	1.4776	0.30~0.50	1.0~2.5	1.0	0.040	0.030	27.0~30.0	0.50	1.0	—
GX130CrSi29	1.4777	1.20~1.40	1.0~2.5	0.5~1	0.035	0.030	27.0~30.0	0.50	1.0	—
GX25CrNiSi18-9	1.4825	0.15~0.35	0.5~2.5	2.0	0.040	0.030	17.0~19.0		8.0~10.0	—
GX25CrNiSi20-14	1.4832	0.15~0.35	0.5~2.5	2.0	0.040	0.030	19.0~21.0		13.0~15.0	—
GX40CrNiSi22-10	1.4826	0.30~0.50	1.0~2.5	2.0	0.040	0.030	21.0~23.0		9.0~11.0	—
GX40CrNiSiNb24-24	1.4855	0.30~0.50	1.0~2.5	2.0	0.040	0.030	23.0~25.0		23.0~25.0	Nb 0.80~1.80
GX40CrNiSi25-12	1.4837	0.30~0.50	1.0~2.5	0.5~2.0	0.040	0.030	24.0~27.0	0.50	11.0~14.0	—
GX40CrNiSi25-20	1.4848	0.30~0.50	1.0~2.5	2.0	0.040	0.030	24.0~27.0	0.50	19.0~22.0	—
GX40CrNiSi27-4	1.4823	0.30~0.50	1.0~2.5	1.5	0.040	0.030	25.0~28.0	0.50	3.0~6.0	—
GX40NiCrCo20-20-20	1.4874	0.35~0.65	1.0	2.0	0.040	0.030	19.0~22.0	2.50~3.00	18.0~22.0	Co=18.5~22.0 Nb 0.75~1.25 W 2.0~3.0
GX10NiCrSiNb32-20	1.4859	0.05~0.15	0.5~1.5	2.0	0.040	0.030	19.0~21.0	0.50	31.0~33.0	Nb 0.50~1.50
GX40NiCrSi35-17	1.4806	0.30~0.50	1.0~2.5	2.0	0.040	0.030	16.0~18.0	0.50	34.0~36.0	—
GX40NiCrSi35-26	1.4857	0.30~0.50	1.0~2.5	2.0	0.040	0.030	24.0~27.0	0.50	33.0~36.0	—
GX40NiCrSiNb35-26	1.4852	0.30~0.50	1.0~2.5	2.0	0.040	0.030	24.0~27.0	0.50	33.0~36.0	Nb 0.80~1.80

（续）

牌号	材料号	化学成分（质量分数,%）								
		C	Si	Mn	P	S	Cr	Mo	Ni	其 他
GX40NiCrSi38-19	1.4865	0.30 ~ 0.50	1.0 ~ 2.5	2.0	0.040	0.030	18.0 ~ 21.0	0.50	36.0 ~ 39.0	—
GX40NiCrSiNb38-19	1.4849	0.30 ~ 0.50	1.0 ~ 2.5	2.0	0.040	0.030	18.0 ~ 21.0	0.50	36.0 ~ 39.0	Nb 1.20 ~ 1.80
G-NiCr28W	2.4879	0.35 ~ 0.55	1.0 ~ 2.0	1.5	0.040	0.030	27.0 ~ 30.0	0.50	47.0 ~ 50.0	W 4.0 ~ 6.0
G-NiCr50Nb	2.4680	0.10	1.0	1.0	0.020	0.020	48.0 ~ 52.0	0.50	余量	Fe 1.00 N 0.16 Nb 1.00 ~ 1.80
G-NiCr19	2.4687	0.40 ~ 0.60	0.5 ~ 2.0	1.5	0.040	0.030	16.0 ~ 21.0	0.50	50.0 ~ 55.0	—
G-NiCr15	2.4815	0.35 ~ 0.65	2.0	1.3	0.040	0.030	13.0 ~ 19.0		64.0 ~ 69.0	—
GX50NiCrCoW 35-25-15-5	1.4869	0.45 ~ 0.55	1.0 ~ 2.0	1.0	0.040	0.030	24.0 ~ 26.0		33.0 ~ 37.0	W 4.0 ~ 6.0 Co 14.0 ~ 16.0
G-CoCr28	2.4778	0.05 ~ 0.25	0.5 ~ 1.5	1.5	0.040	0.030	27.0 ~ 30.0	0.50	4.0	Co 48.0 ~ 52.0 Fe 余量

注：表中单一数值为最大值。

表6-79 ISO 耐热铸钢及其合金的室温力学性能和最高使用温度

牌号	材料号	$R_{p0.2}$/MPa≥	R_m/MPa≥	A（%） ≥	硬度 HBW	最高使用温度[①]/℃
GX30CrSi7	1.4710	—	—	—	—	750
GX40CrSi13	1.4729	—	—	—	300[②]	850
GX40CrSi17	1.4740	—	—	—	300[②]	900
GX40CrSi24	1.4745	—	—	—	300[②]	1050
GX40CrSi28	1.4776	—	—	—	320[②]	1100
GX130CrSi29	1.4777	—	—	—	400[②]	1100
GX25CrNiSi18-9	1.4825	230	450	15	—	900
GX25CrNiSi20-14	1.4832	230	450	10	—	900
GX40CrNiSi22-10	1.4826	230	450	8	—	950
GX40CrNiSiNb24-24	1.4855	220	400	4	—	1050
GX40CrNiSi25-12	1.4837	220	450	6	—	1050
GX40CrNiSi25-20	1.4848	220	450	6	—	1100
GX40CrNiSi27-4	1.4823	250	400	3	400[③]	1100
GX40NiCrCo20-20-20	1.4874	320	400	6	—	1150
GX10NiCrSiNb32-20	1.4859	170	440	20	—	1000
GX40NiCrSi35-17	1.4806	220	420	6	—	980
GX40NiCrSi35-26	1.4857	220	440	6	—	1050
GX40NiCrSiNb35-26	1.4852	220	440	4	—	1050
GX40NiCrSi38-19	1.4865	220	420	6	—	1050
GX40NiCrSiNb38-19	1.4849	220	420	4	—	1000
G-NiCr28W	2.4879	220	400	3	—	1200

（续）

牌号	材料号	$R_{p0.2}$/MPa≥	R_m/MPa≥	A（%）≥	硬度 HBW	最高使用温度[①]/℃
G- NiCr50Nb	2.4680	230	540	8	—	1050
G- NiCr19	2.4687	220	440	5	—	1100
G- NiCr15	2.4815	200	400	3	—	1100
GX50NiCrCoW35-25-15-5	1.4869	270	480	5	—	1200
G- CoCr28	2.4778	[④]	[④]	[④]	[④]	1200

① 最高使用温度取决于实际应用状况，表中数据仅供用户参考，用于氧化介质。实际化学成分也影响其性能。
② 退火状态最大 HBW 值或铸态。铸件也可以铸态交货，此时硬度值将不再适用。
③ 最大 HBW 值。
④ 性能可商定。

2. 我国铸造耐热钢标准

我国国家标准 GB/T 8492—2014《耐热钢铸件技术条件》，规定各牌号及化学成分和室温力学性能分别见表 6-80 和表 6-81。

表 6-80　我国耐热铸钢的化学成分

牌号	化学成分（质量分数,%）								
	C	Si	Mn	P	S	Cr	Mo	Ni	其他
ZG30Cr7Si2	0.20 ~ 0.35	1.0 ~ 2.5	0.5 ~ 1.0	0.04	0.04	6 ~ 8	0.5	0.5	—
ZG40Cr13Si2	0.3 ~ 0.5	1.0 ~ 2.5	0.5 ~ 1.0	0.04	0.03	12 ~ 14	0.5	1	—
ZG40Cr17Si2	0.3 ~ 0.5	1.0 ~ 2.5	0.5 ~ 1.0	0.04	0.03	16 ~ 19	0.5	1	—
ZG40Cr24Si2	0.3 ~ 0.5	1.0 ~ 2.5	0.5 ~ 1.0	0.04	0.03	23 ~ 26	0.5	1	—
ZG40Cr28Si2	0.3 ~ 0.5	1.0 ~ 2.5	0.5 ~ 1.0	0.04	0.03	27 ~ 30	0.5	1	—
ZGCr29Si2	1.2 ~ 1.4	1.0 ~ 2.5	0.5 ~ 1.0	0.04	0.03	27 ~ 30	0.5	1	—
ZG25Cr18Ni9Si2	0.15 ~ 0.35	1.0 ~ 2.5	2	0.04	0.03	17 ~ 19	0.5	8 ~ 10	—
ZG25Cr20Ni14Si2	0.15 ~ 0.35	1.0 ~ 2.5	2	0.04	0.03	19 ~ 21	0.5	13 ~ 15	—
ZG40Cr22Ni10Si2	0.3 ~ 0.5	1.0 ~ 2.5	2	0.04	0.03	21 ~ 23	0.5	9 ~ 11	—
ZG40Cr24Ni24Si2Nb	0.25 ~ 0.50	1.0 ~ 2.5	2	0.04	0.03	23 ~ 25	0.5	23 ~ 25	Nb 1.2 ~ 1.8
ZG40Cr25Ni12Si2	0.3 ~ 0.5	1.0 ~ 2.5	2	0.04	0.03	24 ~ 27	0.5	11 ~ 14	—
ZG40Cr25Ni20Si2	0.3 ~ 0.5	1.0 ~ 2.5	2	0.04	0.03	24 ~ 27	0.5	19 ~ 22	—
ZG40Cr27Ni4Si2	0.3 ~ 0.5	1.0 ~ 2.5	1.5	0.04	0.03	25 ~ 28	0.5	3 ~ 6	—
ZG45Cr20Co20Ni20Mo3W3	0.35 ~ 0.60	1.0	2	0.04	0.03	19 ~ 22	2.5 ~ 3.0	18 ~ 22	Co 18 ~ 22 W 2 ~ 3
ZG10Ni31Cr20Nb1	0.05 ~ 0.12	1.2	2	0.04	0.03	19 ~ 23	0.5	30 ~ 34	Nb 0.8 ~ 1.5
ZG40Ni35Cr17Si2	0.3 ~ 0.5	1.0 ~ 2.5	2	0.04	0.03	16 ~ 18	0.5	34 ~ 36	—
ZG40Ni35Cr26Si2	0.3 ~ 0.5	1.0 ~ 2.5	2	0.04	0.03	24 ~ 27	0.5	33 ~ 36	—
ZG40Ni35Cr26Si2Nb1	0.3 ~ 0.5	1.0 ~ 2.5	2	0.04	0.03	24 ~ 27	0.5	33 ~ 36	Nb 0.8 ~ 1.8
ZG40Ni38Cr19Si2	0.3 ~ 0.5	1.0 ~ 2.5	2	0.04	0.03	18 ~ 21	0.5	36 ~ 39	—
ZG40Ni38Cr19Si2Nb1	0.3 ~ 0.5	1.0 ~ 2.5	2	0.04	0.03	18 ~ 21	0.5	36 ~ 39	Nb 1.2 ~ 1.8
ZNiCr28Fe17W5Si2C0.4	0.35 ~ 0.55	1.0 ~ 2.5	1.5	0.04	0.03	27 ~ 30	0.5	47 ~ 50	W 4 ~ 6
ZNiCr50NbC0.1	0.1	0.5	0.5	0.02	0.02	47 ~ 52	0.5	a[①]	N 0.16 N + C0.2 Nb 1.4 ~ 1.7
ZNiCr19Fe18Si1C0.5	0.4 ~ 0.6	0.5 ~ 2.0	1.5	0.04	0.03	16 ~ 21	0.5	50 ~ 55	—
ZNiFe18Cr15Si1C0.5	0.35 ~ 0.65	2	1.3	0.04	0.03	13 ~ 19	—	64 ~ 69	—
ZNiCr25Fe20Co15W5Si1C0.46	0.44 ~ 0.48	1 ~ 2	2	0.04	0.03	24 ~ 26	—	33 ~ 37	W 4 ~ 6 Co 14 ~ 16
ZCoCr28Fe18C0.3	0.5	1	1	0.04	0.03	25 ~ 30	0.5	1	Co 48 ~ 52 Fe 20 最大值

注：表中的单个值表示最大值。
① a 为余量。

表 6-81　我国耐热铸钢的室温力学性能

牌号	$R_{p0.2}$/MPa[①] ≥	R_m/MPa ≥	A（%） ≥	硬度 HBW	最高使用温度[②] /℃
ZG30Cr7Si2	—	—	—	—	750
ZG40Cr13Si2	—	—	—	300[③]	850
ZG40Cr17Si2	—	—	—	300[③]	900
ZG40Cr24Si2	—	—	—	300[③]	1050
ZG40Cr28Si2	—	—	—	320[③]	1100
ZGCr29Si2	—	—	—	400[③]	1100
ZG25Cr18Ni9Si2	230	450	15	—	900
ZG25Cr20Ni14Si2	230	450	10	—	900
ZG40Cr22Ni10Si2	230	450	8	—	950
ZG40Cr24Ni24Si2Nb	220	400	4	—	1050
ZG40Cr25Ni12Si2	220	450	6	—	1050
ZG40Cr25Ni20Si2	220	450	6	—	1100
ZG40Cr27Ni4Si2	250	400	3	400[④]	1100
ZG45Cr20Co20Ni20Mo3W3	320	400	6	—	1150
ZG10Ni31Cr20Nb1	170	440	20	—	1000
ZG40Ni35Cr17Si2	220	420	6	—	980
ZG40Ni35Cr26Si2	220	440	6	—	1050
ZG40Ni35Cr26Si2Nb1	220	440	4	—	1050
ZG40Ni38Cr19Si2	220	420	6	—	1050
ZG40Ni38Cr19Si2Nb1	220	420	4	—	1100
ZNiCr28Fe17W5Si2C0.4	220	400	3	—	1200
ZNiCr50NbC0.1	230	540	8	—	1050
ZNiCr19Fe18Si1C0.5	220	440	5	—	1100
ZNiFe18Cr15Si1C0.5	200	400	3	—	1100
ZNiCr25Fe20Co15W5Si1C0.46	270	480	5	—	1200
ZCoCr28Fe18C0.3	⑤	⑤	⑤	⑤	1200

① 1MPa = 1N/mm²。

② 最高使用温度取决于实际使用条件，所列数据仅供用户参考。这些数据适用于氧化气氛，实际的合金成分对其也有影响。

③ 退火态最大 HBW 硬度值，铸件也可以铸态提供，此时硬度限制就不适用。

④ 最大 HBW 值。

⑤ 由供需双方协商确定。

3. 欧洲标准

欧洲标准 EN 10295：2002 耐热铸钢标准包括奥氏体、铁素体、奥氏体-铁素体双相耐热不锈铸钢，以及镍基、钴基合金牌号。其牌号及化学成分见表 6-82，室温力学性能见表 6-83。

表 6-82　欧洲耐热铸钢的牌号及化学成分

牌号	材料号	化学成分（质量分数，%）										
		C	Si	Mn	P≤	S≤	Cr	Mo	Ni	Nb	Co	其他
GX30CrSi7	1.4710	0.20~0.35	1.00~2.50	0.50~1.00	0.035	0.030	6.00~8.00	≤0.15	≤0.50	—	—	—
GX40CrSi13	1.4729	0.30~0.50	1.00~2.50	≤1.00	0.040	0.030	12.00~14.00	≤0.50	≤1.00	—	—	—
GX40CrSi17	1.4740	0.30~0.50	1.00~2.50	≤1.00	0.040	0.030	16.00~19.00	≤0.50	≤1.00	—	—	—
GX40CrSi24	1.4745	0.30~0.50	1.00~2.50	≤1.00	0.040	0.030	23.00~26.00	≤0.50	≤1.00	—	—	—
GX40CrSi28	1.4776	0.30~0.50	1.00~2.50	≤1.00	0.040	0.030	27.00~30.00	≤0.50	≤1.00	—	—	—
GX130CrSi29	1.4777	1.20~1.40	1.00~2.50	0.50~1.00	0.040	0.030	27.00~30.00	≤0.50	≤1.00	—	—	—
GX160CrSi18	1.4742	1.40~1.80	1.00~2.50	≤1.00	0.040	0.030	17.00~19.00	≤0.50	≤1.00	—	—	—
GX40CrNiSi27-4	1.4823	0.30~0.50	1.00~2.50	≤1.50	0.040	0.030	25.00~28.00	≤0.50	3.00~6.00	—	—	—
GX25CrNiSi18-9	1.4825	0.15~0.35	0.50~2.50	≤2.00	0.040	0.030	17.00~19.00	≤0.50	8.00~10.00	—	—	—
GX40CrNiSi22-10	1.4826	0.30~0.50	1.00~2.50	≤2.00	0.040	0.030	21.00~23.00	≤0.50	9.00~11.00	—	—	—
GX25CrNiSi20-14	1.4832	0.15~0.35	0.50~2.50	≤2.00	0.040	0.030	19.00~21.00	≤0.50	13.00~15.00	—	—	—
GX40CrNiSi25-12	1.4837	0.30~0.50	1.00~2.50	≤2.00	0.040	0.030	24.00~27.00	≤0.50	11.00~14.00	—	—	—
GX40CrNiSi25-20	1.4848	0.30~0.50	1.00~2.50	≤2.00	0.040	0.030	24.00~27.00	≤0.50	19.00~22.00	—	—	—
GX40CrNiSiNb24-24	1.4855	0.30~0.50	1.00~2.50	≤2.00	0.040	0.030	23.00~25.00	≤0.50	23.00~25.00	0.80~1.80	—	—
GX35NiCrSi25-21	1.4805	0.20~0.50	1.00~2.00	≤2.00	0.040	0.030	19.00~23.00	≤0.50	23.00~27.00	—	—	—

材料牌号	材料号	C	Si	Mn	P	S	Cr	Mo	Ni	Nb	Co	其他
GX40NiCrSi35-17	1.4806	0.30~0.50	1.00~2.50	≤2.00	0.040	0.030	16.00~18.00	≤0.50	34.00~36.00	—	—	—
GX40NiCrSiNb35-18	1.4807	0.30~0.50	1.00~2.50	≤2.00	0.040	0.030	17.00~20.00	≤0.50	34.00~36.00	1.00~1.80	—	—
GX40NiCrSi38-19	1.4865	0.30~0.50	1.00~2.50	≤2.00	0.040	0.030	18.00~21.00	≤0.50	36.00~39.00	—	—	—
GX40NiCrSiNb38-19	1.4849	0.30~0.50	1.00~2.50	≤2.00	0.040	0.030	18.00~21.00	≤0.50	36.00~39.00	1.20~1.80	—	—
GX10NiCrSiNb32-20	1.4859	0.05~0.15	0.50~1.50	≤2.00	0.040	0.030	19.00~21.00	≤0.50	31.00~33.00	0.50~1.50	—	—
GX40NiCrSi35-26	1.4857	0.30~0.50	1.00~2.50	≤2.00	0.040	0.030	24.00~27.00	≤0.50	33.00~36.00	—	—	—
GX40NiCrSiNb35-26	1.4852	0.30~0.50	1.00~2.50	≤2.00	0.040	0.030	24.00~27.00	≤0.50	33.00~36.00	0.80~1.80	—	—
GX50NiCrCo20-20-20	1.4874	0.35~0.65	≤1.00	≤2.00	0.040	0.030	19.00~22.00	2.50~3.00	18.00~22.00	0.75~1.25	18.50~22.00	W 2.00~3.00
GX50NiCrCoW35-25-15-5	1.4869	0.45~0.55	1.00~2.00	≤1.00	0.040	0.030	24.00~26.00	—	33.00~37.00	—	14.00~16.00	W 4.00~6.00
GX40NiCrNb45-35	1.4889	0.35~0.45	1.50~2.00	1.00~1.50	0.040	0.030	32.50~37.50	—	42.00~46.00	1.50~2.00	—	—
G-NiCr28W	2.4879	0.35~0.55	1.00~2.00	≤1.50	0.040	0.030	27.00~30.00	≤0.50	47.00~50.00	≤0.50	—	W 4.00~6.00
G-CoCr28	2.4778	0.05~0.25	0.50~1.50	≤1.50	0.040	0.030	27.00~30.00	≤0.50	≤4.00	≤0.50	48.00~52.00	—
G-NiCr50Nb	2.4680	≤1.00	≤1.00	≤0.50	0.020	0.020	48.00~52.00	≤0.50	—	1.00~1.80	—	Fe≤1.00 N≤0.16
G-NiCr15	2.4815	0.35~0.65	1.00~2.50	≤2.00	0.040	0.030	12.00~18.00	≤1.00	58.00~66.00	—	—	—

表 6-83　欧洲耐热铸钢室温力学性能

牌号	材料号	热处理		力学性能　≤		
		类型①	回火温度/℃	$R_{p0.2}$/MPa	R_m/MPa	A（%）
GX30CrSi7	1.4710	+ A	800～850	—	—	—
GX40CrSi13	1.4729	+ A	800～850	—	—	—
GX40CrSi17	1.4740	+ A	800～850	—	—	—
GX40CrSi24	1.4745			—	—	—
GX40CrSi28	1.4776			—	—	—
GX130CrSi29	1.4777			—	—	—
GX160CrSi18	1.4742			—	—	—
GX40CrNiSi27-4	1.4823			250	550	3
GX25CrNiSi18-9	1.4825			230	450	15
GX40CrNiSi22-10	1.4826			230	450	8
GX25CrNiSi20-14	1.4832			230	450	10
GX40CrNiSi25-12	1.4837			220	450	6
GX40CrNiSi25-20	1.4848			220	450	8
GX40CrNiSiNb24-24	1.4855			220	450	4
GX35NiCrSi25-21	1.4805	—	—	220	430	8
GX40NiCrSi35-17	1.4806			220	420	6
GX40NiCrSiNb35-18	1.4807			220	420	4
GX40NiCrSi38-19	1.4865			220	420	6
GX40NiCrSiNb38-19	1.4849			220	420	4
GX10NiCrSiNb32-20	1.4859			180	440	20
GX40NiCrSi35-26	1.4857			220	440	6
GX40NiCrSiNb35-26	1.4852			220	440	4
GX50NiCrCo20-20-20	1.4874			320	420	6
GX50NiCrCoW35-25-15-5	1.4869			270	480	5
GX40NiCrNb45-35	1.4889			240	440	3
G-NiCr28W	2.4879			240	440	3
G-CoCr28	2.4778			235	490	6
G-NiCr50Nb	2.4680			230	540	8
G-NiCr15	2.4815			200	400	3

①　+A—正火。

4. 美国国家标准

美国国家标准 ANSI/ASTM 297—2019《一般工程用铁-铬，铁-铬-镍耐热钢铸件》规定的化学成分（见表 6-84）为验收依据，只有在订货时需方提出要求才进行力学性能试验，此时按表 6-85 的要求。

ASTM 高温用铬镍合金铸钢 ASTM A447/

A447M—2016 中有两类牌号。其化学成分见表 6-86，力学性能见表 6-87。

ASTM 在高温腐蚀的铬镍铸造合金标准 ASTM A560/560M—2018 中规定有 3 个牌号。其牌号及化学成分和室温力学性能分别见表 6-88 和表 6-89。

表 6-84　美国耐热铸钢的牌号及化学成分

牌号		类型	化学成分（质量分数,%）								
ASTM	UNS		C	Si	Mn	P ≤	S ≤	Cr	Ni	Mo[①]	其他
HF	J92603	19Cr-9Ni	0.20~0.40	≤2.00	≤2.00	0.04	0.04	18.0~23.0	18.0~23.0	≤0.50	—
HH	J93503	25Cr-12Ni	0.20~0.50	≤2.00	≤2.00	0.04	0.04	24.0~28.0	11.0~14.0	≤0.50	—
HI	J94003	28Cr-15Ni	0.20~0.50	≤2.00	≤2.00	0.04	0.04	26.0~30.0	14.0~18.0	≤0.50	—
HK	J94224	25Cr-20Ni	0.20~0.60	≤2.00	≤2.00	0.04	0.04	24.0~28.0	18.0~22.0	≤0.50	—
HE	J93403	29Cr-9Ni	0.20~0.50	≤2.00	≤2.00	0.04	0.04	26.0~30.0	8.0~11.0	≤0.50	—
HT	N08605	17Cr-35Ni	0.35~0.75	≤2.50	≤2.00	0.04	0.04	15.0~19.0	33.0~37.0	≤0.50	—
HU	N08004	19Cr-39Ni	0.35~0.75	≤2.50	≤2.00	0.04	0.04	17.0~21.0	37.0~41.0	≤0.50	—
HW	N08001	12Cr-60Ni	0.35~0.75	≤2.50	≤2.00	0.04	0.04	10.0~14.0	58.0~62.0	≤0.50	—
HX	N06006	17Cr-60Ni	0.35~0.75	≤2.50	≤2.00	0.04	0.04	15.0~19.0	64.0~68.0	≤0.50	—
HC	J92605	28Cr	≤0.50	≤2.00	≤1.00	0.04	0.04	26.0~30.0	≤4.00	≤0.50	—
HD	J93005	28Cr-5Ni	≤0.50	≤2.00	≤1.50	0.04	0.04	26.0~30.0	4.0~7.0	≤0.50	—
HL	J94604	29Cr-20Ni	0.20~0.60	≤2.00	≤2.00	0.04	0.04	28.0~32.0	18.0~22.0	≤0.50	—
HN	J94213	20Cr-25Ni	0.20~0.50	≤2.00	≤2.00	0.04	0.04	19.0~23.0	23.0~27.0	≤0.50	—
HP15Nb	—	25Cr-35Ni	0.05~0.25	0.5~1.5	0.5~1.6	0.03	0.03	24.0~27.0	34.0~38.0	≤0.50	—
HP	J95705	26Cr-35Ni	0.35~0.75	≤2.50	≤2.00	0.04	0.04	24.0~28.0	33.0~37.0	≤0.50	—
HG10MNN	J92604	19Cr-12Ni-4Mn	0.07~0.11	≤0.70	3.0~5.0	0.04	0.03	18.5~20.5	11.5~13.5	0.25~0.45	Cu≤0.50 Nb≥8×C%~1.0 N 0.20~0.30
CT15C	N08151	20Cr-33Ni-Nb	0.05~0.15	0.15~1.5	0.15~1.5	0.03	0.03	19.0~21.0	31.0~34.0	—	Nb 0.50~1.50

①　经买卖双方商定铸件的钼含量，也可按本技术规范交货。

表 6-85　美国耐热铸钢的力学性能

牌号		类型	力学性能 ≥		
ASTM	UNS		R_m/MPa	$R_{p0.2}$/MPa	A[①]（%）
HF	J92603	19Cr-9Ni	485	240	25
HH	J93503	25Cr-12Ni	515	240	10
HI	J94003	28Cr-15Ni	485	240	10
HK	J94224	25Cr-20Ni	450	240	10
HE	J93403	29Cr-9Ni	585	275	9
HT	N08605	17Cr-35Ni	450	—	4
HU	N08004	19Cr-39Ni	450	—	4
HW	N08001	12Cr-60Ni	415	—	—
HX	N06006	17Cr-60Ni	415	—	—
HC	J92605	28Cr	380	—	—
HD	J93005	28Cr-5Ni	515	240	8
HL	J94604	29Cr-20Ni	450	240	10
HN	J94213	20Cr-25Ni	435	—	8

（续）

牌　　号		类型	力　学　性　能　≥		
ASTM	UNS		R_m/MPa	$R_{p0.2}$/MPa	A[①]（%）
HP15Nb	—	25Cr-35Ni	450	170	20
HP	J95705	26Cr-35Ni	430	235	4.5
HG10MNN	J92604	19Cr-12Ni-4Mn	525	225	20
CT15C	N08151	20Cr-33Ni-Nb	435	170	20

① 试样标距为 50mm。当按本标准规定在拉伸试验时采用 ICI 试棒，其标距长度与缩减截面直径之比为 4:1。

表 6-86　美国高温用铬镍合金铸钢的牌号及化学成分（质量分数,%）

牌号	C	Si ≤	Mn ≤	P ≤	S ≤	Cr	Ni[①]	N ≤	Fe 和其他
Type Ⅰ	0.20 ~ 0.45	1.75	2.50	0.030	0.030	23.0 ~ 28.0	10.0 ~ 14.0	0.20	由供需双方协议
Type Ⅱ	0.20 ~ 0.45	1.75	2.50	0.030	0.030	23.0 ~ 28.0	10.0 ~ 14.0	0.20	由供需双方协议

① 商品铸钢件常含有少量 Co，可把 Co 含量折算为 Ni 含量的一部分。

表 6-87　美国铬镍合金铸钢的力学性能

型　　号	时效后的力学性能 ≥		高温短时力学性能	
	R_m/MPa	A[①]（%）	R_m/MPa	A[①]（%）
Type Ⅰ	550	9	由供需双方协议	由供需双方协议
Type Ⅱ	550	4	140	8

① 试样标距 50mm。

表 6-88　美国高温腐蚀的铬镍合金铸钢的牌号及化学成分

牌号	化学成分（质量分数,%）								
	C ≤	Si ≤	Mn ≤	P ≤	S ≤	Cr	Ni	Fe ≤	其　他
50Cr-50Ni	0.10	1.00	0.30	0.02	0.02	48.0 ~ 52.0	余量	1.00	Al ≤ 0.25 Ti ≤ 0.50 N ≤ 0.30
60Cr-40Ni	0.10	1.00	0.30	0.02	0.02	58.0 ~ 62.0	余量	1.00	Al ≤ 0.25 Ti ≤ 0.50 N ≤ 0.30
50Cr-50Ni-Cb	0.10	0.50	0.30	0.02	0.02	47.0 ~ 52.0	余量	1.00	Al ≤ 0.25 Nb = 1.4 ~ 1.7 Ti ≤ 0.50 N ≤ 0.16[①]

注：w(Ni + Cr + Nb) ≥ 97.5%。

① w(N + Cr) ≤ 0.20%。

表 6-89　美国铬镍合金铸钢的室温力学性能

牌　　号	力　学　性　能　≥			
	R_m/MPa	$R_{p0.2}$/MPa	A[①]（%）	KU_2[②]/J
50Cr-50Ni	550	340	5	78
60Cr-40Ni	760	590	—	14
50Cr-50Ni-Cb	550	345	5	—

① 试样标距 50mm。

② 夏比无缺口试样。

美国 ASTM 标准 A351—2018《高温用奥氏体铸件》规定各牌号及化学成分和力学性能见表 6-90 和表 6-91。

美国 ASTM A216/A216M—2018《用于焊接的高温用铸造碳钢》的牌号及化学成分和力学性能分别见表 6-92 和表 6-93。

表6-90 美国高温用奥氏体不锈钢牌号及化学成分

| 牌号 | | 化学成分（质量分数，%） | | | | | | | | | | | |
ASTM	UNS	C	Mn	Si	S≤	P≤	Cr	Ni	Mo	Nb	V	N	Cu
CE20N	J92802	≤0.20	≤1.50	≤1.50	0.040	0.040	23.0~26.0	8.0~11.0	≤0.50	—	—	0.08~0.20	—
CF3，CF3A	J92700	≤0.03	≤1.50	≤2.00	0.040	0.040	17.0~21.0	8.0~12.0	≤0.50	—	—	—	—
CF8，CF8A	J92600	≤0.08	≤1.50	≤2.00	0.040	0.040	18.0~21.0	8.0~11.0	≤0.50	—	—	—	—
CF3M，CF3MA	J92800	≤0.03	≤1.50	≤1.50	0.040	0.040	17.0~21.0	9.0~13.0	2.0~3.0	—	—	—	—
CF8M	J92900	≤0.08	≤1.50	≤1.50	0.040	0.040	18.0~21.0	9.0~12.0	2.0~3.0	—	—	—	—
CF3MN	J92804	≤0.03	≤1.50	≤1.50	0.040	0.040	17.0~21.0	9.0~13.0	2.0~3.0	—	—	0.10~0.20	—
CF8C	J92710	≤0.08	≤1.50	≤2.00	0.040	0.040	18.0~21.0	9.0~12.0	≤0.50	>8×C%~1.00	—	—	—
CF10	J92950	0.04~0.10	≤1.50	≤2.00	0.040	0.040	18.0~21.0	8.0~11.0	≤0.50	—	—	—	—
CF10M	J92901	0.04~0.10	≤1.50	≤1.50	0.040	0.040	18.0~21.0	9.0~12.0	2.0~3.0	—	—	—	—
CF10MC	—	≤0.10	≤1.50	≤1.50	0.040	0.040	15.0~18.0	13.0~16.0	1.75~2.25	>10×C%~1.20	—	—	—
CF10SMnN	J92972	≤0.10	7.00~9.00	3.50~4.50	0.030	0.060	16.0~18.0	8.0~9.0	—	—	—	0.08~0.18	—
CG3M	J92999	≤0.03	≤1.50	≤1.50	0.040	0.040	18.0~21.0	9.0~13.0	3.0~4.0	—	—	—	—
CG6MMnN	J93790	≤0.06	4.00~6.00	≤1.00	0.030	0.040	20.5~23.5	11.5~13.5	1.5~3.0	0.10~0.30	0.10~0.30	0.20~0.40	—
CG8M	J93000	≤0.08	≤1.50	≤1.50	0.040	0.040	18.0~21.0	9.0~13.0	3.0~4.0	—	—	—	—
CH8	J93400	≤0.08	≤1.50	≤2.00	0.040	0.040	22.0~26.0	12.0~15.0	≤0.50	—	—	—	—
CH10	J93401	0.04~0.10	≤1.50	≤2.00	0.040	0.040	22.0~26.0	12.0~15.0	≤0.50	—	—	—	—
CH20	J93402	0.04~0.20	≤1.50	≤2.00	0.040	0.040	22.0~26.0	12.0~15.0	≤0.50	—	—	—	—
CK20	J94202	0.04~0.20	≤1.50	≤1.75	0.040	0.040	23.0~27.0	19.0~22.0	≤0.50	—	—	—	—
CK3MCuN	J93254	≤0.025	≤1.20	≤1.00	0.010	0.045	19.5~20.5	17.5~19.5	6.0~7.0	—	—	0.18~0.24	0.50~1.00
CN3MN	J94651	≤0.03	≤2.00	≤1.00	0.010	0.040	20.0~22.0	23.5~25.5	6.0~7.0	—	—	0.18~0.26	≤0.75
CN7M	N08007	≤0.07	≤1.50	≤1.50	0.040	0.040	19.0~22.0	27.5~30.5	2.0~3.0	—	—	—	3.0~4.0
CT15C	N08151	0.05~0.15	0.50~1.50	0.50~1.50	0.030	0.030	19.0~21.0	31.0~34.0	—	0.50~1.50	—	—	—
HG10MnN	J92604	0.07~0.11	3.0~5.0	0.70	0.030	0.040	18.5~20.5	11.5~13.5	0.25~0.45	>8×C%~1.00	—	0.20~0.30	≤0.50
HK30	J94203	0.25~0.35	≤1.50	≤1.75	0.040	0.040	23.0~27.0	19.0~22.0	≤0.50	—	—	—	—
HK40	J94204	0.35~0.45	≤1.50	≤1.75	0.040	0.040	23.0~27.0	19.0~22.0	≤0.50	—	—	—	—
HT30	N08030	0.25~0.35	≤2.00	≤2.50	0.040	0.040	13.0~17.0	33.0~37.0	≤0.50	—	—	—	—

表 6-91　美国高温用奥氏体不锈钢的力学性能

牌号		力学性能 ≥		
ASTM	UNS	R_m/MPa	$R_{p0.2}$[1]/MPa	A[2]（%）
CE20N	J92802	550	275	30
CF3	J92700	485	205	35
CF3A	J92700	530	240	35
CF8	J92600	485	205	35
CF8A	J92600	530	240	35
CF3M	J92800	485	205	30
CF3MA	J92800	550	255	30
CF8M	J92900	485	205	30
CF3MN	J92804	515	255	35
CF8C	J92710	485	205	30
CF10	J92950	485	205	35
CF10M	J92901	485	205	30
CF10MC	—	485	205	20
CF10SMnN	J92972	585	295	30
CG3M	J92999	515	240	25
CG6MMnN	J93790	585	295	30
CG8M	J93000	515	240	25
CH8	J93400	450	195	30
CH10	J93401	485	205	30
CH20	J93402	485	205	30
CK20	J94202	450	195	30
CK3MCuN	J93254	550	260	35
CN3MN	J94651	550	260	35
CN7M	N08007	425	170	35
CT15C	N08151	435	170	20
HG10MnN	J92604	525	225	20
HK30	J94203	450	240	10
HK40	J94204	425	240	10
HT30	N08030	450	195	15

① 屈服强度采用 0.2% 残余变形法测定。为获得最高的屈服强度，可通过调整铸钢的化学成分（在规定的范围内）而调整铁素体-奥氏体比率。

② 试样标距为 50mm。当 ICI（美国精密铸造学会）试棒作拉伸试验时，其标距长度对缩减截面直径之比为 4:1（4d）。

表 6-92　美国高温用铸造碳钢的牌号及化学成分

牌号		主要化学成分（质量分数,%）≤					残余元素含量（质量分数,%）≤					
ASTM	UNS	C（CE）[1]	Si	Mn[2]	P	S	Cr	Ni	Mo	Cu	V	总量[3]
WCA	J02502	0.25 (0.50)	0.60	0.70	0.035	0.035	0.50	0.50	0.20	0.30	0.03	1.00
WCB	J03002	0.30 (0.50)	0.60	1.00	0.035	0.035	0.050	0.50	0.20	0.30	0.03	1.00
WCC	J02503	0.25 (0.55)	0.60	1.20	0.035	0.035	0.50	0.50	0.20	0.30	0.03	1.00

① CE 为碳当量（%），$w(CE) = w(C) + w(Mn)/6 + w(Cr + Mo + V)/5 + w(Ni + Cu)/15$。

② 碳的质量分数上限每降低 0.01%，则允许锰的质量分数上限增加 0.04%，对牌号 WCA 其锰的质量分数上限可增至 1.10%，WCB 可增至 1.28%，WCC 可增至 1.40%。

③ 如规定采用该标准中附加技术条件 SⅡ，则此总量不适用。

表 6-93　美国高温用铸造碳钢的力学性能

牌　号		力　学　性　能　≥			
ASTM	UNS	R_m/MPa	$R_{p0.2}$[①]/MPa	A[②] （%）	Z （%）
WCA	J02502	415 ~ 585	205	24	35
WCB	J03002	485 ~ 655	250	22	35
WCC	J02503	485 ~ 655	275	22	35

① 屈服强度可用 0.2% 残余变形法或用载荷下 0.5% 伸长率法测定。
② 试样标距 50mm。当按 A703 标准的规定，采用 ICI（美国精密铸造学会）试棒作拉伸试验时，其标距长度对缩减断面与直径之比为 4∶1。

5. 德国耐热钢铸件标准

德国 DIN 17465《耐热钢铸件技术条件》中，各牌号及化学成分、室温力学性能、高温力学性能分别见表 6-94 ~ 表 6-96，物理性能参考数据见表 6-97。

德国 DIN 17245：1987 标准的铁素体热强铸钢的牌号及化学成分见表 6-98，力学性能见表 6-99。

表 6-94　德国耐热铸钢的牌号及化学成分

牌号	材料号	化学成分（质量分数,%）							
		C	Si	Mn	P ≤	S ≤	Cr	Ni	其他
GX30CrSi6	1.4710	0.20 ~ 0.35	1.0 ~ 2.5	0.5 ~ 1.0	0.035	0.030	6.0 ~ 8.0	—	—
GX40CrSi13	1.4729	0.30 ~ 0.45	1.0 ~ 2.5	0.5 ~ 1.0	0.035	0.030	12.0 ~ 14.0	—	—
GX40CrSi17	1.4740	0.30 ~ 0.45	1.0 ~ 2.5	0.5 ~ 1.0	0.035	0.030	16.0 ~ 18.0	—	—
GX40CrSi23	1.4745	0.30 ~ 0.45	1.0 ~ 2.5	0.5 ~ 1.0	0.035	0.030	22.0 ~ 24.0	—	—
GX40CrSi29	1.4776	0.30 ~ 0.45	1.0 ~ 2.5	0.5 ~ 1.0	0.035	0.030	27.0 ~ 30.0	—	—
GX130CrSi29	1.4777	1.20 ~ 1.40	1.0 ~ 2.5	0.5 ~ 1.0	0.035	0.030	27.0 ~ 30.0	—	—
GX40CrNiSi27-4	1.4823	0.35 ~ 0.50	1.0 ~ 2.5	≤1.5	0.035	0.030	25.0 ~ 28.0	3.5 ~ 5.5	—
GX25CrNiSi18-9	1.4825	0.15 ~ 0.30	1.0 ~ 2.5	≤1.5	0.035	0.030	17.0 ~ 19.0	8.0 ~ 10.0	—
GX40CrNiSi22-9	1.4826	0.30 ~ 0.45	1.0 ~ 2.5	≤1.5	0.035	0.030	21.0 ~ 23.0	9.0 ~ 10.0	—
GX25CrNiSi20-14	1.4832	0.15 ~ 0.30	1.0 ~ 2.5	≤1.5	0.035	0.030	19.0 ~ 21.0	13.0 ~ 15.0	—
GX40CrNiSi25-12	1.4837	0.30 ~ 0.50	1.0 ~ 2.5	≤1.5	0.035	0.030	24.0 ~ 26.0	11.0 ~ 14.0	—
GX40CrNiSi25-20	1.4848	0.30 ~ 0.50	1.0 ~ 2.5	≤1.5	0.035	0.030	24.0 ~ 26.0	19.0 ~ 21.0	—
GX40CrNiSi38-18	1.4865	0.30 ~ 0.50	1.0 ~ 2.5	≤1.5	0.035	0.030	17.0 ~ 19.0	36.0 ~ 39.0	—
GX40CrNiSi35-25	1.4857	0.30 ~ 0.50	1.0 ~ 2.5	≤1.5	0.035	0.030	24.0 ~ 26.0	34.0 ~ 36.0	—
GX30CrNiSiNb24-24	1.4855	0.25 ~ 0.40	0.5 ~ 2.0	≤1.5	0.035	0.030	23.0 ~ 25.0	23.0 ~ 25.0	Nb 1.2 ~ 1.8
GX40CrNiSiNb38-18	1.4849	0.30 ~ 0.50	1.0 ~ 2.5	≤1.5	0.035	0.030	17.0 ~ 19.0	36.0 ~ 39.0	Nb 1.2 ~ 1.8
GX40CrNiSiNb35-25	1.4852	0.35 ~ 0.45	1.0 ~ 2.5	≤1.5	0.035	0.030	24.0 ~ 26.0	33.0 ~ 35.0	Nb 0.8 ~ 1.8
G-CoCr28	2.4778	0.10 ~ 0.20	0.5 ~ 1.5	≤1.5	0.035	0.030	27.0 ~ 30.0	—	Co 48.0 ~ 52.0
G-NiCr28W	2.4879	0.35 ~ 0.50	0.5 ~ 2.0	≤1.5	0.035	0.030	27.0 ~ 30.0	47.0 ~ 50.0	W 4.0 ~ 5.5

注：摘自 DIN 17465。

表 6-95　德国耐热铸钢的室温力学性能

牌　号	材料号	铸钢件状态	$R_{p0.2}$/MPa≥	R_m[①]/MPa≥	A（%）≥	硬度 HBW ≤
铁素体型						
GX30CrSi6	1.4710	800 ~ 850℃ 退火	—	—	—	300
GX40CrSi13	1.4729		—	—	—	300
GX40CrSi17	1.4740		—	—	—	300

（续）

牌　号	材料号	铸钢件状态	$R_{p0.2}$/MPa ≥	$R_m^{①}$/MPa ≥	$A(\%)$ ≥	硬度 HBW ≤
铁素体型						
GX40CrSi23	1.4745	铸态	—	—	—	—
GX40CrSi29	1.4776		—	—	—	—
GX130CrSi29	1.4777		—	—	—	—
铁素体-奥氏体型						
GX40CrNiSi27-4	1.4823	铸态	—	—	—	—
奥氏体型						
GX25CrNiSi18-9	1.4825	铸态	230	440	15	—
GX40CrNiSi22-9	1.4826		230	440	8	
GX25CrNiSi20-14	1.4832		230	440	10	
GX40CrNiSi25-12	1.4837		230	440	7	
GX40CrNiSi25-20	1.4848		230	440	6	
GX40CrNiSi38-18	1.4865		230	400	5	
GX40CrNiSi35-25	1.4857		230	440	5	
GX30CrNiSiNb24-24	1.4855		230	440	5	
GX40CrNiSiNb38-18	1.4849		220	400	5	
GX40CrNiSiNb35-25	1.4852		220	400	5	
G-CoCr28	2.4778		—	—	—	
G-NiCr28W	2.4879		—	—	—	

① 适用于壁厚大于 25mm 的铸件。

表 6-96　德国耐热铸钢的高温力学性能

铸钢钢种		下列温度蠕变率为 1% - 10000h 的蠕变强度/MPa						最高工作 温度/℃
牌号	材料号	600℃	700℃	800℃	900℃	1000℃	1100℃	
GX30CrSi6	1.4710	19.5	8	2.5	—	—	—	750
GX40CrSi13	1.4729	22	9	3.5	1	—	—	850
GX40CrSi17	1.4740	22	9	3.5	1	—	—	900
GX40CrSi23	1.4745	26	11	5	1.5	—	—	1050
GX40CrSi29	1.4776	26	11	5	1.5	—	—	1150
GX130CrSi29	1.4777	—	—	—	—	—	—	1100
GX40CrNiSi27-4	1.4823	—	21	9	4	1.5	—	1100
GX25CrNiSi18-9	1.4825	78	44	22	9.5	—	—	900
GX40CrNiSi22-9	1.4826	82	46	23	10	—	—	950
GX25CrNiSi20-14	1.4832	82	46	23	10	—	—	950
GX40CrNiSi25-12	1.4837	—	50	26	12.5	5.5	—	1050
GX40CrNiSi25-20	1.4848	—	66	36	17	7	—	1100
GX40CrNiSi38-18	1.4865	—	55	32	16	6.5	—	1050
GX40CrNiSi35-25	1.4857	—	70	40	20	8	2	1100
GX30CrNiSiNb24-24	1.4855	—	80	46	22	7.5	—	1050
GX40CrNiSiNb38-18	1.4849	—	60	38	20	8	—	1000
GX40CrNiSiNb35-25	1.4852	—	72	41	22	9	2	1100
G-CoCr28	2.4778	—	70	34	16	6	—	1100
G-NiCr28W	2.4879	—	70	41	22	10	4	1150

表 6-97　德国耐热铸钢的物理性能

铸钢钢种		密度 /(kg/m³)	热导率 λ (20℃) /[W/(m·K)]	比热容 c (20℃) /[J/(kg·K)]	热胀系数/(×10⁻⁶/K)				收缩率 (参考值) (%)
牌号	材料号				400℃	800℃	1000℃	1200℃	
GX30CrSi6	1.4710	7700	18.8	500	12.5	13.5	—	—	2.0
GX40CrSi13	1.4729	7700	18.8	500	12.5	13.5	—	—	2.0
GX40CrSi17	1.4740	7700	18.8	500	12.5	13.5	—	—	2.0
GX40CrSi23	1.4745	7600	18.8	500	12.0	14.0	16.0	—	1.5
GX40CrSi29	1.4776	7500	18.8	500	11.5	14.0	16.0	—	1.5
GX40CrNiSi27-4	1.4823	7600	16.7	500	13.0	14.5	16.5	—	1.5
GX25CrNiSi18-9	1.4825	7800	14.6	500	17.5	18.5	19.5	—	2.5
GX40CrNiSi22-9	1.4826	7800	14.6	500	17.5	18.5	19.5	—	2.5
GX25CrNiSi20-14	1.4832	7800	14.6	500	17.5	18.5	19.5	—	2.5
GX40CrNiSi25-12	1.4837	7800	14.6	500	17.5	18.5	19.0	19.5	2.5
GX40CrNiSi25-20	1.4848	7900	14.6	500	17.0	18.0	19.0	19.5	2.5
GX40CrNiSi35-25	1.4857	8000	14.6	500	15.5	17.0	19.0	19.0	2.5

表 6-98　德国铁素体热强铸钢的牌号及化学成分

牌号	材料号	化学成分（质量分数,%）							
		C	Si	Mn	P≤	S≤	Cr	Ni	其他
GS-C 25	1.0619	0.18~0.23	0.30~0.60	0.50~0.80	0.020	0.015	≤0.30	—	—
GS-22Mo 4	1.5419	0.18~0.23	0.30~0.60	0.50~0.80	0.020	0.015	≤0.30	—	Mo 0.35~0.45
GS-17CrMo 5 5	1.7357	0.15~0.20	0.30~0.60	0.50~0.80	0.020	0.015	1.00~1.50	—	Mo 0.45~0.55
GS-18CrMo 9 10	1.7379	0.15~0.20	0.30~0.60	0.50~0.80	0.020	0.015	2.00~2.50	—	Mo 0.90~1.10
GS-17CrMoV5 11	1.7706	0.15~0.20	0.30~0.60	0.50~0.80	0.020	0.015	1.20~1.50	—	Mo 0.90~1.10 V 0.20~0.30
G-XCrNi 12	1.4107	0.06~0.10	0.10~0.40	0.50~0.80	0.020	0.020	11.5~12.50	0.80~1.50	Mo≤0.50 N≤0.05
G-XCrMoV 12 1	1.4931	0.20~0.26	0.10~0.40	0.50~0.80	0.020	0.020	11.3~12.20	0.70~1.00	Mo 1.00~1.20 V 0.25~0.35 (W≤0.50)

表 6-99　德国铁素体热强铸钢的力学性能

牌号	材料号	R_m/MPa	下列温度下的 $R_{p0.2}$/MPa								A(%) ≥	KV_2[①] /J >
			20℃	200℃	300℃	350℃	400℃	450℃	500℃	550℃		
GS-C 25	1.0619	440~590	245	175	145	135	130	125	—	—	22	27
GS-22Mo 4	1.5419	440~590	245	190	165	155	150	145	135	—	22	27
GS-17CrMo 5 5	1.7357	490~640	315	255	230	215	205	190	180	180	20	27
GS-18CrMo 9 10	1.7379	590~740	400	355	345	330	315	305	280	240	18	40
GS-17CrMoV 5 11	1.7706	590~780	440	385	365	350	335	320	300	260	15	27
G-XCrNi 12	1.4107	540~690	355	275	265	260	255	—	—	—	18	35
G-XCrMoV 12 1	1.4931	740~880	540	450	430	410	390	370	340	290	15	21

① 3个试样的平均值，单个试样的 KV_2 值允许低于平均值，但不得低于平均值的70%。

6. 日本铸造耐热钢标准

日本标准 JIS G5122—2003《耐热钢铸件》中的

各牌号基本上与美国 ASTM 标准相当。其牌号及化学成分与力学性能见表 6-100 和表 6-101。

表 6-100　日本耐热铸钢的牌号及化学成分

牌号	化学成分（质量分数,%）								
	C	Si	Mn	P ≤	S ≤	Cr	Ni	Mo	其他
SCH 1	0.20 ~ 0.40	1.50 ~ 3.00	≤1.00	0.040	0.040	12.00 ~ 15.00	≤1.00	≤0.50	—
SCH 1X	0.30 ~ 0.50	1.00 ~ 2.50	0.50 ~ 1.00	0.040	0.030	12.00 ~ 14.00	≤1.00	≤0.50	—
SCH 2	≤0.40	≤2.00	≤1.00	0.040	0.040	25.00 ~ 28.00	≤1.00	≤0.50	—
SCH 2X1	0.30 ~ 0.50	1.00 ~ 2.50	0.50 ~ 1.00	0.040	0.030	23.00 ~ 26.00	≤1.00	≤0.50	
SCH 2X2	0.30 ~ 0.50	1.00 ~ 2.50	0.50 ~ 1.00	0.040	0.030	27.00 ~ 30.00	≤1.00	≤0.50	
SCH 3	≤0.40	≤2.00	≤1.00	0.040	0.040	12.00 ~ 15.00	≤1.00	≤0.50	—
SCH 4	0.20 ~ 0.35	1.00 ~ 2.50	0.50 ~ 1.00	0.040	0.040	6.00 ~ 8.00	≤0.50	≤0.50	—
SCH 5	0.30 ~ 0.50	1.00 ~ 2.50	0.50 ~ 1.00	0.040	0.030	16.00 ~ 19.00	≤1.00	≤0.50	—
SCH 6	1.20 ~ 1.45	1.00 ~ 2.50	0.50 ~ 1.00	0.040	0.030	27.00 ~ 30.00	≤1.00	≤0.50	—
SCH 11	≤0.40	≤2.00	≤1.00	0.040	0.040	24.00 ~ 28.00	4.00 ~ 6.00	≤0.50	—
SCH 11X	0.30 ~ 0.50	1.00 ~ 2.50	≤1.50	0.040	0.030	25.00 ~ 28.00	3.00 ~ 6.00	≤0.50	—
SCH 12	0.20 ~ 0.40	≤2.00	≤2.00	0.040	0.040	18.00 ~ 23.00	8.00 ~ 12.00	≤0.50	—
SCH 12X	0.30 ~ 0.50	1.00 ~ 2.50	≤2.00	0.040	0.030	21.00 ~ 23.00	9.00 ~ 11.00	≤0.50	—
SCH 13	0.20 ~ 0.50	≤2.00	≤2.00	0.040	0.040	24.00 ~ 28.00	11.00 ~ 14.00	≤0.50	N≤0.20
SCH 13A	0.25 ~ 0.50	≤1.75	≤2.50	0.040	0.040	23.00 ~ 26.00	12.00 ~ 14.00	≤0.50	N≤0.20
SCH 13X	0.30 ~ 0.50	1.00 ~ 2.50	≤2.00	0.040	0.030	24.00 ~ 27.00	11.00 ~ 14.00	≤0.50	—
SCH 15	0.35 ~ 0.70	≤2.50	≤2.00	0.040	0.040	15.00 ~ 19.00	33.00 ~ 37.00	≤0.50	—
SCH 15X	0.30 ~ 0.50	1.00 ~ 2.50	≤2.00	0.040	0.030	16.00 ~ 18.00	34.00 ~ 36.00	≤0.50	—
SCH 16	0.20 ~ 0.35	≤2.50	≤2.00	0.040	0.040	13.00 ~ 17.00	33.00 ~ 37.00	≤0.50	—
SCH 17	0.20 ~ 0.50	≤2.00	≤2.00	0.040	0.040	26.00 ~ 30.00	8.00 ~ 11.00	≤0.50	—
SCH 18	0.20 ~ 0.50	≤2.00	≤2.00	0.040	0.040	26.00 ~ 30.00	14.00 ~ 18.00	≤0.50	—
SCH 19	0.20 ~ 0.50	≤2.00	≤2.00	0.040	0.040	19.00 ~ 23.00	23.00 ~ 27.00	≤0.50	—
SCH 20	0.35 ~ 0.75	≤2.50	≤2.00	0.040	0.040	17.00 ~ 21.00	37.00 ~ 41.00	≤0.50	—
SCH 20X	0.30 ~ 0.50	1.00 ~ 2.50	≤2.00	0.040	0.030	18.00 ~ 21.00	36.00 ~ 39.00	≤0.50	—
SCH 20XNb	0.30 ~ 0.50	1.00 ~ 2.50	≤2.00	0.040	0.030	18.00 ~ 21.00	36.00 ~ 39.00	≤0.50	Nb 1.20 ~ 1.80
SCH 21	0.25 ~ 0.35	≤1.75	≤1.50	0.040	0.040	23.00 ~ 27.00	19.00 ~ 22.00	≤0.50	N≤0.20
SCH 22	0.35 ~ 0.45	≤1.75	≤1.50	0.040	0.040	23.00 ~ 27.00	19.00 ~ 22.00	≤0.50	N≤0.20
SCH 22X	0.30 ~ 0.50	1.00 ~ 2.50	≤1.50	0.040	0.030	24.00 ~ 27.00	19.00 ~ 22.00	≤0.50	—
SCH 23	0.20 ~ 0.60	≤2.00	≤2.00	0.040	0.040	28.00 ~ 32.00	18.00 ~ 22.00	≤0.50	—
SCH 24	0.35 ~ 0.75	≤2.00	≤2.00	0.040	0.040	24.00 ~ 28.00	33.00 ~ 37.00	≤0.50	—
SCH 24X	0.30 ~ 0.50	1.00 ~ 2.50	≤2.00	0.040	0.030	24.00 ~ 27.00	33.00 ~ 36.00	≤0.50	—
SCH 24XNb	0.30 ~ 0.50	1.00 ~ 2.50	≤2.00	0.040	0.030	24.00 ~ 27.00	33.00 ~ 36.00	≤0.50	Nb 0.80 ~ 1.80
SCH 31	0.15 ~ 0.35	1.00 ~ 2.50	≤2.00	0.040	0.030	17.00 ~ 19.00	8.00 ~ 10.00	≤0.50	—
SCH 32	0.15 ~ 0.35	1.00 ~ 2.50	≤2.00	0.040	0.030	19.00 ~ 21.00	13.00 ~ 15.00	≤0.50	—
SCH 33	0.25 ~ 0.50	1.00 ~ 2.50	≤2.00	0.040	0.030	23.00 ~ 25.00	23.00 ~ 25.00	≤0.50	Nb 1.20 ~ 1.80
SCH 34	0.05 ~ 0.12	≤1.20	≤1.20	0.040	0.030	19.00 ~ 23.00	30.00 ~ 34.00	≤0.50	Nb 0.80 ~ 1.50
SCH 41	0.35 ~ 0.60	≤1.00	≤2.00	0.040	0.030	19.00 ~ 22.00	18.00 ~ 22.00	2.50 ~ 3.00	W 2.00 ~ 3.00 Co 18.00 ~ 22.00

（续）

牌号	化学成分（质量分数,%）								
	C	Si	Mn	P ≤	S ≤	Cr	Ni	Mo ≤	其他
SCH 42	0.35 ~ 0.55	1.00 ~ 2.50	≤1.50	0.040	0.030	27.00 ~ 30.00	47.00 ~ 50.00	≤0.50	W 4.00 ~ 6.00
SCH 43	≤0.10	≤0.50	≤0.50	0.020	0.020	47.00 ~ 52.00		≤0.50	Nb 1.40 ~ 1.70 N≤0.16 N + C≤0.20
SCH 44	0.40 ~ 0.60	0.50 ~ 2.00	≤1.50	0.040	0.030	16.00 ~ 21.00	50.00 ~ 55.00	≤0.50	
SCH 45	0.35 ~ 0.65	≤2.00	≤1.30	0.040	0.030	13.00 ~ 19.00	64.00 ~ 69.00	≤0.50	
SCH 46	0.44 ~ 0.48	1.00 ~ 2.00	≤2.00	0.040	0.030	24.00 ~ 26.00	33.00 ~ 37.00	≤0.50	W 4.00 ~ 6.00 Co 14.00 ~ 16.00
SCH 47	≤0.50	≤1.00	≤1.00	0.040	0.030	25.00 ~ 30.00	≤1.00	≤0.50	Co 48.00 ~ 52.00 Fe≤20.0

表 6-101　日本耐热铸钢的力学性能　　　　　　　　（续）

牌号	热处理	力学性能　≥			牌号	热处理	力学性能　≥		
	退火温度及冷却	R_m/MPa	$R_{p0.2}$/MPa	A(%)		退火温度及冷却	R_m/MPa	$R_{p0.2}$/MPa	A(%)
SCH 1	800 ~ 900℃缓冷	490	—	—	SCH 20X	—	420	220	6
SCH 1X	—	—	—	—	SCH 20XNb	—	420	220	4
SCH 2	800 ~ 900℃缓冷	340	—	—	SCH 21	—	440	235	8
SCH 2X1	—	—	—	—	SCH 22	—	440	235	8
SCH 2X2	—	—	—	—	SCH 22X	—	450	220	6
SCH 3	800 ~ 900℃缓冷	490	—	—	SCH 23	—	450	245	8
SCH 4	—	—	—	—	SCH 24	—	440	235	5
SCH 5	—	—	—	—	SCH 24X	—	440	220	6
SCH 6	—	—	—	—	SCH 24XNb	—	440	220	4
SCH 11	—	590			SCH 31	—	450	230	15
SCH 11X	—	400	250	3	SCH 32	—	450	230	10
SCH 12	—	490	235	23	SCH 33	—	400	220	4
SCH 12X	—	450	230	8	SCH 34	—	440	170	20
SCH 13	—	490	235	8	SCH 41	—	400	320	6
SCH 13A	—	490	235	8	SCH 42	—	400	220	3
SCH 13X	—	450	220	6	SCH 43	—	540	230	8
SCH 15	—	440	—	4	SCH 44	—	440	220	5
SCH 15X	—	420	220	6	SCH 45	—	400	200	3
SCH 16	—	440	195	13	SCH 46	—	480	270	5
SCH 17	—	540	275	5	SCH 47	—	由买卖双方共同议定		
SCH 18	—	490	235	8					
SCH 19	—	390		5					
SCH 20	—	390	—	4					

7. 法国

法国耐热钢标准 NF A32-057：2002 共规定了 13 个牌号。其化学成分见表 6-102，力学性能见表 6-103。

表 6-102　法国耐热铸钢的牌号及化学成分

牌号	化学成分（质量分数,%）								
	C	Si ≤	Mn ≤	P ≤	S ≤	Cr	Ni	Mo	其他
Z25C13M	0.20 ~ 0.35	2.00	2.00	0.040	0.030	12.0 ~ 14.0	—	—	—
Z40C28M	0.30 ~ 0.50	2.00	2.00	0.040	0.030	25.0 ~ 30.0	≤3.00	—	—
Z30CN26.05M	0.20 ~ 0.50	2.00	2.00	0.040	0.030	25.0 ~ 30.0	3.00 ~ 6.00	—	—
Z25CN20.10M	0.20 ~ 0.40	2.00	2.00	0.040	0.030	19.0 ~ 23.0	9.00 ~ 12.0	—	—
Z40CN25.12M	0.30 ~ 0.50	2.00	2.00	0.040	0.030	23.0 ~ 26.0	12.0 ~ 14.0	—	(W ≈ 5.00 或 Nb ≈ 1.50)
Z40CN25.20M	0.30 ~ 0.50	2.00	2.00	0.040	0.030	23.0 ~ 27.0	18.0 ~ 22.0	—	(W ≈ 5.00 或 Nb ≈ 1.50)
Z40CN30.20M	0.30 ~ 0.60	2.00	2.00	0.040	0.030	28.0 ~ 32.0	18.0 ~ 22.0	—	—
Z40NC35.15M	0.35 ~ 0.65	2.50	2.00	0.040	0.030	14.0 ~ 20.0	33.0 ~ 40.0	—	—
Z45NCW45.25M	0.35 ~ 0.55	2.50	2.00	0.040	0.030	23.0 ~ 27.0	42.0 ~ 48.0	—	W 5.00 ~ 6.00
Z50NC60.15M	0.35 ~ 0.65	2.50	2.00	0.040	0.030	12.0 ~ 18.0	58.0 ~ 66.0	—	—
Z40NCK20.20.20M	0.35 ~ 0.65	1.00	2.00	0.040	0.030	19.0 ~ 22.0	16.0 ~ 22.0	2.50 ~ 3.00	Co 18.0 ~ 22.0 W 2.00 ~ 3.00 Nb 0.75 ~ 1.25
NC50M	≤0.10	1.00	0.30	0.020	0.020	48.0 ~ 52.0	—	—	Ti ≤ 0.50 Al ≤ 0.25 Nb ≤ 1.50
KC30Fe20M	0.30 ~ 0.60	1.00	1.00	0.020	0.020	25.0 ~ 30.0	≤3.00	—	Ti + Al + Nb ≤ 2.50 Co 48.0 ~ 52.0 Nb ≤ 2.00 Fe ≤ 20.0

表 6-103　法国耐热铸钢的力学性能

牌号	R_m/MPa ≥	$R_{p0.2}$/MPa ≥	A(%) ≥	硬度 HBW ≤
Z25C13M	500	380	12	180
Z40C28M	400	—	—	160
Z30CN26.05M	550	250	8	200
Z25CN20.10M	450	240	15	170
Z40CN25.12M	500	240	8	200
Z40CN25.20M	400	200	8	180
Z40CN30.20M	—	—	—	—
Z40NC35.15M	400	200	4	180
Z45NCW45.25M	400	200	4	180
Z50NC60.15M	400	—	—	180
Z40NCK20.20.20M	400	320	6	200
NC50M	500	300	4	180
KC30Fe20M	540	350	3	220

但在 NF A32-057：2002 中又列出一批铸造不锈钢及耐热钢牌号的化学成分范围。这表明法国国家标准规定的较详尽，拘束性较强。表 6-104 是 NF 标准中其他铸造不锈钢及耐热钢的牌号及化学成分。

8. 俄罗斯铸造耐热钢标准

俄罗斯 ГОСТ 977—1988 中规定铸造耐热钢牌号共 19 个，包括中铬 [w(Cr) = 4% ~ 9%] 和高铬耐热铸钢。其牌号及化学成分和力学性能分别见表 6-105 和表 6-106。

9. 英国铸造耐热钢标准

英国耐热和高合金铸钢的标准 BS 3100 Part 4：1991 中共 16 个铸造耐热钢牌号。其化学成分和热处理与力学性能分别见表 6-107 和表 6-108。

表 6-104　法国其他不锈铸钢及耐热铸钢的牌号及化学成分

牌号	化学成分（质量分数，%）								
	C	Si	Mn	P≤	S≤	Cr	Ni	Mo	其他
Z2CN25. 20M	≤0.03	≤0.04	≤1.00	—	—	23.00 ~ 25.00	19.00 ~ 22.00	—	+ Nb
Z2CNS18. 14M	≤0.03	3.50 ~ 4.50	≤2.00	—	—	17.00 ~ 19.00	13.00 ~ 15.00	—	—
Z2CNSD17. 16M	≤0.03	3.00 ~ 4.00	≤2.00	—	—	16.00 ~ 18.00	15.00 ~ 17.00	2.00 ~ 3.00	—
Z2NCDUW25. 20M	≤0.03	≤1.00	≤2.00	—	—	19.00 ~ 22.00	24.00 ~ 27.00	4.00 ~ 4.80	Cu 2.00 ~ 3.00 W 1.00 ~ 5.00
Z3CMN18. 8. 7AzM	≤0.04	≤1.50	7.00 ~ 9.00	—	—	17.00 ~ 19.00	6.00 ~ 8.00	—	N 0.15 ~ 0.25
Z3CN19. 9M	≤0.03	≤2.00	≤1.50	—	—	18.00 ~ 21.00	8.00 ~ 12.00	—	
Z3CN19. 10M	≤0.04	≤1.50	≤1.50	—	—	18.50 ~ 21.00	9.00 ~ 10.00	—	Cu≤0.50 Co≤0.20 Ta≤0.15 N≤0.08
Z3CND19. 10M	≤0.045	≤1.50	≤1.50	—	—	17.00 ~ 21.00	10.00 ~ 11.50	2.30 ~ 2.80	Cu≤0.50 Co≤0.2 N≤0.08
Z3CND20. 10M	≤0.03	≤1.50	≤1.50	—	—	17.00 ~ 21.00	9.00 ~ 13.00	2.00 ~ 3.00	—
Z3CNUD26. 5M	≤0.05	≤1.50	≤2.00	—	—	25.00 ~ 27.00	4.50 ~ 6.00	1.50 ~ 2.50	Cu≤2.50 ~ 3.50
Z3CNDU25. 20M	≤0.04	≤1.00	≤2.00	—	—	19.00 ~ 22.00	24.00 ~ 27.00	4.00 ~ 4.80	Cu≤2.00 ~ 3.00
Z4CN13. 2M	≤0.07	≤1.00	≤1.00	—	—	11.00 ~ 13.50	1.50 ~ 2.50	≤0.75	—
Z4CND17. 04M	≤0.06	≤1.20	≤1.50	0.040	0.030	15.50 ~ 17.50	3.00 ~ 5.00	1.50 ~ 2.00	—
Z4CND19. 13M	≤0.05	≤1.50	≤1.50	—	—	17.50 ~ 20.50	12.00 ~ 15.00	3.00 ~ 3.50	—
Z4CNDNb18. 12M	≤0.08	≤1.50	≤1.50	—	—	17.00 ~ 19.50	10.50 ~ 12.50	2.00 ~ 2.50	Nb≥8×C%≤1.00
Z4CNNb19. 10M	≤0.08	≤2.00	≤1.50	—	—	18.00 ~ 21.00	9.00 ~ 12.00	—	Nb≥8×C%≤1.00
Z4CNu17. 4M	≤0.06	≤1.20	≤1.50	0.040	0.030	15.50 ~ 17.50	3.00 ~ 5.00	—	Cu 3.00 ~ 5.00
Z4CNUD17. 04M	≤0.06	≤1.20	≤1.50	0.040	0.030	15.50 ~ 17.50	3.00 ~ 5.00	1.00 ~ 3.00	Cu 2.00 ~ 4.00
Z4CNUD25. 8M	≤0.06	≤1.00	≤1.00	—	—	23.50 ~ 25.50	7.00 ~ 9.00	3.00 ~ 4.00	Cu 1.00 ~ 2.00
Z4CNUNb16. 4M	≤0.06	≤1.00	≤1.00	—	—	15.00 ~ 17.50	3.50 ~ 5.00	—	Cu 3.00 ~ 4.50 Nb≥0.15
Z5CND20. 8M	≤0.07	≤1.50	≤2.00	—	—	20.00 ~ 22.00	7.00 ~ 9.00	2.20 ~ 2.80	Cu≤0.50
Z5CND20. 10M	≤0.08	≤1.50	≤1.50	—	—	18.00 ~ 21.00	9.00 ~ 12.00	2.00 ~ 3.00	
Z5CNDU20. 8M	≤0.07	≤1.50	≤2.00	—	—	20.00 ~ 22.00	7.00 ~ 9.00	2.20 ~ 2.80	Cu 1.00 ~ 2.00
Z6CN13. 02M	≤0.08	≤1.20	≤1.50	0.040	0.030	11.50 ~ 13.50	1.00 ~ 2.50	—	—
Z6CN16. 5M	≤0.06	≤1.00	≤1.00	—	—	15.50 ~ 17.50	4.00 ~ 5.50	—	—
Z6CN18. 10M	≤0.08	≤1.20	≤1.50	0.040	0.030	17.00 ~ 20.00	8.00 ~ 12.00	—	—
Z6CN19. 9M	≤0.08	≤2.00	≤2.00	—	—	18.00 ~ 21.00	8.00 ~ 11.00	—	—
Z6CND13. 04M	≤0.08	≤1.20	≤1.50	0.040	0.030	11.50 ~ 13.50	3.00 ~ 5.00	0.40 ~ 1.50	—
Z6CDUNb25. 20M	≤0.08	≤1.50	≤1.50	—	—	19.00 ~ 22.00	24.00 ~ 27.00	4.00 ~ 4.80	Cu 1.50 ~ 2.50 Nb 0.50 ~ 0.80
Z8CNB19. 14M	≤0.10	≤1.50	≤2.00	—	—	17.00 ~ 20.00	13.00 ~ 15.00	—	B 1.50 ~ 2.00 Co≤0.20

(续)

牌号	化学成分(质量分数,%)								
	C	Si	Mn	P≤	S≤	Cr	Ni	Mo	其他
Z8CND18.10.3M	≤0.10	≤1.50	≤1.50	—	—	17.00~20.00	9.00~11.00	3.00~3.50	—
Z8CND25.19.2M	≤0.10	≤1.50	≤1.50	—	—	24.00~27.00	18.00~21.00	1.50~2.50	—
Z8NCDS40.14.5.5M	≤0.20	4.50~5.50	≤2.00	—	—	13.00~15.00	39.00~42.00	4.00~6.00	—
Z10CN18.9M	≤0.12	≤2.00	≤1.50	—	—	17.00~19.50	8.00~10.00	—	—
Z12C13M	≤0.15	≤1.20	≤1.50	0.040	0.030	11.50~13.50	—	—	—
Z12CN13.02M	≤0.14	≤0.60	≤1.20	0.040	0.030	11.50~14.00	1.50~2.50	—	—
Z20C13M	0.18~0.25	≤1.00	≤1.00	—	—	12.50~14.50	—	—	—
Z20CN17.2M	0.15~0.25	≤1.00	≤1.00	—	—	15.00~18.00	1.50~3.00	—	—
Z28C13M	≤0.30	≤1.20	≤1.50	0.040	0.030	11.50~13.50	—	—	—
Z30C13M	0.25~0.35	≤1.00	≤1.00	—	—	13.00~15.00	—	—	—
Z38C13M	0.35~0.45	≤1.00	≤1.00	—	—	13.00~15.00	—	—	—
Z60CD29.2M	0.50~0.70	≤1.50	≤1.50	—	—	28.00~30.00	—	1.50~2.50	—
Z60CNU22.5M	0.50~0.70	≤1.00	≤1.00	—	—	21.50~23.50	—	4.00~6.00	Cu 2.00~3.00
Z100CD29.2M	0.90~1.20	≤1.50	≤1.50	—	—	28.00~30.00	—	1.50~2.50	—
Z130C29M	1.20~1.50	≤1.50	≤1.50	—	—	28.00~30.00	—	—	—

表6-105　俄罗斯耐热铸钢的牌号及化学成分

牌号	化学成分(质量分数,%)								
	C	Si	Mn	P≤	S≤	Cr	Ni	Mo	其他
15Х18Н22В6М2РЛ	0.10~0.20	0.20~0.60	0.30~0.60	0.035	0.030	16.0~18.0	20.0~24.0	2.00~3.00	W 5.00~7.00 B 0.01 Cu≤0.30
15Х23Н18Л	0.10~0.20	0.20~1.00	1.00~2.00	0.030	0.030	22.0~25.0	17.0~20.0	—	Cu≤0.30
15Х25ТЛ	0.10~0.20	0.50~1.20	0.50~0.80	0.035	0.030	23.0~27.0	≤0.50	—	Ti 0.40~0.80 Cu≤0.30
16Х18Н12С4ТЮЛ	0.13~0.19	3.80~4.50	0.50~1.00	0.030	0.030	17.0~19.0	11.0~13.0	—	Ti 0.40~0.80 Al 0.13~0.35 Cu≤0.30
18Х25Н19СЛ	≤0.18	0.80~2.00	0.70~1.50	0.035	0.030	22.0~26.0	17.0~21.0	≤0.20	Cu≤0.30
20Х5МЛ	0.15~0.25	0.35~0.70	0.40~0.60	0.040	0.040	4.00~6.50	≤0.50	0.40~0.65	Cu≤0.30
20Х8ВЛ	0.15~0.25	0.30~0.60	0.30~0.50	0.040	0.035	7.50~9.00	≤0.50	—	W 1.25~1.75 Cu≤0.30
20Х12ВНМФЛ	0.17~0.23	0.20~0.60	0.50~0.90	0.030	0.025	10.5~12.5	0.50~0.90	0.50~0.70	W 0.70~1.10 V 0.15~0.30 Cu≤0.30
20Х13Л	0.16~0.25	0.20~0.80	0.30~0.80	0.030	0.025	12.0~14.0	—	—	—
20Х20Н14С2Л	≤0.20	2.00~3.00	≤1.50	0.035	0.025	19.0~22.0	12.0~15.0	—	Cu≤0.30
20Х21Н46В8РЛ	0.10~0.25	0.20~0.80	0.30~0.80	0.040	0.035	19.0~22.0	43.0~48.0	—	W 7.00~9.00 B≈0.06 Cu≤0.30

（续）

牌号	化学成分(质量分数,%)								
	C	Si	Mn	P≤	S≤	Cr	Ni	Mo	其他
20Х25Н19С2Л	≤0.20	2.00~3.00	0.50~1.50	0.035	0.030	23.0~27.0	18.0~20.0	—	Cu≤0.30
31Х19Н9МВБТЛ	0.26~0.35	≤0.80	0.80~1.50	0.035	0.020	18.0~20.0	8.00~10.0	1.00~1.50	W 1.00~1.50 Nb 0.20~0.50 Ti 0.20~0.50 Cu≤0.30
35Х18Н24С2Л	0.30~0.40	2.00~3.00	≤1.50	0.035	0.030	17.0~20.0	23.0~25.0	—	Cu≤0.30
35Х23Н7СЛ	≤0.35	0.50~1.20	0.50~0.85	0.035	0.035	21.0~25.0	6.00~8.00	—	Cu≤0.30
40Х9С2Л	0.35~0.50	2.00~3.00	0.30~0.70	0.035	0.035	8.00~10.0	≤0.50	—	Cu≤0.30
40Х24Н12СЛ	≤0.40	0.50~1.50	0.30~0.80	0.030	0.030	22.0~26.0	11.0~13.0	—	Cu≤0.30
45Х17Г13Н3ЮЛ	0.40~0.50	0.80~1.50	12.0~15.0	0.030	0.030	16.0~18.0	2.50~3.50	—	Al 0.60~1.00 Cu≤0.30
55Х18Г14С2ТЛ	0.45~0.65	1.50~2.50	12.0~16.0	0.040	0.030	16.0~19.0	≤0.50	—	Ti 0.10~0.30 Cu≤0.30

注：摘自 ГОСТ 977—1988。

表6-106　俄罗斯耐热铸钢的力学性能

牌号	力学性能≥				
	R_m/MPa	$R_{p0.2}$/MPa	A(%)	Z(%)	KU_2/J
15Х18Н22В6М2РЛ	491	196	5	—	—
15Х23Н18Л	540	294	25	30	78.5
15Х25ТЛ	441	275	—	—	—
16Х18Н12С4ТЮЛ	491	245	15	30	22.0
18Х25Н19СЛ	491	245	25	28	—
20Х5МЛ	589	392	16	30	31.4
20Х8ВЛ	589	392	16	30	31.4
20Х12ВНМФЛ	589	491	15	30	23.5
20Х13Л	589	441	16	40	31.4
20Х20Н14С2Л	491	245	20	25	—
20Х21Н46В8РЛ	441	—	6	8	23.5
20Х25Н19С2Л	491	245	25	28	—
31Х19Н9МВБТЛ	540	294	12	—	23.5
35Х18Н24С2Л	549	294	20	25	—
35Х23Н7СЛ	540	245	12	—	—
40Х9С2Л	—	—	—	—	—
40Х24Н12СЛ	491	245	20	28	—
45Х17Г13Н3ЮЛ	491	—	10	18	78.5
55Х18Г14С2ТЛ	638	—	6	—	11.8

注：摘自 ГОСТ 977—1988。

表 6-107　英国耐热和高合金铸钢的牌号及化学成分

牌号	化学成分（质量分数,%）								
	C	Si ≤	Mn ≤	P ≤	S ≤	Cr	Ni	Mo ≤	其他
302C35	0.2 ~ 0.4	2.0	2.0	0.050	0.050	17.0 ~ 22.0	6.0 ~ 10.0	1.5	—
309C30	≤0.5	2.5	2.0	0.050	0.050	22.0 ~ 27.0	10.0 ~ 14.0	1.5	—
309C40	≤0.5	2.0	2.0	0.050	0.050	25.0 ~ 30.0	8.0 ~ 12.0	1.5	—
310C45	≤0.5	3.0	2.0	0.050	0.050	22.0 ~ 27.0	17.0 ~ 22.0	1.5	—
311C11	≤0.5	3.0	2.0	0.050	0.050	17.0 ~ 23.0	23.0 ~ 28.0	1.5	—
330C12	≤0.75	3.0	2.0	0.050	0.050	13.0 ~ 20.0	30.0 ~ 40.0	1.5	—
331C60	≤0.75	3.0	2.0	0.050	0.050	15.0 ~ 25.0	36.0 ~ 46.0	1.5	—
334C11	≤0.75	3.0	2.0	0.050	0.050	10.0 ~ 20.0	55.0 ~ 65.0	1.5	—
420C24	≤0.25	2.0	1.0	0.050	0.050	12.0 ~ 16.0	—	—	—
452C11	≤1.0	2.0	1.0	0.050	0.050	25.0 ~ 30.0	≤4.0	1.5	—
452C12	1.0 ~ 2.0	2.0	1.0	0.050	0.050	25.0 ~ 30.0	≤4.0	1.5	—
309C32[①]	0.20 ~ 0.45	1.5	2.5	0.040	0.040	24.0 ~ 28.0	11.0 ~ 14.0	1.5	N≤0.2
309C35	0.20 ~ 0.50	1.5	2.0	0.040	0.040	24.0 ~ 28.0	11.0 ~ 14.0	1.5	—
310C40	0.30 ~ 0.50	1.5	2.0	0.040	0.040	24.0 ~ 27.0	19.0 ~ 22.0	1.5	—
330C11	0.35 ~ 0.55	1.5	2.0	0.040	0.040	13.0 ~ 17.0	33.0 ~ 37.0	1.5	—
331C40	0.35 ~ 0.55	1.5	2.0	0.040	0.040	17.0 ~ 21.0	37.0 ~ 41.0	1.5	—

① 这些牌号有明显的磁性。

表 6-108　英国耐热和高合金铸钢的热处理与力学性能

牌号	力学性能 ≥					最终热处理
	R_m/MPa	$R_{p0.2}$/MPa	$A^①$（%）	冲击试验		
				KV_2/J	试验温度/℃	
309C32[②]	560	—	3	—	—	铸态
309C35	510	—	7	—	—	铸态
310C40	450	—	7	—	—	铸态
330C11	450	—	3	—	—	铸态
331C40	450	—	3	—	—	铸态

① 试样标距长度 $L_0 = 5.65\sqrt{S_0}$（S_0 为原始横断面积）。

② 309C32 铸钢的试块热处理为（760℃ ±15℃）×24h，空冷。

6.3.3　耐热钢铸件的耐热性能

耐热钢铸件的耐热性能包括抗氧化性能和高温力学性能；高温力学性能中又有高温瞬时力学性能和持久力学性能；持久力学性能又包括蠕变极限和持久极限。抗氧化性可用增重法或减重法来评定，即将试样在高温下保持一定的时间，然后测定其由于氧化作用而增加的重量，或者去掉氧化皮后测定减少的重量，

通常用 g/（m² · h）或换算成 mm/a 来表示。蠕变试验是在长时间的恒定载重和恒定温度下，测定试样的微小变形。在给定温度下，10 万 h 发生一定伸长率（0.2%、0.5%、1%、2%）的屈服强度数值称为该温度下的条件蠕变极限。持久强度是在恒定温度下，经一定的时间，因继续蠕变而导致材料破坏的应力。有关耐热铸钢性能数据见表 6-109 和表 6-110。

表 6-109　美国耐热铸钢的高温瞬时力学性能（ANSI/ASTM 297—2008）

牌号	649°C(1200°F) 抗拉极限强度/MPa(ksi)	屈服强度/MPa(ksi)	断后伸长率(%)	760°C(1400°F) 抗拉极限强度/MPa(ksi)	屈服强度/MPa(ksi)	断后伸长率(%)	871°C(1600°F) 抗拉极限强度/MPa(ksi)	屈服强度/MPa(ksi)	断后伸长率(%)	983°C(1800°F) 抗拉极限强度/MPa(ksi)	屈服强度/MPa(ksi)	断后伸长率(%)	1093°C(2000°F) 抗拉极限强度/MPa(ksi)	屈服强度/MPa(ksi)	断后伸长率(%)
HD	—	—	—	248(36)	—	14	159(23)	—	18	103(15)	—	40	—	—	—
HF	414(60)	217(30.3)	10	262(38)	152(25)	16	145(21)	107(15.5)	16	—	—	—	—	—	—
HH(Ⅰ型)	—	—	—	228(33)	117(17)	19	127(18.5)	93(13.5)	30	62(9)	43(6.3)	45	—	—	—
HH(Ⅱ型)	417(60.5)	222(32.2)	14	259(37.4)	137(19.8)	18	148(21.5)	110(16)	18	75(10.9)	50(7.3)	31	38(5.5)	—	—
HI	—	—	—	262(38)	—	6	179(26)	—	12	—	—	—	—	—	—
HK	—	—	—	259(37.5)	168(24.4)	12	161(23.3)	101(14.7)	16	86(12.4)	60(8.7)	42	39(5.6)	34(5)	55
HL	—	—	—	345(50)	—	—	210(30.4)	—	—	129(18.7)	—	—	—	—	—
HN	—	—	—	—	—	—	140(20.2)	100(14.5)	37	83(11.9)	67(9.6)	51	43(6.1)	34(4.9)	55
HP	—	—	—	290(43)	200(29)	15	179(26)	121(17.5)	27	100(14.5)	76(11)	46	52(7.5)	43(6.2)	69
HT	292(42.4)	193(28)	5	241(35)	179(26)	10	130(18.8)	103(15)	26	76(11)	55(8)	28	41(6)	—	—
HU	—	—	—	276(40)	—	—	135(19.6)	—	20	69(10)	43(6.2)	28	—	—	—
HW	—	—	—	221(32)	159(23)	—	131(19)	103(15)	—	69(10)	55(8)	40	—	—	—
HX	303(45)	138(20)	8	—	—	—	141(20.5)	121(17.5)	48	74(10.7)	47(6.9)	40	—	—	—

注：ksi 为 kbf/in²，1ksi = 6.89476kPa。

表 6-110　德国各种耐热铸钢抗氧化
（空气介质）的最高使用温度
（DIN 17465）

铸　钢　钢　种		在空气中最高使用温度/℃
牌　　　号	材料号	
GX30CrSi 6	1.4710	750
GX40CrSi 13	1.4729	850
GX40CrSi 17	1.4740	900
GX40CrSi 23	1.4745	1050
GX40CrSi 29	1.4776	1150
GX40CrSi 27 4	1.4823	1100
GX25CrNiSi 18 9	1.4825	900
GX40CrNiSi 22 9	1.4826	950
GX25CrNiSi 20 14	1.4832	950
GX40CrNiSi 25 12	1.4837	1050
GX40CrNiSi 25 20	1.4848	1100
GX40CrNiSi 35 25	1.4857	1100

图 6-38 是铁-铬镍合金（HP-50WZ）的力学性能
与温度的关系，并说明铸态与经过 1600℉（871℃）加

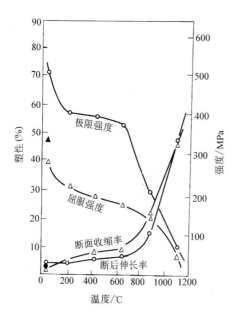

图 6-38　HP-50WZ 的力学性能
与温度的关系

○-△ 为铸态，●-▲ 为经
1600℉（871℃），加热 300h 状态

热 300h 以后的力学性能对比。其化学成分规范为：
$w(C) = 0.45\% \sim 0.55\%$、$w(Cr) = 24\% \sim 28\%$、
$w(Ni) = 33\% \sim 37\%$、$w(W) = 4\% \sim 6\%$、$w(Si) < 2\%$、$w(Zr) = 0.1\% \sim 0.2\%$。

6.3.4　高合金耐热钢和耐蚀钢的焊接性

许多铸造不锈钢都易于焊接，如 18-8 型奥氏体
型不锈钢。若组织中有少量 δ 铁素体，则焊接性更
好。这类钢如加热到 427℃（800℉）以上，就会发
生敏化而损害耐蚀性。所以这类铸件焊接时，一定不
要使铸件过热，故一般都不在焊前预热，每层焊道之
间要喷水冷却，以使温度降低到 150℃ 以下。

耐蚀不锈钢铸件焊后会影响其耐蚀性，但一般焊
接状态的铸件仍有满意的性能。如焊后在强腐蚀环境
下可能会引起应力腐蚀裂纹的条件下使用，应在焊后
重新热处理。使铸件加热到高温 1050℃ 以上，然后
快冷，使在焊接过程析出的碳化物重新固溶。

耐蚀性要求高而焊后又无法进行固溶处理时，则
在钢液中预先加入合金元素铌或钛，以形成稳定的碳
化物，也可以降低钢液中碳的质量分数。含铌或钛和
超低碳不锈钢［$w(C) \leqslant 0.03\%$］焊后可以不进行固
溶处理。

焊接单相奥氏体钢时易产生裂纹。Ni 的质量分
数越高，C 的质量分数越低，则在焊缝附近形成微裂
纹的倾向就越大。碳的质量分数在 0.1% ~0.2% 范
围内，Ni 的质量分数超过 13% 的粗晶粒钢中，这种
微裂纹的发生最为明显。降低 S 含量可使微裂纹减
少。采用低电流焊接时，可使焊道温度降低，也可使
微裂纹减少。

6.3.5　耐热钢铸件的典型金相组织

$w(Cr) = 9\% \sim 30\%$ 的耐热钢，在氧化和还原的
气氛中使用。铬含量较低的马氏体钢只能在 750℃ 以
下使用。随铬的质量分数增加，钢的抗氧化温度也提
高。$w(Cr) = 25\% \sim 30\%$ 的耐热钢中 $w(C) = 0.15\% \sim 1.5\%$，其组织是以稳定粗晶粒的铁素体为特征，并
有碳化物。各种典型金相组织见图 6-39 ~ 图 6-46
（图中化学成分均为质量分数）。

耐热钢中 Ni 的质量分数最高可达 40%。高铬钢
中加入 Ni 后，在铁素体中奥氏体数量增加。根据其
他元素的质量分数，Ni 的质量分数一般达到 14% 左
右时，金相组织就成为全奥氏体。

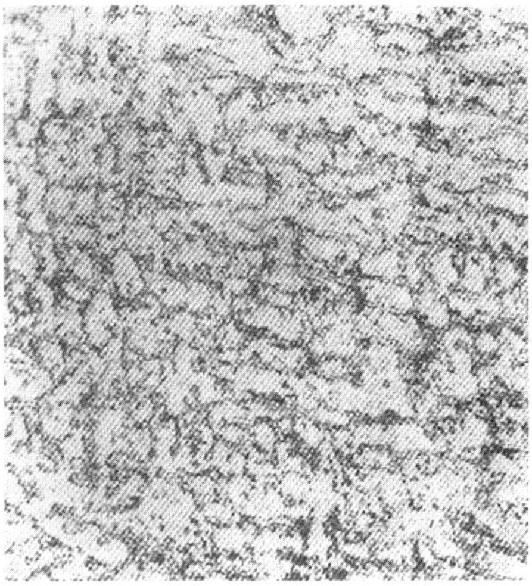

图 6-39　Cr28%-C0.8%钢铸态组织　×100

图 6-40　Cr28%-C0.8%钢铸态组织　×500

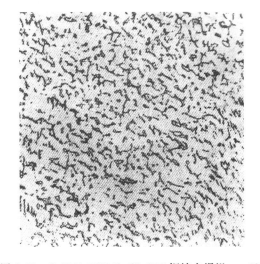

图 6-41　Cr25%-Ni12%-C0.35%钢铸态组织　×100

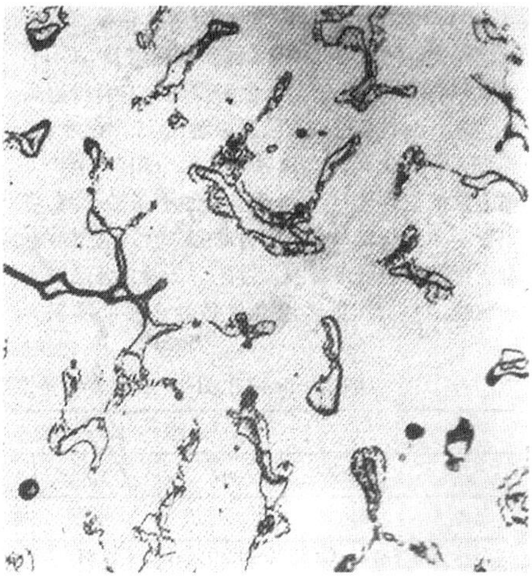

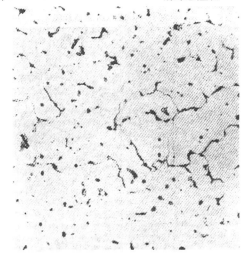

图 6-42　Cr25%-Ni12%-C0.35%钢铸态组织　×500

图 6-43　Cr25%-Ni20%-C0.4%钢铸态组织　×100

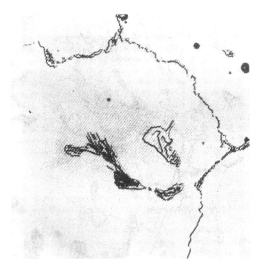

图 6-44　Cr25%-Ni20%-C0.4%钢铸态组织　×500

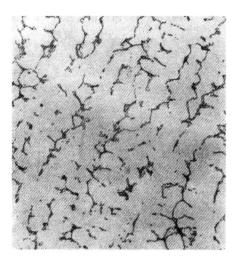

图 6-45　Cr25% - Ni40% - C0.4% 钢
铸态组织　×100

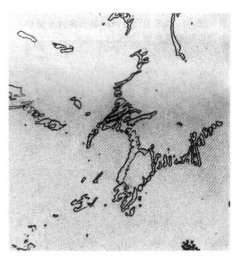

图 6-46　Cr25% - Ni40% - C0.4% 钢
铸态组织　×500

参 考 文 献

［1］张仲秋，李新亚. 含氮不锈钢研究的进展 ［J］. 铸造，2002，51 (11)：661-665.

［2］沈阳铸造研究所. ZG06Cr13Ni4Mo 铸造不锈钢金相图谱 ［R］. 1990.

第7章 铸造耐磨钢

铸造耐磨钢主要应用于采矿、冶金、建材、电力、建筑、石化、机械、交通和国防等重要工业领域，如研磨设备，挖掘、破碎机械和筑路、输送机械等。

根据磨损特征，磨损可分为磨料磨损、粘着磨损、疲劳磨损、腐蚀磨损和微动磨损。

铸造耐磨钢多应用于磨料磨损工况，其又可分为冲击磨料磨损工况（如破碎机磨损件、筒式磨机衬板、挖掘机斗齿等）和高应力碾碎磨料磨损工况（如中速磨和立磨磨辊、坦克和拖拉机履带板等）。

铸造耐磨钢件的耐磨性，不仅取决于材料本身的性能，还取决于使用耐磨件的工况条件。

本章将铸造耐磨钢分为奥氏体锰钢、高合金钢、中合金钢、低合金钢、碳钢、石墨钢和钢基复合材料7类，分别适用于不同的工况条件。

7.1 耐磨奥氏体锰钢

铸造耐磨奥氏体锰钢是历史最久、应用最广泛的一类铸造耐磨钢，其主要特点：

1）韧度高，使用中不易断裂，比较安全可靠。

2）加工硬化性能优异，适于冲击磨料磨损工况。

7.1.1 Mn13系列耐磨高锰钢

标准型的Mn13高锰钢又称为Hadfield钢，是由英国人Hadfield于1882年发明的。

由于锰含量和碳含量较高，钢的铸态组织为奥氏体及碳化物，经1050℃左右加热保温后入水处理（通常称为水韧处理），绝大部分碳化物固溶于奥氏体中，钢的组织为单相奥氏体或奥氏体加少量碳化物，因此该钢具有良好的塑性和韧性，而且裂纹扩展速率很低，使用比较安全可靠。该钢的另一主要特点是，在较大的冲击载荷或接触应力的作用下，表面层迅速产生加工硬化，表面硬度急剧升高（可达500～

700HBW），因此具有良好的耐磨性，而内部则仍保持有良好的韧性，能承受冲击载荷而不至于破裂。为了提高初始硬度，可在使用以前，用机械或爆炸等方法使之表面加工硬化（>450HBW）。

这类钢特别适用于冲击磨料磨损和高应力碾碎磨料磨损工况，常用于制造球磨机等筒式磨机衬板、锤式破碎机锤头、颚式破碎机颚板、圆锥破碎机轧臼壁和破碎壁，旋回破碎机衬板、挖掘机斗齿和斗壁、铁道辙叉、拖拉机和坦克的履带板等抗冲击、耐磨损的铸件。

1. 高锰钢国家标准和相关国际标准

我国奥氏体锰钢铸件的国家标准（GB/T 5680—2010）见表7-1和表7-2。国家标准中规定当铸件厚度小于45mm且碳的质量分数少于0.8%时，ZG90Mn14Mo1可以不经过热处理而直接供货。厚度大于或等于45mm且碳的质量分数大于或等于0.8%的ZG90Mn14Mo1，以及其他所有牌号的奥氏体锰钢铸件必须进行水韧处理（水淬固溶处理），铸件应均匀地加热和保温，水韧处理温度不低于1040℃。化学成分为必检项目。此外，除非供需双方另有约定，室温条件下铸件硬度应不高于300HBW；经供需双方商定，室温条件下可对锰钢铸件、试块和试样做金相组织、力学性能（下屈服强度、抗拉强度、断后伸长率、冲击吸收能量）、弯曲性能和无损检测，可选择其中一项或多项作为产品验收的必检项目。其具体要求见国家标准（GB/T 5680—2010）附录A。铸造高锰钢的金相检验参阅铸造高锰钢金相国家标准（GB/T 13925—2010）。需要说明，在即将修订的奥氏体锰钢铸件国家标准中，两个Mn17的牌号将修改为Mn18的牌号，与ISO标准的修订相同。

表7-1 我国奥氏体锰钢铸件的牌号及化学成分（GB/T 5680—2010）

牌号	化学成分（质量分数，%）								
	C	Si	Mn	P	S	Cr	Mo	Ni	W
ZG120Mn7Mo1	1.05～1.35	0.3～0.9	6～8	≤0.060	≤0.040	—	0.9～1.2	—	—
ZG110Mn13Mo1	0.75～1.35	0.3～0.9	11～14	≤0.060	≤0.040	—	0.9～1.2	—	—
ZG100Mn13	0.90～1.05	0.3～0.9	11～14	≤0.060	≤0.040	—	—	—	—
ZG120Mn13	1.05～1.35	0.3～0.9	11～14	≤0.060	≤0.040	—	—	—	—

（续）

牌号	化学成分(质量分数,%)								
	C	Si	Mn	P	S	Cr	Mo	Ni	W
ZG120Mn13Cr2	1.05 ~ 1.35	0.3 ~ 0.9	11 ~ 14	≤0.060	≤0.040	1.5 ~ 2.5	—	—	—
ZG120Mn13W1	1.05 ~ 1.35	0.3 ~ 0.9	11 ~ 14	≤0.060	≤0.040	—	—	—	0.9 ~ 1.2
ZG120Mn13Ni3	1.05 ~ 1.35	0.3 ~ 0.9	11 ~ 14	≤0.060	≤0.040	—	—	3 ~ 4	—
ZG90Mn14Mo1	0.70 ~ 1.00	0.3 ~ 0.6	13 ~ 15	≤0.070	≤0.040	—	1.0 ~ 1.8	—	—
ZG120Mn17	1.05 ~ 1.35	0.3 ~ 0.9	16 ~ 19	≤0.060	≤0.040	—	—	—	—
ZG120Mn17Cr2	1.05 ~ 1.35	0.3 ~ 0.9	16 ~ 19	≤0.060	≤0.040	1.5 ~ 2.5	—	—	—

注：允许加入微量 V、Ti、Nb、B 和 RE 等元素。

表7-2　我国奥氏体锰钢铸件的力学性能
（GB/T 5680—2010）

牌号	力学性能			
	下屈服强度 R_{eL}/MPa	抗拉强度 R_m/MPa	断后伸长率 $A(\%)$	冲击吸收能量 KU_2/J
ZG120Mn13	—	≥685	≥25	≥118
ZG120Mn13Cr2	≥390	≥735	≥20	

美国 ASTM 奥氏体锰钢铸件标准［ASTM A128/A128M—1993（2003）］见表7-3。该标准规定了化学成分和水韧处理的最低温度（1000℃）。

日本高锰钢铸件国家标准（JIS G 5131—1991）见表7-4 和表7-5。该标准规定化学成分和力学性能均为验收依据。

俄罗斯铸造高锰钢标准 ГОСТ 977—1988 中规定了5个牌号。其牌号及化学成分见表7-6。

ISO 奥氏体锰钢铸件标准［ISO 13521：2015 (E)］见表7-7。该标准规定了化学成分，规定锰钢件的硬度应小于或等于300HBW；还规定了除碳的质量分数低于0.8%且铸件厚度小于45mm 的 GX90MnMo14 牌号可以铸态供货之外，其他牌号锰钢件必须进行大于或等于1040℃水韧处理。

表7-3　美国 ASTM 奥氏体锰钢铸件的牌号及化学成分

牌号		化学成分（质量分数,%）						
ASTM	UNS	C	Si≤	Mn	P≤	Cr	Ni	Mo
A	J91109	1.05 ~ 1.35	1.00	≥11.0	0.07	—	—	—
B-1	J91119	0.9 ~ 1.05	1.00	11.5 ~ 14.0	0.07	—	—	—
B-2	J91129	1.05 ~ 1.2	1.00	11.5 ~ 14.0	0.07	—	—	—
B-3	J91139	1.12 ~ 1.28	1.00	11.5 ~ 14.0	0.07	—	—	—
B-4	J91149	1.2 ~ 1.35	1.00	11.5 ~ 14.0	0.07	—	—	—
C	J91309	1.05 ~ 1.35	1.00	11.5 ~ 14.0	0.07	1.5 ~ 2.5	—	—
D	J91459	0.7 ~ 1.3	1.00	11.5 ~ 14.0	0.07	—	3.0 ~ 4.0	—
E-1	J91249	0.7 ~ 1.3	1.00	11.5 ~ 14.0	0.07	—	—	0.9 ~ 1.2
E-2	J91339	1.05 ~ 1.45	1.00	11.5 ~ 14.0	0.07	—	—	1.8 ~ 2.1
F	J91340	1.05 ~ 1.35	1.00	6.0 ~ 8.0	0.07	—	—	0.9 ~ 1.2

注：1. 由于受铸钢件断面尺寸的限制，在具体设计时考虑选择哪个牌号，最好先征求生产厂家的意见，然后根据供需双方的协议来最终确定。

2. 如果用户无其他要求，一般供给牌号 A 铸件。

表 7-4　日本高锰钢铸件的牌号及化学成分

牌号	化学成分（质量分数,%）						
	C	Si	Mn	P≤	S≤	Cr	V
SCMnH1	0.90 ~ 1.30	—	11.00 ~ 14.00	0.100	0.050	—	—
SCMnH2	0.90 ~ 1.20	≤0.80	11.00 ~ 14.00	0.070	0.040	—	—
SCMnH3	0.90 ~ 1.20	0.30 ~ 0.80	11.00 ~ 14.00	0.050	0.035	—	—
SCMnH11	0.90 ~ 1.30	≤0.80	11.00 ~ 14.00	0.070	0.040	1.50 ~ 2.50	—
SCMnH21	1.00 ~ 1.35	≤0.80	11.00 ~ 14.00	0.070	0.040	2.00 ~ 3.00	0.40 ~ 0.70

表 7-5　日本高锰钢铸件的力学性能

牌号	水韧处理温度/℃	拉伸试验		断后伸长率（%）	应用
		屈服强度/MPa	抗拉强度/MPa		
SCMnH1	≈1000	—	—	—	一般用（普通件）
SCMnH2	≈1000	—	≥740	≥35	一般用（高级件、非磁性件）
SCMnH3	≈1050	—	≥740	≥35	主要用于钢轨道岔
SCMnH11	≈1050	≥390	≥740	≥20	高屈服应力和高耐磨性铸件（锤头、颚板等）
SCMnH12	≈1050	≥440	≥740	≥10	主要用于履带板

表 7-6　俄罗斯铸造高锰钢的牌号及化学成分

牌号	化学成分（质量分数,%）								
	C	Si	Mn	P≤	S≤	Cr	Ni	V	其他
110Г13Л	0.90 ~ 1.50	0.30 ~ 1.00	11.5 ~ 15.0	0.120	0.050	≤1.00	≤1.00	—	—
110Г13Х2БРЛ	0.90 ~ 1.50	0.30 ~ 1.00	11.5 ~ 14.5	0.120	0.050	1.0 ~ 2.0	≤0.50	—	Nb 0.08 ~ 0.12 B 0.001 ~ 0.006
110Г13ФТЛ	0.90 ~ 1.30	0.40 ~ 0.90	11.5 ~ 14.5	0.120	0.050	—	—	0.10 ~ 0.30	Ti 0.01 ~ 0.05
130Г14ХМФАЛ	1.20 ~ 1.40	≤0.60	12.5 ~ 15.0	0.07	0.050	1.00 ~ 1.50	≤1.00	0.08 ~ 0.12	N 0.025 ~ 0.050
120Г10ФЛ	0.90 ~ 1.40	0.20 ~ 0.90	8.50 ~ 12.0	0.120	0.050	≤1.00	≤1.00	0.03 ~ 0.12	Ti≤0.15 Nb≤0.01 N≤0.03 Cu≤0.70

表 7-7　ISO 奥氏体锰钢铸件的化学成分

牌号	化学成分（质量分数,%）							
	C	Si	Mn	P≤	S≤	Cr	Mo	Ni
GX120MnMo7-1	1.05 ~ 1.35	0.3 ~ 0.9	6 ~ 8	0.060	0.045	—	0.9 ~ 1.2	—
GX110MnMo13-1	0.75 ~ 1.35	0.3 ~ 0.9	11 ~ 14	0.060	0.045	—	0.9 ~ 1.2	—
GX100Mn13[①]	0.90 ~ 1.05	0.3 ~ 0.9	11 ~ 14	0.060	0.045	—	—	—
GX120Mn13[①]	1.05 ~ 1.35	0.3 ~ 0.9	11 ~ 14	0.060	0.045	—	—	—
GX120MnCr13-2	1.05 ~ 1.35	0.3 ~ 0.9	11 ~ 14	0.060	0.045	1.5 ~ 2.5	—	—
GX120MnNi13-3	1.05 ~ 1.35	0.3 ~ 0.9	11 ~ 14	0.060	0.045	—	—	3 ~ 4
GX120Mn18[①]	1.05 ~ 1.35	0.3 ~ 0.9	16 ~ 19	0.060	0.045	—	—	—
GX90MnMo14	0.70 ~ 1.00	0.3 ~ 0.9	13 ~ 15	0.070	0.045	—	1.0 ~ 1.8	—
GX120MnCr18-2	1.05 ~ 1.35	0.3 ~ 0.9	16 ~ 19	0.060	0.045	1.5 ~ 2.5	—	—

① 这些牌号有时用于无磁性的工况。

2. 高锰钢的化学成分

高锰钢的化学成分要求见表 7-1、表 7-3、表 7-4、表 7-6、表 7-7。

（1）碳　高锰钢中的碳主要有两个作用：一是有利于形成单相奥氏体组织；二是固溶强化。

随着碳含量的增加，高锰钢的强度与硬度增加，而塑性与冲击吸收能量降低，见表 7-8。碳的质量分数每增加 0.1%，常温下冲击吸收能量 KU_2 值降低 32J 左右。

表 7-8　碳对高锰钢铸态及热处理后力学性能的影响

$w(C)$ (%)	铸态力学性能					热处理后力学性能（1050℃水淬）								
	KU_2 /J	R_m /MPa	A (%)	Z (%)	硬度 HRC	不同温度时的 KU_2/J					R_m /MPa	A (%)	Z (%)	硬度 HRC
						20℃	0℃	−20℃	−40℃	−60℃				
0.63	227	420	32.0	36.2	15	240	240	234	182	151	589	42.2	48.0	—
0.74	212	458	30.7	33.0	15	231	224	212	162	120	593	41.7	46.5	15
0.81	114	484	22.4	26.5	15	194	188	166	130	77	607	38.5	32.0	15
1.06	18	526	10.0	2.7	15	183	170	144	114	63	693	27.2	30.1	15
1.18	5	553	2.2	0	19	156	138	90	69	38	760	23.4	24.0	16
1.32	0	598	0	0	21	92	82	54	34	15	823	18.5	16.3	18
1.48	0	612	0	0	24	66	52	29	21	5	855	12.3	7.4	20

碳含量高时，铸造流动性较好，但热处理要求更高，须提高水韧处理的温度或延长保温的时间，以充分溶解碳化物，均匀地固溶碳元素。

（2）锰　锰是稳定奥氏体的主要元素。$w(Mn)$ ≤14% 时，随着锰含量的增加，高锰钢的强度、塑性及冲击吸收能量均提高。但锰不利于加工硬化。锰含量对高锰钢力学性能的影响见图 7-1 和表 7-9。

Mn/C（质量比）在 10 左右时，高锰钢可得到较好的强韧性配合，Mn/C（质量比）＜10 时，有利于提高高锰钢的耐磨性。

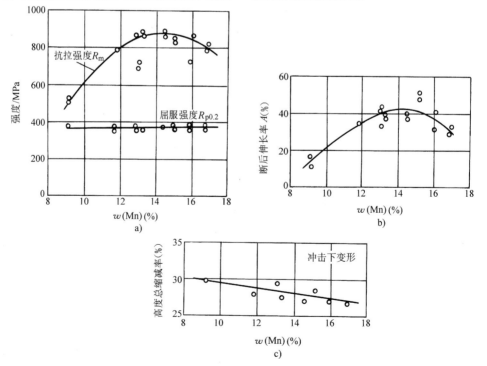

图 7-1　锰含量变化对 $w(C)$ =1.15% 奥氏体锰钢力学性能的影响

a）强度　b）断后伸长率　c）高度总缩减率

表 7-9 锰对奥氏体锰钢冲击吸收能量的影响

锰含量（质量分数,%）		7.2	8.6	9.5	11.0	12.2	13.8
Mn/C（质量比）		7.5	9.1	10.0	11.5	12.8	14.5
KU_2/J	20℃	50.21	76.10	104.34	148.28	180.44	218.10
	−40℃	15.69	29.82	51.78	93.36	113.76	141.22

（3）磷　磷在高锰钢中是有害元素。磷在奥氏体中的溶解度低，易形成脆性的磷共晶，大幅度降低高锰钢的力学性能和耐磨性（见表 7-10 和表 7-11）。奥氏体锰钢中，增加磷含量，将增大钢的冷、热裂倾向，铸件废品率大幅度提高，见表 7-12。

生产实践表明，矿山破碎机械中的高锰钢耐磨件

适宜的磷和碳含量之间有以下经验公式，即磷高时须取较低碳量以防铸件开裂。

$$w(C)\% = 1.25 - 2.57w(P)\%$$

降低高锰钢的磷含量，通常是从原材料入手，在冶炼过程中选用低磷锰铁及磷含量低的废钢。

表 7-10 磷含量对高锰钢冲击吸收能量的影响

温度/℃		200	100	20	−20	−60
KU_2/J	$w(P)=0.09\%$	129.45	131.02	127.10	69.82	28.24
	$w(P)=0.034\%$	236.14	234.58	225.16	224.38	164.75

表 7-11 磷对高锰钢力学性能和耐磨性的影响

材　　料	R_m/MPa	$A(\%)$	$Z(\%)$	KU_2/J	耐磨系数
$w(P)=0.07\% \sim 0.09\%$ 的普通高锰钢	689	20.1	17.6	130	1.0
$w(P)=0.02\% \sim 0.05\%$ 的高锰钢	789	38.1	35.5	230	2.15
$w(P)=0.07\% \sim 0.09\%$、$w(Ti)=0.05\% \sim 0.10\%$ 的高锰钢	724	28.6	22.4	184	1.70
$w(P)=0.02\% \sim 0.05\%$、$w(Ti)=0.05\% \sim 0.10\%$ 的高锰钢	868	43.2	44.3	278	—

注：采用锥体破碎矿物测定耐磨系数。

表 7-12 磷含量对高锰钢铸件裂纹废品率的影响

化学成分平均值（质量分数,%）					裂纹废品率（%）
C	Mn	Si	S	P	
1.17	12.28	0.66	0.0085	0.067	0
1.23	11.58	0.506	0.014	0.0783	4
1.20	10.87	0.83	0.022	0.090	70
1.24	12.90	0.81	0.021	0.106	68

（4）硅　高锰钢中硅的主要作用是脱氧。为获得较高的性能，应尽量选用较低的硅含量。

（5）铬　加铬高锰钢中铬的常用质量分数为 1.5% ~ 2.5%。与普通高锰钢相比，加铬高锰钢的屈服强度及初始硬度较高，但塑性与冲击吸收能量均降低，见表 7-13 和图 7-2。在强冲击的磨料磨损工况，加铬高锰钢的加工硬化性能较好，耐磨性也有一定的提高。

表 7-13 不同铬含量及不同温度下高锰钢的冲击吸收能量

$w(Cr)（\%）$	冲击吸收能量 KU_2/J					
	30℃	−20℃	−40℃	−60℃	−80℃	−100℃
—	176.52	111.40	91.01	57.27	21.97	23.54
—	141.22	133.37	86.30	72.96	36.87	31.38
0.70	198.49	120.03	54.92	31.38	20.40	14.12
1.00	112.19	107.48	50.99	32.95	21.97	—
1.79	101.99	62.76	46.29	32.95	22.75	18.05
1.82	91.01	59.62	50.21	30.60	23.54	17.26
3.00	70.61	45.50	46.29	44.72	24.32	19.62

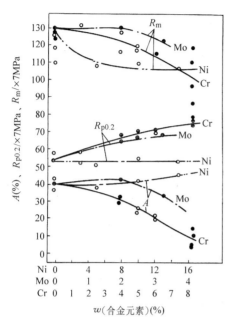

图7-2　铬、钼、镍对高锰钢
力学性能的影响

高锰钢主要化学成分：$w(C)=1.1\%\sim1.21\%$，
$w(Mn)=14.5\%\sim15.5\%$，$w(Si)=0.4\%\sim0.85\%$

（6）钼　高锰钢中钼的质量分数通常少于2%。钼能提高高锰钢的屈服强度（见图7-2），但冲击韧性不降低，甚至有所提高。钼推迟或抑制碳化物的析出，对厚大高锰钢件的水韧处理十分有益，且减少了高锰钢件铸造、焊接、切割及高温（>275℃）使用过程中的开裂倾向。钼提高了高锰钢的加工硬化性能和耐磨性。

（7）镍　镍固溶在高锰钢的奥氏体中，明显增加其稳定性。镍能在300~550℃之间抑制碳化物的析出，从而使高锰钢对焊接、切割及使用温度的开裂敏感性减小。镍对高锰钢的屈服强度影响很小，但抗拉强度下降，见图7-2。镍不影响钢的加工硬化性能和耐磨性。

（8）钒　高锰钢中加入钒时，钒的质量分数一般在0.5%以下。钒细化晶粒，特别是钒、钛联合使用时细化晶粒效果更明显，钒能显著提高高锰钢的屈服强度和初始硬度，但塑性不下降。钒提高高锰钢的加工硬化性能和耐磨性，尤其是钒、钛联合使用时作用更为明显。

（9）钛　高锰钢中加入钛时，钛的质量分数一般为0.05%~0.15%，最大量$w(Ti)=0.4\%$。钛细化晶粒，消除柱状晶，提高高锰钢的力学性能和耐磨性。

（10）铌　高锰钢中加入铌时，铌的质量分数一般在0.2%以下。铌细化晶粒，能使高锰钢强度明显增加，屈服强度提高将近2倍。铌能提高耐磨性。

3. 高锰钢的显微组织

$w(Mn)=13\%$的Fe-Mn-C三元平衡相图见图7-3。

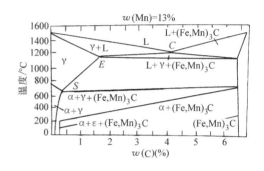

图7-3　$w(Mn)=13\%$的Fe-Mn-C
三元平衡相图

（1）铸态高锰钢组织　高锰钢凝固时，奥氏体内和晶界均析出大量的碳化物。由于高锰钢铸件的冷却速度较高（与平衡状态相比），除特别厚大的铸件外，共析转变一般都来不及发生，因而一般见不到α相。

铸态高锰钢组织是以奥氏体为基体，晶内和晶界有大量的块状、条状及针状碳化物，晶界上的碳化物呈网状。典型铸态组织见图7-4。

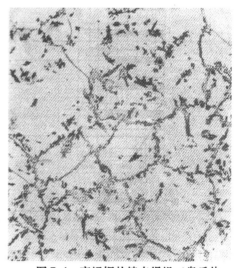

图7-4　高锰钢的铸态组织（奥氏体
基体，晶粒中和晶界上有
大量碳化物）　×100

（2）水韧处理的高锰钢显微组织　水韧处理后，理想组织是单一奥氏体（见图 7-5）。但在工业生产条件下，有时因冷却速度不够，沿晶界析出少量的碳化物；有时因高温固溶不够，在晶内或晶界残存少量的碳化物。我国铸造高锰钢金相标准 GB/T 13925—2010 对水韧处理后允许的碳化物有限量规定。

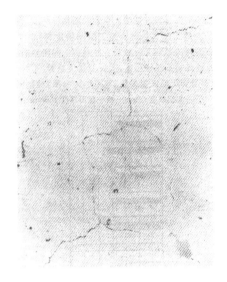

图 7-5　高锰钢经水韧处理
后的组织　×100

高锰钢加工硬化后产生滑移带，其显微组织如图 7-6 所示。

图 7-6　高锰钢加工硬化后的显微组织　×100

高锰钢在水韧处理时，铸件表面产生脱碳层，其显微组织如图 7-7 所示。

图 7-7　高锰钢水韧处理后的表面
脱碳层显微组织　×100

4. 高锰钢的力学性能

工艺条件对高锰钢力学性能的影响是不可忽视的，化学成分的影响和断面效应也十分显著。

（1）浇注温度和冷却速率的影响

浇注温度高和浇注后冷却缓慢（厚断面铸件），均将导致晶粒粗大和力学性能下降。浇注温度对高锰钢晶粒度和力学性能的影响见表 7-14。

表 7-14　浇注温度对高锰钢晶粒度和
力学性能的影响

浇注温度/℃ （光学高温计， 未经校正）	晶粒度	抗拉强度 R_m/MPa	断后伸长率 $A(\%)$
1450	1	393	4.32
1400	3	484	11.00
1380	4	511	18.00
1350	5	567	21.20

实际化学成分和断面厚度对高锰钢力学性能的影响如图 7-8 ~ 图 7-11 所示。各图中所列的 7 种锰钢的化学成分见表 7-15。图中空白线表示断面厚度为 25mm，黑实线表示断面厚度为 150mm。从中可见薄断面的性能均优于厚断面。

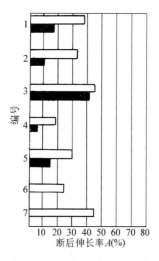

图 7-8　高锰钢的断后伸长率
□—断面厚度 25mm　■—断面厚度 150mm

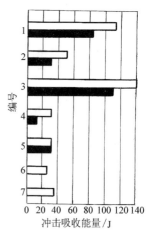

图 7-10　高锰钢的冲击吸收能量
□—断面厚度 25mm　■—断面厚度 150mm

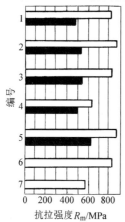

图 7-9　高锰钢的抗拉强度
□—断面厚度 25mm　■—断面厚度 150mm

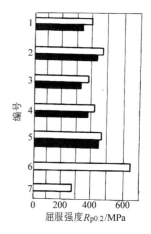

图 7-11　高锰钢的屈服强度
□—断面厚度 25mm　■—断面厚度 150mm

表 7-15　各种锰钢的化学成分

高　锰　钢		化学成分(质量分数,%)				
图中编号	特　点	C	Mn	Cr	Mo	其　他
1	标准钢	1.00 ~ 1.40	12.0 ~ 14.0	—	—	—
2	加铬	1.00 ~ 1.40	12.0 ~ 14.0	1.50 ~ 2.50	—	—
3	$w(Mo)=1\%$	0.80 ~ 1.30	12.0 ~ 15.0	—	0.80 ~ 1.20	—
4	$w(Mo)=1\%$,中锰	1.10 ~ 1.40	5.00 ~ 7.00	—	0.80 ~ 1.20	—
5	$w(Mo)=2\%$	1.00 ~ 1.50	12.0 ~ 15.0	—	1.80 ~ 2.20	—
6	高屈服强度	0.40 ~ 0.70	12.0 ~ 15.0	2.00 ~ 4.00	1.80 ~ 2.20	Ni 2.00 ~ 4.00
						V 0.50 ~ 1.00
7	可机械加工	0.30 ~ 0.70	18.0 ~ 20.0	—	—	Ni 2.00 ~ 4.00
						Bi 0.20 ~ 0.40

（2）加热的影响　在一定温度下加热奥氏体高锰钢，会导致碳化物析出，使钢变脆。变脆的程度取决于钢的化学成分、加热温度和保温时间。加热对高锰钢力学性能的影响见图 7-12、图 7-13、表 7-16 和表 7-17。

（3）化学成分与晶粒度的影响　不同碳含量的高锰钢铸态及水韧处理态的力学性能、冲击吸收能量见表 7-18、表 7-19。不同化学成分高锰钢 V 形缺口冲击吸收能量见表 7-20。晶粒度对力学性能的影响见表 7-21。几种耐磨铸钢的硬度与断裂韧度见表 7-22。

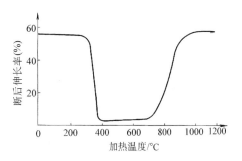

图 7-12　加热对断后伸长率的影响
（试样经 1050℃水淬后加热）

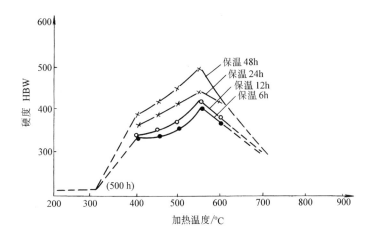

图 7-13　加热对硬度的影响（试样经 1050℃水淬后加热）

表 7-16　在 427℃（800°F）加热 48h 对高锰钢抗拉强度与断后伸长率的影响

化学成分（质量分数,%）					晶粒	经水韧处理后		于 427℃（800°F）重新加热 48h	
C	Mn	Si	Ni	Mo		抗拉强度 R_m/MPa	断后伸长率 A(%)	抗拉强度 R_m/MPa	断后伸长率 A（%）
1.31	12.9	0.33	—	—	CG[①]	765	36	593	1
					FG[②]	931	43	663	1
1.20	13.0	0.50			CG	758	49	683	4
					FG	889	48	689	2
1.03	12.9	0.52			CG	752	40	648	11
					FG	910	46	680	13
1.17	12.7	0.53	3.56		CG	779	48	607	4
					FG	793	48	621	5
1.15	12.8	0.51	—	0.98	CG	896	49	745	19
					FG	952	49	745	23

① CG 为粗晶。

② FG 为细晶。

表 7-17　加热对奥氏体锰钢力学性能的影响

再加热温度/℃ ×时间/h	抗拉强度 R_m/MPa	条件屈服强度 $R_{p0.2}$/MPa	断后伸长率 $A(\%)$	断面收缩率 Z（%）	硬度 HBW	冲击吸收能量 KU_2/J
12Mn						
固溶处理	615	340	28	31	164	129
370 ×0.5	560	325	26	25	175	117
×2.0	600	315	27	30	168	137
×10.0	670	330	31	30	177	112
480 ×0.5	620	330	29	31	177	138
×2.0	565	325	24	20	171	115
×10.0	460	345	6	6	177	12
590 ×0.5	395	325	4	7	173	12
×2.0	475	350	1	1	182	5
×10.0	540	340	1	1	180	3
12Mn-1Mo						
固溶处理	595	360	26	27	187	110
370 ×0.5	635	350	32	31	171	129
×2.0	595	360	25	29	182	116
×10.0	625	350	31	31	163	115
480 ×0.5	640	350	32	39	177	120
×2.0	625	350	28	32	187	112
×10.0	585	350	27	31	183	136
590 ×0.5	540	345	21	26	182	103
×2.0	405	350	5	6	182	19
×10.0	525	380	1	2	227	5
12Mn-3.5Ni						
固溶处理	635	290	39	38	151	135
370 ×0.5	695	330	40	33	149	144
×2.0	685	325	40	35	146	127
×10.0	805	340	50	37	163	126
480 ×0.5	685	340	35	31	142	72
×2.0	485	325	17	20	150	57
×10.0	385	330	5	6	148	14
590 ×0.5	460	325	14	11	146	30
×2.0	435	330	7	6	142	15
×10.0	395	315	4	3	145	6

表 7-18　不同碳含量的高锰钢铸态及水韧处理态的力学性能

$w(C)(\%)$	铸　态				1050℃水韧处理后			
	R_m/MPa	$A(\%)$	$Z(\%)$	硬度 HRC	R_m/MPa	$A(\%)$	$Z(\%)$	硬度 HRC
0.63	420	32.0	36.2	15	589	42.2	48.0	—
0.74	458	30.7	33.0	15	593	41.7	46.6	15
0.81	484	22.4	26.5	15	607	38.5	32.0	15
1.06	526	10.0	2.7	15	693	27.2	30.1	15
1.18	553	2.2	0	19	760	23.4	24.0	16
1.32	598	0	0	21	821	18.6	16.3	18
1.48	612	0	0	24	855	12.3	7.1	20

表 7-19　不同碳含量的高锰钢铸态及水韧处理态的冲击吸收能量

$w(C)$ (%)	铸态 KU_2/J	1050℃水韧处理后 KU_2/J				
		20℃	0℃	-20℃	-40℃	-60℃
0.63	227	240	240	233	182	151
0.74	214	231	224	212	164	120
0.81	114	194	188	166	130	77
1.06	18	183	170	144	114	63
1.18	5	156	138	90	69	38
1.32	0	92	82	54	34	15
1.48	0	66	54	29	22	5

注：1. 冲击试样 3~4 个。
2. 试样成分（质量分数,%）：Mn 11.6, Si 0.58, S 0.032, P 0.096。

表 7-20　不同化学成分高锰钢的夏比（V 形缺口）冲击吸收能量

化学成分（质量分数,%）				冲击吸收能量 KV_2/J	
C	Mn	Si	Ni	24℃ ±3℃	-73℃ ±3℃
1.03	12.9	0.52	—	128	71
1.18	13.0	0.50	—	144	79
1.19	14.6	0.50	—	141	79
0.84	12.5	0.48	3.46	136	108
1.17	12.7	0.53	3.56	142	119

表 7-21　晶粒度对力学性能的影响

晶粒级别	抗拉强度 R_m/MPa	断后伸长率 $A(\%)$
1	381.2	4.3
3	447.3	11.0
4	500.8	18.0
5	555.7	21.2
6	995.8	23.4

表 7-22　几种耐磨铸钢的硬度与断裂韧度

材　料	牌　号	硬　度		断裂韧度 K_{IC}/MPa·m$^{1/2}$
		HBW	HRC	
奥氏体铸钢	1.25C12Mn	200	—	120
ASTMA128	1.2C6Mn5Cr1Mo	325	35	35
珠光体钢	0.63CCr-Mo	265	27	38
	0.88CCr-Mo	345	37	31
马氏体钢	0.34CSiCrMo	530	53	40
	0.55CMnSiNi	610	58	32
	0.55CMnSiNi	320	34	90

5. 高锰钢的加工硬化特性

加工硬化是奥氏体锰钢的主要特性，高锰钢在强烈的冲击磨损条件下，硬度大幅度提高，甚至有的零件表面加工硬化硬度高达550HBW。正是因为加工硬化特性，高锰钢才表现出高的耐磨性。

高锰钢加工硬化后的显微组织见图7-6。

高锰钢颚板、钢轨使用磨损后加工硬化曲线见图7-14和图7-15。锤式破碎机高锰钢衬板及锤头在破碎岩石冲击磨损后的加工硬化特性见图7-16。

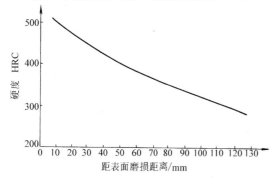

图7-14　高锰钢颚板使用磨损后加工硬化曲线

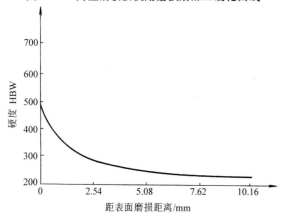

图7-15　高锰钢钢轨使用磨损后加工硬化曲线

6. 高锰钢的物理性能

（1）密度　在15℃时密度为 7.870 ~ 7.9805 g/cm³，液态时密度为 7.0500g/cm³。

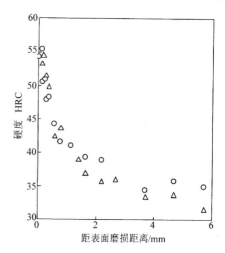

7-16　破碎机衬板、锤头的加工硬化特性

○—衬板　　△—锤头

（2）热导率、线胀系数及比热容　高锰钢的热导率低，而线胀系数大，见表7-23。这是高锰钢的一大特点。在铸件设计和制造工艺上应加以考虑，否则，在铸造和焊接过程中容易出现裂纹。

（3）磁导率　水韧处理后的高锰钢的组织是单相奥氏体，无磁性，磁导率 $\mu = 1.003 \sim 1.03$H/m；高锰钢热处理中表层脱碳，磁导率 $\mu = 1.3$H/m。

7. 高锰钢的铸造性能（见表7-24）

高锰钢的线收缩率比铸造碳钢大30%，在模具设计上要相应改变。

高锰钢的流动性较好；凝固收缩率较大，易形成缩孔；高锰钢因碳含量高、导热性较低以及结晶生长速度较快，易产生粗大的柱状晶组织；高锰钢因线胀系数大、导热性较低、热应力和收缩应力较大，加之铸态强度和塑性较低，其热裂、冷裂及变形倾向较碳钢大。

由于高锰钢液易生成 MnO，从而易于和型砂中的 SiO_2 发生化学反应而导致铸件表面粘砂，为此应在铸型和型芯上采用碱性或中性涂料，目前多采用以镁砂粉为骨料的涂料。

表7-23　高锰钢的物理性能

在下列温度（℃）时的热导率 $\lambda / [W/(m \cdot K)]$						在0℃和下列温度（℃）间的线胀系数 $\alpha_l / (\times 10^{-6}/K)$						在下列温度（℃）之间的比热容 $c / [J/(kg \cdot K)]$					
0	200	400	600	800	1000	100	200	400	600	800	1000	50 ~ 100	150 ~ 200	350 ~ 400	550 ~ 600	750 ~ 800	950 ~ 1000
12.98	16.33	19.26	21.77	23.45	25.54	18	19.4	21.7	19.9	21.9	23.1	519	565	607	703	649	674

表 7-24 高锰钢的铸造性能

凝固收缩率（%）	自由线收缩率（%）	液相线温度/℃	固相线温度/℃
6.0	2.4 ~ 3.0	≈1400	≈1350

8. 高锰钢的焊接与机加工性能

（1）高锰钢的焊接性 高锰钢重新加热时，在 250~800℃ 之间存在碳化物析出的脆性温度区间。铸态高锰钢又存在着碳化物和铸造应力，所以高锰钢的焊接性很差。因此，焊接高锰钢铸件时应注意以下原则：

1）采用电弧焊。

2）必须在水韧处理后进行焊接。

3）不宜连续焊。尽量减少或消除热影响区。

4）应采用高锰钢焊条。若进行多层补焊时，宜先用奥氏体型不锈钢焊条焊底层，以减少裂纹。

5）焊前如有加工硬化层，则应在焊前去除。

6）焊前不预热，焊后及时趁热锤击焊缝（区）并水冷。

7）用直流焊接时，焊条应接至正极，以免铸件受热严重。电流应尽量小而稳定。

（2）高锰钢的机加工 高锰钢有强烈的加工硬化能力，给切削加工带来较大困难，应尽量铸造成形，避免加工。必须机加工的锰钢件，常采用以下措施：

1）用陶瓷刀具切削加工。

2）用磨削加工。

3）在铸件需加工部位（如销孔、加工螺纹）预埋不易淬硬的低碳钢。

7.1.2 耐磨中锰钢

$w(\text{Mn}) = 5\% \sim 9\%$，$w(\text{C}) = 1.05\% \sim 1.40\%$ 的耐磨中锰钢经水韧处理后的组织为奥氏体基体，但有较多的碳化物。加入钼可抑制铸态组织中碳化物的析出。与 Mn13 钢相比，中锰钢的锰含量降低、奥氏体稳定性下降，使这类钢在非强烈冲击工况下的耐磨性高于标准型 Mn13 高锰钢。

常见的含钼中锰钢的化学成分见表 7-1、表 7-3、表 7-7、表 7-15。表 7-15 中各种锰钢的力学性能见图 7-8 ~ 图 7-11。由图可见，在较厚断面的试验条件下，含钼中锰钢的抗拉强度、屈服强度与标准 Mn13 钢相当甚至略高，但断后伸长率和冲击韧度较低。因此从断裂方面考虑，中锰钢适用于冲击不太大的磨损工况。

耐磨中锰钢与 Mn13 钢的耐磨性对比见表 7-25。

含钼中锰钢 [$w(\text{C}) = 1.2\% \sim 1.3\%$，$w(\text{Mo}) = 0.60\% \sim 0.90\%$，Mn/C 质量比为 4~5] 颚板，经常规水淬后，在破碎硅石条件下，与其他高锰钢（颚板）的对比试验结果见表 7-26。

表 7-25 耐磨中锰钢与 Mn13 钢的
耐磨性对比 （颚板）

材料	$w(\text{C})$（%）	$w(\text{Mn})$（%）	相对耐磨性
Mn13	0.90 ~ 1.5	11 ~ 14	1.0
Mn5	1.28	5.31	1.15 ~ 1.3
Mn6	1.0 ~ 1.8	6	1.15 ~ 1.3
Mn7	0.92 ~ 1.3	6.6 ~ 7.2	1.15 ~ 1.3
Mn8	1.0 ~ 1.8	8	1.15 ~ 1.3

表 7-26 含钼中锰钢与其他高锰钢
（颚板）对比试验结果

材质类别	碎石量/t	每吨碎石消耗量/kg	相对耐磨性
中锰（钼）	500	0.1145	115.3
高锰（高碳）	500	0.1136	116.2
高锰（常规）	500	0.1320	100

7.1.3 Mn18 系列耐磨高锰钢

对于厚大断面的 Mn13 系列耐磨钢铸件，水韧处理后内部常常出现碳化物而使韧度下降；低温条件下使用的 Mn13 系列耐磨钢铸件也常出现脆断现象；Mn13 系列耐磨铸钢尚有耐磨性不足、屈服强度低的问题。Mn18 系列耐磨高锰钢一定程度地解决了上述问题，并在强大冲击磨料磨损工况表现出较高的使用寿命。

典型的 Mn18 系列耐磨高锰钢的化学成分见表 7-7。这种钢是在 Mn13 钢的基础上增加锰量，提高了奥氏体的稳定性，阻止碳化物的析出，进而可提高钢的强度和塑性；增加锰量，进一步扩大了 γ 区，增大了奥氏体固溶碳、铬等元素的能力，进而可提高钢的加工硬化能力和耐磨性。有资料表明，用于北方的 ZGMn18 铁道辙叉寿命较 ZGMn13 提高 20% ~ 25%；ZGMn18Cr2 风扇磨（S36.50 型）冲击板的使用寿命高于 ZGMn13；破碎硬岩石的大型锤式破碎机 ZGMn18Cr2 锤头的使用寿命高于 ZGMn13Cr2 锤头。

7.2 其他耐磨高合金钢

其他耐磨高合金钢是指非锰系（Mn13 系列、Mn18 系列高锰钢）高合金耐磨钢。因为合金含量高，高合金钢生产成本较高，耐磨高合金钢大多用于腐蚀磨损、高温磨损等特殊磨损工况。

铬元素容易钝化,高铬合金钢在液态腐蚀和高温氧化腐蚀工况容易形成含铬钝化层,具有较高的耐蚀性。

我国耐磨耐蚀钢铸件国家标准(GB/T 31205—2014)中的ZGMS25Cr10MnSiMoNi是典型的耐磨耐蚀钢,ZGMS25Cr10MnSiMoNi经淬火和回火热处理得到马氏体和残留奥氏体的显微组织,其牌号和主要化学成分见表7-27,其硬度和冲击吸收能量见表7-28。ZGMS25Cr10MnSiMoNi常用来制造矿山中小型湿式球磨机衬板,使用寿命高于耐磨高锰钢衬板。

表7-27　耐磨耐蚀钢铸件的牌号和主要化学成分

牌号	化学成分(质量分数,%)								
	C	Si	Mn	Cr	Mo	Ni	Cu	S	P
ZGMS25Cr10MnSiMoNi	0.15~0.35	0.5~2.0	0.5~2.0	7.0~13.0	0.2~0.8	0.3~2.0	≤1.0	≤0.04	≤0.04

注:允许加入适量W、V、Ti、Nb、B和RE等元素。

表7-28　耐磨耐蚀钢铸件的硬度和冲击吸收能量

牌号	表面硬度 HRC	冲击吸收能量 KN_2/J
ZGMS25Cr10MnSiMoNi	≥40	≥50

注:1. N代表无缺口试样。
　　2. 铸件断面深度40%处的硬度应不低于表面硬度值的92%。

我国耐磨耐热钢铸件标准(T/CFA 02010204—2016)中的7种耐磨耐热钢铸件的牌号和主要化学成分见表7-29,其表面硬度和最高使用温度见表7-30。其中ZGMR90Cr6Mo4V2Ni和ZGMR80Cr10MoV需要经过淬火和回火热处理。耐磨耐热钢铸件主要适用于冶金、建材、电力、建筑、化工和机械等行业的高温磨料磨损工况易损零部件,例如齿辊式破碎机齿辊、燃煤电厂喷燃器火嘴、水泥厂回转窑壁板、冷却用炉栅、金属轧机轧辊、导卫板等。

表7-29　耐磨耐热钢铸件的牌号和主要化学成分

牌号	化学成分(质量分数,%)									
	C	Si	Mn	Cr	Mo	Ni	V	W	S	P
ZGMR90Cr6Mo4V2Ni	0.60~1.20	0.8~1.5	0.5~1.0	3.0~9.0	2.0~5.0	0.2~1.2	0.4~3.0	0~3.0	≤0.025	≤0.03
ZGMR80Cr10MoV	0.60~1.00	0.4~0.8	0.4~0.8	8.0~11.0	0.5~1.7	<0.7	0.1~1.0	—	≤0.025	≤0.03
ZGMR30Cr17Mn12Ni4	0.20~0.40	0.3~1.0	10~14	15~19	≤0.5	3.0~5.0	—	—	≤0.04	≤0.07
ZGMR35Cr24Ni7Si2MnN	0.30~0.40	1.3~2.0	0.8~1.5	23~25.5	≤0.5	6.0~8.5	—	N 0.20~0.28	≤0.03	≤0.04
ZGMR30Cr26Ni14Si2	0.20~0.40	1.0~2.5	0.4~2.0	24~28	0.2~1.0	12~16	—	—	≤0.03	≤0.04
ZGMR40Cr25Ni12Si2	0.30~0.50	1.0~2.5	0.4~2.0	24~26.5	≤0.5	11~13.5	—	—	≤0.03	≤0.04
ZGMR40Cr25Ni20Si2	0.30~0.50	1.0~2.5	0.4~2.0	24~26.5	≤0.5	19~21.5	—	—	≤0.03	≤0.04

注:允许加入适量N、Nb和RE等元素。

表7-30　耐磨耐热钢铸件的表面硬度和最高使用温度

牌号	表面硬度		最高使用温度/℃
	HRC	HBW	
ZGMR90Cr6Mo4V2Ni	≥56	—	800
ZGMR80Cr10MoV	≥52	—	800
ZGMR30Cr17Mn12Ni4	—	≥220	950
ZGMR35Cr24Ni7Si2MnN	—	≥220	1050
ZGMR30Cr26Ni14Si2	—	≥220	1050
ZGMR40Cr25Ni12Si2	—	≥220	1050
ZGMR40Cr25Ni20Si2	—	≥220	1100

注:1. ZGMR90Cr6Mo4V2Ni、ZGMR80Cr10MoV铸件工作部位厚度范围内的硬度应不低于表面硬度值的92%。
　　2. 最高使用温度取决于实际使用条件,所列数据仅供用户参考,这些数据适用于氧化气氛。

7.3　耐磨中合金钢

耐磨中合金钢是中碳马氏体(或含有一定量的贝氏体)铸钢。

铬元素对中碳钢奥氏体转变曲线有较大的影响(见图7-17),增加铬不仅大幅度提高了中碳钢的淬透性,适合于空淬,而且珠光体区和奥氏体区分离,淬火中得到马氏体基体的同时也可能得到一定量的贝氏体基体,提高了钢的强韧性。加入少量的钼元素可进一步提高钢的淬透性。这些也就是耐磨中合金钢得以开发和广泛应用的主要原因。

我国耐磨钢铸件国家标准(GB/T 26651—2011)中的中铬耐磨铸钢件的牌号和化学成分见表7-31,中铬耐磨铸钢件的金相组织和力学性能见表7-32。

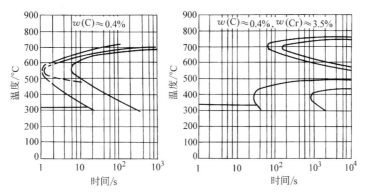

图 7-17　铬元素对中碳钢奥氏体转变曲线的影响

表 7-31　中铬耐磨铸钢件的牌号和化学成分

牌号	化学成分（质量分数，%）							
	C	Si	Mn	Cr	Mo	Ni	S	P
ZG30Cr5Mo	0.25~0.35	0.4~1.0	0.5~1.2	4.0~6.0	0.2~0.8	≤0.5	≤0.04	≤0.04
ZG40Cr5Mo	0.35~0.45	0.4~1.0	0.5~1.2	4.0~6.0	0.2~0.8	≤0.5	≤0.04	≤0.04
ZG50Cr5Mo	0.45~0.55	0.4~1.0	0.5~1.2	4.0~6.0	0.2~0.8	≤0.5	≤0.04	≤0.04
ZG60Cr5Mo	0.55~0.65	0.4~1.0	0.5~1.2	4.0~6.0	0.2~0.8	≤0.5	≤0.04	≤0.04

注：允许加入微量 V、Ti、Nb、B 和 RE 等元素。

表 7-32　中铬耐磨铸钢件的金相组织和力学性能

牌号	金相组织	抗拉强度 R_m/MPa	条件屈服强度 $R_{p0.2}$/MPa	表面硬度 HRC	冲击吸收能量 KV_2/J	冲击吸收能量 KN_2/J
ZG30Cr5Mo	M+B+A′	≥1200	≥800	≥42	≥12	—
ZG40Cr5Mo	M+A′	≥1500	≥900	≥44	—	≥25
ZG50Cr5Mo	M+A′+C	≥1300	—	≥46	—	≥15
ZG60Cr5Mo	M+A′+C	≥1200	—	≥48	—	≥10

注：1. 铸件断面深度 40% 处的硬度应不低于表面硬度值的 92%。
2. M—马氏体，B—贝氏体，A′—残留奥氏体，C—碳化物。
3. V、N 分别代表 V 形缺口和无缺口试样。

　　几种中铬合金耐磨铸钢件的共同特点是，采用高温空淬＋低温回火的热处理工艺。铸钢件空淬热处理的应力较小，不易淬裂；使用中安全性较高，不易破裂；工业应用中磨损硬化效果较好。几种中铬铸钢件随着碳含量的提高，硬度提高，韧度降低，其碳含量决定于不同的使用工况。

　　耐磨中合金钢主要应用于球磨机衬板、锤式破碎机中小型锤头和耐磨管道等非大冲击磨损工况的耐磨件。用于中小型水泥球磨机和火电厂磨煤机的中铬铸钢衬板的使用寿命可达到普通高锰钢衬板的 2 倍左右。

7.4　耐磨低合金钢

　　在耐磨钢铸件中，低合金铸钢的重要性日益增大。低合金钢的力学性能，特别是硬度和韧度，可以在很大的范围内调整，可根据不同的使用条件，将强度、硬度、冲击吸收能量和耐磨性综合考虑和匹配。只要不因脆性而引起断裂，其耐磨性随硬度的提高而增强。

　　通常低合金耐磨铸钢以高强韧性、高硬韧性著称。其强度和硬度高于耐磨高锰钢而在非大冲击磨损工况可替代高锰钢；其塑性、韧性高于耐磨铸铁，而在一定冲击载荷的磨损工况，使用寿命高于耐磨铸铁。

耐磨低合金钢加入合金元素的主要目的在于提高淬透性、强度、硬度、韧性和耐磨性。最常用的添加元素是 Mo、Cr、Mn、Ni 和 Si 等。

耐磨低合金钢的铸造与其他低合金钢相似，但在熔炼过程中精炼十分必要，AOD 等精炼方法在耐磨低合金钢生产中得到应用并取得良好的效果。

耐磨低合金钢的焊接性与其他低合金钢相近，含碳量高时焊接性较差。

低合金耐磨铸钢可按热处理和碳含量分类。

7.4.1　水淬热处理低合金马氏体耐磨钢

$w(C) = 0.2\% \sim 0.35\%$ 的多元低合金钢，经水淬

和回火处理，硬度高，耐磨性好，具有较好的硬韧性配合，使用中不易变形和断裂，广泛用于挖掘机、装载机及拖拉机的斗齿、履带板，中小型颚板、板锤、锤头、球磨机衬板等。

我国耐磨钢铸件国家标准（GB/T 26651—2011）中可用水淬热处理的低合金耐磨钢铸件的牌号和化学成分见表 7-33，硬度和冲击吸收能量见表 7-34。低合金耐磨铸钢的力学性能见表 7-35。国外几种水淬马氏体耐磨铸钢的化学成分见表 7-36。

表 7-33　低合金耐磨钢铸件的牌号和化学成分

牌号	化学成分（质量分数,%）							
	C	Si	Mn	Cr	Mo	Ni	S	P
ZG30Mn2Si	0.25 ~ 0.35	0.5 ~ 1.2	1.2 ~ 2.2	—	—	—	≤0.04	≤0.04
ZG30Mn2SiCr	0.25 ~ 0.35	0.5 ~ 1.2	1.2 ~ 2.2	0.5 ~ 1.2	—	—	≤0.04	≤0.04
ZG30CrMnSiMo	0.25 ~ 0.35	0.5 ~ 1.8	0.6 ~ 1.6	0.5 ~ 1.8	0.2 ~ 0.8	—	≤0.04	≤0.04
ZG30CrNiMo	0.25 ~ 0.35	0.4 ~ 0.8	0.4 ~ 1.0	0.5 ~ 2.0	0.2 ~ 0.8	0.3 ~ 2.0	≤0.04	≤0.04

注：允许加入微量 V、Ti、Nb、B 和 RE 等元素。

表 7-34　低合金耐磨钢铸件的硬度和冲击吸收能量

牌号	表面硬度 HRC ≥	冲击吸收能量 KV_2/J ≥
ZG30Mn2Si	45	12
ZG30Mn2SiCr	45	12
ZG30CrMnSiMo	45	12
ZG30CrNiMo	45	12

注：1. 铸件断面深度 40% 处的硬度应不低于表面硬度值的 92%。

2. V 代表 V 形缺口试样。

表 7-35　低合金耐磨铸钢的力学性能

材料	R_m/MPa ≥	$R_{p0.2}$/MPa ≥	$A(\%)$ ≥
ZG30CrMnSiMo	1500	1300	3
ZG30Mn2SiCr	1500	1300	3
ZG30CrNiMo	1500	—	3

表 7-36　水淬马氏体耐磨铸钢的化学成分

材料	化学成分（质量分数,%）						
	C	Mn	Cr	Si	Ni	Mo	其他元素
4330M	0.30	0.80	0.90	0.50	1.90	0.4	—
300M	0.29	0.80	0.70	1.60	1.80	0.4	V 0.1
86B30	0.30	0.80	0.50	0.30	0.60	0.2	B 0.0005
SSS200	0.28	0.80	2.0	1.5	—	0.5	V 0.05

7.4.2　油淬、空淬热处理低合金马氏体耐磨钢

$w(C) > 0.35\%$ 的多元低合金铸钢，依不同合金含量经油淬（或空淬）热处理并回火处理后，可得到强韧性较好、硬度高、耐磨性好的马氏体钢，用于球磨机衬板、中小型颚板、锤头、板锤等。但这类钢的韧性低于前述 $w(C) = 0.20\% \sim 0.35\%$ 水淬热处理的低合金马氏体钢，因此其应用时必须考虑工况的冲击载荷。

我国耐磨钢铸件国家标准（GB/T 26651—2011）中可用油淬热处理的低合金耐磨钢铸件的牌号和化学成分见表 7-37，硬度和冲击吸收能量见表 7-38。几种油淬或空淬的高强度马氏体铸钢的化学成分、硬度与特性见表 7-39，力学性能见表 7-40。

表 7-37　低合金耐磨钢铸件的牌号和化学成分

牌号	化学成分（质量分数，%）							
	C	Si	Mn	Cr	Mo	Ni	S≤	P≤
ZG40CrNiMo	0.35 ~ 0.45	0.4 ~ 0.8	0.4 ~ 1.0	0.5 ~ 2.0	0.2 ~ 0.8	0.3 ~ 2.0	0.04	0.04
ZG42Cr2Si2MnMo	0.38 ~ 0.48	1.5 ~ 1.8	0.8 ~ 1.2	1.8 ~ 2.2	0.2 ~ 0.6	—	0.04	0.04
ZG45Cr2Mo	0.40 ~ 0.48	0.8 ~ 1.2	0.4 ~ 1.0	1.7 ~ 2.0	0.8 ~ 1.2	≤0.5	0.04	0.04

注：允许加入微量 V、Ti、Nb、B 和 RE 等元素。

表 7-38　低合金耐磨钢铸件的硬度和冲击吸收能量

牌号	表面硬度　HRC　≥	冲击吸收能量 KN_2/J　≥
ZG40CrNiMo	50	25
ZG42Cr2Si2MnMo	50	25
ZG45Cr2Mo	50	25

注：1. 铸件断面深度 40% 处的硬度应不低于表面硬度值的 92%。

2. N 代表无缺口试样。

表 7-39　油淬或空淬高强度马氏体铸钢的化学成分、硬度与特性

材料	化学成分（质量分数，%）						热处理	硬度 HRC	特　性
	C	Si	Mn	Cr	Mo	Ni			
铬钼钢	0.3 ~ 0.45	0.3 ~ 1.3	0.5 ~ 0.8	1 ~ 3	0.2 ~ 0.5	微量	油淬	45 ~ 56	小件、复杂件均可
	0.5 ~ 0.7	0.5 ~ 0.8	0.5 ~ 0.8	2 ~ 3	0.2 ~ 0.5	微量	油淬或空淬	45 ~ 52	—
	0.7 ~ 0.8	0.5 ~ 0.8	0.5 ~ 0.8	2 ~ 3	0.2 ~ 0.5	微量	空淬	40 ~ 52	适于壁厚差较大、有变形可能的铸件
铬镍钼钢	0.37 ~ 0.44	0.4 ~ 0.8	0.5 ~ 0.8	0.6 ~ 0.9	0.15 ~ 0.25	1.2 ~ 1.7	油淬	≥45	—
铬锰硅钼钢	0.37 ~ 0.44	0.8 ~ 1.8	0.8 ~ 1.8	0.8 ~ 2.2	0.3 ~ 0.5	—	油淬	≥48	淬透性 >100
	0.40 ~ 0.45	0.9 ~ 1.2	1.4 ~ 1.6	1.35 ~ 1.6	0.5 ~ 0.6	—	空淬	≥45	淬透性 <100
	0.40 ~ 0.45	0.9 ~ 1.2	1.4 ~ 1.6	0.65 ~ 0.9	0.5 ~ 0.65	1.5	空淬	≥45	淬透性 >100
	0.50 ~ 0.60	0.9 ~ 1.2	1.4 ~ 1.7	0.65 ~ 0.9	0.5 ~ 0.6	—	空淬	≥50	淬透性 <50
	0.50 ~ 0.60	0.9 ~ 1.2	1.4 ~ 1.7	1.3 ~ 1.6	0.5 ~ 0.65	—	空淬	≥50	淬透性 50 ~ 100
	0.50 ~ 0.60	0.9 ~ 1.2	1.4 ~ 1.7	0.65 ~ 0.9	0.5 ~ 0.65	1.5	空淬	≥50	淬透性 >100

表 7-40　铬钼马氏体耐磨钢的力学性能

钢　种	抗拉强度 R_m/MPa	断后伸长率 A(%)	冲击吸收能量 KN_2/J
$w(C)$ = 0.3% ~ 0.45% 铬钼钢	800 ~ 1500	1 ~ 5	10 ~ 40
$w(C)$ = 0.5% ~ 0.7% 铬钼钢	800 ~ 1500	1 ~ 4	10 ~ 40
$w(C)$ = 0.7% ~ 0.8% 铬钼钢	800 ~ 1200	1 ~ 3	10 ~ 30

注：冲击试样为无缺口试样。

7.4.3　等温淬火低合金贝氏体耐磨钢

为进一步提高低合金耐磨钢的硬韧性和强韧性，提高大冲击载荷磨料磨损工况下的耐磨性和使用寿命，等温淬火低合金贝氏体耐磨钢得以研制和应用。

我国筒式磨机铸造衬板技术条件机械行业标准（JB/T 13675—2019）中的 ZCMT-ZG65Cr2Si2MnMo，锤式破碎机铸造锤头技术条件机械行业标准（JB/T 13653—2019）中的 ZCPC-ZG65Cr2Si2MnMo，是典型等温淬火低合金贝氏体耐磨钢。ZCMT-ZG65Cr2Si2MnMo

经等温淬火热处理得到贝氏体为主的显微组织，其牌号及化学成分见表 7-41，其硬度和冲击吸收能量见表 7-42。ZCMT-ZG65Cr2Si2MnMo 制造矿山大型湿式自磨机、半自磨机、球磨机衬板，使用寿命高于耐磨高锰钢衬板。

ZCPC-ZG65Cr2Si2MnMo 主要化学成分、硬度和冲击吸收能量同 ZCMT-ZG65Cr2Si2MnMo。ZCPC-ZG65Cr2Si2MnMo 制造大型锤式破碎机铸造锤头，使用寿命高于耐磨高锰钢锤头。

表 7-41　筒式磨机铸造衬板的牌号及化学成分

牌号	化学成分（质量分数,%）							
	C	Si	Mn	Cr	Mo	Ni	S	P
ZCMT-ZG65Cr2Si2MnMo	0.50 ~ 0.80	1.0 ~ 2.5	0.5 ~ 1.5	1.5 ~ 2.5	0.2 ~ 0.8	≤1.0	≤0.04	≤0.04

注：允许加入适量 V、Ti、Nb、B 和 RE 等元素。

表 7-42　筒式磨机铸造衬板的硬度和冲击吸收能量

牌号	表面硬度 HRC	冲击吸收能量 KN_2/J
ZCMT-ZG65Cr2Si2MnMo	≥48	≥150

注：1. N 代表无缺口试样。

　　2. 衬板断面深度 40% 处的硬度应不低于表面硬度值的 92%。

7.4.4　正火热处理低合金珠光体耐磨钢

$w(C)$ = 0.40% ~ 0.95% 的中高碳铬锰钼钢，经正火和回火热处理可得到珠光体基体。

铬锰钼珠光体耐磨钢具有较高的屈服强度和抗冲击疲劳性能，具有一定的韧性；并因只含有较少的不

昂贵的合金元素且不需经过复杂的热处理而具有较低的生产成本。

中高碳铬锰钼珠光体耐磨铸钢用于一定冲击载荷的磨料磨损工况，如 E 型磨煤机的空心大磨球及大型半自磨机和球磨机衬板。较典型的牌号是 ZG85Cr2MnMo，R_m ≥800MPa，$R_{p0.2}$ ≥500MPa，A >1%。

我国筒式磨机铸造衬板技术条件机械行业标准（JB/T 13675—2019）中的 3 种典型珠光体耐磨钢，其牌号和化学成分见表 7-43，其硬度和冲击吸收能量见表 7-44。3 种典型珠光体耐磨钢制造矿山大型湿式自磨机、半自磨机、球磨机衬板，使用中不变形和不断裂，使用寿命高于耐磨高锰钢衬板。

表 7-43　筒式磨机铸造衬板的牌号和化学成分

牌号	化学成分（质量分数,%）							
	C	Si	Mn	Cr	Mo	Ni	S	P
ZCMT-ZG45Cr2MnMo	0.40 ~ 0.50	0.4 ~ 1.0	0.5 ~ 1.5	1.5 ~ 2.5	0.2 ~ 0.8	≤1.0	≤0.04	≤0.04
ZCMT-ZG60Cr2MnMo	0.50 ~ 0.70	0.4 ~ 1.0	0.5 ~ 1.5	1.5 ~ 2.5	0.2 ~ 0.8	≤1.0	≤0.04	≤0.04
ZCMT-ZG85Cr2MnMo	0.70 ~ 0.95	0.4 ~ 1.0	0.5 ~ 1.5	1.5 ~ 2.5	0.2 ~ 0.8	≤1.0	≤0.04	≤0.04

注：允许加入适量 V、Ti、Nb、B 和 RE 等元素。

表 7-44　筒式磨机铸造衬板的硬度和冲击吸收能量

牌号	表面硬度 HRC	冲击吸收能量 KN_2/J
ZCMT-ZG45Cr2MnMo	≥30	≥30
ZCMT-ZG60Cr2MnMo	≥30	≥25
ZCMT-ZG85Cr2MnMo	≥32	≥15

注：1. N 代表无缺口试样。
　　2. 衬板断面深度 40% 处的硬度应不低于表面硬度值的 92% 。

有代表性的高碳铬锰钼珠光体耐磨铸钢的化学成分和力学性能见表 7-45。

铬钼珠光体耐磨铸钢衬板与高锰钢、铬钼马氏体耐磨铸钢衬板在 $\phi 2.7m$ 钼矿球磨机中耐磨性对比试验见表 7-46 和图 7-18。从中可见铬钼珠光体耐磨铸钢衬板的使用寿命高于高锰钢，低于 555 ~ 601HBW 的铬钼马氏体耐磨铸钢衬板；即使珠光体钢衬板硬度较

低但使用寿命高于 480℃ 回火的马氏体耐磨钢衬板。

表 7-45　珠光体耐磨铸钢的化学成分和力学性能

化学成分（质量分数,%）						力学性能	
C	Mn	Si	Ni	Cr	Mo	硬度 HBW	冲击吸收能量 KV_2/J
0.55	0.60	0.30	0	2.00	0.30	275	—
0.65	0.90	0.70	0.20	2.50	0.40	325	9 ~ 13
0.65	0.60	0.30	0	2.50	0.30	321	—
0.75	0.90	0.70	0.20	2.50	0.40	363	8 ~ 12
0.75	0.60	0.30	0	2.50	0.30	350	—
0.85	0.90	0.70	0.20	2.50	0.40	400	6 ~ 10

表 7-46　耐磨铸钢衬板的化学成分、热处理和硬度

材料	化学成分（质量分数,%）					热处理	硬度 HBW
	C	Mn	Si	Cr	Mo		
珠光体铬钼钢	0.8	0.8	0.5	2.5	0.4	正火 + 回火	352 ~ 401
马氏体铬钼钢	0.7	0.7	0.6	1.5	0.4	淬火 +480℃ 回火	477 ~ 514
马氏体铬钼钢	0.7	0.7	0.6	1.5	0.4	淬火 +260℃ 回火	555 ~ 601
奥氏体高锰钢	1.2	12.0	0.6	—	—	水韧	192 ~ 212

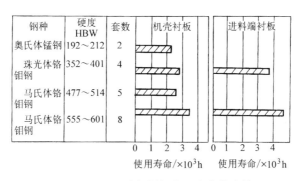

图 7-18　耐磨铸钢衬板使用寿命的比较

7.5　耐磨碳钢

碳钢的耐磨性主要是借表面硬化而获得的。 $w(C) > 0.35\%$ 的碳钢，通常采用表面感应淬火或火焰淬火；低碳钢则可用渗碳、渗氮或碳氮共渗等工艺提高耐磨性。随着硬度的提高，其耐磨性也相应增强。

在耐磨碳钢中， $w(C) = 0.4\% ~ 0.70\%$ 的碳钢占有重要地位，美国的铸钢火车轮就是用 $w(C) = 0.60\% ~ 0.70\%$ 的碳钢制造的。

7.6　铸造石墨钢

铸造石墨钢是超高碳过共析钢，经过适当的热处理后，一部分碳以石墨的形态析出，因而具有铸钢和铸铁的综合性能。由于存在游离石墨，这种钢是一种耐摩擦磨损的结构材料。现石墨钢多用于制造冶金轧辊，如初轧或粗轧作业的轧辊，因为少量的石墨可以提高轧辊的抗热裂性能和抗氧化铁皮黏附性能。

1. 石墨钢的化学成分

石墨钢的使用范围有限，现将用于冶金轧辊的几

种铸造石墨钢轧辊的化学成分列于表7-47。

表 7-47　几种铸造石墨钢轧辊的化学成分

轧辊代号	化学成分（质量分数，%）					
	C	Si	Mn	Cr	Ni	Mo
GS-1	1.2 ~ 1.4	1.0 ~ 1.6	0.5 ~ 1.2	0.4 ~ 1.2	0.2 ~ 1.5	0.2 ~ 0.5
GS-2	1.4 ~ 1.6	1.0 ~ 1.6	0.5 ~ 1.2	0.4 ~ 1.2	0.2 ~ 1.5	0.2 ~ 0.5
GS-3	1.6 ~ 1.8	1.0 ~ 1.6	0.5 ~ 1.2	0.4 ~ 1.2	0.2 ~ 1.5	0.2 ~ 0.5
GS-4	1.6 ~ 2.0	1.0 ~ 1.6	0.5 ~ 1.2	0.6 ~ 1.6	0.2 ~ 1.5	0.2 ~ 0.5
GS-5	2.0 ~ 2.2	1.0 ~ 1.6	0.5 ~ 1.2	0.6 ~ 2.0	0.2 ~ 1.5	0.2 ~ 0.5

钢中硅含量相当高，目的是为了促进石墨化；有时加入少量的 Cu 以改善钢液的流动性；加入 Mn 和 Ni 则是为了改善铸钢的淬透性；加入 Mo 则是为了细化晶粒。

2. 石墨钢的组织及其热处理

铸态的石墨钢组织为片状珠光体和晶界上网状碳化物。

制造耐磨的结构铸件时，可采用正火加退火工艺。最先用 870℃ 正火，然后再加热到 790℃ 退火，以极缓慢的速率（4 ~ 5℃/h）炉冷到 600℃，然后在空气中冷却。热处理后，约有质量分数为 0.5% ~ 0.7% 的碳成为细小的球状石墨，此外尚有粒状珠光体和球状碳化物。

制造模具时，可先加热到 850 ~ 870℃ 油淬，然后加热到 700℃ 退火 10 ~ 50h。经此种处理后，以石墨形态存在的碳质量分数约为 0.4% ~ 0.5%。

3. 石墨钢的力学性能

石墨钢的力学性能因其热处理规范和金相组织的不同有很大的差异。这一点与球墨铸铁的情况颇为相似，但变化范围较大，如抗拉强度为 350 ~ 1100MPa，断后伸长率则相应地为 30% ~ 3%。加有合金元素并经调质处理的石墨钢，抗拉强度可以提高到 1500MPa。石墨钢铸件在金属型中浇注并退火后，抗拉强度 R_m 为 820MPa，断后伸长率 A 为 7%；再经淬火加回火处理后，R_m 为 1200MPa，A 为 7%，$R_{p0.2}/R_m$ 为 0.6 ~ 0.7。因此淬火回火后的石墨钢有更高的力学性能。

铸造石墨钢冶金轧辊抗拉强度 R_m = 385 ~ 620MPa，抗弯强度 σ_{bb} = 585 ~ 920MPa。其辊身表面硬度见表7-48。

表 7-48　几种石墨钢轧辊辊身表面硬度

轧辊代号	GS-1	GS-2	GS-3	GS-4	GS-5
硬度 HS	36 ~ 44	38 ~ 55	40 ~ 48	42 ~ 50	44 ~ 52

4. 石墨钢的铸造性能

石墨钢的铸造性能介于碳素铸钢和铸铁之间，流动性比碳素铸钢为优。浇注温度一般在 1320 ~ 1420℃ 之间。表7-49 是普通碳素钢与石墨钢的流动性比较。

表 7-49　普通碳素钢与石墨钢的流动性比较

名　称	浇注温度/℃	螺旋长度/mm
普通碳素钢	1550	672
	1500	426
	1470	345
石墨钢	1420	620
	1360	475
	1320	360

石墨钢的流动性与化学成分有很大的关系，提高碳含量能显著提高石墨钢的流动性，硅含量对流动性的影响要小些。

石墨钢的自由收缩率为 1.8% ~ 2.2%，小于碳钢、大于铸铁，接近白口铸铁。若增加 C 和 Si 的含量，总的收缩减少，这是由于石墨化强烈的结果。

石墨钢导热性差，脆性大，常产生较大的应力而开裂，但热裂的倾向较小。

7.7　陶瓷增硬（强）耐磨钢基复合材料

近年来我国耐磨损复合材料铸件的生产和应用情况有了较大的发展，为更好地适应生产和市场需要，GB/T 26652—2011《耐磨损复合材料铸件》从 2012 年 3 月 1 日开始实施。

各种牌号的耐磨损复合材料铸件组成及耐磨损增强体材料应符合表 7-50 的规定。耐磨损复合材料铸件须保证复合材料组成之间为冶金结合。耐磨损复合材料铸件硬度应符合表 7-51 的规定。

表 7-50　耐磨损复合材料铸件的牌号及组成

名称	牌号	复合材料组成	铸件耐磨损增强体材料
镶铸合金复合材料 I 铸件	ZF-1	硬质合金块/铸钢或铸铁	硬质合金
镶铸合金复合材料 II 铸件	ZF-2	抗磨白口铸铁块/铸钢或铸铁	抗磨白口铸铁
双液铸造双金属复合材料铸件	ZF-3	抗磨白口铸铁层/铸钢或铸铁层	抗磨白口铸铁
铸渗合金复合材料铸件	ZF-4	硬质相颗粒/铸钢或铸铁	硬质合金；抗磨白口铸铁；WC 和（或）TiC 等金属陶瓷

表 7-51　耐磨损复合材料铸件硬度

名称	牌号	铸件耐磨损增强体硬度 HRC	铸件耐磨损增强体硬度 HRA
镶铸合金复合材料Ⅰ铸件	ZF-1	≥56（硬质合金）	≥79（硬质合金）
镶铸合金复合材料Ⅱ铸件	ZF-2	≥56（抗磨白口铸铁）	—
双液铸造双金属复合材料铸件	ZF-3	≥56（抗磨白口铸铁）	—
铸渗合金复合材料铸件	ZF-4	≥62（硬质合金）	≥82（硬质合金）
		≥56（抗磨白口铸铁）	—
		≥62［WC 和（或）TiC 等金属陶瓷］	≥82［WC 和（或）TiC 等金属陶瓷］

注：洛氏硬度 HRC 和洛氏硬度 HRA 中任选一项。

根据我国耐磨损复合材料铸件研发、生产、检测和应用的实际情况，考虑到标准的科学性、先进性和适用性，该国家标准确定了 4 个耐磨损复合材料铸件牌号。耐磨损复合材料铸件代号用"铸"和"复"二字的汉语拼音的第一个大写正体字母"ZF"表示。

耐磨损复合材料铸件中的抗磨白口铸铁化学成分应符合 GB/T 8263 的规定，奥氏体锰钢化学成分应符合 GB/T 5680 的规定，其他合金耐磨钢化学成分应符合 GB/T 26651 的规定。

在铸造技术要求方面，规定了三种铸造成形工艺的铸件，即采用镶铸工艺铸造成形的镶铸合金复合材料铸件；采用两种液态金属分别浇注铸造成形的双液铸造双金属复合材料铸件；采用铸渗工艺铸造成形的铸渗合金复合材料铸件。而具体的铸造工艺并未限制，除供需双方另有规定，供方可选择硬质合金块或抗磨白口铸铁块牌号、形状、尺寸、数量和镶铸位置，抗磨白口铸铁层牌号、形状和尺寸，硬质相颗粒种类、形状、尺寸、数量和铸渗位置，以及复合材料铸件基体铸钢或铸铁牌号。

铸渗合金复合材料铸件的硬质相推荐采用硬质合金、抗磨白口铸铁、WC 和（或）TiC 等金属陶瓷，

但允许供需双方根据铸件的技术要求和使用条件，选择对使用最有利的其他硬质相颗粒。

就耐磨损复合材料铸件而言，生产中热处理工艺应兼顾复合材料组成相，以发挥和体现各组成相的潜力和性能。

耐磨损复合材料铸件硬度（含初始硬度和磨损硬化硬度）和韧性的匹配即硬韧性能决定了应用工况，耐磨损复合材料铸件常用于较大冲击的磨损工况和强烈高应力磨损工况。

该国家标准所列 4 个牌号耐磨损复合材料铸件，常用于锤式破碎机锤头、筒式磨机衬板、反击式破碎机板锤、挖掘机斗齿、金属轧机导卫板、立式磨机（中速磨机）磨辊和磨盘、耐磨管道衬板等耐磨件。例如，ZF-1 和 ZF-2 牌号镶铸合金复合材料铸件用于锤式破碎机锤头和大型挖掘机斗齿；ZF-3 牌号双液铸造双金属复合材料铸件用于锤式破碎机锤头、球磨机衬板、反击式破碎机板锤和耐磨管道衬板；ZF-4 牌号铸渗合金复合材料铸件用于金属轧机导卫板、立式磨机（中速磨机）磨辊和磨盘、耐磨管道衬板、冲击式破碎机导料板、混凝土输送泵过流件等耐磨件。

参 考 文 献

[1] 谢敬佩，李卫，宋延沛，等．耐磨铸钢及熔炼［M］．北京：机械工业出版社，2003.
[2] 陈华辉，邢建东，李卫．耐磨材料应用手册［M］．北京：机械工业出版社，2006.
[3] 李树索，陈希杰．高锰钢的发展与应用［J］．矿山机械，1998（3）：70-72.
[4] 戴敦才，林怀涛，赵四勇，等．铬钼铌合金耐磨

铸钢的研制［J］．铸造，1996（11）：11-15.
[5] 李卫．中国铸造耐磨材料产业技术路线图［M］．北京：机械工业出版社，2013.
[6] 陈佳侠，张会友，刁晓刚，等．国外某铜矿半自磨机铸钢衬板失效分析研究［J］．铸造，2020，69（5）：443-448.

第8章 铸造特殊用钢及专业用钢

8.1 低温用铸钢

在低温条件下使用的阀门、法兰、泵、管件等往往都采用铸钢件，但对该类钢种的材质有比较高的要求。随着温度的降低，铁素体钢的强度和硬度并不降低，而韧性和塑性则显著下降。因此，选择低温下使用的铁素体铸钢件时，应特别注意其在低温下的韧性，并以此作为低温性能的主要数据。

8.1.1 我国低温用铸钢

关于低温用铸钢的国家标准迄今尚未制定。实际上可用于低温的铸钢品种很多，其基本特点是要求在低温下有较好的韧性，故低温用钢碳的含量通常较低，P 和 S 的含量也应比一般的钢低些。

1. 铸造碳钢

用于低温的铸造碳钢，碳的质量分数通常在 0.30% 以下，常温抗拉强度大致在 410~600MPa 之间。

碳的含量太低，虽韧性很好，而强度往往偏低。为了保证有较好的韧性，P 和 S 的质量分数均应分别低于 0.025%。

铸造碳钢适用于 -45℃ 以上环境。其在 -45℃ 下的夏比 V 形缺口冲击吸收能量可在 17J 以上。

2. 低合金铸钢

低温用铸钢中加入合金元素的目的，通常不在于得到更高的强度，而是在保持适当的强度而进一步降低碳的含量，以改善钢的韧性，低温用低合金铸钢的特点是碳的含量低。

我国曾试用过的几种低温用低合金铸钢见表 8-1。

表 8-1 我国几种低温用低合金铸钢（试验钢种）

牌 号	化学成分(质量分数,%)											热处理规范	夏比 V 形缺口冲击吸收能量			使用温度 /℃
	C	Si	Mn	Al	Cu	N	Nb	V	Re	S≤	P≤		-40℃	-70℃	-90℃	
ZG06MnNb	≤0.07	0.17~0.37	1.60~1.80	—	—	—	0.03~0.04	—	—	0.03	0.03	900℃正火	—	18.5	—	-90
ZG16Mn	0.12~0.20	0.20~0.50	1.20~1.60	—	—	—	—	—	—	0.045	0.04	900℃正火 600℃回火	12	—	—	-40
ZG09Mn2V	≤0.12	0.20~0.50	1.40~1.80	—	—	—	—	0.04~0.10	0.02~0.03	0.04	0.04	930℃正火 670℃回火	—	24	—	-70
ZG06AlNbCuN	≤0.08	≤0.35	0.80~1.25	0.04~0.15	0.30~0.40	0.01~0.015	0.04~0.08	—	—	0.035	0.02	900℃正火	-60℃ 33	-80℃ 40	-100℃ 1.1	-120

3. 高合金铸钢

马氏体铬镍铸钢和奥氏体铸钢（如 ZG12Cr18Ni9）均可用于低温条件。奥氏体铸钢的韧性随环境温度降低而下降的程度，没有铁素体铸钢那样显著，在超低温（-200℃以下）条件下，奥氏体铸钢仍具有良好的韧性，而铁素体铸钢的韧性则大幅度降低。

8.1.2 美国低温用铸钢

关于低温用压力容器用铁素体和马氏体铸钢，美国试验与材料学会有两项标准，即 ASTM A352/A352M—2018a 和 ASTM A757/757M—2015，见表 8-2~表 8-6。

表 8-2　美国低温用合金铸钢和不锈铸钢的牌号及化学成分

牌　号		类型	化学成分(质量分数,%)								
ASTM	UNS		C≤	Si≤	Mn	P≤	S≤	Cr	Ni	Mo	其他
LCA[①]	J02504	C 钢	0.25	0.60	≤0.70	0.04	0.045	≤0.50[②]	≤0.50[②]	≤0.20[②]	Cu≤0.30[②] V≤0.03[②]
LCB[①]	J03003	C 钢	0.30	0.60	≤1.00	0.04	0.045	≤0.50[②]	≤0.50[②]	≤0.20[②]	Cu≤0.30[②] V≤0.03[②]
LCC[①]	J02505	C-Mn	0.25	0.60	≤1.20	0.04	0.045	≤0.50[②]	≤0.50[②]	≤0.20[②]	Cu≤0.30[②] V≤0.03[②]
LC1	J12522	C-Mo	0.25	0.60	0.50～0.80	0.04	0.045	—	—	—	—
LC2	J22500	2.5Ni	0.25	0.60	0.50～0.80	0.04	0.045	—	2.00～3.00	0.45～0.60	—
LC2-1	J42215	Ni-Cr-Mo	0.22	0.50	0.55～0.75	0.04	0.045	1.35～1.85	2.50～3.50		—
LC3	J31550	3.5Ni	0.15	0.60	0.50～0.80	0.04	0.045	—	3.00～4.00	0.30～0.60	—
LC4	J41500	4.5Ni	0.15	0.60	0.50～0.80	0.04	0.045	—	4.00～5.00		—
LC9	J31300	9Ni	0.13	0.45	≤0.90	0.04	0.045	—	8.50～10.0		—
CA6NM	J91540	12.5Cr-Ni-Mo	0.06	1.00	≤1.00	0.04	0.030	11.5～14.0	3.50～4.50	0.40～1.00	—

① 碳的质量分数最大限值每降低 0.01%，可允许锰的质量分数最大限值增加 0.04%，直增至锰的质量分数最大值为 1.10%（LCA 钢）和 1.40%（LCC 钢）。

② 残余元素（Cr、Ni、Mo、Cu、V）质量分数总和，元素总质量不得超过 1.00%。

表 8-3　美国低温用合金铸钢和不锈铸钢的力学性能

牌　号		R_m/MPa≥	$R_{p0.2}$/MPa≥	$A^{①}$(%)≥	Z(%)≥	夏比冲击吸收能量/J　≥		
ASTM	UNS					平均值[②]	单个值	试验温度/℃
LCA	J02504	415～585	205	24	35	18	14	-32
LCB	J03003	450～620	240	24	35	18	14	-46
LCC	02505	485～655	275	22	35	20	16	-46
LC1	J12522	450～620	240	24	35	18	14	-59
LC2	J22500	485～655	275	24	35	20	16	-73
LC2-1	J42215	725～895	550	18	30	41	34	-73
LC3	J31550	485～655	275	24	35	20	16	-101
LC4	J41500	485～655	275	24	35	20	16	-115
LC9	J31300	585	515	20	30	27	20	-196
CA6NM	J91540	760～930	550	15	35	27	20	-73

① 试样标距 50mm。

② 2～3 个试样的平均值。

表 8-4　美国低温用铁素体和马氏体铸钢的牌号及化学成分

牌号		化学成分(质量分数,%)								
ASTM	UNS	C≤	Si≤	Mn	P≤	S≤	Cr[②]	Ni[②]	Mo[②]	其他
A1Q	—	0.30	0.60	≤1.00	0.025	0.025	—	—	—	[②]
A2Q	J02503	0.25[①]	0.60	≤1.20[①]	0.025	0.025	—	—	—	[②]
B2N,B2Q	J22501	0.25	0.60	0.50～0.80	0.025	0.025	—	2.0～3.0	—	[②]

（续）

| 牌号 | | 化学成分(质量分数,%) | | | | | | | | |
ASTM	UNS	C≤	Si≤	Mn	P≤	S≤	Cr[2]	Ni[2]	Mo[2]	其他
B3N,B3Q	J31500	0.15	0.60	0.50 ~ 0.80	0.025	0.025	—	3.0 ~ 4.0	—	[2]
B4N,B4Q	J41501	0.15	0.60	0.50 ~ 0.80	0.025	0.025	—	4.0 ~ 5.0	—	[2]
C1Q	J12582	0.25	0.60	≤1.20	0.025	0.025	—	1.5 ~ 2.0	0.15 ~ 0.30	[2]
D1N1,D1Q1	J22092	0.20	0.60	0.40 ~ 0.80	0.025	0.025	2.0 ~ 2.75	—	0.90 ~ 1.20	[2]
D1N2,D1Q2	J22092	0.20	0.60	0.40 ~ 0.80	0.025	0.025	2.0 ~ 2.75	—	0.90 ~ 1.20	[2]
D1N3,D1Q3	J22092	0.20	0.60	0.40 ~ 0.80	0.025	0.025	2.0 ~ 2.75	—	0.90 ~ 1.20	[2]
E1Q	J42220	0.22	0.60	0.50 ~ 0.80	0.025	0.025	1.35 ~ 1.85	2.5 ~ 3.5	0.35 ~ 0.60	[2]
E2N,E2Q	J42065	0.20	0.60	0.40 ~ 0.70	0.020	0.020	1.5 ~ 2.0	2.75 ~ 3.90	0.40 ~ 0.60	[2]
E3N	J91550	0.06	1.00	≤1.00	0.030	0.030	11.5 ~ 14.0	3.5 ~ 4.5	0.40 ~ 1.00	[2]

① 碳的质量分数上限每降低 0.01%，则允许锰的质量分数上限增加 0.04%，即钢号 A2Q 的锰的质量分数上限可达 1.40%。

② 残余元素（Cu、Ni、Cr、Mo、W、V 等）质量分数见表 8-5。

表 8-5　美国低温用铁素体和马氏体铸钢的残余元素

| 牌号 | | 化学成分(质量分数,%) | | | | | | |
ASTM	UNS	Cu≤	Ni≤	Cr≤	Mo≤	W≤	V≤	残余元素总量[1]
A1Q	—	0.50	0.50	0.40	0.25	—	0.03	1.00
A2Q	J02503	0.50	0.50	0.40	0.25	—	0.03	1.00
B2N,B2Q	J22501	0.50	—	0.40	0.25	—	0.03	1.00
B3N,B3Q	J31500	0.50	—	0.40	0.25	—	0.03	1.00
B4N,B4Q	J41501	0.50	—	0.40	0.25	—	0.03	1.00
C1Q	J12582	0.50	—	0.40	—	—	0.03	1.00
D1N1,D1Q1	J22092	0.50	0.50	—	—	0.10	0.03	1.00
D1N2,D1Q2	J22092	0.50	0.50	—	—	0.10	0.03	1.00
D1N3,D1Q3	J22092	0.50	0.50	—	—	0.10	0.03	1.00
E1Q	J42220	0.50	—	—	—	—	0.03	0.70
E2N,E2Q	J42065	0.50	—	—	—	0.10	0.03	0.70
E3N	J91550	0.50	—	—	—	0.10	—	0.50

① 残余元素总量包括 P 和 S。

表 8-6　美国低温用铁素体和马氏体铸钢的力学性能

| 牌号 | 热处理状态 | $R_m/MPa≥$ | $R_{p0.2}/MPa≥$ | $A^{[1]}(\%)≥$ | $Z(\%)≥$ | 夏比冲击吸收能量[2]/J　≥ | |
						平均值	单个值
A1Q	淬火和回火	450	240	24	35	17	14
A2Q	淬火和回火	485	275	22	35	20	16
B2N,B2Q	正火和回火 或淬火和回火	485	275	24	35	20	16
B3N,B3Q	正火和回火 或淬火和回火	485	275	24	35	20	16

（续）

牌　　号	热处理状态	R_m/MPa≥	$R_{p0.2}$/MPa≥	$A^①$(%)≥	Z(%)≥	夏比冲击吸收能量^②/J　≥	
						平均值	单个值
B4N，B4Q	正火和回火或淬火和回火	485	275	24	35	20	16
C1Q	正火和回火或淬火和回火	515	380	22	35	20	16
D1N1，D1Q1	正火和回火或淬火和回火	585 795	380	20	35	（由供需双方协议） （同上）	
D1N2，D1Q2	正火和回火或淬火和回火	655 860	515	18	35	（由供需双方协议） （同上）	
D1N3，D1Q3	正火和回火或淬火和回火	725 930	585	15	30	（由供需双方协议） （同上）	
E1Q	淬火和回火	620	450	22	40	41	34
E2N1，E2Q1	正火和回火或淬火和回火	620 825	485	18	35	41 41	34 34
E2N2，E2Q2	正火和回火或淬火和回火	725 930	585	15	30	27 27	20 20
E2N3，E2Q3	正火和回火或淬火和回火	795 1000	690	13	30	20 20	16 16
E3N	正火和回火	760	550	15	35	27	20

① 试样标距50mm。
② 用夏比 V 形缺口试样测定。其冲击吸收能量分为 2～3 个试样的平均值和单个试样值两组。

8.1.3　日本低温高压用铸钢

日本的低温高压用铸钢的标准 JIS G5152—1991 的规定见表 8-7 ～ 表 8-9。

8.1.4　俄罗斯低温耐磨铸钢

适用于 –60℃ 以下工作的低温及耐磨铸件，在牌号后面加字母"C"，表示用于 –60℃ 以下的钢。各种牌号的化学成分和力学性能见表 8-10 和表 8-11。

表 8-7　日本低温高压用铸钢的化学成分

种　类	牌　　号	化学成分(质量分数,%)						
		C≤	Si≤	Mn	P≤	S≤	Ni	Mo
第 1 类	SCPL1	0.30	0.60	≤1.00	0.04	0.04	—	—
第 2 类	SCPL11	0.25	0.60	0.50～0.80	0.04	0.04	—	0.45～0.65
第 21 类	SCPL21	0.25	0.60	0.50～0.80	0.04	0.04	2.00～3.00	—
第 31 类	SCPL31	0.15	0.60	0.50～0.80	0.04	0.04	3.00～4.00	—

注：离心铸钢管在牌号后加标记-CF，如 SCPL-CF。

表 8-8　日本低温高压用铸钢的允许残余元素含量

种　类	牌　　号	化学成分(质量分数,%)			
		Cu≤	Ni≤	Cr≤	总量≤
第 1 类	SCPL1	0.50	0.50	0.25	1.00
第 2 类	SCPL11	0.50	—	0.35	—
第 21 类	SCPL21	0.50	—	0.35	—
第 31 类	SCPL31	0.50	—	0.35	—

表8-9　日本低温高压用铸钢的力学性能

牌　号	R_m/MPa≥	$R_{p0.2}$/MPa≥	$A(\%)$≥	$Z(\%)$≥	冲击吸收能量（V形缺口）		
					试验温度/℃	平均值[①]/J　≥	单个值/J　≥
SCPL1	450	245	21	35	-45	18	14
SCPL11	450	245	21	35	-60	18	14
SCPL21	480	275	21	35	-75	21	17
SCPL31	480	275	21	35	-100	21	17

① 采用4号试样3个的平均值，不适用离心铸造钢管。

表8-10　俄罗斯低温耐磨铸钢的化学成分

牌　　号	化学成分（质量分数,%）							
	C	Si	Mn	Cr	Ni	Mo	V	其他
08Г2ДНФЛ	0.05~0.10	0.15~0.40	1.30~1.70	≤0.30	1.15~1.55	—	0.02~0.08	Cu 0.80~1.10
12ХГФЛ	0.10~0.16	0.30~0.50	0.90~1.40	0.20~0.60	≤0.30	—	0.05~0.10	Cu≤0.30
14Х2ГМРЛ	0.10~0.17	0.20~0.42	0.90~1.20	1.40~1.70	≤0.30	0.45~0.55	—	Cu≤0.30 B≈0.004
20ГЛ	0.17~0.25	0.30~0.50	1.10~1.40	≤0.30	≤0.30	—	—	Cu≤0.30
20ФТЛ	0.14~0.22	0.30~0.50	0.80~1.20	≤0.30	≤0.30	—	0.01~0.06	Cu≤0.30 Ti 0.01~0.025
20ХГСФЛ	0.22~0.30	0.50~0.70	0.90~1.30	0.30~0.60	≤0.40	—	0.07~0.13	Cu≤0.30
25Х2НМЛ	0.23~0.30	0.20~0.40	0.50~0.80	1.60~1.90	0.60~0.90	0.20~0.30	—	Cu≤0.30
27ХН2МФЛ	0.22~0.31	0.20~0.42	0.60~0.90	0.80~1.20	1.65~2.00	0.30~0.50	0.08~0.15	Cu≤0.30
27ХГСНМДТЛ	0.25~0.35	0.70~1.30	0.90~1.50	0.70~1.30	0.70~1.20	0.10~0.30	—	Cu 0.30~0.50 Ti 0.03~0.07
30ГЛ	0.25~0.35	0.20~0.50	1.20~1.60	≤0.30	≤0.30	—	—	Cu≤0.30
30ХГ2СТЛ	0.25~0.35	0.40~0.80	1.50~1.80	0.60~1.00	≤0.30	—	—	Cu≤0.30 Ti 0.01~0.04
30ХЛ	0.25~0.35	0.20~0.40	0.50~0.90	0.50~0.80	≤0.30	—	—	Cu≤0.30
35ХМФЛ	0.30~0.40	0.20~0.40	0.50~0.60	0.80~1.10	≤0.30	0.08~0.15	0.06~0.12	Cu≤0.30
35ХМЛ	0.30~0.40	0.20~0.40	0.50~0.90	0.90~1.10	≤0.30	0.20~0.30	—	Cu≤0.30
110Г13Л	0.90~1.20	0.40~0.90	11.5~14.5	≤0.30	≤0.30	—	—	Cu≤0.30
110Г13ХЪРЛ	0.90~1.30	0.30~0.90	11.5~14.5	0.80~1.50	≤0.30	—	—	Cu≤0.30 Nb 0.06~0.10 B 0.002~0.005

表8-11　俄罗斯低温耐磨铸钢的力学性能和热处理规范

牌　　号	推荐的热处理规范 /℃	R_m /MPa≥	$R_{p0.2}$ /MPa≥	A (%)≥	Z (%)≥	冲击吸收能量 （-60℃）/J		硬度 HBW
						KV_2	KU_2	
08Г2ДНФЛ	正火:930~970 正火:920~950,回火:590~630	400	500	20	45	20	32	—
12ХГФЛ	正火:930~950	340	470	20	35	16	24	—

（续）

牌　号	推荐的热处理规范 /℃	R_m /MPa≥	$R_{p0.2}$ /MPa≥	A (%)≥	Z (%)≥	冲击吸收能量 (-60℃)/J		硬度 HBW
						KV_2	KU_2	
14Х2ГМРЛ	淬火:920~930 水冷,回火 630~650	600	700	14	25	24	40	—
20ГЛ	正火:620~940	300	500	20	35	16	24	—
	淬火:920~940 水冷,回火:600~620	400	550	15	30	16	24	—
20ФТЛ	正火:940~960	320	520	20	35	16	24	—
	淬火:930~950 水冷,回火:600~650	450	570	15	30	16	24	—
20ХГСФЛ	正火:900~920,回火:630~650	320	500	18	30	16	24	—
	淬火:900~920 水冷,回火:650~670	450	600	14	25	16	24	—
25Х2НМЛ	淬火:860~880 水冷,回火:580~600	700	800	12	25	20	24	—
27ХН2МФЛ	淬火:880~920 水冷,回火:570~590	800	1000	10	22	16	24	265
27ХГСНМДТЛ	正火:910~930,回火:590~610	650	800	12	20	24	28	—
	淬火:910~930 水冷,回火:640~660	700	850	12	25	28	40	—
	淬火:910~930 水冷,回火:200~220	1150	1400	8	12	20	32	390
30ГЛ	淬火:920~950 水冷,回火:600~650	490	660	10	20	16	24	—
30ХГ2СТЛ	正火:890~910,回火:640~660	600	700	12	40	20	28	—
	淬火:870~890 水冷,回火:640~660	650	750	15	40	20	28	—
	淬火:870~890 水冷,回火:200~220	1300	1600	4	15	20	24	400
30ХЛ	淬火:920~950 水冷,回火:600~650	550	660	10	20	16	24	—
35ХМФЛ	正火:900~920,回火:640~670	420	630	12	20	14	20	—
	淬火:890~910 水冷,回火:650~670	550	700	12	25	16	24	—
35ХМЛ	淬火:890~910 油冷,回火:620~640	600	700	10	18	16	24	—
110Г13Л	淬火:1050~1100 水冷	400	800	25	35	56	—	190
110Г13ХЪРЛ	淬火:1050~1100 水冷	480	750	20	30	40	—	190

8.1.5　法国低温用铸钢

法国 NF A32-053:1993 低温用铸钢的牌号及化学成分与力学性能见表8-12 和表8-13。

表 8-12　法国低温用铸钢的牌号及化学成分

牌　号	化学成分(质量分数,%)							
	C≤	Si≤	Mn≤	P≤	S≤	Cr	Ni	Mo
FA-M	0.25[①]	0.50	1.00	0.040	0.035	—	—	—
FB-M	0.20	0.50	1.20	0.040	0.035	—	≤1.00	—
FC-M	0.25[①]	0.50	1.50	0.040	0.035	—	≤1.00	—
FB1-M	0.22	0.50	1.50	0.040	0.035	—	0.50~2.00	—
FC1-M	0.25[①]	0.50	0.80[②]	0.040	0.035	—	—	0.45~0.65
FC2-M	0.23	0.50	0.80[②]	0.040	0.035	—	2.50~4.00	—
FC2-1-M	0.20	0.50	0.80	0.030	0.030	1.00~2.00	3.00~4.00	0.30~0.60
FC3-M	0.15	0.50	0.80	0.040	0.035	—	3.50~4.50	—
FCZ-M	0.25	0.50	0.80	0.040	0.040	—	2.50~4.0	—

① 对于需焊接的条件,$w(C)$≤0.23%。
② 当 C 的含量低时,允许 $w(Mn)$>0.80%,但应≤1.50%。

表 8-13 法国低温用铸钢的力学性能

牌 号	$R_m/MPa \geqslant$	$R_{p0.2}/MPa \geqslant$	$A(\%) \geqslant$	$Z(\%) \geqslant$	低温冲击吸收能量	
					温度/℃	KV_2/J
FA-M	380~530	200	18	26	-30	18
FB-M	450~600	230	16	23	-45	18
FC-M	520~670	260	16	23	-45	20
FB1-M	450~600	230	18	26	-60	18
FC1-M	450~600	230	18	26	-60	18
FC2-M	450~600	230	18	26	-70	20
FC2-1-M	700~850	500	12	18	-70	40
FC3-M	450~600	230	18	26	-100	20
FCZ-M	≥450	230	18	—	—	—

8.2 铸造工具钢

铸造工具钢原则上应包括刀具钢和模具钢,但实际上除少量大直径钻头用铸造方法成形者外,很少采用铸造刀具,而铸造模具则采用甚广,并有良好的前景。用陶瓷型工艺(肖氏法)铸造压铸压型,可显著减少压型的加工费用,而且由于保留了表面层的细晶组织,压型的寿命可比用锻造模块加工制成的高30%以上。用陶瓷型铸造锻模和冷冲压模,也有上述优点,因而受到了普遍的重视。

我国迄今尚未制定铸造模具钢的标准。对于铸造成形的刀具,可参照锻轧高速钢的标准选用。对于各种铸造模具,可有分析地选用国外标准中的牌号。

8.2.1 美国铸造工具钢

美国国家标准 ANSI/ASTM A597—2020 中所列的9种铸造工具钢,已为各工业国广泛采用。其化学成分列于表 8-14,供参考。其中 CH-13 是非常重要的压铸压型材料,各国铸造压型大都用这种材料。

8.2.2 美国某公司铸造工具钢

美国某公司铸造工具钢在不同标准间的化学成分对照见表 8-15。

8.3 承压铸钢

由于压力容器对铸钢件性能和成分有较严格的要求,以保证工程应用的可靠性和安全性,所以各国对承压铸钢标准的制定都十分重视。

8.3.1 我国承压铸钢

我国的承压铸钢件标准 GB/T 16253—2019 基本等效采用 ISO 4991:2015 标准。其化学成分和热处理及力学性能见表 8-16 和表 8-17,高温拉伸性能见表 8-18。

表 8-14 美国铸造工具钢的化学成分[①]

元素		牌 号								
		CA-2	CD-2	CD-5	CS-5	CM-2	CS-7	CH-12	CH-13	CD-51
化学成分(质量分数,%)	C	0.95~1.05	1.40~1.69	1.35~1.60	0.50~0.65	0.78~0.88	0.45~0.55	0.30~0.40	0.30~0.42	0.85~1.00
	Mn	0.75	1.00	0.75	0.60~1.00	0.75	0.40~0.80	0.75	0.75	1.00~1.30
	Si	1.50	1.50	1.50	1.75~2.25	1.00	0.60~1.00	1.50	1.50	1.50
	S	0.03	0.03	0.03	0.03	0.03	0.03	0.30	0.03	0.03
	P	0.03	0.03	0.03	0.03	0.03	0.03	0.30	0.03	0.03
	Cr	4.75~5.50	11.00~13.00	11.00~13.00	0.35	3.75~4.50	3.00~3.50	4.75~5.75	4.75~5.75	0.40~1.00
	Mo	0.90~1.40	0.70~1.20	0.70~1.20	0.20~0.80	4.50~5.50	1.20~1.60	1.25~1.75	1.25~1.75	—
	V	0.20~0.50[②]	0.40~1.00[②]	0.35~0.55	0.35	1.25~2.20		0.20~0.50	0.75~1.20	0.30
	Co	—	0.70~1.00[②]	2.50~3.50		0.25				
	W	—	—	—		5.50~6.75		1.00~1.70		0.40~0.60
	Ni	—	—	0.40~0.60[②]		0.25				

① 除给出范围之外,均为最大值。

② 可选择元素,如需要这种元素,应在订货单中予以规定。

表 8-15　美国某公司铸造工具钢在不同标准间的化学成分对照

牌号	采用标准	化学成分（质量分数，%）											熔化温度/℃
		C	Mn	Si	Cr	Mo	W	Co	P≤	S≤	V	其他	
A-2	ASTM A-597 GR CA-2	0.95~1.05	0.75	1.50	4.75~5.50	0.90~1.40			0.03	0.03		V 0.20~0.50	1370~1425
	IC CA-2	0.95~1.05	0.75	1.50	4.75~5.50	0.9~1.40			0.025	0.025		V 0.20~0.50	1370~1425
A-6	IC CA-6	0.65~0.75	1.80~2.20	1.00	0.80~1.20	0.80~1.30			0.025	0.025			1370~1425
D-2	ASTM A-597 GR CD-2	1.40~1.60	1.00	1.50	11.00~13.00	0.70~1.20			0.03	0.03		V 0.40~1.00 Co 0.70~1.00	1370~1425
	IC CD-2	1.40~1.60	1.00	1.50	11.00~13.00	0.70~1.20			0.025	0.025		V 0.40~1.00	1370~1425
D-3	IC CD-3	2.10~2.30	0.75	1.00	11.50~13.00	0.40			0.025	0.025			1370~1425
D-5	ASTM A-597 GR CD-5	1.35~1.60	0.75	1.50	11.00~13.00	0.70~1.20		2.50~3.50	0.03	0.03	0.35~0.55	Ni 0.40~0.60	1370~1425
D-6	IC CD-6	2.10~2.35	0.75	0.80~1.20	11.50~13.00	0.40	0.80~1.20		0.025	0.025			1370~1425
D-7	IC CD-7	2.15~2.45	0.75	1.00	11.50~13.00	0.80~1.20			0.025	0.025	3.50~4.50		1370~1425
H-11	IC CH-11	0.30~0.40	0.75	0.95~1.15	4.60~5.40	1.20~1.60			0.025	0.025	0.30~0.50		1370~1425
H-12	ASTM A-597 GR CH-12	0.30~0.40	0.75	1.50	4.75~5.75	1.25~1.75	1.00~1.70		0.03	0.03	0.20~0.50		1370~1425
	IC CH-12	0.30~0.40	0.75	1.50	4.75~5.75	1.25~1.75	1.00~1.70		0.025	0.025	0.20~0.50		1370~1425
H-13	ASTM A-597 GR CH-13	0.30~0.42	0.75	1.50	4.75~5.75	1.25~1.75			0.025	0.025	0.75~1.20		1370~1425
	IC CH-13	0.30~0.42	0.75	1.50	4.75~5.75	1.25~1.75			0.025	0.025	0.75~1.20		1370~1425
L-6	IC CL-6	0.65~0.75	0.75	1.00	0.80~1.00				0.025	0.025		Ni 1.50~1.90	1370~1425
M-2	ASTM A-597 GR CM-2	0.78~0.88	0.75	1.00	3.75~4.50	4.50~5.50	5.50~6.75	0.25	0.03	0.03	1.25~2.20	Ni 0.25	1370~1425
	IC CM-2	0.78~0.88	0.75	1.00	3.75~4.50	4.50~5.50	5.50~6.75		0.025	0.025	1.25~2.20	Ni 0.25	1370~1425
	IC C1-M-2	0.95~1.05	0.75	1.00	3.75~4.50	4.50~5.50	5.50~6.75		0.025	0.025	1.75~2.20	Ni 0.25	1370~1425

（续）

| 牌号 | 采用标准 | 化学成分(质量分数,%) | | | | | | | | | | | 熔化温度/℃ |
		C	Mn	Si	Cr	Mo	W	Co	P≤	S≤	V	其他	
M-4	IC CM-4	1.25~1.35	0.75	1.00	3.75~4.50	4.50~5.50	5.20~6.20		0.025	0.025	3.60~4.40		1370~1425
M-42	IC CM-42	1.00~1.20	0.75	1.00	3.50~4.25	9.00~10.00	1.25~1.75	7.50~8.50	0.025	0.025	0.95~1.35		1370~1425
M-43	IC CM-43	1.15~1.35	0.75	1.00	3.50~4.25	8.25~9.25	1.50~2.00	7.75~8.75	0.025	0.025	1.50~2.00		1370~1425
O-1	ASTM A-597 GR CO-1	0.85~1.00	1.00~1.30	1.50	0.40~1.00		0.4~0.6		0.03	0.03	0.30		1370~1425
	IC CO-1	0.85~1.00	1.00~1.30	1.50	0.40~1.00		0.40~0.60		0.025	0.025	0.30		1370~1425
O-2	IC CO-2	0.85~0.95	1.50~1.80	1.00	0.40	0.30			0.025	0.025	0.30		1370~1425
O-7	IC CO-7	1.10~1.20	0.75	1.00	0.50~0.70		1.65~1.85		0.025	0.025	0.15~0.25		1370~1425
S-1	IC CS-1	0.45~0.55	0.75	1.00	1.35~1.65		2.35~2.65		0.025	0.025			1370~1425
S-2	IC CS-2	0.45~0.55	0.75	0.90~1.20		0.40~0.60			0.025	0.025	0.30		1340~1400
S-4	IC CS-4	0.50~0.60	0.70~0.90	1.80~2.20	0.30				0.025	0.025	0.30		1340~1400
S-5	ASTM A-597 GR CS-5	0.50~0.65	0.60~1.00	1.75~2.25	0.35	0.20~0.80			0.03	0.03	0.35		1340~1400
	IC CS-5	0.50~0.65	0.60~1.00	1.75~2.25	0.35	0.20~0.80			0.025	0.025	0.35		1340~1400
S-7	ASTM A-597 GR CS-7	0.45~0.55	0.40~0.80	0.60~1.00	3.00~3.50	1.20~1.60			0.03	0.03			1340~1400
	IC CS-7	0.50~0.60	0.50~0.80	1.00	3.00~3.50	1.20~1.60			0.025	0.025			1340~1400
T-1	IC CT-1	0.65~0.75	0.75	1.00	3.75~4.50		17.25~18.75		0.025	0.025	0.90~1.30		1425~1470
T-2	IC CT-2	0.80~0.90	0.75	1.00	3.75~4.50	1.00	17.50~19.00		0.025	0.025	1.80~2.40		1425~1470
T-5	IC CT-6	0.75~0.85	0.75	1.00	4.00~4.75	0.70~1.00	18.50~21.25	10.00~13.70	0.025	0.025	1.50~2.10		1425~1470

注：表中单一数值为最大值。

表 8-16　我国承压铸钢件化学成分①②（GB/T 16253—2019）

序号	牌号	化学成分（质量分数，%）										
		C	Si	Mn	P	S	Cr	Mo	Ni	V	Cu	其他
1	ZGR240-420	0.18~0.23③	0.60	0.5~1.2③	0.030	0.020	0.30	0.12	0.40	0.03	0.30	(Cr+Mo+Ni+V+Cu)≤1.00
2	ZGR280-480	0.18~0.25③	0.60	0.8~1.2③	0.030	0.020	0.30	0.12	0.40	0.03	0.30	(Cr+Mo+Ni+V+Cu)≤1.00
3	ZG18	0.15~0.20	0.60	1.00~1.60	0.020	0.025	0.30	0.12	0.40	0.03	0.30	(Cr+Mo+Ni+V+Cu)≤1.00
4	ZG20	0.17~0.23	0.60	0.50~1.00	0.020	0.020	0.30	0.12	0.80	0.03	0.30	—
5	ZG18Mo	0.15~0.20	0.60	0.80~1.20	0.020	0.020	0.30	0.45~0.65	0.40	0.050	0.30	—
6	ZG19Mo	0.15~0.23	0.60	0.15~1.00	0.025	0.020	0.30	0.40~0.60	0.40	0.050	0.30	—
7	ZG18CrMo	0.15~0.20	0.60	0.50~1.00	0.020	0.020	1.00~1.50	0.45~0.65	0.40	0.050	0.30	—
8	ZG17Cr2Mo	0.13~0.20	0.60	0.50~0.90	0.020	0.020	2.00~2.50	0.90~1.20	0.40	0.050	0.30	—
9	ZG13MoCrV	0.10~0.15	0.45	0.40~0.70	0.030	0.020	0.30~0.50	0.40~0.60	0.40	0.22~0.30	0.30	—
10	ZG18CrMoV	0.15~0.20	0.60	0.50~0.90	0.020	0.015	1.20~1.50	0.90~1.10	0.40	0.20~0.30	0.30	—
11	ZG26CrNiMo	0.23~0.28	0.80	0.60~1.00	0.030	0.025	0.40~0.80	0.15~0.30	0.40~0.80	0.03	0.30	—
12	ZG26Ni2CrMo	0.23~0.28	0.60	0.60~0.90	0.030	0.025	0.70~0.90	0.20~0.30	1.00~2.00	0.03	0.30	—
13	ZG17Ni3Cr2Mo	0.15~0.19	0.50	0.55~0.80	0.015	0.015	1.30~1.80	0.45~0.60	3.00~3.50	0.050	0.30	—
14	ZG012Ni3	0.06~0.12	0.60	0.50~0.80	0.020	0.015	0.30	0.20	2.00~3.00	0.050	0.30	—
15	ZG012Ni4	0.06~0.12	0.60	0.50~0.80	0.020	0.015	0.30	0.20	3.00~4.00	0.050	0.30	—
16	ZG16Cr5Mo	0.12~0.19	0.80	0.50~0.80	0.025	0.025	4.00~6.00	0.45~0.65	—	0.050	0.30	—
17	ZG10Cr9MoV	0.08~0.12	0.20~0.50	0.30~0.60	0.030	0.010	8.0~9.5	0.85~1.05	0.40	0.18~0.25	—	0.060≤Nb≤0.10　0.030≤N≤0.070　Al≤0.02　Ti≤0.01　Zr≤0.01
18	ZG16Cr9Mo	0.12~0.19	1.00	0.35~0.65	0.030	0.030	8.0~10.0	0.90~1.20	0.40	0.05	0.30	—

（续）

序号	牌号	C	Si	Mn	P	S	Cr	Mo	Ni	V	Cu	其他
19	ZG12Cr9Mo2CoNiVNbNB④	0.10~0.14	0.20~0.30	0.80~1.00	0.02	0.01	9.00~9.60	1.40~1.60	0.10~0.20	0.18~0.23	—	0.90≤Co≤1.10 0.05≤Nb≤0.08 0.015≤N≤0.022 0.008≤B≤0.011 Al≤0.02 Ti≤0.01
20	ZG010Cr12Ni	0.10	0.40	0.50~0.80	0.030	0.020	11.50~12.50	0.50	0.80~1.50	0.08	0.30	—
21	ZG23Cr12MoV	0.20~0.26	0.40	0.50~0.80	0.030	0.020	11.30~12.20	1.00~1.20	1.00	0.25~0.35	0.30	W≤0.50
22	ZG05Cr13Ni4	0.05	1.00	1.00	0.035	0.015	12.00~13.50	0.70	3.50~5.00	0.08	0.30	—
23	ZG06Cr13Ni4	0.06	1.00	1.00	0.035	0.025	12.00~13.50	0.70	3.50~5.00	0.08	0.30	—
24	ZG06Cr16Ni5Mo	0.06	0.80	1.00	0.035	0.025	15.00~17.00	0.70~1.50	4.00~6.00	0.08	0.30	—
25	ZG03Cr19Ni11N	0.03	1.50	2.00	0.035	0.030	18.00~20.00	—	9.00~12.00	—	0.50	0.12≤N≤0.20
26	ZG07Cr19Ni10	0.07	1.50	1.50	0.040	0.030	18.00~20.00	—	8.00~11.00	—	0.50	—
27	ZG07Cr19Ni11Nb	0.07	1.50	1.50	0.040	0.030	18.00~20.00	—	9.00~12.00	—	0.50	8×C%≤Nb≤1.0
28	ZG03Cr19Ni11Mo2N	0.030	1.50	2.00	0.035	0.030	18.00~20.00	2.00~2.50	9.00~12.00	—	0.50	0.12≤N≤0.20
29	ZG07Cr19Ni11Mo2	0.07	1.50	1.50	0.040	0.030	18.00~20.00	2.00~2.50	9.00~12.00	—	0.50	—
30	ZG07Cr19Ni11Mo2Nb	0.07	1.50	1.50	0.040	0.030	18.00~20.00	2.00~2.50	9.00~12.00	—	0.50	8×C%≤Nb≤1.0
31	ZG03Cr22Ni5Mo3N	0.03	1.00	2.00	0.035	0.025	21.00~23.00	2.50~3.50	4.50~6.50	—	0.50	0.12≤N≤0.20
32	ZG03Cr26Ni6Mo3Cu3N	0.03	1.00	1.50	0.035	0.025	25.00~27.00	2.50~3.50	5.00~7.00	—	2.75~3.50	0.12≤N≤0.20
33	ZG03Cr26Ni7Mo4N⑤	0.03	1.00	1.00	0.035	0.025	25.00~27.00	3.00~5.00	6.00~8.00	—	1.30	0.12≤N≤0.20
34	ZG03Ni28Cr21Mo2	0.03	1.00	2.00	0.035	0.025	19.00~22.00	2.00~2.50	26.00~30.00	—	2.00	N≤0.20

① 除规定的化学成分范围外，各元素化学成分数值均为最大值。
② 表中未列入的元素，未经需方同意不得加入。
③ 对上限每减少0.01%的碳，允许增加0.04%的锰，最高至1.40%。
④ 应记录Cu和Sn的含量。
⑤ 可规定（Cr+3.3×Mo+16×N）≥40%。

表8-17　我国承压铸钢件热处理及力学性能（GB/T 16253—2019）

序号	牌号	热处理① 方式	热处理温度②		室温力学性能				
			正火温度或淬火温度或固溶温度/℃	回火温度/℃	规定非比例延伸强度 $R_{p0.2}$/MPa ≥	规定非比例延伸强度 $R_{p1.0}$/MPa ≥	抗拉强度 R_m/MPa	断后伸长率 A(%) ≥	冲击吸收能量 KV_2/J ≥
1	ZGR240-420③	+N④	900~980	—	240	—	420~600	22	27
		+QT	900~980	600~700	240	—	420~600	22	40
2	ZGR280-480③	+N④	900~980	—	280	—	480~640	22	27
		+QT	900~980	600~700	280	—	480~640	22	40
3	ZG18	+QT	900~980	600~700	240	—	450~600	24	—
4	ZG20③	+N④	900~980	—	300	—	480~620	20	—
		+QT	900~980	610~660	300	—	500~650	22	—
5	ZG18Mo	+QT	900~980	600~700	240	—	440~590	23	—
6	ZG19Mo	+QT	920~980	650~730	245	—	440~690	22	27
7	ZG18CrMo	+QT	920~960	680~730	315	—	440~690	20	27
8	ZG17Cr2Mo	+QT	930~970	680~740	400	—	590~740	18	40
9	ZG13MoCrV	+QT	950~1000	680~720	295	—	510~660	17	27
10	ZG18CrMoV	+QT	920~960	680~740	440	—	590~780	15	27
11	ZG26CrNiMo③	+QT1	870~960	600~700	415	—	620~795	18	27
		+QT2	870~960	600~680	585	—	725~865	17	27
12	ZG26Ni2CrMo③	+QT1	850~920	600~650	485	—	690~860	18	27
		+QT2	850~920	600~650	690	—	860~1000	15	40
13	ZG17Ni3Cr2Mo	+QT	890~930	600~640	600	—	750~900	15	—
14	ZG012Ni3	+QT	830~890	600~650	280	—	480~630	24	—
15	ZG012Ni4	+QT	820~900	590~640	360	—	500~650	20	—
16	ZG16Cr5Mo	+QT	930~990	680~730	420	—	630~760	16	27
17	ZG10Cr9MoV	+QT	1040~1080	730~800	415	—	585~760	16	—
18	ZG16Cr9Mo	+QT	960~1020	680~730	415	—	620~795	18	27

(续)

序号	牌号	热处理方式①	热处理温度② 正火温度或淬火温度或固溶温度/℃	热处理温度② 回火温度/℃	室温力学性能 规定非比例延伸强度 $R_{p0.2}$/MPa ≥	室温力学性能 规定非比例延伸强度 $R_{p1.0}$/MPa ≥	室温力学性能 抗拉强度 R_m/MPa	室温力学性能 断后伸长率 A(%) ≥	室温力学性能 冲击吸收能量 KV_2/J ≥
19	ZG12Cr9Mo2CoNiVNbNB⑤	+QT	1040~1130	700~750+700~750	500	—	630~750	15	30
20	ZG010Cr12Ni③	+QT1	1000~1060	680~730	355	—	540~690	18	45
20	ZG010Cr12Ni③	+QT2	1000~1060	600~680	500	—	600~800	16	40
21	ZG23Cr12MoV	+QT	1000~1080	700~750	540	—	740~880	15	27
22	ZG05Cr13Ni4⑤	+QT	1000~1050	670~690+590~620	500	—	700~900	15	50
23	ZG06Cr13Ni4	+QT	1000~1050	590~620	550	—	760~960	15	50
24	ZG06Cr16Ni5Mo	+QT	1020~1070	580~630	540	—	760~960	15	60
25	ZG03Cr19Ni11N	+AT	1050~1150	—	—	230	440~640	30	—
26	ZG07Cr19Ni10	+AT	1050~1150	—	—	200	440~640	30	—
27	ZG07Cr19Ni11Nb⑥	+AT	1050~1150	—	—	200	440~640	25	—
28	ZG03Cr19Ni11Mo2N	+AT	1080~1150	—	—	230	440~640	30	—
29	ZG07Cr19Ni11Mo2	+AT	1080~1150	—	—	210	440~640	30	—
30	ZG07Cr19Ni11Mo2Nb⑥	+AT	1080~1150	—	—	210	440~640	25	—
31	ZG03Cr22Ni5Mo3N⑦	+AT	1120~1150	—	420	—	600~800	20	—
32	ZG03Cr26Ni6Mo3Cu3N⑦	+AT	1120~1150	—	480	—	650~860	22	—
33	ZG03Cr26Ni7Mo4N⑦	+AT	1140~1180	—	480	—	650~950	22	—
34	ZG03N28Cr21Mo2	+AT	1100~1180	—	—	190	430~630	30	—

① 热处理方式为强制性，热处理方式代号的含义为：+N—正火；+QT—淬火+回火；+AT—固溶处理。
② 热处理温度仅供参考。
③ 应根据拉伸性能要求在钢牌号中增加热处理方式的代号。
④ 允许回火处理。
⑤ 铸件应进行二次回火，且第二次回火温度不得高于第一次回火。
⑥ 为提高材料的抗腐蚀能力，ZG07Cr19Ni11Nb 可在 600~650℃ 下进行稳定化处理，而 ZG07Cr19Ni11Mo2Nb 可在 550~600℃ 下进行稳定化处理。
⑦ 铸件固溶处理时可降温至 1010~1040℃ 后再进行快速冷却。

表 8-18　我国承压铸钢件高温拉伸性能（GB/T 16253—2019）

序号	牌号	热处理方式	高温下规定非比例延伸强度 R/MPa ≥								
			R_p	100℃	200℃	300℃	350℃	400℃	450℃	500℃	550℃
1	ZGR240-420	+ N	0.2%	210	175	145	135	130	125	—	—
		+ QT	0.2%	210	175	145	135	130	125	—	—
2	ZGR280-480	+ N	0.2%	250	220	190	170	160	150	—	—
		+ QT	0.2%	250	220	190	160	160	150	—	—
3	ZG19Mo	+ QT	0.2%	—	190	165	155	150	145	135	—
4	ZG18CrMo	+ QT	0.2%	—	250	230	215	200	190	175	160
5	ZG13MoCrV	+ QT	0.2%	264	244	230	—	214	—	194	144
6	ZG18CrMoV	+ QT	0.2%	—	385	365	350	335	320	300	260
7	ZG17Cr2Mo	+ QT	0.2%	—	355	345	330	315	305	280	240
8	ZG16Cr5Mo	+ QT	0.2%	—	390	380	—	370	—	305	250
9	ZG12Cr9Mo2CoNiVNbNB[①]	+ QT	0.2%	—	—	—	—	—	—	—	325
10	ZG16Cr9Mo	+ QT	0.2%	—	375	355	345	320	295	265	—
11	ZG23Cr12MoV	+ QT	0.2%	—	450	430	410	390	370	340	290
12	ZG06Cr13Ni4	+ QT	0.2%	515	485	455	440	—	—	—	—
13	ZG06Cr16Ni5Mo	+ QT	0.2%	515	485	455	—	—	—	—	—
14	ZG03Cr19Ni11N	+ AT	1%	165	130	110	100	—	—	—	—
15	ZG07Cr19Ni10	+ AT	1%	160	125	110	—	—	—	—	—
16	ZG07Cr19Ni11Nb	+ AT	1%	165	145	130	—	120	—	110	100
17	ZG03Cr19Ni11Mo2N	+ AT	1%	175	145	115	—	105	—	—	—
18	ZG07Cr19Ni11Mo2	+ AT	1%	175	135	115	—	105	—	—	—
19	ZG07Cr19Ni11Mo2Nb	+ AT	1%	185	160	145	—	130	—	120	115
20	ZG03Cr22Ni5Mo3N[②]	+ AT	0.2%	330	280	—	—	—	—	—	—
21	ZG03Cr26Ni6Mo3Cu3N[②]	+ AT	0.2%	390	330	—	—	—	—	—	—
22	ZG03Cr26Ni7Mo4N[②]	+ AT	0.2%	390	330	—	—	—	—	—	—
23	ZG03Ni28Cr21Mo2	+ AT	1%	165	135	120	—	110	—	—	—

①　应在 600℃、620℃、650℃测定高温下规定非比例延伸强度 $R_{p0.2}$，允许的最小值分别为 275MPa、245MPa、200MPa。
②　奥氏体-铁素体双相不锈钢不宜在 250℃ 以上使用。

8.3.2　国际承压铸钢

ISO 4991：2015《承压铸钢》标准规定了非合金钢、铁素体和马氏体合金钢，以及奥氏体型不锈钢的各种牌号，其化学成分见表 8-19，力学性能及热处理工艺见表 8-20，高温下规定非比例延伸强度见表 8-21，高温下蠕变性能见表 8-22。

表8-19　国际承压铸钢化学成分

牌号	材料号	化学成分（质量分数，%）										
		C	Si≤	Mn	P≤	S≤	Cr	Mo	Ni	V	Cu	其他
GP240GH	1.0619	0.18~0.23①	0.60	0.50~1.20①	0.030	0.020	≤0.30	≤0.12	≤0.40	≤0.03	≤0.30	②
GP280GH	1.0625	0.18~0.25①	0.60	0.80~1.20①	0.030	0.020	≤0.30	≤0.12	≤0.40	≤0.03	≤0.30	②
G17Mn5	1.1131	0.15~0.20	0.60	1.00~1.60	0.020	0.025	≤0.30	≤0.12	≤0.40	≤0.03	≤0.30	②
G20Mn5	1.6220	0.17~0.23	0.60	1.00~1.60	0.020	0.020	≤0.30	≤0.12	≤0.80	≤0.03	≤0.30	
G18Mo5	1.5422	0.15~0.20	0.60	0.80~1.20	0.020	0.020	≤0.30	0.45~0.65	≤0.40	≤0.050	≤0.30	
G20Mo5	1.5419	0.15~0.23	0.60	0.50~1.00	0.025	0.020	≤0.30	0.40~0.60	≤0.40	≤0.050	≤0.30	
G17CrMo5-5	1.7357	0.15~0.20	0.60	0.50~1.00	0.020	0.020	1.00~1.50	0.45~0.65	≤0.40	≤0.050	≤0.30	
G17CrMo9-10	1.7379	0.13~0.20	0.60	0.50~0.90	0.020	0.020	2.00~2.50	0.90~1.20	≤0.40	≤0.050	≤0.30	
G12MoCrV5-2	1.7720	0.10~0.15	0.45	0.40~0.70	0.030	0.020	0.30~0.50	0.40~0.60	≤0.40	0.22~0.30	≤0.30	
G17CrMoV5-10	1.7706	0.15~0.20	0.60	0.50~0.90	0.020	0.015	1.20~1.50	0.90~1.10	≤0.40	0.20~0.30	≤0.30	
G25NiCrMo3	1.6553	0.23~0.28	0.80	0.60~1.00	0.030	0.025	0.40~0.80	0.15~0.30	0.40~0.80	≤0.03	≤0.30	
G25NiCrMo6	1.6554	0.23~0.28	0.80	0.60~0.90	0.030	0.025	0.70~0.90	0.20~0.30	1.00~2.00	≤0.03	≤0.30	
G17NiCrMo13-6	1.6781	0.15~0.19	0.50	0.55~0.80	0.015	0.015	1.30~1.80	0.45~0.60	3.00~3.50	≤0.050	≤0.30	
G9Ni10	1.5636	0.06~0.12	0.60	0.50~0.80	0.020	0.015	≤0.30	≤0.20	2.00~3.00	≤0.050	≤0.30	
G9Ni14	1.5638	0.06~0.12	0.60	0.50~0.80	0.020	0.015	≤0.30	≤0.20	3.00~4.00	≤0.050	≤0.30	
GX15CrMo5	1.7365	0.12~0.19	0.80	0.50~0.80	0.025	0.025	0.40~0.60	0.45~0.65	—	≤0.050	≤0.30	
GX10CrMoV9-1	1.7367	0.08~0.12	0.20~0.50	0.30~0.60	0.030	0.010	8.0~9.5	0.85~1.05	≤0.40	0.18~0.25	—	Nb 0.060~0.10 N 0.030~0.070 Al≤0.02 Ti≤0.01 Zr≤0.01

牌号	材料号	C	Si	Mn	P	S	Cr	Mo	Ni	V	Cu	其他
GX15CrMo9-1	1.7376	0.12~0.19	1.00	0.35~0.65	0.030	0.030	8.00~10.00	0.90~1.20	≤0.40	≤0.050	≤0.30	
GX8CrNi12-1	1.4107	≤0.10	0.40	0.50~0.80	0.030	0.020	11.50~12.50	≤0.50	0.80~1.50	≤0.08	≤0.30	
GX23CrMoV12-1	1.4931	0.20~0.26	0.40	0.50~0.80	0.030	0.020	11.30~12.20	1.00~1.20	≤1.00	0.25~0.35	≤0.30	W≤0.50
GX3CrNi13-4	1.5982	≤0.05	1.00	≤1.00	0.035	0.015	12.00~16.50	≤0.70	3.50~5.00	≤0.08	≤0.30	
GX4CrNi13-4	1.4317	≤0.06	1.00	≤1.00	0.035	0.025	12.00~16.50	≤0.70	3.50~5.00	≤0.08	≤0.30	
GX4CrNiMo16-5-1	1.4405	≤0.06	0.80	≤1.00	0.035	0.025	15.00~17.00	0.70~1.50	4.00~6.00	≤0.08	≤0.30	
GX2CrNiN19-11	1.4487	≤0.03	1.50	≤2.00	0.035	0.030	18.00~20.00	—	9.00~12.00	—	≤0.50	N 0.12~0.20
GX5CrNi19-9	1.4308	≤0.07	1.50	≤1.50	0.040	0.030	18.00~20.00	—	8.00~11.00	—	≤0.50	
GX6CrNiNb19-10	1.4552	≤0.07	1.50	≤1.50	0.040	0.030	18.00~20.00	—	9.00~12.00	—	≤0.50	8×C%≤Nb≤1.0
GX2CrNiMoN19-11-2	1.4490	≤0.03	1.50	≤2.00	0.035	0.030	18.00~20.00	2.00~2.50	9.00~12.00	—	≤0.50	N 0.12~0.20
GX5CrNiMo19-11-2	1.4408	≤0.07	1.50	≤1.50	0.040	0.030	18.00~20.00	2.00~2.50	9.00~12.00	—	≤0.50	
GX6CrNiMoNb19-11-2	1.4581	≤0.07	1.50	≤1.50	0.040	0.030	18.00~20.00	2.00~2.50	9.00~12.00	—	≤0.50	8×C%≤Nb≤1.0
GX2CrNiMoN22-5-3	1.4470	≤0.03	1.00	≤2.00	0.035	0.025	21.00~23.00	2.50~3.50	4.50~6.50	—	≤0.50	N 0.12~0.20
GX2CrNiMoCuN26-5-3-3	1.4451	≤0.03	1.00	≤1.50	0.035	0.025	25.00~27.00	2.50~3.50	5.00~7.00	—	2.75~3.50	N 0.12~0.22
GX2CrNiMoN26-7-4	1.4469	≤0.03	1.00	≤1.00	0.035	0.025	25.00~27.00	3.00~5.00	6.00~8.00	—	≤1.30	N 0.12~0.22
GX2NiCrMo28-20-2	1.4458	≤0.03	1.00	≤2.00	0.035	0.025	19.00~22.00	2.00~2.50	26.00~30.00	—	≤2.30	N≤0.20

① 对上限每减少 0.01% 的碳,允许增加 0.04% 的锰,最高至 1.40%。

② $w(Cr)+3.3[w(Mo)+w(Ni)]+w(V)+w(Cu)\leqslant1.00\%$。

表 8-20　国际承压铸钢件力学性能及热处理工艺

牌号	材料号	热处理方式①	室温力学性能					低温冲击吸收能量		热处理温度③	
			规定非比例延伸强度 $R_{p0.2}$/MPa ≥	规定非比例延伸强度 $R_{p1.0}$/MPa ≥	抗拉强度 R_m/MPa	断后伸长率 $A(\%)$ ≥	冲击吸收能量 KV_2/J ≥	温度/℃	冲击吸收能量 KV_2/J ≥	正火温度或淬火温度或固溶温度/℃	回火温度/℃
GP240GH④	1.0619	+N②	240	—	420~600	22	27	—	—	900~980	—
		+QT	240	—	420~600	22	40	—	—	900~980	600~700
GP280GH④	1.0625	+N②	280	—	480~640	22	27	—	—	900~980	—
		+QT	280	—	480~640	22	40	—	—	900~980	600~700
G17Mn5	1.1131	+QT	240	—	450~600	24	—	-40	27	890~980	600~700
G20Mn5	1.6220	+N②	300	—	480~620	20	—	-30	27	900~980	—
		+QT	300	—	500~650	22	27	-40	27	900~980	610~660
G18Mo5	1.5422	+QT	240	—	440~590	23	27	-45	27	900~980	600~700
G20Mo5	1.5419	+QT	245	—	440~690	22	27	—	—	920~980	650~730
G17CrMo5-5	1.7357	+QT	315	—	490~690	20	27	—	—	920~960	680~730
G17CrMo9-10	1.7379	+QT	400	—	590~740	18	40	—	—	930~970	680~740
G12MoCrV5-2	1.7720	+QT	295	—	510~660	17	27	—	—	950~1000	680~720
G17CrMoV5-10	1.7706	+QT	440	—	590~780	15	27	—	—	920~960	680~740
G25NiCrMo3④	1.6553	+QT1	415	—	620~795	18	27	—	—	870~960	600~700
		+QT2	585	—	725~865	17	27	—	—	870~960	600~680
G25NiCrMo6④	1.6554	+QT1	485	—	690~860	18	27	—	—	850~920	600~650
		+QT2	690	—	860~1000	15	40	—	—	850~920	600~650
G17NiCrMo13-6	1.6781	+QT	600	—	750~900	15	—	-80	27	890~930	600~640
G9Ni10	1.5636	+QT	280	—	480~630	24	—	-70	27	830~890	600~650
G9Ni14	1.5638	+QT	360	—	500~650	20	—	-90	27	820~900	590~640
GX15CrMo5	1.7365	+QT	420	—	630~760	16	27	—	—	930~990	680~730
GX10CrMoV9-1	1.7367	+NT	415	—	585~760	16	—	—	—	1040~1080	730~800

GX15CrMo9-1	1.7376	+QT	415	—	620~795	18	27	—	—	960~1020	680~730
GX8CrNi12-1④	1.4107	+QT1	355	—	540~690	18	45	—	—	1000~1060	680~730
		+QT2	500	—	600~800	16	40	—	—	1000~1060	600~680
GX23CrMoV12-1	1.4931	+QT	540	—	740~880	15	27	—	—	1030~1080	700~750
GX3CrNi13-4⑤	1.5982	+QT	500	—	700~900	15	50	-120	27	1000~1050	670~690+590~620
GX4CrNi13-4	1.4317	+QT	550	—	760~960	15	50	—	—	1000~1050	590~620
GX4CrNiMo16-5-1	1.4405	+QT	540	—	760~960	15	60	—	—	1020~1070	580~630
GX2CrNi19-11	1.4487	+AT	—	230	440~640	30	—	-196	70	1050~1150	—
GX5CrNi19-9	1.4308	+AT	—	200	440~640	30	—	-196	60	1050~1150	—
GX6CrNiNb19-10⑥	1.4552	+AT	—	200	440~640	25	—	—	—	1050~1150	—
GX2CrNiMoN19-11-2	1.4490	+AT	—	230	440~640	30	—	-196	70	1080~1150	—
GX5CrNiMo19-11-2⑥	1.4408	+AT	—	210	440~640	30	—	-196	60	1080~1150	—
GX6CrNiMoNb19-11-2	1.4581	+AT	—	210	440~640	25	—	—	—	1080~1150	—
GX2CrNiMoN22-5-3⑦	1.4470	+AT	420	—	600~800	20	—	-40	40	1120~1160	—
GX2CrNiMoCuN26-5-3-3⑦	1.4451	+AT	480	—	650~850	22	—	-70	35	1120~1160	—
GX2CrNiMoN26-7-4⑦	1.4469	+AT	480	—	650~850	22	—	-70	35	1140~1180	—
GX2NiCrMo28-20-2	1.4458	+AT	—	190	430~630	30	—	-196	—	1100~1180	—

① 热处理方式为强制性，热处理方式代号的含义：+N—正火；+QT—淬火+回火；+AT—固溶处理。

② 允许回火处理。

③ 热处理温度仅供参考。

④ 应根据拉伸性能要求在钢牌号中增加热处理方式的代号。

⑤ 铸件应进行二次回火，且第二次回火温度不得高于第一次回火。

⑥ 为提高材料的抗腐蚀能力，GX6CrNiNb19-10可在600~650℃下进行稳定化处理，而GX5CrNiMo19-11-2可在550~600℃下进行稳定化处理。

⑦ 铸件固溶处理时可降温至1010~1040℃后再进行快速冷却。

表 8-21　国际承压铸钢高温下规定非比例延伸强度

牌号	材料号	热处理方式	高温下规定非比例延伸强度 R/MPa　≥							
			R_p	100℃	200℃	300℃	350℃	400℃	450℃	500℃	550℃
GP240GH	1.0619	+ N	0.2%	210	175	145	135	130	125	—	—
		+ QT	0.2%	210	175	145	135	130	125	—	—
GP280GH	1.0625	+ N	0.2%	250	220	190	170	160	150	—	—
		+ QT	0.2%	250	220	190	160	150	150	—	—
G20Mo5	1.6220	+ QT	0.2%	—	190	165	155	150	145	135	—
G17CrMo5-5	1.7357	+ QT	0.2%	—	250	230	215	200	190	175	160
G12MoCrV5-2	1.7720	+ QT	0.2%	264	244	230	—	214	—	194	144
G17CrMoV5-10	1.7706	+ QT	0.2%	—	385	365	350	335	320	300	260
G17CrMo9-10	1.7379	+ QT	0.2%	—	355	345	330	315	305	280	240
GX15CrMo5	1.7365	+ QT	0.2%	—	390	380	—	370	—	305	250
GX15CrMo9-1	1.7376	+ QT	0.2%	—	375	355	345	320	295	265	—
GX23CrMoV12-1	1.4931	+ QT	0.2%	—	450	430	410	390	370	340	290
GX4CrNi13-4	1.4317	+ QT	0.2%	515	485	455	440	—	—	—	—
GX4CrNiMo16-5-1	1.4405	+ QT	0.2%	515	485	455	—	—	—	—	—
GX2CrNiN19-11	1.4487	+ AT	1%	165	130	110	100	—	—	—	—
GX5CrNi19-9	1.4308	+ AT	1%	160	125	110	—	—	—	—	—
GX6CrNiNb19-10	1.4552	+ AT	1%	165	145	130	—	120	—	110	100
GX2CrNiMoN19-11-2	1.4490	+ AT	1%	175	145	115	—	105	—	—	—
GX5CrNiMo19-11-2	1.4408	+ AT	1%	170	135	115	—	105	—	—	—
GX6CrNiMoNb19-11-2	1.4581	+ AT	1%	185	160	145	—	130	—	120	115
GX2CrNiMoN22-5-3[①]	1.4470	+ AT	0.2%	330	280	—	—	—	—	—	—
GX2CrNiMoCuN26-5-3-3[①]	1.4451	+ AT	0.2%	390	330	—	—	—	—	—	—
GX2CrNiMoN26-7-4[①]	1.4469	+ AT	0.2%	390	330	—	—	—	—	—	—
GX2NiCrMo28-20-2	1.4458	+ AT	1%	165	135	120	—	110	—	—	—

① 奥氏体 – 铁素体双相不锈钢不宜在 250℃ 以上使用。

表 8-22　国际承压铸钢高温下蠕变性能

牌号	材料号	温度/℃	400			450			500			550		
		时间/1 × 10⁴h	1	10	20	1	10	20	1	10	20	1	10	20
GP240GH	1.0619	σ_r	205	160	145	132	83	71	74	40	32		30	
		σA1	147	110		88	50		43	20		—	—	—
GP280GH	1.0625	σ_r	210	165		135	85		75	42		—	—	—
		σA1	148	110		90	52		45	22		—	—	—
G20Mo5	1.6220	σ_r	360	310	290	275	205	180	160	85	70	66	30	23
		σA1				185	150	130	125	65	50	41	15	10
G17CrMo5-5	1.7357	σ_r	420	370	356	321	244	222	187	117	96	98	55	44
		σA1	271	222		196	145		130	81		65	35	
G17CrMo9-10	1.7379	σ_r	404	324	304	282	218	200	188	136	120	106	66	52
		σA1	350	300	278	229	168	148	141	96	80	70	40	31
G12MoCrV5-2	1.7720	σ_r				365	277		208	140		135	75	
G17CrMoV5-10	1.7706	σ_r	463	419	395	340	275	254	229	171	157	151	96	83
		σA1	427	385	356	305	243	218	196	133	110	120	70	49
GX15CrMo5	1.7365	σ_r				228[①]	165[①]		168	106		93	58	
GX23CrMoV12-1	1.4931	σ_r	504	426	394	383	309	279	269	207	187	167	118	103
		σA1				305	259	239	219	172	153	131	91	77
GX5CrNi19-9	1.4308	σ_r										147	124	
GX6CrNiNb19-10	1.4552	σ_r				—						246	192	
GX5CrNiMo19-11-2	1.4408	σ_r				—						194	160	

注：抗蠕变值 σ_r 表示断裂应力/MPa；σA1 表示 1% 蠕变应力/MPa。

① 在 470℃ 时。

8.3.3　美国承压铸钢

（1）ASTM A487/A487M—2020《通用承压铸钢》

标准　其等级、型号及化学成分见表 8-23，力学性能见表 8-24，热处理和焊后热处理的工艺要求见表 8-25。

表 8-23　美国承压铸钢的等级、型号及化学成分

等级	型号（类型）	化学成分（质量分数，%）											残余元素≤						
		C	Mn	P≤	S≤	Si≤	Ni	Cr	Mo	V	B	Cu	Cu	Ni	Cr	Mo+V	W	V	总量
Grade 1	Class A、B、C (V)	≤0.30	≤1.00	0.035	0.035	0.80	—	—	—	0.04~1.20			0.50	0.50	0.35	0.25	—	—	1.00
Grade 2	Class A、B、C (Mn-Mo)	≤0.30	1.00~1.40	0.035	0.035	0.80	—	—	0.10~0.30				0.50	0.50	0.35		0.10	0.03	1.00
Grade 4	Class A、B、C、D、E (Ni-Cr-Mo)	≤0.30	≤1.00	0.035	0.035	0.80	0.40~0.80	0.40~0.80	0.15~0.30				0.50	—	—		0.10	0.03	0.60
Grade 6	Class A、B (Mn-Ni-Cr-Mo)	0.05~0.38	1.30~1.70	0.035	0.035	0.80	0.40~0.80	0.40~0.80	0.30~0.40				0.50	—	—		0.10	0.03	0.60
Grade 7	Class A① (Ni-Cr-Mo-V)	0.05~0.20	0.60~1.00	0.035	0.035	0.80	0.70~1.00	0.40~0.80	0.40~0.60	0.03~0.10	0.002~0.006	0.15~0.50	0.50	—	—		0.10	—	0.60
Grade 8	Class A、B、C (Cr-Mo)	0.05~0.20	0.50~0.90	0.035	0.035	0.80		2.00~2.75	0.90~1.10				0.50	—	—		0.10	0.03	0.60
Grade 9	Class A、B、C、D、E (Cr-Mo)	0.05~0.33	0.60~1.00	0.035	0.035	0.80	—	0.75~1.10	0.15~0.30				0.50	0.50	—		0.10	0.03	1.00
Grade 10	Class A、B (Ni-Cr-Mo)	≤0.30	0.60~1.00	0.035	0.035	0.80	1.40~2.00	0.55~0.90	0.20~0.40				0.50	—	—		0.10	0.03	0.60
Grade 11	Class A、B (Ni-Cr-Mo)	0.05~0.20	0.50~0.80	0.035	0.035	0.60	0.70~1.10	0.50~0.80	0.45~0.65				0.50	—	—		0.10	0.03	0.50
Grade 12	Class A、B (Ni-Cr-Mo)	0.05~0.20	0.40~0.70	0.035	0.035	0.60	0.60~1.00	0.50~0.90	0.90~1.20				0.50	—	—		0.10	0.03	0.50
Grade 13	Class A、B (Ni-Mo)	≤0.30	0.80~1.10	0.035	0.035	0.60	1.40~1.75	—	0.20~0.30				0.50	0.40	—		0.10	0.03	0.75
Grade 14	Class A (Ni-Mo)	≤0.55	0.80~1.10	0.035	0.035	0.60	1.40~1.75	—	0.20~0.30				0.50	—	0.40		0.10	0.03	0.75
Grade 16	Class A (C-Mn-Ni)	≤0.12②	0.12②~2.10②	0.02	0.02	0.50	1.00~1.40	—	—				0.20	—	0.20	0.10	0.10	0.02	0.50
Grade 17	Class A、B、C、D (Ni-Cr-Mo)	0.15~0.2	0.55~0.70	0.01	0.05	0.20~0.50	3.0~3.8	1.35~1.60	0.35~0.60	—			0.2	—	—		—	0.03	0.50
CA15	Class A、B、C、D (Cr 马氏体型)	≤0.15	≤1.00	0.035	0.035	1.50	≤1.00	11.5~14.0	≤0.50				0.50	—	—		0.10	0.05	0.50
CA15M	Class A (Cr 马氏体型)	≤0.15	≤1.00	0.035	0.035	0.65	≤1.00	11.5~14.0	0.10~0.15				0.50	—	—		0.10	0.05	0.50
CA6NM	Class A、B (Cr-Ni)	≤0.06	≤1.00	0.035	0.03	1.00	3.5~4.5	11.5~14.0	0.40~1.00				0.50	—	—		0.10	0.05	0.50

① 专利钢种的成分。
② 碳的质量分数上限每降低 0.01%，则允许锰的质量分数上限增加 0.04%，其锰的质量分数上限可增至 2.30%。

表 8-24　美国承压铸钢的力学性能

等　　级	型　　号		力学性能[1]				
			R_m/MPa	$R_{p0.2}$[2]/MPa	A[3](%)	Z(%)	硬度 HRC ≤
Grade 1	Class	A	585 ~ 760	380	22	40	—
		B	620 ~ 795	450	22	45	—
		C	≥620	450	22	45	22
Grade 2	Class	A	585 ~ 760	365	22	35	—
		B	620 ~ 795	450	22	40	—
		C	≥620	450	22	40	22
Grade 4	Class	A	620 ~ 795	415	18	40	—
		B	725 ~ 895	585	17	35	—
		C	≥620	415	18	35	22
		D	≥690	515	17	35	22
		E	≥795	655	15	35	—
Grade 6	Class	A	≥795	550	18	30	—
		B	≥825	650	12	25	—
Grade 7	Class A		≥795	690	15	30	—
Grade 8	Class	A	585 ~ 760	380	20	35	—
		B	≥725	585	17	30	—
		C	≥690	515	17	35	22
Grade 9	Class	A	≥620	415	18	35	—
		B	≥725	585	16	35	—
		C	≥620	415	18	35	—
		D	≥690	515	17	35	22
		E	≥795	655	15	35	—
Grade 10	Class	A	≥690	485	15	35	—
		B	≥860	690	15	35	—
Grade 11	Class	A	485 ~ 655	275	20	35	—
		B	725 ~ 895	585	17	35	—
Grade 12	Class	A	485 ~ 655	275	20	35	—
		B	725 ~ 895	585	17	35	—
Grade 13	Class	A	620 ~ 795	415	18	35	—
		B	725 ~ 895	585	17	35	—
Grade 14	Class A		825 ~ 1000	655	14	30	—
Grade 16	Class A		485 ~ 655	275	22	35	—
Grade 17	Class	A	780	670	15	30	—
		B	760	650	15	30	—
		C	730	625	15	30	—
		D	705	605	15	30	—
CA15	Class	A	965 ~ 1170	760 ~ 895	10	25	—
		B	620 ~ 795	450	18	30	—
		C	≥620	415	18	35	22
		D	≥620	515	17	35	22
CA15M	Class A		620 ~ 795	450	18	30	—
CA6NM	Class	A	760 ~ 930	550	15	35	—
		B	≥690	515	17	35	23

① 铸钢件厚度为 63.5mm（2.5in）。

② 屈服强度采用 0.2% 残余变形法测定。

③ 试样标距 50mm。当采用 ICI 试样作拉伸试验时，其标距长度对缩减断面与直径 d 之比为 4:1（4d）。

表 8-25　美国承压铸钢的热处理和焊后热处理的工艺要求

等　　级	型　　号		热处理工艺条件				最低预热温度 /℃	焊后热处理 温度/℃　≤
			奥氏体化温度 /℃	冷却介质①	淬冷到以下 温度/℃　≤	回火温度② /℃		
Grade 1	Class	A	870	A	230	595	95	595
		B	870	L	260	595	95	595
		C	870	A 或 L	260	620	95	620
Grade 2	Class	A	870	A	230	595	95	595
		B	870	L	260	595	95	595
		C	870	A 或 L	260	620	95	620
Grade 4	Class	A	870	A 或 L	260	595	95	595
		B	870	L	260	595	95	595
		C	870	A 或 L	260	620	95	620
		D	870	L	260	620	95	620
		E	870	L	260	595	95	595
Grade 6	Class	A	845	A	260	595	150	595
		B	845	L	260	595	150	595
Grade 7	Class A		900	L	315	595	150	595
Grade 8	Class	A	955	L	260	675	150	675
		B	955	L	260	675	150	675
		C	955	L	260	675	150	675
Grade 9	Class	A	870	A 或 L	260	595	150	595
		B	870	L	260	595	150	595
		C	870	A 或 L	260	620	150	620
		D	870	L	260	620	150	620
		E	870	L	260	595	150	595
Grade 10	Class	A	845	A	260	595	150	595
		B	845	L	260	595	150	595
Grade 11	Class	A	900	A	315	595	150	595
		B	900	L	315	595	150	595
Grade 12	Class	A	955	A	315	595	150	595
		B	955	L	205	595	150	595
Grade 13	Class	A	845	A	260	595	205	595
		B	845	L	260	595	205	595
Grade 14	Class A		845	L	260	595	205	595
Grade 16	Class A		870③	A	315	595	10	595
Grade 17	Class	A	865	L	260	590	95	—
		B	865	L	260	590	95	—
		C	865	L	260	590	95	—
		D	865	L	260	590	95	—
CA15	Class	A	955	A 或 L	205	480	205	595
		B	955	A 或 L	205	595	205	595
		C	955	A 或 L	205	620④	205	620
		D	955	A 或 L	205	620④	205	620
CA15M	Class A		955	A 或 L	205	595	205	595
CA6NM	Class	A	1010	A 或 L	195	565～620	10	565～620
		B	1010	A 或 L	195	665～690④⑤ 565～620⑥	10	665～690 565～620

①　冷却：A—空冷，L—（液体）水冷或油冷。

②　均指温度下限（已列出温度范围的除外）。

③　进行两次奥氏体化加热。

④　第一次回火后空冷至 95℃以下，再进行第二次回火。

⑤　在 665～690℃进行中间回火。

⑥　在 565～620℃进行最终回火。

（2）ASTM A389/A389M—2013《高温用承压件用合金铸钢》标准 其牌号及化学成分见表 8-26，力学性能与热处理见表 8-27。

（3）ASTM A217/A217M—2014《高温用压力容器部件用合金铸钢和不锈铸钢》标准 其牌号及化学成分见表 8-28，残余元素见表 8-29，力学性能见表 8-30。

表 8-26　美国高温用承压件合金铸钢的牌号及化学成分

牌　号		化学成分（质量分数，%）							
ASTM	UNS	C≤	Si≤	Mn	P≤	S≤	Cr	Mo	V
C23	J12080	0.20	0.60	0.30~0.80	0.035	0.035	1.00~1.50	0.45~0.65	0.15~0.25
C24	J12092	0.20	0.60	0.30~0.80	0.035	0.035	0.80~1.25	0.90~1.20	0.15~0.25

表 8-27　美国承压件高温用合金铸钢的力学性能与热处理

牌　号		力　学　性　能≥				正火温度 /℃	回　火		最低预热温度/℃
ASTM	UNS	R_m /MPa	$R_{p0.2}$ /MPa	A （%）	Z （%）		温　度 /℃	保温时间 /h	
C23	J12080	483	276	18.0	35.0	1010~1065	675~730	1[①]	150
C24	J12092	552	345	15.0	35.0	1010~1065	675~730	12	150

① 铸件厚度每 25mm 保温 1h；厚度 25mm 也保温 1h。

表 8-28　美国高温用合金铸钢和不锈铸钢的牌号及化学成分

牌　号		化学成分（质量分数，%）								其他[①]
ASTM	UNS	C	Si	Mn	P≤	S≤	Cr	Ni	Mo	
WC1	J12524	≤0.25	≤0.60	0.50~0.80	0.04	0.045	—	—	0.45~0.65	—
WC4	J12082	0.05~0.20	≤0.60	0.50~0.80	0.04	0.045	0.50~0.80	0.70~1.10	0.45~0.65	—
WC5	J22000	0.05~0.20	≤0.60	0.40~0.70	0.04	0.045	0.50~0.90	0.60~1.00	0.90~1.20	—
WC6	J12072	0.05~0.20	≤0.60	0.50~0.80	0.035	0.035	1.00~1.50	—	0.45~0.65	—
WC9	J21890	0.05~0.18	≤0.60	0.40~0.70	0.035	0.035	2.00~2.75	—	0.90~1.20	—
WC11	J11872	0.15~0.21	0.30~0.60	0.50~0.80	0.02	0.015	1.00~1.50	—	0.45~0.65	Al≤0.01
C5	J42045	≤0.20	≤0.75	0.40~0.70	0.04	0.045	4.00~6.50	—	0.45~0.65	—
C12	J82090	≤0.20	≤1.00	0.35~0.65	0.035	0.035	8.00~10.0	—	0.90~1.20	—
C12A	J84090	0.08~0.12	0.20~0.50	0.30~0.60	0.025	0.010	8.0~9.5	0.40	0.85~1.05	Nb 0.06~0.10 N 0.03~0.07
CA15	J91150	≤0.15	≤1.50	≤1.00	0.04	0.040	11.5~14.0	≤1.00	≤0.50	—

① 残余元素含量见表 8-29。

表 8-29　美国高温用合金铸钢和不锈铸钢的残余元素

牌　号		化学成分（质量分数，%）						残余元素[①] 总量≤
ASTM	UNS	Al	Cu≤	Ni≤	Cr≤	W≤	V≤	
WC1	J12524	—	0.50	0.50	0.35	0.10	—	1.00
WC4	J12082	—	0.50	—	—	0.10	—	0.60
WC5	J22000	—	0.50	—	—	0.10	—	0.60
WC6	J12072	—	0.50	0.50	—	0.10	—	1.00
WC9	J21890	—	0.50	0.50	—	0.10	—	1.00
WC11	J11872	0.01	0.50	0.50	—	—	0.03	1.00
C5	J42045	—	0.50	0.50	—	0.10	—	1.00
C12	J82090	—	0.50	0.50	—	0.10	—	1.00
C12A	J84090	0.020	—	—	—	—	0.18~0.25	—
CA15	J91150	—			（不规定）			

① 残余元素总量包括 P 和 S。

表 8-30　美国高温用合金铸钢和不锈铸钢的力学性能

牌　　号		力　学　性　能　≥				最低预热温度[2]
ASTM	UNS	R_m/MPa	$R_{p0.2}$/MPa	A[1](%)	Z(%)	/℃
WC1	J12524	450 ~ 620	240	24	35	10(厚度 ≤15.9mm 时) 120(厚度 >15.9mm 时)
WC4	J12082	485 ~ 655	275	20	35	150
WC5	J22000	485 ~ 655	275	20	35	150
WC6	J12072	485 ~ 655	275	20	35	150
WC9	J21890	485 ~ 655	275	20	35	200
WC11	J11872	550 ~ 725	345	18	45	150
C5	J42045	620 ~ 795	415	18	35	200
C12	J82090	620 ~ 795	415	18	35	200
C12A	J84090	585 ~ 760	415	18	45	200
CA15	J91150	620 ~ 795	450	18	30	200

① 试样标距 50mm。

② 最低预热温度适用于表中各铸钢件的所有厚度，但牌号 WC1 例外（表中已注明）。

(4) ASTM A352/A352M—2018《低温用压力容器部件用合金铸钢和不锈铸钢》标准　其牌号及化学成分见表 8-31，力学性能见表 8-32。

(5) ASTM A757/A757M—2015《低温用承压部件及其他用途的铁素体和马氏体铸钢》　其化学成分见表 8-33，残余元素见表 8-34，力学性能见表 8-35。

表 8-31　美国低温用合金铸钢和不锈铸钢的牌号及化学成分

牌　　号		类　型	化学成分（质量分数，%）								
ASTM	UNS		C≤	Si≤	Mn	P≤	S≤	Cr	Ni	Mo	其他
LCA[1]	J02504	C 钢	0.25	0.60	≤0.70[2]	0.04	0.045	≤0.050	≤0.50	≤0.20	Cu≤0.30 V≤0.03
LCB[1]	J03003	C 钢	0.30	0.60	≤1.00[2]	0.04	0.045	≤0.50	≤0.50	≤0.20	Cu≤0.30 V≤0.03
LCC[1]	J02505	C- Mn	0.25	0.60	≤1.20[2]	0.04	0.045	≤0.50	≤0.50	≤0.20	Cu≤0.30 V≤0.03
LC1	J12522	C- Mo	0.25	0.60	0.50 ~ 0.80	0.04	0.045	—	—	0.45 ~ 0.65	—
LC2	J22500	2.5Ni	0.25	0.60	0.50 ~ 0.80	0.04	0.045	—	2.00 ~ 3.00	—	—
LC2-1	J42215	Ni- Cr- Mo	0.22	0.50	0.55 ~ 0.75	0.04	0.045	1.35 ~ 1.85	2.50 ~ 3.50	0.30 ~ 0.60	—
LC3	J31550	3.5Ni	0.15	0.60	0.50 ~ 0.80	0.04	0.045	—	3.00 ~ 4.00	—	—
LC4	J41500	4.5Ni	0.15	0.60	0.50 ~ 0.80	0.04	0.045	—	4.00 ~ 5.00	—	—
LC9	J31300	9Ni	0.13	0.45	≤0.90	0.04	0.045	—	8.50 ~ 10.0	0.20	Cu≤0.30 V≤0.03
CA6NM	J91540	12.5Cr – 4Ni + Mo	0.06	1.00	≤1.00	0.04	0.03	11.5 ~ 14.0	3.50 ~ 4.50	0.40 ~ 1.00	—

① 表中所列的 Cr、Ni、Mo、Cu、V 均为残余元素含量，其总的质量分数小于或等于 1.00%。

② 碳的质量分数上限每降低 0.01%，则允许锰的质量分数上限增加 0.04%。对牌号 LCA 其锰的质量分数上限可增至 1.10%，LCB 可增至 1.28%，LCC 可增至 1.40%。

表 8-32　美国低温用合金铸钢和不锈铸钢的力学性能

牌　　号		R_m/MPa≥	$R_{p0.2}$/MPa≥	A[1](%) ≥	Z(%) ≥	夏比冲击吸收能量 KV_2/J　≥		
ASTM	UNS					平均值[2]	单个值	试验温度/℃
LCA	J02504	415 ~ 585	205	24	35	18	14	− 32
LCB	J03003	450 ~ 620	240	24	35	18	14	− 46

（续）

牌　　号		$R_m/MPa \geqslant$	$R_{p0.2}/MPa \geqslant$	$A^{①}(\%) \geqslant$	$Z(\%) \geqslant$	夏比冲击吸收能量 KV_2/J　$\geqslant$		
ASTM	UNS					平均值^{②}	单个值	试验温度/℃
LCC	J02505	485~655	275	22	35	20	16	-46
LC1	J12522	450~620	240	24	35	18	14	-59
LC2	J22500	485~655	275	24	35	20	16	-73
LC2-1	J42215	725~895	550	18	30	41	34	-73
LC3	J31550	485~655	275	24	35	20	16	-101
LC4	J41500	485~655	275	24	35	20	16	-115
LC9	J31300	585	515	20	30	27	20	-196
CA6NM	J91540	760~930	550	15	35	27	20	-73

①　试样标距 50mm。

②　2~3 个试样的平均值。

表 8-33　美国低温用铁素体和马氏体铸钢的化学成分

牌　　号		化学成分（质量分数,%）								
ASTM	UNS	C≤	Si≤	Mn	P≤	S≤	Cr^{②}	Ni^{②}	Mo^{②}	其他^{②}
A1Q	—	0.30	0.60	≤1.00	0.025	0.025				
A2Q	J02503	0.25^{①}	0.60	≤1.20^{①}	0.025	0.025				
B2N、B2Q	J22501	0.25	0.60	0.50~0.80	0.025	0.025	—	2.0~3.0	—	
B3N、B3Q	J31500	0.15	0.60	0.50~0.80	0.025	0.025		3.0~4.0		
B4N、B4Q	J41501	0.15	0.60	0.50~0.80	0.025	0.025		4.0~5.0		
C1Q	J12582	0.25	0.60	≤1.20	0.025	0.025		1.5~2.0	0.15~0.30	
D1N1、D1Q1	J22092	0.20	0.60	0.40~0.80	0.025	0.025	2.0~2.75		0.90~1.20	
D1N2、D1Q2	J22092	0.20	0.60	0.40~0.80	0.025	0.025	2.0~2.75	—	0.90~1.20	
D1N3、D1Q3	J22092	0.20	0.60	0.40~0.80	0.025	0.025	2.0~2.75		0.90~1.20	
E1Q	J42220	0.22	0.60	0.50~0.80	0.025	0.025	1.35~1.85	2.5~3.5	0.35~0.60	
E2N、E2Q	J42065	0.20	0.60	0.40~0.70	0.020	0.020	1h5~2.0	2.75~3.90	0.40~0.60	
E3N	J91550	0.06	1.00	≤1.00	0.030	0.030	11.5~14.0	3.5~4.5	0.40~1.00	

①　碳的质量分数上限每降低 0.01%，则允许锰的质量分数上限增加 0.04%，即牌号 A2Q 的锰的质量分数上限可达 1.40%。

②　残余元素（Cu、Ni、Cr、Mo、W、V 等）的质量分数见表 8-34。

表 8-34　美国低温用铁素体和马氏体铸钢的残余元素

牌　　号		化学成分（质量分数,%）						
ASTM	UNS	Cu≤	Ni≤	Cr≤	Mo≤	W≤	V≤	残余元素总量^{①}≤
A1Q	—	0.50	0.50	0.40	0.25	—	0.03	1.00
A2Q	J02503	0.50	0.50	0.40	0.25	—	0.03	1.00
B2N、B2Q	J22501	0.50	—	0.04	0.25	—	0.03	1.00
B3N、B3Q	J31500	0.50	—	0.40	0.25	—	0.03	1.00
B4N、B4Q	J41501	0.50	—	0.40	0.25	—	0.03	1.00
C1Q	J12582	0.50	—	0.40	—	—	0.03	1.00
D1N1、D1Q1	J22092	0.50	0.50	—	—	0.10	0.03	1.00
D1N2、D1Q2	J22092	0.50	0.50	—	—	0.10	0.03	1.00
D1N3、D1Q3	J22092	0.50	0.50	—	—	0.10	0.03	1.00
E1Q	J42220	0.50					0.03	0.70
E2N、E2Q	J42065	0.50	—	—	—	0.10	0.03	0.70
E3N	J91550	0.50	—	—	—	0.10	—	0.50

①　残余元素总量包括 P 和 S。

表 8-35　美国低温用铁素体和马氏体铸钢的力学性能

牌号	热处理状态	R_m/MPa≥	$R_{p0.2}^{①}$/MPa≥	$A^{②}$(%)≥	Z(%)≥	夏比冲击吸收能量^{③}KV_2/J≥	
						平均值	单个值
A1Q	淬火和回火	450	240	24	35	17	14
A2Q	淬火和回火	485	275	22	35	20	16
B2N、B2Q	正火和回火 或淬火和回火	485	275	24	35	20	16
B3N、B3Q	正火和回火 或淬火和回火	485	275	24	35	20	16
B4N、B4Q	正火和回火 或淬火和回火	485	275	24	35	20	16
C1Q	淬火和回火	515	380	22	35	20	16
D1N1、D1Q1	正火和回火 或淬火和回火	585 795	380	20	35	由供需双方协议确定	
D1N2、D1Q2	正火和回火 或淬火和回火	655 860	515	18	35	由供需双方协议确定	
D1N3、D1Q3	正火和回火 或淬火和回火	725 930	585	15	30	由供需双方协议确定	
E1Q	淬火和回火	620	450	22	40	41	34
E2N1、E2Q1	正火和回火 或淬火和回火	620 825	485	18	35	41 41	34 34
E2N2、E2Q2	正火和回火 或淬火和回火	725 930	585	15	30	27 27	20 20
E2N3、E2Q3	正火和回火 或淬火和回火	795 1000	690	13	30	20 20	16 16
E3N	正火和回火	760	550	15	35	27	20

①　屈服强度采用 0.2% 残余变形法测定。

②　试样标距 50mm。

③　用夏比 V 形缺口试样测定。其冲击吸收能量分为 2～3 个试样的平均值和单个试样值两组。

（6）ASTM A351/A351M—2018《压力容器部件用奥氏体铸钢，奥氏体-铁素体（双相）铸钢件》标准　其化学成分、力学性能见表 8-36 和表 8-37。

表 8-36　美国压力容器用奥氏体铸钢牌号及化学成分

| 牌号 | | 化学成分（质量分数,%） | | | | | | | | | | | |
ASTM	UNS	C	Mn	Si	S ≤	P ≤	Cr	Ni	Mo	Nb	V	N	Cu
CF20N	J92802	≤0.20	≤1.50	≤1.50	0.040	0.040	23.0~26.0	8.0~11.0	≤0.50	—	—	0.08~0.20	—
CF3, CF3A	J92700	≤0.03	≤1.50	≤2.00	0.040	0.040	17.0~21.0	8.0~12.0	≤0.50	—	—	—	—
CF8, CF8A	J92600	≤0.08	≤1.50	≤2.00	0.040	0.040	18.0~21.0	8.0~11.0	≤0.50	—	—	—	—
CF3M, CF3MA	J92800	≤0.03	≤1.50	≤1.50	0.040	0.040	17.0~21.0	9.0~13.0	2.0~3.0	—	—	—	—
CF8M	J92900	≤0.08	≤1.50	≤1.50	0.040	0.040	18.0~21.0	9.0~12.0	2.0~3.0	—	—	—	—
CF3MN	J92804	≤0.03	≤1.50	≤1.50	0.040	0.040	17.0~21.0	9.0~13.0	2.0~3.0	—	—	0.10~0.20	—
CF8C	J92710	≤0.08	≤1.50	≤2.00	0.040	0.040	18.0~21.0	9.0~12.0	≤0.50	>8×C%~1.00	—	—	—
CF10	J92950	0.04~0.10	≤1.50	≤2.00	0.040	0.040	18.0~21.0	8.0~11.0	≤0.50	—	—	—	—
CF10M	J92901	0.04~0.10	≤1.50	≤1.50	0.040	0.040	18.0~21.0	9.0~12.0	2.0~3.0	—	—	—	—
CF10MC	—	≤0.10	≤1.50	≤1.50	0.040	0.040	15.0~18.0	13.0~16.0	1.75~2.25	>10×C%~1.20	—	—	—
CF10SMnN	J92972	≤0.10	7.00~9.00	3.50~4.50	0.030	0.060	16.0~18.0	8.0~9.0	—	—	—	0.08~0.18	—
CG3M	J92999	≤0.03	≤1.50	≤1.50	0.040	0.040	18.0~21.0	9.0~13.0	3.0~4.0	—	—	—	—
CG6MMnN	J93790	≤0.06	4.00~6.00	≤1.00	0.030	0.040	20.5~23.5	11.5~13.5	1.5~3.0	0.10~0.30	0.10~0.30	0.20~0.40	—
CG8M	J93000	≤0.08	≤1.50	≤1.50	0.040	0.040	18.0~21.0	9.0~13.0	3.0~4.0	—	—	—	—
CH8	J93400	≤0.08	≤1.50	≤1.50	0.040	0.040	22.0~26.0	12.0~15.0	≤0.50	—	—	—	—
CH10	J93401	0.04~0.10	≤1.50	≤2.00	0.040	0.040	22.0~26.0	12.0~15.0	≤0.50	—	—	—	—
CH20	J93402	0.04~0.20	≤1.50	≤2.00	0.040	0.040	22.0~26.0	12.0~15.0	≤0.50	—	—	—	—
CK20	J94202	0.04~0.20	≤1.50	≤1.75	0.040	0.040	23.0~27.0	19.0~22.0	≤0.50	—	—	—	—
CK3MCuN	J93254	≤0.025	≤1.20	≤1.00	0.010	0.045	19.5~20.5	17.5~19.5	6.0~7.0	—	—	0.18~0.24	0.50~1.00
CN3MN	J94651	≤0.03	≤2.00	≤1.00	0.010	0.040	20.0~22.0	23.5~25.5	6.0~7.0	—	—	0.18~0.26	≤0.75
CN7M	N08007	≤0.07	≤1.50	≤1.50	0.040	0.040	19.0~22.0	27.5~30.5	2.0~3.0	—	—	—	3.0~4.0
CT15C	N08151	0.05~0.15	0.50~1.50	0.50~1.50	0.030	0.030	19.0~21.0	31.0~34.0	—	0.50~1.50	—	—	—
HG10MnN	J92604	0.07~0.11	3.0~5.0	0.70	0.030	0.040	18.5~20.5	11.5~13.5	0.25~0.45	>8×C%~1.00	—	0.20~0.30	—
HK30	J94203	0.25~0.35	≤1.50	≤1.75	0.040	0.040	23.0~27.0	19.0~22.0	≤0.50	—	—	—	≤0.50
HK40	J94204	0.35~0.45	≤1.50	≤1.75	0.040	0.040	23.0~27.0	19.0~22.0	≤0.50	—	—	—	—
HT30	N08030	0.25~0.35	≤2.00	≤2.50	0.040	0.040	13.0~17.0	33.0~37.0	≤0.50	—	—	—	—

表 8-37　美国压力容器用奥氏体铸钢的力学性能

牌号 ASTM	UNS	R_m/MPa	$R_{p0.2}$[①]/MPa	A[②]（%）	牌号 ASTM	UNS	R_m/MPa	$R_{p0.2}$[①]/MPa	A[②]（%）
CE20N	J92802	550	275	30	CG6MMnN	J93790	585	295	30
CF3	J92700	485	205	35	CG8M	J93000	515	240	25
CF3A	J92700	530	240	35	CH8	J93400	450	195	30
CF8	J92600	485	205	35	CH10	J93401	485	205	30
CF8A	J92600	530	240	35	CH20	J93402	485	205	30
CF3M	J92800	485	205	30	CK20	J94202	450	195	30
CF3MA	J92800	550	255	30	CK3MCuN	J93254	550	260	35
CF8M	J92900	485	205	30	CN3MN	J94651	550	260	35
CF3MN	J92804	515	255	35	CN7M	N08007	425	170	35
CF8C	J92710	485	205	30	CT15C	N08151	435	170	20
CF10	J92950	485	205	35	HG10MnN	J92604	525	225	20
CF10M	J92901	485	205	30	HK30	J94203	450	240	10
CF10MC	—	485	205	20	HK40	J94204	425	240	10
CF10SMnN	J92972	585	295	30	HT30	N08030	450	195	15
CG3M	J92999	515	240	25					

① 屈服点采用0.2%残余变形法测定。为获得最高的屈服强度，可通过调整铸钢的化学成分（在规定的范围内）而调整铁素体－奥氏体比率。

② 试样标距为50mm。当ICI（美国精密铸造学会）试棒作拉伸试验时，其标距长度对缩减截面直径之比为4:1（4d）。

8.3.4　英国承压铸钢

英国 BS 1504:1976（1984再确认）《承压铸钢》标准规定其类型、牌号及化学成分见表8-38，力学性能见表8-39。

表 8-38　英国承压铸钢的类型、牌号及化学成分

牌号	类型	C	Si	Mn	P≤	S≤	Cr	Mo	Ni	其他
\multicolumn{11}{c}{碳素铸钢和合金铸钢}
161 Grade 430[①]	C 钢	≤0.25	≤0.60	≤0.90[②]	0.050	0.050	≤0.25	≤0.15	≤0.40	Cu~0.30
Grade 480[①]	C 钢	≤0.30	≤0.60	≤0.90[②]	0.050	0.050	≤0.25	≤0.15	≤0.40	Cu~0.30
Grade 540[①]	C 钢	≤0.35	≤0.60	≤1.10[②]	0.050	0.050	≤0.25	≤0.15	≤0.40	Cu~0.30
245[③]	C-Mo 钢	≤0.20	0.20~0.60	0.50~1.0	0.040	0.040	≤0.25	0.45~0.65	≤0.40	Cu~0.30
503LT60	3½%Ni 钢	≤0.12	≤0.60	≤0.80	0.030	0.030	—		3.0~4.0	—
621[④]	1¼%Cr-Mo 钢	≤0.20	≤0.60	0.50~0.80	0.050	0.050	1.0~1.5	0.45~0.65	≤0.40	Cu~0.30
622[④]	2¼%Cr-1%Mo 钢	≤0.18	≤0.60	0.40~0.70	0.050	0.050	2.0~2.75	0.90~1.20	≤0.40	Cu~0.30
623[④]	3%Cr-Mo 钢	≤0.25	≤0.75	0.30~0.70	0.040	0.040	2.5~3.5	0.35~0.60	≤0.40	Cu~0.30
625[④]	5%Cr-Mo 钢	≤0.20	≤0.75	0.40~0.70	0.040	0.040	4.0~6.0	0.45~0.65	≤0.40	Cu~0.30
629[④]	9%Cr-Mo 钢	≤0.20	≤1.00	0.30~0.70	0.040	0.040	8.0~10.0	0.90~1.20	≤0.40	Cu~0.30 V 0.22~0.30
660[④]	Cr-Mo-V 钢	0.10~0.15	≤0.45	0.40~0.70	0.030	0.030	0.30~0.50	0.40~0.60	≤0.30	Cu≤0.30 Sn≤0.05

（续）

牌号	类型	化学成分（质量分数,%）								
		C	Si	Mn	P≤	S≤	Cr	Mo	Ni	其他
		耐　蚀　铸　钢								
304C12	Cr-Ni 钢	≤0.03	≤1.5	≤2.0	0.040	0.040	17.0~21.0	—	≥8.0	—
304C15	Cr-Ni 钢	≤0.08	≤1.5	≤2.0	0.040	0.040	17.0~21.0	—	≥8.0	—
310C40	Cr-Ni 高合金钢	0.30~0.50	≤1.5	≤2.0	0.040	0.040	24.0~27.0	≤1.5	19.0~22.0	—
315C16	Cr-Ni-1$\frac{1}{2}$%Mo 钢	≤0.06	≤1.5	≤2.0	0.040	0.040	17.0~21.0	1.0~1.75	≥8.0	—
316C12	Cr-Ni-2$\frac{1}{2}$%Mo 钢	≤0.03	≤1.5	≤2.0	0.040	0.040	17.0~21.0	2.0~3.0	≥10.0	—
316C16	Cr-Ni-2$\frac{1}{2}$%Mo 钢	≤0.08	≤1.5	≤2.0	0.040	0.040	17.0~21.0	2.0~3.0	≥10.0	—
316C71	Cr-Ni-2$\frac{1}{2}$%Mo 钢	≤0.08	≤1.5	≤2.0	0.040	0.040	17.0~21.0	2.0~3.0	≥8.0	—
317C12	Cr-Ni-3$\frac{1}{2}$%Mo 钢	≤0.03	≤1.5	≤2.0	0.040	0.040	17.0~21.0	3.0~4.0	≥10.0	—
317C16	Cr-Ni-3$\frac{1}{2}$%Mo 钢	≤0.08	≤1.5	≤2.0	0.040	0.040	17.0~21.0	3.0~4.0	≥10.0	—
318C17[5]	Cr-Ni-2$\frac{1}{2}$%Mo 钢	≤0.08	≤1.5	≤2.0	0.040	0.040	17.0~21.0	2.0~3.0	≥10.0	Nb 8×C%≤1.0
330C11	Ni-Cr 高合金钢	0.35~0.55	≤1.5	≤2.0	0.040	0.040	13.0~17.0	≤1.5	33.0~37.0	—
332C11	Cr-Ni-Cu 高合金钢	≤0.07	≤1.5	≤1.5	0.040	0.040	19.0~22.0	2.0~3.0	26.5~30.5	Cu 3.0~4.0
347C17[5]	Cr-Ni 钢	≤0.08	≤1.5	≤2.0	0.040	0.040	17.0~21.0	—	≥8.5	Nb 8×C%≤1.0
364C11	Cr-Ni-Cu 高合金钢	≤0.07	≤2.5	≤2.0	0.030	0.030	20.0~24.0	3.0~6.0	20.0~26.0	Nb≤0.50 Cu≤2.0
420C29	13%Cr 钢	≤0.20	≤1.0	≤1.0	0.040	0.040	11.5~13.5	—	≤1.0	Cu≤0.30
425C11	13%Cr-4%Ni 钢	≤0.10	≤1.0	≤1.0	0.040	0.040	11.5~13.5	≤0.60	3.4~4.2	—

① 残余元素 w(Cr+Co+Cu)≤0.80%。

② 碳的质量分数上限每减少 0.01%，允许锰的质量分数上限超出 0.04%，对 161 Grade 430 和 480 的锰的质量分数最高为 1.10%，对 Grade 540 锰的质量分数最高为 1.60%。

③ 残余元素 w(Cr+Ni+Cu)≤0.80%。

④ 残余元素 w(Ni+Cu)≤0.80%；牌号 660 的残余元素还包括 Sn。

⑤ 若要求铸钢件的低温冲击性能时，则 w(C)≤0.06%，w(Nb)≤0.90%，经供需双方同意，允许 Ti 代替 Nb，w(Ti)= 5×w(C)≤0.70%。

表 8-39　英国承压铸钢的力学性能

牌号		类　　型	力　学　性　能　≥			
			R_m/MPa	$R_{p0.2}/MPa$	A（%）	KV_2/J
碳素铸钢						
161	Grade 430	C 钢	430	230	22	25
	Grade 480		480	245	20	20
	Grade 540		540	280	13	20
合金铸钢						
245		C- Mo 钢	460	260	18	20
503LT60		$3\frac{1}{2}$% Ni 钢	460	280	20	—
621		$1\frac{1}{4}$% Cr- Mo 钢	480	280	17	30
622		$2\frac{1}{4}$% Cr-1% Mo 钢	540	325	17	25
623		3% Cr- Mo 钢	620	370	13	25
625		5% Cr- Mo 钢	620	420	13	25
629		9% Cr- Mo 钢	620	420	13	—
660		Cr- Mo- V 钢	510	295	17	—
奥氏体 Cr- Ni 钢						
304C12		Cr- Ni 钢	430	215	26	14
304C15			480	240	26	—
347C17			480	240	22	20
315C16		奥氏体 Cr- Ni-1 $\frac{1}{2}$% Mo 钢	480	240	26	
316C12		奥氏体 Cr- Ni-2 $\frac{1}{2}$% Mo 钢	430	215	26	41
316C16			480	240	26	34
316C71			510	260	26	34
318C17			480	240	18	—
317C12		奥氏体 Cr- Ni-3 $\frac{1}{2}$% Mo 钢	480	215	22	—
317C16			430	240	22	—
奥氏体高合金钢						
310C40		Cr- Ni 钢	450	—	7	—
330C11		Ni- Cr 钢	450	—	3	—
332C11		Cr- Ni- Cu 钢	430	200	20	—
364C11		Cr- Ni- Cu 钢	430	200	20	—
马氏体型不锈钢						
420C29		13% Cr 钢	620	450	13	25
425C11		13% Cr-4% Mo 钢	770	620	12	30

8.3.5　日本承压铸钢

（1）JIS G5151—1991《高温高压用铸钢》标准
其牌号及化学成分、残余元素、力学性能要求分别见
表8-40~表8-42。

（2）JIS G5152—1991《低温高压用铸钢》标准
其牌号及化学成分、力学性能分别见表8-43和
表8-44。

表8-40　日本高温高压用铸钢的牌号及化学成分

牌号	化学成分（质量分数,%）							
	C≤	Si≤	Mn	P≤	S≤	Cr	Mo	其他[①]
SCPH1	0.25	0.60	≤0.70	0.040	0.040	—	—	—
SCPH2	0.30	0.60	≤1.00	0.040	0.040	—	—	—
SCPH11	0.25	0.60	0.50~0.80	0.040	0.040	—	0.45~0.65	—
SCPH21	0.20	0.60	0.50~0.80	0.040	0.040	1.00~1.50	0.45~0.65	—
SCPH22	0.25	0.60	0.50~0.80	0.040	0.040	1.00~1.50	0.90~1.20	—
SCPH23	0.20	0.60	0.50~0.80	0.040	0.040	1.00~1.50	0.90~1.20	V 0.15~0.25
SCPH32	0.20	0.60	0.50~0.80	0.040	0.040	2.00~2.75	0.90~1.20	—
SCPH61	0.20	0.75	0.50~0.80	0.040	0.040	4.00~6.50	0.45~0.65	—

① 残余元素（Cu、Ni、Cr、Mo、W）的质量分数见表8-41。

表8-41　日本高温高压用铸钢的残余元素

牌号	化学成分（质量分数,%）					
	Cu≤	Ni≤	Cr≤	Mo≤	W≤	残余元素总量≤
SCPH1	0.50	0.50	0.25	0.25	—	1.00
SCPH2	0.50	0.50	0.25	0.25	—	1.00
SCPH11	0.50	0.50	0.35	—	0.10	1.00
SCPH21	0.50	0.50	—	—	0.10	1.00
SCPH22	0.50	0.50	—	—	0.10	1.00
SCPH23	0.50	0.50	—	—	0.10	1.00
SCPH32	0.50	0.50	—	—	0.10	1.00
SCPH61	0.50	0.50	—	—	0.10	1.00

表8-42　日本高温高压用铸钢的力学性能

牌号	力学性能　≥			
	R_{m}/MPa	$R_{p0.2}$/MPa	A（%）	Z（%）
SCPH1	410	205	21	35
SCPH2	480	245	19	35
SCPH11	450	245	22	35
SCPH21	480	275	17	35
SCPH22	550	345	16	35
SCPH23	550	345	13	35
SCPH32	480	275	17	35
SCPH61	620	410	17	35

表 8-43　日本低温高压用铸钢的牌号及化学成分

牌号	化学成分（质量分数,%)									
	C ≤	Si ≤	Mn	P ≤	S ≤	Cr ≤	Ni	Mo	其他	残余元素总量 ≤
SCPL1	0.30	0.60	1.00	0.040	0.040	0.25	≤0.50	—	Cu≤0.50	≤1.00
SCPL11	0.25	0.60	0.50~0.80	0.040	0.040	0.35	—	0.45~0.65	Cu≤0.50	
SCPL21	0.25	0.60	0.50~0.80	0.040	0.040	0.35	2.00~3.00	—	Cu≤0.50	
SCPL31	0.15	0.60	0.50~0.80	0.040	0.040	0.35	3.00~4.00	—	Cu≤0.50	

表 8-44　日本低温高压用铸钢的力学性能

牌号	力学性能　≥				冲击吸收能量（V 形缺口）		
	R_m/MPa	$R_{p0.2}$/MPa	A（%)	Z（%)	试验温度/℃	平均值[①] KV_2/J　≥	单个值 KV_2/J　≥
SCPL1	450	245	21	35	-45	18	14
SCPL11	450	245	21	35	-60	18	14
SCPL21	480	275	21	35	-75	21	17
SCPL31	480	275	21	35	-100	21	17

① 采用 4 号试样 3 个平均值, 不适用离心铸造钢管。

8.3.6　法国承压铸钢

法国 NF A32—055：2016《压力容器用铸钢》标准规定比较详细, 其牌号及化学成分、室温力学性能、高温和低温力学性能、热处理工艺与硬度的要求等分别见表 8-45 ~ 表 8-48。

表 8-45　法国压力容器用铸钢的牌号及化学成分

牌号	化学成分（质量分数,%)									
	C	Si≤	Mn ≤	P≤	S≤	Cr	Ni	Mo	其他	残余元素总量[①]
A420CP-M	≤0.23	0.60	1.00	0.030	0.030	—	—	—	—	—
A420AP-M	≤0.23	0.60	1.00	0.030	0.030	—	—	—	—	—
A420FP-M	≤0.23	0.60	1.20	0.030	0.030	≤1.00	—	—	—	—
A480CP-M	≤0.23	0.60	1.50	0.030	0.030	—	—	—	—	—
A480AP-M	≤0.23	0.60	1.50	0.030	0.030	—	—	—	—	—
A480FP-M	≤0.23	0.60	1.50	0.030	0.030	≤1.00	—	—	—	—
20M5-M	≤0.22	0.60	1.20	0.030	0.030	—	—	—	—	—
20MN5-M	≤0.22	0.60	1.20	0.030	0.030	—	≤0.50	≤0.30	—	≤1.0
20N12-M	≤0.23	0.60	1.50	0.030	0.030	—	2.40~4.00	—	—	≤1.0
20D5-M	≤0.23	0.60	1.00	0.030	0.030	—	—	0.40~0.70	—	≤1.0
18CD2.05-M	0.14~0.22	0.60	1.00	0.030	0.030	0.40~0.65	—	0.45~0.70	—	≤1.0
15CD5.05-M	0.12~0.20	0.60	1.00	0.030	0.030	1.00~1.50	—	0.45~0.65	—	≤1.0
15CD9.10-M	0.10~0.18	0.60	1.10	0.030	0.030	2.00~2.50	—	0.90~1.10	—	≤1.0
15CDV4.10-M	0.12~0.20	0.60	1.00	0.030	0.030	1.00~1.50	—	0.85~1.10	V 0.15~0.30	≤1.0

（续）

牌号	化学成分（质量分数,%）									
	C	Si≤	Mn ≤	P≤	S≤	Cr	Ni	Mo	其他	残余元素总量[①]
15CDV9. 10- M	0. 10 ~ 0. 18	0. 60	1. 10	0. 030	0. 030	2. 00 ~ 2. 75	—	0. 90 ~ 1. 20	V 0. 15 ~ 0. 30	≤1. 0
Z15CD5. 05- M	≤0. 19	1. 00	1. 00	0. 030	0. 030	4. 00 ~ 6. 00	—	0. 40 ~ 0. 70	—	≤1. 0
Z6CN12. 1- M	≤0. 08	0. 60	1. 00	0. 025	0. 035	11. 5 ~ 13. 0	0. 9 ~ 1. 3	≤0. 50	—	≤1. 0
Z2CN18. 10- M	≤0. 030	1. 50	1. 50	0. 030	0. 040	17. 0 ~ 21. 0	8. 0 ~ 12. 0	—	—	≤1. 0
Z3CN20. 09- M	≤0. 040	1. 50	1. 50	0. 025	0. 035	19. 0 ~ 21. 0	8. 0 ~ 11. 0	—	Cu≤1. 00	≤1. 0
Z6CN18. 10- M	≤0. 08	1. 50	1. 50	0. 030	0. 040	17. 0 ~ 21. 0	8. 0 ~ 12. 0	—	—	≤1. 0
Z6CNNb18. 10- M	≤0. 08	1. 50	1. 50	0. 030	0. 040	17. 0 ~ 21. 0	8. 0 ~ 11. 0	—	Nb 8 × C% ~ 1. 20	≤1. 0
Z2CND18. 12- M	≤0. 030	1. 50	1. 50	0. 030	0. 040	17. 0 ~ 21. 0	9. 0 ~ 13. 0	2. 00 ~ 3. 00	—	≤1. 0
Z3CND19. 10- M	≤0. 040	1. 50	1. 50	0. 025	0. 035	18. 0 ~ 21. 0	9. 0 ~ 12. 0	2. 25 ~ 2. 75	Cu≤1. 00	≤1. 0
Z6CND18. 12- M	≤0. 08	1. 50	1. 50	0. 030	0. 040	17. 0 ~ 21. 0	9. 0 ~ 13. 0	2. 00 ~ 3. 00	—	—
Z6CNDNb18. 12- M	≤0. 08	1. 50	1. 50	0. 030	0. 040	17. 0 ~ 21. 0	9. 0 ~ 13. 0	1. 75 ~ 2. 50	Nb 10 × C% ~ 1. 80	—
Z6NCDU25. 20. 04- M	≤0. 08	1. 50	1. 50	0. 030	0. 040	18. 0 ~ 22. 0	23. 0 ~ 27. 0	2. 50 ~ 6. 00	Cu 1. 50 ~ 3. 50	—
Z6CNDU20. 08- M	≤0. 08	1. 50	1. 50	0. 030	0. 040	19. 0 ~ 23. 0	7. 0 ~ 9. 0	2. 00 ~ 3. 00	Cu 1. 00 ~ 2. 00	—

① 残余元素分别为：$w(Cu) \leq 0.30\%$ 、$w(Ni) \leq 0.30\%$ 、$w(Cr) \leq 0.40\%$ 、$w(Mo) \leq 0.20\%$ 、$w(V) \leq 0.04\%$ ，未列于表中。

表 8-46　法国压力容器用铸钢的室温力学性能

牌号	室温力学性能				
	R_m/MPa	$R_{p0.2}$/MPa ≥	A（%） ≥	KU_2/J ≥	KV_2/J ≥
A420CP- M	420 ~ 530	240	25	—	—
A420AP- M	420 ~ 530	240	25	—	—
A420FP- M	420 ~ 530	240	25	—	—
A480CP- M	480 ~ 600	270	20	—	—
A480AP- M	480 ~ 600	270	20	—	—
A480FP- M	480 ~ 600	270	20	—	—
20M5- M	470 ~ 590	235	20	—	—
20MN5- M	485 ~ 610	280	22	—	—
20N12- M	450 ~ 600	230	18	—	—
20D5- M	450 ~ 600	250	21	—	—
18CD2. 05- M	500 ~ 650	300	18	—	—
15CD5. 05- M	500 ~ 650	300	18	—	—
15CD9. 10- M	550 ~ 700	325	17	—	—
15CDV4. 10- M	600 ~ 750	350	15	—	—
15CDV9. 10- M	600 ~ 750	350	15	—	16
Z15CD5. 05- M	630 ~ 780	420	16	—	24
Z6CN12. 1- M	540 ~ 700	380	18	—	40
Z2CN18. 10- M	450 ~ 650	190	35	100	80
Z3CN20. 09- M	480 ~ 680	210	35	100	80
Z6CN18. 10- M	450 ~ 650	190	30	100	80

（续）

牌　号	力 学 性 能				
	R_m/MPa	$R_{p0.2}$/MPa ≥	A（%）　≥	KU_2/J ≥	KV_2/J ≥
Z6CNNb18.10-M	450~650	190	30	60	50
Z2CND18.12-M	450~650	190	40	100	80
Z3CND19.10-M	480~680	210	35	100	80
Z6CND18.12-M	450~650	190	35	100	80
Z6CNDNb18.12-M	450~650	190	25	60	50
Z6NCDU25.20.04-M	450~650	170	30	100	80
Z6CNDU20.08-M	600~700	320	15	60	50

表 8-47　法国压力容器用铸钢的高温和低温力学性能

牌号	高温条件屈服强度 $R_{p0.2}$/MPa ≥								低温冲击吸收能量	
	100℃	200℃	300℃	350℃	400℃	450℃	500℃	550℃	温度/℃	KV_2/J ≥
A420CP-M						—	—	—	0	24
A420AP-M	210	190	155	145	130	—	—	—	-20	24
A420FP-M						—	—	—	-40	22
A480CP-M						—	—	—	0	24
A480AP-M	240	220	185	170	155	—	—	—	-20	24
A480FP-M						—	—	—	-40	24
20M5-M	210	205	185	175	—	—	—	—	0	40
20MN5-M	240	235	205	200	—	—	—	—	0	40
20N12-M	—	—	—	—	—	—	—	—	-70	20
20D5-M	220	200	175	165	155	145	—	—	0	25
18CD2.05-M	230	210	180	170	160	150	140	—	0	24
15CD5.05-M	270	240	225	205	190	180	170	—	0	24
15CD9.10-M	300	270	260	255	250	230	210	170	0	24
15CDV4.10-M	320	290	275	265	260	240	220	190	0	24
15CDV9.10-M	—	—	—	—	—	—	—	—	—	—
Z15CD5.05-M	410	390	380	375	370	340	305	250		
Z6CN12.1-M	300	280	270	265	—	—	—	—	0	32
Z2CN18.10-M	140	110	90	80	—	—	—	—		
Z3CN20.09-M	170	140	125	120	—	—	—	—		
Z6CN18.10-3	140	110	90	80	—	—	—	—		
Z6CNNb18.10-M	150	125	110	105	100	95	—	—		
Z2CND18.12-M	150	120	100	90	—	—	—	—		
Z3CND19.10-M	175	145	130	125	—	—	—	—		
Z6CND18.12-M	150	120	100	90	—	—	—	—		
Z6CNDNb18.12-M	160	130	120	115	110	105	—	—		
Z6NCDU25.20.04-M	—	—	—	—	—	—	—	—		
Z6CNDU20.08-M	—	—	—	—	—	—	—	—		

表 8-48　法国压力容器用铸钢的热处理工艺与硬度的要求

牌　　号	淬火温度（及冷却[①]）/℃	回火温度/℃	硬　　度　HBW
A420CP-M	890 ~ 980 A、L	600 ~ 700	130 ~ 165
A420AP-M	890 ~ 980 A、L	600 ~ 700	130 ~ 165
A420FP-M	890 ~ 980 A、L	600 ~ 700	130 ~ 165
A480CP-M	890 ~ 980 A、L	600 ~ 700	140 ~ 185
A480AP-M	890 ~ 980 A、L	600 ~ 700	140 ~ 185
A480FP-M	890 ~ 980 A、L	600 ~ 700	140 ~ 165
20M5-M	890 ~ 980 A、L	600 ~ 700	140 ~ 165
20MN5-M	890 ~ 980 A、L	600 ~ 700	145 ~ 190
20N12-M	820 ~ 870 A、L	590 ~ 660	135 ~ 180
20D5-M	900 ~ 960 A、L	630 ~ 710	135 ~ 180
18CD2.05-M	900 ~ 960 A、L	630 ~ 700	155 ~ 200
15CD5.05-M	900 ~ 960 A、L	650 ~ 720	155 ~ 200
15CD9.10-M	930 ~ 970 A、L	680 ~ 750	160 ~ 200
15CDV4.10-M	900 ~ 980 A、L	680 ~ 750	180 ~ 200
15CDV9.10-M	900 ~ 980 A、L	680 ~ 750	180 ~ 220
Z15CD5.05-M	930 ~ 970 A、L	680 ~ 750	185 ~ 240
Z6CN12.1-M	1000 ~ 1050A	650 ~ 720	160 ~ 220
Z2CN18.10-M	1050 ~ 1150H	—	—
Z3CN120.09-M	1050 ~ 1150H	—	—
Z6CN18.10-M	1050 ~ 1150H	—	—
Z6CNNb18.10-M	1050 ~ 1150H	—	—
Z2CND18.12-M	1050 ~ 1150H	—	—
Z3CND19.10-M	1050 ~ 1150H	—	—
Z6CND18.12-M	1050 ~ 1150H	—	—
Z6CNDNb18.12-M	1050 ~ 1150H	—	—
Z6NCDU25.20.04-M	1100 ~ 1150H		130
Z6CNDU20.08-M	1050 ~ 1150H	—	180

①　冷却：A—空冷；L—（液体）水或油冷；H—急冷。

8.4　精密铸造用铸钢及合金

8.4.1　英国精密铸造碳钢和低合金铸钢

　　英国 BS 3146 Part 1—1974（1992 再确认）是碳素精密铸钢和低合金精密铸钢的标准。该标准规定的化学成分和力学性能分别见表 8-49 和表 8-50。

　　英国 BS 3146 Part 2—1975（1992 再确认）是精密铸造用耐蚀、耐热精密铸钢和 Ni-Co 基精密铸造合金的标准。该标准规定的牌号及化学成分见表 8-51。

8.4.2　美国精密铸造用铸钢及其合金

　　1）ASTM A732/A732M—2014 标准中碳素精密铸钢和低合金精密铸钢的牌号及化学成分、残余元素和力学性能分别见表 8-52 ~ 表 8-54。

　　2）ASTM A732/A732M—2014 标准中钴基精密铸造合金的牌号及化学成分、力学性能分别见表 8-55 和表 8-56。

8.4.3　美国某公司钴基合金

　　美国某公司就不同标准组织间钴基合金化学成分对照见表 8-57。

8.4.4　德国医疗器械用铸造不锈钢

　　德国标准 DIN 17442 有医疗器械用铸造不锈钢的有关牌号和技术要求。医疗用铸造不锈钢多用精密铸造方法成型。其牌号及化学成分和力学性能见表 8-58 和表 8-59。

8.4.5　我国精密铸造用铸钢

　　GB/T 31204—2014《熔模铸造碳钢件》中熔模铸钢的牌号及化学成分、力学性能分别见表 8-60 和表 8-61。

8.4.6　国际精密铸造用铸钢

　　ISO/TC17/SC11 国际标准化组织铸钢标准委员会制定的两项有关精密铸造用钢的标准是《精密铸造铸钢件》和《精铸件的目测检查》。

表 8-49　英国碳素精密铸钢和低合金精密铸钢的化学成分

牌　号	化学成分（质量分数,%）								
	C	Si	Mn	P≤	S≤	Cr	Mo	Ni	其他
CLA1 Grade A[①]	0.15 ~ 0.25	0.20 ~ 0.60	0.40 ~ 1.00	0.035	0.035	≤0.30	≤0.10	≤0.40	Cu≤0.30
CLA1 Grade B[①]	0.25 ~ 0.35	0.20 ~ 0.60	0.40 ~ 1.00	0.035	0.035	≤0.30	≤0.10	≤0.40	Cu≤0.30
CLA1 Grade C[①]	0.35 ~ 0.45	0.20 ~ 0.60	0.40 ~ 1.00	0.035	0.035	≤0.30	≤0.10	≤0.40	Cu≤0.30
CLA2[①]	0.18 ~ 0.25	0.20 ~ 0.50	1.20 ~ 1.70	0.035	0.035	≤0.30	≤0.10	≤0.40	Cu≤0.30
CLA7[①]	0.15 ~ 0.25	0.30 ~ 0.80	0.30 ~ 0.60	0.035	0.035	2.50 ~ 3.50	0.35 ~ 0.60	≤0.40	Cu≤0.30
CLA8[①]	0.37 ~ 0.45	0.20 ~ 0.60	0.50 ~ 0.80	0.035	0.035	≤0.30	≤0.10	≤0.40	Cu≤0.30
CLA9[①]	0.10 ~ 0.18	0.20 ~ 0.60	0.60 ~ 1.00	0.035	0.035	≤0.30	≤0.10	≤0.40	Cu≤0.30
CLA10	0.10 ~ 0.18	0.20 ~ 0.60	0.30 ~ 0.60	0.035	0.035	≤0.30	≤0.10	2.75 ~ 3.50	Cu≤0.30
CLA11	0.20 ~ 0.30	0.30 ~ 0.80	0.30 ~ 0.60	0.035	0.035	2.90 ~ 3.50	0.40 ~ 0.70	≤0.40	V≤0.02 Cu≤0.30 Sn≤0.03
CLA12 Grade A	0.45 ~ 0.55	0.30 ~ 0.80	0.50 ~ 1.00	0.035	0.035	0.80 ~ 1.20	≤0.10	≤0.40	Cu≤0.30
CLA12 Grade B	0.45 ~ 0.55	0.30 ~ 0.80	0.50 ~ 1.00	0.035	0.035	0.80 ~ 1.20	≤0.10	≤0.40	Cu≤0.30
CLA12 Grade C	0.55 ~ 0.65	0.30 ~ 0.80	0.50 ~ 1.00	0.035	0.035	0.80 ~ 1.50	0.20 ~ 0.40	≤0.40	Cu≤0.30
CLA13	0.12 ~ 0.20	0.20 ~ 0.60	0.30 ~ 0.70	0.035	0.035	≤0.30	0.20 ~ 0.40	1.50 ~ 2.00	Cu≤0.30

① 残余元素总量 $w(Cr + Mo + Ni + Cu)$≤0.80%。

表 8-50　英国碳素精密铸钢和低合金精密铸钢的力学性能

牌　号	R_m/MPa	$R_{p0.2}$/MPa	A（%）	冲击吸收能量/J	硬　度 HBW
CLA1 Grade A	430	195	15	—	121 ~ 174
CLA1 Grade B	500	215	13	—	143 ~ 185
CLA1 Grade C	540	245	13	—	163 ~ 207
CLA2	550 ~ 700	≤310	13	40.7	152 ~ 201
CLA3	700 ~ 850	495	11	33.9	201 ~ 255
CLA4	850 ~ 1000	585	11	20.3	248 ~ 302
CLA5 Grade A	1000	880	9	40.7	269 ~ 321
CLA5 Grade B	1160	1000	5	13.6	341 ~ 388
CLA7	620 ~ 770	480	14	33.9	174 ~ 223
CLA8	540	245	15	—	HV >500
CLA9	495	215	15	27.1	—
CLA10	700	350	14	40.7	—
CLA11	850 ~ 1000	600	8	20.3	248 ~ 302
CLA12 Grade A	700	—	8	—	≤207
CLA12 Grade B	—	—	—	—	≤293
CLA12 Grade C	—	—	—	—	≤341
CLA13	700	350	14	40.7	—

表 8-51　英国耐蚀、耐热精密铸钢和 Ni- Co 基精密铸造合金的牌号及化学成分

牌　号	化学成分（质量分数,%）								
	C	Si	Mn	P≤	S≤	Cr	Ni	Mo	其　他
ANC1 GradeA	≤0.15	0.20 ~ 1.20	0.20 ~ 1.00	0.035	0.035	11.50 ~ 13.50	≤1.00	—	—
ANC1 GradeB	0.12 ~ 0.20	0.20 ~ 1.20	0.20 ~ 1.00	0.035	0.035	11.50 ~ 13.50	≤1.00	—	—
ANC1 GradeC	0.20 ~ 0.30	0.20 ~ 1.20	0.20 ~ 1.00	0.035	0.035	11.50 ~ 13.50	≤1.00	—	—

（续）

牌　号	化学成分（质量分数,%）								
	C	Si	Mn	P≤	S≤	Cr	Ni	Mo	其　他
ANC2	0.12~0.25	0.20~1.00	0.20~1.00	0.035	0.035	15.50~20.00	1.50~3.00	—	—
ANC3 GradeA	≤0.12	0.20~2.00	0.20~2.00	0.035	0.035	17.00~20.00	8.00~12.00	—	—
ANC3 GradeB	≤0.12	0.20~2.00	0.20~2.00	0.035	0.035	17.00~20.00	8.50~12.00	—	—
ANC4 GradeA	≤0.08	0.20~1.50	0.20~2.00	0.035	0.035	18.00~20.00	11.00~14.00	—	Nb 8×C%≤1.10
ANC4 GradeB	≤0.08	0.20~1.50	0.20~2.00	0.035	0.035	17.00~20.00	≥10.00	3.00~4.00	—
ANC4 GradeC	≤0.12	0.20~1.50	0.20~2.00	0.035	0.035	17.00~20.00	≥10.00	2.00~3.00	—
ANC5 GradeA	≤0.50	0.20~3.00	0.20~2.00	—	—	22.00~27.00	17.00~22.00	2.00~3.00	Nb 8×C%≤1.10
ANC5 GradeB	≤0.50	0.20~3.00	0.20~2.00	—	—	15.00~25.00	36.00~46.00	—	—
ANC5 GradeC	≤0.75	0.20~3.00	0.20~2.00	—	—	10.00~20.00	55.00~65.00	—	—
ANC6 GradeA	0.15~0.30	0.75~2.00	0.20~1.00	0.035	0.035	20.00~25.00	10.00~15.00	—	—
ANC6 GradeB	0.15~0.30	0.75~2.00	0.20~1.00	0.035	0.035	20.00~25.00	10.00~15.00	—	W 2.50~3.50
ANC6 GradeC	0.05~0.15	0.75~2.00	0.20~1.00	0.035	0.035	20.00~25.00	10.00~18.00	—	W 2.50~3.50
ANC8	0.08~0.15	0.20~1.00	0.20~1.00	—	—	18.00~22.00	余量	—	Ti 0.2~0.6 Al≤0.3 Fe≤5.0
ANC9	0.04~0.10	0.20~1.00	0.20~1.00	—	—	18.00~22.00	余量	（含Co）	Ti 2.2~3.0 Al 0.8~1.6 Fe≤2.0
ANC10	0.05~0.13	0.20~1.00	0.20~1.00	—	—	18.00~21.00	余量	—	Co 15.0~18.0 Ti 2.0~2.7 Al 1.0~1.6 Fe≤2.0
ANC11	0.27~0.40	0.20~0.45	0.20~0.50	—	—	18.00~23.00	余量	9.50~11.0	Co 9.0~11.0 Ti≤0.30 Al≤0.20 Fe≤1.0
ANC13	0.40~0.55	0.50~1.00	0.50~1.00	—	—	24.50~26.50	9.50~11.50	—	W 7.0~8.0 Fe≤2.0

表 8-52　美国碳素精密铸钢和低合金精密铸钢的牌号及化学成分

牌　号		化学成分（质量分数,%）								
ASTM	ICI[1]	C	Si	Mn	P≤	S≤	Cr	Ni	Mo	其　他[2]
1A	1020	0.15~0.25	0.20~1.00	0.20~0.60	0.04	0.045	—	—	—	—
2A, 2Q	1030	0.25~0.35	0.20~1.00	0.70~1.00	0.04	0.045	—	—	—	—
3A, 3Q	1040	0.35~0.45	0.20~1.00	0.70~1.00	0.04	0.045	—	—	—	—
4A, 4Q	1050	0.45~0.55	0.20~1.00	0.70~1.00	0.04	0.045	—	—	—	—
5N	6120	≤0.30	0.20~0.80	0.70~1.00	0.04	0.045	—	—	—	V 0.05~0.15
6N	4020	≤0.35	0.20~0.80	1.35~1.75	0.04	0.045	—	—	0.25~0.55	—
7Q	4130	0.25~0.35	0.20~0.80	0.40~0.70	0.04	0.045	0.80~1.10	—	0.15~0.25	—
8Q	4140	0.35~0.45	0.20~0.80	0.70~1.00	0.04	0.045	0.80~1.10	—	0.15~0.25	—
9Q	4330	0.25~0.35	0.20~0.80	0.40~0.70	0.04	0.045	0.70~0.90	1.65~2.00	0.20~0.30	—
10Q	4340	0.35~0.45	0.20~0.80	0.70~1.00	0.04	0.045	0.70~0.90	1.65~2.00	0.20~0.30	—
11Q	4620	0.15~0.25	0.20~0.80	0.40~0.70	0.04	0.045	—	1.65~2.00	0.20~0.30	—
12Q	6150	0.45~0.55	0.20~0.80	0.65~0.95	0.04	0.045	0.80~1.10	—	—	V≥0.15
13Q	8620	0.15~0.25	0.20~0.80	0.65~0.95	0.04	0.045	0.40~0.70	0.40~0.70	0.15~0.25	—
14Q	8630	0.25~0.35	0.20~0.80	0.65~0.95	0.04	0.045	0.40~0.70	0.40~0.70	0.15~0.25	—
15A	52100	0.95~1.10	0.20~0.80	0.25~0.55	0.04	0.045	1.30~1.60	—	—	—

① 美国精密铸造学会的牌号（下同）。

② 残余元素（Cu、Ni、Cr、Mo、W 等）的质量分数见表 8-53。

表 8-53　美国碳素精密铸钢和低合金精密铸钢的残余元素

牌　号		化学成分（质量分数,%）					
ASTM	ICI	Cu≤	Ni≤	Cr≤	（Mo＋W）≤	W≤	残余元素总量≤
1A	1020	0.50	0.50	0.35	0.25	—	1.00
2A，2Q	1030	0.50	0.50	0.35	—	0.10	1.00
3A，3Q	1040	0.50	0.50	0.35	—	0.10	1.00
4A，4Q	1050	0.50	—	—	—	0.10	0.60
5N	6120	0.50	0.50	0.35	0.25	—	1.00
6N	4020	0.50	0.50	0.35	—	0.25	1.00
7Q	4130	0.50	—	—	—	0.10	1.00
8Q	4140	0.50	0.50	—	—	0.10	1.00
9Q	4330	0.50	—	—	—	0.10	0.60
10Q	4340	0.50	—	—	—	0.10	1.00
11Q	4620	0.50	—	0.35	—	0.10	1.00
12Q	6150	0.50	0.50	—	0.10	0.10	1.00
13Q	8620	0.50	—	—	—	0.10	1.00
14Q	8630	0.50	—	—	—	0.10	1.00
15A	52100	0.50	0.50	—	—	0.10	0.60

表 8-54　美国碳素精密铸钢和低合金精密铸钢的力学性能

牌　号		热处理状态	力　学　性　能　≥			
ASTM	ICI		R_m/MPa	$R_{p0.2}$/MPa	$A^{①}$（%）	洛氏硬度 HRB　≤
1A	1020	退　火	414	276	24	
2A	1030	退　火	448	310	25	
2Q	1030	淬火与回火	586	414	10	
3A	1040	退　火	517	331	25	
3Q	1040	淬火与回火	689	621	10	
4A	1050	退　火	621	345	20	
4Q	1050	淬火与回火	862	689	5	
5N	6120	正火与回火	586	379	22	
6N	4020	正火与回火	621	414	20	100
7Q	4130	淬火与回火	1030	793	7	
8Q	4140	淬火与回火	1241	1000	5	
9Q	4330	淬火与回火	1030	793	7	
10Q	4340	淬火与回火	1241	1000	5	
11Q	4620	淬火与回火	827	689	10	
12Q	6150	淬火与回火	1310	1172	4	
13Q	8620	淬火与回火	724	586	10	
14Q	8630	淬火与回火	1030	793	7	
15A	52100	退　火	—	—	—	

①　试样标距 50mm。

表 8-55　美国钴基精密铸造合金的牌号及化学成分

牌　号	化学成分（质量分数,%）									
	C	Si≤	Mn≤	P≤	S≤	Co	Cr	Ni	Mo	其　他
Grade 21	0.20～0.30	1.00	1.00	0.040	0.040	余量	25.0～29.0	1.75～3.80	5.00～6.00	Fe≤3.00 B≤0.007
Grade 31	0.45～0.55	1.00	1.00	0.040	0.040	余量	24.5～26.5	9.50～11.5	—	Fe≤2.00 W 7.00～8.00 B 0.005～0.015

表 8-56　美国钴基精密铸造合金的力学性能

牌号	状态	试验温度/℃	拉力试验		加压破坏性试验		
			抗拉强度/MPa ≥	断后伸长率(%) ≥	加载压力/MPa	破坏性寿命/h ≥	断后伸长率①(%) ≥
Grade 21	铸态	820	360	10	160	15	5
Grade 31	铸态	820	380	10	205	15	5

① 采用 ICI（美国精密铸造学会）试样作拉力试验时，其试样标距长度对缩减断面与直径之比为 4∶1（4d）。

表 8-57　美国某公司钴基合金化学成分对照

牌号	采用标准	化学成分（质量分数,%）										熔化温度/℃
		C	Mn	Si	Cr	Ni	Mo	W	Co	Fe	其他	
Co Alloy #3	—	2.00 ~ 2.70	1.00	1.00	29.0 ~ 33.0	3.00	—	11.0 ~ 14.0	Bal	3.00	P 0.03 S 0.03	1210 ~ 1280
Co Alloy #4	—	1.00	1.00	1.50	28.0 ~ 32.0	3.00	1.50	12.5 ~ 15.5	Bal	3.00	—	1245 ~ 1360
Co Alloy #6	AMS 5387B	0.90 ~ 1.40	1.00	1.50	27.0 ~ 31.0	3.00	1.50	3.50 ~ 5.50	Bal	3.00	P 0.04 S 0.04	1260 ~ 1360
Co Alloy #6	AMS 5373C	0.90 ~ 1.40	1.00	1.50	27.0 ~ 31.0	3.00	1.50	3.50 ~ 5.50	Bal	3.00	P 0.04 S 0.03	1260 ~ 1360
Co Alloy #12	—	1.10 ~ 1.70	1.00	1.00	28.0 ~ 32.0	3.00	—	7.00 ~ 9.50	Bal	3.00	P 0.03 S 0.03	1255 ~ 1340
Co Alloy #19	—	1.50 ~ 2.10	1.00	1.00	29.5 ~ 32.5	3.00	—	9.50 ~ 11.5	Bal	3.00	P 0.03 S 0.03	1240 ~ 1300
Co Alloy #21	AMS 5385F	0.20 ~ 0.30	1.00	1.00	25.0 ~ 29.0	1.75 ~ 3.75	5.00 ~ 6.00	—	Bal	3.00	P 0.04 S 0.04 B 0.007	1340 ~ 1365
Co Alloy #21	ASTM A-732 GR 21	0.20 ~ 0.30	1.00	1.00	25.0 ~ 29.0	1.75 ~ 3.75	5.00 ~ 6.00	—	Bal	3.00	P 0.04 S 0.04 B 0.007	1340 ~ 1365
Co Alloy #21	ASTM A-567 GR 1	0.20 ~ 0.30	1.00	1.00	25.0 ~ 29.0	1.75 ~ 3.75	5.00 ~ 6.00	—	Bal	3.00	P 0.04 S 0.04 B 0.007	1340 ~ 1365
Co Alloy #23	AMS 53750	0.35 ~ 0.45	1.00	1.00	23.0 ~ 27.0	0.50 ~ 3.00	1.00	4.00 ~ 6.00	Bal	2.00	P 0.04 S 0.03	1290 ~ 1360
Co Alloy #25	H.S. 25（L605）	0.05 ~ 0.15	1.0 ~ 2.0	1.00	19.0 ~ 11.0	9.0 ~ 11.0	—	14.0 ~ 16.0	Bal	3.0	P 0.04 S 0.04	1330 ~ 1410
Co Alloy #27	AMS 53780	0.35 ~ 0.45	1.00	1.00	23.0 ~ 26.0	30.0 ~ 35.0	4.50 ~ 6.50	—	Bal	2.00	P 0.04 S 0.03	—
Co Alloy #30	AMS 5380E	0.40 ~ 0.50	1.00	1.00	24.0 ~ 28.0	14.0 ~ 16.0	5.50 ~ 6.50	—	Bal	2.00	P 0.04 S 0.03	—

（续）

牌　号	采用标准	化学成分（质量分数,%）										熔化温度/℃
		C	Mn	Si	Cr	Ni	Mo	W	Co	Fe	其他	
Co Alloy # 31	AMS 5382G	0.45 ~ 0.55	1.00	1.00	24.5 ~ 26.5	9.50 ~ 11.50	0.50	7.0 ~ 8.0	Bal	2.00	P 0.04 S 0.04	1340 ~ 1395
	ASTM A-732 GR-31	0.45 ~ 0.55	1.00	1.00	24.5 ~ 26.5	9.50 ~ 11.50	—	7.00 ~ 8.00	Bal	2.00	P 0.04 S 0.04 B 0.005 ~ 0.015	1340 ~ 1400
Co Alloy # 36	—	0.35 ~ 0.45	1.0 ~ 1.5	0.35	17.5 ~ 19.5	9.0 ~ 11.0	—	14.0 ~ 15.0	Bal	2.0	P 0.03 S 0.03 B 0.01 ~ 0.05	1330 ~ 1410
Alloy # 93	—	2.5 ~ 3.25	1.5	1.5	15.0 ~ 19.0	—	14.0 ~ 18.0	—	4.0 ~ 7.0	Bal	P 0.03 S 0.03 V 1.50 ~ 2.50	
Co Alloy # 400	—	0.04 ~ 0.08	—	2.2 ~ 2.6	7.5 ~ 8.5	—	27.0 ~ 29.0	—	60.0 ~ 63.0	—	P 0.03 S 0.03 Ni + Fe 3.0 N 0.05 O 0.05	1230 ~ 1590
Co Alloy # 800	—	0.04 ~ 0.08	—	3.0 ~ 3.5	16.5 ~ 17.5	—	27.0 ~ 29.0	—	50.0 ~ 53.0	—	P 0.03 S 0.03 Mi + Fe 3.0 N 0.05 O 0.05	1230 ~ 1590
Co Alloy X-40	ASTM A-567 GR2	0.45 ~ 0.55	1.00	1.00	24.5 ~ 26.5	9.50 ~ 11.5	—	7.00 ~ 8.00	Bal	2.00	P 0.04 S 0.04 B 0.005 ~ 0.15	1340 ~ 1395
Co Alloy X-45	ASTM A-567 GR13	0.20 ~ 0.30	0.40 ~ 1.00	0.75 ~ 1.00	24.5 ~ 26.5	9.50 ~ 11.5	—	7.00 ~ 8.00	Bal	2.00	P 0.04 S 0.04 B 0.005 ~ 0.15	1340 ~ 1395
Co Alloy Misc	ASTM A-567 GR11	0.32 ~ 0.42	2.00	1.00	18.0 ~ 22.0	18.0 ~ 22.0	3.50 ~ 5.00	3.50 ~ 6.00	38.0	6.00	P 0.03 S 0.03 Cb/Ta 3.00 ~ 4.50	1340 ~ 1400
	ASTM A-567 GR12	0.20 ~ 0.30	0.40 ~ 0.60	0.75 ~ 1.00	28.5 ~ 30.5	9.50 ~ 11.5	—	6.50 ~ 7.50	Bal	2.00	P 0.04 S 0.04 B 0.005 ~ 0.15	2450 ~ 2550
	STAR J	2.20 ~ 2.70	1.00	1.00	31.0 ~ 34.0	2.50	—	16.0 ~ 19.0	Bal	3.00	P 0.03 S 0.03 B 0.25 其他 2.0	1215 ~ 1300
	98M2	1.70 ~ 2.20	1.00	1.00	28.0 ~ 32.0	2.00 ~ 5.00	0.80	17.0 ~ 20.0	Bal	2.50	B 0.070 ~ 1.50 V 3.70 ~ 4.70	1220 ~ 1270

（续）

牌　号	采用标准	化学成分（质量分数,%）										熔化温度/℃
		C	Mn	Si	Cr	Ni	Mo	W	Co	Fe	其他	
Co Alloy Misc	WI-52	0.40 ~ 0.50	0.50	0.50	20.0 ~ 22.0	1.00	—	10.0 ~ 12.0	Bal	1.00 ~ 2.50	P 0.04 S 0.04 Cb/Ta 1.50 ~ 2.50	1315 ~ 1340
	ASTM F-75	0.35	1.00	1.00	27.0 ~ 30.0	1.00	5.0 ~ 7.0	—	Bal	0.75	—	1315 ~ 1340
	TANTUNG G	1.8 ~ 2.2	—	—	26.0 ~ 29.0	—	—	15.0 ~ 17.0	Bal	2.0	B 0.15 ~ 0.25 Ta 4.5 ~ 5.5	—
—	HAYNES ULTIMET® ALLOY UNS-31233	0.02 ~ 0.10	0.1 ~ 1.5	0.05 ~ 1.00	23.5 ~ 27.5	7.0 ~ 11.0	4.0 ~ 6.0	1.0 ~ 3.0	Bal	1.0 ~ 5.0	P 0.030 S 0.020 N 0.033 ~ 0.12 B 0.015	1390 ~ 1415

表 8-58　德国医疗器械用铸造不锈铸钢的牌号及化学成分

牌　号	材料号	化学成分（质量分数,%）							
		C	Si≤	Mn≤	P≤	S≤	Cr	Mo	其他
X20Cr13	1.4021	0.17 ~ 0.22	1.0	1.0	0.045	0.030	12.0 ~ 14.0	—	—
X38CrMoV15	1.4117	0.35 ~ 0.40	1.0	1.0	0.045	0.030	14.0 ~ 15.0	0.40 ~ 0.60	V 0.10 ~ 0.15
G-X20CrMo13	1.4120	0.17 ~ 0.22	1.0	1.0	0.045	0.030	12.0 ~ 14.0	0.90 ~ 1.30	Ni≤1.0
G-X35CrMo17	1.4122	0.33 ~ 0.43	1.0	1.0	0.045	0.030	15.5 ~ 17.5	0.90 ~ 1.30	Ni≤1.0

表 8-59　德国医疗器械用铸造不锈铸钢的力学性能

牌　号	材料号	铸件直径 d/mm 或壁厚 δ/mm	力学性能≥		
			R_{m}/MPa	$R_{\mathrm{p0.2}}$/MPa	A（%）
X20Cr13	1.4021	$d \leq 40$；$\delta \leq 30$	650 ~ 850	500	10
X38CrMoV15	1.4117	$d \leq 40$；$\delta \leq 5$	≤900	—	—
G-X20CrMo13	1.4120	$d \leq 40$；$\delta \leq 5$	≤900	—	—
G-X35CrMo17	1.4122	$d \leq 40$；$\delta \leq 5$	≤950	—	—

表 8-60　中国熔模铸钢的牌号及化学成分（GB/T 31204—2014）

熔模铸钢牌号	化学成分（质量分数,%）										
	C①	Si	Mn①	S	P	残余元素②					
						Ni	Cr	Cu	Mo	V	Ti
ZG200-400	0.20		0.80								
ZG230-450	0.30										
ZG270-500	0.40	0.60	0.90	0.035		0.40	0.35	0.40	0.20	0.05	0.05
ZG310-570	0.50										
ZG340-640	0.60										

注：表中数值均为最大值。

① 对上限每减少碳的质量分数 0.01%，允许增加锰的质量分数 0.04%；对 ZG200-400 锰的质量分数最高至 1.00%，其余 4 个牌号锰的质量分数最高至 1.2%。

② 残余元素总的质量分数不超过 1.00%，如无特殊要求，残余元素不作为验收依据。

表 8-61　中国熔模铸钢的力学性能（GB/T 31204—2014）

熔模铸钢牌号	$R_{p0.2}$/MPa	R_m/MPa	$A(\%)$	根据合同选择		
				$Z(\%)$	冲击吸收能量	
					KV_2/J	KU_2/J
RZG200-400	200	400	25	40	30	47
RZG230-450	230	450	22	32	25	35
RZG270-500	270	500	18	25	22	27
RZG310-570	310	570	15	21	15	24
RZG340-640	340	640	10	18	10	16

注：表中数值均为最小值。

8.5　离心铸造铸钢管

离心铸造工艺对铸钢的化学成分和各项性能均有特殊要求，涉及铸钢的种类较多，如铸造碳钢、低合金钢和高合金钢及不锈钢。从铸钢组织区分有铁素体铸钢管、奥氏体铸钢管和铁素体-奥氏体双相铸钢管（如超低碳含氮双相不锈钢铸钢管）。离心铸钢管多应用于高温、高压和特殊腐蚀介质的环境中。离心铸管铸钢对焊接性要求较高，因此对其铸钢的化学成分、残

余元素含量和力学性能有着较严格的技术要求。

8.5.1　美国离心铸钢管

1）ASTM A426—2018《高温用离心铁素体铸钢管》标准中，对铸钢管的化学成分、力学性能和残余元素要求分别见表 8-62 ~ 表 8-64。

2）ASTM A451—2019《高温用离心奥氏体铸钢管》标准中规定的铸钢牌号及化学成分、力学性能及热处理工艺见表 8-65 和表 8-66。

表 8-62　美国高温用离心铁素体铸钢管的化学成分

牌号	化学成分（质量分数，%）						
	C	Mn	P≤	S≤	Si	Cr	Mo
CP1	≤0.25	0.30 ~ 0.80	0.030	0.025	0.10 ~ 0.50	—	0.44 ~ 0.65
CP2	0.10 ~ 0.20	0.30 ~ 0.61	0.030	0.025	0.10 ~ 0..50	0.50 ~ 0.81	0.44 ~ 0.65
CP5	≤0.20	0.30 ~ 0.70	0.030	0.025	≤0.75	4.00 ~ 6.50	0.45 ~ 0.65
CP5b	≤0.15	0.30 ~ 0.60	0.030	0.025	1.00 ~ 2.00	4.00 ~ 6.00	0.45 ~ 0.65
CP9	≤0.20	0.30 ~ 0.65	0.030	0.025	0.25 ~ 1.00	8.00 ~ 10.00	0.90 ~ 1.20
CP11	0.05 ~ 0.20	0.30 ~ 0.80	0.030	0.025	≤0.60	1.00 ~ 1.50	0.44 ~ 0.65
CP12	0.05 ~ 0.15	0.30 ~ 0.61	0.030	0.025	≤0.50	0.80 ~ 1.25	0.44 ~ 0.65
CP15	≤0.15	0.30 ~ 0.60	0.030	0.025	0.15 ~ 1.65	—	0.44 ~ 0.65
CP21	0.05 ~ 0.15	0.30 ~ 0.60	0.030	0.025	≤0.50	2.65 ~ 3.35	0.80 ~ 1.06
CP22	0.05 ~ 0.15	0.30 ~ 0.70	0.030	0.025	≤0.60	2.00 ~ 2.75	0.90 ~ 1.20
CPCA15	≤0.15	≤1.00	0.030	0.025	≤1.50	11.5 ~ 14.0	≤0.50

表 8-63　美国高温用离心铁素体铸钢管的力学性能

牌　号	R_m/MPa(psi) ≥	$R_{p0.2}$/MPa(psi) ≥	$A(\%)$ ≥	$Z(\%)$ ≥	硬度 HBW ≤
CP1	450(65000)	240(35000)	24	35	201
CP2	415(60000)	205(30000)	22	35	201
CP5	620(90000)	415(60000)	18	35	225
CP5b	415(60000)	205(30000)	22	35	225
CP7	415(60000)	205(30000)	22	35	201

（续）

牌　号	$R_m/MPa(psi) \geqslant$	$R_{p0.2}/MPa(psi) \geqslant$	$A(\%) \geqslant$	$Z(\%) \geqslant$	硬度 HBW $\leqslant$
CP9	620（90000）	415（60000）	18	35	225
CP11	485（70000）	275（40000）	20	35	201
CP12	415（60000）	205（30000）	22	35	201
CP15	415（60000）	205（30000）	22	35	201
CP21	415（60000）	205（30000）	22	35	201
CP22	485（70000）	275（40000）	20	35	201
CPCA15	620（90000）	450（65000）	18	30	225

表 8-64　美国高温用离心铁素体铸钢管残余元素

牌　号	化学成分（质量分数,%）				
	Cu	Ni	Cr	W	总　量
CP1	0.50	0.50	0.35	0.10	1.00
CP2	0.50	0.50	—	0.10	1.00
CP5	0.50	0.50	—	0.10	1.00
CP5b	0.50	0.50	—	0.10	1.00
CP7	0.50	0.50	—	0.10	1.00
CP9	0.50	0.50	—	0.10	1.00
CP11	0.50	0.50	—	0.10	1.00
CP12	0.50	0.50	—	0.10	1.00
CP15	0.50	0.50	0.35	0.10	1.00
CP21	0.50	0.50	—	0.10	1.00
CP22	0.50	0.50	—	0.10	1.00
CPCA15	0.50	1.00	—	0.10	1.50

表 8-65　美国高温用离心奥氏体铸钢管牌号及化学成分

牌号	化学成分（质量分数,%）										
	$C \leqslant$	$Mn \leqslant$	$P \leqslant$	$S \leqslant$	$Si \leqslant$	Ni	Cr	Mo	Nb	Ti	N
CPF3	0.03	1.50	0.040	0.040	2.00	8.0~12.0	17.0~21.0	—	—	—	—
CPF3A	0.03	1.50	0.040	0.040	2.00	8.0~12.0	17.0~21.0	—	—	—	—
CPF8	0.08	1.50	0.040	0.040	2.00	8.0~11.0	18.0~21.0	—	—	—	—
CPF8A	0.08	1.50	0.040	0.040	2.00	8.0~11.0	18.0~21.0	—	—	—	—
CPF3M	0.03	1.50	0.040	0.040	1.50	9.0~13.0	17.0~21.0	2.0~3.0	—	—	—
CPF8M	0.08	1.50	0.040	0.040	1.50	9.0~12.0	18.0~21.0	2.0~3.0	—	—	—
CPF10MC[①]	0.10	1.50	0.040	0.040	1.50	13.0~16.0	15.0~18.0	1.75~2.25	1.2max,（10×C）min	—	—
CPF8C[①]	0.08	1.50	0.040	0.040	2.00	9.0~12.0	18.0~21.0	—	1max,（8×C）min	—	—
CPF8C（Ta max）[②]	0.08	1.50	0.040	0.040	2.00	9.0~12.0	18.0~21.0	—	1max,（8×C）min	≤0.10	—
CPH8	0.08	1.50	0.040	0.040	1.50	12.0~15.0	22.0~26.0	—	—	—	—
CPH20 或 CPH10	0.20[③]	1.50	0.040	0.040	2.00	12.0~15.0	22.0~26.0	—	—	—	—
CPK20	0.20	1.50	0.040	0.040	1.75	19.0~22.0	23.0~27.0	—	—	—	—
CPE20N	0.20	1.50	0.040	0.040	1.50	8.0~11.0	23.0~26.0	—	—	—	0.08~0.20

① CPF10MC 和 CPF8C 两个牌号的 Nb 和 Ti 之和的质量分数最大可为 1.35%。

② ASTM 或 SFSA 规定的表示方法。

③ 双方商定，CPH20 的碳的质量分数可以控制在 0.1% 或以下，则牌号可为 CPH10。

表 8-66　美国高温用离心奥氏体铸钢管力学性能及热处理工艺

牌　号	力学性能			热处理工艺	
	R_m/MPa（ksi）$\geqslant$	$R_{p0.2}$/MPa（ksi）$\geqslant$	A(%)（标距 2in 或 50mm）$\geqslant$	温度/℃	保温时间/（1h/in）（1in=25.4mm）
CPF3	485（70）	205（30）	35	1040	1
CPF3A [①]	535（77）	240（35）	35	1040	1
CPF3M	485（70）	205（30）	30	1040	1
CPF8	485（70）	205（30）	35	1040	1
CPF8A [①]	535（77）	240（35）	35	1040	1
CPF8M	485（70）	205（30）	30.0	1040	1
CPF10MC	485（70）	205（30）	20.0	1065	2
CPH10	485（70）	205（30）	30.0	1150	1
CPF8C（Ta max），CPF8C	485（70）	205（30）	30.0	1065	2
CPH8	448（65）	195（28）	30.0	1150	1
CPK20	448（65）	195（28）	30.0	1150	1
CPH20	485（70）	205（30）	30.0	1150	1
CPE20N	550（80）	275（40）	30.0	1220	1

① 在成分范围内控制化学成分和铁素体和奥氏体的比值，可做到较高的强度值，超过800℃使用，这些材料的冲击值下降。

3）ASTM A608—2018《高温承压用离心铁-铬-镍合金铸管》标准中规定铸钢牌号及化学成分见表8-67，离心耐热合金铸管的高温强度和延伸率的最低值见表8-68，离心耐热合金铸管在不同温度和不同应力下的断裂寿命见表8-69，室温拉伸性能见表8-70。

表 8-67　美国高温承压用离心铁-铬-镍合金铸管牌号及化学成分

牌　号	化学成分（质量分数,%）								
	C	Mn	Si	Cr	Ni	P $\leqslant$	S $\leqslant$	Mo $\leqslant$	Nb
HC30	0.25~0.35	0.5~1.0	0.50~2.00	26~30	4.0max	0.04	0.04	0.50	—
HD50	0.45~0.55	≤1.50	0.50~2.00	26~30	4~7	0.04	0.04	0.50	—
HE35	0.30~0.40	≤1.50	0.50~2.00	26~30	8~11	0.04	0.04	0.50	—
HF30	0.25~0.35	≤1.50	0.50~2.00	19~23	9~12	0.04	0.04	0.50	—
HH30	0.25~0.35	≤1.50	0.50~2.00	24~28	11~14	0.04	0.04	0.50	—
HH33	0.28~0.38	≤1.50	0.50~2.00	24~26	12~14	0.04	0.04	0.50	—
HI35	0.30~0.40	≤1.50	0.50~2.00	26~30	14~18	0.04	0.04	0.50	—
HK30	0.25~0.35	≤1.50	0.50~2.00	23~27	19~22	0.04	0.04	0.50	—
HK40	0.35~0.45	≤1.50	0.50~2.00	23~27	19~22	0.04	0.04	0.50	—
HL30	0.25~0.35	≤1.50	0.50~2.00	28~32	18~22	0.04	0.04	0.50	—
HL40	0.35~0.45	≤1.50	0.50~2.00	28~32	18~22	0.04	0.04	0.50	—
HN40	0.35~0.45	≤1.50	0.50~2.00	19~23	23~27	0.04	0.04	0.50	—
HPNb	0.38~0.45	0.50~1.50	0.50~1.50	24~27	34~37	0.03	0.03	0.50	0.5~1.5
HPNbS	0.38~0.45	0.50~1.50	1.50~2.50	24~27	34~37	0.03	0.03	0.50	0.5~1.5
HT50	0.40~0.60	≤1.50	0.50~2.00	15~19	33~37	0.04	0.04	0.50	—
HU50	0.40~0.60	≤1.50	0.50~2.00	17~21	37~41	0.04	0.04	0.50	—
HW50	0.40~0.60	≤1.50	0.50~2.00	10~14	58~62	0.04	0.04	0.50	—
HX50	0.40~0.60	≤1.50	0.50~2.00	15~19	64~68	0.04	0.04	0.50	—

表 8-68 美国高温承压用离心耐热合金铸管的高温强度和延伸率的最低值

牌号	760℃（1400 ℉）		870℃（1600 ℉）		980℃（1800 ℉）		1095℃（2000 ℉）	
	R_m/MPa（psi）	A（%）	R_m/MPa（psi）	A（%）	R_m/MPa（psi）	A（%）	R_m/MPa（psi）	A（%）
HC30	36（530）	40	20.4（2960）	50	11.0（1600）	40	—	—
HD50	51.4（7450）	—	17.8（2580）	—	6.2（910）	—	—	—
HF30	180（26000）	7.0	100（14500）	9.0	—	—	—	—
HH30	—	—	52.7（7650）	12.0	24.0（3510）	16.0	—	—
HH33	—	—	138（20000）	8.0	56.0（8200）	12.0	28.0（4000）	20.0
HI35	—	—	138（20000）	8.0	56.0（8200）	12.0	—	—
HK30	180（26000）	7.0	97（14000）	9.0	52.0（7500）	18.0	25.0（3600）	24.0
HK40	200（29000）	—	114（16500）	6.0	61.0（8800）	15.0	29.0（4200）	22.0

表 8-69 美国高温承压用离心耐热合金铸管在不同温度和不同应力下的断裂寿命

牌号	最小断裂寿命			
	870℃（1600 ℉）69MPa（10000psi）	870℃（1600 ℉）55MPa（8000psi）	982℃（1800 ℉）41MPa（6000psi）	982℃（1800 ℉）28MPa（4000psi）
HF30	6.0	18	—	—
HH33	5.0	17	3.0	20
HK30	7.0	24	4.0	34
HK40	25	—	11	—
HK50	47	—	20	—

表 8-70 美国高温承压用离心耐热合金铸管的室温拉伸性能

牌　号	抗拉强度 R_m/MPa（ksi）≥	条件屈服强度 $R_{p0.2}$/MPa（ksi）≥	断后伸长率 A（%）≥
HPNb	450（65）	240（35）	8
HPNbS	450（65）	240（35）	8

4）ASTM A660—2016《高温用离心碳钢铸管》标准中规定的铸钢牌号为铸造碳钢，如 WCA、WCB 和 WCC，化学成分见表 8-71，力学性能见表 8-72。

表 8-71 美国高温用离心碳钢铸管的化学成分

牌号		Grade WCA	Grade WCB	Grade WCC
化学成分（质量分数,%）	C≤	0.25	0.30	0.25
	Mn≤	0.70	1.00	1.20
	P≤	0.035	0.035	0.035
	S≤	0.035	0.035	0.035
	Si≤	0.60	0.60	0.60

注：碳的质量分数上限每降低 0.01%，则锰的质量分数可超过上限 0.04%，但最大值为 1.10%。

表 8-72 美国高温用离心碳钢铸管的力学性能

牌号	WCA	WCB	WCC
R_m/MPa(ksi)≥	415（60）	485（70）	485（70）
$R_{p0.2}$/MPa(ksi)≥	210（30）	250（36）	275（40）
A（%）≥	24	22	22
Z（%）≥	35	35	35

5）ASTM A872—2014《腐蚀介质用离心铁素体-奥氏体不锈钢铸管》标准是在通用腐蚀条件下使用的离心双相不锈钢铸管。若在高温下连续长时间使用，这些铸钢将因脆化敏感性而产生断裂。其化学成分和力学性能分别见表 8-73 和表 8-74。

表 8-73 美国腐蚀介质用离心铁素体-奥氏体型不锈钢铸管的化学成分

合金元素		牌号		
		UNS No.		
		J93183	J93550	J94300
化学成分(质量分数,%)	C ≤	0.030	0.030	0.04
	Mn	≤2.0	≤2.0	0.50 ~ 1.50
	P ≤	0.040	0.040	0.040
	S ≤	0.030	0.030	0.040
	Si ≤	2.0	2.0	1.10
	Ni	4.00 ~ 6.00	5.00 ~ 8.00	4.50 ~ 6.00
	Cr	20.0 ~ 23.0	23.0 ~ 26.0	34.50 ~ 26.50
	Mo	2.00 ~ 4.00	2.00 ~ 4.00	2.50 ~ 4.00
	N	0.08 ~ 0.25	0.08 ~ 0.25	0.18 ~ 0.26
	Cu	≤1.00	≤1.00	1.30 ~ 3.00
	Co	0.50 ~ 1.50	0.50 ~ 1.50	—

表 8-74 美国腐蚀介质用离心铁素体-奥氏体不锈钢铸管的力学性能

力学性能		牌号		
		UNS No.		
		J93183	J93550	J94300
R_m/MPa(ksi) ≥		620(90)	620(90)	760(110)
$R_{p0.2}$/MPa(ksi) ≥		450(65)	450(65)	480(70)
A(%) ≥		25	20	20
硬度	HBW ≥	290	297	—
	HRC ≥	30.5	31.5	—

注：J93183 的热处理工艺为 1050 ~ 1150℃ 水淬或其他方式快冷。J93550 不需热处理。

8.5.2 日本离心铸造用铸钢管

（1）JIS G5201—1991《焊接件用离心铸钢管》 日本 JIS G5201—1991 是用于焊接结构的离心铸管标准，标准中碳当量公式采用：碳当量 $w(CE)\% = w(C)\% + w(Mn)\%/6 + w(Si)\%/24 + w(Ni)\%/40 + w(Cr)/5 + w(Mo)/4 + w(V)/14$。其铸钢牌号的化学成分和碳当量见表 8-75，力学性能见表 8-76。

（2）JIS G5202—1991《高温高压用离心铸钢管》 JIS G5202—1991 是高温和高压下使用的离心铸管的标准，该标准规定了 5 个铸钢牌号。它们使用的最高使用温度见表 8-77。其化学成分、残余元素和力学性能分别见表 8-77 ~ 表 8-79。

表 8-75 日本焊接用离心铸钢管的化学成分和碳当量

牌号	化学成分(质量分数,%)									
	C ≤	Si ≤	Mn ≤	P ≤	S ≤	Ni ≤	Cr ≤	Mo ≤	V ≤	碳当量 CE(%) ≤
SCW 410-CF	0.22	0.80	1.50	0.040	0.040	—	—	—	—	0.40
SCW 480-CF	0.22	0.80	1.50	0.040	0.040					0.43
SCW 490-CF	0.20	0.80	1.50	0.040	0.040					0.44
SCW 520-CF	0.20	0.80	1.50	0.040	0.040	0.5	0.50			0.45
SCW 570-CF	0.20	1.00	1.50	0.040	0.040	2.50	0.50	0.50	0.20	0.48

表 8-76 日本焊接用离心铸钢管的力学性能

牌号	$R_{p0.2}$/MPa ≥	R_m/MPa ≥	A(%) ≥	KU_2/J≥			
				试验温度/℃	4 号试验片	4 号试验片(宽7.5mm)	4 号试验片(宽5.5 mm)
					3 个平均值	3 个平均值	3 个平均值
SCW 410-CF	235	410	21	0	27	24	20
SCW 480-CF	275	480	20	0	27	24	20
SCW 490-CF	315	490	20	0	27	24	20
SCW 520-CF	355	520	18	0	27	24	20
SCW 570-CF	430	570	17	0	27	24	20

表 8-77　日本高温高压用离心铸钢管的化学成分

牌号	化学成分（质量分数,%）							最高使用温度/℃
	C ≤	Si ≤	Mn	P ≤	S ≤	Cr	Mo	
SCPH 1-CF	0.22	0.60	≤1.10	0.040	0.040	—	—	400
SCPH 2-CF	0.30	0.60	≤1.10	0.040	0.040	—	—	400
SCPH 11-CF	0.20	0.60	0.30~0.60	0.035	0.035	—	0.45~0.65	500
SCPH 21-CF	0.15	0.60	0.30~0.60	0.030	0.030	1.00~1.50	0.45~0.65	550
SCPH 32-CF	0.15	0.60	0.30~0.60	0.030	0.030	1.90~2.60	0.90~1.20	600

表 8-78　日本高温高压用离心铸钢管的残余元素

牌　号	化学成分（质量分数,%）					
	Cu ≤	Ni ≤	Cr ≤	Mo ≤	W ≤	总量 ≤
SCPH 1-CF	0.50	0.50	0.25	0.25	—	1.00
SCPH 2-CF	0.50	0.50	0.25	0.25	—	1.00
SCPH 11-CF	0.50	0.50	0.35		0.10	1.00
SCPH 21-CF	0.50	0.50	—		0.10	1.00
SCPH 32-CF	0.50	0.50	—		0.10	1.00

表 8-79　日本高温高压用离心铸钢管的力学性能

牌　号	$R_{p0.2}$/MPa	R_m/MPa	$A(\%)$
SCPH 1-CF	245	410	21
SCPH 2-CF	275	480	19
SCPH 11-CF	205	380	19
SCPH 21-CF	205	410	19
SCPH 32-CF	205	401	19

8.5.3　国际离心铸钢及其合金

ISO 13583-2：2015 离心耐热铸钢及其合金标准中主要是高温下使用的离心铸钢及其合金牌号，其特点是铸钢及合金的化学成分范围控制较严格，以保证获得足够的高温性能，见表 8-80 和表 8-81。

表 8-80　ISO 离心耐热铸钢及其合金的牌号及化学成分

牌　号	材料号	化学成分（质量分数,%）											
		C	Si	Mn	P	S	Cr	Ni	Mo	Nb	W	Co	其他
GX25CrNiSi18-9	1.4825	0.15~0.35	0.5~2.5	2.0	0.040	0.030	17.0~19.0	8.0~10.0	0.50	—	—	—	—
GX40CrNiSi25-12	1.4837	0.30~0.50	1.0~2.5	2.0	0.040	0.030	24.0~27.0	11.0~14.0	0.50	—	—	—	—
GX40CrNiSi25-20	1.4848	0.30~0.50	1.0~2.5	2.0	0.040	0.030	24.0~27.0	19.0~22.0	0.50	—	—	—	—
GX40CrNiSiNb24-24	1.4855	0.30~0.50	1.0~2.5	2.0	0.040	0.030	23.0~25.0	23.0~25.0	0.50	0.80~1.80	—	—	—
GX10NiCrSiNb32-20	1.4859	0.05~0.15	0.5~1.5	2.0	0.040	0.030	19.0~21.0	31.0~33.0	0.50	0.50~1.50	—	—	—
GX40NiCrSi38-19	1.4865	0.30~0.50	1.0~2.5	2.0	0.040	0.030	18.0~21.0	36.0~39.0	0.50	—	—	—	—
GX12NiCrSiNb35-26	1.4851	0.08~0.15	0.5~1.5	0.5~1.5	0.030	0.030	24.0~27.0	34.0~37.0	0.50	0.60~1.30	—	—	—
GX40NiCrSiNb35-26	1.4852	0.30~0.50	1.0~2.5	2.0	0.040	0.030	24.0~27.0	33.0~36.0	0.50	0.80~1.80	—	—	—

（续）

牌 号	材料号	化学成分（质量分数,%）											
		C	Si	Mn	P	S	Cr	Ni	Mo	Nb	W	Co	其他
GX42NiCrSiNbTi35-25	1.4838	0.38 ~ 0.48	1.5 ~ 2.5	0.5 ~ 1.5	0.030	0.030	24.0 ~ 27.0	34.0 ~ 37.0	0.50	0.60 ~ 1.80	—	—	Ti ≥0.06①
GX42NiCrWSi35-25-5	1.4836	0.38 ~ 0.45	1.0 ~ 2.0	0.5 ~ 1.5	0.030	0.030	24.0 ~ 27.0	34.0 ~ 37.0	0.50	—	4.0 ~ 6.0		
GX42NiCrSiNbTi45-35	1.4839	0.38 ~ 0.45	1.0 ~ 2.0	0.5 ~ 1.5	0.030	0.030	33.0 ~ 36.0	44.0 ~ 47.0	0.50	0.50 ~ 1.50	—	—	Ti ≥0.06①
G505NiCrCoW35-25-15-5	1.4869	0.45 ~ 0.55	1.0 ~ 2.0	1.0	0.040	0.030	24.0 ~ 26.0	33.0 ~ 37.0	0.50	—	4.0 ~ 6.0	14.0 ~ 16.0	
G-NiCr28W	2.4879	0.35 ~ 0.55	1.0 ~ 2.0	1.5	0.040	0.030	27.0 ~ 30.0	47.0 ~ 50.0	0.50	—	4.0 ~ 6.0		Fe 余量
G-NiCr28WCo	2.4881	0.40 ~ 0.55	1.0 ~ 2.0	0.5 ~ 1.5	0.030	0.030	27.0 ~ 30.0	47.0 ~ 50.0	0.50	—	4.0 ~ 6.0	2.5 ~ 3.5	
G-NiCr50Nb	2.4680	0.10	1.0	0.5	0.020	0.020	48.0 ~ 52.0	余量	0.50	1.00 ~ 1.80	—		N 0.16 Fe 1.0

注：除给出成分范围外，单一数值为最大值。

① 其他微合金元素可代替钛，但微合金元素总质量分数不能低于0.06%。

表8-81 国际离心耐热合金铸钢的室温拉伸性能

牌 号	材料号	条件屈服强度 $R_{p0.2}$/MPa ≥	抗拉强度 R_m/MPa ≥	断后伸长率 $A(\%)$ ≥
GX25CrNiSi18-9	1.4825	230	450	15
GX40CrNiSi25-12	1.4837	220	450	10
GX40CrNiSi25-20	1.4848	220	450	8
GX40CrNiSiNb24-24	1.4855	220	450	10
GX10NiCrSiNb32-20	1.4859	180	440	20
GX40NiCrSi38-19	1.4865	220	420	6
GX12NiCrSiNb35-26	1.4851	175	440	20
GX40NiCrSiNb35-26	1.4852	220	440	4
GX42NiCrSiNbTi35-25	1.4838	220	450	8
GX42NiCrWSi35-25-5	1.4836	220	450	4
GX42NiCrSiNbTi45-35	1.4839	270	480	5
G505NiCrCoW35-25-15-5	1.4869	250	450	5
G-NiCr28W	2.4879	240	440	3
G-NiCr28WCo	2.4881	220	400	5
G-NiCr50Nb	2.4680	230	540	8

8.6 专业铸造用钢

8.6.1 重型与矿山机器用铸钢（见表8-82）

8.6.2 水轮机用铸钢（见表8-83）

8.6.3 汽轮机用铸钢（见表8-84 ~ 表8-88）

8.6.4 机车车辆用铸钢（见表8-89 ~ 表8-91）

8.6.5 常用铸钢轧辊用钢（见表8-92 ~ 表8-94）

8.6.6 无磁及电工用铸钢（见表8-95 ~ 表8-99）

表 8-82　重型与矿山机器用铸钢牌号

牌　号	用 途 举 例	热 处 理	备 注
ZG230-450	铁锤台、机座、锤轮、各种箱体	退火 800~870℃ 正火 900℃ 回火 620~680℃（空冷）	
ZG270-500	飞轮、机架、蒸汽锤、桩锤、齿轮凸轮、水压机工作缸及横梁	正火 880~900℃ 回火 620~680℃（空冷或炉冷） 退火 850~860℃ 水淬 850~870℃ 回火 530~580℃（空冷）	
ZG310-570	联轴器、气缸、齿轮、齿轮圈	退火 850~870℃ 正火 870~890℃ 回火 600~650℃（空冷）	
ZG40Mn	整体大齿轮	正火 800~850℃ 回火 400~450℃	
ZG40Mn2	大断面球磨机齿轮及其他大齿轮	退火 870~890℃ 正火 830~850℃ 回火 350~450℃（空冷）	
ZG20MnSi	水压机工作缸及各种较大断面零件	正火 900~920℃ 回火 580~600℃（炉冷）	
ZG20MnMo	压力容器	正火 880~900℃（空冷） 回火 600~620℃（空冷或炉冷）	
ZG35MnSi	齿轮、滚子等耐磨件及各种较大断面零件	正火 880~900℃ 回火 400~450℃（炉冷）	
ZG35CrMo	链轮，支撑轴、轴套、齿圈等	油淬 850~870℃ 回火 580~600℃（空冷或炉冷）	
ZG35SiMnMo	高强度齿轮，表面淬火 45~50HRC	油淬 840~860℃ 回火 580~620℃（空冷或炉冷）	
ZG40Cr	齿轮、齿轮缘等较高强度的零件	正火 830~860℃ 回火 520~580℃ （空冷或炉冷） 正火 830~860℃ 油淬 830~860℃ 回火 520~680℃（空冷或炉冷）	
ZG65Mn	起重机及矿山机械的车轮	—	
ZGMn13	各种破碎机衬板、锤子、挖掘机铲头、斗齿、履带板等耐冲击磨损件	水淬 1050~1100℃	
ZG17CrMn55	风扇磨煤机前后盘、轮毂	正火 910~930℃（空冷） 回火 640~660℃（空冷）	
GS22Mo4	风扇磨连接板、气缸	正火 910~930℃（空冷） 回火 640~660℃（空冷）	见德国牌号

表 8-83　水轮机用铸钢

牌　号	用途举例
ZG20SiMn	转轮、焊接主轴以及其他强度较高或焊接量大的零件
ZG270-500	转轮、座环、底环、顶盖、控制环、导水瓣等
ZG10Cr13Ni	用于较高压力，汽蚀较严重零件
ZG10Cr13Ni1Mo	用于较高压力，汽蚀严重零件
ZG06Cr13Ni4Mo	用于大中型机组，铸焊结构，抗汽蚀、耐磨性能要求高的零件及工地组装焊件
ZG06Cr13Ni6Mo	用于大中型机组，铸焊结构，抗汽蚀、耐磨性能要求高的零件及工地组装焊件
ZG06Cr16Ni5Mo	用于大中型机组，铸焊结构，抗汽蚀、耐磨性能要求高的零件及工地组装焊件
ZG04Cr16Ni5Mo[①]	用于大中型机组，铸焊结构，抗汽蚀、耐磨性能要求高的零件及工地组装焊件。采用炉外精炼技术
ZG06Cr17Ni4Cu3Mo[①]	采用炉外精炼或电渣熔铸，用于抗泥沙磨损严重的条件
ZG06Cr13Ni5Mo[①]	同 ZG06Cr13Ni4Mo 和 ZG06Cr13Ni6Mo

① 此 3 种钢在第 6 章中未列化学成分，可参照相近的钢种按牌号中的标明数字确定。

表 8-84　汽轮机用铸钢牌号及力学性能

牌　号	热处理			$R_{p0.2}$ /MPa	R_m /MPa	A (%)	Z (%)	KU_2 /J	硬度 HBW	用途举例
	方式	温度/℃	冷却							
ZG20Mo	正火 回火	900~920 600~650	空冷 炉冷或空冷	235	441	16	28	50	135	450~500℃时工作的气缸、蒸汽室等
ZG20CrMo	正火 回火	900 650	空冷 空冷	245	461	18	30	30	135~180	500℃时工作的前气缸、喷嘴室、蒸汽室及主气门
ZG20CrMoV	正火 正火 回火	940~950 920 690~710	空冷 空冷 空冷	314	490	15	30	30	140~201	565℃时工作的前气缸、喷嘴室、蒸汽室、主气门等
ZG15Cr1Mo1V	退火 正火	1040 990	炉冷 空冷	343	490	15	30	30	140~201	580℃时工作的前气缸、喷嘴室、蒸汽室等
	以 100℃/h 速率冷至 600℃再加热至 720℃然后冷 1~2h									
	正火 回火	1020~1050 680~650	空冷 空冷	343	490	12	30	35	120	
ZG22Mn ZG230-450 ZG270-500	正火 回火	880~900 680~700	空冷 空冷	294 253 275	539 441 490	18 20 16	30 32 25	40 45 35	155 131~179 143~197	—

注：1. 汽轮机专业经常用的铸钢还有 ZGCr11MoV、ZG1Cr13 和美国牌号 8N、8Q 等。

　　2. 力学性能的数值除给出范围外，均为最低值。

表 8-85 汽轮机用铸钢化学成分

牌 号	化学成分(质量分数,%)							
	C	Mn	Si	P ≤	S ≤	Cr	Mo	V
ZG20CrMo	0.15 ~ 0.25	0.50 ~ 0.80	0.20 ~ 0.60	0.030	0.030	0.50 ~ 0.80	0.40 ~ 0.60	—
ZG15Cr1Mo	≤0.20	0.50 ~ 0.80	≤0.60	0.030	0.025	1.00 ~ 1.50	0.45 ~ 0.55	—
ZG15Cr2Mo1	≤0.18	0.40 ~ 0.70	≤0.60	0.030	0.030	2.00 ~ 2.75	0.90 ~ 1.20	—
ZG20CrMoV	0.18 ~ 0.25	0.40 ~ 0.70	0.20 ~ 0.60	0.030	0.030	0.90 ~ 1.20	0.50 ~ 0.70	0.20 ~ 0.30
ZG15Cr1Mo1V	0.12 ~ 0.20	0.40 ~ 0.70	0.20 ~ 0.60	0.030	0.030	1.20 ~ 1.70	0.90 ~ 1.20	0.35 ~ 0.40

注: 1. 钢液可采用一般方法脱氧,如用铝进行终脱氧,则残余元素铝的质量分数不得超过 0.025% 。

2. ZG15Cr1Mo 钢中镍的残余质量分数不应超过 0.5% ,铜的残余质量分数不应超过 0.25% ,钡的残余质量分数不应超过 0.03% ,钛的残余质量分数不应超过 0.035% 。

3. 其他钢种镍和铜残余质量分数均不应超过 0.30% ,除技术文件或合同有规定外,一般不做考核。

表 8-86 汽轮机用铸钢力学性能

牌 号	$R_{p0.2}$/MPa ≥	R_m/MPa ≥	$A^{①}$(%) ≥	$A_{1.3}$(%) ≥	Z(%) ≥	KU_2/J ≥	硬度 HBW[②]
ZG20CrMo	245	≥460	18	—	30	24	135 ~ 180
ZG15Cr1Mo	275	≥490	—	22[①]	35	—	—
ZG15Cr2Mo1	275	485 ~ 660	—	20[①]	35	—	—
ZG20CrMoV	315	≥490	15	—	30	24	140 ~ 201
ZG15Cr1Mo1V	345	≥490	15	—	30	24	140 ~ 201

① 试样距长度 $L_0 = 4d$, d 为试样直径。

② 硬度不作为验收依据。

表 8-87 德国铁素体热强铸钢的牌号及化学成分

牌 号	材料号	化学成分(质量分数,%)							
		C	Si	Mn	P ≤	S ≤	Cr	Ni	其他
GS-C25	1.0619	0.18 ~ 0.23	0.30 ~ 0.60	0.50 ~ 0.80	0.020	0.015	≤0.30	—	—
GS-22Mo4	1.5419	0.18 ~ 0.23	0.30 ~ 0.60	0.50 ~ 0.80	0.020	0.015	≤0.30	—	Mo 0.35 ~ 0.45
GS-17CrMo5 5	1.7357	0.15 ~ 0.20	0.30 ~ 0.60	0.50 ~ 0.80	0.020	0.015	1.00 ~ 1.50	—	Mo 0.45 ~ 0.55
GS-18CrMo9 10	1.7379	0.15 ~ 0.20	0.30 ~ 0.60	0.50 ~ 0.80	0.020	0.015	2.00 ~ 2.50	—	Mo 0.90 ~ 1.10
GS-17CrMoV5 11	1.7706	0.15 ~ 0.20	0.30 ~ 0.60	0.50 ~ 0.80	0.020	0.015	1.20 ~ 1.50	—	Mo 0.90 ~ 1.10 V 0.20 ~ 0.30
G-X8CrNi12	1.4107	0.06 ~ 0.10	0.10 ~ 0.40	0.50 ~ 0.80	0.020	0.020	11.5 ~ 12.5	0.80 ~ 1.50	Mo ≤0.50 N ≤0.05
G-X22CrMoV12 1	1.4931	0.20 ~ 0.26	0.10 ~ 0.40	0.50 ~ 0.80	0.030	0.020	11.3 ~ 12.2	0.70 ~ 1.00	Mo 1.00 ~ 1.20 V 0.25 ~ 0.35 (W ≤0.50)

表 8-88 德国铁素体热强铸钢的力学性能

牌 号	材料号	R_m/MPa	下列温度下的 $R_{p0.2}$/MPa								A(%) ≥	$KV_2^{①}$/J
			20℃	200℃	300℃	350℃	400℃	450℃	500℃	550℃		
GS-C25	1.0619	440 ~ 590	245	175	145	135	130	125	—	—	22	27
GS-22Mo4	1.5419	440 ~ 590	245	190	165	155	150	145	135		22	27
GS-17CrMo5 5	1.7357	490 ~ 640	315	255	230	215	205	190	180	160	20	27
GS-18CrMo9 10	1.7379	590 ~ 740	400	355	345	330	315	305	280	240	18	40
GS-17CrMoV5 11	1.7706	590 ~ 780	440	385	365	350	335	320	300	260	15	27
G-X8CrNi12	1.4107	540 ~ 690	355	275	265	260	255	—	—	—	18	35
G-X22CrMoV12 1	1.4931	740 ~ 880	540	450	430	410	390	370	340	290	15	21

① 3 个试样的平均值,单个试样的 KV_2 值允许低于该平均值,但不得低于该平均值的 70% 。

表 8-89　机车车辆用铸钢级别和化学成分（TB/T 2942.1—2020）

铸钢牌号/级别		化学成分（质量分数,%）						
		C≤	Mn≤	P≤	S≤	Si≤	Cu≤	Cr、Ni、Mo、V
低合金钢铸件	A 级、B 级和 B + 级钢	0.32	0.90	0.035	0.035	1.50	0.30	根据产品性能要求添加
	C 级、D 级和 E 级钢	0.32	1.85	0.035	0.035	1.50	0.30	
碳钢铸件	ZG200-400	0.20	0.80	0.035	0.035	0.60	0.30	残余元素
	ZG230-450	0.30	0.90	0.035	0.035	0.60	0.30	
	ZG270-500	0.40	0.90	0.035	0.035	0.60	0.30	
	ZG310-570	0.50	0.90	0.035	0.035	0.60	0.30	
	ZG340-640	0.60	0.90	0.035	0.035	0.60	0.30	

注：1. 低合金钢铸件除表中规定外，其他元素及含量可由制造商选择，以获得所规定的力学性能。
　　2. 除非另有规定，碳钢铸件化学成分中 Cu、Cr、Ni、Mo、V 等合金元素不作为验收依据，但其总质量分数应小于或等于 1.00%。

表 8-90　机车车辆常用铸钢的力学性能（TB/T 2942.1—2020）

铸钢牌号/级别		抗拉强度/MPa≥	屈服强度/MPa≥		断后伸长率（%）≥		断面收缩率[1]（%）≥	冲击吸收能量[1][2]/J≥	硬度
		R_m	$R_{eL}(R_{p0.2})$	$R_{eH}(R_{p0.2})$	$A_{4.52}$	A	Z	KV_2	HBW
A 级		415	205		26		38	—	108 ~ 160
B 级		485	260		24		36	20（ -7℃）	137 ~ 228
B + 级		550	345		24		36		137 ~ 228
C 级	正火 + 回火	620	415		22		45	20（ -18℃）	179 ~ 241
	淬火 + 回火							27（ -40℃）	
D 级		725	585		17		35	27（ -40℃）	211 ~ 285
E 级		830	690		14		30	27（ -40℃）	241 ~ 311
ZG200-400		400		200		25	40	30	由供需双方协商确定
ZG230-450		450		230		22	32	25	
ZG270-500		500		270		18	25	22	
ZG310-570		570		310		15	21	15	
ZG340-640		640		340		10	18	10	

注：当无明显屈服时，测定规定塑性延伸强度 $R_{p0.2}$。低合金铸钢件屈服强度采用下屈服强度，碳钢铸件采用上屈服强度。
① 碳钢铸件断面收缩率和冲击吸收能量如需方有要求，由供方选择其一。
② 冲击吸收能量应为 3 个试验平均值，且允许有一个试样的测定值小于规定的最小值，且不小于规定最小值的 2/3。

表 8-91　机车车辆用低合金铸钢

牌　号		ZG25MnNi	ZG25MnCrNiMo	ZG25MnCrNiMo
化学成分（质量分数,%）	C	0.20 ~ 0.28	0.22 ~ 0.28	0.22 ~ 0.28
	Si	0.20 ~ 0.40	0.20 ~ 0.40	0.20 ~ 0.40
	Mn	0.70 ~ 1.00	1.20 ~ 1.50	1.20 ~ 1.50
	P ≤	0.035	0.040	0.040
	S ≤	0.035	0.040	0.040
	Ni	0.30 ~ 0.40	0.35 ~ 0.55	0.035 ~ 0.55
	Mo	—	0.20 ~ 0.30	0.20 ~ 0.30
	Cr	—	0.40 ~ 0.60	0.40 ~ 0.60
	Cu ≤	0.30	0.30	0.30
力学性能	R_m/MPa ≥	485	620	823
	$R_{p0.2}$/MPa ≥	260	414	687
	A(%) ≥	24	2	14
	Z(%) ≥	36	45	30
	KV_2/J ≥	20（ -7℃）	20（ -18℃）	27（ -40℃）
代表产品		铁路货车用摇枕、侧架	13 号车钩、尾框及美国摇枕、侧架	16、17 号车钩、尾框
执行标准		AAR-M-202-83 AAR-M-203-83	AAR-M-210-90	AAR-M-210-90

表8-92　常用铸钢轧辊用钢化学成分和表面硬度（GB/T 1503—2008）

材质类别	材质代码	化学成分（质量分数，%）											表面硬度 HS		推荐用途
		C	Si	Mn	Cr	Ni	Mo	V	Nb	W	P≤	S≤	辊身	辊颈	
合金钢	AS40	0.35~0.45	0.20~0.60	0.60~1.20	2.00~3.50	≤0.80	0.30~0.70	0.05~0.15	—	—	0.035	0.030	45~55 55~65	≤45	热轧带钢支承辊、粗轧辊；板钢粗轧辊；带钢冷轧及平整支承辊
	AS50	0.45~0.55	0.20~0.60	0.60~1.20	1.00~3.00	0.30~1.00	0.30~0.70	0.05~0.15	—	—			60~70	≤45	型钢、棒线材粗轧机，型钢、轨梁、热轧万能开坯机、粗轧辊、中板粗轧辊；带钢支承辊、立辊
	AS60	0.55~0.65	0.20~0.45	0.90~1.80	0.80~1.20	—	0.20~0.45	—	—	—			35~45 40~50	≤45	
	AS60 I	0.55~0.65	0.20~0.60	0.50~1.00	0.80~1.20	0.20~1.50	0.20~0.60	—	—	—			35~45	≤45	
	AS65	0.60~0.70	0.20~0.60	0.70~1.20	0.80~1.20	—	0.20~0.45	—	≤0.10	—			35~45	≤45	
	AS65 I	0.60~0.70	0.20~0.60	0.50~0.80	0.80~1.20	0.20~0.50	0.20~0.45	—	—	—			35~45	≤45	
	AS70	0.60~0.70	0.20~0.45	0.90~1.20	—	—	—	—	—	—			32~42	≤42	中小型型钢、棒线材粗轧机
	AS70 I	0.65~0.75	0.20~0.45	1.40~1.80	1.40~1.80	—	—	—	—	—			35~45	≤45	
	AS70 II	0.65~0.75	0.20~0.45	1.40~1.80	1.40~1.80	—	0.20~0.45	—	—	—			35~45	≤45	方/板坯粗轧机；大中型型钢、轨梁万能开坯机、轨梁带钢破鳞机和粗轧机
	AS75	0.70~0.80	0.20~0.45	0.60~0.90	0.75~1.00	≥0.20	0.20~0.45	—	—	—			35~45 40~50	≤45	
	AS75 I	0.70~0.80	0.20~0.70	0.70~1.10	0.80~1.50	—	0.20~0.60	—	—	—			35~45 40~50	≤45	
	AD140	1.30~1.50	0.30~0.60	0.70~1.40	0.80~1.60	—	0.20~0.60	—	—	—			38~48 45~55	≤48	中小型型钢、棒线材粗轧、中轧机架；钢管粗轧机、无缝钢管粗轧机架；带钢支承辊、立辊
	AD140 I	1.30~1.50	0.30~0.60	0.70~1.20	0.80~1.20	0.50~1.20	0.20~0.60	—	—	—			35~45 40~50	≤45	
	AD160	1.50~1.70	0.30~0.60	0.70~1.20	0.80~1.20	—	0.20~0.60	—	—	—			40~50	≤50	

类别	牌号	C	Si	Mn	Cr	Ni	Mo	V	W、Co、Nb	P	S	硬度（HSD）	硬度（HSD）	用途
半钢	AD160 I	1.50~1.70	0.30~0.60	0.80~2.00	≥0.20	0.20~0.60	—	—	—			40~50；50~60	≤60	型钢、棒线材粗轧辊；大型中型轧机；钢环轧机；型钢万能轧机；热轧板带钢粗轧辊、支承辊、立辊
	AD180	1.70~1.90	0.30~0.80	0.60~1.10	0.50~2.00	0.20~0.60	—	—	—			45~55；50~60	≤50	
	AD190	1.80~2.00	0.30~0.80	0.60~1.20	1.00~2.00	0.20~0.60	—	—	—	0.035	0.030	55~65；55~60	≤50	
	AD200	1.90~2.10	0.30~0.80	0.80~1.20	0.60~2.00	0.20~0.80	—	—	—			50~60；55~65	≤50	
石墨钢	GS140	1.30~1.50	1.30~1.60	0.50~1.00	0.40~1.00	—	0.20~0.50	—	—			36~46	≤46	型钢、棒线材粗轧；钢环轧机；型钢万能粗轧辊；立辊、型钢万能轧机
	GS150	1.40~1.60	1.00~1.70	0.60~1.00	0.60~1.00	0.20~1.00	0.20~0.50	—	—			40~50	≤50	
	GS160	1.50~1.70	0.80~1.50	0.60~1.00	0.50~1.50	0.20~1.00	0.20~0.80	—	—			45~55	≤50	
	GS190	1.80~2.00	0.80~1.50	0.50~2.00	0.60~2.00	0.60~2.20	0.20~0.80	—	—			50~60；55~65	≤50	
高铬钢	HCrS	1.00~1.80	0.40~1.00	0.50~1.00	8.00~15.00	0.50~1.50	1.50~4.50	—	—			70~85	35~45	热轧带钢粗轧辊、立辊；型钢万能轧机
高速钢	HSS	1.50~2.20	0.30~1.00	0.40~1.20	3.00~8.00	≤1.50	2.00~9.00	2.00~8.00	≤8.00	0.030	0.025	75~95	30~45	热轧带钢、棒材精轧辊；型钢万能轧机；高速线材预精轧
半高速钢	S·HSS	0.60~1.20	0.80~1.50	0.50~1.00	2.00~9.00	0.20~1.20	2.00~5.00	0.40~3.00	≤3.00			76~85；80~98	30~45	热轧带钢粗轧工作辊；冷轧带钢工作辊、中间辊

注：1. 高速钢，$w(Co) \leqslant 8.00\%$，$w(Nb) \leqslant 5.00\%$。

2. 铸钢复合轧辊芯部可采用球墨铸铁、石墨钢、低合金钢或锻钢等材质。

3. 表中同栏有两组的轧辊，根据用途选择。

表8-93　常用铸钢轧辊用钢的力学性能（GB/T 1503—2008）

材质类别	材质代码	抗拉强度 R_m/MPa ≥	材质类别	材质代码	抗拉强度 R_m/MPa ≥
合金钢	AS60	650	半钢	AD140	590
	AS65 Ⅰ	650		AD140 Ⅰ	590
	AS70	600		AD160	490
	AS70 Ⅰ	600		AD160 Ⅰ	490
	AS70 Ⅱ	680	石墨钢	GS140	540
	AS75	680		GS150	500
	AS75 Ⅰ	700			

表8-94　推荐的几种企业铸钢轧辊用钢的化学成分

牌 号	化学成分（质量分数,%）									
	C	Mn	Si	Cr	Ni	Mo	V	W	P≤	S≤
高碳轧辊	0.60~0.9	0.5~0.9	0.2~0.5	—	—	—	—	—	0.040	0.045
ZG60SiMnMo	0.55~0.65	1.2~1.5	0.70~1.00	—	—	0.30~0.40	—	—	0.035	0.030
ZGMn2MoV	0.80~0.90	1.4~1.8	0.40~0.60	—	—	0.50~0.60	0.08~0.15	—	0.030	0.030
ZG8CrMoV	0.80~0.90	0.2~0.4	0.20~0.40	0.80~1.10	—	0.55~0.70	0.08~0.15	—	0.030	0.030
ZG75CrMo	0.70~0.80	0.6~0.9	0.30~0.50	0.75~1.00	—	0.20~0.40	—	—	0.040	0.40
ZG9CrV	0.85~0.95	0.20~0.45	0.20~0.40	1.4~1.7	≤0.30	—	0.10~0.25	—	0.030	0.030
ZG9Cr2Mo	0.85~0.95	0.20~0.35	0.25~0.45	1.7~2.1	≤0.30	0.20~0.40	—	—	0.030	0.030
ZG9Cr2W	0.85~0.95	0.20~0.35	0.25~0.45	1.7~2.1	≤0.30	—	—	0.30~0.60	0.030	0.030
ZG9Cr2	0.85~0.95	0.20~0.35	0.25~0.45	1.7~2.1	≤0.30	—	—	—	0.030	0.030
ZG10CrMnMo	0.90~1.10	0.90~1.20	0.40~0.70	0.80~1.80	—	0.25~0.50	—	—	0.040	0.040
ZG15CrMnMo	1.45~1.65	0.90~1.20	0.40~0.70	0.80~1.00	—	0.25~0.50	—	—	0.040	0.040

注：1. 当力学性能合格时，其中化学成分允许有一个元素的质量分数不大于下列规定的偏差，C：±0.02%，Si：±0.03%，Mn：±0.05%，Cr：±0.10%，Mo：±0.05%，V：±0.02%。

2. 当轧辊采用平炉钢浇注时，磷的质量分数允许到0.04%，硫的质量分数允许到0.04%，碳的质量分数偏差为0.03%。

表8-95　无磁铸钢牌号及化学成分

牌 号	化学成分（质量分数,%）						
	C	Si	Mn	P≤	S≤	Cr	N
ZG25Mn18Cr4	0.2~0.3	0.2~0.6	17~19	0.08	0.03	3.5~4.5	—
ZG40Mn18Cr3	0.3~0.5	0.3~0.8	17~19	0.08	0.05	3.0~3.5	允许0.08~0.12

注：用于汽轮发电机的定子压圈等零件。

表8-96　无磁铸钢牌号及力学性能

牌 号	R_m/MPa	$R_{p0.2}$/MPa	A(%)	Z(%)	硬度 HBW	磁导率 μ/（μH/m）
	≤					
ZG25Mn18Cr4	360	160	15	20	170~230	≤1.38
ZG40Mn18Cr3	450	240	19	30	170~230	≤1.38

表 8-97　ZG40Mn18Cr13 的物理性能

密度 ρ/(g/cm³)	线胀系数 α_l(20~100℃)/ (×10⁻⁶/K)	弹性模量/MPa	电阻率(20℃)/(Ω·mm²/m)
7900	18	18.6	0.7

表 8-98　电工用铸钢牌号及化学成分（GB/T 6983—2008）

牌号	化学成分(质量分数,%)									
	C≤	Si≤	Mn≤	P≤	S≤	Al	Ti≤	Cr≤	Ni≤	Cu≤
DT₄	0.010	0.10	0.25	0.015	0.010	0.20~0.80	0.02	0.10	0.05	0.05

表 8-99　电工用铸钢的特点和用途

牌　号	主要特点	用途举例
DT₄	钢液流动性差,气孔敏感性大,浇注温度控制在1590~1610℃,铸件在650~700℃退火	无磁时效电磁元件

参 考 文 献

[1] 杜西昊,杜磊. 袖珍铸造工手册 [M]. 北京: 机械工业出版社, 2001.
[2] 邢台冶金机械轧辊股份有限公司. 石墨铸钢轧辊技术资料 [Z]. 1999.
[3] 孙大涌. 先进制造技术 [M]. 北京: 机械工业出版社, 2001.

第 9 章　铸造用钢的熔炼

9.1 炼钢用原材料

9.1.1 金属材料

1. 炼钢用生铁和铸造用生铁

1）炼钢用生铁的牌号及化学成分见表9-1。

2）铸造用生铁的牌号及化学成分见表9-2。

表 9-1　炼钢用生铁的牌号及化学成分

（YB/T 5296—2011）

牌　　号			L03	L07	L10
化学成分（质量分数，%）	C		≥3.50		
	Si		≤0.35	>0.35~0.70	>0.70~1.25
	Mn	1组	≤0.40		
		2组	>0.40~1.00		
		3组	>1.00~2.00		
	P	特级	≤0.100		
		1级	>0.100~0.150		
		2级	>0.150~0.250		
		3级	>0.250~0.400		
	S	1类	≤0.030		
		2类	>0.030~0.050		
		3类	>0.050~0.070		

注：1. 各牌号生铁的碳含量，均不作为报废依据。

2. 当生铁铸成块状时，各牌号生铁应铸成单重2~7kg小块，而每批中大于7kg和小于2kg的铁块之和所占质量比例，由供需双方协议规定。根据需方要求，可供应单重不大于40kg的铁块，并有两个凹口，凹口处厚度不超过45mm。

表 9-2　铸造用生铁的牌号及化学成分

（GB/T 718—2005）

牌　号			Z14	Z18	Z22	Z26	Z30	Z34
化学成分（质量分数，%）	C		≥3.3					
	Si		1.25~1.60	>1.60~2.00	>2.00~2.40	>2.40~2.80	>2.80~3.20	>3.20~3.60
	Mn	1组	≤0.50					
		2组	>0.50~0.90					
		3组	>0.90~1.30					

（续）

牌号			Z14	Z18	Z22	Z26	Z30	Z34
化学成分（质量分数，%）	P	1级	≤0.060					
		2级	>0.060~0.100					
		3级	>0.100~0.200					
		4级	>0.200~0.400					
		5级	>0.400~0.900					
	S	1类	≤0.030					
		2类	≤0.040					
		3类	≤0.050					

注：1. 当生铁铸成块状时，各牌号生铁应铸成单重2~7kg小块，而大于7kg与小于2kg的铁块之和，每批中应不超过总重量的10%。

2. 根据需方要求，可供应单重不大于40kg的铁块。同时铁块上应有1~2道深度不小于铁块厚度2/3的凹槽。

2. 废钢铁

（1）废铁　废铁按其用途分为熔炼用废铁和非熔炼用废铁。熔炼用废铁按其质量和形状分为5类，见表9-3。

（2）废钢　废钢按其用途分为熔炼用废钢和非熔炼用废钢。熔炼用废钢按其外形尺寸和单件重量分为8个型号，见表9-4。熔炼用废钢按其化学成分分为非合金废钢、低合金废钢和合金废钢。熔炼用合金废钢按化学成分及主要合金元素含量分为8个钢类，49个钢组，见表9-5。

（3）废钢铁的技术要求

1）废铁。废铁的碳含量（质量分数）一般大于2.0%。Ⅰ类废铁的硫含量（质量分数）和磷含量（质量分数）分别不大于0.070%和0.400%。Ⅱ类废铁、合金废铁的硫含量（质量分数）和磷含量（质量分数）分别不大于0.120%和1.000%。高炉添加料的铁含量（质量分数）应不小于65.0%。

2）废钢。废钢的碳含量（质量分数）一般小于2.0%，硫含量（质量分数）、磷含量（质量分数）均不大于0.050%。非合金废钢中，残余元素镍的质量分数不大于0.30%，铬的质量分数不大于0.30%，Cu的质量分数不大于0.30%，除Si、Mn以外，其他残余元素含量总和（质量分数）不大于0.60%。

表9-3 熔炼用废铁分类（GB/T 4223—2017）

品种	类别			典型举例
	A	B	C	
Ⅰ类废铁	长度≤1000mm，宽度≤500mm，高度≤500mm	经破碎、熔断容易成为一类形状的废铁	生铁粉（车削下来的生铁屑未混入异物的生铁）及其冷压块	生铁机械零部件、输电工程各种铸件、铸铁轧辊、汽车缸体、发动机壳、钢锭模等
Ⅱ类废铁				铸铁管道、高磷铁、高硫铁、火烧铁等
合金废铁				合金轧辊、球墨轧辊等
高炉添加料	10mm×10mm×10mm≤外形尺寸≤200mm×200mm×200mm，单件重量≤5kg			加工压块等
渣铁	500mm×400mm以下或单重≤800kg，块状			大沟铁、铁液包、鱼雷罐等加工而成（含渣≤10%）

注：铁屑冷压块的密度≥3000kg/m³。

表9-4 熔炼用废钢分类（GB/T 4223—2017）

型号	类别	外形尺寸及重量要求	供应形状	典型举例
重型废钢	Ⅰ类	1200mm×600mm以下，厚度≥12mm，单重10~2000kg	块、条、板、型	钢锭和钢坯、切头、切尾、中包铸余、冷包、重机解体类、圆钢、板材、型钢、钢轨头、铸钢件、扁状废钢等
	Ⅱ类	800mm×400mm以下，厚度≥6mm，单重≥3kg	块、条、板、型	圆钢、型钢、角钢、槽钢、板材等工业用料，螺纹钢余料，纯工业用料边角料，满足厚度单重要求的批量废钢
中型废钢	—	600mm×400mm以下，厚度≥4mm，单重≥1kg	块、条、板、型	角钢、槽钢、圆钢、板型钢等单一的工业余料，各种机器零部件、铆焊件、大车轮轴、拆船废、管切头、螺纹钢头/各种工业加工料边角料废钢
小型废钢	—	400mm×400mm以下，厚度≥2mm	块、条、板、型	螺栓、螺母、船板、型钢边角余料、机械零部件、农家具废钢等各种工业废钢，无严重锈蚀氧化废钢及其他符合尺寸要求的工业余料
轻薄料废钢	—	300mm×300mm以下，厚度<2mm	块、条、板、型	薄板、机动车废钢板、冲压件边角余料、各种工业废钢、社会废钢边角料，但无严重锈蚀氧化
打包块	—	700mm×700mm×700mm以下，密度≥1000kg/m³	块	各类汽车外壳、工业薄料、工业扁丝、社会废钢薄料、扁丝、镀锡板、镀锌板冷轧边料等加工（无锈蚀、无包芯、夹什）成形
破碎废钢	Ⅰ类	150mm×150mm以下，堆密度≥1000kg/m³		各种汽车外壳、箱板、摩托车架、电动车架、大桶、电器柜壳等经破碎机加工而成
	Ⅱ类	200mm×200mm以下，堆密度≥800kg/m³		各种龙骨、小家电外壳、自行车架、白铁皮等经破碎机加工而成
渣钢	—	500mm×400mm以下或单重≤800kg	块	炼钢厂钢包、翻包、渣罐内含铁料等加工而成（渣的质量分数≤10%）
钢屑	—			团状、碎切屑及粉状

表 9-5　熔炼用合金废钢分类（GB/T 4223—2017）

钢类	序号	钢　组	典 型 牌 号	合金元素含量（质量分数,%）					
				Cr	Ni	Mo	W	Mn	其他
合金结构钢	1	Cr（Si, V）	40Cr、38CrSi、40CrV	0.70 ~ 1.60	—	—	—	—	—
	2	CrMn（Si, Ti）	40CrMn、20CrMnSi、20CrMnTi	0.40 ~ 1.40	—	—	—	0.80 ~ 1.40	—
	3	CrMnMo	20CrMnMo、40CrMnMo	0.90 ~ 1.40	—	0.20 ~ 0.30	—	0.90 ~ 1.20	—
	4	CrMnNiMo	18CrNiMnMoA	1.00 ~ 1.30	1.00 ~ 1.30	0.20 ~ 0.30	—	1.10 ~ 1.40	—
	5	CrMo（V, Al）	42CrMo、25Cr2Mo1VA、35CrMoV、38CrMoAl	0.30 ~ 2.50	—	0.15 ~ 1.10		—	V：0.30 ~ 0.60 Al：0.70 ~ 1.10
	6	CrNi	20CrNi	0.45 ~ 0.75	1.00 ~ 1.40	—	—	—	—
			12CrNi2	0.60 ~ 0.90	1.50 ~ 1.90	—	—	—	—
			20CrNi3	0.60 ~ 1.60	2.75 ~ 3.15	—	—	—	—
			20Cr2Ni4	1.25 ~ 1.65	3.00 ~ 3.65	—	—	—	—
	7	CrNiMo（V）	20CrNiMoA	0.40 ~ 0.70	0.35 ~ 0.75	0.20 ~ 0.30	—	—	—
			40CrNiMo、45CrNiMoV	0.60 ~ 1.10	1.25 ~ 1.80	0.15 ~ 0.30	—	—	—
	8	CrNiW	25Cr2Ni4WA	1.35 ~ 1.65	4.00 ~ 4.50	—	0.80 ~ 1.20	—	—
弹簧钢	9	Mn（Si, V, B）	65Mn、60Si2Mn、55SiMnVB、55Si2MnB	—	—	—	—	0.60 ~ 1.30	Si：0.70 ~ 2.00
	10	Cr（V, Si）	60Si2CrA、60Si2CrVA、50CrVA	0.70 ~ 1.20	—	—	—	—	Si：1.40 ~ 1.80
	11	CrMn（B）	60CrMn、60CrMnB	0.65 ~ 1.00	—	—	—	0.65 ~ 1.00	—
	12	CrMnMo	60CrMnMoA	0.70 ~ 0.90	—	0.25 ~ 0.35	—	0.70 ~ 1.00	—
	13	WCrV	30W4Cr2VA	2.00 ~ 2.50	—	—	4.00 ~ 4.50	0.70 ~ 1.00	V：0.50 ~ 0.80

（续）

钢类	序号	钢　组	典型牌号	合金元素含量（质量分数,%）					
				Cr	Ni	Mo	W	Mn	其他
轴承钢	14	Cr	GCr15	0.35 ~ 1.65	—	—	—	—	—
	15	CrMn（Si）	GCr15SiMn	1.40 ~ 1.65	—	—	—	0.95 ~ 1.25	—
	16	CrMo（Si）	GCr18Mo、G20CrMo、G20Cr15SiMo	0.35 ~ 1.95	—	0.08 ~ 0.40	—	—	—
	17	CrNi	G20Cr2Ni4	1.25 ~ 1.75	3.25 ~ 3.75	—	—	—	—
	18	CrNiMo	G20CrNiMo	0.35 ~ 0.65	0.40 ~ 0.70	0.15 ~ 0.30	—	—	—
			G20CrNi2Mo、G10CrNi3Mo	0.35 ~ 1.40	1.60 ~ 3.50	0.08 ~ 0.30	—	—	—
	19	CrMnMo	G20Cr2Mn2Mo	1.70 ~ 2.00		0.20 ~ 0.30		1.30 ~ 1.60	—
合金工具钢	20	Cr（Si）	9SiCr、Cr06	0.50 ~ 1.25	—	—	—	—	Si：1.20 ~ 1.60
			Cr2、8Cr3	1.30 ~ 3.80	—	—	—	—	—
			Crl2	11.50 ~ 13.00	—	—	—	—	—
	21	CrMnMo（V，Si）	5CrMnMo、4CrMnSiMoV	0.60 ~ 1.50		0.15 ~ 0.60		0.80 ~ 1.60	—
			6CrMnSi2Mo1	0.10 ~ 0.50		0.20 ~ 1.35		0.60 ~ 1.00	Si：1.75 ~ 2.25
			5Cr3Mn1SiMo1V	3.00 ~ 3.50		1.30 ~ 1.80		0.20 ~ 0.90	—
	22	CrMo（V，Si）	3Cr2Mo	1.40 ~ 2.00	—	0.30 ~ 0.55		—	—
			Cr5Mo1V、4Cr5MoSiV1	4.75 ~ 5.50		0.90 ~ 1.75		—	V：0.30 ~ 1.20
			4Cr3Mo3SiV	3.00 ~ 3.75		2.00 ~ 3.00		—	V：0.25 ~ 0.75
			Cr12MoV、Cr12Mo1V1	11.00 ~ 13.00		0.40 ~ 1.20		—	V：0.30 ~ 1.10
	23	CrW（V，Si）	4CrW2Si	1.00 ~ 1.30	—	—	2.00 ~ 2.70	—	—

（续）

钢类	序号	钢 组	典型牌号	合金元素含量（质量分数,%）					
				Cr	Ni	Mo	W	Mn	其他
合金工具钢	23	CrW（V,Si）	3Cr2W8V	2.20 ~ 2.70	—	—	7.50 ~ 9.00	—	V：0.30 ~ 0.50
			4Cr5W2VSi	4.50 ~ 5.50	—	—	1.60 ~ 2.40	—	V：0.60 ~ 1.00
	24	CrWMn	CrWMn	0.50 ~ 1.20	—	—	0.50 ~ 1.60	0.80 ~ 1.20	—
	25	CrWMoV（Nb）	Cr4W2MoV	3.50 ~ 4.00	—	0.80 ~ 1.20	1.90 ~ 2.60	—	V：0.80 ~ 1.10
			6Cr4W3Mo2VNb	3.80 ~ 4.40	—	1.80 ~ 2.50	2.50 ~ 3.50	—	V：0.80 ~ 1.20 Nb：0.20 ~ 0.35
			3Cr3Mo3W2V	2.80 ~ 3.30	—	2.50 ~ 3.00	1.20 ~ 1.80	—	V：0.80 ~ 1.20
			5Cr4W5Mo2V	3.40 ~ 4.40	—	1.50 ~ 2.10	4.50 ~ 5.30	—	V：0.70 ~ 1.10
			6W6Mo5Cr4V	3.70 ~ 4.30	—	4.50 ~ 5.50	6.00 ~ 7.00	—	V：0.70 ~ 1.10
	26	CrNiMo	5CrNiMo	0.50 ~ 0.80	1.40 ~ 1.80	0.15 ~ 0.30			—
	27	CrMoMnV（Al,Si）	5Cr4Mo3SiMnVAl	3.80 ~ 4.30	—	2.80 ~ 3.40	—	0.80 ~ 1.10	V：0.80 ~ 1.20
	28	MnCrWMoVAl	7Mn15Cr2Al3V2WMo	2.00 ~ 2.50	—	0.50 ~ 0.80	0.50 ~ 0.80	14.50 ~ 16.50	V：1.50 ~ 2.00 Al：2.30 ~ 3.30
	29	Mn（V）	9Mn2V	—	—	—	—	1.70 ~ 2.00	—
	30	W	W	0.10 ~ 0.30	—	—	0.80 ~ 1.20		—
高速工具钢	31	WCrV	W18Cr4V	3.80 ~ 4.40	—	—	17.50 ~ 19.00	—	V：1.00 ~ 1.40
	32	WCrCoV	W18Cr4V2Co8	3.75 ~ 5.00	—	0.50 ~ 1.25	17.50 ~ 19.00	—	V：1.80 ~ 2.40 Co：7.00 ~ 9.50
	33	WMoCrV（Al）	W6Mo5Cr4V2、 W6Mo5Cr4V2Al	3.80 ~ 4.40	—	4.50 ~ 5.50	5.50 ~ 6.75	—	V：1.75 ~ 2.20 Al：0.80 ~ 1.20
			W6Mo5Cr4V3	3.75 ~ 4.50	—	4.75 ~ 6.50	5.00 ~ 6.75	—	V：2.25 ~ 2.75
			W2Mo9Cr4V2	3.50 ~ 4.00	—	8.20 ~ 9.20	1.40 ~ 2.10	—	V：1.75 ~ 2.25
			W9Mo3Cr4V	3.80 ~ 4.40	—	2.70 ~ 3.30	8.50 ~ 9.50	—	V：1.30 ~ 1.70

（续）

钢类	序号	钢组	典型牌号	合金元素含量（质量分数,%）					
				Cr	Ni	Mo	W	Mn	其他
高速工具钢	34	WMoCrCoV	W6Mo5Cr4V2Co5	3.75 ~ 4.50	—	4.50 ~ 5.50	5.50 ~ 6.50	—	V: 1.75 ~ 2.25 Co: 4.50 ~ 5.50
耐热耐蚀不锈钢	35	Cr（Al, N, Si）	4Cr9Si2	8.00 ~ 10.00	—	—	—	—	Si: 2.00 ~ 3.00
			12Cr12　20Cr13 06Cr13Al	11.00 ~ 14.50	—	—	—	—	—
			10Cr17　95Cr18	16.00 ~ 19.00	—	—	—	—	—
	36	CrMo（V, Si）	1Cr5Mo	4.00 ~ 6.00	—	0.45 ~ 0.60		—	—
			40Cr10Si2Mo	9.00 ~ 10.50	—	0.70 ~ 0.90		—	Si: 1.90 ~ 2.60
			1Cr11MoV、13Cr13Mo	10.00 ~ 14.00	—	0.30 ~ 1.00		—	—
			102Cr17Mo、90Cr18MoV	16.00 ~ 18.00	—	0.40 ~ 1.30		—	—
	37	CrNi（Al, Nb, Ti, N, Si）	14Cr17Ni2	16.00 ~ 18.00	1.50 ~ 2.50	—	—	—	—
			07Cr17Ni7Al、06Cr19Ni10N	16.00 ~ 20.00	6.00 ~ 11.00		—	—	Al: 0.75 ~ 1.50
			022Cr19Ni10、10Cr18Ni12 06Cr19Ni9NbN	17.00 ~ 20.00	7.50 ~ 13.00		—	—	—
			80Cr20Si2Ni	19.00 ~ 20.50	1.15 ~ 1.65		—	—	Si: 1.75 ~ 2.25
	38	CrNiMo（Al, Ti, N, Si）	07Cr15Ni7Mo2Al	14.00 ~ 16.00	6.50 ~ 7.50	2.00 ~ 3.00	—	—	Al: 0.75 ~ 1.50
			06Cr17Ni12Mo2、022Cr17Ni12Mo2、06Cr19Ni13Mo3	16.00 ~ 20.00	10.00 ~ 15.00	1.80 ~ 4.00	—	—	—
			022Cr19Ni5Mo3Si2N	18.00 ~ 19.50	4.50 ~ 5.50	2.50 ~ 3.00	—	—	Si: 1.30 ~ 2.00
	39	CrMnNi（N, Si）	12Cr17Mn6Ni5N、12Cr18Mn9Ni5N	16.00 ~ 19.00	3.50 ~ 6.00		—	5.50 ~ 10.00	—
			53Cr21Mn9Ni4N	20.00 ~ 22.00	3.25 ~ 4.50		—	8.00 ~ 10.00	—
			22Cr20Mn10Ni2Si2N	18.00 ~ 21.00	2.00 ~ 3.00		—	8.50 ~ 11.00	Si: 1.80 ~ 2.70

（续）

钢类	序号	钢组	典型牌号	合金元素含量（质量分数,%）					
				Cr	Ni	Mo	W	Mn	其他
耐热耐蚀不锈钢	40	CrMnNiMo（N）	12Cr18Mn10Ni5Mo3N	17.00 ~ 19.00	4.00 ~ 6.00	2.80 ~ 3.50	—	8.50 ~ 12.00	—
	41	CrNiCu（Nb）	06Cr18Ni9Cu3	17.00 ~ 19.00	8.50 ~ 10.50	—	—	—	Cu：3.00 ~ 4.00
			05Cr17Ni4Cu4Nb	15.50 ~ 17.50	3.00 ~ 5.00	—	—	—	Cu：3.00 ~ 5.00 Nb：0.15 ~ 0.45
	42	CrNiMoCu	06Cr18Ni12Mo2Cu2、022Cr18Ni14Mo2Cu2	17.00 ~ 19.00	10.00 ~ 16.00	1.20 ~ 2.75	—	—	Cu：1.00 ~ 2.50
	43	CrNiMoTi（Al，V，B）	06Cr15Ni25Ti2MoAlVB	13.50 ~ 16.00	24.00 ~ 27.00	1.00 ~ 1.50	—	—	Ti：1.90 ~ 2.35
	44	CrNiWMo（V）	45Cr14Ni14W2Mo	13.00 ~ 15.00	13.00 ~ 15.00	0.25 ~ 0.40	2.00 ~ 2.75	—	—
			13Cr11Ni2W2MoV	10.50 ~ 12.00	1.40 ~ 1.80	0.35 ~ 0.50	1.50 ~ 2.00	—	—
			22Cr12NiWMoV	11.00 ~ 13.00	0.50 ~ 1.00	0.75 ~ 1.25	0.75 ~ 1.25	—	—
	45	CrMn（Si，N）	26Cr18Mn12Si2N	17.00 ~ 19.00		—	—	10.50 ~ 12.50	Si：1.40 ~ 2.20
	46	CrWMo（V）	15Cr12WMoV	11.00 ~ 13.00		0.50 ~ 0.70	0.70 ~ 1.10		—
管线钢	47	NiMoCu（Mn）	X70、X80	—	0.10 ~ 0.40	0.10 ~ 0.40		1.30 ~ 2.00	Cu：0.10 ~ 0.30
耐候钢	48	CuNiGr（Mn）	Q460NH，Q550NH	0.3 ~ 1.25	0.12 ~ 0.65			0.9 ~ 1.5	Cu：0.20 ~ 0.50
	49	CuNiGrP	Q310GNH，Q355GNH	0.3 ~ 1.25	0.25 ~ 0.50			0.20 ~ 0.50	Cu：0.20 ~ 0.55 P：0.07 ~ 0.15

注：1. 熔炼用合金废钢分组原则是按钢类和钢中所含合金元素分组，钢组内合金钢牌号按元素含量不同分成不同等级。

2. 在分类钢组后括号内的元素是易氧化或微量添加的元素，如 B、Si、Al、Ti、V、Nb、N 等，在钢组中不予考虑；在各钢组中或 "合金元素含量" 一栏中没有标明成分的元素，在钢组中不予考虑。

3. 该合金废钢钢组后所列 "典型牌号" 是国际牌号，国外牌号应对照国内牌号纳入相应钢组。

4. 没被列入或没有对应分组牌号的国内外合金废钢，应按其中所含元素种类及元素含量范围分类后，纳入相应钢组，不符合钢组条件的合金废钢应单列。

5. 高温合金、精密合金、高锰铸钢、含铜钢均按牌号单独存放、管理、供应。

3）废钢铁内不应混有铁合金、有害物。非合金废钢、低合金废钢不应混有合金废钢和废铁，合金废钢内不应混有非合金废钢、低合金废钢和废铁。废铁内不应混有废钢。

4）对于单件表面有锈蚀的废钢铁，其每面附着的铁锈厚度不大于单件厚度的10%。

5）废钢铁表面和器件、打包件内部不应存在泥块、水泥、粘砂、油污及珐琅等。

6）废钢铁中禁止混有爆炸性武器弹药及其他易燃易爆物品，还禁止混有两端封闭的管状物、封闭器皿等物品，并禁止混有橡胶和塑料制品。

7）废钢铁中不应有成套的机器设备及结构件（如有，则必须拆解且压碎或压扁成不可复原状）。各种形状的容器（罐筒等）应全部从轴向割开。机械部件容器（发动机、齿轮箱等）应清除易燃品和润滑剂的残余物。

8）废钢铁中禁止混有其浸出液中有害物质含量超过GB 5085.3—2007《危险废物鉴别标准　浸出毒性鉴别》中鉴别标准值的有害废物。

9）废钢铁中禁止混有其浸出液中超过GB 5085.1—2007《危险废物鉴别标准　腐蚀性鉴别》中鉴别标准值，即pH值≥12.5或≤2.0的夹杂物。

10）废钢铁中禁止混有多氯联苯含量超过GB 13015—2017《含多氯联苯废物污染控制标准》控制标准值的有害物。

11）废钢铁中曾经盛装液体和半固体化学物质的容器、管道及其碎片，必须清洗干净。进口废钢铁必须向检验机构申报容器、管道及其碎片曾经盛装或输送过的化学物质的主要成分。

12）废钢铁中不应混有的有害物：医药类废物，农药类废物，有机溶剂类废物，蒸馏，焚烧处置残渣，感光材料废物，铍、六价铬、砷、硒、镉、锑、碲、汞、铊、铅及其化合物，含氟、氰、酚化合物的废物，石棉废物，厨房、卫生间废物等。

13）废钢铁中禁止夹杂放射性废物。

14）废钢铁各检验批次中非金属夹杂物的总重量，不应超过该检验批次重量的0.5%。

3. 原料纯铁和海绵铁

（1）原料纯铁　原料纯铁是用于冶炼超低碳不锈钢、精密合金、高温合金等的重要原材料，也是粉末冶金、感应炉冶炼的重要原材料。原料纯铁的牌号及化学成分见表9-6。

（2）海绵铁　海绵铁即直接还原铁（DRI）。由海绵铁趁热加压成形的高体积密度的产品称为热压块铁（HBI）。海绵铁中硫、磷等有害杂质与非铁合金含量低，有利于电炉冶炼优质钢种。目前，我国尚无海绵铁的质量标准，世界上也没有海绵铁的统一质量标准，订货标准由需方与供货方协商制订。海绵铁的化学成分要求见表9-7（供参考）。

表9-6　原料纯铁的牌号及化学成分（GB/T 9971—2017）

统一数字代号	牌号	化学成分（质量分数,%）										
		C≤	Si≤	Mn≤	P≤	S≤	Cr≤	Ni≤	Al≤	Cu≤	Ti≤	O≤[①]
M00108	YT1	0.010	0.060	0.100	0.015	0.010	0.020	0.020	0.100	0.050	0.050	0.030[②]
M00088	YT2	0.008	0.030	0.060	0.012	0.007	0.020	0.020	0.050	0.050	0.020	0.015[②]
M00058	YT3	0.005	0.010	0.040	0.009	0.005	0.020	0.020	0.030	0.030	0.020	0.008
M00038	YT4	0.005	0.010	0.020	0.005	0.003	0.020	0.020	0.020	0.020	0.010	0.005

① 氧含量为成品分析结果。

② 如供方保证，可不做分析。

表9-7　海绵铁的化学成分

等　　级	化学成分(质量分数,%)												
	TFe	MFe	M	P	S	Cu	Cr	Ni	As	Sn	Sb	Pb	SiO₂ + Al₂O₃
	≥			≤									
普通海绵铁	88	82	90	0.040	0.030	0.05	0.03	0.03	0.005	0.005	0.002	0.02	7.5
优质海绵铁	90	85	92	0.030	0.025	0.02	0.03	0.03	0.005	0.003	0.001	0.01	5.0

注：1. 根据需方要求，可减少表中元素种类或增加检验表中没有的元素并商定验收值。

2. 球状海绵铁粒度为5～20mm（其中粒度<5mm的质量分数不得超过5%），体积密度应≥3.0g/cm³，堆密度应≥1.6g/cm³。

3. 海绵铁热压块（HBI）的块度一般为50mm×30mm×10mm～110mm×60mm×30mm，块重一般为0.1～1.0kg，体积密度应≥4.5g/cm³，堆密度应≥2.4g/cm³。

4. 铁合金与纯金属

（1）铁合金与纯金属名称、牌号及化学成分

1）炼钢用作脱氧剂或合金元素加入剂的硅铁有 40 个牌号，见表 9-8。

2）金属硅有 8 个牌号，其中用于冶炼超低碳不锈钢的金属硅有 3 个牌号，见表 9-9。

3）炼钢用作复合脱氧剂或合金元素加入剂的硅钙合金有 5 个牌号，见表 9-10。

4）炼钢用作扩散脱氧剂的硅钙合金粉剂有 2 个牌号，见表 9-11。

5）炼钢用作脱氧剂、发热剂的硅铝合金有 9 个牌号，见表 9-12。

6）炼钢用作脱氧剂、脱硫剂的硅钡合金有 7 个牌号，见表 9-13。

7）炼钢用作脱氧剂、脱硫剂的硅钡铝合金有 5 个牌号，见表 9-14。

8）炼钢用作脱氧剂、脱硫剂的硅钙钡铝合金有 3 个牌号，见表 9-15。

9）炼钢用作还原剂或合金元素加入剂的硅铬合金有 5 个牌号，见表 9-16。

10）炼钢用作添加剂、合金元素加入剂的稀土硅铁合金有 13 个牌号，见表 9-17。

11）炼钢用作复合脱氧剂、脱硫剂和合金剂的锰硅合金有 8 个牌号，见表 9-18。

表 9-8　硅铁的牌号及化学成分（GB/T 2272—2020）

类别	牌号	化学成分（质量分数,%)									
		Si	Al	Fe	Ca	Mn	Cr	P	S	C	Ti
			≤								
高硅硅铁	GG FeSi97Al1.5	≥97.0	1.5	1.5	0.3						
	GG FeSi95Al1.5	95.0 ~ <97.0	1.5	2.0	0.3	0.4	0.2	0.040	0.030	0.20	—
	GG FeSi95Al2.0		2.0	2.0	0.4						
	GG FeSi93Al1.5	93.0 ~ <95.0	1.5	2.0	0.6						
	GG FeSi93Al3.0		3.0	2.5	0.6						
	GG FeSi90Al2.0	90.0 ~ <93.0	2.0	—	1.5	0.4	0.2	0.040	0.030	0.20	
	GG FeSi90Al3.0		3.0	—	1.5						
	GG FeSi87Al2.0	87.0 ~ <90.0	2.0	—	1.5						
	GG FeSi87Al3.0		3.0	—	1.5						

类别	牌号	化学成分（质量分数,%)								
		Si	Al	Ca	Mn	Cr	P	S	C	Ti
			≤							
普通硅铁	PG FeSi75Al1.5	75.0 ~ <80.0	1.5	1.5	0.4	0.3	0.045	0.020	0.10	0.30
	PG FeSi75Al2.0		2.0	1.5			0.040	0.020	0.20	
	PG FeSi75Al2.5		2.5	—						
	PG FeSi72Al1.5	72.0 ~ <75.0	1.5	1.5	0.4	0.3	0.045	0.020	0.20	0.30
	PG FeSi72Al2.0		2.0				0.040			
	PG FeSi72Al2.5		2.5							
	PG FeSi70Al2.0	70.0 ~ <72.0	2.0		0.5	0.5	0.045	0.020	0.20	—
	PG FeSi70Al2.5		2.5							
	PG FeSi65	65.0 ~ <70.0	3.0		0.5	0.5	0.045	0.020	—	—
	PG FeSi40	40.0 ~ <47.0	—	—	0.6	0.5	0.045	0.020	—	—
低铝硅铁	DL FeSi75Al0.3	75.0 ~ <80.0	0.3	0.3	0.4	0.3	0.030	0.020	0.10	0.30
	DL FeSi75Al0.5		0.5	0.5						
	DL FeSi75Al0.8		0.8	1.0			0.035			
	DL FeSi75Al1.0		1.0	1.0						
	DL FeSi72Al0.3	72.0 ~ <75.0	0.3	0.3	0.4	0.3	0.030	0.020	0.10	0.30
	DL FeSi72Al0.5		0.5	0.5			0.030			

（续）

类别	牌号	化学成分（质量分数，%）								
		Si	Al	Ca	Mn	Cr	P	S	C	Ti
						≤				
低铝硅铁	DL FeSi72Al0.8	72.0～<75.0	0.8	1.0	0.4	0.3	0.035	0.020	0.10	0.30
	DL FeSi72Al1.0		1.0	1.0			0.035			

类别	牌号	化学成分（质量分数，%）											
		Si	Ti	C	Al	P	S	Mn	Cr	Ca	V	Ni	B
		≥		≤									
高纯硅铁	GC FeSi75Ti0.01-A	75.0	0.010	0.012	0.01	0.010	0.010	0.1	0.1	0.01	0.010	0.02	0.002
	GC FeSi75Ti0.01-B			0.015	0.03	0.015	0.010	0.2	0.1	0.03	0.020	0.03	0.005
	GC FeSi75Ti0.015-A	75.0	0.015	0.015	0.01	0.020	0.010	0.1	0.1	0.01	0.015	0.03	—
	GC FeSi75Ti0.015-B			0.020	0.03	0.025	0.010	0.2	0.1	0.03	0.020	0.03	—
	GC FeSi75Ti0.02-A	75.0	0.020	0.015	0.03	0.025	0.010	0.2	0.1	0.03	0.020	0.03	—
	GC FeSi75Ti0.02-B			0.020	0.10	0.030	0.010	0.2	0.1	0.10	0.020	0.03	—
	GC FeSi75Ti0.02-C			0.050	0.50		0.010	0.2	0.1	0.50	0.020	0.03	—
	GC FeSi75Ti0.03-A	75.0	0.030	0.015	0.10	0.030	0.010	0.2	0.1	0.03	0.020	0.03	—
	GC FeSi75Ti0.03-B			0.020	0.20		0.010	0.2	0.1	0.20	0.020	0.03	—
	GC FeSi75Ti0.03-C			0.050	0.50		0.015	0.2	0.1	0.50	0.020	0.03	—
	GC FeSi75Ti0.05-A	75.0	0.050	0.015	0.10	0.025	0.010	0.2	0.1	0.05	0.020	0.03	—
	GC FeSi75Ti0.05-B			0.020	0.20	0.030	0.010	0.2	0.1	0.20	0.020	0.03	—
	GC FeSi75Ti0.05-C			0.050	0.50		0.015	0.2	0.1	0.50	0.020	0.05	—

表 9-9　金属硅的牌号及化学成分（GB/T 2881—2014）

牌号	化学成分（质量分数，%）			
	名义硅含量[①]	主要杂质元素含量≤		
	≥	Fe	Al	Ca
Si1101	99.79	0.10	0.10	0.01
Si2202	99.58	0.20	0.20	0.02
Si3303	99.37	0.30	0.30	0.03
Si4110	99.40	0.40	0.10	0.10
Si4210	99.30	0.40	0.20	0.10
Si4410	99.10	0.40	0.40	0.10
Si5210	99.20	0.50	0.20	0.10
Si5530	98.70	0.50	0.50	0.30

注：分析结果的判定采用修约比较法，数值修约规则按 GB/T 8170 的规定进行，修约数位与表中所列极限值数位一致。

① 名义硅含量应不低于 100% 减去铁、铝、钙元素含量总和的值。

表 9-10　硅钙合金的牌号及化学成分（YB/T 5051—2016）

牌号	化学成分（质量分数，%）								
	Ca	Si	C		Al	P	S	O	Ca＋Si
			I	Ⅱ					
	≥		≤						≥
Ca31Si60	31	58～65	0.5	0.8	1.4	0.04	0.05	2.5	90

（续）

牌号	化学成分（质量分数,%）								
	Ca	Si	C		Al	P	S	O	Ca + Si
			I	II					
	≥				≤				≥
Ca28Si60	28	58 ~ 65	0.5	0.8	1.4	0.04	0.05	2.5	90
Ca24Si60	24	58 ~ 65	0.5	0.8	1.4	0.04	0.04	2.5	90
Ca20Si55	20	55 ~ 60	0.5	0.8	1.4	0.04	0.04	2.5	—
Ca16Si55	16	55 ~ 60	0.5	0.8	1.4	0.04	0.04	2.5	—

注：合金粉剂中水分小于 0.5%（质量分数）。

表 9-11　硅钙合金粉剂的牌号及化学成分

牌　号	化学成分（质量分数,%）					
	Ca	Si	C	Al	P	S
	≥			≤		
SiCa30F	30	50	0.8	2.4	0.04	0.06
SiCa28F	28	50	0.8	2.4	0.04	0.06

注：硅钙合金粉剂粒度为 0.02 ~ 1.0mm，其中粒度 < 0.1mm 的质量分数不大于 8%。

表 9-12　硅铝合金的牌号及化学成分（YB/T 065—2008）

牌　号	化学成分（质量分数,%）								
	Si	Al	Mn	C		P		S	Cu
				I	II	I	II		
	≥			≤					
FeAl50Si5	5.0	50.0	0.20	0.20		0.020		0.02	0.05
FeAl45Si5	5.0	45.0	0.20	0.20		0.020		0.02	0.05
FeAl40Si15	15.0	40.0	0.20	0.20		0.020		0.02	0.05
FeAl35Si15	15.0	35.0	0.20	0.20		0.020		0.02	0.05
FeAl30Si25	25.0	30.0	0.20	0.20	1.20	0.020	0.040	0.02	—
FeAl25Si25	25.0	25.0	0.40	0.20	1.20	0.020	0.040	0.03	—
FeAl20Si35	35.0	20.0	0.40	0.80		0.030	0.060	0.03	—
FeAl15Si35	35.0	15.0	0.40	0.80		0.030	0.060	0.03	—
FeAl10Si40	40.0	10.0	0.40	0.40		0.030	0.080	0.03	—

注：1. 需方对表中化学成分或 As、Sn、Sb、Pb、Bi 有特殊要求时，由供需双方商定。

　　2. 硅铝合金交货粒度为 10 ~ 250mm，其中粒度 < 10mm 的质量分数不得超过 5%。

表 9-13　硅钡合金的牌号及化学成分（YB/T 5358—2008）

牌　号	化学成分（质量分数,%）						
	Ba	Si	Al	Mn	C	P	S
	≥			≤			
FeBa30Si35	30.0	35.0	3.0	0.40	0.30	0.040	0.040
FeBa25Si35	25.0	35.0	3.0	0.40	0.30	0.040	0.040
FeBa20Si45	20.0	45.0	3.0	0.40	0.30	0.040	0.040
FeBa15Si45	15.0	45.0	3.0	0.40	0.30	0.040	0.040
FeBa10Si55	10.0	55.0	3.0	0.40	0.20	0.040	0.040
FeBa5Si55	5.0	55.0	3.0	0.40	0.20	0.040	0.040
FeBa2Si65	2.0	65.0	3.0	0.40	0.20	0.040	0.040

注：1. 需方对表中化学成分或 As、Sn、Sb、Pb、Bi 有特殊要求时，由供需双方商定。

　　2. 硅钡合金交货粒度为 10 ~ 200mm，其中粒度 < 10mm 的质量分数不得超过 5%。

表9-14　硅钡铝合金的牌号及化学成分（YB/T 066—2008）

牌　号	化学成分（质量分数,%）						
	Si	Ba	Al	C	Mn	P	S
	≥			≤			
FeAl35Ba6Si20	20.0	6.0	35.0	0.20	0.30	0.030	0.020
FeAl30Ba6Si20	20.0	6.0	30.0	0.20	0.30	0.030	0.020
FeAl25Ba9Si30	30.0	9.0	25.0	0.20	0.30	0.030	0.020
FeAl15Ba12Si30	30.0	12.0	15.0	0.20	0.30	0.040	0.030
FeAl10Ba15Si40	40.0	15.0	10.0	0.20	0.30	0.040	0.030

注：1. 需方对表中化学成分或 As、Sn、Sb、Pb、Bi 有特殊要求时，由供需双方商定。

2. 硅钡铝合金交货粒度为 10～200mm，其中粒度 <10mm 的质量分数不得超过5%。

表9-15　硅钙钡铝合金的牌号及化学成分（YB/T 067—2008）

牌　号	化学成分（质量分数,%）							
	Si	Ca	Ba	Al	Mn	C	P	S
	≥				≤			
FeAl16Ba9Ca12Si30	30.0	12.0	9.0	16.0	0.40	0.40	0.040	0.020
FeAl12Ba9Ca9Si35	35.0	9.0	9.0	12.0	0.40	0.40	0.040	0.020
FeAl8Ba12Ca6Si40	40.0	6.0	12.0	8.0	0.40	0.40	0.040	0.020

注：1. 需方对表中化学成分或 As、Sn、Sb、Pb、Bi 有特殊要求时，由供需双方商定。

2. 硅钙钡铝合金交货粒度为 10～200mm，其中粒度 <10mm 的质量分数不得超过5%。

表9-16　硅铬合金的牌号及化学成分（GB/T 4009—2008）

牌　号	化学成分（质量分数,%）					
	Cr	Si	C	P		S
				I	II	
	≥		≤			
FeCr30Si40-A	30.0	40.0	0.02	0.02	0.04	0.01
FeCr30Si40-B	30.0	40.0	0.04	0.02	0.04	0.01
FeCr30Si40-C	30.0	40.0	0.06	0.02	0.04	0.01
FeCr30Si40-D	30.0	40.0	0.10	0.02	0.04	0.01
FeCr32Si35	32.0	35.0	1.0	0.02	0.04	0.01

注：硅铬合金交货粒度分 3 种规格：一般粒度 10～200mm，中粒 10～100mm，小粒 10～50mm。粒度偏差：粒度大于上限的质量分数≤5%，粒度小于下限的质量分数≤10%。

表9-17　稀土硅铁合金的牌号及化学成分（GB/T 4137—2015）

牌号		化学成分（质量分数,%）							
字符牌号	对应原数字牌号	RE	Ce/RE	Si	Mn	Ca	Ti	Al	Fe
					≤				
RESiFe-23Ce	195023	21.0≤RE<24.0	≥45.0	≤44.0	2.5	5.0	1.5	1.0	余量
RESiFe-26Ce	195026	24.0≤RE<27.0	≥45.0	≤43.0	2.5	5.0	1.5	1.0	余量
RESiFe-29Ce	195029	27.0≤RE<30.0	≥45.0	≤42.0	2.0	5.0	1.5	1.0	余量
RESiFe-32Ce	195032	30.0≤RE<33.0	≥45.0	≤40.0	2.0	4.0	1.0	1.0	余量
RESiFe-35Ce	195035	33.0≤RE<36.0	≥45.0	≤39.0	2.0	4.0	1.0	1.0	余量
RESiFe-38Ce	195038	36.0≤RE<39.0	≥45.0	≤38.0	2.0	4.0	1.0	1.0	余量
RESiFe-41Ce	195041	39.0≤RE<42.0	≥45.0	≤37.0	2.0	4.0	1.0	1.0	余量
RESiFe-13Y	195213	10.0≤RE<15.0	≥45.0	48.0≤Si<50.0	6.0	2.5	1.5	1.0	余量
RESiFe-18Y	195218	15.0≤RE<20.0	≥45.0	48.0≤Si<50.0	6.0	2.5	1.5	1.0	余量
RESiFe-23Y	195223	20.0≤RE<25.0	≥45.0	43.0≤Si<48.0	6.0	2.5	1.5	1.0	余量
RESiFe-28Y	195228	25.0≤RE<30.0	≥45.0	43.0≤Si<48.0	6.0	2.0	1.0	1.0	余量
RESiFe-33Y	195233	30.0≤RE<35.0	≥45.0	40.0≤Si<45.0	6.0	2.0	1.0	1.0	余量
RESiFe-38Y	195238	35.0≤RE<40.0	≥45.0	40.0≤Si<45.0	6.0	2.0	1.0	1.0	余量

注：产品粒度范围为 0～5mm、5～50mm、50～150mm。小于下限和大于上限的各不超过总重量的5%。

表 9-18　锰硅合金的牌号及化学成分（GB/T 4008—2008）

牌号	化学成分（质量分数,%）						
	Mn	Si	C	P			S
				I	II	III	
			≤				
FeMn64Si27	60.0 ~ 67.0	25.0 ~ 28.0	0.5	0.10	0.15	0.25	0.04
FeMn67Si23	63.0 ~ 70.0	22.0 ~ 25.0	0.7	0.10	0.15	0.25	0.04
FeMn68Si22	65.0 ~ 72.0	20.0 ~ 23.0	1.2	0.10	0.15	0.25	0.04
FeMn64Si23	60.0 ~ 67.0	20.0 ~ 25.0	1.2	0.10	0.15	0.25	0.04
FeMn68Si18	65.0 ~ 72.0	17.0 ~ 20.0	1.8	0.10	0.15	0.25	0.04
FeMn64Si18	60.0 ~ 67.0	17.0 ~ 20.0	1.8	0.10	0.15	0.25	0.04
FeMn68Si16	65.0 ~ 72.0	14.0 ~ 17.0	2.5	0.10	0.15	0.25	0.04
FeMn64Si16	60.0 ~ 67.0	14.0 ~ 17.0	2.5	0.20	0.25	0.30	0.05

注：锰硅合金交货粒度分 10 ~ 50mm、10 ~ 100mm、10 ~ 150mm 和 20 ~ 300mm 共 4 种规格，粒度大于上限的质量分数
≤5%，粒度小于下限的质量分数 ≤5%。

12）炼钢用作脱氧剂、脱硫剂和合金元素加入剂的电炉锰铁有 15 个牌号，见表 9-19。炼钢用作脱氧剂、脱硫剂和合金元素加入剂的高炉锰铁有 4 个牌号，见表 9-20。

13）用于冶炼高品质钢种、不锈钢等特殊钢的金属锰分电硅热法金属锰、电解重熔法金属锰和电解金属锰。电硅热法金属锰有 8 个牌号，见表 9-21。电解重熔法金属锰有 3 个牌号，见表 9-22。电解金属锰有 3 个牌号，见表 9-23。

表 9-19　电炉锰铁的牌号及化学成分（GB/T 3795—2014）

类别	牌号	化学成分（质量分数,%）						
		Mn	C	Si		P		S
				I	II	I	II	
				≤				
微碳锰铁	FeMn90C0.05	87.0 ~ 93.5	0.05	0.5	1.0	0.03	0.04	0.02
	FeMn84C0.05	80.0 ~ 87.0	0.05	0.5	1.0	0.03	0.04	0.02
	FeMn90C0.10	87.0 ~ 93.5	0.10	1.0	2.0	0.05	0.10	0.02
	FeMn84C0.10	80.0 ~ 87.0	0.10	1.0	2.0	0.05	0.10	0.02
	FeMn90C0.15	87.0 ~ 93.5	0.15	1.0	2.0	0.08	0.10	0.02
	FeMn84C0.15	80.0 ~ 87.0	0.15	1.0	2.0	0.08	0.10	0.02
低碳锰铁	FeMn88C0.2	85.0 ~ 92.0	0.2	1.0	2.0	0.10	0.30	0.02
	FeMn84C0.4	80.0 ~ 87.0	0.4	1.0	2.0	0.15	0.30	0.02
	FeMn84C0.7	80.0 ~ 87.0	0.7	1.0	2.0	0.20	0.30	0.02
中碳锰铁	FeMn82C1.0	78.0 ~ 85.0	1.0	1.0	2.5	0.20	0.35	0.03
	FeMn82C1.5	78.0 ~ 85.0	1.5	1.5	2.5	0.20	0.35	0.03
	FeMn78C2.0	75.0 ~ 82.0	2.0	1.5	2.5	0.20	0.40	0.03
高碳锰铁	FeMn78C8.0	75.0 ~ 82.0	8.0	1.5	2.5	0.20	0.33	0.03
	FeMn74C7.5	70.0 ~ 77.0	7.5	2.0	3.0	0.25	0.38	0.03
	FeMn68C7.0	65.0 ~ 72.0	7.0	2.5	4.5	0.25	0.40	0.03

表 9-20　高炉锰铁的牌号及化学成分（GB/T 3795—2014）

类别	牌号	化学成分（质量分数,%）						
		Mn	C	Si		P		S
				I 组	II 组	I 级	II 级	
				≤				
高碳锰铁	FeMn78	75.0 ~ 82.0	7.5	1.0	2.0	0.20	0.30	0.03
	FeMn73	70.0 ~ 75.0	7.5	1.0	2.0	0.20	0.30	0.03
	FeMn68	65.0 ~ 70.0	7.0	1.0	2.0	0.20	0.30	0.03
	FeMn63	60.0 ~ 65.0	7.0	1.0	2.0	0.20	0.30	0.03

表9-21　电硅热法金属锰的牌号及化学成分（GB/T 2774—2006）

牌　　号	化学成分(质量分数,%)					
	Mn	C	Si	Fe	P	S
	≥	≤				
JMn98	98.0	0.05	0.3	1.5	0.03	0.02
JMn97-A	97.0	0.05	0.4	2.0	0.03	0.02
JMn97-B	97.0	0.08	0.6	2.0	0.04	0.03
JMn96-A	96.5	0.05	0.5	2.3	0.03	0.03
JMn96-B	96.0	0.10	0.8	2.3	0.04	0.03
JMn95-A	95.0	0.15	0.5	2.8	0.03	0.03
JMn95-B	95.0	0.15	0.8	3.0	0.04	0.03
JMn93	93.5	0.20	1.5	3.0	0.04	0.03

注：电硅热法金属锰呈块状交货，最大块重≤10kg，块度<10mm×10mm，碎块的质量分数不得超过5%。

表9-22　电解重熔法金属锰的牌号及化学成分（GB/T 2774—2006）

牌　　号	化学成分（质量分数,%）					
	Mn	C	Si	Fe	P	S
	≥	≤				
JCMn98	98.0	0.04	0.3	1.5	0.02	0.04
JCMn97	97.0	0.05	0.4	2.0	0.03	0.04
JCMn95	95.0	0.06	0.5	3.0	0.04	0.05

表9-23　电解金属锰的牌号及化学成分（YB/T 051—2015）

牌号			DJMnG	DJMnD	DJMnP
化学成分（质量分数,%）	Mn	≥	99.9	99.8	99.7
	C	≤	0.01	0.02	0.03
	S	≤	0.04	0.04	0.05
	P	≤	0.001	0.002	0.002
	Si	≤	0.002	0.005	0.01
	Sc	≤	0.0003	0.06	0.08
	Fe	≤	0.006	0.03	0.03
	K（以K$_2$O计）	≤	—	0.005	—
	Na（以Na$_2$O计）	≤	—	0.005	—
	Ca（以CaO计）	≤	—	0.015	—
	Mg（以MgO计）	≤	—	0.02	—

14）炼钢用作合金元素加入剂的铬铁（含真空法微碳铬铁）有27个牌号，见表9-24。

15）用于冶炼超低碳不锈钢的铝热法金属铬有5个牌号，见表9-25。

16）炼钢用作钼元素加入剂的钼铁有6个牌号，见表9-26。

17）炼钢用作钼元素加入剂的氧化钼铁有8个牌号，见表9-27。

18）炼钢用作钒元素加入剂的钒铁有8个牌号，见表9-28。

19）用于冶炼合金钢的电解镍有5个牌号，见表9-29。

20）炼钢用作镍元素加入剂的炼钢用镍铁有3个牌号，见表9-30。

21）炼钢用作脱氧剂、铝元素加入剂的铝锭有8个牌号，见表9-31。

22）炼钢用作脱氧剂、钛元素加入剂的钛铁有15个牌号，见表9-32。

23）炼钢用作钨元素加入剂的钨铁有 4 个牌号，见表 9-33。

24）炼钢用作铌元素加入剂的铌铁有 7 个牌号，见表 9-34。

25）炼钢用作硼元素加入剂的硼铁有 12 个牌号，见表 9-35。

26）炼钢用作磷元素加入剂的磷铁有 6 个牌号，见表 9-36。

表 9-24　铬铁的牌号及化学成分（GB/T 5683—2008）

类别	牌号	化学成分（质量分数，%） Cr 范围	Cr I	Cr II	C	Si I	Si II	P I	P II	S I	S II
			≥	≥	≤						
微碳	FeCr65C0.03	60.0~70.0	—	—	0.03	1.0		0.03		0.025	
	FeCr55C0.03	—	60.0	52.0	0.03	1.5	2.0	0.03	0.04	0.030	
	FeCr65C0.06	60.0~70.0	—	—	0.06	1.0		0.03		0.025	
	FeCr55C0.06	—	60.0	52.0	0.06	1.5	2.0	0.04	0.06	0.030	
	FeCr65C0.10	60.0~70.0	—	—	0.10	1.0		0.03		0.025	
	FeCr55C0.10	—	60.0	52.0	0.10	1.5	2.0	0.04	0.06	0.030	
	FeCr65C0.15	60.0~70.0	—	—	0.15	1.0		0.03		0.025	
	FeCr55C0.15	—	60.0	52.0	0.15	1.5	2.0	0.04	0.06	0.030	
低碳	FeCr65C0.25	60.0~70.0	—	—	0.25	1.5		0.03		0.025	
	FeCr55C0.25	—	60.0	52.0	0.25	2.0	3.0	0.04	0.06	0.030	0.05
	FeCr65C0.50	60.0~70.0	—	—	0.50	1.5		0.03		0.025	
	FeCr55C0.50	—	60.0	52.0	0.50	2.0	3.0	0.04	0.06	0.030	0.05
中碳	FeCr65C1.0	60.0~70.0	—	—	1.0	1.5		0.03		0.025	
	FeCr55C1.0	—	60.0	52.0	1.0	2.5	3.0	0.04	0.06	0.030	0.05
	FeCr65C2.0	60.0~70.0	—	—	2.0	1.5		0.03		0.025	
	FeCr55C2.0	—	60.0	52.0	2.0	2.5	3.0	0.04	0.06	0.030	0.05
	FeCr65C4.0	60.0~70.0	—	—	4.0	1.5		0.03		0.025	
	FeCr55C4.0	—	60.0	52.0	4.0	2.5	3.0	0.04	0.06	0.030	0.05
高碳	FeCr67C6.0	60.0~72.0	—	—	6.0	3.0		0.03		0.040	0.06
	FeCr55C6.0	—	60.0	52.0	6.0	3.0	5.0	0.04	0.06	0.040	0.06
	FeCr67C9.5	60.0~72.0	—	—	9.5	3.0		0.03		0.040	0.06
	FeCr55C10.0	—	60.0	52.0	10.0	3.0	5.0	0.04	0.06	0.040	0.06
真空法微碳铬铁	ZKFeCr65C0.010	65.0			0.010	1.0	2.0	0.025	0.030	0.03	
	ZKFeCr65C0.020	65.0			0.020	1.0	2.0	0.025	0.030	0.03	
	ZKFeCr65C0.030	65.0			0.030	1.0	2.0	0.025	0.035	0.04	
	ZKFeCr65C0.050	65.0			0.050	1.0	2.0	0.025	0.035	0.04	
	ZKFeCr65C0.100	65.0			0.100	1.0	2.0	0.025	0.035	0.04	

注：铬铁呈块状交货，最大块重≤15kg，块度 <20mm×20mm，碎块的质量分数不得超过 5%。

表 9-25　铝热法金属铬的牌号及化学成分（GB/T 3211—2008）

牌号	Cr	Fe	Si	Al	Cu	C	S	P	Pb	Sn	Sb	Bi	As	N I	N II	H	O
	≥	≤															
JCr99.2	99.2	0.25	0.25	0.10	0.003	0.01	0.01	0.005	0.0005	0.0005	0.0008	0.0005	0.0001	0.01		0.005	0.20
JCr99-A	99.0	0.30	0.25	0.30	0.005	0.01	0.01	0.005	0.0005	0.001	0.001	0.0005	0.001	0.02	0.03	0.005	0.30
JCr99-B	99.0	0.40	0.30	0.30	0.01	0.02	0.02	0.01	0.0005	0.001	0.001	0.001	0.001	0.05		0.01	0.50
JCr98.5	98.5	0.50	0.40	0.50	0.01	0.03	0.02	0.01	0.0005	0.001	0.001	0.001	0.001	0.05		0.01	0.50
JCr98	98.0	0.80	0.40	0.80	0.02	0.05	0.03	0.01	0.0010	0.001	0.001	0.001	0.001	—		—	—

注：铝热法金属铬呈块状交货，块度 <150mm×150mm，其中 <10mm×10mm 碎块的质量分数不得超过 10%。

表 9-26　钼铁的牌号及化学成分（GB/T 3649—2008）

牌　号	化学成分（质量分数,%）							
	Mo	Si	S	P	C	Cu	Sb	Sn
		≤						
FeMo70	65.0 ~ 75.0	2.0	0.08	0.05	0.10	0.50	—	—
FeMo60-A	60.0 ~ 65.0	1.0	0.08	0.04	0.10	0.50	0.04	0.04
FeMo60-B	60.0 ~ 65.0	1.5	0.10	0.05	0.10	0.50	0.05	0.06
FeMo60-C	60.0 ~ 65.0	2.0	0.15	0.05	0.15	1.0	0.08	0.08
FeMo55-A	55.0 ~ 60.0	1.0	0.10	0.08	0.15	0.50	0.05	0.06
FeMo55-B	55.0 ~ 60.0	1.5	0.15	0.10	0.20	0.50	0.08	0.08

注：1. 需方对表中化学成分或 As、Sn、Sb、Pb、Bi 有特殊要求时，由供需双方商定。

　　2. 钼铁分块状、粒状共 4 个粒度组别交货。块状钼铁粒度组别为 10 ~ 150mm、10 ~ 100mm、10 ~ 50mm，其中小于下限粒度的质量分数≤5%，大于上限粒度的质量分数≤5%；粒状钼铁粒度为 3 ~ 10mm，其中大于上限的质量分数≤5%。

表 9-27　氧化钼铁的牌号及化学成分（YB/T 5129—2012）

牌　号	化学成分（质量分数,%）							
	Mo	S		Cu	P	C	Sn	Sb
		I	II					
	≥			≤				
YMo55.0-A	55.0	0.10	0.15	0.25	0.04	0.10	0.05	0.04
YMo52.0-A	52.0	0.10	0.15	0.25	0.05	0.15	0.07	0.06
YMo55.0-B	55.0	0.10	0.15	0.40	0.04	0.10	0.05	0.04
YMo52.0-B	52.0	0.15	0.25	0.50	0.05	0.15	0.07	0.06
YMo50.0	50.0	0.15	0.25	0.50	0.05	0.15	0.07	0.06
YMo48.0	48.0	0.20	0.30	0.80	0.07	0.15	0.07	0.06
YMo60	60.0	0.10		0.5	0.05	0.1	0.05	0.04
YMo57	57.0	0.10		0.5	0.05	0.1	0.05	0.04

注：氧化钼铁以圆柱状、粉状、球状或块状交货，每块重量为 1.0 ~ 1.5kg，水分含量（质量分数）≤0.5%。

表 9-28　钒铁的牌号及化学成分（GB/T 4139—2012）

牌　号	化学成分（质量分数,%）						
	V	C	Si	P	S	Al	Mn
		≤					
FeV50-A	48.0 ~ 55.0	0.40	2.0	0.06	0.04	1.5	—
FeV50-B	48.0 ~ 55.0	0.60	3.0	0.10	0.06	2.5	—
FeV50-C	48.0 ~ 55.0	5.0	3.0	0.10	0.06	0.5	—
FeV60-A	58.0 ~ 65.0	0.40	2.0	0.06	0.04	1.5	—
FeV60-B	58.0 ~ 65.0	0.60	2.5	0.10	0.06	2.5	—
FeV80-A	78.0 ~ 82.0	0.15	1.5	0.05	0.04	1.5	0.50
FeV80-B	78.0 ~ 82.0	0.3	1.5	0.08	0.06	2.0	0.50
FeV80-C	75.0 ~ 80.0	0.3	1.5	0.08	0.06	2.0	0.50

表 9-29　电解镍的牌号及化学成分（GB/T 6516—2010）

牌　号			Ni9999	Ni9996	Ni9990	Ni9950	Ni9920
	Ni + Co　≥		99. 99	99. 96	99. 90	99. 50	99. 20
	Co　≤		0. 005	0. 02	0. 08	0. 15	0. 50
化学成分（质量分数,%）	杂质含量≤	C	0. 005	0. 01	0. 01	0. 02	0. 10
		Si	0. 001	0. 002	0. 002	—	—
		P	0. 001	0. 001	0. 001	0. 003	0. 02
		S	0. 001	0. 001	0. 001	0. 003	0. 02
		Fe	0. 002	0. 01	0. 02	0. 20	0. 50
		Cu	0. 0015	0. 01	0. 02	0. 04	0. 15
		Zn	0. 001	0. 0015	0. 002	0. 005	—
		As	0. 0008	0. 0008	0. 001	0. 002	—
		Cd	0. 0003	0. 0003	0. 0008	0. 002	—
		Sn	0. 0003	0. 0003	0. 0008	0. 0025	—
		Sb	0. 0003	0. 0003	0. 0008	0. 0025	—
		Pb	0. 0003	0. 0015	0. 0015	0. 002	0. 005
		Bi	0. 0003	0. 0003	0. 0008	0. 0025	—
		Al	0. 001	—	—	—	—
		Mn	0. 001	—	—	—	—
		Mg	0. 001	0. 001	0. 002	—	—

注：镍加钴含量由 100% 减去表中所列元素的含量而得。

表 9-30　炼钢用镍铁的牌号及化学成分

牌　号	化学成分（质量分数,%）							
	Mn	Ni + Co	Co	C	Si	P	S	Cr	Fe
						≤			
FeNi25A	20. 0 ~ 30. 0	1. 0	0. 03	0. 05	0. 03	0. 04	0. 10	余量
FeNi25B	20. 0 ~ 30. 0	1. 0	2. 0	4. 0	0. 04	0. 04	2. 0	余量
FeNi55	50. 0 ~ 60. 0	1. 0	0. 05	1. 0	0. 03	0. 01	0. 05	余量

表 9-31　铝锭的牌号及化学成分（GB/T 1196—2017）

牌号	化学成分（质量分数,%）									
	Al[①]　≥	杂质　≤								
		Si	Fe	Cu	Ga	Mg	Zn	Mn	其他单个	总和
Al99. 85[②]	99. 85	0. 08	0. 12	0. 005	0. 03	0. 02	0. 03	—	0. 015	0. 15
Al99. 80[②]	99. 80	0. 09	0. 14	0. 005	0. 03	0. 02	0. 03	—	0. 015	0. 20
Al99. 70[②]	99. 70	0. 10	0. 20	0. 01	0. 03	0. 02	0. 03	—	0. 03	0. 30
Al99. 60[②]	99. 60	0. 16	0. 25	0. 01	0. 03	0. 03	0. 03	—	0. 03	0. 40
Al99. 50[②]	99. 50	0. 22	0. 30	0. 02	0. 03	0. 05	0. 05	—	0. 03	0. 50
Al99. 00[②]	99. 00	0. 42	0. 50	0. 02	0. 05	0. 05	0. 05	—	0. 05	1. 00
Al99. 7E[②③]	99. 70	0. 07	0. 20	0. 01	—	0. 02	0. 04	0. 005	0. 03	0. 30
Al99. 6E[②④]	99. 60	0. 10	0. 30	0. 01	—	0. 02	0. 04	0. 007	0. 03	0. 40

注：1. 对于表中未规定的其他杂质元素含量，如需方有特殊要求时，可由供需方另行协商。

　　2. 分析数值的判定采用修约比较，修约规则按 GB/T 8170 的规定进行，修约数位与表中所列极限值数位一致。

① 铝含量为 100% 与表中所列有数值要求的杂质元素含量实测值及大于或等于 0.010% 的其他杂质总和的差值。求和前数值修约至与表中所列极限数位一致，求和后将数值修约至 0.0X% 再与 100% 求差。

② Cd、Hg、Pb、As 元素，供方可不作常规分析，但应监控其含量，要求 $w(Cd + Hg + Pb) ≤ 0.0095\%$；$w(As) ≤ 0.009\%$。

③ $w(B) ≤ 0.04\%$，$w(Cr) ≤ 0.004\%$；$w(Mn + Ti + Cr + V) ≤ 0.020\%$。

④ $w(B) ≤ 0.04\%$，$w(Cr) ≤ 0.005\%$；$w(Mn + Ti + Cr + V) ≤ 0.030\%$。

表 9-32　钛铁的牌号及化学成分（GB/T 3282—2012）

牌　　号	化学成分（质量分数,%）							
	Ti	C	Si	P	S	Al	Mn	Cu
		≤						
FeTi30-A	25.0~35.0	0.10	4.5	0.05	0.03	8.0	2.5	0.10
FeTi30-B	25.0~35.0	0.20	5.0	0.07	0.04	8.5	2.5	0.20
FeTi40-A	>35.0~45.0	0.10	3.5	0.05	0.03	9.0	2.5	0.20
FeTi40-B	>35.0~45.0	0.20	4.0	0.08	0.04	9.5	3.0	0.40
FeTi50-A	>45.0~55.0	0.10	3.5	0.05	0.03	8.0	2.5	0.20
FeTi50-B	>45.0~55.0	0.20	4.0	0.08	0.04	9.5	3.0	0.40
FeTi60-A	>55.0~65.0	0.10	3.0	0.04	0.03	7.0	1.0	0.20
FeTi60-B	>55.0~65.0	0.20	4.0	0.06	0.04	8.0	1.5	0.20
FeTi60-C	>55.0~65.0	0.30	5.0	0.08	0.04	8.5	2.0	0.20
FeTi70-A	>65.0~75.0	0.10	0.50	0.04	0.04	3.0	1.0	0.20
FeTi70-B	>65.0~75.0	0.20	3.5	0.06	0.04	6.0	1.0	0.20
FeTi70-C	>65.0~75.0	0.40	4.0	0.08	0.04	8.0	1.0	0.20
FeTi80-A	>75.0	0.10	0.50	0.04	0.03	3.0	1.0	0.20
FeTi80-B	>75.0	0.20	3.5	0.06	0.04	6.0	1.0	0.20
FeTi80-C	>75.0	0.40	4.0	0.08	0.04	7.0	1.0	0.20

注：钛铁分块状、粒状或粉状共 5 个粒度组别交货。块状钛铁粒度组别为 5~100mm、5~70mm、5~40mm，其中小于下限粒度的质量分数≤5%，大于上限粒度的质量分数≤5%；粒状钛铁粒度<20mm，其中大于上限的质量分数≤3%；粉状粒度<2mm，其中大于上限的质量分数≤5%。

表 9-33　钨铁的牌号及化学成分（GB/T 3648—2013）

牌号	化学成分（质量分数,%）											
	W	C	P	S	Si	Mn	Cu	As	Bi	Pb	Sb	Sn
		≤										
FeW80-A	75.0~85.0	0.10	0.03	0.06	0.50	0.25	0.10	0.06	0.05	0.05	0.05	0.06
FeW80-B	75.0~85.0	0.30	0.04	0.07	0.70	0.35	0.12	0.08	0.05	0.05	0.05	0.08
FeW80-C	75.0~85.0	0.40	0.05	0.08	0.70	0.50	0.15	0.10	0.05	0.05	0.05	0.08
FeW70	≥70.0	0.80	0.07	0.10	1.20	0.60	0.18	0.12	0.05	0.05	0.05	0.10

表 9-34　铌铁的牌号及化学成分（GB/T 7737—2007）

牌号	化学成分（质量分数,%）													
	Nb+Ta	Ta	Al	Si	C	S	P	W	Mn	Sn	Pb	As	Sb	Bi	Ti
		≤												
FeNb70	70~80	0.3	3.8	1.0	0.03	0.03	0.04	0.3	0.8	0.02	0.02	0.01	0.01	0.01	0.30
FeNb60-A	60~70	0.3	2.5	2.0	0.04	0.03	0.04	0.2	1.0	0.02	0.02	—	—	—	—
FeNb60-B	60~70	2.5	3.0	3.0	0.30	0.10	0.30	1.0							
FeNb50-A	50~60	0.2	2.0	1.0	0.03	0.03	0.04	0.1							
FeNb50-B	50~60	0.3	2.0	2.5	0.04	0.03	0.04	0.2							
FeNb50-C	50~60	2.5	3.0	4.0	0.30	0.10	0.40	1.0							
FeNb20	15~25	2.0	3.0	11.0	0.30	0.10	0.30	1.0							

注：1. FeNb60-B、FeNb50-C、FeNb20 3 个牌号是以铌铁精矿为原料生产的。

2. 铌铁以块状或粉状交货。块状铌铁最大块重≤8kg，块度<10mm×10mm碎块的质量分数不得超过5%。粉状铌铁以 0.45mm 供货，其中 0.098mm 的质量分数不得超过30%。

表9-35　硼铁的牌号及化学成分（GB/T 5682—2015）

类别	牌号		化学成分（质量分数,%）					
			B	C	Si	Al	S	P
						≤		
低碳	FeB22C0.05		21.0~25.0	0.05	1.0	1.5	0.010	0.050
	FeB20C0.05		19.0~<21.0	0.05	1.0	1.5	0.010	0.050
	FeB18C0.1		17.0~<19.0	0.10	1.0	1.5	0.010	0.050
	FeB16C0.1		14.0~<17.0	0.10	1.0	1.5	0.010	0.050
中碳	FeB20C0.15		19.0~21.0	0.15	1.0	0.50	0.010	0.050
	FeB20C0.5	A	19.0~21.0	0.50	1.5	0.05	0.010	0.10
		B		0.50	1.5	0.50	0.010	0.10
	FeB18C0.5	A	17.0~<19.0	0.50	1.5	0.05	0.010	0.10
		B		0.50	1.5	0.50	0.010	0.10
	FeB16C1.0		15.0~17.0	1.0	2.5	0.50	0.010	0.10
	FeB14C1.0		13.0~<15.0	1.0	2.5	0.50	0.010	0.20
	FeB12C1.0		9.0~<13.0	1.0	2.5	0.50	0.010	0.20

注：硼铁可以呈块状或粉末状交货，粉末粒度为<5mm，块状粒度为5~100mm。交付时满足规定粒度要求的产品量应占交付产品总量的90%以上。

表9-36　磷铁的牌号及化学成分（YB/T 5036—2012）

牌　号	化学成分（质量分数,%）									
	P	Si	C		S		Mn	Ti	
			I	II	I	II		I	II
					≤				
FeP29	28.0~30.0	2.0	0.20	1.00	0.05	0.50	2.0	0.70	2.00
FeP26	25.0~<28.0	2.0	0.20	1.00	0.05	0.50	2.0	0.70	2.00
FeP24	23.0~<25.0	3.0	0.20	1.00	0.05	0.50	2.0	0.70	2.00
FeP21	20.0~<23.0	3.0	1.0		0.5		2.0	—	
FeP18	17.0~<20.0	3.0	1.0		0.5		2.5	—	
FeP16	15.0~<17.0	3.0	1.0		0.5		2.5	—	

注：磷铁呈块状交货，最大块重≤30kg，块度<20mm×20mm碎块的质量分数不得超过10%。

27）炼钢用作氮元素和合金元素加入剂的金属氮化物主要有氮化锰铁、氮化金属锰、氮化铬铁、高氮铬铁和钒氮合金5种。氮化锰铁有3个牌号，见表9-37。氮化金属锰有3个牌号，见表9-38。氮化铬铁有7个牌号，见表9-39。高氮铬铁有3个牌号，见表9-40。钒氮合金有3个牌号，见表9-41。

28）阴极铜有3个牌号，见表9-42。

29）钴有6个牌号，见表9-43。

（2）铁合金入炉块度和烘烤要求　电炉炼钢用铁合金的块度及烘烤要求见表9-44。

（3）铁合金的密度、堆密度及熔点　几种常用铁合金的参考数据见表9-45。

（4）纯金属的密度、堆密度及熔点　纯金属的密度、堆密度及熔点见表9-46。

表9-37　氮化锰铁的牌号及化学成分（YB/T 4136—2005）

牌　号	化学成分（质量分数,%）									
	Mn	N		C		P		Si		S
		I	II	I	II	I	II	I	II	
	≥			≤						
FeMnN-A	80	7	5	0.1	0.5	0.03	0.10	1.0	2.0	0.02
FeMnN-B	75	5	4	1.0	1.5	0.10	0.30	1.0	2.0	0.02
FeMnN-C	73	5	4	1.0	1.5	0.10	0.30	1.0	2.0	0.02

注：锰氮合金（氮化锰铁、氮化金属锰）以烧结团或块状交货，最大块重≤15kg，块度<10mm×10mm的质量分数不得超过10%。

表9-38　氮化金属锰的牌号及化学成分（YB/T 4136—2005）

牌　号	化学成分（质量分数,%)								
	Mn	N		C		P		Si	S
		I	II	I	II	I	II		
	≥			≤					
JMnN-A	90	7	6	0.05	0.10	0.01	0.05	0.3	0.050
JMnN-B	87	7	6	0.05	0.10	0.03	0.05	0.5	0.025
JMnN-C	85	7	6	0.10	0.20	0.03	0.05	1.0	0.025

表9-39　氮化铬铁的牌号及化学成分（YB/T 5140—2012）

牌　号	化学成分（质量分数,%)					
	Cr	N	C	Si	P	S
	≥		≤			
FeNCr3-A	60.0	3.0	0.03	1.5	0.03	0.04
FeNCr3-B	60.0	5.0	0.03	2.5	0.03	0.04
FeNCr6-A	60.0	3.0	0.06	1.5	0.03	0.04
FeNCr6-B	60.0	5.0	0.06	2.5	0.03	0.04
FeNCr10-A	60.0	3.0	0.10	1.5	0.03	0.04
FeNCr10-B	60.0	5.0	0.10	2.5	0.03	0.04
FeNCr15-B	60.0	4.5	0.15	2.5	0.03	0.04

注：1. A类适用于渗氮后的重熔产品，不包括吸附氮量。B类适用于固态渗氮合金。
　　2. 氮化铬铁呈块状交货，块重≤15kg，块度<10mm×10mm碎块的质量分数不得超过10%。

表9-40　高氮铬铁的牌号及化学成分（YB/T 4135—2016）

牌号	化学成分（质量分数,%)								
	Cr	N	Si		C		P		S
			I	II	I	II	I	II	
	≥				≤				
FeCrN8	60.0	8.0	1.0	2.0	0.05	0.10	0.025	0.035	0.040
FeCrN9	60.0	9.0	1.0	2.0	0.05	0.10	0.025	0.035	0.040
FeCrN10	60.0	10.0	1.0	2.0	0.05	0.10	0.025	0.035	0.040

注：高氮铬铁以烧结团或块状交货，最大块重≤15kg，块度<10mm×10mm的质量分数不得超过10%。

表9-41　钒氮合金的牌号及化学成分（GB/T 20567—2020）

牌　号	化学成分（质量分数,%)				
	V	N	C	P	S
VN12	77.0~81.0	10.0~<14.0	≤10.0	≤0.06	≤0.10
VN16		14.0~<18.0	≤6.0		
VN19	76.0~81.0	18.0~20.0	≤4.0		

注：经供需双方协商并在合同中注明，供方可提供氧、铝、硅、锰含量的检验结果。

表9-42　阴极铜的牌号及化学成分（GB/T 467—2010）

A级铜（Cu-CATH-1）化学成分（质量分数,%)			
元素组	杂质元素	含量≤	元素组总含量≤
1	Se	0.00020	0.00030
	Te	0.00020	
	Bi	0.00020	0.0003
2	Cr	—	
	Mn	—	
	Sb	0.0004	
	Cd	—	0.0015
	As	0.0005	
	P		

（续）

A 级铜（Cu-CATH-1）化学成分（质量分数,%）			
元素组	杂质元素	含量≤	元素组总含量≤
3	Pb	0.0005	0.0005
4	S	0.0015	0.0015
5	Sn	—	0.0020
	Ni	—	
	Fe	0.0010	
	Si	—	
	Zn	—	
	Co	—	
6	Ag	0.0025	0.0025
表中所列杂质元素总含量		0.0065	

1 号标准铜（Cu-CATH-2）化学成分（质量分数,%）										
Cu + Ag ≥	杂质含量≤									
	As	Sb	Bi	Fe	Pb	Sn	Ni	Zn	S	P
99.95	0.0015	0.0015	0.0005	0.0025	0.002	0.0010	0.0020	0.002	0.0025	0.001

2 号标准铜（Cu-CATH-3）化学成分（质量分数,%）				
Cu ≥	杂质含量≤			
	Bi	Pb	Ag	总含量
99.90	0.0005	0.005	0.025	0.03

注：1. 供方需按批测定 1 号标准铜中的铜、银、砷、锑、铋含量，并保证其他杂质符合表中的规定。

　　2. 表中铜含量为直接测得。

表 9-43　钴的牌号及化学成分（YS/T 255—2009）

牌　　号			Co9998	Co9995	Co9980	Co9965	Co9925	Co9830
	Co ≥		99.98	99.95	99.80	99.65	99.25	98.30
化学成分（质量分数,%）	杂质含量≤	C	0.004	0.005	0.007	0.009	0.03	0.10
		S	0.001	0.001	0.002	0.003	0.004	0.010
		Mn	0.001	0.005	0.008	0.01	0.07	0.10
		Fe	0.003	0.006	0.02	0.05	0.20	0.50
		Ni	0.005	0.01	0.10	0.20	0.30	0.50
		Cu	0.001	0.005	0.008	0.02	0.03	0.08
		As	0.0003	0.0007	0.001	0.002	0.002	0.005
		Pb	0.0003	0.0005	0.0007	0.001	0.002	—
		Zn	0.001	0.002	0.003	0.004	0.005	—
		Si	0.001	0.003	0.003	—	—	—
		Cd	0.0002	0.0005	0.0008	0.001	0.001	—
		Mg	0.001	0.002	0.002	—	—	—
		P	0.0005	0.001	0.002	0.003	—	—
		Al	0.001	0.002	0.003	—	—	—
		Sn	0.0003	0.0005	0.001	0.003	—	—
		Sb	0.0002	0.0006	0.001	0.002	—	—
		Bi	0.0002	0.0003	0.0004	0.0005	—	—
		杂质总量	0.02	0.05	0.20	0.35	0.75	1.70

表 9-44　电炉炼钢用铁合金的块度及烘烤要求

合金种类	硅铁	锰铁	锰硅合金	铬铁	钨铁	钼铁	钒铁	铌铁	钛铁	硼铁	稀土硅铁
烘烤温度/℃	≥800				200 ~ 400						<200
烘烤时间/h	≥2				≥2	>1	>1	>1	>1	>1	≥2
块度/mm	30 ~ 150				<100	10 ~ 100	30 ~ 150	30 ~ 80	5 ~ 100	5 ~ 100	50 ~ 150

注：表中所列铁合金块度要求，在实际使用中允许有部分小于下限值的小块料，同时各厂因炉子容量和具体条件不同，块度要求差别也很大。

表 9-45　铁合金密度、堆密度及熔点

铁合金名称	密度		堆密度	熔点	
	t/m³	备注	t/m³	℃	备注
硅铁	5.15 ~ 5.61	$w(Si)=40\% \sim 47\%$	2.2 ~ 2.9	1260 ~ 1270	$w(Si)=40\% \sim 47\%$
	3.03 ~ 3.27	$w(Si)=72\% \sim 80\%$	1.4 ~ 1.6	1300 ~ 1340	$w(Si)=72\% \sim 80\%$
	2.50 ~ 2.78	$w(Si)=87\% \sim 95\%$	—	1350 ~ 1370	$w(Si)=87\% \sim 95\%$
高碳锰铁	7.1	$w(Mn)=76\%$	3.5 ~ 3.7	1250 ~ 1300	—
中碳、低碳锰铁	7.0	$w(Mn)=92\%$		1350 ~ 1380	—
锰硅合金	6.3	$w(Si)=20\%$ $w(Mn)=65\%$	3.0 ~ 3.5	1240 ~ 1300	—
高碳铬铁	6.94	$w(Cr)=60\%$	3.8 ~ 4.0	1520 ~ 1550	$w(Cr)=65\% \sim 70\%$ $w(C)=6\% \sim 8\%$
中碳铬铁	7.28	$w(Cr)=60\%$	—	1600 ~ 1640	—
低碳铬铁	7.29	$w(Cr)=60\%$	2.7 ~ 3.0	1620 ~ 1650	—
真空法微碳铬铁	5.00	—		>1650	—
硅钙合金	2.55	$w(Si)=59\%$ $w(Ca)=31\%$	—	1000 ~ 1245	—
钒铁	7.0	$w(V)=40\%$	3.4 ~ 3.9	1480	$w(V)=40\%$
				1540	$w(V)=50\%$
	6.4	$w(V)=80\%$		1680	$w(V)=80\%$
钼铁	9.0 ~ 9.5	$w(Mo)=60\%$	4.7	1750 ~ 1980	$w(Mo)=58\%$
氧化钼铁	2.5	—		795	—
镍铁	8.1 ~ 8.4			1430 ~ 1480	—
铌铁	≈7.4	$w(Nb)=50\%$	3.2	1570 ~ 1650	
钨铁	16.4	$w(W)=70\% \sim 80\%$	≈7.2	2600	$w(W)=70\%$
				2730	$w(W)=75\% \sim 78\%$
钛铁	6.99	$w(Ti)=28\%$	2.7 ~ 3.5	1540	$w(Ti)=28\%$
	6.25	$w(Ti)=40\%$		1430	$w(Ti)=40\%$
	5.05 ~ 5.57	$w(Ti)=65\% \sim 75\%$		1080 ~ 1220	$w(Ti)=65\% \sim 75\%$
磷铁	6.34	$w(P)=25\%$	—	1050	$w(P)=10\%$
				1160	$w(P)=15\%$
				1360	$w(P)=20\%$
硼铁	≈7.2	$w(B)=15\%$	3.1	1150 ~ 1380	—

表 9-46　纯金属的密度、堆密度及熔点

纯金属名称	密度/(t/m³)	堆密度/(t/m³)	熔点/℃
金属硅	≈2.33	—	≈1415
电解锰	≈7.9	3.5~3.7	≈1300
金属铬	≈7.2	3.3（块重 15kg 以下）	≈1900
金属镍	≈8.7	2.2（板）	1425~1455
铝	≈2.7	1.5	≈660
钴	8.9	—	1495
铜	8.92	—	1084

9.1.2　造渣材料、氧化剂和增碳剂

（1）冶金石灰、萤石、石灰石　这 3 种炼钢造渣用材料的类别、牌号、理化指标及化学成分见表 9-47~表 9-49。

炼钢过程中加入炉内的造渣材料在入炉前应预先进行烘烤。还原期中加入的材料，尤应进行充分的烘烤，以避免钢液增氢。造渣材料烘干要求见表 9-50。

（2）铁矿石、氧化铁皮、锰矿石　这 3 种作为炼钢氧化剂使用的材料的化学成分要求见表 9-51~表 9-53。

炼钢过程中加入炉内的氧化剂在入炉前应预先进行烘烤。氧化剂烘干要求见表 9-54。

（3）焦炭粉　电弧炉炼钢用焦炭粉分造渣焦炭粉和增碳剂两种。造渣焦炭粉技术要求见表 9-55 和表 9-56。焦炭粉在使用前必须进行烘干，干燥温度为 60~100℃，干燥时间大于 8h，要求残留水分的质量分数小于 0.5%。

表 9-47　冶金石灰的理化指标（YB/T 042—2014）

类别	品级	CaO（质量分数,%）	CaO + MgO（质量分数,%）	MgO（质量分数,%）	SiO₂（质量分数,%）	S（质量分数,%）	灼烧减量（质量分数,%）	活性度 4mol/mL, 40℃ ±1℃, 10min
普通冶金石灰	特级	≥92.0	—	<5	≤1.5	≤0.020	≤2	≥360
	一级	≥90.0			≤2.5	≤0.030	≤4	≥320
	二级	≥85.0			≤3.5	≤0.050	≤7	≥260
	三级	≥80.0			≤5.0	≤0.100	≤9	≥200
镁质冶金石灰	特级	—	≥93.0	≥5	≤1.5	≤0.025	≤2	≥360
	一级		≥91.0		≤2.5	≤0.050	≤4	≥280
	二级		≥86.0		≤3.5	≤0.100	≤6	≥230
	三级		≥81.0		≤5.0	≤0.200	≤8	≥200

注：1. 电炉用冶金石灰的粒度为 20~100mm，粒度大于上限和小于下限的石灰的质量分数应分别小于等于 10%，允许最大粒度为 120mm。

　　2. 产品中的熔瘤、焦炭等杂质应拣出。产品应保持干燥，不得混入外来夹杂。

表 9-48　萤石块矿的牌号及化学成分（YB/T 5217—2019）

牌　号	化学成分（质量分数,%）			
	CaF₂ ≥	SiO₂ ≤	S ≤	P ≤
FL-95	95.00	4.50	0.10	0.06
FL-90	90.00	9.30	0.10	0.06
FL-85	85.00	14.00	0.15	0.06
FL-80	80.00	18.50	0.20	0.08
FL-75	75.00	23.00	0.20	0.08
FL-70	70.00	28.00	0.25	0.08
FL-65	65.00	32.00	0.30	0.08

表 9-49 石灰石的牌号及化学成分（YB/T 5279—2016）

类别	牌号	化学成分（质量分数,%）					
		CaO	CaO + MgO	MgO	SiO₂	P	S
		≥	≥		≤	≤	≤
普通石灰石	PS540	54.0	—	3.0	1.5	0.005	0.025
	PS530	53.0			1.5	0.010	0.035
	PS520	52.0			2.2	0.015	0.060
	PS510	51.0			3.0	0.030	0.100
镁质石灰石	GMS545	—	54.5	8.0	1.5	0.005	0.025
	GMS540		54.0		1.5	0.010	0.035
	GMS535		53.5		2.2	0.020	0.060
	GMS525		52.5		2.5	0.030	0.100

表 9-50 造渣材料烘干要求

名 称	烘烤温度/℃	烘烤时间/h	干燥后水分（质量分数,%）
石灰	≥800	>4	<0.5
氟石	100 ~ 200	>8	<0.5

表 9-51 天然富铁矿石的化学成分及块度

用途	化学成分（质量分数,%）					块度/mm
	Fe	SiO₂	S	P	H₂O	
电弧炉	≥55	<8	<0.1	<0.1	<0.5	30 ~ 100

表 9-52 氧化铁皮的化学成分

成 分	Fe	SiO₂	S	P	H₂O
含量（质量分数,%）	>70	<3	<0.04	<0.05	<0.5

表 9-53 冶金用锰矿石的化学成分（YB/T 319—2015）

类别	品级	化学成分（质量分数,%）								
		Mn	A类：Mn/Fe B类：Mn+Fe			P/Mn			S/Mn	
			I	II	III	I	II	III	I	II
			≥			≤			≤	
A类	AMn45	≥44.0	15	10	3	0.0015	0.0025	0.0060	0.01	0.03
	AMn42	40.0 ~ 44.0								
	AMn38	36.0 ~ 40.0								
	AMn34	32.0 ~ 36.0								
	AMn30	28.0 ~ 32.0	10	5	2					
	AMn26	24.0 ~ 28.0								
	AMn22	22.0 ~ 24.0								
B类	BMn22	≥21.0	55	45	35	0.0025	0.010	不限	0.01	不限
	BMn20	19.0 ~ 21.0								
	BMn18	17.0 ~ 19.0								
	BMn16	15.0 ~ 17.0								

注：锰矿石粒度为 5 ~ 150mm。小于 5mm 的产品的质量分数不得大于 8%；大于 150mm 的产品的质量分数不得大于 5%。
本书建议电弧炉炼钢用锰矿石的块度为 20 ~ 100mm。

表 9-54　氧化剂烘干要求

名　　称	烘烤温度/℃	烘烤时间/h
铁矿石	≈600	>2
氧化铁皮	≈600	>2

表 9-55　炼钢用造渣焦炭粉的技术要求（一）

名　　称	化学成分（质量分数,%）						发热值 /（kJ/kg）	粒度/mm
	固定碳	P	S	灰分	挥发分	H_2O		
造渣焦炭粉	>80	<0.025	<0.10	<10	<5	<0.5	29300~31400	0.5~1.0

表 9-56　炼钢用造渣焦炭粉的技术要求（二）

项　　目		优级	一级	二级
水分（质量分数,%）		0.2	0.3	0.8
挥发分（干基）（质量分数,%）		0.6	1.0	1.2
灰分（干基）（质量分数,%）		0.4	1.0	1.8
硫分（干基）（质量分数,%）		0.4	0.5	0.6
固定碳（干基）（质量分数,%）		99.0	98.0	97.0
粒度	0~1mm	自然粒度分布，无大于1mm产品		
	0~5mm, 0~10mm	自然粒度分布，大于粒度规格上限的产品的质量分数不超过10%		
	1~4mm, 4~10mm	在粒度规定范围内的产品的质量分数不低于90%		

注：粒度规格也可根据用户要求加工生产。

9.1.3　耐火材料

1. 耐火材料的主要性能

（1）耐火度　耐火材料抵抗高温作用而不熔化的性能，称为耐火度。

（2）抗热震性　耐火制品对于急热急冷式的温度变动的抵抗能力，称为抗热震性。

（3）抗渣性　耐火材料在高温下抵抗熔渣侵蚀的能力，称为抗渣性。

（4）密度　单位体积（包括气孔）材料的质量即为密度。

（5）真密度　耐火材料在110℃温度干燥后的质量与其真体积（试样总体积与试样中孔隙所占体积之差）之比，称为耐火材料的真密度。

（6）气孔率　耐火制品中气孔的体积与制品体积的百分比，称为气孔率。气孔率分为3种：

1）显气孔率（或称为开口气孔率），即耐火制品中与大气相通的孔隙（开口孔隙）的体积与制品总体积的百分比。

2）闭口气孔率，即耐火制品中不与大气相通的孔隙（闭口孔隙）的体积与制品总体积的百分比。

3）真气孔率，即耐火制品中全部空隙（包括开口孔隙和闭口孔隙）的体积与制品总体积的百分比。耐火制品的气孔率通常指显气孔率。

（7）吸水率　耐火材料开口气孔中所充填的水的质量与该材料干燥后质量的百分比，称为吸水率。

（8）透气度　在一定的压差下，气体透过耐火制品的程度，称为透气度，计量单位为 μm^2。即在

1Pa 的压差下，黏度为 1Pa·s 的气体透过面积为 $1m^2$，厚 1m 制品的气体体积流量为 $1m^3/s$ 时，透气度为 $1m^2$，该值的 10^{-12} 即为 $1\mu m^2$。

（9）荷重软化温度　耐火制品在高温和恒定压负荷条件下，产生一定变形时的温度叫荷重软化温度。YB/T 370—2016 规定，测定制品的荷重软化温度时对致密耐火材料施加压应力 0.2MPa，对隔热耐火材料为 0.05MPa。按规定的升温速度升温，测量试样膨胀到最大值时的温度——最大膨胀值温度 T_0，试样从膨胀最大值压缩了原始高度的 0.6% 时的温度——变形开始温度 $T_{0.6}$，试样从膨胀最大值压缩了原始高度的某一百分数（x）时的温度——$x\%$ 变形温度 T_x，试样突然溃裂或破裂时的温度——T_b，试样从膨胀最大值压缩了原始高度的 5% 时的温度——终止试验温度 T_e 等。

（10）耐压强度　单位面积试样所能承受的极限载荷叫耐压强度。在室温（或高温）下测定的试样的耐压强度叫常温耐压强度（或高温耐压强度）。

（11）加热永久线变化　耐火制品加热至一定温度，冷却后制品长度不可逆的增加或减小，称为加热永久线变化，以% 表示。正号 "＋" 表示膨胀，负号 "－" 表示收缩。

（12）抗氧化性　含碳耐火材料在高温下抵抗氧化的能力，称为抗氧化性。

（13）热胀系数　当温度升高 1K（1℃）时，物体的长度或体积的相对增长率叫热胀系数，单位为 K^{-1} 或 $℃^{-1}$。

（14）抗折强度　单位断面面积试样承受弯矩作用直至断裂的应力叫抗折强度，以 MPa 表示。在室温（或高温）下测定的试样的抗折强度叫常温抗折强度（或高温抗折强度）。

（15）高温蠕变性　在高温条件下，承受应力作用的耐火制品随时间变化而发生的等温变形，称为高温蠕变性。

2. 耐火材料的种类

（1）酸性耐火材料　酸性耐火材料包括硅石和硅砖。

1）硅石。硅石的主要成分是 SiO_2，纯 SiO_2 也称为石英，为水晶透明体，含有少量杂质时呈白色，杂质含量多时呈暗灰色。

2）硅砖。它是以硅石为主要原料，加入石灰和黏土烧成的。硅砖的荷重软化温度和耐火度较高，但抗热震性较差。

（2）半酸性耐火材料　半酸性耐火材料中主要是半硅砖。它是用石英和耐火黏土混合制成。砖中含质量分数65%以上的 SiO_2，含质量分数30%以下的 Al_2O_3。

（3）中性耐火材料　包括黏土砖、高铝砖、铬砖及黏土质耐火砖等。

1）黏土砖。黏土砖是由耐火黏土或高岭土（$Al_2O_3 \cdot 2SiO_2 \cdot 2H_2O$）在高温下焙烧后经研磨成粉（熟料），再加入黏土为黏结剂，制坯后烧成砖。黏土砖有良好的抗热震性和抗渣性。缺点是荷重软化温度低。

2）高铝质耐火砖。Al_2O_3 的质量分数在48%以上的砖属于高铝质耐火砖。其优点是耐火度及荷重软化温度较高，同时其抗热震性和抗渣性均较好。

3）铬砖。它是用天然铬铁矿为原料制成，其主要成分为 $FeO \cdot Cr_2O_3$。其中 Cr_2O_3 的质量分数40% ~50%。因为铬铁矿不易熔化，制砖时要加入石灰使之烧结。$FeO \cdot Cr_2O_3$ 为中性耐火材料，不易与酸或碱起化学作用。铬砖的耐火度为1990 ~2100℃，但抗热震性较差。密度为 4.5g/cm³ 左右，是密度较大的耐火材料。

（4）碱性耐火材料　包括镁砂、镁质耐火砖、镁碳质耐火砖、镁铬质耐火砖、镁钙质耐火砖、白云石及白云石砖等。

1）镁砂。它是以氧化镁为主要成分的耐火材料。纯氧化镁的熔点高达 2650℃，镁砂中的杂质使其熔点降低。

2）镁质耐火砖。它是以氧化镁为主要成分的耐火砖，具有高的熔点和荷重软化温度，但抗热震性差，在经受剧烈温度变化时易发生碎裂。

3）镁碳质耐火砖。它是以电熔镁砂[$w(MgO) \geq 97\%$]、烧结镁砂[$w(MgO) \geq 91\%$]和天然鳞片状石墨为主要原料，以酚醛树脂为黏结剂而制成的耐火砖，其抗渣性、抗热震性等良好。

4）镁铬质耐火砖。它是以氧化镁为主要成分（但其含量较镁质耐火砖低得多），并含有一定量三氧化二铬（Cr_2O_3）的耐火砖。高温性能及抗渣性能优异，但抗热震性较差，适用于 AOD 炉、VOD 炉等。

5）镁钙质耐火砖。它是以 MgO、CaO 为主要成分，以方镁石为主晶相，硅酸三钙和硅酸二钙为结合相的耐火砖。高温性能及抗渣性能优异，适用于 AOD 炉、VOD 炉、LF 炉等。但抗热震性较差，易水化，不宜长期存放。

6）白云石及白云石砖。纯白云石的成分为 $CaCO_3 \cdot MgCO_3$，冶金用的白云石中含有一些 Fe_2O_3、SiO_2 及 Al_2O_3 等杂质。白云石的耐火度较高（约2300℃），其价格较镁砂低。白云石砖用白云石作原料制成。

3. 炼钢用耐火制品的理化指标

1）黏土质耐火砖的理化指标见表9-57。

2）黏土质隔热耐火砖的理化指标见表9-58。黏土质隔热耐火砖适用于做隔热层和不受高温熔融物及侵蚀性气体作用的窑炉内衬，其工作温度不超过加热永久线变化小于或等于2%的试验温度。

3）硅砖的理化指标见表9-59。

4）高铝砖的理化指标见表9-60。

表9-57　黏土质耐火砖的理化指标（YB/T 5106—2009）

专业用途黏土砖的理化指标			
项　目	牌　号		
	ZN-45	ZN-40	ZN-36
$w(Al_2O_3)$（%）　　　　≥	45	40	36
0.2MPa 荷重软化开始温度/℃　≥	1430	1380	1350
加热永久线变化（1400℃ ×2h）（%）	−0.2 ~0.1	−0.3 ~0.1	−0.4 ~0.1
体积密度/（g/cm³）	2.00 ~2.40		

（续）

专业用途黏土砖的理化指标				
项　目		牌　号		
		ZN-45	ZN-40	ZN-36
显气孔率(%)	≤	16	19 (22)	22 (24)
常温耐压强度/MPa	≥	60	40 (35)	35 (30)

普通用途黏土砖的理化指标				
项　目		牌　号		
		PN-1	PN-2	PN-3
0.2MPa 荷重软化开始温度/℃	≥	1300	1250	1200
加热永久线变化（1350℃×2h）（%）		− 0.5～0.1	− 0.5～0.2	—
显气孔率（%）	≤	24	26	28
常温耐压强度/MPa	≥	30	25	20

注：1. 体积密度为设计用砖量的参考值，不做考核。

2. 括号中数据为格子砖或手工成型砖指标。

表 9-58　黏土质隔热耐火砖的理化指标（GB/T 3994—2013）

项　目			牌　号					
			NG140-1.5	NG135-1.3	NG135-1.2	NG130-1.0	NG125-0.8	NG120-0.6	NG115-0.5
体积密度/(g/cm³)	μ_0	≤	1.5	1.3	1.2	1.0	0.8	0.6	0.5
	σ	—	0.06						
常温耐压强度/MPa	μ_0	≥	6.0	5.0	4.5	3.5	2.5	1.3	1.0
	σ	—	1.0				0.5		
	X_{min}	—	5.5	4.5	4.0	3.0	2.0	1.0	0.8
加热永久线变化（%）	试验条件		1400℃×12h	1350℃×12h		1300℃×12h	1250℃×12h	1200℃×12h	1150℃×12h
	X_{min}～X_{max}		−2～1						
热导率/[W/(m·K)] 平均温度（350±25）℃	X_{max}	≤	0.65	0.55	0.50	0.40	0.35	0.23	0.23

表 9-59　硅砖的理化指标（GB/T 2608—2012）

项　目		牌　号
		GZ-94
$w(SiO_2)$（%）	μ_0	≥94
	σ	1.0
$w(Fe_2O_3)$（%）	μ_0	≤1.4
	σ	0.3
显气孔率[①]（%）	μ_0	≤24
	σ	1.5
真密度/(g/cm³)	μ_0	≤2.35
	σ	0.1
常温耐压强度[①②]/MPa	μ_0	≥30
	σ	10
	X_{min}	20
0.2MPa 荷重软化开始温度[①]/℃	μ_0	≥1650
	σ	13

① 该项目为考核项目。

② 耐压强度所测单值应大于 X_{min} 规定值。

表 9-60　高铝砖的理化指标（GB/T 2988—2012）

项　目		牌　号								
		LZ-80	LZ-75	LZ-70	LZ-65	LZ-55	LZ-48	LZ-75G	LZ-65G	LZ-55G
$w(Al_2O_3)$(%)	$\mu_0 \geqslant$	80	75	70	65	55	48	75	65	55
	σ	1.5								
显气孔率(%)	$\mu_0 \leqslant$	21(23)	24(26)	24(26)	24(26)	22(24)	22(24)	19	19	19
	σ	1.5								
常温耐压强度[①]/MPa	$\mu_0 \geqslant$	70(60)	60(50)	55(45)	50(40)	45(40)	40(35)	65	60	50
	X_{min}	60(50)	50(40)	45(35)	40(30)	35(30)	30(35)	55	50	40
	σ	15								
0.2MPa 荷重软化开始温度/℃	$\mu_0 \geqslant$	1530	1520	1510	1500	1450	1420	1520	1500	1470
	σ	13								
加热永久线变化(%)	$X_{min} \sim X_{max}$	1500℃×2h −0.4~0.2		1450℃×2h −0.4~0.1				1500℃×2h −0.2~0.1	1450℃×2h −0.2~0	

注：1. 括号内数值为格子砖和超特异型砖的指标。
　　2. 热震稳定性可根据用户需求进行检测。
①　耐压强度所测单值均应大于 X_{min} 规定值。

5）低铁和普通高铝质隔热耐火砖的技术指标见表 9-61 和表 9-62。高铝质隔热耐火砖适于做直接接触火焰的工作层、隔热层或不受高温熔融物料和侵蚀性气体作用的窑炉内衬。

6）炼钢电炉顶用高铝砖的理化指标见表 9-63。

7）镁砖和镁铝砖的理化指标见表 9-64 和表 9-65。镁砖包括用电熔镁砂和烧结镁砂在高温下烧制成的镁砖；镁铝砖包括镁砂和铝矾土为原料生产的普通镁铝砖，也包括镁砂与尖晶石为原料生产的镁铝尖晶石砖。

8）镁碳砖的理化指标见表 9-66。

9）镁铬砖的理化指标见表 9-67。

10）镁钙砖的理化指标见表 9-68。

11）铝镁碳砖和镁铝碳砖的理化指标见表 9-69。

12）盛钢桶用黏土质衬砖的理化指标见表 9-70。

13）盛钢桶内铸钢用黏土质耐火砖的理化指标见表 9-71。

14）盛钢桶用高铝砖的理化指标见表 9-72。

15）盛钢桶内铸钢用高铝质耐火砖的理化指标见表 9-73。

16）铸口砖和座砖的理化指标见表 9-74 和表 9-75。

表 9-61　低铁高铝质隔热耐火砖的技术指标（GB/T 3995—2014）

项　目		牌　号					
		DLG170-1.3L	DLG160-1.0L	DLG150-0.8L	DLG140-0.7L	DLG135-0.6L	DLG125-0.5L
$w(Al_2O_3)$(%)	$\mu_0 \geqslant$	72	60	55	50	50	48
	σ	1.0					
$w(Fe_2O_3)$(%)	$\mu_0 \leqslant$	1.0					
	σ	0.1					
体积密度/(g/cm³)	$\mu_0 \leqslant$	1.3	1.0	0.8	0.7	0.6	0.5
	σ	0.05					
常温耐压强度/MPa	$\mu_0 \geqslant$	5.0	3.0	2.5	2.0	1.5	1.2
	σ	1.0		0.5		0.2	
	X_{min}	4.5	2.5	2.0	1.5	1.2	1.0
加热永久线变化(%)(T/℃×12h)	试验温度 T/℃	1700	1600	1500	1400	1350	1250
	$X_{min} \sim X_{max}$	−1.0~0.5				−2.0~1.0	
热导率/[W/(m·K)]≤平均温度(350±25)℃		0.60	0.50	0.35	0.30	0.25	0.20

表9-62　普通高铝质隔热耐火砖的技术指标（GB/T 3995—2014）

项　　目		牌　　号					
		LG140-1.2	LG140-1.0	LG140-0.8L	LG135-0.7L	LG135-0.6L	LG125-0.5L
$w(Al_2O_3)(\%)$	$\mu_0 \geqslant$	48					
	σ	1.0					
$w(Fe_2O_3)(\%)$	$\mu_0 \leqslant$	2.0					
	σ	0.3					
体积密度/(g/cm^3)	$\mu_0 \leqslant$	1.2	1.0	0.8	0.7	0.6	0.5
	σ	0.05					
常温耐压强度/MPa	$\mu_0 \geqslant$	4.5	3.5	2.5	2.2	1.6	1.2
	σ	1.0		0.5		0.2	
	X_{min}	4.0	3.0	2.2	2.0	1.5	1.0
加热永久线变化(%) （$T/℃ \times 12h$）	试验温度 $T/℃$	1400			1350		1250
	$X_{min} \sim X_{max}$	$-2 \sim 1.0$					
热导率/$[W/(m \cdot K)] \leqslant$ 平均温度(350 ± 25)℃		0.55	0.50	0.35	0.30	0.25	0.20

表9-63　炼钢电炉顶用高铝砖的理化指标（GB/T 2988—2012）

项　　目		牌　　号								
		LZ-80	LZ-75	LZ-70	LZ-65	LZ-55	LZ-48	LZ-75G	LZ-65G	LZ-55G
$w(Al_2O_3)(\%)$	$\mu_0 \geqslant$	80	75	70	65	55	48	75	65	55
	σ	1.5								
显气孔率(%)	$\mu_0 \leqslant$	21(23)	24(26)	24(26)	24(26)	22(24)	22(24)	19	19	19
	σ	1.5								
常温耐压强度[1] /MPa	$\mu_0 \geqslant$	70(60)	60(50)	55(45)	50(40)	45(40)	40(35)	65	60	50
	X_{min}	60(50)	50(40)	45(35)	40(30)	35(30)	30(35)	55	50	40
	σ	15								
0.2MPa 荷重软化 开始温度/℃	$\mu_0 \geqslant$	1530	1520	1510	1500	1450	1420	1520	1500	1470
	σ	13								
加热永久线变 化(%)	$X_{min} \sim$ X_{max}	1500℃ $\times$ 2h $-0.4 \sim 0.2$		1450℃ $\times$ 2h $-0.4 \sim 0.1$				1500℃ $\times$ 2h $-0.2 \sim 0.1$	1450℃ $\times$ 2h $-0.2 \sim 0$	

注:1. 括号内数值为格子砖和超特异型砖的指标。

　　2. 热震稳定性可根据用户需求进行检测。

[1]　耐压强度所测单值均应大于 X_{min} 规定值。

表9-64　镁砖的理化指标（GB/T 2275—2017）

项　　目		牌　　号						
		M-98	M-97A	M-97B	M-95A	M-95B	M-91	M-89
$w(MgO)(\%)$	$\mu_0 \geqslant$	97.5	97.0	96.5	95.0	94.5	91.0	89.0
	σ	1.0					1.5	

（续）

项　　目		牌　　号						
		M-98	M-97A	M-97B	M-95A	M-95B	M-91	M-89
$w(SiO_2)(\%)$	$\mu_0 \leq$	1.00	1.20	1.50	2.00	2.50	—	—
	σ				0.30			
$w(CaO)(\%)$	$\mu_0 \leq$	—	—	—	2.00	2.00	3.00	3.00
	σ				0.30			
显气孔率(%)	$\mu_0 \leq$	16	16	18	16	18	18	20
	σ				1.5			
体积密度/(g/cm³)	$\mu_0 \geq$	3.00	3.00		2.95		2.90	2.85
	σ				0.03			
常温耐压强度/MPa	$\mu_0 \geq$	60	60		60		60	50
	X_{min}	50	50		50		50	45
	σ				10			
0.2MPa 荷重软化开始温度/℃	$\mu_0 \geq$	1700	1700		1650		1560	1500
	σ				15			
加热永久线变化(%)	$X_{min} \sim X_{max}$	1650℃×2h −0.2~0			1650℃×2h −0.3~0		1600℃×2h −0.5~0	1600℃×2h −0.6~0

表9-65　镁铝砖的理化指标(GB/T 2275—2017)

项　　目		牌　　号				
		镁铝尖晶石砖				镁铝砖
		MLJ-90	MLJ-85	MLJ-80	MLJ-75	ML-80
$w(MgO)(\%)$	$\mu_0 \geq$	90	85	80	75	80
	σ	1.0			1.5	
$w(Al_2O_3)(\%)$	$X_{min} \sim X_{max}$	3~8	5~12	8~17	8~12	5~10
显气孔率(%)	$\mu_0 \leq$	17	17	16	19	18
	σ			1.5		
体积密度/(g/cm³)	$\mu_0 \leq$	2.90	2.95	2.95	2.85	2.85
	σ			0.03		
常温耐压强度/MPa	$\mu_0 \geq$	45	45	55	40	40
	X_{min}	40	40	50	35	35
	σ			10		
0.2MPa 荷重软化开始温度/℃	$\mu_0 \geq$	1700	1700	1700	1650	1500
	σ			15		
抗热震性(1100℃,水冷)/次	$\geq$	3	8	12	8	4

表 9-66　镁碳砖的理化指标（GB/T 22589—2017）

牌号	项　目											
	显气孔率(%)		体积密度/ (g/cm³)		常温耐压强度/MPa		高温抗折强度 (1400℃×0.5h)/MPa		$w(MgO)$(%)		$w(C)$(%)	
	$\mu_0 \leqslant$	σ	$\mu_0 \geqslant$	σ	$\mu_0 \geqslant$	σ	$\mu_0 \geqslant$	σ	$\mu_0 \geqslant$	σ	$\mu_0 \geqslant$	σ
MT-5A	5.0	1.0	3.10	0.05	50.0	10.0	—	—	85.0	1.5	5.0	1.0
MT-5B	6.0		3.02		50.0		—	—	84.0		5.0	
MT-5C	7.0		2.92		45.0		—	—	82.0		5.0	
MT-5D	8.0		2.90		40.0		—	—	80.0		5.0	
MT-8A	4.5		3.05		45.0		—	—	82.0		8.0	
MT-8B	5.0		3.00		45.0		—	—	81.0		8.0	
MT-8C	6.0		2.90		40.0		—	—	79.0		8.0	
MT-8D	7.0		2.87		35.0		—	—	77.0		8.0	
MT-10A	4.0	0.5	3.02	0.03	40.0		6.0	1.0	80.0		10.0	
MT-10B	4.5		2.97		40.0		—	—	79.0		10.0	
MT-10C	5.0		2.92		35.0		—	—	77.0		10.0	
MT-10D	6.0		2.87		35.0		—	—	75.0		10.0	
MT-12A	4.0		2.97		40.0		6.0	1.0	78.0	1.2	12.0	
MT-12B	4.0		2.94		35.0		—	—	77.0		12.0	
MT-12C	4.5		2.92		35.0		—	—	75.0		12.0	
MT-12D	5.5		2.85		30.0		—	—	73.0		12.0	
MT-14A	3.5		2.95		38.0		10.0	1.0	76.0		14.0	
MT-14B	3.5		2.90		35.0		—	—	74.0		14.0	
MT-14C	4.0		2.87		35.0		—	—	72.0		14.0	
MT-14D	5.0		2.81		30.0		—	—	68.0		14.0	
MT-16A	3.5		2.92		35.0	8.0	8.0	1.0	74.0		16.0	0.8
MT-16B	3.5		2.87		35.0		—	—	72.0		16.0	
MT-16C	4.0		2.82		30.0		—	—	70.0		16.0	
MT-18A	3.0		2.89		35.0		10.0	1.0	72.0		18.0	
MT-18B	3.5		2.84		30.0		—	—	70.0		18.0	
MT-18C	4.0		2.79		30.0		—	—	69.0		18.0	

注：μ_0 代表合格质量批均值，σ 代表批标准偏差估计值。

表 9-67　镁铬砖的理化指标（YB/T 5011—2014）

直接结合镁铬砖的理化指标								
项　目		牌　号						
		ZMGe-16A	ZMGe-16B	ZMGe-12A	ZMGe-12B	ZMGe-8A	ZMGe-8B	ZMGe-6
$w(MgO)$(%)	$\mu_0 \geqslant$	60	58	68	65	75	70	75
	$\hat{\sigma}$	2.5						
$w(Cr_2O_3)$(%)	$\mu_0 \geqslant$	16	16	12	12	8	8	6
	$\hat{\sigma}$	1.5						

（续）

项　　目		牌　　号						
		ZMGe-16A	ZMGe-16B	ZMGe-12A	ZMGe-12B	ZMGe-8A	ZMGe-8B	ZMGe-6

直接结合镁铬砖的理化指标

项　　目		ZMGe-16A	ZMGe-16B	ZMGe-12A	ZMGe-12B	ZMGe-8A	ZMGe-8B	ZMGe-6
$w(SiO_2)$ (%)	$\mu_0 \leqslant$	1.5	2.5	1.5	2.5	1.5	2.5	2.5
	$\hat{\sigma}$	0.3						
显气孔率(%)	$\mu_0 \leqslant$	18	18	18	18	18	18	18
	$\hat{\sigma}$	1.5						
常温耐压强度/MPa	$\mu_0 \geqslant$	40	40	45	45	45	45	45
	X_{min}	35	35	35	35	35	35	35
	$\hat{\sigma}$	15						
荷重软化温度/℃ (0.2MPa, $T_{0.6}$)	$\mu_0 \geqslant$	1700	1650	1700	1650	1700	1650	1700
	$\hat{\sigma}$	20						
抗热震性/次		提供数据						

说明：1. 抗热震性可根据用户需求进行检测。
　　　2. 耐压强度所测单值应均大于 X_{min} 规定值。

电熔再结合镁铬砖的理化指标

项　　目		牌　　号				
		DMGe-26	DMGe-24	DMGe-22	DMGe-20A	DMGe-20B
$w(MgO)$ (%)	$\mu_0 \geqslant$	50	50	55	58	58
	$\hat{\sigma}$	2.5				
$w(Cr_2O_3)$ (%)	$\mu_0 \geqslant$	26	24	22	20	20
	$\hat{\sigma}$	1.5				
$w(SiO_2)$ (%)	$\mu_0 \leqslant$	1.5	1.5	1.5	1.5	2.0
	$\hat{\sigma}$	0.3				
显气孔率(%)	$\mu_0 \leqslant$	16(15)	16(15)	16(15)	16(15)	17(15)
	$\hat{\sigma}$	1.5				
常温耐压强度/MPa	$\mu_0 \geqslant$	40(45)	40(45)	40(45)	40(45)	40(45)
	X_{min}	35(40)	35(40)	35(40)	35(40)	35(40)
	$\hat{\sigma}$	15				
荷重软化温度/℃ (0.2MPa, $T_{0.6}$)	$\mu_0 \geqslant$	1700	1700	1700	1700	1700
	$\hat{\sigma}$	20				
抗热震性/次		提供数据				

项　　目		牌　　号			
		DMGe-16A	DMGe-16B	DMGe-12A	DMGe-12B
$w(MgO)$ (%)	$\mu_0 \geqslant$	62	58	68	65
	$\hat{\sigma}$	2.5			
$w(Cr_2O_3)$ (%)	$\mu_0 \geqslant$	16	16	12	12
	$\hat{\sigma}$	1.5			

（续）

电熔再结合镁铬砖的理化指标

项　目		牌　号			
		DMGe-16A	DMGe-16B	DMGe-12A	DMGe-12B
$w(SiO_2)$（%）	$\mu_0 \leqslant$	1.5	2.0	1.5	2.0
	$\hat{\sigma}$	0.3			
显气孔率（%）	$\mu_0 \leqslant$	16（15）	17（16）	16（15）	17（16）
	$\hat{\sigma}$	1.5			
常温耐压强度/MPa	$\mu_0 \geqslant$	40（45）	40（45）	40（45）	40（45）
	X_{min}	35（40）	35（40）	35（40）	35（40）
	$\hat{\sigma}$	15			
荷重软化温度/℃（0.2MPa，$T_{0.6}$）	$\mu_0 \geqslant$	1700	1700	1700	1700
	$\hat{\sigma}$	20			
抗热震性/次		提供数据			

说明：1. 抗热震性可根据用户需求进行检测。

　　　2. 括号内为浸盐砖的数据。

　　　3. 耐压强度所测单值应均大于X_{min}规定值。

电熔半再结合镁铬砖的理化指标

项　目		牌　号				
		BMGe-26	BMGe-24	BMGe-22	BMGe-20A	BMGe-20B
$w(MgO)$（%）	$\mu_0 \geqslant$	50	50	55	58	55
	$\hat{\sigma}$	2.5				
$w(Cr_2O_3)$（%）	$\mu_0 \geqslant$	26	24	22	20	20
	$\hat{\sigma}$	1.5				
$w(SiO_2)$（%）	$\mu_0 \leqslant$	2.0	2.0	2.0	2.0	2.5
	$\hat{\sigma}$	0.3				
显气孔率（%）	$\mu_0 \leqslant$	16（15）	16（15）	16（15）	16（15）	16（15）
	$\hat{\sigma}$	1.5				
常温耐压强度/MPa	$\mu_0 \geqslant$	40（45）	40（45）	40（45）	40（45）	35（40）
	X_{min}	35（40）	35（40）	35（40）	35（40）	30（35）
	$\hat{\sigma}$	15				
荷重软化温度/℃（0.2MPa，$T_{0.6}$）	$\mu_0 \geqslant$	1700	1700	1700	1700	1700
	$\hat{\sigma}$	20				
抗热震性/次		提供数据				
项　目		牌　号				
		BMGe-18	BMGe-16A	BMGe-16B	BMGe-12A	BMGe-12B
$w(MgO)$（%）	$\mu_0 \geqslant$	58	60	55	68	65
	$\hat{\sigma}$	2.5				
$w(Cr_2O_3)$（%）	$\mu_0 \geqslant$	18	16	16	12	12
	$\hat{\sigma}$	1.5				

（续）

项　　目		电熔半再结合镁铬砖的理化指标				
		牌　　号				
		BMGe-18	BMGe-16A	BMGe-16B	BMGe-12A	BMGe-12B
$w(SiO_2)$（%）	$\mu_0 \leqslant$	2.0	2.0	2.5	2.0	2.5
	$\hat{\sigma}$	0.3				
显气孔率（%）	$\mu_0 \leqslant$	16(15)	16(15)	17(15)	16(15)	16(15)
	$\hat{\sigma}$	1.5				
常温耐压强度/MPa	$\mu_0 \geqslant$	40(45)	40(45)	35(40)	40(45)	35(40)
	X_{min}	35(40)	35(40)	30(35)	35(40)	30(35)
	$\hat{\sigma}$	15				
荷重软化温度/℃	$\mu_0 \geqslant$	1700	1700	1700	1700	1700
（0.2MPa, $T_{0.6}$）	$\hat{\sigma}$	20				
抗热震性/次		提供数据				

说明：1. 抗热震性可根据用户需求进行检测。

　　　2. 括号内为浸盐砖的数据。

　　　3. 耐压强度所测单值应均大于 X_{min} 规定值。

项　　目		普通镁铬砖的理化指标					
		牌　　号					
		MGe-16A	MGe-16B	MGe-12A	MGe-12B	MGe-8A	MGe-8B
$w(MgO)$（%）	$\mu_0 \geqslant$	50	45	60	55	65	60
	$\hat{\sigma}$	2.5					
$w(Cr_2O_3)$（%）	$\mu_0 \geqslant$	16	16	12	12	8	8
	$\hat{\sigma}$	1.5					
显气孔率（%）	$\mu_0 \leqslant$	19	22	19	21	19	21
	$\hat{\sigma}$	1.5					
常温耐压强度/MPa	$\mu_0 \geqslant$	35	25	35	30	35	30
	X_{min}	30	20	30	25	30	25
	$\hat{\sigma}$	15					
荷重软化温度/℃	$\mu_0 \geqslant$	1650	1550	1650	1550	1650	1530
（0.2MPa, $T_{0.6}$）	$\hat{\sigma}$	20					

说明：耐压强度所测单值应均大于 X_{min} 规定值。

表9-68　镁钙砖的理化指标（YB/T 4116—2018）

项　　目		牌　　号						
		MG-20	MG-20A	MG-30	MG-30A	MG-40	MG-40A	MG-50
$w(CaO)$（%）	$\mu_0 \geqslant$	18		28		38		48
	σ	1						
$w(MgO+CaO)$（%）	$\mu_0 \geqslant$	92	94	92	94	92	94	64
	σ	1						

（续）

项 目		牌　号						
		MG-20	MG-20A	MG-30	MG-30A	MG-40	MG-40A	MG-50
$w(\sum SAF)(\%)$	$\mu_0 \geqslant$	3.0	2.5	3.0	2.5	3.0	2.5	2.5
	σ	0.2						
显气孔率(%)	$\mu_0 \leqslant$	15.0						
	σ	0.5						
体积密度/(g/cm³)	$\mu_0 \geqslant$	2.90	2.95	2.90	2.95	2.90	2.95	2.90
	σ	0.05						
常温耐压强度/MPa	$\mu_0 \geqslant$	60						
	σ	5						
0.2MPa荷重软化开始温度 $T_{0.6}$/℃	$\mu_0 \geqslant$	1650	1700	1650	1700	1650	1700	1700
	σ	10						

注: ΣSAF 是 SiO_2、Al_2O_3、Fe_2O_3 的合量。

表 9-69　铝镁碳砖和镁铝碳砖的理化指标(YB/T 165—2018)

铝镁碳砖的理化指标

项 目		牌　号				
		LMT75	LMT70	LMT65	LMT60	LMT55
$w(Al_2O_3)$ (%)	$\mu_0 \geqslant$	75	70	65	60	55
	σ	1.5				
$w(Al_2O_3 + MgO)(\%)$	$\mu_0 \geqslant$	81	77	80	75	72
	σ	2.0				
$w(C)(\%)$	$\mu_0 \geqslant$	5	5	7	7	8
	σ	1.0				
显气孔率(%)	$\mu_0 \leqslant$	7.0	7.0	7.0	7.0	7.0
	σ	1.0				
体积密度/(g/cm³)	$\mu_0 \geqslant$	3.20	3.15	3.10	3.00	2.90
	σ	0.03				
常温耐压强度/MPa	$\mu_0 \geqslant$	60	60	60	50	50
	σ	10				

镁铝碳砖的理化指标

项 目		牌　号			
		MLT75	MLT65	MLT55	MLT45
$w(MgO)(\%)$	$\mu_0 \geqslant$	75	65	55	45
	σ	1.5			
$w(MgO + Al_2O_3)(\%)$	$\mu_0 \geqslant$	83	80	75	75
	σ	2.0			

（续）

镁铝碳砖的理化指标

项 目		牌　号			
		LMT75	LMT65	LMT55	LMT45
$w(C)(\%)$	$\mu_0 \geqslant$	5	5	8	8
	σ	1.0			
显气孔率(%)	$\mu_0 \leqslant$	5.5	5.5	5.5	5.5
	σ	1.0			
体积密度/(g/cm³)	$\mu_0 \geqslant$	3.05	3.00	2.95	2.90
	σ	0.03			
常温耐压强度/MPa	$\mu_0 \geqslant$	50	50	40	40
	σ	10			

表 9-70　盛钢桶用黏土质衬砖的理化指标

项 目		牌　号		
		CN-42	CN-40	CN-36
$w(Al_2O_3)(\%)$	$\geqslant$	42	40	36
耐火度/℃	$\geqslant$	1750	1730	1690
0.2MPa荷重软化开始温度/℃	$\geqslant$	1430	1400	1370
加热永久线变化(1400℃×2h)(%)		-0.3～0	-0.3～0	-0.3～0
显气孔率(%)	$\leqslant$	18	19	19
常温耐压强度/MPa	$\geqslant$	39.2	34.3	29.4

表 9-71　盛钢桶内铸钢用黏土质耐火砖的理化指标

项　　　目		牌　号			
		塞头砖	铸口砖	袖砖	座砖
		SN-40	KN-40	XN-40	ZN-40
$w(Al_2O_3)$（%）	≥	40	40	40	40
耐火度/℃	≥	1710	1710	1710	1710
0.2MPa 荷重软化开始温度/℃	≥	1370	1370	—	—
加热永久线变化（1350℃ ×2h）（%）		—	—	-0.3~0	—
显气孔率（%）		15~23	≤22	15~25	≤23
常温耐压强度/MPa	≥	—	—	—	19.6
抗热震性/次		SN-40、XN-40 必须进行此项检验，将实测数据在质量证明书中注明			

表 9-72　盛钢桶用高铝砖的理化指标

项　　　目		牌　号				
		CL-55	CL-65	CL-75	CL-80	PZCL-78
$w(Al_2O_3)$（%）	≥	55.0	65.0	75.0	80.0	78.075
$w(Fe_2O_3)$（%）	≤	—	—	—	2.0	2.0
0.2MPa 荷重软化开始温度/℃	≥	1470	1490	1510	1530	1550
加热永久线变化（%） 1450℃ ×2h		0.1~0.5	—	—	—	—
1500℃ ×2h		—	0.1~0.5	0.1~0.5	—	—
1550℃ ×2h		—	—	—	0.1~0.5	0.3~0.4
显气孔率（%）	≤	22.0	28.0	28.0	24.0	21.0
常温耐压强度/MPa	≥	45	35	40	50	70

表 9-73　盛钢桶内铸钢用高铝质耐火砖的理化指标

项　　　目		牌　号			
		塞头砖	铸口砖	袖砖	座砖
		SL-48	KL-48	XL-48	ZL-48
$w(Al_2O_3)$（%）	≥	48~55	48~55	48~55	48~55
耐火度/℃	≥	1750	1750	1750	1750
0.2MPa 荷重软化开始温度/℃	≥	1450	1450	—	1400
加热永久线变化（1450℃ ×2h）（%）		—	—	0.1~0.4	0.1~0.4
显气孔率（%）		18~24	≤24	18~24	≤25
常温耐压强度/MPa	≥	—	—	—	19.6
抗热震性/次		SL-48、XL-48 必须进行此项检验，将实测数据在质量证明书中注明			

表 9-74　铸口砖的理化指标（YB/T 4111—2019）

项　　　目		牌　号						
		刚玉质	铝碳质			铝锆碳质	镁碳质		铝镁碳质
		KL-90	KLT-85	KLT-75	KLT-65	KLGT-75	KMT-80	KMT-70	KLMT-65
$w(Al_2O_3)$（%）	μ_0≥	90	85	75	65	75	—	—	65
	σ	1.5							

（续）

项　目		牌　号							
		刚玉质	铝碳质			铝锆碳质	镁碳质		铝镁碳质
		KL-90	KLT-85	KLT-75	KLT-65	KLGT-75	KMT-80	KMT-70	KLMT-65
$w(MgO)(\%)$	$\mu_0\geq$	—	—	—	—	—	80	70	5
	σ	1.5							
$w(ZrO_2)(\%)$	$\mu_0\geq$	—	—	—	—	4	—	—	—
	σ	1							
$w(C)(\%)$	$\mu_0\geq$	—	2	2	4	3	5	5	2
	σ	1							
显气孔率(%)	$\mu_0\leq$	20	14	14	14	8	12	12	14
	σ	1							
体积密度 /(g/cm³)	$\mu_0\geq$	3	2.9	2.7	2.6	3	2.85	2.75	2.8
	σ	0.05							

表 9-75　座砖的理化指标 （YB/T 4111—2019）

项　目		牌　号									
		刚玉质	高铝质		铝碳质			铝镁碳		镁碳质	
		ZG-90	ZL-80	ZL-65	ZLT-90	ZLT-80	ZLT-70	ZLMT-65	ZLMT-55	ZMT-80	ZMT-70
$w(Al_2O_3)(\%)$	$\mu_0\geq$	90	80	65	90	80	70	65	55	—	—
	σ	1.5									
$w(MgO)(\%)$	$\mu_0\geq$	—	—	—	—	—	—	8	8	80	70
	σ	1.5									
$w(C)(\%)$	$\mu_0\geq$	—	—	—	3	3	5	5	5	6	6
	σ	1									
常温耐压 强度/MPa	$\mu_0\geq$	40	30	25	40	35	35	40	25	25	25
	σ	10									
显气孔率 （%）	$\mu_0\leq$	22	22	25	23	23	23	16	23	8	8
	σ	1									
体积密度 /(g/cm³)	$\mu_0\geq$	2.95	2.7	2.65	2.95	2.85	2.8	2.85	2.6	2.85	2.75
	σ	0.05									

17）滑板砖的理化指标见表 9-76。

18）烧结镁砂的理化指标见表 9-77。

19）硅质耐火泥浆的理化指标见表 9-78。硅质

耐火泥浆按所砌窑炉的特征和泥浆的理化指标分为 4 类 7 个牌号。

表 9-76　滑板砖的理化指标 （YB/T 5049—2009）

项　目	牌　号						
	HBLT-65	HBLT-70	HBLT-75	HBLT-80	HBLTG-70	HBLTG-75	HBLTG-80
$w(Al_2O_3)(\%)$　≥	65	70	75	80	70	75	80
$w(C)(\%)$　≥	6	6	4	1	5	3	3
$w(ZrO_2)(\%)$　≥	—	—	—	—	4	4	4
常温耐压强度/MPa　≥	70	80	90	100	110	120	120
显气孔率(%)　≤	13	13	10	10	11	10	10
体积密度/(g/cm³)　≥	2.75	2.85	3.00	3.05	3.00	3.05	3.10

（续）

项目			指标
尺寸允许偏差/mm	厚度		±1
	其他方向		±2
	铸口	内径	±1
		中心偏移	2
		子母口	±1
缺棱缺角深度/mm	工作面及接缝处	≤	5
	非工作面		8
裂纹长度/mm	宽度≤0.1		不限制
	宽度 0.11~0.25	工作面	不准有
		非工作面	70(≤2 处)
	宽度 0.26~0.5	工作面	不准有
		非工作面　　≤	50(≤2 处)
	宽度>0.5		不准有
平整度误差/mm	滑动面		0.05
相对边差/mm	厚度		1

表 9-77　烧结镁砂的理化指标（GB/T 2273—2007）

牌　　号	$w(MgO)$ (%)	$w(SiO_2)$ (%)	$w(CaO)$ (%)	灼烧减量 （质量分数,%）	$w(CaO)/$ $w(SiO_2)$	颗粒体积密度 $/(g/cm^3)$
	≥	≤	≤	≤	≥	≥
MS98A	98.0	0.3	—	0.30	3	3.40
MS98B	97.7	0.4	—	0.30	2	3.35
MS98C	97.5	0.4	—	0.30	2	3.30
MS97A	97.0	0.6	—	0.30	2	3.33
MS97B	97.0	0.8	—	0.30	—	3.28
MS96	96.0	1.5	—	0.30	—	3.25
MS95	95.0	2.2	1.8	0.30	—	3.20
MS94	94.0	3.0	1.8	0.30	—	3.20
MS92	92.0	4.0	1.8	0.30	—	3.18
MS90	90.0	4.8	2.5	0.30	—	3.18
MS88	88.0	4.0	5.0	0.50	—	—
MS87	87.0	7.0	2.0	0.50	—	3.20
MS84	84.0	9.0	2.0	0.50	—	3.20
MS83	83.0	5.0	5.0	0.80	—	—

注：烧结镁砂的颗粒组成由供需双方商定。

表 9-78　硅质耐火泥浆的理化指标（YB/T 384—2011）

热风炉用硅质耐火泥浆的理化指标

项　　目			牌号
			GNR-94
$w(SiO_2)$ (%)		≥	94
$w(Fe_2O_3)$ (%)		≤	1.0
耐火度/℃		≥	1680
常温抗折黏结强度/MPa	110℃ 干燥后	≥	1.0
	1400℃ ×5h 烧后	≥	2.0
0.2MPa 荷重软化温度 $T_{2.0}$/℃		≥	1580
黏结时间/min			1 ~ 2
粒度组成(质量分数,%)	< 1.0mm		100
	> 0.5mm	≤	1
	< 0.075mm	≥	60

焦炉用硅质耐火泥浆的理化指标

项目			牌号	
			CNJ-91	CNJ-94
$w(SiO_2)$ (%)		≥	91	94
耐火度/℃		≥	1580	1660
常温抗折黏结强度/MPa	110℃ 干燥后	≥	1.0	1.0
	1400℃ ×5h 烧后	≥	2.0	2.0
0.2MPa 荷重软化温度 $T_{2.0}$/℃		≥	1420	1500
黏结时间/min			1 ~ 2	1 ~ 2
粒度组成(质量分数,%)	< 2.0mm		100	100
	> 1.0mm	≤	3	3
	< 0.075mm		50 ~ 70	50 ~ 70

玻璃熔窑用硅质耐火泥浆的理化指标

项目			牌号	
			CNB-94	CNB-96
$w(SiO_2)$ (%)		≥	94	96
$w(Al_2O_3)$ (%)		≤	1.0	0.6
$w(Fe_2O_3)$ (%)		≤	1.0	0.7
耐火度/℃		≥	1700	1720
常温抗折黏结强度/MPa	110℃ 干燥后	≥	0.8	0.8
	1400℃ ×5h 烧后	≥	0.8	0.5
0.2MPa 荷重软化温度 $T_{2.0}$/℃		≥	1600	1620
黏结时间/min			2 ~ 3	2 ~ 3
粒度组成(质量分数,%)	< 1.0mm		100	100
	> 0.5mm	≤	2	2
	< 0.075mm	≥	60	60

（续）

硅质隔热耐火泥浆的理化指标			牌号	
项目			CNG-92	CNG-94
$w(SiO_2)$（%）		≥	92	94
耐火度/℃		≥	1640	1680
常温抗折黏结强度/MPa	110℃ 干燥后	≥	0.5	0.5
	1400℃×5h 烧后	≥	1.5	1.5
黏结时间/min			1~2	1~2
粒度组成（质量分数,%）	<1.0mm		100	100
	>0.5mm	≤	3	3
	<0.075mm	≥	50	50

注：如有特殊要求，黏结时间由供需双方协议确定。

① 热风炉用硅质耐火泥浆：GNR-94。

② 焦炉用硅质耐火泥浆：GNJ-91、GNJ-94。

③ 玻璃窑用硅质耐火泥浆：GNB-94、GNB-96。

④ 硅质隔热耐火泥浆：GNG-92、GNG-94。

20）黏土质耐火泥浆的理化指标见表9-79。适用于砌筑黏土质耐火砖用的黏土质耐火泥浆，按 Al_2O_3 含量分为 NN-30、NN-38、NN-42、NN-45、NN-45P 共5个牌号，其中 NN-45P 为磷酸盐结合黏土质耐火泥浆。

21）高铝质耐火泥浆的理化指标见表9-80。适用于砌筑高铝质耐火砖用的高铝质耐火泥浆，按 Al_2O_3 含量分为3类7个牌号。

① 普通高铝质耐火泥浆：LN-55、LN-65、LN-75。

② 磷酸盐结合高铝质耐火泥浆：LN-65P、LN-75P。

③ 磷酸盐结合刚玉质耐火泥浆：GN-85P、GN-90P。

22）镁质耐火泥。适用于砌筑镁砖、镁铝砖、镁铬砖和贴补炉墙用的镁质耐火泥的理化指标见表9-81。

23）白云石。适用于耐火材料制品用的白云石，其牌号及化学成分见表9-82，其粒度规格见表9-83。

24）电炉炉底用 $MgO\text{-}CaO\text{-}Fe_2O_3$ 系合成料的理化指标见表9-84。

表9-79 黏土质耐火泥浆的理化指标（GB/T 14982—2008）

指标			牌号				
			NN-30	NN-38	NN-42	NN-45	NN-45P
$w(Al_2O_3)$（%）		≥	30	38	42	45	45
耐火度/℃		≥	1620	1680	1700	1720	1720
常温抗折黏结强度/MPa	110℃ 干燥后	≥	1.0	1.0	1.0	1.0	1.2
	1200℃×3h 烧后	≥	3.0	3.0	3.0	3.0	6.0
0.2MPa 荷重软化温度 $T_{2.0}$/℃		≥	—	—	—	—	1200
加热永久线变化（%）	1200℃×3h 烧后		-5~1				
黏结时间/min			1~3				
粒度组成（质量分数,%）	<1.0mm		100	—	—	—	—
	>0.5mm	≤	2	—	—	—	—
	<0.075mm	≥	50	—	—	—	—

注：如有特殊要求，黏结时间由供需双方协议确定。

表 9-80　高铝质耐火泥浆的理化指标（GB/T 2994—2008）

指　标			牌号						
			LN-55	LN-65	LN-75	LN-65P	LN-75P	GN-85P	GN-90P
$w(Al_2O_3)(\%)$		≥	55	65	75	65	75	85	90
耐火度/℃		≥	1760	1780	1780	1780	1780	1780	1800
常温抗折黏结强度/MPa	110℃干燥后	≥	1.0	1.0	1.0	2.0	2.0	2.0	2.0
	1400℃×3h 烧后	≥	4.0	4.0	4.0	6.0	6.0	—	—
	1500℃×3h 烧后	≥	—	—	—	—	—	6.0	6.0
0.2MPa 荷重软化温度 $T_{2.0}$/℃		≥	—	—	—	—	1400	1600	1650
加热永久线变化(%)	1400℃×3h 烧后		−5~1					—	
	1500℃×3h 烧后		—					−5~1	
黏结时间/min			1~3						
粒度组成(质量分数,%)	<1.0mm		100						
	>0.5mm	≤	2						
	<0.075mm	≥	50					40	

注：如有特殊要求，黏结时间由供需双方协议确定。

表 9-81　镁质耐火泥的理化指标（YB/T 5009—2011）

镁质耐火泥浆的理化指标

项　目			牌号		
			MN-91	MN-95	MN-97
$w(MgO)(\%)$		≥	91	95	97
常温抗折黏结强度/MPa	110℃干燥后	≥	1.5		
	1500℃×3h 烧后	≥	3.0		
加热永久线变化(%)	1500℃×3h 烧后		−4~1		
黏结时间/min			1~3		
粒度组成(质量分数,%)	<1.0mm		100		
	>0.5mm	≤	2		
	<0.075mm	≥	60		

镁铝质耐火泥浆的理化指标

项　目			牌号	
			MLN-70	MLN-80
$w(MgO_2)(\%)$		≥	70	80
$w(Al_2O_3)(\%)$			8~20	5~10
常温抗折黏结强度/MPa	110℃干燥后	≥	1.5	
	1500℃×3h 烧后	≥	3.0	
加热永久线变化(%)	1500℃×3h 烧后		−4~1	
黏结时间/min			1~3	
粒度组成(质量分数,%)	<1.0mm		100	
	>0.5mm	≤	2	
	<0.075mm	≥	60	

（续）

镁铬质耐火泥浆的理化指标

项　目		牌号			
		MGN-8	MGN-12	MGN-16	MGN-20
$w(MgO)(\%)$		$70 \sim 80$	$\geqslant 60$	$\geqslant 55$	$\geqslant 50$
$w(Cr_2O_3)(\%)$		$4 \sim 9$	$\geqslant 12$	$\geqslant 16$	$\geqslant 20$
常温抗折黏结强度/MPa	110℃ 干燥后　　　　　　$\geqslant$	1.0			
	1500℃ ×3h 烧后　　　　$\geqslant$	2.0			
加热永久线变化(%)	1500℃ ×3h 烧后	$-4 \sim 1$			
黏结时间/min		$1 \sim 3$			
粒度组成（质量分数,%）	$< 1.0mm$	100			
	$> 0.5mm$　　　　　　　$\leqslant$	2			
	$< 0.075mm$　　　　　　$\geqslant$	60			

注：如有特殊要求，黏结时间由供需双方协商确定。

表 9-82　耐火材料制品用白云石的牌号及化学成分（YB/T 5278—2007）

牌号	化学成分（质量分数,%）			
	MgO	$Al_2O_3 + Fe_2O_3 + SiO_2 + Mn_3O_4$	SiO_2	CaO
	$\geqslant$	$\leqslant$	$\leqslant$	$\geqslant$
NBYS22A	22	—	2.0	10
NBYS22B	22	—	2.0	6
NBYS20A	20	1.0	—	25
NBYS20B	20	1.5	1.0	25
NBYS20C	20	3.0	1.5	25
NBYS19A	19	—	2.0	25
NBYS19B	19	—	3.5	25
NBYS18	18	—	4.0	25
NBYS16	16	—	5.0	25

表 9-83　白云石的粒度要求（YB/T 5278—2007）

粒度规格/mm	上限/mm	粒度在上限范围内者的质量分数(%)$\leqslant$	下限/mm	粒度在下限范围内者的质量分数(%)$\leqslant$
$0 \sim 5$	$5 \sim 6$	5	—	—
$5 \sim 20$	$20 \sim 25$	5	$3 \sim 5$	10
$10 \sim 40$	$40 \sim 45$	5	$8 \sim 10$	10
$25 \sim 50$	$50 \sim 60$	10	$20 \sim 25$	10
$40 \sim 80$	$80 \sim 100$	10	$30 \sim 40$	10
$80 \sim 120$	$120 \sim 140$	10	$70 \sim 80$	10

表9-84　电炉炉底用 MgO-CaO-Fe₂O₃ 系合成料的理化指标（YB/T 101—2018）

项　目			牌　号			
			DHL-78	DHL-81	DHL-82	DHL-85
MgO（质量分数,%）		≥	78	81	82	85
CaO（质量分数,%）			12 ~ 15	6 ~ 9	8 ~ 11	6 ~ 8
Fe₂O₃（质量分数,%）			4 ~ 5	5 ~ 9	3 ~ 5	4 ~ 5
SiO₂（质量分数,%）		≤	1.3	1.5	1.1	1.3
Al₂O₃（质量分数,%）		≤	0.6	0.6	0.6	0.6
常温耐压强度/MPa	1300℃ ×3h	≥	10	10	8	10
	1600℃ ×3h	≥	30	30	30	30
加热永久线变化（%）	1300℃ ×3h		−0.5 ~ −0.2	−0.5 ~ −0.2	−0.5 ~ −0.2	−0.5 ~ −0.2
	1600℃ ×3h		−2.5 ~ −1.5	−3.0 ~ −2.0	−2.0 ~ −1.0	−2.5 ~ −1.5
颗粒体积密度/(g/cm³)		≥	3.25	3.25	3.25	3.25
最大粒度/mm			6	6	6	6
推荐用途			炼钢电炉	炼钢电炉	炼钢电炉	铁合金电炉

9.1.4　其他材料

1. 石墨电极

（1）石墨电极　供电弧炉用的石墨电极有3种：

1）石墨电极（YB/T 4088—2015），适用于普通功率电弧炉。

2）高功率石墨电极（YB/T 4089—2015），适用于高功率电弧炉。

3）超高功率石墨电极（YB/T 4090—2015），适用于超高功率电弧炉。各种石墨电极的技术要求分别见表9-85 ~ 表9-91。

（2）抗氧化涂层石墨电极（YB/T 5214—2007）

这是适用于电弧炉炼钢用的耐氧化涂层石墨电极，其基体电极的直径、长度、允许偏差及各项指标均应符合 YB/T 4088—2015 的规定。涂层石墨电极的各种技术要求分别见表9-92 ~ 表9-94。

涂层石墨电极的表面质量要求为：

1）涂层表面掉皮小于或等于两处，其缺陷尺寸不超过 φ20 ~ φ30mm（小于 φ20mm 不计）。

2）涂层电极表面不允许有裂纹。

3）涂层电极表面须磨平，无明显凸起。

2. 氧气

工业用氧气的技术指标见表9-95。

（1）供氧方法　供氧方法有管道供氧（由制氧站将氧气通过储气罐并用管道引至炼钢炉附近）与汇流排（将若干瓶装氧气用管路并联起来使用）两种。

（2）瓶装氧气的容量　一般是用压缩机将氧气至 15MPa 的压力后注入钢制氧气瓶中。最常用的氧气瓶的容量为 40L（瓶的外径为 219mm，长度为 1590mm，壁厚为 8mm，重量为 67kg）。这种瓶在 15MPa 压力下的装气量为：40L × 150 = 6000L（即 6m³）。在 5MPa 的压力下为：40L × 50 = 2000L（即 2m³），以此类推。

（3）炼钢时吹氧的压力　吹氧压力视熔炼阶段和其他要求而定。例如，一般助熔时，吹氧压力宜大于或等于 0.5MPa，而氧化期宜大于或等于 0.7MPa。

3. 氩气

工业用氩气的技术指标见表9-96。

表9-85　石墨电极的理化指标（YB/T 4088—2015）

项　目		公称直径/mm									
		75 ~ 130		150 ~ 225		250 ~ 300		350 ~ 450		500 ~ 800	
		优级	一级	优级	一级	优级	一级	优级	一级	优级	一级
电阻率/μΩ·m ≤	电极	8.5	10.0	9.0	10.5	9.0	10.5	9.0	10.5	9.0	10.5
	接头	8.0		8.0		8.0		8.0		8.0	
抗折强度/MPa ≥	电极	10.0		10.0		8.0		7.0		6.5	
	接头	15.0		15.0		15.0		15.0		15.0	

（续）

项　目		公称直径/mm									
		75 ~ 130		150 ~ 225		250 ~ 300		350 ~ 450		500 ~ 800	
		优级	一级	优级	一级	优级	一级	优级	一级	优级	一级
弹性模量/GPa　≤	电极	9.3		9.3		9.3		9.3		9.3	
	接头	14.0		14.0		14.0		14.0		14.0	
体积密度/(g/cm³)　≥	电极	1.58		1.53		1.53		1.53		1.52	
	接头	1.70		1.70		1.70		1.70		1.70	
热胀系数/(10⁻⁶/℃)　≥ (室温 ~ 600℃)	电极	2.9		2.9		2.9		2.9		2.9	
	接头	2.7		2.7		2.8		2.8		2.8	
灰分（质量分数,%）　≤		0.5		0.5		0.5		0.5		0.5	

注：灰分和热胀系数为参考指标。

表 9-86　高功率石墨电极的理化指标
（YB/T 4089—2015）

项　目		公称直径/mm		
		200 ~ 400	450 ~ 500	550 ~ 700
电阻率/μΩ·m　≤	电极	7.0	7.5	7.5
	接头	6.3	6.3	6.3
抗折强度/MPa　≥	电极	10.5	10.0	8.5
	接头	17.0	17.0	17.0
弹性模量/GPa　≤	电极	14.0	14.0	14.0
	接头	16.0	16.0	16.0
体积密度/(g/cm³)　≥	电极	1.60	1.60	1.60
	接头	1.72	1.72	1.72
热胀系数/(10⁻⁶/℃)　≤ (100 ~ 600℃)	电极	2.4	2.4	2.4
	接头	2.2	2.2	2.2
灰分(质量分数,%)　≤		0.5	0.5	0.5

注：灰分和热胀系数为参考指标。

表 9-87　超高功率石墨电极的理化指标
（YB/T 4090—2015）

项　目		公称直径/mm			
		300 ~ 400	450 ~ 500	550 ~ 650	700 ~ 800
电阻率/μΩ·m　≤	电极	6.2	6.3	6.0	5.8
	接头	5.3	5.3	4.5	4.3
抗折强度/MPa　≥	电极	10.5	10.5	10.0	10.0
	接头	20.0	20.0	22.0	23.0
弹性模量/GPa　≤	电极	14.0	14.0	14.0	14.0
	接头	20.0	20.0	22.0	22.0
热胀系数/(10⁻⁶/℃)　≤ (室温 ~ 600℃)	电极	1.5	1.5	1.5	1.5
	接头	1.4	1.4	1.3	1.3
灰分(质量分数,%)　≤			0.5	0.5	0.5

注:灰分和热胀系数为参考指标。

表 9-88　电极的直径、长度及直径允许偏差（YB/T 4088—2015、
YB/T 4089—2015、YB/T 4090—2015）

公称直径 /mm	实际直径/mm			公称长度/mm	适用电极种类
	最大	最小	黑皮部分最小		
75	78	73	72	1000/1200/1400/1600	普通功率
100	103	98	97	1000/1200/1400/1600	
130	132	127	126	1000/1200/1400/1600	
150	154	149	146	1200/1400/1600/1800	
175	179	174	171		

（续）

公称直径 /mm	实际直径/mm			公称长度/mm	适用电极种类
	最大	最小	黑皮部分最小		
200	205	200	197	1600/1800	普通功率、高功率
225	230	225	222	1600/1800	
250	256	251	248	1600/1800/2000	
300	307	302	299	1600/1800/2000/2200	普通功率、高功率、超高功率
350	358	352	349	1600/1800/2000/2200	
400	409	403	400	1600/1800/2000/2200	
450	460	454	451	1600/1800/2000/2200	
500	511	505	502	1800/2000/2200/2400	
550	562	556	553	1800/2000/2200/2400/2700	
600	613	607	604	2000/2200/2400/2700	
650	663	659	656	2000/2200/2400/2700	高功率、超高功率
700	714	710	707	2000/2200/2400/2700	
750	765	761	758	2000/2200/2400/2700	
800	816	812	809		

表 9-89　电极的长度及其允许偏差（YB/T 4088—2015、YB/T 4089—2015、YB/T 4090—2015）

公称长度 /mm	标准长度偏差/mm		短尺长度偏差/mm		适用电极种类
	最大	最小	最大	最小	
1000	+50	-75	-75	-225	普通功率
1200	+50	-100	-100	-225	
1400	+100	-100	-100	-225	
1600	+100	-100	-100	-275	
1800	+100	-100	-100	-275	普通功率、高功率、超高功率
2000	+100	-100	-100	-275	
2200	+100	-100	-100	-275	
2400	+100	-100	-100	-275	
2700	+200	-150	-150	-300	高功率、超高功率
3000	+200	-150	-150	-300	超高功率

注：供货中每批允许短尺电极不超过 15%。

表 9-90　各种石墨电极的允许电流负荷（YB/T 4088—2015、YB/T 4089—2015、YB/T 4090—2015）

公称直径 /mm	石墨电极		高功率石墨电极		超高功率石墨电极	
	允许电流负荷 /A	电流密度 /(A/cm²)	允许电流负荷 /A	电流密度 /(A/cm²)	允许电流负荷 /A	电流密度 /(A/cm²)
75	1000 ~ 1400	22 ~ 31	—	—	—	—
100	1500 ~ 2400	19 ~ 30	—	—	—	—

（续）

公称直径 /mm	石墨电极		高功率石墨电极		超高功率石墨电极	
	允许电流负荷 /A	电流密度 / (A/cm²)	允许电流负荷 /A	电流密度 / (A/cm²)	允许电流负荷 /A	电流密度 / (A/cm²)
130	2200 ~ 3400	17 ~ 26	—	—	—	—
150	3000 ~ 4500	16 ~ 25	—	—	—	—
200	5000 ~ 6900	15 ~ 31	5500 ~ 9000	18 ~ 25	—	—
225	—	—	6500 ~ 10000	18 ~ 25	—	—
250	7000 ~ 10000	14 ~ 20	8000 ~ 13000	18 ~ 25	—	—
300	10000 ~ 13000	14 ~ 18	13000 ~ 17400	17 ~ 24	15000 ~ 22000	20 ~ 30
350	13500 ~ 18000	14 ~ 18	17400 ~ 24000	17 ~ 24	20000 ~ 30000	20 ~ 30
400	18000 ~ 23500	14 ~ 18	21000 ~ 31000	16 ~ 24	25000 ~ 40000	19 ~ 30
450	22000 ~ 27000	13 ~ 17	25000 ~ 40000	15 ~ 24	32000 ~ 45000	19 ~ 27
500	25000 ~ 32000	13 ~ 16	30000 ~ 48000	15 ~ 24	38000 ~ 55000	18 ~ 27
550	28000 ~ 34000	12 ~ 14	34000 ~ 53000	14 ~ 22	45000 ~ 65000	18 ~ 27
600	30000 ~ 36000	11 ~ 13	38000 ~ 58000	13 ~ 21	50000 ~ 75000	18 ~ 26
650	32000 ~ 39000	10 ~ 12	41000 ~ 65000	12 ~ 20	60000 ~ 85000	18 ~ 25
700	34000 ~ 42000	9 ~ 11	45000 ~ 72000	12 ~ 19	70000 ~ 120000	18 ~ 30

表 9-91　各种石墨电极的表面质量要求（YB/T 4088—2015、YB/T 4089—2015、YB/T 4090—2015）

电极种类	电极公称直径 /mm	电极表面的掉块或孔洞		
		允许数量	允许直径/mm	允许深度/mm
石墨电极	75 ~ 225	≤2	10 ~ 20(< 10 不计)	3 ~ 5(< 3 不计)
	250 ~ 400		20 ~ 30(< 20 不计)	5 ~ 10(< 5 不计)
	450 ~ 800		30 ~ 40(< 30 不计)	10 ~ 15(< 10 不计)
高功率石墨电极	200 ~ 400	≤2	20 ~ 40(< 20 不计)	5 ~ 10(< 5 不计)
	450 ~ 700		30 ~ 50(< 30 不计)	10 ~ 15(< 10 不计)
超高功率石墨电极		≤2	10 ~ 20	5 ~ 10

注: 1. 接头、接头孔及距孔底 100mm 以内的电极表面,不允许有孔洞和裂纹。
　　2. 接头和接头螺纹的掉块,不多于一处,长度≤30mm（公称直径≤225mm 的石墨电极,接头和接头螺纹的掉块,不多于一处,长度≤20mm）。
　　3. 电极表面不允许有横向裂纹。宽 0.3 ~ 1.0mm 的纵向裂纹,其长度不大于电极周长的 5%,不多于两条;宽度小于 0.3mm 的纵向裂纹不计。
　　4. 电极表面的黑皮面积:宽度小于电极周长的 1/10,长度小于电极长度的 1/3。直径 550 ~ 800mm 的电极不允许有黑皮。

表 9-92　抗氧化涂层石墨电极的技术指标
（YB/T 5214—2007）

公称直径/mm	电阻率/10⁻⁶ Ω · m		涂层厚度 /mm	涂层增重 / (kg/m²)
	优级	一级		
300				
350				
400	≤6.5	≤8	0.5 ~ 1.0	1.5 ~ 2.0
450				
500				

表 9-93　抗氧化涂层石墨电极的直径及其
允许偏差（YB/T 5214—2007）

公称直径 /mm	实际直径/mm		
	最大	最小	黑皮部分最小
300	309	303	300
350	359	353	350
400	410	404	401
450	461	455	452
500	512	506	503

表 9-94　抗氧化涂层石墨电极的长度及其

允许偏差（YB/T 5214—2007）

公称直径 /mm	长度/mm	允许偏差/mm	
		长度	短尺长度
300	1600	+75	
350	1800	−100	
400	(1600)		−275
450	(1800)	+75	
500	2000	−100	

注：表中（ ）尺寸不推荐使用。

表 9-95　工业用氧气的技术指标

（GB/T 3863—2008）

项　　目	技术指标	
氧（O_2）含量（体积分数,%）≥	99.5	99.2
水分（H_2O）	无游离水	

表 9-96　工业用氩气的技术指标

（GB/T 4842—2017）

项目	指　　标	
	高纯氩	纯氩
氩（Ar）纯度（体积分数,%）　　　≥	99.999	99.99
氢（H_2）含量（体积分数,$\times 10^{-4}$%）≤	0.5	5
氧（O_2）含量（体积分数,$\times 10^{-4}$%）≤	1.5	10
氮（N_2）含量（体积分数,$\times 10^{-4}$%）≤	4	50
甲烷（CH_4）含量（体积分数,$\times 10^{-4}$%）≤	0.4	5
一氧化碳（CO）含量（体积分数,$\times 10^{-4}$%）≤	0.3	5
二氧化碳（CO_2）含量（体积分数,$\times 10^{-4}$%）≤	0.3	10
水（H_2O）含量（体积分数,$\times 10^{-4}$%）≤	3	15

注：液态氩不检测水分含量。

9.2　普通功率炼钢电弧炉的构造及主要技术性能

炼钢用三相电弧炉按照单位供电功率的高低分为普通功率电弧炉（包括低功率电弧炉和中等功率电弧炉）、高功率电弧炉和超高功率电弧炉。1981 年，国际钢铁学会（IISI）统一了电弧炉功率水平的级别划分，见表 9-97。其中低功率和中等功率电弧炉即通常所说的普通功率电弧炉。本节介绍的是普通功率电弧炉。

表 9-97　电弧炉（≥50t）功率水平的级别划分

功率级别	功率水平/（kW/t）
低功率	100 ~ 199
中等功率	200 ~ 399
高功率	400 ~ 699
超高功率	≥700

电弧炉按照装料方式的不同主要分为两种类型：炉体开出式顶装料型和炉盖旋转式顶装料型。另外还有人工炉门装料型和炉盖开出式顶装料型，但这两种类型已不再采用。小型电弧炉一般采用炉体开出式，而大中型电弧炉常采用炉盖旋转式。炉盖旋转式电弧炉占用车间面积较小，是目前我国制造的三相电弧炉的主要形式，已经构成系列产品。这种电弧炉的主要技术参数见表 9-98。

表 9-98　炉盖旋转式顶装料（HX）型电弧炉主要技术参数

型　　号	HX-1.5	HX-3	HX-5	HX-10	HX-20	HX-30	HX-50	HX-75	HX-100
炉壳内径/mm	2200	2700	3240	3800	4200	4600	5400	5800	6400
额定容量/t	1.5	3	5	10	20	30	50	75	100
变压器额定容量/kW	1250	2200	3200	5500	9000	12500	18000	25000	32000
电抗器额定容量/kW	200（内装）	250（内装）	320（内装）	350（内装）	400（内装）	—	—	—	—
变压器一次电压/kV	6 10	6 10	6 10	10	35	35 60 110	35 60 110	35 60 110	35 60 110
变压器二次电压/V	104 ~ 210	110 ~ 220	121 ~ 240	139 ~ 260	140 ~ 300	150 ~ 340	160 ~ 380	170 ~ 430	180 ~ 480
	4 级				13 级				
额定电弧电流/kA	3.4	5.78	7.7	12.2	17.32	21.2	27.34	33.56	38.5
频率/Hz	50								
石墨电极直径/mm	200	250	300	350	350	400 ~ 450	500	500	600
倾炉角:出钢方向/出渣方向	45°/14°					45°/12°			
冷却水消耗量/（m^3/h）	14	15	20	25	53	80	93	100	—
金属结构重量/t	8	19	42	62	125	165	277	370	—
炉体总重量/t	16.6	37	66	91	192	243	372	500	—

　　HX 型三相电弧炉结构简图如图 9-1 所示。电弧炉的炉体外壳由钢板制成，内部砌筑耐火材料。酸性电弧炉的耐火材料采用硅砖，硅砖的内面用水玻璃硅砂打结炉衬；碱性电弧炉采用镁砖和黏土砖，镁砖的内面用卤水镁砂或焦油镁砂打结炉衬。碱性电弧炉炉体剖面如图 9-2 所示。现在，国内大部分电弧炉已采用 MgO-CaO-Fe$_2$O$_3$ 系合成料整体打结炉底，其优点是耐侵蚀，抗钢液渗透性强，炉体寿命长，维护简单方便，钢液纯净度明显提高。炉墙有用镁碳砖砌筑的，可大幅提高炉墙寿命。

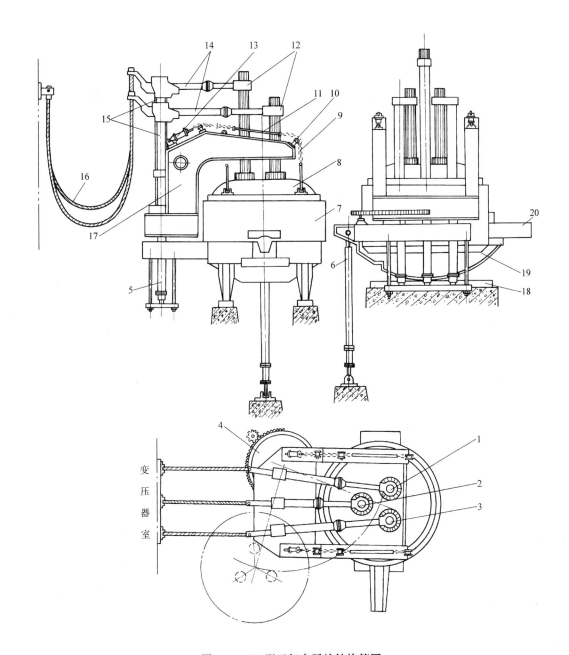

图 9-1　HX 型三相电弧炉结构简图

1、2、3—1 号电极、2 号电极、3 号电极　4—转动炉盖机构　5—升降电极液压缸　6—倾炉液压缸　7—炉体　8—炉盖　9—提升炉盖链条　10—滑轮　11—拉杆　12—电极夹持器　13—提升炉盖液压缸　14—电极支承横臂　15—升降电极立柱　16—电缆　17—提升炉盖支承臂　18—支承轨道　19—月牙板　20—出钢槽

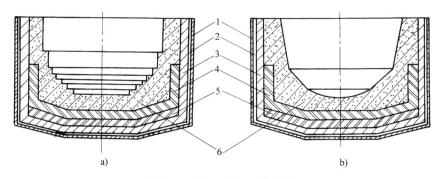

图 9-2　碱性电弧炉炉体剖面

a）阶梯式　b）平滑蝶式

1—炉壳钢板　2—8～15mm 厚石棉板（补偿耐火砖受热膨胀并绝热用）　3—115mm 厚侧砌镁砖
4—115mm 厚直砌镁砖　5—65mm 厚平砌黏土砖（绝热用）　6—打结镁砂层

电弧炉的炉盖通常用耐火砖砌成，其外沿为一钢板制成的炉盖圈（空心的，内部通水冷却）。酸性电弧炉一般用硅砖砌筑炉盖，碱性电弧炉一般用高铝砖砌筑炉盖。图 9-3 所示为砖砌电弧炉炉盖。电弧炉炉盖也有用高温水泥和高铝钒土捣制的，或用由高铝质耐火泥与镁质耐火泥组成的铝镁浇注料浇灌而成的整体炉盖。此外还有全部用钢板制成，用水冷却的水冷炉盖（炉盖直接受高温作用的内壁有耐火涂层）。大中型电弧炉的炉盖上一般还应有用于除尘的第四孔和加渣料等的漏渣料孔，便于冶炼过程除尘以保护环境，也便于通过自动上料系统加渣料等以减轻工人的劳动强度。炉盖与炉体的连接普遍采用砂封方式（见图 9-4），密封效果很好。

电弧炉的短网，即大电流电路，是指从电弧炉变压器低压出线端到电极的各种形式导体的总和。典型的电弧炉短网结构如图 9-5 所示。

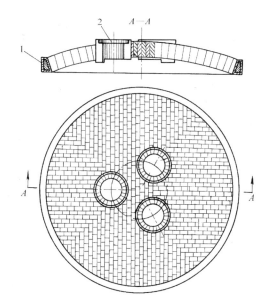

图 9-3　砖砌电弧炉炉盖

1—炉盖圈　2—电极孔砖

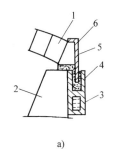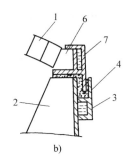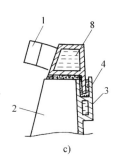

a）　　　　　　　　　b）　　　　　　　　　c）

图 9-4　炉体与炉盖的连接

a）垂直型炉盖圈　b）直角型水冷炉盖圈　c）斜型水冷炉盖圈

1—炉顶　2—炉墙　3—水冷加固圈　4—砂封圈　5—垂直型炉盖圈
6—拱角砖　7—直角型水冷炉盖圈　8—斜型水冷炉盖圈

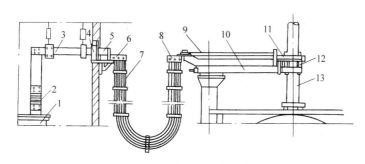

图9-5　典型的电弧炉短网结构

1—电炉变压器　2—软性补偿器　3—硬母线排　4—电流互感器　5—母线连接处
6—谷底接线板　7—挠性电缆　8—可动接线板　9—导电铜管　10—电极横臂
11—铜板连接部分　12—电极夹头　13—电极

9.3　碱性电弧炉氧化法炼钢工艺

氧化法炼钢工艺过程包括准备阶段（修补炉衬、配料及装料）、熔化期、氧化期、还原期和出钢等几个阶段。碱性电弧炉炼钢在这几个阶段中的任务、技术要求及过程控制如下。

9.3.1　修补炉衬、配料及装料

1. 修补炉衬

炼钢过程中，炉衬材料受到高温炉渣及钢液的侵蚀破坏，故在每炼一炉钢后，都要修补炉衬。

（1）补炉材料　碱性电弧炉的补炉材料为镁砂（或烧结白云石），用卤水或沥青作黏结剂。卤水镁砂补炉材料及沥青镁砂补炉材料见表9-99和表9-100。现在的大中型电炉一般采用镁质喷补料，其理化指标见表9-101。

表9-99　卤水镁砂补炉材料

名　称	镁砂粒度/mm	卤水密度/(g/cm³)	质量比	混拌方法	备　注
卤水混合镁砂	0~8	>1.3	100:(8~10)	人工或用搅拌机	适用于垫炉底下陷部位
卤水镁砂粉	0.45~0.90	>1.3	100:(10~12)	混碾机	适用于贴补渣线部位

表9-100　沥青镁砂补炉材料

名　称	镁砂粒度/mm	沥青粒度/mm	镁砂温度	质量比	备　注
沥青凉镁砂	2~4	0~8	室温	100:(9~12)	镁砂可用熟白云石或
沥青热镁粉	0~8	0~15	80~100℃	100:(9~12)	过烧石灰代替

表9-101　镁质喷补料理化指标

名称	$w(MgO)$ (%)	$w(CaO)$ (%)	$w(SiO_2)$ (%)	粒度 /mm	附着率 (%)	加热永久线变化(1500℃,2h) (%)	使用温度 /℃
镁质喷补料	≥85	≤4	≤7	0~4	≥80	≤3	≥1750

（2）补炉方法

1）出钢后补炉前，必须扒净炉内的残钢渣。

2）人工补炉用大铲贴补或铁锹投补。机械补炉用压缩空气喷补或机械喷补。

3）在高温条件下快速补炉，使补炉材料自行烧结。先补易冷却的炉门及出钢口两侧部位，其次补被侵蚀严重的电极下炉底部分，以后再补其他部位。

4）补层要薄，以利于投入的补炉材料烧结。

（3）炉况　碱性电弧炉炼钢对炉况的要求见表9-102。

表 9-102 碱性电弧炉炼钢对炉况的要求

序号	钢种类别	炉体使用次数		出钢槽使用次数	炉盖使用次数
		新炉体	冷停炉后		
1	普通碳素铸钢	0	0	0	0
2	优质碳素铸钢	>1	>1	0	>1
3	普通低合金铸钢	>1	0	0	0
4	优质低合金铸钢	>2	>1	>1	>1
5	高合金铸钢	>3	>1	>1	>1

注: 1. 序号2、4、5钢的冶炼要求炉体状况良好。
    2. 低碳不锈钢的冶炼用无碳内衬, 补炉时用卤水镁砂。

2. 配料

(1) 炉料比例 一般情况下, 炉料的使用比例见表9-103。

表 9-103 炉料的使用比例

种类	说明	质量分数(%)
废钢	包括轧钢切头、锻造料头、厚钢板边角料及废机器零件等	余量
浇冒口及废铸件	要求尽量少带有泥沙等不洁物	35 ~ 50
钢屑	包括切屑、薄钢皮及碎料等	15 ~ 30
生铁	用铸造生铁或炼钢生铁, 以及钢锭模等废铁	≤20

注: 可用电极碎块或焦炭粒代替生铁配碳。

(2) 配碳 炉料的平均碳含量应满足氧化期中脱碳的要求。碳钢的氧化脱碳量依照钢的用途和炉的条件而有所不同, 一般要求脱碳质量分数大于或等于0.30%, 重要铸件的脱碳质量分数一般要求大于或等于0.40%。新修的炉衬易使钢液吸收气体, 因此氧化脱碳量应适当增加: 大修炉后第一炉的脱碳质量分数应大于0.50%; 中修炉后第一炉的脱碳量应大于0.40%。

配碳公式为:

$$C_配 = C_{规格中值} + C_{熔损} + C_{氧脱} + C_{合金} \quad (9\text{-}1)$$

式中 $C_配$——炉料要求的配碳量 (质量分数, %);

$C_{规格中值}$——钢种规格碳含量中值 (质量分数, %);

$C_{熔损}$——熔化期熔炼损耗碳量 (质量分数, %), 吹氧助熔时, 一般为 $w(C_{熔损}) = 0.20\% \sim 0.30\%$;

$C_{氧脱}$——氧化期脱碳量 (质量分数, %);

$C_{合金}$——所加铁合金进碳量 (质量分数, %), 一般可忽略。

在生产中配料时, 可先根据经验, 初步确定一个炉料比例, 并根据下式来核算炉料的平均碳含量

$$C_{平均} = \frac{C_铁 Q_铁 + C_钢 Q_钢 + C_{浇冒} Q_{浇冒} + C_{钢屑} Q_{钢屑}}{Q_铁 + Q_钢 + Q_{浇冒} + Q_{钢屑}}$$

$$(9\text{-}2)$$

式中 $C_铁$、$C_钢$、$C_{浇冒}$、$C_{钢屑}$——分别为生铁、废钢、浇冒口和钢屑的碳含量 (质量分数, %);

$Q_铁$、$Q_钢$、$Q_{浇冒}$、$Q_{钢屑}$——分别为生铁、废钢、浇冒口和钢屑的加入量 (kg)。

若 $C_{平均}$ 超过配料要求, 可适当减少生铁的加入量; 若 $C_{平均}$ 低于配料要求, 可采用电极碎块 (或焦炭粒、无烟煤碎块) 作增碳材料进行增碳。在计算增碳材料加入量时, 可将这些材料中碳的质量分数计为100%, 加入量的计算式如下

$$Q_碳 = \frac{(C_配 - C_{平均})Q_料}{\eta_收} \quad (9\text{-}3)$$

式中 $Q_料$——炉料总重 ($Q_铁 + Q_钢 + Q_{浇冒} + Q_{钢屑}$) (kg);

$C_{平均}$——炉料实际的平均碳含量 (质量分数, %);

$\eta_收$——增碳材料的收得率。

应该指出, 钢屑的碳含量 (即往钢液中带入的碳量), 应根据具体情况作不同的考虑: 对无锈钢屑可按其实际碳含量计算; 对于锈蚀严重的钢屑, 由于它在冶炼过程中实际上是起铁矿石的作用, 不仅不能使钢液增碳, 反而会使其脱碳, 因此不但不考虑其带入的碳, 反而还要补偿其氧化脱碳量。例如, 在炉料中每加入炉料质量分数1%的锈钢屑时, 可相应配入炉料质量分数1%的生铁, 以增加碳量。

另外, 在实际生产中, 生铁的配入量可用式 (9-4) 近似计算。

$$Q_铁 = \frac{(C_{规格中值} + C_{氧脱})Q_料}{C_铁} \quad (9\text{-}4)$$

式中符号意义同式 (9-1) ~ 式 (9-3)。

(3) 控制磷含量和硫含量 为了不致因脱磷量和脱硫量过多而延长冶炼时间, 应适当控制炉料的磷、硫含量。为此规定在一般情况下, 炉料中磷和硫的平均质量分数均应小于或等于0.060%。

(4) 控制残余元素含量 对于钢中不希望存在

的元素的残余量应控制在规定限量之下。例如，在生产铸造碳钢时，为了能准确掌握钢的热处理工艺参数，一般要求钢中常见的几种合金元素（Cr、Mo、Ni、Cu）残余总量的质量分数小于或等于 0.80%；又如当钢中存在有 Sn、Pb 等成分时，会增大铸件的裂纹倾向，因此应予以严格限制。对钢中残余元素的控制，主要是通过对炉料的严格管理及配料时对各种炉料进行适当搭配和核算来达到的。

3. 装料

1）装料前应先检查炉体、炉盖、冷却系统以及电器设备和机械装置是否正常，如有故障，应先排除故障后再装料。

2）为保护炉底，减轻加料时炉底受炉料的冲击，并提前造渣脱磷，可在炉底和炉坡处先铺上约占炉料重量 2% 的石灰，然后再装料。

3）用开底式装料罐加料时，不同尺寸炉料的适当布置见图 9-6。布料原则是：在料罐底部装一部分小料或钢屑垫炉底，其上装大块料和中块料，最上部

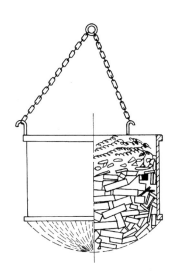

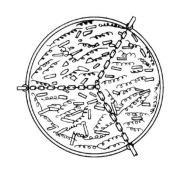

图 9-6　炉料在料罐中的布置示意图

装小块料及钢屑等薄料；在料罐中对应于炉子高温区的位置装大块料和难熔的炉料；增碳用的电极碎块应装在料罐的下部，以减少在熔化过程中的熔炼损耗，保证配碳的准确性。料罐应力求装得紧密，以利于导电和导热。

4）当使用了磷含量高的炉料或钢种磷含量规格要求值很低时，可随料配入炉料重量 3% 左右的氧化铁皮，铺底石灰用量增加到炉料重量的 5% 左右，以利于熔化期脱磷。

5）为避免开始送电时电弧不稳，电流冲击过大，可在装料后，在炉料上面电极下的部位放数块焦炭。

6）装料量应与电弧炉变压器的功率相匹配。应避免经常性地大幅度超载装料，以免因延长炼钢时间而降低钢液质量和增加单位钢液的电耗（kW·h/t）。

9.3.2　熔化期的技术措施

1）按照合理供电制度作业，缩短熔炼时间。

2）钢液熔池形成后，分批加入石灰造渣。其加入总量相当于装料重量的 1%~3%。

3）炉料已大部分熔化时，将炉坡处尚未熔化的炉料推入钢液中，以加速熔化。

4）为加速炉料的熔化，在炉料熔化 60%~70% 时采取吹氧助熔。所采用的吹氧管直径一般为 3/4in⊖ 或 1in，吹氧压力为 0.5~0.8MPa。吹氧时应沿熔池表面吹，以搅动熔池，并提高熔池温度。由于电弧炉炼钢中电弧的局部加热作用，熔池中不同位置处的钢液的温度有明显的差别：远离电极处的钢液温度较低，炉料不易熔化。吹氧助熔能造成熔池的搅动，并在一定程度上使钢液中的元素氧化而产生热量，从而有助于消除熔池中的低温区，加速炉料的熔化。遇有大块炉料时，应先切割炉料。

5）在熔化末期，可分批加入小批矿石或氧化铁皮，以加速脱磷。加入矿石或氧化铁皮的总量应根据炉料中磷含量而定，一般为装料量的 1%~2%。

6）炉料熔毕后，充分搅拌钢液熔池，取样分析碳和磷（重要钢种分析碳、锰和磷）。应在熔池中心处舀取钢液。如磷含量过高时，可放渣或扒渣，出渣后随即加入石灰和氟石造新渣。

7）炉料熔毕后，如钢液碳含量不足，氧化期开始前须进行增碳。增碳材料有电极碎块、硫含量低的焦炭碎块、无烟煤碎块和生铁等几种，其中以电极碎块最纯净，带入钢液的夹杂物少。当采用生铁增碳时，应使用磷含量较低的品种。应严禁使用电极增碳，

⊖　英时（in）为非法定计量单位，1in=25.4mm。全书同。

因增碳后电极变细，电极强度降低，电流密度增大，将加剧电极损耗，也不利于加热钢液。

在使用碳质材料（电极碎块、焦炭碎块等）增碳时，须考虑到这些材料加入炉中后会浮在钢液面上，有一部分被炉气氧化而熔炼损耗，因而只有一部分的碳能被钢液所吸收。钢液对几种增碳材料的收得率见表9-104。

表9-104　增碳材料收得率

材料名称	碳的收得率(%)	特点
电极碎块	70~80	含硫较少
焦炭碎块	50~70	含硫较多
无烟煤块	50~75	—
生铁	100	—

9.3.3　氧化期的技术要求及过程控制

氧化期的技术要求是有效的脱磷、清除钢液中的气体和夹杂物，将碳含量调整到所要求的成分范围和提高钢液的温度。生产上对炼钢氧化期过程的控制如下。

1. 脱磷

脱磷的有利条件是高碱度、氧化性强和流动性良好（黏度较小）的炉渣，以及较低的温度（原理详见第2章"基本知识"）。表9-105中数据表明炉渣的碱度 R 和氧化铁含量对脱磷效果的影响。当炉渣碱度较高和氧化铁含量较高时，都会使脱磷效果提高。但应指出炉渣碱度过高（超过3.5）时，由于炉渣变稠，反而会使脱磷效果降低。当炉渣中氧化铁含量过多时，由于其对炉渣的"稀释"作用，也会使脱磷效果降低。

表9-105　炉渣碱度和氧化铁
含量对脱磷效果的影响

碱度 R	$w(FeO)(\%)$	氧化期末钢液中 $w(P)(\%)$
1.5~2.5	10~20	0.010~0.030
2.0~3.0	20~30	0.007~0.020
2.0~3.0	30~40	0.004~0.008

炉温对脱磷效果的影响如图9-7所示。在较低的炉温下，磷的分配比，即炉渣中（P_2O_5）的质量分数与钢液中［P］的质量分数的平方之比 $L_P = (P_2O_5)/[P]^2$ 较高，即钢液中有较多的磷进入炉渣中，随着炉温升高，磷的分配比降低，即会发生"返磷"现象。因此应抓紧在熔化期和氧化初期造渣脱磷，并及时放掉高磷炉渣，以免后期发生"返磷"。

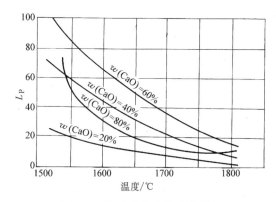

图9-7　炉温对脱磷效果的影响

总的来说，当控制钢液温度在1550~1580℃，炉渣碱度 $R=3$ 左右，渣中 $w(FeO)=14\%~18\%$，$w(CaO)/w(FeO)=2.5~3.0$，炉渣流动性良好时，磷的分配比高，脱磷效果显著。

为了保证成品钢液的磷含量不超过规格要求，应将氧化期末钢液的磷含量作为扒除氧化渣、开始还原的条件之一（其余两个条件是碳含量和钢液温度）。一般规定，钢液磷含量须比规格磷含量低一半以上，才可以扒除氧化渣进行还原。表9-106规定了不同要求的钢液在氧化期末除渣前磷含量的控制数值。

表9-106　磷含量的控制数值

钢的等级	成品钢液磷含量 $w(P)(\%)$	氧化期末除渣前钢液磷含量 $w(P)(\%)$
普通钢	≤0.040	≤0.020
优质钢	≤0.035	≤0.015
高级优质钢	≤0.030	≤0.010

2. 脱碳

脱碳是炼钢中的一个重要的过程，碳的氧化造成钢液沸腾，可清除钢液中的气体和夹杂物，起净化钢液的作用，而且，沸腾所起的搅拌作用，可使熔池中钢液的温度均匀。

脱碳有4种方法：吹氧脱碳法、矿石脱碳法、吹氧-矿石脱碳法和吹氧-氧化铁皮脱碳法。采用这些方法时，脱碳速度及特点比较见表9-107。

表9-107　各种脱碳方法的脱碳速度及特点比较

脱碳方法	脱碳速度 /(C%/min)	特点
吹氧脱碳法	≥0.03	吹氧提高钢液温度，钢液温度升高快，脱碳速度较快，脱碳过程较短

（续）

脱碳方法	脱碳速度/（C%/min）	特　点
矿石脱碳法	0.007~0.012	加矿石降低钢液温度，钢液温度升高慢，脱碳速度较慢，脱碳过程较长
吹氧-矿石脱碳法	0.01~0.02	脱碳速度介于吹氧法与矿石法之间
吹氧-氧化铁皮脱碳法	0.009~0.02	加氧化铁皮钢液温降小，钢液升温较快，脱碳速度稍低于吹氧-矿石法，脱磷效果好

在电弧炉炼钢中，主要采用吹氧脱碳法、吹氧-矿石脱碳法和吹氧-氧化铁皮脱碳法。

（1）吹氧脱碳法　吹氧脱碳法的优点是生产率高（比矿石脱碳法提高约20%），节约电能。

1）吹氧的温度条件。为了使钢液中的碳能有效地氧化，以便在熔池中形成活跃的沸腾，需要有足够高的钢液温度（原理见第2章）。对于冶炼铸造碳钢，一般规定必须在钢液温度达到1560℃以上，方可进行吹氧操作。

2）供氧。电弧炉炼钢的供氧由氧气站通过管道供氧或用氧气瓶组成汇流排供氧。吹氧管直径一般为3/4in或1in（1in=0.0254m），应准备两个或两个以上的吹氧管道以保证吹氧过程不间断。

3）吹氧压力及耗氧量。吹氧时氧气的压力一般为0.5~1.0MPa。在正常的钢液温度条件下，当脱碳质量分数为0.30%左右时，每吨钢液的平均耗氧量大致为4~6m^3。

4）氧气纯度。电弧炉炼钢所用的氧气要求有较高的纯度，O_2的体积分数应在99%左右，水分尽量低[$\varphi(H_2O) \leqslant 0.20\%$]，以免增加钢液的氢含量和氮含量。

5）操作要点。吹氧管对水平线的倾斜度大约为30°，吹氧管端部插入熔池深度为50~300mm，见图9-8。吹氧时应移动吹氧管，以利于整个熔池均匀沸腾。吹氧时吹氧过程应连续不间断。电弧炉吨位较大时应采用双管同时吹氧，以增大供氧量，满足脱碳沸腾的需要。

6）吹氧脱碳法的特点。吹氧脱碳法脱碳速度快，升温迅速而且熔池温度均匀，有利于钢液中气体和夹杂物的排除，使氧化时间缩短，电耗也相应降低。但吹氧脱碳法炉渣中FeO含量低，且钢液温度

迅速升高，对进一步脱磷不利。

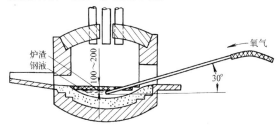

炉渣
钢液
100~200
氧气
30°

图9-8　吹氧脱碳操作示意图

（2）吹氧-矿石脱碳法　在炼钢中用矿石作为氧化剂来进行脱碳的优点是脱碳比较平缓，易于控制，节省氧气。向炉内加入的铁矿石沉于钢渣界面，矿石中的部分Fe_2O_3溶于炉渣，增加了炉渣中FeO含量，有利于脱磷；部分Fe_2O_3溶于钢液内，加速了脱碳反应。但矿石溶解于炉渣或钢液时，矿石要分解，要吸收大量的热量，降低熔池钢液温度，延缓脱碳过程的进行，因而增大电能消耗。另外，矿石还会带入气体和其他杂质。因此，目前电弧炉炼钢一般已不再采用单独用矿石脱碳的方法。

采用吹氧加矿石相结合的脱碳方法能兼有吹氧脱碳和矿石脱碳的优点，因而得到较为广泛的应用。

1）矿石用量。单独采用矿石作为氧化剂脱碳时，若1t钢液脱碳质量分数为0.01%，约需矿石1~1.5kg（对于高碳钢可取下限，低碳钢可取上限）。采用吹氧-矿石脱碳法时，可根据吹氧与加矿石的比例来确定矿石的实际用量。

2）加矿石温度。为了能形成钢液活跃沸腾，冶炼碳钢时，加矿石前钢液的最低温度见表9-108。

表9-108　加矿石前钢液的最低温度

加矿石时钢液中碳的质量分数（%）	钢液的最低温度/℃
≤0.70	1550
>0.70	1520

3）操作要点。由于矿石溶解于钢液时要吸收热量，为使钢液温度不致大幅降低，应采取分批加矿石的方法。如一次性加矿石太多还易造成喷溅、跑钢等事故。在吹氧-矿石脱碳法中，一般分2~3批加入矿石，在两批矿石之间吹氧，以提高钢液温度，促使钢液沸腾活跃、均匀。在生产操作中，常采用每次吹氧后自动流渣的方法。

4）钢液纯沸腾。在加完最后一批矿石，并在活跃的钢液沸腾终了后，还应有一个阶段时间使钢液在不继续供氧的条件下，进行较为平缓的沸腾，以便消

耗掉钢液内残留未熔的矿石。这一阶段的钢液沸腾通常称为纯沸腾（或清洁沸腾）。钢液纯沸腾的时间一般为 5～15min，大电弧炉取上限，小电弧炉取下限。由于纯沸腾期间 CO 气泡压力比活跃沸腾时小，如渣层厚时，将会阻碍沸腾进行，因此，必要时可排放 1/3 左右的渣，使钢液在薄渣层下进行均匀的沸腾。

（3）吹氧-氧化铁皮脱碳法 在炼钢中用氧化铁皮作为氧化剂来进行脱碳的优点是：

1）氧化铁皮熔点低，易溶解，成渣快，还可改善炉渣的流动性。

2）氧化铁皮溶解时吸收热量少，熔池温降小，消耗电能比矿石法少。

3）氧化铁皮溶解于炉渣中，显著增加炉渣中的 FeO 含量，脱磷效果很好。

4）氧化铁皮带入钢液或炉渣的气体和杂质少，且不影响炉渣碱度（矿石中的 SiO_2 会降低炉渣碱度）。

但氧化铁皮脱碳的缺点是：加入炉内的氧化铁皮重量相对较轻（密度小），基本上溶解于炉渣中，直接氧化钢液困难，脱碳速度缓慢。

因此，为了充分发挥吹氧脱碳法和氧化铁皮脱碳法的优点，克服加矿石的不利影响，也为了有效利用工厂丰富的氧化铁皮资源，许多工厂采用了吹氧-氧化铁皮脱碳法。

1）氧化铁皮用量。一般为氧化期加入石灰重量的 10%～20%。

2）操作要点。在氧化期初期加入石灰造新渣时，即可加入氧化铁皮，然后进行吹氧脱碳。如钢液磷含量偏高时，在吹氧时应自动流渣，然后补加石灰、氧化铁皮造新渣脱磷。当磷含量满足要求时，操作重点则是吹氧脱碳升温。

3）钢液纯沸腾。停止吹氧后，钢液应有 5～10min 的纯沸腾。

（4）脱碳速度的控制 为了达到有效地净化钢液的目的，须有适当的脱碳速度，以便在钢液中形成活跃的，但又不是过于剧烈的沸腾。无论是采用哪一种脱碳方法，都应控制适当的脱碳速度。脱碳速度对净化钢液效果的影响见图 9-9 和表 9-109。

表 9-109 不同脱碳速度下净化钢液效果

脱碳速度		钢液沸腾情况	效 果
C%/h	C%/min		
<0.3	<0.005	沸腾微弱，气泡较少	差

（续）

脱碳速度		钢液沸腾情况	效 果
C%/h	C%/min		
0.6～1.8	0.01～0.03	沸腾活跃	良好
>3.0	>0.05	钢液翻滚（大沸腾）	降低钢液温度，促使钢液吸气，或造成钢液从炉门溢出事故

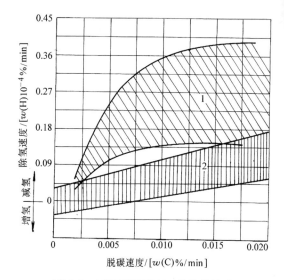

图 9-9 不同脱碳速度下的除氢速度

1—钢液中含氢较多［钢液中 $w(H) = 13.0 \times 10^{-4}\%$ —区域上限和 $w(H) = 7.0 \times 10^{-4}\%$ —区域下限］的情况

2—钢液中含氢较少［钢液中 $w(H) = (1.8 \sim 3.6) \times 10^{-4}\%$］的情况

（5）氧化期末钢液碳含量（终点碳）的控制

由于炼钢的还原期中加入的铁合金（锰铁等）含有碳，会往钢液中带入一些碳（其质量分数为 0.02%～0.05%），还原期炉渣中的炭粉和电石成分也会使钢液增加一些碳（其质量分数为 0.02%～0.04%），因此，氧化期末应控制钢液的碳含量适当低于成品钢的碳含量。一般情况下，终点碳的数值可按下式计算：

$$终点碳_{(上限)} = 规格碳的质量分数_{(中间值)} - 0.07\% \tag{9-5}$$

$$终点碳_{(下限)} = 规格碳的质量分数_{(下限)} - 0.08\% ［对于 w(C) > 0.20\% 的钢种］ \tag{9-6}$$

$$终点碳_{(下限)} = 规格碳的质量分数_{(下限)} - 0.06\% ［对于 w(C) \leqslant 0.20\% 的钢种］ \tag{9-7}$$

冶炼碳钢的终点碳数值见表 9-110，可供参考。

表 9-110　冶炼碳钢的终点碳数值

钢的规格碳的质量分数（%）	氧化期末终点碳的质量分数（%）
0.10～0.20	0.04～0.09
0.20～0.30	0.12～0.18
0.30～0.40	0.22～0.28
0.40～0.50	0.32～0.38
0.50～0.60	0.42～0.48

为了在炼钢过程中及时判断终点碳量，有以下几种方法：

1）观察火焰。在氧化脱碳过程中，由电极孔和炉门处的火焰观察，根据火焰大小估计钢液碳含量。此法尤其适用于判断低碳量，火焰突然收缩时，表明钢液中 $w(C)<0.10\%$。

2）观察火花。取少量钢液倒在钢板上，根据钢液飞溅过程中被氧化而产生的火花形状来判断其碳含量。钢液碳含量与火花形状有一定的关系：含碳量高时，火花较短而分岔较多；碳含量低时，火花较长而分岔较少。应指出，钢液飞溅产生的火花系钢液中的碳被氧化铁（FeO）所氧化而产生，故用这种方法时，钢液不能经过脱氧，因而这种方法不适用于判断还原期末钢液碳含量。

3）磨砂轮观察火花。取少量钢液浇成薄片，在砂轮上磨，根据火花形状判断碳含量：钢液碳含量高时，火花束短而分岔多，球形火花少；碳含量低时，火花束长而分岔少，球形火花多（详细可参阅有关火花确定碳含量的资料）。

近年来随着科学技术的发展，电弧炉炼钢取样、化学成分分析方法都有了改进。现在，很多电弧炉都用取样器取样，简单快捷，取样成功率高，制样简单，同时配合炉前快速分析化学成分的手段，如红外碳硫分析仪、直读光谱仪等，能在 2～3min 内确定钢液碳含量（以及其他一些元素的含量）。我国已有不少工厂采用这些先进的方法来及时确定钢液碳含量，既方便又准确。

3. 保持锰制度

在冶炼低碳钢时，当钢液碳含量接近规格要求时，即可转入纯沸腾阶段。为了避免钢液过度氧化，在纯沸腾阶段，一般可加入适量的锰铁或生铁，靠锰的氧化或碳、硅、锰的氧化来降低钢液中氧的活度。

为此，一般规定在氧化期末钢液中 $w(C)\le0.20\%$ 时，在纯沸腾期间应保持 $w(Mn)\ge0.20\%$，即保持锰制度。加入锰铁后需经过 5min，再充分搅拌取样分析。

4. 氧化期末钢液温度的控制

氧化期结束后要扒除全部氧化渣并重新造渣，因而要消耗热量，导致钢液降温。为避免还原初期钢液温度过低，要求氧化期末钢液温度比出钢温度高20～30℃，至少应不低于出钢温度上限（出钢温度见表 9-120 和表 9-128）。

5. 除渣

氧化期末，当钢液碳含量、磷含量和温度均已达到要求时，可以除渣。扒除氧化渣的目的是减少还原期的回磷和脱氧负担。钢液面上无炉渣覆盖时，钢液降温很快，且容易吸气。因此，首先应在通电条件下放出 60%～70% 的炉渣，然后升起电极，在停电条件下迅速扒净其余的炉渣。

6. 钢液碳含量不合格的补救措施

如氧化末期未控制好，以致钢液碳含量降得过低，可以在扒渣后使钢液增碳，但应限制增碳量：对低、中碳钢限制增碳的质量分数在 0.10% 以内；对高碳钢限制增碳的质量分数在 0.15% 以内。钢液增碳方法见表 9-111。

表 9-111　钢液增碳方法

增碳方法	对增碳材料的要求	操作要点	方法特点
电极块增碳法	块度 10～15mm，使用前须经干燥	扒渣后，加在钢液面上	碳的收得率在 80% 左右，带入钢液的杂质少
生铁增碳法	采用低磷生铁。生铁应清洁无锈，使用前须经干燥	扒渣后，加入钢液中	碳的收得率为 100%，易控制增碳量，但带入钢液杂质较多

如氧化末期未控制好，以致钢液碳含量过高时，可扒除大部分氧化渣，在薄渣下吹氧，脱去多余的碳分。

扒渣增碳和薄渣吹氧都是在不得已的情况下采取的补救措施，应尽量避免。

总之，氧化期的操作应根据生产条件，如原材料、熔池温度、钢液成分、炉体状况等情况，进行合理控制。从实践中总结的经验是：氧化期的渣量应保持为钢液重量的 2%～3%；在氧化顺序上，先磷后碳；在温度控制上，先慢后快；在造渣上，先大渣量脱磷，后薄渣层脱碳；在供氧上，先以矿石或综合脱碳为主，后以吹氧脱碳为主。

9.3.4 还原期的技术要求及过程控制

还原期的技术要求是有效地脱氧、脱硫，并调整好钢液的化学成分和温度，使之达到出钢的要求。生产上对炼钢还原过程的控制如下。

1. 造稀薄渣

造低黏度炉渣覆盖钢液表面，减少钢液降温和吸气。渣料组成包括石灰和氟石及部分碎黏土砖块，其质量比例大致为石灰:氟石 = 3:1，碎砖块用量质量分数小于等于10%（也可不用）。加入造渣材料的量相当于钢液重量的2%~3%。

2. 预脱氧

在还原初期稀薄渣形成后（也可以在造稀薄渣前）往钢液中加入锰铁、硅铁、锰硅合金、铝块、硅钙合金等一种或多种合金进行初步的脱氧，即预脱氧。锰铁的加入量一般按钢的规格成分下限锰含量考虑残锰量计算（钢液中残余锰量很低时，在计算时可不考虑）。加入钢液中的锰一部分起脱氧作用，另

一部分溶解在钢液中，起调整钢液锰含量的作用。由于在进一步的还原过程中，炉渣中的氧化锰会有一部分被还原而使钢液增锰，故预脱氧加入的锰量不宜过高，以免还原期末钢液锰含量超出规格要求。

3. 造还原渣脱氧

在完成预脱氧，稀薄渣形成后，开始往渣面上加粉状脱氧剂造还原渣脱氧，即扩散脱氧。还原渣有3种：白渣、弱电石渣和电石渣。还原渣的应用见表9-112，造还原渣的方法见表9-113。

表9-112 还原渣的应用

钢液中碳的质量分数(%)	<0.35	0.35~0.60	>0.60
炉渣种类	白渣	弱电石渣	电石渣

（1）白渣 稀薄渣形成后，加入石灰、氟石和炭粉或硅铁粉造渣，10~15min后白渣形成。钢液在良好白渣下还原的时间应不少于20min。在此期间，分批加入石灰和硅铁粉调整炉渣，保持炉渣的还原能力。炉渣的成分见表9-114。

表9-113 造还原渣的方法

炉渣种类			白 渣	弱电石渣或电石渣
造渣	一次加入全部渣料/(kg/t)	石灰	8~12	8~12
		氟石	1~2	2~4
		炭粉	1.5~2（或硅铁粉2~4）	2~3(弱电石渣)[①] 4~5(电石渣)
	加入渣料至形成良好炉渣所需时间/min		10~15	15~20
调整炉渣	钢液在良好的炉渣下还原的时间/min		20~30	15~25
	分批加料的时间间隔/min		6~8	8~12
	每批加入渣料/(kg/t)	石灰	4~6	4~6
		炭粉	—	1~2
		硅铁粉	2~3	—
	最后一批渣料加入时间		不晚于出钢前7min	不晚于出钢前12min

① 也有直接加入电石代替炭粉造电石渣的。

表9-114 炉渣的成分

炉渣	炉渣成分（质量分数,%）									炉渣特征
	CaO	SiO₂	MgO	FeO	Al₂O₃	MnO	CaF₂	CaS	CaC₂	
白渣	55~65	15~20	<10	<1.0	2~3	<0.4	5~10	<1.5	—	白色，冷却后粉化
电石渣	55~65	10~15	8~10	<0.5	2~3	<0.3	8~10	1~2	2~5	暗灰色或灰黄色，浸水后有电石气味

白渣具有较强的脱氧能力。由于炉渣中炭粉少，且炉渣的黏度较小，炭粉浮于炉渣上面，基本上不与

钢液接触，钢液不会明显增碳，适于冶炼碳含量较低的钢种。

（2）电石渣（弱电石渣）　稀薄渣形成后，加入石灰、氟石和炭粉造渣。15～20min 后电石渣形成。钢液在良好电石渣下还原的时间应不少于 15min。在此期间，分批加入石灰和炭粉调整炉渣，保持炉渣的还原能力。电石渣的成分见表 9-114。

电石渣的脱氧能力比白渣更强。但是，由于炉渣中炭粉较多，且炉渣的黏度大，炭粉易裹在炉渣中，与钢液接触的机会多，故钢液在电石渣下每小时可增碳（质量分数）0.10% 左右。在冶炼碳含量低的钢种时，增碳现象尤为显著。

采用电石渣（弱电石渣）进行还原时，应在出钢前将电石渣改变为白渣。改变的方法一般是加入石灰、氟石和硅铁粉并打开炉门，从炉外引入空气，使炉渣中的电石氧化。规定必须在将电石渣变成良好的白渣后，才能加硅铁调整钢液硅含量。禁止在电石渣条件下出钢，以避免钢液增碳，由于电石渣黏度大，渣钢间界面张力小，出钢时炉渣被钢液携带，不易与钢液分离而导致成品钢中夹杂物增多。

4. 脱氧质量的检验

在用铝进行终脱氧前，取钢液浇注圆杯试样判断脱氧情况。圆杯试样的铸型示例见图 9-10。铸型一般用钢制成，也有采用砂型的。

根据圆杯试样凝固过程中产生的收缩（试样顶面的凹陷）情况来确定钢液脱氧程度（见表 9-115）。

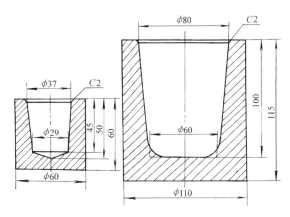

图 9-10　圆杯试样铸型

表 9-115　圆杯试样的几种情况

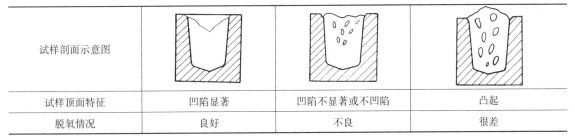

试样剖面示意图			
试样顶面特征	凹陷显著	凹陷不显著或不凹陷	凸起
脱氧情况	良好	不良	很差

5. 脱硫

还原期具备脱硫的有利条件是：高的炉温、高碱度和还原性的炉渣（原理见第 2 章）。此外还应用适宜的炉渣黏度和足够渣量。

（1）炉渣碱度　炉渣碱度 R 与钢液硫含量的平衡关系见图 9-11。生产上控制炉渣碱度 $R=3$ 左右。

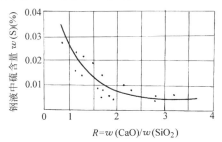

$$R=w(CaO)/w(SiO_2)$$

图 9-11　炉渣碱度 R 与钢液硫含量的平衡关系

（2）还原性　白渣条件下，要求炉渣中 $w(FeO)$ ≤1.0%；电石渣条件下，要求炉渣中 $w(FeO)$ ≤0.5%。

（3）炉渣黏度　黏度大时，脱硫速度慢，时间长。生产上可用铁钎黏渣厚度的经验方法来判断炉渣黏度：炉渣黏度越大，则黏渣层越厚。适宜的黏渣层厚度为均匀的 3mm。

（4）渣量　还原期渣量一般应保持为钢液重量的 2.5%～3.5%。如还原期开始时钢液中 $w(S) > 0.06%$ 时，应适当增加渣量。

炼钢的还原期中，钢液硫含量的变化见图 9-12。

6. 调整钢液化学成分

当钢液脱氧良好，磷含量、硫含量及碳含量均符合成品钢要求时，即可加入硅铁和锰铁调整钢液的硅含量和锰含量，使之符合成品钢要求。这一调整过程须在良好的白渣（如造电石渣还原时，须变为白渣）条件下进行。调整化学成分后，应在 7～10min 以内出钢。

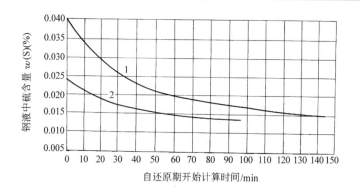

图 9-12　还原期中钢液硫含量的变化
1—初始硫含量较高　2—初始硫含量较低
（电弧炉容量：8～10t）

应指出，钢液的碳含量应在氧化期控制好，应考虑到还原期中钢液的增碳数量，使钢液在还原期终了时的碳含量符合成品钢要求。一般不宜在还原期中人为地增碳。

7. 终脱氧

当钢液的化学成分符合成品钢要求，并达到了出钢温度时，可加铝及其他脱氧合金进行最后的脱氧，即终脱氧。

由于钢液中氧含量与碳含量之间有一定的平衡关系，故低碳钢中的残余氧量比高碳钢多一些，因此对低碳钢钢液进行终脱氧时，其加入的铝量也应比高碳钢略多一些。

在生产铸钢件时，钢液终脱氧所需的铝量还与铸型种类有关。采用湿砂型铸造时，钢液容易吸收来自铸型的气体，而钢液中所溶解的气体又促进 C、O 反应而生成 CO，从而促使铸钢件中气孔的形成，故在湿砂型铸造条件下，须对钢液进行更严格的脱氧，加铝量应略多一些。

表 9-116 中列出不同条件下，终脱氧所用的铝量，可供参考。

表 9-116　终脱氧加铝量

钢液用途		每吨钢液加铝量/kg
浇注铸钢件	湿型	1.5
	干型	1.0
浇注钢锭	中、低碳钢	0.8
	高碳钢	0.6

向钢液中加铝有两种方法：插铝法和冲铝法。两种方法的操作要点及其特点见表 9-117。推荐采用插铝法。

表 9-117　终脱氧加铝方法

加铝方式	插　铝　法	冲　铝　法
操作要点	将铝固定在钢钎的端部，于出钢前 2～3min 插入钢液，并搅动	在出钢过程中，当钢液在盛钢桶内上升至 1/4 高度时，将铝投在电弧炉的出钢槽上，用钢液冲熔
特点	方法稍复杂，但能保证铝被钢液熔化和吸收，保证脱氧效果	方法简便，但有时铝块会被炉渣包住，因而起不到脱氧作用

9.3.5　冶炼过程中对钢液温度的控制

炉料熔毕时，钢液的温度较低，应在氧化期中提高温度，使钢液在氧化期末的实际温度略高于钢液的出钢温度（高出 20～30℃）。

还原期中基本上保持冶炼过程在钢液出钢温度条件下进行。如钢液温度稍低，可适当提温，但应避免后升温操作，即在氧化期末（或还原初期）钢液温度过低，而在还原期（或还原末期）大幅度提温到出钢温度要求。还原期熔池平静，热量传递较慢，整个熔池提温困难，而且炉渣反射热的能力强，输入功率提高时，易导致炉盖和炉墙损坏。尤其后升温操作，往往导致钢液温度不均匀，脱氧不良，非金属夹杂物含量较多。

钢液的出钢温度是冶炼过程中控制钢液温度的基本依据。出钢温度可由下式求得：

出钢温度 = 浇注温度 + 出钢过程降温 +

　　　　　盛钢桶中停留降温　　　　　(9-8)

碳钢铸件的浇注温度主要由钢的碳含量及铸件的重量、壁厚和结构复杂程度等因素所决定。一般的碳钢铸件的适宜浇注温度可参考表 9-118。

表 9-118　碳钢件的浇注温度

钢的规格碳的质量分数(%)	浇注温度/℃
0.10 ~ 0.20	1540 ~ 1560
0.20 ~ 0.30	1530 ~ 1550
0.30 ~ 0.40	1525 ~ 1545
0.40 ~ 0.50	1520 ~ 1540
0.50 ~ 0.60	1515 ~ 1535

出钢过程降温包括出钢过程中由于钢液流向周围环境散热，以及加热盛钢桶消耗热量而引起的降温。盛钢桶中停留降温包括出钢后钢液在盛钢桶中镇静（时间 5 ~ 8min）及浇注过程中，钢液在盛钢桶中向周围环境散热而引起的降温。出钢过程降温和盛钢桶中停留降温都与钢液量有关。表 9-119 中列出了在不同钢液量条件下出钢过程降温和盛钢桶中停留时的降温速度的大致数值。

在钢液重量为 3 ~ 5t，出钢后钢液在盛钢桶中镇静 5min 后开始浇注的条件下，钢液出钢温度见表 9-120。

表 9-119　出钢过程降温及盛钢桶中降温速度

钢液重量/t	1	3	5	10	15	60	90
出钢过程降温[①] /℃	80 ~ 100	70 ~ 90	60 ~ 80	50 ~ 70	40 ~ 60	30 ~ 50	20 ~ 40
盛钢桶中降温速度/(℃/min)	4 ~ 6	3 ~ 4	2 ~ 3	1.8 ~ 2.5	1.5 ~ 2	1.2 ~ 1.7	1 ~ 1.5

① 出钢过程降温是指在盛钢桶桶衬烘烤至暗红（约 700℃）条件下，自钢液出钢时起至注满盛钢桶时为止的钢液温度的降低值。

表 9-120　碳钢钢液的出钢温度

钢的规格碳的质量分数(%)	出钢温度/℃
0.10 ~ 0.20	1620 ~ 1640
0.20 ~ 0.30	1610 ~ 1630
0.30 ~ 0.40	1605 ~ 1625

（续）

钢的规格碳的质量分数(%)	出钢温度/℃
0.40 ~ 0.50	1600 ~ 1620
0.50 ~ 0.60	1595 ~ 1615

9.3.6　出钢的技术要求

1）终脱氧后应及时停止供电，准备出钢。

2）盛钢桶的耐火材料衬层须经充分干燥清洁，并烘烤至暗红色或红色（700 ~ 1000℃）。

3）有两种出钢方式：钢渣分出和钢渣混出。两种出钢方法的操作要点和优缺点见表 9-121，对于高级优质钢，推荐采用钢渣分出的方法。

9.3.7　碳钢氧化法冶炼工艺

1. 传统工艺

根据上述对碱性电弧炉炼钢中各时期的工艺要求及过程控制的原则，可将氧化法冶炼铸造碳钢的工艺列于表 9-122。

2. 熔氧结合工艺

近年来国内外在电弧炉炼钢中扩大了氧气的应用，具体表现在炼钢的熔化期中提前进行吹氧，并将吹氧过程一直持续到氧化期终了时，即将熔化与氧化结合为一个连续的过程。这种工艺与传统应用的熔化期与氧化期明显分为两阶段的工艺的主要区别见表 9-123。

用熔氧结合法炼钢时，钢的质量指标与传统的炼钢方法基本相同。在气体含量方面，熔氧结合法所炼钢中的氮含量及氧含量与传统的炼钢方法大体相当，而氢含量则较低。

采用熔氧结合法炼钢，除了熔毕碳含量过低 [如 $w(C) < 0.10\%$] 的情况外，能有效地缩短炼钢周期，节省电能。

9.3.8　低合金钢氧化法冶炼工艺

用氧化法可以冶炼各种铸造低合金钢，冶炼方法与碳钢相似。冶炼时在工艺上应注意掌握合金的适当加入时间和加入量。

1. 配料

1）炉料应无油少锈，钢屑用量一般不超过炉料重量的 15%。

2）炉料的化学成分应该很清楚。在使用合金钢回炉料时，只应使用本钢种回炉料或同一钢组的回炉料（见表 9-5）。注意避免引进本钢组所不应含有的合金元素。

3）为了减少合金元素的熔炼损耗，保证配料准确，须掌握各种合金的适当加入时间和收得率。

表 9-124 合金的加入时间及收得率可供用氧化法冶炼　　合金钢（包括低合金钢和高合金钢）时参考。

表 9-121　两种出钢方法的操作要点和优缺点

方法	操作要点	优缺点
钢渣分出	先扒除炉渣，然后再倾倒出钢液	出钢时间较长，扒渣操作的劳动条件较差。钢液二次氧化较重。但由于避免了钢液与炉渣相混的过程，钢液中夹杂物数量较少，钢的质量高
钢渣混出	不扒除炉渣，使炉渣随钢液一起倾入盛钢桶中	出钢过程时间较短，免去了扒渣操作。由于扩大了炉渣与钢液间的接触面积，故能起到进一步脱硫的作用。并由于炉渣的覆盖，减少了钢液的二次氧化。但钢渣混出使钢液中夹杂物数量增多，影响钢的质量

表 9-122　氧化法冶炼铸造碳钢的工艺

时期	序号	工序	操作要点
熔化期	1	通电熔化	用允许的最大功率供电，熔化炉料
	2	助熔	推料助熔。熔化后期，加入适量渣料造渣。炉料熔化 60% ~ 80% 时，可吹氧助熔。熔化末期可适当减小供电功率
	3	取样、扒渣	炉料熔毕后，充分搅拌钢液，取 1 号钢样，分析 C、P，带电放出全部或大部分炉渣，加入渣料，保持渣量在 3% 左右
氧化期	4	脱碳	当钢液温度大于或等于 1560℃ 时，可进行吹氧脱碳、吹氧-矿石脱碳或吹氧-氧化铁皮脱碳操作，吹氧压力为 0.6 ~ 1.0MPa，每吨钢液耗氧量（单独吹氧时）为 6 ~9m³
	5	估碳、取样	估计钢液碳含量降至低于规格下限 0.02% ~ 0.04% 时，停止供氧，充分搅拌钢液，取 2 号钢样，分析 C、P、Mn
还原期	6	扒渣、预脱氧	除去全部氧化渣（除渣过程中先带电、后停电），加入锰铁、硅铁等一种或几种合金，并加入 2% ~3% 渣料（质量比为 石灰:氟石:耐火砖块 =4:1.5:0.2），造稀薄渣
	7	还原	稀薄渣形成后，加入还原渣料［冶炼 w（C）>0.35% 钢种时造电石渣，冶炼 w（C）≤0.35% 钢种时造白渣］，恢复通电，进行还原。钢液在良好的还原渣下保持的时间一般应大于或等于 20min
	8	取样	充分搅拌钢液，取 3 号钢样，分析 C、Si、Mn、P、S，并取渣样分析
	9	调整成分	根据钢样的分析结果，调整钢液化学成分（硅含量须于出钢前 10min 内调整）
	10	测温	测量钢液温度，要求出钢温度见表 9-120。并作圆杯试样，检验钢液脱氧情况
出钢	11	出钢	钢液温度符合要求，圆杯试样收缩良好时，停电，升高电极，插铝，出钢

表 9-123　两种炼钢工艺在操作上的主要不同点

序号	操作	传统工艺	熔氧结合工艺
1	配料	须使炉料平均碳含量中包括成品钢碳含量及一定的氧化脱碳量（需要时须增碳）	无需考虑炉料平均碳含量
2	吹氧	1）炉料熔化 70% 左右时开始吹氧助熔 2）吹氧脱碳：待钢液碳含量接近规格成分时，停止吹氧 3）每吨钢液耗氧量为 6 ~9m³	1）少量炉料熔化后即开始吹氧，吹氧过程一直持续到钢液碳含量达到目标值 2）每吨钢液耗氧量一般为 25 ~40m³
3	除渣	分别在熔化期和氧化期终了时，扒除全部炉渣	在整个熔化-氧化期中边吹氧边流渣

（续）

序号	操作	传统工艺	熔氧结合工艺
4	增碳	氧化期终了时，一般不进行增碳（只在钢液过氧化时进行少量增碳）	吹氧结束后，扒除炉渣，往钢液中喷射石墨粉进行增碳至规格碳含量（碳的收得率为 70% ~ 80%）
5	还原	加石灰、硅铁粉和炭粉（或碳化硅粉）进行还原，还原（包括形成白渣及钢液在白渣下进行还原）的时间一般应不少于 35 ~ 40min	加石灰、硅铁粉（或碳化硅粉）进行还原。还原时间不限，钢液温度符合要求，形成流动性良好的白渣时，还原过程即告完成

表 9-124　合金的加入时间及收得率

合金名称	用　途	加入时间及条件	收得率（%）
硅铁	脱氧	造还原渣时加入硅铁粉	30 ~ 40
	调整硅含量或加入合金元素	出钢前 7 ~ 10min，在良好的白渣下加入	93 ~ 95
锰铁	预脱氧	扒除氧化渣后加入	85 ~ 90
	调整锰含量或加入合金元素	还原期中，在良好的白渣下加入	93 ~ 95
铬铁	加入合金元素	还原初期，还原后期调整	95 ~ 98
钼铁	加入合金元素	随炉料装入或在熔化末期加入，还原期调整	95 ~ 98
钨铁	加入合金元素	氧化末期或还原初期加入，还原期调整（补加钨后须经 15min 以上才能出钢）	95 ~ 98
钛铁	加入合金元素	出钢前 5 ~ 10min 加入炉中或出钢时加入盛钢桶中	40 ~ 70
钒铁	加入合金元素	出钢前 5 ~ 8min 加入 钢中 $w(V) < 0.3\%$ 时	80 ~ 90
		钢中 $w(V) > 1.0\%$ 时	95 ~ 98
硼铁	加入合金元素	出钢时加入盛钢桶中	30 ~ 60
镍	加入合金元素	随炉料加入	98
		氧化期，还原期调整	95 ~ 98
铜	加入合金元素	熔化末期或氧化初期加入	95 ~ 98
铝	加入合金元素	在钢液脱氧良好条件下，于出钢前 8 ~ 15min，停电扒渣后，插铝	60 ~ 80

注：稀土合金以加入量计算，一般是在出钢前 2 ~ 4min 加入。

4）铁合金加入量的计算式

铁合金加入量

$$= \frac{(规格要求成分 - 钢液中残余量) \times 钢液量}{铁合金中合金成分 \times 收得率} \quad (9\text{-}9)$$

生产中也可用近似式计算，即

铁合金加入量

$$= \frac{(规格要求成分中值 - 钢液中残余量) \times 装料量}{铁合金中合金成分}$$

$$(9\text{-}10)$$

式（9-9）和式（9-10）中的规格要求成分、钢液中残余量、铁合金中合金成分均以质量分数（%）计，收得率以%计，铁合金加入量、钢液量及装料量

均以 kg 计。

例如，冶炼 40Cr，还原期钢液重量 11000kg，残余铬的质量分数为 0.35%，铬铁中铬的质量分数为 64%，铬的收得率按 95% 计，要把钢液中铬的质量分数调到 1.00%，则需加铬铁量为

$$\frac{(1.00\% - 0.35\%) \times 11000kg}{64\% \times 95\%} = 118kg$$

一般情况下，钢液量≈装料量×95%，故应用式（9-10）计算结果也很可靠。

在进行配料计算时，还可以根据各元素在炼钢过程中的变化情况，分别按照规格成分的上限、中间值和下限配入。常见合金元素的配入量可参考

表9-125。

表9-125　常见合金元素的配入量

元素名称	炼钢过程中元素含量的变化情况	配入量
镍、铜	氧化程度极轻微，成品钢中镍、铜的成分并不比配料成分少	按规格成分的下限配入
钼	氧化程度轻微，钼的熔炼损耗小	按规格成分的下限配入
锰	在碱性炉炼钢中，锰的熔炼损耗较小	按规格成分的中值或下限配入
铬	炉渣中的 Cr_2O_3 能被后期加入的脱氧能力强的元素（硅、铝、钒、硼）所还原，实际熔炼损耗较小	按规格成分的中值或下限配入
硅	硅能还原 MnO，但 SiO_2 又能被铝、钛等元素所还原	按规格成分的中值配入
钛、铝、钒、硼	这几种元素极易熔炼损耗，而且熔炼损耗程度随加入合金后时间的延长而不断增加	按规格成分的上限配入

5）炉料碳含量的计算。首先确定氧化终点碳。因为在还原期中加入的铁合金大部分是含碳的，因此在确定氧化终点碳时，要考虑铁合金的增碳量（以下各式中均指质量分数含量）。

终点碳(%) = 规格碳含量下限(%) - 铁合金
增碳量(%) - (0.02 ~ 0.04)%
$$(9-11)$$

式中　(0.02 ~ 0.04)%——在炼钢的还原期中，炉渣使钢液增加的碳量。

铁合金增碳量可按下式计算

铁合金增碳量(%) = 铁合金的碳含量(%) ×
铁合金加入量(%)　(9-12)

如果同时加入几种铁合金时，应将各种铁合金带入的碳分都计算进去。

采用微碳或低碳铁合金时，钢液的增碳量不多，但采用高碳铁合金时，增碳量则较显著。

氧化终点碳确定后，可按下式确定炉料应有的碳含量：

炉料平均 = 氧化终 + 氧化脱 +
碳含量(%) = 点碳(%) + 碳量(%) +
熔化期熔炼
损耗碳量(%)
$$(9-13)$$

在炉料较好的条件下，氧化脱碳的质量分数可取 0.30% ~ 0.45%。采用矿石脱碳法时取下限，采用吹氧脱碳法时取上限。熔化期熔炼损耗碳的质量分数在

吹氧助熔时可取 0.20% ~ 0.30%。

6）炉料磷含量的计算。由于铁合金中一般都含有磷（尤其是锰铁中含磷较高），因此在配料时应对钢液的磷含量作仔细的平衡计算，以免由于铁合金使钢液增磷而造成磷含量超出规格。低合金钢含磷量的控制见表9-126。

表9-126　低合金钢含磷量的控制

取样分析时间	配料时，炉料平均值	炉料熔毕时	氧化期末除渣时
$w(P)(\%) \leqslant$	0.050	0.020	0.015

2. 装料

1）炉料的块度及布料原则与冶炼碳钢相同。

2）随同炉料装入的合金（镍、铜及其他）应避开电弧区，以减少熔炼损耗。

3）炉料应装得紧密，以利于导电和导热。

4）装入金属料前，先往炉底和炉坡上加入炉料重量 1% ~ 2% 的石灰，以保护炉底，随后配入炉料重量约 1% 左右的矿石或氧化铁皮，以利熔化期提前脱磷，并在熔化期中造渣脱磷。

3. 冶炼工艺要点

一般低合金钢的冶炼工艺与碳钢基本相同，有关的工艺要求见表9-127。

表9-127　冶炼低合金钢的工艺要求

项目	要求	备注
氧化脱碳量	0.30% ~ 0.45%	指炉料较好的条件，炉料条件较差时应适当增加脱碳量
氧化终点碳	比规格碳含量的下限低 0.02% ~ 0.04%	指在还原期中加入的是低碳铁合金时的情况，如用高碳铁合金时，终点碳应再适当降低
还原渣种类	$w(C) \leqslant 0.35\%$ 的合金钢规定用白渣，要求炉渣中 $w(FeO) \leqslant 0.8\%$ $w(C) > 0.35\%$ 的合金钢可以用电石渣，要求炉渣中 $w(FeO) \leqslant 0.5\%$	采用电石渣或弱电石渣时，在还原末期加硅铁调整成分前 5min，必须将电石渣变为白渣
每吨钢液终脱氧插铝量	0.6 ~ 0.8kg	因某些合金元素（特别是钒、钛、硼）本身有脱氧作用，故终脱氧插铝量比碳钢略低

4. 出钢温度

表 9-128 中列出了某些低合金钢的适宜出钢温度，可供参考。应指出，表 9-128 中所列出钢温度适用于钢液重量为 3～5t，钢液出钢以后在盛钢桶中镇静 5～10min，用于浇注中、小铸件的生产条件。如钢液重量及浇注铸件情况不同时，应适当调整出钢温度。

表 9-128　低合金钢的出钢温度

GB/T 14408—2014 牌号	牌号[①]	出钢温度/℃
ZGD270-480	ZG16Mn	1620～1640
ZGD290-510	ZG20CrMo	1615～1635
ZGD345-570	ZG20MnMo	1615～1635
ZGD410-620	ZG20MnSi	1610～1630
ZGD535-720	ZG35CrMo	1605～1625
ZGD650-830	ZG35MnSi	1600～1620
ZGD730-910	ZG40Cr	1600～1620
ZGD840-1030	ZG5CrMnMo	1590～1610

① 此牌号为旧牌号，铸造低合金钢新牌号（GB/T 14408—2014）只控制力学性能及 P、S 含量，其他化学成分不控制，因此对冶炼工艺没有太大变化。铸造低合金钢机械行业标准牌号可参考 JB/T 6402—2018。

5. 低合金钢冶炼工艺举例

表 9-129 中列出 ZG20CrMo 钢的氧化法冶炼工艺，可作为冶炼一般低合金钢时参考。

9.3.9　高合金钢氧化法冶炼工艺

用氧化法可以冶炼各种高合金钢。为了减少合金元素在炼钢过程中的熔炼损耗，一些容易氧化、熔炼时易损耗的合金（铬铁、锰铁、钛铁等），通常在还原期加入。由于冶炼高合金钢需要加入数量较多的合金，会使钢液显著地增磷和增碳，而且在还原期中又不能采取脱磷和脱碳操作，故通过选择合金成分以及采取其他措施来控制钢液磷含量和碳含量，即成为氧化法冶炼高合金钢的中心问题。

下面介绍生产中用得较多的两种高合金钢——铬镍不锈钢和高锰钢的冶炼工艺。

1. 铬镍不锈钢

下文说明 ZG06Cr18Ni11Ti 钢的冶炼工艺，此工艺也可供冶炼 Cr13 型（ZG12Cr13，ZG20Cr13 等）及 Cr-Ni-Mo 型（ZG06Cr17Ni12Mo2，ZG06Cr19Ni13Mo3 等）不锈钢时参考。

（1）化学成分　表 9-130 中除列出了规格成分外，还列出了控制成分，即冶炼过程的控制目标。

表 9-129　ZG20CrMo 钢的氧化法冶炼工艺

时期	序号	工序	操作要点
熔化期	1	通电熔化	用允许的最大功率供电，熔化炉料
	2	助熔、加钼铁	推料助熔。熔化后期，加入适量渣料及矿石或氧化铁皮。炉料熔化 60%～80% 时，可吹氧助熔。熔化末期，加入钼铁，并改用较低的电压供电
	3	取样、扒渣	炉料熔毕后，充分搅拌钢液，取 1 号钢样，分析 C、P、Mo，要求 $w(C) \geq 0.40\%$，$w(P) \leq 0.020\%$。符合要求时，带电放出大部分炉渣，加入渣料造新渣，保持渣量在 3% 左右
氧化期	4	脱碳	当钢液温度 ≥1560℃ 时，即可进行吹氧脱碳，吹氧压力为 0.6～1.2MPa。当火焰大量从炉门口冒出时，停止供电，继续吹氧。每吨钢液耗氧量（单独吹氧时）为 6～9m³
	5	估碳、取样、保持锰制度	估计钢液碳含量降至 $w(C) = 0.15\%$ 左右时，停止吹氧。充分搅拌钢液，取 2 号钢样，分析 C、P、Mo，要求 $w(P) \leq 0.015\%$。加入锰铁，保持锰制度
还原期	6	预脱氧	快速扒除大部分氧化渣，加入锰铁等合金预脱氧，并加入渣料造稀薄渣
	7	加铬铁	稀薄渣形成后，加入预热的铬铁
	8	还原	加入还原渣料，恢复供电，造白渣还原
	9	取样	铬铁熔毕，炉渣变白后，充分搅拌钢液，取 3 号钢样，进行全分析。并取渣样分析，要求 $w(\text{FeO}) \leq 0.8\%$
	10	调整成分	根据钢样的分析结果，调整钢液化学成分（硅含量须于出钢前 10min 内调整）
	11	测温	测量钢液温度，要求出钢温度为 1615～1635℃。并作圆杯试样，检验钢液脱氧情况
出钢	12	出钢	钢液温度符合要求，圆杯试样收缩良好时，停电，升高电极，每吨钢液插铝 0.8kg 终脱氧，出钢

表9-130 ZG06Cr18Ni11Ti 钢的化学成分

元素名称	化学成分（质量分数,%）							
	C	Si	Mn	Cr	Ni	Ti	S	P
规格成分	0.08	1.00	2.00	17.00~19.00	9.00~12.00	0.4~0.7	0.030	0.045
控制成分	0.08	0.5~0.7	1.4~1.8	17.5~18.5	9.00~10.00	0.4~0.7	0.025	0.030

（2）配料

1）炉料主要由无油少锈的低磷废钢和低磷生铁组成,不用或尽量少用钢屑。

2）炉料熔毕时,钢液碳的质量分数应大于0.35%。

3）镍在装料时加入,其加入质量按规格成分的中值配入,以避免在还原期中大幅度调整镍含量,因电解镍中含有较多的氢。

4）铬铁在还原期加入。为尽量减少钢液增碳,应采用微碳铬铁。

5）锰铁在还原期加入。为减少钢液增碳,应采用低碳锰铁或金属锰。

6）钛铁在出钢前5~10min加入。钛的收得率按60%计,按规格成分的中值配入。

（3）炉衬条件

1）冶炼铬镍不锈钢所用的炉衬材料和修补炉衬用的镁砂,以用卤水作黏结剂较为适宜。

2）冶炼不锈钢必须在炉衬良好的条件下进行。为尽量减少钢液从炉衬中吸收气体,一般规定大修炉衬后的前5炉不冶炼不锈钢。

3）冶炼本钢种的前一炉不宜冶炼高碳或含磷高的钢种（如ZGMn13）。

（4）装料

1）装料前于炉底和炉坡处加炉料重量1%~3%的石灰和约1%的矿石或氧化铁皮。

2）按合理布料原则装料。镍加在炉底,并应避开电极。

（5）冶炼工艺要点

1）吹氧脱碳。冶炼低碳不锈钢一般要求在氧化期末把碳的质量分数控制在低于0.05%或0.04%的水平。电弧炉靠吹氧脱碳难以把碳的质量分数降至低于0.03%,一般只能达到0.03%~0.05%。因此,在吹氧脱碳时,要用双管同时不间断吹氧,吹氧压力尽量大,以大于或等于0.7MPa为宜,以保证向熔池的供氧速度足够大,维持熔池足够高的氧含量,才能把碳降得很低。吹氧过程一旦中止,则熔池氧含量急剧降低,又需吹氧一段时间才能恢复到中止前的高氧含量,这样将延长吹氧脱碳时间。

2）还原剂。不锈钢的碳含量很低,还原期应尽量避免钢液增碳,因此一般不用炭粉或硅铁粉作还原剂,而采用硅钙粉和铝粉作还原剂,还原初期用硅钙粉,后期用由硅钙粉和铝粉（质量比例约为1:1）组成的混合还原剂进行还原。

3）加铬铁方法。铬铁在还原期中加入。为了提高铬的收得率,铬铁应在钢液经过预脱氧后加入。为了避免钢液大幅度降温,铬铁应预热到红热状态加入。一般是将铬铁分两批加入:第一批加入全部铬铁的2/3,随即每吨钢液加入3~4kg的硅钙粉进行还原。待前一批铬铁熔毕后,再加入其余的铬铁。全部铬铁熔毕后,扒除绝大部分炉渣,补入新渣料,并用由硅钙粉和铝粉组成的混合还原剂进行还原,直到炉渣变白为止。

4）加钛铁方法。钛很容易氧化,本身具有相当强的脱氧能力。往钢液中加钛铁时,钛的收得率较低,且不易准确控制。同时由于钛能还原炉渣中的SiO_2,使钢液增硅,故应严格控制加钛铁前钢液硅含量,以避免加钛后钢液硅含量超出规格。

加钛铁应在出钢前5~10min内进行。炼钢上有两种加钛铁的工艺:扒渣加钛铁和不扒渣加钛铁。不扒渣加钛铁方法的劳动条件较好,但钛的收得率较低,应尽量不采用这种工艺。

为了有较高的钛收得率,须保证炉渣经过良好的还原[$w(FeO) \leq 0.5\%$],渣量正常[$w(渣量) \leq 3\%$]。为了使成品钢中$w(Si) < 1\%$,加钛铁前钢液的原始硅[Si]的质量分数应小于等于0.5%。

钛铁入炉前须经过充分烘干。块度应适宜（见表9-44）,块度过大不易熔化,而粉状或过小块度钛铁的熔炼损耗大。

为提高钛的收得率,在加钛铁前可往每吨钢液中插铝0.5kg,进行脱氧。

边推渣边加钛铁,以避免钛铁被裹在炉渣内。钛铁的密度较小,须用渣耙将钛铁压入钢液中。

加钛铁应在停电状态下进行。加钛铁后也不再通电,搅拌熔池后即可进行终脱氧和出钢。

ZG06Cr18Ni11Ti钢氧化法冶炼工艺见表9-131。

表 9-131　ZG06Cr18Ni11Ti 钢氧化法冶炼工艺

时期	序号	工序	操作要点
熔化期	1	通电熔化	用允许的最大功率供电，熔化炉料
	2	助熔	推料助熔。熔化后期，加入炉料重量2%～3%的渣料及适量的矿石或氧化铁皮（加入量视炉料磷含量而定）。炉料熔化60%～80%时，可吹氧助熔。熔化末期可适当减小供电功率
	3	取样、扒渣	炉料熔毕后，搅拌钢液，取1号钢样，分析C、P、Ni，要求 $w(C)=0.25\%\sim0.45\%$，$w(P)\leqslant0.010\%$，扒除全部炉渣，补入炉料重量约2%的渣料
氧化期	4	脱碳	测量钢液温度，当钢液温度≥1560℃时，即可进行吹氧脱碳，氧气压力为0.6～1.2MPa。每吨钢液耗氧量为12～18m³
	5	估碳、取样	当钢液碳含量降至 $w(C)\leqslant0.10\%$ 时，升高电极，停止供电，继续吹氧。估计碳含量降至 $w(C)\leqslant0.04\%$ 时，停止吹氧。搅拌钢液，取2号钢样，分析C、P
还原期	6	预脱氧、加铬铁	扒除氧化渣，加入低碳锰铁和硅钙合金预脱氧，并加入渣料造稀薄渣。稀薄渣形成后，快速加入烤红的铬铁（全部加入量的2/3），并加硅钙粉还原。恢复通电，用大功率熔化铬铁。待铬铁熔毕时，再加入剩余部分铬铁，继续加硅钙粉还原，适当减小供电功率
	7	取样、扒渣	全部铬铁熔毕，炉渣颜色由黑变绿时，取3号钢样，分析C、P、Si、Mn，扒除大部分炉渣，补入新渣料，用混合还原剂进行还原。炉渣变白时，取渣样分析（FeO），要求 $w(FeO)\leqslant0.5\%$。测量钢液温度
	8	调整成分	根据钢样的分析结果，调整钢液化学成分，继续用混合还原剂进行还原
	9	加钛铁	测量钢液温度，当钢液温度达到1640～1660℃时，作圆杯试样。当试样收缩良好时，即可升高电极，停电，每吨钢液插铝0.5kg，推开炉渣，加入钛铁
出钢	10	出钢	钢液化学成分和温度符合要求时，每吨钢液插铝0.8kg进行终脱氧，随即出钢

注：冶炼铬镍钼不锈钢 ZG06Cr19Ni13Mo3 时可参考此工艺，钼铁应在吹氧助熔后，取1号钢样前加入。此钢的出钢温度为1650～1670℃。

2. 高锰钢

下文说明 ZGMn13 钢的冶炼工艺。

高锰钢由于碳、锰、磷含量高，故高锰钢有以下铸造特点：①钢液流动性好，具有良好的充填型腔的能力。②线收率高，达2.5%～3.0%，易导致铸件产生缩孔和疏松。③裂纹倾向大，在铸造和热处理中都可能出现裂纹。

因此，冶炼过程要作好沸腾去气、去夹杂和还原脱氧操作，出钢温度不能过高，应适当控制得低些。

（1）化学成分　ZGMn13 钢的化学成分见表9-132。高锰钢系奥氏体耐磨钢，为保证钢的耐磨性和避免铸件产生裂纹，在炼钢中应严格控制钢的碳含量和磷含量。韧性特别重要时，碳含量应控制在下限；耐磨性特别重要时，碳含量宜较高。磷含量主要是锰铁带入的。由于硅降低碳在奥氏体中的溶解度，促使碳化物析出，因此应将硅含量控制在规格成分的下限。高锰钢的铬和镍属于杂质元素，是由炉料或炉衬带入的。

表 9-132　ZGMn13 钢的化学成分（GB/T 5680—2010）

牌号	化学成分（质量分数，%）								
	C	Si	Mn	P	S	Cr	Mo	Ni	W
ZG110Mn13Mo1	0.75～1.35	0.3～0.9	11～14	≤0.060	≤0.040	—	0.9～1.2	—	—
ZG100Mn13	0.90～1.05	0.3～0.9	11～14	≤0.060	≤0.040	—	—	—	—
ZG120Mn13	1.05～1.35	0.3～0.9	11～14	≤0.060	≤0.040	—	—	—	—
ZG120Mn13Cr2	1.05～1.35	0.3～0.9	11～14	≤0.060	≤0.040	1.5～2.5	—	—	—
ZG120Mn13W1	1.05～1.35	0.3～0.9	11～14	≤0.060	≤0.040	—	—	—	0.9～1.2
ZG120Mn13Ni3	1.05～1.35	0.3～0.9	11～14	≤0.060	≤0.040	—	—	3～4	—

注：允许加入微量 V、Ti、Nb、B 和 RE 等元素。

（2）配料

1）炉料主要由碳素废钢组成，炉料熔毕时钢液碳的质量分数应大于或等于 0.5%，以保证氧化脱碳量大于或等于 0.3%。

2）炉料的平均磷含量应控制在 $w(P) \leq$ 0.040%。炉料中 Mn、Si 含量也应有适度控制。

3）锰铁在还原期中加入。由于 ZGMn13 钢的规格碳含量较高，可以将高碳锰铁、中碳锰铁、低碳锰铁配合使用。应注意的是，低碳锰铁的价格远高于高碳锰铁，应尽量减少其用量。

（3）炉体维护　高锰钢液氧化倾向严重，钢液和炉渣中 MnO、SiO_2 含量高，对炉衬侵蚀作用强，容易引起钢液中外来夹杂物。在冶炼过程中，炉衬一直处于高温状态，电弧的强烈热冲击、流动性强的钢液和炉渣的冲刷及侵蚀、装料时钢铁料的机械撞击等作用使炉衬材料不断被侵蚀剥落进入钢液和炉渣中。当炉体状况不良时，这种侵蚀和剥落更趋严重。因此，冶炼高锰钢时炉体状况应良好，大修前 5 炉或中修前 3 炉、炉役后期及炉体状况不良时应禁止冶炼；冶炼高锰钢出钢后必须及时修补炉衬。

（4）装料要求　与碳钢的冶炼相同。

（5）冶炼工艺要点

1）脱 P。氧化法冶炼高锰钢时，锰铁是在还原期加入的，由于锰铁磷含量较高，因此要求在熔化期和氧化期中尽量降低钢液的磷含量。措施有：尽量采用低磷炉料，在装料前于炉底及炉坡处加入炉料重量 2% ~ 3% 的石灰和约 1% 的矿石（或氧化铁皮），并在炉料熔化过程中，补加石灰和矿石（或氧化铁皮），以形成高碱度和强氧化性的炉渣，进行有效地脱磷。炉料熔毕后，根据钢液的磷含量，确定扒除全部或大部分炉渣。如果钢液的磷含量仍较高，可在氧化期继续脱磷，分 2 ~ 3 批加入石灰和矿石（或氧化铁皮）调整炉渣。在脱磷过程中可采取不断流渣操作。氧化期末钢液磷含量 $w(P) \leq 0.015\%$ 时，才可以扒除氧化渣，进行还原。

2）加锰铁。还原期中往钢液中加锰铁，通常多采取在稀薄渣条件下加入。锰铁的适宜块度为 50 ~ 100mm，应预先烤红，并趁红热状态加入，以加速其熔化。由于锰铁的加入量多，当一次全部加入时，往往造成钢液大幅度降温，在炉温较低的情况下，甚至会造成锰铁的"冻结"（大量未熔化的锰铁在熔池中堆积）。建议采取分批加锰铁的方法，锰铁的批量应根据炉温条件而定。

锰铁的密度较大，易沉淀在炉底，加入每批锰铁后，应充分搅拌熔池。

3）脱氧。扒净氧化渣后，用锰铁、硅铁、铝块进行预先脱氧，质量比例大致为 FeMn : FeSi : Al = 5 : 2 : 1，每吨钢液锰铁用量为 5 ~ 10kg，这样既可避免合金化时锰铁的大量氧化，又可减少钢中的氧化物夹杂。

扩散脱氧先造电石渣，在电石渣下还原 15min 后将电石渣变为白渣，往渣面上适当加入炭粉、铝粉、硅钙粉强化脱氧。操作上要做到密切注视炉内的温度，控制好炉渣的碱度（$R = 3 \sim 4$）、流动性和渣量（渣量为钢液重量的 4% ~ 6%），保持炉内强还原气氛，勤推渣搅拌，促使熔池温度和成分均匀，扩大粉状脱氧剂与炉渣的接触面积。

4）脱氧质量的检验。高锰钢应满足对韧性的要求，而其韧性与钢中的氧化夹杂物（MnO、FeO）的量有直接的关系。为保证钢具有高韧性，要求对钢进行充分的脱氧。在冶炼高锰钢时，除了采用一般的圆杯试样外，还可以采用另一种经验方法——弯曲法来判断钢液脱氧情况。

弯曲试样呈长条状，示例见图 9-13。试样应该在与铸件同样的铸型材料的条件下铸出。

取钢液浇注试样，待试样凝固后，表面呈红黄色（700 ~ 800℃）时取出，淬入常温的水中，冷却后，将试样弯曲至一定的角度（见图 9-13），以试样的弯曲部分表面上不出现裂纹为脱氧质量合格的标准。

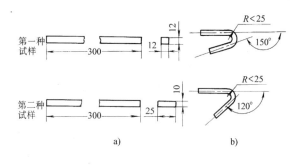

a)　　　　　　　　b)

图 9-13　两种高锰钢弯曲试样

a）弯曲前　b）弯曲后

ZGMn13 钢氧化法冶炼工艺见表 9-133。

表 9-133 ZGMn13 钢氧化法冶炼工艺

时期	序号	工 序	操 作 要 点
熔化期	1	通电熔化	用允许的最大功率供电,熔化炉料
	2	助熔	推料助熔。熔化后期,加入适量渣料及矿石(或氧化铁皮)。炉料熔化 60%~80% 时,可吹氧助熔。熔化末期适当减小供电功率
	3	取样、扒渣	炉料熔毕后,充分搅拌钢液,取 1 号钢样,分析 C、P,根据磷含量的高低,确定扒除全部或大部分炉渣,并另造新渣
氧化期	4	氧化脱碳	当钢液温度≥1560℃,炉渣流动性良好时,可吹氧脱碳,氧气压力为 0.6~1.0MPa
	5	估碳、取样	估计钢液碳含量降至 $w(C) = 0.22\%$ 左右时,停止吹氧。充分搅拌钢液,取 2 号钢样,分析 C、P,要求 $w(P) \leqslant 0.015\%$,才可以扒除氧化渣
还原期	6	预脱氧	扒除全部氧化渣,每吨钢液加入预脱氧剂锰铁 5~10kg,及硅铁和铝块,加入稀薄渣料
	7	加锰铁、还原	稀薄渣形成后,加入烤红的锰铁,随即造电石渣还原,钢液在电石渣下还原 15min 后,将电石渣变为白渣
	8	取样	锰铁熔毕后,经过充分搅拌钢液,取 3 号钢样,作全分析,并继续还原。取渣样分析,要求 $w(FeO) \leqslant 0.5\%$
	9	调整成分	根据钢样的分析结果,调整钢液化学成分(硅含量在出钢前 10min 内调整)
	10	作弯曲试样	取钢液浇注弯曲试样,进行检验。如不合格,须继续还原一段时间,重作试验,直至合格为止
	11	测温	测量钢液温度,要求出钢温度为 1480~1500℃[①]。并作圆杯试样,进一步检验脱氧情况
出钢	12	出钢	钢液温度符合要求,圆杯试样收缩良好时,停止供电,升高电极,每吨钢液插铝 0.7kg 终脱氧,出钢

① 在钢液重量为 3~5t,出钢后钢液在盛钢桶中镇静 5min 后开始浇注的条件下。

9.3.10 初炼钢液的冶炼工艺

碱性电弧炉为钢包精炼炉(LF)提供的半成品液体,即初炼钢液。其冶炼宗旨是脱除钢液中的磷,粗调成分,保证出钢温度。

初炼钢液的冶炼一般用氧化法,冶炼工艺与碳钢的冶炼工艺基本相同,但取消了还原期及终脱氧等,氧化冶炼结束即出钢,冶炼操作要点为:

(1)配碳 由于钢包精炼炉有较强的去气、去夹杂能力,故对初炼钢液冶炼的配碳量不作严格要求,一般质量分数大于或等于 0.20% 即可。因此,炉料配碳量应适当降低。

(2)强化脱磷操作 加强熔化期和氧化前期的脱磷操作,避免氧化末期钢液温度升高后(比冶炼成品钢时高)回磷。初炼钢液磷含量控制要求见表 9-134。

表 9-134 初炼钢液磷含量控制要求

成品钢规格要求 $w(P)(\%)$	≤0.015	≤0.025	≤0.040	≤0.050
初炼钢液要求 $w(P)(\%)$	≤0.005	≤0.008	≤0.010	≤0.015

(3)粗调钢液成分 在电弧炉把 Ni、Mo 等不易氧化元素调整进成品规格中下限,而易氧化元素(Si、Mn、Cr、V 等)则在 LF 调整。

(4)碳的控制 为了避免在 LF 增碳,并考虑到合金及造还原渣的增碳量,应将初炼钢液的碳含量控制在成品规格碳含量的下限左右,一般可按 $w(C)$ = (规格上限 - 0.11%) ~ (规格上限 - 0.06%)控制。

(5)脱氧 为了防止出钢时出钢槽翻钢,在出钢前除去部分氧化渣,加入锰铁、硅铁(或锰硅合金)脱氧,把钢液中硅、锰的质量分数调至 0.10% ~ 0.25%。如此也可减轻 LF 的脱氧负担。条件允许时,可不脱氧直接出钢。

(6)温度控制 由于初炼钢液要先进入盛钢桶中,再兑入 LF,故过程温降大,一般为 100~140℃。因此,为了避免初炼钢液兑入 LF 后温度过低,电弧炉应有较高的出钢温度,以不低于 1680℃ 为宜。如用 LF 盛钢桶直接接取初炼钢液,则过程温降将大为降低,出钢温度达到 1650℃ 以上即可。

(7)兑钢 兑钢时应禁止电弧炉的氧化性炉渣进入 LF,以防止回磷。

9.4　碱性电弧炉返回法炼钢工艺

返回法炼钢属于氧化法冶炼工艺的一种。这种炼钢方法采取不换渣操作，即用单一的炉渣来完成冶炼全过程。返回法一般用于冶炼高铬[$w(Cr) \geq 13\%$]的钢种，特别适合用大量本钢种（或同类钢种）返回料（回炉废铸件、浇冒口等）作炉料的条件。返回法又常称为吹氧返回法或单渣法。

9.4.1　返回法炼钢的工艺要点

为了尽量减少炼钢过程中铬元素的熔炼损耗，获得合格成分的钢液，应掌握以下工艺环节。

1. 配料

配料中应严格控制铬含量、碳含量及磷含量。

（1）铬含量　因为钢液中的铬含量与碳含量之间有一定的平衡关系（见图2-60），即在一定的温度条件下有一定的铬碳比的平衡值（见图9-14）。如果在吹氧前钢液的铬含量过高，则在吹氧脱碳过程中，超出平衡值的一部分铬将被氧化掉。为了减少铬的氧化熔炼损耗，应根据吹氧终点碳的高低来确定铬含量。例如，当吹氧终了时，钢液温度约为1700℃，并将吹氧终点碳控制在$w(C) = 0.04\% \sim 0.06\%$，则熔毕铬含量应控制在$w(Cr) \leq 13\%$。如果铬配得过高，则会在吹氧熔炼过程中显著损耗。配铬量一般为$w(Cr) = 8\% \sim 12\%$。

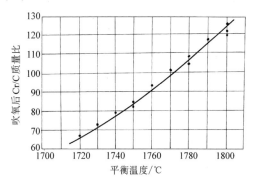

图9-14　温度与铬碳比的平衡关系

（2）碳含量　为保证钢液净化，须有0.20% ~ 0.40%的氧化脱碳量。例如，当吹氧终点碳的质量分数为0.04% ~ 0.06%时，炉料熔化完毕C的质量分数应为0.25% ~ 0.45%（根据炉料条件决定取高值或低值）。配碳量一般高出钢种规格上限0.10% ~ 0.20%。

随着吹氧能力和耐火材料质量的提高，以及采用吹氩搅拌钢液等技术，吹氧降碳速度大为提高并能成功应用，炉料的配碳量提高到了高出钢种规格上限

0.20% ~ 0.40%。这种配碳方法有利于炉料快速熔化，钢液温度快速升高和提高铬的回收率。但配碳量不能过高，否则将延长氧化时间。

（3）磷含量　由于返回法炼钢过程中不除渣，不能有效地脱磷，故应在配料时控制磷含量，使之不超出规格要求。配料时，不仅应考虑炉料的磷含量，而且还应考虑还原期中补加的铁合金所带入的磷，此两者之和，应低于成品钢磷含量的允许值。

（4）配硅量　硅与氧的亲和力大于铬与氧的亲和力，炉料中配入一定量硅可以减少铬的熔炼损耗。另外，硅氧化放出大量热量，使钢液温度迅速升高，利于降碳保铬，也降低铬的熔炼损耗。但配硅量过高，将降低炉渣碱度，渣量增大，反而增加铬的熔炼损耗，并严重侵蚀炉衬。配硅量一般按炉料中$w(Cr)/w(Si) = 10$左右配加，但$w(Si) \leq 1.5\%$。

2. 吹氧脱碳

提高炉温是脱碳保铬的重要条件。为此在返回法炼钢中采取在高温下高压吹氧，以快速提高炉温，缩短吹氧时间，吹氧脱碳时间应控制在10 ~ 20min。

返回法冶炼含量高的合金钢时，其开始吹氧脱碳的钢液温度与铬碳质量比[$w(Cr)/w(C)$]有关：$w(Cr)/w(C)$值高时，开始吹氧温度应较高，才能减少吹氧过程中铬的熔炼损耗。返回法冶炼高铬合金钢中开始吹氧温度见表9-135。

表9-135　返回法冶炼高铬合金钢中
开始吹氧温度

吹氧前钢液铬含量$w(Cr)$(%)	吹氧前钢液碳含量$w(C)$(%)	$w(Cr)/w(C)$	开始吹氧温度/℃
10	0.45	22	1520
10	0.35	29	1550
13	0.40	33	1600

熔化末期，可吹氧助熔（吹氧压力0.5 ~ 0.8MPa），向靠近炉料的熔池中吹氧，使配入炉料的硅大量氧化，迅速提高熔池温度，既加速了炉料的熔化，又可尽早使钢液达到开始吹氧脱碳的温度要求。

返回法炼钢中，吹氧脱碳所采用的氧气压力一般为0.8 ~ 1.5MPa（一般氧化法炼钢中所采用的氧气压力为0.5 ~ 1.0MPa）。由于采用了高压吹氧，增加了供氧速度（见图9-15），从而提高了脱碳速度，使钢液温度大幅度提高。

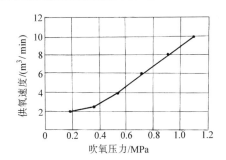

**图 9-15　吹氧压力与供氧速度的
关系（½in 直径吹氧管）**

吹氧脱碳初期应不停电吹氧，并使用最大功率供电。当熔池温度升高，见到激烈脱碳火焰后，再提升电极停止送电，继续吹氧脱碳。

吹氧操作中应及时掌握吹氧终点，有两种经验方法可作参考：

（1）依火焰判断　当碳焰明显收缩、无力，呈棕褐色，表明 C 的质量分数已到 0.06% 以下。这时，炉膛中烟气不大，可望见渣面。

（2）依耗氧量判断　可根据钢液量、吹氧时间、吹氧压力及耗氧量的综合指标来判断钢液的碳含量。

例如，在正常条件下，钢液量为 3t，吹氧时间为 6min，吹氧压力为 0.8 ~ 1.2MPa，总耗氧量为 80m³ 时，吹氧终点的碳含量为 $w(C) \approx 0.06\%$。

3. 强力还原

为了从炉渣中有效地回收金属铬，须进行比一般氧化法炼钢更强有力的还原过程。返回法炼钢的脱氧过程也包括预脱氧和造白渣脱氧两个步骤。在这两步还原之间，为调整钢液铬含量而补加微碳或低碳铬铁。

预脱氧所用的脱氧剂中除采用低碳锰铁（或金属锰）外，还加入一部分硅钙块和铝块。造白渣还原所用的脱氧剂一般采用硅铁粉、硅钙粉和铝粉（也可用少量碳化硅粉作脱氧剂）。在还原过程的前期，炉渣内的 Cr_2O_3 大量被还原，而渣内仍含有较多的 FeO 及 MnO（炉渣由原来的墨绿色转变为深灰色）时，可以扒除一部分炉渣（目的在于减轻还原后期的脱氧负担），并加入新渣料和脱氧剂进一步还原。此还原过程将一直进行到形成良好的白渣为止。

返回法冶炼不锈钢时，所用的脱氧材料及在正常冶炼条件下的加入量见表 9-136。

表 9-136　返回法冶炼不锈钢用脱氧材料

还 原 阶 段		预脱氧 （吹氧后至加铬铁前）	还原前期 （加铬铁后至扒渣前）	还原后期 （扒渣后至还原终了）
每吨钢液脱氧材料加入量/kg	低碳锰铁	加至钢液锰含量中值	—	—
	硅钙块	2 ~ 3	—	—
	铝块	0.5	—	—
	硅铁粉	—	（第一批）6 ~ 7	—
	硅钙粉	—	（第二批）4 ~ 5	—
	混合脱氧剂 （质量比为硅铁粉:硅钙粉 = 1:1）	—	—	分两批加入，每批 5

4. 合金元素的收得率

在正常的冶炼操作条件下，用返回法炼钢时，炉料中所含合金元素及还原期补加的合金元素的收得率见表 9-137 和表 9-138。

表 9-137　炉料中合金元素的收得率（返回法）

元素	元素含量（质量分数,%）	收得率（%）
Ni	—	98
Mo	—	95
W	< 2	70
	2 ~ 8	80
	> 8	90

（续）

元素	元素含量（质量分数,%）	收得率（%）
Cr	< 2	30 ~ 50
	2 ~ 8	50 ~ 80
	> 8	80 ~ 90
Mn	≤ 1	30 ~ 50
	> 1	50 ~ 70
V	≤ 0.5	20
	> 0.5	30

表 9-138　还原期补加入炉中的合金元素的收得率

元素	Mn	Si	Ni	Cr	Mo	W	Ti			Al	V	B
收得率(%)	95	90	98	95	95 ~ 98	95 ~ 98	≤0.15%时 30 ~ 60	>0.15%时 40 ~ 70	>0.8%时 60 ~ 80	85 ~ 95		30 ~ 60

9.4.2　高合金钢返回法冶炼工艺

1. 铬不锈钢

现以 ZGCr13 型不锈钢为例,介绍冶炼工艺如下。

(1) 化学成分(见表 9-139)

表 9-139　铬不锈钢的化学成分

(GB/T 2100—2017)

牌号	化学成分(质量分数,%)							
	C	Si	Mn	P	S	Cr	Ni	Mo
ZG15Cr13	≤ 0.15	≤ 0.80	≤ 0.80	≤ 0.035	≤ 0.025	11.50 ~ 13.50	≤ 1.00	≤ 0.50
ZG20Cr13	0.16 ~ 0.24	≤ 1.00	≤ 0.60	≤ 0.035	≤ 0.025	11.50 ~ 14.00		

(2) 配料　有两种配料方案。

1) 炉料由碳素废钢、高硅钢以及碳素铬铁、硅铁等组成。配料时应使熔毕成分满足: $w(C) = 0.40\% ~ 0.60\%$, $w(P) ≤ 0.030\%$, $w(Cr) ≤ 10\%$。

2) 炉料由本钢种返回料(或高铬钢返回料)、低碳废钢和少量铬铁及硅铁等组成。配料时应使熔毕成分满足: $w(C) = 0.30\% ~ 0.40\%$ (ZG15Cr13) 或 $w(C) = 0.4\% ~ 0.5\%$ (ZG20Cr13), $w(P) ≤ 0.030\%$, $w(Cr) ≤ 13\%$。

(3) 炉衬条件　要求炉衬条件良好,应尽量不补炉或少修薄补。

(4) 装料　装料前于炉底、炉坡处加炉料重量 1% ~ 2% 的石灰,按合理布料原则装料。随炉料装入的铬铁应避开电极,以减少铬的熔炼损耗。

(5) 冶炼工艺(见表 9-140)

表 9-140　ZG15Cr13、ZG20Cr13 钢返回法冶炼工艺

时期	序号	工序	操作要点
熔化期	1	通电熔化	用允许的最大功率供电,熔化炉料
	2	助熔	推料助熔。熔化后期,加入适量的石灰造渣,并适当减小供电功率。炉料熔化90%左右时,吹氧助熔。助熔后每吨钢液加入 3kg 的硅钙粉还原初渣
	3	取样	炉料熔毕后,充分搅拌钢液,取 1 号钢样,分析 C、P、Cr。吹氧前要求渣量2%左右,如渣量过多,可扒除部分炉渣,以保证吹氧脱碳在薄渣下进行
氧化期	4	吹氧脱碳	要求开始吹氧脱碳的钢液温度: ZG15Cr13 钢,温度 ≥1550℃; ZG20Cr13 钢,温度 ≥1520℃,并要求炉渣的流动性良好。符合上述条件时,每吨钢液加入硅铁 3 ~ 5kg,即行吹氧脱碳,吹氧压力 0.8 ~ 1.2MPa,每吨钢耗氧量 18 ~ 24m³
	5	估碳取样	估计碳含量降至 $w(C) < 0.08\%$ (ZG15Cr13),或 $w(C) < 0.14\%$ (ZG20Cr13) 时,停止吹氧,取 2 号钢样,分析 C、P、Cr
还原期	6	预脱氧、加铬铁	停止吹氧后,每吨钢液加入预脱氧剂 Al0.5kg 和硅钙块 2kg。随即加入经过烤红的铬铁。然后每吨钢液用 5 ~ 7kg 的混合还原剂(质量比为硅铁粉:硅钙粉 =1:2)还原
	7	取样扒渣	铬铁熔毕后,炉渣转色,充分搅拌钢液,取 3 号钢样,进行全分析。然后扒除部分炉渣,补加渣料,保持渣量在3%左右,渣料熔化后,每吨钢液继续用 3 ~ 4kg 的混合还原剂进行还原。炉渣变白后,取渣样分析,要求 $w(FeO) ≤ 0.5\%$
	8	调整成分	根据钢样分析结果,调整钢液成分
	9	测温	测量钢液温度,要求出钢温度[①]为 1610 ~ 1630℃(ZG15Cr13); 1600 ~ 1620℃ (ZG20Cr13),并作圆杯试样,检查钢液脱氧情况
出钢	10	出钢	钢液温度和成分符合要求时,停止供电,升高电极,每吨钢液插 Al0.8kg,出钢

① 在钢液重量为 3 ~ 5t,出钢后钢液在盛钢桶中镇静 5min 后开始浇注的条件下。

2. 铬镍不锈钢

以 ZG06Cr18Ni11Ti 钢为例介绍冶炼工艺如下。

（1）化学成分（见表 9-130）

（2）配料

1）炉料可由本钢种返回料、低磷碳素废钢和金属镍及铬铁、硅铁等组成。镍按钢种规格中下限配入。

2）在全部炉料中，本钢种返回料所占质量比为 60% ~ 90%。

3）熔毕成分应满足 $w(C) = 0.30\% \sim 0.40\%$，$w(Cr) = 12\% \sim 16\%$。

4）磷含量。包括炉料中磷含量及还原期中补加的铬铁和锰铁所带入的磷含量，即总配磷量的质量分数应小于等于 0.037%。

（3）炉衬条件　由于冶炼过程中不脱磷，应注意避免炉衬使钢液增磷，因此要求前一炉钢必须是低磷钢，其成品钢中磷的质量分数应小于或等于 0.020%。

（4）装料　装料前于炉底、炉坡处加炉料重量 1% ~ 2% 的石灰，按合理布料原则装料。镍和增碳用的电极碎块装在炉底，并应避开电极。

（5）冶炼工艺　（见表 9-141）

3. 铬锰氮不锈（耐热）钢

（1）化学成分（见表 9-142）

表 9-141　ZG06Cr18Ni11Ti 钢返回法冶炼工艺

时期	序号	工 序	操 作 要 点
熔化期	1	通电熔化	用允许的最大功率供电，熔化炉料
	2	助熔	推料助熔。熔化后期，加入适量的石灰造渣，并适当减小供电功率。炉料熔化 90% 左右，吹氧助熔。助熔后每吨钢液加 3kg 的硅钙粉还原初渣
	3	取样	炉料熔毕后，充分搅拌钢液，取 1 号钢样，分析 C、P、Cr，要求 $w(C) > 0.30\%$，$w(P) \leqslant 0.030\%$。吹氧脱碳前要求渣量 2% 左右，如渣量过多，可扒除部分炉渣，以保证吹氧脱碳在薄渣下进行
氧化期	4	吹氧脱碳	要求钢液温度大于等于 1600℃，炉渣流动性良好。符合要求时，每吨钢液加入 3 ~ 5kg 的硅铁，即行吹氧脱碳，氧气压力 1.2 ~ 1.5MPa，每吨钢液耗氧量 24 ~ 30m³。当火焰大量冒出时，升高电极，停电吹氧，吹氧应连续进行，不应中断
	5	估碳取样	估计碳含量降至 $w(C) = 0.05\%$ 左右时，停止吹氧。搅拌钢液，取 2 号钢样，分析 C、P、Cr、Ni
还原期	6	预脱氧、加铬铁	停止吹氧后，每吨钢液加入预脱氧剂：Al0.5kg、硅钙块 2kg 和低碳锰铁。快速加入红热的铬铁。每吨钢液加硅钙粉 5 ~ 7kg 还原，随即恢复供电（先用高电压，5min 后换用低电压）
	7	取样扒渣	铬铁熔毕，炉渣转色，充分搅拌钢液，取 3 号钢样，分析 C、P、Cr、Ni。扒除大部分炉渣，补入渣料，保持渣量在 3% 左右
	8	调整成分	根据 3 号钢样的分析结果调整成分，用混合还原剂继续进行还原
	9	测温、加钛铁	测量钢液温度（要求出钢温度为 1640 ~ 1660℃），并作圆杯试样，检查钢液脱氧情况。当钢液温度符合要求，脱氧情况良好时，即可停电，升高电极，每吨钢液插 Al0.5kg。推开炉渣，加入经过烘烤的钛铁，并用耙将钛铁压入钢液中，充分搅拌
出钢	10	出钢	加钛铁 10min 后，每吨钢液插 Al0.8kg 终脱氧，出钢

注：冶炼铬镍钼不锈钢 ZG06Cr19Ni13Mo3 钢时可参考此工艺，钼铁在吹氧助熔后，取 1 号钢样前加入。此钢的出钢温度要求为 1650 ~ 1670℃。

表 9-142　铬锰氮不锈（耐热）钢的化学成分

牌 号	化学成分（质量分数，%）									
	C	Si	Mn	P	S	Cr	Ni	Mo	Cu	N
ZG1Cr18Mn13Mo2CuN	≤0.12	≤1.50	12.0 ~ 14.0	≤0.060	≤0.035	17.0 ~ 20.0	—	1.50 ~ 2.00	1.00 ~ 1.50	0.19 ~ 0.26
ZG1Cr17Mn9Ni4Mo3Cu2N	≤0.12	≤1.50	8.0 ~ 11.0	≤0.060	≤0.035	16.0 ~ 19.0	3.0 ~ 5.0	2.90 ~ 3.50	2.00 ~ 2.50	0.16 ~ 0.26

（2）配料

1）炉料可由本钢种返回料或同类钢种的合金钢返回料、低磷碳素废钢和铬铁、镍、钼铁、硅铁等组成。熔毕成分应满足：$w(C) = 0.30\% \sim 0.50\%$，$w(Cr) \leqslant 16\%$。

2）在配料时应注意到，为了使钢能溶解较多的氮，应控制铬、锰的含量，使之与氮含量相对应。在一般情况下，可将 N 的质量分数控制在 $0.20\% \sim 0.22\%$，而相应地将铬和锰按照规格含量的中值控制。如氮含量偏高，则须相应提高铬、锰含量。

（3）炉衬条件　要求炉衬情况良好，争取前一炉维护好炉料，本炉次不补炉。

（4）装料

1）装料前，于炉底、炉坡处加炉料重量 1% ~ 2% 的石灰。

2）应按照合理布料原则装料。镍、铜以及随炉料装入的铬铁和增碳用的电极碎块加于炉底，并应避开电极，以减少熔炼损耗。

（5）冶炼工艺（见表 9-143）

表 9-143　铬锰氮不锈钢返回法冶炼工艺

时期	序号	工序	操作要点
熔化期	1	通电助熔	用允许的最大功率供电，熔化炉料
	2	助熔	推料助熔。熔化后期，加入适量的石灰造渣，并适当减小供电功率。炉料熔化 90% 左右时，吹氧助熔
	3	加钼铁	熔化末期，加入钼铁
	4	取样	炉料熔毕后，充分搅拌钢液，取 1 号钢样，分析 C、P、Cr、Mo、Cu，要求 $w(C) = 0.30\% \sim 0.50\%$。吹氧脱碳前要求渣量 2% 左右，如渣量过多，可扒除部分炉渣，以保证吹氧脱碳在薄渣下进行
氧化期	5	吹氧脱碳	要求钢液温度大于 1600℃，炉渣流动性良好。符合要求时，每吨钢液加入 3 ~ 5kg 硅铁，即行吹氧脱碳，氧气压力 1.2 ~ 1.5MPa。当火焰从炉门口大量冒出时，升高电极，停电，继续吹氧
	6	估碳取样	估计碳含量降至 $w(C) = 0.05\%$ 左右时，停止吹氧。搅拌钢液，取 2 号钢样，分析 C、Cr、P、Mn、N
还原期	7	预脱氧、加铬铁	停止吹氧后，每吨钢液加入预脱氧剂硅钙块 2 ~ 3kg，随即加入红热的铬铁。然后每吨钢液用混合还原剂（质量比为硅铁粉:硅钙粉 = 1:2）4 ~ 6kg 还原，随即恢复供电（先用高电压，5min 后换用低电压）
	8	扒渣	铬铁熔毕后，炉渣转色，扒除大部分炉渣，加入渣料
	9	加合金	加入红热的金属锰、氮化铬、氮化锰，并每吨钢液继续用 4 ~ 6kg 的混合还原剂还原
	10	取样	合金熔毕后，炉渣转淡绿色，取 3 号钢样，作全分析。过 10min 后，取 4 号钢样，分析 C、Cr、Mn、N，并取渣样分析，要求 $w(FeO) \leqslant 0.5\%$
	11	测温	测量钢液温度，要求钢液温度[①]：1530 ~ 1550℃，并作圆杯试样，检查钢液脱氧情况
出钢	12	出钢	钢液温度和脱氧情况符合要求时，每吨钢液插硅钙 1.5 ~ 2kg，停电，升高电极，出钢。出钢时，在出钢槽中每吨钢液冲硅钙 0.5kg

① 在钢液重量为 3 ~ 5t，出钢后钢液在盛钢桶中镇静 5min 后开始浇注的条件下。

9.5　碱性电弧炉不氧化法炼钢工艺

不氧化法又称为装入法，在这种炼钢方法中，不存在氧化期，炉料熔毕后即开始还原。不氧化法适宜于冶炼某些高合金钢。在用不氧化法炼钢时，铁合金及合金钢返回料是随同其他炉料一起装入的。由于不进行钢液的氧化，因而能尽量保留钢液中含有的合金元素（如铬、锰等）。除此以外，不氧化法还能缩短炼钢时间，节约电能。这种炼钢方法的主要缺点是由于没有氧化脱碳过程，不能靠钢液沸腾来去除气体和夹杂物，净化钢液的作用较差。

9.5.1　不氧化法炼钢的工艺要点

不氧化法炼钢基本上是炉料的重熔过程。为了保证钢的质量，应掌握下述要点。

1. 配料

不氧化法炼钢中，各种元素含量的变化较小，钢液的化学成分基本上是由炉料所决定的，应尽可能在配料时将各种化学成分配好。

（1）碳含量　不氧化法炼钢过程中，不存在氧化脱碳过程，配碳时可按下式计算：

$$\begin{array}{l}\text{炉料中平均碳} \\ \text{的质量分数（\%）}\end{array} = \begin{array}{l}\text{成品钢中碳的质量} \\ \text{分数规格中值（\%）}\end{array} - \\ \qquad\qquad (0.02 \sim 0.04)\% \qquad (9\text{-}14)$$

式中　$(0.02 \sim 0.04)\%$——还原期中钢液增碳的质量分数。对于 $w(\text{C}) > 0.35\%$ 的钢，采用电石渣还原时，其增碳量可取上限。

炉料中碳含量也可按照成品钢规格碳含量下限配入。

由于不氧化法炼钢过程中不脱碳，而且还有一定程度的增碳，因此，这种方法不适用于冶炼碳含量很低的钢种（如 ZG06Cr18Ni11Ti 钢等）。

不氧化法炼钢的关键是防止钢液增碳。因此，装料前炉底应铺垫适量的石灰，以便在熔化期尽早形成流动性良好的炉渣覆盖钢液，防止电极增碳。

（2）磷含量　用不氧化法冶炼合金钢时，为了尽量保留钢液中的合金元素，采取在炼钢过程中不换炉渣（单渣法），或只在炉料熔毕时换一次炉渣（双渣法）。单渣法几乎不能脱磷，双渣法脱磷的效果也不显著。因此在配料时，须控制炉料的平均磷含量，考虑到还原期中加入的铁合金中含磷，故应使炉料的平均磷的质量分数比成品钢的规格成分限量值低 0.015%。还原期中加入的铁合金应选用磷含量较低的等级。一般要求（质量分数）为：

$$\begin{array}{l}\text{炉料配磷量（\%）} \leqslant \text{钢种规格要求（\%）} - 0.005\% - \\ \qquad\qquad \text{所加铁合金带入量（\%）}\end{array}$$
$$(9\text{-}15)$$

（3）合金元素收得率　不氧化法炼钢中，铁合金及合金钢返回料在装料时加入的条件下，炉料中所含合金元素的收得率见表 9-144。

表 9-144　不氧化法炼钢炉料中合金元素收得率

元素	元素含量（质量分数，%）	收得率（%）
Ni	—	98
Mo	—	95
W	≤2	85 ~ 90
	>2	95
Cr	≤2	80
	2 ~ 8	85
	>8	95

（续）

元素	元素含量（质量分数，%）	收得率（%）
Mn	≤1	85
	>1	88 ~ 90
Al	>1	75 ~ 80

为调整钢液成分而在还原期中加入的各种合金的合金元素收得率参见表 9-138。

2. 净化钢液

不氧化法炼钢由于无氧化脱碳过程，净化钢液能力很差，因此对炉料的要求严格。炉料应干燥、无（少）锈、无油污、无泥沙，并且块度要合适，布料要合理，保证炉料堆密度高。在炉料条件差，使钢液中的气体和夹杂物含量多时，可采取下述辅助性的净化钢液措施。

（1）石灰石沸腾　在装料以前和炉料熔毕以后，往炉中加入一些石灰石。石灰石的主要成分是碳酸钙（$CaCO_3$），它在钢液的高温作用下发生分解：

$$CaCO_3 \rightarrow CaO + CO_2 \uparrow$$

产生的 CO_2 气泡造成钢液沸腾，可起到一定的净化钢液作用。但这种沸腾与氧化法炼钢中的氧化脱碳沸腾相比，沸腾强度较弱，沸腾时间较短，净化钢液的作用较差。

（2）低压吹氧　如果石灰石沸腾显得微弱时，还可以采用低压（氧气压力小于 0.4MPa）吹氧，造成钢液少量脱碳沸腾。每吨钢液耗氧量一般控制在 $2 \sim 4\text{m}^3$。

3. 扒渣和进入还原期的条件

（1）进入还原期的条件　钢液温度高于出钢温度中值，化学成分基本合格后，方可扒渣（或不扒渣）进入还原期。

（2）扒渣　不氧化法冶炼时炉渣中 SiO_2 含量较高，易与渣中 MnO、FeO、Cr_2O_3 等结合成复杂的氧化物，影响还原的顺利进行，因此常在熔毕后或还原一段时间后，扒除部分炉渣再造新渣。另外，根据钢液磷含量情况，有时也需要扒除部分或大部分炉渣，重造新渣。

熔毕后扒渣，其缺点是使 Cr、Mn 等元素的氧化熔炼损耗较高，但优点是：①在重造新炉渣时可使用石灰石，以形成钢液沸腾，净化钢液。②实践已证明，扒除部分氧化性炉渣可使钢中氧化物夹杂含量减少，提高钢的力学性能。

还原一段时间后扒渣的好处在于 Cr、Mn 等元素的氧化熔炼损耗少，钢液最终还原脱氧效果也较好。

扒渣还原可使还原期的炉渣碱度 R 由不扒渣时的 1.3 ~ 1.6 提高到 2.0 ~ 2.4，有利于脱硫和减轻炉渣对炉衬的侵蚀。

9.5.2 高合金钢不氧化法冶炼工艺

1. 铬镍耐热钢

（1）化学成分（见表 9-145）

表 9-145 ZG35Ni24Cr18Si2 钢化学成分

元素名称	C	Si	Mn	P	S	Cr	Ni
规格成分（质量分数，%）	0.30 ~ 0.40	1.50 ~ 2.50	≤ 1.50	≤ 0.035	≤ 0.030	17.0 ~ 20.0	23.0 ~ 26.0

（2）配料　炉料主要由低磷碳素废钢、原料纯铁、本钢种返回料及铬铁、金属镍等组成。炉料平均碳含量按钢的规格成分下限配入；要求炉料平均磷的质量分数小于或等于 0.025%；铬含量和镍含量按钢的规格成分中值配入。

（3）炉衬条件　不氧化法炼钢要求用干补炉材料（见表 9-99）补炉。采用湿补炉材料补炉时，补

炉后须空炉烘烤 15min 以上，才可以装料。

（4）装料　装料前先于炉底、炉坡处加炉料重量 1% ~ 2% 的石灰（如需要造成沸腾时，再加入炉料重量 1% ~ 2% 的石灰石），然后再装料。

按照合理布料原则装料。随炉料装入的铬铁、金属镍应放在底部，并应避开电极，以减少熔炼损耗。

（5）冶炼工艺（见表 9-146）

2. 高锰钢

（1）化学成分（见表 9-132）

（2）配料

1）炉料应主要由高锰钢返回料（配入量质量分数可达 70% ~ 100%）、低磷碳素废钢和原料纯铁等组成，不足的锰含量用锰铁补足。

2）碳含量应按规格成分下限配入；锰含量按规格成分中值或下限配入；磷含量 $w(P) \leq 0.050\%$。

（3）炉衬条件　要求炉衬状况良好。

（4）装料

1）装料前应先于炉底、炉坡处加炉料重量 1% ~ 2% 的石灰（必要时再加入炉料重量 1% ~ 2% 的石灰石），然后再装料。

2）按照合理布料原则装料。

（5）冶炼工艺（见表 9-147）

表 9-146 ZG35Ni24Cr18Si2 钢不氧化法冶炼工艺

时期	序号	工序	操 作 要 点
熔化期	1	通电熔化	用允许的最大功率供电，熔化炉料
	2	助熔	推料助熔。熔化后期，加入适量渣料。熔化末期适当减小供电功率
	3	取样	炉料熔毕后，充分搅拌钢液，取 1 号钢样，分析 C、P、Cr、Ni、Mn、Si。钢液温度达到 1540℃ 时，根据钢液磷含量情况，扒除部分或大部分炉渣。加入适量渣料
	4	沸腾	在炉料条件差的情况下，在扒除炉渣后，不加渣料，而加入炉料重量约 1% 的氟石，造稀薄渣。然后分批加入总量为炉料重量 2% 左右的石灰石，以形成钢液沸腾，必要时可进行低压吹氧沸腾，每吨钢液耗氧量约 4 ~ 6m³。沸腾结束后，加入适量渣料
还原期	5	预脱氧	加入硅铁预脱氧，硅铁加入量按成品钢规格硅含量的下限计算
	6	还原	加入炭粉造弱电石渣还原。在弱电石渣下保持 10min 后，将电石渣变为白渣，取渣样分析，要求 $w(FeO) \leq 0.8\%$
	7	取样	搅拌钢液，取 2 号钢样，分析 C、Si、Cr、Ni
	8	调整成分	根据钢样的分析结果，调整钢液化学成分
	9	测温	测量钢液温度，要求出钢温度[①]为 1500 ~ 1520℃，并作圆杯试样，检查钢液脱氧情况
出钢	10	出钢	钢液温度符合要求，钢液脱氧良好时，停电，升高电极，每吨钢液插 Al0.5kg，出钢

① 在钢液重量为 3 ~ 5t，出钢后钢液在盛钢桶中镇静 5min 后开始浇注的条件下。

表 9-147　ZGMn13 钢不氧化法冶炼工艺

时期	序号	工　序	操 作 要 点
熔化期	1	通电熔化	用允许的最大功率供电，熔化炉料
	2	助熔	推料助熔。熔化后期加入适量渣料，并调整炉渣，使炉渣流动性良好。熔化末期适当减小供电功率
	3	取样	炉料熔毕后，充分搅拌钢液，取 1 号钢样，分析 C、P、Mn。钢液温度达到大于等于 1500℃时，可根据钢液磷含量情况，扒除部分或大部分炉渣，并加入适量渣料
	4	沸腾	在炉料条件差的情况下，在扒除炉渣后，不加渣料，而加入炉料重量约 1% 的氟石，造稀薄渣。然后分批加入总量为炉料重量 2% 左右的石灰石，以形成钢液沸腾，必要时可进行低压吹氧沸腾，每吨钢液耗氧量约 4～6m³。沸腾结束后，加入适量渣料
还原期	5	还原	加炭粉造电石渣还原（每吨钢液造渣材料为石灰 5～10kg，氟石 2～3kg，炭粉 4～5kg）。钢液在电石渣下还原 15min 后，将电石渣变为白渣。取渣样分析，要求 $w(\mathrm{FeO}) \leqslant 0.5\%$。并作弯曲试验（参看高锰钢氧化法冶炼工艺）
	6	取样	搅拌钢液，取 2 号钢样，分析 C、Si、Mn、P、S
	7	调整成分	根据钢样的分析结果，调整钢液化学成分（硅含量在出钢前 10min 以内调整）
	8	测温	测量钢液温度，要求出钢温度[①]为 1480～1500℃。并作圆杯试样，检查钢液脱氧情况
出钢	9	出钢	钢液温度符合要求，钢液脱氧良好时，停电，升高电极，每吨钢液插 Al0.5kg，出钢

① 在钢液重量为 3～5t，出钢后钢液在盛钢桶中镇静 5min 后开始浇注的条件下。

3. 铝锰耐热钢

（1）化学成分（见表 9-148）

表 9-148　铝锰耐热钢化学成分

元素名称	C	Si	Mn	Al	Ti	P	S	RE
规格成分（质量分数,%）	0.50～0.70	1.20～2.20	28.0～30.0	6.0～8.0	0.30～0.50	≤0.100	≤0.030	（加入量）0.20

（2）配料

1）炉料应主要由洁净无锈的碳素废钢、中碳或低碳锰铁和金属铝组成。

2）炉料的平均碳含量按钢的规格成分下限配入，锰含量按规格成分中值配入，铝含量按规格成分上限配入。

（3）炉衬条件　本钢种应在炉衬良好的条件下冶炼。如需要补炉时，应采用干补炉材料修补。

（4）装料

1）装料前应先于炉底、炉坡处加炉料重量 2% 左右的石灰。

2）装料时，应将铝锭装在炉底部，锰铁装在铝锭上面，最后装钢料。铝锭和锰铁应避开电极，以减少熔炼损耗。

（5）冶炼工艺（见表 9-149）

表 9-149　铝锰耐热钢不氧化法冶炼工艺

时期	序号	工序	操 作 要 点
熔化期	1	通电熔化	用允许的最大功率供电，熔化炉料
	2	助熔	推料助熔。熔化后期加入适量渣料。熔化末期适当减小供电功率
	3	取样	炉料熔毕后，充分搅拌钢液，取 1 号钢样，作全分析。并调整炉渣，要求炉渣流动性良好
还原期	4	还原	加炭粉造电石渣还原
	5	取样	钢液在良好的弱电石渣下还原 20min 后，取 2 号钢样，分析 C、Mn、Al、P，并加入少量炭粉继续还原
	6	调整成分	根据钢样的分析结果，调整钢液化学成分
	7	测温	测量钢液温度，要求出钢温度[①]为 1540～1560℃
	8	加钛铁	钢液温度符合要求时，推开炉渣，加入经过烘烤的钛铁，用耙将钛铁压入钢液中，并搅拌钢液
出钢	9	加稀土、出钢	加钛铁 5min 后，加入稀土合金，充分搅拌钢液，停电，升高电极，出钢

① 在钢液重量为 3～5t，出钢后钢液在盛钢桶中镇静 5min 后开始浇注的条件下。

9.6　酸性电弧炉炼钢工艺

9.6.1　酸性电弧炉炼钢工艺特点

酸性电弧炉的炉衬用酸性耐火材料（硅砖、硅砂等）砌筑，冶炼时造酸性炉渣。与碱性电弧炉炼钢相比，酸性电弧炉炼钢有如下优点：

1）钢液中气体和非金属夹杂物含量少。

2）钢液流动性好。在钢液化学成分和浇注温度相同的条件下，酸性电弧炉冶炼的钢液比碱性电弧炉冶炼的钢液具有更高的充型能力，有利于浇注薄壁的和结构复杂的铸件。

3）电能消耗较低。一是由于酸性耐火炉衬的热导率比碱性耐火炉衬的热导率低；二是由于酸性电弧炉炼钢过程不进行脱磷和脱硫，炉渣量较少，冶炼时间短。

4）炉衬耐火材料价格较低，且炉衬寿命较长。镁砖和镁砂比硅砖和硅砂的价格高得多，而且碱性耐火材料的抗热震性差，在重复的加热和冷却过程中，易产生开裂，炉衬寿命短。酸性耐火材料的抗热震性较强，酸性耐火炉衬寿命长。

酸性电弧炉炼钢的缺点在于：

1）炼钢过程不能脱磷、脱硫。

2）对炉料限制较严。

目前，随着碱性电弧炉炼钢技术和炉外精炼技术的发展，"碱性电弧炉→炉外精炼→浇注"的工艺流程不但能极大地降低钢液中磷、硫含量（可使用高磷、硫生铁、废钢），还可获得比酸性电弧炉冶炼低得多的气体、夹杂物含量，钢液质量、生产率、生产成本都比酸性电弧炉炼钢优越，因此，酸性电弧炉炼钢必将被淘汰。

9.6.2　补炉、配料及装料

1. 补炉

1）酸性电弧炉的炉底和炉墙在每炼一炉之后，不论其状况如何，必须进行熔补。原因是铁的氧化物渗入炉底和炉墙的表层，必须用硅砂熔补，以便生成高 SiO_2 含量的表层。

2）每炼过 25～30 炉后，要求用石灰侵蚀炉底工作面，然后重新修补。

3）补炉材料。一般用硅砂（质量分数）50% 和水洗砂（质量分数）50% 的混合材料。

4）为了保证补炉质量，在补炉前必须将炉中残钢、残渣扒净，趁热快补，使补炉材料能很好地烧结在原有的炉衬之上，并应强调薄补（补层厚度约 10mm）。

2. 配料

（1）炉料的准备　炉料要适当搭配，清洁干燥，生锈严重的炉料应尽量少用。

（2）炉料碳含量　应使熔毕碳的质量分数比所炼钢种的规格碳的质量分数（中间值）高 0.10%～0.20%（矿石脱碳）或 0.25%～0.35%（吹氧脱碳），以使钢液在氧化期中沸腾和升温。为了增碳的需要，可在炉料中配入电极碎块、焦炭屑或炼钢生铁（酸性法炼钢中，一般不使用铸造生铁，因其锰含量高，在炼钢中生成的氧化锰呈碱性，将会影响炉渣的酸度及氧化性）。这几种增碳材料碳的收得率见表 9-150。

表 9-150　各种增碳材料碳的收得率

材料名称	加入条件	碳的收得率(%)
电极碎块	装料时加入	70～80
焦炭屑	装料时加入	40～50
焦炭块	装料时加入	50～70
炼钢生铁	装料时加入	90～95
炼钢生铁	加入钢液中	100

（3）炉料磷含量和硫含量　酸性电弧炉炼钢过程中不能脱磷和脱硫，故炉料的平均磷含量及平均硫含量均须相应低于成品钢的规格成分要求。考虑到还原期中加入的铁合金（特别是锰铁）会带入一些磷的成分，故炉料的磷的质量分数应比成品钢规格限量要求值低 0.005%～0.010%。

3. 装料

1）合理布料原则是返回料及大块废钢应装在炉底部电极区，碎块料在大块料上面，最上面的碎块料应整齐而洁净，以利于导电。配碳用的电极碎块或焦炭屑，应装在炉子的底部，以减少熔炼损耗。

2）炉料应尽量装得紧实，以利于导电。

9.6.3　氧化法冶炼工艺

酸性电弧炉氧化法炼钢工艺过程中包括熔化期、氧化期、还原期及出钢 4 个阶段。

1. 熔化期

（1）通电熔化　用变压器允许的最大功率供电，熔化炉料。熔化过程中应进行推料助熔，以加速炉料的熔化。炉料熔化 60% 左右时，可进行吹氧助熔，吹氧压力 0.5～0.8MPa，应沿着熔池表面吹氧，避免吹炉底和炉墙。熔化末期，应适当减小供电功率。

（2）造渣　炉料大部分熔化后，将适量矿石和硅砂均匀地撒布于钢液面上，以形成渣层。造渣量一般为钢液重量的 2%～3%。

2. 氧化期

氧化期的主要技术要求是清除钢液中的气体和夹杂物，并将钢液温度提高到出钢温度。冶炼碳钢时，氧化期的时间一般为 20～30min。

（1）脱碳沸腾　氧化脱碳要求钢液温度达到大于或等于 1520℃（炉龄前期）或大于或等于 1550℃（炉龄后期）。当钢液碳含量和温度符合要求时，可采取吹氧或加矿石进行脱碳沸腾。

用矿石脱碳时，适宜的脱碳速度为（0.004～0.006）%C/min，脱碳时间约 20min。加矿石量可按每吨钢液脱碳质量分数 0.10%，加矿石量 10～15kg 计算。矿石块度以 100mm 左右最好，一般分三批加入炉中，间隔时间 3min。最后一批矿石加入后经过 5min，充分搅拌钢液，取钢样，做全分析。

用吹氧脱碳时，脱碳速度一般为（0.009～0.012）%C/min，脱碳时间约 15min，吹氧压力 0.5～1.0MPa，每吨钢液耗氧量约 9～12m³，提高钢液温度 80～100℃。吹氧终了后 3min，充分搅拌钢液，取钢样，做全分析。

在吹氧脱碳时，可在吹氧前往炉渣面上加入炉料重量约 1% 的矿石，提高脱碳速度至（0.017～0.024）%C/min。在同样脱碳量条件下，脱碳时间可缩短 5min。

（2）调整炉渣　为了避免在氧化期中发生硅的还原（原理见第 2 章），须注意控制炉渣成分。应随着钢液温度的上升，放出部分炉渣，并每吨钢液加入 10～15kg 的石灰，使炉渣含（质量分数）30% 左右的 CaO。短时期地将酸性渣变为弱碱性渣，提高炉渣中 FeO 的活度，抑制硅的还原；在脱碳沸腾终了后，扒除 2/3 的炉渣，加入原砂，恢复炉渣的酸度。

（3）碳含量的控制　在氧化期终了时，钢液碳含量应接近规格成分的下限值或比下限值略高一些，并应根据还原期加入锰铁的碳含量高低而有所区别。在氧化期应防止脱碳沸腾过度而导致钢液过氧化，钢液中过量的氧化铁[$w(FeO) \geqslant 12\%$]会严重侵蚀炉底及炉墙，并在钢液中造成大量的悬浮的夹杂物，降低钢的力学性能，还使钢液的流动性变差。钢液中 [FeO] 含量与 [C] 含量的关系见表 9-151。

表 9-151　钢液中 [FeO] 含量与 [C] 含量
的关系（1555℃）

[C]（质量分数，%）	[FeO]（质量分数，%）
0.36	0.078
0.32	0.079
0.28	0.080

（续）

[C]（质量分数，%）	[FeO]（质量分数，%）
0.24	0.085
0.20	0.097
0.16	0.114
0.15	0.12
0.12	0.15
0.08	0.20
0.06	0.40

（4）硅含量的控制　在还原期由于硅的还原而使钢液增硅，故氧化期末钢液硅含量应控制在规格含量的中值以下，即 $w(Si) \leqslant 0.25\%$，在炉龄前期应控制 $w(Si) \leqslant 0.20\%$。

如氧化期末钢液温度很高（≥1620℃），炉渣的酸度 $[w(SiO_2)/w(CaO)]$ 高而氧化性低时，可能发生硅的还原，因此应注意避免钢液温度过高。

当钢液的化学成分和温度符合要求时，即扒除氧化渣（扒渣量约 70%），进入还原期。

3. 还原期

还原期的技术要求是对钢液进行脱氧和调整钢液的化学成分，时间一般为 15～20min。酸性电弧炉炼钢一般采用扩散-沉淀结合脱氧法。

（1）预脱氧　扒除氧化渣后，加入锰铁预脱氧，其加入量应使钢液中锰的质量分数提高到 0.20% 左右。

（2）造渣　加入新渣料（质量比为原砂∶石灰 = 5∶2），石灰和砂子须经烘干，石灰块度为 50mm 左右，造渣覆盖钢液，应保持渣量在 3% 左右。

（3）取样分析　炉渣形成后，充分搅拌钢液，取钢样，分析 C、Si、Mn。

（4）还原　冶炼碳钢和低合金钢时，每吨钢液加入 3kg 的炭粉进行扩散脱氧。还原时间一般为 10～15min（应避免还原时间过长，以避免发生硅还原的现象），还原末期，充分搅拌钢液，取钢样做全分析。

（5）调整钢液化学成分　当钢液温度达到出钢温度（见表 9-152）时，根据钢样分析结果，调整钢液化学成分。硅和锰的收得率见表 9-124。调整 Si、Mn 后，应在 5min 以内进行插铝终脱氧。

表 9-152　碳钢的出钢温度

钢的规格含碳量（质量分数，%）	出钢温度/℃
0.20～0.30	1600～1620
0.30～0.40	1590～1610
0.40～0.50	1570～1590

注：钢液重量为 2～3t。

(6) 检验　做圆杯试样，检验钢液脱氧情况。

4. 出钢

当钢液化学成分和温度均符合要求，钢液脱氧良好时，可插铝进行终脱氧并出钢。钢液用于浇注湿砂型时，每吨钢液插铝量为 1.5kg；用于浇注干砂型时，每吨钢液插铝量为 1.0kg。

5. 炼钢过程对碳含量、钢液温度及炉渣的控制

在整个炼钢过程中，应将钢液碳含量控制好，尽量避免在还原期中进行增碳或脱碳操作。还原期增碳应尽量在还原初期进行，还原末期增碳的质量分数应小于等于 0.05%。在还原期出现钢液碳含量超出规格成分上限时，应重新进行氧化脱碳、扒渣、还原。钢液温度及炉渣成分的控制要求分别见表 9-153 和表 9-154。

表 9-153　酸性电弧炉氧化法炼钢中钢液温度控制目标

时　间	钢液温度 t		
开始吹氧时	$t \geq 1520℃$（炉龄前期），$t \geq 1550℃$（炉龄后期）		
氧化末期	$t < 1620℃$		
出钢时	$t = 1600 \sim 1620℃$ [$w(C) = 0.20\% \sim 0.30\%$]	$t = 1590 \sim 1610℃$ [$w(C) = 0.30\% \sim 0.40\%$]	$t = 1570 \sim 1590℃$ [$w(C) = 0.40\% \sim 0.50\%$]

表 9-154　酸性电弧炉氧化法炼钢过程中炉渣的成分控制

炉渣名称	炉渣成分（质量分数，%）					炉渣冷却后色泽
	SiO_2	FeO	MnO	CaO	Al_2O_3	
熔化期末渣	40 ~ 45	22 ~ 30	20 ~ 25	6 ~ 8	—	黑色
氧化期末酸性渣	45 ~ 55	15 ~ 20	15 ~ 20	7 ~ 8	—	黑褐色
氧化期末弱碱性渣	40 ~ 45	20 ~ 30	10 ~ 15	≈20	—	黑色
还原渣	50 ~ 60	5 ~ 8	5 ~ 10	10 ~ 25	5 ~ 10	玻璃状，豆绿色

9.6.4　不氧化法冶炼工艺

酸性电弧炉不氧化法炼钢基本上是炉料的重熔过程。除下述几点外，炼钢过程的操作及技术要求与氧化法炼钢工艺相同。

1）配料时，炉料碳含量配至所炼钢种规格成分的下限，炉料中磷和硫的质量分数应比规格限量要求值低 0.005%。

2）炉料熔毕，温度合适，即可扒除部分炉渣，进入还原期。

9.6.5　硅还原法冶炼工艺

硅还原法炼钢是在还原期中用碳还原炉渣中的二氧化硅而使钢液增硅，靠钢液中的硅进行脱氧的炼钢方法。这一过程可表示为

$$(SiO_2) + 2C \rightarrow [Si] + 2CO \uparrow$$
$$[Si] + 2[FeO] \rightarrow (SiO_2) + 2[Fe]$$

1. 硅还原法炼钢的特点

与氧化法炼钢相比，硅还原法炼钢的特点是：

1）硅脱氧能力强，冶炼的钢液氧含量很低，生产的钢中夹杂物含量少。

2）还原过程的同时，可将钢液硅含量调整至或接近于规格成分。

3）钢液的温度较高，适宜于浇注薄壁铸件。

4）还原期炉温更高，时间稍长，耗电量较多。

2. 硅还原法炼钢的操作要点

硅还原法炼钢的操作与氧化法基本相同，仅在还原期有不同于氧化法的以下要点：

(1) 造渣　预脱氧后，加入钢液重量 5% ~ 6% 的渣料（质量比为旧硅砂∶石灰 = 5∶2），造厚渣层覆盖钢液。硅还原过程会产生微弱的沸腾（硅沸），厚渣层可避免 CO 气泡破坏渣层的覆盖而导致钢液吸收气体。

(2) 调整炉渣成分　使炉渣中有过剩的 SiO_2 成分 [酸度 $w(SiO_2)/w(CaO) \geq 2$]。炉渣的黏度也同时增大，加强了炉渣对氧渗透的防护能力，为硅的还

创造条件。

（3）还原　增大供电功率，提高炉渣及钢液温度（钢液温度应提高至 1620～1650℃），分批加入炭粉，进行硅的还原。

（4）估硅取样　根据还原前钢液硅含量以及硅的还原速度（正常还原情况下，每 5min 可使钢液增加 $w(Si)=0.20\%$ 左右），估计钢液硅含量达到钢的规格成分下限时，充分搅拌钢液，取钢样分析 C、Si、Mn、P、S，并适当减小供电功率。

（5）严格控制还原时间　当钢液硅含量达到规格成分要求时，应立即进行终脱氧并出钢。否则，硅的过度还原不仅会使钢液硅含量超出规格，而且会发生反应：$(SiO_2)+2[Fe]\rightarrow[Si]+2(FeO)$。反应生成的 (FeO) 使钢中夹杂物数量增多，钢的力学性能降低。

9.7　电弧炉炼钢的合理供电制度

9.7.1　电弧炉的主要电路及电气装置

电弧炉供电装置典型示例如图 9-16 所示。电弧炉装置供电线路未设置电抗器的情况下，在电弧炉变压器与操作断路器间应设置避雷器和阻容吸收装置。电弧炉装置供电线路的电抗器设置在操作断路器和电弧炉变压器之间时，电抗器与变压器应尽可能靠近安装，在电抗器与操作断路器间应设置避雷器和阻容吸收装置。

9.7.2　合理的供电制度

（1）电弧炼钢炉的特性曲线　图 9-17 是电弧炼钢炉的特性曲线示意图。每一台电炉，都可在测定线路各部分的阻抗后，就不同的电压作出这样的特性曲线，以此作为制订该电弧炉供电制度的依据。由图 9-17，提出以下各点：

1）在一定的电压下，随着电流的增大，电弧炉自电网取得的有效功率增加。到达 P_1 曲线的峰值点以后，继续增大电流，P_1 不但不再增大，反而急剧下降。这是因为整个电弧炉的功率因数显著下降，无功功率增大。因此，不论功率因数如何，而用过大的电流操作，并无益处。

2）实际上用于炼钢的有用功率 P_2 的峰值与 P_1 的峰值并不在同一位置。一般情况下，P_2 峰值对应的电流 I_0 小于 P_1 峰值所对应的电流峰值 I_0'。输入有效功率最大时，由于损失功率（电器本身发热）大，效率 η 明显降低，有用功率 P_2 并非最大。从炼钢角度看，需要的是 P_2，炉子所用的电流应该是 I_0，无论如何不能超过 I_0。

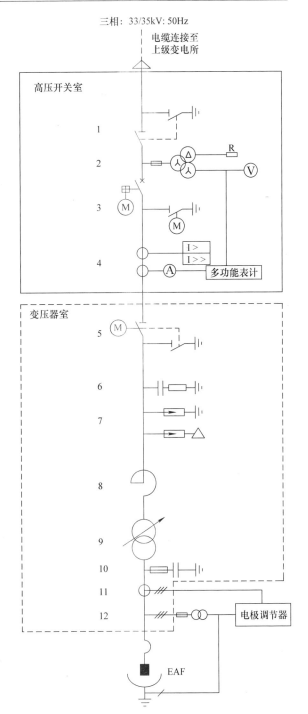

三相：33/35kV：50Hz

电缆连接至上级变电所

图 9-16　电弧炉供电装置典型示例

（图片来源：NB/T 41007—2017《交流电弧炉供电技术导则 供电设计》）

1—进线隔离开关　2—电压互感器　3—高压断路器
4—电流互感器　5—变压器室隔离开关　6—阻容吸收器
7—氧化锌避雷器　8—串联电抗器　9—电弧炉变压器
10—限压电容　11—罗氏线圈及积分回路
12—二次侧电压互感器

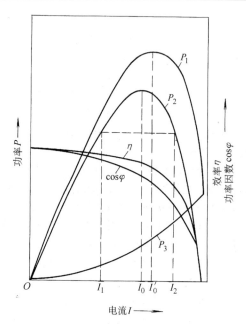

图 9-17　电弧炼钢炉的特性曲线示意图

P_1—电网给予电炉的有效功率　P_2—实际上
用于炼钢的有用功率　P_3—损失功率
η—电炉效率　$\cos\varphi$—电炉的功率因数

3）由于不能在现场用仪表显示有用功率 P_2，因此不能用 P_2 来控制电炉的供电，通常是采用电流控制的方法。电流控制是灵敏的，但如无特性曲线作为依据，则很可能导致效率降低，电耗增大。表 9-155 中所列的几种情况可说明采用不同电流操作时的技术合理性。实际上可限定运行电流不超过 I_0，电弧炉的用电即基本合理。

4）作电弧炉特性曲线的基本方法是作一次空载试验和短路试验，取得各部阻抗的数据，然后通过计算求出有关的数据。

目前，各国都倾向于在电弧炉炼钢中采用超高功率供电，这是强化冶炼操作的重要措施之一。应强调，如采用超高功率，须使电弧炉设备具备相应的电气特性。

（2）电弧炉供电的一般操作方法

1）为保护电气设备，在熔化期中穿井和塌料时，必须带上电抗器。电极自动调节系统的稳定性较高时，应尽早切除电抗，以减少无功损失。

2）熔化期用大功率，氧化期用中等功率，还原期用较小功率。

3）氧化法炼钢的合理供电制度见表 9-156。

表 9-155　电弧炉采用不同电流操作的技术合理性

工作电流	输入功率 P_1 与有用功率 P_2	$\eta(\cos\varphi)$ 值	合理性
$I = I_1$	P_1 与 P_2 皆小于其对应的峰值	大	合理
$I = I_0$	P_1 增大，P_2 达到峰值	略有下降	基本合理
$I = I_0'$	P_1 达到峰值，P_2 反而降低	进一步有所降低	基本合理
$I = I_2$	P_1 及 P_2 皆降低	大幅度降低	不合理

注：本表与图 9-17 相对应。

表 9-156　氧化法炼钢的合理供电制度

时期	序号	时间	条 件	供电制度 电压	供电制度 电流	说 明
熔化期	1	点弧时	炉料上层是钢屑或轻薄料	高	—	钢屑和轻薄料的导电性较差
			炉料上层是重、实料	低	—	
	2	开始熔化阶段	电弧埋入炉料前	低	小	电弧降低炉盖寿命
			电弧埋入炉料后	高	大	
	3	熔化过程中	电极第一次降到炉底时 3 根电极降到炉底后 10～15min 起至炉料熔毕	低	小	高电压电弧对炉底的灼热能力强，机械冲击力大，容易引起炉底过热和起坑，特别是轻薄料多，熔池中钢液少时，炉底更易于过热和起坑
				高	大	
	4	炉料熔毕后	熔化过程中用吹氧助熔	高	大	采用吹氧助熔能使炉渣发泡，泡沫渣包裹住电弧，炉盖灼热程度轻；不用吹氧助熔时，炉渣不发泡，电弧的高温损伤炉盖
			熔化过程中不用吹氧助熔	低	小	
氧化期	5	吹氧时	吹氧脱碳法	高	大	吹氧后期如钢液温度过高可低电压吹氧
	6	吹氧后	吹氧脱碳法	低	小	

（续）

时期	序号	时间	条　　件	供电制度		说　　明
				电压	电流	
氧化期	7	矿石沸腾	矿石脱碳法	高	大	矿石沸腾不宜用低电压，因低电压电弧的热影响区小，熔池不能全面被加热，易使熔池边缘部分钢液脱碳困难
	8	纯沸腾	矿石脱碳法	低	小	
还原期	9	还原初期	扒除氧化渣并加入稀薄渣料后	高	中	使用较大的功率，以加速渣料的熔化
	10	还原过程中	稀薄渣形成后直至还原终了	低	小	应避免在还原后期用高电压大功率进行钢液的提温，因高电压提温易造成炉渣温度过高（炉渣温度与钢液相差悬殊）的现象。出钢后，高温炉渣严重侵蚀钢包塞杆，甚至将塞杆熔断

（3）供电规范举例　设备条件为变压器功率2250kW，电压为220V和127V两级。图 9-18 所示为采用吹氧助熔条件下的 5t 电弧炉供电规范，图 9-19 所示为不采用吹氧助熔条件下的 5t 电弧炉供电规范。

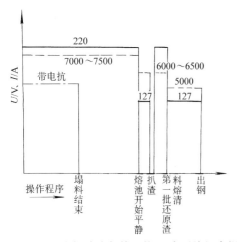

图 9-18　采用吹氧助熔条件下的 5t 电弧炉供电规范
——电压　---电流　—·—电抗

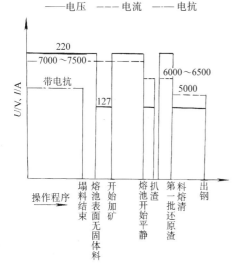

图 9-19　不采用吹氧助熔条件下的 5t 电弧炉供电规范
——电压　---电流　—·—电抗

9.8　超高功率电弧炉炼钢技术与节能技术

现代电弧炉炼钢工艺的基本指导思想是高效、节能、低消耗，应用于现代电弧炉的各项技术，如超高功率供电、氧燃助熔、水冷炉壁、水冷炉盖、底吹搅拌、长弧泡沫渣、无渣出钢、废钢预热等都是在这种思想指导下开发出来的，综合应用这些技术与计算机控制、管理和炉外精炼相配合，已经使现代电弧炉冶炼周期从 180min 降至 60min 或以下，每吨钢液冶炼电耗从 630kW·h 降至 410kW·h 或以下，每吨钢液电极消耗量从 6.5kg 降至 2.2kg 或更低。高功率和超高功率大型电弧炉已在全世界范围内得到广泛普及。超高功率电弧炉是指单位时间输入到电炉中的能量比普通电弧炉大 2~3 倍。超高功率技术本身也由原来的低电压大电流的粗短弧操作改变成高电压小电流的长弧操作。目前，先进电弧炉的功率水平已达到每吨钢液 700~1000kW。

9.8.1　高阻抗技术

超高功率电弧炉的发展先是从最初的"高电压、大功率"即初期的长弧操作，到"低电压、大电流"即短弧操作，再到现在的"高电压、小电流"即高阻抗长弧操作。

"高电压、大功率"的长弧操作优点在于，可以减小工作电流，使功率因数与电效率都随之提高，可以使用直径小的电极，简化短网结构。但其缺点在于，电压高，电弧长，对炉衬的热辐射增大，导致炉衬严重损坏。同时，电弧裸露，热效率低。因此，最初的"高电压、大功率"的长弧操作很快被"低电压、大电流"的短弧操作取代，其优点在于电压低，电弧短，热效率提高，炉衬损耗降低。但其缺点也非常明显，即功率因数低，电流大要求短网截面大，电极直径大，电极消耗大。

水冷炉壁、水冷炉盖和泡沫渣技术的应用，使得长弧供电成为可能。但是，高电压长弧供电功率因数大幅度提高，将使短路冲击电流大大增加，导致电弧不稳定，输入功率降低。为了改善这种状况，高阻抗技术应运而生。高阻抗电弧炉是一种高效率新型电弧炉，它具有一系列突出优点，能大幅度降低电能和电极消耗，能显著减少对供电电网的短路冲击和谐波污染。高阻抗电弧炉吸取了 20 世纪 80 年代以来几乎所有的电弧炉炼钢新技术，使交流电弧炉在电弧稳定性、电效率和对电网干扰等方面均可同直流电弧炉相媲美。高阻抗电弧炉主电路与传统电弧炉主电路的主要区别在于前者主电路中串联了一台很大的电抗器，它使电弧连续稳定燃烧，电弧电流减小，电弧电压提高，电弧功率加大，电效率提高，谐波发生量和对电网冲击减小。

高阻抗电弧炉通过提高电弧炉装置的电抗，使回路的电抗值提高到原来同容量电弧炉的 1.5 ~ 2.0 倍，如 40t/2MW 以上普通阻抗电弧炉，其电抗值为 3.5 ~ 4.0mΩ，而高阻抗电弧炉的电抗值可提高到 6 ~ 8mΩ。增加电抗的办法是在电弧炉变压器的一侧串联一个固定电抗器或饱和电抗器。固定电抗器的缺点是不能自动调节电抗值，当冶炼过程需要改变电抗时，要提起电极，断电后才能改变电抗值，而饱和电抗器则能根据冶炼进程在不断电情况下自动改变电抗值，基本实现恒电流操作，可进一步减少电弧炉对电网的干扰。带有固定电抗器和饱和电抗器的高阻抗电弧炉的主电路见图 9-20。

高阻抗电弧炉的优点在于：

1）因工作电流小，电极消耗降低，同时由于埋弧操作，电耗降低。

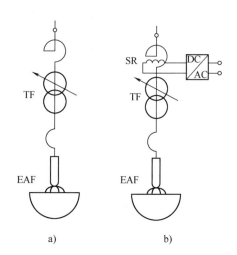

图 9-20　高阻抗电弧炉的主电路

a）带固定电抗器的主电路
b）带饱和电抗器的主电路

2）因电抗高，故电弧稳定，输入功率提高。

3）由于长弧操作，熔化期废钢塌落砸断电极的事故显著降低。

4）因短网电流小，短路电流小，减轻电极横臂、立柱和水冷电缆等所受的电动力，机械振动小，可减少维修。

5）因电流波动小，可减少电压闪烁约 30%。

正因为高阻抗超高功率电弧炉的以上优点，直流电弧炉的优势已不再明显，因此，进入 21 世纪以来，高阻抗超高功率电弧炉得到迅猛发展。几种电弧炉的典型操作指标见表 9-157。

表 9-157　电弧炉的典型操作指标

电弧炉类型	低阻抗交流电弧炉	高阻抗交流电弧炉	Danarc 高阻抗交流电弧炉	直流电弧炉
电耗/(kW·h/t)	390 ~ 430	360 ~ 410	360 ~ 400	360 ~ 400
电极消耗/(kg/t)	2.5 ~ 3.0	1.9 ~ 2.4	1.7 ~ 2.2	1.2 ~ 1.7
功率因数	0.80 ~ 0.85	0.80 ~ 0.85	0.80 ~ 0.85	0.85 ~ 0.90
电流波动（%）	40 ~ 50	34 ~ 36	25 ~ 30	28 ~ 32
电效率（%）	92 ~ 94	95 ~ 97	95 ~ 97	95 ~ 97

9.8.2　泡沫渣技术

泡沫渣能有效地屏蔽和吸收电弧辐射能，并传递给熔池，提高了传热效率，减少了辐射到炉壁、炉盖的热损失，缩短了冶炼时间。泡沫渣对输入炉内电能转化率的影响如图 9-21 所示。炉渣状况对能量损失的影响如图 9-22 所示。可见，在泡沫渣下能量损失最低，即使在长弧（高功率因数）下运行，能量损失也无明显增加，而且长弧（高电压）运行电流降低，电极消耗量也相应减少。泡沫渣技术的采用取得

明显效果：功率因数由 0.63 提高到 0.88，热效率提高 30% ~ 270%，电流和电压波动明显减小，并加快了电弧热量向熔池的传递。

泡沫渣与水冷炉壁、水冷炉盖等技术的成功运用，还改变了普通超高功率电弧炉的短电弧、大电流、低功率因数的电气操作特征，实现了高电压、长弧、低电流、高功率因数的操作，从而大大提高了熔化速率，显著节省电能。

影响泡沫渣的因素主要有以下几点：

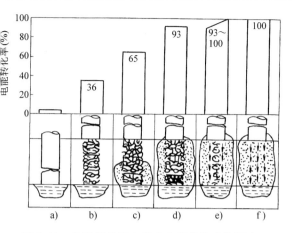

图9-21 泡沫渣对输入炉内电能转化率的影响

（1）吹氧量 泡沫渣主要是碳-氧反应生成大量的 CO 气体所致，因此提高供氧强度，既增加了氧气含量又提高了搅拌强度，促进碳-氧反应激烈进行，使单位时间内的 CO 气泡生成量增加，在通过渣层排出时，使渣面上涨，渣层增厚，形成泡沫渣。

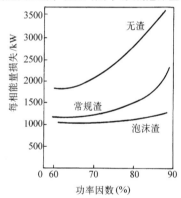

图9-22 炉渣状况对能量损失的影响

（2）熔池碳含量 如果碳不足将使碳-氧反应乏力，影响泡沫渣形成，这时应及时补碳，从炉盖加料孔加入焦炭粒或煤粒，或直接喷入炭粉，以促进 CO 气泡的生成，喷入细炭粉可以更快更有效地形成泡沫渣。

（3）炉渣的物理性质 增加炉渣的黏度，降低表面张力和增加炉渣中悬浮质点数量，将提高炉渣的发泡性能和泡沫渣的稳定性。

（4）炉渣化学成分 在碱性炼钢炉渣中，（FeO）含量和碱度 $w(CaO)/w(SiO_2)$ 对泡沫渣高度的影响很大。随（FeO）含量升高，炉渣的发泡性能变差。炉渣碱度 $w(CaO)/w(SiO_2) \approx 2$ 时，炉渣的发泡性能最好。

（5）温度 随温度升高，炉渣黏度下降，熔池

温度越高，生成泡沫渣的条件越差。

总之，电弧炉碱性渣操作时，控制适宜的渣中 FeO 含量 [$w(FeO) = 20\%$ 左右] 和碱度 [$w(CaO + MgO + MnO)/w(SiO_2 + Al_2O_3 + P_2O_5) \approx 2$ 左右]，使炉渣具有一定的表观黏度（含有一定量悬浮 $2CaO \cdot SiO_2$ 和 $FeO \cdot MgO$ 颗粒），渣量和气体发生量足够时，就能形成良好的泡沫渣。

9.8.3 水冷炉壁和水冷炉盖技术

水冷炉壁和水冷炉盖技术解决了在高功率操作时，电弧对炉壁和炉盖的强烈辐射引起的耐火材料熔炼损耗问题。

现代电弧炉的平均水冷炉壁面积已达到70%，水冷炉盖的面积达到85%。使用水冷炉壁技术后，炉壁的使用寿命可超过2000炉次。使用水冷炉盖与使用水冷炉壁具有同样的意义，将管式水冷件用于水冷炉盖，可以使炉盖寿命达到4000炉次。尽管这种技术的采用使电弧炉的热量损失增加了5%～10%，但使耐火材料的成本和喷补成本节约了50%～75%，并取消了渣线上部耐火材料的修补作业，大大降低了操作工人的劳动强度。而且，由于大幅度减少了热停炉的时间，生产率提高了8%～10%，每吨钢液电极消耗量降低0.5kg，生产成本下降5%～10%。因此，总体效益非常显著。

水冷炉壁较常见的是管式水冷挂渣炉壁，见图9-23。它由多支冷却管组合而成，冷却管是锅炉钢管，壁厚一般为9mm左右，管内径一般为58mm左右，两端是用锅炉钢管弯头焊接而成，也有用钢管整体弯曲而成，管壁内侧一般焊有挂渣钉，以利于炉壁挂渣，提高水冷板寿命。冷却管埋在渣线以下部位，有些厂家采用耐高温、传热效率高的纯铜管。

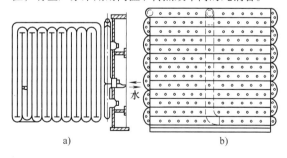

图9-23 管式水冷挂渣炉壁
a）密排垂直管 b）密排水平管

水冷炉盖是用厚壁管制造的环形支架为支撑，悬挂3个扇形排管式水冷件构成。水冷件内表面一般设有挂渣钉。水冷炉盖中心为小炉盖，三相电极从小炉盖中伸入炉内，小炉盖一般用耐火材料整体打结而

成。水冷炉盖上还有除尘孔和加料口。

水冷炉壁和水冷炉盖的冷却水工作压力为 0.6MPa 左右，最高进水温度不应超过 35℃，最高出水温度不应超过 55℃。

9.8.4　无渣出钢技术

电弧炉实现超高功率化后，如果还原期继续在电弧炉中进行，就会造成变压器功率的浪费。如果将还原期转移到精炼炉中进行，氧化渣就不能进入精炼炉。因此，采用无渣出钢技术十分必要。出钢槽出钢和中心底出钢都不能实现无渣出钢。目前，常见的无渣出钢技术为偏心底出钢（EBT）。EBT 出钢的优点在于：

1）出钢角度小，仅 12° ~ 15°，从而缩短了短网的长度，减少了电能损失，同时减小了电极折断概率。

2）出钢速度快，一般仅需 2 ~ 3min（出钢槽出钢约 5min），钢流短，钢液降温少，吸气少，可降低出钢温度，从而缩短冶炼时间，节省电能，提高生产率。

3）留钢量 10% ~ 15%，冶炼采用单渣（氧化法）冶炼。出钢后留下的炉渣和钢液有利于熔化时热量的传递和熔池的快速形成，有利于加快熔化速度和早期脱磷。

因此，EBT 出钢为冶炼超低磷钢提供了有利条件，并可有效缩短冶炼时间，降低材料和能源消耗。EBT 出钢时要防止炉渣流出侵蚀出钢口。

无渣出钢需要有出钢台车、电子秤、快速回炉装置等配套设施。

9.8.5　废钢预热技术

据测定，电弧炉炼钢烟气带走的热量是电弧炉热量总收入的 10% 以上，这样，利用电弧炉炼钢废气预热废钢成为一项重要的节能降耗措施。

1980 年，第一套废钢预热装置在日本一座 50t 电弧炉上安装应用，开创了废钢预热技术的先河。1985 年，德国巴德钢公司（BSW）在两台 60t 电弧炉上安装了废钢预热装置（见图 9-24），该装置是传统废钢预热装置的代表。使用该装置，废钢预热温度约为 450℃，相当于每吨钢液节电 60kW·h，每吨钢液电极和耐火材料消耗分别降低约 0.4kg 和 1.5kg，冶炼时间缩短 6min。

废钢预热还可利用外部燃料来进行，希望用一次能源代替二次能源——电能，但更多的是利用电弧炉废气来进行。这两种方法都可节能，又能提高电弧炉生产率。废钢预热既可在料篮内进行，也可在容器或特殊料罐内进行，当使用外部燃料时，料罐内应衬以耐火材料。

用废气或外部燃料预热时，废钢温度一般在 250 ~ 300℃ 或 500 ~ 600℃，相应每吨钢电耗可降低 40kW·h 和 90kW·h。即使有外部燃料消耗，考虑到发电厂热效率仅为 30%，用一次能源代替二次能源也是合理的，能达到节能降耗的目的。废钢预热温度与电弧炉冶炼节电量的关系如图 9-25 所示。

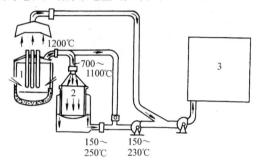

图 9-24　德国巴德钢公司废钢预热装置原理图

1—电弧炉　2—废钢预热　3—除尘器

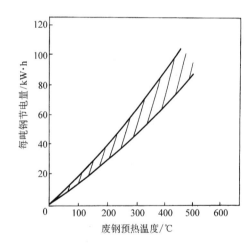

图 9-25　废钢预热温度与电弧炉冶炼节电量的关系

总之，电弧炉炼钢采用废钢预热后，由于利用废气热量或用一次能源代替二次能源，节能效果明显，缩短电弧炉熔化时间 8 ~ 10min，每吨钢液降低电极和耐火材料消耗分别达 0.2 ~ 0.6kg 和 15%，还有利于降低钢液中 H 含量。

目前，世界上采用的废钢预热装置很多，但都大同小异，典型的有 Kruppy 高温预热系统、连续预热和装料的 CONSTEEL 预热系统、利用外来燃料的炉内废钢预热系统和双壳电弧炉预热系统等。

在 Kruppy 预热系统装置中，电弧炉废气被强制通过废钢，设备上只需对标准的废钢装料方法稍加改进；在 CONSTEEL 预热系统装置中，电弧炉废气基本上是逆向通过废钢，由于连续地把炉料加在钢液面上，要求炉子加料像加海绵铁一样操作。这两种废钢预热系统均可最大限度地利用电弧炉废气预热废钢，使废钢的预热温度达到 300 ~ 750℃，每吨钢液可节电 30 ~ 80kW · h。

利用外来燃料的炉内废钢预热系统包括一个对废钢进行初步预热的料篮、一套电源、两套炉盖（带燃烧筒的预热炉盖和带电极的熔炼炉盖）。废钢首先在料篮内初步预热，然后移送到双室电弧炉内，先用预热炉盖预热，再用熔炼炉盖熔炼。这样，在同一炉内进行预热和熔化，热效率极高，解决了高温预热问题。该系统可降低电能 37%，冶炼能源成本降低 24%。

双壳电弧炉预热系统有两座熔炼炉，一套供电系统。其中一座熔炼炉将预热后的废钢进行熔化，另一座装完料后，利用废气进行预热，两炉交互使用。

20 世纪 90 年代末，竖式电弧炉产生，其特点是将废钢料篮置于电弧炉炉顶的废气排放口处，使 1200 ~ 1500℃的废气通过废钢进行预热，预热废钢后的废气温度仅有 250℃，达到了很好地回收能源预热废钢的目的。竖式电弧炉同传统的废钢预热方式相比，废气中热能的利用率可提高 1 倍，节电 20%。西门子新开发的 Simetal EAF Quantum 电弧炉是在成熟的竖式电弧炉技术基础上与一种新型废钢装料工艺、高效预热系统、下炉壳倾动新方案和优化的出钢系统相结合，它能够使出钢周期缩短到 36min。每吨钢电耗仅为 280kW · h，大大低于传统电弧炉的指标，再加上电极和氧气消耗的降低，使得单位生产成本总

计能够降低 20% 左右。每吨钢 CO_2 排放量也比传统电弧炉减少 30% 之多。

9.8.6　氧-燃烧嘴助熔技术

氧-燃烧嘴助熔技术是 20 世纪 60 年代发展起来的电弧炉炼钢技术，是目前电弧炉炼钢广泛应用的技术，因为它是提高电弧炉生产率、降低生产成本中最有效的方法。超高功率电弧炉熔化时靠近炉壁处的两根电极之间的冷区效应变得严重，为了加快熔化过程，迫切需要向冷区供应热量，为此开发了氧-燃烧嘴技术。一般在电弧炉上安装 3 只烧嘴，分别对准 3 个冷区。在熔化期，烧嘴和电极共同加热，使废钢能更均匀、更有效地熔化。熔化速度的提高，使电能消耗和电极消耗量降低，缩短了冶炼时间，提高了生产率及经济性。由于现代电弧炉采用水冷炉壁、水冷炉盖和除尘孔排烟除尘，使其更适合氧-燃烧嘴的应用。氧-燃烧嘴投资费用少，见效快，可获得节电 10% ~ 15%，增加产量 10% 左右的效果。通常对于大型电弧炉，氧-燃烧嘴每吨钢消耗 $1m^3$ 氧气相当于每吨钢节省 3 ~ 5kW · h 的电能。

氧-燃烧嘴所用的燃料有轻油、重油、天然气和煤粉或焦炭粉等。我国许多电弧炉都采用了适合我国国情的氧-煤（粉）烧嘴助熔技术，已取得了明显的经济效益，每吨钢液节电 50 ~ 100kW · h，缩短冶炼时间 15 ~ 30min，减少了塌料事故等。北京科技大学研制的以空气为载气输送煤粉的中心管和氧气分为旋流和直流的双氧道烧嘴见图 9-26。这种烧嘴既能保证在烧嘴出口处形成回流区，有利于点火，又能在其外部形成约束火焰的直流氧气射流，以增加火焰出口动量，提高其穿透能力。

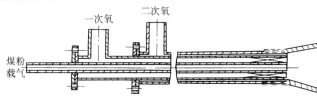

图 9-26　氧-煤（粉）烧嘴结构示意图

（1）烧嘴的安装位置　烧嘴安装在炉门、炉壁或炉盖上。在炉门上安装的烧嘴系统适用于小炉子，因为在小炉子上单个烧嘴火焰能有效地达到 3 个冷点区。在大多数电弧炉上，烧嘴被安装在靠近冷点区的炉壁上，分别对准 3 个冷点区，其传热效率最高。炉盖安装烧嘴适于炉壁不能安装烧嘴的炉子，对造泡沫渣操作的炉子，炉盖烧嘴能避免炉壁烧嘴出现的灌渣现象。

（2）烧嘴的供热时间　熔化初期，氧-燃烧嘴火焰的传热效率较高，但随着废钢的不断熔化，传热表面积减少，传热效率降低。炉接近完全熔化时，大部分热量将从熔池表面反射出去，并传给废气。所以，烧嘴的热效率应在冶炼开始时尽快达到最大值，在传热效率显著降低时即 75% ~ 85% 的废钢已熔化或沉入熔池表面以下时停止供热。

（3）氧气与燃料比值的选择　一般而言，当氧

气与燃料比值为理想配比，即产生的火焰为中性火焰时，烧嘴提供的火焰温度最高，操作效率最高，氧气、燃料的消耗最省。氧-天然气烧嘴的理想配比是氧气：天然气 = 2:1（体积比），氧-煤（粉）烧嘴的理想配比是每千克煤（粉）用氧约 2.5m³。过量氧气燃烧（即超理想配比）的好处是可产生切割作用，以切断大块废钢。

9.8.7　底吹气体搅拌技术

底吹气体搅拌技术是 20 世纪 70 年代末开始发展起来的，并迅速在电弧炉炼钢中得以推广应用，它克服了电磁搅拌装置设备投资大、事故多并且维修复杂、熔池搅拌强度调节范围小等缺点。

由于电弧炉三相电极加热的不均匀性和电弧电动力搅拌乏力，使炉内存在冷区和热区，熔池温度、成分不均匀和炉渣过氧化等问题，底吹气体搅拌为电弧炉克服这些问题提供了廉价而有效的解决办法。底吹气体搅拌把熔池每吨钢液的比搅拌功率只有电弧电动力作用时的 1 ~ 3W 提高到了 375 ~ 400W（在向钢液插管吹氧时每吨钢液的比搅拌功率也只有约 50 ~ 100W），因而可改善钢渣-反应，提高熔池成分和温度的均匀性，加速电弧向废钢的传热，促进脱磷、脱硫和碳氧反应，能更有效地放渣和进行无渣出钢操作，从而利于纯净钢的生产。

电弧炉底吹炼钢具有投资与使用成本低、操作方便、搅拌效果好等优点，可明显缩短冶炼钢时间，降低能耗，提高脱磷、脱硫能力，促进合金均匀化。冶炼不锈钢时可促进去碳保铬，提高合金收得率。一般而言，底吹搅拌可使每吨钢液电耗降低 10kW·h 以上，冶炼时间缩短 5min 以上，金属收得率提高 0.2% ~ 0.5%。

电弧炉底部供气元件的选择一般与底吹气体种类有关。电弧炉底吹氧气等氧化性气体时一般采用双层套管喷嘴，内管吹氧化性气体，外环管吹保护气体。底吹惰性气体时大多采用细金属管多孔塞供气元件。底吹天然气时采用单管式供气元件。另外还有环缝式、直孔型透气砖等供气砖。从使用寿命和供气控制可靠性来说，选用镁碳质细金属管多孔式供气元件比较好，如国外某钢厂 120t 超高功率偏心炉底电弧炉底吹 N_2 时，采用的这种供气元件寿命可达 400 炉以上。

较为典型的供气元件为奥地利 RADEX 公司研制的 DPP 供气元件，它由多根管径为 1mm 的不锈钢管埋入镁碳质耐火材料中，并与气室连接构成，见图 9-27。安装时，在 DPP 元件和座砖之间用一种特殊混合料填实，这种混合料在高温侧被牢固地烧结，而在低温侧却仍保持最初的颗粒结构，从而容易更换。

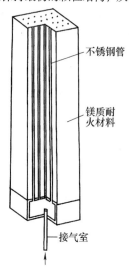

图 9-27　RADEX 公司的 DPP 供气元件

供气元件在电炉炉底的安装位置和数量因厂家、炉子大小和类型不同而有所不同，最典型的是将 3 个底吹供气元件布置在电极间的 3/5 炉膛直径的圆周上（见图 9-28），其优点是能够加强低温区的钢液循环，提高废钢熔化速度，对电极操作和电弧干扰小等。

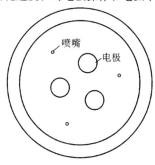

图 9-28　炉底喷嘴布置示意图

电弧炉底部喷吹气体的种类可采用 N_2、Ar、天然气、CO_2、CO、O_2 和空气等。底吹 O_2 时，必须配备保护气体，防止供气元件严重熔炼损耗。底吹 CO 时，要注意管路与控制元件和设备的密封问题。天然气是一种比较理想的气源，底吹天然气时，钢液既无增碳现象，同时又能起到保护电极的作用。N_2 是廉价气体，但底吹 N_2 时，会造成钢液增氮，而 Ar 是理想的搅拌用气体，对透气元件磨损小，操作平稳，不会造成钢液增氮，但其价格较高，因此，N_2 和 Ar 联合使用，即熔化期或精炼前期用 N_2，精炼期用 Ar，是一种既经济又利于保证钢液质量的供气方式。

在电弧炉的整个冶炼周期，底吹供气是不间断的。搅拌强度应控制在一定的液面隆起高度，使钢液不冲破渣层为宜，否则，将使钢液吸气，并且过多的隆起高度将使电弧不稳定，电效率降低。最大气体流量是在出钢期间和出钢后的一段时间，出钢时应提高搅拌强度，以防堵塞吹气孔。底吹搅拌供气制度如图 9-29 所示。

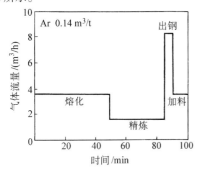

图 9-29　底吹搅拌供气制度

不同类型的电弧炉上底吹技术所获得的节能与缩短冶炼时间的情况见表 9-158。此外，还可降低电极消耗约 10%，每吨钢液降低氧气耗量约 $2m^3$。

**表 9-158　电弧炉上底吹搅拌的节能和
缩短冶炼时间结果**

厂　家	日本：京浜厂	墨西哥：Deacero 厂	中国：长特公司
炉型	超高功率	偏心炉底出钢	普通
电弧炉容量/t	50	45	15
底吹气体种类	N_2 + Ar	天然气 + N_2	N_2 + Ar
每吨钢液节约电能/kW·h	40 ~ 50	40	40 ~ 50
缩短冶炼时间/min	35	16 ~ 20	30

9.9　直流电弧炉设备简介及特点

9.9.1　直流电弧炉的发展概况

直流电弧炉炼钢技术的研究始于 19 世纪 70 年代，1885 年原 ASEA 公司设计了第一座直流电弧炉，限于当时不可能制造大功率高效整流设备，因此直流电弧炉的炉容量很小，长期以来使其生产应用受到限制。

20 世纪 60 年代以来，大型超高功率电弧炉得到迅速发展，以及一系列配套技术的开发应用，使电弧炉炼钢技术有了很大的进步。直流电弧炉是在超高功率交流电弧炉的基础上发展起来的，已成为现代电弧炉炼钢发展过程中的一项重大新技术。20 世纪 80 年代中期，德国 MAN—GHH 和 BBC 公司联合把美国纽柯钢铁公司达林顿钢厂原有的 30t 交流电弧炉改造成为世界第一台小钢厂中使用的直流电弧炉。随后，国外多座 30 ~ 50t 交流电弧炉改造为直流电弧炉。1989 年日本 NKK 公司采用 MAN—GHH 直流电弧炉技术为东京钢铁公司九州厂建成当时世界最大的 130t 直流电弧炉。1990 年年初，这台电弧炉达到每吨钢液电极消耗 1.1kg，电能消耗 350kW·h，出钢周期 58min，炉底电极寿命大于 862 炉的良好效果。20 世纪 90 年代大型高功率直流电弧炉得到了迅速推广。新投产的直流电弧炉容量大都大于 100t，每吨钢液变压器容量一般在 1000kW 左右。

当直流电弧炉技术实现大型化、超高功率化的同时，国外电弧炉制造商又纷纷推出双炉壳直流电弧炉、Consteel™ 直流电弧炉和竖式直流电弧炉。这些电弧炉与常规直流电弧炉相比，具有明显降低电极消耗和电耗、显著提高生产率以及烟尘更容易控制等优点，被称为"绿色现场"电弧炉炼钢技术。

9.9.2　直流电弧炉的特点

直流电弧炉与交流电弧炉相比，有以下特点：

1）由于直流电弧炉一般只需一套电极系统，只有一根电极，炉盖只有一个电极孔，密封性好。同时，短网结构简化，炉子中受到磨损的机械元件减少，液压系统也相应比较简单。

2）直流电弧炉运行时，用晶闸管调节器来限制电弧电流的大小，因而电弧电流稳定。

3）直流电弧炉的石墨电极作为阴极，不存在因发射电子而形成的"阳极斑点"，因而电极端温度低。同时，直流电弧稳定地在电极端垂直地燃烧，并始终处于熔池的上方，消除了交流电弧偏斜燃烧而产生的电极龟裂现象。

4）直流电不存在趋肤效应、邻近效应及周期性的磁场，电磁力小，石墨电极断面上的电流分布均匀，故单电极直流电弧炉一般可使用三相交流电弧炉相同直径的石墨电极。由此也带来 3 个好处：

① 单电极直电弧炉石墨电极的侧面积比交流电弧炉减少近 2/3，并且避免了交流电弧炉每根电极的侧面受其他两根电极的电弧辐射而造成的电极侧面温度高的问题。

② 作用在电极横臂、立柱和升降机构上的电磁力很小。

③ 因电弧功率大，电极穿井快。

5）单电极直流电弧炉内电弧始终处于炉子的中心燃烧，一般无炉壁热点现象，炉壁的热负荷均匀，且电弧远离炉壁。

6）直流电弧炉是垂直地向熔池燃烧，加热形式比交流电弧炉更均匀，而在交流电弧炉中的 3 个电弧因电磁力而彼此排斥，因而使电弧集中在每根电极的外部。由于在直流电弧炉内热量分布均匀，废钢得到了更有效的熔化。同时，直流电弧燃烧稳定，熔化时大大减少了塌料及电极振动而造成的电极折断概率。

7）电流从电弧到大面积导电炉底呈辐射分布，在电极下方的钢液向下流动，再顺着炉底向外流动而呈辐射状返回电极，因此电流穿过钢液所产生的电磁力促进钢液得到良好的搅拌。这种搅拌在交流电弧炉中是不会出现的。直流电弧炉这种搅拌的好处是：传质、传热速度快，熔化速度快，化学反应迅速，钢液成分、温度均匀，取样可靠性高，出钢温度可以得到精确控制。

8）直流电弧炉炼钢仍可采用现代化电弧炉炼钢新技术，如超高功率供电、氧燃助熔、水冷炉壁、水冷炉盖、长弧泡沫渣、无渣出钢、废钢预热等。

因此，直流电弧炉具有如下优点：

1）石墨电极消耗量大幅度降低，直流电弧炉的电极消耗为现代交流电弧炉的 75%，只是老式交流电弧的约 50%。

2）电压波动和闪烁小，对前级电网的冲级小。直流电弧炉的电弧闪烁仅为同容量交流电弧炉的 30%~50%。

3）冶炼时间缩短 5%~10%，电耗降低 5%~10%，噪声水平可降低 10~15dB，耐火材料消耗可降低约 30%。

4）操作稳定，输入功率高，升温速度快，熔化均匀迅速，生产率高，烟尘排放量减少。

当然，直流电弧炉也有不足之处，主要是：

1）电源系统复杂，增加了整流设备和底电极，其可靠性不如交流电弧炉。

2）底电极维护麻烦，有不安全因素；含石墨的炉底材料比普通炉底衬更昂贵。

3）短网通过的电流大，与同容量的交流电弧炉相比，直流电弧炉短网电流成倍增加，也需要能承受更大电流密度的超高功率石墨电极。

4）直流电弧由于受到供电回路造成的磁场的作用和由电弧本身的电流的电磁力作用而容易产生偏弧，妨碍炉内炉料的均匀熔化。

5）电弧炉的大型化和高效化要求更大的功率输入，单电极直流电弧炉的发展受到制约。而使用多电极直流电弧炉，则存在底电极电流密度过大的问题。

另外，与高阻抗超高功率交流电弧炉相比，直流

电弧炉的优势已不明显。

9.9.3　直流电弧炉的类型及冶炼工艺特点

直流电弧炉的设备由电源设备、控制设备以及大电流线路、炉体及其弧形架机构、炉盖及提升与旋转机构、电极升降机构、炉底导电电极系统、液压系统和冷却水及压缩空气系统等几部分组成。直流电弧炉的电源设备包括高压隔离开关、高压真空断路器、直流电抗器、电炉变压器和整流装置等电气设备。

现今直流电弧炉技术已经有了较大的发展，已成为一种成熟的工业技术。先后出现了导电炉底型直流电弧炉、水冷钢棒炉底电极直流电弧炉、多触针型炉底电极直流电弧炉及触片式炉底电极直流电弧炉等。

1. 导电炉底型直流电弧炉

20 世纪 80 年代中期，ASEA 公司与奥地利 RADEX 公司联合对导电炉底进行研制，后期又与瑞士 BBC 公司合并组成 ABB 公司。1991 年，该公司先后为马来西亚南方钢铁厂和美国查特钢铁公司成功建造了 67MW、80t 和 42MW、70t 直流电弧炉。ABB 公司大型直流电弧炉的主要特点：

只有一根位于中央的石墨电极，起着阴极的作用，位于炉子下面的炉底接线与整流器的正极连接，起着阳极的作用。现代化大型直流电弧炉要求接入 130kA 的大电流和约 750V 的高电压。

炉底是导电的，也是直流电弧炉的最重要部件之一。导电炉底的优点是：

1）可实现大面积的电接触，整个炉底炉衬都可导入直流电流，这样单位电流负荷很低（小于 $10kA/m^2$）。

2）可采用普通砌砖方法和维修制度，不需要特别的工具或设备。

3）由于采用预制砖，因此保证了质量稳定，可以做到安全。

ABB 公司还开发出一种装有空心电极装料系统的直流电弧炉（见图 9-30）。其特点是：

1）可以直接装入细颗粒原料而不需预先压块。

2）炉料直接送入电弧等离子体区，因而电弧向炉料的热传递效率很高。

3）炉渣不会受到未经处理的细粒原料的影响。

4）在所有时间内都保持准确的平衡。

5）由于炉内没有残留的未经处理的原料，生产过程容易控制。

6）单根阴极石墨电极操作使得电极消耗量很低。

直流电弧炉操作的要点是垂直地燃弧，这样才能使炉子达到对称而均匀的热平衡。电弧相对于炉渣的深度位置，可以是在炉渣上、半埋入或全埋入炉渣

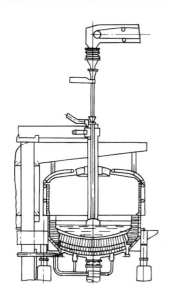

图 9-30　装有空心电极装料
系统的直流电弧炉

中，决定电弧位置的因素是电弧的电压和电流及炉渣特性（导电性、密度和黏度等）。

2. 水冷钢棒炉底电极直流电弧炉

水冷钢棒炉底电极直流电弧炉是由法国钢铁工业研究院和于齐诺尔·萨西洛尔公司的长期合作研究开发。图 9-31 是法国科莱姆公司在 1986 年投产的 75t、82MW 具有 3 根炉顶电极和炉底电极的直流电弧炉。这类电弧炉的设计关键在于确定电极何时必须进行修补和更换。20 世纪 90 年代已研究开发了温度监控系统，可以测量固定电极的水冷铜套温度及套内冷却水的温度，通过统计分析实现对电极熔炼损耗的可靠监控。也有在炉底耐火材料中设置热电偶来进行监控。

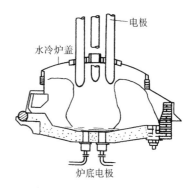

图 9-31　水冷钢棒炉底电极直流电弧炉简图

直流电弧炉成功的关键是炉底电极应具有最佳的运行性能和低廉的维修费用。水冷炉底电极的条件是：

1）在长期高温运行的精炼期内可以确保可靠。

2）能控制通过炉底的电流分布。

3）使炉底侵蚀减至最小。

4）能吹氧造泡沫渣炼钢或冶炼低碳钢，而无严重的耐火材料损坏。

大型水冷钢棒电极由贯穿耐火材料炉底的圆柱形钢棒组成，位于炉底下面的钢棒下部被水冷却，电极的冷却系统是由铜套组成，与连铸机结晶器的情况类似，一面与钢棒接触，另一面被水冷却。一个绝缘保护套使铜套与钢棒绝缘，同时又使钢棒与铜基座相连。

3. 多触针型炉底电极直流电弧炉

德国 MAN—GHH 公司于 1985 年建成投产了多触针型炉底电极直流电弧炉（见图 9-32）。这种直流电弧炉的炉底电极设计采用空冷方式，以消除诸如使用水冷系统可能出现的危险因素。

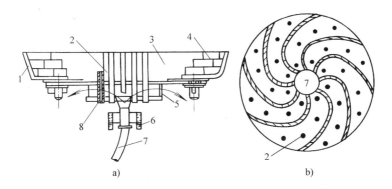

a)　　　　　　　　　　　　　　　b)

图 9-32　多触针型炉底电极直流电弧炉炉底电极结构
a）炉底剖面　b）底电极风冷室断面
1—炉壳　2—触针　3—打结耐火炉衬　4—砖砌耐火炉衬　5—炉底
电极冷却系统　6—导电电缆　7—供气管　8—触针剖面

炉底电极结构主要由上、下两块水平钢板组成，钢板之间放置空气导向叶片（类似涡轮中的叶片），在下面的钢板上固定有 32 根钢质触针，触针垂直穿过两片钢棒中间的空腔和炉底炉衬衬层，最后与废钢炉料或钢液熔池接触。在向炉底电极通入空气时，借助导向叶片的作用，空气环绕触针，然后沿径向排出。触针焊在底板上或用螺栓连接。由于触针的熔炼损耗与炉底炉衬的熔炼损耗耗损同步，所以每次重砌炉体同时更换触针，但结构十分复杂的炉底电极冷却区不需要更换。

4. 触片式炉底电极直流电弧炉

1991 年年底，美国某公司的技术人员研制开发了直流电弧炉的触片式炉底，见表 9-159 及图 9-33。到 1993 年年底，这种炉底电极的使用寿命已经达到 1500 炉次。

表 9-159　美国某公司 54t 直流电弧炉的技术参数

项　　目	参　　数
炉子容量/t	54
炉壳直径/m	5.2
炉盖、炉壁	喷淋冷却
出钢倾角/ (°)	12.5 ~ 30
扒渣倾角/ (°)	≤7.5
出钢口	浸入式出钢口

（续）

项　　目	参　　数
电极根数/根	1
电极直径/mm	700
电极调节	液压
氧燃烧嘴/只	炉壁 6，炉门 1
每支烧嘴额定容量/MW	3.5
变压器额定容量/MW	40
一次电压/kV	13.8
频率/Hz	60
二次电压/V	226 ~ 480（交流）
整流器装置	两台 6 脉冲整流器组（12 脉冲，操作采取 30° 相移）
晶闸管数量/只	2×72（2×6 备用）
最大电弧炉电压/V	550（直流）
最大熔炼电流/kV	84（直流）

触片式炉底电极的研究缘于原来的导电耐火材料炉底的侵蚀极不均匀，并且价格高昂。把薄钢板镶进整体耐火材料炉底中并将钢板固定在炉壳上，用钢板做导体，因而不必担心耐火材料的导电性而只考虑其耐火性能。钢的导电性能优于耐火材料且与温度成反比，使钢制导体在一定程度上趋于自我调节承载电流，因此触片式炉底电极的设计更具合理性。

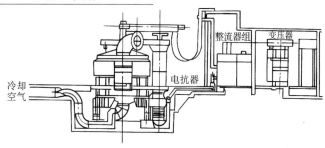

图 9-33　美国某公司 54t 直流电弧炉结构示意图

冷却空气　电抗器　整流器组　变压器

9.9.4　电炉炼钢智能化

电弧炉冶炼过程中，如果只凭借操作者经验很难控制电炉生产水平，同时也限制了电弧炉生产率提高和冶炼过程优化。通过开发一系列先进的监测模型和控制模型，结合数据信息交流和过程优化，可进一步促进电弧炉装备技术的发展。

1. 炼钢终点温度控制

电弧炉炼钢终点温度的精确控制是降低生产成本、加快冶炼节奏的关键。然而电炉炼钢系统很复杂，包括金属原料成分和来源、冶炼操作等均有很大的波动，常规的机理模型很难准确预测。随着智能化的发展，人工神经网络、支持向量机、遗传算法等逐

渐应用到电炉炼钢的终点预测中，从而改善了单一算法的不足。近年来，研究者开发出基于支持向量机（SVM）、人工神经网络技术和遗传算法相结合的电炉炼钢终点温度预报模型，达到了较为不错的效果。北京科技大学依靠炉气分析检测和钢液温度测量手段，建立了基于炉气分析和物料衡算的脱碳指数——积分混合模型和钢液终点温度智能神经网络预报模型，实现最终碳含量命中率 90%，终点温度命中率为 88%。

2. 烟气分析技术

冶炼过程的实时动态预报是电炉达到最佳性能的关键。基于此，Tenova 开发了 Goodfellow EFSOP 系

统，进行电炉烟气成分实时监测，并用于优化电炉的化学能使用，在节能降耗，提高生产率以及环境保护等方面有积极的作用。分析电炉过程烟气是了解电炉过程动态的关键因素，也是提供 EFSOP 直接动态控制功能的关键，因此空气稀释之前应保证纯净的过程烟气被连续采集。EFSOP 分析仪提供 4 种关键气体的连续分析，包括 CO、CO_2、H_2、O_2 等。通过连续可靠的烟气分析结果，可有效地动态闭环控制烧嘴、氧枪、碳枪和炉压操作。EFSOP 技术使用经过工业验证的专利探头，直接安装在电炉第 4 孔。过程中还可对电弧炉中水分进行监测，防止水分过高引起爆炸。Siemens 开发的 Simetal Lomas 连续烟气分析系统，由于对气体采样探测器进行了特殊的设计，并结合安装的自动清洁装置和水冷装置，能够全自动连续测量和分析废气。

3. 测温取样技术

钢液的温度测量和取样一直是制约电弧炉生产效率和电能消耗的重要环节之一。而目前，国内大部分电弧炉炼钢企业仍采用传统的人工取样测温方式，存在安全性差，时间成本高等问题。Siemens 设计的 Simetal Liqui Rob 自动测温取样机器人，可自动更换取样器和测温探头，确保了连续、安全、可靠的炼钢过程。同时还开发出基于组合式超声速喷枪的非接触式钢液测温系统（Simetal RCB Temp），能够在短时间内准确地测出钢液温度和出钢时间，使电炉炼钢过程的通断电时间达到最佳，提高电炉炼钢的生产能力。

4. 智能电炉炼钢技术

随着电炉生产工艺越来越复杂，再加上对提高设备生产能力、降低环境污染的要求越来越高，就需从整体过程出发，将冶炼过程获取的信息与过程基本机理进行有效结合分析，并决策和控制电炉冶炼操作，实现电炉炼钢整体优化。传统的电炉控制技术很难控制炉子的操作。特诺恩的 i EAF 智能电炉炼钢技术整合了 EFSOP 烟气分析技术及先进的工艺模型，同时结合一次和二次传感器，以闭环形式动态控制和优化整个电炉冶炼过程。i EAF 智能炼钢技术根据传感器提供的信号，依据控制参数和电极调节器等 来管理冶炼过程，从而更便捷地优化冶炼操作。Siemens 开发的 EAF Heatopt 是一种整体性工艺优化系统，集废气监测系统和整体工艺模型于一身，可对烧嘴和吹氧装置进行闭环控制。同时还对碳的喷吹进行控制，优化泡沫渣。该系统能够降低电能、电极、氧气和天然气的消耗，提高金属收得率，增大产能。

Daneli 开发的 Q-MELT 系统将连续温度检测、炉渣检测和废气分析等分析技术综合为一体，再结合碳平衡法，可完全实现所有相关输入和输出数据的监视管理和分析。

9.10 感应电炉炼钢设备简介及工艺

9.10.1 炼钢用感应电炉的主要技术性能

通常用于炼钢的感应电炉为无芯感应电炉。电流频率根据电炉容量选用高频感应电炉、中频感应电炉和工频感应电炉。

（1）高频感应电炉 高频感应电炉采用的电流频率一般是 200～300kHz，电炉容量一般是 10～60kg。这类感应电炉常用于科学试验研究的少量合金熔炼。

（2）中频感应电炉 中频感应电炉可供采用的频率一般是 1000～2500Hz。中频感应电炉的容量一般是 50～10000kg。其主要技术性能可见表 9-160。

（3）工频感应电炉 工频感应电炉采用工业用电的频率（在我国为 50Hz，有些国家为 60Hz）的电源。可供采用的电炉的容量一般是 100～10000kg。其主要技术性能见表 9-161。

表 9-160 无芯中频感应电炉的主要技术性能

序号	技术性能	电炉容量/t						
		0.5	1	2	5	10	15	20
1	额定功率/kW	300	600	1250	3000	6000	8000	12500
2	感应圈电压/V	1500	1500	2400	3000	3300	4200	4200
3	相数	1	1	1	1	1	1	1
4	频率/Hz	1000	800	700	500	250	250	200
5	每千克钢液功率消耗/kW	0.42	0.42	0.44	0.42	0.42	0.37	0.44
6	工作温度/℃	1600	1600	1600	1600	1600	1600	1600
7	熔炼时间/min	60	70	60	60	60	60	60
8	每吨钢液耗电量/kW·h	700	680	630	620	600	580	560
9	耗水量/（m³/h）	20	40	65	80	120	180	260
10	坩埚尺寸直径/mm，高度/mm	$\phi560$ $h680$	$\phi710$ $h870$	$\phi870$ $h1100$	$\phi1150$ $h1300$	$\phi1360$ $h1570$	$\phi1580$ $h1740$	$\phi1750$ $h1930$
11	炉体外形尺寸（长/mm）×（宽/mm）×（高/mm）	1000×1020 ×1100	1200×1300 ×1400	1300×1320 ×1400	1500×1420 ×1500	2000×2120 ×1730	2500×2650 ×2200	3300×3120 ×3000

表 9-161　无芯工频感应电炉的主要技术性能

序号	技 术 性 能	电炉容量/kg								
		100	150	250	400	500	700	1500	3000	10000
1	额定功率/kW	100	100	130	135 ~ 200	180	310	450	750	2700
2	感应圈电压/V	380	380	380	380	380	1000	380	500	1000
3	感应圈匝数	70	54	46	40	36	60	18 + 18	18 + 18	16 + 18 + 18
4	每匝电压/V	5.43	7	8.26	9.5	10.6	16.7	21.1	27.8	55.6
5	频率/Hz	50	50	50	50	50	50	50	50	50
6	每千克钢液功率消耗/kW	1	0.67	0.52	0.43	0.36	0.43	0.3	0.25	0.27
7	炼钢生产率/（kW/h）	—	100	—	—	—	—	500 ~ 700	—	—
8	每吨钢液耗电量/kW·h	—	1200	—	—	—	—	900 ~ 1000	—	—

9.10.2　感应电炉炼钢工艺

1. 坩埚的打结

（1）坩埚材料　一般有酸性坩埚材料和碱性坩埚材料两种。

1）酸性坩埚以硅砂做耐火材料，对化学成分的要求为 $w(SiO_2) = 90\% \sim 99.5\%$，杂质含量：$w(Fe_2O_3) \leqslant 0.5\%$，$w(CaO) \leqslant 0.25\%$，$w(Al_2O_3) \leqslant 0.2\%$。感应电炉酸性坩埚材料组成见表 9-162。

表 9-162　感应电炉酸性坩埚材料组成

材 料 名 称	炉 衬 材 料				炉 领 材 料		
硅砂粒度/mm	5 ~ 6	2 ~ 3	0.5 ~ 1	硅石粉	1 ~ 2	0.2 ~ 0.5	硅石粉
配比（质量分数，%）	25	20	30	25	30	50	20

打结炉衬用的材料可采用质量分数为 1.7% ~ 2.0% 的硼酸做黏结剂。对硼酸的化学成分要求是：$w(B_2O_3) \geqslant 98\%$，$w(水分) \leqslant 0.5\%$。硼酸的粒度应小于 5mm。炉衬材料的配制方法是将硅砂与硼酸干混，不加湿润剂。打结坩埚时应采用干打结法，以保证炉衬质量。在感应圈以上的炉领（坩埚上口）部分采用强度较高的炉领材料打结，所用材料为粒度较细的硅砂或硅石粉。另加质量分数为 10% 的水玻璃或用质量分数为 20% 的黏土加少量水玻璃做黏结剂。

2）碱性坩埚采用镁砂做耐火材料。镁砂有冶金镁砂和电熔镁砂两种。电熔镁砂抗热冲击性能优于冶金镁砂，但价格高。所用的镁砂须经过磁选，清除其中含铁的杂质，以保证坩埚的绝缘性能。冶金镁砂的成分应符合 GB/T 2273—2007 中 MS—88 的规定。感应电炉碱性坩埚用黏结剂及其组成见表 9-163。

表 9-163　感应电炉碱性坩埚用黏结剂及其
组成（占镁砂重量的百分数，%）

名　称	硼酸	水玻璃	黏土	氟石
硼酸黏结剂	1.5 ~ 2.5	—	—	—
水玻璃黏结剂	—	5	—	—
水玻璃-硼酸黏结剂	1	5	—	—
黏土-硼酸黏结剂	1.5 ~ 1.8	—	2 ~ 2.5	—
氟石黏结剂	—	—	—	5

另外，电熔氧化铝也是很好的坩埚材料，氧化铝为中性的耐火材料，其耐火度和抗热冲击性能都比较好。用电熔镁砂和电熔氧化铝配合来制作大吨位感应电炉的坩埚的使用寿命较长。感应电炉碱性坩埚材料组成见表 9-164。

表 9-164　感应电炉碱性坩埚材料组成

电炉容量/kg	坩埚材料组成（质量分数，%）			粒度组成（质量分数，%）			
	镁砂	电熔镁砂	电熔氧化铝	5 ~ 20mm	3 ~ 5mm	1 ~ 3mm	< 1mm
10 ~ 30	70 ~ 80	20 ~ 30	—	—	30	45	25
250 ~ 3000	20 ~ 50	50 ~ 80	—	20	25	35	20
≥1000	—	60 ~ 70	30 ~ 40				

（2）石棉绝缘层　为保证感应器与坩埚内部的炉料之间的绝缘并减少坩埚内部热量向外散失，在紧靠感应器处有一层用石棉板（或石棉布、玻璃丝布）围成的绝缘筒。为减少坩埚底部向外散失热量，在坩埚底部也用 2~3 层石棉板做成隔热片。感应电炉坩埚用石棉绝缘层见图 9-34。

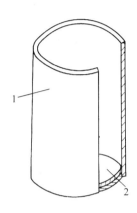

图 9-34　感应电炉坩埚用石棉绝缘层
1—石棉圆筒　2—石棉圆片

（3）坩埚模样　打结坩埚时需要使用模样以形成坩埚内腔的形状。模样一般有两种材料制成：钢模样和石墨模样。钢模样用钢板焊成或用铸钢制成，常做成中空的（见图 9-35）。钢模样在坩埚打结完成后一般不从坩埚中取出，而使它在烘干和烧结坩埚时起电感应加热作用，在炼第一炉钢时，钢模样即随炉料一起熔化掉。石墨模样是用石墨电极材料车削而成。坩埚打结完成后，在烘干和烧结过程中不取出模样，以利用石墨模样的电感应加热作用。待坩埚烧结好后，再将模样取出。

（4）打结方法　打结坩埚的方法及步骤如下：

1）在感应器内部放好石棉绝缘层。

2）在炉底的石棉层上，铺 20~40mm 厚的一层坩埚材料，并捣实。

3）放入模样，对准中心线，并将其固定。

4）分批加入坩埚材料，每批不要太厚，约为 20~30mm，并逐层捣实。

小型坩埚以人工操作，用捣固叉进行捣实。应由两人在对面同时进行操作，边捣边转动位置，以求各部位紧实程度均匀。大型坩埚可用风动捣棒进行捣实。最不易捣紧的部位是在坩埚下部靠近炉底的锥体部分，须注意操作，务求捣紧。捣实质量对于坩埚寿命影响很大，坩埚不紧时，不仅使用寿命短，而且容易产生裂纹，甚至在炼钢过程中发生漏钢事故。

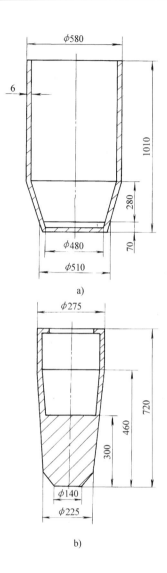

图 9-35　打结坩埚用钢模样
a）1.5t 炉用钢板焊制模样
b）150kg 炉用铸钢模样

5）打结酸性坩埚时，当捣到坩埚上部（感应器以上部分）时，改用含黏土（或水玻璃）的硅石粉加固混合料捣制。

2. 坩埚的烧结

烧结坩埚一般采用供电烘烤法。用钢板或铸钢制作坩埚模样在烘炉时因感应发热可起到烘烤和烧结坩埚的作用。为此在钢模样上可钻些 φ3mm 的小孔，以增大模样的发热能力，加速烘干和烧结的过程。烘炉规范见表 9-165~表 9-167。第一次开炉时最好连续多熔化几炉，以便坩埚能充分烧结。每次开炉熔炼结束后，应将炉盖盖好，以防坩埚受急冷而产生裂纹。

表 9-165　150kg 感应电炉的烘炉规范
（用电压调节器时）

送电电压/V	130	220	220	260	380	380
送电时间/h	1.5	1.5	2	1	1	熔化
断电时间/h	0.3	0.3	0.3	0.3	0.5	—

表 9-166　150kg 感应电炉的烘炉规范
（不用电压调节器时）

送电电压/V	220	220	220	380	220	220	380
送电时间/h	1.5	2	2	0.5~1	2	2	熔化
断电时间/h	0.3	0.3	0.3	4~6	0.3	0.3	—

表 9-167　1.5t 感应电炉烘炉规范

烘炉时间/h	0~2	2~4	4~6	6~8	8~10	10~12
每 5min 内送电时间/min	0.5	0.75	1	1.5	2	2.5

3. 酸性感应电炉炼钢工艺

酸性感应电炉不适于用氧化法炼钢，因为氧化法炼钢的炉温较高（吹氧后钢液的温度可达到 1700℃ 以上），而酸性炉衬的耐火度相对较低，故炉衬寿命短。酸性感应电炉炼钢一般是造酸性渣，不能脱磷和脱硫。如果炉料条件差，必须在炼钢过程中脱磷或脱硫时，可采取在短时间内造碱性脱磷或脱硫炉渣来处理钢液。由于感应电炉中具有电磁搅拌钢液的作用，钢液与炉渣接触面积大，反应速度快，使得脱磷或脱硫过程得以迅速完成，因而显著地减轻碱性炉渣对于酸性炉衬的侵蚀作用。在酸性感应电炉中脱磷和脱硫的方法见表 9-168。酸性感应电炉不用扩散脱氧法脱氧，原因在于酸性炉渣传递氧的能力低，再加上感应电炉的炉渣温度较低，氧的扩散过程需要很长时间才能完成。因此，酸性感应电炉一般都是用沉淀脱氧法脱氧。

酸性感应电炉不适于用来冶炼高锰钢。因为在酸性炉渣的条件下，钢液中的锰转移到炉渣中的较多，锰的收得率低。它也不适于冶炼含铝和含钛的钢种，因为铝、钛能还原炉衬材料中的 SiO_2 而使炉衬很快损坏。

表 9-168　在酸性感应电炉中脱磷和脱硫的方法

项　目	脱　磷	脱　硫
造渣材料及加入量（占钢液重量的百分数,%）	碱性造渣材料（石灰:氟石 = 3:1）加入 3~3.5，氧化铁皮加入 1~4	碱性造渣材料（质量比为石灰:氟石 = 3:1）加入 2.5~3，炭粉和硅铁粉加入 1
处理时间	炉料熔毕后及时处理	还原末期进行处理
钢液温度条件	在较低的钢液温度（1520℃）下进行处理	在较高的钢液温度（1580~1620℃）下进行处理
处理方法	在钢液温度为 1520℃ 左右时，扒除原有炉渣，加入氧化铁皮，搅拌钢液，送电 1~3min，升温至 1540℃ 左右，加入碱性造渣材料并送电 3~5min，然后降温至 1480℃ 左右，扒净炉渣再造酸性炉渣	出钢前 4~5min，将配好的造渣材料加入炉内，送电 2~3min，然后加入炭粉和硅铁粉，并及时出钢
较好的炉渣成分（质量分数,%）	CaO = 40~60，SiO_2 = 15~20，MnO = 3~6，P_2O_5 = 0.5~2（炉渣碱度 R = 2~2.5）	CaO = 40~60，SiO_2 = 20~30，MnO = 1~1.5，$FeO < 0.8$（炉渣碱度 R = 2~3）
处理效果	脱磷效率：15%~20%	脱磷效率：30%~40%

（1）配料

1）炉料的平均碳含量按规格成分下限配入。

2）炉料中磷和硫的平均质量分数均应比规格成分的限量值低 0.005%~0.010%。

3）硅、锰及合金元素的收得率见表 9-169，可作为配料参考。

表 9-169　酸性感应电炉不氧化法的合金元素收得率

合金元素	合金名称	适宜的加入时间	合金元素收得率（%）
镍	金属镍	装料时	100
钼	钼铁	装料时	98

（续）

合金元素	合金名称	适宜的加入时间	合金元素收得率（%）
钨	钨铁	装料时	98
铬	铬铁	装料时	95
锰	锰铁	出钢前 10min	90
硅	硅铁	出钢前 7～10min	100
钒	钒铁	出钢前 7min	92～95

（2）装料　感应电炉坩埚内的温度分布情况如图 9-36 所示。

合理布料原则是：在坩埚底部加小块料，小块料上加铁合金，上面加中块料。坩埚边缘部位加大块料，并在大块料的缝隙中填塞小块料。炉料应装得紧，以利于透磁和导电。对于大容量的感应电炉，特别是在连续生产的条件下，适宜于采用料斗装料。料斗用钢板焊制而成，其形状与尺寸应与坩埚内轮廓一致。将预先装好炉料的料斗随炉料一起装入坩埚内熔化。这种加料方法能提高电炉的利用率，并改善加料操作的劳动条件。

（3）炼钢工艺　以冶炼耐热钢 ZG1Cr25Ni20Si2 为例，见表 9-170。

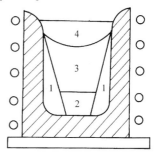

图 9-36　感应电炉坩埚内的温度分布情况
1—高温区　2、3—较高温区
4—低温区

表 9-170　ZG1Cr25Ni20Si2 钢酸性感应电炉不氧化法冶炼工艺

时期	序号	工序	操作要点
熔化期	1	通电熔化	开始通电时，供给 60% 左右的功率，待电流冲击停止后，逐渐将功率增至最大值
	2	捣料助熔	随着坩埚下部炉料熔化，经常注意捣料，防止"搭桥"，并陆续添加炉料
	3	造渣	大部分炉料熔化后，加入造渣材料（一般用碎玻璃）造渣，加入的质量分数约为 1.5%
	4	取样扒渣	炉料基本上熔毕时，取钢样进行全分析，并将其余的炉料加入炉内。炉料全熔后，减小功率，倾炉扒渣，并另造新渣
还原期	5	脱氧及调整成分	加入低碳锰铁和硅铁脱氧，并调整硅、锰含量，然后加入低碳铬铁调整铬含量
	6	测温、作圆杯试样	测量钢液温度（要求大于等于 1550℃），并作圆杯试样，检查钢液脱氧情况
出钢	7	终脱氧、出钢	钢液化学成分及温度符合要求，脱氧情况良好时，每吨钢液插铝 1kg 进行终脱氧，停电，倾炉出钢

4. 碱性感应电炉炼钢工艺

碱性感应电炉炼钢可以脱磷和脱硫（但效果较碱性电弧炉差），因而对炉料限制较酸性感应电炉宽。碱性感应电炉一般采用不氧化法炼钢。必要时也可采用氧化法炼钢，但与电弧炉相比，感应电炉的炉膛直径较小，吹氧操作时须特别注意控制吹氧气流方向及氧气压力，避免吹穿坩埚壁。不氧化法和氧化法炼钢过程中钢液化学成分和温度的变化见图 9-37 和图 9-38。

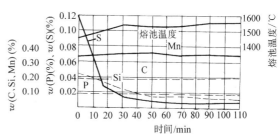

图 9-37　碱性感应电炉不氧化法炼钢过程中钢液化学成分和温度的变化

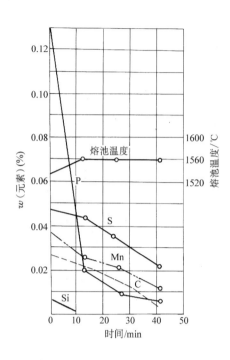

**图 9-38　碱性感应电炉氧化法炼钢中
钢液化学成分和温度的变化**

碱性感应电炉炼钢通常采用沉淀脱氧和扩散脱氧相结合的方法来进行钢液的脱氧。根据具体冶炼的钢种，可采用炭粉、硅铁粉、硅钙粉和铝粉作为扩散脱氧用的脱氧剂。碱性感应电炉适于冶炼碳钢和各种合金钢。

（1）配料和装料

1）采用不氧化法时，炉料平均碳含量按规格成分的下限配入，用氧化法时，炉料平均碳含量应比规格成分的下限质量分数高 0.2% ~ 0.3%（即氧化脱碳的质量分数为 0.2% ~ 0.3%）。

2）炉料的平均磷的质量分数一般应不超过 0.06%；平均硫的质量分数一般应不超过 0.05%。

3）不氧化法中，合金元素的收得率可参见表 9-171。

**表 9-171　碱性感应电炉不氧化法炼钢
中合金元素收得率**

合金元素	合金名称	适宜的加入时间	合金元素收得率（%）
镍	金属镍	装料时	100
铜	金属铜	装料时	100
钼	钼铁	装料时	100
铌	铌铁	装料时	100
钨	钨铁	装料时	100
铬	铬铁	装料时	97 ~ 98
锰	锰铁	装料时	90
	金属锰	还原期	94 ~ 97
氮	氮化锰	还原期（加稀土时）	40 ~ 50
	氮化铬	还原期（不加稀土时）	85 ~ 95
钒	钒铁	还原期	95 ~ 98
硅	硅铁	出钢前 10min	90
铝	金属铝	出钢前 3 ~ 5min	93 ~ 95
钛	钛铁	出钢前插铝终脱氧后加入	85 ~ 92
硼	硼铁	临出钢前加入，或出钢时加在盛钢桶中冲熔	50

4）碱性感应电炉的合理布料原则与酸性感应电炉相同。

（2）炼钢工艺　表 9-172 和表 9-173 为碱性感应电炉不氧化法冶炼工艺的例子，表 9-174 为碱性感应电炉氧化法冶炼工艺的例子，可作参考。

表 9-172　ZG06Cr18Ni11Ti 钢碱性感应电炉不氧化法冶炼工艺

时期	序号	工序	操作要点
熔化期	1	通电熔化	开始通电 6 ~ 8min 内供给 60% 左右的功率，待电流冲击停止后，逐渐将功率增至最大值
	2	捣料助熔	随着坩埚下部炉料熔化，随时注意捣料，防止"搭桥"，并继续添加炉料
	3	造渣	大部分炉料熔化后，加入造渣材料（质量比为石灰粉：氟石粉 = 2:1）造渣覆盖钢液，造渣材料加入量为钢液重量的 1% ~ 1.5%
	4	取样扒渣	约 95% 的炉料熔毕时，取钢样做全分析，并将其余 5% 的炉料加入炉内。全部炉料熔毕后，降低功率至 40% ~ 60%，倾炉扒渣，并另造新渣

（续）

时期	序号	工　序	操　作　要　点
还原期	5	脱氧	渣料熔毕后，往炉渣面上加脱氧剂（质量比为石灰粉∶铝粉＝2∶1）进行扩散脱氧。脱氧过程中可用石灰粉和氟石粉调整炉渣的黏度，使炉渣具有良好的流动性
	6	调整成分	根据化学分析结果，调整钢液的化学成分，其中硅含量应在出钢前10min以内进行调整
	7	测温，做圆杯试样	测量钢液的温度，并做圆杯试样，检查钢液的脱氧情况
	8	加钛铁	钢液温度达到1630～1650℃，圆杯试样收缩良好时，扒除一半炉渣后，加入钛铁，并将钛铁压入钢液内
出钢	9	终脱氧、出钢	钛铁熔毕后，每吨钢液插铝1kg进行终脱氧，插铝后2～3min以内停电，倾炉出钢

表 9-173　ZGMn16Al3Si2 钢碱性感应电炉不氧化法冶炼工艺

时期	序号	工　序	操　作　要　点
熔化期	1	通电熔化	开始通电6～8min内供给60%左右的功率，待电流冲击停止后，逐渐将功率增至最大值
	2	捣料助熔	随着坩埚下部炉料熔化，随时注意捣料，防止"搭桥"，并继续添加炉料
	3	造渣	大部分炉料熔化后，加入造渣材料（质量比为石灰粉∶氟石粉＝2∶1）造渣覆盖钢液，造渣材料加入量为钢液重量的1%～1.5%
	4	取样扒渣	约95%的炉料熔毕时，取钢样做全分析，并将其余5%的炉料加入炉内。全部炉料熔毕后，降低功率至40%～60%，倾炉扒渣，并另造新渣
还原期	5	脱氧	渣料熔毕后，往炉渣面上加脱氧剂（质量比为石灰粉∶铝粉＝2∶1）进行扩散脱氧。脱氧过程中可用石灰粉和铝粉调整炉渣的黏度，使炉渣具有良好的流动性
	6	调整成分	根据化学分析结果，调整钢液化学成分，其中硅含量应在出钢前10min以内进行调整
	7	测温，做圆杯试样	测量钢液温度，并做圆杯试样，检查钢液的脱氧情况
	8	插硅钙	钢液温度≥1560℃，圆杯试样收缩良好时，插入质量分数为0.2%的硅钙进一步脱氧。然后往渣面上再加一次石灰粉-铝粉脱氧剂
	9	插铝	钢液温度≥1580℃，除去全部炉渣，随即加入质量分数为0.07%的冰晶石粉并进行插铝（垂直插入炉底）
出钢	10	出钢	插铝后，搅拌钢液，停电倾炉出钢

表 9-174　碳钢碱性感应电炉氧化法冶炼工艺

时期	序号	工　序	操　作　要　点
熔化期	1	通电熔化	开始通电6～8min内供给60%左右的功率，待电流冲击停止后，逐渐将功率增至最大值
	2	捣料助熔	随着坩埚下部炉料熔化，随时注意捣料，防止"搭桥"，并继续添加炉料
	3	造渣	大部分炉料熔化后，加入造渣材料（质量比为石灰粉∶氟石粉＝2∶1）造渣覆盖钢液，造渣材料加入量为钢液重量的1%～1.5%
	4	取样扒渣	约95%的炉料熔毕时，取1号钢样，分析C、P，并将其余5%的炉料加入炉内。全部炉料熔毕后，降低功率至40%～60%，倾炉扒除全部炉渣，并加入渣料重新造渣
氧化期	5	氧化脱碳	钢液化学成分（包括氧化脱碳量）符合要求，钢液温度≥1570℃时，进行氧化脱碳操作。脱碳可用吹氧法或矿石法
	6	估碳、取样	估计钢液碳含量达到规格成分的下限，停止供氧，取2号钢样，进行全分析
还原期	7	脱氧	渣料熔毕后，往炉渣面上加脱氧剂（质量比为石灰粉∶炭粉＝2∶1）进行扩散脱氧。脱氧过程中可用石灰粉和氟石粉调整炉渣的黏度，使炉渣具有良好的流动性

（续）

时期	序号	工 序	操 作 要 点
还原期	8	调整成分	根据钢样分析结果，调整钢液化学成分，其中硅含量应在出钢前10min以内进行调整
	9	测温，做圆杯试样	测量钢液温度，并做圆杯试样，检查钢液脱氧情况
出钢	10	终脱氧、出钢	钢液温度达到出钢温度，圆杯试样收缩良好时，每吨钢液插铝0.8kg进行终脱氧，插铝后2~3min以内停电，倾炉出钢

9.11 真空感应炉设备及工艺

9.11.1 真空感应炉现状

真空感应熔炼（Vacuum Induction Melting，VIM）兴起于德国。1914年，德国海拉斯公司制造了第1台真空感应炉。第二次世界大战后，真空感应熔炼在东欧、西欧、北美和日本得到了迅速发展，通常真空感应炉容量为80kg~30t，最大的为60t，对于容量大于5t的真空感应炉，其真空发生装置多采用多级蒸汽喷射泵。1988年，德国ALD公司的前身，Leybold-Heraeus公司开始制造VIDP（Vacuum Induction Degassing and Pouring）炉，就是将真空感应熔炼室、合金装料室与锭模室用真空阀门进行连接和分隔，从而使真空室容积减少。在熔炼室熔化与精炼时，锭模室可更换铸模，加料室可进行下一炉装料，从而缩短单炉平均生产时间，生产周期可缩短2h，提高生产效率。

我国20世纪60年代初开始生产制造真空感应炉，开始主要集中在东北地区如辽宁锦州等，现已遍及全国各地，具有较高研发、设计、生产制造和成套能力，其产品种类很多，现已有较规范的系列型谱，按结构可分成立式、卧式两大类。立式炉系列的生产容量为10~1500kg，其结构紧凑，制造质量接近国外同类水平。并能根据科研和生产需要，设计制造各种非标真空感应炉，可以生产容量小到几克、大到5t的非标设备。

我国也先后从英国引进了3000lb（约1360kg）的真空感应炉，从德国引进了8t的真空感应炉。宝钢集团1999年从德国引进了1台3t的VIDP炉用于冶炼铜及铜合金，钢铁研究总院安泰科技公司2005年引进了1台3t的新式VIDP炉，冶炼高温合金和特种合金。

铸造用真空炉50kg以下，采用母合金在真空下熔炼、浇注等，真空度高，一般用于生产高温合金件，如航空发动机叶片等。

铸锭用真空炉十几千克到几十吨，一般采用各类合金原材料配制所需的化学成分。

精炼用真空炉采用前级电弧炉或中频感应炉熔炼，再转到真空感应炉进行真空精炼，这样的炉子容量一般均在20t以上。

由于普通砂型铸造在浇注后会产生大量烟气，这会极大地污染真空系统及真空泵，因此用于铸造的真空炉需要进行特殊除尘处理。

9.11.2 真空感应炉设备简介

真空感应炉是将感应炉置于一个单独罐体内，工作时将罐体密封并采用抽气装置将罐体内抽真空，在负压条件下进行熔炼的设备，按真空罐体形式可分为立式和卧式，见图9-39。

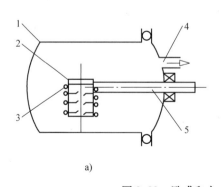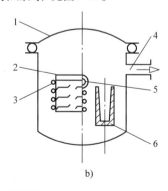

a)   b)

图 9-39 卧式和立式真空感应炉

a）卧式真空感应炉 b）立式真空感应炉

1—炉体 2—坩埚 3—感应器 4—抽气口 5—转轴兼电极 6—锭模

按功能又分为单室、两室、三室等。①单室真空炉，其熔炼和浇注在一个真空罐体内完成。②两室真空炉，是在单室基础上增加一个加料室，两室之间一般用插板密封，插板阀关闭后，加料室可单独进行破真空，与大气连通，进行向熔池内加料、取样或更换测温偶等操作，然后再密封后抽真空至与熔炼室相同或相近的真空度，开插板阀使两室连通，进行加料或测温操作。如此反复，为防止一次装料过多架桥，真空感应炉一般均需加料仓多次抽空-破空进行加料。③三室真空炉，是在两室基础上增加一个锭模室，工作机理与加料仓相同，可单独抽空或破空，三室可实现连续或半连续生产。图9-40所示为立式三室真空炉示意图。

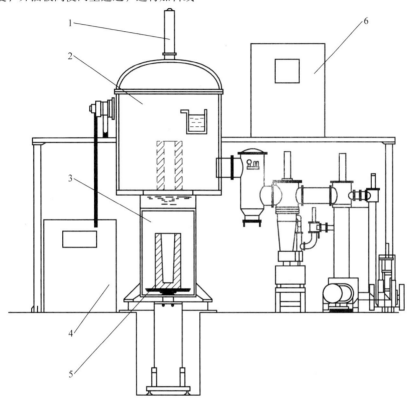

图9-40 立式三室真空炉示意图
1—加料室 2—熔炼浇注室 3—锭模室 4—感应电源 5—锭模 6—总控制台

真空系统：真空感应炉根据工作真空度要求，可以配备单级、两级、三级真空泵组来获得所需的真空度。以三级泵组为例，按距真空罐体由远及近分别为机械泵、罗茨泵、扩散泵（或增压泵）。初级真空泵为机械泵，可选择滑阀泵或旋片泵；二极泵为罗茨泵；三级泵为扩散泵或增压泵，其工作顺序为机械泵将真空罐体内真空度由大气压变为 $400 \sim 800\mathrm{Pa}$，此时启动罗茨泵，真空度进一步由 $400 \sim 800\mathrm{Pa}$ 变为 $2\mathrm{Pa}$，再启动扩散泵或增压泵，将真空度由 $2\mathrm{Pa}$ 变为 $6.67 \times 10^{-2}\mathrm{Pa}$ 或 $6.67 \times 10^{-3}\mathrm{Pa}$，各级泵在其真空度区间具有最高效率。除前两级泵组在达到启动条件可直接启动外，扩散泵或增压泵需提前 $1\mathrm{h}$ 左右预热。

9.11.3 真空感应炉炼钢工艺

1. 坩埚打结

我国真空炉耐火材料以碱性为主，各类耐火材料在真空下都易发生分解反应，以氧化镁为例，在真空冶炼的条件下会发生分解反应，生成氧，这会成为钢液中氧的来源，未经电炉重熔的镁砂分解尤其严重，因此，应选用电熔镁砂作为真空坩埚的耐火材料。

与大气下感应炉相比，为利于真空脱气，真空坩埚应为短而粗的形状，但考虑到热效率及热损失等，通常 D/H 为 $(1/3) \sim 1$（D—坩埚直径，H—坩埚高）。

真空条件下CaO比MgO更加稳定，但CaO易潮解，故制造技术难度大，限制了其应用。有采用双层打结坩埚的工艺，即内层选用真空高温下稳定不易分解的CaO基材料，外层采用电熔镁砂，打结时除坩埚模外，还需要一个双层套筒模具，打结过程中不断提升双层模具，以使耐火材料坚实。随着成形坩埚的成熟和普及，为使用方便，很多厂家在使用适用于真空条件下的成形坩埚，成形坩埚在打结时在底部及侧壁均采用散料打结填充，也可认为是双层坩埚结构。

2. 坩埚烧结

当采用石墨芯打结时，大气下通过给电加热石墨芯，温度为 1600 ~ 1800℃，时间大于 0.5h，自然冷却到室温后待用；普通打结炉衬充分干燥及排气一般需要真空下熔炼 3 炉以上。成形石墨坩埚厂家一般都会提供烘烤曲线，可以装料，根据曲线缓慢升温，至烧化，停留一段时间后完成烧结。

3. 炼钢工艺

真空感应炉工艺流程，就是结合真空冶金与感应熔炼的特点制定合理、有效的工艺。其整个周期可分为以下几个主要阶段，即装料、熔化、精炼、浇注。真空条件下，感应线圈的匝间一般需要绝缘处理，否则在真空及高温条件下，冶炼发生的金属蒸气挥发会导致真空放电。图 9-41 所示为不同介质、不同压强下的点燃电压。

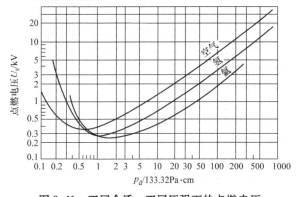

图 9-41　不同介质、不同压强下的点燃电压

当生产洁净钢或高端特殊合金时，对母合金要求较高，限制了普通原材料的应用。真空炉一般不进行带渣操作，限制了脱磷、脱硫，只能靠原材料控制。

4. 装料

真空感应炉所有炉料一般都是经过表面除锈和除油污后的高纯原料，有的合金元素还以纯金属形式加入。严禁采用潮湿的炉料，以免带入气体和在熔炼时产生喷溅。装料时，应做到上松下紧，以防熔化过程中上部炉料因卡住或焊接而出现"架桥"；在装大料前，应先在炉底预先装入细小的轻料；高熔点不易氧化的炉料应装在坩埚的中、下部高温区；易氧化的炉料应在金属液脱氧良好的条件下加入；易挥发的元素加入时，熔炼室应先充以惰性气体 Ar 为好。

5. 熔化期

装料完毕后，应开始抽真空。当真空到压强达到 0.67Pa 时，便可送电加热炉料。熔化初期，由于感应电流的趋肤效应，炉料逐层熔化。这种逐层熔化非常有利于去气和去除非金属夹杂，所以熔化期要保

持较高的真空度和缓慢的熔化速度。所以开始熔化时不要求输入最大的功率，而是根据金属炉料的不同特点，逐级增加输入功率，使炉料以适当的速度熔化。若熔化过快，则气体有可能从金属液中急剧析出，这将会引起熔池的剧烈沸腾，甚至产生喷溅。

鉴于以上原因，初期为防止架桥而不能将炉料装到极限，真空冶炼某些特殊合金的加入工艺，真空熔炼的周期比大气下感应炉熔炼周期要长得多，往往达 3 ~ 4h。

在真空炉熔炼铁基合金时，由于真空下的强烈碳脱氧作用，极易产生喷溅，真空下熔炼几乎没有渣层的保温作用，飞溅的钢液易在钢液上部的耐火材料上形成一个钢渣圈。如果发生喷溅，可采取降低熔化速度（减小输入功率）或适当提高熔炼室压力（关闭真空阀门或充入一定量的惰性气体）的方法加以控制。当一炉金属液采用两次加料熔化时，第二炉料应在坩埚炉料熔化 70% ~ 80% 时加入，并等到补加料开始发红后再提高输入功率，以免冷料突然加入而放出大量气体产生喷溅。当金属全部熔化、熔池表面无气泡逸出时，熔炼进入精炼期。

6. 精炼期

精炼期的主要任务是脱氧、去气、去除挥发性夹杂、调整温度、调整成分。为完成上述任务必须控制好精炼温度、真空度和真空下保持时间等工艺参数。

1）精炼温度：温度升高有利于碳氧反应的进行、夹杂的分解挥发，但温度过高会加剧坩埚与金属间的反应、增加合金元素的挥发损失，所以通常合金钢的精炼温度控制在所炼金属的熔点以上 100℃。

2）真空度：真空度提高将促进碳氧反应，随着 CO 气泡的上浮排出，有利于 H 和 N 的析出、非金属夹杂的上浮、氮化物的分解、微量有害元素的挥发。但过高的真空度会加剧坩埚与金属间的反应、增加合金元素的挥发损失，所以对于大型真空感应炉，精炼期的真空度通常控制在 15 ~ 150Pa；小型炉则控制在 0.1 ~ 1Pa。

3）真空下保持时间：金属液内氧含量是先降后升的，所以当氧含量达到最低值的时间就是精炼时间，500kg 的炉子精炼时间为 50 ~ 70min。

炉料熔清后，应立即加入适量的块状石墨或其他高碳材料进行碳氧反应。精炼后期，充分脱氧、去气、挥发夹杂物时，加入活泼金属和微量添加元素，调整成分，加入顺序一般为 Al、Ti、Zr、B、Re、Mg、Ca，应做到均匀、缓慢，以免产生喷溅，加入后用大功率搅拌 1 ~ 2min，以加速合金的熔化和分布均匀，由于 Mn 的挥发性较强，一般在出钢前 3 ~ 5min 加入。经他人试验研究，加入的 Mn 元素挥发平衡真空炉为 2700Pa，充氩至 3000Pa 以上时，Mn 元素几乎无蒸发损耗。不同压力下

Mn 的收得情况见表 9-175。

7. 浇注

合金化后，温度成分合格后即可出钢浇注。浇注

时采用保温帽或绝热板。对于成分复杂、含易氧化元素较高的高温合金，浇注后应在真空下冷却。

真空熔炼记录见表 9-176～表 9-178。

表 9-175　不同压力下 Mn 的收得情况

充氩压力/Pa	配入锰量（质量分数,%）	Mn（质量分数,%）			
		30min	60min	90min	120min
1×10^3	0.5	0.35	0.20	0.05	0.02
	1.0	0.54	0.35	0.08	0.03
	1.5	0.63	0.42	0.09	0.04
2×10^3	0.5	0.35	0.30	0.25	0.10
	1.0	0.85	0.46	0.35	0.13
	1.5	1.05	0.86	0.45	0.18
3×10^3	0.5	0.51	0.50	0.49	0.50
	1.0	1.01	1.00	0.98	0.99
	1.5	1.51	1.50	1.52	1.51

表 9-176　真空熔炼记录 1

炉次	180810-1	材质	纯铁	质量	501kg
时间	功率/kW	真空度/Pa	操作		温度/℃
10：00	—	—	放导流槽，抽真空		
10：10	50	100	开始送电		
10：25	100	8.8	提升功率		
10：40	150	5.5	真空度数值开始上升		
11：00	300	7.0	提升功率		
11：15	350	11	提升功率		
11：38	357	20	限压，料开始下行		
12：20	302	12	倾炉处理架桥		
12：40	100	8	熔清，保温精炼		1610
13：10	50	6.5	浇注		1600

注：8：25 导流槽预热。

表 9-177　真空熔炼记录 2

炉次	181011-1	材质	06Cr13Ni4Mo	质量	497kg
时间	功率/kW	真空度/Pa	操作		温度/℃
11：30	—	—	放导流槽，抽真空		
11：50	—	—	开罗茨泵		
12：00	60	12	开始送电		
12：07	—	—	加料室抽空		
12：10	150	4.3			
12：50	236	3.3	加料室真空 2.8		
13：20	300	3.8	加料室真空 2.0		
13：36	340	5.9	加料室真空 1.9		
14：02	140	6.5	开插板阀，取样分析		
14：08	50	—	加料仓取样破真空，坩埚保温		
14：25	—	6.0	停电，使钢液结膜		1600
14：55	140	6.2	钢液结膜，加料室加纯铁，抽真空		1400
15：07	340	6.1	开插板阀加料		
15：10	—	—	加料仓破真空，测温枪准备		
15：17	—	—	开插板阀测温		1620
15：20	50	6.0	浇注		1610

注：10：00 导流槽预热。

表 9-178　真空熔炼记录 3

炉次	1906M04A	材质		300-01L	质量	25kg
时间	功率/kW	真空度/Pa	操作			温度/℃
8：10	60	0.5	装料后开始送电			
9：40	—	—	炉料全部熔清			
9：42	30	0.8	开始精炼			1535
9：44	—	—	2 件型壳入炉			
9：52	25	2	1 次浇注			1456
9：53	25	2	2 次浇注			1456

注：8:00 型壳预热。

9.12　钢的浇注

　　钢的浇注是铸钢生产中的一个重要工序，它直接影响到铸钢件的产品质量，为了使浇注工作正常进行，须选用适宜的盛钢桶，并进行充分的清洁干燥；应根据铸钢件的钢种、重量、壁厚、结构复杂程度等因素，确定适宜的浇注温度和浇注速度，并掌握正确的浇注操作方法。

9.12.1　盛钢桶的形式与规格

　　盛钢桶有 3 种形式：倾转式、底注式和茶壶式。盛钢桶的构造如图 9-42 所示。

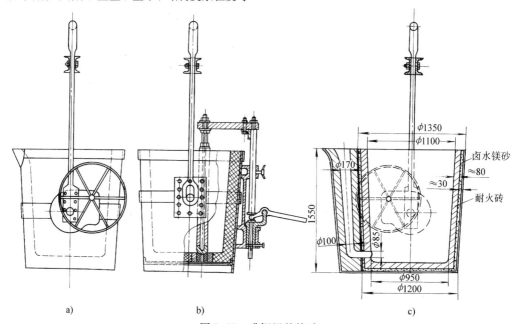

图 9-42　盛钢桶的构造
a）倾转式　b）底注式　c）茶壶式（5t）

　　倾转式盛钢桶的构造比较简单，维修简便，但其主要缺点是浇注时，钢渣容易随钢液流出，因此在铸钢生产中用得较少。在铸钢生产中广泛应用的是底注式盛钢桶，本节中所述均为此类盛钢桶。

　　盛钢桶根据水口种类的不同可分为塞棒盛钢桶和滑动铸口盛钢桶（见图 9-43）。

　　盛钢桶的规格及主要技术参数见表 9-179。

9.12.2　盛钢桶的准备

　　（1）盛钢桶的清洁　盛钢桶在使用前，一般在安装铸口、塞棒前，应清理盛钢桶内的残钢残渣，保证盛钢桶清洁，以避免外来夹杂物带入钢液中。新砌

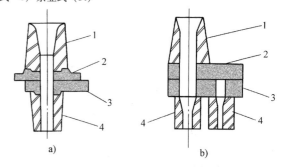

图 9-43　滑动铸口盛钢桶的结构简图
a）推拉式滑动铸口　b）旋转式滑动铸口
1—上铸口　2—上滑板　3—下滑板　4—下铸口

盛钢桶不应用于浇注不锈钢、高锰钢等重要钢种铸件。

（2）盛钢桶的烘烤　盛钢桶在使用前应经过充分的烘烤。烘烤不充分时会导致钢液吸收气体，并造成钢液大幅度温降。新砌盛钢桶的烘烤可加速砖缝中

火泥较快烧结。

盛钢桶的烘烤方式一般分为 4 类：用燃油（重油、柴油）烘烤；用煤气（天然气、焦炉煤气）烘烤；用热废气烘烤；用焦炭或木炭烘烤等。一般采用前两种方式。

表 9-179　盛钢桶的规格及主要技术参数

序号	型号	正常钢液装入量/t	有效容积/m³	正常钢渣装入量/t	自重（钢结构）/t	衬砖重/t	总重/t	盛钢桶高/mm	盛钢桶上口外径/mm
1	LG-310-1	310	46.3	7.0	40.33	36.264	393.6	5120	4516
2	LG-275-1	275	41.2	6.68	32.785	36.0	350.5	5005	4280
3	LG-205-1	205	30.2	3.18	27.955	30.0	266.0	4665	3582
4	LG-175-1	175	20.23	2.56	20.085	21.3	179.0	3923	3450
5	LG-105-1	105	16.09	3.53	14.287	13.4	136.27	3725	3124
6	LG-90-1	90	13.44	4.04	13.25	12.92	120.21	3260	3115
7	LG-60-1	60	9.0	2.1	7.82	8.88	78.8	3075	2657
8	LG-45-1	45	7.2	1.68	7.363	7.1	61.143	2600	2485
9	LG-35-1	35	5.6	2.1	9.115	5.77	51.98	2660	2298
10	LG-25-1	25	4.0	1.5	8.274	4.489	39.263	2390	2110
11	LG-20-1	20	3.2	1.2	5.579	3.735	30.514	2150	1985
12	LG-15-1	15	2.4	0.9	3.839	3.184	22.923	1950	1855
13	LG-10-1	10	1.6	0.6	2.471	2.274	15.347	1750	1629
14	LG-6-1	6	0.97	0.399	1.512	1.286	9.200	1400	1408
15	LG-3-1	3	0.498	0.238	1.197	0.792	4.958	1188	1132

烘烤时间的长短应根据盛钢桶容量和烘烤设备的不同而定。

盛钢桶的烘烤要求如下：

1）新砌筑盛钢桶的烘烤一般应不小于 24h。如盛钢桶只更换工作层，烘烤时间应不小于 16h。新砌筑盛钢桶应先用小火烘烤，待水分烘干后再加大火力以提高衬砖温度。

2）正常（包括小修补后）使用的盛钢桶，烘烤时间应不小于 2h。一般可在电炉冶炼送电时开始烘烤。

3）在烘烤过程中，应随时注意调整火力，原则是火力由小逐渐增大，要防止急火将耐火砖衬烤裂。

4）塞棒在安装前要先在烘炉内用小火烘干、烘透。

5）在出钢前要求将盛钢桶内衬烘烤到 600℃ 以上（呈红色或暗红色）。塞杆盛钢桶考虑到长时间温度过高可能导致塞头黏结掉皮，铸口打不开，可适当降低温度要求。

9.12.3　钢液在盛钢桶中的镇静

出钢后应使钢液在盛钢桶中镇静一段时间，以使悬浮在钢液中的夹杂物上浮，并利于钢液温度、成分的均匀，然后再进行浇注。镇静时间一般应大于等于 5min。

当出钢温度过高时，可根据现场实际情况，延长镇静时间，以使浇注温度合适。但镇静时间最长应不超过 20min。如镇静时间过长，盛钢桶内铸口部分的钢液容易凝固，造成铸口打不开的事故。当使用塞棒盛钢桶时，如镇静时间过长，还可能造成这些浇注事故：塞头掉皮，铸口打不开，用氧气烧开后铸口不能关闭；熔渣蚀断塞棒；熔渣结壳，卡住塞棒，不能开启铸口。

9.12.4　铸钢件的浇注温度和浇注速度

为获得质量良好的铸钢件，须根据铸钢件的钢种、重量、壁厚及结构复杂程度等因素来确定适宜的浇注温度和浇注速度，并在操作中进行控制。

（1）浇注温度　浇注温度对铸钢件质量有较大的影响。浇注温度过高时，钢液的收缩值增大，气体含量增大，钢液对铸型热作用增强，使铸钢件容易产

生缩孔、气孔、变形、裂纹和粘砂等缺陷。当浇注温度过低时，钢液的流动性差，易使铸钢件产生冷隔、浇不到、夹渣等缺陷。

铸钢件的浇注温度一般按其材质的熔点加 40 ~

80℃，原则是钢液黏度大（流动性差）的、铸钢件重量小、壁薄、结构复杂的，浇注温度（过热度）应高些；反之，则应低些。几种常见铸钢件的浇注温度可参见表 9-180。

表 9-180　常见铸钢件的浇注温度

序号	铸钢件种类	铸钢件壁厚 /mm	铸钢件毛重 /kg	浇注温度/℃	
				ZG230-450 ZGD290-510 ZGD410-620	ZG310-570 ZGD535-720 ZGD650-830
1	复杂薄壁铸钢件	≤20	≤500	1580 ~ 1600	1570 ~ 1590
2	复杂薄壁铸钢件	>20 ~ 40	≤3000	1570 ~ 1590	1560 ~ 1580
3	中小型铸钢件	>40 ~ 80	≤10000	1560 ~ 1580	1550 ~ 1570
4	中型铸钢件	>80 ~ 150	≤25000	1550 ~ 1580	1540 ~ 1570
5	大型铸钢件	>150 ~ 500	≤50000	1550 ~ 1580	1540 ~ 1570
6	外形简单大铸钢件	>500	>50000	1540 ~ 1570	1530 ~ 1560
7	高锰钢铸钢件	≤120	≤10000	1420 ~ 1460	
8	ZG0Cr13Ni4Mo 铸件	≤200	≤40000	1560 ~ 1580	

（2）浇注速度　浇注速度的快慢应根据铸钢件的具体情况而定。对薄壁铸件和结构复杂铸件，宜采取快速浇注，以避免浇不到。当铸型有较大的上平面时，也宜采取快速浇注，以避免铸型上平面受钢液长时间高温辐射烘烤作用而起皮，导致铸钢件产生夹砂。

浇注小型铸钢件（≤1000kg）时，一般用浇注时间来衡量浇注速度的快慢。浇注一般小型铸钢件的浇注时间可参见表 9-181。

表 9-181　一般小型铸钢件的浇注时间

铸钢件质量/kg	浇注时间/s
<100	<10
100 ~ 300	<20
300 ~ 500	<30
500 ~ 1000	<60

浇注大中型铸钢件时，浇注速度的快慢以钢液在型腔内的上升速度来表示。合适的上升速度能使钢液均匀、迅速、平衡地充满型腔，以获得质量良好的铸钢件。如钢液上升速度缓慢，则铸钢件易出现冷隔、浇不到、夹砂、裂纹、砂眼等缺陷；如钢液上升速度过快，则易产生呛火、气孔、夹渣等。大中型铸钢件的上升速度可参见表 9-182。

铸钢件的浇注速度虽在一定程度上可靠浇注工人的操作（盛钢桶铸口的开启程度）来控制，但更直

接受铸口直径（面积）的影响。在忽略阻力的情况下，铸口全开，钢液流经铸口的自由流速 v 为

$$v = \frac{\sqrt{2}}{4} \pi d\rho \sqrt{gh} \qquad (9\text{-}16)$$

式中　v——钢液流经铸口的自由流速（t/min）；

　　　d——铸口直径（m）；

　　　ρ——钢液密度（t/m³）；

　　　h——盛钢桶的钢液面到铸口出口断面的高度（m）；

　　　g——重力加速度（9.8×60^2 m/min²）。

可见，盛钢桶铸口钢液流速 v 与铸口直径的平方和盛钢桶内钢液面高度的平方根成正比，将随钢液面的不断降低而逐渐减小。

因此，为了获得必须的浇注速度，就必须为盛钢桶配置适宜直径的铸口砖，需要时还须为盛钢桶配置双铸口。

浇注铸钢件时的铸口直径为 $\phi30 \sim \phi110$mm，每隔 5mm（$\phi30 \sim \phi60$mm）或 10mm（$\phi60 \sim \phi110$mm）分档，供选用。选择铸口砖的根据是使铸口满足最大浇注速度的需要，即在浇注操作中将铸口开启的最大的条件下，应能提供所需要的最大浇注速度。表 9-183 列出了全流浇注时不同容量盛钢桶采用不同直径铸口（单铸口）时的钢液平均流速，可供参考。

表 9-182　大中型铸钢件的上升速度

铸钢件质量/kg	≤5000	>5000～15000		>15000～35000			>35000～55000			>55000～160000		
结构情况	—	复杂	简单	薄壁	一般	实体	薄壁	一般	实体	复杂	一般	实体
上升速度/(mm/s)	≥25	≥20	≥15	≥18	≥15	≥10	≥15	≥12	≥8	≥12	≥10	≥6

表 9-183　盛钢桶全流浇注时的钢液平均流速

铸口直径 φ/mm		35	40	45	50	55	60	70	80	90	100	110
平均流速/(kg/s)	6t 盛钢桶	20	26	30	34	40	60	—	—	—	—	—
	10t 盛钢桶	20	29	37	46	55	66	90	120	—	—	—
	60t 盛钢桶	—	—	—	—	—	95	128	167	210	260	320
	90t 盛钢桶	—	—	—	—	—	96	130	170	216	267	323

9.12.5　保护浇注

为了保证一些重要铸钢件，如不锈钢、高锰钢等高合金钢铸钢件或一些特殊铸钢件的质量，避免浇注时钢液二次氧化增加钢中氧化物夹杂含量和钢液吸气增加钢中气体含量，在浇注时采取措施对注流和进入型腔的钢液进行隔绝空气的保护。目前常用的方法为用氩气保护，具体做法一般是：

1）在浇注前往型腔中缓慢充入氩气，置换出型腔中的空气，从而在浇注时避免浇入型腔内的钢液与空气接触。

2）在铸型浇口上围绕浇口安放一密布气孔（方向向上）的环管，当浇注时，向管内通入氩气（压力大于等于0.3MPa），氩气从细孔中喷出，围绕注流形成一道氩气保护屏障，从而隔绝注流与大气的接触。这样，能达到很好的保护浇注的目的。

9.12.6　浇注操作工艺要点

1）在用一个盛钢桶浇注多个铸型时，应按铸钢件的重量、壁厚及结构复杂程度而将铸型排列成一定的顺序：先浇小铸钢件、薄壁铸钢件及结构复杂铸钢件，后浇大铸钢件、厚壁铸钢件及结构简单铸钢件。

2）在浇注一个铸型过程中，开始时应将钢流控制得小些，而后逐渐增大。待钢液上升到冒口时，应缓一下注流，然后增大注流继续浇注，直至冒口内钢液上升到规定的高度为止。在整个浇注过程中不应断流。

3）浇完一个铸型后，应按工艺规程要求往冒口上加发热剂、保温覆盖剂（如稻壳、草灰等）。

4）浇注大型铸钢件时，应根据工艺规程要求，用高温钢液及时补浇冒口。

5）多炉（多个盛钢桶）合浇大型铸钢件时，要协调好各台炉子的出钢顺序、桥式起重机的分布、盛钢桶位置、浇注顺序等，一般要求开浇时各铸口能同时打开进行浇注。当需要钢液补浇冒口时，补浇冒口钢液的浇注温度应比合浇钢液的浇注温度高30～50℃。

6）浇注时应有专人监控，防止炉渣进入型腔。

7）浇注过程如发生从铸型中漏出钢液（跑火）时，一方面采取措施堵住；另一方面细流慢注，切不可断流，以免铸钢件产生冷隔缺陷。

8）盛钢桶的选择应与钢液量匹配，避免采用大容量盛钢桶装少量钢液，这会造成钢液激冷、夹杂不能充分上浮，以及浇注后包底凝结冷钢等问题。

参 考 文 献

[1] 王维. 电炉炼钢技术问答 [M]. 北京：化学工业出版社，2012.

[2] 操龙虎. 现代电炉炼钢技术发展趋势分析 [J]. 工业加热，2019 (3)：55-59.

[3] APFEL J，BEILE H. EAF Quantum-新型电弧炉炼钢技术 [J]. 河北冶金，2018 (10)：7-13.

[4] 刘喜海，徐成海，郑险峰. 真空冶炼 [M]. 北京：化学工业出版社，2013.

第 10 章 铸造用钢的炉外精炼

10.1 概述

10.1.1 炉外精炼的任务

钢的炉外精炼是把一般炼钢炉（电弧炉、转炉）中要完成的精炼任务，如脱硫、脱氧、去除非金属夹杂物、调整钢液成分和温度，以及特殊要求的脱碳、除气等工作，移到炉外的钢包或者专用的容器中进行，从而达到提高钢液的冶金质量，提高生产率的目的。

一般把用于钢液熔化和初炼的炼钢炉称为初炼炉，把用于钢液精炼的钢包或者专用容器称为精炼炉。

随着我国工业的快速发展，特别是机械、冶金、航空、电站、化工、造船等工业的发展，对钢的力学性能和工艺性能的要求越来越高。对于一些特别重要的产品，在一般转炉或电炉中炼出的钢液已不能满足要求。因此早在 20 世纪初，冶金工作者就开始寻求进一步提高钢的质量的方法，逐步形成炉外精炼技术，随着各项尖端工业的发展，高质量钢的需求不断增加，炉外精炼技术也相应有了飞速的发展。

10.1.2 炉外精炼的主要优点

炉外精炼的主要优点是减少钢中气体、氧含量和非金属夹杂物含量；去除钢中的硫；在专用设备上可以把钢中的碳降到极低水平，精炼超低碳钢种；均匀钢液的成分和温度，从而改善钢液的冶金质量，提高原有设备的生产能力，节约能源和原材料的消耗。降低生产成本和有利于环境保护。

10.1.3 炉外精炼的基本功能

过去，特殊钢都是在电炉内熔炼完成的。由于电炉内钢与渣的接触面积小、熔池较深、冶金反应过程缓慢，钢中气体的含量通常较高，杂质也难以有效地去除。在出钢及浇注过程中，钢液又会进一步吸气，并被空气二次氧化。钢液的纯净度不高，导致铸钢的性能不能适应工业发展和尖端科学的需求。炉外精炼的基本功能就是弥补上述不足。通过炉外精炼可以使硫的质量分数降低到 0.01% 以下或更低，氢的体积分数降到 $2 \times 10^{-4}\%$ 以下，氧的体积分数可降到 $20 \times 10^{-4}\%$。由于真空作用，可减少浇注过程中的二次氧化，使钢中氧化物质量分数减少 50% 以上。同时还可以生产超低碳不锈钢和成分范围很窄的钢种。除此以外，它和电弧炉等配合使用能使炉子的生产率大幅度提高。

炉外精炼设备参数、设备功能及精炼效果分别见表 10-1 ~ 表 10-3。

表 10-1 各种加热工艺及设备参数

工艺参数	加热设备（炉型）					
	VAD	LF	ASEA-SKF	VID	等离子	VOD
加热方法	电弧	电弧	电弧	感应	等离子	吸氧
搅拌方法	气体	气体	电磁感应（+气体）	电磁感应	气体	气体
工作压力/kPa	30 ~ 80	102	102	0.01 ~ 0.1	102	0.02 ~ 2.0
氧分压/kPa	1 ~ 2	2 ~ 5	2 ~ 5	0.002 ~ 0.02	1 ~ 2	2 ~ 5
加热速率/(℃/min)	3 ~ 5	3 ~ 5	2 ~ 4	5 ~ 15	0.2 ~ 1	20 ~ 50
钢液质量/t	30 ~ 150	15 ~ 300	15 ~ 250	0.5 ~ 15	50 ~ 300	5 ~ 300
变压器容量/MV·A	5 ~ 20	5 ~ 30	5 ~ 25	0.5 ~ 3	1 ~ 6	—
包衬厚度/mm	200 ~ 300	200 ~ 300	150 ~ 250	80 ~ 100	200 ~ 300	200 ~ 300

表 10-2 各种炉外精炼设备的功能

炉型	ASEA-SKF	LF	VAD	RH	VD	CAS	VOD	VODC	AOD
最大容量/t									
普钢厂	300	350	—	350	300	350	150	—	—
特钢厂	200	350	155	400	150	350	400	30	180
铸钢厂	—	150	—	—	150	—	150	30	30

（续）

炉型	ASEA-SKF	LF	VAD	RH	VD	CAS	VOD	VODC	AOD
降耗									
廉价原料	—	—	2	2	—	—	1	1	2
省合金料	1	2	1	1	1	1	1	1	—
耐火材料消耗少	1	1	1	2	—	—	—	1	—
电极消耗少	1	2	1	—	—	—	—	—	—
电耗少	1	2	2	—	—	—	—	—	—
改进质量									
脱氢	—	—	2	1	2	2	2	2	2
脱氮	—	—	2	1	2	2	1	1	1
脱氧	1	1	1	1	1	1	2	2	1
真空碳脱氧	—	—	2	1	—	2	—	—	—
脱硫	2	1	1	—	2	—	1	1	1
去除杂质	1	1	1	2	1	2	2	2	2
超低碳	—	—	—	—	—	—	1	1	1
精调成分	1	1	1	1	1	1	1	1	2
调整温度	1	1	1	—	—	—	2	2	2

注：1—效果很好；2—效果较好。

表 10-3　炉外精炼法的精炼效果

炉外精炼类型		精炼效果					
		[H]	[O]	[N]	[S]	夹杂物	其　他
钢包除气法（LD）	脱除率	10%~30%	10%~30%	10%~20%	—	—	—
	达到	—	—	—			
倒包除气法（SLD）	脱除率	40%~50%	30%~50%	10%~30%	—	—	—
	达到	—	—	—			
真空提升除气法（DH）	脱除率	40%~60%	55%	20%~30%	—	去除10%~20%	—
	达到	$(1\sim3)\times10^{-4}\%$	$(20\sim40)\times10^{-4}\%$	$\leq40\times10^{-4}\%$			
出钢除气法（TD）	脱除率	60%	20%~30%	10%~20%	包中加合成渣可使[S]的质量分数降至0.005%	—	—
	达到	$2\times10^{-4}\%$	—	—			
真空循环除气法（RH）	脱除率	40%~80%	40%~60%	20%~40%	—	去除10%~30%	—
	达到	$(1\sim2)\times10^{-4}\%$	$(10\sim30)\times10^{-4}\%$	$(10\sim30)\times10^{-4}\%$			
钢包精炼法（LF）（V）	脱除率	50%~60%	50%~60%	—	脱除50%~60%（未计真空效果）	—	可精确控制成分、温度
	达到	$(1\sim3)\times10^{-4}\%$	$(10\sim30)\times10^{-4}\%$	$<50\times10^{-4}\%$			

（续）

炉外精炼类型		精 炼 效 果					
		[H]	[O]	[N]	[S]	夹杂物	其他
钢包精炼法 （ASEA-SKF）	脱除率	50%~60%	40%~50%	—	—	—	—
	达到	$(2~3)×10^{-4}\%$	$(20~30)×10^{-4}\%$	—			
真空电弧加热 除气法（VAD）	脱除率	—	—	—	造渣可脱[S] 40%~60%	—	可精确控制成分、 温度
	达到	$(1~3)×10^{-4}\%$	$10×10^{-4}\%$	$10×10^{-4}\%$			
真空吹氧脱碳 精炼法（VOD）	脱除率	—	—	—	≤0.005%	—	碳可降至0.0025%
	达到	$(1~3)×10^{-4}\%$	$(30~80)×10^{-4}\%$	$(40~140)×10^{-4}\%$			
氩氧脱碳精炼 法（AOD）	脱除率	—	—	—	达0.003%~0.006%	—	碳降至0.005%
	达到	$(1~4)×10^{-4}\%$	$(20~100)×10^{-4}\%$	$(20~150)×10^{-4}\%$			
钢包喷粉 精炼法（SL）	脱除率	—	—	—	0.002%~0.004%	可改善夹杂 物形状及类型	—
	达到	—	—	—			

10.2 炉外精炼工艺的种类及其特点

炉外精炼工艺按其作用与目的，大致可以归纳为以下几种：

（1）钢液滴流真空除气法 以钢包除气法（LD）、真空浇注法（VC）、倒包除气法（SLD）为主，都适合于大型铸锻件生产。

（2）电弧加热真空精炼 以LF（V）法、ASEA-SKF法、VAD法为代表，一般与电炉双联生产高合金钢和各种重要用途的特殊钢。该法生产条件灵活，可用于钢液保温，以达到多炉合浇大型铸钢、锻件

的目的。

（3）真空吹氧脱碳精炼和氩氧脱碳精炼 以VOD法和AOD法为代表的炉外精炼法主要用于不锈钢、耐热钢和超低碳不锈钢的生产。

（4）真空循环除气法 以DH法、RH法为代表，适用于特殊钢及特殊铸钢件生产。

（5）钢包吹氩和喷射冶金法 以CAS法、TN法和SL法及喂线技术为代表的钢液处理法，可以达到脱氧、脱硫、去除夹杂及夹杂物变性处理等作用。

表10-4列出了各种炉外精炼工艺的主要方式及特点。

表 10-4 各种炉外精炼工艺的主要方式及特点

方 法 及 名 称	主要设备	开发时间及 国家	主要用途和 处理钢种	真空度 /Pa	优 点	缺 点
钢包除气法（LD） 	真空抽气 设备、真空室	1940—1944 年，苏联	大锻件用 碳钢钢锭	666.6~ 2666.4	设备简单、投资 少、建成投产周期短	处理时间长、 温降大、除气效 果差

（续）

方法及名称	主要设备	开发时间及国家	主要用途和处理钢种	真空度/Pa	优　点	缺　点
倒包除气法（SLD） 	真空抽气设备、中间包、真空室	1952—1954年，德国克虏伯公司	大锻件用碳钢及合金钢锭、重要大型铸件	133.32～1333.2	真空处理时可添加合金元素，处理效果较 LD 法好，适用于连铸	处理时需用 2 个钢包，温降大，需提高出钢温度
出钢除气法（TD） 	除气钢包、真空抽气设备、中间包	1962—1964年，德国克虏伯公司	与电炉配套生产各种特殊钢、浇注钢锭及铸件	133.32～1333.2	可以部分进行真空脱氧处理，过程中可加合金，处理时间短，与出钢过程合一，降温较小，适用于大中型铸锻件	出钢坑需足够大，能容纳下脱气设备。准备工作量大
真空提升除气法（DH） 	真空抽气设备、真空室、升降机构、加热装置	1956 年，德国 Dortmund Horder 公司	碳钢、低合金钢、特种用途弹簧钢、轴承钢、不锈钢、电工钢等	66.67	操作简单，处理过程中可加合金，脱气效果好，可以真空脱氧，处理后可浇注中小型钢锭，也可浇注铸件	设备结构比较复杂

（续）

方法及名称	主要设备	开发时间及国家	主要用途和处理钢种	真空度/Pa	优点	缺点
真空循环除气法（RH） 	真空抽气设备、真空除气室、脱气室升降及旋转装置、烘烤装置、合金添加装置	1957年，德国鲁尔钢铁公司和海拉斯公司	碳钢、各种合金钢、轧辊钢、电站用钢、船舶用钢、航空用钢	66.67	操作简单，除气效果显著，可以添加合金调整成分，搅拌效果好，能去除非金属夹杂物，可以浇注钢锭或铸件	在大气浇注时会发生部分二次氧化现象，处理过程中大约降温50~100℃
真空浇注法（VC） 	真空抽气设备、真空室、中间包	1952—1954年，德国克虏伯公司	大锻件用碳钢或合金钢锭，与EF、LF、SKF等配合可生产重要电站，核电锻件用钢锭	26.66~66.67	脱氢完全，不存在大气污染钢液，可进行真空碳脱氧，钢锭质量优良	钢锭表面质量不好，不能添加合金元素
ASEA-SKF式钢包精炼法 	真空抽气设备、钢包炉、加热系统、真空除气炉盖（或罐式）系统、电磁搅拌系统、滑动水口系统	1965年，瑞典ASEA和SKF公司	合金钢、不锈钢、轴承钢	13.33~66.67	处理过程中可以添加合金和辅料，以调整成分和熔渣，处理效果良好，可以灵活控制温度，搅拌效果很好，气体和夹杂物含量低	设备复杂，操作要熟练才能掌握好
LF(V)式钢包精炼法 	真空抽气设备、钢包炉、电弧加热系统、真空除气炉盖（或罐式）系统、氩气搅拌系统、滑动水口系统	1971年，日本特殊钢公司	各种特殊钢	66.67~2666.4	同ASEA-SKF，但优于ASEA-SKF，且设备简单	

（续）

方法及名称	主要设备	开发时间及国家	主要用途和处理钢种	真空度/Pa	优　点	缺　点
真空电弧加热除气法（VAD）	真空抽气设备、真空室、合金加料装置、真空密封装置	1967 年，美国 A. 芬达尔父子公司与莫尔公司	高合金钢、不锈钢	133.32 ~ 266.64	在真空下加热除气，所以除气效果特别好，处理后钢液内质量分数：$[H] \leq (1 \sim 3) \times 10^{-4}\%$ $[O] \leq 10 \times 10^{-4}\%$ $[N] \leq 8 \times 10^{-4}\%$ 能有效地控制成分和温度	设备复杂、投资大、成本高
真空吹氧脱碳精炼法（VOD）	真空抽气设备、氧枪、VOD 炉、真空室、合金加料装置	1965 年，德国维滕特殊钢公司	不锈钢和其他合金钢	66.67 ~ (66.67 × 10^2)	主要用来生产不锈钢，钢中气体和夹杂物含量低，铬的收得率高，能较正确控制成分	使用一定量的氧气和少量的氩气
氩氧脱碳精炼法（AOD）	AOD 炉、喷嘴	1968 年，美国乔斯林钢公司	各种不锈钢、耐热钢、工具钢、硅钢、锰钢、碳钢	—	生产不锈钢，铬损耗小，成本低，无须热源，钢中气体和夹杂物含量低，钢的力学性能好，特别是塑性指标更好，尤其适用于铸钢生产	使用一定量的氧气和氩气
钢包喷粉精炼法（SL）	喷粉装置	1972 年，斯堪的那维亚钢铁工业公司	各种优质钢、特殊钢	—	可以生产低硫、低磷钢种，改善夹杂物形状及类型，提高钢的塑性指标，成分控制准确，合金收得率高，设备简单	降温大，需提高出钢温度

10.3　钢液滴流真空除气法

滴流除气法是将钢液流股注入真空室,由于压力急剧降低,使流股膨胀,并散开成一定的角度以滴状降落,使除气表面积增大,有利于气体的逸出。目前主要采用的有倒包除气法、真空浇注法以及出钢除气法3种,见图10-1。

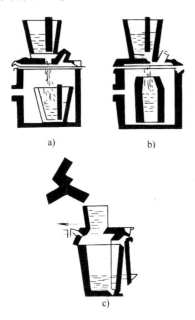

图 10-1　钢液滴流真空除气法

a) 倒包除气法　b) 真空浇注法　c) 出钢除气法

10.3.1　钢包除气法

钢包除气法(LD法)有两种形式,一种是将盛有钢液的钢包放入真空室中,扣上顶盖后,进行抽气;另一种是直接在钢包上部加盖进行抽气。在真空除气过程中可以加入少量合金以调整钢液成分。采用这种方法时,因没有搅拌钢液的装置,气体从钢液逸出,是靠真空室中压力的下降,钢液沸腾不够激烈,因而搅拌作用较差。吨位较大的除气设备,因受到钢液静压力的影响,底层的气体不易逸出。此法虽有设备简单、操作方便、投资少等优点,但除气效果较差,所需处理时间也长,相应钢液降温较多,其应用受到限制。为了解决这个问题,可用磁力或氩气对钢液进行强制搅拌。采用电磁搅拌(见图10-2a)时,搅拌强度可任意选定和调整,但钢包外壳需用不锈钢并非磁性钢制成,设备费用高昂。采用气体搅拌时,在钢包一侧耐火材料制成的空心塞或在钢包底部装多孔塞,以便吹入惰性气体(氩气或氮气)。图10-2b是经底部的透气塞吹入氩气的示意图。

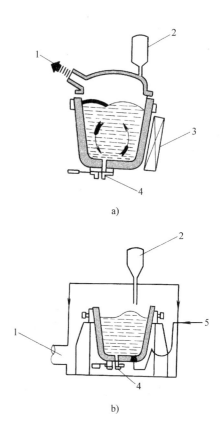

图 10-2　钢包除气法

a) 带有电磁搅拌的钢包除气装置

b) 带有气体搅拌的钢包除气装置

1—真空抽气管道　2—合金料斗　3—电磁搅拌线圈　4—滑动水口　5—氩气管

以上两种方法,虽然基本上解决了钢包处理时的搅拌问题,但仍存在钢液温度下降很多的缺点。为了补偿温降,必须提高出钢温度,这样,对炉体侵蚀较大。此外,真空处理后的钢液仍需在大气浇注,钢液又会二次氧化并吸收一定量的气体,降低了处理效果。

10.3.2　倒包除气法

倒包除气法(SLD法)最早由德国于1952—1954年开发使用,其目的是脱除钢液中的氢与氮。

在真空室中预先放好钢包,打开真空泵,将真空室抽至需要的真空度,通过真空盖上的钢包(可以直接接受钢液)向真空室内钢包中注入钢液。当钢液以流束状态下落时,由于周围的负压,使流束爆炸成大量的液滴,由于液滴的表面积很大,滴液内的氢和脱氧产物(一氧化碳)容易扩散外逸,在滴液下降过程中的较短时间内即可完成真空除气的作用。根据浇注水口直径规格不同，浇注速度一般在 5～10t/min。目前，用这种方法一次处理钢液的吨位已达 300t 以上。

图 10-3 所示为倒包除气法的示意图。上部钢包的底部装有带密封的法兰，与真空室形成真空密封，合金微调和脱氧剂可以在倒包过程中加入，并可以通入惰性气体对钢包进行搅拌。上部钢包和真空室之间通过铝板把浇注口封闭，浇注时铝板被熔化，钢液通过耐火材料导流套管注入真空室内钢包。

倒包除气法的除气效果见表 10-5。

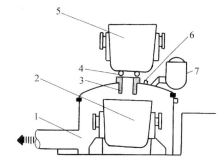

图 10-3　倒包除气法
1—真空抽气管道　2—真空室内钢包　3—耐火材
料导流套管　4—密封铝板　5—上部钢包
6—窥视孔　7—料斗

表 10-5　倒包除气法的除气效果

钢种	取样时间	[H]		[O]		[N]	
		质量分数（%）	脱氢率（%）	质量分数（%）	脱氧率（%）	质量分数（%）	脱氮率（%）
镍钢	处理前	0.00036	78	0.0059	29	0.0093	33
	处理后	0.00008		0.0042		0.0062	
铬钢	处理前	0.00035	74	0.0062	13	0.0074	24
	处理后	0.00009		0.0054		0.0056	

从表 10-5 中看出，倒包除气法的效果还是比较显著的，特别是脱氢效果更好。倒包除气法的缺点是钢液的温降比较大，特别是钢液吨位比较小时更甚。如 30～50t 钢液倒包除气过程降温可达 100℃。为了补偿温度下降，出钢温度必须提高到 1700℃ 以上。

由于这种方法不能直接进行浇注，在铸锭或浇注铸件过程中，还会造成大气对钢液的二次污染。

10.3.3　出钢除气法

为了克服倒包除气法降温大和占用钢包多的缺点，可采用出钢除气法（TD 法）（见图 10-4），出钢除气法一般与电弧炉配合，钢液直接注入中间包后进

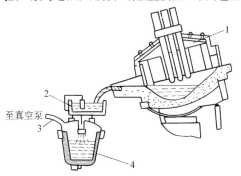

图 10-4　出钢除气法
1—炼钢炉　2—中间包　3—真
空管道　4—钢包

入带有真空盖的钢包中，除气原理与倒包除气法相同。其优点是出钢的同时完成除气处理，因而几乎不存在除气时间。另外，中间包小，降温也小，在生产中应用效果较好。其主要特点是需带有真空盖的钢包，并需与抽气系统相连接，由于钢包需移动，因此，增加了连接密封的复杂性。

出钢除气法脱氢率大约为 60%，脱氧率因钢的脱氧程度不同而有所差别，为 20%～25%。

10.4　钢包精炼法

日本式的钢包精炼法 [LF(V)]、瑞典式的钢包精炼法（ASEA-SKF）和美国式的真空电弧加热除气法（VAD）统称为钢包精炼法。

10.4.1　LF（V）钢包精炼法

钢包精炼法是集电弧加热、氩气搅拌、炉渣精炼、真空除气等功能于一体的钢包精炼技术。该精炼法于 1971 年在日本首先使用。LF(V) 钢包精炼法在氩气搅拌的条件下，利用电弧加热，在还原性气氛中，造精炼炉渣，或进行真空处理，将初炼钢液进行精炼，达到对钢液脱氧、脱硫，还原金属氧化物，去除钢中夹杂物与气体，调整成分和温度，最终提高钢液纯净度的目的。由于 LF(V) 法设备简单、投资费用低，操作灵活且精炼效果好，近年在机械行业、冶

金行业得到迅速发展。

LF(V) 钢包精炼法与 ASEA-SKF 钢包精炼法的主要区别在于搅拌方式不同，即氩气搅拌与电磁感应搅拌的不同。钢包精炼炉能够准确地调整钢液温度，可以确保在整个浇注过程中，钢液温度保持在规定的温度范围内，为多包合浇创造了条件；具有优越的合金化条件，精炼钢液成分均匀稳定；加入造渣剂或其他脱硫材料，通过真空处理工序精炼低硫钢种。

1. 精炼功能

LF(V) 钢包精炼法有以下 4 个独特的精炼功能：

（1）氩气搅拌　氩气搅拌加速钢—渣之间的化学反应，有利于钢液的脱硫、脱氧，还可以促进非金属夹杂物上浮，特别是 Al_2O_3 类型的夹杂物。吹氩搅拌的另一个作用是可以加速钢液的温度和成分均匀。

（2）埋弧加热　LF(V) 精炼炉一般是采用三相石墨电极进行加热，加热时电极插入渣层中，即采用埋弧加热法。这种方法辐射热小，对炉衬有保护作用，且加热的热效率高。要达到埋弧的目的，就要有较大厚度的渣层，但是精炼过程又不允许渣量过大，这就要求造泡沫渣。目前造还原泡沫渣的基本方法是在渣料中加入一定量的石灰石。

（3）渣精炼　LF(V) 炉与其他真空除气精炼法不同，渣在 LF(V) 炉内具有很强的还原性，这是炉内良好的还原气氛和氩气搅拌的结果。通过渣精炼（后期为白渣），可以去除钢中氧和硫，并降低夹杂物含量。一般渣量为钢液质量的 2% ~ 5%。

（4）炉内气氛控制　在精炼时，即使在不抽真空的大气压下进行精炼时，由于钢包上的水冷法兰盘与水冷炉盖之间的密封作用，再加上加热时石墨电极与渣中 FeO、MnO、Cr_2O_3 等氧化物作用生成 CO 气体，增加了炉气的还原性。

以上介绍的是 LF(V) 钢包精炼法的 4 种精炼功能，它们是互相影响、互相依存与互相促进的（见图 10-5）。

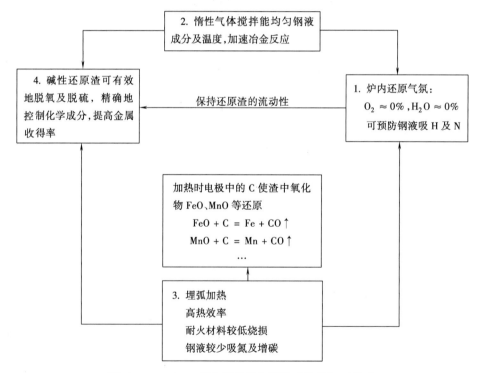

图 10-5　LF(V) 钢包精炼法各精炼功能的相互关系

2. 设备概况

LF(V) 钢包精炼法装置主要由精炼钢包、加热系统、吹气系统、真空抽气系统、控制系统、合金料加入装置、除渣装置（根据需要设置）、测温取样系统、集尘装置及其他特殊用途装置等构成。图 10-6 所示为 LF(V) 钢包精炼炉示意图。

LF(V) 炉精炼钢包与普通钢包有所不同，其包上沿有水冷法兰盘，通过密封橡胶圈与炉盖密封，以防止空气的侵入。钢包底部安装有出钢用的滑动水口装置及吹惰性气体的多孔透气塞。

LF(V) 炉钢包内熔池深度 h_2 与钢包内径 D_1 之比是钢包设计时必须要考虑的因素。一般精炼的熔池深度 h_2 都比较大。从钢液面至钢包上沿的距离称为钢包炉的自由空间，对非真空处理用的钢包，自由空间的高度小一些，一般为 500～600mm；在真空处理时必须达到 1000～1200mm。精炼钢包与熔池尺寸见表 10-6。钢包精炼法 h_2/D_1 值影响钢液搅拌效率、钢渣接触面积、包壁渣线带的热冲蚀、包衬寿命及热损失等。

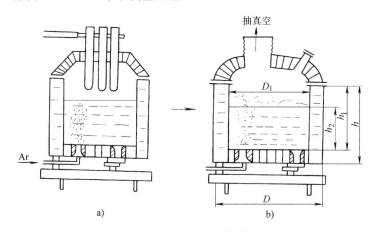

图 10-6　LF(V) 钢包精炼炉示意图

a) 加热　b) 除气

D—钢包外径　D_1—钢包内径　h—总高　h_1—内高　h_2—熔池深度（额定容量时）

表 10-6　精炼钢包与熔池尺寸

LF(V)炉容量/t	20	30	60	150	50
实际装入量/t	13/23	18/33	60	130/150	45/50
钢包外径 D/mm	2200	2400	2600	3900	2924
钢包内径 D_1/mm	1676	1948	2070	3164	2430
总高 h/mm	2300	2500	3150	4330	3040
内高 h_1/mm	1995	2195	2740	4000	2770
熔池深度 h_2/mm(在额定容量时)	1260	1402	2340	2754	1540
钢包高径比 h_2/D_1(在额定容量时)	0.75	0.72	—	0.87	0.64

LF(V) 钢包精炼法所用的电弧加热系统与炼钢用电弧炉相同，由 3 根石墨电极与钢液间产生的电弧作为热源。

LF(V) 钢包精炼法一般在加热工位的炉盖上设置合金及渣料料斗，通过每个料下的导向阀，定量地加入所需的合金或渣料，带有真空系统的 LF(V) 钢包精炼炉，一般在真空盖上也设有合金及渣料的加料装置。

LF(V) 炉精炼功能之一是还原性白渣精炼，为此在精炼之前必须将氧化性炉渣扒掉，故 LF(V) 炉一般应设置除渣设备，除渣方式有以下 3 种。高功率、超高功率电弧炉采取偏心底出钢及留钢操作方式，可以减少初炼钢液出钢过程中氧化渣的带入。

(1) 多工位操作除渣方式　倾动扒渣装置安装在钢包车上。

(2) 炉盖移动除渣方式　倾动扒渣装置设在 LF(V) 炉底座上。

(3) 倒包除渣方式　通过增加一次倒包，控制氧化渣带入。

150t LF(V) 钢包精炼炉设备参数见表 10-7，不同容量的 LF(V) 钢包精炼炉主要技术参数见表 10-8。

表 10-7　150t LF（V）钢包精炼炉设备参数

序号	名　称		工艺性能	
1	精炼钢包	钢包公称容量/t	110	170
		每包处理钢液能力/t	50 ~ 110	100 ~ 170
		砌砖后（直径/mm）×（深度/mm）	φ3170×3202	φ3170×4360
		液面上自由空间/mm	50t 钢液时 2276　110t 钢液时 1166	110t 钢液时 2326　170t 钢液时 1216
		电极分布圆直径/mm	φ1050	φ1050
		钢包自重/t	41.9	51.38
		最大装入量①/t	110.0	170
2	加热工位	电极最大行程/mm	3150	
		电极升降速度/（m/min）	4（手动）	
		变压器额定容量/kV·A	13000	
		一次电压/V	35000	
		二次电压/V	140 ~ 300	
		二次额定电流/A	2145/32633（允许超 20%）	
3	真空工位	蒸汽喷射泵形式	6 级变量泵	
		抽气速度/（kg/h）	500（67Pa 时）	
		极限真空度/Pa	250（27Pa 时）	
4	搅拌装置	氩气压力/kPa	400 ~ 700	
		最大流量/（L/min）	290	
5	吹氧装置	氧气工作压力/kPa	500	
		氧枪内径/mm	25.4	

①　最大装入量为非真空状态下的最大装入量。

表 10-8　不同容量的 LF(V)钢包精炼炉主要技术参数

项　目	系　列　型　号					
	LF(V)-20	LF(V)-40	LF(V)-60	LF(V)-70	LF(V)-100	LF(V)-150
钢包容量/t	15/25	30/40	50/60	65/70	95/105	125/160
钢包直径 D/mm	2200	2900	3100	3200	3400	3900
钢包内径 D_1/mm	1740	2280	2480	2700	2800	3300
熔池深度 h_2/mm	1360	1850	2200	2300	2500	3000
钢包总高 h/mm	2300	3150	3450	3550	3900	4500
钢包高径比 h_2/D_1	0.782	0.811	0.887	0.852	0.893	0.909
变压器容量/kV·A	3150	5000/6300	6300/10000	6300/10000	10000/12500	12500/16000
升温速率/（℃/min）	≈2.5	2.5 ~ 3.1	2.1 ~ 3.3	1.8 ~ 2.8	2.0 ~ 2.5	1.7 ~ 2.1
抽气能力/（kg/h）	80	200	300	300/350	400	450 ~ 500
极限真空度/Pa	67	67	67	67	67	67
蒸汽耗量/（t/h）	4	8	9	10	12	15
钢液质量/t	100	130	135	150	170	200

3. LF（V）钢包精炼法几种典型精炼工艺

（1）LF（V）钢包精炼法除气工艺　这种工艺是用来生产一般合金钢，它是把电弧炉或转炉氧化末期的钢液，倒入 LF（V）炉并去掉氧化渣 50% ~ 90%，加还原渣料及脱氧剂，以便在真空脱气的同时进行还原精炼。这种处理脱氢效果很好，能防止氢致裂纹，钢液成分与温度能严格控制。其不足之处是初炼钢液出钢温度要求高，未考虑彻底的脱硫与去除非金属夹杂物。LF（V）钢包精炼法除气工艺如图 10-7 所示。

（2）真空碳脱氧工艺　电站、军工、航空等产品要求质量很高，冶炼时不能采用任何金属脱氧剂，因此，一般采用真空下碳脱氧的工艺来生产这种钢。LF（V）炉具备这种工艺条件，可采用在还原气氛下白渣扩散脱氧及强搅拌工艺，这样可使钢中的氧含量有很大程度的降低，进一步采用真空下碳脱氧工艺，最后进行真空浇注（MSD 法）。LF（V）钢包精炼法真空碳脱氧工艺如图 10-8 所示。

20t LF（V）钢包精炼法碳脱氧工艺成分的变化见表 10-9。

图 10-7　LF(V) 钢包精炼法除气工艺

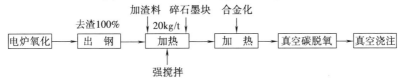

图 10-8　LF(V) 钢包精炼法真空碳脱氧工艺

表 10-9　20t LF(V)钢包精炼法碳脱氧工艺成分的变化

脱氧工艺	化学成分									
	$w(C)$ （%）	$w(Si)$ （%）	$w(Mn)$ （%）	$w(P)$ $(10^{-4}\%)$	$w(S)$ $(10^{-4}\%)$	$w(O)$ $(10^{-4}\%)$	$w(N)$ $(10^{-4}\%)$	$w(FeO)$ （%）	渣中 $w(S)$ （%）	钢液温度/℃
电炉出钢	0.16	0.00	0.16	50	190	400	29	—	—	—
加热初期	0.16	0.00	0.16	60	190	190	—	—	0.15	1550
真空初期	0.16	0.00	0.16	60	120	83	32	1.0	0.29	1590
真空后期	0.24	0.02	0.41	90	70	43	57	0.7	0.41	1600
钢锭成分	0.24	0.03	0.41	100	60	33	59	—	—	—

由表 10-9 可见，扩散脱氧使钢中氧的质量分数由 $400 \times 10^{-4}\%$ 降至 $83 \times 10^{-4}\%$，在 10kPa 下进行真空脱碳脱氧后，又使钢中氧的质量分数降至 $33 \times 10^{-4}\%$。钢中硫的质量分数也由 $190 \times 10^{-4}\%$ 降至 $60 \times 10^{-4}\%$。

（3）低硫工艺　LF（V）炉内的脱硫反应是靠炉内的还原气氛；在高碱度渣及强烈地吹氩搅拌条件下，通过多次渣精炼、多次除渣，达到降低硫含量的目的。LF（V）钢包精炼法低硫钢生产工艺如图10-9 所示。

低碳锰钢 $[w(C) = 0.20\%$，$w(Mn) = 1.0\%]$ 精炼过程硫的含量及渣中碱度的变化见图 10-10。从图 10-10 可以看出，随着脱氧剂、渣料的不断加入，渣中碱度不断提高，钢中的硫逐渐降低，最后硫的质量分数达到 $4.4 \times 10^{-4}\%$。

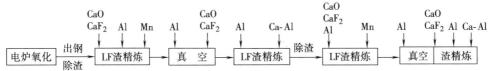

图 10-9　LF(V) 钢包精炼法低硫钢生产工艺

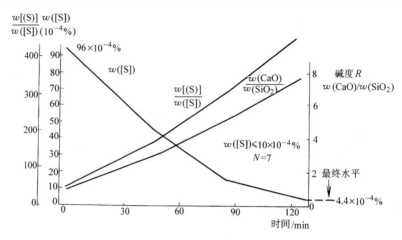

图 10-10　LF(V)炉精炼低硫钢工艺随时间变化

（4）高合金工具钢（包括高速钢）生产工艺
高合金工具钢（包括高速钢）含合金元素很高，这类钢的精炼过程一般采用单渣法。高合金工具钢生产工艺如图 10-11 所示。

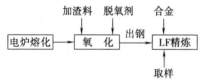

图 10-11　高合金工具钢生产工艺

为了回收合金元素，电炉出钢时的氧化渣不去掉，而是在 LF(V)炉内将它转换为还原渣，合金工具钢及高速钢一般采用此法生产。

4. LF(V)炉的多种用途

LF(V)炉是 20 世纪 70 年代出现的新型炉外精炼设备，它具有下列用途：

1）LF(V)炉与电炉相连，加快了电炉的生产周期，提高了电炉钢的质量。

2）LF(V)炉具有多包钢液保温功能，可以使用小炉子生产大钢锭，或将一炉钢液浇注成数个成分不同的锭子。

3）LF(V)炉设备上增加水冷氧枪系统，可以方便地冶炼低碳不锈钢。

4）LF(V)炉能准确地调节钢液的成分和温度，对钢的淬透性有利。

5）LF(V)炉能加热和对钢液保温并能长时间地存放钢液，可以保证连铸的顺利进行，因此是连铸车间不可缺少的设备。

5. 精炼效果（通过真空除气的精炼效果）

（1）除氢　一般合金钢和轴承钢除氢率为 50%～60%，氢质量分数可降到（2.5～3.0）×10^{-4}%。

（2）脱氧　脱氧率为 40% 左右。

（3）脱氮　脱氮率为 15% 左右，氮的质量分数可降至 50×10^{-4}%。

（4）脱硫　脱硫率为 50%～70%，硫的最低质量分数可达 0.005% 以下。

（5）力学性能　明显提高了铸钢件的力学性能。

（6）钢液冶金质量　提高钢液的冶金质量，夹杂物质量分数可下降 40%。表 10-10 为 GCr15 轴承钢精炼前后夹杂物含量的变化。

表 10-10　GCr15 轴承钢精炼前后夹杂物含量的变化

精炼方式	含量(质量分数,%)								
	SiO_2	Al_2O_3	FeO	MnO	MgO	Cr_2O_3	CaO	TiO_2	总量
电炉	10.70	45	4.1	2.0	9.9	1.1	2.5	—	71
LF(V)炉	2.23	11.37	0.47	0.37	1.03	0.53	1.4	4.53	31

10.4.2　ASEA-SKF 钢包精炼法

1. 概况

该方法是瑞典 ASEA 公司和 SKF 公司于 1965 年联合研制而成。ASEA-SKF 钢包精炼炉工艺流程图如图 10-12 所示。由于 ASEA-SKF 钢包精炼法的工艺操作方便且有很大的灵活性，20 世纪 70 年代在世界范围内得到了较大发展。ASEA-SKF 钢包精炼炉与 LF(V) 钢包精炼炉的主要区别在于钢液搅拌形式的不同。由于电磁感应器装置价格较高，使用成本较高，20 世纪 80 年代以后该型设备有逐步被 LF(V) 钢包精炼炉取代的趋势，近 20 年来投入使用的新设备较少。

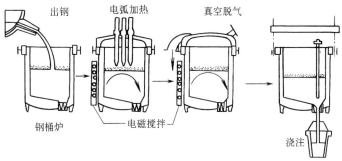

图 10-12　ASEA-SKF 钢包精炼炉工艺流程图

ASEA-SKF 钢包精炼法的工艺过程为：

1）由初炼炉（电炉、转炉）熔化钢铁材料，调整碳含量、磷含量、硫含量与温度至要求范围即可出钢。部分合金元素也可在初炉中调整。

2）初炼钢液倒入钢包中后（除掉初炼炉渣），加入造渣材料，开动电磁感应器装置，将钢包车开至加热工位，电弧加热提温化渣造新渣。

3）新渣造好与钢液温度合适后，移至真空工位，盖上真空盖进行真空脱气处理。钢包从吊入搅拌器内就开始对钢液进行电磁感应搅拌。

4）根据产品要求，确定真空处理与否。真空处理保持时间一般为 10～20min。真空除气后，通过漏斗加入合金，微调合金成分达到规格范围，调整钢液至出钢温度。一般精炼时间在 1.5～3.0h 之间。

ASEA-SKF 钢包精炼法的优点：

1）提高钢的质量。通过钢包炉精炼，可提高钢的冶金质量，使钢的化学成分均匀，非金属夹杂物减少，氢、氧等气体含量大大降低。

2）提高原设备的生产能力。电炉作为初炼炉，精炼工序转入钢包精炼炉中进行，缩短了冶炼时间，可以使电炉产量提高 30%～50%。

3）扩大冶炼品种。

4）降低成本。降低成本包括两个方面：一方面是电炉冶炼时间缩短，降低了电耗；另一方面是提高了合金收得率、产品利用率，减少了废品率。

2. 设备简介

ASEA-SKF 钢包精炼炉的最大容量为 150t，最小为 20t。

ASEA-SKF 精炼炉布置的示意图如图 10-13 所示。

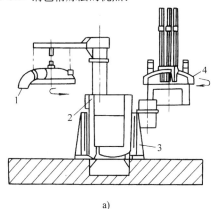

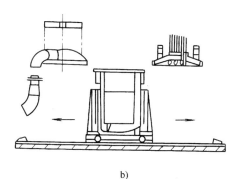

a)　　　　　　　　　　　　　　　　　　b)

图 10-13　ASEA-SKF 精炼炉布置的示意图
a）钢包炉固定式　b）钢包炉车移动式
1—真空密封炉盖　2—钢包炉　3—电磁搅拌装置　4—电弧加热炉盖

ASEA-SKF 钢包精炼炉主要设备组成及介绍：

1）无磁性材料真空密封结构的钢包。

2) 电极加热炉盖和变压器。

3) 水冷电磁感应搅拌器及其变频器。

4) 与真空泵相连的真空密封盖。

5) 氧枪。

6) 铁合金加料系统。

7) 冷却水系统以及提供压缩空气和氮气的装置。

8) 设备运转的机电和液压动力系统。

9) 测温、取样、操作仪表等。

各部分特点：

1) 钢包炉炉体。炉体是钢包精炼炉的重要组成部分，外壳用非磁性钢板组成，内衬为耐火材料。其炉体结构的特点是：适应于感应搅拌，有适当的碳—氧反应空间，密封性好等。

2) 搅拌系统。电磁搅拌是通过电磁感应器产生磁场而达到搅拌目的，其搅拌作用是沿钢包整个高度分布均匀，不受钢液静压的影响。感应搅拌设备是由变压器、低频变频器以及感应搅拌器组成。

3) 电弧加热系统。电弧加热系统包括变压器、电极、加热炉盖、电极臂及升降系统。

电弧加热系统的加热炉盖、电极臂及升降系统都与一般电弧炉相似。由于其加热的目的是补偿运送和精炼过程中的热损失，与电弧炉相比所需功率较低。但其加热是采用低电压大电流埋弧法，因而对变压器和电极都有特定要求。表 10-11 为 ASEA-SKF 钢包精炼炉用变压器及有关参数。

4) 真空除气系统。除真空泵以外，真空除气系统主要是真空密封炉盖，它与精炼炉构成一个真空除气室。炉盖壳体由承压容器钢板制成，内衬可砌耐火砖或用高温水泥打结或采用陶瓷纤维毡吊挂而成。

另外还有钢包移动装置、加料系统、吹氧系统等，这里不一一介绍。

3. 典型精炼工艺

(1) 4 种工艺流程　ASEA-SKF 钢包精炼炉的工艺过程十分灵活，典型操作工艺流程通常采用 4 种方法，见图 10-14。

表 10-11　ASEA-SKF 钢包精炼炉用变压器及有关参数

参　　数	炉子容量/t			
	30	60	100	150
变压器容量/kV·A	4000~5000	7000~8000	8000~11000	11000~15000
变压器二次电压/V	140~240	140~240	150~260	150~260
二次侧最大电流/A	15000	22000	26000	28000

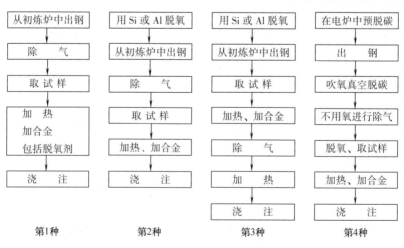

图 10-14　ASEA-SKF 法常用的 4 种操作工艺流程

图 10-14 中第一种为造中性渣操作工艺。第二种的特点是在出钢前钢液已经经过硅和铝脱氧，钢包精炼过程主要是降低钢中氢含量。第三种操作工艺的特点是合金在除气以前加入，避免由于合金加入而带进的气体及非金属夹杂物污染钢液。第四种操作工艺则是在精炼不锈钢和其他碳含量低的钢种时使用。

(2) 两种基本精操作工艺　初炼钢液从电弧炉出钢时温度一般控制在 1620℃ 左右 (但也要根据钢种成分不同而有所不同)。在精炼炉中的精炼方法基本上是造中性渣和碱性渣两种操作，需要脱硫时，采用造高碱度渣，钢包炉用耐火材料在熔渣侵蚀（渣线）区用碱性砖 [w(MgO) = 96%]，其余部分用中性砖 [w(Al₂O₃) = 75%]。在不需要脱硫时，造中性渣，而渣线区耐火材料则改用 w(Al₂O₃) = 85% 砖，其余部分用 w(Al₂O₃) = 75% 砖。当然，也可以采用全碱性砖衬。

1）在全高铝砖钢包炉内造中性渣操作。图10-15所示为全高铝砖精炼炉造中性渣操作。精炼开始是加热期，可以通过惰性气体在常压下加热，使钢液温度从1550℃提高到1580℃。然后加入合金再升温，温度达到1580℃左右进行真空除气处理，由于除气过程钢液沸腾激烈，可以去氢、脱氧。除气后进行升温和微调合金成分。

2）碱性渣脱硫操作。钢包炉内采用造碱性渣操作的主要目的是为了精炼过程中能够脱硫。此时，钢包的渣线区是用 w(MgO) = 96% 镁砖，其余部分用高铝砖。

ASEA-SKF 炉碱性渣脱硫操作的实际过程如图10-16所示。

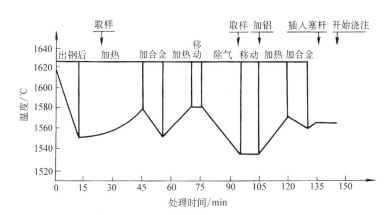

图 10-15　全高铝砖精炼炉造中性渣操作

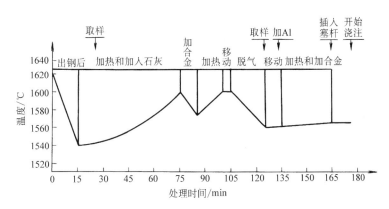

图 10-16　ASEA-SKF 炉碱性渣脱硫操作的实际过程

钢包炉盛接一次钢液，除去初炼炉熔渣后，加入相当钢液质量0.3%的石灰，在加热期再补加石灰，使总加入量达钢液质量的0.8%。加少量铝粉加快石灰熔化并使熔渣具有良好的还原性，钢液温度在1575℃左右时，造渣碱度（CaO + MgO）/SiO₂ 为3.5~4.5，温度从1540℃加热到1600℃。钢液加入合金后再加热 20~30min 以补偿温度损失。然后除气20min，再把钢包炉开回加热位置，向熔池加入合金微调成分并脱氧。

4. 精炼效果

（1）脱氢　钢液脱氢率可达50%~60%，二次真空处理后，脱氢率可达70%~75%，一般情况下，经除气的钢液中平均氢的质量分数可低至 $1.7 \times 10^{-4}\%$。

（2）脱氧　一般情况下，氧的降低程度取决于原始氧的含量，脱氧率通常为50%～60%，氧的质量分数可到（20～30）×10^{-4}%。如果加入质量分数为0.2%混合稀土金属且熔池中铝的质量分数低于0.010%时，钢液中氧的质量分数可低于10×10^{-4}%。

（3）脱氮　钢液的脱氮率为10%～20%，因为氮的扩散很慢，只有氢的1/100，所以去氮是有限的。

（4）脱硫　加入质量分数为0.8%的石灰，必要时加入质量分数为0.2%混合稀土金属，如初炼钢液硫的质量分数在0.015%以下，钢液最终硫的质量分数可降至0.005%以下。

（5）控制钢液温度　钢液温度容易控制，能精确地在规定温度下出钢和进行浇注，温差可不大于5℃。

（6）非金属夹杂物　由于强有力的搅拌，使非金属夹杂物聚集并上浮于熔渣中，从而使宏观夹杂大幅度下降，硫的含量低，钢液洁净，硫化物夹杂极少，从而使产品的切向冲击值大大改善。

10.4.3　真空电弧加热除气法

1. 概况

1967年，美国 A. 芬克尔父子公司（A. FinKL. Sons）与莫尔公司（Mohr）共同研究出采用电弧加热的钢包炉除气法，其特点是在低压条件下进行电弧加热。该方法称真空电弧加热除气法（Vacuum Arc Degassing，VAD）。

大部分VAD装置的低压电弧加热和真空除气是在一个固定位置的真空容器内同时进行的，所以可以省去钢包炉移动装置。

炉容量最大的为南非钢铁公司的155t炉。VAD精炼炉的厂家情况见表10-12。

表10-12　VAD精炼炉的厂家情况

序号	公司（厂）	国家	容量/t
1	A. 芬克尔父子公司	美国	65
2	舍勒-布勒克曼钢铁公司	奥地利	20～45
3	格·基恩·内特尔福兹公司	英国	60
4	日新钢铁公司吴厂	日本	90
5	三菱钢铁公司广岛厂	日本	18～30
6	莱因钢公司铸钢厂	德国	16～35
7	东方优质钢公司阿贡当日厂	法国	60
8	英国钢铁公司里弗唐厂	英国	30～90
9	瓦卢雷公司	法国	60
10	达尔明公司	意大利	70

（续）

序号	公司（厂）	国家	容量/t
11	买步林公司	美国	30
12	南非钢铁工业公司	南非	155
13	卡梅伦铁公司	美国	60
14	阿特拉斯钢公司特拉西厂	加拿大	60
15	抚顺钢厂	中国	30～60
16	重庆特殊钢厂	中国	17～25
17	西宁钢厂	中国	17～25
18	大冶钢厂二炼钢分厂	中国	18～25
19	大冶钢厂四炼钢分厂	中国	50～60

由于这种设备投资高、真空加热对钢包炉衬侵蚀严重，目前发展趋于缓慢，多被LF（V）钢包精炼炉所取代。往往VAD和VOD两种设备放在同一车间的相邻位置，形成VAD/VOD联合精炼设备。

2. 设备简介

VAD法的主要设备由电弧加热系统、真空除气系统、真空室、合金加料系统、氩气供给装置及取样测温装置等组成。VAD法装置示意图如图10-17所示。

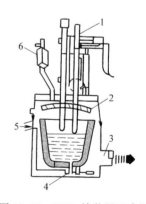

图10-17　VAD法装置示意图
1—电极　2—钢包挡渣盖　3—真空管道
4—滑动水口　5—氩气管　6—合金料斗

电弧加热装置一般采用液压驱动电极立柱，立柱中装有液压缸，用以顶升立柱，下降则靠自重。由于加热是在真空条件下进行，电极在加热过程中要不断上下移动，因此电极密封是个关键。一般电极采用两道密封，下部活动部位用盘根密封圈，上部用100kPa压缩空气两道唇形密封橡胶圈。30～60t VAD法装置的主要参数见表10-13。

表 10-13　30～60t VAD 法装置的主要参数

项　目　名　称	参数值
公称容量/t	30～60
精炼钢包容量/t	30, 60
最小处理钢液量/t	25, 50
真空罐内径/mm	5000
真空罐总高/mm	7080
变压器容量/kV·A	10000
一次电压/V	10000
二次电压/V	85～240（8 级）
二次电流/A	24056
电极直径/mm	350
电极心极圆/mm	1000
钢液加热速率/(℃/min)	3
蒸汽喷射泵能力/(kg/h)	250（67Pa 时）
蒸气耗量/(kg/h)	加热时 300　除气时 9000
喷射泵用水量/(m³/h)	最大 800
冷凝器数/个	4
氩气用量/(mL/min)	50
真空罐盖提升行程/mm	450～500

3. 典型精炼工艺

经初炼的钢液兑入后，扒净氧化渣并加入新渣料，装入 VAD 真空室，开始抽真空并用电弧加热。为了避免在 13.3kPa 以下发生电弧放电，当真空度达到约 26.6kPa 时，就切断加热电源。继续抽真空至 133～266Pa，与此同时，自钢包底部通入氩气进行搅拌，并在 133～266Pa 下保持 6～10min 进行脱氢。然后在 13.3～26.6Pa 的真空度下，再用电弧加热和吹氩搅拌 30～45min，进行脱氧处理。加脱硫剂和铁合金控制钢液成分时，也需用电弧加热，直至钢液的成分和温度合格为止。处理不同的钢种，操作工艺也有所不同，图 10-18 和图 10-19 分别为精炼低合金钢和超低碳钢的操作过程。

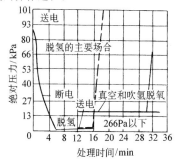

图 10-18　低合金钢操作过程

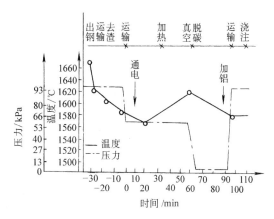

图 10-19　超低碳钢操作过程

4. 精炼效果

（1）防止回磷　氧化钢液与渣直接接入钢包后，经扒渣后彻底去除含磷氧化渣，解决了钢液回磷问题。

（2）脱硫效果　一般情况下脱硫率为 40%～50%。抚顺钢厂采用二次真空脱氧及换渣工艺生产超低硫钢时，成品硫的质量分数达到 $25 \times 10^{-4}\%$，最低的炉次达到 $10 \times 10^{-4}\%$ 以下。

（3）脱氧效果　脱氧效果比较明显，平均脱氧率为 50%～60%，氧的质量分数可达 $30 \times 10^{-4}\%$ 以下。

脱氢率为 65% 左右，钢液中氢的质量分数一般在 $1.5 \times 10^{-4}\%$。

如果在 VAD 炉上装设吹氧系统，可以生产碳的质量分数低于 0.03% 的超低碳钢。

10.5　氩氧脱碳和真空氧脱碳精炼法

10.5.1　AOD 法工艺及设备

1. 概况

1968 年，美国乔斯林钢公司研制成功世界第一台 15t AOD 氩氧脱碳炉。氩氧脱碳法（Argon Oxyen Decarbarization，AOD），自发明以来，技术发展很快，截至 20 世纪 80 年代末，世界各国 AOD 炉总数已达 140 台以上，其中炉容量最大已达 180t。

AOD 法的原理是：从侧壁风口吹入被氩或氮稀释了的氧气，由于惰性气体的存在，降低了一氧化碳的分压，加之有极其精确的气体测量装置，能够确保炉内氧气全部发生反应。气体以高速吹入熔池深处，能使钢液和炉渣充分混合，增加了熔池中的反应速度，因而在短时间里就能使高铬钢液顺利地脱碳而钢中金属元素不致过分氧化，一般可在 5min 内把硫的质量分数脱至 0.05% 以下。这样就可以大量采用廉价的高碳铬铁和回炉废钢，铬的收得率达 98%，使不锈钢的成本大为降低。另外，AOD 法设备也比较简单。

AOD 法生产不锈钢与电弧单炼法相比，具有以下优点：

1）容易生产低碳和超低碳不锈钢。

2）可以利用廉价的高碳铬铁和返回废钢生产不锈钢。

3）设备简单，操作方便，基建投资低和经济效益显著。

由于以上优点，自 20 世纪 70 年代以来该方法就得到普遍地推广和应用。AOD 炉在不锈钢生产领域占据特别重要的位置。

2. 设备简介

AOD 炉设备一般由炉子本体、供气系统、供料系统和除尘系统 4 部分组成。

炉子本体类似于氧气转炉，由炉体、托圈、支座和倾炉机构组成。AOD 炉炉形如图 10-20 所示。炉体由炉底、炉身和炉帽 3 部分组成。炉底为倒锥形，其侧壁与炉身间的夹角为 20°～25°。实践证明，这种夹角的炉底侧壁对防止气流对炉衬的冲刷有利。一般炉体使用铬镁砖或富镁白云石砖砌筑，喷枪周围使用电熔铬镁砖砌筑，炉帽使用铬镁砖或铝镁砖砌筑。吹入氩、氧气体的喷枪就装设在底侧壁风口处。喷枪多为套管结构，内管用阴极铜制造，用以通入氩氧混合气体，外管由不锈钢制造，用以通入冷却气体氩。随炉子容量不同，喷枪数目不同，20t 以下的炉子采用两个喷枪，30～50t 炉子采用 3 个喷枪，90t 以上的采用 5 个喷枪。炉子的熔池深度、熔池直径、炉膛有效高度之比大体为 1：2：3。图 10-21 所示为 AOD 炉合金加料系统示意图。

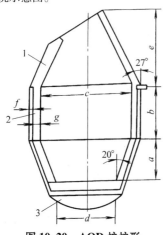

图 10-20　AOD 炉炉形

1—炉帽　2—炉身　3—炉底

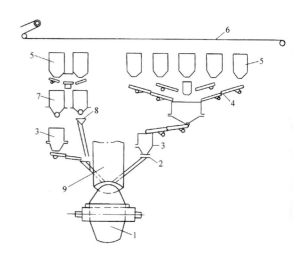

图 10-21　AOD 炉合金加料系统示意图

1—AOD 炉　2—滑动阀　3—料斗　4—振动给料器　5—料仓　6—供料输送装置　7—称量漏斗　8—螺旋管控制气动门　9—烟气罩

表 10-14、表 10-15 分别为英国钢铁公司所用 AOD 炉的主要尺寸和 18t AOD 炉的主要技术参数，表 10-16 为我国某钢厂 45t AOD 炉的主要技术参数。

表 10-14　英国钢铁公司所用 AOD 炉的主要尺寸

（单位：mm）

公司	a	b	c	d	e	f	g
Panteg	1430	1460	2720	1730	2235	100	356
Stoksbridge	914	1219	1981	1219	1810	76	305
Tinsley Park	1847	2142	3973	2244	3270	114	381

注：表中尺寸代号对应图 10-20。

表 10-15　18t AOD 炉的主要技术参数

项　目	参　数
熔池深度/mm	1100
熔池面积/m^2	3.59
熔池直径/mm	2140
有效工作容积/m^3	11.58
炉膛直径/mm	2220
炉口直径/mm	950

（续）

项　目	参　数
炉子有效高度/mm	4253
炉子总高/mm	4900
炉壳外径/mm	3234
炉盖倾角/(°)	63.5
炉盖重/t	4.2
炉壳重/t	15.1
炉壳总重/t	19.3
炉壳耐火材料重/t	14.0
炉体耐火材料重/t	35.9
新炉总重/t	69.2
倾动速度/(r/min)	0.2～0.8
机械设备总重/t	104.5

表 10-16　我国某钢厂 45t AOD 炉的主要技术参数

项目	公称容量/t	工作容积/m³	炉容比/(m³/t)	炉子总高/mm
参　数	45	22.37	0.497	5420

项目	炉体外径/mm	风口数/个	顶吹氧枪（最大吹氧量）/(m³/h)
参数	3710	3	3600

3. 典型精炼工艺

AOD 炉可与电炉、转炉双联，也可与感应炉双联，但与电炉双联者占绝大多数。以 AOD 炉与电炉双联为例，其典型工艺流程为：电炉熔化、AOD 炉氧化、AOD 炉还原精炼。

与 VOD 炉相比，电炉熔化对配碳量的要求比较宽松。一般熔清碳的质量分数可高达 1.0%～3.0%，这对采用廉价的高碳铬铁作原料以降低成本是非常有利的。铬、镍、钼满足最后钢种规格要求。硅可以有某些波动，但希望能限制在质量分数 0.25% 以下，这样可以减轻炉衬的侵蚀，缩短冶炼时间和防止升温过高。出钢温度不应低于 1550℃。

初炼钢液倒入 AOD 炉后，吹炼操作即氧化期，一般可分为 3 个阶段，目前也有 4 个阶段的。第一个阶段喷吹的氩氧比为 1:3 左右，碳可脱至质量分数约为 0.3%；第二个阶段氩氧比为 (1:2)～(1:1)，碳的质量分数可降至 0.009%～0.12%；第三个阶段氩氧比为 (2:1)～(3:1)，碳的质量分数可降至

0.02% 左右。吹炼过程中 O_2/Ar 的变化及工艺类型各厂有所不同，情况见表 10-17。由表 10-17 可以看出，O_2/Ar 有由原来的三级变为四级的趋势，同时 O_2/Ar 中氩的比例也有加大的趋势。当吹炼 $w(C) \leqslant 0.01\%$ 的钢种时，O_2/Ar 四级可为 1:4。当冶炼不要求低氮时，则可以粗氩或部分氮气（40%～70%）代替纯氩。

表 10-17　AOD 炉 O_2/Ar 的变化

工艺类型	O_2/Ar 的组合	采用工厂数
1	3/1、2/1、1/1、1/3	1
2	3/1、2/1、1/2	2
3	3/1、2/1、1/2、1/3	4
4	3/1、2/1、1/3	6
5	3/1、1/1、1/2	2
6	3/1、1/1、1/2、1/3	2
7	4/1、1/1、1/2、1/3	1
8	3/1、1/1、1/3	1
9	3/1、1/1、0/1	1
10	3/1、1/3	2

图 10-22 所示为 AOD 炉吹炼过程中 O_2/Ar，温度，C、Cr 质量分数和脱碳氧的利用率的变化操作实例。

氧化期完成后进入还原精炼期。吹炼过程中有质量分数为 2% 左右的铬被氧化。加入硅铁和石灰作还原剂，并用氩气进行强烈搅拌，由于渣钢反应强烈，反应进行得比较完全，故铬的回收率可达 99%，锰的回收率为 90%。

30t AOD 智能精炼系统冶炼不锈钢工艺流程实例如图 10-23 所示。

另外，由于还原期有碱性还原渣、高温和强搅拌的条件，可以容易地把硫脱至质量分数为 0.01% 的水平。

4. 精炼效果

（1）化学成分控制准确　因为 AOD 炉发生的化学反应均可用相当精确的方法预先计算，所以最终化学成分的控制可以非常准确。碳的质量分数可控制在 ±0.005% 的范围内，硅、锰的质量分数可控制在 ±0.04% 的范围内。AOD 法氧化期可把钢中碳脱至质量分数为 0.003%～0.004%，钢坯、锻件碳的质量分数可降至 0.01%。表 10-18 为 150t AOD 炉精炼过程的记录，表 10-19 为小吨位铸造 AOD 精炼 4 种典型材料的操作记录。

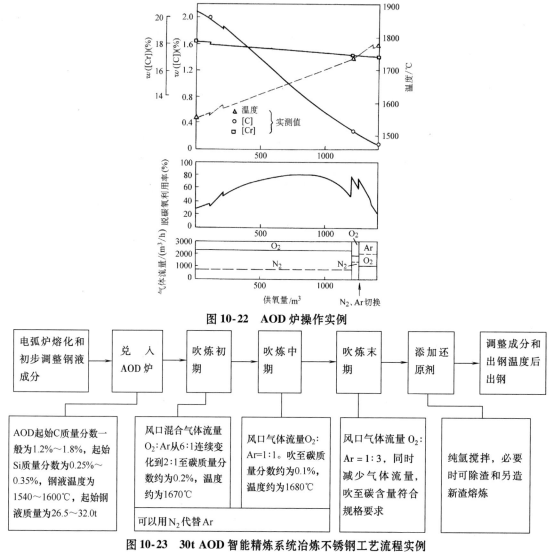

图 10-22　AOD 炉操作实例

```
电弧炉熔化和       兑入        吹炼初        吹炼中        吹炼末        添加还        调整成分和
初步调整钢液  →  AOD 炉  →   期     →    期     →    期     →    原剂    →   出钢温度后
成分                                                                         出钢
```

AOD起始C质量分数一般是1.2%~1.8%,起始Si质量分数为0.25%~0.35%,钢液温度为1540~1600℃,起始钢液质量为26.5~32.0t

风口混合气体流量O₂:Ar从6:1连续变化到2:1至碳质量分数约为0.2%,温度约为1670℃

可以用N₂代替Ar

风口气体流量O₂:Ar=1:1。吹至碳质量分数为0.1%,温度约为1680℃

风口气体流量O₂:Ar=1:3,同时减少气体流量,吹至碳含量符合规格要求

纯氩搅拌,必要时可除渣和另造新渣熔炼

图 10-23　30t AOD 智能精炼系统冶炼不锈钢工艺流程实例

表 10-18　150t AOD 炉精炼过程的记录

时间/min	操 作 内 容	温度/℃	O₂/Ar(N₂)	气体流量/(cm³/h)	
				O₂	Ar 或 N₂
0	加入初炼钢液(无渣)150t 钢液成分:$w(C)=1.62\%$,$w(Mn)=0.54\%$,$w(Si)=0.18\%$,$w(S)=0.028\%$,$w(Cr)=17.00\%$,$w(Ni)=6.80\%$ 加白云石 2290kg	1564	—	—	—
4	第1阶段吹炼开始 调整成分,加高碳 FeCr 2320kg,FeMn 1640kg,镍团块 2840kg	—	3	5100	1700(N₂)
24	第1阶段吹炼结束	—	—	—	—
25	第2阶段吹炼开始	—	1	3400	3400(N₂)
44	第2阶段吹炼结束 $w(C)=0.50\%$	1686	—	—	—

（续）

时间/min	操 作 内 容	温度/℃	O₂/Ar(N₂)	气体流量/(cm³/h)	
				O₂	Ar 或 N₂
48	第 3 阶段吹炼开始	—	1/3	1700	5100(Ar)
63	第 3 阶段吹炼结束	1708	—	—	—
70	加还原混合料并搅拌 FeCrSi 3820kg,石灰 1830kg 氟石 195kg 取样分析：$w(C)=0.032\%$, $w(Mn)=1.25\%$, $w(Si)=0.35\%$, $w(N)=0.03\%$, $w(S)=0.015\%$, $w(Cr)=18.25\%$, $w(Ni)=8.39\%$	—	—	—	2500(Ar)
78	扒渣,并作最后成分调整 加 FeSi 458kg	—	—	—	—
104	出钢	1600	—	—	—
	钢包中钢液温度	1540	—	—	—

表 10-19 小吨位铸造 AOD 精炼 4 种典型材料的操作记录

钢种：低合金钢；质量：5100kg；入炉成分：C0.73%, Si0.34%；预装石灰 150kg

时间	温度/℃	操 作
7:33	—	3:1 氧氩比吹炼
7:44	—	总氧量 33m³；铝 60kg,石灰 180kg；4:1 氧氩比升温
7:54	—	总氧量 65m³；铝 20kg,硅铁 150kg；纯氩搅拌 3min
7:59	1637	[全分析], C0.25%, Si1.7%
8:07	—	钢包增碳 5.5kg,硅铁 30kg,出钢；炉后成分：C0.3%, Si2.0%, S0.002%

钢种：276 镍基合金钢；质量：2010kg；入炉成分：C0.969%, Si0.536%, Mn0.474%, P0.0083%, S0.0094%, Cr15.08%, Fe5.77%, Mo15.55%, V0.229%, Cu0.0326%, W3.41%, Co0.107%；预装石灰 25kg

时间	温度/℃	操 作
18:36	—	4:1 氧氩比开始吹炼,连续调节至 1:3 比率
19:16	1676	总氧量 50m³；[C 分析] 0.0136%, 4:1 氧氩比吹 5m³ 氧升温,切 1:3 比率
19:28	1686	总氧量 57.18m³；[C 分析] 0.0046%, 4:1 氧氩比吹 5m³ 氧升温,切 1:3 比率
19:33	1710	总氧量 61.86m³；铝 57.5kg,硅铁 20kg,石灰 50kg；纯氩搅拌 5min
19:44	—	总氧量 61.87m³；[全分析], C0.007%, Si0.8%
19:55	—	放渣,出钢

钢种：06Cr13Ni4Mo；质量：5850kg；入炉成分：C0.818%, Si0.6%, Mn0.75%, S0.016%, P0.0276%, Cr11.8%, Ni5%, Mo0.739%；预装石灰 150kg

时间	温度/℃	操 作
3:03	—	3:1 氧氩比开始吹炼
3:30	1713	总氧量 103m³；石灰 75kg,切 1:1 比率
3:40	1711	总氧量 117m³；石灰 75kg,1:1 比率补吹氧 12m³,切 1:3 比率
3:53	1731	总氧量 136m³；[C 分析] 0.014%,铝 100kg,硅铁 27kg,石灰 125kg,锰 17kg；纯氩搅拌 5min
4:12	1697	总氧量 136m³；[全分析], C0.025%, S0.007%
4:20		出炉

（续）

钢种：4A；质量：2600kg；入炉成分：C1.02%，Si1.29%

时间	温度/℃	操　作
5：25	—	预装石灰 100kg，4:1 氧氮比开始吹炼
5：37	1650	总氧量 28.84m³
5：54	1733	总氧量 59.24m³；石灰 25kg，切 1:1 比率
6：03	1734	总氧量 68.47m³；切 1:3 比率
6：11	1713	总氧量 73.08m³；[C 分析] 0.126%，4:1 氧氮比吹 5m³ 氧升温，1:3 氧氮比吹入 5m³ 氧
6：24	1724	总氧量 83m³；4:1 氧氮比吹 1m³ 氧升温，1:4 氧氮比吹 6m³ 氧，氮气搅拌 2min
6：34	1717	总氧量 89.39m³；[C 分析] 0.007%，4:1 氧氮比吹 4m³ 氧升温
6：46	1724	总氧量 97.2m³；铝 75kg，硅铁 25kg，石灰 25kg；纯氮搅拌 3min，切换纯氩搅拌 2min
6：55	1755	[全分析]，C0.01%，Si0.73%
7：05	—	出钢，炉后 N0.15%

注：表中的百分数均为质量分数。

（2）钢中气体含量低　AOD 炉在吹炼过程中吹入氩气，从而改善了热力学条件及动力学条件，有利于有害气体的排出。表 10-20 列出了 18t AOD 炉冶炼的 06Cr13、0Cr17Ti、1Cr18Ni9Ti 和超低碳不锈钢的气体含量，并与部分电炉钢作了比较。可以看出 AOD 法钢中气体含量明显低于电炉钢，其中氧的质量分数低于 19%～40%，氮低于 16%～46%，氢低于 37%～45%。AOD 炉在吹炼超低碳纯铁时，曾将氮质量分数降至 15×10⁻⁴% 这一很低的数值。

表 10-20　电炉钢和 18t AOD 炉钢气体含量比较

钢　种	气体含量（质量分数，10⁻⁴%）											
	[O]				[N]				[H]			
	电　炉		AOD 炉		电　炉		AOD 炉		电　炉		AOD 炉	
	范围	平均	范围	平均	范围	平均	范围	平均	范围	平均	范围	平均
06Cr13	61～169	95	41～102	57	173～282	228	89～154	123	—	—	0.5～1.25	0.95
0Cr17Ti	10～55	48	21～85	36	177～181	179	92～141	118	3.6～3.9	3.8	0.9～3.02	2.4
1Cr18Ni9Ti	29～220	68	25～141	55	132～360	194	102～205	162	4.4～8.05	6.2	1.57～4.32	3.4
超低碳不锈钢	—	—	37～150	93	—	—	137～200	173	—	—	2.39～4.01	3.3
国外 AOD 炉	—		典型范围 50～110		—		典型范围 150～350		—		典型范围 3～5	

（3）钢中非金属夹杂物含量减少　由于钢的纯净度提高，硫和氧的含量很低，氧化物和硫化物的含量减少，夹杂物自然就减少。表 10-21 为某钢厂就 1Cr18Ni9Ti 钢试样用电解法测定氧化物夹杂含量的结果。从表 10-21 中可以对电炉冶炼的钢和经 AOD 炉处理的钢中夹杂物含量作统计性的比较。

表 10-21　1Cr18Ni9Ti 钢氧化物夹杂含量

冶炼方法	炉数	含量（质量分数，%）									
		总量	SiO₂	Al₂O₃	MnO	FeO	MgO	Cr₂O₃	TiO₂	GaO	NiO
电炉	11	0.0147	0.0023	0.0089	0.0001	0.0006	0.0003	0.0003	0.0016	0.0001	0.0002
AOD 炉	11	0.0093	0.0020	0.0030	0.0001	0.0006	0.0003	0.0003	0.0020	0.0001	0.0001

此外，氩氧脱碳法还可以有效地去除钢中部分有害元素铅、锑、铋等，对改善钢的加工性能和提高钢的表面质量是有利的。表 10-22 为 AOD 炉与电弧炉所炼的钢 1Cr18Ni9Ti 的有害元素质量分数的比较。

表 10-23 为低合金钢 3 种典型精炼工艺对比。

（4）AOD 炉、VOD 炉及电弧炉冶炼对钢的质量影响　电弧炉、VOD 炉、AOD 炉的精炼能力和钢的质量对比见表 10-24。由表 10-24 中数据可以看出，

AOD 炉在脱硫、热效率和对操作的适应性方面均优于电弧炉和 VOD 炉，而在超低碳和去除气体方面介于电弧炉和 VOD 炉之间。

表 10-22　AOD 炉与电弧炉有害元素质量分数的比较

冶炼工艺	钢　种	取样时间	元素质量分数（$10^{-4}\%$）			
			Pb	Sn	Bi	Sb
AOD 炉	1Cr18Ni9Ti	电炉粗钢	8.7	22	3	7
		精炼后成品	5.3	16	1	6
电弧炉		电炉成品	6.1	18	2	7

表 10-23　低合金钢 3 种典型精炼工艺对比

精炼工艺		AOD	LF	LF + VD
常规容量/t		2 ~ 180	>20	>20
精炼周期/min		20 ~ 40	35 ~ 55	35 ~ 55 + 真空处理周期
作用	脱碳	●	○	○
	脱硫	●	●	●
	脱氧	●	●	●
	脱氢	●	○	●
	脱氮	●	○	●
精炼机理		气体冶金	渣洗 + 氩搅拌	渣洗 + 氩搅拌 + 真空
优势		可采用高碳原材料，1 个工艺短时间完成全部精炼功能	电保温，可深脱硫至 2 × $10^{-3}\%$（2h 以上处理）	保温、脱硫、去气，并可以单独用于脱气

注：●—具备作用；○—不具备作用。

表 10-24　电弧炉、VOD 炉、AOD 炉精炼能力和钢的质量对比

[以 w（Cr）= 18% 的钢为基础]

指　标	电　弧　炉	VOD 炉	AOD 炉
碳：脱碳后　钢锭	≈0.01%　≈0.02%	0.003% ~ 0.004%　≤0.005%	0.003% ~ 0.004%　≤0.01%
氮：脱碳后　钢锭	≤0.015%　≤0.02%	≤0.005%　≤0.006%	≤0.010%　≤0.012%
脱硫率	30% ~ 80%	30% ~ 80%	60% ~ 90%
氢气	容易受空气温度的影响，高温时会产生皮下气孔[H] = (4 ~ 7) × $10^{-4}\%$	由于真空的作用可降低氢含量[H] = (1 ~ 3) × $10^{-4}\%$	有氩气的作用可降低氢含量[H] = (1 ~ 4) × $10^{-4}\%$
氧、夹杂物（硅脱氧）	[O] = (50 ~ 70) × $10^{-4}\%$ 含硅酸锰为主的夹杂物	[O] = (30 ~ 60) × $10^{-4}\%$ 经真空碳脱氧可得洁净钢	[O] = (30 ~ 60) × $10^{-4}\%$ 还原渣经强搅拌可促进夹杂物上浮，形状细小的硅酸钙夹杂可提高切削性能
微量杂质	容易经原料进入钢中	在真空作用下容易达到高纯度	在稀释气作用下 Pb 等可全部去除
其　他	—	适于精炼低碳低氮钢种	热效率高，冷料加入量多；操作适应性强，可炼制硅钢、工具钢、碳钢、不锈钢、超合金钢等

5. AOD 法的发展

（1）吹炼不锈钢工艺的完善　新日铁制铁所为了缩短吹炼时间和减少气体消耗，对 AOD 炉吹炼工艺进行了以下改进：

在 $w(C) \geqslant 0.70\%$ 的高碳范围内，采用纯氧吹炼，简称 OOB。由于单位时间内的供氧比原工艺增加，故脱碳速率较用氩气稀释时每分钟增加 0.02%。

中碳范围内 $[w(C) \leqslant 0.70\%]$，根据需要降低 CO 压力，采用电子计算机连续控制 O_2/Ar 比例，从而提高了氧脱碳效率，该方法简称 ORC。在低碳范围的第三阶段，利用碳脱氧作用，由原工艺采用 O_2/Ar 为 1:3 的混合气体搅拌脱碳，改为采用纯氩搅拌脱碳，其脱碳速率基本相同。

另外，该公司还对还原工艺进行了改进，如改变还原前炉渣成分，加大氩气量及强化搅拌等。新工艺的经济效益显著，每吨钢氩气消耗量可节约 5.9m³，还原用硅节约 1.2kg，炼钢时间缩短 14min，炉衬寿命显著提高。工艺改进后的效果见表 10-25。

表 10-25　工艺改进后的效果

技术措施	OOB（纯氧）	ORC（O_2/Ar 比例连续控制）	OAB（纯氩搅拌）	快速还原	总效果
缩短时间/min	3	—	—	11	14
每吨钢节省氩气量/m³	2.8	—	—	3.1	5.9
每吨钢节省氧气量/m³	—	0.3	1.0	—	1.3
每吨钢节省 FeSi 量/kg	—	0.7	0.5	—	1.2

（2）以空气代替氮气和氧气　用氮气代替氩气进行 AOD 吹炼以节省氩气对降低成本是一项重要改进。美国阿列格亨尼卢德拉姆（Allegheng Ludlum）钢铁公司考虑外购氮气费用仍然较大，于是提出了用无油干燥压缩空气部分代替外购氮气和氧气方案。

经改进后，仅最后阶段使用部分氩气外，其余阶段均未使用。其结果每吨钢氩气消耗减少到 1.71m³，而脱碳氧的利用率、铬的收得率与旧工艺相比并未恶化，但外购费用减少 46.5%。

（3）吹炼过程中加铬矿石　日本住友金属工业

和歌山制铁厂为了减少昂贵的铬铁消耗，把经过预处理的铁液兑入 AOD 炉中后，将铬矿于脱碳初期加入炉内，通过铁液中的碳可使 40% ～ 80% 铬矿还原，其余通过加入硅铁使其进一步还原。当每吨钢中铬矿加入量超过 25kg 时，则需增加硅铁加入量，以弥补热量的不足。

另外日本大同特殊钢公司星崎工厂还发明了促进 CO 再氧化的顶吹氧法，简称 AOD-CB 法。日本太平洋金属公司八户工厂发明了用液态铬铁、镍铁原料直接冶炼不锈钢的直接吹炼法等。

10.5.2　VOD 法工艺及设备

真空氧脱碳法（Vacuum Oxygen Decarburizatiom，VOD），是德国维滕特殊钢公司于 1965 年发明的。由于作者调查的局限性，预计全世界 VOD 炉总台数应在 60 台以上，容量为 5 ～ 150t，其中容量最大的是新日铁八幡制铁厂的 150t VOD 炉。我国已有不少厂家装有 VOD 设备。VOD 功能也被广泛应用在钢包精炼炉上。

1. 概况

VOD 法主要有以下特点：

1）可以使用高碳铬铁等廉价原料生产低碳不锈钢。

2）可节省用来回收氧化铬的还原元素。

3）脱碳反应快。

4）能将碳质量分数脱得很低 $[w(C) < 0.01\%]$，而铬的氧化很少。

5）可采用特殊技术实现真空碳脱氧、脱硫、脱氢，使钢达到很高的纯净度。

VOD 法的缺点是没有外来热源，准确控制温度有一定的困难。同时由于真空下大量吹入氧气，钢液喷溅严重，钢包炉寿命降低。

VOD 法的原理是：在真空条件下，从钢包炉上部吹入氧气，同时从钢包炉底部通过多孔透气塞吹入氩气搅拌钢液，降低 CO 分压，加速碳 - 氧反应可在抑制铬氧化的情况下，进行脱碳精炼。该法主要用于不锈钢的生产。

2. 设备简介

VOD 炉主要由真空罐、钢包、真空泵、氧枪系统、加料系统、终点控制及取样测温装置等组成。为了减少钢渣喷溅，防止烧坏真空盖或防止其过热，真空罐下设置防溅盖。德国维滕特殊钢公司 50t VOD 炉设备系统见图 10-24。VOD/VAD 双联设备参数见表 10-26。德国维滕特殊钢公司、日本住友金属管厂、新日铁八幡制铁厂和东北特殊钢公司 VOD 炉的主要设备组成见表 10-27。下面简要介绍主要设备。

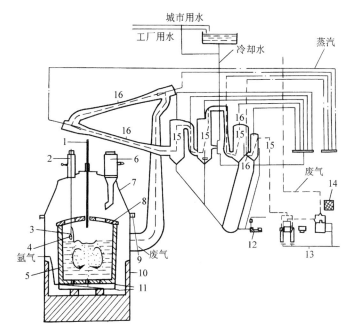

图 10-24 50t VOD 炉设备系统

1—氧枪 2—取样、测温 3—热电偶 4—样模 5—钢包 6—合金料仓 7—罐盖
8—防溅盖 9—废气温度测量 10—真空罐 11—滑动水口 12—冷却水泵
13—水环泵 14—EMK 电池 15—冷凝器 16—蒸汽喷射泵

表 10-26 VOD/VAD 双联设备参数

项　　目	VOD/VHD-20	VOD/VHD-40	VOD/VHD-60	VOD/VHD-100	VOD/VHD-150
钢包额定容量/t	15	30	50	90	125
钢包最大容量/t	20	40	60	100	150
钢包直径/mm	2200	2900	3100	3400	3900
熔池直径/mm	1740	2280	2480	2800	3300
钢包高度/mm	2300	3150	3450	3900	4500
熔池深度/mm	1360	1850	2200	2500	3000
真空罐直径/mm	3800	4800	5200	5600	6300
真空罐高度/mm	4100	5000	5400	5800	6500
极限真空度/Pa	67	67	67	67	67
升温速率(VHD)/(℃/min)	1.5~2.5	1.5~2.5	1.5~2.5	1.5~2.5	1.5~2.5
变压器容量(VHD)/kV·A	3150	5000/6300	6300/10000	10000/12500	12500/16000
变压器二次电压/V	125~170	170~210	170~240	150~280	210~320
抽气能力/(kg/h)	150	250	350	450~500	550~660
蒸气消耗量/(t/h)	7~8	10~12	13~15	15~20	20~25

表10-27　VOD炉的主要设备组成

厂家	真空罐	钢包	真空泵	氧枪	加料系统	终点控制仪表	取样测温装置
维滕特殊钢公司 (EF-VOD) 50t	有	自由空间：800~1000mm 设有防溅盖 用碱性包衬 包底中心装有透气砖，滑动水口浇注	一个水环泵 4级蒸汽喷射泵 66.7Pa 133.32Pa 533.28Pa 5333Pa 26664Pa	水冷直管氧枪 氧流量：700~1000m³/h	有	用CaO稳定ZrO₂氧浓差电池型仪器	有
住友金属管厂 (EF-VOD) 50t	内径：φ4850mm 高度：4400mm 拱顶高：1600mm	内径：φ3000mm 高度：3220mm $h/D^{①}≈1$ 自由空间：1100mm 透气砖偏心 氩流量最大200L/min，设滑动水口	6级蒸汽喷射泵 5级冷凝器 66.7Pa，160kg/h 5333Pa，1900kg/h 26664Pa，1900kg/h 极限真空度：26.7Pa 蒸汽耗量：11.5t/h 冷却水耗量：1000m³/h	非水冷不锈钢拉瓦尔喷枪 喉径：φ20mm 出口径：φ41mm 马赫数：3 扩张半角：5° 最大氧流量：1500m³/h 氧枪高度：1600mm	9个带电磁给料器的料仓	真空仪表	自动升降式 各一个
新日铁八幡制铁厂 (LD-VOD) 60t	内径：φ5800mm 高度：6274mm 盖高：2200mm	内径：φ2200mm 高度：4050mm 自由空间：1000mm 透气砖偏心，设滑动水口 最大氩流量：300L/min	6级蒸汽喷射泵（辅助3级） 160kg/h（66.7Pa） 极限真空度：26.7Pa 蒸汽耗量：14t/h 冷却水耗量：1000m³/h	最大氧流量：2000m³/h	8个合金料仓，自动称量，自动添加	红外线分析仪分析CO、CO₂；热磁式定氧仪分析O₂及真空度	真空下自动
东北特钢公司 (大连钢铁公司) (EF-VOD) 13t	直径：φ3580mm 高度：4520mm 盖高：1200mm	内径：φ1450mm 高度：1950mm 自由空间：850~900mm 透气砖位于包底中心 氩流量：50~100L/min	ZYK-27水环泵2台 4级蒸汽喷射泵 100kg/h（66.7Pa）	水冷拉瓦尔喷枪 喉径：φ10mm 出口径：φ20.5mm 马赫数：3 扩张半角：5° 氧枪高度：900~1200mm 氧流量：240~340m³/h	4个合金和渣料料仓	用下列方法综合控制： 1) CaO稳定ZrO₂氧浓差电池型仪器 2) 真空仪表 3) 废气温度和成分仪表	无

① h、D分别表示高度和内径。

（1）真空罐　VOD 炉有罐式和钢包车式之分，前者设有真空罐，即钢包置于真空罐内进行精炼；后者不设真空罐。钢包车式 VOD 炉更适合于大型规格。

罐式 VOD 炉的优点是：罐盖面积较大，易于布置氧枪、加料系统、取样测温装置、监控系统等；罐内可以放置的钢包容量范围较大；钢包上部不带密封法兰，结构比较简单，易与真空泵连接；钢液喷溅不会损坏密封构件，因此可以采用较矮的自由空间（1000～1200mm）；易于设置防溅盖；密封法兰较大，罐盖下落时易于对准，从而容易保证密封。其缺点是：占地面积较大；真空容积较大，抽气时间较长；真空罐结构较大，制造费用也较多。

钢包车式 VOD 炉的优点是：钢包上可以装设倾动机构；占地面积较小；真空室容积较小，抽气时间较短，并且减少吊包等辅助时间。其缺点是：为了防止烧坏密封法兰，钢包需要预留较大的自由空间。

长期生产实践使人们认识到罐式 VOD 炉的优越性。不同容量 VOD 炉的真空罐结构参数见表 10-28。

表 10-28　不同容量 VOD 炉的真空罐结构参数

VOD 炉容量/t	真空罐直径/mm	真空罐容积 + 罐盖体积 - 钢包体积/m³	真空罐体质量/t
5～10	2500	12	10
10～20	3000	20	12
20～30	3500	33	15
30～40	4000	45	18
40～60	4500	65	22
60～80	5000	100	27
80～120	5500	120	33
120～160	6000	160	40
160～250	6500	200	50
250～450	7000	250	60

罐式 VOD 炉密封结构中比较好的有水冷密封和充氩双密封两种，见图 10-25。采用水冷密封，其作用是开真空罐时，放水入槽，防止法兰被烧坏，盖罐前将水放掉，以免影响精炼过程。采用充氩双密封可以减少漏气和钢液增氮。

（2）VOD 炉用钢包　罐式钢包不设密封法兰，这种钢包的自由空间相对小些（约为 1200mm）。钢包车式 VOD 炉用钢包设有保持密封用法兰。为了保护法兰，其自由空间比前者加高 25%～50%，一般要求自由空间为 1500～2000mm，以承受在吹氧和吹

氩强搅拌条件下的激烈沸腾。除设有防溅盖外，为了防止橡胶圈被辐射烧坏，应设有活动扇形板。

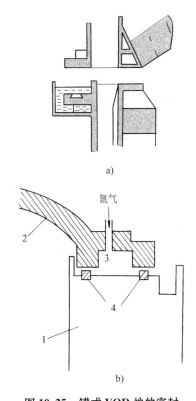

图 10-25　罐式 VOD 炉的密封

a）水冷密封　b）充氩双密封
1—真空罐　2—真空盖　3—气密室　4—橡胶圈

为了适应高温和长时间真空精炼的需要，钢包内衬及水口等部位都要使用特殊要求的耐火材料；钢包底部设有吹氩用的多孔塞（砖），浇注采用滑动水口方式。目前多采用镁铬砖或镁白云石砖作包衬，其寿命一般为 25～30 炉，寿命最高可达 100 炉。

（3）真空系统　为了达到较好的脱碳等效果，同时考虑向真空室吹入氧气进行脱碳时，会产生大量 CO 气体，需要及时抽出，故与其他精炼炉设备相比，VOD 所配的真空泵抽气能力应该大一些。我国特殊钢厂解决这个问题的办法是增设变量泵。

（4）氧枪系统　VOD 炉的真空盖上设有吹氧氧枪，通过活动密封装置插入真空室内。VOD 炉结构简图如图 10-26 所示。

氧枪大体可分为两种类型：一种是普通钢管或在钢管上涂耐火材料的消耗式氧枪；另一种是水冷非消耗式氧枪。后者又分直管和拉瓦尔式两种。目前拉瓦尔氧枪使用较多，其喷头示意图见图 10-27。

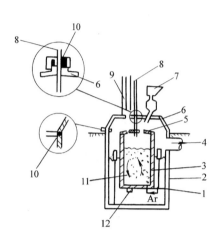

图 10-26　VOD 炉结构简图

1—多孔砖　2—真空室　3—钢包　4—真空抽
气管道　5—钢包盖　6—真空盖　7—合金
料斗　8—氧枪　9—取样测温装置　10—密
封圈　11—钢液　12—滑动水口

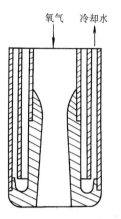

图 10-27　水冷拉瓦尔喷头

（5）吹炼终点控制仪表　为了控制吹炼过程，一般采用以氧浓差电池为主、废气温度计和真空计为辅的废气检测系统。东北特钢大连钢厂真空精炼设备中的氧浓差电池测量装置见图 10-28。

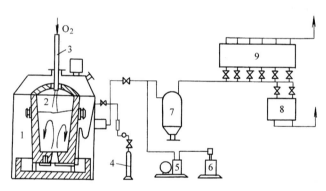

图 10-28　东北特钢大连钢厂真空精炼设备中的氧
浓差电池测量装置

1—真空室　2—精炼钢包　3—拉瓦尔式水冷气枪　4—氩气瓶
5—小型真空泵　6—氧浓度电池测量装置　7—除尘器
8—水环泵　9—蒸汽喷射泵

日本一些工厂如新日铁八幡制铁厂等采用红外线分析仪，分析 CO、CO_2 及 O_2 成分的废气分析法控制精炼过程。北京科技大学和大连钢厂共同研制的气相定碳法确定 VOD 终点碳，该方法主要测量废气总量及 CO、CO_2 含量，计算出脱碳量。

（6）其他部分　取样、测温装置和合金加料装置与一般的真空脱气设备类似。

3. 典型工艺

VOD 炉典型操作工艺（生产超低碳不锈钢）可以分为以下几个步骤：

1）在初炼炉中熔化炉料、预脱碳、还原并脱氧。为了更多地利用廉价的高碳铬铁，可增高炉料的配碳量（质量分数）到 1.5%，初炼炉操作有两种作法：一种是将炉料全部熔化后再进行下一个脱碳操作；另一种是炉料 70% 熔化后即开始脱碳操作。前一种方法的优点是铬的熔炼损耗小和氧耗量少，其缺点是熔化时间长和电耗高。调整化学成分，将碳的质量分数调至 0.3% ~ 0.4%。

2）$w(Si) \leqslant 0.3\%$，硫、磷脱至规范以下。为了回收铬及脱硫，要对炉渣进行还原，还原剂一般使用含硅合金。出钢时还原渣要求流动性良好，并保证一定的温度。

经初炼的钢液进入 VOD 炉后要扒渣，使渣量小于或等于 0.5%，测定钢包自由空间高度，以准确控制氧枪高度。

3）将钢包放入真空罐，并开始吹氩，进入吹氧预脱碳，钢液脱硅。

4）进入真空脱碳处理，当达到一定真空度后，即可下降氧枪进行吹氧。为了加速脱碳，控制适当的供氧速度、氧枪高度、吹氩量、真空度等是极为重要的。使用水冷氧枪吹氧时，氧枪高度应高于钢液面1000mm 左右，氧气压力为 0.8 ~ 1.0MPa。采用拉瓦尔喷枪吹氧时，由于喷射流具有较大的动能，因而允许氧枪提升到钢液面以上 1600mm 的地方进行吹氧，

以提高氧枪寿命。通过吹炼终点控制仪表控制吹炼终点。

5）停氧后，应立即提高真空高度，进行真空碳脱氧。这个过程需在 133Pa 以下保持 10 ~ 15min。

6）调整成分和造渣。

7）在真空条件下进行还原，真空度应大于67Pa，保持一定时间后加铝粒进行脱氧。

8）真空处理结束后加铝进行终脱氧。

图 10-29 所示为电炉-VOD 法工艺流程，图10-30 所示为 VOD 法冶炼 1Cr18Ni9Ti 不锈钢时的工艺流程，表 10-29 为 15t VOD 炉冶炼工艺参数，表 10-30 为50t VOD 炉的数据。

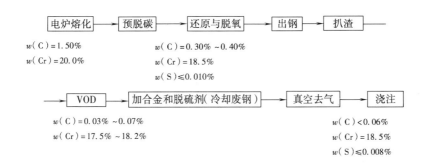

图 10-29　电炉- VOD 法工艺流程

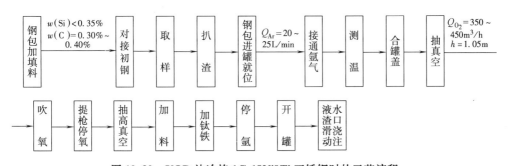

图 10-30　VOD 法冶炼 1Cr18Ni9Ti 不锈钢时的工艺流程

注：h 为氧枪距钢液面高度。

表 10-29　15t VOD 炉冶炼工艺参数

工艺参数	参数值
枪离开钢液面的距离/m	1.05
氧气流量/(m^3/h)	预吹 350，主吹 450 ~ 500，缓吹 350
真空度	主吹 6.65kPa，碳脱氧 133Pa，还原 67Pa
脱氧剂用量/(kg/t)	Fe-Si: 5，Al: 1.25

判断吹炼终点的依据：

1）真空度的变化。吹氧脱碳反应的产物是 CO，所以真空系统中 CO 的数量、CO 的分压间接反映了碳氧反应的情况。当抽气速率恒定时，若真空系统的真空度提高，则表面 CO 的生成减少。而当供氧速率一定时，在低于临界碳含量的范围，CO 的生成速率与钢中碳含量有一定的对应关系，所以可借真空度的变化来判断吹氧的终点。这种方法精度不高，因为影响碳氧反应的因素很多，且相当复杂，此外，抽气速率、供氧速率、吹氩速率的恒定控制也不是容易实现的。

表 10-30　50t VOD 炉的数据

项　目		参　数
预吹氧	初始碳质量分数(%)	0.8 ~ 1.5
	终点碳质量分数(%)	0.6 ~ 0.8
	吹氧量/(m³/h)	2000
	吹氩速率/(L/min)	—
真空氧化	初始碳质量分数(%)	0.6 ~ 0.8
	终点碳质量分数(%)	0.04 ~ 0.08
	吹氧量/(m³/h)	1000
	吹氩速率/(L/min)	30
	氩气纯度(%)	99
	真空室压力/kPa	5
真空还原	终点碳质量分数(10⁻⁴%)	100 ~ 300
	终点氮质量分数(10⁻⁴%)	200 ~ 300
	终点氧质量分数(10⁻⁴%)	100
	吹氩速率/(L/min)	60
	真空室压力/Pa	100
脱硫	初始硫质量分数(10⁻⁴%)	200 ~ 400
	终点硫质量分数(10⁻⁴%)	40 ~ 80
	造渣次数/次	1
	真空室压力/Pa	100
消耗数据	总的铬渣化(%)	0.7
	每吨还原用硅量/kg	3
	每吨氩气耗量/m³	0.2
	每吨蒸汽耗量/kg	200
	每吨水耗量/m³	9.5
	每吨耗电量/kW·h	55

2) CO 分压力的变化。抽出气体中 CO 的分压力也与碳氧反应有一定的对应关系,所以连续测定废气中 CO 的分压,可用于间接判断吹氧终点。

3) 废气中 CO、CO₂ 和 O₂ 的成分变化。CO 的量还与废气中过剩的氧量有关,CO、CO₂ 和 O₂ 三者的成分变化能较全面地反映脱碳的情况。但是,与前两种方法一样,也不能精确地反映钢中碳含量的变化。

4) 废气温度的变化。废气温度也与碳氧反应有关,随着碳氧反应的进行废气温度升高,当钢中碳含量降到使脱碳速率减慢时,废气温度缓慢地下降。所以废气温度也可以作为终点判断的依据之一。

5) 被氧化元素的需氧量。对于一座特定的钢包炉,在常用的工艺制度下,可得到一经验的氧气利用率。这样,根据被氧化元素的需氧量的计算,就可确定吹氧的数量和吹氧的时间。

6) 氧浓差电池测定废气中的氧含量。该原电池

用含有 MgO 的 ZrO_2 为电解质,取空气作为参比电极,原电池的另一极为被测的废气。当温度超过 550℃ 时,ZrO_2 是氧阴离子的良导体,所以氧阴离子由氧分压高侧向分压低侧传输,在电解质的两侧形成一电位差 E。E 值与被测气体中氧气的分压有严格的对应关系。E 值可以被精确地测定,而推算出废气中的氧分压,从而判断吹氧终点。一般,为了比较准确地判断终点,通常同时测定几个参数。

以氧浓差电池为主,辅以真空度和废气温度,判断吹氧终点。

开吹温度的确定取决于钢种、开吹时的碳含量和真空度。吹炼超低碳不锈钢(18—8 型)时,取一般浇注温度的下限。而纯铁或不含铬的合金,则应略高于浇注温度。被精炼钢液的碳含量高时,开吹温度可以低一些,真空度低时,开吹温度应高一些。定量估算的目标是要使吹氧脱碳过程中铬的氧化量达到最小。因此可根据钢体中碳、铬、温度以及气相中的 CO 分压力之间的平衡关系来确定开吹温度的最低值。该温度可由下式估算:

$$0.46[C\%] + 0.0237[Ni\%] - 0.0476[Cr\%] + 2lg[C\%] - 1.5lg[Cr\%] - 2lg\,p_{CO}$$

$$= \frac{24300}{T} - 16.07 \qquad (10-1)$$

式中　p_{CO}——气相中 CO 的分压力;

　　　　T——开吹温度(K)。

东北特钢大连钢厂用氧浓度电势 E、真空度 p 废气温度 t 的变化控制精炼过程。VOD 炉精炼过程的控制实例如图 10-31 所示。

4. VOD 法精炼的处理效果

(1) 气体含量　VOD 炉与电炉冶炼的不锈钢气体含量比较见表 10-31。从表 10-31 中可以看出,VOD 炉钢液中气体含量明显低于电炉钢。

(2) 非金属夹杂物含量　VOD 炉精炼过程中,由于吹氩搅拌促进了夹杂物的上浮,因而可以获得很纯净的钢液。氧化物、氮化物、钛化物都能大幅度地下降。表 10-32 是 VOD 炉冶炼 1Cr18Ni9Ti 不锈钢非金属夹杂物的含量。

由于夹杂物和气体含量的降低,力学性能明显提高,与电炉比较断后伸长率可提高 20%。

(3) 脱硫　VOD 炉中脱硫效果比较明显,脱硫程度与原始硫含量、扒渣程度以及还原渣情况有关,一般最低脱硫率为 20%,最高为 80%,平均脱硫率为 50% ~ 60%。硫的绝对值(质量分数)可小于 0.005%。

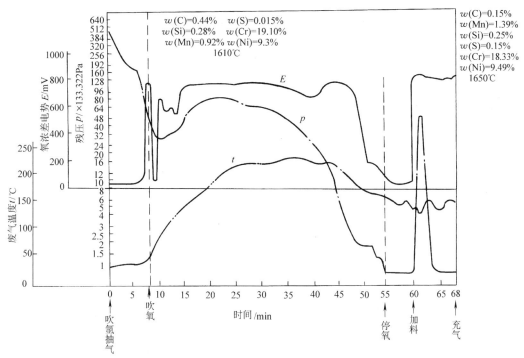

图 10-31　VOD 炉精炼过程的控制实例

表 10-31　VOD 炉与电炉冶炼的不锈钢气体含量比较

炉　别	含量 (质量分数,10^{-4}%)		
	[H]	[O]	[N]
VOD 炉	≤2.0	≤48	≤156
电炉	≤5.0	≤85	≤235

表 10-32　VOD 炉冶炼 1Cr18Ni9Ti 不锈钢非金属夹杂物的含量

编　号	含量 (质量分数,%)	
	氧 化 物	氧、钛夹杂物
1 0.5~2.0 级	0.5 级占 38.8 1.0 级占 38.3 1.5 级占 19.4 2.0 级占 2.7	0.5 级占 14.7 1.0 级占 41.6 1.5 级占 23.5 2.0 级占 17.6
2 0.5~1.0 级	0.5 级占 99.95 1.0 级占 0.05	0.5 级占 33.3 1.0 级占 66.7

（4）合金收得率　VOD 炉冶炼时铬和钛的收得率都较高，其与电炉钢的比较见表 10-33。

表 10-33　合金收得率比较

炉　别	铬收得率 (%)	钛收得率 (%)
VOD 炉冶炼	98~100	40~80
电炉冶炼	92~94	30~50

（5）经济效益　由于在真空下吹氧脱碳，不仅降碳保铬效果好，而且作为初炼炉的电弧炉的生产率大为提高，与电炉沉淀法相比，生产率提高约 30%。

同时，由于用 VOD 炉冶炼时可采用廉价的合金返回料代替昂贵的低碳铬铁，较之电炉熔炼低碳、超低碳不锈钢有明显的经济效益。表 10-34 为 VOD 炉与电炉熔炼每吨不锈钢的成本比较。

表 10-34　VOD 炉与电炉熔炼每吨不锈钢的成本比较

钢　种	电炉成本/元	(电炉 + VOD 炉) 成本/元	成本下降/元	下降百分率 (%)
1Cr18Ni9Ti	3338.65	3227.76	110.89	3.3
00Cr17Ni14Mo	6815.665	4849.184	1966.481	28.85

10.6　真空提升除气法和真空循环除气法

10.6.1　概况

在众多的炉外精炼方法中，作为大生产用的以除气为主的 RH 法和 DH 法设备，由于其特点，得到了较快的发展，从而在真空处理方法中占有相当重要的地位。

虽然 RH 法和 DH 法设备各自的抽引钢液的原理和形式不同，但它们的基本方式都是将钢液（分批地或连续地）吸入到除气室中进行真空处理，而且它们的共同特点是：

1）除气效果较好。处理时进入除气室的钢液量相对较小，而且是处于激烈沸腾状态，或是处于喷射状态，因而大大增大了钢液除气表面积，有利于除气的进行。

2）适用于大吨位的钢液处理。

3）处理过程降温小。用 RH 法或 DH 法处理，钢液在出钢后不用换渣或除渣，并且处理过程中钢包内的钢液表面有炉渣覆盖，保温效果较好。一般处理后降温仅为 30 ~ 50℃，并且在处理过程中还可以加热。

10.6.2　真空提升除气法

真空提升除气法由德国 Dortmund Horder 公司于 1956 年设计制造，取该公司名称的头两个字母命名为 DH 真空脱气法，简称 DH 法。

1. 原理及特点

钢液真空提升法是根据压力平衡原理工作的，将真空室下部吸嘴插入钢包钢液内，随着真空室真空度的提高，由于压力差，钢液沿吸嘴上升到真空室除气。如果真空室内压力为 13 ~ 67Pa，提升的钢液柱高度约为 1480mm。当钢包和真空室相对位置改变时（钢包下降或真空室提升），除气后的钢液重新返回钢包内。如此反复，一批又一批新的钢液进入真空室除气处理，直至处理结束。

DH 真空提升除气装置如图 10-32 所示。

DH 法有以下特点：

1）钢液分批地被提升到真空室内，由于钢液沸腾激烈，除气表面积大，除气效果好。

2）适用于大吨位钢液除气处理，即用较小的真空室处理大吨位的钢液。

3）可以用石墨电极或煤气、重油对真空室进行烘烤和加热，故处理过程降温较小。

4）在真空处理过程中，可以进行成分调整，且合金料的收得率高。

2. 操作工艺及主要工艺参数

1）根据冶炼钢种和出钢量，确定需要加入的合金种类和数量并加入料罐内。选定每次钢液吸入量并调好提升行程与上、下限位器的标尺刻度。一般每次钢液吸入量为钢包总钢液量的 10% ~ 15%。

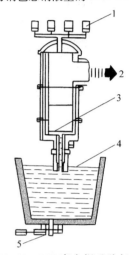

图 10-32　DH 真空提升除气装置
1—合金料斗　2—真空管道　3—钢液
4—渣　5—滑动水口

2）装有钢液的钢包运送至处理位置，取样测温后，将真空室吸嘴插入钢液内，启动真空泵抽气。当真空室压力降至 13.3kPa，升降机构开始自动升降，这样一批一批的钢液被吸入真空室内，进行除气反应，然后处理过的钢液回流至钢包中。

3）往返处理 30 次左右（每次处理钢液 1/10 左右），即钢液约经 3 次循环，真空度达到极限值。然后加入合金料，待合金成分混合均匀后，破坏真空，处理结束。

DH 法的主要工艺参数有：钢液一次吸入量、处理（升降）次数、循环系数、停留时间、升降速度、提升行程等。

3. 设备组成

DH 设备主要是由真空除气室、加热装置、提升机构、合金加入装置及真空系统组成。

DH 装置的结构形式主要有上动型和下动型两种。上动型是通过升降真空室进行操作，其优点是上部设备总重量低于钢包及钢液的重量，运动时动力消耗低，较经济合理；其困难是真空管道与真空室必须是活动密封连接。下动型是真空室固定，钢包借助提升机构作往复垂直运动；其优点是动力和真空管路固定，结构较简单、工作可靠、加料装置容易设计，但对驱动力等要求较高。目前一般中小型 DH 装置都采用下动型,而大容量 DH 装置则采用上动型。主要设备参数:真空室内部直径、真空室内部高度、吸嘴长度等。

DH 装置在 20 世纪 80 年代中期前得到迅速的发展,目前世界上最大容量为 400t。由于 DH 法与钢液循环脱气法(RH 法)功能与投入相似,真空处理速度却比较慢,因此 20 世纪 80 年代后期已经没有新的设备建成。我国某炼钢厂 60t DH 法真空处理装置的主要参数见表 10-35。

表 10-35　60t DH 法真空处理装置的主要参数

名　　称	参　　数
熔池直径/mm	$\phi 2000$
熔池深度/mm	450
上部内径/mm	$\phi 1750$
内腔全高/mm	2800
吸嘴内径/mm	$\phi 450$
吸嘴外径/mm	$\phi 820$
吸嘴中心线与真空室中心线间距/mm	500
吸嘴长度/mm	1120
真空室壁砌砖厚度/mm	450(镁质)
真空室底部砌砖厚度/mm	435(镁质)
吸嘴内衬材料	90% 高铝质
处理容量/t	60
处理时间/min	30
钢液吸入量(%)	10
循环因子	3 ~ 4
升降速度/(mm/s)	40 ~ 90
往复升降工作行程/mm	450 ~ 750
最高极限行程/mm	1600
精炼终点极限真空度/Pa	66. 67 ~ 133. 32
真空泵抽气能力/(kg/h)	13332Pa 时 500 133. 32Pa 时 200
真空管道直径/mm	$\phi 700$
钢包烘烤温度/℃	≥800
真空室加热方式	石墨电阻棒
真空室加热温度/℃	≥1500

4. 对 DH 装置的改进

为了满足更高的质量要求和缩短处理时间,在大量实践和研究的基础上,人们对 DH 装置进行了改进。以下是新日铁公司的改进一例。

其基本思路是:使处理过程不受钢液液面高度或钢包边壁的影响,采取高的升降速度、大流量的氩气喷吹及高的抽真空能力。

改进前、后的真空室形状如图 10-33 所示。另外还提高了升降速度和增加了行程。为了解决真空直径减小影响除气问题,安装了一些喷嘴,吹入大量氩气,以增加真空室钢液沸腾程度。

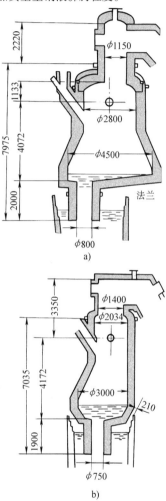

图 10-33　DH 真空室形状的改进

a) 改进前　b) 改进后

5. 效果

采用 DH 法能够脱氢、脱氮、脱氧、脱碳,减少氧化物夹杂及微调成分等,使钢液质量大大改善。经 DH 法处理后钢液脱氢率可达 55% 以上,脱氧率为 50% ~ 60%,脱氮率为 20% ~ 30%,夹杂物降低 40% ~ 50%。

10.6.3　真空循环除气法

钢液真空循环脱气法是德国鲁尔钢铁公司(Ruhrstahl A. G)和海拉斯公司(C. Heraeus)于 1957 年

共同设计出来的，以两个公司名称的字母命名为 RH 真空循环除气法，简称 RH 法。

1. 优点

RH 法与其他处理方法相比有以下优点：

1）由于输入了驱动气体，在上升管内生成大量气泡核，进入真空室的钢液被喷射成细小液滴，使脱气效率大大提高，故该方法脱气效果较好。

2）一次处理温降较小（30 ~ 50℃），且除气过程中还可以进行电加热，故钢液所需少许过热即可。

3）适用范围大，用同一设备能处理不同容量的钢液，也可以在电炉、感应炉内进行处理。

由于 RH 法具有以上优点，经过 40 多年的快速发展，精炼处理功能不断扩大，目前已经演变成具有脱氢、脱氮、脱氧、脱碳、脱硫、成分调整、超低碳不锈钢冶炼等多功能的精炼处理设备，目前最大容量已达到 400t。

2. RH 法工作原理

RH 法是使用两根浸入管，利用空气扬水泵原理，使钢液循环流动，见图 10-34。

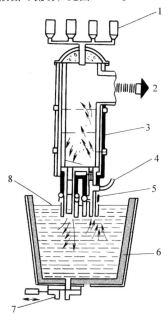

图 10-34　RH 法除气

1—合金料斗　2—真空管道　3—真空除气室
4—氩气管　5—吸管　6—钢包　7—滑动水口　8—渣

钢液除气在一个砌有耐火材料内衬的真空除气室内进行，真空除气室下部设有两个管子（钢液上升管和下降管），在真空处理时，将这两个管子插入钢液内，同时将驱动气体从上升管子下部 1/3 处吹入钢液中，上升管内瞬间产生了大量气泡核，钢液中的气

体向氩气泡内扩散，气泡在高温和低压作用下，体积成百倍地增大，钢液以约 5m/s 的速度呈喷泉状喷入真空室，钢液的表面积大大增加，加速了除气过程。除气后的钢液汇集在真空室底部，不断地经下降管以 1 ~ 2m/s 的速度返回到钢包内。未经除气的钢液又不断地从上升管进入真空除气室除气，钢液连续循环几次后，除气过程便完成。

RH 法过程主要工艺参数：处理容量、循环系数、处理时间、循环流量、真空度等。工艺参数选择对于整体精炼节奏与质量控制具有重要意义。

（1）处理容量　处理容量指的是被处理钢液的数量。对于 RH 法，其处理容量的上限在理论上说是没有限制的。而处理容量的下限，即 RH 法所能处理的最小容量，则取决于处理过程中温降的情况。容量过小，钢液在除气处理过程中降温较大；容量较大时，热稳定性较好，精炼操作容易。原冶金部规定冶金工厂不得建设 30t 以下精炼设备。国外 RH 法容量一般都在 70t 以上。

（2）处理时间　钢包在 RH 工位停留的时间称为处理时间 t。该时间的绝大部分一直在进行真空脱气，所以脱气时间略短于处理时间。为了使钢液充分脱气，就要保证有足够的脱气时间，也就是应有足够长的处理时间。但是，在不具备加热手段的条件下，处理时间将取决于允许的钢液降温 T_C 和处理时钢液的平均降温速率 $\overline{v_T}$（℃/min）。所以处理时间可由式（10-2）确定。

$$t = \frac{T_C}{\overline{v_T}} \qquad (10\text{-}2)$$

为了弥补处理时的温度损失，对于须进行脱气处理的炉次，其出钢温度应比不处理时要高 20 ~ 30℃。处理后的钢液，由于气体含量及夹杂物的减少，使钢液黏度下降，因此开浇温度可比未处理的同钢种低 20 ~ 25℃。

RH 法处理时间、钢液量与其过程降温关系如图 10-35 所示。

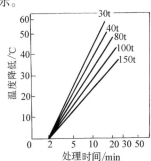

图 10-35　RH 法处理时间、钢液量与其过程降温关系

（3）RH 法循环流量　单位时间内通过真空除气室的钢液量称为循环流量。它的大小主要决定于上升管的直径和驱动气体流量，单位一般是 t/min。影响 RH 法循环流量的因素有上升管或下降管直径、上升管吹入的氩气流量、吹入气体的深度等。对循环流量计算尚无成熟公式，文献中给出下列经验公式供参考：

$$Q = 0.020 D_u^{1.5} G^{0.33} \qquad (10\text{-}3)$$

$$Q = K(HG^{0.83} D_u^2)^{0.5} \qquad (10\text{-}4)$$

$$Q = 3.8 \times 10^{-3} D_u^{0.3} D_d^{1.1} G^{0.31} H^{0.5} \qquad (10\text{-}5)$$

式中　Q——循环流量（t/min）；

D_u——上升管直径（cm）；

G——上升管内氩气流量（L/min）；

K——常数，由试验确定；

H——吹入气体的深度（cm）；

D_d——下降管直径（cm）。

（4）循环系数　循环系数为脱气过程中通过真空脱气室的总钢液量与处理容量之比。

$$U = \frac{Qt}{W} \qquad (10\text{-}6)$$

式中　U——循环系数（次）；

t——脱气时间（min）；

Q——环流量（t/min）；

W——处理容量（t）。

为了保证钢液充分脱气一般取 $U = 3 \sim 5$ 次。

每个循环脱气过程约需要 3 ~ 5min，3 个循环过程需要 10 多 min，加上合金调整及其他操作时间，RH 法精炼处理时间不会超过 30min。

3. 设备概况

RH 装置的结构形式有以下 3 种：

（1）除气室旋转升降式　其特点是占地少，操作较灵活且易于修理。缺点是活动部件较多，产生故障的可能性多些。此种结构形式使用较为普遍。

（2）除气室固定式　其特点是真空泵管线及加料机构与真空除气室固定连接，结构简单、可靠。缺点是要采用液压缸系统，提升高度可能受到限制。

（3）真空除气室垂直运动式　其特点是用钢丝绳卷扬机升降脱气室，适用处理容量大的场合。缺点是需要建筑高度较高或需建造钢包运输车的地坑。

主要设备构成如下：

（1）真空除气室　真空除气室是用钢板焊接成的圆形筒体，内衬有耐火材料，除气室由顶、中、底 3 部分组成，在底部有 2 根向下凸出的循环管，循环管内衬耐火材料。

真空除气室的直径，根据处理钢液量用常存钢液量法或比值法计算。除气室高度应保证钢液在真空除气室内产生喷溅所具有的自由空间，一般真空除气室的有效高度为 4m 左右。下部循环管的直径根据确定的循环系数而定，其高度则根据通常处理钢液量时钢包距离上口的尺寸及循环管插入钢液深度而定。

（2）真空系统　主要由真空泵系统、连接真空除气室的真空管道等组成。通常真空泵为蒸汽式，抽气能力为 200 ~ 500kg/h。

（3）机械设备　包括真空除气室的支撑装置和升降机构，以及移动台车等。

（4）加热装置　其作用是对真空除气室进行预热，以减少真空处理中的降温，并延长耐火材料寿命（防止钢液结瘤）。有煤气（或天然气）加热和电阻加热两种方式。

（5）加料系统　加料装置形式较多，一般有斗轮式装置，适用于添加铝和碳；称量装置式加料设备，装入的合金料块直径为 20 ~ 30mm；旋转式加料器，可加入铝块和炭粒。其他铁合金也可使用振动加料装置。加料装置一般都装在真空除气室顶部。

表 10-36 为国外一些已投产的 RH 设备及有关参数，表 10-37 为我国已投产的部分 RH 设备及有关参数，表 10-38 为 30 ~ 120t 级 RH 设备的主要参数。

表 10-36　国外一些已投产的 RH 设备及有关参数

序号	公　司	国　家	炉子吨位/t	设　备　形　式	真空泵[①]
1	莱茵钢铁公司	德 国	30 ~ 100	升降、旋转	67.7Pa 下 200kg/h
2	新日铁广烟厂	日 本	100	升降、旋转	67.7Pa 下 400kg/h
3	佰利恒钢铁公司佰利恒厂	美 国	150	真空除气室升降系统	67.7Pa 下 310kg/h
4	堡尔扎诺厂	意大利	40	升降、旋转系统	67.7Pa 下 250kg/h

（续）

序号	公司	国家	炉子吨位/t	设备形式	真空泵①
5	英国钢铁公司斯肯索普厂	英国	100	升降、旋转系统	67.7Pa下 300kg/h
6	DMB布加勒斯特厂	罗马尼亚	50	升降、旋转系统	67.7Pa下 200kg/h
7	布雷达冶金公司米兰厂	意大利	50~70	钢包升降系统	67.7Pa下 200kg/h
8	川崎公司水岛厂	日本	180~200	钢包升降系统	400kg/h
9	奥古斯特蒂森冶金公司鲁尔厂	德国	90~120	真空除气室升降系统	67.7Pa下 350kg/h
10	新日本钢铁公司名古屋厂	日本	160	钢包升降系统	400kg/h
11	美国钢铁公司格里厂	美国	220	—	400kg/h
12	国家钢铁公司威尔顿厂	美国	300	真空除气室升降系统	5级蒸汽喷射泵
13	苏拉哈马公司	瑞典	20~40	真空除气室升降系统	67.7Pa下 200kg/h
14	迪德朗日联合钢铁公司（阿尔贝德）	卢森堡	80	真空除气室升降系统	67.7Pa下 200kg/h
15	川崎钢铁公司千叶厂	日本	100	真空除气室升降系统	67.7Pa下 150kg/h
16	冶金进口公司	俄罗斯	60~120	真空除气室升降系统	67.7Pa下 300kg/h
17	莱茵钢铁冶金公司	德国	40~100	真空除气室升降系统	67.7Pa下 400kg/h
18	布罗希尔公司培拉厂	澳大利亚	270	真空除气室升降系统	67.7Pa下 400kg/h

① 真空泵两组数字，上行是抽气真空度，下行是抽气能力。

表 10-37　我国已投产的部分 RH 设备及有关参数

序号	厂家	吨位/t	主要特点	建成年代
1	大冶特殊钢股份有限公司	100	旋转升降式，以脱气为主	1968年
2	上海重型机械有限公司	30~120	旋转升降式，以脱气为主	1971年
3	内蒙古北方重工业集团有限公司	50	旋转升降式，以脱气为主	1978年
4	中信重工机械股份有限公司	30~120	旋转升降式，以脱气为主	1977年
5	武钢股份有限公司1号炉	80	旋转升降式，以脱气为主	1979年
6	宝山钢铁股份有限公司1号炉	300	双室平移、侧壁带氧枪	1985年
7	武钢股份有限公司2号炉	80	双室平移	1990年
8	武钢股份有限公司3号炉	250	双室平移	1996年
9	武钢股份有限公司1号炉	80	双室平移带炉顶氧枪（KTB/WPB）	1997年
10	太钢不锈钢股份有限公司	80	双室平移带顶吹氧	1997年

（续）

序号	厂　　家	吨位/t	主要特点	建成年代
11	攀钢集团有限公司	120	双室平移带顶吹氧	1997 年
12	宝山钢铁股份有限公司 2 号炉	275	双室平移带炉顶氧枪（KTB）	1997 年
13	本钢集团有限公司	250	双室平移带（KTB）	1999 年
14	宝山钢铁股份有限公司	300	轻处理	
15	鞍钢股份有限公司	120	轻处理	

表 10-38　30 ~ 120t 级 RH 设备的主要参数

处理钢液量/t	30 ~ 120		
真空室主要尺寸/mm	内径 $\phi1100$	内高 4800	循环管内径 $\phi200$
真空泵形式	二级增压四级蒸汽喷射泵		
抽气能力/(kg/h)	67.7Pa 时 300		
使用蒸汽参数	压力≥0.9Pa	过热蒸汽过热度为 20 ~ 30℃	蒸汽用量 15t/h
用水参数	水温≤25℃	水压≥0.2MPa	用水量 800t/h
循环流量/(t/min)	12		

4. 设备改进

（1）RH-OB 法（RH-Oxygen Blowing）　为了增加 RH 设备的精炼功能，在真空除气室侧壁安装吹氧装置，氧枪向真空除气室钢液表面吹氧，以脱除钢中的碳。该方法是日本富士钢公司宝兰厂在 1972 年为生产不锈钢而开发成功的。RH-OB 法示意图如图 10-36 所示。经 RH-OB 法处理，钢液碳的质量分数可以达到 $10^{-4}\%$ 的水平，是生产低碳钢及超低碳钢的重要方法。后来新日铁室兰厂、名古屋厂又开发了 OB 埋入喷嘴的方法，也称为 RH-OB-FD 法。

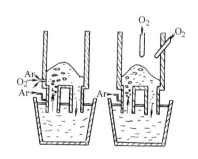

图 10-36　RH-OB 法示意图

（2）RH-KTB 法　RH-KTB 法（Kawasaki Top oxygen Blowing）是由日本川崎制铁公司开发的。其特点是在 RH 设备顶部安装了一支可伸缩的水冷氧枪，适用于大批量生产优质不锈钢。

（3）RH-MFB 法　继日本川崎制铁公司开发 RH-KTB 法之后，新日铁的广制铁所开发了名为"RH 多功能喷嘴"的真空顶吹氧技术 RH-MFB 法（Multi Function Burner），其冶金功能与 RH-KTB 法相近。对 RH 脱碳的影响主要是提高了粗炼炉出钢碳要求，并通过天然气的燃烧实现对钢液温度降低的补偿。

（4）RH + IJ 法（RH-injection）　RH + IJ 法是在 RH 设备真空室上升管的底部插入一支喷枪，真空循环处理时向上升的钢液中喷吹合成渣料，进行脱气与脱硫等的方法。RH 法具有良好的脱气和搅拌性能，喷粉精炼可以获得很好的脱硫效果，两者结合既可避免经喷粉（IJ）和 RH 两个步骤处理导致降温损失过大、处理时间过长，同时减少了初炼炉的负担等。RH + IJ 方法简图如图 10-37 所示。

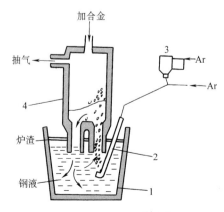

图 10-37　RH + IJ 方法简图
1—钢包　2—喷枪　3—喷粉罐
4—真空除气室

（5）RH 轻处理　RH 轻处理是指在减压条件下，通过真空碳脱氧来降低钢液中的溶解氧含量，然后在真空下向钢液中加铝，以稳定铝的收得率。蒂森公司通过 RH 轻处理来达到节约合金的目的。

5. RH 法和 DH 法的精炼效果

RH 法、DH 法主要精炼功能是真空精炼和搅拌，由此产生的主要效果为：脱氢、脱氧和脱氮；改进后的 RH 和 DH 设备还具有真空脱碳、脱硫及去除非金属夹杂等功能。

（1）脱氢　图 10-38 所示为真空精炼时钢中 [H] 随时间的变化。图 10-39 所示为真空处理前后钢中 [H] 的变化率及除气率。

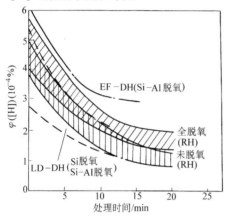

图 10-38　真空精炼时钢中 [H] 随时间的变化

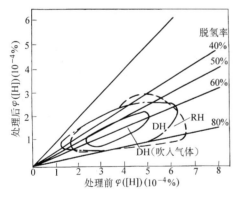

图 10-39　真空处理前后钢中 [H] 的变化率及除气率

由图 10-39 可见，RH 法和 DH 法的脱氢能力是大致相同的，其脱氢率为 40% ~ 80%。图 10-39 的结果表明，处理后的氢的体积分数为 （1 ~ 3）× 10^{-4}%，要达到 2×10^{-4}% 以下的水平是很容易的。

（2）脱氧　图 10-40 所示为真空处理过程钢中全氧量的变化。同样，RH 法和 DH 法的脱氧能力也

是大致相同的。一般处理前的氧含量水平低，则处理后的氧含量水平也较低。因此，虽然处理未脱氧钢和半脱氧钢时能得到较高的脱氧率，但从获得最低的终点氧含量出发，还是以脱氧钢为优。

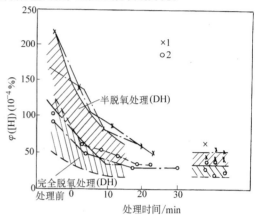

图 10-40　真空处理过程钢中全氧量的变化
1—RH 法半脱氧处理　2—RH 法完全脱氧处理

RH 法和 DH 法精炼处理时，钢渣一般不参与真空处理过程，这时钢包中的渣要与钢液起反应，在处理过程中以 FeO 被还原的方式向钢液供氧。同样，使用钢包的耐火材料也可能和钢液反应而增氧。所以要获得低氧含量，选择合适的钢包耐火材料和减少钢包内的渣量及其氧化铁含量等是非常必要的，见图 10-41。选择不易与钢液起反应的高铝材质钢包，在强脱氧的条件下可将精炼末期的全氧量降至 20 × 10^{-4}% 以下。

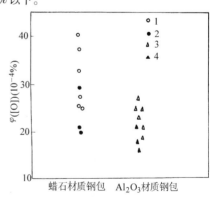

图 10-41　钢包耐火材料对 RH 法末期全氧量的影响
1——一般脱氧，蜡石材质钢包　2—强脱氧，蜡石材质钢包　3——一般脱氧，Al_2O_3 材质钢包
4—强脱氧，Al_2O_3 材质钢包

（3）脱氮　RH、DH 法处理中，因为氮的扩散

速度慢，所以处理前后钢中氮含量变化不大。氮的体积分数为 $40 \times 10^{-4}\%$ 以上时，脱氮率约为 25%。低于 $40 \times 10^{-4}\%$，则几乎不脱氮，见图 10-42。

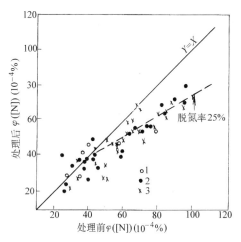

图 10-42　真空脱氮处理前后［N］的变化率及除气率

1—DH 未脱氧处理　2—DH 全脱氧处理　3—RH

（4）脱碳　真空处理前后的［C］和［O］的关系如图 10-43 所示，处理后［C］、［O］可达到 10kPa（p_{CO}）的表观平衡。因为处理过程中炉渣及耐火材料也参与反应，所以［C］/［O］的反应偏离化学平衡理论值。如前所述，RH 和 DH 方法具有很强的脱碳能力，在采取一定的措施后，可以在较短的时间内（$t \leqslant 20min$）脱碳至十几 $10^{-4}\%$。

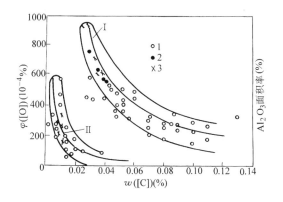

图 10-43　真空处理前后的［C］和［O］的关系

Ⅰ—真空处理前（$p_{CO} = 101.3kPa$）　Ⅱ—真空处理后（$p_{CO} = 10.1kPa$）

1—RH 法　2—DH 法未加 Al 预脱氧　3—DH 法加 Al 预脱氧

10.7　电渣重熔

10.7.1　概述

电渣重熔（Electro Slag Remelting）是利用电流通过液态渣池所产生的电阻热，不断地将金属电极（待精炼材料）熔化，熔化的金属汇聚成滴，穿过渣池滴入金属熔池，在水冷模具（结晶器）内自下而上顺序凝固成形的精炼技术，金属在熔化和滴落的过程中与渣池发生冶金反应。自耗电极、渣池、金属熔池、铸锭、底水箱通过短网导线和变压器形成回路。电渣重熔是集精炼和成形为一体的技术，既可精炼电极生产坯料，也可作为一种铸造方法用于生产铸件。图 10-44 所示为电渣重熔示意图。

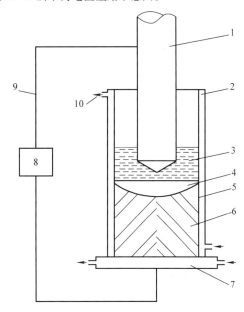

图 10-44　电渣重熔示意图

1—自耗电极　2—水冷结晶器　3—渣池　4—金属熔池　5—渣壳　6—铸锭　7—底水箱　8—变压器　9—短网导线　10—冷却水

电渣重熔适用于诸多钢种，世界各国生产材料钢号超过 400 个。近年来，电渣重熔进一步应用于生产有色金属 Al、Cu、Ti、Mo 合金及贵金属等合金铸件，适用范围不断扩大。在中大型铸锻件、高品质铸件、高温合金铸件、管件及环件生产方面，电渣重熔有其独到优势。

10.7.2　主要过程

1. 电极熔化

电流通过渣池时，在渣池中析出为熔化自耗电极并使渣池和金属熔池保持熔融及过热状态所需的热量。正在熔化的自耗电极端面受热形成液态金属薄膜，汇聚成滴，以熔滴的形式通过渣池转移到金属熔池。熔滴的脱落频率、尺寸、渣中轨迹取决于渣系的选择和重熔过程参数。

2. 熔池形状

金属熔池的形状和大小直接影响铸件的凝固结晶，从而影响凝固质量。金属熔池形状与工艺参数有密切的关联。随着电流的增加，电极下降速度加快，金属熔池深度增加，金属晶体的生长方向接近于径向；随着电压的升高，金属熔池底部向扁平方向发展，晶体的生长方向接近轴向，熔池温度趋向均匀，有利于提高铸件表面质量，但过分地提高电压易导致渣池沸腾，破坏电渣过程，产生电弧。此外，过大的功率易导致缩松、缩孔等缺陷，合适的功率是保证冶金和凝固质量的前提。

当其他参数不变时，金属熔池深度随着渣量的增加而减少，这是由于渣量增加，消耗于维持熔渣处于熔融及过热状态的热量增加，导致金属熔池热量下降。过分地加大渣量使得金属熔池体积小、温度低，影响铸件质量。

3. 金属结晶

金属结晶的特点在很大程度上取决于热析出的特征。电渣重熔稳定进行阶段，处于液态的金属远少于已凝固金属，铸件和结晶器之间的渣壳减少了水平方向的热量析出，较小体积的液态金属自下而上顺序凝固，所有这些因素决定了由柱状晶组成的铸件具有均匀致密的良好结构。

近年来，电磁搅拌、振动等外力施加对精炼和凝固的影响研究增多，也出现了很多观点和成果。

10.7.3　冶金反应

1. 电渣重熔过程的冶金特点

电渣重熔过程的冶金特点是：金属熔化始终在液态渣池中进行，与大气隔绝；液态金属在水冷结晶器中顺序凝固，无耐火材料污染；反应温度高（1700~1900℃）；钢渣充分接触；渣池强烈搅拌；钢渣界面毛细振荡。

液态金属和熔渣充分接触发生在3个阶段：
① 电极熔化末端。
② 金属熔滴穿过渣池。

③ 钢渣界面反应。

2. 夹杂物的去除

电渣重熔能有效去除自耗电极中的非金属夹杂物，有文献提出电渣熔炼钢中稳定夹杂物的总含量比熔炼前降低 1/3~1/2，对大尺寸夹杂物的去除效果更明显。

3. 气体的去除

铸件自下而上的顺序凝固是有利于气体排出的。经电渣重熔后钢中氧含量一般可降低30%以上，氢含量也有所降低，氮含量的降低与否因所炼钢种不同而异。钢中氧主要是依靠夹杂物的上浮而减少，氮和氢可能是由于在不断生长着的结晶表面形成气泡，穿过钢渣界面排出。

重熔气氛、炉渣成分及重熔过程干燥状况是影响气体去除效果的主要因素。

4. 元素的烧损

重熔过程中，活泼元素如 Al、Ti、B 等元素往往因为氧化而损失，造成材料元素含量改变。如何防止活泼元素被氧化，是电渣重熔过程的重要冶金问题之一。

10.7.4　电渣重熔用渣系

渣料在电渣重熔过程中主要有以下作用：
① 作为热源使金属电极熔化。
② 钢液精炼。
③ 隔绝空气。
④ 保温补缩。
⑤ 形成铸件表面渣壳等。

渣系的选择是电渣重熔过程最重要的参数之一，对冶金质量、重熔成本及环境保护均有重要影响。选择电渣重熔用渣系时需综合考虑渣子的熔点、电导率、黏度、密度、酸碱度、比热容、透气度等指标，并应考虑渣子成分对所炼钢种成分的影响。

常见渣系主要以 CaF_2 为基础，搭配适当的 Al_2O_3、CaO、MgO、SiO_2、TiO_2 等氧化物，各成分均有不同作用，通过不同成分和比例的搭配，获得多种性能各异的二元渣、三元渣、多元渣等。表10-39为渣系组成示例。

表 10-39　渣系组成示例

渣号	渣的化学成分（质量分数,%）						熔点/℃
	CaF_2	Al_2O_3	CaO	MgO	SiO_2	TiO_2	
ANF-6	70	30					1320~1340
ANF-8	60	20	20				1240~1260
L-4	15	50	30	5			1390
ANF-32	37~45	20~25	24~30	4~7	5~9		1300~1320
AN-29		55	45				1450

10.7.5　电渣重熔工艺

电渣重熔工艺路线包括：结晶器设计、自耗电极制备、设备准备、工艺参数设计、熔炼与拆箱等。

1. 结晶器尺寸

结晶器的尺寸主要由产品的尺寸确定，以固定式圆形铸锭结晶器为例。

$$D_{结} = \frac{D_{产品}}{1-\delta\%} + 2t_{渣} \qquad (10\text{-}7)$$

式中　$D_{结}$——结晶器直径；

$D_{产品}$——产品的毛坯尺寸；

$\delta\%$——铸件缩尺；

$t_{渣}$——渣壳厚度。

$$H_{结} \approx (3 \sim 6)D_{结} \qquad (10\text{-}8)$$

对于抽锭式结晶器：

$$H_{结} = H_{凝} + H_{金} + H_{渣} + \Delta h \qquad (10\text{-}9)$$

式中　$H_{结}$——结晶器高度；

$H_{凝}$——抽锭前最低金属凝固层厚度，一般经验取 $0.3D_{结}$；

$H_{金}$——金属熔池深度，一般取（$0.3 \sim 0.5$）$D_{结}$；

$H_{渣}$——渣层厚度，一般取（$0.3 \sim 0.6$）$D_{结}$；

Δh——结晶器上部必要余量，一般取 $50 \sim 100$mm。

有经验提出：

当 $D_{结} < 400$mm 时，$H_{结} \approx (1.5 \sim 2.0)D_{结}$；

当 $D_{结} > 400$mm 时，$H_{结} \approx (1.2 \sim 1.5)D_{结}$。

应该指出的是，重熔异型铸件时，其结晶器的设计应根据铸件的形状尺寸考虑铸件的重熔顺序、收缩量、渣皮厚度及后部工艺对毛坯尺寸的影响。

2. 结晶器结构

结晶器内腔一般采用纯铜板，外框采用钢结构，根据产品的不同，结晶器的结构和形式差别很大，大致可分为固定式结晶器、滑动式结晶器和组合式结晶器。

1）固定式结晶器广泛应用于生产各种尺寸的钢锭，锭子形状与结晶器内腔形状一致，锭子高度取决于结晶器高度。由于形状相对简单，一般制作成封闭式或可拆卸式结构。

2）滑动式结晶器特点是重熔过程中铸锭和结晶器相对移动，一般用于抽锭式或特殊形状铸件的生产。

3）组合式结晶器即多块或多部分结晶器组合而成的结晶器，多用于异型铸件的生产或尺寸可调的铸锭结晶器。

关于水冷模式，应用最广的是封闭水套式，此外还有喷水冷却式、沟式冷却和汽化冷却等形式。

3. 电极设计

电极的直径主要是由结晶器直径决定的，二者的匹配是确定其他工艺参数的重要前提。这里引入"充填系数"（填充比）的概念，国内外对于充填系数的定义有两种提法，一种是电极与结晶器的直径比，另一种是电极与结晶器的截面积比，本质上都是描述电极与结晶器的截面尺寸匹配关系，此处使用直径比。

电极的直径可以参考如下经验公式：

$$d_{结} = KD_{结} \qquad (10\text{-}10)$$

式中　$d_{结}$——电极直径（mm）；

$D_{结}$——结晶器直径（mm）；

K——充填系数，可选（$0.5 \sim 0.6$）± 0.1。

重熔异型铸锭时，电极和结晶器直径可被折成等效圆形计算。

适当地提高充填系数对钢锭表面质量、重熔速率和能耗均有改善，但充填比过大反而增加能耗且影响铸锭的凝固质量。

4. 渣量设定

比较准确的渣量 $G_{渣}$ 计算方法，是确定渣层厚度 $H_{渣}$、结合结晶器截面积 $S_{结}$ 和渣密度 $\rho_{渣}$，即

$$G_{渣} = H_{渣} S_{结} \rho_{渣} \qquad (10\text{-}11)$$

关于 $H_{渣}$ 的值，目前还没有明确的理论计算公式，普遍应用经验值。

5. 电参数设定

电渣重熔的电参数需要考虑产品特性、设备状况及其他工艺参数的匹配，没有固定准确的计算公式。有文献指出，在 $d_{结}/D_{结}$ 为 $0.4 \sim 0.6$ 的范围内，重熔电流的参考计算公式为

$$I = KD_{结} \qquad (10\text{-}12)$$

式中　I——工作电流（A）；

K——结晶器线电流密度（A/cm），K 值波动在 $150 \sim 250$A/cm 之间；

$D_{结}$——结晶器直径（cm）。

在填充比范围不变的情况下，ANF-6 渣系下工作电压的参考计算公式为

$$V_{工作} = 0.6D_{结} + 31 \qquad (10\text{-}13)$$

式中　$V_{工作}$——炉口电压或有效工作电压的经验值。

需要指出的是，电渣重熔作为一种精炼和铸造工艺，其设备类型、产品种类繁多，国内外并没有统一标准的工艺规范和技术路线。各厂家在从事生产过程中主要还是在设备能力的基础上，通过试验和验证，摸索出适合特定产品的工艺经验。

10.7.6　电渣重熔设备

伴随着全球制造业水平的不断提升，电渣重熔设备和车间配套也在不断升级，电气化和智能化程度不断提升，电渣炉的结构和布置形式也是多种多样。

1. 电渣炉布置

选择电渣炉布置方案的主要原则有：

1）炉体与变压器应尽量靠近，缩短电缆长度，减少短网压降。

2）满足生产最大铸件的质量、尺寸要求。

3）适应所采用的电渣炉形式及结构。

4）利于缩短辅助时间，提高生产率。

5）操作方便，便于劳动，成本可控。

2. 电渣炉类型及组成

按供电方式分类：单相电渣炉、三相电渣炉等。

按电极进给形式分类：单立柱单横臂电渣炉、双臂双横臂交替式电渣炉、单立柱叉形横臂旋转电渣炉、三立柱三横臂电渣炉、多电极电渣炉等。

电渣炉的组成主要包括厂房基建、变压器、短网导线、立柱、电极卡头、传动装置、台车/底水箱、除尘系统、信号传输元件、控制柜、操作台、软件控制系统等。

3. 辅助设备

电渣炉辅助设备包括进出水管及水道管路、电极焊接及清理设备、石墨电极、化渣包及破碎机、渣料烘干设备等。

10.7.7　电渣重熔新发展

1. 计算机控制

电渣重熔水平的不断进步依赖于电渣炉设备的不断升级，一些先进的工艺理念如恒熔速控制、恒渣温控制、极间距控制等需要高精度的计算机控制来实现。采用计算机控制在提高冶金质量、提高生产率和控制成本方面有明显优势。目前世界上比较先进的工业电渣炉均采用计算机控制。

2. 气氛保护和真空技术的应用

在提高金属纯净度的需求推动下，气氛保护电渣炉和真空电渣炉得到发展。二者的出发点是隔绝空气中水蒸气和气体元素（主要是氧元素）向渣池及金属中的传输，减少元素氧化及烧损，降低气体元素含量，有利于提高金属的纯净度。

由于重熔环境的改变，气氛保护和真空电渣重熔技术可以熔炼某些常规方法无法重熔的金属，如 Ti 等。二者与常规重熔方法在渣系选择和工艺制定上也有所不同。

3. 外场作用

外场作用包括旋转电极技术、振动电极技术、电磁搅拌技术等。

1）旋转电极技术作用于自耗电极，重熔过程中电极的旋转改变了渣池温度场的分布（减少 9% ~ 13% 的热损失）和熔池形状，提升了精炼效果，金属化学均匀性更好。该技术最大的特点是可以通过电极旋转速度来调整渣池电阻的变化。

2）振动电极技术依靠机械振动平台实现电极水平和纵向的振动，可提高熔化速率 20% ~ 30%，有利于浅平金属熔池的形成和中心区晶粒的细化。

3）电磁搅拌技术作用于渣池和金属熔池，通过磁场的搅拌改变了两池的温度场分布，有文献表明电磁搅拌可明显提高生产率 16% ~ 25%，同时对减轻轴心偏析和缩松有积极作用。

10.8　其他炉外精炼方法

10.8.1　钢包喷粉精炼法

钢包喷粉精炼法是德国的梯森—莱茵公司首先在工业生产中采用的，后来瑞典的斯堪德那维亚钢铁公司和美国、法国、日本等相继投入使用。我国从 1997 年起开始进行试验性探索，到目前为止已取得了相当大的成果，有不少钢厂都投入了生产。钢包喷粉精炼法是利用气体将粉料喷入钢包的钢液中进行炉外精炼的技术。其主要作用是脱硫、去除及改变钢中夹杂物形态、脱氧等，脱硫效果较好。缺点是钢液温降大，处理过程钢液增氢、增氮。

喷粉精炼法具有设备简单、投资少、见效快等特点。喷粉设备可以独立存在，但通常作为一个功能，存在于钢包精炼炉或循环脱气设备系统中。

1. 概况

目前，国外采用的钢包喷粉精炼法主要有 3 种方法：

（1）TN 法（Thyssen Niederrhein）　这种方法的主要特点是喷粉罐容积较小，装在可移动的悬臂上，喷粉罐到喷枪的距离短，压力损失小。喷枪有升降装置，操作方便，迅速可靠。喷粉罐有上下两个出料口，可根据粉料特性运用全流态或部分流态输送粉料，见图 10-45。

（2）SL 法（Scandinauian Lancers）　这种方法的主要特点是喷粉速度用上下压差控制，可以保证喷粉过程顺利进行。当喷嘴直径固定时喷粉速度随压差变化。喷吹时采用恒压，有利于防止喷溅和堵塞。喷吹系统设有回收装置，送粉管中段设有三通阀，可保证喷粉均匀，可以回收喷出的粉料，当工艺上需要更换粉料时，可将喷粉器中残存粉料回收，见图 10-46。

（3）CLE 法（CLEsid irsid）　这种方法的特点是

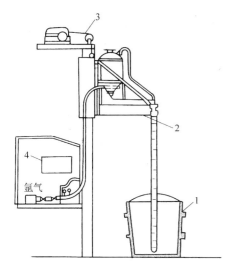

图 10-45　TN 法示意图

1—钢包　2—可移动的悬臂　3—升降装置　4—控制室

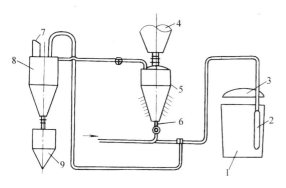

图 10-46　SL 法示意图

1—钢包　2—喷枪　3—钢包盖　4—密封储料仓
5—分配器　6—喷嘴　7—过滤器
8—分离器　9—密封储料仓

粉—气流的变化用压差调节控制，在喉口下有调节装置以精确控制粉量，也可由改换喉口直径控制粉量。

2. 设备简介

喷粉设备由喷粉罐、喷枪与钢包盖的升降系统、粉料的回收系统、称量、测温及控制系统、载气汇流排及输送管道、喷枪的烘烤系统和辅助装置等构成。

（1）喷粉罐（分配器）　根据粉料的特征采用局部流态或全流态输送。对密度较大而流动性好的钙合金粉料，一般采用下料出口，喉口直径为7～8mm。

（2）喷枪　100t 以下钢包，采用单孔喷枪。喷吹管内径为 16～19mm 的钢管，出口孔根据喷粉速率选用直径为 8～12mm 的不同喷嘴。喷枪外部保护材料用高铝砖或使用整体浇注料成形的外壳，见图

10-47。喷头有单孔、双孔及多孔等形式。

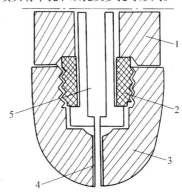

图 10-47　SL 法喷枪头结构示意图

1—袖砖　2—镶嵌环　3—枪头砖
4—枪头管　5—枪管

（3）载气　载气为氩气或氮气，吹入压力大于钢液静压力加钙蒸气压力，要求保持压力稳定，罐压力为 0.39～0.59MPa，喷枪喷射压力为 0.29MPa，气体流量为 0.010～0.013m^3/s。

3. 典型工艺参数

（1）喷粉速率　喷粉速率与脱硫率有密切的关系，随着喷入脱硫剂数量的增加，脱硫效果也有所改善。但喷粉速率过高，会导致粉剂在钢液中反应不完全，钙得不到充分利用。因此喷粉速率一般控制在 0.25～0.33kg/s。

（2）粉气比　粉气比应适当，以保证粉料能稳定地流态化，一般粉气比应控制在大于 10。

（3）送粉量　预熔熔剂，每吨钢 2～4kg；钙合金，每吨钢 1.5～2.5kg。

（4）喷枪插入钢液深度　一般来说，喷枪在钢液中插入深些为好，这样可以延长钙气泡在钢液中的停留时间，有利于脱硫；另一方面，钙气泡上升过程中起搅拌钢液的作用，同时将夹杂物及脱硫产物吸附于气泡壁上带出钢液被熔渣吸收。但插入过深，射流对包底衬侵蚀作用加剧，故以喷枪头离包底 300～400mm 为宜。

（5）粉料种类及粒度要求　粉料一般需根据处理目的而定，常用的有 Ca-Si、Ca-C_2、Al、CaO 等。对粉料粒度也有一定要求。

4. 精炼效果

（1）脱硫　原始硫的质量分数为 0.02%～0.03% 的钢液，喷粉后脱硫率一般大于或等于50%，最低硫的质量分数达 0.005%。表 10-40 为某厂45t 钢包钢液喷钙粉前后硫含量变化情况。从表 10-40 中可看出，钢中硫的质量分数可降低到 0.001%～0.002%。

表 10-40　45t 钢包钢液喷钙粉前后硫含量变化

序号	喷钙粉前 $w([S])$ (%)	喷钙粉后 $w([S])$ (%)	喷钙时间 /s	脱硫率 (%)
1	0.004	0.002	251	50
2	0.004	0.001	411	75
3	0.010	0.0012	190	88
4	0.004	0.002	255	50
5	0.009	0.002	371	78

影响脱硫速率的因素有：钢液中原始硫含量及氧含量、粉剂喷入量、炉渣碱度、喷枪插入深度及喷吹温度等。

（2）脱氧　表 10-41 为某厂向 45t 钢包喷 Ca-Si 粉前后钢中氧含量的变化。

表 10-41　45t 钢包喷 Ca-Si 粉前后钢中氧含量的变化

序号	喷 Ca-Si 粉前 $w([O])$ (%)	喷 Ca-Si 粉后 $w([O])$ (%)	脱氧率 (%)
1	0.0043	0.0016	62.7
2	0.0041	0.0010	75.5
3	0.0051	0.0028	45.0
4	0.0041	0.0019	53.6
5	0.0058	0.0012	79.3

（3）夹杂物数量和形态的变化　某厂 45t 钢包喷钙过程中夹杂总量的变化见表 10-42。从表 10-42 中看出，经喷钙处理后夹杂总量大为减少。

表 10-42　45t 钢包喷钙过程中夹杂总量的变化

序号	喷钙前	夹杂总量（质量分数，10^{-4}%）					喷钙后水口下
		喷　　钙　　中					
		1	2	3	4	5	
1	108	102	47	46	38	37	18
2	97	76		52			57
3	45	52		59			48
4	48			39			33　40
5	281						93
6	152			66.9			54.1　105.5

钢包喷钙处理最重要的冶金效果就是防止钢中氧化铝和硫化锰夹杂的形成。通过降低硫的含量和把锰的硫化物转变为钙的硫化物或氧的硫化物，降低了裂纹的敏感性，并将残余的氧化夹杂转化为低熔点的球形铝酸钙夹杂。另外，铝酸钙类的夹杂在上浮过程中吸附钢中残余硫，因而钙处理后，钢中几乎无硫化物类夹杂物。

（4）力学性能改善　采用钢包喷钙处理后，钢中硫的质量分数低，可明显改善变形钢的各向异性性能，特别是改善横向缺口冲击韧性。

（5）氢、氮的变化　作为独立设备时，由于钢液裸露与大气接触，钢液会增氢、增氮，一般增氢 1×10^{-4}% 左右，增氮 $(2 \sim 10) \times 10^{-4}$%。

10.8.2　钢包吹氩法

吹氩工艺具有设备投资少、操作成本低、操作简单等优点，目前已被广泛地应用于钢的温度调整和夹杂物去除等方面。

1. 吹氩技术类型

（1）大气条件下钢包吹氩　在大气压下，将氩气吹入钢包内进行氩气处理，可以均匀钢液的温度和成分，减少钢中氧化夹杂物含量及改善钢液的凝固性能。

（2）带盖钢包吹氩法　和上述钢包吹氩法相比，由于加了钢包盖，防止了空气的进入，保证了钢包内的还原气氛，有利于钢液的精炼及钢液质量的提高。带盖钢包吹氩法简图如图 10-48 所示。

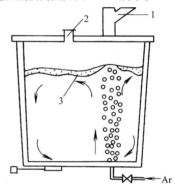

图 10-48　带盖钢包吹氩法简图
1—合金加入口　2—测温及窥视孔　3—合成渣

（3）带隔离罩的钢包吹氩法（CAS 法）　钢包到 CAS 站后，挡掉部分炉渣，通过底吹氩将钢液面的炉渣吹开，裸露面大小与隔离罩下沿尺寸相当时，隔离罩为上小下大结构，罩体上部分内砌耐火砖，罩体下部分内外均需砌筑耐火材料。隔离罩插入钢液的深度为包中钢液高度的 0.06% ~ 0.07%。隔离罩内可加各种合金进行微合金化，微合金化后需要继续处理一段时间，以进一步去除钢中夹杂及成分与温度的均匀化。带隔离罩的钢包吹氩法（CAS 法）系统如图 10-49 所示。

CAS 法设备简单、投资少、成本低、处理效果较好。

在 CAS 法设备隔离罩上安装氧枪即为 CAS-OB 法，见图 10-50。这种方法的好处是可以在精炼的同时加热钢液，以弥补钢液温度的不足。

2. 吹氩方法

钢包吹氩方式基本上可以分为两种：第一种是顶吹

氩枪方式，第二种是包底透气砖方式，以第二种使用更为普遍。吹氩枪是由厚壁钢管和高铝（或黏土质）耐火材料组成，顶端装有多孔塞砖。氩枪装在吹氩台的升降机上，吹氩台结构示意图如图 10-51 所示。

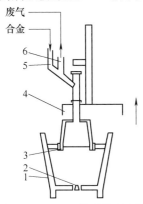

图 10-49　CAS 法系统示意图

1—钢包　2—透气砖　3—隔离罩
4—升降装置　5—加料口　6—排烟口

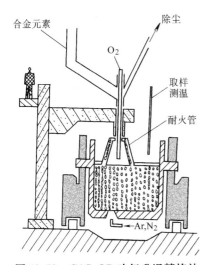

图 10-50　CAS-OB 吹氩升温精炼法

吹氩用透气砖是由高铝质或镁质材料制成。透气砖安装位置目前使用最多的是钢包包底半径的中心，因为此位置为搅拌钢液的最佳位置。

3. 吹氩工艺

大气下吹氩处理时，为了达到搅拌钢液去除夹杂物的目的，且要减少大气对钢液的二次氧化，要求氩气压力不要太大。一般以能克服钢液的静压力，钢液不裸露在大气下为宜。随钢液量不同而改变吹氩压力，一般在 0.1 ~ 0.3MPa 之间。

钢包加盖吹氩，钢包内气氛很快就变成还原气氛，故在钢液温度允许的条件下，可以适当增加吹

量，或延长精炼时间。足够的吹氩量，可以保证钢渣之间的良好搅拌，促进夹杂物上浮，特别是加速 Al_2O_3 的上浮速度。

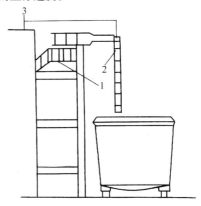

图 10-51　吹氩台结构示意图

1—吹氩平台　2—氩枪　3—流量计

CAS-OB 加热，因为采用化学热法（铝热法或硅热法），故升温速度较快，可达 5 ~ 13℃/min。每吨钢液升温所用的氧气用量：升温速度 12.5℃/min 时为 13.4m³/h；升温速度 7℃/min 时为 10.72 m³/h。

4. 吹氩效果

钢液经吹氩搅拌后，可使大颗粒夹杂物减少，氧化夹杂物下降。带盖钢包吹氩处理后，钢中夹杂物，特别是 Al_2O_3 夹杂物降低。其变化情况见图 10-52。

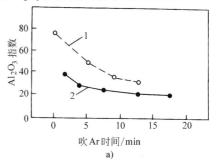

a)

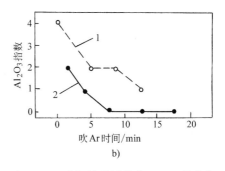

b)

图 10-52　吹氩处理过程中 Al_2O_3 的变化

a) 10μm 以下夹杂物　b) 10 ~ 20μm 夹杂物
1—Al 脱氧钢　2—Si-Al 脱氧钢

10.8.3　钢包喂线法

喂线法是合金微调（特别是易氧化合金）、改变钢中夹杂物形态、脱硫、脱氧及去除微量有害元素等行之有效的炉外精炼方法之一，具有成分微调与控制容易、合金收得率高等特点。

1. 喂线装置及合金芯线制备

喂线装置由喂线和放线两部分组成。将合金芯线置于放线盘上，经喂线机矫直拉出，经导管进入钢液中。为了控制加入量和喂线速度，在喂线机上装有显示喂入长度的计数器和速度控制器，当以一定的速度加入预定长度后会自动停止喂线。根据设备类型，有可单线和双线顺序喂入的，也有可双线同时喂入的。我国几种喂线机主要功能及其特性参数见表 10-43。

合金芯线采用特殊加工方法制成，是一种金属线形式的合成材料，外部用 0.2 ~ 0.3mm 厚的薄钢带包覆起来，芯部是 Ca-Si、其他合金或稀土合金等。我国生产的芯线品种与规格见表 10-44，日本包芯线规格见表 10-45。

表 10-43　几种喂线机主要功能及其特性参数

型号	外形尺寸 （长/mm）×（宽/mm）×（高/mm）	质量/t	功能	电动机功率/kW	调速范围/（m/min）	适用线径/mm	夹紧装置	控制系统
WXJ-1	1860×860×1540	1.7	单线或双线喂送	7.5	0 ~ 200	6 ~ 13 7×3.5 12×6 12×7	电动	单片机控制自动打印
WF-2	1100×800×1600	1.7	双线喂送	7.5	0 ~ 300	6 ~ 13	电动	单片机控制自动打印
WX-123-3B	2000×720×1700	总重 2.98	单线或双线喂送	14	10 ~ 400	9 ~ 13	电动	计算机控制自动打印
WF-3	1200×800×1600	总重 2.27	单线或双线喂送	15	60 ~ 600	10 ~ 18	液压	PLC 计算机变频

表 10-44　我国生产的芯线品种与规格

芯线种类	芯线断面	规格尺寸/mm	外壳厚度/mm	化学成分（质量分数,%）		线密度/（g/m）	合金填充率（%）
Ca-Si	圆	$\phi6$	0.2	Ca-Si 50	Fe 50	68.3	48.0
Ca-Si	矩形	12×6	0.2	Ca-Si 55	Fe 45	172	56.0
Fe-B	矩形	16×7	0.3	B 18.47	—	577.1	80.1
Fe-Ti	矩形	16×7	0.3	Ti 38.64	—	506.7	74.3
Ca-Al	圆	$\phi4.8$	0.2	Ca 36.8	Al 16.5	56.8	
S	矩形	12×6	0.2	S 100	—	127.5	29.4
Al	圆	$\phi9.5$		Al 99.07	—	190	
Re-Ca	圆	$\phi10$	0.25	Re 10	Ca 29 ~ 30	217	57.6
Mg-Ca	圆	$\phi10$	0.3	Mg 10	Ca 40	246	52.8

表 10-45　日本包芯线规格

牌号	外径/mm	钢带厚/mm	Al:Ca（质量比）	化学成分（质量分数,%）			线密度/（g/m）
				Al	Ca	Fe	
0.2FE/40A60Ca	7.0	0.2	4:6	21.6	32.4	46.0	105
	4.8	0.2	4:6	16.5	24.7	58.8	63
0.2FE/20A80Ca	7.0	0.2	2:8	10.3	41.1	48.6	100
	4.8	0.2	2:8	7.8	31.0	61.2	60
0.2FE/Ca	7.0	0.2	0:10		49.2	50.8	95
	4.8	0.2	0:10		36.8	63.2	58

2. 喂线工艺

（1）喂线速度　喂线深度和芯线的熔化时间是确定喂线速度的主要依据，即喂线速度与芯线直径、合金类型、芯线种类、外壳厚度、钢包深度以及钢液温度等很多因素有关。

对 Ca-Si 芯线来说，钙含量低的芯线喂入速度可适当快一些，钙含量高的芯线喂入速度应适当减慢，以防高钙合金加入时反应激烈和表面燃烧，影响处理效果。

对 Al 芯线来说，提高喂线速度可以缩短铝芯线在渣层中的停留时间，可以使得铝芯线插入到钢液的较深处，提高了铝的收得率。但过快的喂线速度有可能导致铝芯线在穿过渣层时瞬间弯曲，无法进入钢液中。

对于不同芯线要求有不同的喂线速度，喂线速度最低值为克服钢液静压力的速度值。喂线速度一般为 25～150m/min。

（2）喂线量　根据用途不同，加入量也不同。从目前看，一般有以下几个用途：微合金化、夹杂物变性处理、脱硫；可加入稀土、硼、铝等特殊合金。

3. 喂线效果

（1）合金收得率高，降低成本　根据国内某钢厂生产 40MnB 和 20CrMnTi 等钢的统计结果，钛的收得率由 14% 提高到 50% 左右，硼的收得率由 50% 提高到 80% 左右，铝的收得率由 10% 提高到 70% 左右，即节约铝 50% 左右、钛铁 50% 左右、硼铁 40% 左右，降低了成本，提高了经济效益。

国内某重机厂钢液经 LF 法钢包精炼后，钢包喂铝芯线的工艺参数与收得率见表 10-46。由表 10-46 可见，经钢包精炼的钢液喂铝芯线，铝的收得率在 70% 以上。

表 10-46　喂铝芯线的工艺参数与收得率

序号	钢种	钢液量 /t	钢液温度 /℃	芯线规格尺寸/mm	喂线速度 /(m/s)	喂线长度 /m	线密度 /(g/m)	计算成分（质量分数,%）	实际成分（质量分数,%）	收得率（%）
1	GS-45N	92	1646	φ9.6	4	150	193	0.031	0.024	77
2	GS-45N	92	1640	φ9.6	4	60	193	0.013	0.010	76
3	42CrMo	65	1641	φ9.6	3.5	75	193	0.022	0.016	73
4	GS-45N	130	1550	φ9.6	4	75	193	0.011	0.009	81

某钢厂 90t 钢包喂线速度与铝的收得率的关系如图 10-53 所示，加入钙与残余钙的关系如图 10-54 所示。

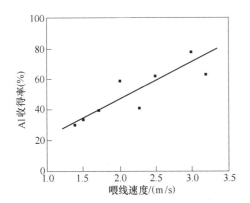

图 10-53　90t 钢包喂线速度与铝的收得率的关系

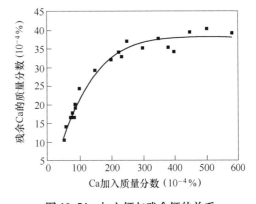

图 10-54　加入钙与残余钙的关系

（2）脱氧、脱硫　喂线法钙的收得率为 15%～20%，是喷粉法的 1 倍；脱氧率达 20%～50%，与喷粉法及底吹氩法相近；脱硫率为 20%～30%，低于喷粉法。

（3）改善夹杂物形态　喂线钙处理，提高夹杂物球化程度，可改善钢的横向冲击韧性。和钢包吹氩、钢包精炼炉相配，可显著降低夹杂物含量。

喂线设备结构简单、使用方便、操作安全可靠。喂线法处理时间短、钢液降温小，不污染环境，钢液不会喷溅。由于喂线法具有以上诸多优点，目前已得到广泛使用。

10.9　炉外精炼用原材料

10.9.1　耐火材料

炉外精炼用炉衬材料主要由镁铬（铝）系和镁钙（碳）系等组成。镁铬系材料，特别是高温烧成镁铬砖，已确认为广泛采用的主要品种，由于它具有抗低碱度渣能力强等优点，成为 VOD、AOD 等渣线部位传统用砖。特别是采取烧结合成和半烧结合成等先进工艺，引入 Al_2O_3，制成方镁石—尖晶石复合制品，进一步改善了砖的显微结构，提高了使用效果。自镁碳砖得到迅速发展以来，特别是研制出抗氧化性能的高强度镁碳砖以后，镁碳系材料在精炼装置上的使用也越来越广泛。近年来，镁钙碳和镁白云石材料在精炼装置中的地位也日趋重要，这主要是由于引入 CaO，抑制了 MgO-C 之间的反应和 MgO 的挥发，提高了产品在低碱度条件下的抗渣性和耐热震性，并且钙质材料资源丰富，价格低廉。尤其令人注目的是含 CaO 材料有利于钢液净化。经国内外的技术实践证明，认为 $MgO\text{-}Cr_2O_3\text{-}Al_2O_3$ 系材料适用于低碱度渣的精炼工艺；而含碳的钙镁系（MgO-CaO）材料更适用于高碱度渣的精炼工艺。

1. 对耐火材料的质量要求

炉外精炼在高温、真空、强烈搅拌、炉渣碱度波动较大等条件下操作，精炼炉衬材料要求比炼钢炉要求更为苛刻，这也是生产纯净钢的必要条件。炉渣侵蚀、钢液冲刷是耐火材料损耗的主要原因，高温、热震及真空下挥发是耐火材料损耗的另一重要因素。因此，要求耐火材料具有足够的高温强度和抗高温冲刷能力及抗渣性等，并且具有在真空状态下的热稳定性。由于是间歇式生产，还应具有耐急冷急热性。

2. 炉衬材料的选用

（1）炉衬材料类型　炉衬直接与精炼钢液和炉渣接触，其质量对精炼效果影响极大。由于炉外精炼设备用途不同，对其质量的要求也不尽相同，采用的耐火材料品种也有差异，大致可分为以下几种类型：全 MgO-C 系、MgO-CaO-C 系、镁铬砖系、铝镁碳系、白云石砖系、铝镁尖晶石浇注料等。

镁碳砖是以电熔镁砂、烧结镁砂和鳞片石墨为主要原料，以酚醛树脂作黏结剂制造的不烧含碳碱性耐火材料。镁碳砖不需煅烧，但为提高其抗氧化性能，配料中常添加 Al、Si、Mg 等金属粉及 SiC 粉。镁碳砖具有优良的抗渣侵蚀性能、抗炉渣渗透性能和耐热震性能，主要应用于各种精炼炉包内衬的渣线部位。

镁铬砖是以镁砂和铬矿为主要原料生产的，是质量分数为 MgO 55% ~ 80%、Cr_2O_3 8% ~ 20% 的碱性耐火材料。特点是耐火度高、荷重软化温度高、抗热震性能优良、抗炉渣侵蚀、适应的炉渣碱度范围宽等。

镁铬砖系分为：硅酸盐结合镁铬砖（普通镁铬砖）、直接结合镁铬砖、再结合镁铬砖、半再结合镁铬砖、预反应镁铬砖、不烧镁铬砖和电熔铸镁铬砖等。

普通镁铬砖以烧结镁砂和一般耐火级铬矿为原料，以亚硫酸纸浆废液为黏结剂。直接结合镁铬砖以高纯镁砂和铬矿为原料，高压成形，用于 RH、DH、VOD、AOD 等炉外精炼装置。再结合镁铬砖又称电熔颗粒再结合镁铬砖，以菱镁矿（或轻烧镁粉）和铬矿为原料，按照一定配比，投入电炉中熔化，合成电熔镁铬熔块，然后破碎并高压成形，于 1750℃ 以上高温烧成，用于 RH、DH、VOD、AOD 等炉外精炼装置及 LF 精炼炉渣线部位。半再结合镁铬砖以部分电熔合成镁铬砂为原料，加入部分铬矿和镁砂或烧结合成镁铬料作细粉。半再结合镁铬砖组织结构细密，气孔率低，高温强度高，耐热震性能优于再结合镁铬砖，用于 RH 和 DH 法的浸渍管，VOD、AOD、LF 精炼法的渣线部位。

白云石砖是以经煅烧的白云石砂为主要原料制成的含（质量分数）CaO > 40%，MgO > 30% 的碱性耐火材料。按照生产工艺不同，白云石砖系主要分为：焦油结合白云石砖、轻烧油浸白云石砖和烧成油浸白云石砖等，适用于 AOD 炉、VOD 炉及钢包内衬等。

镁白云石砖是以 MgO 和 CaO 为主要原料的碱性耐火材料，一般含（质量分数）MgO 50% ~ 80%，CaO 10% ~ 40%，分为焦油结合镁白云石砖、轻烧油浸镁白云石砖和烧成或陶瓷结合油浸镁白云石砖等品种。

镁钙碳砖是以白云石砂、氧化钙砂、镁砂和鳞片石墨为主要原料制造的不烧含碳碱性耐火制品。按配料中主要骨料的品种，可分为：白云石碳砖、镁白云石碳砖、镁钙碳砖或镁石灰碳砖。镁钙碳砖的生产工艺与镁碳砖相似，但须注意防止 CaO 水化，使用无水树脂作黏结剂。镁钙碳砖兼有镁碳砖和白云石砖的优良性能，具有较好的抗炉渣侵蚀性能和抗渗透性能。

（2）RH 设备用耐火材料　RH 设备主要使用镁铬砖（直接结合）材质砌筑，各部位用耐火材料见表 10-47。国内外耐火材料制造厂 RH 炉用镁铬砖的性能见表 10-48，国外 RH 脱气装置用碱性砖的典型性能见表 10-49，国外 RH 炉除气装置的内衬材质与寿命见表 10-50。

表 10-47　RH 炉各部位用耐火材料

部　　位	材　　质
插入管外侧	刚玉浇注料
插入管内侧	镁铬砖
底　　部	镁铬砖
中部下口	镁铬砖
中部上口	镁铬砖
上部、顶部	镁铬砖

表 10-48　国内外耐火材料制造厂 RH 炉用镁铬砖的性能

性　能　项　目	洛阳耐火材料厂	上海第二耐火材料厂	奥地利镁铬砖工厂	奥地利威斯切尔厂	日本播磨厂	日本品川厂	日本东京窑业
$w(SiO_2)$（%）	—	—	2.9	0.8	1.8	1.5	<1
$w(Fe_2O_3)$（%）	—	—	8.35	10	4.4	5.6	4
$w(Al_2O_3)$（%）	—	—	4.4	5	8.9	—	8
$w(CaO)$（%）	—	—	—	—	—	—	<1
$w(MgO)$（%）	71.5	70.51	60.48	63.6	74.2	62.6	72
$w(Cr_2O_3)$（%）	19	16.46	20.02	18.7	9.9	18.8	15
密度/（g/cm³）	2.81~2.90	3.27~3.29	3.23	3.19~3.26	3.11	3.2	3.3
气孔率（%）	20~24	12	15~20	15~16	16	14	1.1
耐压强度/MPa	31.9~39.0	44.7~62.3	58.4	62.0	58.0	75.0	80.0
荷重软化温度/℃	>1650	>1650	>1600	>1650	>1750	—	>1700

表 10-49　国外 RH 脱气装置用碱性砖的典型性能

性能	高温烧成直接结合镁铬砖	超高温烧成直接结合镁铬砖	高温烧成再结合镁铬砖	超高温烧成再结合镁铬砖
显气孔率（%）	15~18	14~17	12~15	11~14
密度/（g/cm³）	3.00~3.10	3.05~3.15	3.25~3.25	3.30~3.40
常温耐压强度/MPa	40~70	60~90	50~80	70~100
荷重软化温度 T_2/℃	>1700	>1700	>1700	>1700
抗折强度（1400℃）/MPa	7~12	10~15	15~20	16~20
化学成分（质量分数,%）				
SiO_2	2.3	1.9	2.5	1.4
Al_2O_3	10.8	10.4	12.6	12.4
Fe_2O_3	5.9	5.4	7.6	9.0
MgO	67.5	64.0	53.8	53.9
Cr_2O_3	12.6	16.6	22.6	22.3
特点	很强的抗剥落性	高纯镁砂铬铁矿	电熔镁铬大颗粒铬	有大量的电熔镁铬
适用部位	真空室下部	真空室下部，插入管	真空室下部	合金添加孔，电极插孔

表 10-50　国外 RH 炉除气装置的内衬材质与寿命

国　别	真空室容量 /t	内　衬　材　质			寿　命/炉次		
		真　空　室	上　升　管	下　降　管	真　空　室	上　升　管	下　降　管
俄罗斯	120	方镁尖晶石砖	—	—	100	35	60
俄罗斯	—	镁铬砖 高铝砖	高铝砖	高铝砖	壁 800 底 450	200 ~ 250	200 ~ 250
日本	150	直接结合镁铬砖	高铝砖	高铝砖	432	200	200
德国	150	镁铬砖	—	—	壁 1050 底 550	150	300
日本	160	镁铬砖	—	—	1000	—	—

（3）钢包精炼炉用耐火材料　钢包精炼炉主要使用镁碳砖材质砌筑。我国研制的精炼炉用耐火材料性能见表 10-51，LF 炉选用耐火材料及寿命见表 10-52，国外精炼炉用主要品种耐火材料性能见表 10-53。各国 ASEA-SKF 法钢包渣线部位用砖的性能见表 10-54。

表 10-51　我国研制的精炼炉用耐火材料性能

品　种	高强度镁碳砖	镁碳砖	电熔再结合镁铬砖	全合成镁铬砖	全合成镁铬铝砖	半再结合镁铬砖	半再结合镁砖	烧成油浸镁白云石砖
$w(MgO)(\%)$	77.6	75.1	66.3	62.6	58.0	61.9	77.9	70 ~ 80
$w(CaO)(\%)$	—	—	0.74	0.77	0.9	1.28	—	19 ~ 22
$w(Cr_2O_3)(\%)$	—	—	21.1	15.3	15.5	14.8	—	—
$w(SiO_2)(\%)$	—	—	2.70	3.25	2.25	3.75	2.3	—
$w(Al_2O_3)(\%)$	—	—	—	11.2	17.2	11.5	—	≤4
$w(C)(\%)$	13.8	11.5	—	—	—	—	—	—
显气孔率(%)	3 ~ 6	10.8	17.9	16.7	13	13	17 ~ 18	≤3
密度/(g/cm³)	2.80 ~ 2.85	—	3.12	3.12	3.21	3.25	3.01 ~ 3.04	≥70
常温耐压/MPa	33.5 ~ 46.9	30.5	58.2	52.3	69.9	26.0	51.5 ~ 66.8	≥70
1400℃抗折强度 /MPa	13 ~ 15	6.9	8.0 (1500℃)	10.2	—	4.9	6.6 ~ 23.2	—
荷重软化温度/℃	—	1860	1740	1640	1710	1610	≥1710	≥1700
试用场合	—	原上海第五钢铁公司 LF 炉渣线部位	太原钢铁公司 VOD 风眼	大连钢铁公司 VOD 渣线部位	大连钢铁公司 VOD 渣线部位	武汉钢铁公司 RH 循环管	上海宝山钢铁公司 RH-OB 上升管	太原钢铁公司 AOD 炉身

表 10-52　LF 炉选用耐火材料及寿命

公司代号	B	C	D	H	I	J
钢包容量/t	120	70	25	60	40,70	50
渣线材质	MgO-C	MgO-C	MgO-Al₂O₃-C	MgO-C	MgO-C	MgO-C
厚度/mm	230	180	150	130	114	130
寿命/炉次	35 ~ 40	70	40	40	60 ~ 100	35

（续）

公司代号	B	C	D	H	I	J
包底材质	MgO-C	MgO-C	MgO-C	MgO-C	MgO-C	MgO-C
厚度/mm	230	180	150	130		130
寿命/炉次	35~40	40	40	40		35
迎钢面材质	MgO-C	MgO-C	MgO-Al₂O₃-C	MgO-Al₂O₃-C	不烧成高铝砖	MgO-C
厚度/mm	230	180	150	130	114	130
寿命/炉次	35~40	70	40	40	60~100	35
一般包壁材质	不烧成高铝砖	MgO-C	MgO-Al₂O₃-C	不烧成高铝砖	不烧成高铝砖	不烧成高铝砖
厚度/mm	230	180	150	130		130
寿命/炉次	35~40	70	40	40		35
衬垫材料	不烧成高铝砖	氧化锆	MgO-Al₂O₃-C	MgO-Al₂O₃-C	氧化锆	氧化锆
厚度/mm	180	180	114~130	180		150~180
寿命/炉次	70	70	40	40		35
处理时间/min	50~60	40~50	40	30~40	—	35~50
消耗量/(kg/t)	6.0	3.9	5.5	4.4	—	—

表 10-53 国外精炼炉用主要品种耐火材料性能

国 别	日 本							德国	俄罗斯	
砖 种	镁碳砖	镁碳砖	镁碳砖	镁铝砖	镁铬砖	镁铬砖	镁铬砖	镁铬砖	镁铬砖	镁铬砖
牌 号	—	MCTEX-C	MCTEX-DHA	—	—	品川	播磨	Redex-RCFs	—	—
$w(MgO)(\%)$	72.7	81	77	89	59	72.1	71.6	60.4	61.6	77.0
$w(C)(\%)$	22.0	14	19	—	—	—	—	—	—	—
$w(SiO_2)(\%)$	1.3	—	—	—	—	1.05	1.99	2.34	1.9	1.7
$w(Al_2O_3)(\%)$	—	—	—	10	10	4.5	8.5	5.8	4.8	3.0
$w(Cr_2O_3)(\%)$	—	—	—	19	16.8	12.0	21.8	19.4	11.0	
$w(Fe_2O_3)(\%)$	—	—	—	8	4.69	5.06	8.94	6.1	5.0	
$w(CaO)(\%)$	—	—	—	—	—	0.92	0.73	1.54	—	—
显气孔率(%)	3.4	3.2	4.0	14.8	14.9	13	18	14.7	14~15	15
密度/(g/cm³)	2.8	2.88	2.86	3.06	3.17	3.29	3.05	3.25		
耐压强度/MPa	35.9	47	39.2	78	85	55.6	45.1	75.1	43~50	50
抗折强度/MPa	—	17.6	17.6	16	15	—	—	—	—	—
1400℃抗折强度/MPa	12.0	5.9 1450℃	13.2 1450℃	15.1	10.8	5.5	6.8	8.9		
荷重软化温度/℃	—	—	—	—	—	>1760	>1720	>1720	1620~1670	1640~1710
试用场合	日本钢铁公司姬路厂80t LF	60t VAD	20t ASEA-SKF	日本钢管京滨厂50t VOD/VAD		武汉钢铁公司 RH(洛阳耐火材料研究院剖析值)			ASEA-SKF	DH

表 10-54　各国 ASEA-SKF 法钢包渣线部位用砖的性能

国　别	中　国	德　国	日　本	美　国	瑞　典
砖种或牌号	再结合镁铬砖	镁铬砖	KBMC-1	镁铬砖	镁砖
密度/(g/cm³)	3.1~3.3	3.01~3.02	3.11	3.2~3.3	2.9
显气孔率(%)	9.0~10.4	16.9~17.1	14.8	13~16	19(气孔率)
耐压强度/MPa	110~125	43.8	50.8	35.2~36.4	45.7
高温抗折强度/MPa	7.3	3.3	—	—	6.3(1600℃)
线膨胀率(%)	1.67	1.95	—	—	—
热震稳定性(1200℃,空冷)/次	>20	>20	—	—	25(1400℃)
$w(SiO_2)(\%)$	1.77~3.82	1.1	0.97	1.0	0.8
$w(Al_2O_3)(\%)$	4.75~7.65	5.4	2.36	5.4	0.3
$w(Fe_2O_3)(\%)$	4.2~8.0	5.25	4.57	12.0	0.3
$w(CaO)(\%)$	0.92~2.03	1.09	1.28	0.8	1.7
$w(Cr_2O_3)(\%)$	15.7~16.0	8.7	13.3	18.1	0.4
$w(MgO)(\%)$	63.8~69.4	78.0	76.9	62.7	96.0

（4）其他炉外精炼方法用耐火材料　AOD 炉用镁铬砖和镁钙砖的理化指标见表 10-55，AOD 炉、VOD 炉、VAD 炉钢包的内衬材质及寿命分别见表 10-56~表 10-58。

表 10-55　AOD 炉用镁铬砖和镁钙砖的理化指标

耐火材料	主要化学成分（质量分数,%）					密度/(g/m³)	显气孔率(%)	常温耐压强度/MPa	荷重软化温度/℃
	MgO	Cr_2O_3	SiO_2	FeO	CaO				
镁铬砖	>65	18~20	<1.2	14	—	3.2	<16	≥50	≥1700
镁钙砖 A 型	62	—	—	—	37	2.98	13	66	—
镁钙砖 B 型	39	—	—	—	59	2.95	12.6	105	1750

表 10-56　AOD 炉钢包的内衬材质及寿命

国　别	钢包容量/t	内衬材质	寿命/炉次	每吨钢内衬单耗/kg
中　国	6	电熔 Cr-Mg 砖	35	—
中　国	18	高铬 Cr-Mg 砖	41	—
英　国	10	电熔镁铬砖	60	13.5
日　本	20	再结合镁铬砖	211	7.7
日　本	55	镁白云石砖	70	<8.0
意大利	60	电熔镁铬砖	43	—
德　国	80	直接结合白云石砖	100	<10
美　国	—	直接结合白云石砖	40~50	—
日　本	90	镁白云石砖	222	8.0

表 10-57　VOD 炉钢包的内衬材质及寿命

钢包容量/t	内衬材质	寿命/炉次	每吨钢内衬单耗/kg	损毁率/(mm/次)
—	镁白云石砖	41		3.0
18	镁铬砖	32	—	4.4

（续）

钢包容量/t	内衬材质	寿命/炉次	每吨钢内衬单耗/kg	损毁率/（mm/次）
25	全合成镁铬砖	18～21	—	—
50	高铝砖	38	7～8	0.6～1.8
60	半再结合镁铬砖	19	—	3.7～7.0

表 10-58　VAD（VHD）炉钢包的内衬材质及寿命

钢包容量/t	内 衬 材 质		寿命/炉次		损毁率/（mm/次）	
	渣线部位	侧 壁	渣线部位	侧 壁	渣线部位	侧 壁
30	镁碳砖	镁铬砖	17	—	2.1～6.6	
—	直接结合镁铬砖	不烧及烧成高铝砖	8～14	50～70		
—	直接结合镁铬砖	不烧高铝砖	8～14	30～40		
70	镁铬砖	镁铬砖高铝砖	11	11	2.0～2.5	2.0～2.5
75	镁铬砖	高铝砖	8	18	0.6～1.2	0.6～1.2
90	镁铬砖	镁铬砖	15	15	1.2～2.0	1.2～2.0
90	镁铬砖	低温处理白云石砖	12	35	2.0～2.9	0.7～0.9

（5）炉衬材质的主要理化性能　根据国内外有关资料和实际生产经验，炉衬耐火材料的主要理化性能应符合或基本接近表 10-59 和表 10-60 的要求。

表 10-59　强侵蚀区耐火材料的化学成分

名 称		国别	化学成分（质量分数，%）						
			SiO_2	Al_2O_3	Fe_2O_3	CaO	MgO	Cr_2O_3	C
除气装置	镁铬砖	日本	≤1.5	<9.0	<4.8	<0.6	>73	>10	—
	镁尖晶石砖		≤2.2	≤10	≤4.8	≤2.3	>81	<2.0	—
	高铝砖		≤11	≥82	≤0.7	≤0.1	≤0.10	<5.0	—
精炼装置	直接结合镁铬砖	日本	1.0～3.0	7.0～13	4～6	≤0.90	55～73	14～18	—
	镁白云石砖		0.4～1.6	1.0～0.3	0.4～1.0	13～18	75～80	—	—
	镁碳砖		≤5.6	—	—	—	78～82	—	13～17 SiC 1.9
	合成镁铬砖	美国	≤1.3	≤15	≤7.0	≤0.8	≥60	≥15.5	—
	再结合镁铬砖		≤2.4	≤18	≤14	≤0.90	≥54	≥21	—
	直接结合镁白云石砖		<1.0	<0.8	≤1.1	≥40	≥57	—	—
	直接结合镁铬砖	英国	≤0.70	≤0.2	≤0.2	≤1.9	≥97.0	—	—
	全合成镁铬砖		≤1.3	≤6.5	≤12	≤0.70	≥60	≥19	—
	直接结合镁铬砖	德国	2.4～3.4	5.4～5.6	9.1～9.6	1.2～1.4	56～60	21～24	—
	全合成镁铬砖	中国	3.0～3.3	5.8～11	6.7～6.9	0.6～0.8	62～65	15～20	—
	再结合镁铬砖		1.8～3.8	4.6～7.7	4.2～8.0	0.9～2.0	64～70	15.5～16	—
	油浸镁白云石砖		≤4.0	≤4.0	≤4.0	15～20	75～80	—	—
	镁碳砖		1.3～3.0	1.2～1.8	0.6～1.6	0.9～1.2	78.5～82.5	—	13～14.2
	直接结合镁铬砖		≤0.90	—	—	≤2.1	≥96	—	—
	电熔再结合镁铬砖		1.7～5.6	—	0.7～1.1	64～65	16～18	—	—

表 10-60　强侵蚀区耐火材料的物理性能

名　称		国别	显气孔率（%）	密度/（g/cm³）	耐压强度/MPa	荷重软化温度/℃	高温抗折强度/MPa
除气装置	镁铬砖	日本	≤16.0	≥3.08	≥53	>1650	—
	镁尖晶石砖		≤14.7	—	≥36	1660	—
	高铝砖		17.4	≥3.04	113	>1550	—
精炼装置	直接结合镁铬砖	日本	15.0~18.0	3.08~3.15	59~98	>1700	（1400℃时）8~14
	镁白云石砖		10.0~15.6	2.90~3.90	41~115	>1650	（1400℃时）3~6
	镁碳砖		2.1~3.4	≥2.90	37~96	>1700	（1400℃时）10~13
	合成镁铬砖	美国	≤14.0	≥3.21	—	—	—
	再结合镁白云石砖		≤10.0	≥2.94	≥49	—	—
	再结合镁铬砖		≤14.0	≥3.33	≥47	—	—
	直接结合镁铬砖	德国	15.5~20.6	3.04~3.05	23~49	1520~1720	—
	直接结合镁砖	英国	≤15.8	≥2.96	—	—	（1400℃时）≥9
	全合成镁铬砖		≤15.2	≥3.20	22~47	—	（1400℃时）≥9
	全合成镁铬砖	中国	14.0~17.0	3.15~3.26	51~100	1640~1750	（1400℃时）10~16
	再结合镁铬砖		9.0~10.4	3.0~3.30	108~123	1800~1820	（1450℃时）≥7
	油浸镁白云石砖		<20.0	>3.10	>78	>1700	（1350℃时）≥3
	镁碳砖		≤4.5	≥2.8	36~41	>1700	（1400℃时）4~5
	直接结合镁砖		≤16.7	≥2.91	—	—	（1400℃时）≥12
	电熔再结合镁铬砖		10.4~18.1	3.02~3.30		≥1640	（1500℃时）≥6

（6）吹氩系统的耐火材料　许多炉外精炼设备都通过向钢液通入氩气来达到搅拌钢液以使其成分和温度均匀的目的。通氩系统的主要耐火材料为多孔塞，由于多孔塞一般都装在设备底部，所以它既要受钢液静压力，又要受到循环运动钢液的冲刷及高温熔融作用。砖的内部还要受到 0.3~0.98MPa 氩气流的冲击，因此多孔塞的透气性必须良好，且应有一定的

高温强度。一般多孔塞采用刚玉质或镁质材料制造，表 10-61 为国内外多孔塞的主要理化性能指标。

（7）滑动水口系统的耐火材料　精炼结束后，通过装在底部的滑动水口系统把钢液注入铸型，所用耐火材料要求有良好的高温强度和耐冲刷能力，一般采用高铝质、锆质材料制成，表 10-62 为滑动水口系统耐火材料的主要理化性能。

表 10-61　国内外多孔塞的主要理化性能指标

国 别	材 质	化学成分(质量分数,%)				显气孔率 (%)	密度/(g/cm³)	常温耐压 强度/MPa	荷重软化 温度/℃
		Al₂O₃	Fe₂O₃	SiO₂	MgO				
德国	镁质	≤1.0	≤2.5	≤2.0	≥92	28~35	2.45~2.60	≥48	≥1650
日本	刚玉	88~91	—	6~8	—	20~24	2.8~3.0	39~69	≥1680
日本	高铝	82~85	—	—	—	28~35	2.1~2.35	25~38	—
美国	高铝	85~90	—	—	—	27~30	2.46~2.47	45~55	—
中国	刚玉	>93	≤0.8	≤0.30	—	26~35	2.5~2.7	35~50	≥1700
中国	高铝	58~80	≤2.0	10~35	—	26~38	2.1~2.3	16~30	—

表 10-62　滑动水口系统耐火材料的主要理化性能(实测)

国 别	名 称	材 质	化学成分(质量分数,%)			显气孔率 (%)	抗压强度 /MPa	热膨胀率 (800℃时)(%)	荷重软化 温度/℃
			SiO₂	Al₂O₃	ZrO₂				
日本	上水口	高铝	6.7	92.7	—	17.6	110	0.65	>1600
日本	下水口	锆质	50.8	1.6	45.9	19.4	47	0.30	1490
日本	上下滑板	高铝	8.8	89.6	—	14.9	126	0.67	1720
中国	上下滑板	铝碳	—	70.5	9.8	8.0	142	—	—

10.9.2　电极

炉外精炼设备 LF(V)、ASEA-SKF、VAD/VHD 等都采用电弧加热,以保证钢液精炼和浇注所需要的温度,在这种情况下,一般采用低电压大电流埋弧工艺,所以要求所使用的电极的比电阻要小,电导率要大,允许电流密度要高。表 10-63 为精炼炉用高强度石墨电极的参考技术指标。

表 10-63　精炼炉用高强度石墨电极的参考技术指标

技术指标	灰分(%)	堆密度 /(g/cm³)	真密度 /(g/cm³)	气孔率 (%)	抗压强度 /MPa	抗拉强度 /MPa	电阻率 /10⁻⁶Ω·m	允许电流密度/(A/cm²)
参考指标	≤0.20	1.5~1.8	2.2~2.5	≤25	≥25	≥8	≤6.5	22~28

10.9.3　辅助材料

(1) 造渣材料　部分炉外精炼设备,因为有加热和搅拌功能,所以还可以进行脱硫处理,在此情况下,一般可加入钢液质量1%~3%的石灰和氟石造高碱度熔渣,对造渣材料的技术要求见表10-64。

(2) 增碳剂　炉外精炼一般采用电极粉和焦炭粉增碳,其技术要求见表10-65。

(3) 脱氧剂　通常用硅钙粉、硅铁粉、焦炭粉、铝粉、碳化硅粉等脱氧剂,其技术要求见表10-66。

(4) 喷粉精炼用粉料　随喷粉用途不同而异,其组成及技术要求见表10-67。

表 10-64　造渣材料的技术要求

造渣材料	化学成分(质量分数,%)							粒度 /cm	烘烤温度 /℃	烘烤时间 /h
	CaO	SiO₂	MgO	Al₂O₃ + Fe₂O₃	S	H₂O	CaF₂			
石灰粉	≥93	≤2	≤2	≤3	≤0.15	≤0.5	—	3~6	800	>2
氟石粉	≤5	≤4	—	—	≤0.20	≤0.5	≥85	1~8	100~200	>4

表 10-65　增碳剂的技术要求

增碳剂	w(固定碳)(%)	w(挥发物)(%)	w(灰分)(%)	粒度/mm	烘烤温度/℃	烘烤时间/h
焦炭粉	≥80	≤0.1	≤15	0.5 ~ 1.0	60 ~ 100	8
电极粉	≥95	≤0.1	≤2	0.5 ~ 1.0	—	—

表 10-66　脱氧剂的技术要求

种　类	成分(质量分数,%)	粒度/cm	烘烤温度/℃	烘烤时间/h
Fe-Si 粉	Si≥75	≤0.1	160 ~ 200	4
Ca-Si 粉	Ca + Si≥90	≤0.1	160 ~ 200	4
铝　粉	Al≥85	≤0.05	160 ~ 200	4
焦炭粉	C≥80,S≤0.1,灰分≤1.5	0.1 ~ 0.2	160 ~ 200	4
碳化硅粉	SiC≥70	0 ~ 0.3	—	—

表 10-67　喷粉料的组成及技术要求

粉　料	成分要求(质量分数)	粒度	水分(质量分数,%)
预熔熔剂	CaO 65% + CaF$_2$ 15% + Al$_2$O$_3$ 20%	<0.42mm(40 号筛)	0.18 ~ 0.25
硅钙合金	Si 57%,Ca 30%	<0.4mm(40 号筛)	<0.2
CaC$_2$ 粉料	CaC$_2$ 80% + CaO 15%	<0.1cm	—

10.9.4　惰性气体

一般用氩气或氮气作为驱动气体或搅拌气体。纯氩的技术要求见表 9-96。

10.10　纯净钢生产技术

纯净钢生产技术是指采用精炼工艺生产大型超纯净钢锭,再经过锻造变形成为大型锻件。它与生产铸件的纯净铸钢工艺有较大差别。

10.10.1　纯净钢概念及当今水平

纯净钢是一个相对的概念,一般指钢中有害元素很少的钢。因为有一些元素对某些钢种是有益的,因此钢种不同,纯净钢的控制因素也不同。E. K. Hdappa 等认为一般纯净钢含义为:一是杂质(H、O、N、P、S、C)要少;二是控制非金属夹杂物形态。

美国电力研究所(EPRI)开发了 3.5% NiCrMoV 超纯净低压转子钢。其化学成分见表 10-68。将可能导致回火脆化的 P、As、Sn、Sb 等杂质元素,导致韧性降低的 S 以及助长脆化的 Si、Mn 等合金元素尽可能降到较低值。各种杂质元素以及 Si、Mn 对回火脆性的综合影响,可以用表示回火脆化敏感性的参数 J 系数来判断(各元素为质量分数):

$$J = (Mn + Si)(P + Sn) \times 10^4 \qquad (10\text{-}14)$$

随着世界经济日新月异的发展,对钢的纯净度要求越来越高。到目前为止,人们不但提出了超纯净钢的概念,而且还掌握了纯净钢的生产技术。

20 世纪七八十年代钢中主要有害元素的变化如图 10-55 所示。

表 10-68　EPRI 3.5% NiCrMoV 超纯净低压转子钢化学成分

化学元素	化学成分 (质量分数, %)												
	C	Mn	Si	P	S	Cr	Ni	Mo	V	Al	As	Sn	Sb
规范	≤0.30	≤0.05	≤0.03	≤0.005	≤0.002	≤2.00	≤3.75	≤0.50	≤0.15	≤0.005	≤0.005	≤0.005	≤0.002
目标	0.25	0.02	0.02	0.002	0.001	1.65	3.50	0.45	0.10	0.002	0.002	0.002	0.001

注:EPRI 标准还要求 H≤1.5×10^{-6}、O≤35×10^{-6}、N≤80×10^{-6}。

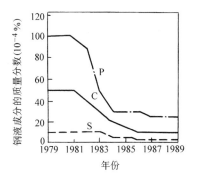

图 10-55　钢中主要有害元素的变化

由图 10-55 可见，经过多年冶金工作者的努力，钢中气体以及磷、硫、碳含量均降至了极低水平。超纯净钢具体达到水平见表 10-69。

表 10-69　超纯净钢水平值

元　素		水平值	最好水平值
化学成分（质量分数，10^{-4}%）	C	≤20	10
	S	≤10	2
	P	≤30	20
	O	≤10	4
	N	≤20	15
	H	≤2	0.8

10.10.2　有害元素去除途径

钢中有害元素主要有氢、氧、氮、硫、磷、铜等，及微量有害元素砷、锡、锑、铅、铋等。能够在精炼过程中去除的有害元素主要有硫、氧、氮，能够在粗炼过程中去除的有磷。氢的去除手段主要采用真空技术。氧去除主要采用真空技术和强脱氧剂深脱氧技术。氮的作用因钢种不同而异，以护环钢为代表的钢种，以氮化碳形式作为有益元素存在；更多的钢种中，氮是有害元素，需要去除，去除的手段是采取真空除气处理，但氮的去除难度更大。钢中有害元素硫的去除手段比较多，但要去除到很低的水平则较困难。深脱硫的主要手段有钢包精炼炉精炼（加真空处理）、真空循环除气（加合成渣洗或喷粉）及炉后处理等。磷的去除主要在粗炼炉中进行，对于冶金工厂来说，磷一般是在铁液预处理中去除，对于机械厂或"短流程"工厂来说，一般采用电炉粗炼去除。还原性脱磷采用 CaC_2 及钙系合金效果较好，目前尚处在试验阶段。以超深冲薄板汽车用钢板为代表的超低碳不锈钢，要求钢中碳的质量分数极低。其主要采用的设备是：VOD 炉、AOD 炉、LF（V）炉、RH-OB 炉等。微量有害元素几乎不能在炼钢过程中去除，故

一般采用控制原材料，特别是废钢和生铁等中的微量有害元素，以达到标准要求。微量有害元素之所以称其为微量，是由于以前钢中磷、硫及夹杂物含量比较高的缘故。在目前钢的纯净度要求较高的情况下，砷、锑、锡等有害微量元素对钢性能的影响尤显突出，值得重视。

10.10.3　纯净钢冶炼工艺路线

典型纯净钢制造的基本工艺路线有：

（1）超纯净钢低压转子制造路线　工艺流程：超高功率、高功率电弧炉（使用废钢 + 海绵铁）→ LF（VCD）→真空浇注（VCD）。

1）电弧炉部分。备料要选用优质废钢（或 + 海绵铁），确保钢液具有低含量水平的杂质元素（As、Sn、Sb 等）。配碳量（质量分数）大于或等于 0.70%，并确保粗炼钢液脱碳大于或等于 0.50%。使用海绵铁时，由于其纯净度较高，可以比较容易地冶炼出纯净钢。因机械厂废钢不断重复使用，不能去除元素。例如，铅、锡、砷、铜、锑、铋等不断积累，此类普通废钢不能作为纯净钢用原料。氧化期强化脱 P 操作，确保粗炼钢液终点 P 达到工艺要求；为防止钢液回 P，粗炼钢液不进行脱氧操作，出钢温度 $t \geq 1650℃$。除电炉熔炼氧化脱磷外，能够实施喷粉脱磷操作，钢液中 P 含量会更低。

2）精炼炉部分。为提高钢液的纯度，减少外来夹杂，选择 LF 炉体中、前期冶炼；热兑钢液倒包兑入，严格控渣操作以防止回 P；精炼期间所有入炉合金及辅助材料严格烘烤，降低 [H] 含量；用自制碳粉扩散脱氧，不得使用 FeSi 粉、CaSi 粉等含 Si 材料；选用优质合金，最大限度地控制带入钢液中的 P；钢液温度 $t \geq 1580℃$ 时，方可加入合金调整化学成分；当钢液成分合适，渣色变白后，加入石灰及适量自制炭粉，温度 $t \geq 1650℃$ 时转真空工位处理，真空处理时间应比普通工艺长；出钢温度 $t = 1600 \sim 1650℃$。

目前国内外大型铸锻件制造厂基本使用此种方法

制造超纯净钢低压转子。

（2）超纯净轴承钢制造路线　工艺流程：ERF→LF→RH。

日本某钢铁公司采用上述工艺路线冶炼轴承钢，具体操作为：电炉出钢后，立即向钢液中喷入 CaO-SiO$_2$-FeO 粉剂，通过喷粉将钢中磷的质量分数去除至 20×10^{-4}%；在 LF 炉钢包中进行脱硫和脱氧，将硫的质量分数脱至 8×10^{-4}%，钢中总氧的质量分数降至 20×10^{-4}%；钢液移至 RH 设备工位进行脱氮处理，脱氮时钢中的氮和氧同时降低，这时，可将钢中氮的质量分数降至 20×10^{-4}%。氮和氧是表面活性元素，如果不将钢中的硫、氧降至很低值，它们会阻碍氮的扩散，影响脱氮率。

（3）超纯净钢材制造路线　工艺流程：高炉→铁液预处理→转炉→炉外精炼。

铁液预处理完成脱硫、部分脱磷及脱硅任务，转炉完成脱碳、脱磷、脱硅任务。对于纯净钢来说，铁液预处理要完成大部分脱磷任务，转炉继续脱磷直到达到要求为止。炉外精炼阶段，主要完成脱氧、脱硫、脱气、去除夹杂物、夹杂物变性处理等任务。

高炉→铁液预处理→氧气转炉→LF→喷粉工序→RH 工艺过程是冶金工厂炉外精炼工艺中最完善的工艺之一。该工艺可以生产出低硫、低磷、低氮、低氧钢。脱磷过程在铁液预处理工序和喷粉工序中完成；脱硫过程通过铁液预处理和 LF（加喷粉）工序完成；脱氧过程在 LF 精炼工序和 RH 真空循环脱气工序完成。

生产纯净钢的工艺路线有多种，根据行业、产品品种等的不同，选择冶炼设备组合。生产超纯净钢，炉外精炼是关键，因而炉外精炼设备选择十分重要。目前认为炉外精炼最佳设备搭配为 LF + RH。经过粗炼炉或铁液预处理后，已使钢中硫含量降至较低，再经过 LF 精炼（或加喷粉），可使钢中硫含量达到很低值。脱氧过程一方面在 LF 炉中进行（经真空处理效果更好），另一方面在 RH 炉处理中进一步脱氧，该处理结束后，钢中总氧量可达较低值。

参 考 文 献

[1] 李正邦. 电渣冶金的理论与实践 [M]. 北京：冶金工业出版社，2010.

[2] 张鹏程，刘新峰，何永亮，等. 低合金钢耐磨件 AOD 精炼工艺分析 [J]. 中国耐磨材料与铸件，2015（13）：101-103.

[3] 周友军，连和平，任彤，等. AOD 和 VOD 精炼工艺的综合比较 [J]. 工业加热，2013（4）：53-55.

[4] 何永亮，严增男，张鹏程，等. 铸造 AOD 技术应用的新进展 [J]. 铸造，2015（3）：214-216.

[5] 廖亚莉，姚宇峰. 鞍钢纯净钢的生产与质量控制 [J]. 铸造技术，2017（12）：3040-3042.

第11章 铸钢件的热处理

铸钢件热处理是以 Fe-Fe₃C 相图为依据，控制铸钢件的显微组织，达到所要求的性能，是重要的生产工序之一。热处理工序的生产质量直接关系到铸钢件的最终性能。

11.1 铸钢件热处理的一般问题

铸钢件的铸态组织取决于化学成分和凝固结晶过程，一般存在较严重的枝晶偏析、组织极不均匀（见图 11-1）以及晶粒粗大和魏氏（或网状）组织等问题，需要通过热处理消除或减轻其有害影响，改善铸钢件的力学性能。此外，由于铸钢件结构和壁厚的差异，同一铸件的各部位具有不同的组织状态，并产生相当大的残余内应力。因此，铸钢件（尤其是合金钢铸件）一般都以热处理状态供货。

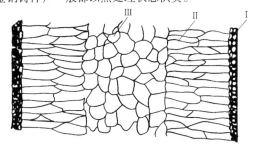

图 11-1 铸钢件断面晶区分布

Ⅰ—细等轴晶区 Ⅱ—柱状晶区 Ⅲ—粗等轴晶区

11.1.1 铸钢件热处理的特点

1）铸钢件的铸态组织中，常有粗大枝晶及偏析。热处理时，其加热温度应稍高于同类成分的锻钢件，奥氏体化保温时间也需适当延长。

2）某些合金钢铸件的铸态组织偏析严重，为消除其对铸件最终性能的影响，需采取均匀化处理措施。

3）对于形状复杂、壁厚相差大的铸钢件，进行热处理时必须考虑断面效应和铸造应力因素。

4）铸钢件热处理时，必须根据其结构特点合理堆放，尽量避免铸件变形。

11.1.2 铸钢件热处理的主要工艺要素

铸钢件的热处理由加热、保温和冷却 3 个阶段组成。确定工艺参数以保证产品质量和节约成本为宗旨。图 11-2 所示为铸钢件热处理规范示意图。

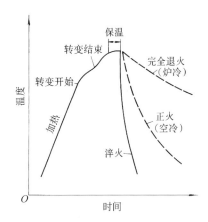

图 11-2 铸钢件热处理规范示意图

1. 加热

加热是热处理过程中能耗最大的工序。加热过程中主要技术是选择适当的加热速率、加热方式及装料方式。

（1）加热速率 对于一般铸钢件，可以不限制加热速率，采用炉子的最大功率加热。采用热炉装炉可极大地缩短加热时间和生产周期。实际上快速加热条件下，铸件表面与心部之间无显著的温度滞后（见图 11-3）。而缓慢加热将导致生产率降低、能耗增大以及造成铸件表面严重氧化和脱碳。但对于一些形状结构复杂、壁厚较大、在加热中易产生较大的热应力而导致变形或开裂的铸件，则应控制加热速率。一般可以采取低温慢速加热（600℃以下）或在低、中温区停留一二次等工艺方法，在高温区仍可以采用快速加热升温。

（2）加热方式 铸钢件加热方式有辐射加热、盐浴加热和感应加热等。加热方式的选择原则是快速均匀、便于控制及高效低成本，一般应考虑铸件的结构尺寸、化学成分、热处理工艺和质量要求等。

（3）装料方式 铸件在炉内的堆放方式应给予足够的重视。基本原则是，充分利用有效空间、确保均匀受热条件并防止铸件变形。

2. 保温

铸钢件奥氏体化保温温度应根据铸钢的化学成分和要求的性能选定，一般比同类成分的锻钢件略高些（高 20℃左右）。对亚共析钢铸件，以碳化物能较快地溶入奥氏体，并兼顾奥氏体能保持细晶粒为原则，

一般在 Ac_3 温度以上 30 ~ 50℃。正火的温度比退火或淬火的稍高些。过共析钢铸件正火时应加热到 Ac_{cm} 温度以上。淬火时则在 Ac_{cm} 温度以下和 Ac_1 温度以上，避免残留奥氏体量过多。对于晶粒长大倾向显著的铸钢（如锰钢），淬火保温温度宜取下限。厚断面铸件的奥氏体化保温温度通常取上限。铸钢件热处理保温时间的确定应考虑两个方面的因素：一是使铸件表面与心部温度均匀一致；二是组织均匀化。因此保温停留时间主要取决于铸件的导热性能、断面壁厚及合金元素等，一般合金钢铸件比碳钢铸件需更长的保温时间。铸件壁厚通常是估计保温时间的主要依据。根据经验，每 25mm 壁厚保温 30 ~ 60min；大于 25mm 者，每增加 25mm 延长保温时间 30min。对于回火处理、时效处理时的保温时间，应考虑热处理的目的、保温温度及元素扩散速度等因素。

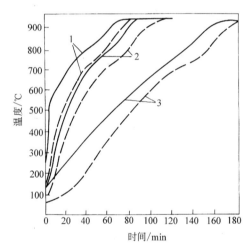

图 11-3　低合金钢铸件（断面 76mm）在不同温度下装炉的加热曲线

1—950℃入炉　2—670℃入炉　3—冷炉
——试样表面　— — —试样心部

3. 冷却

铸钢件在保温后可采取不同的速率冷却完成钢中相的转变，以获得所要求的金相组织，并达到规定的性能指标。一般来说，加大冷却速率有利于获得良好的组织状态并细化晶粒，从而提高钢的力学性能。但太大的冷却速度容易使铸件产生较大的应力，对于结构复杂的铸件可能导致变形或开裂。回火保温后冷却方式，一般并无特别严格的要求，只是对一些有回火脆性敏感的低合金铸钢，回火保温后的冷却特别重要，宜采用快冷方式，以便尽快通过回火脆性区，避免降低铸钢的韧性。铸钢件热处理冷却介质常用的有空气、油、水、盐水及熔盐等。

11.1.3　铸钢件的热处理方式

按加热和冷却条件不同，铸钢件的主要热处理方式有：退火、正火、淬火、回火、固溶处理、沉淀硬化处理、消除应力处理及除氢处理。

1. 退火（工艺代号：5111）

退火是将组织偏离平衡状态的钢加热到工艺预定的某一温度，经保温后缓慢冷却下来（一般为随炉冷却或埋入石灰中），以获得接近平衡状态组织的热处理工艺。根据钢的成分和退火的目的、要求的不同，退火又可分为完全退火、等温退火、球化退火、再结晶退火、去应力退火等。图 11-4 所示为几种退火处理工艺的加热规范示意图。表 11-1 为铸钢件常用退火工艺类型及其应用。

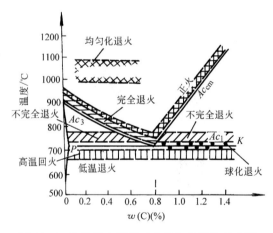

图 11-4　几种退火处理工艺的加热规范示意图

表 11-1　铸钢件常用退火工艺类型及其应用

类　　别	主要内容	规　格	应用范围
完全退火	细化组织，软化铸态组织，消除铸件内应力	加热到 Ac_3 以上 30 ~ 50℃，保温后，炉冷（对高合金或厚大铸件冷却速度控制小于 50℃/h），炉冷至小于 500℃后空冷	一般工程用钢及低合金钢铸件

（续）

类　别	主要内容	规　格	应用范围
不完全退火	降低硬度，改善切削性能，消除应力，但组织细化程度略低于完全退火	加热到 Ac_1 以上 30～50℃，保温后，炉冷（与完全退火相同）	由于加热温度低、工艺过程短，提高了热处理炉的利用率，故使用较广 对于工具钢或其他特殊条件的过共晶钢铸件，可作为淬火前的预处理
球化退火	使碳化物球化，降低硬度，改善切削性能	加热到 Ac_1 以上 20～40℃，保温后，冷却到略低于 Ac_1，可再次重复上述过程数次后再缓冷	共析钢或过共析钢铸件，可作淬火前的预处理
均匀化退火（扩散退火）	消除晶内偏析和枝晶偏析，使铸钢成分和组织均匀化	加热到 Ac_3 以上 120～200℃，保温足够长时间后，空冷	合金钢铸件只有在必要时使用，因所需时间长、热消耗大、成本高，且长时间处于高温下，铸件表面氧化脱碳严重
低温退火（消除应力退火）	消除内应力，使之达到稳定状态	加热到 Ac_1 以下 100～200℃，保温后空冷或炉冷至 200～300℃后出炉	一般铸钢件常用

（1）完全退火　将铸钢件或毛坯加热到 Ac_3 以上 20～30℃，保温一段时间，使钢中组织完全转变成奥氏体后，缓慢冷却（一般为随炉冷却）到 500～600℃以下出炉，在空气中冷却下来。所谓"完全"是指加热时获得完全的奥氏体组织。

完全退火的目的：改善热加工造成的粗大、不均匀的组织；中碳以上碳钢和合金钢降低硬度从而改善其切削加工性能（一般情况下，工件硬度在 170～230HBW 之间时易于切削加工，高于或低于这个硬度范围时，都会使切削困难）；消除铸件、锻件及焊接件的内应力。

适用范围：完全退火主要适用于碳的质量分数为 0.25%～0.77% 的亚共析成分的碳钢、合金钢和工程铸件、锻件和热轧型材。过共析钢不宜采用完全退火，因为过共析钢加热至 Ac_{cm} 以上缓慢冷却时，二次渗碳体会以网状沿奥氏体晶界析出，使钢的强度、塑性和冲击韧性显著下降。

（2）等温退火　将钢件或毛坯加热至 Ac_3（或 Ac_1）以上 20～30℃，保温一定时间后，较快地冷却至过冷奥氏体等温转变曲线"鼻尖"温度附近并保温（珠光体转变区），使奥氏体转变为珠光体后，再缓慢冷却下来，这种热处理方式为等温退火。

等温退火的目的与完全退火相同，但是等温退火时的转变容易控制，能获得均匀的预期组织，对于大型制件及合金钢制件较适宜，可大大缩短退火周期。

（3）球化退火　球化退火是将铸钢件或毛坯加热到略高于 Ac_1 的温度，经长时间保温，使钢中二次渗碳体自发转变为颗粒状（或称球状）渗碳体，然后以缓慢的速度冷却到室温的工艺方法。

球化退火的目的：降低硬度，均匀组织，改善切削加工性能，为淬火作准备。

球化退火的适用范围：球化退火主要适用于碳素工具钢、合金弹簧钢、滚动轴承钢和合金工具钢等共析钢和过共析钢（碳的质量分数大于 0.77%）。

（4）扩散退火　为减少钢锭、铸件的化学成分和组织的不均匀性，将其加热到略低于固相线温度（钢的熔点以下 100～200℃），长时间保温并缓冷，使钢锭等化学成分和组织均匀化。由于扩散退火加热温度高，因此此退火后晶粒粗大，可用完全退火或正火细化晶粒。

（5）去应力退火、再结晶退火　去应力退火又称低温退火。它是将钢加热到 400～500℃（Ac_1 温度以下），保温一段时间，然后缓慢冷却到室温的工艺方法。其目的是为了消除铸件、锻件和焊接件以及冷变形等加工中所造成的内应力。因去应力退火温度低、不改变工件原来的组织，故应用广泛。再结晶退火主要用于消除冷变形加工（如无冷轧、冷拉、冷冲）产生的畸变组织，消除加工硬化而进行的低温退火。加热温度为再结晶温度（使变形晶粒再次结晶为无变形晶粒的温度）以上 150～250℃。再结晶退火可使冷变形后被拉长的晶粒重新形核长大为均匀的等轴晶，从而消除加工硬化效果。

2. 正火（工艺代号：5121）

正火是将钢加热到 Ac_3（亚共析钢）和 Ac_{cm}（过

共析钢）以上 40 ~ 60℃，经过保温一段时间后，在空气中或在强制流动的空气中冷却到室温的工艺方法。正火的目的为以下 3 点：

（1）作为最终热处理　对强度要求不高的零件，正火可以作为最终热处理。正火可以细化晶粒，使组织均匀化，减少亚共析钢中铁素体含量，使珠光体含量增多并细化，从而提高钢的强度、硬度和韧性。

（2）作为预先热处理　断面较大的结构铸钢件，在淬火或调质处理（淬火加高温回火）前常进行正火，可以消除魏氏组织和带状组织，并获得细小而均匀的组织。对于碳的质量分数大于 0.77% 的碳钢和合金工具钢中存在的网状渗碳体，正火可减少二次渗碳体量，并使其不形成连续网状，为球化退火作组织准备。

（3）改善切削加工性能　正火可改善低碳钢（碳的质量分数低于 0.25%）的切削加工性能。碳的质量分数低于 0.25% 的碳钢，退火后硬度过低，切削加工时容易粘刀，表面粗糙度值很大，通过正火使硬度提高至 140 ~ 190HBW，接近于最佳切削加工硬度，从而改善切削加工性能。

为实现上述目的，根据铸钢件的成分及使用要求的不同，铸钢件采用的正火方法主要有：普通正火、二段正火、等温正火、双重正火等。正火温度应等于或稍高于完全退火温度，但正火比退火冷却速度快、组织转变温度低，因而正火组织比退火组织细，强度和硬度也较高。图 11-5 所示为铸钢件的正火温度范围示意图。

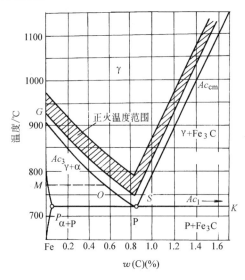

图 11-5　铸钢件的正火温度范围示意图

正火过程的实质是完全奥氏体化加伪共析转变。当钢中碳的质量分数小于 0.6% 时，正火组织为铁素

体 + 索氏体。当碳的质量分数大于 0.6% 时，正火组织中不出现先共析相，只有伪共析珠光体或索氏体。

正火加热速度与保温时间和完全退火相同，应以铸钢件烧透，即心部达到要求的加热温度为准，还应考虑铸钢件的成分、原始组织结构与壁厚、装炉量及装炉方式等因素。由于正火的生产周期短，设备利用率高，生产率较高，因此成本较低，在生产中应用广泛。

但对于低合金铸钢件而言，特别是厚大断面的铸钢件，正火后往往在材料强度与韧性的合理搭配上，出现强度过高而韧性不足的现象。因此，在正火处理后再增加一道亚温正火处理工序。所谓亚温正火是指亚共析钢在 Ac_1 ~ Ac_3 温度区间加热，保温后空冷的一种热处理工艺。采用亚温正火工艺能显著改善材料的韧性。其主要机理是铁素体含量增加，组织更加均匀，晶粒进一步细化，不出现网状铁素体和粒状贝氏体。

亚温正火虽然能够提高材料的韧性，但对合金成分及组织状态有较为严格的要求：

1）亚温正火钢需是亚共析钢，组织均为铁素体与珠光体型。

2）亚温正火前需进行预处理。亚温正火时，有相当一部分铁素体未进行再结晶，因此，上一道工序产生的组织缺陷并不能被有效消除，对于力学性能或金相组织有一定要求的铸钢件必须进行预处理，如正火处理细化晶粒，消除原始组织中的大块铁素体。

3. 淬火（工艺代号：5131）

淬火是将铸钢件加热到 Ac_3 或 Ac_1 以上规定的温度，保持一定时间后急速冷却，获得马氏体（或下贝氏体）的热处理工艺。铸钢件淬火后应及时进行回火处理，以消除淬火应力及获得所需综合力学性能。图 11-6 所示为淬火回火工艺示意图。

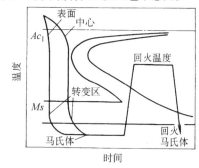

图 11-6　淬火回火工艺示意图

（1）淬火温度　亚共析钢淬火加热温度通常为 Ac_3 以上 30 ~ 50℃；共析、过共析钢淬火加热温度通常为 Ac_1 以上 30 ~ 50℃。铸钢件淬火温度范围示意图

如图 11-7 所示。亚共析碳钢在上述淬火温度加热，是为了获得晶粒细小的奥氏体，淬火后可获得细小的马氏体组织。若加热温度过高，则引起奥氏体晶粒粗化，淬火后得到的马氏体组织也粗大，从而使钢的性能严重脆化。若加热温度过低，如在 $Ac_1 \sim Ac_3$ 之间，则加热时组织为奥氏体 + 铁素体；淬火后，奥氏体转变为马氏体，而铁素体被保留下来，此时的淬火组织为马氏体 + 铁素体（ + 残留奥氏体），使钢的硬度和强度降低，但针对低、中碳合金钢，近年发展了一种亚温淬火工艺，即加热温度略低于 Ac_3 点淬火，组织中保留少量能富集有害杂质的韧性相铁素体（相对马氏体而言），不但可以降低钢的冷脆转变温度，减小回火脆性和氢脆敏感性，甚至使钢的硬度、强度及冲击韧性比正常淬火还略有提高。共析钢和过共析钢在淬火加热之前已经球化退火了，故加热到 Ac_1 以上 $30 \sim 50℃$ 不完全奥氏体化后，其组织为奥氏体和部分未溶的细粒状渗碳体颗粒。淬火后，奥氏体转变为马氏体，未溶渗碳体颗粒被保留下来。由于渗碳体硬度高，因此它不但不会降低淬火钢的硬度，而且还可以提高它的耐磨性；若加热温度过高，甚至在 Ac_{cm} 以上，则渗碳体溶入奥氏体中的数量增大，奥氏体的碳含量增加，这不仅使未溶渗碳体颗粒减少，而且使 Ms 点下降，淬火后残留奥氏体量增多，降低钢的硬度与耐磨性。同时，加热温度过高，会引起奥氏体晶粒粗大，使淬火后的组织为粗大的片状马氏体，使显微裂纹增多，钢的脆性大为增加。粗大的片状马氏体，还使淬火内应力增加，极易引起工件的淬火变形和开裂。因此加热温度过高是不适宜的。过共析钢的正常淬火组织为隐晶（即细小片状）马氏体的基体上均匀分布着细小颗粒状渗碳体以及少量残留奥氏体，这种组织具有较高的强度和耐磨性，同时又具有一定的韧性，符合零件的使用要求。图 11-7 所示为铸钢件淬火工艺温度范围示意图。

（2）冷却介质　淬火的目的是得到完全的马氏体组织，为此，铸件淬火时的冷却速率必须大于铸钢的临界冷却速率，否则不能获得马氏体组织及其相应的性能。但冷却速率过高易于导致铸件变形或开裂。为了同时满足上述要求，应根据铸件的材质选用适当的冷却介质，或采用其他冷却方法（如分级冷却等）。在 $400 \sim 650℃$ 区间钢的过冷奥氏体等温转变速率最快，因此铸件淬火时应保证在此温度内快冷。在 Ms 点以下希望冷却缓慢一些，以防止淬火变形或开裂。淬火介质通常采用水、水溶液或油。在分级淬火或等温淬火时，采用热油、熔融金属、熔盐或熔碱等。

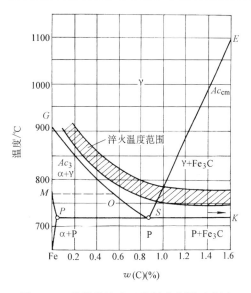

图 11-7　铸钢件淬火工艺温度范围示意图

目前工厂中常用的淬火冷却介质，主要是水、油。

1）水：水在 $550 \sim 650℃$ 高温区冷却能力较强，在 $200 \sim 300℃$ 低温区冷却能力很强。淬火零件易变形开裂，因而适用于形状简单、断面较大的碳钢零件的淬火。此外，水温对水的冷却特性影响很大，水温升高，水在高温区的冷却能力显著下降，而低温区的冷却能力仍然很强。因此淬火时水温不应超过 30℃，通过加强水循环和工件的搅动可以提高工件在高温区的冷却速度。在水中加入盐、碱，其冷却能力比清水更强。例如，体积浓度为 10% NaCl 或 10% NaOH 的水溶液可使高温区（ $550 \sim 650℃$ ）的冷却能力显著提高，10% NaCl 水溶液较纯水的冷却能力提高 10 倍以上，而 10% NaOH 的水溶液的冷却能力更高。但这两种水基淬火介质在低温区（ $200 \sim 300℃$ ）的冷却速度也很快。因此适用于低碳钢和中碳钢的淬火。

2）油：油也是一种常用的淬火介质。目前工业上主要采用矿物油，如锭子油、全损耗系统用油等。油的主要优点是在 $200 \sim 300℃$ 低温区的冷却速度比水小得多，从而可大大降低淬火工件的相变应力，减小工件变形和开裂倾向。油在 $550 \sim 650℃$ 高温区间冷却能力低是其主要缺点。但是对于过冷奥氏体比较稳定的合金钢，油是合适的淬火介质。与水相反，提高油温可以降低黏度，增加流动性，故可提高高温区间的冷却能力。但是油温过高，容易着火，一般应控制在 $60 \sim 80℃$ 。油适用于形状复杂的合金钢工件的淬火以及小断面、形状复杂的碳钢工件的淬火。

为减少工件的变形，熔融状态的盐也常用作淬火介质，称为盐浴。其特点是沸点高，冷却能力介于水、油之间，常用于等温淬火和分级淬火，处理形状复杂、尺寸小、变形要求严格的铸件等。

（3）淬火方法　淬火方法的选择，主要以获得马氏体和减少内应力、减少工件的变形和开裂为依据。常用的淬火方法有：单介质淬火、双介质淬火、分级淬火、等温淬火。

1）单介质淬火。工件在一种介质中冷却，如水淬、油淬。优点是操作简单，易于实现机械化，应用广泛。缺点是在水中淬火应力大，工件容易变形开裂；在油中淬火，冷却速度小，淬透直径小，大型工件不易淬透。

2）双介质淬火。工件先在较强冷却能力介质中冷却到300℃左右，再在一种冷却能力较弱的介质中冷却，如先水淬后油淬，可有效减少马氏体转变的内应力，减小工件变形开裂的倾向，可用于形状复杂、断面不均匀的工件淬火。双液淬火的缺点是难以掌握双液转换的时刻，转换过早容易淬不硬，转换过迟又容易淬裂。为了克服这一缺点，发展了分级淬火法。

3）分级淬火。工件在低温盐浴或碱浴炉中淬火，盐浴或碱浴的温度在 Ms 点附近，工件在这一温度停留2~5min，然后取出空冷。这种冷却方式叫分级淬火。分级冷却的目的是为了使工件内外温度较为均匀，同时进行马氏体转变，可以大大减小淬火应力，防止变形开裂。分级温度以前都定在略高于 Ms 点，工件内外温度均匀以后进入马氏体区。现在改进为在略低于 Ms 点的温度分级。实践表明，在 Ms 点以下分级的效果更好。例如，高碳钢模具在160℃的碱浴中分级淬火，既能淬硬，变形又小，所以应用很广泛。

4）等温淬火。工件在等温盐浴中淬火，盐浴温度在贝氏体区的下部（稍高于 Ms），工件等温停留较长时间，直到贝氏体转变结束，取出空冷。等温淬火用于中碳以上的钢，目的是为了获得下贝氏体，以提高强度、硬度、韧性和耐磨性。低碳钢一般不采用等温淬火。

4. 回火（工艺代号：5141）

回火是将淬火或正火后的铸钢件加热到低于临界点 Ac_1 的某一选定温度，保温一定时间后，以适宜的速率冷却，使淬火或正火后得到的不稳定组织转变为稳定组织，消除淬火（正火）应力以及提高铸钢的塑性和韧性的一种热处理工艺。通常淬火加高温回火

处理的工艺称为调质处理。淬火后的铸钢件必须及时进行回火，而正火后的铸钢件必要时才予以回火处理。回火后铸钢件的性能取决于回火温度、时间及次数。随着回火温度的提高和时间的延长，除使铸钢件的淬火应力消除外，还使不稳定的淬火马氏体转变成回火马氏体、托氏体或索氏体，使铸钢的强度和硬度降低，而塑性显著地提高。对一些含有强烈形成碳化物的合金元素（如铬、钼、钒和钨等）的中合金铸钢，在400~500℃回火时出现硬度升高、韧性下降的现象，称为二次硬化，即回火状态铸钢的硬度达到最大值。一般有二次硬化特性的中合金铸钢需要进行多次（1~3次）回火处理。

（1）低温回火　低温回火温度范围一般为150~250℃，得到回火马氏体组织。低温回火钢大部分是淬火高碳钢和淬火高合金钢。经低温回火后得到隐晶马氏体加细粒状碳化物组织，即回火马氏体。亚共析钢低温回火后组织为回火马氏体（回火 M）；过共析钢低温回火后组织为回火马氏体 + 碳化物 + 残留奥氏体。低温回火的目的是在保持高硬度（58~64HRC）、强度和耐磨性的情况下，适当提高淬火钢的韧性，同时显著降低钢的淬火应力和脆性。为了减少铸件在最后加工工序中形成的附加应力，增加尺寸稳定性，可增加一次在120~250℃、保温时间长达几十小时的低温回火，有时称为人工时效或稳定化处理。

（2）中温回火　中温回火温度一般在350~500℃之间，回火组织是在铁素体基体上大量弥散分布着细粒状渗碳体，即回火托氏体组织。回火托氏体组织中的铁素体还保留着马氏体的形态。中温回火后工件的内应力基本消除，具有高的弹性极限和屈服极限、较高的强度和硬度（35~45HRC）、良好的塑性和韧性。

（3）高温回火　高温回火温度为500~650℃，通常将淬火和随后的高温回火相结合的热处理工艺称为调质处理。高温回火的组织为回火索氏体，即细粒状渗碳体和铁素体。回火索氏体中的铁素体为发生再结晶的多边形铁素体。高温回火后钢具有强度、塑性和韧性都较好的综合力学性能，硬度为25~35HRC，广泛应用于中碳结构钢和低合金结构钢制造的各种受力比较复杂的重要结构零件。

除上述3种回火方法之外，某些不能通过退火来软化的高合金钢，可以在600~680℃进行软化回火。

（4）回火脆性　钢在回火时会产生回火脆性现象，即在250~400℃和450~650℃两个温度区间回火后，钢的冲击韧性明显下降。这种脆化现象称为回

火脆性。根据脆化现象产生的机理和温度区间，回火脆性可分为两类。

1）第一类回火脆性（低温回火脆性）。钢在 250～350℃范围内回火时出现的脆性称为低温回火脆性。因为这种回火脆性产生后无法消除，所以也称为不可逆回火脆性。回火后的冷却速度对这种脆性没有影响。低温回火脆性产生的原因是由于回火马氏体中分解出稳定的细片状化合物。为了防止低温回火脆性，通常的办法是避免在脆化温度范围内回火，有时为了保证要求的力学性能，必须在脆化温度回火时，可采取等温淬火。

2）第二类回火脆性（高温回火脆性）。有些合金钢尤其是含 Cr、Ni、Mn 等元素的合金钢，在 450～650℃高温回火后缓冷时，会产生冲击吸收能量下降的现象，而回火后快冷则不出现脆性。这种脆性称为高温回火脆性，有时也称为可逆回火脆性。这种脆性的产生与加热和冷却条件有关。

5. 固溶处理（工艺代号：5171）

固溶处理的主要目的是使碳化物或其他析出相溶解于固溶体中，获得过饱和的单相组织。一般奥氏体不锈耐热钢、奥氏体锰钢及沉淀硬化不锈耐热钢铸件均需经固溶处理。固溶温度的选择取决于钢种的化学成分和相图。奥氏体锰钢铸件一般为 1000～1100℃；奥氏体镍铬不锈钢铸件为 1000～1250℃。铸钢中碳含量越高，难熔合金元素越多，则其固溶温度应越高。含铜的沉淀硬化铸钢，由于铸态有硬质富铜相在冷却过程中沉淀，致使铸钢件硬度升高。为软化组织、改善加工性能，铸钢件需经固溶处理。其固溶温度为 900～950℃。经快冷后可得到铜的质量分数为 1.0%～1.5%的过饱和单相组织。

6. 沉淀硬化处理（时效处理）

沉淀硬化处理是在回火温度范围内进行的弥散强化处理，也称为人工时效。其实质是：在较高的温度下，自过饱和固溶体中析出碳化物、氮化物、金属间化合物及其他不稳定的中间相，并弥散分布于基体中，因而使铸钢的综合力学性能和硬度提高。时效处理的温度直接影响铸钢件的最终性能。时效温度过低，沉淀硬化析出缓慢；温度过高，则因析出相的聚集长大引起过时效，而得不到最佳的性能。所以应根据铸钢件的牌号及规定的性能要求选用时效温度。奥氏体耐热铸钢时效温度一般为 550～850℃；高强度沉淀硬化铸钢为 500℃，时间为 1～4h。含铜的低合金钢、奥氏体耐热钢铸件以及低合金的奥氏体锰钢铸件多采用时效处理。图 11-8 所示为断面 25mm 试棒在室温和 200℃时效处理效果。

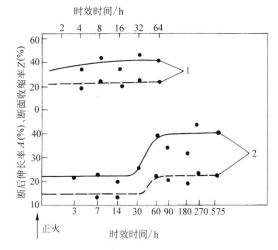

图 11-8 断面 25mm 试棒在室温和 200℃时效处理效果

1—200℃时效 2—室温时效
——断面收缩率 － － －断后伸长率

7. 消除应力处理

消除应力处理目的是消除铸造应力、淬火应力和机械加工形成的应力，稳定尺寸，一般加热到 Ac_1 以下 100～200℃保温一定时间，随炉慢冷。铸件的组织没有变化。碳钢、低合金钢和高合金钢铸件均可以进行处理。

8. 除氢处理

除氢处理目的是去除氢气，改善铸钢的塑性和韧性，降低发生氢脆的倾向，加热到一定温度长时间保温进行处理，没有组织变化。主要用于易于产生氢脆倾向的低合金钢铸件。

去氢处理的原因是防止钢中的氢所引起的白点（发裂）缺陷，采用热处理将氢从钢中排除。

去氢处理方式是根据钢种、铸件尺寸和生产条件的不同，去氢处理工艺也互不相同，主要有：

1）将合金加热到 Ac_3 以上温度，然后迅速冷却到 C 曲线"鼻尖"稍下一点温度，长时间等温，使氢原子从钢中逸出。

2）碳钢和低合金钢尺寸较大的铸件，稍低于 Ac_1 温度，为 640～660℃，奥氏体迅速转变为珠光体，由于氢在铁素体中扩散速度比在奥氏体中快，等温使氢较快逸出。

3）对于中合金钢，过冷奥氏体在珠光体转变区间很稳定，而在贝氏体区稳定性很差，所以在 280～320℃使过冷奥氏体较快分解，再加热到 640～660℃等温，使氢较快逸出。

4）某些对氢敏感的合金钢，在 300～500℃保温进行长时间等温扩散，使氢逸出，然后冷到室温。

11.1.4　热处理对铸钢件性能的影响

　　铸钢件的性能除了决定于其所规定化学成分、工艺质量要求外，还可借助不同的热处理方法使之具有优良的综合力学性能，以期达到提高铸件质量、减轻铸件重量、延长使用寿命和降低成本的目的。图 11-9 ~图 11-12 所示为热处理对碳钢、低合金钢铸件力学性能的影响。对铸钢件施行适当的热处理是提高与改善材料力学性能的重要手段，而材料的力学性能（经热处理）是判断铸钢件热处理质量的重要标志。

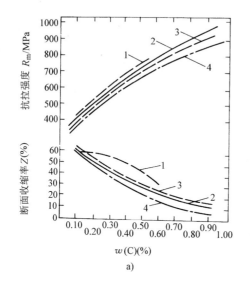

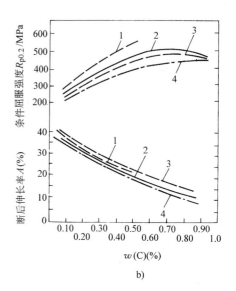

a)

b)

图 11-9　热处理对碳钢铸件力学性能的影响

a) 对断面收缩率及抗拉强度的影响　b) 对断后伸长率及条件屈服强度的影响

1—水淬 + 650℃回火　2—正火　3—正火 + 650℃回火　4—退火

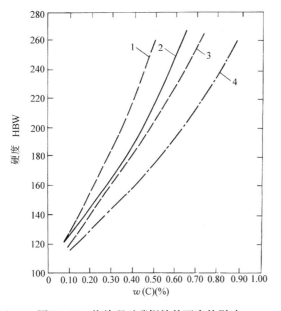

图 11-10　热处理对碳钢铸件硬度的影响

1—水淬 + 回火（650℃）　2—正火

3—正火 + 回火（650℃）　4—退火

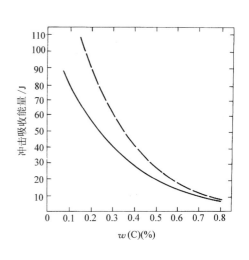

图 11-11　热处理对碳钢铸件

缺口冲击吸收能量的影响

——正火　– – –淬火 + 回火

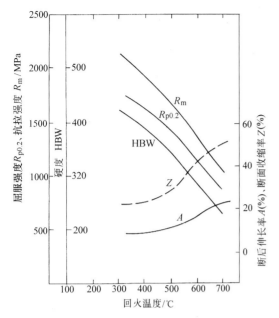

**图 11-12　低合金铸钢件淬火后经
不同回火温度热处理的力学性能**

[低合金铸钢件成分：$w(C) = 0.28\% \sim 0.33\%$，
$w(Mn) < 1.0\%$，$w(Si) < 0.80\%$，
$w(Ni) = 0.4\% \sim 0.8\%$，$w(Cr) = 40\%$，
$w(Mo) = 0.15\% \sim 0.30\%$]

1. 强度

由图 11-9 ～ 图 11-12 可见，在铸钢成分相同的条件下，铸钢件经不同热处理工艺处理后，其强度均有提高的趋势。一般经热处理后的碳钢和低合金钢铸件的抗拉强度可达 414 ～ 1724MPa。

2. 塑性

铸钢件铸态组织粗大，塑性偏低。经热处理后，其组织细化，塑性指标也就有所提高，尤其在淬火 + 回火后的塑性呈明显的改善。图 11-13 和图 11-14 所示为碳钢、低合金钢铸件不同热处理后的室温性能。

3. 韧性

铸钢的韧性指标常以冲击试验进行评定。鉴于材料的强度和韧性是一对矛盾的指标，因此对于要求有一定综合力学性能的铸钢件，必须按强韧化的原则来正确选择合理的热处理工艺。图 11-15 和图 11-16 所示为铸钢件经不同热处理后的冲击吸收能量和缺口冲击试验结果。

4. 硬度

如铸钢件淬透性相同时，铸钢件热处理后的硬度即可概括反映出其相应的强度指标。图 11-17 所示为碳钢拉伸性能与硬度的关系，因此，硬度可作为估计铸钢件热处理后性能的直观数据。图 11-18 所示为铸造碳钢经正火和不同温度回火后硬度与碳含量的关系。碳钢铸件经热处理后，其硬度一般为 120 ～ 280HBW。

此外，在选择热处理硬度值时必须考虑到铸件加工程序、切削性能和铸件的使用要求。

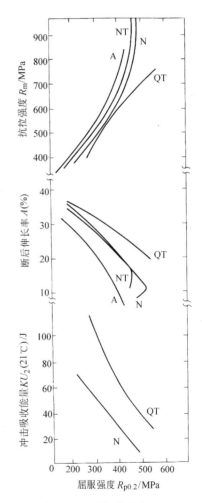

**图 11-13　碳钢铸件经不同
热处理后的室温性能**

QT—淬火 + 回火（650℃）　N—正火
NT—正火 + 回火（650℃）　A—退火

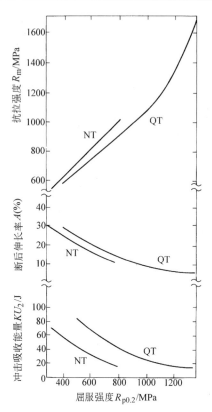

图 11-14　低合金钢铸件经不同
热处理后的室温性能

QT—淬火 + 回火　NT—正火 + 回火

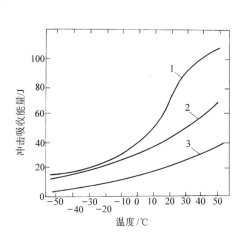

图 11-15　铸钢件铸件（碳的质量
分数为 0.30％）经不同热处
理后的冲击吸收能量

1—淬火 + 回火　2—正火　3—退火

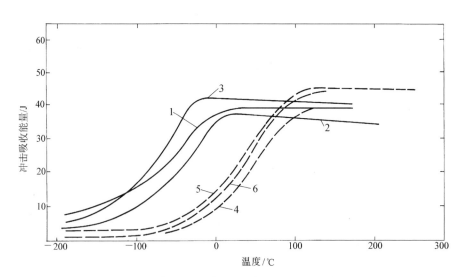

图 11-16　经不同热处理后铸钢缺口冲击试验结果

1—R_m = 1030MPa　2—R_m = 970MPa　3—R_m = 920MPa

4—R_m = 640MPa　5—R_m = 625MPa　6—R_m = 620MPa

——淬火 + 回火　------正火 + 回火

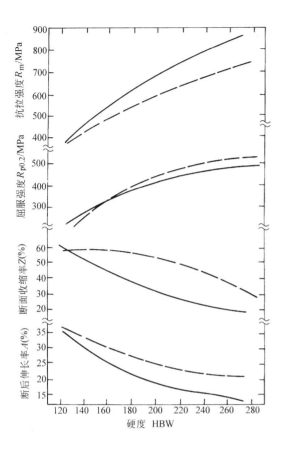

图 11-17　碳钢拉伸性能与硬度的关系

——正火　-----淬火 + 回火

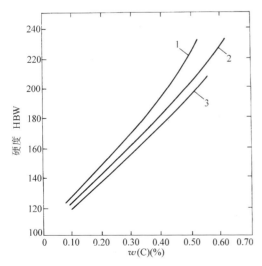

图 11-18　铸造碳钢经正火和不同温度回火后硬度与碳含量的关系（回火 2h）

1—570℃回火　2—650℃回火　3—700℃回火

11.2　铸钢件的表面淬火处理和化学热处理

铸钢件的表面淬火处理是指仅对铸件表面层进行加热、冷却，改变表层组织结构，获得所需性能。常用的表面淬火处理可按加热方式的不同分为：感应淬火、火焰淬火、激光淬火、电子束淬火、接触电阻加热淬火、电解液淬火、脉冲淬火等。通过表面热处理可获得满足设计要求厚度的改性层。利用表面加热淬火而得到表面硬化层后，零件的心部仍可保持原来的显微组织和性能不变，从而达到提高疲劳强度、提高耐磨性并保持韧性的优良综合性能。若在零件表面预先涂含渗入元素的膏剂或合金粉末，还可实现表面化学热处理或表面合金化。表面热处理可节省能耗并减小淬火变形。

化学热处理是将金属或合金铸件置于一定温度的活性介质中保温，使一种或几种元素渗入其表层，以改变表面的化学成分、组织和性能的热处理工艺。可分为渗碳、渗氮、氮碳共渗、渗硼及渗金属等。通常铸钢件由于受形状、尺寸和表面状态等因素的限制，施行表面热处理和化学热处理时应综合考虑运用。

11.2.1　铸钢件的表面淬火处理

1. 感应淬火

感应淬火是利用感应电流通过工件所产生的热效应，使工件表面、局部或整体加热，并进行快速冷却的淬火工艺。感应加热的主要依据是电磁感应、趋肤效应和热传导 3 项基本原理。

感应加热属于快速加热，其相变温度、相变动力学和形成的组织与普通加热有很大的区别。感应淬火的特点：具有超塑性现象，表面硬度比普通淬火高 2 ~ 3HRC，马氏体细小、碳化物弥散分布；耐磨性比普通淬火高；由于表面是细小隐晶马氏体，且存在压应力，疲劳强度大大提高；缺口敏感性下降；质量稳定，工件表面氧化、脱碳小，工件变形小；感应加热系内热源加热，加热速度快，热效率高，节约能源；生产率高，易实现机械化与自动化。感应加热还具有以下特点：

（1）感应淬火对所用钢的要求　钢中碳的质量分数一般为 0.3% ~ 0.5%；钢应具备奥氏体晶粒不易长大的倾向；钢的晶粒度一般为 5 ~ 8 级。

（2）感应淬火的电流频率和功率密度的选择原则

1）电流频率的选择。电流频率是感应淬火的主要工艺参数，需根据要求的硬化层深度来确定。对处理铸件的硬化层要求越高应选用越低的频率；对于轴类铸件其直径较大、硬化层要求较深则应选择较低的频率,其具体数据见表 11-2 和表 11-3。

表 11-2　标准频率值的硬化层深度

频率[1]/kHz		250	70	35	8	2.5	1.0	0.5
硬化层深度 /mm	最小	0.3	0.5	0.7	1.3	2.4	3.5	5.5
	最大	1.0	1.9	2.6	5.5	10	15	22
	最佳	0.5	1.0	2.3	2.7	5	8	11

[1]　在 250kHz 时,由于热传导作用极快,实际数据可比表上数值大。

表 11-3　工件直径、合理淬火层深度与电流频率的关系

电流频率 /Hz	合理淬火层深度/mm	淬火加热时的最小直径/mm	
		允许值	期望值
50	15 ~ 80	100	200
1000	3 ~ 17	22	44
2500	2 ~ 11	14	28
4000	1.5 ~ 9	11	22
8000	1 ~ 6	8	16
10000	0.9 ~ 5.5	7	14
70000	0.3 ~ 2.5	2.7	5.4
400000	0.2 ~ 1	1.1	2.2

2) 功率密度的选择。选择功率密度要根据铸件尺寸及其淬火条件而定,电流频率越低,铸件尺寸越小及所要求的硬化层深度越小,则所选择的功率密度值应越大,其具体数据见表 11-4。

3) 感应加热温度和时间的选择。铸件表面加热温度应根据材质、原始组织和相变区间的加热速度确定。感应加热时,在较宽的温度区间均可得到良好的组织。因此,可以在不变电参数的情况下,选择不同的加热时间或在不变的加热时间下,选择不同的功率密度来调节硬化层的深度。

2. 火焰淬火

火焰淬火是将氧-乙炔(或其他可燃气体)火焰喷向工件表面,使工件表层一定厚度奥氏体化,并快速冷却,在工件表面得到淬硬层的工艺。火焰淬火可使铸件表面获得高的硬度和耐磨性,从而提高铸件的力学性能,延长使用寿命。

火焰淬火具有铸件畸变小、表面清洁,一般无氧化、脱碳现象等优点。火焰淬火的优缺点见表 11-5。

火焰的特性:氧-乙炔焰有中性火焰、碳化火焰和氧化火焰;火焰分焰心区、内焰区及外焰区 3 层。火焰淬火时选用氧化焰是最有效的,但也应根据铸件的材料和形状而灵活选择。选用氧化焰较中性焰的优点是比较经济和表面过热的危险小。

经火焰淬火后的铸件应及时回火,一般回火温度为 180 ~ 220℃,大型铸件也可采用自回火方式。制订火焰淬火工艺应考虑的项目主要有:火焰特性,焰心与工件表面的间距及喷嘴与工件的相对速度,燃气的种类和消耗量,淬火方法和介质及周期,淬火和回火的温度等。

3. 激光淬火

激光淬火是将激光束照射在材料表面,被材料吸收变为能量,表层材料受热升温,且发生固态相变或熔化。辐射移去后,材料进入冷却过程。

根据激光辐射材料表面时的功率密度、辐射时间及方式不同,激光热处理包括激光相变硬化、熔化快速凝固硬化、表面合金化和熔覆等。

表 11-4　感应加热设备允许的最大加热面积和功率密度

设备	允许的最大加热面积/cm²		功率密度/(kW/cm²)			
	同时加热	连续加热	同时加热		连续加热	
			铸件	设备	铸件	设备
中频 100kW 2.5 ~ 8kHz	125	80	0.5	0.8	0.8	1.25
中频 200kW 2.5 ~ 8kHz	250	100	0.5	0.8	1.28	2.0
高频 60kW 250kHz	54	27	0.5	1.1	1.0	2.2
高频 100kW 250kHz	90	45	0.5	1.1	1.0	2.2

注:1. 表中数据适用于感应器高度小于 15mm 的情况。

2. 铸件的功率密度指铸件加热时单位面积上所需要的电功率。

3. 设备的功率密度指铸件加热时单位面积上设备所供给的电功率。

表 11-5　火焰淬火的优缺点

优　　点	缺　　点
1）设备简单，投资费用低，维修方便，便于推广 2）方法灵活，适用钢种广泛，尤其适于多品种量少的铸钢件表面淬火 3）对于中、小型铸钢件可实现整体淬火或实现深层表面淬火，不需另建炉子，比较经济 4）火焰淬火设备可以做成移动式，对处理大型铸钢件具有优势 5）有选择硬化层深度（2～10mm）的可能性，并具有较平缓的硬度过渡层	1）加热温度不易控制，噪声大，劳动条件差 2）操作中需使用有爆炸危险的混合气体 3）质量控制与操作者的技术水平关系密切 4）只适用于喷射方便的表面，薄壁铸钢件或过薄的硬化层（小于 1mm）较难实现火焰淬火

激光热处理的特点：

1）能快速加热并快速冷却。

2）可控制精确的局部表面加热，特别适用于形状复杂、体积大、精加工后不易采用其他方法强化的零件。

3）输入的热量少，工件处理后的畸变微小；可实现自冷淬火。

4）淬火后硬度高，耐磨性好；淬火后表层产生很高的残余压应力，可大幅度提高零件的疲劳强度。

5）能精确控制加工条件，可以实现在线加工，也易于与计算机联接，实现自动化操作。

6）淬火后表面质量高。

7）缺点：设备价格较高，一次投资大，对操作人员要求较高；淬火前表面要增加预处理工序；大面积淬火时，扫描带之间有软带，硬度不连续；光电转换效率还很低；硬化层深度比高频感应淬火浅。

激光处理温度不超过材料熔点时，为克服固态金属表面对激光的高反射，增强对激光的吸收，激光淬火前一般需进行工件预处理，即在工件表面施加吸光涂层以增加材料对激光能量的吸收率，减少反射。激光处理前常用的预处理方法见表 11-6。

几种激光热处理的工艺特点见表 11-7。

表 11-6　激光处理前常用的预处理方法

方法	说　　明	主　要　特　点	适用范围
磷化法	将清洗净的零件放在磷酸盐为主的溶液中，浸渍或加温后得到磷化膜的方法	1）处理方法简便，效果好，适于大量生产 2）可根据磷化膜在激光束扫描照射后的状态，判断激光硬化质量 3）磷化膜对零件表面有防腐蚀及减摩作用，多数情况下激光处理后无需清除，可直接装配使用 4）不适用于高合金钢。磷化膜层很薄，对高合金钢效果不好	1）适合大批量生产 2）仅适用于低碳、中碳钢及各种铸铁
碳素法	用碳素墨汁、普通墨汁或炭黑胶体石墨悬浮于一定黏结剂的溶液中，用涂或喷涂的方法施加在清洁的零件表面上	1）优点：适应性强，能涂在任何材料上，还可以在大零件的局部处涂敷，吸收激光效果较好 2）缺点：不易涂得很均匀，激光照射时，炭燃烧产生烟雾及光亮，效果有时不太稳定，有时对材料有一定增碳效应	可适用于任何材料
油漆法	用黑色油漆涂抹在工件表面，对 10.6μm 的激光有较强的吸收能力	1）优点：对钢铁表面有较强的附着力，便于涂敷，易得到均匀的表面，吸光效果较稳定 2）缺点：吸光效果比磷化法差一些。照射时有烟雾和气味，不易清除	适用于包括高合金钢、不锈钢等任何材料
氧化法	将清洗净的工件放在以氧化盐为主的氧化液中处理，使其表面生成一层黑色的 Fe_2O_3 膜或包含氧化铁和磷酸铁的混合膜	1）优点：对激光吸收效果好 2）缺点：处理基材受到限制	适合于大量生产

注：还有一些其他方法，如真空溅射钨、氧化铜等，对 10.6μm 激光的吸收率均非常高，但在正式生产中很少用。

表 11-7　几种激光热处理的工艺特点

工艺特点	处理目的	措施	功率密度/(W/cm²)	处理效果	应用
表面相变硬化	获得淬火组织	表面薄层加热到奥氏体化	$10^3 \sim 10^5$	获得细针状马氏体组织	合金钢、铸铁
激光非晶化	使工件表层结构变为非晶态	表面薄层加热到奥氏体化，但须提高冷速（附加冷却），采用脉冲激光加热	$>10^7$	表层为白亮的非晶态结构，强度和塑性均提高，还可获得某些特殊性能	高强度材料、超导材料、磁性材料、耐蚀材料
激光涂覆	工件表面覆盖一层金属或碳化物	在保护气氛下使施加于工件表面的金属或碳化物粉末熔化	$10^5 \sim 10^7$	覆盖层与基体结合良好，其中所含元素不会被基体稀释，畸变小	碳钢、不锈钢、球墨铸铁
激光合金化①	改变工件表层的化学成分以获得特定性能	通过电镀、溅射或放置粉末、箔、丝等合金材料，在保护气氛下加热并保温，使合金材料与工件表层熔融结合	$10^5 \sim 10^7$	合金化表层晶粒细小、成分均匀	各种金属材料均可应用
激光冲击硬化	利用激光照射产生的应力波使工件表层加工硬化	使用脉冲激光并在工件表面涂覆一层可透过激光的物质（如石英）	$(1 \sim 2) \times 10^9$	提高疲劳强度及表面硬度	齿轮、轴承等精加工后的非平面表面
激光上釉	改善铸件表层组织	改善薄层加热到熔点以上	$10^5 \sim 10^7$	晶粒细化、成分均匀化，疲劳强度、耐蚀性、耐磨性均提高	耐酸铸造合金、高速钢

① 为防止合金化层开裂，处理前应预热工件，处理后应退火。

激光淬火组织转变仍遵循相变的基本规律，但其组织结构明显不同于常规淬火处理获得的组织结构。其还有如下组织特征：

1）组织细化——超细马氏体晶粒及亚结构细化。

2）出现化学成分微区不均匀。

3）晶体缺陷数增加。

常用钢铁材料激光淬火层典型组织见表 11-8。

表 11-8　常用钢铁材料激光淬火层典型组织

材料名称	激光淬火层组织			备注
	淬火硬化区表层	过渡区	基体	典型钢种
低碳钢	板条状马氏体	马氏体 + 细化铁素体	珠光体 + 铁素体	20 钢用常规淬火方法很难淬硬，激光淬火后硬化深度约为 0.45mm，表层维氏硬度 420 ~ 460HV
中碳钢	细小板条状马氏体	马氏体 + 托氏体		45 钢（调质态）
	细针状马氏体	隐针状马氏体 + 托氏体 + 铁素体	心部珠光体 + 铁素体	45 钢（退火态）
高碳钢	马氏体 + 托氏体 + 渗碳体，少量残留奥氏体	—	—	T8 共析钢，T12 钢
轴承钢	隐针状马氏体 + 合金碳化物 + 残留奥氏体	隐针状马氏体 + 回火托氏体 + 回火索氏体 + 合金碳化物	回火马氏体 + 合金碳化物颗粒 + 残留奥氏体	GCr15 钢

(续)

材料名称	激光淬火层组织			备 注
	淬火硬化区表层	过渡区	基 体	典型钢种
高速钢	隐针状马氏体 + 未熔合金碳化物 + 残留奥氏体	—	回火马氏体 + 合金碳化物	18-4-1 高速钢
铸铁	（白亮层）：完全淬火马氏体	淬火马氏体 + 片状石墨	—	HT20-40

激光淬火的硬度比常规热处理淬火要提高15% ~ 20%，且钢中碳含量越高，维氏硬度提高得越多。由于激光相变硬化带的硬度比传统热处理高，故其耐磨性也比普通热处理的工件好。同时，可通过提高承载能力和表面产生残余压应力改善表面疲劳抗力。

4. 电子束淬火

电子束淬火与激光淬火有许多相似之处，所以，它也具有激光淬火的特点。例如，具有很快的加热和冷却速度；得到处理层硬度高；淬火可获得超细晶粒组织；也可进行表面合金化或熔融。同时还节省能源，无污染，变形小，可以用于复杂形状的工件和最终加工，材料的基本性能不受影响等。

电子束淬火与激光淬火的区别主要有：

1）输出功率大，其最大功率密度可达 $10^9 W/cm^2$，这是激光发生器不可比拟的，所以可以加热的深度及尺寸要比激光淬火大。

2）电子束淬火需要在真空中处理，在真空中处理可以省去气体保护装置，这样不仅省去气体的消耗，而且装置简单，可以提高装置的可靠性。然而真空系统也会增加成本并限制其应用。

3）电子束使用偏转线圈可以使用全电子束在一定范围内偏转和摆动，同激光传递过程相比，可以减少在传递过程中由于透射、反射带来的能量损失，但也限制了传递路径的选择。

5. 其他表面热处理方式

（1）接触电阻加热淬火 接触电阻加热淬火是利用触头和工件间的接触电阻使工件表面加热，并借其本身未加热部分的热传导来实现淬火冷却。其优点是设备简单、操作方便、工件畸变小，淬火后不需回火，能显著提高工件的耐磨性和抗擦伤能力，但其淬硬层较薄（0.15 ~ 0.30mm），金相组织及硬度的均匀性都较差。

（2）电解液淬火 电解液淬火是将工件置于电解液中（局部或全部）作为阴极，金属电解槽作为阳极，电路接通后，电解液发生电离，在阳极上放出氧，而在阴极上放出氢，氢围绕工件形成气膜，产生很大的电阻，通过的电流转化为热能将工件表面迅速加热到临界点以上温度。电路断开，气膜消失，加热工件在电解液中即实现淬火冷却。此方法的优点是设备简单、淬火畸变小，适用于形状简单、小件的批量生产。

（3）浴炉淬火 将工件浸入高温盐浴（或金属浴）中，短时间加热，使工件要求硬化的表面层达到淬火的温度后急冷的淬火方法。其优点是：不需添置特殊设备，操作简便，特别适合单件、小批量生产，但对各处截面厚度变化较大的工件，此法不太适宜。

11.2.2 铸钢件的化学热处理

化学热处理可以分成4个基本过程：介质中化学反应，外扩散，相界面化学反应或表面反应，金属中的扩散。它们彼此相互关联、相互制约，每个过程都可能成为控制因素。常用化学热处理方法及其作用见表11-9。

表11-9 常用化学热处理方法及其作用

热处理方法	渗入元素	作 用
渗碳及碳氮共渗	C 或 C、N	提高工件的耐磨性、硬度及疲劳极限
渗氮及氮碳共渗	N 或 N、C	提高工件的表面硬度、耐磨性、抗咬合能力及耐蚀性
渗硫	S	提高工件减摩性和抗咬合性
硫氮及硫碳共渗	S、N 或 S、N、C	提高工件的减摩性及抗疲劳、抗咬合能力
渗硼	B	提高工件表面硬度，提高耐磨性、耐蚀性及热硬性
渗硅	Si	提高工件表面硬度，提高耐蚀性、抗氧化能力
渗锌	Zn	提高工件抗大气腐蚀能力
渗铝	Al	提高工件抗高温氧化及含硫介质腐蚀能力
渗铬	Cr	提高工件抗高温氧化能力、耐蚀性及耐磨性

（续）

处理方法	渗入元素	作　　用
渗钒	V	提高工件表面硬度，提高耐磨性及抗咬合性能
硼铝共渗	B、Al	提高工件耐磨性、耐蚀性及抗高温氧化能力，表面脆性及抗剥落能力优于渗硼
铬铝共渗	Cr、Al	具有比单独渗铬或渗铝更优的耐热性能
铬铝硅共渗	Cr、Al、Si	提高工件的高温性能

1. 渗碳（工艺代号：5310）

渗碳是为提高铸件表面的碳含量并在其中形成一定的碳含量梯度，将铸件在渗碳介质中加热、保温，使碳原子渗入的化学热处理工艺。渗碳钢中碳的质量分数通常为 0.1% ~ 0.25%，以保证铸件心部有足够的韧性和强度。渗碳质量的技术要求见表 11-10。

渗碳方法及应用：

（1）固体渗碳　将铸件放在填充粒状渗碳剂的密封箱中进行的渗碳，适用于单件、小批量生产。固体渗碳剂应具备活性高、强度高、体积收缩率小、导热性好、密度小、灰分和有害杂质低、使用寿命长、经济性好等特点。固体渗碳剂由供碳剂、催渗剂、填充剂及黏结剂组成。固体渗碳的操作见表 11-11。

表 11-10　渗碳质量的技术要求

项　　目	技术要求
表面碳的质量分数	通常为 0.7% ~ 1.05%，低碳钢取上限：0.9% ~ 1.05%，镍铬合金钢取下限：0.7% ~ 0.8%，其他合金钢为 0.8% ~ 0.9%。要求耐磨应取上限，要求强韧而又要有一定的耐磨性可取下限[①]
渗碳层深度[②]	有效渗碳硬化层深度指渗碳淬火后的铸钢件由其表面测定到规定硬度（通常为 550HV）处的垂直距离 承受扭转、挤压载荷的铸钢件，渗碳层深度为铸钢件半径或有效厚度的 10% ~ 20%
渗碳层表面硬度	56 ~ 63HRC
心部硬度	受力较大的铸钢件心部硬度推荐值为 30 ~ 45HRC
渗碳层与心部组织	渗层为细针状马氏体 + 少量残留奥氏体及均匀分布的粒状碳化物，不允许网状碳化物存在，残留奥氏体体积分数一般不超过 15% ~ 20% 心部组织应为低碳马氏体或下贝氏体，不允许有块状或沿晶界析出的铁素体

① 不同国家对表面碳含量（质量分数）的要求不同。美国推荐 0.85% 左右，日本为 0.8%，德国为 0.8% ~ 1.0%，瑞典为 0.9% ~ 1.0%，苏联为 0.85% ~ 1.1%。实际的最佳表面碳含量与组织状态密切相关。

② 选择渗碳层深度需考虑的几个因素：
　　a. 渗碳铸件几何形状或曲率半径对渗碳层深度的影响。按渗速快慢顺序，几何形状的影响为凸球、平板、凹圆柱、凹球体。
　　b. 在相同的钢种和淬火条件下，大断面铸件淬火后硬度偏低，相应的有效硬化层显得较浅。
　　c. 有效硬化层深度与渗碳后的淬火、回火工艺有关。

表 11-11　固体渗碳的操作

工序名称	内　容　说　明
渗碳箱准备	一般由低碳钢板焊成，其形状和容积视铸件尺寸及加热炉而定，渗碳箱容积一般为铸件体积的 3.5 ~ 7 倍
渗碳剂准备	渗碳剂应该根据铸件要求的表面碳含量选择，要求表面碳含量高、渗层深时，应该用活性高的渗碳剂，含有碳化物形成元素的渗碳剂，可选用活性较低的渗碳剂，并注意新旧渗碳剂的比例
铸件清理	铸件装箱前应清理干净，不得有油污、氧化皮，防护好非渗碳表面
铸件装箱	铸件与箱底间距离为 30 ~ 40mm，铸件之间或铸件与箱壁之间距离为 15 ~ 25mm，铸件与上盖之间距离为 30 ~ 50mm，间隙内均充填渗碳剂，并稍打实。箱盖用耐火泥密封

（续）

工序名称		内　容　说　明
渗碳	透烧	由于固体渗碳剂的传热系数小，传热慢，为使渗碳箱内温度均匀，减少铸件渗层的差别，往往在 800~850℃有一段透烧过程
	加热温度	渗碳温度一般为 900~960℃
	渗碳时间	生产中常用试棒（ϕ >10mm）来判断。实践中，在 930℃ ± 10℃的温度下固体渗碳，其平均渗碳速度为 0.1~0.5mm/h

（2）液体渗碳（工艺代号：5311L）　液体渗碳（盐浴渗碳）是铸件在渗碳剂的溶盐中进行的渗碳。盐浴渗碳所用的设备简单、渗碳速度快、灵活性大、渗碳后便于直接淬火，适用于处理中、小型铸件。渗碳盐浴由渗碳剂和中性盐组成。盐浴渗碳操作条件差，腐蚀较严重。盐浴渗碳的操作注意事项见表 11-12。

（3）气体渗碳（工艺代号：5311G）　铸件在含碳气体及气氛中进行渗碳的工艺，可分为滴注式气体渗碳、吸热式气体渗碳和气氛渗碳。气体渗碳生产率高，操作方便，质量易于控制，适用于大批量铸件的生产。气体渗碳操作要点参见表 11-13。

表 11-12　盐浴渗碳的操作注意事项

注意事项	内　　容
渗碳盐浴的配制及添加	先将烘干的中性盐按比例放入坩埚中熔化，接近渗碳温度时再逐渐加入渗碳剂，工作过程中熔盐会不断消耗，应定期补充及分析盐浴的成分，要保证盐浴成分在要求的范围内。凡遇盐浴外溢（产生沸腾），应停止加热并进行搅拌
盐浴表面覆盖和捞渣	为减少盐浴的挥发和热辐射损失，可在盐浴表面撒上一层石墨、炭粉或固体渗碳剂。盐浴在使用中会产生盐渣下沉，应定期捞除
渗碳质量控制	应与铸件同时放入一定数量的试棒，以便确定铸件渗碳出炉时间和评定盐浴的渗碳活性等
铸件的清理	铸件在渗碳前不应有氧化皮，非渗碳面加以防护，铸件入炉前应预热。铸件盐浴渗碳后必须及时清洗，除去残盐，以防腐蚀
安全	铸件、工夹具入炉前应经过预热。有毒废盐及清洗后的废水等必须经过中和处理，达到环保要求后才能排放

表 11-13　气体渗碳操作要点

内　　容	说　　　明
清理	去除残存在铸件上的油污、氧化皮、水等
局部防渗	非渗碳面镀铜或涂防渗涂料
装炉	铸件装在炉子的有效加热区内，并注意铸件彼此间的间隙，既要达到最大装炉量，又使铸件渗碳和淬火后质量均匀。放入随炉试样
升温保温	井式气体渗碳炉，一般空炉升温，达到渗碳温度后开炉装料，然后以一定的升温速度升温，使铸件各部之间不产生明显的温度偏差。充分排气后进行渗碳扩散。连续作业炉或密封箱式炉开炉后连续工作
炉气调整	除了用 CO_2 红外线、氧探头等装置进行炉气碳势测控外，在渗碳过程中应定期进行炉气分析
冷却	渗碳扩散终了后可直接淬火（或降温直接淬火），或进行缓冷罐缓冷

2. 渗氮

渗氮是指在一定温度下（一般在 Ac_1 温度下），在一定介质中使活性氮原子渗入工件表面的化学热处理工艺。此工艺旨在提高铸件表面硬度、耐磨性、疲劳强度、抗咬合性及耐大气腐蚀性能。铸钢的渗氮通常在 480~580℃进行。一般含有铝、铬、钛、钼和钨等元素的中低合金钢、耐蚀不锈钢和热模具钢等铸件都适合渗氮处理。

为保证铸件心部具有必要的力学性能和金相组织，并减少渗氮后产生的变形，需进行渗氮前预处理。一般结构钢渗氮前采用调质处理，以得到均匀细小的回火索氏体组织。对于渗氮处理时容易畸变的铸件，调质后应进行去应力退火处理，温度一般为550～620℃，保温不能少于3h。不锈钢和耐热钢原料组织中往往晶粒粗大及有带状偏析，为了改善组织和提高强度，一般可采用调质处理；奥氏体型不锈钢可以采用固溶处理；工具钢和模具钢铸件一般采用淬火＋回火处理。

常用的渗氮工艺有气体渗氮（工艺代号：5331G）、液体渗氮（工艺代号：5331L）、气体氮碳共渗（工艺代号：5340G）和离子渗氮（工艺代号：5337）等。各种渗氮工艺性能对比见表11-14。

表11-14　各种渗氮工艺性能对比

渗氮工艺		离子渗氮 （工艺代号：5337）	气体氮碳共渗 （工艺代号：5340G）	液体渗氮 （工艺代号：5331L）	气体渗氮 （工艺代号：5331G）
渗氮层深/mm		0.1～0.4	0.1～0.4	0.1～0.4	0.1～0.6
表面硬度 HV	碳钢	300～600	300～600	300～600	1000～1400
	合金钢	600～1200	600～1200	600～1200	
渗氮介质气氛		$N_2 + H_2$ （$NH_3 \cdot C_2H_4$）	NH_3 + 载体	含 CNO、CN 的盐浴	NH_3
工艺条件		300～600℃ 20min～20h	570～600℃ 1～7h	570～580℃ 15min～4h	520～580℃ 30～100h
优点		耐磨性好、抗黏附性好、疲劳强度高、工艺范围广，各种钢都适用，节省能源	耐磨性好、疲劳强度高，各种钢都适用	抗黏附性好、疲劳强度高、炉子成本低，各种钢都适用	高硬度、耐磨性好、疲劳强度高
缺点		形状不规则，不对称的铸件处理比较困难	—	此盐浴有剧毒	白亮层脆，时间长

3. 其他化学热处理方式简介

（1）碳氮共渗　碳氮共渗是指在奥氏体状态下同时将碳、氮渗入工件表层，并以渗碳为主的化学热处理工艺。碳氮共渗的性能和工艺方法等与渗碳基本相似，但由于氮原子的掺入，碳氮共渗又有其特点。碳氮共渗的特点如下：

1）随着共渗温度的升高，共渗层中的氮含量降低，碳含量先是增加到一定温度后反而降低。

2）共渗初期（≤1h），渗层表面的 C、N 浓度随着时间的加长同时提高。继续加长共渗时间，表面的碳浓度继续提高，但氮的浓度反而下降。

3）共渗初期，氮原子渗入工件表面使其 Ac_3 点下降，有利于碳原子的扩散，随着氮原子的不断渗入，渗层中会形成碳氮化合物相，反而阻碍碳原子的扩散。碳原子会减缓氮原子的扩散。

4）碳氮共渗比渗碳的温度低，可减少工件变形量，降低能耗。

5）碳氮共渗渗层比渗碳淬火有较好的淬透性和耐回火性。

6）与渗碳淬火相比，碳氮共渗使工件具有较高的疲劳强度、耐磨性及耐蚀性。

（2）氮碳共渗　氮碳共渗是指工件表层同时渗入氮和碳，并以渗氮为主的化学热处理工艺。氮碳共渗与渗碳、渗氮一样，在钢铁件表面形成氮碳共渗层，以提高工件的表面硬度、耐磨性和抗疲劳强度。

（3）氧氮共渗　在渗氮的同时通入含氧介质，即可实现钢铁件的氧氮共渗，处理后工件兼有蒸汽处理和渗氮处理的共同优点。

（4）其他　其他化学热处理方法，如硫氮共渗、硫氮碳共渗、渗硼、渗铝、渗锌、渗铬及多元共渗和复合渗等，均是在金属工件表面渗入非金属或金属元素，以提高工件表面的硬度以及耐磨性、耐蚀性、抗氧化性等性能。

11.3　各种铸钢件的热处理工艺

11.3.1　碳钢铸件的热处理

碳钢铸件通常采用的热处理方式为退火、正火或正火＋回火。这3种热处理方式对铸造碳钢力学性能的影响如图11-19所示。

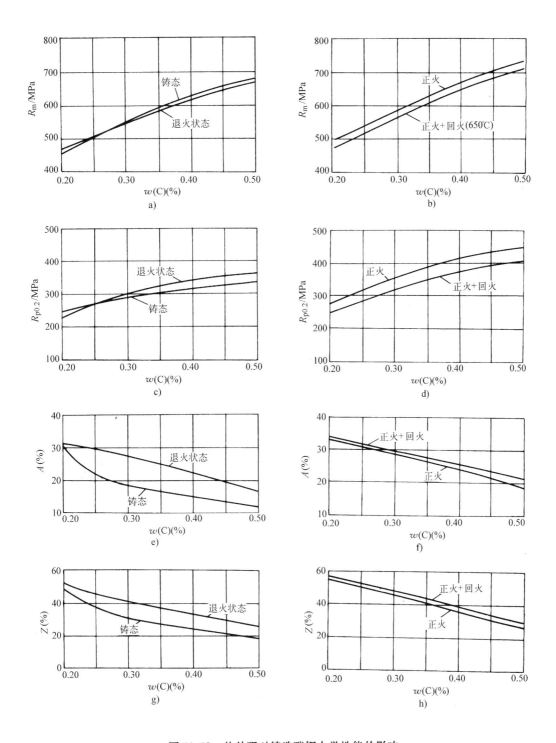

图 11-19　热处理对铸造碳钢力学性能的影响

a）铸态及退火状态下不同 $w(C)$ 的抗拉强度　　b）正火及正火 + 回火状态下不同 $w(C)$ 的抗拉强度

c）铸态及退火状态下不同 $w(C)$ 的条件屈服强度　　d）正火及正火 + 回火状态下不同 $w(C)$ 的条件屈服强度

e）铸态及退火状态下不同 $w(C)$ 的断后伸长率　　f）正火及正火 + 回火状态下不同 $w(C)$ 的断后伸长率

g）铸态及退火状态下不同 $w(C)$ 的断面收缩率　　h）正火及正火 + 回火状态下不同 $w(C)$ 的断面收缩率

经正火处理的铸钢，其力学性能较退火的略高些。由于组织转变时的过冷度较大，硬度也略高些，切削性能因而也较好。目前生产中对铸钢件多采用正火方式处理。

碳含量较高，且形状较复杂的碳钢铸件，为消除残余应力和改善韧性，可在正火后进行回火处理。回火温度以 550 ~ 650℃ 为宜，然后在静止空气中冷却。

碳的质量分数在 0.35% 以上的铸造碳钢件也可采用调质（淬火 + 高温回火）处理，以改善其综合力学性能。小型碳钢铸件可由铸态直接进行调质处理；大型或形状复杂的碳钢铸件，则宜在正火处理后再进行调质处理。

表 11-15 为碳钢铸件的退火工艺及退火后硬度。表 11-16 为碳钢铸件的正火处理工艺及正火后硬度。表 11-17 为碳钢铸件的淬火温度、回火温度及其硬度。

表 11-15　碳钢铸件的退火工艺及退火后硬度

材质牌号	碳含量（质量分数,%）	退火温度/℃	保温[1]		冷却方式	硬度 HBW
			铸件壁厚/mm	时间/h		
ZG200-400	0.10 ~ 0.20	910 ~ 880	< 30	1	炉冷至620℃后出炉空冷	115 ~ 143
ZG230-450	0.20 ~ 0.30	900 ~ 870				133 ~ 156
ZG270-500	0.30 ~ 0.40	890 ~ 860				143 ~ 187
ZG310-570	0.40 ~ 0.50	870 ~ 840	30 ~ 100	每增加30mm，增加1h		156 ~ 217
ZG340-640	0.50 ~ 0.60	860 ~ 830				187 ~ 230

① 生产中大件或特大件的保温时间按每增加 100mm 保温时间增加 2 ~ 4h 计算，可根据具体实际情况而定。

表 11-16　碳钢铸件的正火处理工艺及正火后硬度

材质牌号	碳含量（质量分数,%）	正火温度/℃	回火[1]		硬度 HBW
			温度/℃	冷却方式[2]	
ZG200-400	0.10 ~ 0.20	930 ~ 890	540 ~ 610	炉冷或空冷	126 ~ 149
ZG230-450	0.20 ~ 0.30	930 ~ 890	540 ~ 610	炉冷或空冷	139 ~ 169
ZG270-500	0.30 ~ 0.40	890 ~ 860	550 ~ 620	炉冷或空冷	149 ~ 187
ZG310-570	0.40 ~ 0.50	890 ~ 850	550 ~ 650	炉冷或空冷	163 ~ 217
ZG340-640	0.50 ~ 0.60	870 ~ 830	550 ~ 650	炉冷或空冷	187 ~ 228

① 铸件形状复杂者可在正火后回火，一般不必回火。

② 小试样空冷，而一般铸钢件常采用回火后炉冷。

表 11-17　碳钢铸件的淬火温度、回火温度及其硬度　　（续）

碳含量(质量分数,%)和材质牌号	淬火温度/℃	回火温度/℃	回火后硬度 HBW	碳含量(质量分数,%)和材质牌号	淬火温度/℃	回火温度/℃	回火后硬度 HBW
0.35 ~ 0.45（小试验件）	830 ~ 850（水淬）	300 ~ 400	364 ~ 444	ZG310-570（0.40 ~ 0.50）（一般生产常用工艺规程）	820 ~ 840（水淬、油淬）	530 ~ 560	229 ~ 269
		400 ~ 450	321 ~ 415			550 ~ 580	217 ~ 255
		510 ~ 550	241 ~ 286			560 ~ 590	207 ~ 241
		540 ~ 580	228 ~ 269			570 ~ 600	187 ~ 229
		580 ~ 640	192 ~ 228				
0.45 ~ 0.55（小试验件）	810 ~ 830（水淬、油淬）	550 ~ 630	220 ~ 240				
		450	≈269				
		550	≈248				
		650	≈228				
ZG270-5000（0.30 ~ 0.40）（一般生产常用工艺规程）	840 ~ 880（水淬、油淬）	520 ~ 550	229 ~ 269				
		530 ~ 560	217 ~ 255				
		540 ~ 570	207 ~ 241				
		550 ~ 580	187 ~ 229				

11.3.2　中、低合金钢铸件的热处理

中、低合金铸钢含有少量硅、锰、铬、钼、镍、铜和钒等合金元素（合金元素总质量分数小于8%），具有较好的淬透性，经适当的热处理后可获得良好的综合力学性能。中、低合金铸钢的热处理特点如下：

1) 中、低合金铸钢件大多用于汽车、拖拉机等机械工业要求有良好强度和韧性的重要部件。一般来说，对于抗拉强度要求小于650MPa者，施以正火 + 回火处理；对于抗拉强度要求大于650MPa者，则采

用淬火＋高温回火处理，热处理后组织为回火索氏体。这比正火或退火所得珠光体及铁素体组织具有更高的强度和良好的韧性。这种热处理通常称之为调质处理。但当铸件形状及尺寸不宜淬火时，则宜采用正火＋回火取代调质处理，而所得力学性能也较之淬火钢略低。

2）中、低合金铸钢件在调质处理前最好进行一次正火或正火＋回火预处理，以细化晶粒、均匀组织、增强最终调质处理的效果，也有利于减少铸态组织对调质后铸钢性能的影响，以及避免铸件内部铸造应力而导致铸件淬火时变形或开裂的可能性。对于碳的质量分数在 0.2% 以下的低碳低合金铸钢件调质前可采用正火预处理。表 11-18 为常用低合金铸钢件的正火或正火＋回火温度范围。

3）中、低合金铸钢件的淬火处理要求尽可能得到马氏体组织。为此，应根据铸钢的牌号、淬透性和铸件壁厚、形状等来选择淬火温度和冷却介质。图 11-20 所示为低合金铸钢碳的质量分数和组织中马氏体体积分数对硬度的影响。表 11-19 为常用低合金钢铸件调质处理规范。

表 11-18　常用低合金铸钢件的正火或正火＋回火温度范围

牌　　号	正火温度 /℃	回火温度 /℃	硬度 HBW
ZG40Mn	860～880	570～640	≥163
ZG40Mn2	850～880	560～640	≥197
ZG50Mn2	850～880	850～880	—
ZG20Mn	900～930	530～600	≥145
ZG35Mn	860～900	560～620	—
ZG20MnMo	890～920	550～660	≥156
ZG35SiMnMo	880～900	560～650	—
ZG40Cr1	860～890	580～660	≥212
ZG35Cr1Mo	870～900	570～640	—
ZG42Cr1Mo	850～870	550～640	—
ZG35CrMnSi	850～900	550～600	≥217
ZG55CrMnMo	840～870	560～650	197～241

注：1. 实际生产中采用的正、回火温度常略高于表中下限数据。

2. 本表牌号采用标准：JB/T 6402—2018。

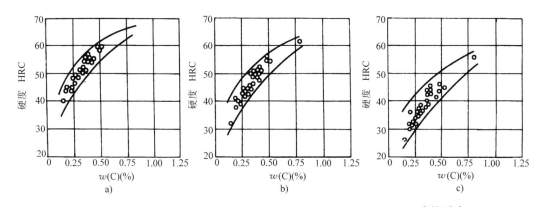

图 11-20　低合金铸钢碳的质量分数和组织中马氏体体积分数对硬度的影响

a）99.9% 马氏体　b）90% 马氏体　c）50% 马氏体

表 11-19　常用低合金钢铸件调质处理规范

牌　　号	淬火温度 /℃	回火温度 /℃	硬度 HBW
ZG40Mn2	830～850	530～600	269～302
ZG35Mn	870～890	580～600	≥195
ZG35SiMnMo	880～920	550～650	—
ZG40Cr1	830～850	520～680	—
ZG35Cr1Mo	850～880	590～610	—
ZG42Cr1Mo	850～860	550～600	200～250
ZG50Cr1Mo	830～860	540～680	200～270
ZG30CrNiMo	860～870	600～650	≥220
ZG34Cr2Ni2Mo	840～860	550～600	241～341

4）中、低合金钢铸件淬火后应立即回火，调整铸钢的淬火组织，以达到所需的综合力学性能要求，同时消除淬火应力，防止淬火铸件变形或开裂。图 11-21 所示为 3 种低合金铸钢回火温度与硬度的关系。表 11-20 为常用变形调质低合金铸钢回火温度与回火后硬度的关系，供参考。

5）韧化处理是一种在不降低钢强度的条件下，改善其塑性、韧性的处理工艺。它适用于中碳低合金高强度钢铸件。

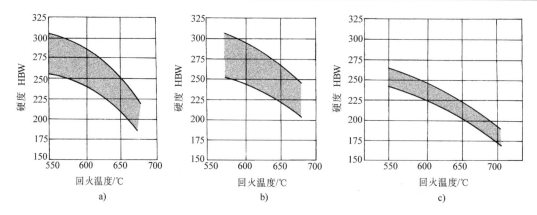

图 11-21　3 种低合金铸钢回火温度与硬度的关系

a)$w(C) = 0.30\%$ 的 Ni-Cr-Mo 钢　　b)$w(C) = 0.30\%$ 的 Mn-Mo 钢

c)$w(C) = 0.20\%$ 的 Cr-Mo 钢

表 11-20　常用变形调质低合金铸钢回火温度与回火后硬度的关系

回火后硬度　HRC	25~30	30~35	35~40	40~45	45~50	50~55	55~60
牌　　　号	回火温度/℃						
ZG30Mn	490	400	350	300	200	—	—
ZG40Mn	540	—	—	—	—	200	—
ZG40Mn2	540	420	370	320	270	240	—
ZG50Mn2	600	—	480	400	300	—	—
ZG35SiMn	560	520	460	400	350	200	—
ZG40Cr1	580	510	470	420	340	200	<160
ZG35Cr1Mo	600	550	480	400	300	200	—
ZG42Cr1Mo	620	580	500	400	300	—	180
ZG65Mn	660	600	520	440	380	300	230

① 高温淬火工艺。中碳低合金钢以正常温度淬火后，其组织以片状马氏体为主。提高淬火温度，则淬火后组织中以板条状马氏体为主。其特点是强度高、韧性好，且消除了钢中有害杂质在晶界上的吸附，有利于改善钢的韧性。

② 亚临界（两相）区淬火工艺。低碳低合金铸钢一般采用完全淬火，但淬火组织中常因有沿晶析出的共析铁素体，降低了钢的韧性，而两相区淬火即为在温度 $Ac_1 \sim Ac_3$ 之间淬火。其淬火组织为马氏体和均匀分布的细小铁素体的复相组织，减少了一般淬火铸钢回火脆性的危险，显著地提高了铸钢的韧性，降低了铸钢的低温脆变温度。低碳钢在双相区淬火并具有铁素体 + 马氏体组织的称为双相钢。低碳钢双相区淬火工艺示意图如图 11-22 所示。值得注意的是：随着钢中碳含量的增多，双相钢的强度增大，断后伸长率下降。而与一般双相钢相比较，双相区二次淬火后，钢的强度和塑性同时得到了提高，其中尤其是塑性的提高更为显著。

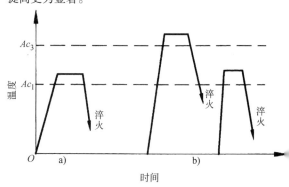

图 11-22　低碳钢双相区淬火工艺示意图

a）普通双相区淬火　b）双相区二次淬火

③ 细化或超细化处理。对于高碳低合金过共析铸钢，细化其碳化物并改善其分布特性，是提高该类钢种韧性的有效方法。图 11-23 所示为铸造工具钢碳

化物微细化淬火工艺曲线。此工艺特点是采用高温来固溶钢中的过剩碳化物，而后油冷淬火，得到马氏体 + 残留奥氏体组织，而后在 350 ~ 450℃ 回火，得到贝氏体及回火马氏体，并同时得到极细的颗粒状碳化物。以此预处理作为钢最终热处理前的准备，以获得较细颗粒碳化物组织，提高铸钢的性能。

表 11-21 为中、低合金钢铸件常用的热处理规范。

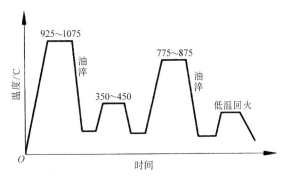

图 11-23 铸造工具钢碳化物
微细化淬火工艺曲线

表 11-21 中、低合金钢铸件常用的热处理规范

牌号[①]	热处理规范			
	方式	温度/℃	冷却	硬度 HBW
锰钢				
ZG16Mn	正火	900	空冷	—
	回火	600		
ZG22Mn	正火	880 ~ 900	空冷	155
	回火	680 ~ 700		
ZG25Mn	退火			155 ~ 170
ZG25Mn2	或	—	—	200 ~ 250
ZG30Mn	回火			160 ~ 170
ZG35Mn	正火	850 ~ 860	空冷	
	回火	560 ~ 600		
ZG40Mn	正火	850 ~ 860	空冷	163
	回火	550 ~ 600	炉冷	
ZG40Mn2	退火	870 ~ 890	炉冷	187 ~ 255
	淬火	830 ~ 850	油冷	
	回火	350 ~ 450	空冷	
ZG45Mn	正火	840 ~ 860	空冷	196 ~ 235
	回火	550 ~ 600	炉冷	
ZG45Mn2	正火	840 ~ 860	空冷	≥179
	回火	550 ~ 600	炉冷	

(续)

牌号[①]	热处理规范			
	方式	温度/℃	冷却	硬度 HBW
锰钢				
ZG50Mn	正火	860 ~ 880	空冷	180 ~ 220
	回火	570 ~ 640	炉冷	
ZG50Mn2	正火	850 ~ 880	空冷	—
	回火	550 ~ 650	炉冷	
ZG65Mn	正火	840 ~ 860	—	187 ~ 241
	回火	600 ~ 650		
硅锰钢				
ZG20Mn (ZG20SiMn)[②]	正火	900 ~ 920	空冷	156
	回火	570 ~ 600	炉冷	
ZG30SiMn	正火	870 ~ 890	空冷	—
	回火	570 ~ 600	炉冷	
	淬火	840 ~ 880	水/油冷	
	回火	550 ~ 600	炉冷	
ZG35Mn (ZG35SiMn)[②]	正火	860 ~ 880	空冷	163 ~ 207
	回火	550 ~ 650	炉冷	
	淬火	840 ~ 860	油冷	196 ~ 255
	回火	550 ~ 650	炉冷	
ZG45SiMn	正火	860 ~ 880	空冷	—
	回火	520 ~ 650	炉冷	
锰钼钢				
ZG20MnMo	正火	860 ~ 880	—	—
	回火	520 ~ 680		
铬锰硅钢				
ZG30CrMnSi	正火	800 ~ 900	空冷	202
	回火	400 ~ 450	炉冷	
ZG35CrMnSi	正火	800 ~ 900	空冷	≤217
	回火	400 ~ 450	炉冷	
	正火	830 ~ 860	空冷	—
	回火	830 ~ 860	油冷	
		520 ~ 680	空/炉冷	
铬三钼钒硼钢				
ZG20Cr3MoVB	退火	1040	—	210 ~ 240
	正火	980 ~ 1000		
	回火	700		
铬锰硅钼钛钢				
ZG30CrMnSiMoTi	退火	890	—	49HRC
	淬火	840		
	回火	300		

（续）

牌号[①]	热处理规范			
	方式	温度/℃	冷却	硬度 HBW
硅锰钼钢				
ZG35SiMnMo	正火	880~900	空冷	—
	回火	550~650	炉冷	
	淬火	840~860	油冷	
	回火	550~650	炉冷	
锰钼钒和硅锰钼钒钢				
ZG42MnMoV	淬火	840	油冷	241~286
	回火	560	炉冷	
ZG35SiMnMoV	淬火	880	油冷	228
	回火	620	炉冷	
铬钢				
ZG30Cr	淬火	840~860	油冷	≤212
	回火	540~680	炉冷	
ZG40Cr1 （ZG40Cr）[②]	正火	860~880	空冷	≤212
	回火	520~680	空炉冷	
	正火	830~860	空冷	229~321
	淬火	830~860	油冷	
	回火	525~680	炉冷	
ZG50Cr	淬火	825~850	油冷	≥248
	回火	540~680	炉冷	
ZG70Cr	正火	840~860	空冷	≥217
	回火	630~650	炉冷	
锰钼钒铜钢				
ZG15MnMoVCu	退火	940~980	—	220
	正火	900~960		
	回火	600~700		
铬钼钒钢				
ZG20CrMoV	正火	940~1000	空冷	140
	正火	920~940	空冷	
	回火	690~710	炉冷	
ZG15Cr1Mo1V	正火	1020~1050	—	120
	回火	650~680		
硅钼钢				
ZG35SiMo	正火	880~900	—	—
	回火	560~580		
钼钢				
ZG20Mo	正火	900~920	空冷	135
	回火	600~650	炉冷	

（续）

牌号[①]	热处理规范			
	方式	温度/℃	冷却	硬度 HBW
铬钼钢				
ZG20CrMo	正火	880~900	空冷	135
	回火	600~650	炉冷	
ZG35Cr1Mo （35CrMo）[②]	正火	900	空冷	—
	回火	550~600	炉冷	
	淬火	850	油冷	217
	回火	600	炉冷	
铬铜钢				
ZG14Cr5Cu	退火	880~900	—	35HRC
	正火	920		
	回火	600		
	回火	400		

① 本表牌号为 JB/T 6402—2018 标准或本手册第 5.2 章中所列的牌号，个别为传统牌号。

② 括号内为传统牌号。

11.3.3　耐磨铸钢件的热处理

1. 耐磨高锰钢铸件的固溶热处理——水韧处理

耐磨高锰钢的铸态组织中有大量析出的碳化物，因而其韧性较低，使用中易断裂。

高锰钢铸件固溶热处理的主要目的是消除铸态组织中晶内和晶界上的碳化物，得到单相奥氏体组织，以提高高锰钢的强度和韧性，扩大其应用范围。

图 11-24 所示为 Fe-Mn-C 三元系含 $w(Mn)=13\%$ 的断面相图。要消除其铸态组织的碳化物，须将钢加热至 1040℃以上，并保温适当时间，使其碳化物完全固溶于单相奥氏体中，随后快速冷却得到奥氏体固溶体组织。这种固溶处理又称为水韧处理。

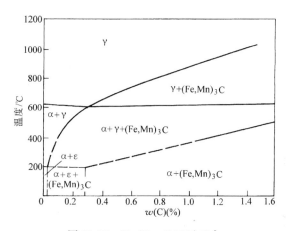

图 11-24　Fe-Mn-C 三元系含 $w(Mn)=13\%$ 的断面相图

（1）水韧处理的温度　水韧温度取决于高锰钢成分，通常为 1050～1100℃。碳含量高或者合金含量高的高锰钢应取水韧温度的上限，如 ZG120Mn13Cr2 钢和 ZG120Mn17 钢。但过高的水韧温度会导致铸件表面严重脱碳，并促使高锰钢的晶粒迅速长大，影响高锰钢的使用性能。图 11-25 所示为高锰钢在 1100℃保温 2h 后铸件表面碳和锰元素的变化。

（2）加热速率　锰钢比一般碳钢的导热性差，高锰钢铸件在加热时应力较大而易开裂，因此其加热速率应根据铸件的壁厚和形状而定。一般薄壁简单铸件可采用较快速率加热；厚壁铸件则宜缓慢加热。为减少铸件在加热过程中变形或开裂，生产上常采用预先在 650℃左右保温，使厚壁铸件内外温差减小，炉内温度均匀，之后再快速升到水韧温度的处理工艺。图 11-26 所示为典型高锰钢的水韧处理工艺规范。

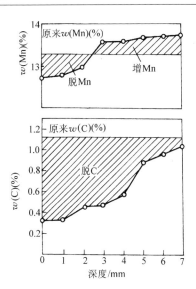

图 11-25　高锰钢在 1100℃保温
2h 后铸件表面碳和锰元素的变化

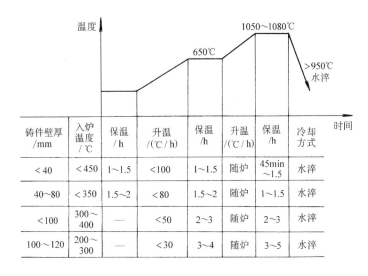

铸件壁厚 /mm	入炉 温度 /℃	保温 /h	升温 /(℃/h)	保温 /h	升温 /(℃/h)	保温 /h	冷却 方式
<40	<450	1～1.5	<100	1～1.5	随炉	45min ～1.5	水淬
40～80	<350	1.5～2	<80	1.5～2	随炉	1～1.5	水淬
<100	300～ 400	—	<50	2～3	随炉	2～3	水淬
100～120	200～ 300	—	<30	3～4	随炉	3～5	水淬

图 11-26　典型高锰钢的水韧处理工艺规范

（3）保温时间　保温时间主要取决于铸件壁厚，以确保铸态组织中的碳化物完全溶解和奥氏体的均匀化。通常保温时间可按铸件壁厚 25mm 保温 1h 计算。图 11-27 所示为保温时间对高锰钢表面脱碳层深度的影响。

（4）冷却　冷却过程对铸件的性能指标及组织状态有很大的影响。图 11-28 所示为高锰钢的冷却速度与常温组织。

水韧处理时铸件入水前的温度在 950℃以上，以免碳化物重新析出，为此，铸件从出炉到入水时间不应超过 30s，水温保持在 30℃以下，铸件入水后最高水温不超过 50℃。水温对高锰钢力学性能的影响见表 11-22。温度较高时高锰钢的力学性能显著下降。水韧处理时水量须达到铸件和吊栏重量的 8 倍以上，若用非循环水需定期增加水量。最好使用水质干净的循环水或采用压缩空气搅动的池水。用吊篮吊淬时，可采用摆动吊篮的方式加速铸件的冷却。

高锰钢水韧处理多用台车式热处理炉。铸件入水常用自动倾翻或吊篮吊淬方式。前者对大件及形状复杂的薄壁件易引起变形，水韧处理后铸件从水池中取出也较为困难；后者水韧处理后取出铸件较为方便，但吊篮消耗大。

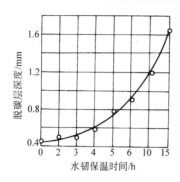

图 11-27　保温时间对高锰
钢表面脱碳层深度的影响

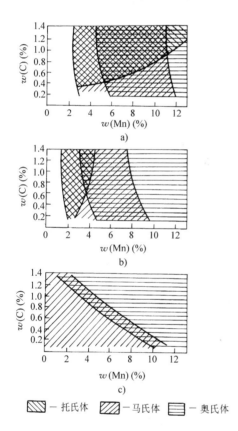

▨ — 托氏体　▨ — 马氏体　▤ — 奥氏体

图 11-28　高锰钢的冷却速度与常温组织

a) 炉中冷却的组织　b) 空气中冷却
的组织　c) 水中冷却的组织

表 11-22　水温对高锰钢力学性能的影响

材料	水温/℃	力学性能				
		R_m/MPa	$R_{p0.2}$/MPa	A(%)	Z(%)	KU_2/J
ZGMn13	10	666.85	353.03	23	28.3	98.8
ZGMn13	60	539.37	353.03	13.5	19	44.8

2. 耐磨高锰钢铸件的铸态余热热处理

为缩短热处理周期,可利用铸态余热进行高锰钢水韧处理。其工艺为:铸件于 1100～1180℃时自铸型中取出,经除芯清砂后,铸件温度允许冷却到 900～1000℃,然后装入加热到 1050～1080℃的炉内保温 3～5h 后水冷。该处理工艺简化了热处理工艺,减少了铸件在型内的冷却时间,但生产操作上有一定难度。表 11-23 为不同热处理工艺高锰钢试样的力学性能。

表 11-23　不同热处理工艺高锰钢
试样的力学性能

热处理工艺		R_m/MPa	$R_{p0.2}$/MPa	A(%)
方法	规　范			
利用铸件余热处理	试样温度为 1150℃时,从铸型中取出淬火(未均匀化)	320	—	3.4
	在 1080℃ 均匀化 1h,水冷	400	210	5.0
	在 1080℃ 均匀化 3h,水冷	550	350	18.0
	在 1080℃ 均匀化 5.5h,水冷	570	340	19.0
常规处理	在 5h 内把铸件加热到 1080℃,保温 3h,水冷	560	220	12

3. 耐磨高锰钢铸件的沉淀强化热处理

耐磨高锰钢沉淀强化热处理的目的,是在加入适量碳化物形成元素(如钼、钨、钒、钛、铌和铬)的基础上,通过热处理方法在高锰钢中得到一定数量和大小的弥散分布的碳化物第二相质点,强化奥氏体基体,提高高锰钢的耐磨性。但这种热处理工艺较复杂,并使生产成本增加。

耐磨高锰钢 4 种沉淀强化热处理工艺如图 11-29 所示。

4. 水韧处理后高锰钢的金相组织

高锰钢经水韧处理后,如碳化物完全消除,则为单一奥氏体组织(见图 11-30)。这样的组织,只有在薄壁铸件上才可能得到。通常允许奥氏体晶粒内或晶界上有少量碳化物。高锰钢组织中的碳化物,按其产生的原因分为 3 种:①未溶碳化物,是水韧处理未能溶解的铸态组织中碳化物。②析出碳化物,是因为水韧处理时冷却速度不够高,在冷却过程中析出的。③过热碳化物,是因水韧处理时加热温度过高而析出的共晶碳化物。前两种碳化物，可通过再次热处理予以消除，过热产生的共晶碳化物则不能借再次热处理消除。由于共晶碳化物超标而判定不合格的铸件，只能报废，不允许再次热处理。

关于碳化物的评定，我国已制定国家标准 GB/T 13925—2010《铸造高锰钢金相》，其简要内容见表 11-24。关于耐磨中锰钢铸件的热处理，可参考上述高锰钢的处理。

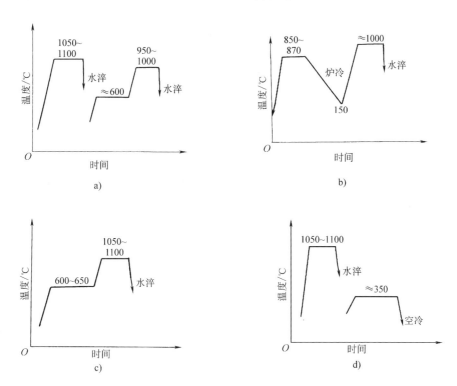

图 11-29　耐磨高锰钢 4 种沉淀强化热处理工艺示意图
a）工艺 I　　b）工艺 II　　c）工艺 III　　d）工艺 IV

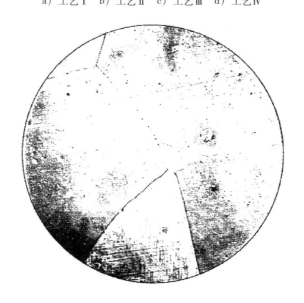

图 11-30　单一奥氏体组织　×500

表 11-24　铸造高锰钢组织中的碳化物评级

| 碳化物分类 | 级别及其特征 | | 评定② | 示例图号 |
	分级代号	特征①		
未溶碳化物	W1	晶界、晶内有平均直径≤5mm 的未溶解碳化物，ϕ80mm 视场内总数为 1 个	合格	图 11-31
	W2	晶界、晶内有平均直径≤5mm 的未溶解碳化物，ϕ80mm 视场内总数为 2 个	合格	图 11-32
	W3	晶界、晶内有平均直径≤5mm 的未溶解碳化物，ϕ80mm 视场内总数为 3 个	合格	图 11-33
	W4	晶界、晶内有平均直径≤5mm 的未溶解碳化物，ϕ80mm 视场内总数多于 3 个	不合格	图 11-34
	W5	晶界、晶内有平均直径＞5mm 的未溶解碳化物或有聚集	不合格	图 11-35
	W6	未溶解碳化物呈大块状沿晶界分布，有部分聚集	不合格	图 11-36
	W7	未溶解碳化物呈大块状沿晶界分布，有大量聚集	不合格	图 11-37
析出碳化物	X1	少量碳化物以点状沿晶界分布	合格	图 11-38
	X2	少量碳化物以点状及短线状沿晶界分布	合格	图 11-39
	X3	碳化物以细条状及颗粒状沿晶界呈断续网状分布	合格	图 11-40
	X4	碳化物以细条状沿晶界呈网状分布	不合格	图 11-41
	X5	碳化物以条状沿晶界呈网状分布，晶内并有细针状析出	不合格	图 11-42
	X6	碳化物以条状及羽毛状沿晶界两侧呈网状分布	不合格	图 11-43
	X7	碳化物以片状及粗针状沿晶界两侧呈粗网状分布	不合格	图 11-44
过热碳化物	G1	少量共晶碳化物沿晶界分布	合格	图 11-45
	G2	共晶碳化物沿晶界或晶内分布	合格	图 11-46
	G3	共晶碳化物沿晶界呈断续网状分布	不合格	图 11-47
	G4	共晶碳化物沿晶界呈粗网状分布	不合格	图 11-48

①　在放大倍数为 500 倍下所见（选最严重处）。

②　这是一般的评定标准，有特殊要求时可由供需双方另行商定。

5. 耐磨中合金钢铸件的热处理

　　耐磨中合金钢铸件热处理的目的，是得到高强韧性和高硬度的马氏体基体组织，以提高钢的强度、韧性及耐磨性。

　　耐磨中合金钢因含有较多的铬元素而具有较高的淬透性，通常经 950～1000℃ 奥氏体化，后在空气中淬火，并及时回火。为了保证获得较高的硬度并避免回火脆性，通常经 200～300℃ 的回火。

6. 耐磨低合金钢铸件的热处理

　　耐磨低合金钢铸件依合金成分及碳含量不同而采用水淬、油淬及空淬热处理，某些工况下使用的珠光体耐磨钢则采用正火 + 回火的热处理方式。其相应的牌号参见本手册第 7 章 7.3 节。

　　耐磨低合金钢铸件通常采用 850～950℃ 淬火，200～300℃ 回火，以获得高强韧性、高硬度的马氏体基体，提高钢的耐磨性。

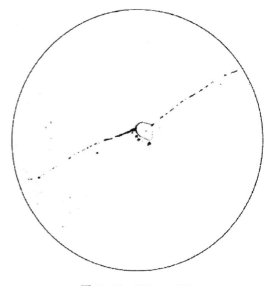

图 11-31　W1　×500

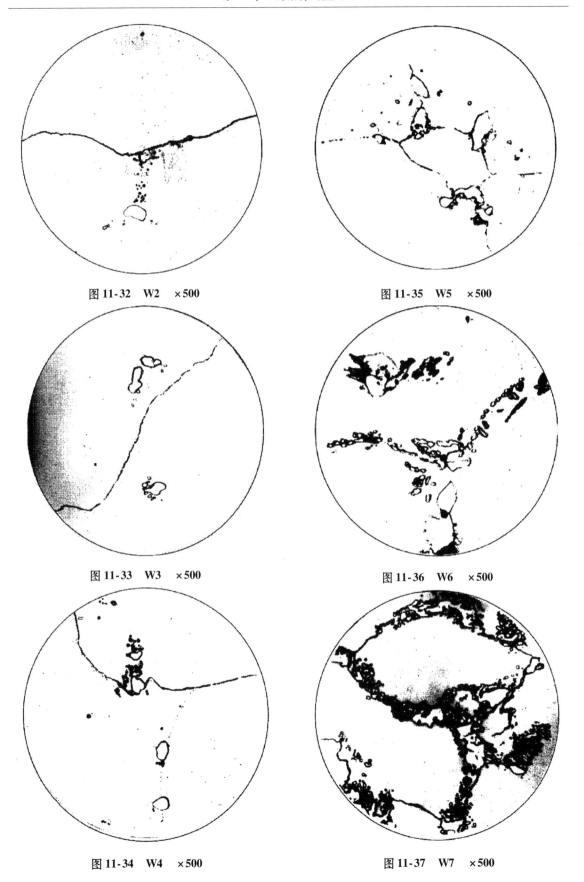

图 11-32 W2 ×500

图 11-35 W5 ×500

图 11-33 W3 ×500

图 11-36 W6 ×500

图 11-34 W4 ×500

图 11-37 W7 ×500

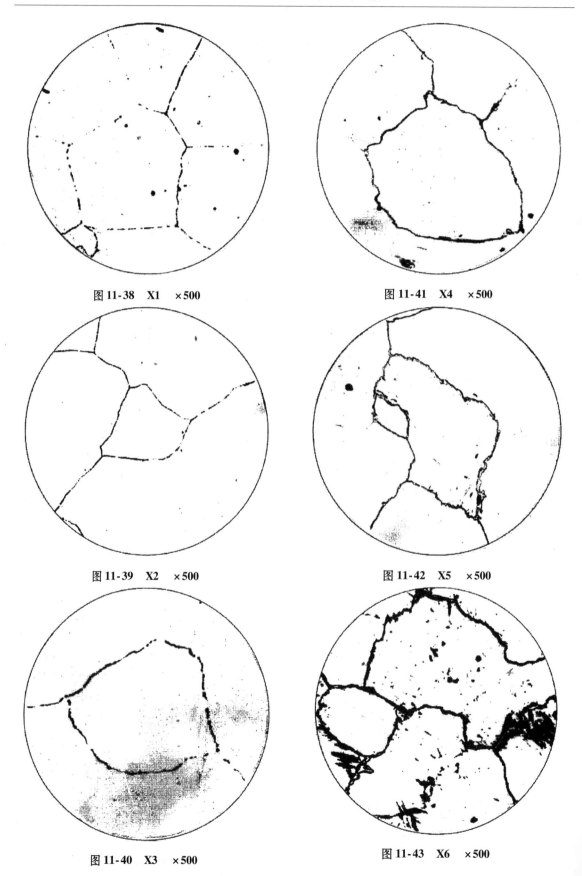

图 11-38　X1　×500

图 11-41　X4　×500

图 11-39　X2　×500

图 11-42　X5　×500

图 11-40　X3　×500

图 11-43　X6　×500

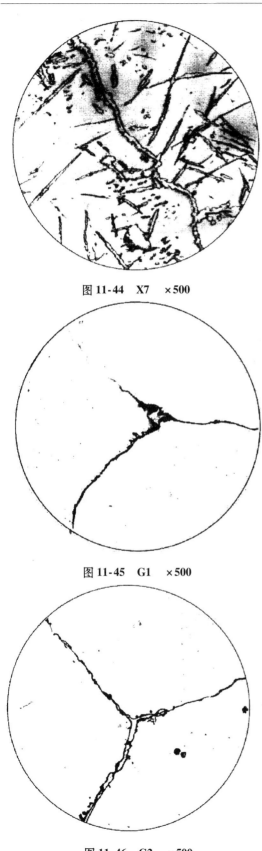

图 11-44 X7 ×500

图 11-45 G1 ×500

图 11-46 G2 ×500

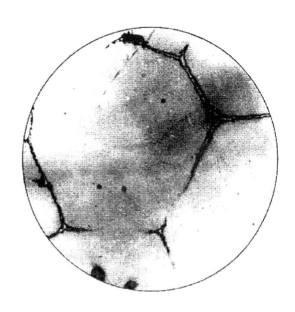

图 11-47 G3 ×500

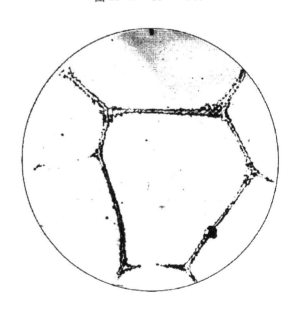

图 11-48 G4 ×500

11.3.4 耐蚀不锈钢铸件的热处理

1. 马氏体耐蚀不锈钢铸件的热处理

马氏体耐蚀不锈铸钢中铬的质量分数为 13%，且碳含量较高，淬透性好，经适当热处理后，不仅具有良好的综合力学性能，耐蚀性也较好，故该钢种常以热处理状态供货。

马氏体耐蚀不锈铸钢常用的调质处理工艺，通常选用950～1050℃油淬或空冷，然后650～750℃回火——调质处理。一般淬火后应立即回火，以防止因淬火组织应力而导致铸件开裂。调质状态组织为回火索氏体和铁素体。图11-49所示为淬火温度对$w(Cr)=13\%$的马氏体耐蚀不锈铸钢脆性转变温度的影响。表11-25为4种不同热处理规范对ZG15Cr13（CA15）铸钢力学性能的影响。表11-26为不同回火温度下ZG15Cr13（CA15）铸钢的力学性能。表11-27为不同回火温度下ZG30Cr13（CA40）铸钢的力学性能。

ZG15Cr13、ZG30Cr13铸钢在300～600℃会出现回火脆性，故应尽量避免在此脆性区回火。图11-50所示为回火温度对ZG06Cr13Ni4Mo（CA6NM）耐蚀不锈铸钢力学性能的影响。表11-28为马氏体耐蚀不锈铸钢的热处理规范。

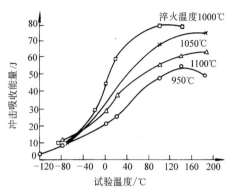

图 11-49　淬火温度对 $w(Cr)=13\%$ 的马氏体耐蚀不锈铸钢脆性转变温度的影响（试样尺寸：60mm×10mm×10mm）

表 11-25　4 种不同热处理规范对 ZG15Cr13（CA15）铸钢力学性能的影响

类别	热处理规范				R_m/MPa	$R_{p0.2}$/MPa	A（%）	Z（%）
	方式	温度/℃	时间/h	冷却				
I	均匀化	1000	1	空冷	1230	1010	9.0	13.0
	淬火	950	0.5	油冷	1250	970	12.5	28.0
					1280	990	7.0	14.0
	回火	300	3	空冷	1320	1020	8.0	12.5
II	退火	900	1	炉冷	1260	1120	6.5	9.5
	淬火	1010	1.25	油冷	1300	1130	5.5	16.0
					1340	1070	9.0	23.0
	回火	370	3	空冷	1380	1050	12.0	42.0
III	退火	900	1	炉冷	790	480	15.5	60.0
	淬火	1010	1.25	油冷	810	630	16.5	37.0
					830	680	9.5	23.0
	回火	620	2	空冷	860	590	12.5	32.0
IV	退火	900	1	炉冷	680	520	21.0	65.0
	淬火	995	1.5	强制空冷	710	540	20.5	56.0
					710	540	18.5	61.5
	回火	700	2	空冷	720	550	20.5	60.0

注：CA15为美国牌号。试样由基尔试块制取，每一类热处理方法数据做4次试验。

表 11-26　不同回火温度下 ZG15Cr13（CA15）铸钢的力学性能

回火温度/℃	R_m/MPa	$R_{p0.2}$/MPa	A（%）	Z（%）	硬度 HBW	夏比缺口冲击吸收能量/J
315	1380	1035	7	25	390	20
595	930	795	17	55	260	14
650	795	695	22	55	225	27
790	690	515	30	60	185	47

注：经 980℃ 空淬后回火。

表 11-27　不同回火温度下 ZG30Cr13（CA40）铸钢的力学性能

回火温度/℃	R_m/MPa	$R_{p0.2}$/MPa	A（%）	硬度 HBW	夏比缺口冲击吸收能量/J
315	1517	1138	1	470	1.4
595	1034	862	10	310	2.7
650	965	780	14	267	5.4
760	758	462	18	212	4.1

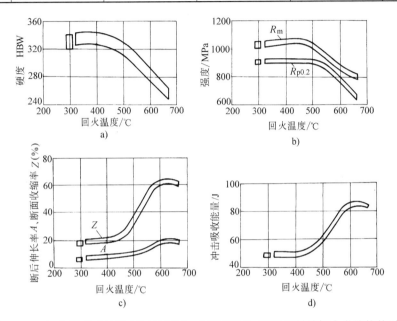

图 11-50　回火温度对 ZG06Cr13Ni4Mo（CA6NM）耐蚀不锈铸钢力学性能的影响

a）对硬度的影响　b）对强度的影响　c）对断后伸长率及断面收缩率的影响

d）对冲击吸收能量的影响

表 11-28　马氏体耐蚀不锈铸钢的热处理规范

牌　号	退火温度[1]/℃	淬火温度[2]/℃	回火温度[3]/℃	R_m/MPa	硬度 HRC
		—	—	550	—
ZG15Cr13	845~900	925~1010	<310	1380	36~45
		925~1010	590~760	690~930	18~30
		—	—	620	—
ZG30Cr13	840~900	980~1010	<315	1380	45~55
		980~1010	595	1030	32~36
		980~1010	650	960	28~32
		980~1010	760	760	<28
ZG06Cr13Ni4Mo（CA6NM）[4]	760~815	950~980	>595	830	—

① 退火后，炉冷。

② 淬火保温时间至少 30min 后，油或空冷。

③ 回火温度不得采用 370~595℃。

④ CA6NM 为美国牌号，相当于 ZG06Cr13Ni4Mo。

含有少量镍、钼、硅等合金元素的高强度低碳马氏体型不锈钢铸件，经正回火处理后具有良好的综合力学性能、焊接性和耐磨性，广泛用于大型水轮机整铸或铸焊叶轮。其通常选用的热处理规范为 950 ~ 1050℃正火 + 600 ~ 670℃回火。对大型铸件如水轮机叶轮的热处理规范各参数（正火回火温度、保温时间及冷却速率等）必须予以严格控制，才能得到所规定的铸件性能要求。图 11-51 ~ 图 11-56 为正火温度、保温时间、正火后的冷却速率、回火温度及钼、硅含量对 ZG10Cr13Ni1 高强度马氏体型不锈铸钢性能的影响。

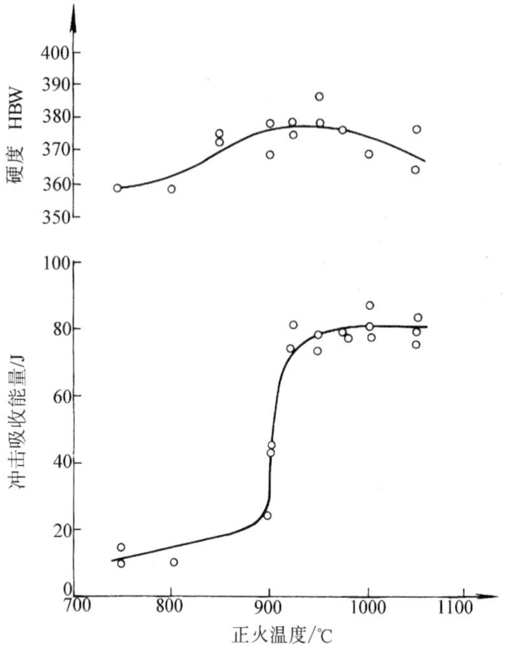

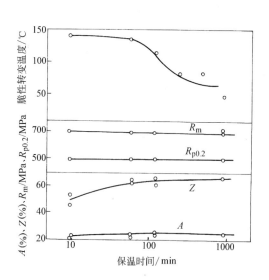

图 11-51　正火温度对铸钢（ZG10Cr13Ni1）
冲击吸收能量和硬度的影响

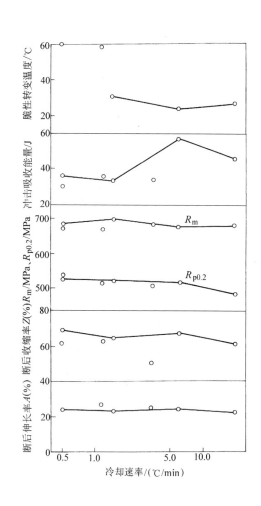

图 11-52　正火保温时间对铸钢
（ZG10Cr13Ni1）力学性能
及脆性转变温度的影响

图 11-53　正火后的冷却速率对铸钢
（ZG10Cr13Ni1）力学性能和
脆性转变温度的影响

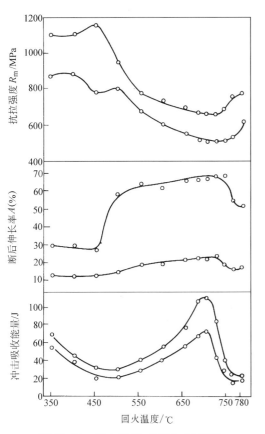

图 11-54 回火温度（20h）对铸钢
（ZG10Cr13Ni1）力学性能的影响

2. 铁素体型不锈钢铸件的热处理

铁素体型不锈钢铬的含量通常为 $w(Cr) = 15\% \sim 30\%$，由于钢中铬含量高，所以在莱氏体中的碳化物具有很高的稳定性，加热时无相变，不能利用热处理提高其力学性能，所以对耐腐蚀要求不高的铸件，可在铸态使用。如需改善耐蚀性和机加工性能，消除铸造应力可施行退火。为避免脆性，退火温度不应低于 540℃，也不能高于 850℃，而且退火保温终了后应空冷或水冷，不宜随炉冷却。

铁素体型不锈钢铸件退火热处理特点：

1）高铬不锈钢铸件加热时易引起晶粒粗化，而使铸件变脆，易产生晶间腐蚀，故应避免过热。

2）铁素体型不锈钢铸件在 850℃ 以上长时间保温时易被敏化。故铁素体型不锈铸钢的退火温度最好在 850℃ 以下。

3）铁素体型不锈钢铸件特别是含 $w(Cr) = 28\%$ 时，在加热到 700~800℃ 长时间保温或缓冷易产生 σ 相而发脆。同时在 370~540℃ 温度范围内长时间保温或缓冷也会产生脆性。

3. 奥氏体型不锈钢铸件的热处理

奥氏体型不锈钢铸件的铸态是奥氏体 + 碳化物或奥氏体 + 铁素体两相组织。为了使钢具有最佳的耐蚀性，一般该类铸钢件均需施行热处理。其热处理特点为：

（1）固溶处理 将铸件加热到 950~1175℃，保温后淬入水、油或空气中，使碳化物完全溶解，得到

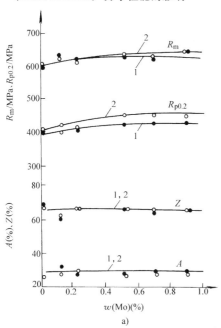
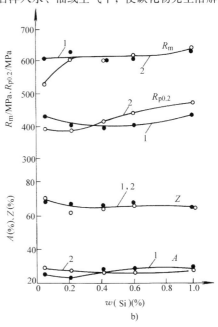

a) 　　　　　b)

图 11-55 钼、硅的含量对铸钢（ZG10Cr13Ni1）力学性能的影响
a）不同钼含量时　b）不同硅含量时
1—水冷　2—炉冷

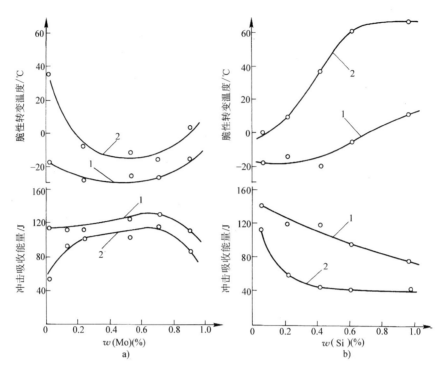

图 11-56　钼、硅的含量对铸钢（ZG10Cr13Ni1）冲击吸收能量的影响

a）不同钼含量时　b）不同硅含量时

1—水冷　2—炉冷

单相组织。固溶温度的选择取决于钢中碳含量。碳含量越高，所需固溶温度也越高。图 11-57 所示为 Fe-Ni-Cr 合金的碳溶解度曲线。常用奥氏体型不锈铸钢的固溶处理规范见表 11-29。

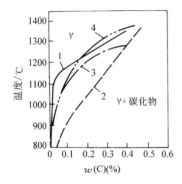

图 11-57　Fe-Ni-Cr 合金的碳溶解度曲线

1—15Cr35Ni　2—18Cr8Ni

3—25Cr12Ni　4—25Cr20Ni

奥氏体型不锈铸钢固溶处理的加热方式宜采用先低温预热，再快速加热到固溶温度，以减少加热过程中铸钢件表面与心部的温差。其保温时间决定于铸钢件壁厚，一般按每 25mm 壁厚保温 1h 计算，保证铸

件各断面全部热透即可。

固溶处理的冷却介质，可用水、油或空气，其中以水为常用。空气冷却仅适用于薄壁铸件。

对于不能或不适宜采用固溶处理的奥氏体型不锈铸钢，也可采用 870~980℃ 保温 24~48h 后空冷的处理工艺，来改善钢的耐蚀性。但此工艺对碳含量极低的不锈铸钢薄壁铸件或切削加工后需进行焊接的铸钢件不适用。

（2）稳定化处理　奥氏体型不锈钢铸件（18Cr8Ni 型）虽经固溶处理后具有最佳的耐蚀性。但当重新加热到 500~850℃ 或铸件在此温度使用时，则钢中碳化铬又会重新沿奥氏体晶界析出，导致钢晶界腐蚀破坏或焊缝开裂缺陷。这种现象称之为敏化。为了提高这类奥氏体型不锈铸钢的耐晶界腐蚀性能，一般添加钛、铌等合金元素，并在固溶处理后，再重新加热到 850~930℃，快冷。这样钛和铌的碳化物首先从奥氏体中析出，从而阻止了碳化铬的析出，改善了钢在上述温度加热使用时的耐晶界腐蚀性能。

4. 沉淀硬化型不锈钢铸件的热处理

沉淀硬化型不锈钢一般含有形成硬化相的铜、铅、钼、钛等合金元素。这类元素在奥氏体中有较大的溶解度，而在铁素体或马氏体中则很小。因此，沉淀硬化型不锈钢热处理首先是进行固溶处理，使铸态析出的硬化相充分溶解。然后再进行沉淀硬化处理，使二次硬化相析出从而达到提高不锈钢铸件的强度并使之兼有良好耐蚀性的目的。此外，固溶处理也会改善铸钢件的切削加工性能。

沉淀硬化型不锈铸钢热处理特点：

1）固溶处理前，最好先缓慢预热到650℃，然后再快速升温。铸件也可高温装炉。表11-30为不同壁厚铸件的最高装炉温度。

表 11-29　常用奥氏体型不锈铸钢的固溶处理规范

牌　号	固溶温度/℃	硬度 HBW
ZG03Cr18Ni10	1050 ~ 1100	—
ZG06Cr19Ni10	1080 ~ 1130	—
ZG12Cr18Ni9（G-X15CrNi18 8）[1]	1050 ~ 1100	140 ~ 190
ZGCr18Ni9Ti（12Х18Н9ТП）[2]	950 ~ 1050	125 ~ 180
ZGCr18Ni9Mo2Ti（Х18Н9М2）[2]	1000 ~ 1050	140 ~ 190
ZG1Cr18Ni12Mo2Ti（Х18Н12М2）[2]	1100 ~ 1150	—
ZGCr18Ni11Б（Х18Н11Б）[2]	1100 ~ 1150	—
ZG03Cr18Ni10（CF3）[3]	1040 ~ 1120	—
ZG08Cr19Ni11Mo3（CF3M）[3]	1040 ~ 1120	150 ~ 170
ZG08Cr19Ni9（CF8）[3]	1040 ~ 1120	140 ~ 156
ZG08Cr19Ni10Nb（CF8C）[3]	1065 ~ 1120 870 ~ 900 稳定化	149
ZG07Cr19Ni10Mo3（CF8M）[3]	1065 ~ 1120	156 ~ 210
ZG16Cr19Ni10（CF16F）[3]	1095 ~ 1150	150
ZG2Cr19Ni9（CF20）[3]	1095 ~ 1150	163
ZGCr19Ni11Mo4（CG8M）[3]	1040 ~ 1120	176
ZGCr24Ni13	1095 ~ 1150	190
ZG1Cr24Ni20Mo2Cu3	1100 ~ 1150	—
ZG2Cr25Ni20（CK20）[3]	1095 ~ 1175	144
ZGCr20Ni29Mo3Cu3（CH7M）[3]	1120	130
ZG1Cr17Mn13N	1100	223 ~ 235
ZG1Cr17Mn13Mo2CuN	1100	—
ZG0Cr17Mn13Mo2CuN	1100	223 ~ 248

注：1. 本表牌号参照本手册第6章。

　　2. 括号内为相近的外国钢号。

[1] 德国牌号。

[2] 俄罗斯牌号。

[3] 美国牌号。

表 11-30　不同壁厚铸件的最高装炉温度

铸件壁厚/mm	<75	75 ~ 150	150 ~ 200	200 ~ 250	250 ~ 300	>300
装炉时最高炉温/℃	1170	1100	980	870	760	650

2）固溶温度一般为1020 ~ 1060℃，保温时间按每25mm壁厚1h计算。固溶温度不宜过高，否则会因过热使钢的 Ms 点降低，增加钢中残留奥氏体，降低铸件强度。形状复杂的铸件，可将固溶温度降低到927℃。

3）为消除铸钢件中（特别是厚大件）存在的树枝状组织及成分偏析的不均匀性，最好在固溶前进行高温均匀化处理。均匀化的温度为1000 ~ 1150℃，保温时间根据铸件壁厚而定。

4）时效处理。时效处理温度可根据铸件对强度、硬度和韧性的要求适当地选择。表11-31为不同性能沉淀硬化型不锈钢的时效处理规范。图11-58所示为时效温度对ZGCr17Ni4Cu2沉淀硬化型不锈钢抗拉强度和条件屈服强度的影响。

表 11-31　不同性能沉淀硬化型不
锈钢的时效处理规范

铸件性能要求	时效处理规范
中等强度	565℃ ×4h
高韧性	580℃ ×4h 或（620℃ ±5℃）×4h
高冲击韧度	650℃ ×4h

5）为改善沉淀硬化型不锈钢的力学性能，在固溶处理后采用（700 ~ 810℃）×2h 空冷，再进行 620℃ ×4h 空冷两阶段热处理，其切削性能也有显著的改善。热处理后铸钢件性能见表 11-32。

表 11-33 为 ZGCr17Ni4Cu2（17-4PH）沉淀硬化型不锈铸钢热处理规范及其力学性能。

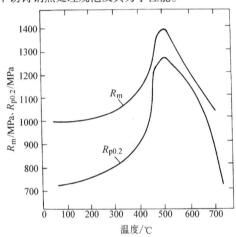

图 11-58　时效温度对 ZGCr17Ni4Cu2 沉淀
硬化型不锈钢抗拉强度和条件屈服强度的影响
（4 炉平均值，试样尺寸，25 ~ 88mm）

表 11-32　热处理后铸钢件性能

R_m /MPa	$R_{p0.2}$ /MPa	A (%)	KV_2/J（V 形缺口，-196℃）	硬度 HRC
894	693	24	340 ~ 366	30

11.3.5　耐热铸钢件的热处理

耐热铸钢根据其组织分为珠光体、马氏体、铁素体和奥氏体 4 种。其热处理不仅决定其相的类型和分布，而且也影响其各项性能。

珠光体耐热铸钢为低合金热强钢，大多用于工作温度为 600℃ 以下的汽轮机用铸钢件。其热处理工艺主要是采用正火或调质处理，以获得稳定的组织、良好的综合力学性能和规定的高温强度。

马氏体耐热铸钢是 $w(Cr)$ = 9% ~ 13% 中合金热强钢，大多用于温度 600℃ 以下承受应力的石油化工及玻璃工业。由于钢的淬透性好，其铸态组织为马氏体及少量碳化物。为获得良好的综合力学性能和高温抗氧化性能，常采用正火 + 回火热处理工艺。其中 $w(Cr)$ = 13% 铸钢正火空淬后应立即在 300℃ 或 600 ~ 800℃ 回火，而不允许 480℃ 回火，以免铸件变脆。

铁素体耐热铸钢为 $w(Cr)$ = 17% ~ 28% 及少量镍或无镍的高合金耐热不起皮铸钢，常用于工作在 800℃ 的加热炉用铸件。其铸态组织为铁素体，不能采用热处理来强化，大多以铸态供货。常用的热处理是退火消除应力，且在退火后快速冷却，以迅速通过 400 ~ 550℃ 脆性区。

奥氏体耐热铸钢分别含有 $w(Cr)$ = 13% ~ 25%、$w(Ni)$ = 10% ~ 20% 和以锰铝代镍铬的无镍铬耐热钢两类，均具有良好的高温强度和组织稳定性。常用于 600℃ 以上高温，有腐蚀介质的工作环境。一般在铸态使用，只有要求较高蠕变强度的铸件才进行固溶处理和时效处理。固溶处理的目的是溶解铸态析出的碳化物，获得单相奥氏体组织。固溶后时效处理，则使过饱和的固溶体均匀析出弥散碳化物相，提高铸钢抗蠕变强度。

表 11-34 为耐热铸钢件的热处理规范及使用情况。

表 11-33　ZGCr17Ni4Cu2（17-4PH）沉淀硬化型不锈铸钢热处理规范及其力学性能

热处理规范		R_m/MPa	$R_{p0.2}$/MPa	A (%)	Z (%)	KU_2/J	硬度 HBW
铸　　态							
1040℃ ×0.5h，空冷		1041	722	2.5	5.0	8	366
固溶温度/℃	时效温度/℃	950	774	13.5	37.0	—	310
800	470	1104	984	5	15	27	370
900	480	1223	1076	8	11	22	405
1000	540	1173	1012	13	32	26	367
1200	650	887	643	15	56	32	273

表 11-34　耐热铸钢件的热处理规范及使用情况

类　型	牌　号	供货状态及组织	热处理工艺	使用温度/℃	应用举例
珠光体型	ZG20CrMo	珠光体 铁素体	890～910℃正火 640～660℃回火	<520	汽轮机主汽阀、气缸、隔板、锅炉阀体
	ZG20CrMoV	珠光体 铁素体	940～950℃正火 920℃正火 690～710℃回火	<540	汽轮机气缸、锅炉阀
	ZG15Cr1Mo1V	珠光体 铁素体	1050℃正火 990℃正火 720℃回火	<570	汽轮机气缸、锅炉阀
马氏体型	ZGCr5Mo	马氏体 珠光体	900～1000℃正火 550～750℃回火 或980℃退火	<600	石油化工设备部件
	ZG10Cr6Si2Mo	马氏体 珠光体	930～950℃退火 940～960℃正火 650～800℃回火	<600	石油化工设备部件
	ZG40Cr9Si2	马氏体 碳化物	1000℃淬火或正火 680～700℃回火	<700	石油化工设备部件
	ZG4Cr9Mo1	马氏体 少量碳化物	885℃退火 995℃正火 675℃回火	<700	炼油工业、加热炉、炉辊、风扇叶
	ZG15Cr13 ZG20Cr13 ZG30Cr13 ZG40Cr13	马氏体 少量碳化物	1000～1050℃淬火 1000～1050℃淬火 1000～1050℃淬火 1020～1060℃淬火	<700	汽轮机叶片、阀体、螺旋桨叶片、水泵、阀
铁素体型	ZG40Cr17Ni2	铁素体 碳化物	950℃退火 1050～1100℃固溶 750℃回火	—	—
	ZG5Cr25Ni2	铁素体 碳化物	800～850℃退火空冷		
	ZG3Cr25Si3Ni	铁素体 碳化物	800～850℃退火		
	ZGCr28	铁素体	800～850℃退火		
	ZGCr28Ni5	铁素体 少量奥氏体	800～850℃退火		裂化炉燃气喷嘴、泵
奥氏体型	ZG1Cr14Ni14Mo2WNb	奥氏体 铸态 碳化物	1180℃固溶 800℃时效 750℃时效	<600	阀门、汽轮机静叶片
	ZG1Cr25Ni13Ti	奥氏体 铸态 碳化物	1160～1180℃固溶 760～780℃时效	600～650	燃气轮机低应力铸件
	ZG3Cr18Ni25Si2	奥氏体 铸态 碳化物	1100℃固溶	<1100	加热炉部件
	ZG40Cr22Ni4N	奥氏体 碳化物	1100～1150℃固溶	<1000	炉底辊、炉底板
	ZG3Cr24Ni7N	奥氏体 碳化物	1100～1150℃固溶	<1100	炉管

（续）

类　型	牌　号	供货状态及组织	热处理工艺	使用温度/℃	应用举例
奥氏体型	ZG6Mn18Al5Si2Ti	奥氏体碳化物	铸态或1100℃固溶	<900	加热炉底板、渗碳炉料盘
	ZG6Mn28Al7TiRE	奥氏体碳化物	铸态	<950	十字铁
	ZG6Mn28Al9TiRE	奥氏体碳化物	铸态	<950	料盘、炉栅
	ZGCr18Mn12Si2N	奥氏体碳化物	1100~1150℃固溶	<950	退火炉料盘、炉爪、渗碳箱

11.3.6　工、模具钢铸件的热处理

工、模具钢铸件热处理的要求随其成分及使用条件而异。如工具钢铸件，一般断面尺寸较小，且形状复杂，其热处理工艺的选用应以保证强度、热硬性以及防止变形、开裂为主；模具钢铸件，多为断面尺寸大的铸坯或镶块，则其热处理工艺以保证高强度和良好的韧性为主。由于铸造用工、模具钢的成分与同类型锻造用工、模具钢相接近，故其热处理规范原则上是沿用后者的工艺来制订。一般常用的热处理有预先处理（退火）和最终处理（淬火、回火和表面化学处理）。对于采用金属型或干砂型铸造成的小型工、模具铸件，除正常退火、淬火外，浇注后应立即退火处理，以消除铸造应力避免开裂。

工、模具铸钢件的退火，目的在于降低硬度便于切削加工，并为淬火提供最佳的原始组织。所选用的退火温度要比同牌号锻钢高30~70℃。表11-35为工、模具钢铸件退火工艺。工、模具钢铸件退火可采用完全退火或球化退火，以期获得细球粒珠光体的索氏体组织。

工、模具钢铸件淬火工艺规范见表11-36。其淬火温度一般宜选用同牌号锻钢的下限。为减少淬火应力，防止淬火裂纹以及缩短工、模具钢铸件在高温火温度的停留时间，一般需经预热，预热温度为800~850℃。对大型工、模具钢铸件还需经二次预热，即先在500~550℃预热，再转入800~850℃第二次预热。预热停留时间由铸件壁厚决定，按2~3min/mm（箱式炉加热）或20~30s/mm（盐浴炉加热）计算，以使铸件内外热透。图11-59所示为淬火温度对ZG4Cr5MoSiV1（H13）工具钢高温力学性能的影响。图11-60所示为淬火温度和保温时间对ZG4Cr5MoSiV1（H13）工具钢晶粒大小的影响。表11-37为淬火温度对ZG5CrMnMo工具钢力学性能的影响。

表11-35　工、模具钢铸件退火工艺

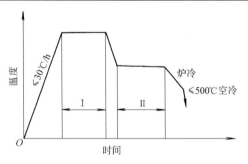

牌　号	退火工艺规范				退火后硬度 HBW
	温度（I）/℃	保温时间/h	冷却方式（II）	冷却速率/（℃/h）	
ZGW18Cr4V	930~950	2	炉冷至740~760℃，保温2~4h，再炉冷至500~600℃，空冷	30~40	≤250
ZGW9Cr4V	930~950	2	炉冷至740~760℃，保温2~4h，再炉冷至500~600℃，空冷	30~40	<250
ZG3Cr2W8	840~860	2~4	炉冷至≤500℃，空冷	≤50	207~255

(续)

牌　号	退 火 工 艺 规 范				退火后硬度 HBW
	温度（Ⅰ）/℃	保温时间 /h	冷却方式（Ⅱ）	冷却速率 /（℃/h）	
ZG5CrMnMo	850 ~ 870	2 ~ 4	炉冷至 680℃，保温 4 ~ 6h，再炉冷至 <500℃，空冷	≤50	197 ~ 241
ZG5CrNiMo	760 ~ 790	4 ~ 6	炉冷至 680℃，保温 4 ~ 6h，再炉冷至 <500 ~ 600℃，空冷	≤50	197 ~ 241
ZG4Cr5MoSiV1（美国 H13）	890 ~ 920	2 ~ 4	炉冷至 720 ~ 740℃，保温 2 ~ 4h，再炉冷至 <500℃，空冷	≤50	185 ~ 250

表 11-36　工、模具钢铸件淬火工艺规范

牌　号	预　热				淬　火			淬火后硬度 HRC
	一次		二次			保温时间 /（min/mm）		
	空气炉		盐浴炉		温度/℃			
	温度/℃	时间 /（min/mm）	温度/℃	时间 /（min/mm）		空气炉	盐浴炉	
ZGW18Cr4V	500 ~ 550	2 ~ 3	800 ~ 850	0.4 ~ 0.5	1180 ~ 1220	1 ~ 2	到温后，保温 15 ~ 20min	>62
ZGW9Cr4V	500 ~ 550	2 ~ 3	800 ~ 850	0.4 ~ 0.5	1220 ~ 1260	1 ~ 2	0.3 ~ 0.4	62 ~ 65
ZG3Cr2W8	600 ~ 650	2 ~ 3	800 ~ 850	0.4 ~ 0.5	1050 ~ 1120	1 ~ 2	0.15 ~ 0.3	54 ~ 56
ZG4Cr5MoSiV1	600 ~ 650	2 ~ 3	800 ~ 850	0.4 ~ 0.5	1000 ~ 1050	1 ~ 2	0.15 ~ 0.3	56 ~ 58
ZG5CrMnMo	—	—	800 ~ 850	0.3	820 ~ 850	1 ~ 2	0.1	52 ~ 54
ZG5CrNiMo	—	—	800 ~ 850	0.3	840 ~ 860	1 ~ 2	0.1	50 ~ 52
ZGCr12	500 ~ 550	2 ~ 3	800 ~ 850	0.5 ~ 0.6	960 ~ 980	1 ~ 2	0.3 ~ 0.4	62 ~ 64

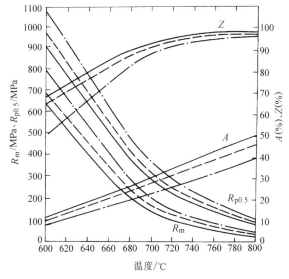

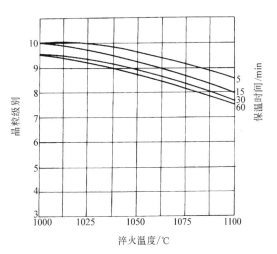

图 11-59　淬火温度对 ZG4Cr5MoSiV1（美国 H-13）
　　　　工具钢高温力学性能的影响

图 11-60　淬火温度和保温时间对 ZG4Cr5MoSiV1
　　　　（美国 H-13）工具钢晶粒大小的影响

淬火温度：　——1000℃ ------1050℃ ·—·—1100℃

表 11-37　淬火温度对 ZG5CrMnMo 工具钢
力学性能的影响

淬火温度 /℃	保温时间 /min	R_m /MPa	$R_{p0.2}$ /MPa	A (%)	Z (%)
810		1250	—	12	43
850		1260	—	12.7	41.5
890	10	1260	1120	12.8	46
950		1270	1130	12	43.7
1000		1240	990	10	40.2

工、模具钢铸件回火的目的是消除淬火应力以及完成残留奥氏体的转变。其特点是钢在回火过程中具有二次硬化效应。图 11-61 所示为 ZG4Cr5MoSiV1（H13）钢的回火特性。表 11-38 为工、模具钢铸件的回火工艺规范。为确保残留奥氏体完全转变，获得最满意的综合性能，回火次数一般需 2 ~ 4 次，且每次回火后必须冷却到 20℃ 左右。图 11-62 所示为回火次数对 ZGW18Cr4V 钢组织和硬度的影响。图 11-63 所示为回火温度对 ZG5CrNiSiB 钢和 ZG5CrNiMo 钢力学性能的影响。

表 11-39 为热处理工艺对 ZG5CrMnMo 工、模具钢硬度的影响。

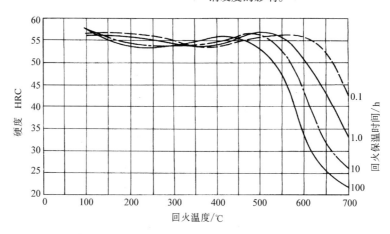

图 11-61　ZG4Cr5MoSiV1（H13）钢的回火特性

表 11-38　工、模具钢铸件的回火工艺规范

牌　号	回　火　规　范			冷却方式	回火后硬度 HRC
	温度/℃	次　数	保温时间/h		
ZGW18Cr4V	550	3	1.5	空	>62
ZGW9Cr4V	570 ~ 590	4	1.5	空	≥63
ZG4Cr5MoSiV1 （H13）	590 ~ 630 620 ~ 650	2 ~ 3	1.5	空	45 ~ 48
ZG5CrMnMo	490 ~ 580	1	2 ~ 3	空	34 ~ 47
ZG5CrNiMo	490 ~ 540	1	2 ~ 3	油冷至 100℃ 以下空冷	38 ~ 47

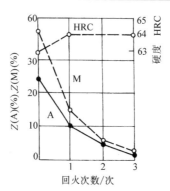

图 11-62　回火次数（60min/次）对 ZGW18Cr4V 钢组织和硬度的影响（淬火温度 1290℃）

A—奥氏体　M—马氏体

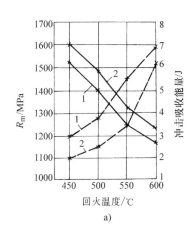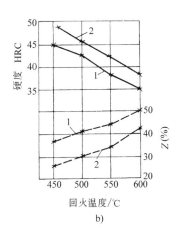

图 11-63　回火温度对 ZG5CrNiSiB 钢和
ZG5CrNiMo 钢力学性能的影响

a）对强度及冲击吸收能量的影响　b）对硬度及断面收缩率的影响

1—ZG5CrNiMo（5×HM）　2—ZG5CrNiSiB（5×HCB）

表 11-39　热处理工艺对 ZG5CrMnMo 工、模具钢硬度的影响

淬　　　　　火				回　　　　　火		
温度/℃	保温时间/h	硬度 HRC	晶粒度/级	温度/℃	保温时间/h	硬度 HRC
850	1	52.5	<8	500	1.5	40
	2	53.5	—			42
	4	52.5	8			39
	6	51.5	7			39
890	1	54	7.5	500	1.5	38
	2	52	7.5			38
	4	50.5	7			38
	6	52	7			35
950	1	51	6	500	1.5	38
	2	48	5~6			36
	3	47	5~6			35
	4	45	5			33

11.3.7　专业用铸钢件的热处理

合金钢铸件优异的综合力学性能和良好的热强性、耐磨性和耐蚀性，使之在汽轮机、燃气轮机、水轮机发电设备、石油化工设备和重型矿山设备等机械工业各部门得到广泛的应用，并已作为专业标准的专用材料。现就汽轮机、水轮机和重型矿山机械专业常用铸钢件的热处理规范阐述如下：

1. 汽轮机、燃气轮机用铸钢件的热处理

汽轮机、燃气轮机用铸钢件多数在中、高温，高

压和高应力条件下工作，要求具有良好的综合力学性能、足够的热强性和抗氧化腐蚀性能。因此所用铸钢件通常以热处理状态供货。

表 11-40 和表 11-41 为常用汽轮机、压力机及燃气轮机用铸钢件的热处理工艺及力学性能。表 11-42 为 ZG15Cr1Mo1V 铸钢不同回火温度对力学性能的影响。图 11-64 和图 11-65 所示为 ZG15Cr1Mo1V 铸钢件均匀化处理和正火、回火处理工艺规范。

表11-40　汽轮机常用铸钢件的热处理工艺、室温力学性能、高温持久强度和高温蠕变强度

用途	牌号	热处理工艺			室温力学性能						高温持久强度/MPa	高温蠕变强度/MPa
		方式	温度/°C	冷却方式	$R_{p0.2}$/MPa	R_m/MPa	A(%)	Z(%)	KU_2/J	硬度 HBW		
—	25	退火或正火；回火	900；650	炉冷或空冷；空冷	240	440	20	32	36	131~179	$\sigma_{100000}^{400}=153$；$\sigma_{100000}^{450}=95$	$\sigma_{1/100000}^{400}=70$
400℃以下工作的气缸、隔板	35	正火；回火	900；650	空冷；空冷	270	490	16	25	28	143~197	—	—
450℃以下工作的气缸、隔板	ZG20Mo	正火；回火	900~920；600~650	空冷；炉冷或空冷	240	440	16	28	40	135	—	—
450℃以下工作的气缸、隔板	ZG22Mn	正火；回火	880~900；680~700	空冷；空冷	290	540	18	30	40	155	—	—
520℃以下工作的气缸、隔板、阀体	ZG20CrMo	正火；回火	900；650	空冷；空冷	250	460	18	30	24	135~180	$\sigma_{100000}^{470}=260\sim278$；$\sigma_{100000}^{510}=142\sim157$	$\sigma_{1/100000}^{480}=162$；$\sigma_{1/100000}^{510}=66$
540℃以下工作的气缸、隔板、阀体	ZG20CrMoV	正火；正火；回火	940~950；920；690~720	空冷；空冷；空冷	310	490	15	30	24	140~201	$\sigma_{100000}^{480}=240$；$\sigma_{100000}^{525}=170$；$\sigma_{100000}^{540}=140$	$\sigma_{1/100000}^{480}=100\sim150$；$\sigma_{1/100000}^{525}=130$；$\sigma_{1/100000}^{540}=60\sim100$
570℃以下工作的气缸、隔板、阀体	ZG15Cr1Mo1V	退火；回火；以100℃/h冷至600再加热至720保温1~2h后冷却	1040；990	炉冷；空冷	340	490	15	30	24	140~201	$\sigma_{100000}^{565}=130\sim145$；$\sigma_{100000}^{580}=94\sim128$	$\sigma_{1/100000}^{565}=63$；$\sigma_{1/100000}^{580}=49$
		正火；回火	1020~1050；680~650	空冷；空冷	340	490	12	30	28	120		
570℃以下工作的气缸、隔板、阀体	ZG15CrMoVTiB	正火；正火；回火	1050；1010；730	空冷；空冷；空冷	490	—	14	30	24	—	$\sigma_{100000}^{570}=150$	—

表 11-41　汽轮机、压力机及燃气轮机常用精铸叶片用钢的热处理工艺及力学性能

牌　号	热处理工艺			力　学　性　能					
	方式	温度/℃	冷却方式	$R_{p0.2}$/MPa	R_m/MPa	A（%）	Z（%）	KU_2/J	高温持久强度/MPa
ZG20CrMoA	淬火	880	油冷						—
	回火	550	空冷	690	880	12	50	80	
ZG1Cr13	淬火	1000 ~ 1050	油冷						—
	回火	700 ~ 790	空冷	410	590	20	60	72	
ZG1Cr11MoV	正火	1050 ~ 1100	空冷						$\sigma_{100000}^{500} = 160$
	回火	720 ~ 740	空冷	490	690	16	55	48	
ZG1Cr12WMoV	淬火	1000 ~ 1050	油冷						$\sigma_{100000}^{565} = 140$
	回火	（680 ~ 700）× 2h	空冷	590	740	15	45	48	
ZG2Cr13	淬火	1000 ~ 1050	油冷						—
	回火	660 ~ 770	空冷	440	650	16	55	64	

表 11-42　ZG15Cr1Mo1V 铸钢不同回火温度对力学性能的影响

回火温度/℃	$R_{p0.2}$/MPa	R_m/MPa	A（%）	Z（%）	KU_2/J
20	350	550	17	69.0	28
100	320	515	17.5	68.0	32
200	280	470	20.0	67.5	112
300	315	525	16.0	60.5	96
500	260	355	24.5	78.5	80
600	225	240	25.0	92.0	64

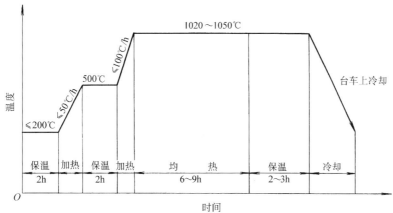

图 11-64　ZG15Cr1Mo1V 铸钢件的均匀化处理工艺规范

2. 水轮机用铸钢件的热处理

水轮机用铸钢件按技术要求所用热处理规范、力学性能及用途见表 11-43。

3. 矿山机械用铸钢件的热处理

矿山机械用铸钢件的热处理规范见表 11-44。矿山机械用铸钢件正火（淬火）加热工艺规范见表 11-45。矿山机械铸钢件正火（淬火）后回火工艺规范见表 11-46。

4. 冶金机械用铸钢件的热处理

大型冶金机械如大型轧机机架、大型齿轮等用铸钢件的热处理规范及力学性能见表 11-47 及图 11-66。

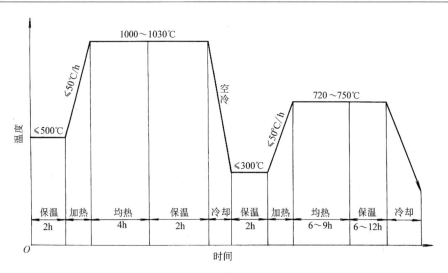

图 11-65　ZG15Cr1Mo1V 铸钢件正火、回火处理工艺规范

表 11-43　水轮机用铸钢件的热处理规范、力学性能及用途

牌　号	热处理方式	力　学　性　能						用　途
		$R_{p0.2}$ /MPa	R_m /MPa	A (%)	Z (%)	KV_2 (KU_2) /J	硬度 HBW	
ZG230-450	正火	230	450	22	32	25	—	水轮机齿轮、座环、底环等小型水轮机叶片
ZG20Mn	正火 + 回火	285	495	18	30	(39)	—	中小型叶片、上冠、转轮体等
	调质	300	500 ~ 600	24	—	45		
ZG15Cr13Ni1	—	450	590	16	35	20	170 ~ 241	厚度 < 200mm，质量 <10 ~ 15t，回转水轮机叶片
ZG06Cr13Ni4Mo	正火 + 回火	550	750	15	35	50	≥220	大型机组叶片
ZG06Cr13Ni6Mo	正火 + 回火	588	785	15	35	40	≥220	大型机组叶片、下环等

表 11-44　矿山机械用铸钢件的热处理规范

牌　号	热处理规范	用　途　举　例
ZG230-450	890 ~ 910℃正火 600 ~ 620℃回火	机座、锤砧、箱体、垫铁及托盘等热处理用附件
ZG270-500	850 ~ 870℃正火 600 ~ 620℃回火	飞轮、机架、锤体、水压机等工作缸
ZG310-570	840 ~ 860℃正火 600 ~ 620℃回火	联轴器、车轮、气缸、齿轮、齿轮圈等
ZG40Mn	850 ~ 860℃正火 400 ~ 450℃回火	较高压力作用下，作承受摩擦和冲击的零件，如齿轮等
ZG40Mn2	830 ~ 850℃正火 + 350 ~ 450℃回火 830 ~ 850℃淬火 + 350 ~ 450℃回火	作承受摩擦的零件，如齿轮等耐磨性比 ZG40Mn 高

（续）

牌　号	热处理规范	用　途　举　例
ZG50Mn2	810～830℃正火 550～600℃回火	制造高强度的铸造零件，如齿轮圈等
ZG20Mn	900～920℃正火 570～600℃回火	铸造性能及焊接性良好，作水压机的工作缸、水轮机转子等
ZG35Mn	870～890℃正火＋570～600℃回火 870～880℃淬火＋400～450℃回火	制造承受摩擦的零件
ZG42SiMn	860～880℃正火＋520～680℃回火 860～880℃淬火＋520～680℃回火	适用于齿轮、车轮及其他耐磨零件
ZG50SiMn	840～860℃正火＋520～680℃回火	可代替 ZG40Cr1 作齿轮、齿轮圈等
ZG40Cr1	830～860℃正火＋520～680℃回火 830～860℃淬火＋520～680℃回火	高强度铸件，如齿轮、齿轮圈等
ZG35CrMnSi	880～900℃正火＋400～450℃回火	承受冲击磨损零件，如齿轮、滚轮等
ZG35Cr1Mo	900℃正火＋550～600℃回火 850℃淬火＋600℃回火	链轮、电铲的支承轮、轴套、齿轮圈、齿轮等零件
ZG65Mn	840～860℃正火＋600～650℃回火	耐磨性较高，焊接性差，用于起重机及矿山机械上的车轮
ZGMn13	1050～1100℃水韧处理	耐磨性高，作各种破碎机衬板、锤头、挖掘机斗齿、履带板等承受冲击磨损的零件

表 11-45　矿山机械用铸钢件正火（淬火）加热工艺规范

牌　号	铸件壁厚 /mm	装　炉		加热至 650～700℃		淬火温度	
		温度/℃	均温时间 /h	加热速率 /(℃/h)	均温时间 /h	加热速率 /(℃/h)	保温时间 /h
ZG230-450 ZG270-500	＜200	≤650	—	—	2	120	1～2
	200～500	400～500	2	70	3	100	2～5
	500～800	300～350	3	60	4	80	5～8
	800～1200	250～300	4	40	5	60	8～12
	1200～1500	≤200	5	30	6	50	12～15
ZG345-570 ZG40Mn ZG40Mn2 ZG50Mn2 ZG20Mn ZG35Mn ZG42SiMn ZG50SiMn ZG40Cr1 ZG35CrMoSi ZG35Cr1Mo ZG65Mn	＜200	400～500	2	100	3	100	1～2
	200～500	250～350	3	80	4	80	2～5
	500～800	200～300	4	60	5	60	5～8
ZGMn13	＜40	＜450	1～1.5	＜100	1～1.5	—	1
	40～80	＜350	1.5～2	50～70	1.5～2	70～90	1～1.5

表 11-46　矿山机械用铸钢件正火（淬火）后回火工艺规范

牌　号	铸件壁厚 /mm	装　炉		回　火		冷却工艺　≤		
		温度 /℃	均温时间 /h	加热速率 /(℃/h)	保温时间 /h	加热速率 /(℃/h)	保温时间 /h	出炉温度 /℃
ZG230-450 ZG270-500	<200	300 ~ 400		120	2 ~ 3	停火开闸门炉冷		450
	200 ~ 500	300 ~ 400		100	3 ~ 8	停火开闸门炉冷		400
	500 ~ 800	300 ~ 400	2	80	8 ~ 12	停火开闸门		350
	800 ~ 1200	300 ~ 400	3	60	12 ~ 18	50	30	300
	1200 ~ 1500	300 ~ 400	3	50	18 ~ 24	40	30	250
ZG345-570 ZG40Mn ZG40Mn2 ZG50Mn2 ZG20Mn ZG35Mn	<200	300 ~ 400	1	100	2 ~ 3	停火开闸门炉冷		350
	200 ~ 500	300 ~ 400	2	80	3 ~ 8	停火开闸门炉冷		350
ZG42SiMn ZG50SiMn ZG40Cr1 ZG35CrMoSi ZG35Cr1Mo ZG65Mn	500 ~ 800	300 ~ 400	2	60	8 ~ 12	停火开闸门 50	30	300

表 11-47　冶金机械用铸钢件的热处理规范、力学性能及用途

牌　号	热处理规范		$R_{p0.2}$ /MPa	R_m /MPa	A (%)	Z (%)	KU_2/J	硬度 HBW	用　途
	方式	温度/℃							
ZG230-450	正火 回火	890 ~ 920 540 ~ 610	230	450	22	32	25	—	轧机机架、机座、箱体
ZG270-500	正火 回火	880 ~ 900 550 ~ 620	270	500	18	25	22	—	拉杆、飞轮、机架、齿轮等
ZG345-570	调质	840 ~ 860 550 ~ 600	310	570	15	21	15	187 ~ 256	齿轮、齿圈、重负荷机架等
ZG340-640	调质	820 ~ 840 550 ~ 660	340	640	10	18	10	—	齿轮、齿圈、有负荷机架、联轴器等
ZG35SiMn	正火 回火	—	340	560	12	20	24	—	大齿轮等
	调质	—	410	630	12	25	27	207 ~ 269	
ZG35CrMo	正火 回火	870 ~ 900 570 ~ 640	392	588	12	20	23.5	—	齿轮、电铲、支承轮轴套、齿圈等
	调质	840 ~ 860 550 ~ 600	510	686	12	25	31 [27(DVM 缺口)]	217 ~ 286	
ZG42CrMo	正火 回火	850 ~ 870 570 ~ 640	343	570	12	—	30（V 形缺口）	—	用于高负荷零件，如齿轮、锥齿轮等
	调质	850 ~ 860 550 ~ 600	490	690 ~ 830	11	—	21（DVM）缺口	229 ~ 286	
ZG30CrMnMo	正火 回火	860 ~ 880 670 ~ 690	390	685	15	30	—	—	用于拉拔机立柱
	调质	860 ~ 880 550 ~ 600	540	735	15	30	—	—	

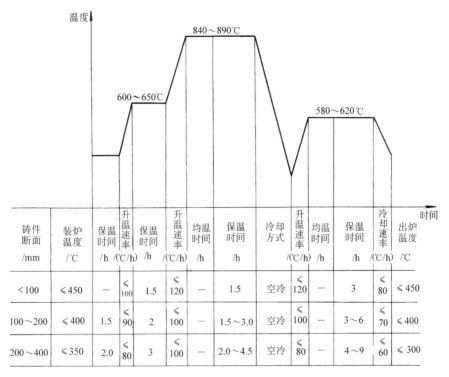

图 11-66　轧钢机减速器大齿轮 ZG35Cr1Mo 铸钢件典型热处理规范

铸件断面 /mm	装炉温度 /℃	保温时间 /h	升温速率 /(℃/h)	保温时间 /h	升温速率 /(℃/h)	均温时间 /h	保温时间 /h	冷却方式	升温速率 /(℃/h)	均温时间 /h	保温时间 /h	冷却速率 /(℃/h)	出炉温度 /℃
<100	≤450	—	≤100	1.5	≤120	—	1.5	空冷	≤120	—	3	≤80	≤450
100~200	≤400	1.5	≤90	2	≤100	—	1.5~3.0	空冷	≤100	—	3~6	≤70	≤400
200~400	≤350	2.0	≤80	3	≤100	—	2.0~4.5	空冷	≤80	—	4~9	≤60	≤300

11.3.8　低温用铸钢件的热处理

在低温条件下，许多金属材料都会由韧性转变为脆性，具有体心立方晶格的钢尤为明显。目前，公认的评定低温韧性的方法是用夏比 V 形缺口试样进行冲击试验。

铸钢的冶炼条件、合金元素含量、杂质含量、结晶条件、热处理工艺及铸件缺陷等因素都对其低温韧性有影响。在其他条件已定的情况下，予以正确的热处理是保证铸钢低温性能的重要措施。

按热处理的特点，可将低温用铸钢分为可淬硬的铁素体钢和不可淬硬的奥氏体钢两类。

1. 可淬硬的铁素体钢

这类钢包括铝镇静的低碳钢、低碳低合金钢、镍钢和铬镍马氏体钢。镍和钼可显著改善钢的低温韧性，是低温用铸钢中常用的合金元素。美国低温用铸钢中，有镍的平均质量分数为 2.5%、3.5% 和 4.5% 镍钢。

我国的低温用钢 ZG06AlNbCuN，铝和氮有细化晶粒的作用，低温性能甚好，最低使用温度为 -120℃。

珠光体的低温韧性不佳，低温用铸钢的碳含量宜较低，以减少珠光体量。我国试用的几种钢，碳的质量分数最高者为 0.20%。美国和日本的低温用铸钢，碳的质量分数最高者为 0.30%。只有苏联标准中尚保留有碳含量较高的钢种，但其 P、S 含量限制极严，其质量分数不能超过 0.020%。

组织微细化是改善低温性能的重要因素，因此，这一类钢不在退火状态下使用。碳当量 CE = [w(C) + w(Mn)/6 + w(Cr + Mo + V)/5 + w(Ni + Cu)/15] ≤0.35% 的钢，可采用单一的正火处理。碳当量 CE >0.35% 的钢，一般热处理方式都是正火后高温回火（NT），或淬火后高温回火（QT）。

经调质处理的钢，低温韧性较经正火处理者高，图 11-67 所示为不同热处理对铸钢韧性的影响，其他钢种也有类似的特点。

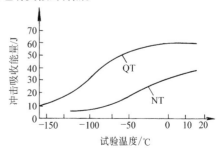

图 11-67　不同热处理对铸钢韧性的影响

注：钢中 w(Ni) = 0.4% ~0.7%，w(Cr) = 0.4% ~0.6%，w(Mo) = 0.15% ~0.25%。

可淬硬铁素体钢铸件的热处理工艺见表11-48。

许多研究工作表明，采用两次正火及回火（NNT）工艺或两次淬火及回火（QQT）工艺，可以进一步改善这类钢的低温韧性。第一次正火或淬火，加热温度按

表11-48中所列的数值，第二次正火或淬火，加热到 Ac_1 和 Ac_3 之间的双相区内，第二次正火的温度应比表11-48中所示的值低 80～110℃，第二次淬火的温度应比表11-48中的淬火温度低 60～90℃。

表11-48　可淬硬铁素体钢铸件的热处理工艺

牌　号	建议采用的热处理工艺		备　　注
	正火或正火 + 回火	淬火 + 回火	
ZG16Mn	900～930℃正火 650～720℃回火	880～910℃淬火 550～650℃回火	
ZG09Mn2V	910～940℃正火 650～720℃回火	—	
ZG06AlNbCuN	930～950℃正火 550～650℃回火	920～940℃淬火 550～650℃回火	
LCC、LCA A2Q	900～930℃正火 550～650℃回火	880～910℃淬火 550～650℃回火	
LCB A1Q	890～910℃正火 550～650℃回火	860～890℃淬火 550～650℃回火	
LC1	900～930℃正火 550～650℃回火	880～910℃淬火 550～650℃回火	
LC2 B2N、B2Q	890～910℃正火 550～650℃回火	870～890℃淬火 550～650℃回火	各种钢的化学成分见表8-1、表8-2、表8-4、表8-5
LC2-1、E1Q E2N、E2Q	870-900℃正火 550～650℃回火	850～880℃淬火 550～650℃回火	
LC3 B3N、B3Q	880～910℃正火 550～650℃回火	860～890℃淬火 550～650℃回火	
LC4 B4N、B4Q	870～900℃正火 550～650℃回火	850～880℃淬火 550～650℃回火	
CA-6NM E3N	950～1050℃正火 600～680℃回火		
C1Q	890～910℃正火 550～650℃回火	870～890℃淬火 550～650℃回火	
D1N1，D1Q1 D1N2，D1Q2 D1N3，D1Q3	880～920℃正火 550～650℃回火	860～890℃淬火 550～650℃回火	

2. 不可淬硬的奥氏体钢

具有面心立方晶格的奥氏体钢有良好的低温韧性，是最早应用于低温条件的铸钢。镍铬不锈钢 ZG12Cr18Ni9 是世界各国广泛采用的钢种，美国相应的牌号 CF8，苏联牌号是 10Х18Н9МЛС。其热处理工艺是加热到 1050～1100℃，保持适当时间后水淬，不回火。最低使用温度可到 -200℃。

经水韧处理的奥氏体高锰钢，除用做耐磨钢外，也可作为低温用铸钢，由于其碳含量甚高，最低使用温度为 -90℃。

11.3.9　大型铸钢件的热处理

大型铸钢件的强度水平与锻钢件相近，但塑性、韧性较差，内部组织不均匀、不致密，内部化学成分偏差较大，导热性较差，而且结构复杂。因此，在热

处理中要特别注意消除内部应力，防止开裂的问题，但不必考虑氢的危害。在制订热处理工艺时，可参考相同牌号的 TTT 曲线、CCT 曲线和淬透性曲线。但必须注意到化学成分不均匀、晶粒粗大及其他铸造缺陷的影响。

1. 大型铸钢件热处理的种类和目的

（1）扩散退火（高温均匀化退火）　其目的在于消除或减轻大型铸钢件中的成分偏析，改善某些可溶性夹杂物（如硫化物等）的形态，使铸件的化学成分、内部组织及力学性能趋于均匀和稳定。

（2）正火、回火　通过重结晶细化内部组织，提高强度和韧性，使铸件得到良好的综合力学性能，并使工件的切削加工性得到改善。

（3）退火　稳定铸件的尺寸、组织与性能，使

铸件的塑性、韧性得到明显提高。退火过程操作简便，热处理应力很小。但工件的强度、硬度稍低一些。

（4）调质 由于淬火时热处理应力很大，要慎重采用。只用于对铸件性能要求很高的情况，而且只能在铸件经过充分退火之后进行。通过调质，可使铸件的综合力学性能得到较大幅度的提高。

（5）消除应力退火 其目的在于消除铸件中的内应力，主要用于修补件、补焊件、焊接件及粗加工应力的消除，以防止缺陷并使工件尺寸稳定。消除应力退火的温度必须低于工件回火温度 20～40℃；保温时间一般为 δ/25 小时以上（δ 为工件最大厚度，mm），随后在炉内缓冷。

2. 大型铸钢件热处理时的注意事项

1）大型铸钢件由于其体积大、吨位重，其热处理时容易造成内外温差大及较大的内应力，故其热处理时应注意其升温和降温速度，能减少铸钢件的温差，减小应力。

2）装炉时，铸件应放在适当高度的垫铁上，垫铁的放置应保证炉气有良好的循环并避免铸件变形。对于重要的大铸件应绘制装炉草图，写明技术要求，注明外接热电偶时要画出其位置示意图。

3）大型铸件（高锰钢等材质除外）热处理后再经补焊、校正、机加工、切割冒口等工序，均须进行去应力处理。

4）热处理后，不允许进行大量的切割。

3. 大型铸钢件典型热处理工艺（见图 11-68～图 11-71）

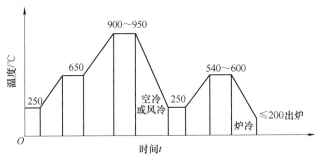

图 11-68 ZG230-450 轧机机架热处理工艺

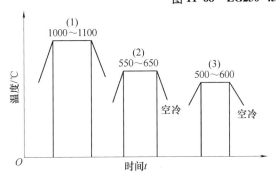

图 11-69 水轮机用上冠铸件热处理工艺示意图
注：（1）正火，（2）、（3）回火。

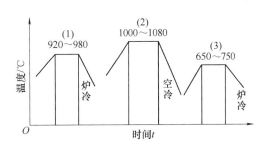

图 11-70 亚临界汽轮机缸体热处理工艺示意图
注：（1）铸后退火，（2）正火，（3）回火。

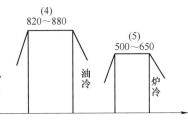

图 11-71 ZG42CrMo 大型齿轮、齿圈热处理工艺示意图
注：（1）铸后退火，（2）正火，（3）、（5）回火，（4）淬火。

11.4　铸钢件热处理时常见的缺陷

铸钢件热处理时产生的缺陷与其加热、保温冷却工艺规范的技术参数选用不当，以及热处理操作过程中各种操作因素（如装炉方法、炉温仪表控制等）不严有关。常见的铸钢热处理缺陷有过热和过烧、开裂和变形、软点、硬度不足、脆性、氧化以及脱碳等。表 11-49 ~ 表 11-51 分别为铸钢件退火、淬火和回火处理的缺陷及其防止补救措施。

表 11-49　铸钢件退火处理缺陷及其防止补救措施

缺　陷	产　生　原　因	防止及补救措施
退火后硬度过高	1）加热温度不当 2）保温时间不足 3）炉冷速率太快，出炉温度高	按正确工艺规范进行或重新退火
退火组织中存在网状碳化物组织	1）退火温度低，仍保留了原始组织中粗大网状碳化物 2）冷却缓慢，使二次渗碳体沿奥氏体晶界析出	退火前先高温正火，消除网状组织，再进行退火处理
球化不良	1）球化工艺不当（如温度过高或过低，球化时间过短等） 2）退火后冷却太快或碳化物过粗或过于细长导致球化退火后金相组织中仍保留部分片状珠光体	1）球化退火温度选在 Ac_3 与 Ac_1 之间，不宜过高 2）退火后冷却要特别慢，或在两相区反复加热冷却

表 11-50　铸钢件淬火处理缺陷及其防止补救措施

缺　陷	产　生　原　因	防　止　方　法	补救措施
过烧	加热温度过高接近于开始熔化温度，沿晶界处产生熔化或氧化现象	1）正确制订淬火加热温度 2）严格执行规范操作 3）经常检修仪表 4）经常观察炉膛火色是否与所需温度相符 5）正确装炉	无法弥补，作报废处理
过热	1）加热温度过高 2）高温区保温时间过长 3）炉温仪表失控，炉温过高 4）炉温不均匀，局部过热		经一次或两次正火或退火后重新淬火
氧化	加热时未注意保护，炉气与钢表面反应，形成一层松脆的氧化皮 $2Fe + O_2 \longrightarrow 2FeO$ $Fe + CO_2 \longrightarrow FeO + CO$ $Fe + H_2O \longrightarrow FeO + H_2$	1）利用具有保护性气氛的无氧加热炉加热 2）装箱加热，填入铸铁屑或陈旧增碳剂 3）铸件表面涂氧化剂（如硼砂等） 4）改用保护性气氛，炉内放木炭 5）盐浴炉充分脱氧 6）清除铸件表面氧化皮	严重者，作报废处理
脱碳	1）加热时炉气与钢表面发生反应 $2C + O_2 \longrightarrow 2CO$ $C + CO_2 \longrightarrow 2CO$ $C + H_2O \longrightarrow CO + H_2$ $C + 2H_2O \longrightarrow CH_4 + O_2$ 2）盐浴炉脱氧不完全 3）铸件表面有氧化皮		在尺寸允许条件下，机加工去除，严重时则报废

（续）

缺　陷	产　生　原　因	防　止　方　法	补救措施
软点	1）铸件断面厚薄相差太大，致使厚断面上产生软点 2）铸态组织偏析 3）铸件表面有氧化皮、锈斑，致使铸件表面局部脱碳 4）淬火介质老化或含有较多杂质，致使冷却能力不够 5）铸件浸入淬火介质中的方式不正确，上、下、左、右移动不够以致降低了局部地方的冷却速度	1）改进铸件结构设计 2）淬火前，预先均匀化处理 3）应预先清除表面氧化皮锈斑 4）保持淬火介质洁净，定期清理与更换或改用盐水冷却 5）严格执行操作规程	重新淬火，且淬火前应进行退火、正火或高温回火
硬度不足	1）铸件材质淬透性差，且断面又较大 2）淬火时表面过分脱碳 3）淬火温度不当 亚共析钢加热温度过低、保温时间过短保留了铁素体组织 过共析钢加热温度过高、保温时间过长残留奥氏体过多 4）淬火时冷却速度过慢	1）正确选用钢材 2）注意加热保护或盐浴脱氧 3）严格执行操作规范 亚共析钢：加热要充分 过共析钢：加热温度不能太高 4）改用冷却介质，改善冷却条件	重新通过正确的热处理方法来消除 当残留奥氏体量过多而硬度低时，可采用冷处理、低温回火或多次回火
翘曲变形	1）装炉不合理，由于铸件自重产生变形 2）淬火时由于组织转变，过大体积变化（过共析钢） 3）直接淬火介质选用不当 4）整体淬火热应力过大 5）加热速度太快，尤其当铸件形状结构复杂时，铸件各部位不能均热	1）正确按大件在下、小件在上或大小交错装炉 2）选用合适的钢种 3）采用合适的热处理工艺——分级淬火 4）采用感应淬火 5）采取缓慢加热或预热措施以及改进铸件结构	采用压力矫正、敲击矫正等方法矫正 在实际生产中按规定矫正或将变形量矫正到机加工余量的 1/3 ~ 1/2 即可
表面裂纹及内裂纹	1）淬火加热时严重过烧或过热 2）未经预热，加热过快，铸件内温差过大 3）加热温度过高，保温时间过长 4）淬火冷却过快，冷却介质选用不当 5）应力集中，铸件形状结构设计不合理 6）分级淬火时，自冷却剂中取出后立即放入水中清洗 7）尺寸形状复杂，工件断面差太大，淬火后未及时回火 8）回火不充分，组织转变不完全，组织应力大	1）正确制订淬火加热温度，避免铸件过热 2）采取预热，采用合理的加热和冷却速度 3）严格控制淬火温度和保温时间 4）选用低冷却强度的介质或分级淬火或等温淬火 5）提高设计工艺合理性，同时采用石棉布（绳）等局部包扎，减小断面差带来的内应力 6）分级淬火后，自冷却剂中取出后空冷 7）淬火后及时入炉，进行消除应力处理 8）充分回火，增加回火次数	按协议规定处理，补焊或报废

表 11-51　铸钢件回火处理缺陷及其防止补救措施

缺陷	产　生　原　因	防止及补救措施
回火不足	回火温度低、保温时间短，致使硬度和脆性大	按正确的工艺规范进行或重新淬火后再回火
回火过度	回火温度过高，造成硬度过低	
回火脆性	1) 铸件在回火脆性温度区回火 2) 回火后未迅速通过脆性区，施行快冷	1) 尽量避开脆性温度区，进行回火 2) 回火后不能炉冷，改为水冷、油冷或空冷 3) 重新淬火，调质处理
回火裂纹	1) 高合金工、模具铸钢件回火后，马氏体中的碳含量大大减少，产生体积收缩，表面受到过大的拉应力而导致开裂 2) 铸造高合金工、模具钢和高速钢回火时，大量残留奥氏体向马氏体转变，此过程与淬火类似，如果回火冷却速度过快，则易形成裂纹 3) 工、模具钢铸件表面脱碳层在回火时产生裂纹	1) 回火加热速度不能太快 2) 工、模具钢铸件在热处理前一定要将脱碳层切削净，淬火过程中要采取措施，预防脱碳 3) 回火冷却时采用缓冷

11.5　铸钢件热处理车间常用的加热设备

11.5.1　热处理用加热炉的分类

铸钢件热处理车间常用的加热炉类别、特性及用途见表 11-52。

热处理车间所用加热炉的要求为：

1) 必须具有与被加热铸件相适应的炉膛尺寸和工作温度。

表 11-52　铸钢件热处理车间常用的加热炉类别、特性及用途

类别	名　　称	特　　点	用　　途
燃料加热炉	固体燃料热处理炉（煤炉等）	1) 设备简单，投资少 2) 炉温、气氛不易控制	一般铸钢件退火、淬火用
	液体燃料热处理炉（油炉等）	1) 温控方便、热效率高 2) 结构复杂、产量低	铸钢件正火、淬火、回火用
	气体燃料热处理炉（煤气炉等）	温控方便、加热均匀、热效率高	铸钢件正火、淬火、回火用
电阻加热炉	箱式电阻炉	1) 温控方便、加热均匀、热效率高 2) 设备投资大	正火、淬火、回火用
	井式电阻炉	1) 温控方便、加热均匀、可控制气氛 2) 设备投资大	长形（轧辊）或大件的正火、回火用
	台车式电阻炉	1) 温控方便、加热均匀、生产率高 2) 设备投资大	退火、正火、回火用
浴炉	外热式浴炉	1) 加热均匀、铸件无氧化和脱碳 2) 辅助材料消耗大，成本较高	小件淬火、回火用
	内热式浴炉		

2) 炉膛各处的最大温度差应不超过热处理规范所允许的范围（根据被加热铸件的材质和要求不同，温差范围一般为 ±5℃、±10℃ 或 ±20℃）。图 11-72 所示为重油炉内不同加热方式炉内温度分布的差异。

3) 必须配置有适当的温度控制仪表，以准确地指示出炉膛温度，并可靠地将炉温控制在允许的温度范围内。图 11-73 所示为用热电偶实测在重油炉

（4.6m×2.7m×1.2m）内加热时，炉内气氛温度与铸件表面温度的分布情况。图 11-74 所示为同样铸件在电阻回火炉（5.3m×2.8m×1.0m）内加热时，炉内气氛与铸件温度实测结果。

4) 炉体结构应具有足够的强度和承载能力。

5) 必须有足够的加热功率，以保证被加热铸件能迅速达到所要求的温度。

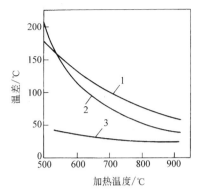

**图 11-72 重油炉内不同加热方式
炉内温度分布的差异**

1—直接加热 2—侧面加热 3—底加热

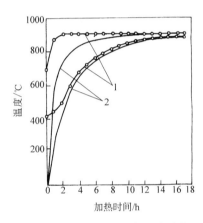

图 11-73 重油加热炉的温度分布

1—气氛最低最高温度 2—铸件最低最高温度

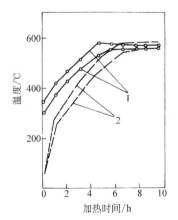

图 11-74 电阻回火炉的温度分布

1—气氛最低最高温度 2—铸件最低最高温度

6）炉墙的保温性能和炉门的密封性要好。

7）操作方便、安全。

11.5.2 油炉

油炉的结构示意图如图 11-75 所示。其工作原理是：喷嘴将雾化了的重油喷入燃烧室，燃烧所生成的热气经垂直通道进入加热室，并将热量传给被加热的铸件。然后，废气经出气口进入水平烟道，并经烟囱排入大气中。铸件由装料口送入加热室，并放置在炉底上。燃烧室在加热室的下方，铸件不仅可以由经过炉膛的燃气得到热量，并且可以从炉底下面的燃烧室得到热量，故提高了炉子的热效率。

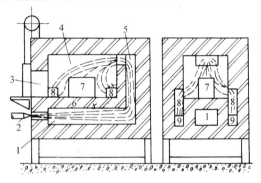

图 11-75 油炉的结构示意图

1—燃烧室 2—喷嘴 3—垂直通道 4—加热室
5—装料口 6—炉底 7—铸件
8—出气口 9—水平烟道

热处理油炉宜采用低压喷嘴（10kPa），故可用一般鼓风机供给空气，其结构如图 11-76 所示。从空气压力与雾化颗粒的关系看，以空气压力为 5 ~ 10kPa 时，雾化效果最佳。该喷嘴的优点是结构简单、坚固、工作可靠。缺点是当空气各重油供应量均相应变小时，喷口尺寸不能随着改变，使空气压力不能保持最佳雾化的压力范围内，难以实现重油的完全燃烧。

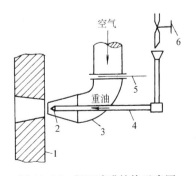

图 11-76 低压喷嘴结构示意图

1—炉膛 2—喷口 3—空气管 4—重油管
5—进口闸门 6—供油活门

与煤气炉相比，油炉炉体结构简单，操作简便，简化了燃料的运输和除灰工作，炉膛温度控制的准确度较高（±10 ~ ±20℃）。油炉可用于淬火加热。

11.5.3　煤气炉

煤气炉和油炉的结构非常相似，仅煤气炉不用喷嘴而用烧嘴。煤气炉烧嘴结构分类、特性及用途见表 11-53。

表 11-53　煤气炉烧嘴结构分类、特性及用途

类别	结　构		特　性	用　途
	示　意　图	特　点		
有焰烧嘴		1）空气、煤气压力较低（0.5 ~ 2kPa） 2）空气、煤气单独供给 3）易于观察到发光的火焰	优点： 1）空气、煤气可预热（400℃），可采用劣质煤，而达到较高燃烧温度 2）根据观察燃烧过程，易于控制炉温分布 3）烧嘴结构简单，使用方便 缺点：虽有一定的过剩空气，但仍不能完全燃烧	应用较广泛，多用于中小型炉子
无焰烧嘴		1）空气、煤气压力较高（5 ~ 15kPa） 2）空气、煤气混合送入	虽空气、煤气预热温度受一定限制，但燃烧所需过剩空气量极小，能迅速实现完全燃烧，热效率高	应用极为广泛

煤气炉与其他燃料炉相比，最容易实现高、中温加热。炉温的误差可控制在 10 ~ 25℃ 范围内，并可通过采用功率小、数量多的烧嘴，达到铸件的均匀加热。煤气炉可使用天然气、高炉煤气、焦炉煤气、重油裂化气及发生炉煤气等，运输方便，燃烧时不污染，劳动条件好。所以，煤气炉在热处理生产中应用较广泛。

11.5.4　电阻炉

以电阻体作为发热元件（加热器）的电炉，统称为电阻炉。电阻炉由于温控方便、加热均匀和热效率高（达 40% ~ 80%）等优点，已在热处理车间广泛应用。热处理车间常用的电阻炉型号和技术数据见表 11-54 ~ 表 11-59。铸件盐浴炉加热用盐见表 11-60。除此之外，许多大的重型机械厂还根据生产需要自行设计安装了一些特大型热处理设备。例如，目前井式电阻炉有的尺寸可达 φ1800mm × 3000mm 或者 φ2300mm × 20000mm，装炉量可达 150t；铸钢热处理车间的台车炉尺寸可达 11000mm × 13000mm × 6200mm，装炉量可达 400t 余，甚至更大。目前，各热处理炉生产厂家均着力于开发各种类型的自动化热处理生产线，见表 11-61。同时，还可根据用户要求设计各种规格的专用热处理炉。

表 11-54　各类电阻炉型号及技术数据举例

名　称	型　号	主　要　参　数				
		功率/kW	电压/V	相数	额定温度/℃	工作尺寸[直径(宽)/mm]×(高/mm)或(长/mm)×(高/mm)×(宽/mm)
铸链式电阻炉	RCZ₉-120	120	380	3	950	400×4500
	RCZ₉-160	160	380	3	950	600×4500
	RCZ₉-200	200	380	3	950	800×4500
辊底炉	RGD₉-230	230	380	3	950	900×8000×220
滚筒加热炉	RG₉-160	160	380	3	950	φ740×1300
箱式多用炉	RM₉-120	120	380	3	950	760×1220×760
	RM₉-138	138	380	3	950	910×1220×760
网带式电阻炉	RCG₉-45	45	380	3	920	2400×300×80
	RM₉-75	75	380	3	920	3600×300×80
	RM₉-90	90	380	3	920	4700×300×80
	RM₉-120	120	380	3	650	4700×400×80
	RC₃	60	380	3	300	5000×600×120
	RC₆	90	380	3	650	5000×820×120
网带式保护气氛光亮退火炉	RCWE₈-100×600	160	380	3	800	6000×1000×200
	RCWE₈-800×500	120	380	3	800	5000×800×200
	RCWE₈-600×500	90	380	3	800	5000×600×200
推杆式等温退火炉	RJT-160-8	160	380	3	850	11800×720×510
	RJT-280-8	380	380	3	850	10500×630×450
转底式多用生产炉	RH-105	105	380	3	950	2000×2000
节能台车电阻炉	RT₂-180-9	180	380	3	950	2100×1050×750
	RT₂-300-9	300	380	3	950	6500×900×800
	RT₂-400-9	400	380	3	950	4300×2200×1200
	RT₂-320-9	320	380	3	950	3000×1350×950
可翻转台车式电阻炉	RT₃-90-12	90	380	3	950	1600×800×600
	RT₃-115-12	115	380	3	950	1800×900×650
	RT₃-210-12	210	380	3	950	2500×1150×750
井式气体渗碳炉	RQ₃-60-9	60	380	3	950	φ450×600
	RQ₃-75-9	60	380	3	950	φ450×900
	RQ₃-90-9	90	380	3	950	φ600×900
	RQ₃-105-9	105	380	3	950	φ600×1200
井式气体氮化炉	RN-140-6K	140	380	3	650	φ800×3500
	NS-85-35	180	380	3	650	φ650×5200
	NS-85-82	150	380	3	650	φ950×2500
	RN-60-6	60	380	3	650	φ600×1200
	RN-75-6	75	380	3	650	φ800×1200
	RN-90-6	90	380	3	650	φ800×1700

（续）

名　称	型　号	主　要　参　数				
		功率/kW	电压/V	相数	额定温度/℃	工作尺寸[直径(宽)/mm]×(高/mm)或(长/mm)×(高/mm)×(宽/mm)
井式气体氮化炉	RN-105-6	105	380	3	650	ϕ800×2300
	RN-120-6	120	380	3	650	ϕ800×3000
强循环钟罩式电阻炉	RB-150-8	150	380	3	850	ϕ1400
	RB-180-8	180	380	3	850	ϕ1600
	RB-230-8	230	380	3	850	ϕ1800
	RB-320-8	320	380	3	850	ϕ2200
	RB-380-8	380	380	3	850	ϕ2400
井式加热电阻炉	RJ$_2$-75-9	75	380	3	950	ϕ600×2500
	RJ$_2$-120-9	120	380	3	950	ϕ1000×1800
	RJ$_2$-140-9	140	380	3	950	ϕ1000×2400
箱式电阻炉	RX$_3$-45-9	45	380	3	950	1200×600×400
	RX$_3$-60-9	60	380	3	950	1500×750×450
	RX$_3$-75-9	75	380	3	950	1800×900×550
高温箱式电阻炉	RX$_3$-45-12	45	380	3	1200	950×450×350
	RX$_3$-60-12	60	380	3	1200	1200×600×400
	RX$_3$-75-12	75	380	3	1200	1800×900×550
	RX$_3$-30-13	30	380	3	1350	500×250×200
	RX$_3$-50-13	50	380	3	1350	800×400×350
圆形钟罩式真空炉	RZ90-9	90	380	3	920	ϕ560×1000
	RZ160-9	160	380	3	920	ϕ1000×1800

表 11-55　LD 系列离子渗氮炉主要技术指标

型　号	LD-10	LD-25	LD-50	LD-75	LD-100	LD-150
最大输出直流电流/A	10	25	50	75	100	150
最高输出直流电压/V	1000	1000	1000	1000	1000	1000
工件最小电流密度/(mA/cm^2)	2	2	2	2	2	2
极限真空度/Pa	6.7	6.7	6.7	6.7	6.7	6.7
有效加热区(直径/mm)×(高/mm)	ϕ350×400	ϕ500×800	ϕ700×1000	ϕ800×1200	ϕ1000×1200	ϕ1300×1600
最高工作温度/℃	650	650	650	650	650	650
最大装炉量/kg	80	200	600	1000	1500	2000

表 11-56　中温箱式电阻炉技术规格（650～1000℃）

技术规格	型　号				
	RJX-15-9	RJX-30-9	RJX-45-9	RJX-60-9	RJX-75-9
额定功率/kW	15	30	45	60	75
额定电压/V	380/220	380/220	380/220	380/220	380/220

（续）

技术规格		型　号				
		RJX-15-9	RJX-30-9	RJX-45-9	RJX-60-9	RJX-75-9
相数		3	3	3	3	3
电热元件连接方法		Y/△	Y/△	Y/△	Y/△	YY△Y/△
最高工作温度/℃		950	950	950	950	950
炉膛尺寸/mm	长	650	950	1200	1500	1800
	宽	300	450	600	750	900
	高	250	450	500	550	600
最大生产率/(kg/h)		50	125	200	275	350
空载运行功率/kW		≤5	≤9	≤11	≤14	≤17
20℃开始空载升温至最高温度所需时间/h		5	6	7	8	10
实际采用生产率/(kg/h)		20 ~ 25	45 ~ 50	75 ~ 85	110 ~ 130	160 ~ 190
质量/kg		1200	2300	3200	4800	7100

表 11-57　高温箱式电阻炉技术规格（1000 ~ 1500℃）

技术规格		型　号				
		RJX-14-13	RJX-25-13	RJX-37-13	RJX-30-13	RJX-50-13
额定功率/kW		14	25	37	30	50
额定电压/V		380/220	380/220	380/220	380/220	380/220
相数		3	3	3	3	3
最高工作温度/℃		1300	1300	1300	1300	1300
最大生产率/(kg/h)		—	—	—	50	130
炉膛尺寸/mm	长	520	600	810	400	700
	宽	220	300	550	300	450
	高	220	280	375	250	350
外形尺寸/mm	长	—	1350	—	1460	1890
	宽	—	1600	—	1550	1880
	高	—	1740	—	1990	1990
重量/kg		—	1500	—	2600	3000

表 11-58　低、中、高温井式电阻炉技术规格

名称	型　号	额定功率/kW	电压/V	相数	加热系数	生产率/(kg/h) 最大	生产率/(kg/h) 实际	最高工作温度/℃	炉膛尺寸（长/mm）×（宽/mm）×（高/mm）或（直径/mm）×（高/mm）	外形尺寸（长/mm）×（宽/mm）×（高/mm）	质量/kg
低温电阻炉	RJJ-24-6	24	380/220	3/1	1	100	40 ~ 70	650	φ400 × 500	1500 × 1400 × 1900	1270
	RJJ-36-6	36	380/220	3	1	280	70 ~ 100	650	φ500 × 650	1600 × 1600 × 2100	1453
	RJJ-76-6	75	380/220	3	1	550	200 ~ 250	650	φ950 × 1220	2500 × 3300 × 3100	4600

（续）

名称	型号	额定功率/kW	电压/V	相数	加热系数	生产率/(kg/h) 最大	生产率/(kg/h) 实际	最高工作温度/℃	炉膛尺寸（长/mm）×（宽/mm）×（高/mm）或（直径/mm）×（高/mm）	外形尺寸（长/mm）×（宽/mm）×（高/mm）	质量/kg
中温电阻炉	RJJ-30-9	30	380/220	3	2	140	60	950	φ450×800	—	2100
	RJJ-35-9	35	380/220	3/1	2	125	50	950	300×300×1200	—	2820
	RJJ-55-9	55	380/220	3/1	3	230	100	950	300×300×1200	—	3950
	RJJ-70-9	70	380/220	3	3	330	—	950	φ600×2500	—	8000
高温电阻炉	RJJ-48-12	48	380/220	—				1200	φ800×800	—	4000
	RJJ-65-13	65	380	3				1300	300×300×1260	—	4700
	RJJ-95-13	95	380	3				1300	300×300×2207	—	5800
	RJJ-140-12	140	380/220	—				1200	φ1000×2000	—	10000

表 11-59 插入式电极盐浴电阻炉技术规格

型号	功率/kW	电压/V	相数	最高工作温度/℃	炉膛尺寸（长/mm）×（宽/mm）×（高/mm）	外形尺寸（长/mm）×（宽/mm）×（高/mm）	质量/kg
RYD-20-13	20	380	1	1300	245×180×430	1280×1010×1100	1000
RYD-25-8	25	380	1	850	300×300×490	1300×1260×1100	1000
RYD-35-13	35	220/380	3	1300	305×200×430	1320×1050×1100	1200
RYD-45-13	45	380	1	1300	340×260×100	1540×1312×1275	1500
RYD-50-6	50	380	3	650	920×600×540	1880×1810×1450	3200
RYD-75-13	75	220/380	3	1300	350×390×600	1580×1200×1330	1700
RYD-100-8	100	380	3	850	920×600×540	1800×1810×1450	3200
RYD-100-9	100	380	3	950	300×300×1600	1720×1280×3240	3200
RYD-150-13	150	380	3	1300	300×300×1600	1720×1280×3240	3200

表 11-60 铸件盐浴炉加热用盐

组成	碳含量（质量分数,%）	熔化温度/℃	盐炉温度/℃ 最小	盐炉温度/℃ 最大	组成	碳含量（质量分数,%）	熔化温度/℃	盐炉温度/℃ 最小	盐炉温度/℃ 最大
NaCl / KCl	44 / 56	660	720	900	NaCl / Na₂CO₃	50 / 50	560	590	900
NaCl / BaCl₂	22.5 / 77.5	635	665	870	NaCl	100	800	830	1100
NaCl / BaCl₂	55 / 45	540	570	900	NaCl / KCl / Na₂CO₃	10 / 45 / 45	595	630	850
NaCl / BaCl₂	27.5 / 72.5	500	550	800	NaCl / KCl / BaCl₂	37 / 41 / 22	552	590	880
BaCl₂ / CaCl₂	50 / 50	595	630	850	KCl / NaCl / CaCl₂	50 / 20 / 30	530	560	870
NaCl / Na₂CO₃	35 / 65	620	650	900					

（续）

组成	碳含量（质量分数,%）	熔化温度/℃	盐炉温度/℃ 最小	盐炉温度/℃ 最大	组成	碳含量（质量分数,%）	熔化温度/℃	盐炉温度/℃ 最小	盐炉温度/℃ 最大
NaCl / BaCl / CaCl₂	21 / 31 / 48	435	480	780	NaNO₂ / KNO₃	50 / 50	225	280	550
NaCl / K₂CO₃	50 / 50	560	590	820	BaCl₂	100	962	1100	1350
KCl / Na₂CO₃	50 / 50	577	650	870	NaCN / Na₂CO₃ / BaCl₂	80 / 15 / 5	540	650	900
KCl / BaCl₂	50 / 50	640	670	870	NaCN / Na₂CO₃ / NaCl	75 / 10 / 15	590	700	850
NaCN / KCN	75 / 25	523	550	600	NaCN / Na₂CO₃ / NaCl	45 / 10 / 45	675	750	850
NaCN / KCN	53 / 47	445	500	550	NaCN / Na₂CO₃ / NaCl	30 / 45 / 25	625	700	850
NaNO₃ / KNO₂	50 / 50	143	160	550					

表 11-61　热处理生产线

名称	型号	淬火炉 外形尺寸（长/m）×（宽/m）×（高/m）	淬火炉 炉膛宽/mm	淬火炉 功率/kW	生产线总长/m	油槽尺寸（长/m）×（宽/m）×（高/m）	生产能力/(kg/h)
辊底式控制气氛热处理生产线	RGB-90	5.26×2.0×1.73	500	90	29	3.64×1.85×1.8	160~200
	RGB-120	6.42×2.0×1.73	575	120	31	3.64×1.85×1.8	180~240
	RGB-160	7.59×2.29×1.73	650	160	32.8	3.64×1.85×1.8	260~320
辊底式快速退火自动生产线	GKT-4	—	670	85	17	—	96
	GKT-8	—	670	123	23	—	192
	GKT-12	—	670	130	36	—	288
	GKT-20	—	1100	327	66	—	480
	GKT-30	—	1480	432	66	—	720
托辊网带式自动淬回火生产线	RGW-40	5.8×1.9×1.9	300	40	25.8	2.635×1.85×2.3	50~90
	RGW-50	7.3×1.9×1.9	300	50	21.6	2.635×1.85×2.3	60~100
	RGW-75	7.5×2.1×1.9	500	75	16.5	2.635×1.85×2.3	120~150
	RGW-90	7.7×2.2×1.9	600	90	28.7	2.635×1.85×2.9	160~200
	RGW-120	9.3×2.2×1.9	600	120	28.7	3.64×1.85×2.9	180~240
	RGW-160	10.3×2.2×1.9	600	160	28.6	3.64×1.85×2.9	260~320
	RGW-210	11.3×2.4×1.9	800	210	31.6	3.64×1.85×2.9	380~420
铸网式自动淬回火生产线	RZM-50	4.58×1.6×2.38	370	50	32	2.635×1.85×2.3	60~100
	RZM-75	4.77×1.743×2.0	500	75	25	3.64×1.85×2.3	110~150
	RZM-160	7.3×1.78×2.25	500	160	26	3.64×1.85×2.9	250~320

11.6　铸钢热处理节能简介

热处理行业是能源消耗的大户，因此，在铸钢件的热处理生产中节能及环境保护是十分重要的。铸钢件热处理节能的基本思路如下：

1）工艺的合理性——所用工艺是否达到铸钢件热处理目的而又是能耗最小的工艺。

2）设备热效率高。

3）工艺实施过程中热能的额外损失小。

4）工艺的准确实施——避免附加热耗。

11.6.1　热处理节能的基本策略

从产品能耗方面来看，节能有其基本策略，即

1）能源施加的对象和处理时间最小化原则。

2）能源转化过程最短化原则。

3）能源利用效率最佳化原则。

4）余热利用最大化原则。

11.6.2　热处理节能相关名词及技术经济指标

热处理节能相关名词解释及技术经济指标见表11-62。

11.6.3　热处理节能方法简介

热处理节能方法及主要控制方向及途径见表11-63。

表 11-62　热处理节能相关名词解释及技术经济指标

名称	名词解释	技术经济指标
能耗	在单位时间内处理单位重量产品所消耗的能量	它是一个综合能量消耗指标，也是衡量所用工艺及设备先进程度的指标，在工程设计中也常作为估算能量需要量的依据。它是节能最直接的、最重要的指标
热效率	用于加热工件的有效热量占投入的总热量的百分数	主要用于衡量设备有效利用能源的指标，反映设备的先进程度。热能转换及热能施加到热处理件上的方式，严重地影响热效率
加热倍数	一个产品从原料到成品的全过程热处理中需要进行的加热次数	它是考核制造工艺先进程度的一个重要依据
设备负荷率	设备需要量与实际选用设备的台数之比	—
设备利用率	一台设备在生产时装满工件的程度不同	热处理的能耗随设备利用率的下降而增大
生产率	设备在单位时间内可完成的生产量	高生产率的设备会带来良好的节能效果。产品生产系统化、连续化和大型化，有规模、有组织的批量化生产线，最大限度地综合利用能源，减少能耗，提高生产率和劳动效率
产品质量	指产品的合格程度	它不是节能的直接指标，但对节能有重大影响

表 11-63　热处理节能方法及主要控制方向及途径

主要方向	能源控制途径及策略
热处理能源	1）燃煤：资源丰富、价格低，但热处理工艺上难以控制且环境污染严重，目前正在被淘汰 2）石油和天然气：比火力发电的电能有较高的热效率（电炉总电热效率为22%，而热处理燃气炉的热效率为25% ~ 30%），如果采用废气预热工件和燃用空气，可使其总热效率提高到约60% 3）电能：容易控制，管理方便，环境污染小，是目前热处理采用的主要能源
加热方式节能	1）燃料燃烧加热工件：煤、油、煤气通过燃烧产生热量，在炉内实现炉气、炉衬、工件之间的热交换。这种间接加热的方式，由于炉衬的蓄热和散热及废气的损失，造成其低效率。若是气体燃料燃烧，直接火焰喷烧工件（火焰加热），则其热效率较高，但工艺控制难度较大，工件处理质量不容易均匀 2）电阻法加热：普通电阻炉将电能转化为热能，再进行热交换，热效率也较低。通常通过强化辐射、强化对流、扩大辐射面积，减少炉衬蓄热量和炉壁散热量等方式来提高其热效率

（续）

主要方向	能源控制途径及策略
加热方式节能	3）直接通电加热：直接将电通过工件，以工件作为电阻发热体而将本身加热（电接触加热），其能量转换率和利用率很高。通常用于等断面钢丝、钢棒加热 4）感应加热：把金属工件置于交变的电磁场内，利用交变电流和磁场产生热量进行加热。感应加热有工频、中频、高频、超高频、超音频等，其热效率远高于电炉。同时，利用感应淬火代替整体加热淬火，可节约能量达 70% ~80% 5）其他新型热处理能源方式：等离子加热、高能电子束（离子束）加热、激光加热、超硬化合物表面涂覆处理等新技术，使热处理节能有了更多、更好的发展趋势
热处理工艺设计节能	1）技术要求：在充分分析产品工作条件的情况下，制订合理、科学的技术要求，而不是盲目追求最高要求。如有时，若将渗碳层浓度稍稍降低一点，就可大大缩短渗碳处理的时间，同时可节约大量能源 2）工艺路线与工艺：①材料的合理性。②能满足技术条件的最佳工艺。③最短热处理时间和能耗。④工序间是否密切配合，锻造余热是否可利用及形变热处理是否实施等 3）热处理设备的选用：选用的热处理设备应在满足热处理工艺要求的基础上进行选择
热处理工艺节能	1）加热温度：在允许的范围内适当降低热处理温度有显著的节能效果。例如，把加热温度降低 30℃，对 1t 钢件在热效率为 40% 的炉内，可节能 14kW/h。因此，准确控制正火、淬火温度，或采用亚温淬火等可大大降低能耗 2）加热时间：精确计算与控制热处理加热时间，不留太大的余量，在总体上可节能 10% 3）加热速度：加热速度直接影响加热时间和节能。除大型零件和高合金钢外，绝大多数的钢材允许快速加热。主要措施有：①热装炉。②提高炉温进行快速加热。③提高连续式加热段的炉温。④在炉内壁上喷涂高红外辐射率（黑）的涂料或者工件表面黑化处理，以强化炉内壁的辐射性能，可缩短炉子和工件的升温时间 4）采用热处理新工艺节能：①锻造余热热处理（如锻热淬火、锻造余热等温淬火或退火等）。②感应加热热处理的扩大应用（如低淬透性钢进行感应加热深层淬火，用于替代渗碳热处理，节能达 60%；另外，感应加热线圈的横向磁场加热薄板等）。③渗氮及氮碳共渗的扩大应用（如在一定条件下采用渗氮或碳氮共渗代替渗碳可在很大程度上节约能源）
新钢材节能	1）以球墨铸铁代钢：生产高强度和高韧性的球墨铸铁代替锻钢，不仅可降低材料成本，还可省略锻造成形工序，简化热处理工序，大大节约能源 2）采用非调质钢：非调质钢是一种高效节能钢，它是指在中低碳钢的基础上，添加微量 V、Nb、Ti 等合金元素，通过控轧控冷，充分发挥沉淀强化、细晶强化及相变强化等作用，使钢材在轧制后无需调质处理即可达到一般调质钢的强度和韧性。从而简化了工艺流程，节约了成本和能源 3）采用空冷下贝氏体铸钢 4）加快化学热处理过程用钢：开发更多、更新的多种加快化学热处理工艺过程的渗氮和渗碳用钢 5）采用新型高速钢：即低合金高速钢，由于其合金含量的降低，从而减少了热处理的时间，达到节能的目的
热处理设备节能	1）电阻炉节能：①在保证炉子结构强度和耐热度的前提下，应尽量提高炉衬的保温能力和减少其储蓄热；如实现炉衬纤维化和轻质化有很大的节能效果。②电热元件布置对节能有一定影响，如采用辐射管加热元件使炉温均匀和节能。③提高和强化炉膛热交换（如合理的炉膛空间和结构、内壁涂覆高辐射率涂料、炉膛内装设风扇、注意炉膛密封、在电阻炉内装设强辐射元件等） 2）燃料炉节能：燃料炉节能主要在于燃料燃烧和炉内气流合理的组织及废气的利用
热处理炉型节能	当热处理产品的批量及工艺确定后，选用何种炉型，就成为实现工艺、节能、低成本生产的关键因素。从节能的角度看，主要有以下几个原则 1）当生产批量足够大时，宜选用连续式炉 2）尽可能选用炉内构件、料盘等较少热损失和构件不易损坏的炉子 3）尽可能选用密闭式的炉子

（续）

主要方向	能源控制途径及策略
热处理炉型节能	4）对化学热处理可控气氛的炉子，均衡比较有炉罐和无炉罐的，综合选择最佳配置 5）对大装载量的退火炉，宜选用炉膛在生产过程中尽量不发生反复冷却、加热的情况 6）采用能强制炉内热交换的炉子 7）炉子大小应与生产量相匹配
余热利用	1）生产线热能的综合利用 2）间壁式和蓄热式自身预热燃烧器的余热利用 3）废气通过预热带预热工件
可控气氛节能	1）原料的选择：从空气中获得 N_2 是最节能的方法；从水电解可获取 H_2，作为还原性保护气氛等，根据具体情况进行因地制宜、就地取材，以降低生产成本，节约能源 2）可控气氛制造技术的发展使气氛的成本大幅度降低，如采用放热型和吸热型气氛的制造技术、有机液剂的裂化、氨/甲醇与空气催化燃烧形成保护气氛、气氛净化技术等 3）可控气氛发生装置与热处理炉一体化有利于节能 4）可控气氛类型选择与使用过程中应力求减少气体消耗量，合理的气氛应能加快化学热处理过程，有良好的保护效果，较少的气氛耗量和原料消耗量可降低成本；采用计算机控制是最合理使用气氛的手段
热处理工辅具节能	1）根据工作条件选用钢材，在条件允许的情况下，尽量选用较高档的耐热合金钢，这样减小了工辅具体积和重量，减少了工装热能损失和避免因其损失带来的能源周期性消耗 2）合理设计工辅具形状、尺寸，在设计过程中应进行计算、能耗和成本、寿命估计，炉内构件还应考虑其热交换的效果等 3）工夹具和构件是采用铸件还是锻造合金焊接件对节能有很大影响，一般情况下，后者比前者重量轻，减少了热处理工艺时间，提高了热效率，节约了能量。但在要求厚壁以提高强度、刚度或传递推送重型载荷时，或在某些气氛下，形状复杂的构件焊缝会过早破坏时，则不能使用焊接件
控制节能	所谓控制节能即是在满足工艺要求的前提下，把供电、供气、供水等调整到需要的最小量 1）电阻炉温度控制节能，燃料炉控制节能 2）智能控制节能
生产管理节能	生产节能管理的基本措施主要有 1）建立节能的管理体制 2）统计能源

11.7　铸钢热处理生产的环境污染及防治

铸钢热处理环境污染的分类和来源及防治见表 11-64。

表 11-64　铸钢热处理环境污染的分类和来源及防治

污染源	有害物质	来　源	防　治
废气	一氧化碳、二氧化碳、氮氧化物、氰化氢及碱金属氰化物、氨、氯及氯化物、烷烃、苯、二甲苯、甲醇、乙醇、异丙醇、丙醇、醋酸乙酯、三乙醇胺、苯胺、三氯乙烯、油烟气、盐酸、硝酸、硫酸蒸气、苛性碱及亚硝酸盐蒸气、烟尘及粉尘	燃料或气氛燃烧，气体渗碳、碳氮共渗、渗硫及硫氮共渗、硫氮碳共渗、硝盐浴、高中温盐浴、气体渗硅、渗硼及渗金属、盐酸清洗，热镀锌及热浸铝，渗剂、有机清洗剂、防渗涂料、淬火油槽、回火油炉、酸洗、氧化槽、碱性脱脂槽、燃烧炉、各种固体粉末法化学处理及喷砂等	1）采用不同的技术方法（如吸收法、催化转化法、吸附法、燃烧法、冷凝法等）对化学热处理排出废气进行净化、回收、利用等 2）在工艺、设施上尽量降低有害物质的排放量 3）在可控气氛炉上尽量采用无害的原料气体（N_2） 4）尽量采用低或超低 NO_x 烧嘴及蓄热式烧嘴，达到低的 NO_x 排放量 5）采用局部排风或全面通风的方法，防止有害气体在车间扩散；尽可能排除车间内有毒、有害气体

（续）

污染源	有害物质	来　　源	防　　治
废水	氰化物、硫及硫化物、氟的无机化合物、锌及锌化物、铅及铅化物、钡及钡化物、有机聚合物、残酸、残碱等	液体渗碳、碳氮共渗及硫碳氮共渗、渗硫及硫氮等多元共渗、固体渗硼及渗金属、热镀浸锌、防渗碳涂料、渗钒、渗锰、残盐清洗、淬火废液、有机淬火介质、酸洗、脱脂、淬火油、脱脂清洗	热处理废水处理方法通常分三级 一级：隔栅、筛网、气浮、沉淀，以除去漂浮物、油、调节 pH，为初步处理 二级：活性污泥法、生物膜法、厌氧生化法混凝、中和、氧化还原，以除去大量有机污染物，为主要处理 三级：氧化还原、电渗析、反渗透、吸附、离子交换，以除去前两级未除尽的有机、无机物和病原体，为深度处理
固体废物	氰盐渣、钡盐渣、硝盐渣、锌灰及锌渣、酸泥、含氟废渣、混合稀土废渣	液体渗碳、碳氮共渗及硫碳氮共渗等盐浴、高、中温盐浴、硝盐槽、氧化槽、热浸锌、酸洗槽、固体渗硼剂、粉末渗金属剂、稀土多元共渗剂及稀土催渗剂	有害固体废物须经无害化处理，如暂没有条件进行无害化处理的有害固体废物，应存放后统一送往当地环保部门指定的地点进行处理。如盐浴有害固体废物钡盐渣、亚硝酸盐渣、氰盐渣等须采用不同的方式进行分别处理
噪声		燃烧器、真空泵、压缩机、通风机、喷砂和喷丸	工业噪声根据不同区域，按国家标准有不同的要求。对产生严重噪声的设备应采用消声和隔声措施来达到噪声控制
电磁辐射	电磁场辐射、放射性辐射、热辐射	高频感应设备	采取防护

参　考　文　献

[1] 殷瑞钰. 钢的质量现代进展：下篇 [M]. 北京：冶金工业出版社，1995.

[2] 薄鑫涛，郭海祥，袁凤松. 实用热处理手册 [M]. 上海：上海科学技术出版社，2009.

[3] 潘健生，胡明娟. 热处理工艺学 [M]. 北京：高等教育出版社，2009.

[4] 陈希杰. 高锰钢 [M]. 北京：机械工业出版社，1989.

[5] 机械工程手册编委会. 机械工程手册 [M]. 北京：机械工业出版社，1997.

[6] 中国机械工程学会热处理专业学会. 热处理手册 [M]. 北京：机械工业出版社，2008.

[7] А. П. 古里亚耶夫. 金属学及热处理 [M]. 秦国友，译. 重庆：重庆大学出版社，1991.

[8] 西安交通大学. 金属学及热处理 [M]. 北京：机械工业出版社，1989.

[9] 铸造工程师手册编写组. 铸造工程师手册 [M]. 北京：机械工业出版社，1997.

[10] 雷廷权，傅家骐. 金属热处理工艺方法500种 [M]. 北京：机械工业出版社，1998.

[11] 樊东黎，徐跃明，修晓辉. 热处理工程师手册 [M]. 3版. 北京：机械工业出版社，2011.

[12] 樊东黎. 热处理技术数据手册 [M]. 北京：机械工业出版社，2000.

[13] 朱兴元，等. 金属学与热处理 [M]. 北京：中国林业出版社，2006.

[14] 谢敬佩，李卫，宋延沛，陈全德. 耐磨铸钢及熔炼 [M]. 北京：机械工业出版社，2003.

[15] 陈华辉，邢建东. 耐磨材料应用手册 [M]. 2版. 北京：机械工业出版社，2012.

[16] 崔忠圻，刘北兴. 金属学与热处理原理 [M]. 3版. 哈尔滨：哈尔滨工业大学出版社，2018.

第 12 章　铸钢件的质量检测

在铸造生产中往往由于原材料质量不合格、工艺不合理、生产管理不完善或操作不当等原因，使铸件中难免产生某些冶金缺陷和铸造缺陷。这些缺陷在铸件中影响其外观质量、内在质量和使用性能。随着铸件壁厚的增加，其形状的复杂化和钢中合金化程度的提高，这些缺陷对铸件工艺性能和力学性能等的影响变得更加明显，甚至严重影响铸钢件的总体质量，造成铸件的不合格或报废。借助材料的化学分析、材料的力学和物理性能检测、金相组织及电子光学金相的检测和分析，以及对铸造工艺性能的检测和铸件成品的无损检测，可有效地检验出铸钢在冶炼、凝固过程中以及后续工序（如切割、补焊、热处理）过程中产生的各种宏观和微观组织缺陷，并显示其形貌特征、分布形态及部位、数量、大小和取向。根据其化学成分及金相组织对力学性能和工艺性能的影响，可判断缺陷的属性、形成原因及对铸件质量的影响程度。为此可以深入地研究铸件凝固规律和特性，以便通过改进冶炼、浇注或铸造、清理、热处理等工艺技术或质量管理等措施进行综合治理，可有效地减轻缺陷的严重程度，保证铸件的质量，提高铸钢件在复杂的应力状态下，如在高温、振动、磨损、腐蚀等不同工况下的使用性能。本章内容不涉及铸件的外观质量，诸如表面粗糙度、表面缺陷、尺寸公差和形状、质量偏差等的检测和控制，它们各自有相应的国家检测标准和检测方法。

12.1　铸钢金相组织的检验

铸钢金相组织的检验是评定铸钢件材质的主要方法之一，有宏观和微观检验两大类。此外，断口检验也是金相检验的一种方式，金属的自然断面可做宏观观察，也可用电子显微镜进行微观分析。

12.1.1　宏观组织检验

金相宏观组织检验是用目视或低倍放大镜检查铸件表面或断面的宏观组织或缺陷，以确定它们的性质和严重程度的方法。它具有视域大、适用范围广和试验方法简便等优点，与微观组织检验配合能较全面地反映铸钢件的质量问题。宏观检验通常有酸蚀检验、断口检验、硫印及磷印检验、塔形检验等。在生产检验中，可根据检验的要求来选择适当的宏观检验方法。最常用的宏观检验方法是酸蚀检验法。

酸蚀检验是利用酸液对钢铁材料各部分侵蚀程度的不同，从而清晰地显示出钢铁的低倍组织及其缺陷。用酸液腐蚀的方法可以显示金属的结晶情况、成分不均匀性及冶金或铸造缺陷。除了可取样作切片试验外，还经常作为检查铸件表面缺陷是否去除干净或作为检验表面质量的辅助手段。铸钢件的酸蚀试验方法参照 GB/T 226—2015《钢的低倍组织及缺陷酸蚀检验法》进行。

（1）试样的选取和制备　取样的部位和方向视检验的目的和要求而异，有要求时应按有关标准、技术条件或双方协议中的规定进行，为检查铸件的致密度和结晶情况，一般应在最易发生缺陷的部位或有代表性的部位截取剖面试样。分析铸件缺陷时，则应尽量保留完整的缺陷。取样可使用热锯、冷锯、火焰切割、剪切等方法截取。试样加工时应去除由于取样所造成的变形和热影响区。

试样检验面距切割面参考尺寸为：①热锯切割时不小于 20mm。②冷锯切割时不小于 10mm。③火焰切割时不小于 25mm。

加工后试样检验面表面粗糙度 Ra 应符合下列要求：①热酸腐蚀：$Ra \leq 1.6\mu m$。②冷酸腐蚀：$Ra \leq 0.8\mu m$，但枝晶腐蚀：机加工磨光，$Ra \leq 0.1\mu m$，磨光后的试样进行机械抛光或手动抛光，$Ra \leq 0.025\mu m$。③电解腐蚀：$Ra \leq 1.6\mu m$。

检查表面缺陷的试样不需要机械加工或打磨，通常的腐蚀就足以去除氧化皮并暴露皮下的缺陷。

（2）腐蚀方法和常用腐蚀试剂　常规宏观组织及缺陷的检验方法有热酸浸蚀法、冷酸浸蚀法（含枝晶腐蚀法）及电解腐蚀法。热酸浸蚀法使用最广，大截面试样或铸件实物或为显示特殊组织或缺陷时可采用冷酸腐蚀法，电解腐蚀法是近些年发展起来的试验方法，具有操作简便，酸的挥发性和空气污染小等特点，适用于大批量大型试样的检验。

热酸浸蚀试验时间根据试验钢种的耐蚀程度、试样表面的粗糙度和试验要求而定。冷酸腐蚀一般较慢，腐蚀时间以准确显露宏观组织及缺陷为准。试样需要保存备查时，可涂上防锈油或清漆，以防止氧化生锈。常用腐蚀剂的配方、腐蚀条件及用途见表 12-1。

表 12-1 常用腐蚀剂的配方、腐蚀条件及用途

序号	腐蚀剂配方		腐蚀条件	用 途
1	HCl（工业）	50%	65~80℃,浸入 10~30min	显示偏析、枝晶晶粒、疏松和裂纹
	H_2O	50%		
2	HCl	38%	60~80℃,浸入 5~25min	显示钢的组织和缺陷
	H_2SO_4	12%		
	H_2O	50%		
3①	$(NH_4)_2S_2O_8$	10%~20%	室温,擦蚀	一般铸钢的结晶组织和缺陷
	H_2O	80%~90%		
4①	HNO_3	10%~40%	室温,擦蚀	一般铸钢的组织和缺陷
	H_2O	60%~90%		
5	HNO_3	1 份	室温,擦蚀	高合金耐热、耐蚀铸钢
	HCl	3~10 份		
6	$CuCl_2$	1g	室温,擦蚀	铜沉淀显示枝晶组织
	$FeCl_3$	30g		
	$SnCl_2$	0.5g		
	HCl	50mL		
	H_2O	500mL		
	C_2H_5OH	500mL		

注：有%的配方为体积分数。

① 腐蚀剂 3、4 配合使用效果较好。

（3）宏观组织特征 由于凝固组织中枝晶与晶间的成分差异，试片经适当腐蚀后，便可看到枝晶状宏观组织，见图 12-1。另外由于凝固条件和合金元素对结晶过程的影响，铸钢的宏观组织由等轴晶区和柱状晶区两者混合组成（见图 12-2）。

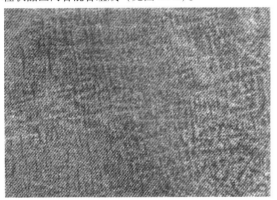

图 12-1 枝晶状宏观组织
（ZG15Cr1Mo1V） ×10

如同枝晶状组织一样，铸钢件中粗大的等轴晶或柱状晶对铸件的力学性能和工艺性能有很大影响。测定宏观组织中的一次晶轴、二次晶轴的长度或晶轴间距或等轴晶区与柱状晶区的比例，可研究结晶过程，了解形核率和元素的扩散速度，达到评价铸件使用性能的目的，定量地建立局部宏观组织与力学性能之间的关系，称之为枝晶间距方法或 DAS 法。

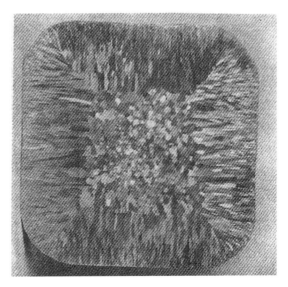

图 12-2 等轴晶区和柱状晶区 ×0.5

（4）主要的宏观组织和缺陷　铸钢件的宏观缺陷（见表12-2），往往成为铸件断裂或失效的源点，对铸件的影响取决于它的严重程度和在铸件中的部位。

表12-2　铸钢件宏观缺陷在酸蚀试面上的特征

缺陷	分布	酸蚀面上的形态
偏析	点状，分布较广	小黑点、小孔洞或由它们组成的区域
气孔	局部分布在表面或次表面	梨形或椭圆形孔洞（见图12-3），小孔成群则称蜂窝状气孔
针孔	垂直于铸壁分布	垂直排列的圆、条形孔洞，沿柱状晶走向。深入皮下，则称皮下针孔
缩孔（残余）	单个，集中分布，体积大	形状极不规则的孔洞，外露于空气，周围有疏松和孔洞聚集，偏析严重（见图12-4）
缩松	集中，或堆在缩孔底部或厚断面内部	形状不规则的孔洞群（见图12-5）
热裂纹	局部分布于厚壁断面处	若干穿透或不穿透裂纹，曲折且不连续（见图12-6）；沿原奥氏体晶界或枝晶间走向（见图12-7）
冷裂纹	局部分布于薄壁处	较平直，穿透裂纹
非金属夹杂	局部，无规律	不同形状和耐蚀程度的小黑点或成群小孔洞

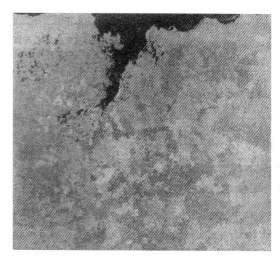

图12-4　试片上的缩孔残余形貌（ZGCr17Ni2）　×1

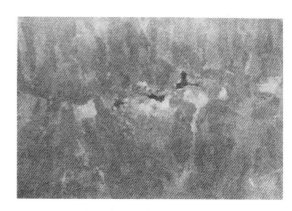

图12-5　缩松的宏观形貌（ZG1Cr18Ni9Ti）　×1

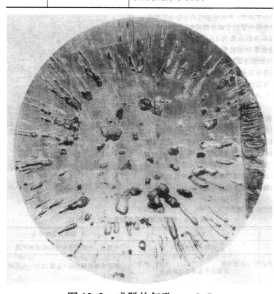

图12-3　成群的气孔　×0.5

图12-6　热裂纹的宏观形貌（ZG230-450）　×1

图 12-7　不穿透热裂纹沿枝晶走向　×10

12.1.2　微观组织检验

微观组织检验是指用光学显微镜或电子显微镜等来观察金属材料内部所具有的各组成物的直观形貌。微观组织检验的目的是显示显微组织和显微缺陷的微观细节，以研究钢的微观组织和力学性能之间的定性和定量关系。

1. 金相显微镜检验

（1）金相显微镜　金相显微镜是用入射光照明来观察金属表面显微组织的光学仪器，它由物镜和目镜组成，并借助物镜和目镜两次放大，使物体得到较高的放大倍数。

金相显微镜分辨率通常是指在被观察的物体上能被分开的两条线或两个点之间的最小距离，而不是在图像上能把它们分开显示的最小距离。理论上的分辨极限为

$$d = 0.61\lambda/NA \qquad (12\text{-}1)$$

式中　d——在图像上能观察到的清晰物体点之间的最小距离（μm）；

　　　λ——光的波长（μm）；

　　　NA——数值孔径，它等于物镜孔径角半数正弦值与透镜和物体之间介质的折射率之积，无量纲，其数值在物镜镜筒上标出。

根据计算，光学显微镜的极限分辨率约为 $0.2\mu m$。金相显微镜的最终放大倍数等于物镜和目镜放大倍数的乘积，目前最高使用放大倍数约为 2000 倍。

金相法鉴别组织、相和夹杂物是基于不同的相或夹杂物具有特定的选择性腐蚀或染色能力，结合显微镜的特殊照明和多种功能附件来实现的。

（2）金相试样的制备　铸钢金相试样的制备包括取样和制样。取样是指选定取样部位、截取和确定检验面等，而制样则包括磨制、抛光和组织显示等工序。对铸件作全面检查时必须截取从表面到中心、最大断

面到最小断面不同部位的若干试样，试样应有代表性和针对性。检验表面热处理试样，试样表面应保护完好。形状复杂的铸件应切取最易产生缺陷的部位。

铸钢件金相试样的制备方法可参照 GB/T 13298—2015《金属显微组织检验方法》进行。试样可用砂轮切割、电火花线切割、机加工（车、铣、刨、磨）、手锯以及剪切等方法截取，必要时也可用氧乙炔火焰气割法截取，硬而脆的材料可用锤击法取样。试样截取时应尽量避免截取方法对组织的影响（如变形、过热等）。在后续制样过程中应去除截取操作引起的影响层，如通过砂轮磨削等；也可在截取时采取预防措施（如使用冷却液等），防止组织变化。试样尺寸以检验面积小于 $400mm^2$，试样高度 $15 \sim 20mm$（小于横向尺寸）为宜。

试样在粗磨和细磨前，检验面应先经砂轮打磨平整，然后用不同规格的砂纸（180#、400#、1200#）磨光，每更换一道砂纸，试样应转动 90°，并使前一道的磨痕去除，最后将经砂纸磨光的试样在抛光机进行粗抛光及精抛光，最终得到表面平整、无金属塑性变形层、无抛光缺陷的光亮镜面。对表层检测的试样，必须防止任何卷边或倒角，必要时可采用镶嵌或夹持的办法进行。

显示铸钢微观组织常用的化学腐蚀剂见表 12-3。对夹杂或一些宏观、微观缺陷的检验应不经腐蚀直接置于显微镜下观察。

表 12-3　显示铸钢微观组织常用的化学腐蚀剂

试剂名称	配　方		用　途
硝酸酒精溶液	HNO_3 C_2H_5OH	$2 \sim 5mL$ $100mL$	一般铸钢
苦味酸硝酸酒精溶液	HNO_3 苦味酸 C_2H_5OH	$2 \sim 5mL$ $4g$ $100mL$	一般铸钢
盐酸苦味酸酒精溶液	HCl 苦味酸 C_2H_5OH	$10mL$ $2g$ $100mL$	普通耐热、耐蚀铸钢
王水甘油混合液	HNO_3 HCl 甘油	$10mL$ $20mL$ $30mL$	奥氏体耐热、耐蚀铸钢
饱和苦味酸活性试剂	饱和苦味酸水溶液加少量洗涤剂和酒精		显示原奥氏体晶界

（3）铸钢基本微观组织的识别　因化学成分和热处理条件不同，铸钢的微观组织中会出现多种不同的组分，如铁素体、奥氏体、上贝氏体、下贝氏体、

马氏体和回火索氏体等。铸钢基本微观组织的特征和　　性能见表 12-4。

表 12-4　铸钢基本微观组织的特征和性能

组织名称	形貌特征和性质	硬度 HBW
铁素体	白亮，大小不一的不规则多边形（见图 12-8），韧性、强度低，易受腐蚀，因晶粒取向不同，常呈不同反差，有时呈网状或针状	80 ~ 120
奥氏体	白亮，在 18-8 钢中常为碳化物或枝晶分布的 δ 铁素体包围呈边界弯曲的不规则形状（见图 12-9），有时晶内可见滑移线。软而韧，不易腐蚀。在淬火组织中分布于马氏体针隙间	170 ~ 210
渗碳体（Fe_3C）	白亮、硬度高、脆性、耐腐蚀，与钢中的其他相共存时，呈层片状、粒状、块状或网状	800 ~ 1000HV
珠光体	铁素体和渗碳体以大致平行、等间距排列的片团，按珠光体片间距大小分成：片状珠光体（$d > 0.7\mu m$，光学显微镜一般倍数下能分辨，见图 12-10），索氏体（$d \approx 0.4\mu m$，光学显微镜高倍下可分辨），托氏体（$d \approx 0.1\mu m$，电子显微镜可分辨）。片层越薄，间距越小，硬度越高	190 ~ 250（珠光体）250 ~ 300（索氏体）300 ~ 400（托氏体）
贝氏体	分为上贝氏体、下贝氏体和粒状贝氏体 3 种，是铁素体与渗碳体非层状排列所致。上贝氏体呈羽毛状（见图 12-11），下贝氏体呈黑色竹叶状，粒状贝氏体为铁素体基体和岛状残留奥氏体与碳化物组成。在抛光面上贝氏体有"浮凸"现象，强度、韧性适中	35 ~ 45HRC（上贝氏体）45 ~ 55HRC（下贝氏体）
马氏体	硬而脆，分低碳马氏体和高碳马氏体两种。前者为尺寸大致相同的细马氏体板条，定向排列成束（见图 12-12），后者为大小不一、分布无规则、以一定角度相交的针状。不易受腐蚀	56 ~ 65HRC
回火索氏体	由铁素体基体上分布有形状不规则的大小碳化物组成，是淬火马氏体的转变产物。具有良好的韧塑性和强度的配合，为铸钢的调质组织	250 ~ 320

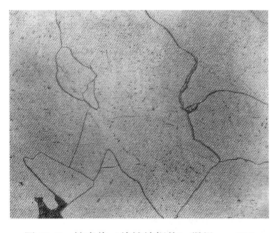

图 12-8　铁素体（纯铁铸钢件）组织　×100

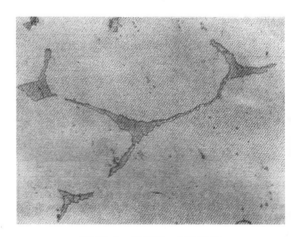

图 12-9　奥氏体 + δ 铁素体
（ZG1Cr18Ni9Ti）　×600

（4）热处理金相组织检验　根据铸钢件的使用情况及其重要程度可将金相组织检验分为铸件验收的必须检验或参照检验项目。在某些行业中也对一些重要零件要求验收热处理后的金相组织。一般工程用铸造碳钢各种热处理状态的金相组织见表 12-5，可供参考。

关于高锰钢的金相检验可参考 GB/T 13925—2010《铸造高锰钢金相》。本手册第 11 章（铸钢件的热处理）也有较详细的介绍。关于工程结构用中、高强度马氏体型不锈钢铸件金相检验可参考 GB/T 38222—2019《工程结构用中、高强度不锈钢铸件金相检验》进行。

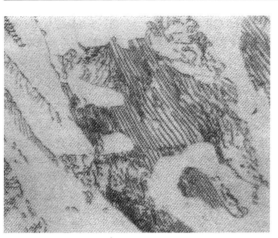

图 12-10　珠光体 + 铁素体　×500

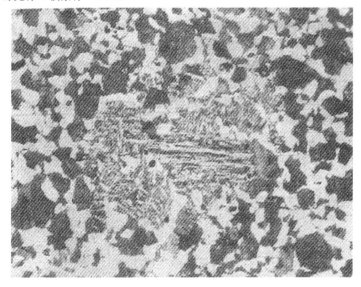

图 12-11　珠光体 + 铁素体 + 贝氏体　×200

图 12-12　板条状马氏体　×400

表 12-5 一般工程用铸造碳钢各种热处理状态的金相组织

牌　号	铸　态	退火态			正火态			调质态		
		欠退火	正常	过退火	欠正火	正常	过正火	欠调质	正常	过调质
ZG200-400	魏氏组织+块状铁素体+珠光体	铁素体+断续网状珠光体+残留铸态组织	铁素体+断续网状珠光体	铁素体+断续网状珠光体（粗化）	铁素体+珠光体+残留铸态组织	铁素体+珠光体	铁素体+珠光体+魏氏组织（粗化）	—	—	—
ZG230-450	魏氏组织+块状铁素体+珠光体（较多）	铁素体+网状珠光体+残留铸态组织	铁素体+网状珠光体	铁素体+网状珠光体（粗化）	铁素体+珠光体+残留铸态组织	铁素体+珠光体（较多）	铁素体+珠光体+魏氏组织（粗化）	—	—	—
ZG270-500	珠光体+魏氏组织+块状铁素体	铁素体+珠光体+残留铸态组织	铁素体+网状珠光体（较多）	铁素体+网状珠光体（粗化）	铁素体+珠光体（较多）+残留铸态组织	铁素体+珠光体（更多）	铁素体+珠光体+魏氏组织	回火索氏体+未熔铁素体	回火索氏体	回火索氏体（粗化）
ZG310-570	珠光体+晶内和沿晶网状铁素体	珠光体+铁素体+残留铸态组织	珠光体+铁素体	珠光体+铁素体（粗化）	珠光体+铁素体+残留铸态组织	珠光体+铁素体	珠光体+网状铁素体（粗化）	回火索氏体+未熔铁素体	回火索氏体	回火索氏体（粗化）
ZG340-640	珠光体+网状铁素体	珠光体+铁素体（更少）+残留铸态组织	珠光体+铁素体（更少）	珠光体+铁素体（较少）	珠光体+铁素体+残留铸态组织	珠光体+铁素体（更少）	珠光体+网状铁素体（粗化）	回火索氏体+未熔铁素体	回火索氏体	回火索氏体（粗化）

注：1. "欠退火"是指热处理温度在 $Ac_1 \sim Ac_3$ 间，"正常"为 $Ac_3 + (50 \sim 150)℃$，"过退火"为 $Ac_3 + 150℃$ 以上热处理。

2. "欠正火"是指热处理温度在 $Ac_1 \sim Ac_3$ 间，"正常"为 $Ac_3 + (50 \sim 150)℃$，"过正火"为 $Ac_3 + 150℃$ 以上热处理。

3. "欠调质"是指热处理温度在 $Ac_1 \sim Ac_3$ 间水淬+回火，"正常"为 $Ac_3 + (30 \sim 50)℃$，"过调质"为 $Ac_3 + 50℃$ 以上水淬+回火。

（5）表面热（化学）处理的金相检验 低碳或低碳合金钢零件的表面处理，包括如渗碳、渗氮、碳氮共渗和渗金属或非金属的化学处理，及表面直接加热的火焰淬硬和激光淬硬等处理。另外还可能包括金属的涂敷工艺。

　　表面处理的目的是为了提高表面的硬度、耐磨性、耐蚀性和抗疲劳等性能，所以都改变了表层的组织结构，而且具有一定的深度。为保证表面处理的质量，必须对表层内的金相组织和表面处理层的深度进行检验，以检查工艺过程质量并满足使用的要求。

　　检查表面层主要是观察表层的金相组织及其变化和测量表层深度。其试样制备的试样磨面必须与零件表面垂直，边缘不允许倒角、变形、塌陷和崩落，如果必要的话应采用辅助夹具夹持试样或树脂镶嵌的办法。

　　1）渗碳检验。渗碳处理过程是由碳原子分解、吸收和扩散 3 个过程组成。渗碳剂如煤油在高温 920～950℃分解成活性很强的碳原子，被钢表面吸收，再由钢表面渗入到内部，随时间而达到碳浓度梯度分布的一定深度。温度越高，扩散时间越长，深度越深。低碳钢零件经表面渗碳后缓冷，根据相图由表及里，组织可为：过共析层、共析层和亚共析过渡层，3 层之和为全渗碳层，3 层组织的特征依次是有晶界网状渗碳体的珠光体、珠光体和珠光体加铁素体组织。金相法深度测定通常将总渗碳层深度定位在 1/2 的过渡层。GB/T 9450—2005《钢件渗碳淬火硬化层深度的测定和校核》中规定了采用显微硬度法测定硬度梯度分布来计算有效硬化层深度。从实际使用硬度性能的角度看，它较以金相组织法来测定深度更具有实用性。在实验室应对金相法测试的结果用显微硬度法校核并修正。

　　2）渗氮检验。活性氮原子在较低温度（500～570℃）下通过扩散深入零件表面，形成间隙固溶体和铁氮化合物相的逐层分布，表现为耐磨性和耐蚀性的提高。渗氮处理按工艺分为气体渗氮、离子注入和氮碳共渗等。对渗氮层质量，其检验可按 GB/T 11354—2005《钢铁零件渗氮层深度测定和金相组织检验》进行，其中包括金相法和硬度法。金相法测定深度规定为：测量随工件渗氮试样的金相磨面，从表面沿垂直方向测至与基体组织有明显分界处的距离为渗氮层深度；硬度法规定为：维氏硬度 2.94N 压头力测定较基体硬度值高 30～50HV 处。另外还可进行检验渗氮层脆性检验、渗氮层疏松检验和渗氮层中氮化物检验等，它们都有相应的级别图对照评定。

　　3）碳氮共渗检验。与低温下渗氮为主，渗碳极少和高温下渗碳为主，渗氮极少（渗碳）相比较，中温下碳氮适量渗入的工艺称为碳氮共渗。其金相法测深度，与渗碳法测定相似，平衡态也分 3 层，但外表层为氮化物的化合物层。硬度法则按 GB/T 9450—

2005《钢件渗碳淬火硬化层深度的测定和校核》，采用有效硬化层测定深度。

　　4）渗（非）金属检验。渗金属的工艺较简单、成本低廉、效果显著，可根据耐蚀、耐高温、抗氧化、耐磨损和抗咬合等特殊性能的要求，渗铬、渗铝、渗硼、渗钒等金属或非金属元素。由于渗入元素的不同，组织中形成的化合物的类型不同，结构也不同，所以其检验内容，一般主要是渗层的深度测量、渗层的硬度测量、组织检验和渗层与基体的结合状况等，具体可参照相应标准，如 JB/T 5069—2007《钢铁零件渗金属层金相检验方法》等进行。

　　5）感应和火焰等淬硬的金相检验。零件表面快速加热、保温和冷却会产生一层组织与原始基体不同的热影响表层。尽管感应、火焰和激光等的加热方式不同，但它们都有一个共性，即在很短的时间内完成加热相变和冷却转变的全过程，所以它们仍符合整体热处理的相变规律。只是由于加热速度很快，相变的过热度很大，上升了临界转变点、热循环区域很窄、合金元素的扩散滞后、相变过程和组织转变不充分等原因，使其具有淬火组织细小、碳浓度分布不均匀和出现未溶或未完全转变的组织的特点。对其深度的测定可采用金相法和硬度法，GB/T 5617—2005《钢的感应淬火或火焰淬火后有效硬化层深度的测定》中规定维氏硬度梯度法来确定从零件表面到规定硬度值处的距离，计算有效硬化层深度。

　　（6）铸钢件的缺陷组织

　　1）脱碳和氧化。热处理过程中，铸钢表面与周围环境中的氧作用而失去全部或部分碳量，如氧化严重并渗入晶界，则可能成为开裂的根源。严重的脱碳还会显著降低铸件表面的硬度和疲劳强度。脱碳层的金相组织为全部或部分铁素体。它的深度测定常采用微观组织法和显微硬度法。GB/T 224—2019《钢的脱碳层深度测定法》规定用微观组织法测定的脱碳层深度，是指从铸件表面到其组织和基体组织已无区别那一点的距离。

　　2）氮化铝、碳化物、硫化物等析出引起的晶界脆化组织。在原奥氏体晶界或枝状晶界析出的氮化铝、碳化物或其他脆硬相以及大量的硫化物质点，都起着弱化晶界的作用，使铸件的开裂敏感性增加，当析出相呈平板状或沿晶界呈链状连续分布时，危害更大。如铸钢中Ⅱ类硫化物的点、线状分布，削弱了晶界强度，断口呈岩石状。

　　高锰钢铸件水韧处理后，金相组织应为单一的奥氏体，允许有少量的碳化物存在，如果热处理不当，晶界上有粗大的网状碳化物分布（见图 12-13），将导致铸钢件韧性的降低。高锰钢组织和非金属夹杂的评级见 GB/T 13925—2010《铸造高锰钢金相》。

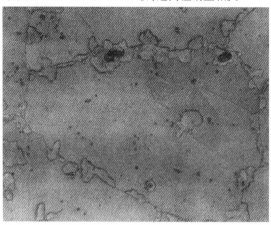

图 12-13　高锰钢中沿晶界分布的网状碳化物　×400

3）δ铁素体和 σ 相脆化。铸造奥氏体铬镍不锈钢中的 δ 铁素体在树枝晶间呈岛状分布。其数量超过 6%，对铸件的力学性能、焊接性及耐蚀性有不利的影响。其评定除用化学成分测定（按 GB/T 1954—2008《铬镍奥氏体不锈钢焊缝铁素体含量测量方法》进行）和磁性法测定外，也可用金相法测定（按 GB/T 13305—2008《不锈钢中 α- 相面积含量金相测定法》进行），后者与磁性法同时测定有较好的一致结果。工程结构用中、高强度不锈钢铸件中 δ- 铁素体含量的测定可参照 GB/T 38222—2019《工程结构用中、高强度不锈钢铸件金相检验》进行。当钢中的 δ 铁素体增加时，形成脆性 σ 相的倾向也随之增加，局部的 δ 铁素体富集了较多的铬也使 σ 相易成核长大（见图 12-14），采用重新固溶是消除 σ 相的行之有效的办法。

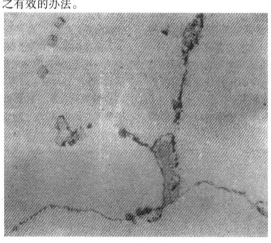

图 12-14　ZG1Cr18Ni9Ti 的 σ 相脆化（染色的为 σ 相）　×500

4）晶间腐蚀。晶间腐蚀是高铬铁素体型不锈钢和奥氏体型不锈钢铸件使用后的主要破损形式，而晶界的碳化铬析出和界面的贫铬是产生这种局部腐蚀的主要原因。组织上可见沿晶界有明显的腐蚀沟槽（见图 12-15）；断口上有沿晶界断裂的结晶特征和腐蚀产物。晶间腐蚀造成的晶界区择优腐蚀，铸件外形上可能未发现丝毫损伤，当受拉伸应力时，界面强度几乎为零，其危害性更大。

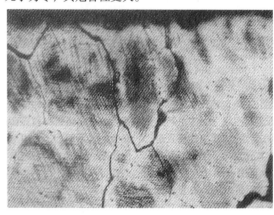

图 12-15　晶间腐蚀引起的腐蚀沟槽（ZG1Cr18Ni9Ti）　×50

5）魏氏组织。魏氏组织是钢铸态下的常见组织。显微镜下为沿奥氏体晶界呈网状或向晶内生长的片状铁素体和珠光体组织（见图 12-16 和图 12-17）。铁素体有时呈羽毛状或与晶界成一定方位排列。在中等含碳量 [$w(C) = 0.12\% \sim 0.50\%$] 铸件中容易形成。铸态组织的形貌和组成相的含量与钢的含碳量有关。含碳量越低的铸钢，铁素体含量越多，魏氏组织的针状越明显、越发达，数量也多。随铸钢含碳量的增加，珠光体量增多，魏氏组织中的针状和三角形的铁素体量减少，针齿变短，量也减少，而块状和晶界上的网状铁素体粗化，含量也增多。铸钢中严重魏氏组织的存在，通常对铸钢的韧性、塑性指标有恶化作用，其评级可参照 GB/T 13299—1991《钢的显微组织评定方法》。

6）铸钢的晶粒度及其检验　铸钢的晶粒度大小对其力学性能和工艺性能有很大影响。多晶体的屈服强度 R_P 可用霍尔-佩奇（Hall-Petch）公式表示为

$$R_P = R_i + K_d^{-1/2} \qquad (12-2)$$

式中　K_d、R_i——与材料有关的两个参数。

式（12-2）表明，晶粒越细，材料的屈服强度越高。因此晶粒度是表示材料性能的重要数据之一。生产中经常需要测定晶粒大小，了解晶粒的长大规律，以便能控制晶粒尺寸，获得所需性能。晶粒度是

晶粒大小的度量。通常使用长度、面积、体积或晶粒度级别数来表示不同方法评定或测定的晶粒大小，而使用晶粒度级别数表示的晶粒度与测量方法和使用单位无关。铸钢的晶粒度包括铸钢的原奥氏体晶粒度和实际晶粒度。原奥氏体晶粒度是显示晶粒某些先前特征（如在冷却状态下检验高温状态下的奥氏体晶粒），需要对材料试样进行相应的处理或工艺操作。实际晶粒度是指钢在一具体加热条件下得到的奥氏体晶粒大小。具体铸钢晶粒度的显示和测定方法参照 GB/T 6394—2017《金属平均晶粒度测定方法》规定执行。金属平均晶粒度测定法包括比较法、面积法和截点法，适用于单相组织，但经过具体规定后也适用于多相或多组元试样中特定类型的晶粒平均尺寸测定。①比较法：是与标准晶粒度图对照进行评级，评

级图是标准挂图或目镜插片。用比较法评估晶粒度时一般存在一定的偏差（±0.5 级）。②面积法：是计数已知面积内晶粒的个数，利用单位面积内的晶粒数来确定晶粒度级别数。通过合理计数可达到 ±0.25 级的精确度。③截点法：是计数已知长度的试验线段（或网格）与晶粒截线或与晶界截点的个数，计算单位长度截线数或截点数来确定晶粒度级别数，通过有效的计数可达到优于 ±0.25 级的精确度。对于等轴晶组成的试样，使用比较法，评定晶粒度既方便又实用。对于批量生产的检验，其精度已足够。对于要求较高的平均晶粒度的测定，可使用面积法和截点法。截点法对于拉长的晶粒组成试样更为有效。在有争议时，以截点法为仲裁方法。

图 12-16　呈羽毛状魏氏组织
（ZG20CrMo）　×125

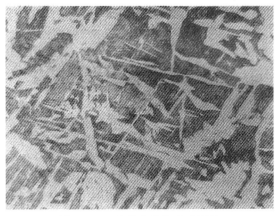

图 12-17　呈晶内片状魏氏组织
（ZG310-570）　×125

7）铸钢件的现场金相检验　对大型或不能破坏的铸件作金相检验时，可直接在铸件上选定检测点，然后进行打磨、抛光和腐蚀等操作。便携式金相显微镜可直接用来对大型铸件进行观察或拍照。另一值得推荐的方法是胶膜覆型法，将透射电镜中覆型用的醋酸纤维纸（或其他快干的胶液如火棉胶）黏覆在已制备和腐蚀好的试样表面上，复印出组织或缺陷的凹凸起伏的形貌，然后在光学显微镜下观察覆型面，可得到与直接观察试样相近似的图像（见图 12-18）。胶膜覆型法具有可保存、重复观察和照相等优点。

2. 非金属夹杂检验

虽然铸钢中非金属夹杂含量极微，但由于它们是

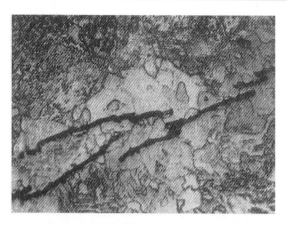

**图 12-18　用胶膜覆型法观察到的组织细节
和微小裂纹（ZG20CrMo）　×200**

以化合物的形式存在，对铸钢件性能有不良影响，非
金属夹杂的检测对了解铸钢的冶金质量及分析铸钢件
的失效原因具有十分重要的意义。

（1）铸钢的非金属夹杂　铸钢的非金属夹杂按
它们的来源分为外来夹杂和内生夹杂。外来夹杂由于
主要来自熔炉、盛钢桶和钢包耐火材料及型砂，通常
具有较大的尺寸、孤立的分布、外形不规则和结构复
杂的特点。因此，很容易与内生夹杂区别。内生夹杂
根据它们的力学性质大致分为塑性和脆性夹杂两大类。

塑性夹杂是指硫化物和铁锰硅酸盐夹杂等；脆性夹杂
主要是氧化铝或其他氧化物、氮化物和铝钙硅酸盐
等。这些夹杂主要分布在原始铸态奥氏体晶间。
图 12-19 所示为氮化钛夹杂。氧化物和硅酸盐夹杂形
状基本呈球状，在凝固过程中形成的硫化物，按它们
在铸钢中的分布和形态又分成第Ⅰ、Ⅱ和Ⅲ类硫化
物，见表 12-6。

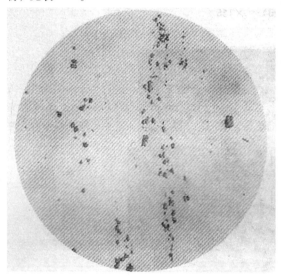

图 12-19　氮化钛夹杂（ZG1Cr18Ni9Ti）　×200

表 12-6　铸钢的硫化物分类及影响

类型	形　态	分　布	影　响
Ⅰ	较大，灰色球状（见图 12-20）	孤立分布于原奥氏体晶界	很小
Ⅱ	细小的点、条构成的链状（见图 12-21）	呈共晶型分布于原奥氏体晶界	使钢变脆
Ⅲ	粗大，不规则外形，呈黑色，常与其他夹杂共生	分散于树枝晶界	较小

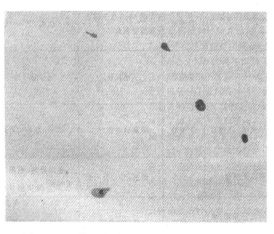

图 12-20　第Ⅰ类硫化物（FeS-MnS）　×500

（2）铸钢中非金属夹杂的检验

1）电解-化学分离法。采用电解法溶解金属试
样的基体，得到非金属夹杂的沉淀，然后利用不同的
溶解试剂分离沉淀物，以逐一对夹杂进行定性、定量
检查。常结合岩相法和 X 射线粉末法，获得夹杂物
形态、大小、含量和晶体结构等数据。

2）金相检验法。本法应用最广泛，借助于金相
显微镜的明、暗场及偏光、干涉和显微硬度等多种功
能及附件，在抛光的试样上观察其形态、数量、大
小、色泽和分布，测定它们的光学性质和硬度，从而
判别夹杂的类型。另外由于各种夹杂对不同化学试剂
有选择性腐蚀，故也可直观地鉴别某些夹杂。表 12-7
列出铸钢典型非金属夹杂的特征和性质。非金属夹杂
物测定方法：可参照 GB/T 10561—2005《钢中非金

属夹杂物含量的测定-标准评级图显微检验法》进行。除用户有要求的外，夹杂物的评级仅作为铸钢冶金质量的试验项目，不作为铸钢件出厂的验收依据。

3）微区成分分析方法。由于钢中的非金属夹杂绝大多数以复合形式存在，利用电子探针微区分析和扫描电子显微镜能谱分析，可对夹杂的成分进行定性、定量分析，既可定点，又能了解线度方向和平面上的元素分布情况。

3. 体视学金相分析

（1）体视金相分析的原理和特点　体视金相分析又称定量金相分析，它的理论基础是体视学，即通过对固体的两维断面上的摄影来研究三维空间特征的方法。它利用先进的仪器，根据图像中各组分存在的灰度差异来识别、测量和统计计算，以代替人工，得到各组分的周长、大小和数量的数据。分析对象可以是金相试样或断口，也可是照片（正片或负片）。

（2）应用　可测定不同类型夹杂的长度、直径、个数及分布的面积、体积分数，以及金相组织中的晶粒度测定、各种组织组分或第二相质点的形态和含量的精确测量等。

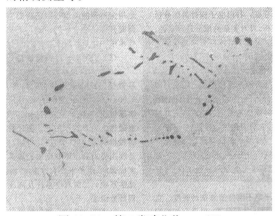

图 12-21　第 II 类硫化物　×500

表 12-7　铸钢典型非金属夹杂的特征和性质

名称及化学式	形态和分布	塑性	光学性质		化学性质（体积分数）
			明场下	暗场，偏光下	
硫化亚铁 FeS	球状或共晶状，沿原奥氏体晶界	易变形	亮黄色	不透明，各向异性	受 HCl 10% 水溶液侵蚀
铁锰硫化物 FeS-MnS	球、条状，沿原奥氏体晶界	易变形	随 MnS 量下降由灰蓝变灰黄	不透明，各向异性	在铬酸 10% 水溶液中蚀掉
锰硅酸盐 MnO·SiO$_2$	球形，晶内晶界无规律	易变形	暗灰色	各向异性	受 HF 侵蚀
氧化铝 αAl$_2$O$_3$	细小成群，不规则	不变形	暗灰到黑色	透明，弱各向异性	不易腐蚀
玻璃质 SiO$_2$	球形，无规律	不变形	黑色，中心有闪光	各向异性，有黑小字特征	CuSO$_4$ 5% 水溶液腐蚀
氮化钛 TiN	方形或三角形，成群，见图12-19	不变形	亮黄到橘黄色	不透明，各向同性	不易腐蚀

4. 微观组织的电子显微镜检测分析方法

电子光学仪器的运用为铸钢的质量控制、新工艺试验和新材料的研究开辟了一个崭新的领域，正发展成为理化检测技术中一个重要分支。

（1）透射电子显微镜检验

1）基本原理和特点。电子显微镜与光学金相显微镜的成像原理相似，只是光源改为波长为 0.005 ~ 0.008nm 的电子束，并用电磁透镜替代光学透镜组。当电子枪发射的电子经高电压加速，在电磁透镜的聚焦作用下，透过制备的覆型或金属薄膜样品，最终在荧光屏上得到样品的放大镜。它是利用覆型的质厚衬度或金属薄膜的衍射强度衬度成像的。电子束在真空中的运动，使电镜由电子光学系统、二级真空系统及高压供电和控制系统 4 部分组成。

2）样品的制备。铸钢的电镜样品一般以二级覆型为主。采用醋酸纤维-碳覆型、重金属投影等样品制备方法，可获得分辨率优于 10nm 的微观组织形貌细节浮凸的覆型。为了保证覆型样品的质量，必须先有经细致磨削、抛光和腐蚀的金相试样。

透射电镜的金属薄膜试样是了解金属内部精细结构和晶体缺陷的直接观察试样。制备的大致步骤是：切取—磨削—机械（或化学）减薄—电解减薄，最终得到厚度为 100 ~ 200nm、电子可穿射的薄膜，使电镜本身的分辨率以充分发挥。

3）应用。因受到可见光波长的限制，光学显微镜不能分辨的金相组织细节，只有在更高倍的透射电子显微镜下方可得到满意的结果。在透射电子显微镜中借助于覆型样品的高倍放大，显示出铁素体与渗碳体相间排列的层片结构，并可精确测量层片间距，分别为 0.3μm 和 0.1μm。图 12-22 和图 12-23 所示为透射电子显微镜下的索氏体层片结构和托氏体层片形貌。又如奥氏体中温转变产物——下贝氏体，在光学显微镜下呈黑色针状，根据它的易受腐蚀性可以区分于针状马氏体，但贝氏体中的碳化物只是依稀可见，覆型的电子显微镜观察表明：渗碳体在针状铁素体上有大量的析出，它沿着铁素体片的长轴大致成 60°的交角排列，见图 12-24。

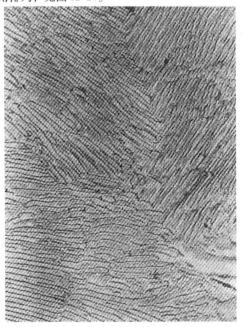

图 12-22　透射电子显微镜下的索氏体层片
结构（二级覆型）　×4000

图 12-23　透射电子显微镜下的托氏
体层片形貌　×8000

图 12-24　透射电子显微镜下的下贝氏体　×8000

（2）扫描电子显微镜的应用　扫描电子显微镜有景深大、连续可调的大的变倍范围及可直接观察较大面积的金相试样等优点，所以不仅省去透射电子显微镜所需的样品制备，又可得到立体感强、有针对性的组织放大像，还可直观地看到一般显微镜及透射电子显微镜所不能获得的细节。图 12-25 所示为扫描电子显微镜拍摄的铸造耐热合金的金相组织。表 12-8 列出了上述主要组织形貌分析技术的性能和特点比较。

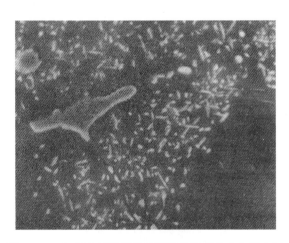

图 12-25　扫描电子显微镜拍摄的铸造耐热合金的金相
组织　×10000

12.1.3　断口的检验和分析

断口检验的目的是研究铸钢件断口的特征和形状，分析影响断口形貌的各种因素，分析的结论可作为今后改善材质、改进设计和改变铸造工艺的依据。

检验的对象可以是各种断裂机制的铸件断口，也可以是为研究有缺陷部位或某些重要部位内部组织而制备的断口。

表 12-8　组织形貌分析技术的性能和特点比较

主要性能和特点	光学金相检验	透射电子显微镜检验	扫描电子显微镜检验
有效放大倍数	1～2000	500～300000	7～200000
分辨率/(点/nm)	200	≈0.2	≈0.8
焦深(放大1000倍)	0.1μm	10μm	0.1mm
试样尺寸/mm	$\phi15\times15$	$<\phi3$	一般 $\phi25\times10$
观察试样方式	直接	复型或直接(薄膜)	直接
成像方式	反射式	电子透射	常用二次电子
微区成分分析	不能	不能	能(X射线波长谱仪或能量谱仪)
结构分析	不能	能(萃取电子衍射或金属薄膜的菊池花样)	能(电子通道花样等)
动态观察	不能	一般不能	能

断口可用目视或低倍放大镜观察。检验断口已有很久的历史,并积累了相当多的经验,随着电子显微技术的发展,可以对断口进行更深入的微观研究,使断口检验更有效、更准确,与其他检测方法配合使用,可起到相互补充的作用。

1. 宏观断口检验

(1) 断口样品的选取、制备和保存　作失效分析时,直接对金属破断断口进行观察。研究铸件的缺陷所在部位及其邻近的组织时,可截取适当的试样,并按研究的要求确定在试样表面开槽的方位,然后在试样表面开槽并将其加压、折断。试样的状态以淬火态为好。

断口应注意保护,不能有机械损伤和污染。需保存备查的断口,应放入干燥皿内或敷上火棉胶之类的可溶性胶膜,隔绝空气。

(2) 铸钢宏观缺陷的断口特征 (见表 12-9)

表 12-9　铸钢宏观缺陷的断口特征

缺陷	断口形貌
偏析	短杆状,较光滑的条带(高倍下有时可见成串夹杂)
气孔	单个或成束,内壁光滑的条形(外露时带有氧化色)
针孔	条形孔洞,内壁光滑,不露头,呈银灰色
缩孔	呈不规则状,表面粗糙,严重氧化,常见发达的树枝晶和夹杂物堆积
缩松	内壁粗糙,不露头,可见树枝晶
热裂纹	露头的氧化严重,表面起伏,圆滑(见图12-26)
冷裂纹	未氧化的呈灰色纤维状或沿原奥氏体晶粒开裂呈岩石状(见图12-27)
非金属夹杂	成堆分布的颗粒群,有的呈黄绿色

图 12-26　热裂纹宏观形貌　×1

(3) 各种不正常断口的特征

1) 石状断口。没有受到氧化的石状断口具有银灰色的岩石形貌,严重时遍及断口全部。这是由于沿原奥氏体晶界存在大量的各种析出相,如氮化物、硫化物、碳化物或其他金属间化合物。已氧化的石状断口见图12-28。

2) 结晶状断口。断口较平齐,部分或全部呈结晶状,闪烁着金属光泽。这类断口有两种断裂途径:

图 12-27　沿柱状晶断裂的冷裂纹形貌　×1

一种是沿晶界的脆性断裂；另一种是穿晶的脆性断裂（见图 12-29），后者在较高倍数下可看到放射状的河流花样。它们具有铸钢晶界脆化或晶内脆化的特征，常伴有较低的塑性和韧性。过烧断裂为结晶状沿晶断口（见图 12-30），结晶状沿晶断口常为环境脆化断裂的主要形式。

图 12-28　已氧化的石状断口（ALN 脆性断裂）　×1

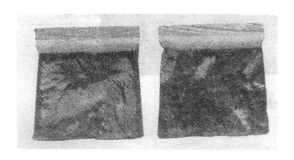

图 12-29　穿晶的脆性断口（ZG1Cr13）　×1

图 12-30　过烧的结晶状沿晶断口　×1

3）鱼眼状白点断口。鱼眼状白点是铸钢中氢致断裂的一种表现形式，常见于大断面铸钢中。由于钢中的氢含量较高且来不及扩散逸出，受缓慢的拉应力作用下，原子氢向铸件中的薄弱区域（如微小气孔、疏松等不连续处）扩散形成，似鱼眼状态的氢白点类缺陷（见图 12-31）。它是一种延迟裂纹且具有可逆性。

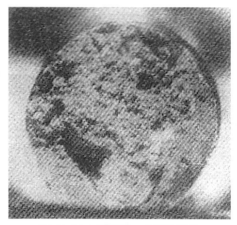

**图 12-31　拉伸断口上的鱼眼状
氢白点形貌　×1**

2. 微观断口分析

（1）扫描电子显微镜分析

1）分析原理简介和特点。当一束高能电子流射到金属表面，与之相互作用后，会产生多种反映形貌、成分和结构特征的信息，对这些信息分别进行收集、转换、放大、控制、检测、显示和计算，以图像、数据或图表的形式可对内部组织或断口完成综合分析。扫描电子显微镜的形貌分析主要是利用其中的二次电子信息成像的。利用 X 射线光子的特征波长或特征能量可对断口表面的相成分进行分析；利用背散电子的强度与晶体学特征有关的特性产生电子通道花样进行晶体学分析。扫描电子显微镜当采用场发射电子枪时，最高成像分辨率可达 1nm，由于它景深大和能实现从低倍到高倍的连续观察，样品台可平移、升降、旋转或倾斜，观察方便，既能对断口做宏观研究（如裂纹源和裂纹走向的分析），又可对断裂机制和裂源性质作微观分析。它与成分分析和晶体学分析组合起来，可得到更为全面的资料。

2）应用。例如，借助扫描电子显微镜的变倍可清晰地观察到鱼眼状白点的全貌、"鱼眼"中央的气孔和夹杂等缺陷、气孔内壁由于金属蒸发而显示的晶界和晶界析出相以及裂纹的准解理断裂花样。扫描电子显微镜能谱分析结果表明夹杂的类型为硫化锰-硫化铁共晶型。另外，铸钢件缩松缺陷内壁的树枝状晶体和沿树枝晶间断裂的内部热裂纹的形貌等在扫描电子显微镜下均清晰可见。图 12-32 ~ 图 12-38 所示为一些典型断裂和缺陷微观形貌的特征照片。

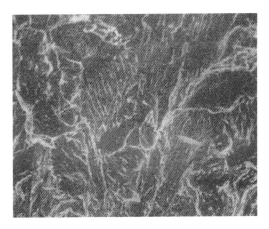

图 12-34　铸钢断口上的沿珠光
体断裂的形貌　×500

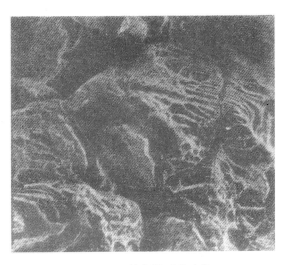

图 12-32　铸钢第 II 类硫化
物的断口形貌　×100

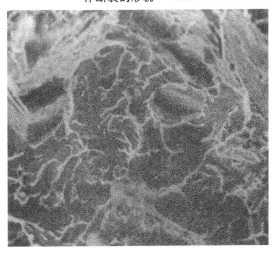

图 12-35　铸钢脆性断裂的准解理断裂特征　×1000

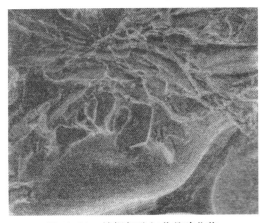

图 12-33　铸钢气孔与共晶硫化物
伴生的微观形貌　×1000

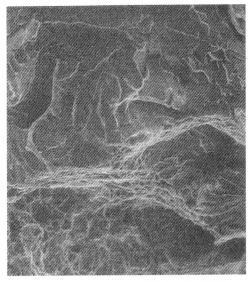

图 12-36　铸钢脆性断裂的准解理和塑性
韧窝的混合型断口特征　×500

貌，宏观上表现为岩石状。图 12-40 所示为铸件韧性断裂的灰色纤维状断口的透射电子显微镜下的微观特征——韧窝。

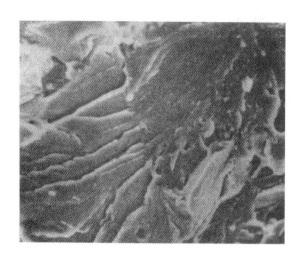

图 12-37　铸件脆性断裂的解理河流
花样特征　×1000

图 12-39　铸件脆性断裂的纤维状断口
的微观特征——韧窝　×1000

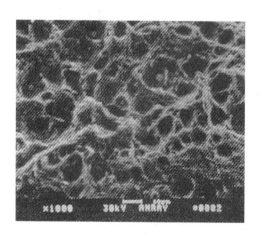

图 12-38　透射电子显微镜下的石状断口
形貌（ZG270-500）　×1000

（2）透射电子显微镜的应用　透射电子显微镜有较大的景深、高的分辨率和倍率，特别适用于较平坦、粗糙度较细或不允许破坏的断口，如疲劳或脆性断裂。塑料-碳覆型的碳萃取复型是常采用的样品形式。碳萃取覆型能显示某些相或夹杂在裂纹发生和传播过程中所起的作用，并可通过电子衍射术鉴定相的结构或取向关系。图 12-39 所示为铸钢中因碳化物相在原奥氏体晶界上的沉淀引起的脆性断裂处的微观形

图 12-40　铸件韧性断裂纤维状断口特征——
韧窝的透射电子显微镜形貌　×5000

12.1.4　微区成分分析和相结构分析

1. 微区组织和断口的成分分析

（1）电子探针（波谱仪）微区分析术

1）分析原理简介和特点。利用聚焦的高能电子束（直径 ≈ 1μm）轰击金相试样表面，根据不同元素激发出的不同的特征 X 射线波长及其强度，进行定点的元素定性和定量分析。它具有灵敏度高、选区

面积小、分析速度快、数据准确和元素损失少等优点。

2）应用。能确定铸钢中析出相或夹杂的成分和分布；了解合金元素在微区域内的分布和微观不均性，如扩散、氧化腐蚀及元素偏聚等过程；分析矿物、炉渣和耐火材料中微小相成分。

（2）扫描电子显微镜 X 射线能谱分析的基本原理和应用　X 射线能谱分析已成为扫描电子显微镜必不可少的组成部分。其基本原理是：根据特征 X 射线的量子能量和特征 X 射线的波长等价的原理，对微区内元素的特征能量进行检测，来完成元素的定性和半定量分析。若采用多道脉冲高度分析器，可同时检测多种元素，在几分钟内完成原子序数大于 11（包括钠以上）的全部元素检测。X 射线电子探针和能谱仪的性能和特点比较见表 12-10。

表 12-10　X 射线电子探针和能谱仪的性能和特点比较

主要性能和特点	电子探针（WDS）	能谱仪（EDS）
元素分析范围	Be4 ~ U92	Be4 ~ U92
元素分析方法	分光晶体逐个元素检测	半导体检测器元素同时检测
能量分辨率/eV	高（3 ~ 10）	低（135）
检测极限（%）	10^{-5}	10^{-1}
检测效率	低，随波长而变化	高，一定条件下是常数
定性分析速度/s	主量成分 30　次量成分 90　微量成分 300	主量成分 10　次量成分数百　微量成分不可能定性
定量分析精度	好	差
分光焦点深度 $L/\mu m$	浅（5 至数百）	深（数百至 1000）
分光焦点广度 $W/\mu m$	狭（100）	广（数百）
操作特点	慢、繁、元素的高精度分析	全元素分析快、定性和半定量分析

（3）离子质谱仪（离子探针）原理和应用　利用经加速和聚焦的离子束射击金属试样较平坦的表面，溅出待分析元素的二次离子经拾取及加速后进入质谱仪；最后成为单一质量的离子束，转换为电信号后即可显示或记录。该仪器分析灵敏度高，且能分析所有的元素，但定量分析的准确度不如电子探针。因为离子探针是用一次离子束轰击样品表面的有损分析，因此可通过逐层剥离进行深度分析，从而得知元

素在三维空间的分布情况。这种方法常用来分析铸钢的表面污染、表面状态、元素扩散和晶界沉淀等。

（4）俄歇电子能谱仪的基本原理和应用　它是一种金属表面分析仪器。通过低能电子轰击金属或断口样品表面而激发出俄歇电子，检测其能量和强度，获得表面几个原子层的成分、浓度和化学价态等信息。两种常用表面成分分析仪器的性能和特点比较见表 12-11。应用它对钢的回火脆性现象进行研究的结果表明：回火脆性沿晶断裂的晶界薄层内聚有较多的杂质元素，如微量元素 Sb、Sn、P、As 等。

表 12-11　两种常用表面成分分析仪器的性能和特点比较

主要性能和特点	离子探针（SIMS）	俄歇谱仪（AES）
元素分析范围	所有元素	除 H、He 外所有元素
试样形式	金相或断口	新鲜断口或清洁金相试样
信息深度（原子层）	1 ~ 2	3
检测灵敏度（10^{-4}%）	1	100
空间分辨率/μm	50	5
真空度/Pa	1.33×10^{-8} ~ 1.33×10^{-5}	1.33×10^{-8} ~ 1.33×10^{-7}
深度分析/nm	500	0.5 ~ 1.5
样品损伤程度	有损	轻微
定量分析	较困难	半定量（精度 >30%）

2. 组织组分和相的结构分析

（1）X 射线衍射术的基本原理和应用　由于 X 射线的波长大体与晶体内原子的间距相当，一束 X 射线射到晶体物质上时，就会产生衍射。由衍射线的衍射角和 X 射线的波长，可按布拉格定律确定有关晶体结构学的一些参数。通过底片或记数管及记录系统或图像直接显示系统，配合计算机的控制和数据处理，可实现衍射谱线的分析自动化。该法在铸钢的物相结构鉴别分析中得到了广泛应用。对采用机械剥离或电解分离法收集的物相粉末进行 X 射线衍射，可定性、定量地确定相的结构和体积含量。X 射线衍射术还可用来测定材料和铸件的内部应力，当铸件中存在宏观应力（残余应力）、第二类应力（晶粒尺寸范围内）和第三类应力（原子尺寸范围内）时，衍射线分别表现为线位移、线宽化和强度降低。

（2）透射电子显微镜萃取覆型电子衍射术及应用　对铸钢中物相的定点结构和取向分析，其金相或断口试样必须深腐刻，以至待分析的物相可为一级碳覆型所粘取，然后进行选区的电子衍射，从而获得形态、大小和分布各不相同的物相与晶体学结构特征一一对应的关系。

随着电子光学仪器的发展和试验技术的提高，定点、原位的结构和晶体学取向分析技术在扫描电子显微镜和透射电子显微镜等仪器上得到了开发，选取电子通道花样和透射薄膜样品的菊池花样的分析为诠释晶体结构和晶体完整性的分析开辟了一个新的途径。各种结构分析技术的特点比较见表12-12。

表 12-12　各种结构分析技术的特点比较

主 要 特 点		X 射线衍射技术	扫描电子显微镜选区电子通道效应	透射电子显微镜选区电子衍射
选区范围	直径/μm	1mm	0.5	0.5
	深度/nm	20μm	20	0.01
晶格常数精度/nm		±0.0001	±0.02	±0.001
晶体取向精度/（°）		±0.5	±0.5	±2
成像原理		X 射线布拉格衍射	背散射电子能量与晶体学特征有关	电子布拉格衍射
试样形式		粉末或板状	金相	萃取覆型
分析对象		较粗物相	物相或金属基体	细小物相
分析内容		晶体结构，取向关系，晶体完整性	晶体结构、取向和完整性	晶体结构和取向

12.2　铸钢化学成分分析

铸钢的化学成分分析按分析任务分类，分为定性分析、定量分析、结构分析。按分析方法分类，分为化学分析（重量分析、滴定分析等）、仪器分析（电化学分析、光化学分析、色谱分析、波谱分析），以下就生产中用到的方法进行简单介绍。

12.2.1　化学分析

化学分析又称为湿法化学分析。它是以定量的化学反应及其计量关系为基础，样品通过溶解或熔融的方法，使其分解，然后采用重量法或滴定法进行分析，以确定样品的组分含量的方法。到目前为止，国家标准中常规的化学分析方法基本包括了大多数金属化学元素的分析，同时也作为最终化学成分的仲裁方法。

1. 重量分析

（1）基本原理　重量分析是将待测组分与试样中的其他组分分离，并转化为一定称量形式的化合物，然后用称量的方法测定待测组分的含量。重量分析法是经典的定量分析方法之一。

（2）特点及适用范围

1）重量法操作繁琐、分析周期长，但它不依赖基准物质和滴定仪器，测量数据全部由天平称重，引入的误差小，准确度较高。不适于微量和痕量组分的测定，也不能满足快速分析的要求，但在标准样品定

值、仲裁分析方法中仍占一定比重。

2）对于常量组分的测定，相对误差一般为0.1%～0.2%。

3）沉淀法较气化法、电解法应用广泛，其特点是沉淀分析的准确度与沉淀剂、沉淀作用及沉淀条件等有关。

2. 滴定分析

（1）基本原理　滴定分析是使用已知准确浓度的试剂（或标准溶液）滴加到含有被测物质的溶液中，直至化学反应完全，由于反应是按一定化学方程式定量进行的，所以可按标准试剂的用量和其浓度计算被测物质的含量。滴定分析是广泛采用的一种常量分析方法。

（2）特点及适用范围

1）与重量法相比，无需经过沉淀的过滤、洗涤、灼烧等繁琐的操作过程，因此操作简便、快速、易于掌握，可在几分钟内完成一次测定。

2）被测组分质量分数一般在1%以上，有时也可测微量组分，一般情况下测定的相对误差为0.1%左右。

3）由于各种类型化学反应均可进行滴定，所以应用普遍，且无需专门仪器。设备简单，易于掌握和操作，测定快速。

3. 分光光度法

（1）基本原理　基于测量溶液中物质对光的选

择性吸收程度，包括比色法、紫外及可见分光光度法及红外光谱法等。目前，广泛用于金属材料分析中主要是可见分光光度法。通过分光光度计把连续光谱分成单色光，用于比较有色溶液颜色的深浅来进行定量测量的方法称为分光光度法。从严格意义上来讲，分光光度法属于仪器分析。就仪器分析范畴而言，与现代分析方法相比较，紫外与可见分光光度法算得上是一种较为古老的方法，也是金属材料化学分析实验室广泛使用的方法，故将分光光度法列入常规化学分析法。

（2）特点及适用范围

1）操作简便，测定快速。完成一个元素测试只需几十分钟，有的甚至在 10min 即可完成。

2）灵敏度高。它是测量物质质量分数为 0.001% ~1% 组分最常用的方法，如将待测组分经预先分离富集，甚至可以测定 $10^{-5}\%$ ~$10^{-4}\%$ 的痕量组分；如果应用示差分光光度法可以测量常量组分，如 10% ~50% 。

3）准确度较高。一般比色法的相对误差为 5% ~10% ；分光光度法为 2% ~5% ，其准确度虽比重量法和滴定法低，但对于痕量组分的测定，已能完全满足要求。

4）价格低，应用广泛　光度分析所用仪器价格低廉、结构简单、操作简便、容易普及，适合众多中小型企业。随着有机显色剂、掩蔽体系和化学分离技术的发展，几乎可测定元素周期表上所有元素。

4. 铸钢中常见元素分析方法及适用范围

（1）测定方法和测定范围（见表 12-13）

表 12-13　常见元素的常规化学测定方法和测定范围

测定元素	测 定 方 法	测定范围 （质量分数，%）	适 用 范 围	国 家 标 准
C	管式炉内燃烧后重量法	0.10 ~5.00	钢、铁、高温合金、精密合金	GB/T 223.71—1997
	管式炉内燃烧后气体容量法	0.10 ~2.00	钢、铁、高温合金、精密合金	GB/T 223.69—2008
	燃烧重量法或燃烧气体容量法测定非化合碳	0.03 ~5.00	碳钢、铁	GB/T 223.74—1997
	*感应炉燃烧后红外吸收法	0.003 ~4.5	钢铁	GB/T 223.86—2009
	*高频感应炉燃烧后红外吸收法	0.005 ~4.3	钢铁	GB/T 20123—2006
S	方法一：重量法 方法二：氧化铝色层分离—硫酸钡重量法	0.003 ~0.35 0.003 ~0.20	钢铁，含硒钢除外	GB/T 223.72—2008
	次甲基蓝分光光度法	0.0003 ~0.01	钢铁及合金。铌、硅、钽和钛有干扰	GB/T 223.67—2008
	管式炉燃烧后碘酸钾滴定法	0.003 ~0.20	钢、铁、高温合金、精密合金	GB/T 223.68—1997
	*感应炉燃烧后红外吸收法	0.10 ~0.35	钢铁	GB/T 223.83—2009
	*感应炉燃烧后红外吸收法	0.002 ~0.10	钢铁	GB/T 223.85—2009
	*高频感应炉燃烧后红外吸收法	0.0005 ~0.33	钢铁	GB/T 20123—2006
P	二安替比林甲烷磷钼酸重量法	0.01 ~0.80	碳钢、合金钢、高温合金	GB/T 223.3—1988
	方法一：铋磷钼蓝分光光度法 方法二：锑磷钼蓝分光光度法	0.005 ~0.30 0.01 ~0.06	碳素钢、低合金钢、合金钢 不适用于含铌、钨钢	GB/T 223.59—2008
	磷钼酸铵容量法	0.01 ~1.0	碳钢、合金钢	GB/T 223.61—1988
	乙酸丁酯萃取光度法	0.001 ~0.05	碳钢、合金钢、高温合金、精密合金	GB/T 223.62—1988

（续）

测定元素	测 定 方 法	测定范围 （质量分数,%）	适 用 范 围	国 家 标 准
Mn	方法一：电位滴定法 方法二：可视滴定法	2.00～25.00	合金钢，钒、铈干扰测定结果	GB/T 223.4—2008
	亚砷酸钠—亚硝酸钠滴定法	0.10～2.50	碳钢、合金钢	GB/T 223.58—1987
	高碘酸钠（钾）光度法	0.010～2.00	碳钢、合金钢、高温合金、精密合金	GB/T 223.63—1988
	＊火焰原子吸收光谱法	0.002～2.0	钢铁	GB/T 223.64—2008
Si	还原型硅钼酸盐分光光度法	0.010～1.00	钢铁	GB/T 223.5—2008
	高氯酸脱水重量法	0.10～6.00	钢、高温合金、精密合金	GB/T 223.60—1997
Cr	方法一：可视滴定法 方法二：电位滴定法	0.10～35.00 0.25～35.00	碳素钢、合金钢、高温合金、精密合金 钢铁	GB/T 223.11—2008
	碳酸钠分离—二苯碳酰二肼光度法	0.005～0.500	碳钢、低合金钢、精密合金	GB/T 223.12—1991
Ni	方法一：丁二酮肟直接光度法 方法二：萃取分离－丁二酮肟分光光度法	0.030～2.00 0.010～0.50	碳素钢、合金钢 碳素钢、合金钢、精密合金	GB/T 223.23—2008
	丁二酮肟重量法	2 以上	碳钢、合金钢、精密合金、高温合金	GB/T 223.25—1994
	＊火焰原子吸收分光光度法	0.005～0.50	碳素钢、低合金钢	GB/T 223.54—1987
Mo	方法一：硫氰酸盐直接光度法 方法二：硫氰酸盐—乙酸丁酯萃取分光光度法	0.10～2.00 0.0025～0.20	中低合金钢、高温合金、精密合金 碳钢、合金钢、生铁	GB/T 223.26—2008
	α—安息香肟重量法	1.00～9.00	合金钢、高温合金、精密合金	GB/T 223.28—1989
V	硫酸亚铁铵滴定法	0.100～3.50	钢铁及合金，不适用于含钴质量分数 20%、含铈质量分数 0.01%试样及含钴质量分数大于 20%、含锰质量分数大于 20%或含钨质量分数大于18%、含钒质量分数小于 0.4%试料	GB/T 223.13—2000
	钽试剂萃取光度法	0.0050～0.50	钢铁及合金	GB/T 223.14—2000
Al	氟化钠分离—EDTA 滴定法	0.50～10.00	钢铁及合金	GB/T 223.8—2000
	方法一：铬天青 S 直接光度法 方法二：铜铁试剂分离—铬天青 S 分光光度法	0.050～1.00 0.015～0.50	钢铁及合金	GB/T 223.9—2008
	＊微波消解－电感耦合等离子体质谱法	0.0005～0.10	钢铁及合金	GB/T 223.81—2007
Ti	二安替比林甲烷光度法	0.010～2.400	镍基、铁镍基合金	GB/T 223.17—1989
	二安替比林甲烷分光光度法	0.002～0.80	钢铁	GB/T 223.84—2009

（续）

测定元素	测定方法	测定范围（质量分数,%）	适用范围	国家标准
Cu	硫代硫酸钠分离—碘量法	0.10 ~ 5.00	碳素钢、合金钢、高温合金、精密合金	GB/T 223.18—1994
	新亚铜灵—三氯甲烷萃取光度法	0.010 ~ 1.00	碳素钢、合金钢、高温合金、精密合金	GB/T 223.19—1989
	* 火焰原子吸收分光光度法	0.005 ~ 0.50	铸铁、碳钢、低合金钢	GB/T 223.53—1987
B	中和滴定法	0.50 ~ 2.00	高硼不锈钢	GB/T 223.6—1994
	甲醇蒸馏—姜黄素光度法	0.0005 ~ 0.20	碳钢、合金钢、高温合金、精密合金	GB/T 223.75—2008
	姜黄素直接光度法	0.0005 ~ 0.012	钢	GB/T 223.78—2000
	* 微波消解－电感耦合等离子体质谱法	0.0002 ~ 0.10	钢铁及合金	GB/T 223.81—2007

注：* 表示仪器法。

（2）元素分析的允许差和精密度　在每种分析方法中均列出分析元素的允许差或精密度。允许差与钢铁合金的成分有关，而精密度反映了某一仪器或某一测试方法的精度，更具合理性和科学性。

1）允许差表示在一定的测量条件和概率水平下，用该分析方法测试所允许的误差极限。仅为保证与判定分析结果的准确度而设，与其他部门不发生任何关系。实验室之间分析结果的差值，应不大于允许差。用标准试样校验时，所得分析结果与标准值之差应不大于允许差的 1/2。表 12-14 为 GB/T 223.38—1985《钢铁及合金化学分析方法　离子交换分离—重量法测定铌量》方法中对铌量不同的材料，铌元素分析的允许差。

表 12-14　铌元素分析的允许差

铌含量（质量分数,%）	允许差（%）
>1.00 ~ 2.00	0.09
>2.00 ~ 3.00	0.10
>3.00 ~ 5.00	0.12

2）精密度指规定条件下重复检测同一样品所得测量值的一致程度，由随机误差而定。通常是由数个较权威的化学分析实验室对几个均匀分布在本方法测定范围内的同熔炼炉号的均匀试样，按本方法规定的分析步骤分别进行试验测定，将数据汇总后，按照 GB/T 6379.2—2004《测量方法与结果的准确度（正确度与精密度）第 2 部分：确定标准测量方法重复性与再现性的基本方法》进行统计计算，得出表达此方法的重复性和再现性精密度公式，计算重复性指数 γ 及再现性 R 值。

重复性是用相同方法在正常和正确操作情况下，由同一操作人员，在同一实验室内，使用同一仪器并在短期内，对相同试样所作两个单次测试结果，在 95% 概率水平两个独立测试结果的最大差值。

再现性是用相同方法在正常和正确操作情况下，由两名操作人员，在不同实验室内，对相同试样各作单次测试结果，在 95% 概率水平两个独立测试结果的最大差值。

如果两个独立测试结果之间差值超过了相应的重复性和再现性数值，则认为这两个结果是可疑的。

表 12-15 列出了 GB/T 223.28—1989《钢铁及合金化学分析方法　α-安息香肟重量法测定钼量》方法中钼的质量分数平均值在 1.00% ~ 9.00% 间的检测精密度。

表 12-15　钼的检测精密度

含钼平均值（质量分数,%）	重复性 γ	再现性 R
1.00 ~ 9.00	$\lg\gamma = -1.4077 + 0.5446\lg m$	$\lg R = -1.2029 + 0.5039\lg m$[①]

① m 为质量百分数。

（3）准确度　它可定义为测量值与真值之间的符合程度，以误差的大小来衡量。在实际分析中，常以许多次测量的平均值来替代真值。测量过程中的操作、方法、仪器和试剂不纯均可能造成分析的误差。

在报告测量结果时不仅要给出测定的量值是多少，还应给出以数量表示的该值的分散程度是多少。在过去，人们习惯用误差、准确度等概念描述测量的准确程度。由于真值在多数情况下是未知的，因此误差和准确度也是很难真正得到的，它们只是一个定性的概念，不能用明确定量的数字表示。

（4）测量不确定度　定义为"表征合理地赋予被测量之值的分散性，与测量结果相联系的参数"。不确定度是建立在误差理论基础上一个新的概念，它表示由于测量误差的存在而对被测量值不能肯定的程度,是定量评价测量结果质量的一个参数。

1993 年由国际计量局(BIPM)、国际标准化组织(ISO)、国际电工委员会(IEC)、国际法制计量组织(OIML)、国际理论与应用化学联合会(IUPAC)、国际理论与应用物理联合会(IUPAP)以及国际临床化学联合会(IFCC)联合制定了《测量不确定度表示指南(GUM)》,使不确定度概念在测量领域得到了广泛应用。

我国国家质量技术监督局在 1999 年 1 月批准发布了适合我国国情的计量技术规范 JJF 1059—1999《测量不确定度评定与表示》,原则上等同采用了 GUM 的基本内容。新版规范 JJF 1059.1—2012 已于 2013 年 6 月 3 日开始实施。

化学分析测定值是如此,其他的如力学性能的强度、硬度、冲击吸收能量等的测定值都须对其测量不确定度进行评定,部分已列入国家标准。如 GB/T 28898—2012《冶金材料化学成分分析测量不确定度评定》。不确定度估值的大小反映测量的设备、人员、试验条件等影响,测量不确定度越小,其测量结果的可疑程度越小,可信度越大,测量的质量就越高,测量数据的使用价值就越高。

5. 铸钢化学分析用试样取样法

用正确的方法选取均匀的且具有代表性的化学分析试样,其与进行准确的分析具有同等重要的意义。相关标准有 GB/T 20066—2006《钢和铁 化学成分测定用试样的取样和制样方法》、HB/Z 205—1991《钢和高温合金化学分析用试样的取样规范》等。

(1)熔炼分析取样　熔炼分析是指对钢液熔炼过程中不同时间的炉前分析,以及时调整成分在合格范围内。用取样器直接取自金属熔融液或从熔炉浇入铸模过程中制取的样锭或片样,用适当方式加工,并对其化学成分进行分析测定。一般每炉钢液制取二个样锭,其中一个供复验用。对于圆柱形样品,在圆柱形样品距底部 1/3 高度处位置钻取,并通过样品的中心,钻样前样锭应去除氧化皮和杂物,钻头应尽可能大,不得小于 $\phi6mm$。

(2)成品分析取样　成品分析主要用于验证成品交付时的化学成分,可以按照产品标准中规定的取样位置取样,也可以从抽样产品中取得的用作力学性能试验的材料上取样。如产品标准没有规定时,或者在产品订货已注明时,分析试样的取样可由供需双方协商确定,既可从力学性能试验的试样上取样,也可从抽样产品中直接取样。

6. 成品化学成分允许偏差

成品的化学成分允许偏差是指熔炼分析成分值,虽在标准规定范围内,但由于钢中元素的偏析,成品分析成分值可能超出标准规定的成分界限值,对超出界限的大小规定一个允许值,就是成品化学成分的允许偏差。铸钢成品化学成分的允许偏差对不同类型的钢是不相同的,详见 GB/T 222—2006《钢的成品化学成分允许偏差》。另外产品验收标准也会有偏差规定,如 JB/T 6405—2018《大型不锈钢铸件 技术条件》的成分允许偏差,供验收铸件时参考。表12-16 为大型不锈钢铸件的成品化学成分允许偏差。

表 12-16　大型不锈钢铸件的成品化学成分允许偏差
（JB/T 6405—2018）

元素	含量范围 （质量分数,%）	超出上限或低于下限的 极限偏差值
C	≤0.10	0.002
	>0.10~0.30	0.005
	>0.30~0.60	0.01
Mn	≤1.00	0.03
	>1.00~3.00	0.04
	>3.00~6.00	0.05
	>6.00~10.00	0.06
	>10.00~15.00	0.10
P	≤0.040	0.005
	>0.040	0.010
S	≤0.04	0.005
Si	≤1.00	0.05
	>1.00~3.00	0.10
Ti	≤1.00	0.05
Ni	≤1.00	0.03
	>1.00~5.00	0.07
	>5.00~10.00	0.10
	>10.00~20.00	0.15
	>20.00~30.00	0.20
Mo	≤0.60	0.03
	>0.60~2.00	0.05
	>2.00~7.00	0.10
N	>0.02~0.19	0.01
	>0.19~0.25	0.02
	>0.25~0.35	0.03
V	≤0.5	0.03
W	≤1.00	0.03
Cu	≤0.50	0.03
	>0.50~1.00	0.05
	>1.00~3.00	0.10
Cr	≤4.00~10.00	0.10
	>10.00~15.00	0.10
	>15~20	0.20
	>20~30	0.25

12.2.2　仪器分析技术

所谓仪器分析仅指以物质的物理或物理化学性质为测量基础，采用比较复杂或特殊的仪器装备，通过测定物质某些物理或物理化性质的参数以确定其化学组成、含量及化学结构的分析方法。它与化学分析方法相辅相成，化学分析是基础，仪器分析是补充和发展方向。

仪器分析这里介绍的主要是指光谱分析，包括发射光谱分析（光电直读光谱分析法、电感耦合等离子体原子发射光谱等）、原子吸收光谱分析、原子荧光光谱分析、X 射线荧光光谱分析、电感耦合等离子体质谱法等。

仪器分析的特点：

1）灵敏度高，检出限低，能测出含量极低的组分，其相对灵敏度可达 ppm 级（10^{-6}）、ppb 级（10^{-9}）。

2）选择性好，一般来说，比化学分析法的选择性好得多。如化学分析中 EDTA 配位滴定，选择性很差。

3）操作简便，分析速度快，易于实现自动化。被测组分的浓度变化或物理性质变化能转变成某种参数（如电阻、电导、电位、电容、电流等），易于连接计算机，实现自动化。

4）相对误差一般较大，如发射光谱分析的相对误差为 5%~20%，但其绝对误差很小，对于微量组分的分析可满足要求。

5）价格一般来说比较高昂。

1. 原子发射光谱分析

发射光谱分析就是在物质被火焰、电弧、火花、激光或 ICP 炬等激发光源所激发，处于激发态的待测元素原子或离子回到基态时发射的特征谱线，根据特征谱线的波长及其强度，进行鉴别元素的存在和测量元素含量。对钢的化学成分分析来说，早期采用的是摄谱分析法，但直读光谱法目前已普及至一般化学实验室使用，作为原材料和成品的化学成分分析。对炼钢炉前分析，它具有突出的优点。

（1）光电直读光谱分析法　光电直读光谱分析仪取消了摄谱仪中的感光板，通过光电检测元件（如 PMT、光电二极管阵列、CCD、CID 器件等），将光信号转变为电信号加以测量，避免了摄谱法暗室处理感光板和谱线黑度测量等过程，大大加快了分析速度。原理：将制备好的块状样品作为一个电极，用光源发生器使样品与对电极之间激发发光，并将该光束引入分光室，通过色散元件将光谱分解后，对选定的内标线和分析线的强度进行测量，根据标准样品制作的校准曲线，求出分析样品中待测元素的含量。

光电直读光谱分析特点：

1）分析速度快。能同时测定多种元素，现代的光电法光谱分析大多采用计算机进行结果的计算，因而在几分钟内即可获得几十种元素的分析结果。

2）准确度高。测量误差（RSD）可降至 0.2% 以下，对于常量和微量元素测量误差通常好于湿法分析方法，但对高含量元素的测量误差则往往比湿法分析要大。

3）适用波长范围广。波长范围由光电倍增管的性能决定。真空型光电直读光谱仪可以测量在真空紫外区出现谱线的元素，如硫、磷、碳、硼、氮等。

4）适用浓度范围广。由于光电倍增管的放大能力强，对强弱不同谱线放大倍数不同，相差可达 1000 倍。可以同时测定同一样品中含量相差较大的元素。

5）样品用量少。只需在样品表面激发极少量的试样即可完成光谱分析，但由于取样量少，样品的不均匀性可导致分析结果的误差增大。

6）受到金属材料形状的限制，由于是在一定直径范围内的试样表面进行激发，分析结果与分析过程中试样的温度有关，直径过小的圆材或厚度过薄的板材可能因此无法进行分析或分析结果有偏离。

7）对分析任务变化的适应能力较差。每台仪器使用的出射狭缝在出厂前已经调节好，不易变更，这对元素固定的例行产品分析非常方便，但对样品种类变化无常的用户则不太适用。

8）由于标准样品的不易获得，给光谱分析造成一定困难。因为光电法光谱分析是一种相对的分析方法，需要用一套相同或相近的系列标准样品做工作曲线，并用适当的控制样品来进行结果验证。

9）仪器价格高昂。一次性投入及运行成本较高，尤其对于样品品种繁多，相同样品数量又少的实验室。

GB/T 4336—2016《碳素钢和中低合金钢　多元素含量的测定　火花放电原子发射光谱法（常规法）》和 GB/T 11170—2008《不锈钢　多元素含量的测定　火花放电原子发射光谱法（常规法）》中分别介绍了通用的火花原子发射光谱适用分析不同熔炼生产的铸态或锻轧成品中低合金钢和不锈钢中的合金元素及各元素测定范围（见表 12-17 和表 12-18），标准中还规定，铸态样品应取自熔炼钢液注入规定的模具中的块样，且若用铝脱氧时，脱氧剂质量分数不应超过 0.35%。

各种商品化的这类仪器均有各自的可分析元素和测定范围规定可供参考。

表 12-17　可分析元素和测定范围（GB/T 4336—2016）

元　素	适用范围 （质量分数,%）	定量范围 （质量分数,%）
C	0.001 ~ 1.3	0.03 ~ 1.3
Si	0.006 ~ 1.2	0.17 ~ 1.2
Mn	0.006 ~ 2.2	0.07 ~ 2.2
P	0.003 ~ 0.07	0.01 ~ 0.07
S	0.002 ~ 0.05	0.008 ~ 0.05
Cr	0.005 ~ 3.0	0.1 ~ 3.0
Ni	0.001 ~ 4.2	0.009 ~ 4.2
W	0.06 ~ 1.7	0.06 ~ 1.7
Mo	0.0009 ~ 1.2	0.03 ~ 1.2
V	0.0007 ~ 0.6	0.1 ~ 0.6
Al	0.001 ~ 0.16	0.03 ~ 0.16
Ti	0.0007 ~ 0.5	0.015 ~ 0.5
Cu	0.005 ~ 1.0	0.02 ~ 1.0
Nb	0.0008 ~ 0.12	0.02 ~ 0.12
Co	0.0015 ~ 0.3	0.004 ~ 0.3
B	0.0001 ~ 0.011	0.0008 ~ 0.011
Zr	0.001 ~ 0.07	0.006 ~ 0.07
As	0.0007 ~ 0.014	0.004 ~ 0.014
Sn	0.0015 ~ 0.02	0.006 ~ 0.02

注："适用范围"中低含量段未经精密度试验验证，实验室在测定低含量样品时注意选择合适仪器条件、标准样品等，严格控制，谨慎操作。

表 12-18　可分析元素和测定范围（GB/T 11170—2008）

元　素	测定范围（质量分数,%）
C	0.01 ~ 0.30
Si	0.10 ~ 2.00
Mn	0.10 ~ 11.00
P	0.004 ~ 0.050
S	0.005 ~ 0.050
Cr	7.00 ~ 28.00
Ni	0.10 ~ 24.00
Mo	0.06 ~ 3.50
Al	0.02 ~ 2.00
Cu	0.04 ~ 6.00
W	0.05 ~ 0.80
Ti	0.03 ~ 1.10
Nb	0.03 ~ 2.50
V	0.04 ~ 0.50
Co	0.01 ~ 0.50
B	0.002 ~ 0.020
As	0.002 ~ 0.030
Sn	0.005 ~ 0.055
Pb	0.005 ~ 0.020

（2）电感耦合等离子体原子发射光谱法（ICP-AES）　激发源为电感耦合等离子体（ICP），等离子体是一种电离度大于 0.1% 的电离气体，由电子、离子、原子和分子所组成，其中电子数目和离子数目基本相等，整体呈现中性，等离子炬焰最高温度可达

10000K。电感耦合高频等离子炬的装置，由高频发生器、进样系统（包括供气系统）和等离子炬管三部分组成。在有气体的石英管外套装一个高频感应线圈，感应线圈与高频发生器连接。当高频电流通过线圈时，在管的内外形成强烈的振荡磁场，在高频（约 30MHz）时形成的等离子炬，其形状似圆环，试样微粒可以沿着等离子炬轴心通过，对试样的蒸发激发极为有利。这种具有中心通道的等离子炬，正是发射光谱分析优良的激发光源。

ICP-AES 分析特点：

1）检出限低（$10^{-11} \sim 10^{-9}$ g/L）。

2）稳定性好，精密度、准确度高。

3）线性范围极宽。

4）自吸效应、基体效应小。

5）选择合适的观测高度，光谱背景小。

6）对非金属测定灵敏度低，仪器价格高昂，维持费用较高（耗用大量 Ar 气，比直读光谱多）。

7）样品需要处理，要求样品处理过程中不损失，不玷污，尽量少采用增加可溶性固体的样品处理方法。

现在 ICP 光谱法已成为元素分析的常规手段，常见元素，如 Si、Mn、Cr、Ni、Mo、Cu 等均可用仪器直接测定，可分析元素和测定范围规定详见下列标准：

GB/T 20125—2006《低合金钢　多素的测定　电感耦合等离子体发射光谱法》；

GB/T 20127.3—2006《钢铁及合金　痕量素的测定　第 3 部分：电感耦合等离子体发射光谱法测定钙、镁和钡含量》；

GB/T 20127.9—2006《钢铁及合金　痕量素的测定　第 9 部分：电感耦合等离子体发射光谱法测定铊含量》；

GB/T 24520—2009《铸铁和低合金钢　镧、铈和镁含量的测定　电感耦合等离子体原子发射光谱法》；

SN/T 0750—1999《进出口碳钢、低合金钢中铝、砷、铬、钴、铜、磷、锰、钼、镍、硅、锡、钛、钒含量的测定-电感耦合等离子体原子发射光谱（ICP-AES）法》；

SN/T 2718—2010《不锈钢化学成分测定　电感耦合等离子体原子发射光谱法》等。

2. 原子吸收光谱分析（AAS）

原子吸收光谱分析（AAS）是基于光源发出的被测元素特征辐射，通过测量试样所产生的原子蒸气对辐射的吸收值来测定试样中元素浓度的方法。样品溶液中待测元素转变为原子蒸气的装置有两类：火焰和

无火焰原子化装置，其分析方法也分成两类。其中火焰原子化是原子吸收光谱分析中最广泛的原子化方法，目前以空气-乙炔火焰使用最普遍，其次是氧化亚氮-乙炔焰。无火焰原子化主要包括高温石墨炉原子化、石英管原子化、低温原子化（化学原子化法）。

原子吸收光谱法有很多优点：

1）不需要像发射光谱那样需专门制备系列标准试样，仅需配制一些不同浓度的标准溶液用于绘制自校标准曲线即可。

2）适用范围广。原子吸收法分析元素的面比较广，可测定几乎全部的金属和半金属元素，既可用于常量元素分析，也可分析痕量元素。

3）灵敏度高、检出限低。火焰原子吸收光谱法（FAAS）的检出限达 10^{-9} g/mL，石墨炉原子吸收光谱法（GFAAS）可达到 10^{-13} g/mL。

4）选择性好，对元素特征光谱线吸收的测量，元素之间的干扰较小。对于多数样品，一般不需要分离共存元素。

5）分析精密度高。火焰原子吸收法测定，大多数场合相对标准差可 <1%，其准确度已接近经典化学方法。石墨炉原子吸收法的分析精度一般为 3% ~5%。

6）由于灵敏度高，干扰少，易于控制，所以测定快速，便于自动化和计算机控制，效率很高。

原子吸收光谱分析的操作过程比较简单。准确称少量试样，并经化学处理后稀释到一定体积，通过喷雾器及燃烧器使待测元素在火焰中呈原子蒸气状态，由指示仪表测出对一定强度的辐射光的吸收值。从标准曲线上查出相对应的浓度，即可换算成该元素在试样中的含量。

到目前为止，已有多个应用原子吸收光谱法测定元素含量的国家标准，如：

GB 223.46—1989《钢铁及合金化学分析方法 火焰原子吸收光谱法测定镁量》；

GB/T 223.53—1987《钢铁及合金化学分析方法 火焰原子吸收分光光度法测定铜量》；

GB/T 223.54—1987《钢铁及合金化学分析方法 火焰原子吸收分光光度法测定镍量》；

GB/T 223.64—2008《钢铁及合金 锰含量的测定 火焰原子吸收光谱法》；

GB/T 223.65—2012《钢铁及合金 钴含量的测定 火焰原子吸收光谱法》；

GB/T 20127.1—2006《钢铁及合金 痕量素的测定 第 1 部分：石墨炉原子吸收光谱法测定银含量》；

GB/T 20127.4—2006《钢铁及合金 痕量素的测定 第 4 部分：石墨炉原子吸收光谱法测定铜量》；

GB/T 20127.12—2006《钢铁及合金 痕量素的测定 第 12 部分：火焰原子吸收光谱法测定锌含量》等。

3. 原子荧光光谱分析

原子荧光光谱法（AFS）是原子光谱中的一个分支，介于原子发射光谱法（AES）和原子吸收光谱法（AAS）之间的光谱分析技术。基本原理是：基态原子（一般为蒸气状态）吸收合适的特定波长的辐射而被激发到较高的激发态，然后去活化回到较低的激发态或基态时发射出一定波长的辐射，即原子荧光，根据荧光的强度可测得样品中元素的含量。

原子荧光光谱特点：

1）谱线简单、选择性好。原子荧光的谱线比较简单，光谱重叠干扰少。

2）高灵敏度、低检出限。

3）分析曲线的线性好，线性范围宽。特别是用激光作激发光源时，分析曲线的线性范围可达 3 ~5 个数量级。

4）可实现多元素同时测定，易于自动化。

5）仪器结构简单，价格适宜，便于推广。

由于原子荧光光谱法存在严重的散射光干扰及荧光淬灭效应等固有缺陷，致使对激发光源和原子化器有较高的要求，从而导致在现有的技术条件下，原子荧光光谱分析理论上所具有的优势在实际中难以充分发挥。因此，除氢化物发生-原子荧光光谱在测定砷、锑、铋、硒等易于生成的氢化物的元素以及汞、镉等元素具有独特的优势外，目前原子荧光光谱法在其他方面的应用尚待开拓。

相关标准有：

GB/T 20127.2—2006《钢铁及合金 痕量素的测定 第 2 部分：氢化物发生-原子荧光光谱法测定砷含量》；

GB/T 20127.8—2006《钢铁及合金 痕量素的测定 第 8 部分：氢化物发生-原子荧光光谱法测定锑含量》；

GB/T 20127.10—2006《钢铁及合金 痕量素的测定 第 10 部分：氢化物发生-原子荧光光谱法测定硒含量》；

GB/T 223.80—2007《钢铁及合金 铋和砷含量的测定 氢化物发生-原子荧光光谱法》等。

4. X 射线荧光光谱分析（XRF）

基本原理：试样受 X 射线管发出的初级 X 射线照射后，其中各元素原子的内壳层（K、L 或 M 层）电子被激发逐出原子而引起壳层电子跃迁，并发射出该元素的特征 X 射线（荧光）。每一种元素都有其特定波长或能量的特征 X 射线。通过测定试样中特征 X

射线的波长（能量），便可确定试样存在何种元素，即为 X 射线荧光光谱定性分析。元素特征 X 射线的强度与该元素在试样中的原子数量（即含量）成比例，因此通过测量试样中某元素特征 X 射线的强度，采用适当的方法校准，根据一定的数学模型，便可求出该元素在试样中的质量分数，即为 X 射线荧光光谱定量分析。

X 射线荧光光谱仪有两种类型：波长色散型和能量色散型。金属分析实验室采用的是波长色散型 X 射线荧光光谱仪。

X 射线荧光光谱分析的优点很多，如操作方便，分析快，准确度高，不破坏试样，它既可做常量分析，又可测定纯物质中的某些杂质元素，分析元素范围宽，可分析元素从 Na11～U92，除钢铁分析外，还可应用于矿石、矿物、非铁合金及涂层、塑料等的分析。分析浓度范围较宽，从常量到微量都可分析。重元素的检测限可达 ppm 级，轻元素稍差。分析粉末样品，粒度效应和矿物效应的影响十分显著，特别是对轻元素。

钢铁分析中，X 射线荧光光谱法已经纳标，如 GB/T 223.79—2007《钢铁　多素含量的测定 X-射线荧光光谱法（常规法）》。表 12-19 为可分析元素和测定范围。

表 12-19　可分析元素和测定范围（GB/T 223.79—2007）

元　　素	测定范围（质量分数，%）
Si	0.002～4.00
Mn	0.002～4.00
P	0.001～0.70
S	0.001～0.20
Cu	0.002～2.00
Al	0.002～1.00
Ni	0.003～5.00
Cr	0.002～5.00
Mo	0.002～5.00
V	0.002～2.00
Ti	0.001～1.00
W	0.003～2.00
Nb	0.002～1.00

其他标准：

GB/T 36164—2018《高合金钢　多元素含量的测定 X 射线荧光光谱法（常规法）》；

GB/T 4333.5—2016《硅铁　硅、锰、铝、钙、铬和铁含量的测定　波长色散 X 射线荧光光谱法（熔铸玻璃片法）》；

GB/T 24198—2009《镍铁　镍、硅、磷、锰、钴、铬和铜含量的测定　波长色散 X-射线荧光光谱法（常规法）》；

GB/T 21114—2019《耐火材料　X 射线荧光光谱化学分析—熔铸玻璃片法》；

YB/T 4177—2008《炉渣　X 射线荧光光谱分析方法》；

GB/T 26050—2010《硬质合金　X 射线荧光测定金属元素含量　熔融法》；

SN/T 2763.1—2011《红土镍矿中多种成分的测定　第 1 部分：X 射线荧光光谱法》；

SN/T 2764—2011《萤石中多种成分的测定　X 射线荧光光谱法》等。

5. 电感耦合等离子体质谱法（ICP-MS）

基本原理：样品一般以液态形式由蠕动泵提升到雾化器和雾室组成的样品引入系统，形成气溶胶进入等离子体，在高温等离子体中，样品气溶胶经干燥、蒸发、原子化和电离过程，形成带正电荷的离子。离子通过由采样锥和截取锥组成的接口区，通过离子透镜的静电作用将离子束聚集并引入质量分离装置，将离子按荷质比大小分离，分离后的离子进入离子检测器，转换为电信号，通过数据处理系统对这些电信号进行测量。

ICP-MS 主要用作痕量元素分析，广泛用于地质样品中痕量和超痕量元素的测定，尤以稀土和贵金属元素分析应用最多。

相关标准有：GB/T 223.81—2007《钢铁及合金　总铝和总硼含量的测定　微波消解-电感耦合等离子体质谱法》；GB/T 20127.11—2006《钢铁及合金　痕量素的测定　第 11 部分：电感耦合等离子体质谱法测定铟和铊含量》等。

原子吸收光谱分析、原子荧光光谱分析、X 射线荧光光谱分析及电感耦合等离子体质谱主要使用于大型实验室或检测中心作高精度分析和痕量分析。

仪器分析中定量分析是一种相对测量的方法，分析结果的准确性会受诸多因素的影响，如仪器中内存工作曲线的准确性、所购置专用系列标准样品的适用性、化学成分的均匀性，以及化学成分虽相近，但仍有差异所造成的谱线间的干扰和基体效应的影响等。因此必须正确地使用各种标样来校正仪器中的标准工作曲线用来修正检测数据，才能得到较准确且满意的分析结果。

但又由于标样本身与被测量样品之间的钢种、元素含量范围、冶炼、成形工艺的不同仍然会影响分析结果的准确性。所以各检测实验室必须自制化学成分含量元素范围及熔炼、成形工艺等与分析样品完全一致的，并经过若干权威检测机构用化学分析方法检测和标定的控制样品，再利用控制样品来验证和确保分析数据与化学分析法的符合性。一般仪器内存的标准工作曲线对所有的元素分析，可能仅用于半定量近似分析，正确采用质量可靠的有证标定样品和自制控制样品才不失为准确分析的重要保证。

12.2.3　气体分析

早期的概念中各种材料中气体元素指的是氢、氧、氮，后来由于碳、硫通过化学反应能生成二氧化碳和二氧化硫气体进行测定，所以也纳入了气体分析的元素。在原材料、冶炼过程、制造加工过程会或多或少地引入气体元素，它们的存在严重影响着产品本身的物理及化学性能。

实际上氢主要是以原子状态溶于钢中，也可以析出呈分子状态或形成氢化物。氧在钢中，均以氧化物的形态存在。氮在钢中呈原子状态或氮化物形态。碳以游离碳（也称非化合碳）和化合碳两种形式存在。非化合碳主要存在于生铁、铸铁及某些退火处理的高碳钢中，化合碳是合金元素与碳形成的碳化物。硫在金属中极少以固溶体形式存在，主要以 FeS、MnS 及少量合金元素的硫化物形式存在。

氢、氧、氮、碳、硫的测定方法主要有高温热提法、化学法、发射光谱法、红外吸收法、质谱法等。

测量方法简介如下：

1. 钢中氧含量的测定

高温熔融抽取法分惰性气体熔融法和真空熔化法。它们都是在高温和过量碳（石墨坩埚）存在下熔融试样，样品中的氧和碳反应生成一氧化碳、二氧化碳抽取出来进行测定。真空熔化法是测定金属中氧的经典方法，但由于设备繁杂，操作不便，分析周期长等缺点，到了 20 世纪 70 年代，人们开始使用惰性气氛熔融法抽取金属中的氧，测定方法有红外线吸收法、真空冷凝微压法、热导法、气相色谱法、质谱法等。

前者已列入国家标准，详见 GB/T 11261—2006《钢铁　氧含量的测定　脉冲加热惰气熔融-红外线吸收法》。

此外还有浓差电池定氧法适用于炉前熔炼的快速分析，实时测定钢液中的氧。表 12-20 为钢中氧、氢、氮的测定方法。

表 12-20　钢中氧、氢、氮的测定方法

方法名称	测定范围	试样状态和尺寸	试样要求	主要设备
惰性气体熔融-红外线吸收法（测定氧）	0.0005% ～0.020%（O）	$\phi4～\phi5mm$，长度大于 30mm 的圆棒	内部均匀而无偏析，表面光洁而无缺陷，取样有代表性	脉冲加热红外线吸收仪
惰性气体熔融-热导或红外法（测定氢）	0.6～30.0μg/g（H）	$\phi4～\phi5mm$ 的圆柱状试样、屑状样、粉末状样	与测定氧试样相同，但必须冷态加工储存	惰性气体熔融-热导或红外检测氢分析仪
蒸馏分离-中和滴定法、惰性气体熔融热导法直读光谱法（测定氮）	0.010%～0.50% 0.002%～0.6% 0.002%～0.40%（N）	屑状或 $\phi4～\phi5mm$ 的圆柱状试样或块状样（视方法而定）	屑状试样与一般化学分析试样相同，仪器分析应符合方法要求	常规化学分析法 电阻电极炉热导气体分析仪（氩气保护）直读光谱仪

2. 钢中氢含量的测定

根据氢存在形态和氢的物理、化学性质，可通过燃烧或加热把氢提取出来，按测量方法不同，氢的测定可分为热导法、红外吸收法、定容测压法、气体容量法、钯过滤法、质谱分析法、库仑定氢法等。而热导法和红外吸收法是目前应用最广泛的方法。

常用标准为 GB/T 223.82—2018《钢铁　氢含量的测定　惰性气体熔融-热导或红外法》。

测定钢中的氢通常以液态钢中的测定为准，成品铸件也可测定。但试样制备要求极高，否则误差很大。液态钢中取样、制样方法如下：采用真空吸样管，在代表性的钢液中抽取 $\phi6～\phi8mm$ 棒状试样（视仪器要求而定），脱模在冷水中淬火（淬火应该在取样后 10s 内完成，不允许超时）。干冰或液氮盛放，及时送至测氢仪器分析。为保证测量准确，棒样应无缺陷且致密，整个操作过程应避免受热和污染，时间尽量缩短。

3. 钢中氮含量的测定

测定氮的方法有很多，仪器法采用把试样高温熔

融后以氮气的形式测定，如热导法、气相气谱法、测压法等。化学方法一般采用把氮转化为氨的形式来测定，还有发射光谱法等方法。现常用分析方法为惰性气体熔融热导法。

熔融热导法，其基本原理是在氩气气氛下，在石墨坩埚中高温熔融试样，氮以分子态形式被提取在氩气气流中，当流经热态氧化炉时，其他气体如氢气、一氧化碳转化为水和二氧化碳而分离，氮用热导法测定，现有方法见 GB/T 20124—2006《钢铁　氮含量的测定　惰性气体熔融热导法（常规方法）》，该方法适用于钢铁中质量分数为 0.002%～0.60% 的氮含量测定。也可参考 YB/T 4306—2012《钢铁及合金　氮含量的测定　惰性气体熔融热导法》。

酸溶解蒸馏法是列入国家标准的定氮方法。其基本要点是用稀酸溶解试样后，将试样溶液用过量的强碱处理，并用水蒸气蒸馏法蒸馏，其中的氮以氨的形式即被分离出来。收集分离出的氨用滴定法或比色法进行测定，氨中的氮即为试样中的氮，通过计算即可

求出钢液中的氮含量。

列入国家标准的方法有：GB/T 223.36—1994《钢铁及合金化学分析方法 蒸馏分离-中和滴定法测定氮量》和 GB/T 223.37—2020《钢铁及合金 氮含量的测定 蒸馏分离靛酚蓝分光光度法》。

4. 钢中碳含量的测定

钢铁中碳的测定除直读光谱法外，通常都是利用碳易于氧化生成二氧化碳这一化学性质，将试样直接在高温下通氧燃烧，然后用不同方法测定燃烧生成的二氧化碳量。各种方法的不同点在于两个方面：

1）所用燃烧设备或装置不同，有电阻加热管式炉、高频感应加热炉及电弧引燃炉等。

2）对释放的二氧化碳的检测方法不同，如气体容量法、碱石棉吸收重量法、非水滴定法、电导法、红外线吸收法、库仑法等。

如果需要测定钢铁中的游离碳，试样需经酸溶，分离出不溶于酸的游离碳，然后用燃烧法测定游离碳的含量。列入国家标准的方法见表12-13。

5. 钢中硫含量的测定

常用的硫测定方法可以归纳为三类：

1）将试样中的硫转化为硫酸盐并经过分离除去干扰组分后以硫酸钡重量法进行测定。

2）试样经高温通氧燃烧，使硫转化成二氧化硫，经吸收后可用多种方法进行测定，如碘量法、电导法、红外吸收法等。

3）试样溶于氧化性酸溶液中并加氧化剂使硫转化成硫酸盐，然后加入还原剂使硫酸盐还原为硫化氢，经吸收后用光度法或电位滴定法进行测定。

主要测定方法有重量法、燃烧-红外线吸收法、燃烧滴定法、电导法、直读光谱法等。列入国家标准的方法见表12-13。

12.3 铸钢力学性能试验

力学性能是用于铸件设计时，选择材料牌号的主要依据，也是验收铸钢件的主要性能指标。严格按试验标准和规范去测试力学性能数据，可以保证数据的准确可靠和可追溯性。

12.3.1 试块

铸钢力学性能试验用试块主要有单铸试块和附铸试块等。单铸试块尺寸、形状应符合铸钢件标准 GB/T 6967—2009《工程结构用中、高强度不锈钢铸件》和 GB/T 11352—2009《一般工程用铸造碳钢件》等规定（见图12-41）；附铸试块的形状、尺寸和取样位置由供需双方商定。

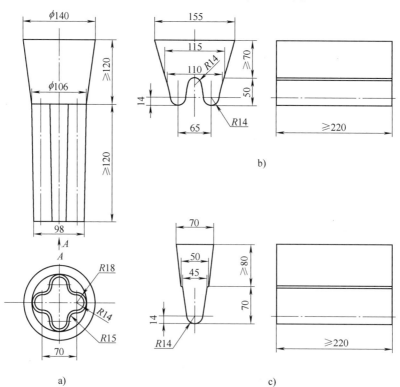

图 12-41 力学性能用单铸试块类型

a）Ⅰ类 b）Ⅱ类 c）Ⅲ类

12.3.2　拉伸试验

拉伸试验是力学性能试验中最基本的试验方法之一。试验所用的试样是按试验要求加工而成的试棒，试棒是由试块截取。

拉伸试验可测定钢在受单向静拉力作用下直至断裂的多种参数，如上屈服强度 R_{eH}、下屈服强度 R_{eL}、规定塑性延伸强度 R_p、抗拉强度 R_m、断后伸长率 A 及断面收缩率 Z 等。拉伸试验按 GB/T 228.1—2010《金属材料　拉伸试验　第 1 部分：室温试验方法》执行。

1. 力-伸长曲线

将金属材料制成拉伸试样后，在其表面上沿轴线方向划出长度为 L_0（试样标距）的标记，然后在试样两端施加轴向静拉力，试样在力的作用下产生变形直至被拉断。将试样从开始施加试验力直到断裂所受的力，与其所对应的伸长的关系绘成曲线，该曲线反映了材料在拉伸过程中的弹性变形、塑性变形、直至断裂的全部力学特征。

2. 应力-延伸率曲线

力-伸长曲线与试样尺寸有关。为此可分别以应力（力/原始横截面积 S_0）和延伸率（试验中任一时刻引伸计标距的总延伸与引伸计标距之比的百分率）代替力和伸长，绘成应力和延伸率曲线（应力-应变曲线），图 12-42 所示为普通低碳钢的应力-应变曲线。它与力和伸长曲线具有相同的形式。

不同材料的应力-应变曲线反映了其抵抗外力的能力，应力-应变曲线会受到拉伸试验条件如加载速度、温度、介质等因素影响，因此在相同的试验条件下，可利用应力-应变曲线比较各种材料的力学性能。图 12-43 所示为两种不同材料的应力-应变曲线。曲线 1 的平台部分呈锯齿状，说明有上、下屈服强度；曲线 2 无平台，即无明显的物理屈服强度。金属材料的应力-应变曲线不仅因材料的种类而异，同种材料在不同热处理状态下也具有不同的形状。

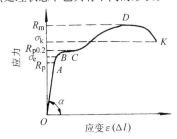

图 12-42　普通低碳钢的应力-应变曲线

3. 拉伸性能测定

（1）屈服强度　当金属材料呈屈服现象时，在

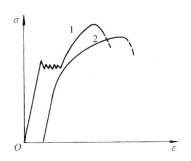

图 12-43　两种不同材料的应力-应变曲线

试验期间达到塑性变形发生而力不增加的应力点称之为材料的屈服强度，分为上屈服强度和下屈服强度。试样发生屈服而力首次下降前的最大应力称上屈服强度 R_{eH}；在屈服期间，不计初始瞬时效应时的最低应力值称下屈服强度 R_{eL}。对有明显屈服现象的材料，应测定其 R_{eH} 和 R_{eL}；无规定时，应测定上屈服强度和下屈服强度，或下屈服强度。无明显屈服的材料应测定其规定塑性延伸强度 R_p（塑性延伸率等于规定的引伸计标距百分率时对应的应力，一般为 0.2%，即 $R_{p0.2}$）或规定总延伸强度 R_t（总延伸率等于规定的引伸计标距百分率时的应力，一般为 0.5%，即 $R_{t0.5}$）。

1）上屈服强度 R_{eH} 和下屈服强度 R_{eL}。上、下屈服强度 R_{eH} 和 R_{eL} 可以从应力-应变曲线图或力-伸长曲线图测定，计算公式分别为

$$R_{eH} = \frac{F_{eH}}{S_0} \tag{12-3}$$

$$R_{eL} = \frac{F_{eL}}{S_0} \tag{12-4}$$

式中　R_{eH}——上屈服强度（MPa）；

R_{eL}——下屈服强度（MPa）；

F_{eH}——上屈服力（N）；

F_{eL}——下屈服力（N）；

S_0——原始横截面积（mm^2）。

上、下屈服强度位置判定的基本原则详见 GB/T 228.1—2010《金属材料　拉伸试验 第 1 部分：室温试验方法》。

2）规定塑性延伸强度 $R_{p0.2}$ 和规定总延伸强度 $R_{t0.5}$。$R_{p0.2}$ 和 $R_{t0.5}$ 可根据应力-应变曲线图采用图解法求得，计算公式分别为

$$R_{p0.2} = \frac{F_{p0.2}}{S_0} \tag{12-5}$$

$$R_{t0.5} = \frac{F_{t0.5}}{S_0} \tag{12-6}$$

式中　$R_{p0.2}$——规定塑性延伸强度（MPa）；

　　　$R_{t0.5}$——规定总延伸强度（MPa）；

　　　$F_{p0.2}$——规定塑性延伸力（N）；

　　　$F_{t0.5}$——规定总延伸力（N）；

　　　S_0——原始横截面积（mm^2）。

图 12-44 所示为图解法求相应于 $R_{p0.2}$ 的力，除以 S_0 后即可得 $R_{p0.2}$。

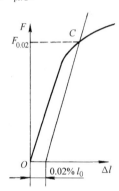

图 12-44　图解法求相应于 $R_{p0.2}$ 的力

（2）抗拉强度 R_m　为试样在拉断前所承受的最大力，除以试样的原始横截面积，相当于图 12-42 中的 D 点。

计算公式为

$$R_m = \frac{F_m}{S_0} \qquad (12\text{-}7)$$

式中　R_m——抗拉强度（MPa）；

　　　F_m——最大力（N）；

　　　S_0——原始横截面积（mm^2）。

（3）断后伸长率 A　试样拉断后，原始标距部分的伸长（$L_u - L_0$）与原始标距（L_0）之比的百分率定义为断后伸长率 A，计算公式为

$$A = \frac{L_u - L_0}{L_0} \times 100\% \qquad (12\text{-}8)$$

式中　A——断后伸长率；

　　　L_u——断后标距（mm）；

　　　L_0——原始标距（mm）。

L_u 和 L_0 的测量方法可详见 GB/T 228.1—2010《金属材料　拉伸试验　第 1 部分：室温试验方法》相关要求。

试样原始标距与原始横截面积有 $L_0 = k\sqrt{S_0}$ 关系者称为比例试样。常用的比例系数 k 的值为 5.65，称为短比例试样。原始标距应不小于 15mm。当试样横截面积太小，以致采用比例系数 k 为 5.65 的值不能符合这一最小标距要求时，可以采用长比例试样（$k = 11.3$）或定标距试样（非比例试样）。定标距试

样其原始标距（L_0）与其原始横截面积（S_0）无关。不同 k 值下 A 是不可以相互比较的。要得到互可比较的 A 值，必须用相同的 k 值。

（4）断面收缩率 Z　试样拉断后横截面积的最大缩减量（$S_0 - S_u$）与原始横截面积（S_0）之比的百分率定义为断面收缩率，计算公式为

$$Z = \frac{S_0 - S_u}{S_0} \times 100\% \qquad (12\text{-}9)$$

式中　Z——断面收缩率；

　　　S_0——原始横截面积（mm^2）；

　　　S_u——断后最小横截面积（mm^2）。

对圆截面试样，拉断后测量断裂处的最小直径以计算横截面积 S_u，然后由式（12-9）计算 Z。

拉伸试验所使用的拉力试验机或万能试验机，一般都带有计算机软件，可自动绘出力-伸长曲线或应力-应变曲线图，输入相关信息后均可自行计算并打印。从图中还可得出材料的抗拉强度、规定塑性延伸强度 R_p 及弹性模量 E 等相关数据。

室温试验温度一般为 10～35℃，对温度要求严格的试验规定为 23℃±5℃。

材料在高温或低温下的拉伸性能测定可分别参照 GB/T 228.2—2015《金属材料　拉伸试验　第 2 部分：高温试验方法》和 GB/T 228.3—2019《金属材料　拉伸试验　第 3 部分：低温试验方法》。

12.3.3　硬度试验

硬度是材料抵抗局部变形，特别是塑性变形、压痕或划痕的能力，是衡量金属软硬的判据。硬度试验有多种方法，不同的测试方法依据的原理各异，所测得的结果也有很大差别。因此，不同测试方法测得的硬度数值之间并没有简单的换算关系。现有的换算关系对照表，只是根据对同类材料在相同状态下一定硬度范围内进行比较测试，积累了大量数据后，所得到的经验关系。

硬度测试方法简单易行，硬度值在一定程度上反映了材料化学成分、金相组织和热处理工艺的差异，因此被广泛地应用。根据测试方法不同，实验室常有布氏硬度试验、洛氏硬度试验和维氏硬度试验等。

1. 布氏硬度试验

布氏硬度试验是用一定直径的硬质合金球体施加规定的试验力压入试样表面，经规定保持时间后，卸除试验力，测量试样表面压痕的直径并计算硬度的一种压痕硬度试验，其原理如图 12-45 所示。布氏硬度以符号 HBW 表示。布氏硬度试验所用的硬质合金球有 4 种，即 10mm、5mm、2.5mm 和 1mm，试验力可相应选择为 980.7～29420N、245.2～7355N、61.29～

1839N 和 9. 807 ~ 294. 2N。布氏硬度的表示方法，如 260HBW10/3000，表示用直径 10mm 硬质合金球，在 29.42kN 下保持 10 ~ 15s 测定的布氏硬度值为 260。对铸钢件的测试来说，一般用直径 D 为 10mm 的钢球，载荷为 29.42kN，试验压力保持时间 10 ~ 15s，试样表面应平坦光滑，且不应有氧化皮、油脂及外来污物。

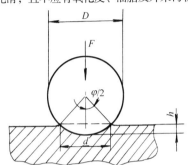

图 12-45　布氏硬度试验原理示意图

试验力 F 以 N 计，则试块的布氏硬度值为

$$布氏硬度 = 常数 \times \frac{试验力}{压痕表面积}$$

$$= 0.102 \times \frac{2F}{\pi D(D - \sqrt{D^2 - d^2})} \quad (12\text{-}10)$$

式中　F——试验力（N）；

　　　D——硬质球直径（mm）；

　　　d——压痕平均直径（mm）。

测试操作要点及方法可参阅 GB/T 231.1—2018《金属材料　布氏硬度试验　第 1 部分：试验方法》。

在生产中检测大型铸件或在生产现场时可采用便携式布氏硬度计，其种类繁多，早期广泛使用的是锤击式简易布氏硬度计，如使用适当，也能测得较准确的结果。图 12-46 所示为这种硬度计的构造和使用示意图。

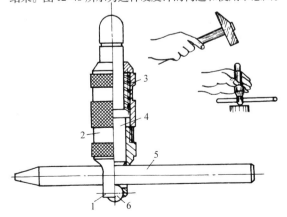

图 12-46　锤击式简易布氏硬度计试验图

1—球帽　2—握持器　3—弹簧
4—锤击杆　5—标准试样　6—钢球

布氏硬度试验适用于各强度等级的碳钢、低合金钢。此外还可对照 GB/T 1172—1999《黑色金属硬度及强度换算值》，从硬度值粗略地估算钢的抗拉强度。

2. 洛氏硬度试验

洛氏硬度试验也是目前应用很广泛的试验方法。洛氏硬度试验原理是将压头（金刚石圆锥、钢球或硬质合金球）按图 12-47 所示的两个步骤压入试样表面，经规定保持时间后，卸除主试验力，测量在初试验力下的残余压痕深度。

洛氏硬度由下式表示

$$洛氏硬度 = N - \frac{h}{S} \quad (12\text{-}11)$$

式中　h——卸除主试验力后，在初试验力下，压痕残留的深度（mm）；

　　　N——给定标尺的硬度数；

　　　S——给定标尺的单位。

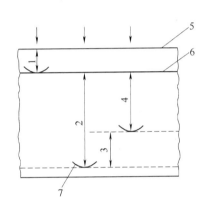

图 12-47　洛氏硬度试验原理图

1—在初试验力 F_0 下的压入深度
2—由主试验力 F_1 引起的压入深度
3—卸除主试验力 F_1 后的弹性回复深度
4—残余压入深度 h　5—试样表面
6—测量基准面　7—压头位置

在洛氏硬度试验中，采用不同压头和载荷的配合，可以获得不同的硬度符号，如 HRA、HRB、HRC、HRD、HRE、HRF、HRG、HRH、HRK 和 HRN、HRT 等洛氏硬度值。洛氏硬度测试值都可在洛氏硬度计直接读数。具体试验技术及有关试验条件可参阅 GB/T 230.1—2018《金属材料　洛氏硬度试验　第 1 部分：试验方法》。

3. 维氏硬度试验

维氏硬度也是目前应用较广的硬度测试方法之一。它克服了洛氏硬度值之间不能互换的缺点，实现了材料从软到硬的连续一致的硬度标度。其原理基本上与布氏硬度相同，不同之处是维氏硬度压头采用两相对面间夹角为 136° 的金刚石正四棱锥体，压痕为正四方锥形。试验原理如图 12-48 所示。

维氏硬度用符号 HV 表示，HV 之前为硬度值，HV 之后依次为试验力和试验力保持时间。

计算公式为

$$维氏硬度 = 常数 \times \frac{试验力}{压痕表面积} \approx 0.1891F/d^2$$

$$(12\text{-}12)$$

式中　F——试验力（N）；

　　　d——压痕两对角线平均长度（mm）。

试验后只要测量压痕两对角线长度，并计算其算术平均值 d（mm），根据试验力 F（N），则可计算或查表得到实测 HV 值，一般对每个试验报出三个点的硬度测试值。维氏硬度按三个试验力范围规定了试验方法，试验力 $F \geqslant 49.03$N，称为维氏硬度试验；试验力 1.961N $\leqslant F < 49.03$N 称为小力值维氏硬度试验；试验力 0.09807N $\leqslant F < 1.961$N 称为显微维氏硬度试验。维氏硬度试样表面应平坦光滑，试验面上应无氧化皮、油脂及外来污物，试样表面的质量应保证压痕对角线长度的测量精度，建议对试样表面进行抛光处理。具体可参阅 GB/T 4340.1—2009《金属材料　维氏硬度试验　第 1 部分：试验方法》。

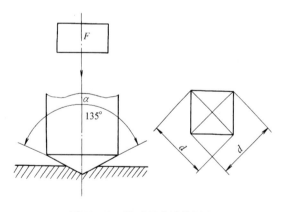

图 12-48　维氏硬度试验原理

试验一般在 10 ~ 35℃室温下进行，对于温度要求严格的试验，室温应为 23℃ ±5℃。

4. 里氏硬度试验

里氏硬度适用于大型金属零件，包括铸件的现场硬度测试。里氏硬度计携带方便，操作简单，试验效率高，现被广泛应用于测定实物的硬度值。其试验原理是：用规定重量（不同的冲击装置，如 D 型、DC 型、G 型和 C 型）的碳化钨球作为冲击体，在弹力作用下以一定速度冲击试样表面，用试样在距试样表面 1mm 处的回弹速度与冲击速度的比值计算硬度值。计算式如下

$$HL = 1000v_R/v_A \qquad (12\text{-}13)$$

式中　HL——里氏硬度；

　　　v_R——冲击体回弹速度（m/s）；

　　　v_A——冲击体冲击速度（m/s）。

该方法采用至少三个有效试验点的平均值作为一个里氏硬度试验数据，如硬度值相互之差超过 20HL，应增加试验次数，并计算算术平均值。里氏硬度试验结果的表示方法，如 700HLD，表示用 D 形冲击装置测定里氏硬度值为 700。

试件的质量和厚度应满足标准要求，试验表面应进行加工和抛光，并符合相应粗糙度要求。具体可参阅 GB/T 17394.1—2014《金属材料　里氏硬度试验　第 1 部分：试验方法》。

通常应尽量避免将该硬度值换算成其他硬度，当必须进行换算时，对常用的碳钢、低合金钢和铸钢等可参照 GB/T 17394.4—2014《金属材料　里氏硬度试验　第 4 部分：硬度值换算表》进行换算。

12.3.4　冲击试验

冲击试验是一种动态力学试验，它是测定材料在受到冲击载荷时，在变形和断裂过程中吸收能量的能力。通过冲击试验获得的吸收能量可以评定材料在冲击载荷下的性能和对缺口的敏感性，检查和控制材料的冶金质量和热加工质量，评定材料在高、低温条件下的韧脆转变特性。

金属材料常用的冲击试验方法为夏比摆锤冲击试验方法，即简支梁下的冲击弯曲试验。夏比冲击试验可在不同温度下进行，可以采用带有不同几何形状和深度的缺口的试样，同时因试样加工简便、试验速度快等特点成为一种应用广泛的传统力学性能试验。试验按 GB/T 229—2007《金属材料　夏比摆锤冲击试验方法》执行。

1. 概述

夏比摆锤冲击试验是将规定几何形状的缺口试样置于试验机两支座之间，缺口背向打击面放置，用摆锤一次打断试样，测定试样的吸收能量，见图 12-49和图 12-50。摆锤刀刃半径为 2mm 或 8mm，参考相应的标准选择。国内试验机和材料验收，一般都采用 2mm 的摆锤半径。

2. 试样的制备

标准尺寸冲击试样为长 55mm，横截面 10mm × 10mm 的长方体，在长度方向的中间有 V 形或 U 形的缺口。V 形缺口夹角为 45°，深度为 2mm，底部曲率

半径为 0.25mm。U 形缺口深度为 2mm 或 5mm，底部曲率半径为 1mm。冲击试样尺寸及公差要求见图 12-51 和表 12-21。如材料不够制备标准尺寸试样，可采用表 12-21 中的小试样，缺口开在试样的窄面上。对于脆性材料，试样形式按技术协议规定。

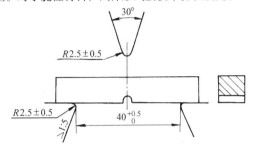

图 12-49　冲击试样安装示意图

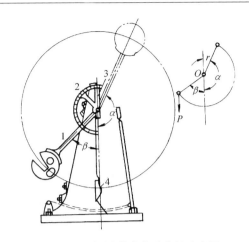

图 12-50　摆锤式冲击试验机示意图

1—摆锤　2—刻度盘　3—指针　4—试样

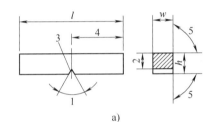

a)

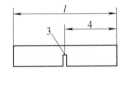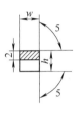

b)

图 12-51　夏比冲击试样

a）V 形缺口　b）U 形缺口

注：符号 l、h、w 和数字 1~5 的尺寸见表 12-21。

表 12-21　试样尺寸和偏差

名　　称	符号及序号	V 形缺口试样		U 形缺口试样	
		公称尺寸	机加工偏差	公称尺寸	机加工偏差
长度/mm	l	55	±0.60	55	±0.60
高度[1]/mm	h	10	±0.75	10	±0.11
宽度[1]/mm	w				
标准试样/mm		1.0	±0.11	10	±0.11
小试样/mm		7.5	±0.11	7.5	±0.11
小试样/mm		5	±0.06	5	±0.06
小试样/mm		2.5	±0.04	—	—
缺口角度/(°)	1	45	±2	—	—
缺口底部高度/mm	2	8	±0.075	8[2]	±0.09
				5[2]	±0.09
缺口根部半径/mm	3	0.25	±0.025	1	±0.07
缺口对称面-端部距离[1]/mm	4	27.5	±0.42	27.5	±0.42[3]
缺口对称面-试样纵轴角度/(°)	—	90	±2	90	±2
试样纵向面间夹角/(°)	5	90	±2	90	±2

① 除端部外，试样表面粗糙度值 Ra 应小于 5μm。

② 如规定其他高度，应规定相应偏差。

③ 对自动定位试样的试验机，建议偏差用 ±0.165mm 代替 ±0.42mm。

3. 冲击吸收能量

规定形状和尺寸的试样在冲击试验力一次作用下折断时所吸收的能量称为冲击吸收能量，以 K 表示。

对不同的缺口形状和采用 2mm 或 8mm 摆锤半径，则分别表示为 KV_2、KV_8 和 KU_2、KU_8，冲击试验结果可在冲击机示值盘或数字显示装置上直接读取，单位为 J。

对由于试验机打击能量不足，使试样没完全断开的情况，吸收能量不能确定，试验报告中应注明用×J的试验机试验，试样未断开。

应该注意的是冲击试验结果与试验温度的关系，图12-52所示为低碳钢的冲击曲线。可以看出，在某狭窄的温度范围内，冲击吸收能量发生急剧的变化。实线表示冲击吸收能量，虚线表示断口变化。

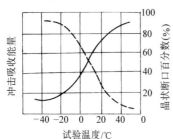

图 12-52　低碳钢冲击吸收能量与温度的关系

冲击试验对试验温度若有规定，应在规定温度 ±2℃ 内进行。室温试验应控制在 23℃ ±5℃。

此外，材料在所测试温度下断口是韧性还是脆性，可从试样的断口上的剪切断面率及试样侧膨胀值等特征来判断。断口上纤维断口所占百分数值越高，材料的韧性越好；相反，断口上晶状区所占比率越大，晶粒越粗，则脆性也越大。侧膨胀值（LE）是材料韧性的另一个重要指标。实际上材料冲断时吸收的总能量 K 由两部分组成：一部分为裂纹形成能量；另一部分为裂纹扩展能量。材料韧性的好坏，不仅取决于吸收总能量 K 的大小，还取决于上述两部分能量的比例，侧向膨胀量反映了裂纹扩展的数值。裂纹扩展能量小，侧膨胀值很小，表明裂纹一旦形成就立即脆性断裂；而裂纹扩展能量大，侧向膨胀量大，则表明裂纹出现后，扩展速度较慢，断口呈纤维状为主的韧性断裂。

4. 低温冲击性能测定

将冲击试样用适当的方法冷却，介质温度应在规定温度 ±1℃ 以内，保持至少 5min（液体）和 20min（气体）。如试验温度不低于 -70℃，可使用酒精介质；如需更低温度，则需用液氮或特殊的低温装置。

5. 韧脆转变温度测定

随着试验温度的降低，冲击吸收能量 K 值下降，当温度降至某一数值时，K 值急速下降，材料由韧性断裂变为脆性断裂，这种转变称为韧脆转变，转变温度称为韧脆转变温度。韧脆转变温度可通过进行一系列不同温度下的冲击试验，绘制冲击吸收能量-温度曲线（K-T曲线）进行测定。可用如下几种判据规

定材料的韧脆转变温度。

1）冲击吸收能量达到某一特定值（如27J）所对应的温度。

2）冲击吸收能量达到上平台某一百分数（如50%）所对应的温度。

3）剪切断面率达到某一百分数（如50%）所对应的温度。

4）侧膨胀值达到某一个量（如0.9mm）所对应的温度。

剪切断面率及侧膨胀值按 GB/T 229—2007《金属材料夏比摆锤冲击试验方法》或 GB/T 12778—2008《金属夏比冲击断口测定方法》进行测定。

6. 仪器化冲击试验

仪器化冲击试验是在冲击试验机上装有力传感器和位移传感器，自动记录和显示冲击过程各种参量的试验。通过仪器化冲击试验绘制的力-位移-能量、力-时间-能量等曲线，即可使冲击试验结果用图形曲线形式显示使之直观可视化，同时也可在曲线上显示试样受到冲击时的弹性、塑性和断裂过程的特征值，定量的分析裂纹形成能量和裂纹扩展能量，更好地评定金属材料的脆性断裂倾向。

仪器化冲击试验可参阅 GB/T 19748—2019《金属材料　夏比V型缺口摆锤冲击试验　仪器化试验方法》

12.3.5　弯曲试验

铸钢材料（除少数特殊钢外）多为塑性材料，在受力后可出现大量塑性变形而不破断。弯曲性能测试主要是检验材料在一定弯曲条件下的塑性变形性能，所以也常把弯曲试验称为工艺性能试验。一般在室温下进行弯曲试验称冷弯试验。弯曲试验按照 GB/T 232—2010《金属材料　弯曲试验方法》执行。

弯曲试验一般采用支辊式弯曲装置进行，支辊长度及弯曲压头宽度应大于试样宽度或直径。支辊间距离 l 应按下式确定：$l = (D + 3a) \pm 0.5a$。弯曲压头直径和弯曲角度按照材料标准或产品技术协议要求执行。

应按照相关产品标准的要求评定弯曲试验结果。如未规定具体要求，弯曲试验后试样弯曲外表面无肉眼可见裂纹应评为合格。

12.3.6　疲劳性能试验

一个构件在外界交变载荷的作用下，在远低于材料抗拉强度指标 R_m 的应力下，会发生无前兆的突发性断裂，称之为疲劳失效。因此模拟该使用状态下的疲劳试验，测试材料抗疲劳性能成为铸件设计中一个重要的参考依据。

铸钢疲劳性能试验是一种动态力学试验，它是测

定铸钢在重复或交变应力作用下的性能。重复应力是试样所受应力方向不变（如整个循环周期均为拉应力或压应力），只是数值上由小到大又由大到小，重复变化；交变应力是指试样所受应力，不只是数量上的变化，方向也发生变化。试样所受重复应力，有起伏重复和完全重复之分；交变应力也有对称和不对称的区分，疲劳性能可分为拉压疲劳、旋转弯曲疲劳、扭转疲劳、冲击疲劳、高温或低温疲劳和腐蚀疲劳等多种类型。疲劳试验方法标准见表 12-22。

表 12-22　疲劳试验方法标准

序号	标准名称	标准编号
1	金属材料　疲劳试验　旋转弯曲方法	GB/T 4337—2015
2	金属材料　疲劳试验　轴向力控制方法	GB/T 3075—2008
3	金属材料　疲劳试验　疲劳裂纹扩展方法	GB/T 6398—2017
4	金属材料　滚动接触疲劳试验方法	YB/T 5345—2014
5	金属材料　扭矩控制疲劳试验方法	GB/T 12443—2017
6	金属材料　轴向等幅低循环疲劳试验方法	GB/T 15248—2008

1. 旋转弯曲疲劳试验

对受转动和挠度作用的轴类通常进行旋转弯曲疲劳试验。

旋转弯曲疲劳试验目的是测定 $S—N$ 曲线或耐久极限应力，耐久极限应力是对应于规定循环次数，例如 10^7 或 10^8，施加到试样上而试样没有发生失效的应力范围。试验按 GB/T 4337—2015《金属材料　疲劳试验　旋转弯曲方法》执行。

（1）测试设备和试样制备　对于疲劳测试机的要求和检查事项，以及关于试样的制备加工和尺寸、精度与粗糙度的要求，详见标准。

1）试验机。目前较常用的弯曲疲劳试验机主要有单臂式和双臂式旋转弯曲疲劳试验机，见图 12-53 和图 12-54。

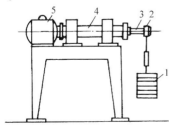

图 12-53　单臂式弯曲疲劳试验机示意图
1—砝码　2—轴承　3—试样　4—连接轴　5—电动机

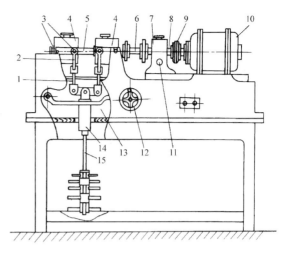

图 12-54　双臂式弯曲疲劳试验机示意图
1—吊杆　2—U 形框架　3—销轴　4—转鼓
5—试样　6—万向轴　7—蜗轮减速器
8—连接轴　9—联轴器　10—电动机
11—转数计数器　12—手枪　13—连接板
14—弹簧　15—载荷

2）试样的制备。铸钢的试样应用标准试块或附铸试块，试样尺寸可按 GB/T 4337—2015。试样的形式取决于试验机，可为圆形、圆锥形或漏斗形，其试验断面均为圆形。受力形式有单臂的单点受力或双臂的两点受力或四点受力。试样的具体加工尺寸仅给出几个原则，如螺纹夹持的试样，螺纹部分的横断面积与试验部分的横断面积之比不应小于 3；同一批疲劳试样应具有相同直径 d、相同的形状和尺寸公差等。

（2）绘制 $S—N$ 曲线和确定耐久极限应力　最普遍的疲劳试验数据的图形表达形式是 $S—N$ 曲线，见图 12-55。以横坐标表示疲劳寿命 N，以纵坐标表示最大应力 S，应力范围或应力幅一般使用线性尺度，也可用对数尺度。用直线或曲线拟合各数据点，即得 $S—N$ 曲线图，当对数寿命是正态分布时上述过程描述的 $S—N$ 图具有 50% 的存活率。然而类似过程也可用于其他存活率的 $S—N$ 曲线图。

对于某些材料的 $S—N$ 曲线在给定的循环数显示明显的斜率变化，例如曲线的后半段平行于水平轴线。也有一些材料 $S—N$ 曲线呈现连续的曲线，最终趋近于水平轴。对于第一种类型的 $S—N$ 曲线，推荐取 10^7 耐久寿命，对于第二种类型，推荐取 10^8 耐久寿命。

2. 疲劳裂纹扩展速率试验

材料在变动载荷下的裂纹扩展特性，对于评价材料、估计零部件寿命和合理安排检修期，具有重要意义。在亚临界阶段，每一应力循环的疲劳裂纹的扩展

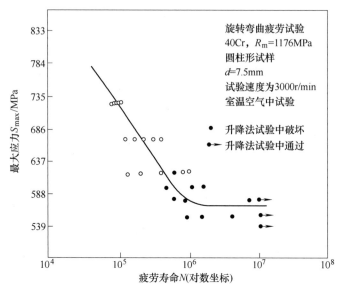

图 12-55　S—N 曲线图

速率（mm/cycle）可用帕里斯公式表达

$$\frac{\mathrm{d}a}{\mathrm{d}N} = C(\Delta K)^n \qquad (12\text{-}14)$$

式中　ΔK——裂纹尖端的应力强度因子幅度；

　　　C、n——反映材料性能的常数。

　　试验和数据处理过程为测定 a—N 曲线；采用拟合 a—N 曲线求导的方法确定 $\mathrm{d}a/\mathrm{d}N$，同时计算相应的 ΔK；用线性回归的方法拟合 $\lg(\mathrm{d}a/\mathrm{d}N)$—$\lg(\Delta K)$ 数据点，求得最佳拟合直线的截距即为式（12-14）中的 C，斜率即为式（12-14）中的 n。疲劳裂纹扩展速率试验按 GB/T 6398—2017《金属材料　疲劳试验　疲劳裂纹扩展方法》执行。

12. 3. 7　断裂韧度试验

　　断裂力学研究的实质是研究带有裂纹及类似裂纹的材料强度和断裂的规律。

　　钢在铸造过程中会产生气孔、砂眼、夹渣、缩孔及缩松等缺陷，这些缺陷在使用过程中由于交变载荷或腐蚀介质的作用会诱发产生裂纹或使原有裂纹及缺陷扩展，甚至导致铸件的破坏。

　　从低应力脆性断裂破坏事故中发现：破坏总是起源于某些缺陷，而低应力脆性断裂是由于裂纹边界的快速扩展所造成的。因此，包围裂纹顶端的弹性应力场和应力集中就是产生这种扩张的原动力。为了描述这种原动力的程度就称它为"应力强度因子 K"。

　　K_{I} 为张开型应力强度因子。K_{IC} 则是平面应变条件下，材料中 I 型裂纹发生临界扩展的应力强度因子的临界值，即材料的平面应变断裂韧度，它是材料阻止宏观裂纹失稳扩展能力的度量，是材料特性，其值

大小与裂纹的尺寸、形状无关，与外加应力大小也无关。在材料处于三维拉伸应力状态时导致脆性破坏的危险性最大。因此，平面应变断裂韧度是安全设计的最重要依据之一，也是断裂韧度测定中主要的对象。

　　对于裂纹尖端附近塑性区尺寸接近或超过裂纹尺寸情况下，上述线弹性断裂力学的概念已不适用，因而引入弹塑性断裂力学参量"裂纹尖端的张开位移 δ（CTOD）"的特征值和"表征裂纹前缘地区应力-应变场的 J 积分"的特征值，来表征裂纹尖端塑性变形条件下的断裂韧度。

　　断裂韧度试验按 GB/T 4161—2007《金属材料　平面应变断裂韧度 K_{IC} 试验方法》和 GB/T 21143—2014《金属材料　准静态断裂韧度的统一试验方法》执行。在此仅介绍 K_{IC} 试验。

　　三点弯曲测试装置连接示意图如图 12-56 所示。试验除预制疲劳裂纹外，可在普通的万能试验机上进行，试样被安放在包括两支承辊的下支座上，机器通过上压头对试样施加试验力 F，力传感器和位移传感器将施加的力 F 和缺口张开位移 V 变成电信号，此信号经放大后输出到 X-Y 记录仪，自动绘制出 F-V 曲线。

　　（1）试样的制备　首先要选取试样，选取试样时最好按照铸件工作应力状况，确定可能产生裂纹的方向，再定出试样方位。试样截取后，应标出裂纹平面的方位。

　　（2）试样尺寸　推荐三点弯曲试样与紧凑拉伸试样，见图 12-57。试样尺寸必须满足下述条件：试样的厚度 B、裂纹长度 a、韧带宽度（$W-a$）都不能小于 $2.5(K_{\mathrm{IC}}/R_{\mathrm{p0.2}})^2$。

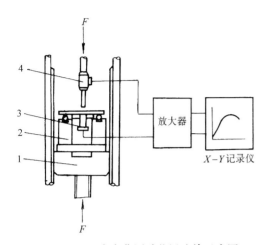

图 12-56　三点弯曲测试装置连接示意图

1—试验机　2—三点弯曲测试装置
3—夹式引伸计　4—载荷传感器

（3）制备疲劳裂纹起始缺口　裂纹起始缺口分为直通形缺口和山形缺口，尺寸应符合标准要求。

（4）预制疲劳裂纹　预制疲劳裂纹可用高频疲劳试验机，如国产 PZG-2 型 2t 共振式疲劳试验机和 PW3-10 型 100t 程序控制高频万能疲劳试验机。预制疲劳裂纹时可以采用力控制，也可以采用位移控制。最小循环应力与最大循环应力之比（R）应不超过 0.1，如果 K_Q（K_{IC} 的条件值）值和有效的 K_{IC} 结果相等的话，那么，预制疲劳裂纹时的最大应力强度因子 K_{fmax} 应不超过后面试验确定的 K_Q 值的 80%。对疲劳预裂纹的最后阶段（裂纹长度 a 的 2.5%），强度因子 K_f 应不超过 K_Q 值的 60%。

最好用 20~50 倍显微镜观察裂纹。最后应使 a/W 在 0.45~0.55 之间。

（5）测试程序

1）试样的测量。沿着预期的裂纹扩展线，至少在 3 个等间隔位置上测量厚度（B），准确到 0.025mm 或 0.1%，以较大者为准。取这 3 次测量的平均值作为厚度。

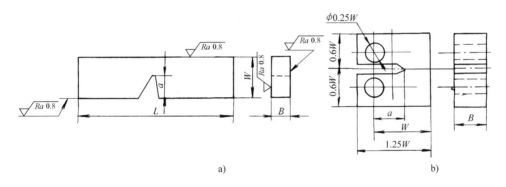

图 12-57　标准的断裂韧度试样

a）三点弯曲试样（$a = B$，$W = 2B$，$L = 8B$）　b）紧凑拉伸试样（$a = B$，$W = 2B$）

在靠近缺口处至少 3 个点测量宽度（W），准确到 0.025mm 或 0.1%，以较大者为准。取这 3 次测量的平均值作为宽度 W。对紧凑拉伸试样，以加荷中心孔线所在的平面为起点测量宽度。

试样断裂后，在 $B/2$、$B/4$ 和 $3B/4$ 的位置上测量裂纹长度（a）（见图 12-58），准确到 0.05mm 或 0.5%，取其大者。取 3 个测量位置的平均值作为裂纹长度。3 个裂纹长度值的任意 2 个的差值应不超过平均值的 10%。

对直通形起始缺口，裂纹前缘的任何部位到起始缺口的最小距离均不应小于 1.3mm 或 0.025W，以较大者为准。试样表面的裂纹长度也要测量。两个表面上裂纹长度的测量值与平均裂纹长度之差均不应大于 15%，且这两个表面测量值之差不应超过平均裂纹长度的 10%。对于山形缺口，疲劳裂纹应从试样两个

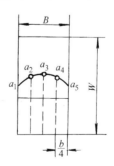

图 12-58　裂纹长度测量示意图

表面的山形缺口产生，两个表面上裂纹长度的测量值与平均裂纹长度之差不应超过平均裂纹长度的 10%。

试样断裂后，裂纹面与起始缺口面平行，偏差在 ±10° 以内，且没有明显的多条裂纹（多于一条裂纹）。

2）测试并记录 F-V 曲线。首先用 502 胶水将刀

口对称地贴在试样切口的两边。

弯曲试样支座成一线，以使加载线通过这两个支撑轨中心距的中点，偏差在两个支撑轨中心距（S）的 1% 以内。同时，试样座与支撑轨垂直，偏差在 ±2° 以内。测量跨距（S），准确到公称长度的 ±0.5%。

对紧凑拉伸试验，试样安装时的对中尤为重要，应使上下加力杆的中心线偏差不超过 0.75mm。

按要求装好试样和夹式引伸计，调整好试验机及测量仪表即可加载进行测试。测试时加载速度应保持在应力强度因子的增加为 0.5 ~ 3.0/MPa·$m^{1/2}s^{-1}$ 范围内。

测试过程中由 $X\text{-}Y$ 记录仪自动记录出 $F\text{-}V$ 曲线。曲线上线性部分斜率应调整在 0.85 ~ 1.15 之间，使以后分析作图的误差尽量减少。斜率的调整可通过改变放大器放大倍数或 $X\text{-}Y$ 记录仪的量程来实现。

3）测试结果的计算与说明。K_{IC} 测试有一个特点，即试样尺寸要求 B、a、$(W-a) \geqslant 2.5(K_{IC}/R_{p0.2})^2$，式中包含有欲测的未知数 K_{IC}，故测试未必能一次成功，因此引入了"条件 K_{IC}"，即 K_Q 这个名称。只有在证明了试样尺寸符合要求之后，才能确认此值为材料的有效 K_{IC}。测得 $F\text{-}V$ 曲线后，具体分析计算的步骤如下：

① 在 $F\text{-}V$ 曲线上画通过原点的直线 OA。然后过原点作割线 OF_5，其斜率为始初切线 OA 的斜率的 95%。

② 判定计算 K_Q 值的力 F_Q。如在 $F\text{-}V$ 曲线上，位于 F_5 之前的每个力都比 F_5 小（见图 12-59 中Ⅰ型），则 $F_Q = F_5$；如在 $F\text{-}V$ 曲线上，F_5 之前有一个超过 F_5 的最大力，则此最大力为 F_Q（见图 12-59 中Ⅱ型和Ⅲ型）。

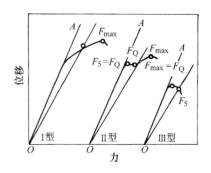

图 12-59　力-位移记录曲线的基本类型

③ 量取整个 $F\text{-}V$ 曲线上的最大力，即试样所能承受的最大力 F_{max}，计算 F_{max}/F_Q 之比值。若 $F_{max}/F_Q \leqslant 1.10$，则可以按以下公式计算 K_Q；若 $F_{max}/F_Q > 1.10$，则用此试样不能测得有效的 K_{IC}。

④ 计算 K_Q。

$$K_Q = \frac{F_Q S}{BW^{3/2}} f(a/W) \quad (3\text{点弯曲}) \qquad (12\text{-}15)$$

$$K_Q = \frac{F_Q S}{BW^{1/2}} f(a/W) \quad (\text{紧凑拉伸}) \qquad (12\text{-}16)$$

其中，3 点弯曲：

$$f(a/W) = 3(a/W)^{1/2} \times \frac{1.99 - (a/W)(1-a/W)[2.15 - 3.93(a/W) + 2.70(a/W)^2]}{2(1+2a/W)(1-a/W)^{3/2}} \qquad (12\text{-}17)$$

紧凑拉伸：

$$f(a/W) = (2+a/W) \times \frac{0.866 + 4.64(a/W) - 13.32(a/W)^2 + 14.72(a/W)^3 - 5.6(a/W)^4}{(1-a/W)^{3/2}} \qquad (12\text{-}18)$$

也可查与以上两式对应的 $f(a/W)$ 函数表。

⑤ 计算 $2.5(K_{IC}/R_{p0.2})^2$。如果试样厚度 B、裂纹长度 a 和韧带尺寸 $(W-a)$ 均大于 $2.5(K_{IC}/R_{p0.2})^2$，则 K_Q 即为材料有效的 K_{IC} 值；否则该项试验不是有效的 K_{IC} 试验。

⑥ 观察断口外貌。断口外貌是很有价值的补充材料。断口外貌的一般形状如图 12-60 所示。对部分斜断口（见图 12-60a）或大部分是斜断口（见图 12-60b），或全部斜断口（见图 12-60c），测量出中心平断口部分的平均宽度 f，记下单位厚度斜断口所占的比例 $(B-f)/B$。

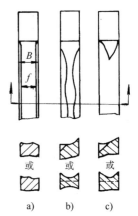

图 12-60　断口外貌的一般形状

12.4　铸钢的特殊性能测定

12.4.1　铸钢的长期高温性能测定

1. 高温蠕变和持久性能

在恒定温度及恒定力的作用下，材料的变形随时间的增加而增大的现象叫做蠕变。当温度超过钢的再结晶温度时尤为显著。对于在高温、高压条件下运行的设备，如汽轮机及锅炉等所用的铸钢材料提高其抗蠕变能力，即提高蠕变强度及持久强度就显得尤为重要。

在给定温度和给定拉伸载荷时，材料所受的应力小于其屈服强度，试样随加载时间缓慢伸长的情形即

蠕变曲线。从图 12-61a 中可以明显地看出，除加载时产生的弹性变形外，曲线可以大致分为 3 个阶段：开始，蠕变伸长速度随时间的增长而逐渐降低，这是第一阶段蠕变；而后达一恒定值，为第二阶段蠕变；最后又迅速增加至试样破断，为第三阶段蠕变。图 12-61b 中对比了韧性材料和脆性材料的蠕变曲线，其形状大致相同，但脆性材料第三阶段较短，破断时总伸长也较小。

随试验应力和试验温度不同，蠕变曲线有不同的形状。在相同温度不同应力下或者相同应力不同温度下，蠕变曲线示意图如图 12-62 所示。

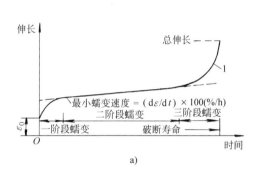
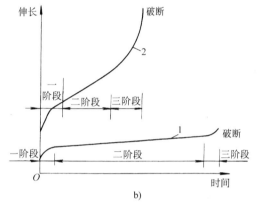

图 12-61　蠕变伸长与测试时间关系曲线及脆、韧性材料蠕变曲线示意图

1—脆性材料　2—韧性材料

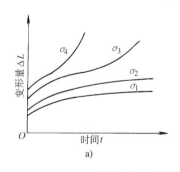
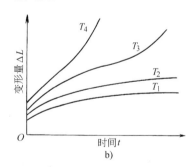

图 12-62　不同温度和不同应力下的蠕变曲线

a) $\sigma_1 < \sigma_2 < \sigma_3 < \sigma_4$（$T$ 固定）　b) $T_1 < T_2 < T_3 < T_4$（σ 固定）

由图 12-62 可以看出，在不同温度和应力下尽管蠕变曲线形状不同，但几乎都可分为如上所述的 3 个阶段，其主要差别在于曲线的斜率不同。温度高或应力大时曲线陡，也就是斜率大。其次，第二阶段延续时间不同。在高的温度或者大应力下，第二阶段很短，甚至缩成一个点。反之在较低温度或者较小应力下，第二阶段可以延续很长时间。

机械零件设计时，通常要求材料在设计寿命期限内不出现蠕变第三阶段，为此，设计的使用应力都很

低。在这种情况下，第一阶段蠕变变形占比例很小，第二阶段变形是主要的。因此，对长时间使用的材料通常都以第二阶段蠕变速度作为蠕变性能的指标。

蠕变速度是指单位时间内的相对变形量，单位为（%）/h。至于蠕变强度又称蠕变极限通常有两种定义：一种是指在一定温度规定时间内，第二阶段蠕变速度达到某规定值时的最大应力；另一种是指在一定温度下规定时间内总蠕变伸长率或蠕变塑性伸长率达到规定值的最大应力，分别以 σ_v^t 和 $\sigma_{\varepsilon t/\tau}^t$ 或 $\sigma_{\varepsilon p/\tau}^t$ 表

示。在实际使用的应力下，第一阶段蠕变变形是很小的，两种蠕变强度所确定的变形量差值 $\varepsilon_0' - \varepsilon_0$ 更小，这样用前面两种定义得出的材料蠕变强度相差也很小。因为用第二阶段蠕变速度确定蠕变强度使用较方便，试验时间可以短一些，所以应用得很广泛。

持久性能通常包括持久强度极限、持久伸长率、断面收缩率及持久缺口敏感系数。持久强度定义为试样在规定温度下，达到规定时间（如100h）而不产生断裂的最大应力，用 σ_τ^t 表示；持久伸长率 A 和断面收缩率 Z 分别是指伸长增量与原始长度之百分数和横断面积的最大减量与原始面积之百分数；持久缺口敏感系数，当缺口与光滑试样在应力相同的试验条件下，为持久断裂时间之比值，用 K_σ 表示；当缺口与光滑试样在试验时间相同的条件下，为试验应力之比值，用 K_τ 表示。

2. 蠕变性能测定

测定目的是测定钢在不同温度下的蠕变强度，实际上是测绘在不同温度和应力下的蠕变曲线，从而确定温度和应力对形变和形变速度随时间变化的影响。测试是一种长期的工作，所需时间为几千小时以至几万小时，所测定的总变形率（不包括开始的弹性变形）为千分之几至百分之几，最小变形为每小时 $(10^{-5} \sim 10^{-4})\%$。

（1）取样、制样　试样应按 GB/T 2039—2012《金属材料　单轴拉伸蠕变试验方法》或有关技术条件规定进行，但应考虑对测试有影响的一些因素，譬如试样形状和尺寸、测试加热炉及温度的控制、适合测试的伸长仪类型等。

（2）测试设备　蠕变试验机种类繁多，对它们的要求在冶金工业行业及机械工业行业仪器仪表专业标准中均有详细规定。其中主要的几项是：

1）试验机的载荷在使用范围内，其偏差不得大于 $\pm 1\%$，并应能在测试过程中保持恒定；在施加或卸除载荷时应均匀、平稳、无振动。

2）加于试样上载荷的同轴度应不大于 10%；试验机上应有一定的装置，使其不因试样的伸长而降低试验机载荷的精确度和增加试样载荷的同轴度。

3）试验机应安装在牢固防振的基础上并保持水平位置。试验机的温度保持恒定，在不同试验温度范围内，温度偏差和温度梯度值不同。一般规定分别在 $\pm 3 \sim \pm 6℃$ 和 $3 \sim 6℃$ 之间，连接到试验机上电源的电压应稳定而不受干扰。

4）试样加热炉应保持试样标距部分受热均匀，并应有自动控制温度设备，使试样在长时间测试过程中保持在允许的波动范围内。最好应装有自动记录试

样温度的装置。

（3）测试规程　按 GB/T 2039—2012《金属材料　单轴拉伸蠕变试验方法》规定，采用加载试验法，分级加荷或连续施加主负荷，得出的增量负荷与产生变形的加荷曲线，以求出弹性变形及起始变形值（见图12-63）。试验至规定时间后，卸载。连续施加主负荷试验的蠕变曲线见图12-64。在卸除主负荷后还应继续测量其滞弹变形，直至回变。

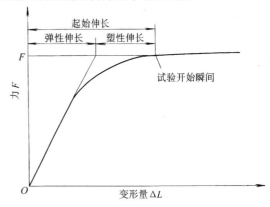

图 12-63　分级加载试验的力-变形图

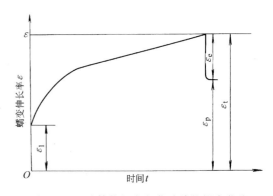

图 12-64　连续施加主负荷试验的蠕变曲线

蠕变极限测定：在同一温度下，用4个以上不同的应力水平进行等温蠕变试验得出数个平均的数据点，作出应力-伸长或应力-稳态蠕变速率关系曲线，用内插法或外推法确定蠕变极限。再用上述不小于3个温度的蠕变极限绘制出蠕变极限与温度的关系图。

在通常的试验中，则采用恒定的温度和应力。随着测试的进行，试样逐渐伸长，每隔一定时间（数小时或数十小时）测量一次伸长，作出断后伸长率 A 和时间 t 的曲线，见图12-65，确定总伸长率及残余伸长率或第二阶段蠕变速度。

蠕变测试的测试精度要求高，且要求长期可靠。测定第二阶段蠕变速度时试样每小时的相对变形量小至 $1 \times 10^{-7}\%$ 左右。为使测试数据具有标准性及可比

性，蠕变测试必须在符合上述要求的试验机上。

对测试时间较短的第一种蠕变强度，一般用内插法求得，并有下述两种求法：

1）根据在不同测试应力下试样规定时间 t 时的伸长率，作出应力-伸长率的曲线，再按图，由给定的伸长率 A 内插得到相应的蠕变强度 σ，见图 12-65a。

2）根据在不同应力下试样至规定伸长率所需的测试时间，作出应力-时间曲线，再按图，由给定的时间 t 内插得到相应的蠕变强度 σ，见图 12-65b。

为把误差限定在一定范围内，一般规定内插值两边的两个测试应力值之差应小于 5MPa。

对时间较长的第二阶段蠕变强度，允许用外推法求取。根据不同应力下试样的第二阶段蠕变速度作出应力-蠕变速度曲线，再按一定的经验公式外推。外推出的时间应不大于最长试验时间的 10 倍，外推出的稳态蠕变速度应不小于最小试验速度的 1/10。

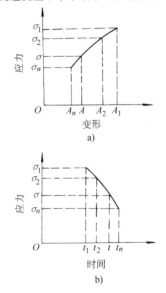

图 12-65　内插规定时间及规
定伸长率下的蠕变强度

a）时间 t 一定　b）断后伸长率 A 一定

3. 持久性能试验

持久性能试验是测定材料在给定温度下经给定时间不破断的强度，这种强度叫做持久强度，也叫做持久断裂强度。它和蠕变测试所不同的是不需测量材料的蠕变，要求的只是在给定温度和经一定时间破断时所能承受的最大应力。这种数据主要用于设计某些在高温下运转只要求在承受给定应力状态下的使用寿命而不必考虑变形量的机件。

（1）测试设备　持久测试可以用蠕变测试机进行，其不同之处是测试温度较高，载荷较大，测试周

期较短。由于这些原因，持久试验最好用专用测试机。

（2）试样及测试过程和结果的整理　持久性能试验所用的试样与蠕变试验所用试样基本相同。

持久极限测定的过程也和蠕变测试相似，但较简单，除有特殊要求外，不需要测定其随时间的变形。

通常，在 5 个以上适当的应力水平下进行等温持久试验，建议至少其中有 3 个应力各有 3 个数据，在单对数或双对数坐标上用作图法或最小二乘法绘制出应力-断裂时间曲线，如图 12-66 所示，即在给定温度下应力与断裂时间的关系。当然也可以把在各不同温度下的应力与破断时间的关系画在同一图上以进行比较。从这些曲线，利用内插和外推法就可以获得在规定条件下的持久强度和所需的设计数据。

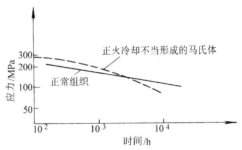

图 12-66　15CrMo 钢 550℃ 的持久强度曲线

4. 高温抗氧化性测定

钢抵抗高温氧化气氛腐蚀作用的能力称为抗氧化性能。高温气体腐蚀的过程，通常是钢在高温时被燃料燃烧产物中的 CO_2、H_2O，或空气中的 O_2 的氧化过程。这种过程进行的速度取决于钢的性质和它被氧化生成产物的分解压力，也取决于气体介质的成分、温度和压力等。

钢的高温氧化过程属于化学腐蚀的一种形式。所以钢的高温抗氧化性可以直接用钢在一定时间内经腐蚀之后重量损失的大小，即用金属减重的速度来表示

$$K = \frac{m_0 - m_t}{S_0 t} \tag{12-19}$$

式中　K——气体腐蚀速度 $[g/(m^2 \cdot h)]$；

m_0——钢受腐蚀前的质量（g）；

m_t——钢经受 t 小时腐蚀清洗后的质量（g）；

t——钢受腐蚀时间（h）；

S_0——钢腐蚀前的表面积（m^2）。

在钢的腐蚀产物呈致密膜附着于材料表面不易脱落下来的情况下，可用增重的速度表示其腐蚀速度。

关于钢的抗氧化性能测定法，可参阅 GB/T 13303—1991《钢的抗氧化性能测定方法》。此标准

适用于测定钢在高温氧化气氛中的抗氧化性能，也适用于测定钢在高温下其他腐蚀性介质中的耐蚀性。标准中所采用的试验方法为重量法，包括减重法和增重法两种。

（1）试样　对铸钢试样来说，采用圆柱形。常用试样尺寸见表 12-23。

试样表面磨光，表面粗糙度值必须达到 $Ra = 0.80mm$ 或更细，测量其尺寸的精确度应为 ±0.1mm，至少测定 3 点，并取其平均值。

表 12-23　抗氧化性试样尺寸

试样尺寸（直径/mm）×（长/mm）	表面积/cm²
φ25 × 50	49
φ15 × 30	17.7
φ10 × 20	7.8

测定前试样需用酒精或乙醚等有机溶剂擦洗去油，擦后不得再用手接触，随即放入 150 ~ 200℃ 烘箱内保温 1h 以上，然后取出放入干燥器内冷却至室温后称重，准确到 0.1mg。

（2）测定设备　可采用管式或箱式电炉。测定过程中炉内必须保证有足够的气流，炉内测试区各点的温度差不超过 ±5℃。

装置试样的器皿可根据测试温度采用高质量具有足够容积的瓷坩埚或铂坩埚，试样应能完全装入，以防止在测试过程中氧化铁皮落于坩埚外面。试样放置方法如图 12-67 所示。试样支架的金属丝、盛放试样的器皿必须耐蚀，而且必须在测试介质及温度条件下完全稳定。试验前在高温下（100 ~ 1000℃）焙烧几次，完全去除水分，直到焙烧前后重量不变为止，然后放入干燥器内待用。其他用具需用酒精脱脂，并在 150 ~ 200℃ 烘箱除去水分，再放入干燥器中备用。

（3）测试方法

1）测试过程。按上述准备的试样和测试设备，参照图 12-67 中的方式将试样装入炉内，加热至试验所要求的温度，进行保温，然后每隔一定时间取出称重。

减重法是试样出炉后，用木刮刀或硬橡皮等不致损坏金属表面的工具，彻底清除试样表面上所形成的氧化皮，直到用目视或在 10 倍放大镜下看不见氧化皮的痕迹为止。对于较难去除的氧化皮，可采用电化学方法清除，见表 12-24。采用电化学方法清除后，应随即将试样用水冲洗，并用滤纸拭净，然后用酒精冲洗并使之干燥。再将试样在干燥器中放置 1h 后进行称重，准确到 0.1mg。

增重法是当试样到达规定时间后即连同托板自炉内取出，将坩埚放入干燥器内。在氧化皮有散落的情况下，此时需用干燥过的带盖坩埚。冷却至室温后，将盖取去，试样与坩埚一起称重，准确度至 0.1mg。称重时应注意所有氧化皮必须全部保留在试样上及坩埚内。

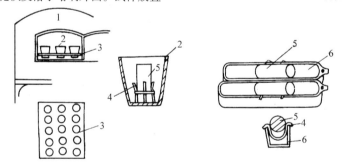

图 12-67　放置试样的方法示意图
1—箱式电炉　2—坩埚　3—坩埚支架　4—试样支架　5—试样　6—瓷舟

表 12-24　去除氧化皮的电化学方法

钢　　种	所用溶液（质量分数）	温度/℃	电流密度/（A/dm²）	备　　注
碳素钢、低合金钢	加有缓冲剂的 10% 硫酸溶液（每升溶液中加入 1g 的乌洛托品或其他缓冲剂）	室温	10 ~ 15	试样为阴极 铅板为阳极
中合金钢、高合金钢	无水碳酸钠 60% 氢氧化钠 40%	450 ~ 500	25 ~ 50	试样为阴极 钢板为阳极

2）测试温度及保温时间。每一测试条件下的试样至少为 3 个。测试温度一般可等于或略高于钢的实际使用温度。关于保温持续时间，标准中建议：对碳素钢及低合金钢，每 50h 称重一次，总持续时间不少于 500h；如有必要时，总持续时间可增至 1000h 或更长。

（4）测试结果的评定

1）减重法。根据测试最后两个时间间隔之间的试样重量损失，先计算出试样每平方米面积每小时所损失的重量，即按稳定速度计算被氧化掉的金属重量 $K_W[g/(m^2 \cdot h)]$。然后再以重量指标 $[g/(m^2 \cdot h)]$ 表示的腐蚀速度换算为以深度指标（mm/a）表示的腐蚀速度，即

$$v = 8.76K_W/\rho \qquad (12-20)$$

式中　v——以深度指标表示的氧化腐蚀速度（mm/a）；

　　　K_W——按稳定速度计算的氧化腐蚀速度 $[g/(m^2 \cdot h)]$；

　　　ρ——金属密度（g/cm）；

　　　8.76——换算系数，24 × 365/1000。

所计算的测试结果，按表 12-25 钢的抗氧化性级别进行评定。

应当说明，标准中的稳定氧化腐蚀速度 K_W 规定为测定中最后两次称重时间间隔内的平均氧化腐蚀速度，这是根据在该时间间隔内，氧化腐蚀速度已达平衡或稳定状态的假设下做出的。实际上，应根据测试结果，看最后两个相挨近的时间间隔中的平均氧化腐蚀速度是否相等来加以决定。如不相等时，表示尚未达到稳定状态，应继续再做间隔测试以求达到稳定状态。

表 12-25　钢的抗氧化性级别

（GB/T 13303—1991）

级别	氧化速度/[g/(m²·h)]	抗氧化性分类
1	≤0.1	完全抗氧化
2	>0.1 ~ 1.0	抗氧化
3	>1.0 ~ 3.0	次抗氧化
4	>3.0 ~ 10.0	弱抗氧化
5	>10.0	不抗氧化

2）增重法。只有确定氧化产物的化学成分后，才能计算其氧化腐蚀深度。但此种氧化产物的成分，常随钢种、氧化气体的成分、温度、压力及氧化腐蚀时间等而定，其内外层的成分也多不相同，计算上颇为繁杂，也不易准确。因此用增重法做测试时，一般只计算其稳定氧化腐蚀的增重速度，即根据测试最后两时间间隔之间，试样重量的增加，计算出的试样每平方米面积平均每小时所增加重量的克数 $[g/(m^2 \cdot h)]$，而不再换算为年腐蚀深度。

12.4.2　铸钢耐蚀性的测定

金属腐蚀是金属在其环境中由于化学（或电化学）作用而遭受破坏的现象。一切金属和合金对于某些特定的环境可以是耐腐蚀的，但在另一些环境中却对腐蚀又很敏感。就腐蚀环境而言主要分为湿润环境和与高温气体有关的干燥环境，前者称为湿蚀，后者称为干蚀。铸钢件的腐蚀除表面均匀腐蚀外，还有它的局部腐蚀，这是一种性质严重、危害极大的腐蚀形式，它包括点（缝隙）腐蚀、晶间腐蚀、应力腐蚀和腐蚀疲劳及磨蚀、气蚀等。表 12-26 为主要腐蚀形式的特点和形貌特征。

腐蚀测试法分实验室测试、模拟测试及现场挂片或实物测试。实验室测试通常仅适用于铸造不锈钢，作为筛选和评定材料的耐蚀性之用。而模拟工程的应力状态和环境及实地运行试验是较合理，但难度也较大的试验法。

表 12-26　主要腐蚀形式的特点和形貌特征

腐蚀形式	腐蚀特点	金相组织形貌	宏观断口形貌
点蚀	与表面夹杂和成分偏析有关	腐蚀凹坑或穿孔	表面腐蚀小坑
晶间腐蚀	晶间的贫铬	晶间有不同程度的腐蚀裂纹	沿晶和二次裂纹
腐蚀疲劳	腐蚀介值与交变应力共同作用	裂纹穿晶、较平直	表面严重腐蚀，多裂纹，有时有河滩花样
应力腐蚀	特定腐蚀环境和拉应力并存	一般沿晶，有分支	严重腐蚀，沿晶或穿晶
气蚀	高流速液体下，由气泡或空穴产生	腐蚀小坑	表面腐蚀坑

1. 均匀腐蚀测定

按 GB/T 4334.6—2015《不锈钢 5% 硫酸腐蚀试验方法》，含钼奥氏体型不锈钢全浸在沸腾的 5%（质量分数）的硫酸溶液内测定试样的腐蚀失重，以腐蚀率即单位时间、单位面积上的重量损失 $[g/(m^2 \cdot h)]$，来评价其耐蚀性。试样尺寸应使其为总面积在 10 ~ 30cm² 之间，也有以单位时间内的厚度损失来评价耐蚀性的。这些单位可按表 12-27 进行换算。对金属而言，根据腐蚀速度可对材料能否作耐蚀材料使用和零件的使用寿命作出评价，见表 12-28。

表 12-27　腐蚀速度的单位换算

重量减少单位	厚度减少/(mm/a)
g/(m²·h)	8.76/密度
g/(m²·d)	0.365/密度
g/(dm²·d)	0.0365/密度

表 12-28　按腐蚀速度对材料的评价标准

腐蚀速度/(mm/a)	评价
<0.127	A 级（耐腐蚀材料）
0.127 ~ 1.27	B 级（可以使用）
>1.27	C 级（不适用）

（续）

腐蚀速度/(mm/a)	评　　价
<0.11	<2.4g/(m² · d)良好
<1.1	<24g/(m² · d)一般可用
<3.37	<72g/(m² · d)稍差
>3.37	>72g/(m² · d)不可用

注：数据摘自文献 H. H Uhlig, Corrosion Handbook（1969 年）。

另一种快速测定金属腐蚀速度的方法是极化阻力法。利用电化学腐蚀，根据钢在腐蚀介质中的腐蚀速度与腐蚀电流密度的关系，来定性地比较钢的相对腐蚀性。

2. 点蚀测定

通常将总表面积为 10cm² 以上的试样浸泡在选定的腐蚀溶液（如质量分数为 6% 的三氯化铁溶液）内，试验温度一般为 35℃ 或 50℃，然后根据测量腐蚀失重或不同点蚀程度的标准照片对比来评定，也可通过测量腐蚀坑的密度大小、深度及对腐蚀坑的剖面形状特征的描述来评价材料的耐点蚀能力。间隙式浸泡可加速腐蚀进程。

3. 晶间腐蚀测定

在某些腐蚀介质中，奥氏体型或奥氏体-铁素体型不锈钢的晶粒间界面会被优先腐蚀，为了评定它们的晶间腐蚀倾向，可先用质量分数为 10% 的草酸电解液浸蚀试验予以筛选，以判定是否需按 GB/T 4334—2020《金属和合金的腐蚀　奥氏体及铁素体-奥氏体（双相）不锈钢晶间腐蚀试验方法》中所列方法进行硫酸-硫酸铜法或质量分数为 65% 的硝酸沸腾法等进一步的试验。较常用的方法为硫酸-硫酸铜-铜屑法，该法对同炉号的铸钢试样采用双倍数量，其中一组仅作弯曲 90°试验以比较由铸造缺陷造成的假象。试样表面典型的晶间腐蚀裂纹如图 12-68 所示。当宏观判别有怀疑时，可用金相法。

图 12-68　宏观晶间腐蚀裂纹　×1
（试样弯曲 90°，硫酸-硫酸铜-铜屑法）

4. 应力腐蚀测定

由于所有的奥氏体型不锈钢都在氯化物溶液中发生应力腐蚀破裂，因此都采用沸腾的氯化镁溶液（见 YB/T 5362—2006《不锈钢在沸腾氯化镁溶液中应力腐蚀试验方法》）来评定不锈钢的耐氯化物的应力腐蚀性。测定时，一般采用恒应力的 U 形弯曲试样，它提供了适用于光滑试样受力最苛刻的结构形式，且制作简单，而且也用于实地挂片测定。对于碱性应力腐蚀，有采用质量分数为 28% 的氢氧化钠溶液的测定法；与氢脆有关则用硫化氢氩介质。在应力腐蚀和腐蚀疲劳性能测定中引入断裂力学概念，对有裂纹试样采用 3 点弯曲和 WOL 形式及以裂纹扩展速率或应力腐蚀断裂韧度指标来表示等。

12.4.3　铸钢耐磨性的测定

材料的耐磨性是指在一定工作条件下抵抗磨损的能力，可分为绝对耐磨性和相对耐磨性。前者通常用磨损量来表示，相对耐磨性是指两种材料的磨损量的比值，其中一种材料是参考试样。以下介绍的磨损试验方法都属于后者。

1. 磨损的主要失效形式

相互接触的物体表面，在相对运动过程中，表面物质发生不断损失的现象，称之为磨损。在磨损过程中会发生物体的形状、尺寸或重量的变化。机械零部件在使用过程中因表面质点颗粒剥落分离而产生磨损，磨损可按其表面损坏的程度、重量的损耗或对零件寿命所产生的影响等来评价。因为所产生的原因不同，发生的机理也不同，常见的有磨料磨损、黏着磨损、疲劳磨损、冲蚀磨损及微动磨损 5 种类型。

（1）磨料磨损　这是金属与非金属物质或磨料间的相对运动所形成。定义为由硬质点或突起物使零件表面产生迁移而造成的磨损。它又可分为：

1）滑动摩擦。分湿式（如用于湿砂输送的螺旋输送机械、管道等）和干式（如农业机具、铧犁等）两种。

2）滚动摩擦。分湿式（磨球及磨棒等）和干式（轧碎机及滚式破碎机）两种。

3）磨料的自由碰撞。分湿式（泵轮、叶轮等）和干式（喷砂等）两种。

（2）黏着磨损　接触表面作相对运动时，在接触面积上发生固相黏着，使材料从一个表面转移至另一表面的现象。它包括：

1）滑动摩擦。分润滑性的（轴及轴承）和非润滑性的（制动与车轮）两种。

2）滚动摩擦。分润滑性的（滚动轴承）和非润滑性的（在轮子上的履带等）两种。

（3）疲劳磨损　摩擦副之间由于滚动或滑动或复合的摩擦状态产生的交变接触压力，使零件表面因疲劳损伤而引起物质流失的现象。滚动轴承、传动齿轮等摩擦副之间常发生这类磨损。

（4）冲蚀磨损　冲蚀磨损是指零件受到含有或不含有固体粒子的液体的高速冲刷，使材料表面物质逐渐流失的过程，汽轮机末几级低压叶片因处于湿度较高的部位，受含有凝结液滴的水气冲刷，造成水刷现象也属于这类磨损。

（5）微动磨损　微动磨损是指零件两个配合表面之间有一微小振幅的振动和滑动，使表面材料因先疲劳而剥落，以后在接触面积上同时经受磨料磨损、黏着磨损和高温氧化等磨损，造成局部损伤的一种磨损形式。就其损伤的危害而言，由微振在接触面积的蚀坑底产生的疲劳裂纹扩展，其危害远大于磨损本身造成的影响。

此外，磨损还可按相对运动方式、载荷特性、相互作用特性或磨损程度等进行分类。

2. 磨损的几种试验方法

从以上可以看出，影响磨损的因素很多，总的来说它是一种复杂的过程。机件的磨损不仅取决于材料的性能，还与作用于金属摩擦表面相对运动的速度、负荷大小和特点、摩擦面的介质、金属表面的质量及零件设计等有关。由于影响磨损的因素众多，机件使用条件各异，因此各国在磨损测试方法上至今还没有一个统一的规定，在理论上也没有达到令人满意的结果。只能将国内外的几种试验方法简介如下，得到的数据仅作相对比较用。

（1）MM 型磨损试验（GB/T 12444—2006《金属材料　磨损试验方法试环-试块滑动磨损试验》）

1）基本原理。在一定试验力及转速下，对规定形状和尺寸试样进行干摩擦或在液体介质中的润滑摩擦，经规定转数或时间后，测定其磨损量及摩擦因数。

2）适用范围。适用于金属（或非金属）材料在滚动、滑动或滚动-滑动复合摩擦条件下的质量磨损或体积磨损量及摩擦因数的确定。

3）试样。有圆环形和蝶形试样两种。其尺寸和形状如图 12-69 和图 12-70 所示。

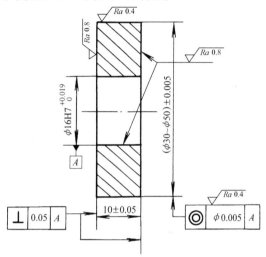

图 12-69　圆环形磨损试样图

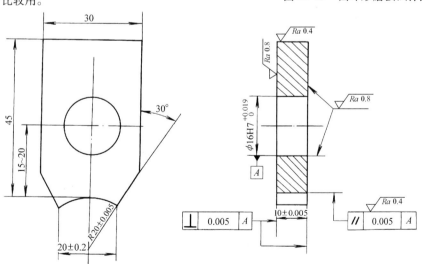

图 12-70　蝶形磨损试样图

4）试验方法。试验在 MM—2000 型试验机上进行。其下试样为圆环形，上试样根据摩擦的实际形式而定。滚动、滚动-滑动复合型为圆环形试样；滑动型为蝶形试样。上试样的运动方向和形式可按要求调节施加的试验力、试验的累计转数或时间，视材料及热处理工艺而确定。干摩擦试验时一般试验力较小；

润滑摩擦时应在试样不过热情况下施较大的力。

5）试验结果。取 3 对摩擦试样的试验结果的平均值为一试验数据，根据要求和实际情况由式（12-21）~ 式（12-23）计算求得其重量磨损量或体积（直径）磨损量及摩擦因数等。

$$m = m_0 - m_1 \qquad (12\text{-}21)$$

式中　m——质量磨损（mg）；

m_0——磨损前质量（mg）；

m_1——磨损后质量（mg）。

$$D = D_0(1 - n_1/n_0) \qquad (12\text{-}22)$$

式中　D——磨损后平均直径（mm）；

D_0——试验前试样直径（mm）；

n_0——试验前滚轮转速（r/min）；

n_1——试验后滚轮转速（r/min）。

$$\mu = 1000M/(RF) \qquad (12\text{-}23)$$

式中　μ——点或线接触条件下的摩擦因数；

M——摩擦力矩（N·M）；

F——试验力（N）；

R——下试样半径（mm）。

（2）环块型磨损试验（GB/T 12444—2006《金属材料　磨损试验方法试环-试块滑动磨损试验》）

1）基本原理。块状试样与规定转速的环形试样相接触并受压力，经规定转数后，在滑动摩擦条件下评定材料的耐磨性及测定摩擦因数。

2）适用范围。用来测定金属或非金属材料在滑动干摩擦或润滑摩擦条件下的体积磨损量、质量磨损量或摩擦因数。

3）试样。相对比较试验可采用环形和块状试样两种，其形状和尺寸如图 12-71 和图 12-72 所示。每种试样的热处理状态相同、取样方向相同并保证加工精度和公差。通常相对耐磨性测定的参考试样为环形试样材料为 GCr15，硬度为 58 ~ 62HRC。

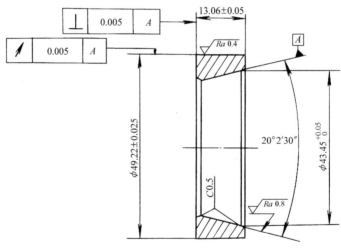

图 12-71　环形磨损试样图

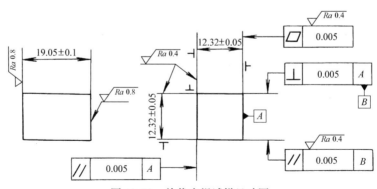

图 12-72　块状磨损试样尺寸图

4）试验方法。试验在 MHK—5000 环块磨损试验机上进行。环形试样转速应接近实际工艺水平。记录摩擦杠杆重力和试验载荷的重力。

5）试验结果。按标准列出的方式分别计算块状试样的体积磨损 V_k 和环形试样的体积磨损 V_h 及摩擦因数。表明了该试样材料在某一热处理工艺规范下，在确定的试验条件下的体积磨损和摩擦因数。可对不同材料的摩擦副、不同的热处理工艺、不同摩擦特性的润滑剂等进行比较。由于磨损试验因影响因素众多又难以控制，其试验数据相对而言分散度较大，一般应在确保试验状态、试验条件、环境等完全相同的情况下，取 10 个以上试验数据进行平均计算。

（3）改进的橡胶轮试验　它适用于磨料。这种特殊的试验（见图 12-73）的优点是有一定的重现性，这是由于砂子的体积和入射角都容易控制。目前在许多工业实验室已采用这种加以改进的磨损试验，但对不同实验室的结果如何进行对比的问题仍有待研究。

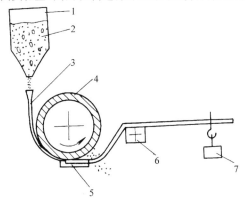

图 12-73　橡胶轮磨损试验
1—料斗　2—磨料　3—导管　4—橡胶轮
5—试块　6—支点　7—载荷

（4）强应力磨粒磨损　强应力磨粒磨损是磨料在两个相配合的金属表面之间受挤压粉碎时产生的。矿山上使用的球磨机的球磨筒体和端部内衬的磨损最能代表这类磨损。反映这种磨损的试验设备见图 12-74 所示。但该试验提供的数据表明硬度与耐磨性之间没有一定的关系。

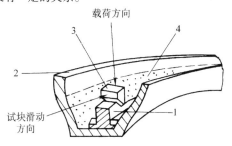

图 12-74　强应力磨粒磨损试验
1—轨道　2—槽　3—试块
4—悬浮于水中的磨料

（5）碰撞磨损　以上 3 种试验不包括在采矿作业中使用的旋转破碎机或颚式破碎机里发生的粗糙的刻凿和碰撞。破碎机的侧壁上有较大的金属片，有时

测得 3.2～6.4mm 的剥离层。这种刨削作用甚至在金属碎片剥离的瞬间，使碎片加热变红色。人们把这种常见的情况称作碰撞磨损。实验室使用一种小型颚式轧碎机（见图 12-75），作碰撞磨损试验。

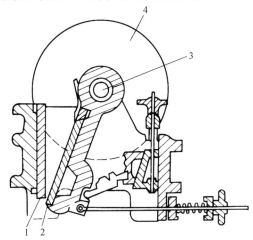

图 12-75　碰撞磨损试验装置的主要部件图
1—固定颚板　2—动颚板
3—偏心轴　4—飞轮（2 个）

12.5　铸钢的物理性能测定

物理性能通常涉及力学、热学、电学、磁学、光学等多种门类，它是材料的基本特性在上述领域的量值化的表征，与材料的化学成分、金相组织和金属结晶之间关系非常密切，因此物理性能是研究材料内部变化的重要手段之一。在工程中还常直接应用物理性能参数进行设计，以保证工程的安全性和可靠性；对功能性材料，它们则以物理性能参数为主要性能指标。

随着现代电子技术和计算机应用技术的发展，物理性能测试技术也已逐步走向自动化、定量化和综合化。例如，在材料学科应用中的热分析技术可同时完成热膨胀、弹性模量及蠕变测量的 TMA（热机械分析）装置；可同时用于密度和抗氧化能力测试的 TG（热重分析）装置等。现均有商品化仪器出售。

12.5.1　密度的测定

单位体积物质的质量为物质的密度，它是表征物理致密度的物理量。在一定温度和压力条件下，物质的密度是个常数，对固体材料，压力可忽略不计。物质的密度 ρ 见式（12-24）。所测量值是指物体在实际状态下的真实密度。

$$\rho = m/V \qquad (12-24)$$

式中　　m——物质的质量；

　　　　V——物质的体积。

按我国法定计量单位制，密度的单位为 kg/m^3，通常用 g/cm^3 表示。

密度的测定方法主要分直接测量法和间接测量法，前者是根据密度的定义来测定密度，后者是利用物质密度与其他某些物理量的函数关系来测量密度。在理化实验室中，广泛应用直接测量法。

流体静力称重法：流体静力称重是最基本、经典、常用的方法。根据阿基米德原理，一个物体在流体中应受浮力而减轻的重量等于该物体所排出的体积相同的流体的重量。因此，若将待测密度的固体试样在空气中和完全浸没在液体中称重，测得的质量分别为 m 和 m'，已知流体密度为 ρ_w，则试样的体积 $V = (m - m')/\rho_w$，于是试样的密度为

$$\rho = m/V = m\rho_w/(m - m') \quad (12\text{-}25)$$

如果高精度测量考虑到空气的浮力，此时密度为

$$\rho = m(\rho_w - \rho_0)/(m - m') + \rho_0 \quad (12\text{-}26)$$

式中　ρ_0——空气密度，20℃ 时，$\rho_0 = 0.0012 g/cm^3$。

通常液体为蒸馏纯水。由此可见，固体密度的测量归结为在空气中和全浸在纯水中对试样质量的称重，其中 ρ_0 和 ρ_w 可查标准数据表。

在常温下铸钢的密度通常为 $7800 \sim 7850 kg/m^3$。

12.5.2　弹性模量的测定

弹性模量是杨氏模量 E、切变模量 G 等物理量的统称，它是材料抵抗弹性变形能力的表征。弹性模量广泛用于各种工程构件材料的应力计算。此外，杨氏模量也是研究金属原子间结合力大小的重要参数。

在弹性变形范围内，正应力和相应正应变之比称为杨氏模量，其测量方法的基本关系是依据胡克定律的应力-应变关系来确定。根据测量过程中，试样变形速度的不同，测量方法分静态法和动态法两类。静态法又包括拉伸法、悬臂法、简支法和扭转法，前3种方法用于测定杨氏模量，后一种方法用于测定切变模量。

GB/T 22315—2008《金属材料　弹性模量和泊松比试验方法》规定了静态法测定金属材料杨氏模量、弦线模量、切线模量、泊松比，动态法测定金属材料动态杨氏模量、动态切变模量、动态泊松比的方法。静态法实质上是测定材料的应力和应变，从而算出杨氏模量 E。其原理是在试样上施加轴向力，在其弹性范围内测定相应的轴向变形和横向变形，以便计算弹性模量各参数。

当求得轴向拉伸应力和轴向拉伸应变呈线性比例关系范围内的轴向拉伸应力与轴向拉伸应变之比，测得拉伸杨氏模量 E_t；当求得轴向压缩应力与轴向压缩应变呈线性比例范围内的轴向压缩压力与轴向压缩应变之比时，测得压缩杨氏模量 E_c；当求得轴向应力与轴向应变的线性比例关系范围内的横向应变与轴向应变之比的绝对值，测得泊松比 μ。在有关协议中，应规定测定拉伸杨氏模量 E_t 或者压缩杨氏模量 E_c，如无说明，杨氏模量测定一般采用拉伸法。国家标准中规定用图解法和拟合法两种方法进行测定。图解法是在标准圆形或矩形试样上进行拉伸或压缩试验，在自动记录的轴向力-轴向变形曲线上确定

$$E = (\Delta F/S_0)/\Delta l/L_{el} \quad (12\text{-}27)$$

式中　ΔF——在轴向力-轴向变形曲线的弹性直线段上取的轴向力的增量（N）；

　　　S_0——试样平行长度部分的原始横断面积（mm^2）；

　　　Δl——轴向变形增量（mm）；

　　　L_{el}——轴向引伸仪标距（mm）。

弹性模量基本单位 Pa，国内外大多采用 GPa，（$1GPa = 10^9 Pa = 1kN \cdot mm^2$）。泊松比 μ（无量纲）为

$$\mu = (\Delta t/L_{et})/\Delta l/L_{el} \quad (12\text{-}28)$$

式中　Δt——横向变形增量（mm）；

　　　L_{et}——横向引伸仪标距（mm）；

　　　Δl——轴向变形增量（mm）；

　　　L_{el}——轴向引伸仪标距（mm）。

通常金属材料的泊松比数值在 $1/4 \sim 1/3$ 之间。

由于静态法测定有很多局限，对于脆性材料和某些高温使用材料等的弹性模量的测定大多采用动态法。具体方法可阅标准。

其他各弹性模量之间的关系为

切变模量　　$G = E/2(1 + \mu) \quad (12\text{-}29)$

体积模量　　$K = E/3(1 - 2\mu) \quad (12\text{-}30)$

12.5.3　比热容的测定

比热容是物质的化学热力学基本参量，通常对比热容的测量和研究能了解物质内部的结构和变化过程。在材料的相变，即熔化、凝固即固态相变的过程中将发生热效应，此时物质的焓和比热容将发生明显变化，其变化规律与相变的类型有关。

比热容的定义是单位质量的物体每升高1℃所需要的热量，单位为 $J/(kg \cdot K)$，不同的升温范围其数值不同。

比热容与升温过程的条件有关，分别有定压条件和定容条件下测量的热容，其数值不同，对气体尤为显著，但对固体材料则几乎无差异，所以通常只测定压热容（c_p）。以下都简化为比热容。

比热容的测试方法很多，常用的有混合铜卡法、激光脉冲法和示差扫描量热法等。其中示差扫描量热

法具有试样小和测量速度快等优点，目前被广泛采用。

示差扫描量热技术（简称 DSC），其原理是将待测试样和参比物以一定的速度升（降）温，在保证两者的温度差恒为零的条件下，记录两者的功率差-时间（或温度）曲线及试样升温（或降温）过程中吸收（或放出）的热量，即 ΔQ-T 曲线或 ΔQ-t 和 T-t 联合曲线，可从式（12-31）求得试样的比定压热容

$$c_p = (\mathrm{d}Q/\mathrm{d}t)/m(\mathrm{d}T/\mathrm{d}t) \qquad (12\text{-}31)$$

式中　$\mathrm{d}Q/\mathrm{d}t$——输入试样的热流速率（J/s）；

　　　m——试样的质量（kg）；

　　　$\mathrm{d}T/\mathrm{d}t$——升温速率（K/s）。

为提高测量精度，可采用比较法，即用已知比热容的标准物质，如人造蓝宝石等来标定仪器。

12.5.4　线胀系数的测定

1. 基本原理

物体的热胀冷缩现象对金属和合金也不例外，而且往往在加热和冷却过程中由于微观组织发生变化，伸缩伴随着异常的膨胀效应，所以除了测定材料的线胀系数外，还可通过测绘膨胀和温度的关系曲线来测定钢的各种临界转变温度。

（1）线性热膨胀（$\Delta L/L_0$）　与温度变化相应的试样长度上的变化，以 $\Delta L/L_0$ 表示；其中 ΔL 是从起始温度 t_0 至所需温度 t 间观测到的长度变化，L_0 是环境温度 t_0 下试样的长度。热膨胀常以百分率或百万分之几（10^{-6}）表示。

一般以 20℃ 为基准起始温度；若采用的温度不同于 20℃，在报告中应予以注明。

（2）平均线胀系数（α_m）　在温度 t_1 和 t_2 间，与温度变化 1℃ 相应的试样长度的相对变化，以 α_m 表示。

通常，金属材料的伸长和温度的关系为

$$L_2 = L_1 + L_0\alpha_m(t_2 - t_1) \qquad (12\text{-}32)$$
$$\alpha_m = (L_2 - L_1)/[L_0(t_2 - t_1)] = (\Delta L/L_0)/\Delta t \ (t_1 < t_2) \qquad (12\text{-}33)$$

式中　L_1 和 L_2——分别为温度 t_1、t_2 时的物体长度。

由式（12-33）可见，α_m 是线性热膨胀（$\Delta L/L_0$）除以温度变化（Δt）所得的商，单位名称为每摄氏度，它一般以 $10^{-6}/℃$ 为单位表达。

（3）瞬间线胀系数（α_1）　在温度 t 下，与温度变化 1℃ 相应的线性热膨胀值，以 α_1 表示，它也被称为热膨胀率，一般以 $10^{-6}/℃$ 为单位表达。

$$\alpha_1 = (\mathrm{d}L/\mathrm{d}t)/L_t \ (t_1 < t < t_2) \qquad (12\text{-}34)$$

对于给定的材料，只要得到 $L = f(t)$ 的函数曲线，便可在曲线上找出 L_t 和该点的微分，求出线胀系数 α_1，单位为 $10^{-6}/℃$。它不是一恒定值，而是随温度变化的，钢的线胀系数一般在 $(10 \sim 20) \times 10^{-6}$ 范围内，实际应用的线胀系数，大多为某一温度范围

的平均值。体胀系数 α_V 大约为 $3\alpha_1$。

2. 膨胀仪

测量膨胀和膨胀曲线的仪器称为膨胀仪，其种类很多，按其放大原理可分为机械放大、光学放大和电信号放大。

早期常用的千分表简易膨胀仪和机械记录式膨胀仪分别如图 12-76 和图 12-77 所示。

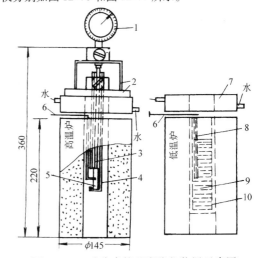

图 12-76　千分表简易膨胀仪装置示意图

1—千分表　2—千分表架　3—中心石英管

4—支撑石英管　5—试样　6—热电偶

7—冷却水箱　8—热电偶套管

9—铅锡浴　10—不锈钢管

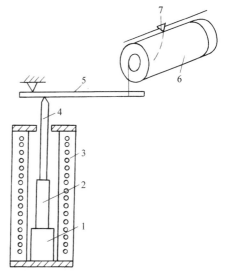

图 12-77　机械记录式膨胀仪
主要部分及工作原理示意图

1—耐热合金试样托架　2—试样　3—立式
管状加热炉　4—传递试样胀缩石英顶杆
5—放大试样胀缩杠杆　6—附有记录纸的滚筒
7—自动记录温度计的描绘笔尖

光学膨胀仪是应用广泛而又精密的一种膨胀测试仪，其特点是采用横式加热炉，炉温较均匀；采用光学放大及照相记录测量，灵敏度高；选用伸长和温度呈线性关系的镍铬或镍铬钨合金为标准试样，以其伸长来表示试样温度。光学膨胀仪就其测量原理又可分为普通和示差光学膨胀仪两种。图 12-78 和图 12-79 分别所示为原理示意图和绘制的热膨胀曲线。从图 12-79 试验测得的碳钢热膨胀曲线上很容易确定亚共析钢、共析钢和过共析钢的临界点：取曲线上偏离正常纯热膨胀（或纯冷收缩）开始位置 a 点即为 Ac_1（或 c 点为 Ar_1）如取再次恢复纯热膨胀（或纯冷收缩）

的开始位置，则为 Ac_3 温度（或 Ar_3 温度）。

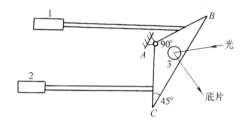

图 12-78　普通光学膨胀仪原理示意图
1—标准试样　2—待测试样　3—凹凸反射镜

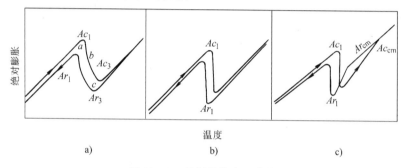

图 12-79　碳钢的热膨胀曲线
a）亚共析钢　b）共析钢　c）过共析钢

目前各种自动记录电子放大膨胀仪中，应用最多的电感应膨胀仪，如热机械分析仪（TMA），其测量温度范围为 $-150 \sim 1500 \, ℃$，试样长度上限为 20mm，直径可为 $\phi 2 \sim \phi 15$mm，对于膨胀系数从 $(1 \sim 200) \times 10^{-6}/K$ 的材料均可测量。其放大倍数可达 6000 倍。试样高频加热，冷却方式有小电流加热、自然冷却和强力冷却等多种。加热和冷却均由计算机程序控制，并配有打印机可自动绘制各种试验条件下的 $\frac{\Delta l}{l} - T$ 或 $\frac{\Delta l}{l} - t$ 的关系曲线。它是测定钢的过冷奥氏体等温转变过程的 TTT 曲线和连续冷却转变曲线及研究其他伴有体积转变过程的理想工具。

具体测量方法可参阅 GB/T 4339—2008《金属材料　热膨胀特征参数的测定》。

12.5.5　热导率的测定

热导率（即导热系数）是物质传热能力的一个表征，它与物质的微观组织结构和组分等密切相关。热导率与物质的热传导能力有关，热传导是指两个不同的物体互相接触，或同一物体的两个不同区域间产生温度梯度时，热能从高温处向低温处传递，以达到平衡的现象。一个横断面均匀的细长试样在其相距为

ΔL 的两个平行横断面间保持温度差：$\Delta T = T_2 - T_1$，其中 T_1 和 T_2 分别为两平行断面的温度，则热能从高温 T_2 处流向低温 T_1 处。如果在时间 τ 内流过的热量为 Q，则

$$Q = \lambda A (\Delta T / \Delta L) \tau \qquad (12-35)$$

式中　A——试样的横断面积；

λ——常数，与材料有关，称为该材料的热导率。

实际上 λ 是在单位温度梯度（$\Delta T / \Delta L$）时在每单位时间内流过单位断面积的热量，其单位为瓦每米开尔文 $[W/(m \cdot K)]$。

常用测定材料热导率的方法很多，可以归纳为非稳态法和稳态法两大类。目前有关材料的热导率的较可靠的数据，大多由稳态法测得。稳态法准确度高，装置简单，属于经典标准方法，但测量周期长。

稳态法的要求是，试样在试验时达到热稳定，即试样上的温度场恒定，热流速率恒定（Q/τ 为一恒定量）。为此，测量时必须要求建立稳定状态，同时要控制热能按规定的路径流动，防止各种方式的热散失。根据试样加热的方式，试样上热流图像的不同，稳态法可分为纵向和径向恒温差直接测量热流量即绝对法和比较法等。现简要地介绍两种常用测定热导率的稳态法。

（1）恒温差直接测量热流法　将试样的一端加热，另一端冷却，同时用隔热套防止侧向热流，然后在一定温度梯度下，直接测量流过试样的热量。图 12-80 所示为工业试验用的最简单的通电热流法测定金属材料热导率的装置示意图。图 12-80 中 6 为试样，其下端旋入一绕有电阻丝的铜块 10，试样的上端紧密地旋入精确温度计 2、3、5、7、9 为精确固定在试样不同部位用以测定温度沿试样轴向分布的热电偶，8 为隔热套，其下端也插入铜块 10 中，1 为测量隔热套上端冷却水温度用的温度计，以便调节隔热套上端的温度，使与试样上端温度相同。试验时，首先加热铜块 10 至给定温度，而后调整水冷铜头 4 和隔热套上端水冷装置中的水流量，使热流达稳定状态，并使温度计 2 和 1 读数相同。这样如果测定水冷铜头 4 中水的流量，进、出水的温度差，就可以计算单位时间内流过试样的热量。知道了试样的横断面积 A、单位时间内水所带走的热量 Q/τ 和试样上一定距离 ΔL 上温度差 ΔT，就可以根据式（12-35）求出该材料的热导率 λ。

（2）比较法　此法和绝对法不同的是用一根热导率已知的标准试样和被测试样串联起来进行试验，使同一热流以串联方式流过两根试样。当建立起一个稳定状态时，则

$$\frac{Q}{\tau}=\frac{\lambda_1 A_1 \Delta T_2}{\Delta L_1}=\frac{\lambda_2 A_2 \Delta T_1}{\Delta L_2}$$

$$\lambda_2 = \lambda_1 \frac{A_1}{A_2} \times \frac{\Delta T_1}{\Delta T_2} \times \frac{\Delta L_2}{\Delta L_1} \qquad (12\text{-}36)$$

式中　λ_1 及 λ_2 ——分别为标准试样及被测试样的热导率；

A_1 及 A_2 ——分别为标准试样和被测试样的横断面积；

ΔT_1 ——沿标准试样轴向距离为 ΔL_1 的两点间的温度差；

ΔT_2 ——沿被测试样轴向距离为 ΔL_2 的两点间的温度差。

式（12-36）中，λ_1 为已知数，A_1，A_2，ΔT_1，ΔT_2，ΔL_1 及 ΔL_2 等均可进行实际测量。将测得数据和 λ_1 数值代入式（12-36），即可求得被测试样的热导率 λ_2。此法的优点是可以避免绝对法中所必须进行的技术比较复杂的热流测量。但须指出的是，仍要设置隔热套以防止热量由试样侧面散失。此外，此法所测精确度也受标准试样及其热导率值精确度的限制。

具体测量方法可参阅 GB/T 3651—2008《金属高温导热系数测量方法》。

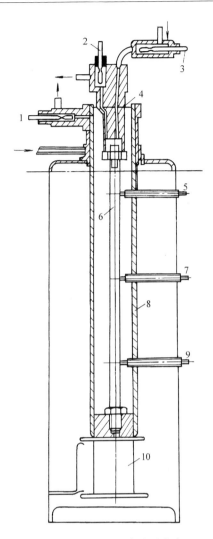

图 12-80　通电热流法测定金属材料热导率的装置示意图

12.5.6　电阻率的测定

电阻率是一个单位体积的物质通过两平行端间的电流的阻力。电阻率用 ρ 表示，单位是 $\mu\Omega \cdot m$。

横断面均匀的钢棒或钢丝的电阻 R 与其长度 l 成正比，与其横断面面积 S 成反比。可以写成

$$R=\rho l/S \text{ 或 } \rho=RS/l \qquad (12\text{-}37)$$

式中　ρ ——电阻率。

从以上的关系式可以看出，要测定一种钢的电阻率，主要是测定试样的电阻 R、横断面面积 S 和长度 l。S 和 l 的测定简单。R 的测定，则根据试样形状及其电阻的大小和所需要的准确度而采用不同的方法。

按其方法的简繁、试样 R 数值的大小和所需要的准确度，常用的测定方法一般采用以下两种。

（1）伏特计-安培计法　此法简便易行，结果也

较准确。应用范围为 1~100Ω。图 12-81 所示为两种
不同的线路连接法。其差别只是在图 12-81a 中，伏
特计 V 的一极接在试样 R 和安培计 A 之间，而在图
12-81b 中，伏特计的一极则是连在安培计的外端。
试验时，关闭开关 S，同时读出安培计及伏特计的 I
和 V 数值，就可以根据公式 R = V/I 计算 R 的值。用
图 12-81a 电路时，所得出的将略小于 R 的真实值，
因为它实际上是 R 和伏特计电阻 R_V 并联的电阻值。
用图 12-81b 线路时，则所得出的值将略大于其真实
值。因为一般的伏特计的电阻 R_V 极小，所以当 R 数
值较小，仅为几欧姆，以用图 12-81a 的连接法为宜；
如 R 值较大时，则应采用图 12-81b 电路。

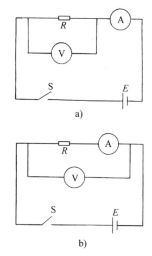

**图 12-81　伏特计-安培计测电阻
法的两种不同线路连接法**

a) 伏特计连接法　b) 安培计连接法

（2）惠斯通电桥法　图 12-82 所示为此法的线
路连接图。其中 X 为被测电阻，N 为与 X 同数量级的
电阻或已知电阻，R_1 及 R_2 为可以调整的已知电阻，
S_1、S_2 为开关，E 为直流电源，G 为较灵敏的电流
计，S′ 及 R′ 为保护电流计用的与电流计并联的开关和
电阻。试验时，先将 S′ 关闭，而后估计调整 R_1 及
R_2，关闭 S_1 并轻叩 S_2，看是否有电流通过电流计 G。
然后根据通过电流计 G 中电流的大小和方向，适当
调整 R_1 或 R_2，直至轻叩 S_2 时，无电流通过电流计
G，指针不动。然后开启 S′，重新微调 R_1 及 R_2，使
再轻叩时，仍无电流通过电流计 G，以达到平衡状
态。此时 B、C 两点的电位相等，即

$$X = \frac{R_1}{R_2} N \tag{12-38}$$

根据 R_1、R_2 及 N 的数值，就可以算出 X 的
数值。

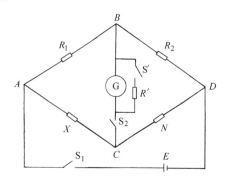

**图 12-82　惠斯通电桥法
测定电阻的线路示意图**

此外还有双电桥法，是适应电阻较小的棒材，这
里就不赘述。

根据以上两种方法测出试样的电阻后，就可根据
试样的长度和横断面面积计算出其电阻率 ρ。

具体可参考 GB/T 351—2019《金属材料电阻系
数测量方法》。

材料的电阻率除了作为一个基本的性能参数外，
在材料学的研究和分析中有时也必不可少，它被较多
地应用于金属物理的研究，如合金时效、马氏体转
变等。

12.5.7　磁学性能的测定

材料的磁学性能除了作为本征的磁性参数外，在
恒磁场、交变磁场和脉冲磁场下，其性能定义也是在
变化的，使得磁学参数内容十分丰富，对它的测量方
法也是多种多样。本节仅对软磁材料的一些磁学性能
测定作简单的介绍。

在电学和磁学中铸钢的应用有软磁材料、弱磁材
料及硬磁（或永磁）材料。软磁材料有电工用硅钢
及铸钢件，弱磁材料有奥氏体合金铸钢及其他顺磁性
材料。硬磁钢为电气仪表用的永久磁铁。

磁学性能对软磁材料来说，主要是指它们的磁化
曲线、磁滞回线、磁导率、剩余磁感应强度，以及在
一定磁场强度下的磁感应强度和在一定条件下的铁心
损耗等。对弱磁（或无磁）材料则是它们的磁导率 μ
或磁化率 κ 或 x（x 叫作质量磁化率，等于 κ/ρ，ρ 为
材料的密度）；对硬磁（或永磁）材料来说，是它们
在一定磁场强度磁化后的剩余磁感应强度 B_r，矫顽
力 H_c 以及最大磁能积 $(BH)_{max}$ 等。

弱磁性物质，其磁化强度 M 及磁感应强度 B 与
磁化磁场强度 H 成正比，即

$$M = \kappa H$$
$$B = \mu H$$
$$\mu = 1 + 4\pi k\kappa$$

式中　κ 和 μ——磁化率和磁导率。

　　铁磁性材料的正常磁化学性能包括磁感应强度、磁化曲线、磁导率、磁滞回线、剩余磁感应强度及矫顽力等。测定这些磁学性能方法很多，最常用的有直流冲击测定法。其基本原理是测定材料的磁化曲线和最大磁滞回线。当一直流磁场 H 作用于完全去磁状态的材料时，在材料中产生磁感应强度 B。当磁场由 $+H$ 到 $-H$ 来回换向时，磁感应强度 B 也随磁场变化而从 $+B$ 到 $-B$ 来回变化。这样反复换向多次达到稳定状态（这种操作叫作磁锻炼）之后，B 和 H 的关系将为一稳定的封闭回线。这是铁磁性材料的一种特性。但随着 H 的增大，磁感应强度 B 和磁滞回线所包围的面积也随着增大。把各磁滞回线的顶点连接起来，就获得正常磁化曲线，如图 12-83 所示的 $OA_1A_2A_3A_4$ 曲线。当 H 增大至一定值时，磁滞回线面积不再增大，此时的回线称为最大磁滞回线。从图 12-83 可以看出，只有根据最大磁滞回线所确定的剩余磁感应强度 B_r 和矫顽力 H_c 才是单一的数值。因此，在测定 B_r 和 H_c 时，必须注明在什么条件下获得的；否则所测得的数据是没有什么意义的。

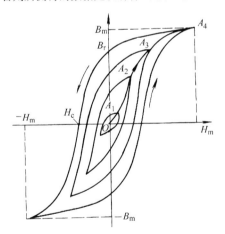

图 12-83　磁化曲线和最
大磁滞回线示意图

　　对于电工用硅钢材料在较弱的磁场作用下就能产生很大的磁化强度和磁感应强度。但是它们的磁化强度 M 和磁感应强度 B 与磁化强度 H 并不呈直线的比例关系，即它们的磁化率 κ 和磁导率 μ 并不是一个恒量，见图 12-84。当完全去磁的铁磁材料被磁化时，其磁感应强度 B 开始随磁磁磁场 H 的增加而较缓慢

地增加，而后逐渐加快，达一定数值后又逐渐减慢，最后则几乎无所增加。按公式 $B = \mu H$ 计算磁导率 μ 时，则得出图 12-85 所示的 μ—H 关系曲线，其中 μ_0 称为起始磁导率，μ_m 称为最大磁导率。

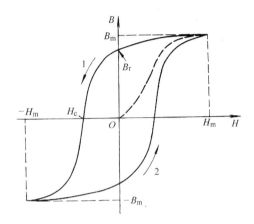

图 12-84　铁磁物质的磁化曲线示意图

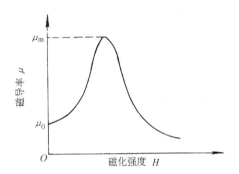

图 12-85　铁磁物质的磁导率与
磁化强度关系示意图

　　具体试验方法有磁导计法、圆环形试样法及方圈试样法三大类。GB/T 3656—2008《软磁材料矫顽力的抛移测量方法》中规定用以测定纯铁薄板直流磁感应强度 B、矫顽力 H_c 和磁导率 μ。

12.5.8　热分析法

　　热分析是一类多学科通用的试验技术，是在动态条件下快速研究物质特性的一个有效手段，应用范围很广。

　　任何物质在加热或冷却过程中，随着物质的结构、相态和化学性质的变化，伴随有相应物理性质的变化，如质量、热量、长度、体积以及力学、光学、声学、电学、磁学等物理性能中的一种或几种性能的变化。在程序控制温度下根据所测物理量的不同，测量其与温度的关系，即可构成不同种类的热分析方法。

国际热分析协会（ICTA）给热分析下了如下的定义：热分析是在程序控制温度下，测量物质的物理性质与温度关系的技术。所谓程序控温是指按某种规律加热或冷却，通常是指线性升温与线性降温。热分析技术包含的范围相当广泛，国际热分析协会将至今已出现的热分析技术共分 9 类 17 种，见表 12-29。

表 12-29　热分析技术的分类

测定的物理量	分析技术名称	简称
质量	1）热重分析法	TG
	2）等压质量变化测定	
	3）逸出气检测	TGD
	4）逸出气分析	TGA
	5）放射热分析	
	6）热微粒分析	
温度	7）升温曲线测定	
	8）示差热分析法	DTA
热量	9）示差扫描量热法	DSC
尺寸	10）热膨胀法	
力学特性	11）热机械分析	TMA
	12）动态机械法	DMA

（续）

测定的物理量	分析技术名称	简称
声学特性	13）热发声法	
	14）热传声法	
光学特性	15）热光学法	
电学特性	16）热电学法	
磁学特性	17）热磁学法	

以下主要介绍示差热分析法（DTA）、示差扫描量热法（DSC）和热重分析法（TG）3 种热分析法。

（1）示差热分析法和示差扫描量热法　示差的热分析技术已有百年历史，该法采用试样温度和参比物温度相比较的示差法，将示差热电偶的两个接点分别与放置试样和参比物的坩埚容器相接触，记录试样和参比物的温差随时间或温度的变化规律。其基本原理是：物质在升温或降温过程中发生物理和化学变化时，常伴有潜热的释放和吸收，在记录其温度随时间变化的曲线中会发现曲线上有这种热效应现象。示差热分析法便是通过热效应来研究物质内部物理、化学变化过程的试验技术。而示差扫描量热法则是在程序控制温度过程中，测量输入到物质（试样）和参比物的功率差和温度关系的一种新的试验技术。DTA与 DSC 优缺点比较见表 12-30。

表 12-30　DTA 与 DSC 优缺点比较

名称	测量温度	分析内容	试　验　方　法
DTA	可达 1973K（1700℃）	可作定性和定量分析，但灵敏度较低	试样和参比物采用同一加热源加热。测定参量是被测试样与参比物间的温差 ΔT。检测装置采用示差热电偶。试样用量较多
DSC	最高温度为（功率补偿法）1023K（750℃），起始工作温度较 DTA 为高	可作定性和定量分析，有较高的分辨率	试样和参比物分别由两个单独的加热炉加热，测定参量是被测试样与参比物之间的功率差 dQ/dt。检测装置是量热计。试样用量少，小于 10mg

利用它们可研究材料在加热和冷却过程中的物理变化，如晶型转变、液相和固相的结晶过程等，可以得到转变温度。图 12-86 所示为典型的示差热分析曲线或称 DTA 曲线。从图 12-86 中的 B 点、G 点和 D 点对应在横坐标上温度 T_i、T_e 和 T_f，它们分别为该相变过程的始点温度、外推起始温度和终止温度，国际热分析协会规定外推起始温度 T_e 为相变开始温度。在固相转变的 DTA 曲线上，G 点对应的温度为材料熔点。

（2）热重分析法　国际热分析协会将热重分析法定义为：在程序控温条件下，测量物质的质量与温度关系的技术，称为 TG 法。热重分析法借助于热天平动态称重，从而获得质量随温度变化关系的信息。用热重分析法测得的记录为热重曲线或称 TG 曲线。图 12-87 所示为 TG 曲线及 DTA 曲线的示意图。

TG 曲线上 B 点与 C 点对应在温度坐标上的 T_i 和 T_f，分别表示为试样质量不变化直到热天平能检测出时的温度和回复到不能检测出质量变化的开始温度，它们分别称为起始温度和终止温度。这与从 DTA 曲线上测得的 T_i 和 T_f 有很好的重现性。

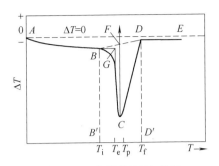

图 12-86　典型的 DTA 曲线

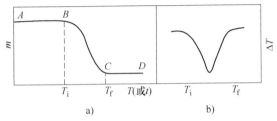

图 12-87　TG 曲线及 DTA 曲线的示意图

a) TG 曲线　b) DTA 曲线

近代热分析测试装置在自动化、定量化、微型化方面发展很快。商品仪器的发展，推动了热分析技术的普及和应用。多功能热分析仪的发展，如差热分析和热天平联机仪器的出现，扩大了热分析结果的信息量。微电子技术和微处理机的应用，改善了仪器的性能，提高了操作自动化水平以及自动控制和数据处理的能力。

12.6　铸钢工艺性能的测定

铸钢件的工艺性能包括铸造性能、焊接性能、热处理性能和切削加工性能。铸造性能主要与钢中合金元素的种类和含量有关，它们会影响合金的相图和结晶时的析出和沉淀，从而影响钢液的流动性和收缩性等铸造性能。热处理性能与钢的合金化程度和铸件的形状关系较大。铸件的焊接性能的主要影响因素是铸钢的合金元素的种类和含量及焊缝中扩散氢的含量和铸件的结构，合理的焊接参数的制订，包括预热和焊后热处理及焊条的烘干等，均可有效减少焊缝开裂。

12.6.1　铸造性能的测定

1. 钢液流动性的测定

钢液的流动性表示钢在液态下充填铸型的能力。同一种钢液采用不同的铸造方法，所铸造的铸件最小壁厚不同。影响钢液流动性的因素很多，除铸造方法外，还有铸钢本身的性能、钢液温度及其他因素。影响钢液流动性的主要因素见表 12-31。

表 12-31　影响钢液流动性的主要因素

因素	对流动性的影响	原因
凝固潜热	凝固潜热大的流动性好	在相同散热条件下,维持液态时间较长
结晶范围	范围窄者流动性好	两相中的固相阻碍流动,特别是垂直铸件壁生长的柱状晶,造成粗糙的流动摩擦面,并缩小了有效流动性截面
过热温度	过热温度大的流动性好	在相同散热条件下,维持液态时间较长
铸型条件	激冷作用大者流动性差 表面光滑的铸型流动性好 阻力小者流动性好	铸型激冷作用大者,合金散热较快,则很快失去流动性 铸型表面光洁则钢液摩擦阻力小 浇注系统设置得是否合理,对钢液充满铸型具有重要意义
压头	直浇道压头大者流动性好	压头高者具有较大的位能,则可以转变较大的动能

普遍采用螺旋试样测定流动性。它是由两个基本部分组成：标准的浇注系统；梯形截面，1 ~ 1.5m 长的型腔。为了造型方便，试样卷曲呈阿基米德螺旋线状；为了得到 3 个数据的平均值，可采用一个浇注系统同时充填 3 个螺旋试样铸型。测定钢液流动性的螺旋试样如图 12-88 所示。根据试样的长度即钢液在型中流动的距离评定其流动性。螺旋试样的铸型是砂型，因此这种方法适用于砂型铸造的条件。

为了获得健全的铸件，除了应了解钢液的流动性外，在生产上还要正确地控制钢液的浇注温度，使其在熔炼过程中有适当的过热温度。

2. 铸钢的自由线收缩测定

钢液凝固以后，在冷却到室温的过程中会产生尺寸的收缩。其收缩量与模样标距长度 200mm 的比值用百分率表示，称为线收缩率。铸件没有铸型、芯子或其他部位阻碍时的线收缩称为自由线收缩；反之，则称为受阻线收缩。

钢的固态收缩会引起铸件挠曲、变形、开裂或残余内应力。线收缩率越大的钢，产生这些缺陷的倾向也越严重。为了弥补铸件因线收缩而导致的尺寸变化，在生产上对铸件模样给以相应的伸长，通常称为缩尺。

测定线收缩所用仪器的构造如图 12-89 所示。试验时，将钢液浇入铸型中铸成试样，试样 2 的左端与

静拉杆 1 固定成一体，右端可以自由移动，此端与动拉杆 3 连接，拉杆与千分表 6 接触。千分表 6 用来计量试样收缩的尺寸。动拉杆及其托板 5 支承在滚珠 4 上，以保证杆在移动时摩擦力小、移动灵活。

图 12-90 所示为测定钢的线收缩的模样及整体水平铸型示意图。线收缩率的测定方法和计算见表 12-32。

某些铸钢的线收缩率见表 12-33。

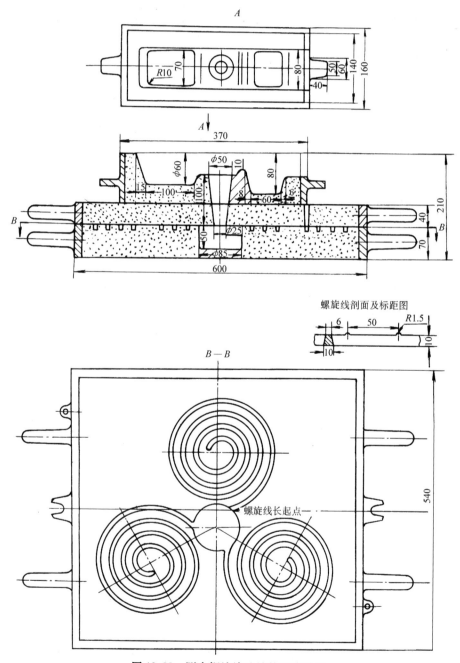

图 12-88　测定钢液流动性的螺旋试样

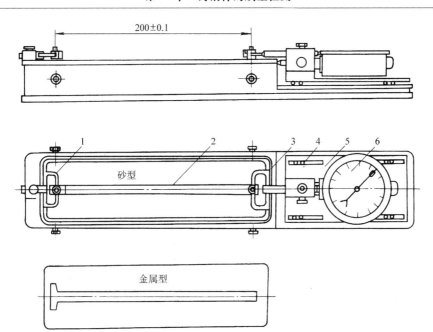

图 12-89　钢的线收缩仪

1—静拉杆　2—试样　3—动拉杆　4—滚珠　5—托板　6—千分表

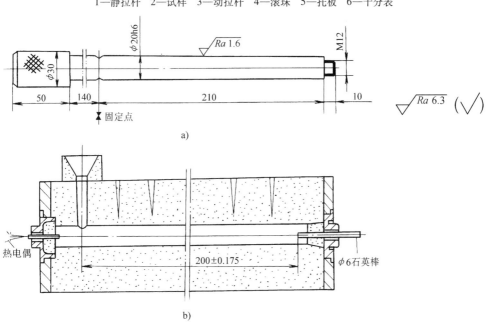

图 12-90　测定钢的线收缩的模样及整体水平铸型示意图

a) 模样　b) 铸型

表 12-32　线收缩率的测定方法和计算

测 定 步 骤	计 　 算
1）采用规定的造型材料及造型工艺 2）测试时温度为 10～30℃，湿度在 30%～85% 之间 3）仪器和试样保持绝对水平 4）自然状态下冷却至室温，外箱表面温度 <80℃ 5）试样应在造型完毕后 2h 内浇注，浇注温度应控制在合金液相线以上 50～80℃	自由线收缩率 ε 由下式计算 $$\varepsilon = \frac{\Delta L}{200} \times 100\%$$ 式中　ΔL—收缩值的指示器读数或记录值

表 12-33　某些铸钢的线收缩率

序号	钢　　种	自由线收缩率(%)
1	ZG230-450	2.34
2	ZG15MnMoVCu	2.26
3	ZG20SiMn	2.20
4	ZG35CrMo	2.09
5	ZG40Mn2	2.16
6	ZG06Cr13Ni4Mo	1.98
7	ZG12Cr13	2.20
8	ZG12Cr18Ni9	2.70
9	ZG15Mn2	2.33
10	ZG20Cr	2.45

3. 铸钢的抗热裂性测定

抗热裂性是指在高温下的热裂倾向。它可从热裂力和裂纹形态两个方面来判定，可以用热裂试验仪测量。钢的热裂试验仪结构如图 12-91 所示。

试验时，在仪器底座 1 上安放好用规定造型材料及造型工艺制成的热裂试样铸型 6。试样铸型用尾架 2 抵住，并用手柄 3 将尾架固定在仪器底座上。在铸型的左端插入固定端金属型 5。此金属型通过销子 9 固定在尾架上。固定端金属型上的销子孔是圆形的，刚好与销子的直径相配合，而尾架上的销子则是沿水平方向呈长条形的，这样可使销子能够在尾架上沿水平方向移动一定的距离。尾架上有紧定螺钉 4 推住销子。通过旋紧紧定螺钉就可以使固定端金属型紧紧抵住试样铸型。试样的铸型右端有一个动端拉杆 7，是在制作试样铸型时埋入的。动端拉杆的一端伸出型外并与框架 13 相连接。在框架与底座的凸出部分 10 之间安装测力环 11，在测力环的内部安置千分表 12。钢液浇入铸型后就将动端拉杆铸在试样中。当试样收缩时就会牵连框架向左移动，而这样会使测力环受压缩而产生变形，从而产生对于试样收缩的阻力。测力环的变形量反应在千分表上。由事先作好的力-变形量图中可以换算出试样在收缩过程中所受到的拉力。随着试样收缩过程的进行，试样所受的拉力越来越大。当试样中的拉应力超过钢在高温下的强度时，试样就被拉裂。根据裂纹形态，可分为透裂、明显环裂、断续环裂、微裂和不裂 5 种。

热裂试样模样如图 12-92 所示。试样顶端一段为 φ35mm，这部分冷却较慢，因此这一段与 φ20mm 的一段相比，停留在高温状态下的时间长，热裂往往产生在粗的一段上。为了测量钢液在发生热裂时的温度，还可以在砂型中发生热裂的位置埋设一个热电偶。

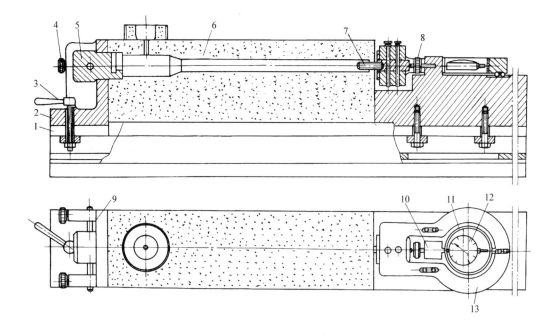

图 12-91　钢的热裂试验仪结构

1—仪器底座　2—尾架　3—手柄　4—紧定螺钉　5—固定端金属型　6—试样铸型　7—动端拉杆
8—预调螺钉　9—销子　10—底座的凸出部分　11—测力环　12—千分表　13—框架

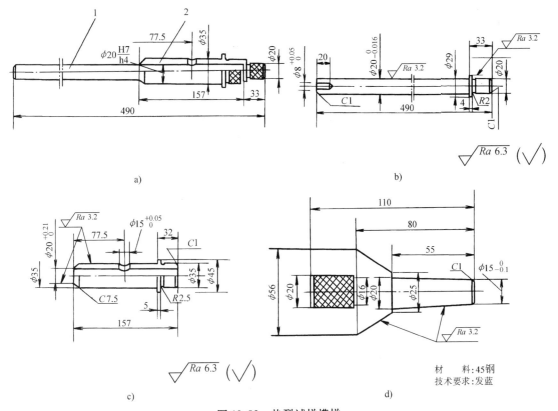

图 12-92　热裂试样模样

a) 模样总图　b) 模样模芯　c) 模样模套　d) 外浇口、直浇道模样

1—模样模芯　2—模样模套

测力环的刚度不宜过大或过小，只有刚度适宜，才能清楚地显示出力-变形量的关系。测力环的刚度主要是由它的尺寸所决定的，所以测力环的尺寸应经过试验确定。

为了测量试样在收缩过程中所受的拉力，也可以采用比测力环和千分表更灵敏和操作方便的测力元件，如电阻式荷重传感器等。

4. 铸件应力的测定

（1）内应力分类　铸造应力是模腔内的铸件凝固后，固态冷却进入弹性变形区范围内由于收缩（或膨胀）受阻而在铸件内部形成内应力。根据应力的成因可将铸造应力分为热应力、相变应力和阻碍应力 3 种，应力可以是拉应力，也可以是压应力。当铸件开箱后，铸件内应力则仅含热应力和相变应力两种。通常相变应力在低温范围内（非相变区）数值很小，主要是热应力。

（2）应力测定　应力测定方法较多，基本原理均相同，生产中常用的有应力框测定法和直测法。它们均是将试件或铸件内原先存在的正负（拉压）两种相互平衡的应力状态破坏，使试件或铸件发生变形，再通过测量形变量来求得铸造内应力，由此可计算出应力的消除效果。残余内应力的非破坏性测定可采用磁性或 X 射线衍射法，市场上均有商品化仪器供应。在此仅介绍应力框测定法。

图 12-93 所示为一种普通的应力框。铸造时两侧杆截面小，先冷却而阻碍厚截面的中间杆的自由收缩，因此铸造应力使两侧杆受压、中间杆受拉。

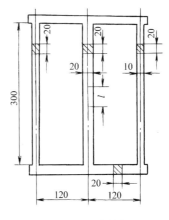

图 12-93　应力框

试验方法用读数显微镜测中间杆，在中间部位打两个点，两点距离为 6 ~ 10mm；然后在两点间用钢锯将中间杆锯断，测得两点距离为 l_2。中间杆所受的拉应力 σ 为

$$\sigma = E\varepsilon = E \frac{l_1 - l_2}{l_1} \qquad (12\text{-}39)$$

式中 ε——应变，$\varepsilon = (l_1 - l_2)/l_1$；

E——弹性模量（Pa）；

l_1——锯断前中间杆长度（mm）；

l_2——锯断后中间杆长度（mm）。

试验时可用同牌号钢液浇注 6 个应力框，分为两组。第 1 组的 3 个，铸态时锯断，测得应力，求平均值 $\sigma_{铸}$；第 2 组 3 个，随铸件一起进行消除应力的时效处理，然后测得退火后的应力框的残余应力，取平均值 $\sigma_{退}$。这样可以计算出应力消除的程度 ψ。

$$\psi = \frac{\sigma_{铸} - \sigma_{退}}{\sigma_{铸}} \times 100\% \qquad (12\text{-}40)$$

应力框测定法的优点是不破坏铸件，并较简便地测得结果。缺点是应力框结构和铸件结构差异较大，所测数值对铸件只有一定的参考价值。

应力框尚有一些其他形式，如图 12-94 所示。

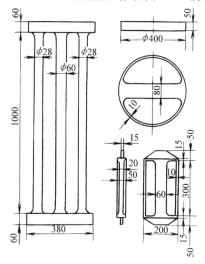

图 12-94 各种应力框形式

12.6.2 焊接性能的测定

铸钢的焊接性能一般是指钢适应常用焊接方法和焊接工艺的性能。焊接性能包括两个方面的概念：一方面是焊接加工时钢形成完整焊接接头的能力；另一方面是已焊成的焊接接头在使用条件下安全运行的能力。

对铸钢件来说，焊接是用来补焊铸件的缺陷，修整铸件，或者将两个或数个铸件焊接成装配部件。

铸钢件的焊接性能与其焊接参数有关，不同的钢种可采用不同的工艺以获得良好的焊接接头。碳素铸钢及低合金钢的焊接性能主要取决于它们的化学成分及热处理。碳的质量分数低于 0.3% 及锰、硅含量低的碳素铸钢不需任何措施即可焊接。碳的质量分数高于 0.3% 的碳素钢铸件焊接前最好进行预热（焊条在施焊前进行烘干），采用低氢焊条，以降低焊缝的含氢量，因为氢是造成焊缝热影响冷裂纹的重要因素之一。对于铸钢的焊接裂纹敏感性的判断方法有间接评价法与焊接性试验法。

1. 铸钢的焊接裂纹敏感性间接评价法

（1）碳当量法 焊接热影响区的淬硬和冷裂倾向与钢的化学成分有直接关系，因此铸钢的化学成分可用来评价它的热影响区淬硬和冷裂倾向。又因为碳是各种合金元素中对钢的淬硬、冷裂影响最明显的元素，所以习惯上把各种合金元素对淬硬、冷裂的影响都折合成碳的影响。碳当量就是把各种合金元素按相当于若干碳含量的办法总加起来。通过实践，可以对于各种合金元素得出相应的系数，最后总结成碳当量公式。较常用的两种即日本焊接学会（JIS）和国际焊接学会（IIW）规定的碳当量公式。

JIS：

$$CE = w(C) + \frac{w(Si)}{24} + \frac{w(Ni)}{40} + \frac{w(Cr)}{5} + \frac{w(Mo)}{14} + \frac{w(V)}{14} \qquad (12\text{-}41)$$

IIW：

$$CE = w(C) + \frac{w(Mn)}{6} + \frac{w(Cr + Mo + V)}{5} + \frac{w(Ni + Cu)}{15} \qquad (12\text{-}42)$$

计算碳当量时，元素含量均取其成分范围的上限。CE 越高，钢的淬硬性倾向越大，热影响区冷裂倾向也越大。

（2）冷裂纹敏感系数 碳当量法只考虑铸钢母材的化学成分，而忽略了焊件厚度、焊缝含氢量等重要因素，不可直接用于判断是否可能发生裂纹。为此有人对 200 多种钢进行了大量试验，求出铸钢焊接冷裂纹敏感系数 P_C 如下

$$P_C = w(C) + \frac{w(Si)}{30} + \frac{w(Mn)}{20} + \frac{w(Cu)}{20} + \frac{w(Ni)}{60} + \frac{w(Cr)}{20} + \frac{w(Mo)}{15} + \frac{w(V)}{10} + 5w(B) + \frac{h}{600} + \frac{H}{60} \qquad (12\text{-}43)$$

式中 h——焊件厚度（mm）；

H——焊缝金属中扩散氢含量（mL/100g）。

式（12-43）的适用范围如下：

$w(C) = 0.07\% \sim 0.22\%$，$w(Si) = 0\% \sim 0.60\%$，$w(Mn) = 0.40\% \sim 1.40\%$，$w(Cu) = 0\% \sim 0.50\%$，$w(Ni) = 0\% \sim 1.20\%$，$w(Cr) = 0\% \sim 1.20\%$，$w(Mo) = 0\% \sim 0.70\%$，$w(V) = 0\% \sim 0.12\%$，$w(Nb) = 0\% \sim 0.04\%$，$w(Ti) = 0\% \sim 0.05\%$，$w(B) = 0\% \sim 0.005\%$；$h = 19 \sim 50mm$；$H = 1.0 \sim 5.0mL/100g$。

对于各种敏感性的判据值，视材料的化学成分、零件的形状尺寸和结构而定。

用 P_C 值来判断钢在焊接时的冷裂敏感性比 CE 更好。通过试验还得出了在斜 Y 坡口对接裂纹试验时，为防止裂纹所要求的最低预热温度 t_P 为

$$t_P = (1400P_C - 392)℃ \qquad (12-44)$$

在焊接裂纹敏感性间接评价法中，还包括如对热裂纹敏感性（H. C. H）和再热裂纹敏感性（ΔG）等指标的评估。

2. 普通低合金铸钢的焊接性试验

焊接性试验包括抗裂性试验和使用性焊接性试验两个方面。

（1）抗裂性试验　焊接普通低合金钢，特别是焊接强度较高的低合金钢时的主要问题，是容易产生冷裂纹，包括热影响区的冷裂纹和熔合线附近发生的延迟性裂纹。对于各钢种，影响这些裂纹发生的主要因素是氢的含量、焊接时冷却速度以及焊接过程中的应力。抗裂性试验方法，就是结合产品特点和钢种，根据以上 3 个因素的影响而制定的。

1）抗裂性试验方法的选择。抗裂性试验方法很多，常用的方法见表 12-34。这几种试验方法有相似的地方，选择其中一二种方法即可。斜 Y 形坡口焊接裂纹试验和对接接头刚性拘束试验是两种十分相似的试验方法，适用于试验焊缝和热影响区的裂纹倾向；可变刚性试验的刚度比前两种方法要小一些，如果感到前两种试验方法的刚度过严，超出实际条件时，可以选用该试验方法；十字接头试验是唯一的一种试验角焊缝的抗裂性试验方法，当结构中有 T 形、十字形等角接形式时，可以选用这种方法。

2）抗裂试验结果的评定及应用。抗裂试验结果的评定一般用比较的办法，即把未知焊接性的材料与已知焊接性的材料进行对比，以裂或不裂为标准。

对抗裂性试验中产生的裂纹，首先要分析具体产品的钢种、缺陷特点、结构等，选用合适的试验方法，然后再对试验结果进行分析。不应孤立地以某种抗裂试验结果，轻易得出焊接性好或不好的结论。

（2）使用性焊接性试验　补焊或焊接件还应考虑焊后的性能变化，看它是否会影响使用的安全可靠性。对焊接接头各个部位的塑性、韧性试验，是了解以上性能的主要方法，这就是使用性焊接性试验。

目前的常规力学性能试验中，冲击试验和弯曲试验等，已在一定程度上反映了焊接接头的使用性能。

表 12-34　抗裂性试验方法

试验方法	产生的主要裂纹类型	可反映的裂纹
斜 Y 形坡口焊接裂纹试验	热影响区冷裂纹	焊缝冷裂纹和热裂纹
对接接头刚性拘束试验	焊缝金属的冷或热裂纹	热影响区冷裂纹
可变刚性试验	焊缝根部的冷或热裂纹	热影响区冷裂纹
T 形接头试验	热影响区冷裂纹	焊缝金属裂纹

12.6.3　切削性能的测定

铸钢的切削性能是一种综合性能，目前尚没有一定标准，也没有确切的试验方法。一般是按刀具寿命、切削抗力大小、被加工铸件表面粗糙度和切屑排除难易程度加以衡量。这 4 项既各自独立而又相互联系，要在所有的切削条件下同时满足 4 项要求是困难的，有时是矛盾的。例如，适当提高被切削钢的硬度可以降低加工件表面粗糙度值，但刀具寿命降低。

评定钢切削性能比较常用的方法如下：

（1）v_{60}法　v_{60}即刀具寿命为 60min 的切削速度。此法是在实验室测定切削性的方法，能较全面地反映钢的切削性，但费时费料，测定麻烦。

（2）刀具刃磨与加工合格件法　在实际生产中，一般都简便地以在相同的刀具和切削条件下，刀具每刃磨一次所能加工的合格零件数作为评定依据。

（3）铸钢的化学成分对切削性能的影响

1）硫的影响。硫与锰和铁形成（Mn、Fe）S 夹杂物，能中断钢基体的连续性，促使形成卷曲半径小而短的切屑，尽量使切屑不能黏附在刀刃上。因此，硫能降低切削力和切削热，改善切削中的排屑情况，减少刀刃磨损，降低铸钢件表面粗糙度值并提高刀具寿命。

低碳钢的切削性通常是随硫含量提高而不断改善。但铸钢硫的质量分数不应大于 0.05%，硫含量过高将使焊接性能变坏，并导致热脆性，易形成热裂。

2）碳的影响。碳决定着钢的强度、硬度和韧性，从而决定着刀具的磨损情况和零件的表面粗糙度。

$w(C) \leqslant 0.25\%$ 时，钢的切削性随碳含量的增加而改善。碳含量过低，组织中有大量铁素体，钢的硬度和强度很低，切屑易黏着于刀刃上形成刀瘤，加之切屑是撕裂断落，以致切削性降低，零件表面粗糙度值变大。$w(C) > 0.25\%$，则组织中的珠光体增加，硬度增加，使切削抗力增加，加剧刀具的磨损。

3）磷的影响。磷对钢的切削性改善较弱。磷固溶于铁素体中，能提高铸钢的硬度和强度并降低韧性，使切屑易于断裂和排除，铸件表面粗糙度值降低。

4）氮和氧的影响。氮提高钢的强度，也增加脆性，有利于形成短碎的切屑，氮的质量分数为0.001%时对切削性有利。含量过高，强化作用增强，使刀具寿命降低。

5）硅和铝的影响。硅和铝对钢的切削性能起有害作用。硅部分固溶于铁素体中，增加硬度，部分与氧结合形成硬度较高的氧化硅夹杂物，使刀具磨损增加，故硅含量宜低。铝在钢中也形成高硬度的 Al_2O_3 质点，使刀具磨损增加。

硅和铝加入钢中会降低钢中氧含量，使硫化物呈细长条状分布，也使切削性能恶化。

12.6.4 温度的测定

1. 测温装置

在生产上通常使用的测温装置为热电偶和二次仪表（毫伏计、电子电位差计），此外还有光学高温计、水银温度计（450℃以下）等。

（1）热电偶 热电偶是使用最广泛的测温元件。它具有结构简单、使用方便、测量精度高、测量范围宽、便于远距离传送与集中检测等优点。

图12-95所示为工业用热电偶示意图。它由两根不同材料的导线 A 和 B 所组成。其一端是互相焊接的，形成热电偶的工作端也称热端，将它插入待测介质中测量温度；另一端称自由端也称冷端，用连接导线引出与测温仪表连接。如果热电偶的工作端与自由端存在温度差时，二次仪表将会指示出热电偶中所产生的热电势。

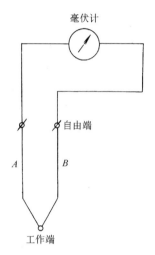

图 12-95 工业用热电偶示意图

热电偶中所产生的热电势随工作端温度升高而增大，其大小只与热电偶的材料和热电偶两端的温度有关，而与热电偶的长度与直径无关。因此，如果热电偶材料一定，又保持自由端温度恒定，则热电势的大小只随工作端温度变化而变化。

热电偶材料的要求是：能抗氧化性（或还原性）气氛的侵蚀；组成的热电偶产生的热电势大，测量范围宽；材料的电阻率和电阻温度系数低；加工性良好。常用的热电偶有铂铑-铂、铂铑-铂铑、镍铬-镍硅（镍铬-镍铝）、镍铬-考铜等。常用热电偶的基本特性及测量温度范围见表12-35。

表 12-35 常用热电偶的基本特性及测量温度范围

热电偶名称	型号	分度号	热电偶材料			测量温度范围/℃		误差	主要优缺点
			极性	识别	化学成分（质量分数,%）	长期使用	短期使用		
铂铑-铂	WRLB	LB-2	+	较硬	铂90 铑10	0~1300	0~1600 0~1800	±0.5%	使用温度范围广，性能稳定，精度高，热电动势较大。宜在还原性气氛中使用，价格高
			−	柔软	铂100				
镍铬-镍硅（镍铬-镍铝）	WREU	EU	+	无磁	铬10 镍90	0~900	0~1100	±1%	价格低，热电动势大，灵敏度高。宜在还原性及中性气氛中使用。均匀性较差，线质硬
			−	有磁	硅3 镍97				

（续）

热电偶名称	型号	分度号	热电偶材料			测量温度范围/℃		误差	主要优缺点
			极性	识别	化学成分（质量分数,%）	长期使用	短期使用		
镍铬-考铜	WREA	EA	+	色较暗	镍90 铬10	0 ~ 600	1 ~ 800	±1%	价格低，热电动势更大，灵敏度高。宜在还原性气氛中使用。均匀性差，线质硬，易氧化
			−	银白色	镍44 铜56				

　　热电偶的热电势与工作端温度和自由端温度的差别有关，从测量的要求出发，希望自由端温度不变。一般自由端都距热源较近，因而温度波动较大。为克服这一影响，常用补偿导线把热电偶的冷端延长到温度稳定的地方，当显示仪表带有自由端温度补偿时，则将补偿导线一直接到仪表上，见图 12-96。补偿导线实际上是一对化学成分不同的金属丝，在 0 ~ 100℃ 范围内与其所配的热电偶具有相同温度的热电动势，但其价格却比相应的热电偶低得多。常用热电偶补偿导线见表 12-36。

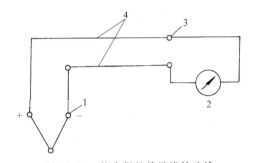

图 12-96　热电偶补偿导线的连接
1—原冷端　2—仪表　3—新冷端　4—补偿导线

表 12-36　常用热电偶补偿导线

热电偶名称	补偿导线				代号	工作端为100℃，自由端为0°C时的热电势/mV
	正　极		负　极			
	材料	颜色	材料	颜色		
铂铑-铂	铜	红	镍铜	绿	S	0.64 ±0.03
镍铬-镍硅（镍铬-镍铝）	铜	红	康铜	蓝	K	4.10 ±0.15
镍铬-考铜	镍铬合金	褐色	考铜	黄	E	6.95 ±0.3

　　用热电偶测温时，要注意因自由端温度变化而受的影响。消除这种影响可以采用调整仪表指针起始位置法与修正系数法。

　　1）调整仪表指针起始位置法。与热电偶配套的仪表，多是直接指示温度值的。调整时，可以将仪表指针刻度调整到已知的自由端温度的刻度线上，这就等于补上了由于自由端温度变化而被抵消的热电势。以后，仪表的指示值就是工作端的实际温度。

　　2）修正系数法。用修正系数 k 来计算工作端的实际温度。其计算公式为

$$t = t_1 + kt_0 \qquad (12\text{-}45)$$

式中　t——工作端真实温度；

　　　　t_1——仪表指示温度；

　　　　t_0——自由端温度；

k——修正系数，取决于热电偶的种类及所测温度范围（见表 12-37）。

表 12-37　热电偶自由端的修正系数 k

指示温度/℃	补偿导线种类		
	S	K	E
0	1.0	1.0	1.0
20	1.0	1.0	1.0
100	0.82	1.0	0.9
200	0.72	1.0	0.83
300	0.69	0.98	0.81
400	0.66	0.98	0.83

（续）

指示温度/℃	补偿导线种类		
	S	K	E
500	0.63	1.0	0.79
600	0.62	0.96	0.78
700	0.60	1.0	0.80
800	0.59	1.0	—
900	0.56	1.0	—
1000	0.55	1.07	—
1100	0.53	1.11	—
1200	0.53	—	—
1300	0.52	—	—
1400	0.52	—	—
1500	0.53	—	—
1600	0.53	—	—

（2）毫伏计、电子电位差计　毫伏计的结构简单，价格低，使用方便，适用于测量高、中、低温；但因精度不高，其应用受到一定限制。

热处理用的毫伏计，有指示式毫伏计和调节式毫伏计两大类（见图 12-97）。前者仅能测量指示温度，常用型号有 XCZ-101 等；后者则除了测量指示温度外，还能自动调节炉温，常用型号有 XCT-101 等。

常用的电子电位差计为晶体管式（XW 和 EH 系列两种）。晶体管式仪表重量轻，体积小，抗干扰性能好，应用广泛。图 12-98 所示为 XWB-101 型电子电位差计的外形图。

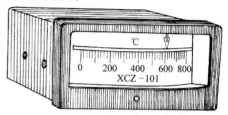

图 12-97　毫伏计的外形示意图

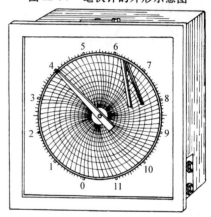

图 12-98　XWB-101 型电子电位差计的外形图

电子电位差计是一种精确可靠的仪表，它比毫伏计的结构复杂，成本较高，测量准确度高，能够自动记录和控制加热炉温度的变化。因而，在热处理生产中应用极为广泛。电子电位差计的结构原理图如图 12-99所示。

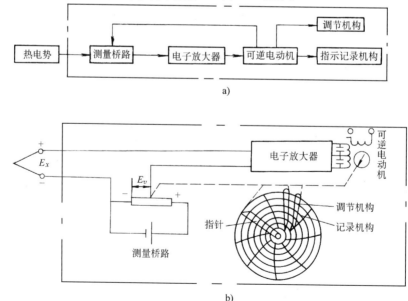

图 12-99　电子电位差计的结构原理图

a）方框图　b）原理图

（3）微型快速热电偶　微型快速热电偶测温是将它直接插入钢液熔池。其主要优点是测量精度高，误差小，能反映钢液的真实温度，是目前炼钢测量温度的主要手段。

电炉钢液熔池温度不均匀，在测温前应先搅动钢液（对小型电炉来说），热电偶插入位置应在炉门与电极间渣面下约150mm 处。

微型快速热电偶的偶丝是 PtRh10-Pt 或 PtRh10-PtRh6，测温极限为 1600～1800℃。热电偶丝用石英管作保护套管。微型快速热电偶结构如图 12-100 所示。

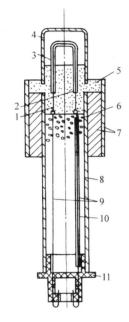

图 12-100　微型快速热电偶结构
1—铂铑丝　2—铂丝　3—石英管
4—铝罩　5—耐火水泥　6—棉花
7、8—黄纸板外壳　9—连接导线
10—塑料绝缘管　11—塑料插座

（4）光学高温计　光学高温计是利用特制光度灯的灯丝亮度与被测物体亮度相比较的方法而进行温度测量的。根据灯丝亮度与温度之间的对应关系，即可得出被测物体在相同亮度下的温度。光学高温计的结构及原理如图 12-101 所示。

光学高温计的使用方法，可参见各种型号的使用说明书。

如被测物体是绝对黑体，则光学高温计测得数字即为物体的实际温度。实际上除炉膛内所测的温度外，被测物体都不是绝对黑体，光学高温计测得的温度与物体的实际温度有一定的差别，应用物体的黑度系数修正。在生产条件下，如只要求在同样条件下进

行比较，也可不予修正，但在记录测定值时应注明是未经修正数值。

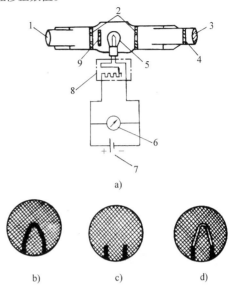

图 12-101　光学高温计的结构及原理
a）光学高温计构造原理　b）灯丝温度比物体温度低　c）灯丝温度等于物体温度　d）灯丝温度比物体温度高
1—物镜　2—光圈　3—目镜　4—红色滤光镜　5—灯泡　6—温度指示仪表
7—电池　8—调节变阻器　9—吸收玻璃

2. 测温方法

（1）炉内（或浇包）间断测温　采用热电偶直接插入钢液内部，测量钢液温度是最主要的炉内测温方法。它具有测量精度高、误差小的优点。测温点通常选在熔池的中间层，这样较有代表性。为使热电偶免受钢液的侵蚀和黏结，热电偶结构上均有非金属的保护管和防渣管保护。它通常有两种形式：更换保护管式和微型快速式。微型快速式热电偶采用更换测温插头的方式，测温插头插入测温枪座上，3～5s 即显示读数，8～10s 烧损，仅供一次使用。

测温的热电偶丝用于高温的主要有铂铑和钨钼两种，后者的测温极限为 2000℃。由于热电偶丝在高温下易被氧化或被还原气氛所沾污，在经过十余次的使用后，应将焊接热节点剪去，重新焊接。

由于钢液测温是在较紧张的生产条件下进行的，为保证测温在短暂的时间内完成，必须做好各项准备工作，如保持测试仪表和热电偶迅速投入测试状态，连接补偿导线应保持完好，热电偶间绝缘及接点接触应良好等。

（2）炉外测温

1）钢液结膜测温法。根据不同牌号的钢液其表面结膜时间的不同来间接判断钢液温度的高低，该方法简单易行，在生产中广泛应用，但往往受生产条件影响较大。某些钢种的出钢要求钢液结膜时间见表 12-38。常用的取样勺尺寸如图 12-102 所示。取样勺盛钢液质量约为 1kg。

表 12-38　出钢要求钢液结膜时间

牌　号	结膜时间/s
ZG200-400	35 ~ 50
ZG230-450	35 ~ 50
ZG270-500	30 ~ 40
ZG310-570	30 ~ 40
ZG340-640	30 ~ 40
18CrMnTi	35 ~ 45
20Cr	32 ~ 42
20Cr2Mn2Mo	32 ~ 42
ZG35Mn	30 ~ 40
ZG35Mn2	30 ~ 40
ZG35CrMo	30 ~ 40
35CrSiMnMo	30 ~ 40
ZG40Cr	30 ~ 40
50Mn	28 ~ 38
65Mn	28 ~ 38

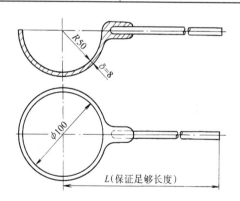

图 12-102　测温取样勺尺寸

2）钢液沾勺测温法。对于含铬高或含铝高的合金钢，因表面迅速生成氧化薄膜而不能用结膜法测温，可采用沾勺法。测定时可用几个取样勺同时取钢液，然后静置不同秒数后将钢液倒出，观察钢液开始沾勺时所对应的静置秒数，以该秒数来作为钢液温度的指示范围，即沾勺秒数对应钢液温度。表 12-39 为某些高合金钢出钢所要求的沾勺时间。

表 12-39　某些高合金钢出钢所要求的沾勺时间

牌　　号	沾勺时间/s	对应的钢液温度/℃
ZG15Cr13Si3	28 ~ 35	1540 ~ 1560
ZG12Cr18Ni9Ti	32 ~ 40	1620 ~ 1640
ZG08Cr18Ni12Mo3Ti	30 ~ 38	1610 ~ 1630
ZG12Cr19Mn13Mo2CuN	45	1550 ~ 1570
ZG12Cr18Mn9Ni4Mo3Cu2N	45	1550 ~ 1570

（3）钢液连续测温　连续地测定钢液熔炼过程中各阶段的温度参数，对提高铸钢的产量和质量、缩短冶炼时间和实现炼钢自动化具有重要意义。我国较成功的连续测温是采用以钨-铼热电偶作一次测温元件埋入接触式的测温方法。其原理是金属陶瓷管作热电偶外套管，高纯氧化铝作内套管，二次仪表用电子电位差计。对电弧炉炼钢，热电偶安装在与出钢口中心线成 30° 夹角、距炉底 245mm 处（对熔池深为 400mm 者），测温头伸入炉内 25 ~ 30mm，应符合拆换方便、测温准确和不妨碍炉前操作的原则。对钢液包的连续测温方法和原则均与前述相同。这样通过测温元件传出的指示温度的电信号，在二次仪表上可直接读出钢液的实际温度及在熔炼或浇注过程中的变化规律。

12.7　铸钢的无损检测和质量分级

无损检测又称无损探伤，是在不损害或不影响被检测对象使用性能的前提下，利用材料内部结构异常或缺陷存在引起的热、声、光、电、磁等反应的变化，以物理或化学方法为手段，借助现代化的技术和设备器材，对试件内部与表面的结构、性质、状态，以及缺陷的类型、性质、数量、形状、位置、尺寸、分布及其变化进行检查和测试的方法，并依据相关数据做出质量评价。铸件质量的无损检测可以为改进铸造工艺提供直接可靠的依据，在提高铸件质量，减少和杜绝铸件废品，降低铸件生产成本等方面起着重要作用。对于在役使用的产品或设备定期进行无损检测，监测其是否出现危险性缺陷，可防患于未然，在防止和杜绝灾害性事故方面起重要作用。

无损检测的方法很多，铸钢件广泛采用四种无损检测方法。铸件内部质量检测和评定采用射线检测（RT）、超声检测（UT），表面质量检测和评定方法采用磁粉检测（MT）、渗透检测（PT）。

12.7.1　射线检测

铸钢件射线检测中利用最多的射线是 X 射线和 γ

射线，射线照相影像的采集主要通过胶片和数字成像，目前使用最广泛的是工业感光胶片。

1. 基本原理

利用 X 射线或 γ 射线在穿透物质过程中，与物质相互作用，而使其强度被吸收和散射衰减的性质，在感光胶片上可得到与材料内部结构和缺陷相对应的黑度不同的图像。从图像的形态、数量、大小、方位、分布状况及黑度等判别其性质，再根据缺陷的性质、尺寸和数量对缺陷分类评级，从而获得关于铸件内部缺陷的种类及其严重程度的资料，实行对铸件适用性的评估。

射线在物质中的衰减规律，可用公式表示，即

$$I = I_0 e^{-\mu x} \tag{12-46}$$

式中　I 和 I_0——X 射线入射到物体表面时的强度和到达厚度为 x 处的强度；
　　　　x——吸收物质厚度（m）；
　　　　μ——在该材料中射线的衰减系数，由试验得出。

还可表示为

$$I = I_0 e^{-\mu_m x_m} \tag{12-47}$$

$x_m = \Delta X \rho$ 为质量厚度，单位为 kg/m^2。

式（12-46）和式（12-47）只适用于单能窄束辐射。

图 12-103 所示为射线检测示意图。

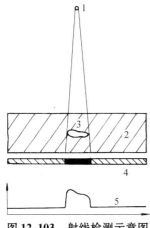

图 12-103　射线检测示意图

1—射线源　2—被检测的铸件
3—被检测铸件中的缺陷
4—缺陷成像的照相底片
—胶片经冲洗后的感光黑度分布

2. 射线检测照相质量和像质计

用 X 射线或 γ 射线检测工件时，检出缺陷的能力取决于获得的射线照相质量，射线照相质量取决于所应有的射线照相技术，通过像质计（IQI）来评价。

像质计的制作材料与铸件尽可能接近，其形状和尺寸已知，也称为透度计。像质计是度量照相质量等级的一种工具，它并不表示能够检测铸件中缺陷的真实大小。实际上，射线检测铸钢件内部缺陷的能力受射线照相技术、铸件的几何形状及缺陷的性质、位置、取向、数量、尺寸等因素影响。现引入一可定量的照相灵敏度的概念，其定义为

$$K = \frac{d}{\delta} \times 100\% \tag{12-48}$$

式中　K——以百分数表示的射线照相灵敏度；
　　　　d——射线照相底片与可判别的最小直径（mm）；
　　　　δ——铸钢中被透照的厚度（mm）。

常用的有以金属不同线径表示照相灵敏度的线型像质计和不同孔径或槽宽的孔型、槽型像质计（见图 12-104）。像质计的线（孔、槽）径用像质指数来表示。两种像质计表征的灵敏度可以进行换算，这样射线检测灵敏度可用像质指数，即可识别最细的线径、孔径或槽宽表示。

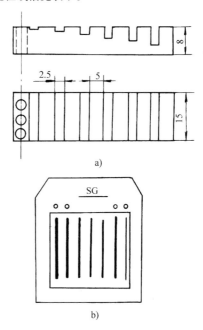

a)

b)

**图 12-104　射线检测常用的两种
人工缺陷像质计形式**

a）槽型像质计　b）线型像质计

射线方法详细可参阅 GB/T 19803—2005《无损检测　射线照相像质计　原则与标识》、GB/T 19943—2005《无损检测　金属材料 X 和伽玛射线照相检测　基本规则》及 GB/T 5677—2018《铸件射线照相检测》。

3. 特点和应用范围

1) 射线检测的最大特点是铸件中的内部缺陷可直观看到,易于判断缺陷性质和所处的平面尺寸和位置,但难以确定缺陷在厚度方向的尺寸和位置。

2) 对孔洞类缺陷,具有较高的检测灵敏度;对裂纹、冷隔类缺陷,检测灵敏度受射线透照角度及缺陷形态、位置等因素影响。

3) 对衰减系数接近母材的夹杂类缺陷和微小裂纹不易发现。当铸件厚度大于 40mm 时,对大面积缩松类缺陷的检测能力也较低。

4) 检测的图像可存档、备查和进行复验、核对。需较大的设备投资和专用场地,成本较高。

4. 照相图像分析和质量等级分类

(1) 图像分析 底片上成像的铸件宏观内部缺陷对其性质的判别要以对被探铸件的铸造工艺有所了解为前提。

常见的缺陷的显微特点如下:

1) 裂纹类缺陷在底片的图像是窄的暗线条,形状取向无规律,有的笔直,有的基本平直,但其两端是尖锐状、头部不圆浑。一般在铸件的热节点或截面徒然变化的交接处发现。

2) 气孔表现为圆形或椭圆形暗点,有时带有尾巴,有时成群分布,有的单个、尺寸不定。成群时,图像往往重叠,形态较不规则。常出现在铸件最后凝固、气体汇集又无法逸出处。针状气孔的形成由于属反应侵入型,在铸件表面层垂直于表面成排、分散分布。

3) 缩孔类缺陷根据其立体形状分为管条状、树枝状缩孔和大面积缩松。在底片上的平面像则是呈管条形、树枝形和区域性不规则点状暗点,缩孔形成于树枝晶间,体积较大,暗点的形状也呈小树枝点状。缩孔一般分布在冒口底部或最后凝固的热节点处,常与气孔、夹渣、缩松伴生。一般出现在横截面中心并且方向指向浇口或冒口。缩松是由壁厚的变化或其他因素导致同一区域内冷却速度的不同而形成的,且在壁厚较小的部位出现的概率更大。

4) 夹渣和夹砂呈不规则点状或线状分布。呈线状时有一定宽度,可在铸件内部随机分布。夹渣常发生在缩孔底部周围,夹砂有时分布在铸件表层范围内。低密度夹杂物的射线照片显示为各种形状及尺寸的暗色斑点。高密度夹杂物的射线照片显示为各种形状及尺寸的亮色斑点。其来源自熔融金属中的污染物、模样表面的残留金属、模样的破损等,高密度夹杂物的来源也有补焊带入的钨。

5) 未熔合类缺陷的图像与裂纹有类似之处,均呈暗线条,但其线条一侧应呈直线段,仅发生在布置内冷铁、芯撑和补焊部位。

(2) 质量分类评级 (GB/T 5677—2018《铸件射线照相检测》) 选定底片上缺陷最严重的部位,根据铸造方式和铸件厚度不同,按照 ASTM E446 附件、E186 附件、E280 附件和 E192 附件中的铸钢件参考射线照相底片进行评级和验收。缺陷分为:缩孔类、气孔、夹渣和夹砂类等。ASTM E446 和 GB/T 5677—1987 (参考 JIS 标准)尽管在评定区域选择、厚度选择,评定方法上不同,根据经验,在 20～200mm 范围内的级别评定上,对比 ASTM E446、E186、E280 图谱,GB/T 5677—1987 仍有很大的参考价值。例如:

1) 缩孔类。选取图像中缩孔长度最长,面积最大的部位为评定视场。视场大小视透照厚度而定,两条以上的条状缩孔,以长度之和计算;树枝状缩孔以最大长度与正交的最大宽度乘积计算面积,两个以上的相加。对应于透照厚度,小于一定长度或面积的缺陷可不考虑。在视场边界线上的缩孔、缩松,计算长度或面积时均应全部包括在内。当缩孔与缩松并存时,按面积算:长度为条状缩孔之长,宽度为长度的 1/3。大面积缩松则以其所占区域的最大长度与正交的最大宽度之积为缺陷面积。条状缩孔在不同等级中允许缺陷的最大长度见表 12-40。

2) 气孔夹杂类。在底片上以缺陷点数最多的区域选定为评定视场,以点数评定质量的单个缺陷,应根据缺陷的大小换算成点数,小于某一尺寸的可不计算;随后分别查表分类评级。表 12-41 为气孔在不同等级中允许的最大点数值;但 1 级内可允许的最大气孔、夹渣和夹砂的尺寸不得超过相应的规定,否则即为 2 级。

表 12-40 条状缩孔在不同等级中允许缺陷的最大长度 (单位:mm)

透照厚度		≤10	>10～20	>20～40	>40～80	>80～120	>120～200	>200～300
评定视野(直径)		50		70		70		100
等级	1	≤12		18	30		50	60
	2	23		36	63		110	120
	3	45		63	110		145	160
	4	75		100	160		180	200
	5	100		145	230		250	270
	6	长度超过 5 级者						

表 12-41　气孔在不同等级中允许的最大点数值　　　　　（单位：mm）

透照厚度		≤10	>10~20	>20~40	>40~80	>80~120	>120~200	>200~300
评定视野（直径）		20	30	50	50	70	70	100
等级	1	≤3	4	6	8	10	12	14
	2	4	6	10	16	19	22	25
	3	6	9	15	24	28	32	40
	4	9	14	22	32	38	42	60
	5	14	21	32	42	49	56	80
	6	缺陷点数超过 5 级者，缺陷尺寸超过壁厚 1/2						

3）平面型缺陷。底片上呈现热裂纹和冷裂纹及未熔合性质的缺陷均定为最差级别 6 级。

4）两类以上缺陷。当评定视场内，同时存在两类以上缺陷时，评定以最差级为最终综合级别。若等级相同，且其点数或面积或长度均已超过该级规定的中间值时，其综合评级应降低一级。

上述介绍的是关于通用铸钢件的试验和质量等级分类方法的国家标准。各行业根据自身的需要对重要零部件制定有相应的试验方法和质量分级的行业标准，在此不一一赘述。

为了说明射线检测和评定射线检测质量等级，有必要采用一套标准的参考射线照相底片。ASTM 参考射线照相底片是国际上应用最广泛的质量等级评定方法。

12.7.2　超声检测

1. 基本原理

当频率很高、波长很短的超声波从探头射入铸件时，基于其具有束射指向性、传播的反射性、透射和衍射性，以及在界面的折射和波型转换性等声学特性，来发现铸件内部缺陷的检测方法称之为超声检测。超声振动因调制方式的不同得到连续波或脉冲波。有根据缺陷的回波和底面的回波来判断缺陷的存在、尺寸和位置的称之为脉冲反射法。利用连续波，有根据缺陷对超声波在与金属基体交界面被大量散射、反射或吸收而形成的声波来判断缺陷情况的穿透法，以及由被测铸件因共振所发生的超声驻波频率的骤变面而确定异质界面（缺陷）存在的称之为共振法。由于脉冲反射法应用最广，本节介绍仅限于此法，对于非奥氏体钢的一般用途铸钢件和高承压铸钢件详见 GB/T 7233.1—2010《铸钢件　超声检测　第 1 部分：一般用途铸钢件》和 GB/T 7233.2—2010《铸钢件　超声检测　第 2 部分：高承压铸钢件》。

2. 反射法

（1）原理　反射法也称回声法，是目前发展最快、应用最广泛的方法。其简单原理是由高频脉冲激发探头中的压电晶片产生超声脉冲，当声波在铸件中传播遇到缺陷时，有一部分被反射回来，反射回来的大小，随缺陷的大小、形状、深度和声学性质等而不同。未被反射回来的超声波继续向前传播，直达铸件底部才被反射回来。从缺陷和铸件底部反射回来的声能先后被压电换能器接收下来，以振幅形式显示在超声波探伤仪的示波器阴极射线管的荧光屏上。

（2）脉冲反射法的超声检测设备　包括高频脉冲发生器、探头（换能器）、接收放大器与指示器四大部分。

上述装置，除探头（换能器）外，乃是一套无线电仪器装置。按照缺陷显示方式的不同，有 A 型、B 型和 C 型 3 种探伤器。目前 A 型应用最广泛。

A 型探伤器的指示特点是：根据示波管屏幕中的时基线上的信号，来判定材料内部有无缺陷及缺陷的位置与大小，但反映不出缺陷属何种性质。A 型探伤器的结构原理如图 12-105 所示。

A 型探伤器主要结构是：高频脉冲发生器、探头、接收放大器、同步发生器、指示器、水平轴扫描发生器及刻度电压发生器。

A 型探伤器的工作过程是：仪器的主控机构的电源一经接通，同步发生器立即发出三路同步触发信号，以控制高频脉冲发生器。扫描发生器及刻度电压发生器同步工作。

（3）缺陷的显示　当超声波进入铸件内部，向前传播遇到缺陷时，立即被反射回来。反射回来的超声波被同一个或另一个压电换能器接收。由于电压效应的可逆性，压电换能器的晶体片把声能又转换为电能。这时微弱的电脉冲，通过接收放大器的放大和检波，输送到示波器的垂直偏转板上。在高频脉冲发射的同时，扫描发生器在示波器的水平偏转板上施加与时间呈线性关系的锯齿波电压。因此，电子束沿水平轴均匀地移动，形成时间基线或扫描线。由于扫描线

和时间成比例，示波器荧光屏上的始脉冲和底脉冲之间的距离和铸件的厚度也成比例。根据超声波从缺陷返回的时间，也就是从缺陷返回脉冲在始脉冲和底脉冲间的位置，就可以测定出缺陷的埋藏深度。

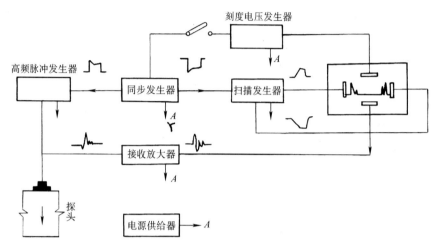

图 12-105　A 型探伤器的结构原理

对于缺陷的大小和形状，一般须根据反射脉冲信号的高度和底波的有无来估计或测定。当缺陷的尺寸小于探头晶片直径时，探头发射的超声波能量仅有一部分被反射而显示在荧光屏上。反射信号的高低和被反射能量的大小有一定的关系，即缺陷越大，反射回来的能量越大，荧光屏上的反射脉冲信号也就越高。因此，从反射信号的高低可以大致估计缺陷的大小。在实际检测中，一般通过和标准试块上人为缺陷的反射高度比较来确定缺陷的当量面积。

（4）斜探头的使用　铸件缺陷方向和超声波传播方向垂直时最易显示。直探头使超声波垂直于铸件表面时，最容易发现平行于该表面的裂缝等；但和表面垂直的缺陷，则几乎不能发现，所以必须采用斜探头以横波进行检测。

用斜探头以横波检测的原理是：当超声波以某一角度以第一介质传入第二介质时，除有反射和折射的纵波以外，还有反射和折射的横波存在。由于纵波的速度大于横波的速度，纵波发生全反射的临界角（第一入射角）将小于横波发生全反射的临界角（第二入射角）。当入射角大于纵波的临界角而小于横波的临界角时，在第二介质中将只有横波存在。在使用斜探头超声检测中，超声波是从探头上的有机玻璃斜劈入射到铸件的。根据计算，可以采用折射角度为28°~72°的探头进行工作。为了工作方便，国产超声波探伤仪的斜探头采用45°、60°和70°3种。

（5）超声检测的灵敏度　即所能发现的最小缺陷，与超声波的频率、探伤仪的放大倍数、发射功率、探头的性能以及电源的稳定性等因素有关。采用直探头时，在被探铸件表面处便存在所谓的"盲区"。在这个区域内任何缺陷都不能被发现。"盲区"的大小取决于仪器电路性能、探头的物理性能和仪器的分辨率。

（6）耦合方式　超声波是否能顺利传入声介质，乃是超声能否用于检测的首要条件。为此必须采用适宜的耦合方式。

1）工作表面要求较为平整光滑，铸件表面粗糙度 $Ra \leq 12.5\mu m$。

2）探头与铸件检测面间涂以耦合液（水、润滑油、变压器油、水玻璃等），以充实其间排除空气。

3）平稳而均匀的摩擦压力。

（7）比较试块　超声检测中将仪器调试到正常使用状态，并根据铸件检测要求而设计制作的内部具有简单几何形状及不同尺寸的人工缺陷的比较件，称为试块。铸钢件选用平底孔试块有 ZGZ 和 ZGS 系列，其中 ZGS 系列对比试块的形状和尺寸如图 12-106所示，有关尺寸见表 12-42。ZGS 系列对比试块图和 ZGS 系列对比试块尺寸表的用途有如下几方面：

1）校验检测灵敏度，以保证按铸件检测验收条件规定的检测灵敏度。

2）校验仪器时基线以保证用声程法精确定位缺陷。

3）仪器和探头特性测试校正，如校正斜探头的磨损而变化灵敏度值、仪器的水平和垂直线性及分辨率等。

4）缺陷的定量标准，以其已知孔的直径和面积作为"当量直径"或"当量面积"，来进行缺陷大小的评估。

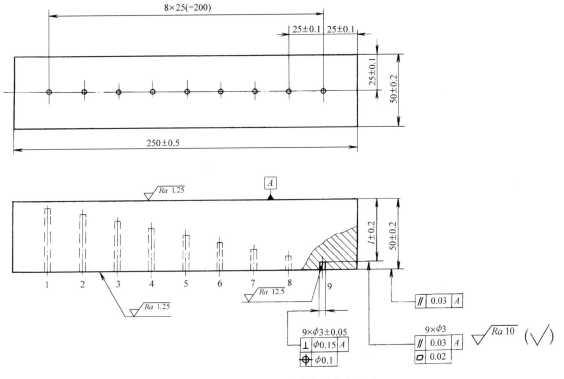

图 12-106　ZGS 对比试块形状和尺寸

表 12-42　ZGS 对比试块有关尺寸表

序号	1	2	3	4	5	6	7	8	9
l/mm	5	10	15	20	25	30	35	40	45

3. 特点及应用范围

1）探测灵敏度高。铸钢件中，因声波衰减比锻件大，在探测时采用的波长通常比锻件大，因此探测铸钢件的小缺陷能力略低于锻件，可检测出脉冲反射波 1/2 声长或更小的缺陷。在确定缺陷大小时应考虑材料衰减的影响。

2）缺陷定位、定量精度高。缺陷的位置和缺陷的大小受设备精度、材料声学特性和被检测面表面粗糙度影响，精度可优于毫米级。

3）适用性较强，使用范围广。目前主要用于非奥氏体钢的一般铸件和高承压铸件应用脉冲反射法，配合不同形式探头及纵波、横波、表面波、板波等不同型的选用，使超声检测能探测各种缺陷。但检测奥氏体钢中的缺陷能力较低。

4）结果不直观。其检测结果和可知度往往与操作人员素质关系很大。

5）设备轻，便于携带，现场使用方便。目前使用的小型充电仪器可在各种场合操作。

6）成本低，速度快，探测厚度大，可全体积扫描，也可自动化检测。

4. 缺陷当量尺寸的确定和质量等级评定

超声检测铸钢件缺陷，通常用平底孔直径来表示可接受的最小缺陷尺寸——参考缺陷回波大小，其缺陷尺寸采用与平底孔比较试块的孔径或面积直接相比较的方法，即标准试块比较法，应用所谓的"当量直径"或"当量面积"来表示。实际上铸件内部的缺陷有的可能较当量尺寸小（如单个缺陷），有的则可能较当量尺寸大（如堆集性缺陷）。因此在记录和报告检测结果时，必须同时注明检测的工作条件，如探伤仪型号、超声波频率、探测方法、探头的形式及耦合表面粗糙度等，以减少测量误差。

铸钢件的缺陷类型分别按点状缺陷和延伸性缺陷划分，根据缺陷数量、尺寸、面积又各共分 5 级，质量依次降低。缺陷的性质根据可测量或不能测量来分类：点状缺陷为缺陷尺寸小于或等于声束直径的缺陷；延伸性缺陷则指缺陷尺寸大于声束直径的缺陷。它们可以是平面形也可以是体积形的，但与缺陷的类型如裂纹、疏松等无明确的对应关系。

当量尺寸的确定：

1）按铸钢件被检部位的截面厚度划分为外、内、外3层。若铸件厚度为 t，外层的厚度 $a \leqslant t/3$。厚度 $\leqslant 90mm$ 者，各占1/3，厚度 $>90mm$ 者，外层定为30mm，其余为内层。对于质量严格要求区，可专门划区并提出质量要求。

2）用标准试块对仪器范围调整后，按供需双方规定铸件每个区域的检测灵敏度（一般纵波直探头，采用 $\phi 3mm$、$\phi 4mm$、$\phi 6mm$ 和 $\phi 8mm$ 当量平底孔）；

用距离幅度校正曲线法（DAC）或距离增益尺寸法（DGS）。对试块进行调整并保持好探伤灵敏度。

3）选取铸件上点状缺陷或延伸性缺陷最严重区域为评定区，以 $100mm \times 100mm$ 为评定框，根据要求记录评定框内缺陷的类型、形状和位置，必要时可用改变技术要求等方法进行验证并用简图描述。

4）根据被检部位的铸件厚度中点状缺陷或延伸性缺陷的位置、大小、数量和缺陷在铸件厚度方向的尺寸和计算单个最大面积和总面积，查相应的、适用范围铸件的质量分级表（具体可参阅 GB/T 7223.1 或 7223.2）。

表12-43 所列体积型缺陷允许的限值，可用于一般用途铸钢件的质量分级。对于某级铸件的点状缺陷和延伸性缺陷等级应分别满足该级规定。

表 12-43　体积型缺陷允许的限值

项　目	壁厚分区（见图）	质量等级												
		1	2			3			4			5		

被检部位的铸钢件厚度/mm

t—壁厚　a—$t/3$(最大30mm)

		—	$\leqslant 50$	>50 ~ 100	>100 ~ 600	$\leqslant 50$	>50 ~ 100	>100 ~ 600	$\leqslant 50$	>50 ~ 100	>100 ~ 600	$\leqslant 50$	>50 ~ 100	>100 ~ 600

不能测量尺寸的反射(点状缺陷)

最大的平底孔当量直径/mm	外层	3	①									不做评定		
	内层													
在 $100mm \times 100mm$ 评定框内被记录的缺陷数量	外层	3②	3	5		6			6			不做评定		
	内层		不做评定											

能测量尺寸的反射(延伸性缺陷)

| 最大的平底孔当量直径/mm | 外层 | 3 | ① | | | | | | | | | 不做评定 | | |
| | 内层 | | | | | | | | | | | | | |

（续）

项　目	壁厚分区（见图）	质 量 等 级				
		1	2	3	4	5
能测量尺寸的反射（延伸性缺陷）						
在壁厚方向缺陷的最大尺寸/mm	外层	不允许	层厚度的 15%			层厚度的 20%
	内层		壁厚的 15%			壁厚的 20%
不能测量宽度的缺陷的最大尺寸/mm	外层		75　75　75	75　75　75	75　75　75	75　75　75
	内层		75　75　100	75　75　120	100　100　150	100　100　150
单个最大的面积③④/mm²	外层		600　1000　1000	600　2000　2000	2000　2000　2000	3000　4000　4000
	内层		10000　10000　15000	15000　15000　20000	15000　15000　20000	20000　30000　40000
缺陷的面积③/mm²	外层		10000　15000　15000	15000　20000　20000	15000　15000　15000	15000　20000　20000
	内层		10000　15000　15000	15000　20000　20000	15000　20000　20000	30000　40000　40000
评定区域/mm²	—		≈150000（390×390）		≈100000（320×320）	

① 壁厚不超过 50mm，平底孔直径不能超过 8mm。壁厚 >50mm，在外层平底孔直径 >8mm 时，供需双方协商解决。

② 内外层累积。

③ 间距 <25mm 的显示作为一个缺陷。

④ 如果内层单个缺陷，壁厚方向上尺寸不超过壁厚的 10%（如中心缩松）。质量等级 2~4 级，允许超过规定数值的 50%。质量等级 5 级，没有限制。

12.7.3　磁粉检测

1. 基本原理

一种利用铁磁材料（如钢、铁）可被磁化的特性进行探伤的检测方法。当铸钢件被磁场强烈磁化后，若在铸件表面或近表面存在与磁化方向垂直的缺陷（如裂纹等），则会在该处造成部分磁力线的外溢，形成漏磁场产生新的磁极，此时在铸件表面浇上悬磁液或撒上干磁粉，磁粉粒子因为磁极吸引从而显示出缺陷的痕迹。图 12-107 所示为磁粉检测原理。

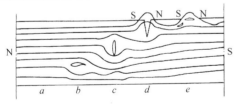

图 12-107　磁粉检测原理

注：a~e 为试样在不同位置下的有无缺陷的磁粉（S-N）的分布。

2. 磁化方法

一般使用通电的方法产生强磁场。按通电方式和通入电流的波型分，可将磁化方法分为直接磁化与间接磁化、直流电磁化与交流电磁化。按形成磁场的方向和产生磁场的方式，又可将磁化法分为周向磁化与纵向磁化、连续法与剩磁法等。根据铸件、尺寸及缺陷的分布部位和方位，采用多种交直流的复合磁化的

方法，以选择最佳的显示效果。商品化的磁粉检测设备都可进行多种形式的磁化方法。

3. 磁粉、悬磁液和灵敏度标准试片

（1）磁粉　磁粉是形成磁痕显示缺陷的材料，通常为磁导率高、剩磁和矫顽力低的高价氧化铁，如 Fe_3O_4、Fe_2O_3，且对其粒度、形状等均有要求。磁粉粒度对用干燥磁粉进行检测的干法以 80~300μm 为宜，湿法和荧光检测则磁粉粒度可更细。细微缺陷应选择细磁粉为主。球形磁粉流动性好，条状磁粉显现性好，理想的磁粉配方以球形为主配以一定比例的条状磁粉。磁粉种类的选用以对比鲜明为好。

（2）悬磁液　悬磁液是磁粉和分散液以一定比例混合而成的悬浮液。普通磁粉体积分数为 1.3%~3.0%，荧光磁粉体积分数为 0.1%~0.3%。分散液可选用水剂、煤油及煤油与变压器油混合物，具有防锈、湿润、消泡的能力，对人体无害，不易挥发和闪点高。

（3）标准试片　磁粉检测选用的 A 型试片，材料为软磁材料（纯铁），使用后其剩磁强度微弱得可忽略。其尺寸为 20mm×20mm，中心刻有深度分别为 15μm、30μm、60μm 的十字槽，外圈为深度与十字槽相同的环形槽，试片厚度为 100μm。十字槽可显示纵向或周向磁场磁化程度；环形槽可显示旋转磁场磁化程度，槽面朝下粘贴。

检测的灵敏度取决于磁场电流，也与铸件材料的

磁导率、尺寸、形状和材质有关，所以灵敏度试片既是磁粉检测设备又是磁粉灵敏度的指示器。

磁粉检测按 GB/T 15822.1—2005《无损检测 磁粉检测 第1部分：总则》、GB/T 15822.2—2005《无损检测 磁粉检测 第2部分：检测介质》、GB/T 15822.3—2005《无损检测 磁粉检测 第3部分：设备》进行。灵敏度试片在使用时应按 GB/T 23907—2009《无损检测 磁粉检测用试片》或 GB/T 23906—2009《无损检测 磁粉检测用环形试块》的规定来验证磁粉检测系统灵敏度。

4. 特点和适用范围

1）磁粉检测对铸件表面或近表面缺陷检测灵敏度最高，随缺陷深度增加，其检测灵敏度迅速下降。缺陷不连续显示的性质与显示类型有一定对应关系。

2）该方法仅局限于铁磁性材料检测，奥氏体钢没有磁性不能使用。

3）设备简单，便携式仪器易于现场操作。

4）铸件表面质量要求较高，随铸件表面质量等级而不同，质量等级要求越高，其表面粗糙度值越低。

5. 铸件质量等级的评定（参阅 GB/T 9444—2019《铸钢铸铁件 磁粉检测》）

（1）磁化和缺陷的显示 应根据铸件形状、最易发生缺陷的方向、磁化方向及磁化检测设备条件，选用合适的最有效的磁化方法。检测时应注意：不允许只在一个方向上的磁化和检验；双矩法和对角线法是较常用的测试方法；对于批量检验，一般采用连续法；湿法显现缺陷以浇淋或喷洒方式施加悬磁液；干法则应在磁化前或过程中间撒上磁粉，并施加微振动。

（2）不连续显示——磁痕 磁痕是材料中存在不均质状态的一种反映，材料的均质状态受到破坏称之为不连续性，其中也包括化学成分和微观金相组织的不均匀。超过了允许规定界限并影响了铸件使用性能的不连续，便称为缺陷。由漏磁场产生的不连续显示有相关和非相关不连续显示之分：由缺陷引起的相关不连续显示是指由铸件表面的缺陷产生的磁粉堆积；非相关不连续显示又称假不连续显示，不是由材料固有的不连续性引起的。铸件表面划痕、刀痕、碰撞痕、过度的粗糙、存在氧化物或污染异物或铸件断面突变处等人为因素所致，都可能成非相关不连续显示。材料中的带状组织、非金属夹杂带或网状、严重的宏观化学成分偏析，属组织缺陷，呈相关不连续显示。

（3）缺陷的不连续显示分类 按缺陷磁痕显示的形状和大小，测量显示的长度 L 和宽度 b，根据长宽比确定缺陷显示类型。显示类型分三类：非线状显示（SM）、线状显示（LM）、成排状显示（AM）。SM：长度（L）小于宽度（b）3倍的显示，$L<3b$。LM：长度（L）大于或等于宽度（b）3倍的显示，$L \geq 3b$。AM：3个及以上的非线状显示在一条线上且间距小于 2mm 的显示，2个线状显示在一条线上且间距小于最长显示长度的显示。

（4）质量等级的分等 以边长分别为 105mm 和 148mm 的矩形框为评定框。将框置于铸件不连续显示最严重的部位，用目镜或放大镜，按线状、非线状、点线状显示分别按规定计算评定框内的不连续显示尺寸、个数和总面积。对照表 12-44 铸钢件磁粉检测的质量等级，进行评级。若被评定的显示小于或等于订货单中规定的质量等级，评定为检测合格。

表 12-44　磁粉检测的质量等级

质量等级——非线状磁痕显示（SM）（单个的）						
显示特征	质量等级					
	SM001	SM01	SM1	SM2	SM3	SM4	SM5
观察方法	放大镜或目视		目视				
观察显示的放大倍数	≤3		1				
需评定显示的最小长度 L_1/mm	0.3		1.5	2	3	5	5
允许显示的最大长度 L_2/mm	0	1	3[①]	6[①]	9[①]	14[①]	21[①]
允许显示的最大数量	—	—	8	8	12	20	32

说明

1）规定了非线状显示的质量等级。

2）需评定的显示的最小长度为 L_1，小于该长度的显示不需评定。

3）允许显示的最大长度为 L_2。

4）允许显示的最大数量为评定区内大于或等于 L_1 且小于或等于 L_2 的显示数。

（续）

质量等级——线状磁痕显示（LM）和成排状磁痕显示（AM）												
显示特征	质量等级											
	LM001 AM001	LM01 AM01	LM1 AM1		LM2 AM2		LM3 AM3		LM4 AM4		LM5 AM5	
观察方法	放大镜或目视		目视									
观察显示的放大倍数	≤3		1									
需评定的显示的最小长度 L_1/mm	0.3		1.5		2		3		5		5	
允许的显示① 单个（I）或累积（T）的长度	I 或 T		I	T	I	T	I	T	I	T	I	T
线状（LM）和成排状显示（AM）的最大长度 $L_2$②/mm —— 壁厚 a 类 $t \leqslant 16\mathrm{mm}$	0	1	2	4	4	6	6	10	10	18	18	25
壁厚 b 类 $16 < t \leqslant 50\mathrm{mm}$	0	1	3	6	6	12	9	18	18	27	27	40
壁厚 c 类 $t > 50\mathrm{mm}$	0	2	5	10	10	20	15	30	30	45	45	70

说明
1）规定了线状和成排状显示的质量等级。
2）需评定的显示的最小长度为 L_1，小于该长度的显示不需评定。
3）允许显示的最大长度为 L_2。
4）累积长度为评定区内大于或等于 L_1 且小于或等于 L_2 的显示长度之和。
5）质量等级评定时应考虑壁厚，评定区的壁厚区间类型分 a、b、c 三类。

① 允许有 2 个达到最大长度的显示。
② 相对于断裂力学，壁厚和最大裂纹长度之间没有函数关系，但在没有相关的断裂力学参数时，本表供参考。

6. 磁粉检测前准备

1）供需双方规定检验部位和所使用的 A 型标准试块规格。

2）供需双方规定铸件质量的合格等级。允许同一铸件不同部位按各自质量等级验收，同一检验区允许对不同类型的缺陷规定不同的合格等级。

3）铸件检验区表面，可通过喷丸、打磨等手段达到各质量等级要求相应的表面粗糙度值。

7. 铸钢件磁粉检测的一般要求

（1）检测前　铸钢件被检表面应在磁粉检测前进行检查。被检表面应清洁，无干扰磁粉检测结果评定的油、脂、沙子、锈或任何其他污染物。表面可以是喷砂、喷丸、打磨或机加工表面，表面粗糙度要求满足评定磁痕显示的需要。

（2）检测时

1）磁化方向：供需双方必须达成一致的磁化方向。除非另有规定，必须由两个相互垂直的方向磁化进行检测。当知道应力方向，只重点检测最不利的缺陷时，可在一个方向进行磁化。

2）磁化要求：工件表面最小磁通密度应为 1T，在相对磁导率高的低合金和低碳钢上，磁通密度的切向场强达到 2kA/m。应进行验证表面磁通密度是否足够。

3）介质施加要求：连续法应提前磁化，并在磁化过程中持续施加检测介质。介质施加应采用对显示扰动最小的方式施加，以便形成的显示不被破坏。

（3）检测后　退磁和清洗：检测后应清洗铸件，当剩磁高于最大残余磁场强度值的要求时需要退磁。

1）过严退磁规范是不必要的，通常铸件磁场为 0.3mT（3G）以下是允许的。只有特殊应用和对复检有影响时才进行退磁。

2）当订货对铸件中的剩磁有明确要求，且剩磁强度超过规定时，应进行退磁。

3）退磁的要求和方法应由供需双方商定，并在检测报告中写明。最常用的退磁方法是热致退磁、电退磁、振动退磁。

4）退磁后应测试剩磁以确定退磁效果。主要采用磁场强度测试仪定量测试剩磁，也可用罗盘定性测试退磁效果。

5）磁痕不一定就是缺陷，如伪缺陷也可以出现磁痕。

12.7.4　渗透检测

1. 基本原理

利用液体的润湿和毛细现象，渗透液渗入缺陷，清洗后施加显像剂在铸件表面形成显像薄膜，缺陷中的渗透剂通过毛细管作用被吸出至铸件表面，显示出放大的缺陷迹象，通过目测或放大镜法观察，检测铸件表面开口缺陷。

2. 渗透剂、清洗（去除）剂和显像剂

（1）渗透剂　它是渗透检测中最关键的材料，其质量直接影响检测灵敏度。渗透剂必须具有优良的湿润性，以保证渗透性能。当渗透剂中配入着色染料或荧光染料后有利于缺陷的显像。常用的渗透剂分别有以水和油基水洗型渗透剂、后乳化型渗透剂及喷罐装溶剂型去除型渗透剂。前者又根据检测灵敏度分为高、中、低 3 种；后者最常用，使用也最便捷，当与喷罐装溶剂型快干式显像剂配合使用，可获得与荧光渗透剂相似的灵敏度。后乳化型渗透剂分标准、高、超高 3 档，后者具有更高的灵敏度。

注意，不同型号渗透剂不能混用，对使用的渗透剂还应经常校验其密度、浓度和外观质量等。

（2）清洗（去除）剂　对水洗型和后乳化型渗透剂用水作清洗剂。喷罐装溶剂型去除渗透剂中的去除剂为煤油、乙醇和溶剂。

（3）显像剂　它是渗透检验中另一关键材料，显像剂分干、湿和快干三大类。荧光渗透检验常用干式显像剂，具有显示荧光亮度较湿法高、痕迹可较长期保存、显示尺寸不易变化的优点，但有污染环境等缺点。湿式分为水悬浮型和水溶型两种。前者易结块、沉淀；后者较均匀，显示缺陷灵敏度较高，曾被广泛应用。溶剂型快干式显像剂通常装在喷罐中，具有良好的渗透力，使显像灵敏度更高，同时因子挥发快，使得形成的显示扩散小，轮廓清晰。

3. 对比试块

为核查渗透检测方法及渗透剂性能而专门制备对比试块，有铝合金、钢或铜表面镀铬两种。镀铬试块的规格尺寸参阅 GB/T 9443—2019《铸钢铸铁件　渗透检测》。镀铬试块的镀铬层经加压后在表面形成网状裂纹；铝合金试块表面为淬火裂纹。用参比渗透剂即批量渗透剂样品对试块进行检测，并照相或复制其

结果，以此为标准，在相同试验条件下，来检验渗透剂效能、显示缺陷的能力及检测方法是否合适。对比试块每次使用后，必须彻底清洗，彻底溶解残余试剂，晾干后密封保存。

4. 渗透检测的种类

渗透检测分为着色渗透检测和荧光渗透检测两种。着色检测应用的是有色染料作为渗透剂的颜色显示剂，而荧光检测则是用荧光粉为渗透剂的发光剂。着色法可在室内外环境中操作，荧光渗透检测则利用在黑光灯发射的紫外线下发射的荧光，来显示表面缺陷，必须在暗房内观察，其检测灵敏度最高。各种检测方法渗透时间、显像时间和程序，均应符合操作规程。检测时的环境温度为 16～50℃。

5. 渗透检测前准备和后处理

1）检测前铸件表面粗糙度应达到相应的质量等级要求（见 GB/T 9443—2019 附录 B）。

2）表面应彻底清除铁锈、氧化皮和妨碍渗透剂渗入的涂料、油脂、水分等，局部检测清洗范围外扩 25mm。

3）供需双方根据铸件使用要求，规定检测部位及合格级或各类缺陷的合格级。

4）检测后，铸件表面应去除渗透剂和显像剂，并予以干燥，必要时加以防腐保护。

关于渗透检测的具体操作方法和验证方法，可参见 GB/T 18851.1—2012《无损检测　渗透检测　第 1 部分：总则》、GB/T 18851.5—2014《无损检测　渗透检测　第 5 部分：温度高于 50℃ 的渗透检测》、GB/T 18851.6—2014《无损检测　渗透检测　第 6 部分：温度低于 10℃ 的渗透检测》及 GB/T 9443—2019《铸钢铸铁件　渗透检测》。

6. 铸件缺陷显示迹痕（包括补焊后）**的评级**

1）缺陷迹痕种类，根据其形状和间距可分为 3 种：

① 非线状显示（Sr）。$L < 3b$（L 为非线状显示长度，b 为宽度）。

② 线状显示（Lr）。$L \geq 3b$。

③ 点线状显示（Ar）。$d \leq 2mm$，至少包含 3 个缺陷，d 为线状或非线状显示间距。

2）质量评级以 105mm × 148mm 矩形框为评定框，对铸件被检部位缺陷显示最严重位置进行目视或放大镜计算数量和最大尺寸直径或长度（mm）；然后按表 12-45 进行质量分级。若在选定的最严重的位置上，评定的显示小于或等于订货协议中规定的质量等级视为合格。

表 12-45　渗透检测的质量等级

质量等级——非线状渗透显示（SP）（单个的）						

显示特征	质量等级					
	SP001	SP01	SP1	SP2	SP3	SP4	SP5
观察方法	放大镜或目视		目视				
观察显示的放大倍数	≤3		1				
需评定显示的最小长度 L_1/mm	0.3	0.5	1.5	2	3	5	5
允许显示的最大长度 L_2/mm	1	2	3①	6①	9①	14①	21①
允许显示的最大数量	5	6	8	8	12	20	32

说明：1）规定了非线状显示的质量等级。

2）需评定的显示的最小长度为 L_1，小于该长度的显示不需评定。

3）允许的显示的最大长度为 L_2。

4）允许显示的最大数量为评定区内大于或等于 L_1 且小于或等于 L_2 的显示数。

质量等级——线状渗透显示（LP）和成排状渗透显示（AP）													

显示特征		质量等级											
		LP001 AP001	LP01 AP01	LP1 AP1		LP2 AP2		LP3 AP3		LP4 AP4		LP5 AP5	
观察方法		放大镜或目视		目视									
观察显示的放大倍数		≤3		1									
需评定的显示的最小长度 L_1/mm		0.3		1.5		2		3		5		5	
允许的显示① 单个（I）或累积（T）的长度		I 或 T		I	T	I	T	I	T	I	T	I	T
线状（LP）和成排状（AP）显示的 最大长度 $L_2^{②}$/mm	壁厚 a 类 $t≤16$mm	0	1	2	4	4	6	6	10	10	18	18	25
	壁厚 b 类 16mm$<t≤50$mm	0	1	3	6	6	12	9	18	18	27	27	40
	壁厚 c 类 $t>50$mm	0	2	5	10	10	20	15	30	30	45	45	70

说明：1）规定了线状和成排状显示的质量等级。

2）需评定的显示的最小长度为 L_1，小于该长度的显示不需评定。

3）允许显示的最大长度为 L_2。

4）累积长度为评定区内大于或等于 L_1 且小于或等于 L_2 的显示长度之和。

5）质量等级评定时应考虑壁厚，评定区的壁厚区间类型分 a、b、c 三类。

① 允许有 2 个达到最大长度的显示。

② 相对于断裂力学，壁厚和最大裂纹长度之间没有函数关系，但是在没有相关的断裂力学参数时，本表供参考。

7. 特点及适用范围

1）操作简便，检测灵敏度高，方法和设备简单，且不受材料特性限制，可用于各种场合。

2）铸件几何形状和尺寸不限，对被检测表面要求较高，表面粗糙度要求与铸件质量等级有关。

3）适用于检查表面开口缺陷，如裂纹、疏松、气孔、夹渣、冷隔、折叠和氧化斑疤等。对表面是吸收性的零件或材料通常不适用，如粉末冶金铸件。

4）显示的尺寸不直接代表缺陷的实际尺寸，不能精确的反应显示的性质、形状、尺寸和深度。

5）外来因素可能造成缺陷的开口被堵塞，存在缺陷无法检出的风险，如铸件经喷丸处理或喷砂时可能堵塞表面缺陷的开口，不能检测铸件内部和近表面的非开放性缺陷。

6）渗透检测试剂和设备产生挥发性气体和紫外线，须有相应的防护措施。

12.7.5　无损检测新技术

1. 射线数字成像检测技术

近年来无损检测射线方法逐渐采用工业 CT 系统，使无损检测的射线检测方法向自动化、快速化、三维化发展。工业 CT 是射线数字成像检测系统，是射线检测由传统的胶片成像向数字化成像技术过渡。目前，数字化成像技术主要采用 CR 技术和 DR 技术。

（1）CR 技术　CR（Computed Radiography）可以译为计算机射线摄影或数字化射线摄影。CR 的数字化，是通过一个可反复读取的成像板（IP 板）来替代胶片和增感屏。曝光后，IP 板上生成潜影，将 IP 板放入 CR 扫描仪，用激光束对 IP 板进行扫描，读取信息，经模/数转换后生成数字影像。这是数字射线照相技术中一种新的非胶片射线照相技术，用荧光成像板（SPIP）作为检测器代替胶片接收射线照射。CR 技术原理是基于某些荧光发射物质具有保留潜在图像信息的能力。这些荧光物质在较高能带俘获电子形成的光激发荧光中心（PLC），在激光激发下，光激发荧光中心的电子将返回其初始能级，并以发射可见光的形式输出能量。这种光发射与原来接收的射线剂量成比例。这样，当激光束扫描荧光成像板时，就可得到射线照相图像。

特点：进行射线拍摄时剂量比传统射线摄影的剂量要小；与 DR 相比价格低廉，一套 CR 即可实现全院射线设备的数字化；使影像数字化，可以方便存档；IP 板可以灵活放置。

（2）DR 技术　DR（Digital Radiography）是一种实时成像技术，指在计算机控制下直接进行数字化射线摄影的一种新技术，即采用非晶硅平板探测器把射线信息转化为数字信号，并由计算机重建图像及进行一系列的图像后处理。DR 系统主要包括射线发生装置、直接转换平板探测器、系统控制器、影像监视器、影像处理工作站等。DR 由于采用数字技术，因此可以根据需要进行各种图像后处理，如图像自动处理技术、边缘增强清晰技术、放大漫游、图像拼接、兴趣区窗宽窗位调节，以及距离、面积、密度测量等丰富的功能。另外，由于 DR 技术动态范围广，射线光量子检出效能（DQE）高，具有很宽的曝光宽容度，即使曝光条件稍差，也能获得很好的图像。DR 的出现打破了传统射线图像的观念，实现了人们梦寐以求的由模拟射线图像向数字化射线图像的转变，与 CR 系统比较具有更大的优越性。DR 系统，即直接数字化射线摄影系统，是由电子暗盒、扫描控制器、系统控制器、影像监视器等组成，是直接将射线光子通过电子暗盒转换为数字化图像，是一种广义上的直接数字化射线摄影。而狭义上的直接数字化摄影即 DDR（Direct Digital Radiography），通常指采用平板探测器的影像直接转换技术的数字放射摄影，是真正意义上的直接数字化射线摄影系统。按照探测器类型，主要分为非晶硅平板 DR（主流）、非晶硒平板 DR 和 CCD DR（主流）；按照机架结构，分为悬吊 DR 和立柱（UC 臂）DR。

特点：探测效率高；成像速度快；具有较高的空间分辨力和低噪声率；数字图像可进行后处理；具有低的辐射剂量；DR 的直接转换技术，使网络工作简单化，效率高；有效解决了图像的存档管理与传输，采用光盘刻录形式保存图像资料。

（3）工业 CT 检测系统

1）工业 CT 的工作原理。工业 CT 是工业用计算机断层成像技术的简称，射线照相技术一般仅能提供定性信息，不能应用于测定结构尺寸及缺陷的方向和大小，它还存在三维物体二维成像、前后缺陷重叠的缺点。工业 CT 技术（工业射线断层扫描技术）提出了全新的影像形成概念，它比射线照相法能更快、更精确地检测出铸件内部的细微变化，消除了射线照相法可能导致的检查失真和图像重叠，并且大大提高了空间分辨率和密度分辨率。

工业 CT 机一般由射线源、机械扫描系统、探测器系统、计算机系统和屏蔽设施等部分组成，其工作原理如图 12-108 所示。

射线源提供 CT 扫描成像的能量线束用以穿透试件，根据射线在试件内的衰减情况，实现以各点的衰减系数表征的 CT 图像重建。与射线源紧密相关的前准直器，用以将射线源发出的锥形射线束处理成扇形射束；后准直器用以屏蔽散射信号，改进接收数据质量。

机械扫描系统实现 CT 扫描时试件的旋转或平移，以及射线源—试件—探测器空间位置的调整，它包括机械实现系统及电器控制系统。

探测器系统用来测量穿过试件的射线信号，经放大和模数转换后送入计算机进行图像重建。CT 机一般使用数百到上千个探测器，排列成线状。探测器数量越多，每次采样的点数也就越多，有利于缩短扫描时间，提高图像分辨率。

计算机系统用于扫描过程控制、参数调整、完成图像重建、显示及处理等。

屏蔽设施用于射线安全防护，一般小型设备自带屏蔽设施，大型设备则需在现场安装屏蔽设施。

2）工业 CT 的发展。虽然层析成像的数学理论早在 1917 年由 J. Radon 提出，但只是在计算机出现并

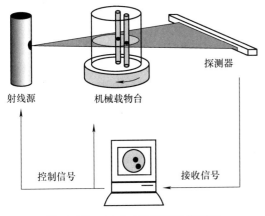

图 12-108　工业 CT 机的工作原理

与放射学科结合后才成为一门新的成像技术。在工业方面特别是在无损检测（NDT）与无损评价（NDE）领域更加显示出其独特之处。因此，国际无损检测界把工业 CT 称为最佳的无损检测手段。进入 20 世纪 80 年代以后，国际上主要的工业化国家已把 X 射线或 γ 射线的 ICT 用于航天、航空、军事、冶金、机械、石油、电力、地质、考古等部门的 NDT 和 NDE，我国在 20 世纪 90 年代也已逐步把 ICT 技术用于工业无损检测领域。

按扫描获取数据方式的不同，CT 技术已发展经历了五个阶段（即五代 CT 扫描方式）：

第一代 CT，使用单源（一条射线）单探测器系统，系统相对于被检物做平行步进式移动扫描以获得 N 个投影值，被检物则按 M 个分度做旋转运动。这种扫描方式被检物仅需转动 180° 即可。第一代 CT 机结构简单，成本低，图像清晰，但检测效率低，在工业 CT 中很少采用。

第二代 CT，是在第一代 CT 基础上发展起来的。使用单源小角度扇形射线束多探头。射线扇形束角小，探测器数目少，因此扇束不能全包容被检物断层，其扫描运动除被检物需做 M 个分度旋转外，射线扇束与探测器阵列架一道相对于被检物还须做平移运动，直至全部覆盖被检物，求得所需的成像数据为止。

第三代 CT，它是单射线源，具有大扇角、宽扇束、全包容被检断面的扫描方式。对应宽扇束有 N 个探测器，保证一次分度取得 N 个投影计数，被检物仅做 M 个分度旋转运动。因此，第三代 CT 运动单一，好控制，效率高，理论上被检物只需旋转一周即可检测一个断面。

第四代 CT，也是一种大扇角全包容，只有旋转运动的扫描方式，但它有相当多的探测器形成固定圆

环，仅由辐射源转动实现扫描。其特点是扫描速度快，成本高。

第五代 CT，是一种多源多探测器，用于实时检测与生产控制系统。源与探测器按 120° 分布，工件与源到探测器间不做相对转动，这种 CT 技术难度大，成本高，但较其他几种 CT 效率有显著提高。

上述五种 CT 扫描方式，在 ICT 机中用得最普遍的是第二代与第三代扫描，其中尤以第三代扫描方式用得最多。这是因为它运动单一，易于控制，适合于被检物回转直径不太大的中小型产品的检测，且具有成本低，检测效率高等优点。

3）工业 CT 系统性能指标

① 检测范围：主要说明该 CT 系统的检测对象，如能透射钢的最大厚度，检测工件的最大回转直径，检测工件的最大高度或长度，检测工件的最大重量等。

② 射线源：主要指标包括射线能量大小、工作电压、工作电流及焦点尺寸。射线能量的大小决定了穿透等效钢厚度的能力。

③ 扫描模式：常用的 CT 扫描模式有 II 代扫描、III 代扫描。III 代扫描具有更高的效率，但是容易由于校正方法不佳而导致环状伪影（所以减弱或消除环状伪影是体现 CT 系统制造商技术水平的主要内容之一）；II 代扫描效率是 III 代扫描的 1/10 ~ 1/5，但其对大回转直径工件检测有益。此外，CT 系统通常会具备数字射线检测成像（DR）功能。

④ 扫描检测时间：扫描一个典型断层数据（如图像矩阵 1024 × 1024）所需要的时间。

⑤ 图像重建时间：重建图像所需的时间。由于现代计算机的运行速度较快，所以扫描结束后，几乎是立即就能把重建图像显示出来，一般不超过 3s。

⑥ 分辨能力：关键的性能指标，包括空间分辨率和密度分辨率。空间分辨率是指从 CT 图像中能够辨别最小结构细节的能力。密度分辨率是指从 CT 图像中能够分辨出最小密度差异的能力（通常跟特征区域大小结合在一起评定）。在辐射剂量一定的情况下，空间分辨率与密度分辨率是相互矛盾的两个指标。提高空间分辨率会降低密度分辨率，反之亦然。

4）工业 CT 系统在铸件检测中的应用。目前工业 CT 已经广泛应用于铸件检测，但相关的质量评定标准尚未颁布。铸件焊接接头的 X 射线数字成像检测已发布实施的有 NB/T 47013.11—2015《承压设备无损检测　第 11 部分：X 射线数字成像检测》，铸件的 X 射线数字成像检测可参考使用。

与传统射线检测相比，X 射线数字成像检测增加

了以下要求：

① 检测人员：从事 X 射线数字成像检测的人员，应取得 X 射线数字成像检测专项资格，且应了解与 X 射线数字成像技术相关的计算机知识、数字图像处理知识，掌握相应的计算机基本操作方法。

② 检测设备：增加了对探测器系统、计算机系统、系统软件、检测工装、检测系统验收与核查的要求。

③ 透照方式：增加了连续成像方式采集图像的要求；对于给定的检测系统，给出计算最佳放大倍数的公式及图像分辨率与透照几何参数之间关系的公式。

④ 透照参数的选择。

射线能量：给出了新的允许的最高管电压和厚度的关系图，扩大了检测厚度范围和使用电压范围。

曝光量：面列阵探测器可通过合理选择采集帧频、图像叠加幅数和管电流来控制曝光量；线列阵探测器可通过合理选择曝光时间和管电流来控制曝光量。

⑤ 图像质量：测定图像质量的灵敏度采用线型像质计，测定分辨率采用双线型像质计。

⑥ 图像评定：可通过正像或负像的方式显示，对图像灰度范围、信噪比、图像存储、缺项的识别和评定、缺陷几何尺寸的测量、缺陷深度测量提出新的规定。

⑦ 图像保存与存储：提出了对数字化图像的保存和存储的规定。

2. 其他无损检测新技术

目前国内外具有相关检测标准依据，但尚未在铸钢件检测中普及，主要有以下方法：

（1）目视检测（VT） 从广义上说，只要人们用视觉进行的检查都称为目视检查，现代目视检测是指观察评价物品的一种无损检测方法，它仅指用人的眼睛或者借助光学仪器对工业产品表面观察或测量的一种检测方法。

特点：原理简单，易于检测和掌握；不受或很少受被检产品的材质、结构、形状、位置、尺寸等因素的影响；无需复杂的检测设备器材；检测直观、可靠、真实、重复性好。

相关标准：NB/T 47013.7—2012《承压设备无损检测 第 7 部分：目视检测》。

（2）涡流检测（ECT） 用电磁场同金属间电磁感应进行检测的方法，用一探测线圈测量涡流所引起的磁场变化，可推知试件中涡流的大小和相位变化，进而获得有关电导率、缺陷、材质状况和其他物理量（如形状、尺寸等）的变化或缺陷存在等信息。

涡流检测的优点：

① 检测线圈不需要接触工件，也不需要耦合剂，对管、棒、线材的检测易于实现高速、高效率的自动化检测；也可在高温下进行检测，或对工件的狭窄区域及深孔壁等探头可到达的深远处进行检测。

② 对工件表面及近表面的缺陷有很高的检测灵敏度。

③ 采用不同的信号处理电路，抑制干扰，提取不同的涡流影响因素，涡流检测可用于电导率测量、膜层厚度测量及金属薄板厚度测量。

④ 由于检测信号是电信号，所以可对检测结果进行数字化处理，然后存储、再现及数据处理和比较。

涡流检测的局限性：

① 只适用于检测导电金属材料或能感生涡流的非金属材料。

② 由于涡流渗透效应的影响，只适用于检查金属表面及近表面缺陷，不能检查金属材料深层的内部缺陷。

③ 涡流效应的影响因素多，对缺陷定性和定量还比较困难。

④ 针对不同工件采用不同检测线圈检查时各有不足。

相关标准：NB/T 47013.6—2015《承压设备无损检测 第 6 部分：涡流检测》和 ASTM E566—2019《黑色金属电磁（涡流）分选操作方法》。

（3）声发射检测（AE） 材料中因裂缝扩展、塑性变形或相变等引起应变能快速释放而产生的应力波现象称为声发射。通过接收和分析材料的声发射信号来评定材料性能或结构完整性的无损检测方法。

声发射检测方法在许多方面不同于其他常规无损检测方法，其优点主要表现为：

① 声发射是一种被动的动态检验方法，声发射探测到的能量来自被测试物体本身，而不是像超声或射线检测方法一样由无损检测仪器提供。

② 声发射检测方法对线性缺陷较为敏感，它能探测到在外加结构应力下这些缺陷的活动情况，稳定的缺陷不产生声发射信号。

③ 在一次试验过程中，声发射检验能够整体探测和评价整个结构中缺陷的状态。

④ 可提供缺陷随载荷、时间、温度等外变量而变化的实时或连续信息，因而适用于工业过程在线监控及早期或临近破坏预报。

⑤ 由于对被检件的接近要求不高，而适于其他

方法难于或不能接近环境下的检测，如高低温、核辐射、易燃、易爆及极毒等环境。

⑥ 对于在役压力容器的定期检验，声发射检验方法可以缩短检验的停产时间或者不需要停产。

⑦ 对于压力容器的耐压试验，声发射检验方法可以预防由未知不连续缺陷引起系统的灾难性失效和限定系统的最高工作压力。

⑧ 由于对构件的几何形状不敏感，而适于检测其他方法受到限制的形状复杂的构件。

相关标准：NB/T 47013.9—2012《承压设备无损检测　第 9 部分：声发射检测》，ASTM E650—2017《固定压电声发射探头的标准导则》，ASTM E750—2015《声发射检测仪器工作特性测量方法》。

（4）热像/红外（TIR）　利用红外辐射原理对材料进行检测的方法。其实质是扫描记录被检材料由于缺陷或材料不同的热性质所引起的温度变化。可用于检测材料中的裂纹、空洞和夹杂物等缺陷。

主要特点：物体的热辐射能量的大小，直接和物体表面的温度相关。热辐射的这个特点使人们可以利用它来对物体进行无接触温度测量和热状态分析，从而为工业生产、节约能源、保护环境等方面提供了重要的检测手段和诊断工具。

相关标准：ASTM　B1149—1987b《红外热成像无损检测术语定义》。

（5）泄漏试验（LT）　指以气体为介质，在设计压力下，采用发泡剂、显色剂、气体分子感测仪或其他专门手段等检查管道系统中泄漏点的试验。检测方法多种多样，不同的检测方法，涉及不同的检测原理。

特点：不同的方法，灵敏度不同，响应时间不同，一致性、稳定性、可靠性也可能不同。

相关标准：NB/T 47013.8—2012《承压设备无损检测　第 8 部分：泄漏检测》，ASTM E432—2017《选择渗漏试验方法的标准指南》。

（6）漏磁检验（MFL）　磁源通过特定磁路泄露在空气（空间）中的磁场能量。磁体的磁场在内部闭合对外不显磁性，对外形成磁极后即产生磁场，磁场是对外开环辐射的，准确来说，磁场是漏磁的一种形式。

特点：

① 只适用于铁磁材料。因为漏磁检测的第一步就是磁化，非铁磁材料的磁导率接近于 1，缺陷周围的磁场不会因为磁导率不同出现分布变化，不会产生漏磁场。

② 严格上说，漏磁检测不能检测铁磁材料内部的缺陷。若缺陷离表面距离很大，缺陷周围的磁场畸变主要出现在缺陷周围，而工件表面可能不会出现漏磁场。

③ 漏磁检测不适用于检测表面有涂层或覆盖层的试件。

④ 漏磁检测不适用于形状复杂的试件。磁漏检测采用传感器采集漏磁通信号，试件形状稍复杂就不利于检测。

⑤ 磁漏检测不适合检测开裂很窄的裂纹，尤其是闭合性裂纹。

相关标准：NB/T 47013.12—2015《承压设备无损检测　第 12 部分：漏磁检测》，ASTM E570—2015《铁磁性钢管制品的漏磁检测标准方法》。

（7）衍射时差法超声检测（TOFD）　一种依靠从待检试件内部结构（主要是指缺陷）的"端角"和"端点"处得到的衍射能量来检测缺陷的方法，用于缺陷的检测、定量和定位。

特点：

① 更加精确的尺寸测量精度（一般为 ±1mm，当监测状态为 ±0.3mm），且检测时与缺陷的角度几乎无关。尺寸测量是基于衍射信号的传播时间而不依赖于波幅。

② TOFD 技术不使用简单的波幅阈值作为报告缺陷与否的标准。由于衍射信号的波幅并不依赖于缺陷尺寸，在任何缺陷可能被判不合格之前所有数据必须经过分析，因此培训和经验对于 TOFD 技术的应用是极为基本的要求。

相关标准：NB/T 47013.10—2015《承压设备无损检测　第 10 部分：衍射时差法超声检测》。

（8）脉冲涡流检测　基于脉冲磁场激励，在钢体内感应出涡流进行检测。

特点：涡流检测方法上具有结构简单、成本低等优点，可以应用到其他检测方法难以进行检测的特殊场合，但其受检测材料、温度等影响较大，难以保证精度。脉冲涡流的激励电流为具有一定占空比的方波。脉冲涡流相对于传统的电涡流其检测参数较多，可同时测出距离和厚度。

相关标准：NB/T 47013.13—2015《承压设备无损检测　第 13 部分：脉冲涡流检测》。

（9）目前几种没有相应标准的无损检测方法

1）激光全息检测：利用激光全息照相来检验物体表面和内部的缺陷。它是将物体表面和内部的缺陷，通过外部加载的方法，使其在相应的物体表面造成局部变形，用激光全息照相来观察和比较这种变形，然后判断出物体内部的缺陷。

2）激光超声检测：利用激光脉冲在被检测工件中激发超声波，并用激光束探测超声波的传播，从而获取工件信息，如工件厚度、内部及表面缺陷、材料参数等。

3）微波检测：根据微波反射、透射、衍射干射、腔体微扰等物理特性的改变，以及被检材料介电常数和损耗正切角的相对变化，通过测量微波基本参数（如幅度衰减、相移量或频率等）变化，实现对缺陷进行检测的方法。

4）金属磁记忆：一种利用金属磁记忆效应来检测部件应力集中部位的快速无损检测方法。该方法克服了传统无损检测的缺点，能够对铁磁性金属构件内部的应力集中区，即微观缺陷和早期失效和损伤等进行诊断，防止突发性的疲劳损伤，是无损检测领域的一种新的检测手段。

12.8 铸钢件的主要缺陷

铸钢件缺陷的形成与铸件的设计、型砂（包括

涂料）、熔炼、浇注、造型、整理、补焊及热处理等过程有关，在这些过程中若控制不当或工艺不合理就会形成缺陷，有的缺陷还不是一种原因形成的，要消除或减少缺陷往往必须通过综合治理方能收到好的效果，目前某些缺陷尚难完全避免。计算机在铸造工艺编制中的应用，使收缩型缺陷的产生得到了有效的控制。

GB/T 5611—2017《铸造术语》将铸件缺陷分成8类，分别为多肉类，孔洞类，裂纹、冷隔类，表面缺陷，残缺类，形状和重量差错类，夹杂类和成分、性能及组织不合格类，其中以肉眼可见的宏观缺陷为主。与内在质量有关的主要缺陷为孔洞类，裂纹类，夹杂类和成分、性能及组织不合格类4类。表12-46列出了铸造术语（GB/T 5611—2017）中国际铸件缺陷图谱缺陷名称、编号对照。

表 12-46 铸造术语（GB/T 5611—2017）中国际铸件缺陷图谱缺陷名称、编号对照

国际铸件缺陷图谱		
中 文 名 称	英 文 名 称	编 号
多肉类缺陷	metallic projection	A100、A200、A300
飞翅（飞边）、毛刺	joint flash，veining	A100
抬型（抬箱）	raised mold，cope raise	A121
胀砂	swell	A211
冲砂	cut；erosion；wash	A212
掉砂	crush；drop	A213
外渗物（外渗豆）	sweat	A311
孔洞类缺陷	cavities	B100、B200、B300
气孔、针孔	blowhole，pinhole	B111
气缩孔	blowhole shrinkage	B200
缩松	dispersed shrinkage	B300
疏松	porosity	
裂纹、冷隔类缺陷	discontinuitiets cold shuts	C100、C200、C300
冷裂	cold cracking	C210
热裂	hot tearing	C220
冷隔	cold lap；cold shut	C300
热处理裂纹	heat treatment crack	C222
白点	snow flack	
表面缺陷类	surface defect	D100、D200
鼠尾	rat-tail	D132
沟槽	blind scab；buckle	D131
夹砂结疤（夹砂）	scab	D230
机械粘砂	metal penetration	D223
化学粘砂	burn-on	D221
表面粗糙	rough surface	D120
皱皮	elephant skin	D111
缩陷	depression	D141
残缺类缺陷	incomplete casting	E100、E200
浇不到	misrun	E100、E120、E200
未浇满	poured short	E122

（续）

国际铸件缺陷图谱		
中　文　名　称	英　文　名　称	编　号
跑火	bleeding from parting；run-out from parting	E123
型漏（漏箱）	bleeding from bottom；run-out from bottom	
损伤	damage	E222、E211
形状及重量差错类缺陷	incorrect shape and weight	F100、F200、F300
尺寸不合格	off dimensions；off size	F120
铸件变形	casting strains；distortion；warping	F200
错型（错箱）	shift；surface mismatch	F221
错芯	core shift	F222
偏芯（漂芯）	core lift（core raised）	A222
舂移	ram away；ram off	F223
夹杂类缺陷	inclusions defects	G100、G120、G130、G140
夹杂物	inclusion	G111
冷豆	cold shot	G112
内渗物	internal sweat	G113
夹渣	entrapped slag；slag inclusion	G121、G122、G132
砂眼	sand inclusion	G131
物理力学性能不合格	physical-mechanical characteristic abnormal	G120、G130、G140
组织粗大	open grain structure	G261
偏析	segregation	G264

12.8.1　铸钢件常见缺陷的特征、形成原因及预防方法

1. 孔洞类缺陷

（1）气孔

1）特征。在铸件内表面或近表面处大小不等的内壁较光滑的孔洞，大孔常孤立存在，小孔则成群出现。形状主要为梨形、圆形或椭圆形；内壁呈白亮或带一层暗色，其上有非金属类杂物。气孔分为析出型气孔、侵入型气孔和反应型气孔3类。

2）形成原因。形成原因有：金属液为充分除气所溶解的大量气体，当浇注温度偏低时，来不及逸出滞留所致；钢液脱氧不充分时的二次氧化；炉料潮湿、锈蚀、油污；钢包或盛钢桶未烘干；型砂混制不良，水分过多，透气性差或混有杂物；金属液与铸型涂料中某些成分在界面上发生反应；涂料上含有过多发气材料；型芯未烘干或未固化，存放时间过长，吸湿泛潮；黏结剂用量过多，涂料层太厚，透气不良；型砂排气能力差，湿型个别部位舂实过紧；浇冒口布置不合理，使气体在腔内不得畅通排出，金属液产生湍流、断流而导入气体等。

3）预防措施。主要是钢液要充分除气并采取保护浇注等工艺，加强炉料管理，保证钢包或盛钢桶、整个浇注系统、砂型、型芯干燥、充分烘烤。

（2）缩孔

1）特征。常出现在铸件最后凝固的热节点处，因补缩不良所致。形状为不规则的单个或多个宏观孔洞，有分散型和集中型两类，内壁粗糙，并带有枝晶和大量夹杂，有时与大气相通。

2）形成原因。铸件在凝固过程中，钢液的凝固收缩和液态收缩大于凝固收缩，凝固期过长造成缩孔，通常与浇注系统和冒口布置的设计及冷铁的设置不当有关。

3）预防措施。改进浇道和冒口布局及尺寸，适当的应用内冷铁或冷铁，以提高末梢断面的补缩效果，工艺上确保铸件的顺序凝固或同时凝固；采用高效补缩新型冒口；必要时可采用补贴增厚的办法逐渐改变截面形状以利顺序凝固；尽量减少金属液中的气含量，有利于补缩。

（3）缩松和疏松

1）特征。铸件断面上分散面有一定尺寸呈晶间的孔洞，缩松常出现在缩孔下方或四周等最后凝固部位（热节处），严重时会在铸件水压试验时渗漏。疏松形状与缩松相似，但尺寸更细小，须借助显微镜才能观察到。

2）形成原因。由于晶粒间或树枝晶间的封闭液相的收缩无法得到补缩及溶解气体的析出所致，细小的疏松一般不能避免，应控制其尺寸和数量，以减轻严重程度。

3）预防措施。改进铸件设计，使断面厚度逐步变化，避免难以补缩的内角和厚断面；工艺设计要力求顺序凝固，尽量保证热节处的液态补缩；适当降低浇铸温度，减慢冷却速度；提高砂型的紧实度，防止型壁向外扩张。

2. 裂纹冷隔类缺陷

（1）冷裂

1）特征。铸件上呈穿透或不穿透的平直、长条形裂纹。一般穿晶走向，裂纹尖端尖锐，断口呈纤维状，具金属银灰色或轻微氧化色。

2）形成原因。铸造拉应力超过合金抗拉强度时引起的铸件开裂。其原因为：主要是由铸件设计不合理，壁厚悬殊；浇冒口系统设置不正确，使铸件各部分温差大；大型马氏体铸钢件的相变应力的作用；切割浇冒口时操作不当所致。当铸件开箱后未及时退火等造成残余内应力过大或铸件在大应力部位有明显的宏观铸造缺陷等引起的应力集中均可能使铸件产生冷裂纹。

3）预防措施。针对性措施：力求壁厚差均匀，工艺设计尽量使铸件收缩过程中不受过大阻力；铸件的圆角和加强肋合理；改善砂型、砂芯的退让性；尽可能使铸件内缓慢冷却、冷却均匀，减小内应力，及时退火处理等。

（2）热裂

1）特征。铸件上穿透或不穿透的曲折裂纹，常与冷裂纹组合出现，先期为热裂纹特征，开裂的断口呈严重氧化色（不穿透裂纹不氧化），裂纹沿原奥氏体晶界或树枝晶晶间分布。

2）形成原因。裂纹发生在凝固后期及凝固后一般高温区域内，是由于钢液的半液态开裂或固态的线收缩受阻所致。铸件的断面厚薄差大；厚薄连接处圆角过小；浇冒口系统阻碍铸件的正常收缩；铸型或砂芯的退让性差；钢液中硫、磷含量过高；合金本身的收缩较大；铸件开箱过早或热态下搬运不慎等原因均可产生接近液相温度下的开裂。

3）预防措施。针对性措施：铸件设计尽量避免壁厚突变，转角处圆角适当；在易产生大应力部位和凝固较晚部位，可采用工艺肋或冷铁；单个内浇道断面不宜太大；尽量采用分散多道浇道；内浇道与铸件交接处，应尽量避免热节点；浇冒道形状和安置以不阻碍铸件正常收缩为好；改善型、芯砂的溃散性和退让性等。

（3）热处理裂纹

1）特征。铸件在热处理过程中出现的穿透或不穿透裂缝，断口呈氧化色。其开裂源往往与铸件内部或表面存在的缺陷或尖角等应力集中等因素有关。

2）形成原因。热处理工艺不正确或操作不当是产生这类缺陷的主要原因，如加热速度过快、冷却速度过快、淬火（正火）后未及时回火等。当铸件本身残余的应力过大与热处理相变应力的叠加时，由于铸造或冶金缺陷导致开裂，而铸件的结构不合理或壁厚差过于悬殊，圆角过渡过小等只是次要原因。

3）预防措施。针对性措施：采用合理的热处理规范，对大型铸件，特别注意加热的冷却速度；改进铸件结构，力求壁厚均匀等。

（4）白点类缺陷

1）特征。断口上呈银白色鱼眼状圆点。在塑性变形或局部塑性变形前金相垂直剖面上不存在微小裂纹。

2）形成原因。由原子态氢析出结合成氢分子而引起的缺陷。当铸件上氢含量偏高，氢原子来不及扩散逸出（特别对于大型铸件），铸件受到较高的组织应力和热应力或外力时形变或局部形变超过屈服强度，在铸造微观缺陷处，如气孔、疏松、夹杂物等氢原子发生聚集形成微小开裂，断口上大多呈鱼眼状。在铸造碳钢或晶体缺陷处合金钢中均有很少发现。

3）预防措施。减少钢中的氢气体含量。对炉料、矿石、造渣剂等原材料应烘干、去除水分；铸件在砂型内保温缓冷，较低温度开箱，对铸件进行扩散退火、除氢等。

（5）冷隔

1）特征。铸件正常穿透或未穿透的缝隙，属一种未完全融合的缺陷，其边缘呈圆角。冷隔大多出现在远离浇道的铸件宽大表面或薄壁处及金属流汇合处或激冷部位。

2）形成原因。浇注温度较低；浇注速度过慢；浇注系统设计不当，如内浇道数量较少或浇道断面过小，或直浇道高度偏低，使金属液压头不够；金属液量不足或跑火造成的浇注中断；工艺设计不正确，如薄壁大平面位于上箱或远离浇道；铸件结构不合理，壁厚太薄，造成铸造工艺性差；出气冒口偏小或数量少，使铸件排气不良等。

3）预防措施。可针对形成原因，逐一采取对策，改善浇注金属的流动性。

3. 夹杂类缺陷

（1）夹杂物

1）特征。铸件内或表面上存在的与基体金属成分完全不同的质点，分为金属夹杂物和非金属夹杂物两类。非金属夹杂中，由诸多耐火材料、型芯砂粒或涂料层等机械混入钢液中称外来夹杂，数量相对集中在晶界或枝晶间；分散分布的氧化物、硫化物、硅酸盐或其他化合物等为钢液内的反应产物，属内生夹杂。

2）形成原因。金属液中尚未熔化的金属炉料或合金砂；钢液凝固时，不溶的金属间化合物析出；熔炼的反应熔渣未去尽；钢液中杂质元素含量偏高的凝固偏析等。

3）预防措施。大块合金添加剂要粉碎；熔炼时钢液要充分熔化；反应熔渣应充分上浮，除渣完全；钢液中杂质元素反应完全，提高纯净度等。

（2）冷豆

1）特征。通常位于浇注位置铸件的下表面，嵌入铸件内部呈豆状，与金属未熔合，表面有氧化色，化学成分同铸件本体。

2）形成原因。金属液注入型腔时发生的飞溅；金属液碰撞砂型或砂芯，而型砂、芯砂水分过大时，金属液产生沸腾所致。

3）预防措施。改善浇注系统，使金属液流平稳流入型腔；防止金属液从铸型的敞口处溅入；浇注时，浇包嘴应对准浇口杯；控制型砂水分，改善透气性等。

4. 成分、性能、组织不合格

（1）偏析

1）特征。铸件整体或部分区域出现的化学成分和金相组织不均匀现象，从而引起铸件力学性能的不均匀性。化学成分的不均匀常伴随着气孔、疏松或大量非金属夹杂物。

2）形成原因。铸件的偏析是由其凝固特性所决定的，是铸件不可避免的缺陷之一。偏析可分为枝晶偏析、晶间偏析和区域性偏析。这里指的是异常的不均匀性，即宏观偏析和严重的微观偏析。

3）预防措施。选择正确的浇注温度和浇注速度；细化晶粒的措施；通过扩散退火热处理，改善化学成分不均匀程度。

（2）晶界脆化

1）特征。在原奥氏体晶界或树枝晶间析出的大量一次或二次脆性相，如片状氮化铝相、碳化物相或共晶硫化物相等，它们在晶界呈网状或链状分布，对晶界起着弱化作用，使铸件开裂敏感性增加，力学性能不合格。在宏观断口上严重时呈岩石状，局部时呈棱面状。

2）形成原因。钢中铝、硫、氮含量偏高；偏析严重。

3）预防措施。控制用铝脱氧时的铝量，采用部分硅-钙或钛脱氧，熔炼时尽量去除钢液中的氮；最大限度地减少钢中的硫含量，提高冶炼质量；控制偏析，减少钢中第Ⅱ类硫化物的形成；对氮化铝和某些碳化物相引起的晶界脆化可采用较高温的热处理重新溶解并快速通过的办法予以回复。

以上所述钢件缺陷按其形成的原因来分类，可分成铸造缺陷和冶金缺陷。

12.8.2　铸钢件的铸造缺陷

铸钢件的铸造缺陷类别及产生原因见表12-47。

12.8.3　铸钢件的冶金缺陷

铸钢件常见的冶金缺陷类别及产生原因见表12-48。

表 12-47　铸钢件的铸造缺陷类别及产生原因

序号	缺陷名称	特　征	产生原因
1	粘砂	铸件表面全部或部分覆盖着金属或氧化物与造型材料的混合物，或化合物的一层烧结物，使铸件表面粗糙	1）型砂材料中二氧化硅与氧化铁、氧化锰形成熔化物所致 2）型砂中黏土含量高 3）砂粒粗大或舂砂紧密度不够 4）浇注温度过高
2	夹砂	铸件上的金属疤块下有砂层存在，一般在除掉疤块砂层后能看到铸件的正常金属	1）砂型或砂芯舂的松紧不均，型腔的通气性不够 2）砂型过湿，型砂拌和不匀，浇注后型或芯过热而引起气体和硅砂局部膨胀 3）钢液进入型腔过慢，使型或芯表面局部过热
3	冷裂	铸件上呈穿透或不穿透的平直、长条形裂纹。一般穿晶走向，裂纹尖端尖锐，断口呈纤维状，有金属银灰色或轻氧化色	1）主要是由铸件设计不合理、壁厚悬殊或浇冒口系统设置不正确，铸件各部分温差较大 2）铸件在大应力部位有明显的宏观铸造缺陷等引起的应力集中 3）当铸件开箱后未及时退火等造成残余内应力过大 4）切割浇冒口时操作不当所致

（续）

序号	缺陷名称	特　征	产生原因
4	热裂	铸件上穿透或不穿透的曲折裂纹，常与冷裂纹组合出现，先期为热裂纹特征。开裂的断口呈严重氧化色（不穿透裂纹不氧化），裂纹沿原奥氏体晶界或树枝晶晶间分布	1) 铸件的断面厚薄差大 2) 厚薄连接处圆角过小 3) 浇冒口系统阻碍铸件的正常收缩 4) 铸型或砂芯的退让性差 5) 钢液中硫、磷含量过高 6) 合金本身的收缩较大 7) 铸件开箱过早或热态下搬运不慎等，均可产生接近液相温度下的开裂
5	缩孔	有分散性和集中性两类，形状为不规则的单个或多个宏观孔洞，内壁粗糙，并带有枝晶和大量夹杂，有时与大气相通	1) 铸件在凝固过程中，钢液的凝固收缩和液态收缩大于凝固收缩，凝固期过长造成缩孔 2) 常出现在铸件最后凝固的热节点处，因补缩不良所致 3) 通常与浇注系统和冒口布置的设计及冷铁的设置不当有关
6	缩松	铸件断面上分散有一定尺寸呈晶间型的孔洞，缩松常出现在缩孔下方或四周等最后凝固部位（热节处），疏松形状与缩松相似，但尺寸更细小	晶粒间或树枝晶间的封闭液相的收缩无法得到补缩及溶解气体的析出所致。细小的疏松一般不能避免
7	夹杂物	夹杂物按其原始形态可分为"内生"与"外来"夹杂物。外来夹杂物包括金属与非金属夹杂物，后者来自出钢、浇注过程设备或浇注系统中的剥落混入铸件而形成，大多是耐火材料和溶渣，数量相对集中	1) 原材料、炼钢过程控制不当 2) 浇注过程、盛钢桶或钢包中钢液与气体、型砂的相互作用
8	气孔	是指"外生"式气孔，这类气孔呈梨形，细颈方向指向气体来源，发生在铸件表面或皮下，热处理或加工后可发现	1) 型砂中的水分过高，冷铁涂料处理不当 2) 砂型透气不良 3) 浇注系统和型腔在浇注过程中卷入气体而不能排除 4) 涂料层太厚，透气不良，涂料上含有过多发气材料 5) 型芯存放时间过长，吸湿泛潮

表 12-48　铸钢件常见的冶金缺陷类别及产生原因

序号	缺陷名称	特　征	产生原因
1	夹杂物	是指"内在"夹杂物，即所有的氧化物、硫化物、硅酸盐等非金属氧化物，呈弥散分布的颗粒状形态，其结构式为 FeO、MnS、MnO-Al$_2$O$_3$、SiO$_2$ 及 FeO-FeS 等，或沿晶界及枝晶轴间分布	1) 来自钢的冶炼过程中的氧和硫及脱氧剂，在冷却凝固过程中，残留的氧化物与硫化物相以不连续的相沉淀析出，如脱氧产物 Si + O$_2$ = SiO$_2$，4Al + 3O$_2$ = 2Al$_2$O$_3$ 等 2) 浇注过程中的二次氧化物也产生夹杂，称二次氧化夹杂

（续）

序号	缺陷名称	特　征	产生原因
2	气孔	是指"内生"式气孔，钢液中气体随温度下降其溶解度急剧减少，气体向较高温度扩散至壁厚部位，严重时遍布冒口下部部位	1）炼钢过程脱氧不良 2）当浇注温度偏低时，来不及逸出
3	偏析	1）成分偏析：凝固过程中，由于固相和液相成分不同，先凝固部分含有高熔点组元，后凝固部分含有低熔点组元，而产生成分偏析 2）树枝状偏析：铸件基本上存在成分上和组织上的不匀称树枝状偏析 3）晶间偏析：存在于树枝状晶体之间的后凝固的低熔点组成物，它与晶体本身不同 4）岩石状断口：断口呈岩石状或片状，多产生于铝和氮含量较高的铸件	1）浇注温度不当 2）浇注速度不当 3）某些低合金钢的脱氧剂用铝量过多，氮含量高且未控制好

参 考 文 献

[1] 中国钢铁工业协会. 钢的低倍组织及缺陷酸蚀检验法：GB/T 226—2015 [S]. 北京：中国标准出版社，2015.

[2] 中国钢铁工业协会. 金属显微组织检验方法：GB/T 13298—2015 [S]. 北京：中国标准出版社，2015.

[3] 中国钢铁工业协会. 金相学术语：GB/T 30067—2013 [S]. 北京：中国标准出版社，2013.

[4] 任颂赞，叶俭，陈德华. 金相分析原理及技术 [M]. 上海：上海科学技术文献出版社，2013.

[5] 全国铸造标准化技术委员会. 工程结构用中、高强度不锈钢铸件金相检验：GB/T 38222—2019 [S]. 北京：中国标准出版社，2019.

[6] 机械工业理化检验人员技术培训和资格鉴定委员会. 金属材料化学分析 [M]. 北京：科学普及出版社，2015.

[7] 梅坛，陈忠颖，刘巍，等. 金属材料原子光谱分析技术 [M]. 北京：中国质检出版社，2019.

[8] 国家国防科技工业局. 国防科技工业理化检测人员资格鉴定与认证培训教材 第二卷 分析化学（试用版）[M]. 北京：机械工业出版社，2012.

[9] 华东理工大学化学系，四川大学化工学院. 分析化学 [M].5 版. 北京：高等教育出版社，2004.

[10] 屠海令，干勇. 金属材料理化测试全书 [M]. 北京：化学工业出版社，2006.

[11] 全国法制计量管理计量技术委员会. 测量不确定度评定与表示：JJF 1059.1—2012 [S]. 北京：中国标准出版社，2012.

[12] 尤伟民，刘胜新. 材料力学性能测试手册 [M]. 北京：机械工业出版社，2014.

[13] 机械工业理化人员技术培训和资格鉴定委员会，等. 金属材料力学性能试验 [M]. 北京：科学普及出版社，2014.

[14] 宋天民. 无损检测新技术 [M]. 北京：中国石化出版社，2012.

[15] 全国无损检测标准化技术委员会. 无损检测国家标准汇编 [G]. 北京：中国标准出版社，2016.

附　　录

附录A　铸钢件交货通用技术条件

1. 订货要求

（1）订货　订货时需方应提供或明确以下信息：

1）完整的图样或三维数模及相关的技术规范。

2）供货铸件的规格型号、数量和交付计划。

3）铸件的材料标准及牌号、交货状态以及尺寸检测要求。

4）无损检测规范、无损检测的范围及接受准则。

5）铸件标识的方法。

6）机加工余量（如需要机械加工状态交货）、防护、包装、装载、运输、交货地点。

7）交货时所提交的文件。

（2）附加资料　在适当情况下，订货时也可包含以下附加资料：

1）订货文件选定的补充要求。

2）检验批次的划分。

2. 技术要求

（1）铸造　除非订单中对熔炼方法、成形方法有要求，否则由供方确定。

（2）清理和精整　铸件一般应进行清理，去除浇道、冒口、飞边等，并达到相关要求。

（3）热处理　铸件应进行热处理，以满足性能要求。除需方另有规定外，供方可自行选择热处理工艺。

（4）焊接

1）铸件的焊接按 GB/T 19866 执行，除非订货时有规定，焊接工艺不用需方批复。

2）需方可在订单中对焊接工艺以及焊工资质提出要求。

3）如无特殊规定，较大缺陷补焊后，铸件应进行去应力热处理，去应力热处理温度应低于前期热处理的最低回火温度。

4）对于重大缺陷的补焊，如无特殊规定，重大缺陷的补焊应提前取得需方的批准。重大缺陷焊接部位应通过草图或照片记录其位置及范围。订单完成后，该文件应提交给需方。当订单中有规定时，需对补焊区进行硬度检测。

3. 检测和试验

（1）化学成分

1）用于检测的试样的化学成分应符合材料牌号要求。当多包钢液浇注一个铸件时，每一包钢液都应进行成分分析且符合规定的材料牌号要求。

2）检测化学成分的试样应按 GB/T 20066 的规定制备，如无特殊规定，取样时，应至少从试块表面以下 6mm 处取样。

3）可使用常规化学分析方法，或按 GB/T 4336、GB/T 11170 规定的光谱分析法或 X 射线法等检测铸件的化学成分。

4）成品化学分析可允许的偏差按 GB/T 222 执行。

（2）力学性能

1）铸件的力学性能应满足订单或技术协议规定的要求。

2）除非另有规定，每批次铸件应进行室温拉伸试验，试样的形状、尺寸和试验方法应符合 GB/T 228.1 的规定。

3）除非另有规定，冲击试验应按 GB/T 229 执行。

（3）表面质量　铸件应按 GB/T 39428 进行表面目视质量检测，检测范围及等级应符合订货要求。

（4）形状、尺寸和尺寸公差

1）铸件的形状和尺寸应符合图样和订单要求。如需方规定，尺寸检测和加工的基准点位置应由供方标注出来。

2）铸件加工余量，尺寸偏差以及几何偏差应符合图样或订单要求，当图样或订单无要求时应满足 GB/T 6414 的规定。

（5）无损检测

1）铸件可见表面都应进行目视检测。

2）应按订货要求进行渗透检测、磁粉检测、射线检测、超声波检测。

（6）记录及报告

1）检验记录及报告应按订货要求执行。

2）检验记录及报告应由供方具有相应资质的人员签字。供方通过电子版打印出来的书面证书或者电子格式的证书应被视为与实际签署的证书具有同样效力。

3）检验记录和报告应与铸件保持可追溯性。

4. 检验规则

（1）检验批次的构成

1）按熔炼炉次及热处理炉次：同材料牌号的产

品，当其来自同一熔炼炉次并在同一热处理炉次中做了相同工艺的热处理时，可以定义为一个检验批次。

2）按熔炼炉次：同材料牌号的产品，当其来自同一炉次并做了相同工艺的热处理时，可以按熔炼炉次，定义为一个检验批次。

3）按热处理批次：同材料牌号的产品，当其来自同一炉次且铸件分批次进行热处理时，可以按热处理批次确定检验批次。

4）按数量或吨位：对于同材料牌号的产品，当其熔炼工艺一致且使用同一热处理工艺时，可以按铸件的数量或者吨位确定检验批次。

5）按班次：对于同材料牌号的产品，当其熔炼工艺一致且使用同一热处理工艺时，可以按每班次交检的产品数量确定检验批次。

6）按时间段：对于同材料牌号的产品，当其熔炼工艺一致且使用同一热处理工艺时，如连续浇注生产，可以将某一时间段（天、星期）生产出来的铸件，确定为一个检验批次。

7）按件：按件数确定检验批次。

（2）试块

1）除非另有规定，试块的尺寸、形状、位置、试块的铸造条件及试样的取样位置由供方自行确定。

2）除非另有规定，试块厚度可参照铸件主要截面厚度（用 t 表示），但应不小于28mm。

3）如无特殊规定，应按如下规定取样：当试块厚度≤56mm 时，试样轴心距铸造表面距离应不小于14mm；当试块厚度 >56mm 时，试样轴心距铸造面距离应为 $t/4 \sim t/3$，且不超过30mm。

4）试块可单铸、附铸或者取自铸件本体。试块应与它代表的铸件来自同一炉次的钢液并与铸件同炉热处理。除非另有规定，当试块连在铸件上时，其连接方法应由供方确定。

5）如无特殊规定，附铸试块应在供方完成铸件的性能热处理合格后割下。

6）单铸试块尺寸如图 A-1 所示。当需方无明确要求时，供方可自行选择其中一种类型。

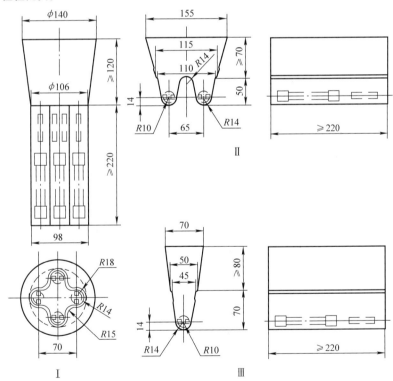

图 A-1　单铸试块尺寸

（3）试验数据无效的情况　如出现以下情况之一，试验数据无效：

1）试样在试验机上安装不当或试验机操作不当。

2）试样表面有铸造缺陷或试样切削加工不当（如试样尺寸、过渡圆角、表面粗糙度不符合要求等）。

3）试样断在平行段外。

4）试样拉断后，断口上有铸造缺陷。

出现以上情况之一，应从同一个试块或者同一炉钢液中的其他试块上再取一个试样进行检测，该检测结果可以替代上述结果。

（4）检测结果不合格的处理　如果检测结果不合格时，除非另有规定，供方应按以下条款执行：

1）对不合格的力学试验（除冲击试验）项目，另取两个试样重做该力学试验。如果两个试样中有一个试样的结果不合格，则供方可按3）执行。

2）对于冲击试验，若三个试样的平均值达不到规定值，或有一个单值达不到规定值的70%，或有两个低于规定值时，供方则可以从原来已取样的同一试块上，或从代表所属铸件的另一个试块上，再取三个试样进行试验。将这三次试验值与原来的试验值相加后重新计算平均值。如果新的平均值满足规定的平均值，则可判定其合格。如果新的平均值不能满足规定的要求，或新的试验值中有任何一个低于规定下限值的70%，或新的试验值中有两个达不到规定值时，则供方可按3）执行。

3）在材料标准限定的范围内，将铸件和试块重新热处理，然后用试块进行材料规范所要求的全部力学试验。未经需方同意，铸件及试块的重新热处理不应超过两次（回火除外）。

5. 标识

1）应对铸件做好标识，除非需方有规定，标识

的位置可由供方决定。

2）标识应包括：供方标识、检验批次标识、铸件标识（炉号、牌号、名称或件号）、需方要求的其他标识。

3）小型铸件可分批标识，并将识别标识挂于每批铸件的标牌上。

6. 质量证明书

1）供方应按相关标准和订单的规定，向需方提供合格铸件的相关技术文件。

2）供方应向需方提供由供方检验部门负责人签章的质量证明书。铸件的质量证明书可包含以下内容：订货合同号、零件图号及名称、材料牌号、采用的标准号、熔炼炉号、尺寸检验记录、化学分析试验报告、力学性能试验报告、无损检测报告、热处理记录、重大缺陷补焊记录、订单中规定的特殊项目的检验报告、供方厂名或其识别标志。

7. 包装、运输

1）供方应在适宜的工序点，对铸件实施适当的保护措施。铸件表面如需要涂刷油漆，则应在订单中明确。

2）供方应根据运输条件，对铸件进行包装和运输。

附录 B　金属的物理性能

序号	金属	化学符号	20℃时的密度/(g/cm³)	熔点/℃	101kPa下的沸点/℃	熔解热/(J/g)	20℃的比热容/[J/(g·K)]	20℃的热导率/[W/(cm·K)]	20℃的线胀系数/(10⁻⁵/K)	电阻率/10⁻⁶Ω·cm
1	铝	Al	2.70	659	2447	401.93	0.896	2.106	2.38	2.66（20℃）
2	锑	Sb	6.68	630	1637	162.87	0.211	0.188	1.08	39（0℃）
3	砷	As	5.73	817(3.6MPa)	613	370.53	0.327	—	0.47	33.3（20℃）
4	钡	Ba	3.5	710	1637	55.27	0.285	—	1.9	36
5	铍	Be	1.85	1283	2477	1046~1130	1.779	1.591	1.23	4.2（20℃）
6	铅	Pb	11.34	328	1751	23.86	0.129	0.346	2.91	22（20℃）
7	无定形硼	B	2.34	2027	3927	2884.7	1.285	—	0.83(20~750℃)	0.65×10¹¹（20℃）
8	铯	Cs	1.87	28.5	705	15.78	0.218	0.184	9.7	36.6（30℃）
9	钙	Ca	1.55	850	1492	233.2	0.624	1.256	2.20	4.6（20℃）
10	铈	Ce	6.7	804	3467	62.8	0.205	0.109	0.85	75（25℃）
11	铬	Cr	7.2	1903	2665	257.49	0.285	0.670	0.62	12.8（20℃）
12	铁	Fe	7.86	1539	2857	277.17	0.448	0.733	1.17	10.7（20℃）
13	金	Au	19.3	1063	2709	62.63	0.130	2.973	1.43	2.44（20℃）
14	铱	Ir	22.42	2454	(4127)	136.49	0.134	1.465	0.65	5.3（0℃）
15	钾	K	0.86	63	766	61.13	0.741	0.971	8.3	6.1（0℃）

（续）

序号	金属	化学符号	20℃时的密度/(g/cm³)	熔点/℃	101kPa下的沸点/℃	熔解热/(J/g)	20℃的比热容/[J/(g·K)]	20℃的热导率/[W/(cm·K)]	20℃的线胀系数/(10⁻⁵/K)	电阻率/10⁻⁶Ω·cm
16	钴	Co	8.9	1495	2877	259.58	0.427	0.691	1.42	5.68 (0℃)
17	铜	Cu	8.92	1084	2578	204.73	0.385	3.911	1.66	1.692 (20℃)
18	镧	La	6.15	920	3367	75.36	0.201	0.138	0.49 (25℃)	57 (25℃)
19	锂	Li	0.53	181	1331	661.5	3.31	0.712	5.6	8.55 (0℃)
20	镁	Mg	1.74	650	1104	344.2	1.047	1.574	2.58	4.46 (20℃)
21	锰	Mn	7.44	1314	2051	266.7	0.482	—	2.2	185 (20℃)
22	钼	Mo	10.2	2610	4827	288.9	0.256	1.340	0.544	5.78 (27℃)
23	钠	Na	0.97	98	890	115.1	1.235	1.369	7.20	4.3 (0℃)
24	镍	Ni	8.9	1452	2839	305.6	0.440	0.921	1.33	7.8 (20℃)
25	铌	Nb	8.55	2497	4927	286.8	0.268	0.523 (0℃)	0.75	14.6 (20℃)
26	锇	Os	22.48	(2700)	(4227)	146.5	0.163	—	0.46 (50℃)	9.5 (0℃)
27	钯	Pd	11.97	1550	3127	150.7	0.243	0.712	1.18	10.3 (20℃)
28	铂	Pt	21.45	1770	3827	100.9	0.134	0.712	0.89	10.58 (20℃)
29	钚	Pu	19.81	640	3235	12.56	0.142	—	5.5	146.45 (0℃)
30	镨	Pr	6.78	935	3127	71.18	0.192 (0℃)	0.084 (25℃)	0.48 (25℃)	68 (25℃)
31	汞	Hg	13.55	−39	357	11.72	0.138	0.117	—	95.78 (20℃)
32	铑	Rh	12.44	1966	(3727)	211.4	0.247	1.507	0.85	4.7 (0℃)
33	铷	Rb	1.53	39	701	25.54	0.335	0.293 (39℃)	9.0	11.6 (0℃)
34	钌	Ru	12.4	2427	(3727)	252.5	0.239	—	0.91	7.16 (0℃)
35	银	Ag	10.5	961	2162	104.7	0.235	4.187	2.06	1.59 (20℃)
36	硅	Si	2.33	1415	2787	1653.8	0.678	0.837	0.468	1×10⁵ (0℃)
37	锶	Sr	2.6	770	1367	104.7	0.737	—	2.3	23 (20℃)
38	钽	Ta	16.6	2997	5427	173.8	0.151	0.544	0.66	13.6 (25℃)
39	碲	Te	6.25	450	987	134.0	0.197	0.059	1.68	52.7×10³ (25℃)
40	钍	Th	11.66	1695	3667	82.90	0.117	0.377 (200℃)	1.25	18 (25℃)
41	钛	Ti	4.5	1690	3286	437.5	0.574	0.172	0.84	42 (20℃)
42	铀	U	19.07	1130	3927	82.69	0.117	0.251	a_1 +3.61 b_1 −0.87 c_1 +3.13	30 (25℃)
43	钒	V	6.11	1857	3377	345.4	0.532	0.293	0.83	24.8 (20℃)
44	铋	Bi	9.80	271	1559	52.34	0.123	0.084	1.34	106.8 (0℃)
45	钨	W	19.3	3380	5527	192.6	0.134	1.675	0.44	5.5 (20℃)
46	锌	Zn	7.14	420	906	102.2	0.387	1.130	2.97	5.75 (0℃)
47	锡	Sn	7.28	232	2679	60.71	0.227	0.670	2.3	11.5 (20℃)
48	锆	Zr	6.45	1852	4415	252.5	0.276	0.239	0.5	44 (20℃)

附录 C　钢中主要元素对钢的熔点和密度的影响

1. 钢熔点和密度的近似值求法

钢的熔点近似值由下式确定：

$$t_{熔} = 1539 - \Sigma \Delta t x$$

式中　$t_{熔}$——钢的熔点（℃）；

　　　1539——纯铁的熔点（℃）；

　　　Δt——钢中某元素质量分数增加1%时熔点降

　　　　　　低值（℃）（见表 C-1）；

　　　x——该元素质量分数（%）。

钢的密度近似值由下式求出：

$$\rho = 7.88 + \Sigma \Delta \rho x$$

式中　ρ——钢的密度（g/cm³）；

　　　7.88——纯铁的密度（g/cm³）；

　　　$\Delta \rho$——钢中某元素质量分数增加1%时，密度

　　　　　　的变化量（g/cm³）；

　　　x——该元素质量分数（%）。

2. 钢中主要化学元素对钢熔点和密度的影响

（见表 C-1）

表 C-1　钢中主要化学元素对钢熔点和密度的影响

化学元素	化学符号	基本性质			对熔点的影响/℃		对密度的影响/(g/cm³)	
		相对原子质量	密度/(g/cm³)	熔点/℃	适用元素含量范围(质量分数,%)	钢中某元素质量分数增加1%时温度降低值 Δt	适用元素含量范围(质量分数,%)	钢中某元素质量分数增加1%时密度变化量 $\Delta \rho$
碳	C	12.0			<1.0	65	<1.55	-0.040
					1.0	70		
					2.0	75		
					2.5	80		
					3.0	85		
					3.5	91		
					4.0	100		
硅	Si	28.086	2.4	1414	0~3.0	8	<4.0	-0.073
锰	Mn	54.93	7.3	1244	0~1.5	5	<1.5	-0.016
磷	P	30.97	2.2	44	0~0.7	30	<1.1	-0.117
硫	S	32.064	2.046	119	0~0.08	25	<0.2	-0.164
铝	Al	26.98	2.68	659	0~1.0	3.0	<2.0	-0.120
钒	V	50.942	6.0	1720	0~1.0	2.0		
铌	Nb	92.91	8.57	2000				
钛	Ti	47.90	4.50	1800		18		
锡	Sn	118.69	7.28	232	0~0.03	10		
钴	Co	58.93	8.50	1490		1.5		
钼	Mo	95.94	10.2	2622	0~0.03	2		
硼	B	10.81	2.3	2800		90		
镍	Ni	58.71	8.85	1455	0~9.0	4	<5.0	0.004
铬	Cr	51.996	7.14	1820	0~18	1.5	<1.2	0.001
铜	Cu	63.546	8.70	1080	0~0.3	5	<1.0	0.022
钨	W	183.85	19.32	3370	18W 及 0.66C	1.0	<1.5	0.095
铅	Pb	207.20	11.35	327				
碲	Te	127.60	6.25	453				
铋	Bi	208.98	9.74	271				
砷	As	74.92			0~0.5	14	<0.15	0.100
氢	H_2	2.016 (液)	0.0709	-259.1	0~0.3	1300		
氧	O_2	32.0	1.461	-218.4	0~0.3	80		
氮	N_2	28.016	1.026	-209.86	0~0.3	90		

附录 D　钢的硬度值换算表

表 D-1 和表 D-2 中分别列出了钢的洛氏（HRC 及 HRB）硬度值与其他（表面洛氏 HRN、维氏 HV 和布氏 HBW）硬度值之间的对应关系，供参考使用。

表 D-1　洛氏（HRC）硬度值与其他硬度值的关系

洛氏硬度		表面洛氏硬度			维氏硬度	布氏硬度	
HRC	HRA	HR15N	HR30N	HR45N	HV	HBW30D^2	d/mm 10/3000
70.0	86.6				1037		
69.5	86.3				1017		
69.0	86.1				997		
68.5	85.8				978		
68.0	85.5				959		
67.5	85.2				941		
67.0	85.0				923		
66.5	84.7				906		
66.0	84.4				889		
65.5	84.1				872		
65.0	83.0	92.2	81.3	71.7	856		
64.5	83.6	92.1	81.0	71.2	840		
64.0	83.3	91.9	80.6	70.6	825		
63.5	83.1	91.8	80.2	70.1	810		
63.0	82.8	91.7	79.8	69.5	795		
62.5	82.5	91.5	79.4	69.0	780		
62.0	82.2	91.4	79.0	68.4	766		
61.5	82.0	91.2	78.6	67.9	752		
61.0	81.7	91.0	78.1	67.3	739		
60.5	81.4	90.8	77.7	66.8	726		
60.0	81.2	90.6	77.3	66.2	713		
59.5	80.9	90.4	76.9	65.6	700		
59.0	80.6	90.2	76.5	65.1	688		
58.5	80.3	90.0	76.1	64.5	676		
58.0	80.1	89.6	75.6	63.9	664		
57.5	79.3	89.6	75.2	63.4	653		
57.0	79.5	89.4	74.8	62.8	642		
56.5	79.3	89.1	74.4	62.2	631		
56.0	79.0	88.9	73.9	61.7	620		
55.5	78.7	88.6	73.5	61.1	609		
55.0	78.5	88.4	78.1	60.5	599		
54.5	78.2	88.1	72.6	59.9	589		
54.0	77.9	87.9	72.2	59.4	579		
53.5	77.7	87.6	71.8	58.8	570		
53.0	77.4	87.4	71.3	58.2	561		
52.5	77.1	87.1	70.9	57.6	551		

（续）

洛 氏 硬 度		表 面 洛 氏 硬 度			维氏硬度	布 氏 硬 度	
HRC	HRA	HR15N	HR30N	HR45N	HV	HBW30D^2	d/mm 10/3000
52.0	76.9	86.8	70.4	57.1	543		
51.5	76.6	86.6	70.0	56.5	534		
51.0	76.3	86.3	69.5	55.9	525	501	2.73
50.5	76.1	86.0	69.1	55.3	517	494	2.75
50.0	75.8	85.7	68.6	54.7	509	488	2.77
49.5	75.5	85.5	68.2	54.2	501	481	2.79
49.0	75.3	85.2	67.7	53.6	493	474	2.81
48.5	75.0	84.9	67.3	53.0	485	468	2.83
48.0	74.7	84.6	66.8	52.4	478	461	2.85
47.5	74.5	84.3	66.4	51.8	470	455	2.87
47.0	74.2	84.0	65.9	51.2	463	449	2.89
46.5	73.9	83.7	65.5	50.7	456	442	2.91
46.0	73.7	83.5	65.0	50.1	449	436	2.93
45.5	73.4	83.2	64.6	49.5	443	430	2.95
45.0	73.2	82.9	64.1	48.9	436	424	2.97
44.5	72.9	82.6	63.6	48.3	429	418	2.99
44.0	72.6	82.3	63.2	47.7	423	413	3.01
43.5	72.4	82.0	62.7	47.1	417	407	3.03
43.0	72.1	81.7	62.3	46.5	411	401	3.05
42.5	71.8	81.4	61.8	45.9	405	396	3.07
42.0	71.6	81.1	61.3	45.4	399	391	3.09
41.5	71.3	80.8	60.9	44.8	393	385	3.11
41.0	71.1	80.5	60.4	44.2	388	380	3.13
40.5	70.8	80.2	60.0	43.6	382	375	3.15
40.0	70.5	79.9	59.5	43.0	377	370	3.17
39.5	70.3	79.6	59.0	42.4	372	365	3.19
39.0	70.0	79.3	58.6	41.8	367	360	3.21
38.5	69.7	79.0	58.1	41.2	362	355	3.24
38.0	69.5	78.7	57.6	40.6	357	350	3.26
37.5	69.2	78.4	57.2	40.0	352	345	3.28
37.0	69.0	78.1	56.7	39.4	347	341	3.30
36.5	68.7	77.8	56.2	38.8	342	336	3.32
36.0	68.4	77.5	55.8	38.2	338	332	3.34
35.5	68.2	77.2	55.3	37.6	333	327	3.37
35.0	67.9	77.0	54.8	37.0	329	323	3.39
34.5	67.7	76.7	54.4	36.5	324	318	3.41
34.0	67.4	76.4	53.9	35.9	320	314	3.43
33.5	67.1	76.1	53.4	35.3	316	310	3.46
33.0	66.9	75.8	53.0	34.7	312	306	3.48
32.5	66.6	75.5	52.5	34.1	308	302	3.50

（续）

洛 氏 硬 度		表面洛氏硬度			维氏硬度	布 氏 硬 度	
HRC	HRA	HR15N	HR30N	HR45N	HV	HBW30D^2	d/mm 10/3000
32.0	66.4	75.2	52.0	33.5	304	298	3.52
31.5	66.1	74.9	51.6	32.9	300	294	3.54
31.0	65.8	74.7	51.1	32.3	296	291	3.56
30.5	65.6	74.4	50.6	31.7	292	287	3.59
30.0	65.3	74.1	50.2	31.1	289	283	3.61
29.5	65.1	73.8	49.7	30.5	285	280	3.63
29.0	64.8	73.5	49.2	29.9	281	276	3.65
28.5	64.6	73.3	48.7	29.3	278	273	3.67
28.0	64.3	73.0	48.3	28.7	274	269	3.70
27.5	64.0	72.7	47.8	28.1	271	266	3.72
27.0	63.8	72.4	47.3	27.5	268	263	3.74
26.5	63.5	72.2	46.9	26.9	264	260	3.76
26.0	62.3	71.9	46.4	26.3	261	257	3.78
25.5	63.0	71.6	45.9	25.7	258	254	3.80
25.0	62.8	71.4	45.4	25.1	255	251	3.83
24.5	62.5	71.1	45.0	24.5	252	248	3.85
24.0	62.2	70.8	44.5	23.9	249	245	3.87
23.5	62.0	70.6	44.0	23.3	246	242	3.89
23.0	61.7	70.3	43.6	22.7	243	240	3.91
22.5	61.5	70.0	43.1	22.1	240	237	3.93
22.0	61.2	69.8	42.6	21.5	237	234	3.95
21.5	61.0	69.5	42.2	21.0	234	232	3.97
21.0	60.7	69.3	41.7	20.4	231	229	4.00
20.5	60.4	69.0	41.2	19.8	229	227	4.02
20.0	60.2	68.8	40.7	19.2	226	225	4.03
19.5	59.9	68.5	40.3	18.6	223	222	4.05
19.0	59.7	68.3	39.8	18.0	221	220	4.07
18.5	59.4	68.0	39.3	17.4	218	218	4.09
18.0	59.2	67.8	38.9	16.8	216	216	4.11
17.5	58.9	67.6	38.4	16.2	214	214	4.13
17.0	58.6	67.3	37.9	15.6	211	212	4.15
	58.4	67.1	37.4	15.0		210	4.17
	58.1	66.8	37.0	14.4		208	4.19
	57.9	66.6	36.5	13.8		206	4.20
	57.6	66.4	36.0	13.2		205	4.21
	57.4	66.1	35.6	12.6		203	4.23
	57.1	65.9	35.1	12.0		201	4.25
	56.8	65.7	34.6	11.4		200	4.26
	56.6	65.5	34.1	10.8		198	4.28
	56.3	65.2	33.7	10.2		197	4.30
	56.1	65.0	33.2	9.6		195	4.32

表 D-2　洛氏(HRB)硬度值与其他硬度值的关系

洛氏硬度	表面洛氏硬度			维氏硬度	布 氏 硬 度	
HRB	HR15T	HR30T	HR45T	HV	HBW10D^2	d/mm 10/1000
100.0	91.5	81.7	71.7	233		
99.5	91.3	81.4	71.2	230		
99.0	91.2	81.0	70.7	227		
98.5	91.1	80.7	70.2	225		
98.0	90.9	80.4	69.6	222		
97.5	90.8	80.1	69.1	219		
97.0	90.6	79.8	68.6	216		
96.5	90.5	79.4	68.1	214		
96.0	90.4	79.1	67.6	211		
95.5	90.2	78.8	67.1	208		
95.0	90.1	78.5	66.5	206		
94.5	89.9	78.2	66.0	203		
94.0	89.8	77.8	65.5	201		
93.5	89.7	77.5	65.0	199		
93.0	89.5	77.2	64.5	196		
92.5	89.4	76.9	64.0	194		
92.0	89.3	76.6	63.4	191		
91.5	89.1	76.2	62.9	189		
91.0	89.0	75.9	62.4	187		
90.5	88.8	75.6	61.9	185		
90.0	88.7	75.3	61.4	183		
89.5	88.6	75.0	60.9	180		
89.0	88.4	74.6	60.3	178		
88.5	88.3	74.3	59.8	176		
88.0	88.1	74.0	59.3	174		
87.5	88.0	73.7	58.8	172		
87.0	87.9	73.4	58.3	170		
86.5	87.7	73.0	57.8	168		
86.0	87.6	72.7	57.2	166		
85.5	87.5	72.4	56.7	165		
85.0	87.3	72.1	56.2	163		
84.5	87.2	71.8	55.7	161		
84.0	87.0	71.4	55.2	159		
83.5	86.9	71.1	54.7	157		
83.0	86.8	70.8	54.1	156		
82.5	86.6	70.5	53.6	154	140	2.98
82.0	86.5	70.2	53.1	152	138	3.00
81.5	86.3	69.8	52.6	151	137	3.01
81.0	86.2	69.5	52.1	149	136	3.02
80.5	86.1	69.2	51.6	148	134	3.05

（续）

洛氏硬度	表面洛氏硬度			维氏硬度	布氏硬度	
HRB	HR15T	HR30T	HR45T	HV	HBW10D^2	d/mm 10/1000
80.0	85.9	68.9	51.0	146	133	3.06
79.5	85.8	68.6	50.5	145	132	3.07
79.0	85.7	68.2	50.0	143	130	3.09
78.5	85.5	67.9	49.5	142	129	3.10
78.0	85.4	67.6	49.0	140	128	3.11
77.5	85.2	67.3	48.5	139	127	3.13
77.0	85.1	67.0	47.9	138	126	3.14
76.5	85.0	66.6	47.4	136	125	3.15
76.0	84.8	66.3	46.9	135	124	3.16
75.5	84.7	66.0	46.4	134	123	3.18
75.0	84.5	65.7	45.9	132	122	3.19
74.5	84.4	65.4	45.4	131	121	3.20
74.0	84.3	65.1	44.8	130	120	3.21
73.5	84.1	64.7	44.3	129	119	3.23
73.0	84.0	64.4	43.8	128	118	3.24
72.5	83.9	64.1	43.3	126	117	3.25
72.0	83.7	63.8	42.8	125	116	3.27
71.5	83.6	63.5	42.3	124	115	3.28
71.0	83.4	63.1	41.7	123	115	3.29
70.5	83.3	62.8	41.2	122	114	3.30
70.0	83.2	62.5	40.7	121	113	3.31
69.5	83.0	62.2	40.2	120	112	3.32
69.0	82.9	61.9	39.7	119	112	3.33
68.5	82.7	61.5	39.2	118	111	3.34
68.0	82.6	61.2	38.6	117	110	3.35
67.5	82.5	60.9	38.1	116	110	3.36
67.0	82.3	60.6	37.6	115	109	3.37
66.5	82.2	60.3	37.1	115	108	3.38
66.0	82.1	59.9	36.6	114	108	3.39
65.5	81.9	59.6	36.1	113	107	3.40
65.0	81.8	59.3	35.5	112	107	3.40
64.5	81.6	59.0	35.0	111	106	3.41
64.0	81.5	58.7	34.5	110	106	3.42
63.5	81.4	58.3	34.0	110	105	3.43
63.0	81.2	58.0	33.5	109	105	3.43
62.5	81.1	57.7	32.9	108	104	3.44
62.0	80.9	57.4	32.4	108	104	3.45
61.5	80.8	57.1	31.9	107	103	3.46
61.0	80.7	56.7	31.4	106	103	3.46
60.5	80.5	56.4	30.9	105	102	3.47
60.0	80.4	56.1	30.4	105	102	3.48

附录 E　元素周期表

说明：
- 92 U —— 原子序数；U —— 元素符号（加粗表示放射性元素）
- 铀 —— 元素名称（注*的表示人造元素）
- 238.0 —— 相对原子质量（加括号的数据为该放射性元素半衰期最长同位素的质量数）
- 金属元素 / 非金属元素

周期	IA 1	IIA 2	IIIB 3	IVB 4	VB 5	VIB 6	VIIB 7	VIII 8	VIII 9	VIII 10	IB 11	IIB 12	IIIA 13	IVA 14	VA 15	VIA 16	VIIA 17	0 18
1	1 H 氢 1.008																	2 He 氦 4.003
2	3 Li 锂 6.941	4 Be 铍 9.012											5 B 硼 10.81	6 C 碳 12.01	7 N 氮 14.01	8 O 氧 16.00	9 F 氟 19.00	10 Ne 氖 20.18
3	11 Na 钠 22.99	12 Mg 镁 24.31											13 Al 铝 26.98	14 Si 硅 28.09	15 P 磷 30.97	16 S 硫 32.06	17 Cl 氯 35.45	18 Ar 氩 39.95
4	19 K 钾 39.10	20 Ca 钙 40.08	21 Sc 钪 44.96	22 Ti 钛 47.87	23 V 钒 50.94	24 Cr 铬 52.00	25 Mn 锰 54.94	26 Fe 铁 55.85	27 Co 钴 58.93	28 Ni 镍 58.69	29 Cu 铜 63.55	30 Zn 锌 65.38	31 Ga 镓 69.72	32 Ge 锗 72.63	33 As 砷 74.92	34 Se 硒 78.96	35 Br 溴 79.90	36 Kr 氪 83.80
5	37 Rb 铷 85.47	38 Sr 锶 87.62	39 Y 钇 88.91	40 Zr 锆 91.22	41 Nb 铌 92.91	42 Mo 钼 95.96	43 Tc 锝 [98]	44 Ru 钌 101.1	45 Rh 铑 102.9	46 Pd 钯 106.4	47 Ag 银 107.9	48 Cd 镉 112.4	49 In 铟 114.8	50 Sn 锡 118.7	51 Sb 锑 121.8	52 Te 碲 127.6	53 I 碘 126.9	54 Xe 氙 131.3
6	55 Cs 铯 132.9	56 Ba 钡 137.3	57~71 La~Lu 镧系	72 Hf 铪 178.5	73 Ta 钽 180.9	74 W 钨 183.8	75 Re 铼 186.2	76 Os 锇 190.2	77 Ir 铱 192.2	78 Pt 铂 195.1	79 Au 金 197.0	80 Hg 汞 200.6	81 Tl 铊 204.4	82 Pb 铅 207.2	83 Bi 铋 209.0	84 Po 钋 [209]	85 At 砹 [210]	86 Rn 氡 [222]
7	87 Fr 钫 [223]	88 Ra 镭 [226]	89~103 Ac~Lr 锕系	104 Rf 𬬻* [265]	105 Db 𬭊* [268]	106 Sg 𬭛* [271]	107 Bh 𬭳* [270]	108 Hs 𬭶* [277]	109 Mt 鿏* [276]	110 Ds 𫟼* [281]	111 Rg 𬬭* [280]	112 Cn 鎶* [285]	113 Nh 鉨* [284]	114 Fl 𫓧* [289]	115 Mc 镆* [288]	116 Lv 𫟷* [293]	117 Ts 鿬* [294]	118 Og 鿫* [294]

镧系：

57 La 镧 138.9	58 Ce 铈 140.1	59 Pr 镨 140.9	60 Nd 钕 144.2	61 Pm 钷* [145]	62 Sm 钐 150.4	63 Eu 铕 152.0	64 Gd 钆 157.3	65 Tb 铽 158.9	66 Dy 镝 162.5	67 Ho 钬 164.9	68 Er 铒 167.3	69 Tm 铥 168.9	70 Yb 镱 173.1	71 Lu 镥 175.0

锕系：

89 Ac 锕 [227]	90 Th 钍 232.0	91 Pa 镤 231.0	92 U 铀 238.0	93 Np 镎 [237]	94 Pu 钚 [244]	95 Am 镅* [243]	96 Cm 锔* [247]	97 Bk 锫* [247]	98 Cf 锎* [251]	99 Es 锿* [252]	100 Fm 镄* [257]	101 Md 钔* [258]	102 No 锘* [259]	103 Lr 铹* [262]

0族电子数 / 电子层：

族	电子层	0族电子数
18	K	2
	L K	8 2
	M L K	8 8 2
	N M L K	8 18 8 2
	O N M L K	8 18 18 8 2
	P O N M L K	8 18 32 18 8 2
	Q P O N M L K	8 18 32 32 18 8 2